2024年抽水蓄能电站与地下储能工程建筑物学术研讨会论文集

中国水力发电工程学会水工及水电站建筑物专业委员会
中国电建集团中南勘测设计研究院有限公司
湖南省水力发电工程学会
水能资源利用关键技术湖南省重点实验室　组编
中国水利水电第八工程局有限公司
水资源工程与调度全国重点实验室（武汉大学）
湖南省抽水蓄能与地下储能工程技术研究中心

中国电力出版社
CHINA ELECTRIC POWER PRESS

图书在版编目（CIP）数据

2024 年抽水蓄能电站与地下储能工程建筑物学术研讨会论文集/中国水力发电工程学会水工及水电站建筑物专业委员会等组编. --北京：中国电力出版社，2024.10. --ISBN 978 - 7 - 5198 - 9297 - 5

Ⅰ. TV743-53

中国国家版本馆 CIP 数据核字第 20247GQ670 号

出版发行：中国电力出版社

地　　址：北京市东城区北京站西街 19 号（邮政编码 100005）

网　　址：http://www.cepp.sgcc.com.cn

责任编辑：安小丹（010-63412367）　董艳荣

责任校对：黄　蓓　常燕昆　张晨获　朱丽芳

装帧设计：郝晓燕

责任印制：吴　迪

印　　刷：北京天泽润科贸有限公司

版　　次：2024 年 10 月第一版

印　　次：2024 年 10 月北京第一次印刷

开　　本：880 毫米×1230 毫米　16 开本

印　　张：30.25

字　　数：893 千字

定　　价：180.00 元

2024年抽水蓄能电站与地下储能工程建筑物学术研讨会论文集

序　言

在全球应对气候变化和推动可持续发展的背景下，"双碳"目标的提出为能源领域注入了新的活力和方向。作为应对气候变化的重要措施，我国在可再生能源的开发和应用方面不断取得新的突破，特别是在抽水蓄能和压缩空气储能等地下储能领域。随着这些技术的不断进步和成熟，我们正在加快构建以新能源为主体的新型电力系统，为实现碳达峰和碳中和目标奠定坚实基础。

抽水蓄能作为一种成熟的物理储能技术，凭借其储能规模大、生命周期长、安全无污染、性价比较高等优势，成为我国能源结构调整和电力系统稳定的重要支撑。截至 2023 年底，中国已建、在建及核准待建抽水蓄能电站规模约 2.3 亿 kW，连续 8 年稳居世界第一。随着抽水蓄能产业发展，技术体系日臻完善，在高水头、大容量、装备制造等应用上也取得了显著进展，当前也面临高寒高海拔抽水蓄能关键技术、大型地下洞室群智能化机械化建造技术和宽负荷机组运行技术等更多挑战。

发展新型储能是我国建设新型能源体系的重要组成和关键支撑，对保障新型电力系统安全稳定运行，以及推动绿色低碳转型具有重要意义。其中，压缩空气储能技术作为一种媲美抽水蓄能的新兴储能技术，正处于由示范项目向大规模商业化应用发展的关键阶段，正朝着大规模、高效率、低成本、多元化的方向发展。此外，石油洞库、水气耦合储能、地下储氢等以地下洞库为空间载体的储能技术，在科研、设计及建设实践工作也取得了诸多突破，应用前景广阔，将成为未来能源储备和调度的重要补充。

为总结抽水蓄能与地下储能工程的新理念、新技术、新方法和新成果，提高相关工程建设技术水平，2024 年 11 月中国水力发电工程学会水工及水电站建筑物专业委员会在长沙召开"2024 年抽水蓄能电站与地下储能工程建筑物学术研讨会暨专委会 2024 年年会"。年会作为技术交流和知识共享的重要平台，展示了近年来在抽水蓄能与地下储能领域取得的研究成果和工程实践经验。会议收到了全国众多优秀论文，内容丰富多样，经过有关专家评审，精选出 58 篇佳作正式出版，主要涉及筑坝及泄洪技术、输水发电系统设计、地下洞室与边坡稳定、防渗与地基处理技术、智能化设计与施工技术、地下储能技术等方面，以供大家交流、参考和借鉴。

本次会议由中国水力发电工程学会水工及水电站建筑物专业委员会、中国水力发电工程学会混凝土面板堆石坝专业委员会主办，中国电建集团中南勘测设计研究院有限公司（简称"中南院"）、湖南省水力发电工程学会、水能资源利用关键技术湖南省重点实验室承办，中国水利水电第八工程局有限公司、水资源工程与调度全国重点实验室（武汉大学）、湖南省抽水蓄能与地下储能工程技术研究中心协办，在此一并感谢各单位的大力支持。

中南院有幸承办本次会议，感谢专委会的信任，我代表中南院向所有关心和支持抽水蓄能与地下储能领域的专家、学者、工程技术人员表示诚挚的感谢，期待我们共同探讨和解决行业发展中的关键问题，为构建清洁低碳安全高效能源体系和推动蓄能高质量发展形成新质生产力做出新的更大贡献。

由于出版时间较紧、论文涵盖领域广泛，加之掌握的资料和技术水平有限，难免存在不妥之处，恳请广大专家、学者不吝赐教。

中国电建集团中南勘测设计研究院有限公司副总经理兼总工程师

潘江洋

2024 年 10 月

2024年抽水蓄能电站与地下储能工程建筑物
学术研讨会论文集

目　录

三、地下洞室与边坡稳定

四、防渗与地基处理技术

五、智能化设计与施工技术

六、地下储能技术研究

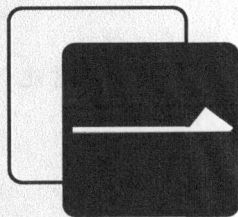

筑坝及泄洪技术研究

栗子湾抽水蓄能电站上水库基于泥岩含量的面板堆石坝应力变形分析

许　准，李家祥，陈建胜

（中国电建集团中南勘测设计研究院有限公司，湖南长沙　410014）

【摘　要】 栗子湾抽水蓄能电站上水库大坝为混凝土面板堆石坝，地层岩性主要为砂岩、泥岩及泥质砂岩互层，泥岩强度低，具遇水软化、失水崩解特性，开挖砂岩料与泥质岩混杂，分选困难。运用三维有限元方法，采用邓肯张 E-B 模型，研究了坝体在蓄水及填筑过程中坝体位移、坝体应力、面板挠度与应力、周边缝位移等应力和变形特性，给出泥岩掺混含量对大坝的影响分析。结论表明，上、下游堆石区掺混 7% 泥岩，满足大坝应力及变形控制要求。

【关键词】 三维有限元；应力；变形控制；软岩筑坝；抽水蓄能电站

0　引言

混凝土面板堆石坝是水工结构中重要坝型之一，且在近 30 年来发展迅速，但该坝型的设计经验阶段，还无成熟的设计理论[1]。混凝土面板堆石坝研究的核心是坝体应力及周边缝变形过大引起的面板断裂或趾板周边缝止水失效。栗子湾抽水蓄能电站料源为砂岩泥岩互层，大坝填筑料在施工过程中会不可避免地掺入部分泥岩，为了提高栗子湾抽水蓄能电站上水库坝体设计水平，满足节省投资、优化材料分区和设计方案，对水库在蓄水和填筑过程中的应力和变形问题进行数值模拟[2-5]，为工程建设提供理论支撑。

1　工程概况

栗子湾抽水蓄能电站装机容量为 1400MW，属一等大（1）型工程，枢纽布置包括上水库、输水系统、厂房系统、下水库等，工程的供电范围为重庆电网，在系统中承担重庆电网的调峰填谷、调频调相、紧急事故备用等任务。上水库位于暨龙河下游左岸支流高岩沟的源头，坝址处集雨面积为 1.9km²，多年平均径流量为 113.5 万 m³，正常蓄水位 1037.00m，相应库容为 767.0 万 m³，总库容 827.6 万 m³，死水位 1008.00m，死库容 59.00 万 m³，水库调节库容 658.00 万 m³。上水库大坝为混凝土面板堆石坝，坝顶高程 1042.00m，最大坝高 72.0m，大坝上游坝坡坡比为 1∶1.4，大坝下游坝坡综合坡比为 1∶1.5，坝顶长 658.00m，不设泄洪建筑物。上水库大坝平面布置图、坝体典型断面详见图 1、图 2。

坝址区地质构造简单，主要结构面为层面裂隙，次为陡倾角节理裂隙。根据坝址区工程地质条件及岩石（体）物理力学特性，采用 GB 50287—2016《水力发电工程地质勘察规范》中"坝基岩体工程地质分类"标准对坝基岩体进行工程地质分类，弱风化带岩体基本质量类别：中、细粒砂岩为Ⅲ2B～Ⅳ1B 类，粉砂岩、粉砂质泥岩、泥岩为ⅢC～ⅣC 类。

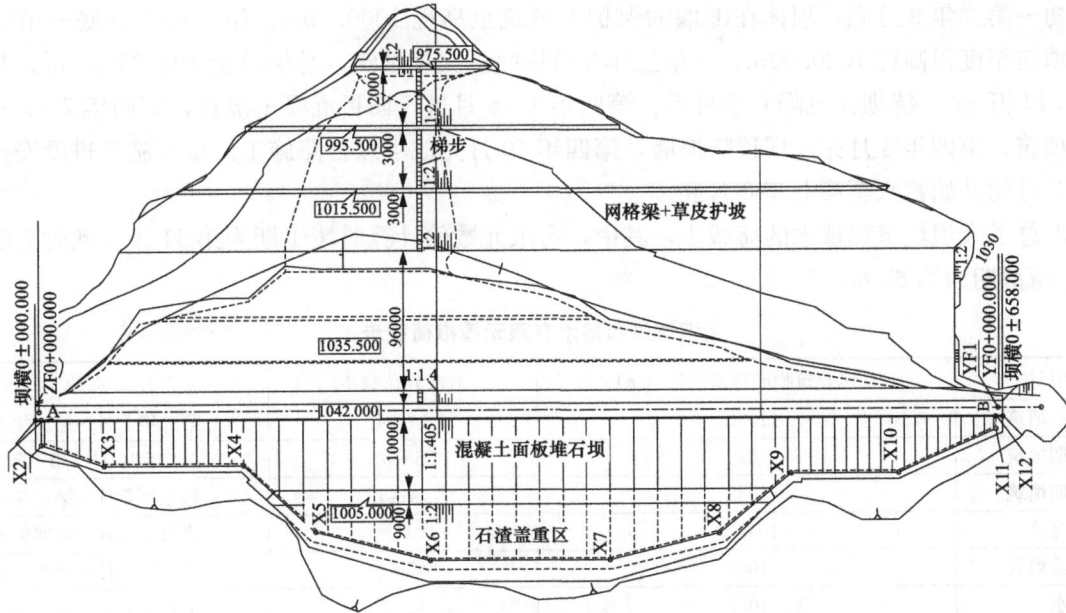

图 1 上水库大坝平面布置

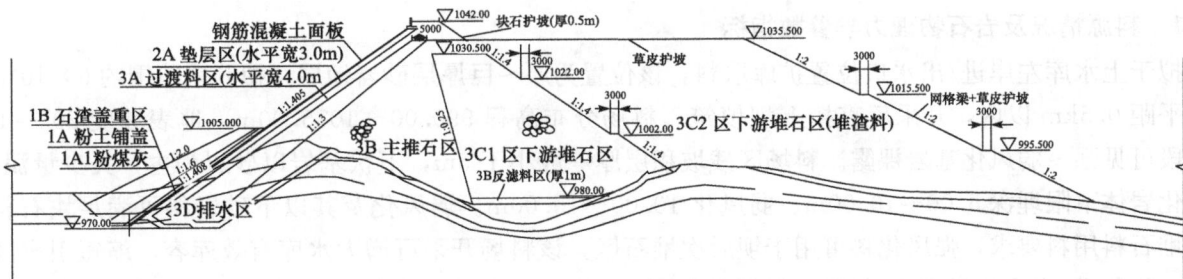

图 2 上水库大坝典型横断面

2 有限元静力分析

2.1 面板应力及接缝止水控制标准

2.1.1 面板混凝土应力控制标准

混凝土面板的压应力不超过混凝土材料的抗压强度；混凝土面板的拉应力在静力状态下，不超过混凝土材料的允许抗拉强度。遭遇设计、校核地震时，允许局部拉应力超标，但需配置相应的限裂钢筋。

2.1.2 接缝止水变形控制标准

对于混凝土面板堆石坝垂直缝和周边缝的设计允许值，根据文献［6］收集到的几十座面板堆石坝周边缝的资料，沉降值为 0.6～50.5mm，张开位移值为 1.7～29.8mm，剪切位移值为 3.0～43.7mm。根据现有资料和目前国内外面板堆石坝周边缝设计和施工水平，高面板堆石坝的周边缝位移的安全控制标准为 50～80mm，其中剪切变形取 50cm。

此外，文献［7］统计结果可见，随着止水材料研发技术的进步，高面板坝止水材料的抗变形能力得到了显著提升，止水（垂直缝、周边缝）可承受张开和沉陷 100mm，剪切 80mm 的接缝变形。当地震时止水达到最大变形量失效时，大坝的渗流量会急剧增加，但由于垫层区、过渡区的存在，大坝也难以在短时间内发生溃坝。

综上，将周边缝和垂直缝的容许沉陷变形标准定为 6cm，剪切和张开变形标准定为 4cm。

2.2 坝体填筑蓄水过程模拟

上水库大坝典型横断面见图 1。根据施工进度安排，大坝从工程正式开工第二年 7 月开始填筑，第二年 7 月初～第二年 9 月底，坝体在围堰的保护下填筑至高程 1000.00m。第二年 9 月底～第三年 4 月底，坝体填筑至度汛高程 1020.00m，至第三年 8 月底完成大坝填筑，总填筑量 192.35 万 m³，月平均填筑强度 13.74 万 m³；待坝体沉降 6 个月后，第四年 3～5 月进行面板混凝土浇筑，第四年 7～9 月进行上游铺盖的填筑，第四年 8 月完成坝顶防浪墙，第四年 10 月完成坝顶公路施工。根据施工进度安排，上水库第五年 7 月初开始蓄水至第七年 6 月底。

表 1 汇总了大坝填筑和蓄水的荷载步，其中，有限元数值计算时竣工期为第 51 步（此时上游铺盖填筑完成），满蓄期为第 65 步。

表 1   大坝填筑和蓄水有限元模拟荷载步

工程项目	挡水建筑物高程或水位（m）	有限元荷载步	时段
大坝一期填筑	1000	1～24	第二年 7 月～第二年 9 月
大坝二期填筑	1020	25～33	第二年 10 月～第三年 4 月
大坝三期填筑	1042	34-45	第三年 5 月～第三年 8 月
面板浇筑	1039.9	46	第四年 3 月～第四年 5 月
上游铺盖填筑	1005	47-51	第四年 7 月～第四年 9 月
蓄水	1037	52-65	第五年 7 月～第七年 6 月

2.3 坝体三维有限元模型建立

2.3.1 料源情况及岩石物理力学参数指标

拟于上水库左岸进/出水口位置扩库取料，该位置为厚～巨厚层砂岩地层，拟开采范围约 $6 \times 10^4 m^2$，距坝平距 0.5km 以内，开采后直接上坝填筑。料场分布高程 990.00～1075.00m，地表坡度 20°～40°，岸坡段可见强～弱风化基岩裸露。料场区残坡积层厚一般小于 5m，下伏基岩以砂岩为主，夹少量泥岩，强风化岩体下限埋深 5.00～10.00m、弱风化 10.00～15.00m。弱风化及其以下砂岩料可满足块石料和坝体堆石料用料要求，强风化料可用于坝后次堆石区。该料场开采可增大水库有效库容，缩短引水隧洞长度，优化进/出水口建筑物布置。料场总储量 $213.7 \times 10^4 m^3$，其中覆盖层及全风化料储量 $43.7 \times 10^4 m^3$，强风化料储量 $35 \times 10^4 m^3$，弱风化及其以下石料储量 $135 \times 10^4 m^3$（按 12% 的比例剔除所夹泥岩层后 $118.8 \times 10^4 m^3$），剥离层体积 $59.9 \times 10^4 m^3$。岩石物理力学参数建议值见表 2。

表 2   岩石（体）物理力学参数建议值表

岩石名称	岩石状态	比重	干密度 (g/cm³)	饱和吸水率 (%)	孔隙率 (%)	抗压强度 (MPa) 饱和	抗压强度 (MPa) 干燥	软化系数	混凝土/岩体 抗剪断强度 f_z	混凝土/岩体 抗剪断强度 C_z (MPa)	岩体/岩体 抗剪断强度 f_z	岩体/岩体 抗剪断强度 C_z (MPa)	岩体/岩体 抗剪强度 f	岩体/岩体 抗剪强度 C (MPa)	弹性模量 (GPa)	变形模量 (GPa)	泊松比	承载力 (MPa)
砂岩	微风化至新鲜	2.67	2.50	2.50	6.20	30.00	48.00	0.62	1.05	1.00	1.10	1.20	0.68	—	14.00	9.00	0.25	5.00
	弱风化	2.67	2.45	3.10	7.60	25.00	45.00	0.55	0.92	0.72	0.95	0.80	0.62	—	9.00	5.00	0.27	2.50
	强风化	2.67	2.45	4.48	10.65	10.00	35.00	0.28	0.77	0.45	0.75	0.50	—	—	5.50	3.00	0.32	1.00
泥质	微风化至新鲜	2.72	2.50	3.75	9.10	20.00	40.00	0.50	0.80	0.50	0.82	0.50	0.50	—	4.00	2.50	0.25	2.00
砂岩	弱风化	2.70	2.47	4.80	11.50	7.00	20.00	0.73	0.75	0.35	0.75	0.35	—	—	3.50	2.00	0.26	0.80
砂质	微风化至新鲜	2.74	2.50	2.10	5.66	15.00	40.00	0.50	0.72	0.50	0.68	0.35	0.50	—	3.50	1.90	0.26	1.50
泥岩	弱风化	2.72	2.58	2.40	6.20	7.00	21.00	0.32	0.50	0.20	0.48	0.20	—	—	2.00	1.50	0.28	0.60
泥岩	微风化至新鲜	2.77	2.55	2.60	7.00	10.00	28.00	0.35	0.48	0.15	0.45	0.15	0.40	—	1.00	0.60	0.27	1.00
	弱风化	2.76	2.53	2.60	8.50	4.00	7.50	0.30	0.45	0.10	0.45	0.10	—	—	0.80	0.40	0.30	0.30

2.3.2 三维模型建立及 E-B 参数选取

为了使计算结果具有较高的精度，对栗子湾上水库面板堆石坝进行了大规模的网格剖分，三维模型以坝轴向为 Z 轴，以坝横向为 X 轴，竖直方向为 Y 轴，竖直方向坐标采用实际高程坐标，建立直角坐标系。大坝的三维有限元网格共有 112148 个单元。面板和坝体采用六面体单元和少量退化的四面体单元。在面板与坝体交界面、趾板与坝体交界面设置 8 结点空间 Goodman 单元，面板垂直缝、周边缝采用 8 结点空间接缝单元。面板网格图、缝单元位置图、三维空间网格图分别见图 3～图 5。

图 3　面板网格

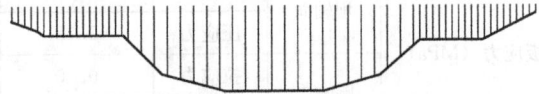

图 4　面板垂直缝和周边缝单元网格

图 5　大坝三维网格（单元数：112148）

本次研究采用了邓肯张 E-B 模型进行了三维有限元计算，计算参数根据筑坝料的三轴试验结果并参照同类工程拟定，见表 3。采用无厚度连接单元模拟接缝之间的相互作用，面板缝受压时取三元乙丙橡胶板模量为 0.3GPa。面板混凝土强度等级为 C30，采用线弹性模型。

表 3　上水库混凝土面板堆石坝坝料 E-B 模型参数

坝料分区	干密度 (g/cm³)	E-B 模型参数						
		φ_0 (°)	$\Delta\varphi$ (°)	R_f	K	n	K_b	m
特殊垫层区	2.26	51.20	7.20	0.68	1200.00	0.44	720.00	0.41
垫层区	2.22	53.00	8.30	0.81	1195.20	0.36	765.60	−0.05
过渡区	2.12	48.00	5.80	0.86	1112.00	0.31	562.40	−0.12
排水区	2.09	46.70	5.40	0.80	1114.10	0.30	491.20	−0.03
主堆石区	2.09	46.70	5.40	0.80	1114.10	0.30	491.20	−0.03
下游堆石区	2.07	46.50	5.30	0.79	948.80	0.32	448.80	−0.04
下游块石护坡	2.00	44.80	4.70	0.76	580.00	0.49	170.00	0.39
排水棱体	2.00	44.80	4.70	0.76	580.00	0.49	170.00	0.39
坝后堆渣	2.05	44.00	4.80	0.65	500.00	0.30	260.00	0.18

2.4　三维计算结果分析

2.4.1　泥岩掺料对比分析

考虑将下游堆石区的堆石料由砂岩料改为泥岩料、砂岩料掺 7%、15% 和 50% 的泥岩料，其余分区料参数不变进行对比分析，下游堆石区计算参数见表 3。大坝满蓄期计算结果见表 4。

表 4　大坝三维静力计算极值（下游堆石采用泥岩的影响，满蓄）

项目		下游堆石区岩性				
		砂岩	泥岩	砂岩掺 7%泥岩	砂岩掺 15%泥岩	砂岩掺 50%泥岩
坝体位移（cm）	向上游位移	18.3*/18.3	16.9	18.2	18.1	17.9
	向下游位移	14.8*/1.9	9.7	2.2	2.5	4.4
	竖向沉降	38.2*/28.9	77.5	33.6	35.1	44.5

项目		下游堆石区岩性				
		砂岩	泥岩	砂岩掺 7％泥岩	砂岩掺 15％泥岩	砂岩掺 50％泥岩
坝体应力（MPa）	大主应力	1.18	1.30	1.20	1.22	1.26
	小主应力	0.48	0.53	0.49	0.50	0.51
面板挠度（cm）		4.9	5.2	4.9	4.9	5.0
面板应力（MPa）	坝轴向 拉应力	0.08	0.11	0.10	0.10	0.10
	坝轴向 压应力	2.18	2.10	2.14	2.14	2.13
	顺河向 拉应力	0.40	0.62	0.42	0.42	0.44
	顺河向 压应力	2.23	1.82	2.16	2.14	2.04
周边缝位移（cm）	剪切	0.25	0.28	0.24	0.24	0.23
	沉陷	1.38	1.46	1.41	1.41	1.41
	压缩	—	—	—	—	—
	张开	0.74	0.98	0.76	0.76	0.81
垂直缝位移（cm）	剪切	0.24	0.30	0.24	0.24	0.25
	沉陷	0.02	0.02	0.02	0.02	0.02
	压缩	0.01	0.01	0.01	0.01	0.01
	张开	0.22	0.23	0.21	0.23	0.24

注 ＊为显示 3C2 区下游堆石区（堆渣料）的结果。

以砂岩料掺 7％泥岩料的计算结果为例，可以看出：相比砂岩料工况，坝体的顺河向向上游最大位移减小 0.1cm、向下游增加 0.3cm、竖向最大沉降增加 4.7cm。面板挠度无明显变化，面板顺坡向最大拉应力增加 0.02MPa、压应力降低 0.07MPa；面板坝轴向最大拉应力增加 0.02MPa、压应力降低 0.04MPa。周边缝剪切位移降低 0.01cm，沉陷位移增加 0.03cm，张开增加 0.02cm，压缩无变化。垂直缝剪切位移无变化，沉陷位移无变化，张开减小 0.01cm，压缩无变化。

以砂岩料掺 50％泥岩料的计算结果为例，可以看出：相比砂岩料工况，坝体的顺河向向上游最大位移减小 0.4cm、向下游增加 2.5cm、竖向最大沉降增加 15.6cm。面板挠度增加 0.1cm，面板顺坡向最大拉应力增加 0.04MPa、压应力降低 0.19MPa；面板坝轴向最大拉应力增加 0.02MPa、压应力降低 0.05MPa。周边缝剪切位移降低 0.02cm，沉陷位移增加 0.03cm，张开增加 0.07cm，压缩无变化。垂直缝剪切位移增加 0.01cm，沉陷位移无变化，张开增加 0.02cm，压缩无变化。

可见，泥岩含量越高，沉降变形及下游位移越大。且泥岩含量越高，下游堆石区排水效果越差，坝体存水越多，易出现面板顶托、拉裂、面板缝变形等不利影响。[8]

2.4.2 坝体位移

上水库面板堆石坝坝体典型横断面的沉降、顺河向位移等值线云图见图 6～图 10，坝体位移最大值汇总于表 5。可以看出：

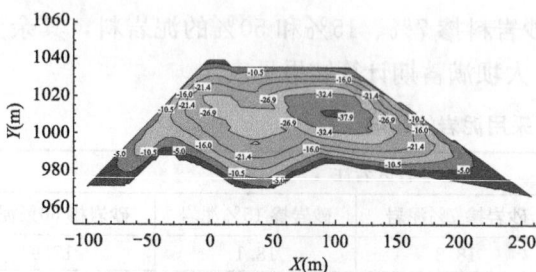

图 6 竣工期断面竖向沉降

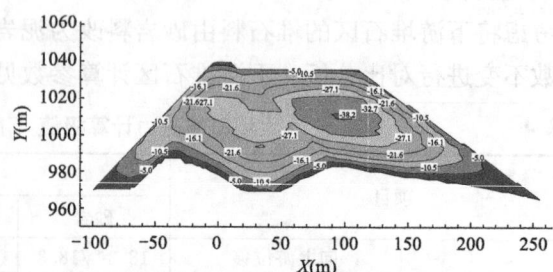

图 7 满蓄期断面竖向沉降

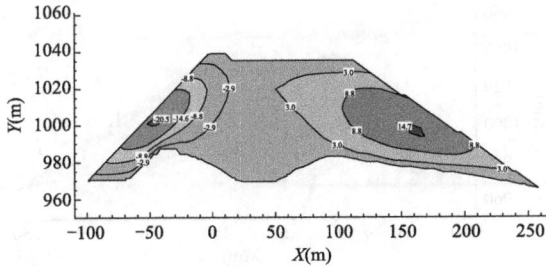

图 8　竣工期断面顺河向水平位移

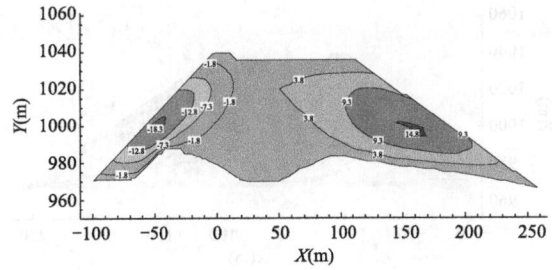

图 9　蓄水引起的断面竖向位移

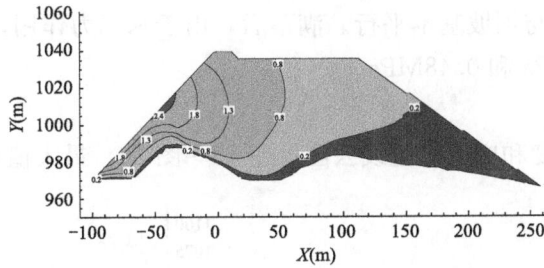

图 10　蓄水引起的断面顺河向水平位移

表 5　　　　　　　　　　　　　　　三维有限元计算的堆石体应力和变形极值

项目		竣工期	满蓄期
坝体位移（cm）	向上游位移	20.5	18.3
	向下游位移	14.7	14.8
	竖向沉降	37.9	38.2
坝体应力（MPa）	第一主应力	1.15	1.18
	第三主应力	0.47	0.48

竣工期坝体最大沉降为 37.9cm，满蓄期坝体沉降略有增加，最大值为 38.2cm。由于坝后堆渣的模量系数较小（不到主堆石区的 1/2），沉降最大值均位于该区域。竣工期上、下游位移最大值分别为 20.5cm 和 14.7cm；满蓄后向上游变形区域和数值减小，上下游位移最大值分别为 18.3cm 和 14.8cm。

2.4.3　坝体应力

上水库面板堆石坝坝体 0+316.5 典型横断面的大、小应力等值线云图见图 11～图 14，最大值列于表 5。

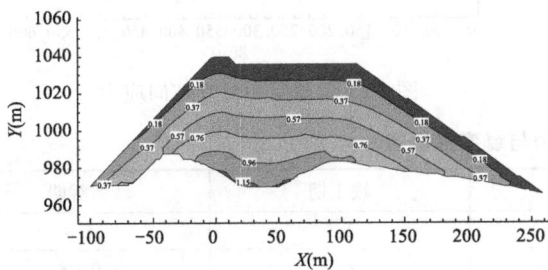

图 11　竣工期横断面大主应力

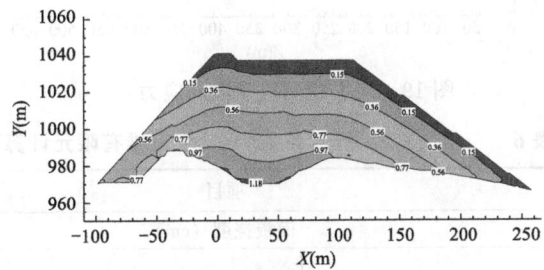

图 12　满蓄期横断面大主应力

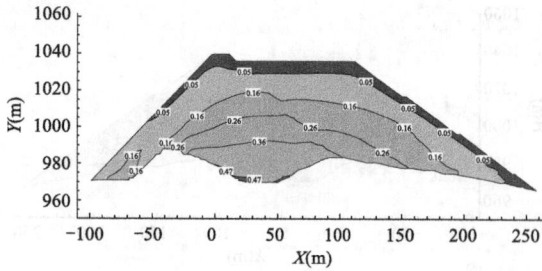

图 13　竣工期横断面小主应力

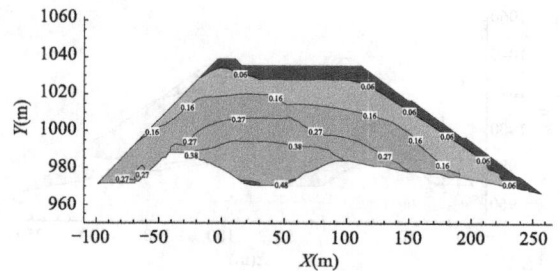

图 14　满蓄期横断面小主应力

可以看出：竣工期坝体主应力最大值出现在坝底中部，大主应力和小主应力最大值分别为 1.15MPa 和 0.47MPa，大主应力等值线与坝坡基本平行。满蓄后，由于水压力作用，应力略有增加，大主应力和小主应力最大值分别为 1.18MPa 和 0.48MPa。

2.4.4　面板挠度与应力

上水库面板堆石坝面板挠度和应力等值线云图见图 15～图 20，最大值见表 6。

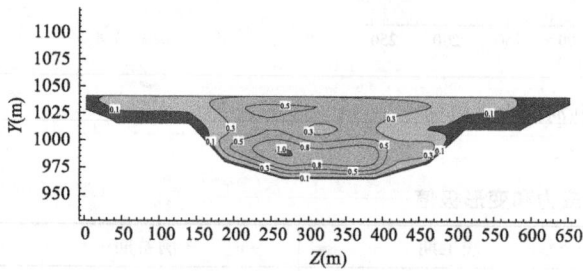

图 15　竣工期面板挠度

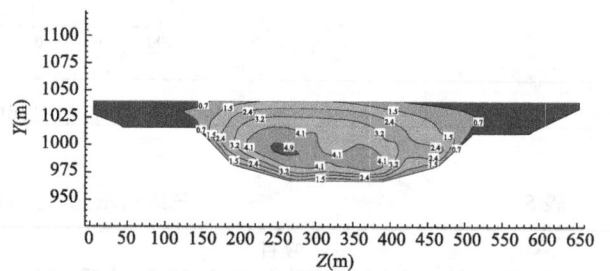

图 16　满蓄期面板挠度

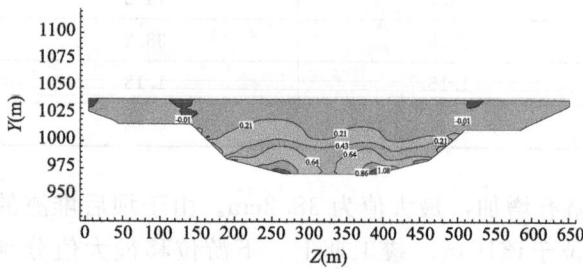

图 17　竣工期面板坝轴向应力

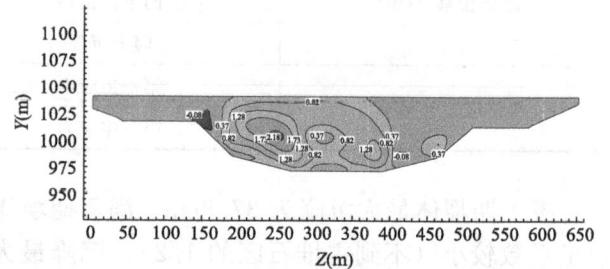

图 18　满蓄期面板坝轴向应力

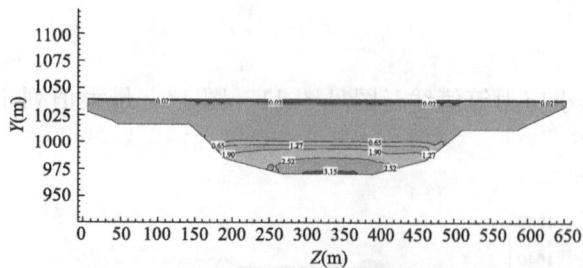

图 19　竣工期面板顺坡向应力

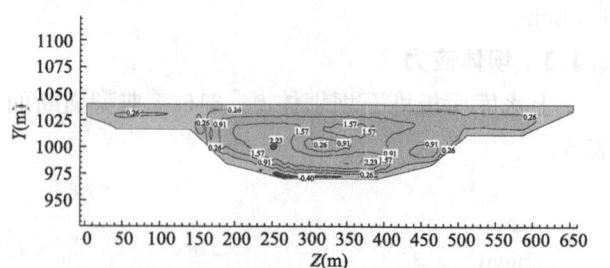

图 20　满蓄期面板顺坡向应力

表 6　　　　　　　　　　　　　　三维有限元计算面板应力与缝变形极值

项目			竣工期	满蓄期
面板挠度（cm）			1.0	4.9
面板应力（MPa）	坝轴向	拉应力	0.01	0.08
		压应力	1.08	2.18
	顺坡向	拉应力	—	0.40
		压应力	3.15	2.23

项目		竣工期	满蓄期
周边缝位移（cm）	剪切	0.22	0.25
	沉陷	0.05	1.38
	压缩	0.02	—
	张开	0.02	0.74

从等值线云图分布及表可知：

竣工期，面板变形指向坝内，在自重和上游铺盖作用下挠度较小，面板的最大挠度为 1.0cm，位于面板中部靠左岸约 1/3 坝高处；满蓄期，水压力作用下面板的最大挠度增加至 4.9cm，位于面板中部靠左岸约 2/5 坝高处。

竣工期，面板坝轴向基本处于受压状态，最大压应力为 1.08MPa，位于河床部位面板底部区域，基本无拉应力。满蓄期，面板坝轴向最大压应力位于河床中部靠左岸约 1/2 坝高附近，最大值为 2.18MPa，基本无拉应力。

竣工期，面板顺坡向基本上受压，最大压应力达 3.15MPa，位于河床底部附近。满蓄后面板压应力最大值为 2.23MPa，位于河床中部靠左岸约 1/2 坝高附近，在河床底部出现拉应力区，最大值为 0.40MPa。

2.4.5 周边缝位移

上水库面板堆石坝周边缝的三向位移典型分布见图21～图26。其中，沿趾板走向剪切位移为剪切变形，沿面板法向剪切位移为沉陷变形。从周边缝变位图及表6可知：

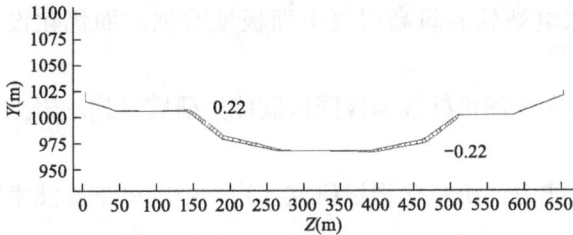

图 21　竣工期面板周边缝剪切变形

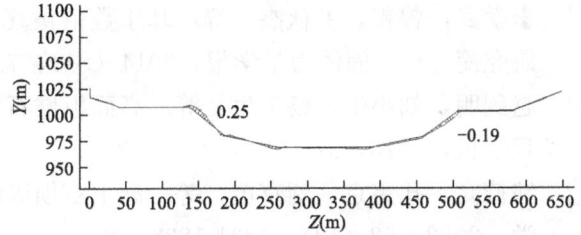

图 22　满蓄期面板周边缝剪切变形

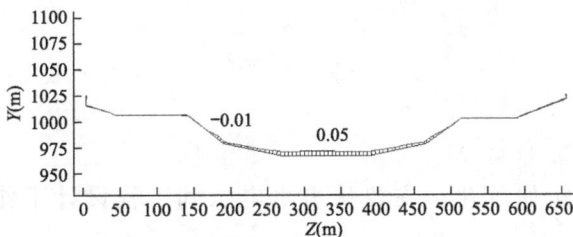

图 23　竣工期面板周边缝沉陷变形

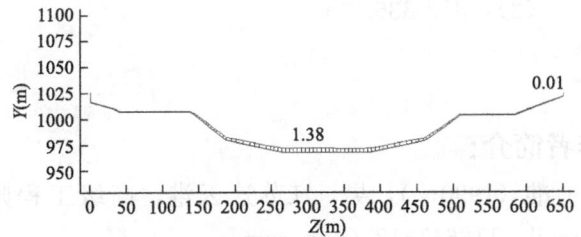

图 24　满蓄期面板周边缝沉陷变形

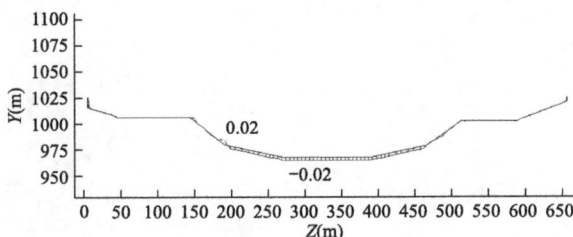

图 25　竣工期面板周边缝压缩、张开位移

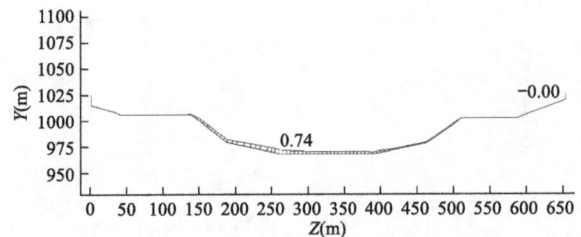

图 26　满蓄期面板周边缝压缩、张开位移

竣工期，周边缝剪切变形最大值为 0.22cm，位于左岸和右岸 990m 高程附近；沉陷变形最大值为 0.05cm，位于面板底部区域；周边缝张拉和压缩变形很小，不到 0.1cm。

满蓄后，周边缝的剪切变形最大值为 0.25cm，位于左岸 1000m 高程附近；沉陷变形最大值为 1.38cm，位于面板底部区域；周边缝基本处于张开状态，最大值为 0.74cm，位于面板底部区域。

3 结语

通过三维有限元数值模拟方法对栗子湾抽水蓄能电站上水库坝体进行应力应变静力分析，结果表明，上、下游堆石区掺混 7% 泥岩软岩，满足大坝应力及变形控制要求；开挖砂岩料与泥质岩混杂，施工过程无法避免泥岩全不上坝；成果在施工期和蓄水期进行应力应变计算，符合水库在建造使用过程中的应力应变规律，对软岩筑坝有一定的指导意义。

参考文献

［1］ 蔡新合. 混凝土面板堆石坝坝料分区优化及坝体变形特性三维有限元分析［D］. 西安：西安理工大学，2007.

［2］ 周艳，何杨. 软岩料填筑面板坝三维有限元流变分析［J］. 水利建设与管理，2023，43（5）：15-24.

［3］ 郝英泽. 基于软岩料填筑的面板堆石坝应力变形分析研究［J］. 黑龙江水利科技，2017（5）：5.

［4］ 莫海春，王斌. 较软岩风化料作为坝壳料筑坝应用实例分析［J］. 人民珠江，2023（S2）：254-260.

［5］ 李学武，曾锃，王秋杰，等. 基于数值仿真的某水电站软岩筑高混凝土面板堆石坝剖面优化设计研究简［J］. 固体力学学报，2014（S1）：7.

［6］ 赵剑明，刘小生，杨玉生，等. 高面板堆石坝抗震安全评价标准与极限抗震能力研究［J］. 岩土工程学报，2015，37（12）：2254-2261.

［7］ 邹德高，孔宪京，刘京茂，等. 高土石坝极限抗震能力评价量化指标研究［J］. 中国科学：技术科学，2022，52（12）：1831-1838.

［8］ 王保田，余湘娟，刘汉龙. 面板堆石坝坝料力学性质试验研究［J］. 岩石力学与工程学报，2003，（2）：332-336.

作者简介：

许 准（1990—），男，江苏连云港，高级工程师，硕士研究生，主要从事水电水利工程设计工作。
E-mail：1126413177@qq.com

某抽水蓄能电站
上水库"库-坝"三维应力变形特性分析

王晓东[1]，王党在[1]，岑威钧[2]，马　耀[1]

（1. 中国电建集团成都勘测设计研究院有限公司，四川成都　610072；

2. 河海大学水利水电学院，江苏南京　210098）

【摘　要】　以某抽水蓄能电站上水库混凝土面板堆石坝、库盆和库周为研究对象，建立"库-坝"三维整体有限元模型，并开展应力变形特性计算分析，结果表明：正常蓄水位下，坝体顺河向水平位移分别为－0.85cm和42.51cm；沉降极值为-63.66cm，沉降率为0.67%；坝体大、小主应力极值分别为1.81MPa和0.60MPa；坝体处面板最大挠度为15.14cm，相应的沉降值为－12.41cm；面板顺坡向压应力和拉应力极值分别为1.02MPa和－0.44MPa，坝轴向压应力和拉应力极值分别为1.21MPa和－0.52MPa，均分别小于相应的混凝土抗压强度和抗拉强度。周边缝拉开、沉陷和剪切变形极值分别为－0.39、0.64cm和0.40cm；垂直缝拉开、沉陷和剪切变形极值分别为－0.09、0.01cm和0.10cm。库底土工膜坝轴向位移、沉降和挠度极值分别为－1.68/1.86、－15.92cm和16.46cm；库底土工膜拉应变极值为－0.28%，相应的安全系数为46.43，远大于允许值5.0，土工膜安全性能良好，不会出现整体受拉破坏。

【关键词】　抽水蓄能电站；混凝土面板堆石坝；土工膜；应力变形；有限元法

0　引言

"双碳"背景下，我国能源行业进入以低碳清洁、安全高效为目标的能源结构转型道路，抽水蓄能电站得以迅速发展，目前国内已建和在建的抽水蓄能电站工程超过80余座。混凝土面板堆石坝因其施工速度快、地形条件适应能力强和经济安全等优点，已成为我国大坝建设中最主要的坝型之一[1]。

随着坝高的不断增加，技术水平和施工难度也在同步上升，面板堆石坝快速发展的过程中不可避免地面临许多实际问题。青海省沟后面板砂砾石坝的溃坝和天生桥一级水电站面板堆石坝面板产生结构性裂缝都是典型案例，特别是天生桥一级水电站面板堆石坝，大坝过大的变形破坏了面板和接缝止水结构，进而导致面板堆石坝渗透破坏[2]。因此，深入研究混凝土面板堆石坝的应力变形特性，对于控制大坝变形，推动混凝土面板堆石坝的进一步发展有着重要的意义，为此不少学者开展了相关研究。梁勋等[3]采用非线性有限元法对某抽水蓄能电站下水库面板坝进行分析，结果表明，坝基面倾向下游的地形导致坝体向下游位移增大，同时面板靠近趾板附近产生拉应力。郦能惠[4]进行面板堆石坝变形特性计算分析，结果表明，由于河谷两侧堆石体会向河谷中间位移，势必会带动面板，就造成混凝土面板中间区域受压，河谷两侧受拉。吴兴征等[5]采用邓肯E-B模型对鱼跳面板堆石坝进行三维有限元计算分析，结果表明，受下游软岩填筑区的影响，坝体最大沉降略偏向下游，总沉降量约为坝高的1%，面板周边缝位移绝对值一般都小于2cm。岑威钧等[6]采用三维非线性有限元法计算分析复杂地形下高面板堆石坝的应力变形，研究表明起伏突变的地形对面板应力变形不利。孔宪京等[7]采用非线性有限元法计算高面板堆石坝面板应力分布，结果表明面板顺坡向高拉应力区集中分布在河谷处岸坡附近及河谷中央坝高4/5～2/3范围内，坝轴向高压应力区主要分布在河谷中央竖缝两侧面板之间。方超等[8]对坝轴线呈连续多折点的折线形面板堆石坝进行了分析，指出垂直坝轴向交角的存在导致异形面板间轴向压应力很小，但在部分面板中上部产生大范围轴向拉应力。徐泽平[9]总结多年来我国面板堆石坝的发展,认为堆石体与面板变形的不协调是面板脱空和破坏的主要原因,堆石体的变形是影响大坝安全性的重要因素。郦能惠等[10]提出混凝土面板出现的结构性裂缝是由于堆石体过大的沉降和变形导致面板和垫层间变形的不协调。Zhang等[11]对天生桥一级面板坝的混凝土面板与垫层脱空原因进行分析总结,认为主要原因是混凝土面板的高刚度材料属性导致不能和垫层协调变形。Ming等[12]基于K-G模型对某面板堆石坝进行计算分析,结果表明坝料模量对坝体应力影响较小,对坝体和面板变形影响明显。韩逸凡等[13]以厦门抽水蓄能电站上水库面板堆石坝为研究对象,探究堆石料性能变化对坝体变形的影响。

当前研究主要聚焦混凝土面板堆石坝应力变形特性研究,对面板接缝变形和土工膜变形的研究较少,本文以我国某抽水蓄能电站上水库混凝土面板堆石坝为例,进行三维有限元静力计算,从坝体应力变形、面板应力变形、面板接缝三向变形和库底土工膜变形及应变等方面进行全面分析,以期为类似工程的设计施工提供参考。

1　工程概况

我国某抽水蓄能电站,枢纽建筑物主要由上水库(坝)、输水系统、地下厂房、下水库(坝)及地面开关站等组成,工程等别为一等,规模为大(1)型。上水库主要建筑物由挡水坝、库周及库底防渗结构等部分组成。挡水坝采用钢筋混凝土面板堆石坝,坝顶高程4281.00m,最大坝高(坝轴线处)86.4m,坝顶宽10.00m,上游坝坡坡比为1:1.5,下游坝坡坡比为1:1.6。正常蓄水位4277.00m,死水位4257.00m。大坝采用"钢筋混凝土面板堆石坝+库岸钢筋混凝土面板+库底土工膜"的全库盆防渗型式。大坝典型断面如图1所示。

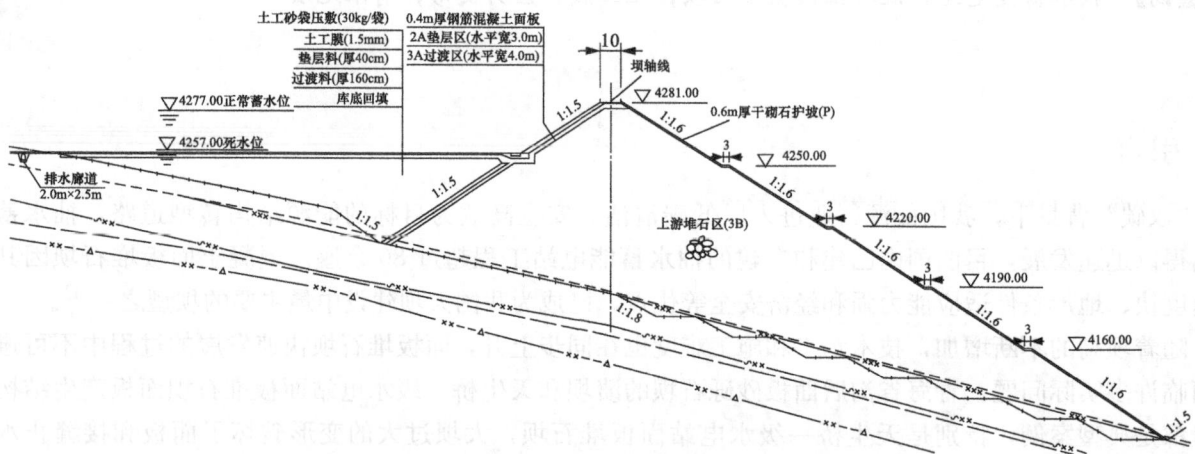

图1　上水库坝体典型剖面图

坝体分区从上游至下游分别为钢筋混凝土面板(F)、垫层料(2A)、过渡料(3A)、堆石区(3B)及下游护坡(P)。各分区坝料均采用库盆开挖料,岩性及主要设计指标见表1。

表1　　　　　　　　　上水库大坝各分区坝料岩性及主要设计指标表

分区	垫层料	特殊垫层料	过渡料	堆石料
岩石岩性	新鲜粉砂质板岩加工料	新鲜粉砂质板岩加工料	弱下粉砂质板岩加工料	弱风化粉砂质板岩
干密度(g/cm³)	≥2.26	≥2.26	≥2.22	≥2.20
孔隙率(%)	≤18	≤18	≤19	≤19
最大粒径(mm)	80	40	300	800
压实层厚(mm)	400	200	400	800

分区	垫层料	特殊垫层料	过渡料	堆石料
<5mm	30%～45%	40%～50%	8.5%～29%	≤20%
<0.075mm	≤4%	≤5%	≤4%	≤5%
渗透系数（cm/s）	1×10^{-2}～1×10^{-3}	1×10^{-3}～1×10^{-4}	≥1×10^{-2}	≥1×10^{-1}

2 计算模型及计算条件

2.1 有限元模型与分期加载模拟

根据上水库大坝平面布置图和剖面图等资料，结合施工方案，对上水库大坝（混凝土面板堆石坝）和库盆进行三维有限元建模。在混凝土面板与垫层之间设置六面体或五面体接触单元，用于模拟两者之间的接触行为。在面板各板块之间、面板与连接板处设置六面体连接单元，用于模拟垂直缝和周边缝的三向受力变形行为。在库底土工膜与垫层之间设置六面体接触单元，用于模拟两者之间的接触行为。有限元网格以八节点六面体单元为主，共有结点数 53584 个，单元数 48581 个，其中面板单元 1540 个、接触单元 1540 个、面板垂直缝（压性缝和张性缝）连接单元 476 个、周边缝连接单元 67 个，库底回填区土工膜单元 3873 个。图 2 为上水库大坝及库盆三维有限元模型。计算模型底部采用三向固定约束。

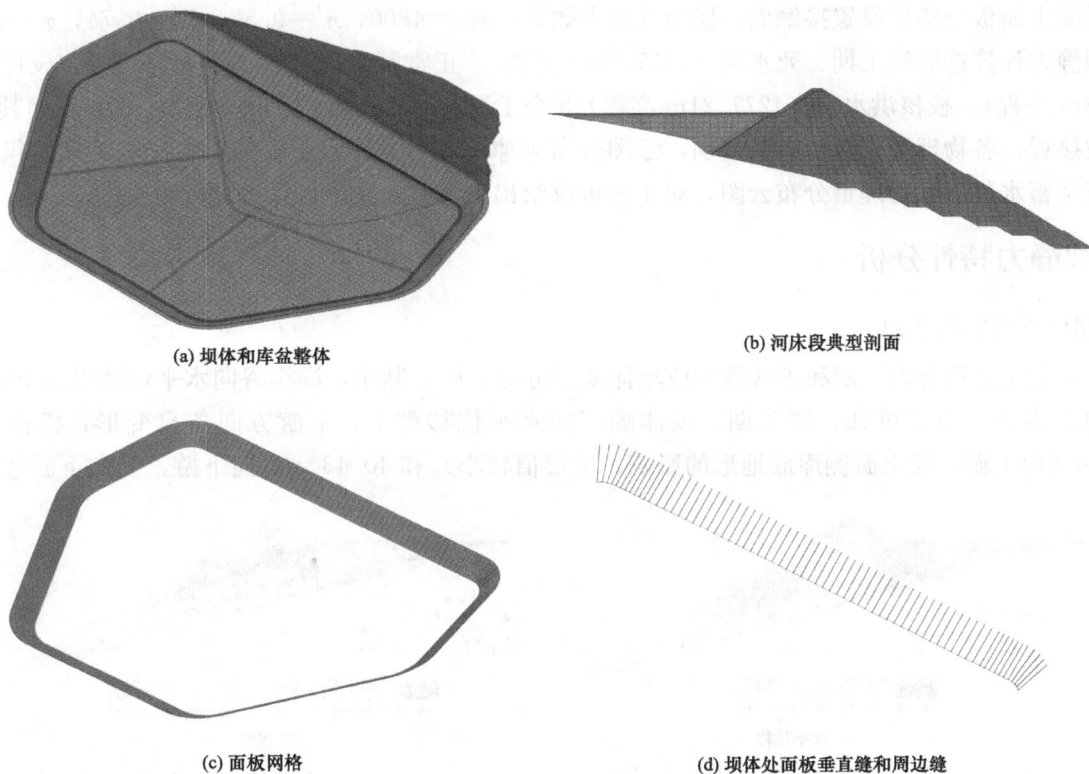

(a) 坝体和库盆整体

(b) 河床段典型剖面

(c) 面板网格

(d) 坝体处面板垂直缝和周边缝

图 2 上水库大坝及库盆三维有限元网格

静力计算对大坝填筑、面板浇筑、库底回填、土工膜铺设和水库蓄水等过程进行详细模拟，其中第 1～40 级模拟大坝全断面填筑至坝顶高程，第 36～46 级模拟库底填筑，第 47 级模拟土工膜铺设，第 48 级模拟面板浇筑，第 49～58 级模拟分期蓄水至各特征水位。

2.2 计算参数与计算工况

坝体各分区堆石料静力计算采用邓肯 E-B 模型，相应的模型参数采用室内大型三轴试验成果，见表 2。

表 2   大坝坝料邓肯 E-B 模型计算参数

坝体分区	ρ (g/cm^3)	φ_0 (°)	$\Delta\varphi$ (°)	K	n	R_f	K_b	m
垫层	2.26	48.6	9.3	1020	0.25	0.79	530	0.19
过渡层	2.22	48.4	9.1	960	0.25	0.80	510	0.21
堆石区	2.21	48.2	8.8	880	0.26	0.82	470	0.20
库底回填区	2.09	41.1	8.5	655	0.30	0.83	340	0.22

土工膜主要参数取自山东某厂家生产的 1.5mm 厚 HDPE 光面土工膜的试验报告，见表 3。根据表 3 试验结果，土工膜屈服拉伸应变取 13％，安全系数取 5.0，相应的允许应变为 2.6％。

表 3   HDPE 土工膜拉伸试验力学参数

类型	膜厚 (mm)	密度 (g/cm^3)	屈服强度（N/mm）		屈服延伸率（%）		断裂强度（N/mm）		断裂延伸率（%）	
			横向	纵向	横向	纵向	横向	纵向	横向	纵向
HDPE 光面膜	1.5	0.94	30.6	30.3	13.0	13.1	48.9	49.3	798	832

混凝土材料、基岩采用线弹性模型，材料取值为：C30 混凝土：$E=30.0\mathrm{GPa}$，$\mu=0.167$。C15 混凝土：$E=22.0\mathrm{GPa}$，$\mu=0.167$。其中，C30 混凝土用于大坝面板及和连接板，C15 混凝土为无砂混凝土排水层，用于库岸面板下。

在混凝土面板与垫层设置接触面，模型计算参数为：$K_1=4800$，$n'=0.56$，$R_\mathrm{f}'=0.74$，$\varphi=36.6°$。

大坝静力计算选取竣工期、死水位（4257.00m 高程）、正常蓄水位（4277.00m 高程）、设计洪水位（4277.18m 高程）、校核洪水位（4277.21m 高程）5 个工况，由于死水位仅比库底高 1.0m，而其余 3 个特征水位接近，各物理量仅极值有些差别，云图分布规律基本一致。限于篇幅，本文对于坝体仅给出竣工期和正常蓄水位下各物理量分布云图，对于面板仅给出正常蓄水位下各物理量分布云图。

3   大坝静力特性分析

3.1   坝体变形和应力

图 3 和图 4 分别为竣工期和正常蓄水位坝体变形分布云图。其中，顺沟谷向水平位移以向下游为正，沉降以向上为正。由图可知：竣工期，坝体顺河向水平位移朝上、下游方向各自变形，极值分别为 −3.80cm（向上游，受上游侧库底地形的影响，变形值较小）和 40.43cm（向下游，受向下游倾斜的建

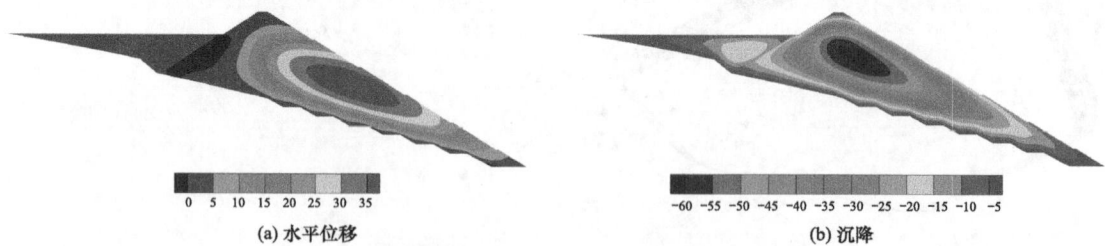

(a) 水平位移   (b) 沉降

图 3   竣工期坝体典型剖面变形分布图（单位：cm）

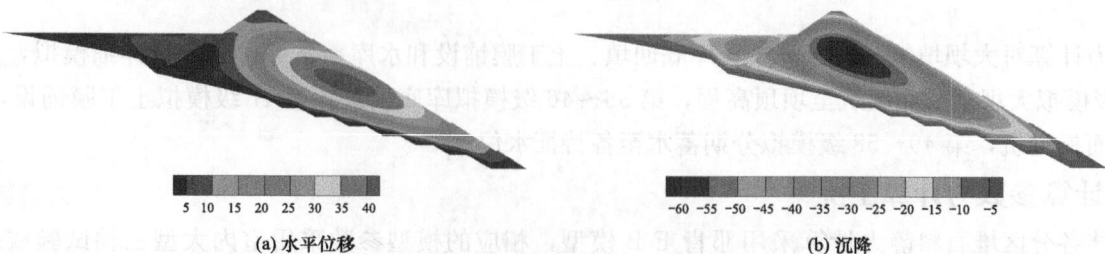

(a) 水平位移   (b) 沉降

图 4   正常蓄水位坝体典型剖面变形分布图（单位：cm）

基面的影响，变形值偏大）；坝体沉降中心位于坝轴线附近的坝高中部区域，极值为 -61.97 cm，沉降率为 0.66%。正常蓄水位，水荷载使大坝向下游变形，坝体顺河向水平位移分别为 -0.85 cm（向上游）和 42.51 cm（向下游）；沉降极值稍有增加，其值为 -63.66 cm，沉降率为 0.67%。

图 5 和图 6 分别为竣工期和正常蓄水位坝体主应力分布云图。主应力以压为正，拉为负。由图可知：竣工期坝体大主应力等值线近似平行坝坡，量值随埋深增加而增大，表明大主应力分布与坝体自重应力具有较好相关性。蓄水后，水压力使得上游坝体部分大主应力增加，等值线"抬升"。竣工期坝体大、小主应力极值分别为 1.78 MPa 和 0.60 MPa。正常蓄水位坝体大、小主应力极值分别为 1.81 MPa 和 0.60 MPa。

图 5　竣工期坝体典型剖面主应力云图（应力单位：MPa）

图 6　正常蓄水位坝体典型剖面主应力云图（应力单位：MPa）

3.2　面板变形和应力

面板变形主要发生在坝体部分，库周基岩处面板变形很小。图 7 为正常蓄水位坝体部分面板变形分布云图。由图可知：蓄水后，在水压力作用下，坝体处面板向坝内变形，极值位于坝体堆石料变形最大剖面附近，两侧面板向河床方向变形。正常蓄水位坝体处面板最大挠度为 15.14 cm，相应的沉降值为 -12.41 cm。

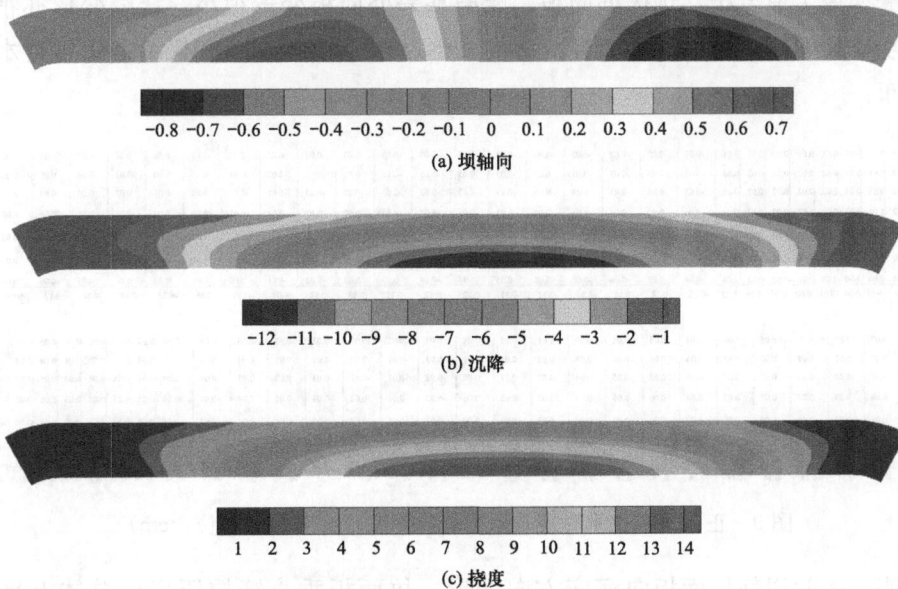

图 7　正常蓄水位坝体部分面板变形分布图（单位：cm）

图 8 为正常蓄水位坝体部分面板应力分布图。面板应力以压为正，拉为负。由图可知：正常蓄水位下，面板顺坡向应力基本上以受压为主，仅在面板底部部分区域出现拉应力，压应力和拉应力极值分别为 1.02MPa 和－0.44MPa；面板坝轴向应力呈河床中央部位受压，两岸部位受拉，压应力和拉应力极值分别为 1.21MPa 和－0.52MPa，上述应力极值均分别小于相应的混凝土抗压强度设计值 14.3MPa 和抗拉强度设计值 1.43MPa。

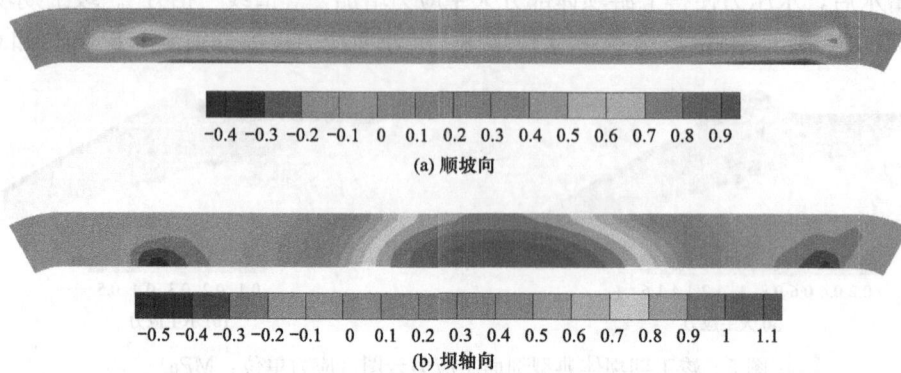

(a) 顺坡向

(b) 坝轴向

图 8　正常蓄水位坝体部分面板应力分布图（单位：MPa）

3.3　面板接缝三向变形

表 4 为正常蓄水位下面板垂直缝和周边缝三向变形极值。面板垂直缝拉压变形以压缩为正，沉陷变形以缝左侧面板相对缝右侧面板向下为正，剪切变形以缝左侧面板相对缝右侧面板朝坝内变形为正；面板周边缝拉压变形以压缩为正，沉陷变形以面板侧相对连接板侧向坝内移动为正，剪切变形以左岸连接板侧相对面板侧向河床中部剪切（右岸相反）为正。

表 4　　　　　　　　　　　　　　　　　正常蓄水位面板接缝三向变形极值　　　　　　　　　　　　　　　　　单位：cm

项目	垂直缝			周边缝		
	拉压	沉陷	剪切	拉压	沉陷	剪切
极值	0.09/－0.09	0.01/－0.01	0.09/－0.10	0.01/－0.39	0.64/－0.00	0.40/－0.34

注　表中"/"两侧的数值分别表示该处相反方向的变形极值。

由于面板接缝变形主要发生在坝体处面板，库周基岩处面板变形很小，接缝变形亦很小，因此重点关注正常蓄水位坝体处面板周边缝和垂直缝的三向变形。限于篇幅，图 9 仅给出正常蓄水位垂直缝及周边缝拉开变形分布。

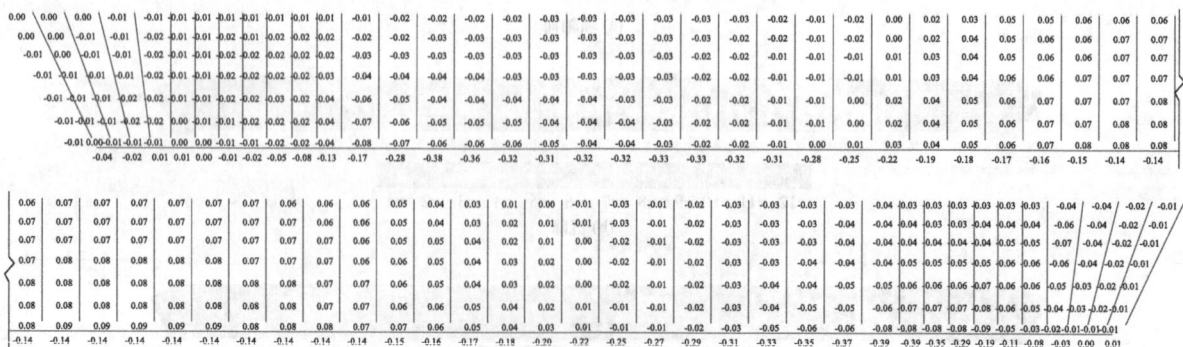

图 9　正常蓄水位垂直缝及周边缝拉开变形分布图（单位：cm）

计算结果表明，因两岸部位面板向河床方向变形，故面板垂直缝拉压变形总体上呈现两岸区域受拉，河床区域受压。正常蓄水位下，垂直缝拉开变形极值为－0.09cm，位于左岸面板底部，压缩变形极值为 0.09cm，位于河床中部面板底部；垂直缝沉陷变形总体上呈现河床中部面板相对于两侧河岸面板朝坝体内部变形，极值为 0.01cm，位于左岸面板底部；垂直缝剪切变形极值为 0.10cm，位于右岸面板底部。周边缝大部分呈受拉状态，仅河岸两侧部分周边缝受压，拉开变形极值为 −0.39cm，压缩变形极值仅为 0.01cm；水荷载作用使大多数周边缝处面板向坝内发生沉陷变形，周边缝沉陷变形极值为 0.64cm，位于河床中部面板底部；周边缝剪切变形表现为两侧面板相对于连接板向河床中部移动，极值为 0.40cm。蓄水后大坝面板垂直缝和周边缝的拉开、沉陷和剪切变形极值远小于止水片的通常变形极值量，因此各接缝止水结构均能适应大坝变形，发挥正常的防渗作用。

3.4 库底土工膜变形和应变

土工膜为柔性材料，本身除一定的抗拉能力外，不存在抗弯曲变形能力，因此土工膜变形主要是铺设完成后在运行期受水压力作用导致库底回填区变形而产生的从属变形。图 10 为正常蓄水位下库底回填区土工膜的变形分布云图。由图可知：正常蓄水位下，土工膜坝轴向位移极值分别为 −1.68cm（向左岸）和 1.86cm（向右岸）；沉降极值为 −15.92cm，峰值区位于回填中心附近；挠度极值为 16.46cm，基本表现为沉降变形。

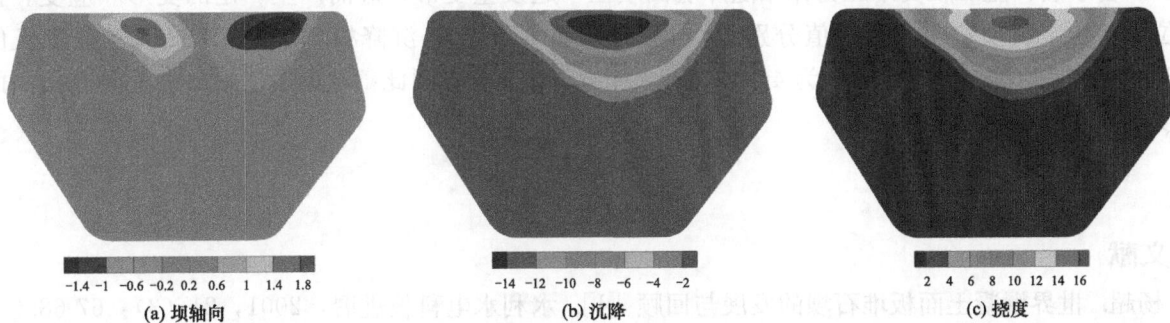

(a) 坝轴向　　　　　　　　(b) 沉降　　　　　　　　(c) 挠度

图 10　正常蓄水位土工膜变形分布图（单位：cm）

图 11 为正常蓄水位下库底回填区土工膜主拉应变分布云图。由图可知：土工膜受回填差异变形和连接板（趾板）处变形限制影响，在连接板附近产生较大拉应变，其余部位拉应变较小。正常蓄水位土工膜主拉应变极值为 −0.28%，土工膜的拉应变安全系数 $K=13\%/0.28\%\approx46.43$，远大于允许值 5.0，因此蓄水期土工膜整体上具有很高的安全裕度，不会出现整体受拉破坏。

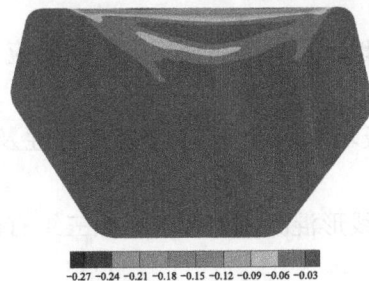

图 11　正常蓄水位土工膜主拉应变分布图（单位：%）

4　结语

本文以某抽蓄电站上水库混凝土面板堆石坝和库底土工膜为研究重点，开展了三维有限元静力计算，从坝体应力变形、面板应力变形、面板接缝三向变形和库底土工膜变形及应变等方面进行分析，得出如下结论：

（1）竣工期，坝体顺河向水平位移朝上、下游方向各自变形，极值分别为 −3.80cm 和 40.43cm；

坝体沉降极值为-61.97cm,沉降率为 0.66%。正常蓄水位,水荷载使大坝向下游变形,坝体顺河向水平位移分别为-0.85cm 和 42.51cm;沉降极值增加至-63.66cm,沉降率为 0.67%。竣工期坝体大、小主应力极值分别为 1.78MPa 和 0.60MPa。正常蓄水位坝体大、小主应力极值分别为 1.81MPa 和 0.60MPa。

(2) 面板变形主要发生在坝体部分,库周基岩处面板变形很小。正常蓄水位下,坝体处面板最大挠度为 15.14cm,相应的沉降值为-12.41cm;面板顺坡向应力基本上以受压为主,压应力极值为 1.02MPa,面板底部部分区域出现拉应力,拉应力极值为-0.44MPa,小于 C30 混凝土抗拉强度 1.43MPa;面板坝轴向应力呈河床中央部位受压,压应力极值为 1.21MPa,两岸部位受拉,拉应力极值为-0.52MPa,小于 C30 混凝土抗拉强度 1.43MPa。

(3) 正常蓄水位下,垂直缝拉开和压缩变形极值分别为-0.09cm 和 0.09cm,分别位于左岸面板底部和河床中部面板底部;沉陷变形极值为 0.01cm,位于左岸面板底部;剪切变形极值为 0.10cm,位于右岸面板底部。周边缝大部分呈受拉状态,仅河岸两侧部分周边缝受压,拉开变形和压缩变形极值分别为-0.39cm 和 0.01cm;沉陷变形极值为 0.64cm;剪切变形极值为 0.40cm。

(4) 蓄水后,土工膜受水压力作用随库底回填区一起发生变形,进而产生一定的变形和应变。正常蓄水位下,土工膜坝轴向位移极值分别为-1.68cm 和 1.86cm;沉降极值为-15.92cm;挠度极值为 16.46cm;土工膜拉应变安全系数 46.43,远大于允许值 5.0,因此蓄水期土工膜整体上具有很高的安全裕度,不会出现整体受拉破坏。

参考文献

[1] 杨超. 世界混凝土面板堆石坝的发展与回顾 [J]. 水利水电科技进展,2001,21 (3):67-68.

[2] 温立峰. 复杂地质条件下混凝土面板堆石坝力学特性规律统计及数值模拟 [D]. 西安:西安理工大学,2018.

[3] 梁勃,孙屹,吴平,等. 河床地形对面板堆石坝应力变形影响分析 [J]. 三峡大学学报(自然科学版),2022,44 (2):24-29.

[4] 郦能惠,中国高混凝土面板堆石坝性状监测及启示 [J]. 岩土工程学报,2011,33 (2):165-173.

[5] 吴兴征,周晓光,徐泽平. 鱼跳混凝土面板堆石坝三维静力应力变形分析 [J]. 中国水利水电科学研究院学报,2003,(1):77-82.

[6] 岑威钧,任旭华,李启升. 复杂地形条件下高面板堆石坝的应力变形特性 [J]. 河海大学学报(自然科学版),2007,(4):452-455.

[7] 孔宪京,张宇,邹德高. 高面板堆石坝面板应力分布特性及其规律 [J]. 水利学报,2013,44 (6):631-639.

[8] 方超,朱坤,何蕴龙. 多折点折线形混凝土面板堆石坝三维有限元分析 [J]. 武汉大学学报(工学版),2019,52 (9):767-773.

[9] 徐泽平. 混凝土面板堆石坝关键技术与研究进展 [J]. 水利学报,2019,50 (1):62-74.

[10] 郦能惠,杨泽艳. 中国混凝土面板堆石坝的技术进步 [J]. 岩土工程学报,2012,34 (8):1361-1368.

[11] BINGYIN Z, J. G W, RUIFENG S. Time-dependent deformation in high concrete-face rockfill dam and separation between concrete face slab and cushion layer [J]. Computers and Geotechnics, 2004, 31 (7).

[12] Ming Q L, Li S J, Fang L, et al. Stress-strain analysis and safety evaluation of concrete-faced rockfill dams [J]. Mechanics of Advanced Materials and Structures, 2024, 31 (9):1859-1876.

[13] 韩逸凡，沈振中，骆晓锋，等. 面板坝次堆石区力学特性对坝体变形协调的影响 [J]. 水电能源科学，2020，38（4）：87-90.

作者简介：

王晓东（1977—），男，辽宁铁岭，工程硕士，正高级工程师，主要研究方向：水工结构设计。E-mail：12767440@qq.com

基于多随机因素的沥青混凝土面板堆石坝动力响应研究

宋志强，高　川

（西安理工大学省部共建西北旱区生态水利国家重点实验室，陕西西安　710048）

【摘　要】 多随机因素作用往往对面板堆石坝的动力响应具有显著影响。首先通过波场叠加原理，建立了二维组合斜入射的波动输入模型；通过数论选点法随机生成组合入射角度；其次采用 Cholesky 的协方差分解法，通过 Gauss 自相关函数生成了材料静动力敏感参数的随机场；采用改进的 Clough-Penzien 功率谱密度函数，最终生成了参与计算的 233 条随机地震动。以某实际工程为例，在地震波时程、入射角度和材料参数三重随机因素下，分析了不同地震动强度下坝体动力响应的概率统计规律。将生成的 233 条随机地震动以 0.1g 为步长进行分级调幅，结合 MSA 易损性分析方法，共进行动力计算 1631 次，最终给出了坝体的易损性曲线，并通过对比双三随机因素下的坝体动力响应，给出了考虑三随机因素对结果的影响。结果表明：当 PGA＝0.6g 时，发生中等破坏的概率为 98％；当 PGA＝0.8g 时，发生重度破坏的概率达 88.9％左右。在不同强度的地震动下，坝顶水平峰值加速度和竖向永久变形的离散程度为：三随机＞双随机＞单随机，超越概率区间相较于与双随机因素也有着更加明显的跨越；沿高度增大的过程中，中轴线峰值加速度包络范围较双随机因素至少有着 2 倍以上的增大，因此，想要得到更加合理的动力响应结果，需要考虑多重随机因素对坝体动力响应结果的影响。

【关键词】 随机组合斜入射；设计地震动；沥青混凝土面板堆石坝；峰值加速度；永久变形

0　引言

　　沥青混凝土面板堆石坝具有优越的防渗性能、适应变形能力且工程造价经济实惠等优点，是水能资源利用和开发首选的一类坝型[1]。然而，目前已建的全库盆沥青混凝土面板堆石坝的大部分地区，抗震问题显得尤为突出，这使得水利水电工程的抗震安全面临着很大的挑战，因此，如何开展沥青混凝土面板堆石坝抗震安全问题的研究，显得更加重要[2]。在研究实际的沥青混凝土面板堆石坝的抗震安全时，又存在着许多未知的不确定因素，比如地震波入射方向的不确定性，材料的空间变异性、地震波时程频谱的随机性等，都使抗震问题的研究面临着很大的困难。李闯[3]等以 EI-Centro 波作为坝体建基面控制点处的设计地震动，研究了 P 波与 SV 波在几个固定的组合入射角度下沥青混凝土心墙坝-覆盖层地基系统的动力响应；王宗凯等[4]运用 K-L 级数展开法，生成了沥青混凝土心墙坝的各材料分区的材料参数随机场，最终通过统计概率分析了坝体的地震响应。庞锐等[5]通过对高混凝土面板堆石坝进行随机地震响应研究，表明人造的随机地震动如果没有对地震动非平稳特性进行考虑，会低估最终的坝体响应；目前对从随机角度出发的研究普遍都为单随机因素下坝体的动力响应分析，实际上，组合入射角度、材料空间变异性和地震动时程都具有随机性，且对坝体响应有较大影响，因此，开展多随机因素下沥青混凝土面板堆石坝的动力响应研究具有重要意义。

1　各随机因素模拟

1.1　随机地震动生成模拟

　　改进的功率谱概率密度函数表达式式（1）所示：

$$S_{\ddot{X}_g} = A^2(t) \cdot \frac{4\xi_g^2(t) + \omega^4(t)}{[\omega_g^2(t) - \omega^2]^2 + 4\omega^2\omega_g^2\xi_g^2(t)} \cdot \frac{\omega^4}{[\omega_f^2(t) - \omega^2]^2 + 4\omega^2\omega_f^2\xi_f^2(t)} \cdot S_0(t) \quad (1)$$

$$A(t) = \left[\exp\left(-\frac{t}{c} + 1\right) \cdot \frac{t}{c}\right]^d \quad (2)$$

$$\omega_0(t) = \omega_0 - \frac{a \cdot t}{T}, \quad \xi_g(t) = \xi_0 + \frac{b \cdot t}{T} \quad (3)$$

$$\omega_f = 0.1 \cdot \omega_g(t), \quad \xi_f = \xi_g(t) \quad (4)$$

$$S_0(t) = \frac{a_{\max}^2}{\pi \cdot \gamma^2 \cdot \omega_g(t) \cdot \{1/[2 \cdot \xi_g(t)] + 2 \cdot \xi_g(t)\}} \quad (5)$$

式中：c 为地震动峰值加速度出现时间，本文取为 4s；d 为形状决定参数，本文取为 2；$A(t)$ 为强度控制函数；$a_{\max}$ 为峰值加速度，本文取为 2m/s²；T 为生成随机地震动的总时间长度；ω_0 为初始圆频率；ξ_0 为开始条件下的阻尼比；γ 为等峰值系数，本文取为 2.6。圆频率和阻尼比是根据实际工程所处的场地类型并根据相关规范确定的。本文计算的场地类型为 Ⅱ 类，取第二组分组作为参与计算的设计地震，其中 ω_0 取 19rad/s，ξ 取值为 0.55；a 的取值为 4rad/s，b 的取值为 0.25。

图 1 给出了 233 组随机地震动下的地震动样本与目标值对比的统计特征图，由图可以发现生成的随机地震动的样本均值和标准差均与目标拟合较好，所以本文采用由下图生成的 233 组地震动进行随机地震动动力响应研究。

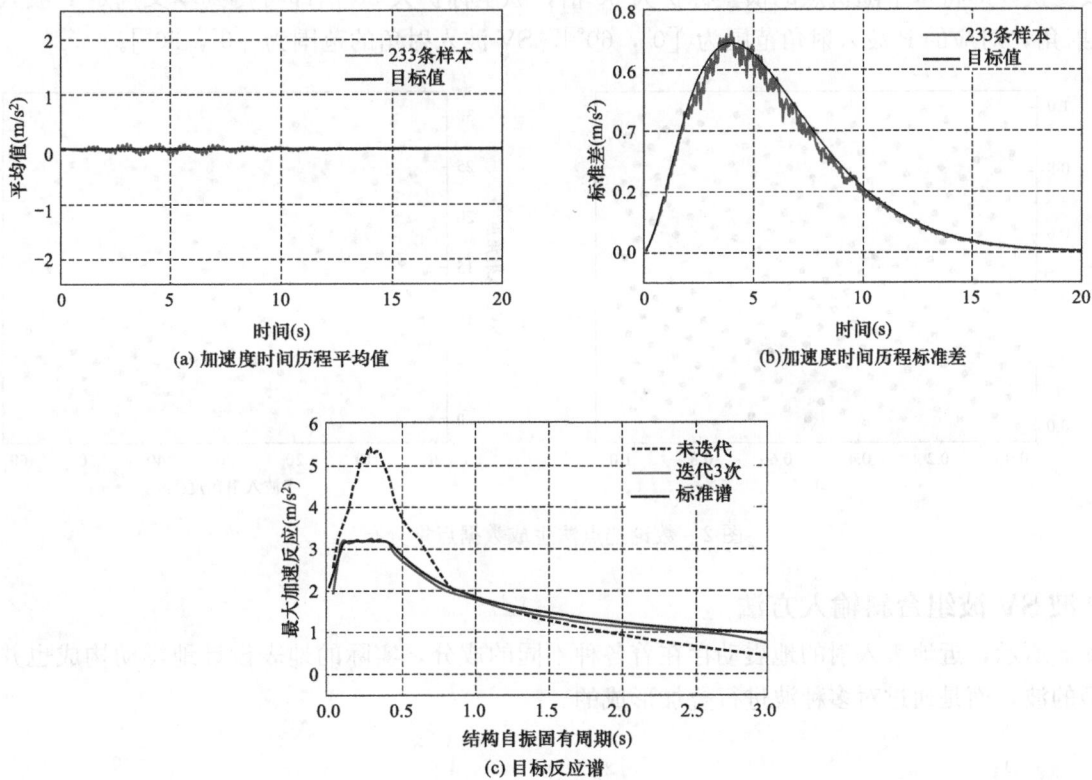

(a) 加速度时间历程平均值

(b) 加速度时间历程标准差

(c) 目标反应谱

图 1　生成的地震动样本与目标值对比

1.2　随机材料参数场生成模拟

生成的随机场是一组离散型随机变量，将这一组随机变量通过抽样拟合，最终便可以完成材料参数在空间不同位置的变异性。由自相关函数和质心坐标对材料参数随机场进行确定，最终得到一组如下所示有关相关系数的矩阵[6]

$$\rho_{n \times n} = [\rho_{11}, \rho_{12}, \rho_{13}, \cdots, \rho_{1i}, \cdots, \rho_{1n-1}, \rho_{1n}] \quad (6)$$

$$\rho_{n \times n} = A^{\mathrm{T}}_{n \times n} A_{n \times n} \tag{7}$$

$$H^{\mathrm{D}}_{m \times n} = B_{m \times n} A_{n \times n} \tag{8}$$

$$H_i(y, x) = \exp\left[H^{\mathrm{D}}_i(y, x) \cdot \sigma_{\ln x_i} + \mu_{\ln x_i}\right] \tag{9}$$

$$\mu_{\ln x_i} = -\frac{\sigma^2_{\ln x_i}}{2} + \ln \mu_{\ln x_i} \tag{10}$$

$$\sigma_{\ln x_i} = \sqrt{\ln\left[1 + \left(\frac{\sigma_{x_i}}{\mu_{x_i}}\right)^2\right]} \tag{11}$$

式中：$\rho_{n \times n}$ 为系数矩阵，$A^{\mathrm{T}}_{n \times n}$ 为上三角矩阵，$A_{n \times n}$ 为下三角矩阵；$B_{m \times n}$ 为符合正态分布的列向量构成的矩阵，$H^{\mathrm{D}}_{m \times n}$ 为样本矩阵随机场，$\mu_{\ln x_i}$、$\sigma_{\ln x_i}$ 分别为第 i 个网格单元的对数均值和对数标准差。

1.3　随机组合入射角度生成

本文通过运用数论选点法中的 good lattice point（glp）生成区间范围内的代表性点集。通过式（12）可以得到 $[0, 1]^s$ 内的 glp 点集，对于随机变量本文选取 233 个代表性点集，h_1、h_2 取值参见文献 [7]。

$$x_{k,i} = k \cdot \frac{h_i}{n} - fix\left(k \cdot \frac{h_i}{n}\right) (k = 1, 2, \cdots, n; i = 1, 2, \cdots, s) \tag{12}$$

式中，k 为代表性点集的个数，i 为点集维数。

图 2 给出了应用数论选点法生成的区间 $[0，1]$ 内点集的二维空间分布。将生成的二维代表性点集进行缩放变换，即将每个随机点的横坐标扩大 60 倍，纵坐标扩大 30 倍即可得到本文选定 P 波入射角和 SV 波入射角，对应的 P 波入射角范围为 $[0°，60°]$，SV 波入射角的范围为 $[0°，30°]$。

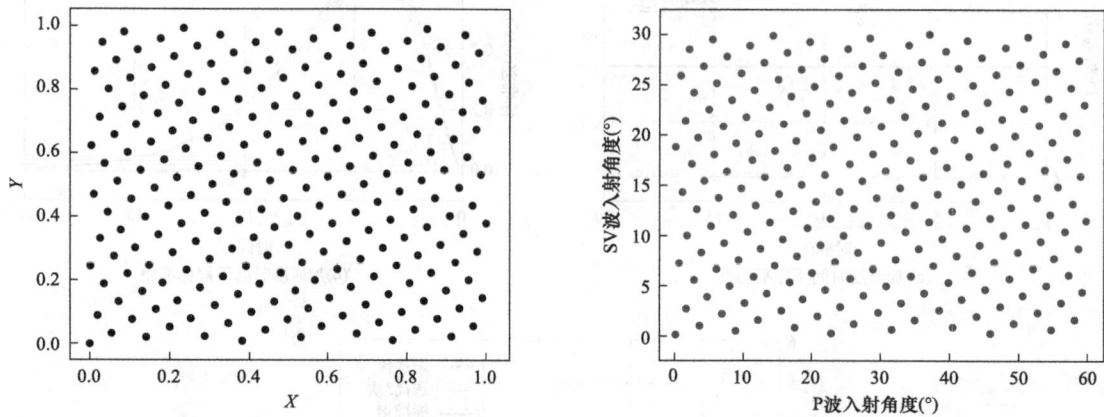

图 2　数论选点法生成数据点集分布

1.4　P 波 SV 波组合斜输入方法

如图 3 所示，近地表入射的地震动存在着各种不同的成分，实际的地表设计地震动构成也并不只是一种类型的波，而是通过对多种波进行叠加形成的。

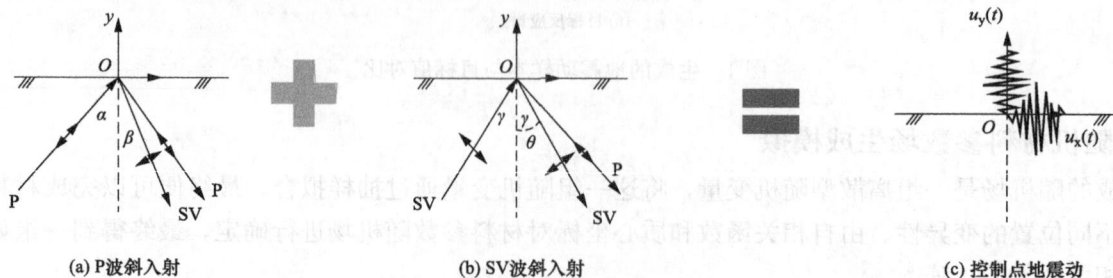

(a) P波斜入射　　　　　(b) SV波斜入射　　　　　(c) 控制点地震动

图 3　地表控制点地震动构成

根据一维波动理论和波场叠加原理，P 波和 SV 波产生的水平向和竖向自由场可分别由式（13）和式（14）进行表示：将对应不同波的时间式（15）延迟带入式（13）、式（14）中，即可得到输入的 P 波、SV 波共同作用下在空间任意位置的单波地震动加速度时间历程。通过矢量叠加法则，将 P 波和 SV 波的动力响应进行叠加，结合入射底边界的速度场和位移场，通过式（16）可以得到底边界应力场，最终通过式（17）即可计算底边界处的等效节点力，得到控制点的自由场[8]。

$$\begin{cases} u_x^p(t) = \sin\alpha \cdot g(t-\Delta t_1) + A_1 \cdot \sin\alpha \cdot g(t-\Delta t_2) - A_2 \cdot \cos\beta \cdot g(t-\Delta t_3) \\ u_y^p(t) = \cos\alpha \cdot g(t-\Delta t_1) - A_1 \cdot \cos\alpha \cdot g(t-\Delta t_2) - A_2 \cdot \sin\beta \cdot g(t-\Delta t_3) \end{cases} \tag{13}$$

$$\begin{cases} u_x^{sv}(t) = \cos\gamma \cdot f(t-\Delta t_4) - B_1 \cdot \cos\gamma \cdot f(t-\Delta t_5) + B_2 \cdot \sin\delta \cdot f(t-\Delta t_6) \\ u_y^{sv}(t) = -\sin\gamma \cdot f(t-\Delta t_4) - B_1 \cdot \sin\gamma \cdot g(t-\Delta t_5) - B_2 \cdot \cos\delta \cdot f(t-\Delta t_6) \end{cases} \tag{14}$$

$$\begin{cases} \Delta t_1 = [\sin\alpha \cdot x_0 - \cos\alpha \cdot (H-y_0)]/c_p \\ \Delta t_2 = [\sin\alpha \cdot x_0 + \cos\alpha \cdot (H-y_0)]/c_p \\ \Delta t_3 = (H-y_0)/c_s \cdot \cos\beta + [\sin\alpha \cdot x_0 - \sin\alpha \cdot \tan\beta \cdot (H-y_0)]/c_p \\ \Delta t_4 = [\tan\gamma \cdot x_0 - \cos\gamma \cdot (H+y_0)]/c_s \\ \Delta t_5 = [\sin\gamma \cdot x_0 + \cos\gamma \cdot (H+y_0)]/c_s \\ \Delta t_6 = (H-y_0)/c_p \cdot \cos\delta + [\sin\gamma \cdot x_0 - \tan\delta \cdot \sin\gamma \cdot (H-y_0)]/c_s \end{cases} \tag{15}$$

$$\begin{cases} \sigma_x(t) = \dfrac{\sin 2\alpha \cdot G}{c_p}[A_1 \cdot \dot{u}_p(t-\Delta t_2) + \dot{u}_p(t-\Delta t_1)] \\ \qquad + \dfrac{\sin 2\gamma \cdot G}{c_s}[B_1 \cdot \dot{u}_{sv}(t-\Delta t_5) + \dot{u}_{sv}(t-\Delta t_4)] \\ \qquad + \dfrac{\sin 2\beta \cdot G}{c_s}A_2 \cdot \dot{u}_p(t-\Delta t_3) + \dfrac{\sin 2\theta \cdot G}{c_p}B_2 \cdot \dot{u}_{sv}(t-\Delta t_6) \\ \sigma_y(t) = \dfrac{2 \cdot \cos^2\alpha \cdot G + \lambda}{c_p}[-A_1 \cdot \dot{u}_p(t-\Delta t_2) + \dot{u}_p(t-\Delta t_1)] \\ \qquad + \dfrac{\sin^2\gamma \cdot G}{c_s}[B_1 \cdot \dot{u}_{sv}(t-\Delta t_5) - \dot{u}_{sv}(t-\Delta t_4)] \\ \qquad + \dfrac{\sin 2\beta \cdot G}{c_s}A_2 \cdot \dot{u}_p(t-\Delta t_3) - \dfrac{2 \cdot \cos^2\theta \cdot G + \lambda}{c_p}B_2 \cdot \dot{u}_{sv}(t-\Delta t_6) \end{cases} \tag{16}$$

$$F_B = (u_B \cdot K_B + \dot{u}_B \cdot C_B + \sigma_B \cdot n)A_B \tag{17}$$

式中，$g(t)$、$f(t)$ 分别为入射 P 波、SV 波响应时程；Δt_1 为入射 P 波的延迟时间；Δt_2 为反射 P 波的延迟时间；Δt_3 为入射 P 波所产生反射 SV 波的延迟时间；Δt_4 入射 SV 波的延迟时间；Δt_5 为反射 SV 波的延迟时间；Δt_6 为入射 SV 波所产生反射 P 波的延迟时间；u_x^p 为 P 波的水平向位移；u_y^p 为 P 波的竖向位移；u_x^{sv} 为 SV 波的水平向位移；u_y^{sv} 为 SV 波的竖向位移；A_1、A_2、B_1、B_2 分别为入射 P 波与反射 P 波、入射 P 波与反射 SV 波、入射 SV 波和反射 SV 波、入射 SV 波与反射 P 波的振幅比值；α 为 P 波入射角；β 为 SV 波的反射角；γ 为 SV 波入射角；θ 为 P 波的反射角；K_B 为弹簧刚度系数；C_B 为阻尼系数；n 为边界法线方向余弦；A_B 为节点影响面积；G 为剪切模量；λ 为拉梅常数。

2 沥青混凝土面板堆石坝计算模型与计算工况

2.1 工程概况及有限元模型

本文以某实际工程中的沥青混凝土面板堆石坝为研究对象。坝的竖向高度为 73.76m，坝顶的水平向宽度为 17.87m，坝顶所在位置高程为 1656.00m，上游坡面坡比为 1 : 1.7，上游的正常蓄水位为 1654.20m，下游坡面坡比在 1634.00m 高程所在位置以上为 1 : 1.8，以下为 1 : 2.0，并在高程

1634.00m，1614.00m 和 1594m 处设置 5m 宽马道，沥青混凝土面板水平厚为 0.4m。坝体材料分区及有限元计算的网格模型示意图如图 4 所示，网格单元运用平面四节点等参单元来进行划分，共有单元15844 个，结点 16325 个。覆盖层与基岩共 150m 厚，将覆盖层分别向上下游方向延伸的距离为 10 倍的覆盖层厚度，即 1500m。沥青混凝土面板与垫层 2A 区采用 Goodman 接触。静力计算边界条件为基岩与覆盖层左右边界节点采用法向约束，基岩底部为全约束。动力计算则是通过对控制点的地震动进行反演，将反演的地震动从基岩的左端底部进行斜输入。

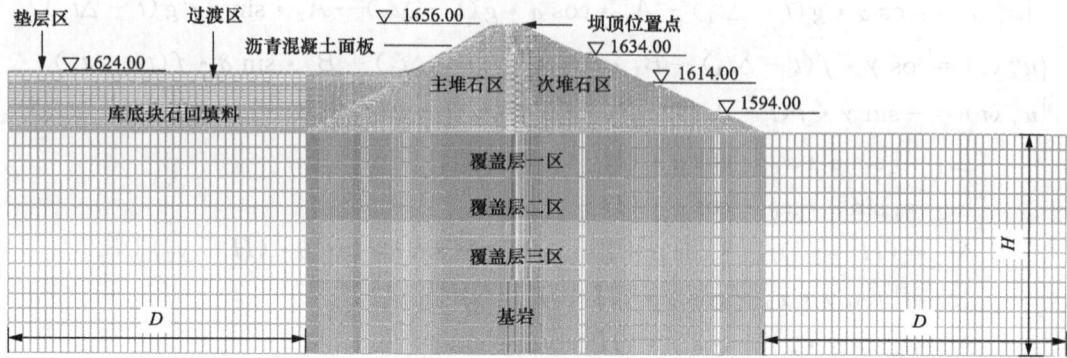

图 4　沥青混凝土面板堆石坝部分有限元网格模型及材料分区图

2.2　覆盖层及坝体材料本构模型及参数

面板、坝体和覆盖层土体材料的静力本构模型为非线性邓肯张 E-B 模型[9]，动力本构模型为等效线性黏弹性模型[10]，永久变形计算模型为沈珠江模型。基岩密度取 2.4g/cm³，泊松比取 0.24，弹性模量取 20GPa。沥青混凝土面板、坝体及覆盖层材料静动力计算参数如表 1 所示。

表 1　　　　　　　　　　　　　　　　材料有限元静动力计算参数

材料名称	静力计算参数							动力计算参数					波动范围
	$\rho(g/cm^3)$	K	n	R_f	$c(kPa)$	$\varphi(°)$	K_b	m	K_1	K_2	n	v	λ_{max}	
主堆石区	2.30	770	0.32	0.65	0	47	100	398.2	26.0	2336	0.430	0.330	0.235	$\delta_h=50m, \delta_v=5m$
次堆石区	2.25	720	0.35	0.72	0	45	100	389.3	25.0	2270	0.425	0.330	0.235	$\delta_h=30m, \delta_v=3m$
过渡区	2.09	650	0.52	0.89	0	50	100	561.1	24.0	2200	0.420	0.330	0.245	$\delta_h=40m, \delta_v=4m$
垫层区	2.20	1000	0.52	0.67	0	42	100	358.8	20.0	1200	0.385	0.330	0.260	$\delta_h=40m, \delta_v=4m$
覆盖层一区	2.24	990	0.68	0.76	80	38	100	283.0	15.2	1155	0.618	0.350	0.245	$\delta_h=40m, \delta_v=4m$
覆盖层二区	1.55	1170	0.68	0.59	60	39	100	276.0	17.4	1200	0.612	0.380	0.250	$\delta_h=50m, \delta_v=5m$
覆盖层三区	1.44	990	0.70	0.70	80	38	100	253.0	16.0	1100	0.648	0.380	0.270	$\delta_h=50m, \delta_v=5m$
库底块石料	1.62	1620	0.65	0.65	70	40	100	261.0	18.6	1404	0.562	0.350	0.238	$\delta_h=50m, \delta_v=5m$
沥青混凝土	2.43	350	0.33	0.76	200	25	1035.6	0.99	19.0	720	0.470	0.345	0.280	$\delta_h=30m, \delta_v=3m$

3　沥青混凝土面板堆石坝地震响应分析

3.1　坝顶加速度响应和永久变形分析

图 5 为坝顶水平向峰值加速度单双三随机含量对比图，可以看到当输入地震动 PGA＝0.2g 时，对应的均值分别为 3.99、4.92、4.67m/s²，极值差异分别为 0.93、1.22、5.61m/s²，对应的水平峰值加速度响应的离散程度为：三随机＞双随机＞单随机，对应的均值大小关系为：双随机＞三随机＞单随机；当输入地震动 PGA＝0.4g 时对应的均值分别为 8.11、9.57、8.41m/s²，极值差异分别为 1.81、3.15、11.05m/s²，对应的水平峰值加速度响应的离散程度为：三随机＞双随机＞单随机，对应的均值大小关系为：双随机＞三随机＞单随机。这是由于双随机因素下的是只输入一种地震波，而在三随机因

素下是输入了不同类型的地震波，对应的样本取样较少，而导致双随机因素下的均值大于三随机因素，但又由于是在地震动随机的因素基础下，所以对应的极值包络范围为三随机因素大于双随机因素。

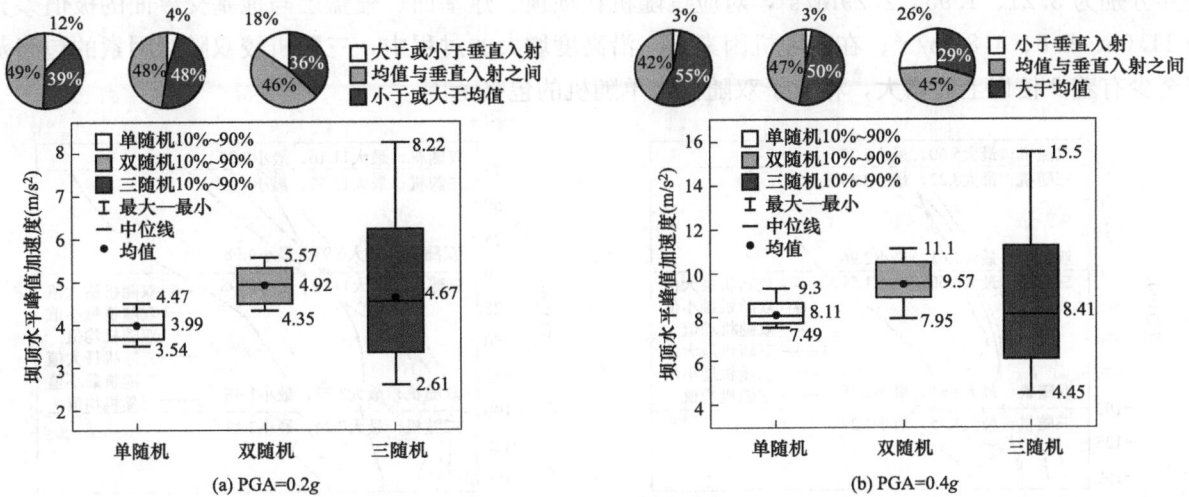

图 5　坝顶水平向峰值加速度单双三随机对比图

图 6 为竖向永久变形单双三随机含量对比图，可以看到当输入地震动 PGA＝0.2g 时对应的均值分别为 16.6、22.9、28.0cm，极值差异分别为 1.2、1.8、11.3cm，对应的竖向永久变形的离散程度和均值为：三随机＞双随机＞单随机；当输入地震动 PGA＝0.4g 时对应的均值分别为 30.2、30.3、47.2cm，极值差异分别为 3.3、3.9、23.7cm，对应的竖向永久变形响应的离散程度和均质大小关系为：三随机＞双随机＞单随机。此处规律不同于水平峰值加速度响应的规律，是因为在永久变形的计算中，是由静力计算和动力共同的结果决定的，其中三随机离散程度较单双随机相比更加明显，当 PGA＝0.2g 时，三随机均值较双随机增加了 22.3%，当 PGA＝0.4g 时，三随机均值较双随机增加了 55.7%，地震动强度越大，竖向永久变形的增加幅度越明显。

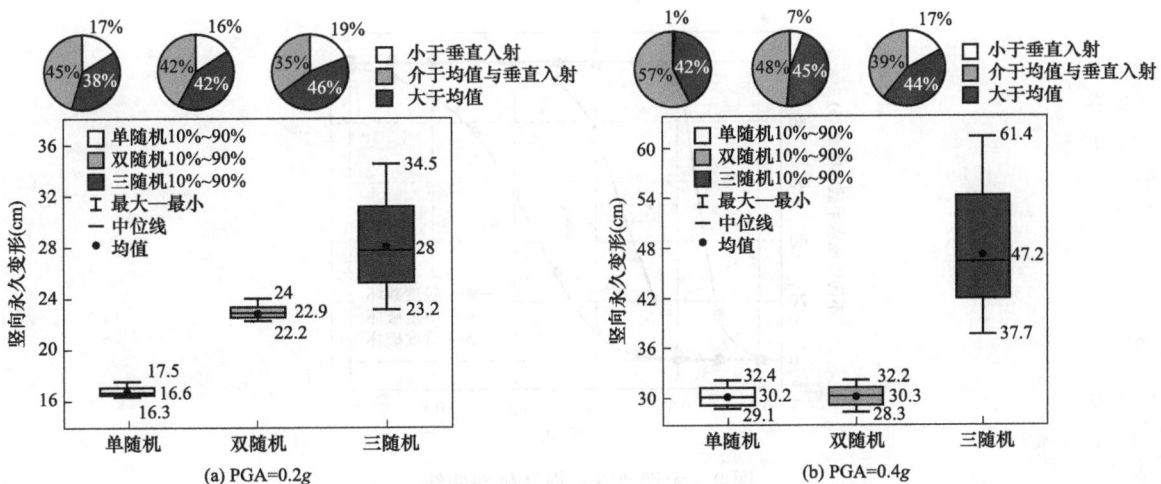

图 6　坝体竖向永久变形单双三随机含量对比图

3.2　坝体中轴线加速度响应分析

图 7 给出了双三随机因素下，水平峰值加速度最大值，最小值，均值沿坝高的分布规律图，通过对图进行分析可以发现，双随机和三随机因素响应差别明显，首先，考虑三随机因素时，在覆盖层位置处的加速度峰值曲线有着更明显的非线性特征，而在坝体建基面以上，整体的分布规律又有着一定的相似性；其次是从数值上看，当 PGA＝0.2g 时，对应双随机在坝顶、建基面、覆盖层与地基交界面的极值

差异分别为 1.21、0.65、2.83m/s²，对应三随机在坝顶、建基面、覆盖层与地基交界面的极值差异分别为 5.63、5.09、2.46m/s²；当 PGA＝0.4g 时，对应双随机在坝顶、建基面、覆盖层与地基交界面的极值差异分别为 3.21、1.95、2.29m/s²，对应三随机在坝顶、建基面、覆盖层与地基交界面的极值差异分别为 11.05、8.8、4.82m/s²；在三随机因素下，沿高度增大的过程中，三随机较双随机因素的包络范围有着至少有着 2 倍以上的增大，相较于双随机与单随机的包络范围。

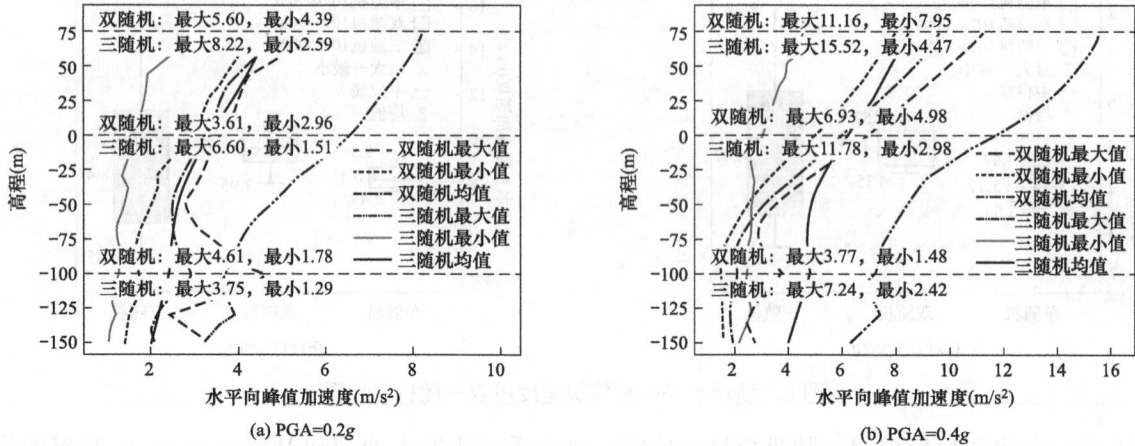

(a) PGA=0.2g (b) PGA=0.4g

图 7　双三随机因素下水平峰值加速度统计值沿坝高的变化曲线

3.3　易损性分析

图 8 为以坝顶震陷率为控制指标，基于 MSA 法绘制的坝体易损性分曲线。从图中可以看出，当外部地震荷载激励较低时，坝体相对安全稳定，然而，当输入的地震烈度不断增大时，坝体发生轻度破坏的概率有明显提升，当输入地震动强度在 0.2g～0.3g 时，坝体有 80％的概率出现轻微破坏。当输入地震动强度为 0.6g 时，坝体有 98％的概率会发生中等破坏，有 55.6％的概率会发生重度破坏；当输入地震动强度为 0.8g 时，坝体有 88.9％的概率出现重度破坏。

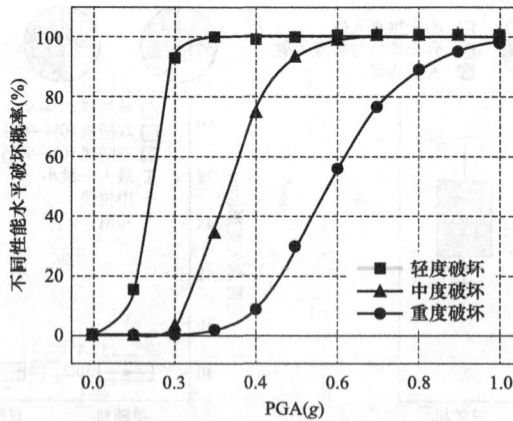

图 8　大坝地震易损性概率曲线

4　结语

本文在考虑地震动强度与频率的非平稳特性的基础上，采用改进的 Clough-Penzien 功率谱密度函数，通过数论选点法，最终生成了参与计算的 233 条随机地震动。以某实际工程为例，在地震波时程、入射角度和材料参数三重随机因素下，将生成的 233 条随机地震动以 0.1g 为步长进行分级调幅，结合 MSA 易损性分析方法，共进行动力计算 1631 次，最终给出了沥青混凝土面板堆石坝在以坝顶震陷率为破坏等级控制指标下，不同性能水平破坏概率的易损性曲线，并通过对比双三随机因素下的坝体动力响应，讨论了坝顶水平向峰值加速度、坝体竖向永久变形、中轴线水平峰值加速度沿坝高的统计规律，给出了考虑三随机因素对结果的影响。具体结论如下：

（1）在考虑地震波时程，组合入射角度和材料参数三随机因素下，运用多条带易损性分析法对坝体进行了易损性分析，当外部地震荷载激励较低时，坝体相对安全稳定，然而，当输入的地震烈度不断增大时，坝体发生轻度破坏的概率有明显提升，当输入地震动强度在 $0.2g \sim 0.3g$ 时，坝体有 80% 的概率出现轻微破坏。当输入地震动强度为 $0.6g$ 时，坝体有 98% 的概率会发生中等破坏，有 55.6% 的概率会发生重度破坏，当输入地震动强度为 $0.8g$ 时，坝体有 88.9% 的概率出现重度破坏。

（2）对应在不同强度的地震动下，坝顶水平峰值加速度和竖向永久变形的离散程度为：三随机＞双随机＞单随机，相比与垂直入射，三随机因素下的响应结果对应的超越概率变化幅度较单双随机明显，三随机因素对应的加速度峰值曲线有着更明显的非线性特征，沿高度增大的过程中，包络范围较双随机因素的至少有着 2 倍以上的扩大，因此，为了得到更加符合实际的动力响应，需要同时考虑三重随机因素对坝顶水平峰值加速度与竖向永久变形超越概率的影响。

参考文献

[1] 饶锡保，程展林，谭凡，等. 碾压式沥青混凝土心墙工程特性研究现状与对策 [J]. 长江科学院院报，2014，31 (10)：51-57.

[2] 刘升欢，宋志强，王飞等. 深厚覆盖层液化对场地卓越周期及土石坝地震响应影响研究 [J]. 振动工程学报，2021，34 (4)：721-729.

[3] 李闯，宋志强，王飞，等. 地震动空间差异对沥青混凝土心墙土石坝-覆盖层地基系统响应影响研究 [J]. 振动与冲击，2022，41 (19)：37-47.

[4] 王宗凯. 深厚覆盖层上沥青混凝土心墙坝随机动力响应分析 [D]. 西安：西安理工大学，2024.

[5] 庞锐. 高面板堆石坝随机动力响应分析及基于性能的抗震安全评价 [D]. 大连：大连理工大学，2019.

[6] 李泽发，吴震宇，卢祥，等. 抗拉强度空间变异性对重力坝地震开裂的影响分析 [J]. 工程科学与技术，2019，51 (4)：116-124.

[7] 方开泰，王元. 数论方法在统计中的应用 [M]. 北京：科学出版社，1996.

[8] 刘晶波，吕彦东. 结构-地基动力相互作用问题分析的一种直接方法 [J]. 土木工学报，1998 (3)：55-64.

[9] 余翔，孔宪京，邹德高等. 覆盖层中混凝土防渗墙的三维河谷效应机制及损伤特性 [J]. 水利学报，2019，50 (9)：1123-1134.

[10] 傅华，陈生水，凌华等. 高应力状态下堆石料工程特性试验研究 [J]. 水利学报，2014，45 (S2)：83-89.

作者简介：

宋志强（1981—），男，辽宁开原，博士，教授，博士生导师，主要从事水工结构抗震研究。E-mail：zqsong@xaut.edu.cn

高　川（1998—），男，陕西榆林，硕士研究生，主要研究方向：水工结构抗震。E-mail：2210421318@stu.xaut.edu.cn

压坡体对沥青混凝土心墙堆石坝的影响初步分析

胡 娟

（中国电建集团中南勘测设计研究院有限公司，湖南长沙 410014）

【摘 要】 以某抽蓄电站上水库沥青混凝土心墙堆石坝为例，分析压坡体对坝坡稳定及坝体应力变形的影响。通过对比分析得出，大坝坝后压坡既解决了堆渣问题，还对大坝的稳定性和应力变形具有有利的影响。

【关键词】 沥青混凝土心墙堆石坝；坝坡稳定；应力变形

0 引言

在抽水蓄能电站中，沥青混凝土心墙坝由于其适应地基能力强、对料源要求低，得到了越来越广泛的应用。目前已建的琼中抽水蓄能电站上水库、阳江抽水蓄能电站下水库，在建的浪江抽水蓄能电站上下水库、平江抽水蓄能电站上下水库、敦化抽水蓄能电站上下水库、奉新抽水蓄能电站上水库、永新抽水蓄能电站上水库的大坝均采用了沥青混凝心墙堆石坝这种坝型。

近年来，随着环保要求的进一步提高，永久渣场的设计越来越成为工程设计的一大痛点和难点。水利部对渣场水保方案审查要点的通知如下：禁止在河湖管理范围（含水库淹没区）内设置；禁止在对公共设施、基础设施、工业企业、居民点等有重大影响的区域设置。

因此，为充分利用弃渣，减少永久渣场的容量，考虑在坝后采用渣料进行压坡。本文着重探讨坝后堆渣后，对坝坡稳定、坝体应力和变形的影响。

1 工程简介

1.1 工程概述

某抽水蓄能电站装机容量为 1200MW，具备日调节性能，为一等大（1）型工程。上、下水库大坝等永久性主要水工建筑物属 1 级建筑物，次要建筑物按 3 级建筑物设计，其他临时建筑物为 4 级。枢纽由上水库、下水库、输水系统、地下厂房及地面开关站等组成。

上水库主要建筑物由（主坝）沥青混凝土心墙坝、（副坝 1～3）混凝土防渗墙堆渣坝、进/出水口、扩库开挖、库岸防护设施及环库道路等组成。

上水库正常蓄水位 563.00m，相应库容为 911 万 m³，死水位 542.00m，死库容为 105 万 m³，水库调节库容 806 万 m³。

主坝采用沥青混凝土心墙堆石坝，原方案中无坝后压坡。坝顶高程 568.00m，主坝最大坝高 54m，坝轴线长 779m。大坝上游坝坡为 1：2.0，下游坝坡为 1：1.6，下游坝坡每 20m 设一级马道，马道宽 3.0m。上水库主坝典型剖面如图 1 所示。

沥青混凝土心墙坝坝体分区从上游至下游依次为：上游干砌石护坡、碎石垫层、上游堆石Ⅰ区、上游堆石Ⅱ区、上游过渡料、沥青混凝土心墙、下游过渡料、下游堆石Ⅰ区、下游堆石Ⅱ区、下游网格梁＋植草护坡。上游干砌石护坡、碎石垫层坡比均为 1：2.0，其厚度均为 0.6m。上游堆石Ⅰ、Ⅱ区上游坡比 1：2.0，下游堆石Ⅰ、Ⅱ区下游坡比 1：1.6，堆石Ⅰ、Ⅱ区之间设置过渡层。坝体下游坝基清表

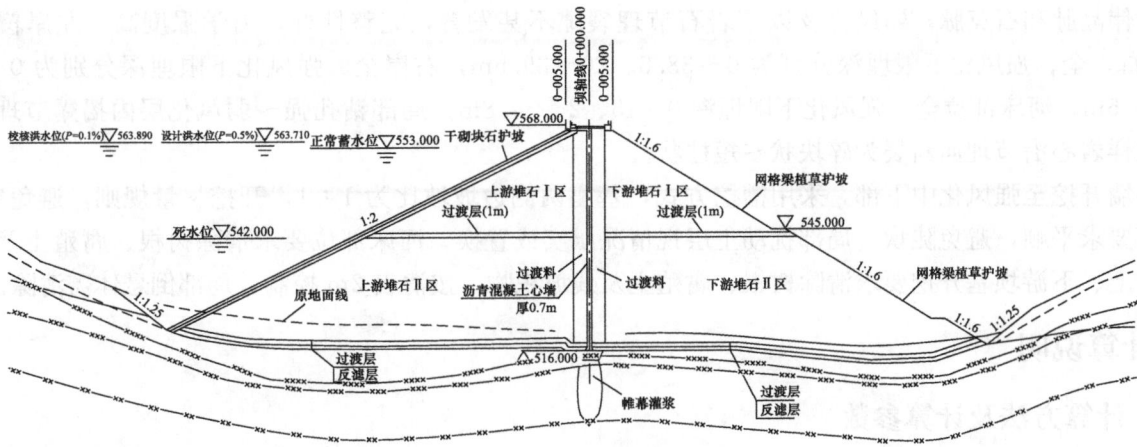

图 1　上水库主坝典型剖面图（无压坡）

后铺 1.0m 厚碎石垫层，其上设 1m 厚过渡层。沥青混凝土心墙位于大坝轴线上，按照宽度 0.7m 等厚布置，心墙上下游过渡料水平宽度 3m，心墙放大脚置于混凝土梯形基座上，基座厚 2m，顶宽 6m，底宽 4m。

现方案在原方案的基础上，自坝后 560.000 高程至坡脚位置采用石渣压坡，堆渣坡比为 1∶2.5，每 20m 设一级马道。

坝后压坡后大坝典型剖面如图 2 所示。

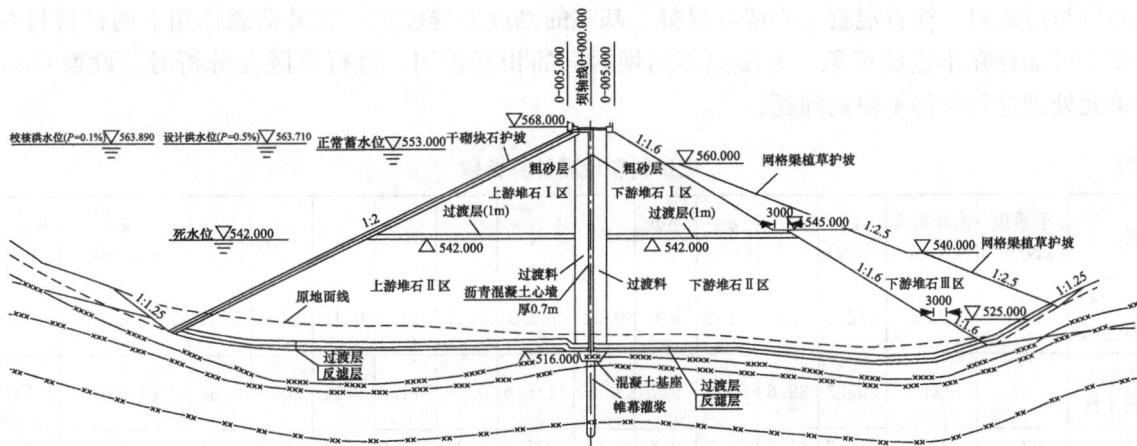

图 2　坝后压坡后大坝典型剖面

1.2　特征水位

特征水位见表 1。

表 1　　　　　　　　　　　　　特　征　水　位

项目	库水位（m）	下游水位（m）
正常蓄水位	563.00	517.00
死水位	542.00	517.00
设计洪水位	563.71	517.90
校核洪水位	563.89	518.00
骤降水位	563.00→542.00（6h）	517.00

1.3　工程地质

大坝两岸山体坡脚部位均有强风化基岩出露，两岸残坡积层厚度一般为 0～3m，主要为砂质黏土，河床冲积物主要由砾石夹泥砂砾组成，一般厚度在 2～5m，覆盖层厚度分布规律为坝前地形平缓地段厚，坝后地形较陡部位薄。坝址下伏晚侏罗世石板吴单元（J3SH）中粒斑状二云母二长花岗岩局部分布花岗岩伟晶脉和石英脉，弱风化及以下岩石节理裂隙不甚发育，完整性好，力学强度高。左岸覆盖层 3m 左右，全、强风化下限埋深分别为 0～38.5、20～39.5m，右岸全、强风化下限埋深分别为 0～19、11～36.5m。河床部位全、强风化下限埋深 0～15、2～34.8m，局部钻孔强～弱风化层内揭露节理密集带，取样岩心沿节理面断裂为碎块状～短柱状。

心墙开挖至强风化中下部，采用槽挖方式，基座两侧边坡坡比为 1:1，开挖尽量规则，避免突变。建基面要求平顺，避免陡坎，局部扰动土层视情况压实或置换。河床部位要求清除树根、腐殖土及残坡积层。上、下游坝基开挖要求清除树根、腐殖土及残坡积物，按清表 2m 控制，局部倒悬体需清除。

2　计算说明

2.1　计算方法及计算参数

本次针对沥青混凝土心墙堆石坝坝后无压坡、坝后压坡这两种情况进行坝坡稳定和坝体应力变形分析。

（1）以刚体极限平衡方法作为主要分析手段，对大坝上、下游坝坡稳定进行计算分析。计算方法选用计条块间作用力的摩根斯顿—普莱斯法，坝体分区材料参数采用非线性抗剪强度指标，其计算参数取值详见表 2。

（2）在进行二维应力应变计算时，由于筑坝堆石料是非线性材料，变形不仅随荷载的大小而变化，还与加荷的应力路径相关，因此应力应变关系呈现明显的非线性特性。而采用邓肯张 E-B 模型公式简单，参数物理意义明确，能较好地反映坝料应力-应变非线性特性。E-B 模型参数详见表 3。另外，沥青混凝土心墙与过渡料、沥青混凝土心墙与混凝土基座的刚度差异较大，在外荷载作用下两种材料在交接部位的变形可能存在不连续现象。为模拟不同坝料间的相互作用，进行有限元分析时，设置 Goodman 接触面单元处理这种位移不协调问题。

表 2　　　　　　　　　　　　　填筑料和地基计算参数

坝料	干重度 (kN/m³)	饱和重度 (kN/m³)	C (kPa)	Φ (°)	φ_0 (°)	$\Delta\Phi$ (°)	R_f	K	n	K_b	m	K_{ur}	n_{ur}	k (cm/s)	K_{ur}/K	泊松比
上游堆石Ⅰ区、下游堆石Ⅱ区	20.8	20.8	172.1	39	51.3	8.6	0.62	996.5	0.27	554.5	0.13	1800	0.51	7.14×10^{-2}	1.81	0.26
上游堆石Ⅱ区、下游堆石Ⅰ区	21	21	205.3	39.6	53.5	9.7	0.6	1146.6	0.26	771.9	0.11	2000	0.58	2.08×10^{-1}	1.74	0.24
过渡料	22.1	22.1	219.2	41.2	54.9	9.5	0.64	1341.7	0.31	982.9	0.24	1800	0.4	5.59×10^{-3}	1.34	0.21
石渣	20.2	20.2	92.3	32.9	41.9	6.4	0.69	316.8	0.42	150.6	0.36	800	0.45	6.18×10^{-5}	2.53	0.30
全风化地基	15	15	32	19	—	—	0.64	123.7	0.49	73.08	0.43	800	0.45	4×10^{-4}	6.47	0.3
强风化地基	25	25	200	26.5	—	—	0.8	1433	0.429	1108	0.353	1800	0.51	2×10^{-5}	1.26	0.27
心墙沥青混凝土	24.4	24	300	32	—	—	0.67	297	0.33	2217	0.58	550	0.21	1×10^{-8}	1.85	0.2
混凝土基座 C30	25	25	600	45				$E=30\text{GPa}$						0	—	0.167
防渗帷幕	22	22	500	30				$E=10\text{GPa}$						6×10^{-5}	—	0.28
弱风化地基	27	27	500	35				$E=4\text{GPa}$						1×10^{-5}	—	0.35

表 3　　　　　　　　　　　　接 触 面 模 型 参 数

材料	K_1	n	δ	R'_f	c(kPa)
心墙与过渡料	2022	0.64	32.4	0.84	19.5
基座与过渡料	4800	0.56	36.6	0.74	10

2.2　计算工况

2.2.1　坝坡稳定

根据《碾压土石坝设计规范》[1]，坝坡稳定计算时的计算工况及作用效应组合见表 4。

表4 计算工况及作用效应组合

运用条件	计算工况	自重	静水压力	淤沙压力	地震作用
正常运用	正常蓄水位	√	√	√	—
	水位骤降	√	√	√	—
非常运用Ⅰ	校核洪水位	√	√	√	—
	施工竣工期	√	—	√	—
非常运用Ⅱ	正常蓄水位+设计地震	√	√	√	√
	正常蓄水位+校核地震	√	√	√	√
	水位骤降+设计地震	√	√	√	√
	水位骤降+校核地震	√	√	√	√

注 1. 水位骤降为库水位从正常蓄水位563.00m消落至死水位542.00m。
　 2. 水平地震加速度取值为设计地震116.3gal，校核地震141.6gal。

2.2.2 坝体应力变形

坝体应力变形计算工况分为竣工期和蓄水期两种。计算工况及作用组合见表5。

表5 坝体静力应力变形计算工况表

计算工况	荷载组合	备注
工况1（竣工期）	自重	堆石体全面平起填筑
工况2（蓄水期）	自重+库水压力	上水库正常蓄水位563.00m

3 坝坡稳定分析

坝坡稳定计算采用geostudio软件进行计算。压坡前后上、下游坝坡稳定安全系数见表6。

表6 坝坡稳定安全系数

计算工况		压坡前		压坡后		安全系数标准
		上游坝坡	下游坝坡	上游坝坡	下游坝坡	
正常运用条件	正常蓄水位	2.662	2.182	2.662	2.066	1.50
	水位骤降	2.174	2.183	2.195	2.070	
非正常运用条件Ⅰ	施工竣工期	2.385	2.169	2.384	2.167	1.30
	校核洪水位	2.610	2.268	2.623	2.238	
非正常运用条件Ⅱ	正常蓄水位+设计地震	1.736	1.745	1.740	1.604	1.20
	水位骤降+设计地震	1.598	1.638	1.487	1.518	

压坡前后上、下游坝坡最危险滑裂面位置分别见图3~图10。

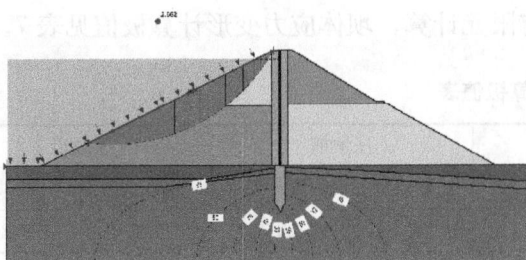

图3 压坡前上游坝坡（正常蓄水位）　　　　图4 压坡后上游坝坡（正常蓄水位）

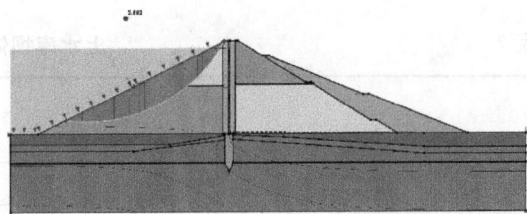

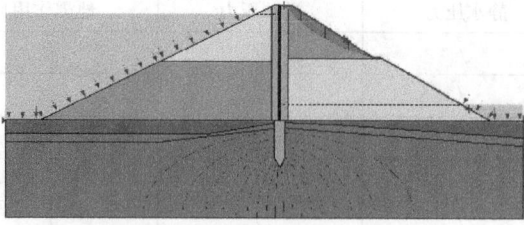

图 5　压坡前下游坝坡（正常蓄水位）

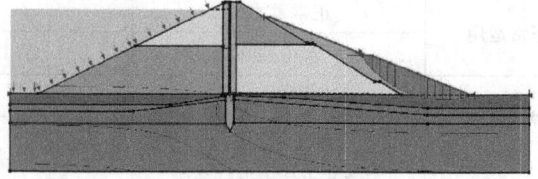

图 6　压坡后下游坝坡（正常蓄水位）

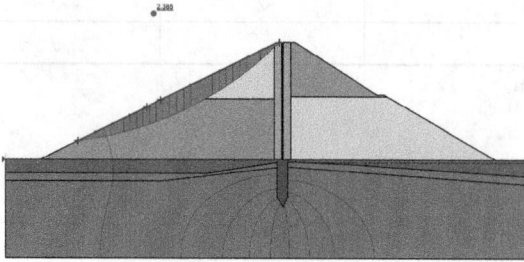

图 7　压坡前上游坝坡（竣工期）

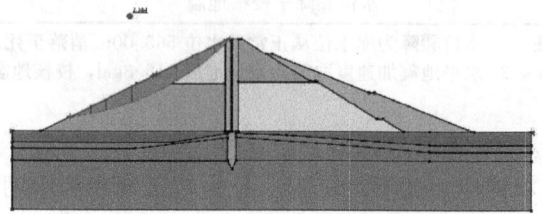

图 8　压坡后上游坝坡（竣工期）

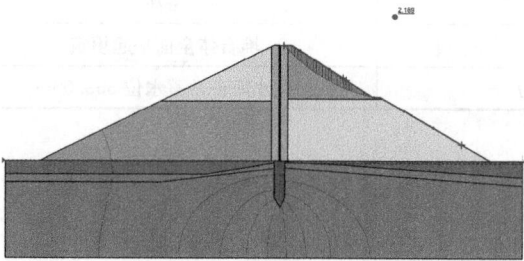

图 9　压坡前下游坝坡（竣工期）

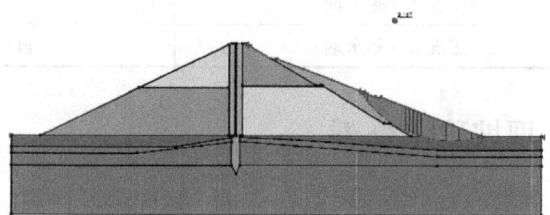

图 10　压坡后下游坝坡（竣工期）

根据以上计算结果可知：

（1）坝后压坡对于上游坝坡的稳定性影响较小。

（2）坝后压坡对于下游坝坡的稳定性有一定影响，压坡后圆弧滑动范围在压坡体中，由于压坡体采用的是石渣，其参数较堆石区降低，因此坝坡稳定安全系数有所降低。

（3）压坡前后各工况大坝上下游坝坡稳定安全系数均大于规范安全系数标准要求，坝后压坡方案对于坝坡稳定性没有本质的不利影响。

4　应力应变分析

采用 autobank 软件进行计算模拟，将大坝分为 8 级进行分层加载，每层填筑厚度基本相同，9～11 级为水压力加载。将弱风化基岩当作刚性体考虑。模型基底处理为固定边界，两侧剖面处理为侧向水平约束。

采用邓肯-张 E-B 模型对上水库大坝进行了二维静力有限元计算，坝体应力变形计算极值见表 7。

表 7　上水库坝体有限元计算极值表

项目			压坡前		压坡后	
			竣工期	满蓄期	竣工期	满蓄期
堆石体位移（cm）	顺河向	向上游	4.1	3.7	4.2	3.8
		向下游	5.0	6.1	4.2	5.3
	竖向沉降		19.4	17.6	19.1	17.3

项目			压坡前		压坡后	
			竣工期	满蓄期	竣工期	满蓄期
堆石体应力（MPa）	第一主应力		1.83	1.12	1.19	0.67
	第三主应力		0.33	0.20	0.54	0.39
沥青混凝土心墙位移（cm）	顺河向	向上游	0.7	0	0.48	0
		向下游	0.4	4.9	0.48	5.3
	竖向沉降		19.4	17.6	19.1	17.3
沥青混凝土心墙应力（MPa）	第一主应力		1.83	1.12	1.19	0.67
	第三主应力		1.08	0.70	0.54	0.39
基座位移（cm）	顺河向	向上游	0	0	0	0
		向下游	0.03	0.03	0.05	0
	竖向沉降		0	0	0	0
基座应力（MPa）	第一主应力		7.06	6.31	8.42	7.79
	第三主应力		−4.21	−4.44	−4.64	−3.51

压坡前后坝体应力变形分别见图 11～图 14。

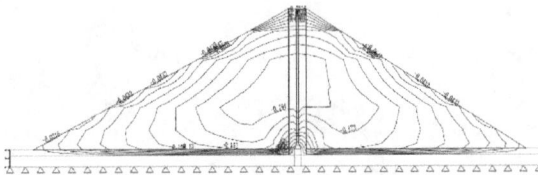

图 11 压坡前竖向沉降（竣工期）

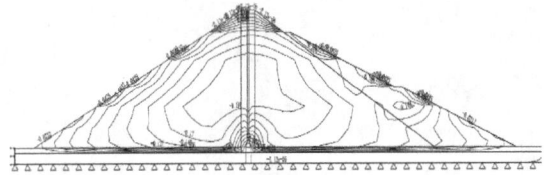

图 12 压坡后竖向沉降（竣工期）

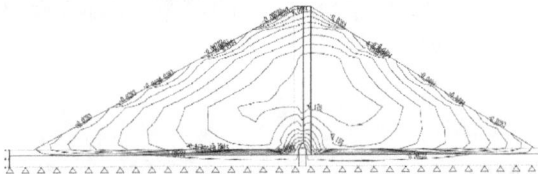

图 13 压坡前竖向沉降（正常蓄水位）

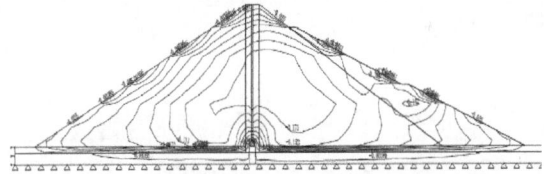

图 14 压坡后竖向沉降（正常蓄水位）

静力有限元计算成果结论：

（1）压坡前后，堆石体向上游的位移变化相差不大；压坡后向下游的位移减小。

（2）压坡前后，竖直沉降最大值相差不大。大坝竣工期、蓄水期竖直沉降最大值分别为 19cm 和 17cm，沉降最大值位于大坝中心位置，分别为最大坝高的 0.35% 和 0.31%，变形小于一般经验估计的范围。

（3）最大主应力位于坝体中心底部，压坡后坝体最大主应力有一定程度的减小，压坡前后的最大主应力与自重应力数值基本接近，数值合理。

（4）压坡前后，基座的变形都比较小。压坡后基座的最大主应力有一定程度的增大，但未超过混凝土基座的允许值，竣工期增加 1.36MPa，蓄水期增加 1.48MPa，增加约 20%。压坡后基座的最小主应力为拉应力，在竣工期有所增大，增大约 10%；但在蓄水期有所减少，减少约 20%。

5 结语

（1）压坡后，对上游坝坡的稳定、变形影响较小；对于下游坝坡稳定和变形影响较大，压坡后下游坝坡稳定性主要取决于石渣，由于压坡体压脚，减少了大坝向下游的变形。

（2）压坡后对大坝、基座的沉降几乎没有影响。

（3）压坡后对坝体和心墙压应力有一定程度的较小。压坡后对基座的压应力会增加，但在容许的范围内，在竣工期的拉应力略有增加，但蓄水期的拉应力减少较大。

综合以上分析，大坝坝后压坡既解决了堆渣问题，还对大坝的稳定性和应力变形具有一定的有利的影响。

参考文献

［1］ 国家能源局. NB/T 10872—2021，碾压土石坝设计规范［S］. 北京：中国水利水电出版社，2022.

作者简介：

胡　娟（1985—），女，江西铜鼓，高级工程师，主要从事水工结构的设计工作。

面板堆石坝趾板混凝土温控防裂影响因素研究

理倞哲，徐 冲

（中国电建集团中南勘测设计研究院有限公司，湖南长沙 410014）

【摘　要】 为探究趾板混凝土的温度应力场及绝热温升、浇筑温度、气温对趾板混凝土温度应力的影响，以河南某抽水蓄能电站面板堆石坝趾板为模型，基于 ANSYS 及其提供的 UPFs 用户可编程特性进行二次开发，对温度应力场进行仿真模拟计算，并通过敏感性分析判断不同因素对混凝土温度裂缝产生的影响。计算结果表明，趾板混凝土在浇筑后 1d 左右达到最高温度，在冬季时达到最大应力，易在趾板右侧表面引起温度裂缝。趾板混凝土最高温度及最大应力均对绝热温升终值最为敏感。可通过优选水泥种类、减少水泥用量、选择合适的浇筑温度、在冬季进行保温，来控制趾板混凝土的温度应力，减少温度裂缝的产生，为趾板混凝土在温控防裂措施选择上提供参考。

【关键词】 趾板；仿真模拟；温度应力；敏感性分析

0　引言

随着"双碳"目标的提出，以风电、光伏为代表的新能源迎来高速发展新机遇。抽水蓄能电站因其运行可靠、经济环保等优势，是目前支撑新能源发展的重要手段[1]。面板堆石坝由于具有安全性能好、经济效益高、施工方便等特点，成为国内外坝工建设中最常见的坝型之一[2]。趾板作为面板堆石坝的重要防渗结构，一般坐落在坚硬的基岩上。趾板较大的尺寸使其具备了一些大体积混凝土的特点，在浇筑过程中易产生大量水化热，且基岩的约束较强，易产生较大的温度应力，进而引起趾板混凝土开裂[3]，严重影响工程质量。探究趾板混凝土热力学性能、浇筑温度、气温等影响因素对趾板混凝土温度应力场的影响规律，不仅能更好把握趾板混凝土温度应力场特征，同时也是合理控制材料选择、提高整体结构设计水平等工作的基础，对工程施工具有重要的意义。本文以河南某抽水蓄能电站中的面板堆石坝趾板为模型，基于 ANSYS 对趾板在不同影响因素下的温度应力场进行仿真模拟计算，并对结果进行敏感性分析，找出不同因素对温度应力场的敏感程度，从而为趾板混凝土的温控防裂提供参考。

1　基本原理

1.1　混凝土温度场计算

在求解三维非稳定温度场时，根据变分原理，热传导问题可等价转化为下列泛函的极小值问题，如式（1）所示[4]：

$$I(T) = \iiint\limits_{R} \left\{ \frac{1}{2}\left[\left(\frac{\partial T}{\partial x}\right)^2 + \left(\frac{\partial T}{\partial y}\right)^2 + \left(\frac{\partial T}{\partial z}\right)^2\right] + \frac{1}{a}\left(\frac{\partial T}{\partial \tau} - \frac{\partial \theta}{\partial \tau}\right)T\right\}\mathrm{d}x\mathrm{d}y\mathrm{d}z + \iint\limits_{c} \frac{\beta}{\lambda}\left(\frac{T}{2} - T_a\right)T\mathrm{d}s \quad (1)$$

式中：R 为计算域；C 为第三类边界条件的边界；T 为温度，℃；a 为导温系数，m^2/h；θ 为绝热温升，℃；λ 为导热系数，$\mathrm{kJ}/(\mathrm{m}\cdot\mathrm{h}\cdot℃)$；$\beta$ 为表面散热系数，$\mathrm{kJ}/(\mathrm{m}\cdot\mathrm{h}\cdot℃)$；$T_a$ 为周围介质的温度，℃；τ 为龄期，d。求解区域 R 划分为有限个单元时，根据泛函实现极值的条件，并对 τ 取差分格式，可得所有单元集合后的方程组，如式（2）所示[4]：

$$\left([H] + \frac{1}{\Delta\tau}[R]\right)\{T\}_{\tau+\Delta\tau} - \frac{1}{\Delta\tau}[R]\{T\}_{\tau} + \{F\}_{\tau+\Delta\tau} = 0 \quad (2)$$

式中：$[H]$ 为热传导矩阵；$[R]$ 为热传导补充矩阵；$\{T\}_{\tau+\Delta\tau}$ 和 $\{T\}_\tau$ 为结点温度列阵；$\{F\}_{\tau+\Delta\tau}$ 为结点温度荷载列阵；$\Delta\tau$ 为时间步长。

根据式（2），可由已知的上一时刻的温度求得下一时刻的温度。

1.2 混凝土应力场计算

混凝土的应变增量由弹性应变、徐变应变、温度应变、自生体积变形和干缩应变增量组成，如式（3）所示：

$$\{\Delta\varepsilon_n\} = \{\Delta\varepsilon_n^e\} + \{\Delta\varepsilon_n^c\} + \{\Delta\varepsilon_n^T\} + \{\Delta\varepsilon_n^0\} + \{\Delta\varepsilon_n^s\} \tag{3}$$

将结点力和节点荷载用编码法加以集合，得到整体平衡方程，如式（4）所示：

$$[K]\{\Delta\delta_n\} = \{\Delta P_n\}^L + \{\Delta P_n\}^C + \{\Delta P_n\}^T + \{\Delta P_n\}^0 + \{\Delta P_n\}^S \tag{4}$$

式中：$[K]$ 为整体刚度矩阵；$\{\Delta P_n\}^L$ 为外荷载引起的结点荷载增量；$\{\Delta P_n\}^C$ 为徐变引起的结点荷载增量；$\{\Delta P_n\}^T$ 为变温引起的结点荷载增量；$\{\Delta P_n\}^0$ 为混凝土自生体积变形引起的结点荷载增量；$\{\Delta P_n\}^S$ 为干缩引起的结点荷载增量[5]。

根据本式并结合应力增量与应变增量的关系可算出各单元应力增量 $\{\Delta\sigma_n\}$，累加后，即可得到各单元应力 $\{\sigma_n\} = \sum_{i=1}^{n}\{\Delta\sigma_i\}$。

1.3 仿真模拟计算

使用有限元计算软件 ANSYS 对趾板进行温度场和应力场的仿真模拟计算。利用 APDL 并结合二次开发子程序 UPFs 高效地实现建立模型，输入参数，施加边界条件，输出计算结果，模拟施工过程，材料性能的变化以及外界条件的变化过程。

为得到准确的温度场初始条件，研究采取地基温度场提前计算一年的方法，将第 365 天的温度场作为正式计算的初始温度场。

2 模型与温度应力场特征分析

2.1 计算模型

选取河床部位最大尺寸的趾板进行建模，该块趾板厚度约 0.80m，宽约 9.00m，长约 104.00m，趾板尺寸如图 1 所示。温度应力仿真计算模型共剖分单元 29016 个，节点 33180 个，如图 2 所示。

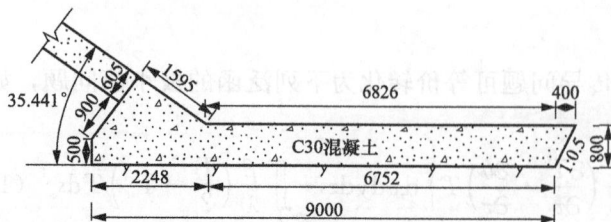

图 1　趾板结构典型剖面图（单位：mm）　　　　图 2　温度应力场仿真计算模型

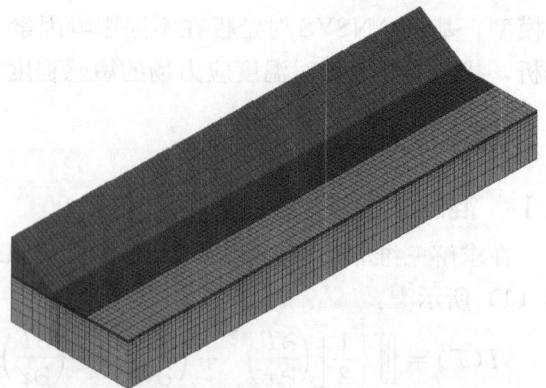

2.2 计算条件与参数

趾板采用 C30W10F100 二级配常态混凝土，从 10 月中旬开始进行分序跳块浇筑，Ⅰ序块 15.00～20.00m，Ⅱ序块 1.00～1.50m，Ⅱ序块与Ⅰ序块之间的间隔不少于 28d。地基为致密坚硬的花岗岩，趾板下游侧为填筑坝体堆石。趾板混凝土一般在冬季温度应力最大，为降低趾板混凝土的最大应力，考虑冬季进行保温。

根据混凝土实验结果及当地气候实测数据，所选混凝土的主要热力学参数如表1所示。坝址处各月平均气温如表2所示。基岩和坝体堆石弹性模量参考类似工程分别取17.00、0.2GPa。

表1 混凝土热力学参数表

材料	弹性模量 (GPa)	泊松比	密度 (kg/m³)	线胀系数 (10⁻⁶/℃)	导热系数 [kJ/(m·h·℃)]	导温系数 (m²/h)	比热 [kJ/(kg·℃)]	绝热温升（℃）
C30混凝土	35.88	1/6	2290	6.65	7.146	0.00297	0.952	$\theta(\tau)=\dfrac{37.5\tau}{0.49+\tau}$

表2 各月平均气温表

月序	1	2	3	4	5	6	7	8	9	10	11	12	年平均
气温（℃）	1.9	3.8	9.2	15.2	20.8	25.5	27.9	27.3	22	16.7	10	4	15.4

2.3 温度应力场特征分析

文中基于ANSYS及其二次开发，结合顺序耦合热-结构分析法，对趾板的开挖、混凝土浇筑及坝体堆石的全流程进行仿真模拟计算。选取各部位的最高温度和最大应力，并绘制出最高温度和最大第一主应力包络图，如图3和图4所示。可以看出，由于趾板左侧凸起部位较厚，散热条件较差，故最高温度发生在趾板左侧凸起中心部位，并向外侧递减，最高温度为37.22℃。最大应力发生在右侧表面部位，应力从左向右递增，最大主应力可达3.85MPa，应力方向为横河向，故易在顺河向产生裂缝。

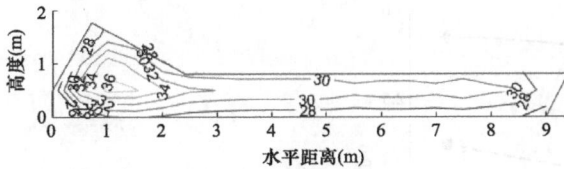

图3 最高温度包络图

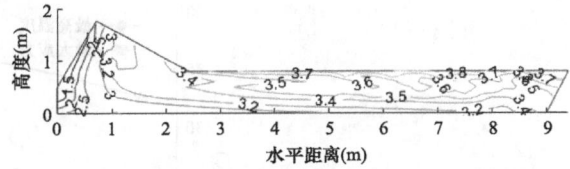

图4 最大第一主应力包络图

为探究趾板混凝土的温度和应力变化规律，选取表面和中心典型节点，绘制其温度和应力变化过程线，如图5和图6所示。可以看出，由于趾板结构较薄，表面节点与内部节点的温度及应力变化趋势相似。由于水泥放热速率较快，在浇筑1d达到温度最大值，然后经过2个月左右下降至气温，由于冬季保温混凝土温度较小幅度上升，冬季保温后混凝土温度随气温周期性变化。应力随混凝土温度的变化而变化，在混凝土达到最高温度前呈较小的压应力，然后随温度的下降应力不断增长，冬季保温时随混凝土温度上升应力小幅度下降，冬季保温结束后应力短暂上升，然后随气温周期性变化，在冬季到达应力最大值，在夏季为较小的压应力。

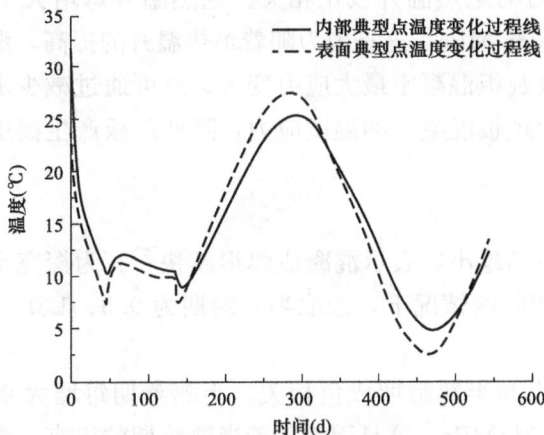

图5 表面和中心典型点温度变化过程线

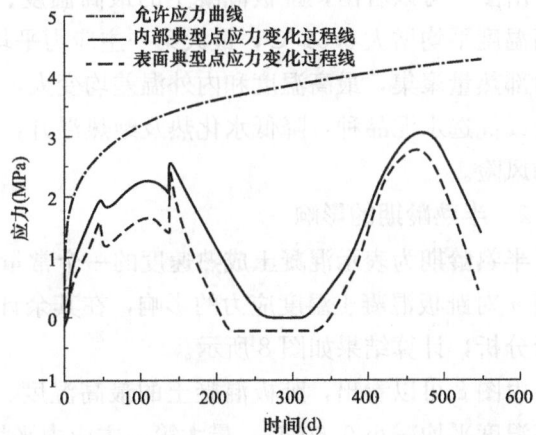

图6 表面和中心典型点第一主应力变化过程线

由图 6 可以看出，最大第一主应力发生在浇筑后的冬季，且数值较大，易引起温度裂缝。为找到有效的温控防裂措施，下文分别研究不同影响因素对趾板混凝土最高温度及最大应力的作用规律。

3 影响因素结果与敏感性分析

文中主要针对趾板混凝土的热学性能、施工条件及外界环境三个方面（绝热温升、浇筑温度、气温）对趾板混凝土温度应力场进行研究。

3.1 绝热温升的影响

在温度场计算中通常使用绝热温升来表示水泥水化热，其是影响混凝土温度场变化的一个重要因素。影响混凝土绝热温升的因素包括水泥品种、水泥用量、混合材料品种等。绝热温升 $\theta(\tau)$ 与龄期 τ 的关系可用双曲线式表示。

$$\theta(\tau) = \frac{\theta_0 \tau}{n + \tau} \tag{5}$$

式中：n 为半熟龄期常数，代表水化热达到一半时的龄期；θ_0 为绝热温升终值[6]。

故可用 θ_0 和 n 两个参数表达不同混凝土的绝热温升差异。

3.1.1 绝热温升终值的影响

为探究绝热温升终值 θ_0 对趾板混凝土温度应力的影响，在其余计算参数相同的情况下，选取最终绝热温升为 35、40、45℃进行分析，计算结果如图 7 所示。

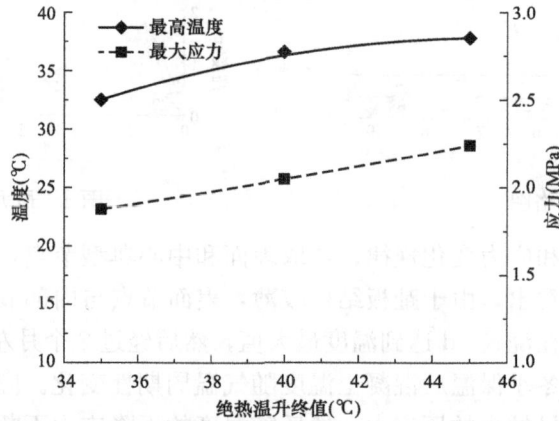

图 7 绝热温升终值分析计算结果

由图 7 可以看出，趾板混凝土的最高温度、最大应力与绝热温升成正相关。绝热温升每增大 1℃，最高温度平均增大 0.51 ℃，最大第一主应力平均增大 0.036 MPa。这是因为随着绝热温升的提高，混凝土内部热量聚集，最高温度和内外温差均变大，最终导致趾板混凝土最大应力变大。故可通过减少水泥用量或优选水泥品种，降低水化热及绝热温升，进而控制趾板混凝土的温度应力，降低趾板产生温度裂缝的风险。

3.1.2 半熟龄期的影响

半熟龄期为表示混凝土成熟速度的一个常量，半熟龄期越小，表示混凝成熟得越快[7]。为探究半熟龄期 n 对趾板混凝土温度应力的影响，在其余计算参数相同的情况下，选取半熟龄期为 0.5、1.0、1.5 进行分析，计算结果如图 8 所示。

由图 8 可以看出，趾板混凝土的最高温度、最大应力与半熟龄期成负相关。半熟龄期每增大 0.1，最高温度平均减小 0.60 ℃，最大第一主应力平均减小 0.043MPa。这是因为随着半熟龄期的提高，混凝土水化热速率降低，更有利于趾板混凝土散热，进而最高温度和内外温差均降低，最终导致趾板混凝土

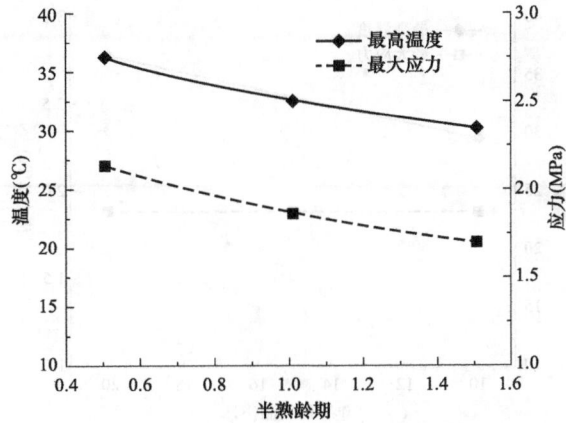

图 8　半熟龄期分析计算结果

最大应力减小。故可通过优选水泥品种或掺粉煤灰等来减缓混凝土水化热速率，进而降低趾板混凝土的温度应力，降低趾板产生温度裂缝的风险。

3.2　浇筑温度的影响

为探究混凝土浇筑温度对趾板混凝土温度应力的影响，选取浇筑温度为 10、15、20℃进行分析，其余计算参数均相同，计算结果如图 9 所示。

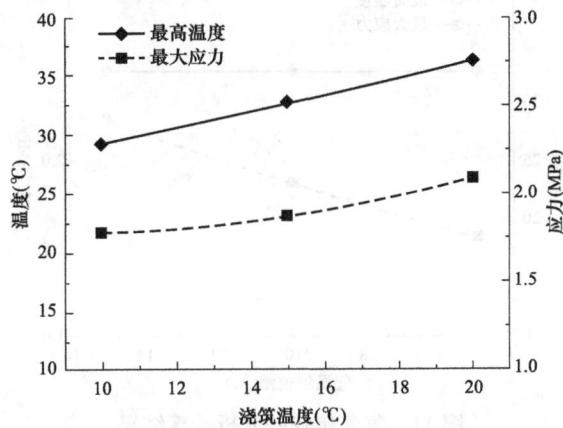

图 9　浇筑温度分析计算结果

由图 9 可以看出，趾板混凝土的最高温度、最大应力与浇筑温度成正相关。浇筑温度每提高 1℃，最高温度平均增大 0.71℃，最大第一主应力平均增大 0.032MPa。故可通过选择合适的浇筑温度来减少趾板混凝土的温度应力，降低趾板产生温度裂缝的风险。

3.3　气温的影响

气温的变化是引起混凝土裂缝的重要原因，也是计算温度应力和制定温度控制措施的重要依据。气温年变化指一年内月平均（或旬平均）气温的变化，可用余弦函数表示为：

$$T_a = T_{am} + \frac{A_a}{2} \cos\left[\frac{\pi}{6}(\tau - \tau_0)\right] \tag{6}$$

式中：T_a 为气温；T_{am} 为年平均气温；A_a 为气温年较差；τ_0 为气温最高的时间，取 7 月[6]。

故可用年平均气温和气温年较差两个参数表达不同地区的气温差异。

3.3.1　年平均气温的影响

为研究年平均气温对趾板混凝土温度应力的影响，选取年平均气温为 10、15、20℃进行分析，其余计算参数均相同，计算结果如图 10 所示。

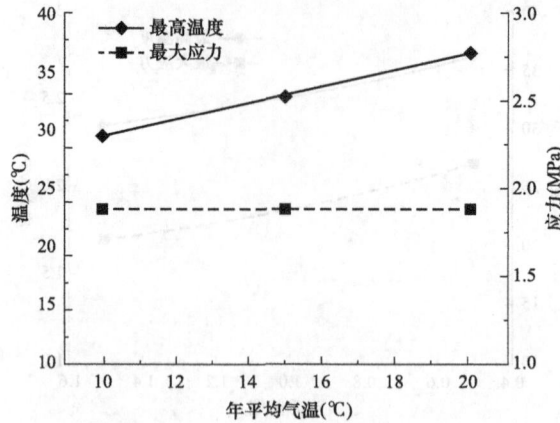

图 10　年平均气温分析计算结果

由图 10 可以看出，趾板混凝土最高温度随年平均气温的增大而增大，而最大第一主应力不受年平均气温的影响。

3.3.2　气温年较差的影响

气温年较差指一年中最高月平均气温与最低月平均气温之差。选取气温年较差为 5、10、15℃进行分析，其余计算参数均相同，计算结果如图 11 所示。

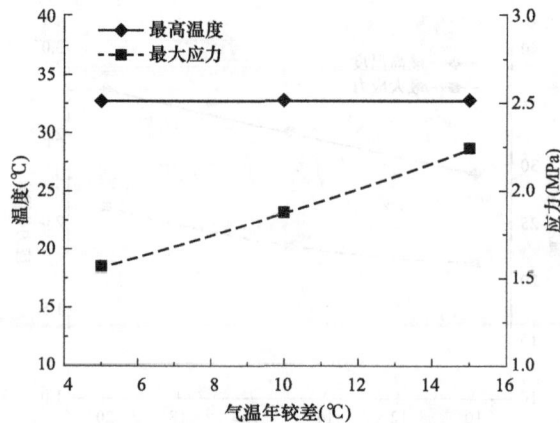

图 11　气温年较差分析计算结果

由图 11 可以看出，趾板混凝土最高温度受气温年较差的影响较小，这是由于每块趾板混凝土施工时间较短，且不同气温年较差引起的趾板混凝土施工时（10 月）气温差异较小。趾板混凝土最大第一主应力与气温年较差成正相关，气温年较差每增大 1℃，趾板混凝土最大第一主应力平均增大 0.067MPa，这是由于趾板厚度较薄，受到基岩的强约束，对气温年较差较为敏感。可通过冬季保温的方式来提高冬季趾板混凝土的温度，抵抗气温年较差的影响，减少温度应力，进而降低趾板产生温度裂缝的风险。

3.4　敏感性分析

敏感性分析法是从定量角度描述参数变化对结果影响程度的方法。其根据参数之间的关联程度分为单因素和多因素敏感性分析法，由于所选影响因素间相互独立，故采用单因素敏感性分析法。选择式（6）计算敏感性系数以量化因素对结果的影响程度。

$$\gamma = \frac{\sigma}{\delta} = \frac{\dfrac{f(x_1) - f(x_0)}{f(x_0)}}{\dfrac{x_1 - x_0}{x_0}} \tag{7}$$

式中：γ 为参数的敏感性系数；σ 为计算结果的变化率；δ 为参数的变化率。

由章节 3.1～3.3 计算各因素敏感性系数的平均值以便于比较各影响因素的敏感程度，结果如表 3 所示。

表3 各影响因素敏感性系数平均值

影响因素		敏感性系数	
		最高温度	最大应力
绝热温升	绝热温升终值	0.50	0.65
	半熟龄期	−0.08	−0.10
浇筑温度		0.24	0.18
气温	年平均气温	0.09	—
	气温年较差	0.00	0.21

由表3可以看出，所研究的影响因素对最高温度的敏感度顺序为：绝热温升终值＞浇筑温度＞年平均气温＞半熟龄期＞气温年较差；所研究的影响因素对最大应力的敏感度顺序为：绝热温升终值＞气温年较差＞浇筑温度＞半熟龄期＞年平均气温。综上所述，趾板混凝土的最高温度及最大应力对绝热温升终值最为敏感。

4 结语

（1）趾板混凝土由于水泥放热速率较快，在浇筑1d左右达到温度最大值，然后经过约2个月下降至气温，之后随气温周期性变化。应力随混凝土温度的变化而变化，在混凝土达到最高温度前呈较小的压应力，然后随温度的下降应力不断增长，冬季保温时随混凝土温度上升应力小幅度下降，冬季保温结束后应力短暂上升，然后随气温周期性变化，在冬季到达应力最大值，在夏季为较小的压应力。

（2）趾板混凝土的最高温度对绝热温升终值和浇筑温度较为敏感；最大应力对绝热温升终值、气温年较差和浇筑温度较为敏感。

（3）为更好地控制趾板混凝土的温度应力，减少温度裂缝的产生，应优选水泥种类，减少水泥用量，选择合适的浇筑温度，并在冬季进行保温。

参考文献

[1] 侯公羽，马骁赟，杨振华，等. 抽水蓄能电站全生命周期碳排放计算与分析 [J]. 中国环境科学，2023，43（S1）：326-335.

[2] 陈小攀，王宁波，常世举，等. 抽水蓄能电站混凝土面板堆石坝应力变形分析 [J]. 武汉大学学报（工学版），2022，55（1）：22-28.

[3] 戴乐军，杨文龙，余仲军. 德泽水库混凝土面板堆石坝趾板混凝土裂缝处理 [J]. 人民长江，2012，43（4）：46-48.

[4] 陈妤，杜志达，王成山. 外掺MgO对水工隧洞混凝土温度徐变应力的影响 [J]. 水利与建筑工程学报，2018，16（4）：148-153.

[5] 刘明华，杜志达，任金明，等. 圆形扩展风机基础温度场和温度应力仿真分析 [J]. 水利与建筑工程学报，2022，20（2）：136-141.

[6] 朱伯芳. 大体积混凝土温度应力与温度控制 [M]. 第二版. 北京：中国电力出版社，2012.

[7] 朱伯芳，杨萍. 混凝土的半熟龄期—改善混凝土抗裂能力的新途径 [J]. 水利水电技术，2008（5）：30-35.

作者简介：

理倞哲（1997—），男，河南周口，硕士研究生，工程师，主要从事大体积混凝土温度应力仿真模拟工作。E-mail：1146907996@qq.com

严寒地区碾压混凝土重力坝坝面保温层
长期保持必要性分析

胡 琪，王 南，程伟科

（中国电建集团北京勘测设计研究院有限公司，北京 100020）

【摘 要】 为科学论证严寒地区碾压混凝土重力坝表面保温层在正常运行期间长期保持的必要性，以河北省 SY 抽水蓄能电站的碾压混凝土重力坝工程为例，开展了大坝混凝土表面保温层长期保持必要性进行分析。基于有限元仿真计算结果，对比混凝土表面保温层覆盖时长对大坝温度场和温度应力场产生的影响，科学论证大坝表面永久保温层在大坝正常运行若干年后予以去除的可行性。仿真结果表明，揭开坝体表面保温层使坝体表面与坝体内部形成较大的温差，导致坝体表面横河向应力出现严重恶化，主要坝体出现开裂区域，且越早揭开对坝体温控越不利，因此，为保证大坝长期安全运行，永久保持大坝表面具有可靠的保温层是必要的。研究成果可为严寒地区类似工程提供参考。

【关键词】 碾压混凝土重力坝；有限元仿真；表面保温

0 引言

碾压混凝土重力坝具有施工速度快、施工简单、水泥用量少等优点，在水利建设中作为一种重要的坝型被广泛应用。但在实际施工时碾压混凝土坝坝体内部热量难以散发，易产生较大内外温差，引起坝体出现不同程度的温度裂缝[1-3]。相较气候温和地区，严寒地区大坝温度应力问题更为严峻。在无温控措施情况下，遇冬季寒潮来临，由于混凝土坝内、外温度梯度较大，坝体更容易出现裂缝[4-5]，如果不对坝体裂缝采取有效控制措施，则会对其整体稳定性造成非常严重的破坏，以至于危及到大坝的安全[6-8]。

常用的温控方法有采用低热水泥、相变材料、内埋冷凝管、外设保温层等[9-11]。在大体积混凝土结构中温度裂缝主要为表面裂缝，但表面裂缝可能扩展成深层裂缝甚至贯穿裂缝，对结构造成巨大危害，因此朱伯芳院士提议对混凝土坝需采取长期表面养护和防护，以减少、消除混凝土坝表面裂缝的出现，结束"无坝不裂"的历史[12]。研究表明，长期表面保温可减小坝体内外温差，从而减小最大拉应力，防止表面裂缝的产生[13]。目前，针对碾压混凝土重力坝长期表面保温措施的研究已有很多，但在大坝正常运行期间，因光照、风蚀等原因表面保温层会造成一定程度破坏，永久保温层在大坝正常运行长期保持的必要性亟待研究。

本文依托河北省 SY 抽水蓄能电站碾压混凝土重力坝，在充分考虑当地气温和库水温条件的基础上，通过大坝混凝土温度场和应力场模拟计算，分别探讨在大坝竣工正常运行 3、5、10 年后去除大坝表面保温层对大坝温度场和温度应力场产生的影响，进而分析其对大坝抗裂安全性带来的风险，在此基础上，科学论证大坝表面永久保温层在坝体正常运行间长期保持的必要性。

1 计算原理

1.1 瞬态温度场理论

瞬态稳定温度场 $T_{(x,y,z)}$ 满足热传导控制方程[1]：

$$\frac{\partial T}{\partial t} = \alpha \left(\frac{\partial^2 T}{\partial x^2} + \frac{\partial^2 T}{\partial y^2} + \frac{\partial^2 T}{\partial z^2} \right) + \frac{\partial \theta}{\partial z^2} \tag{1}$$

式中：T 为温度，℃；α 为导热系数，m^2/h；θ 为混凝土的绝热温升，℃；t 为时间，d。

1.2 温度应力场计算

取混凝土为线弹性徐变体，将计算域离散为若干单元，则温度应力计算的基本方程为：

$$[K]\{\Delta \delta\} = [\Delta P_n]^L + [\Delta P_n]^C + [\Delta P_n]^T + [\Delta P_n]^O + [\Delta P_n]^S \tag{2}$$

式中：$[K]$ 为刚度矩阵；$\{\Delta P_n\}^L$ 为外荷载引起的节点荷载增量，计算温度应力时可不考虑其他荷载；$\{\Delta P_n\}^C$ 为徐变引起的节点荷载增量；$\{\Delta P_n\}^T$ 为变温引起的节点荷载增量；$\{\Delta P_n\}^O$ 为混凝土自生体积变形引起的节点荷载增量；$\{\Delta P_n\}^S$ 为混凝土干缩引起的节点荷载增量。

2 工程概况及计算模型

2.1 工程概况

SY 抽水蓄能电站项目位于河北省张家口市，为一等大（1）型工程，规划装机容量 1400MW。上水库调节库容 831 万 m^3，下水库天然库容 944 万 m^3。下水库拦河坝采用碾压混凝土重力坝，坝顶宽度均为 8m。拦河坝坝顶高程为 936m，最大坝高 60m，坝顶长度为 245.00m，河床坝段布置 3 孔表孔。坝址区东洋河流域属寒温带大陆性季风气候，年平均水面蒸发量 1597.3mm，多年平均气温 7.6℃，历年极端最高气温为 41.6℃（2010 年 7 月 29 日），极端最低气温为 −31.0℃（2010 年 1 月 5 日）。坝址区气温特征值见表 1。

表 1　　　　　　　　　　　　　SY 抽水蓄能电站下水库坝址气温表　　　　　　　　　　单位：℃

月份	1月	2月	3月	4月	5月	6月	7月	8月	9月	10月	11月	12月	年平均
气温	−10.51	−6.71	0.59	9.29	16.49	20.49	22.19	20.49	14.89	7.79	−1.31	−8.41	7.11

根据工程所在地区逐月多年平均气温资料，所用气温余弦函数表达式[1]如下：

$$T_a = 7.11 + 16.22 \cos \left[\frac{\pi}{6} (\tau - 6.4) \right] - 1.3 \cos \left[\frac{\pi}{6} (\tau - 6.4) \right] \tag{3}$$

式中：τ 为坝体开始施工后的时间，d。

2.2 有限元模型及参数

选取拦河坝 7 号挡水坝段进行有限元仿真分析。整个有限元模型建立在笛卡尔坐标系下，X 轴为横河方向，指向右岸为正；Y 轴为顺河方向，指向下游为正；Z 轴为铅直方向，向上为正。参照同类型工程的经验，有限元模型的范围：大坝上游、下游及底部地基取 1.5 倍坝高。采用 8 节点 6 面体等参单元对坝体及基础进行有限元离散。三维有限元整体模型及坝段材料分区如图 1 和图 2 所示。坝体不同分区混凝土热力学参数见表 2。

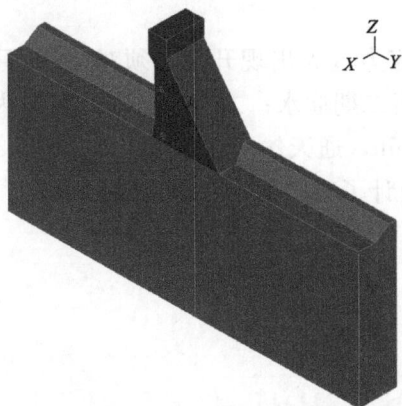

图 1　拦河坝 7 号挡水坝段有限元计算模型图

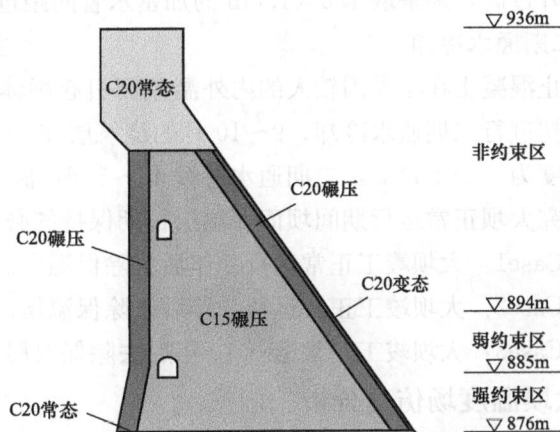

图 2　拦河坝 7 号挡水坝段材料分区图

表2　　　　　　　　　　　　　　　混 凝 土 热 力 学 参 数

参数	C_{180}15W4F100（三）碾压	C_{180}20W8F300（二）碾压	C_{90}20W6F300（三）常态
导温系数 α(m²/h)	0.00245	0.00245	0.00245
导热系数 λ[kJ/(h·m·℃)]	5.760	5.760	5.760
比热 C(kJ/kg·℃)	0.956	0.956	0.956
绝热温升（℃）	$T_t=21.3t/(4.04+t)$	$T_t=28.3t/(3.892+t)$	$T_t=30.3t/(3.667+t)$
密度 ρ(kg/m³)	2400	2400	2400
线膨胀系数 α(10^{-6}/℃)	7.0	7.0	7.0
弹性模量 E(GPa)	$E=35\times(1-e^{-0.36^{0.38\tau}})$	$E=36.5\times(1-e^{-0.36^{0.38\tau}})$	$E=37.2\times(1-e^{-0.36^{0.38\tau}})$
泊松比 ν	0.167	0.167	0.167

3　坝面保温层长期保持必要性分析

3.1　计算方案

结合现场施工条件和温控计算结果，施工期采用的温控措施如下：

3.1.1　混凝土浇筑温度控制

5～8 月大坝混凝土浇筑须采用预冷骨料的措施。6～8 月浇筑的混凝土出机口温度控制在 13℃，且应夜间浇筑，避免太阳辐射的影响；5 月浇筑的混凝土出机口温度控制在 13℃。4、9、10 月浇筑的混凝土自然入仓，浇筑温度控制在月平均气温加 2℃。

3.1.2　坝面永久保温

10 月浇筑的混凝土，浇完拆模后立即设坝面永久保温层；4～9 月浇筑的混凝土，10 月初设坝面永久保温层。保温层要求具有非常良好的耐久性，保温保护后的混凝土表面等效放热系数 $\beta\leq38.8$kJ/(m²·d·℃)。

3.1.3　越冬面保温

拦河坝顶部的越冬面在越冬期间需要采取表面保温措施，保温标准为 $\beta\leq38.8$kJ/(m²·d·℃)，保温措施需第 2023 年 11 月初完成；2024 年 4 月初保温措施应逐步拆除，然后进行复工工作。

3.1.4　一期通水冷却

5～8 月施工的浇筑层进行 15 天的一期通水冷却，水管间距采用 1.5m×1.5m，前 5 天为控温阶段，冷却水用 10℃制冷水，流量 40L/min；后 10 天为降温阶段，冷却水通天然河水，流量 20L/min。

其中，876.6～884.1m 高程的混凝土浇筑层位于基础强约束区，且在 6～7 月高温期施工，为控制混凝土温升过高，须采取 1.0×1.0m 的加密水管间距进行一期通水冷却。

3.1.5　二期通水冷却

为防止混凝土在冬季因较大的内外温差而引起坝体表面拉应力过大出现开裂，须对 4～8 月的浇筑层在 9 月初进行二期通水冷却，9～10 月的浇筑层在 11 月初进行二期通水；二期通水冷却坝体内部降温的目标温度为（15±1）℃，二期通水持续 40～50d，流量 15L/min，通天然河水。

为研究大坝正常运行期间坝面保温层长期保持的必要性，设计了三种方案，分别为：

(1) Case1：大坝竣工正常运行 3 年后去除保温层。

(2) Case2：大坝竣工正常运行 5 年后去除保温层。

(3) Case3：大坝竣工正常运行 10 年后去除保温层。

3.2　大坝温度场仿真分析

大坝竣工正常运行 3、5、10 年后去除保温层，坝体内部温度与稳定温度场接近（见图3），坝体表面 2m 以内受保温层揭除影响较大，上游表面由于是水边界条件，其最低温度为 0℃；坝体上游正常蓄水位以上、坝顶以及下游表面土石回填区以上在揭除保温层后直接与空气接触，为空气边界条件，其最低温度与气温最低值保持一致，能够达到−8℃，因温度在坝体表面影响较大，而坝体内部温度基本与准稳定温度场接近，因此会产生较大的内外温差。

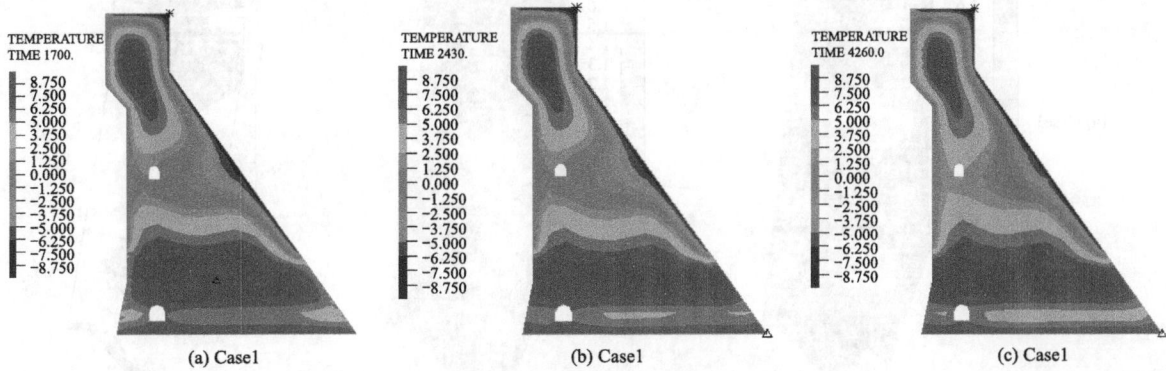

图 3　揭开保温层后第一个冬季一月上旬温度场

揭开保温层前后，温度变化幅度明显增大（见图 4）。坝体上游表面点，在揭开保温层前后，该点低温极值由 5℃降至 0℃；坝顶点，在揭开保温层前，该点低温极值由 5℃降至−6.5℃；坝体下游表面点，在揭开保温层前，该点低温极值由−3.5℃降至−7.5℃，各点低温均接近气温低温极值。

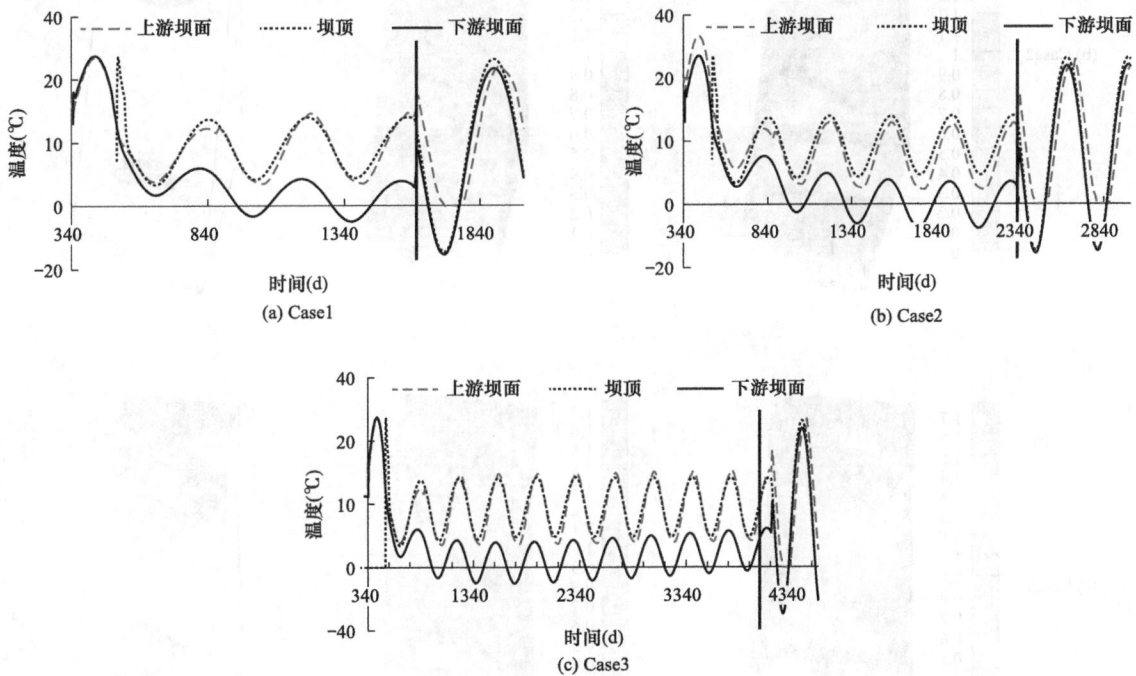

图 4　坝体典型点温度时程图

保温层揭开时间对坝体温度场的影响规律基本相似，3、5、10 年后揭开保温层后第一个冬季的一月上旬坝体温度场结果较为接近，总体趋势表现为越晚揭开，坝体整体温度略微下降，这是因为混凝土浇筑水化热还未完全冷却，随着时间的推移温度逐渐自然降低。

3.3　大坝温度应力场仿真分析

揭除保温层后，坝体温度应力情况有明显增大的趋势，均超出允许应力。整体趋势为揭开时间越早，应力情况越恶劣，且主要表现为表面应力增大。横河向应力最为显著，因为横河向主要是表面应力，而揭开保温层引起了较大的内外温差，因此表面产生拉应力，坝体大坝运行后三年揭开保温层，坝顶横河向应力达 3.36MPa，下游表面应力达 3.31MPa，均远超允许应力，随着揭开时间的推迟，应力水平有所缓解，但仍在 3.00MPa 以上。揭开保温层冬季横河应力图见图 5。

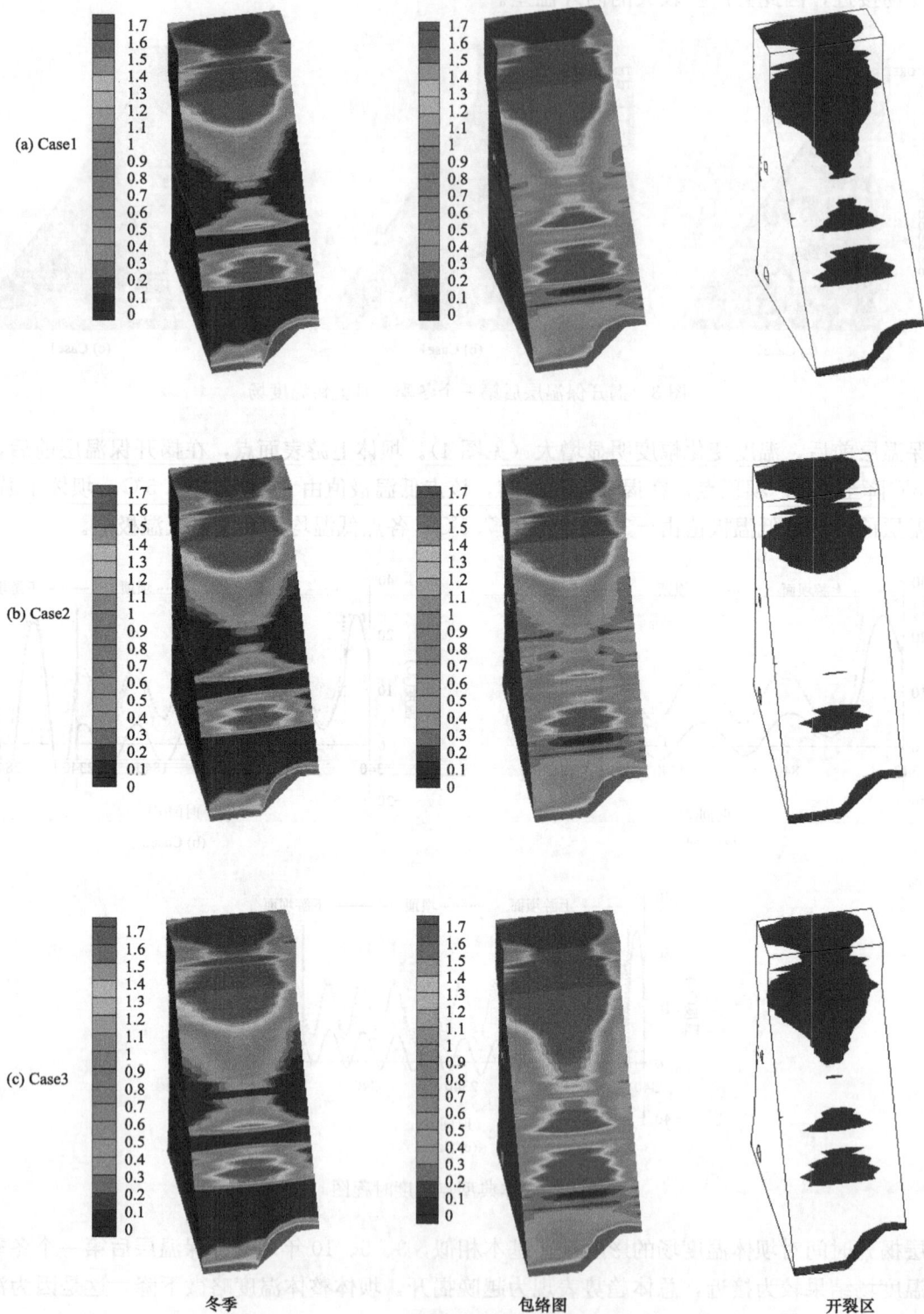

冬季　　　　　　　　　　包络图　　　　　　　　　　开裂区

图 5　揭开保温层冬季横河应力图

顺河向应力情况不突出（见图 6），仅在上下游表面小范围有 1.89MPa 以上应力，以及坝顶小范围内有 2.54MPa 以上应力，其余部位与原方案应力结果接近。坝体揭开保温层横河向、顺河向应力计算成果表分别见表 3、表 4。

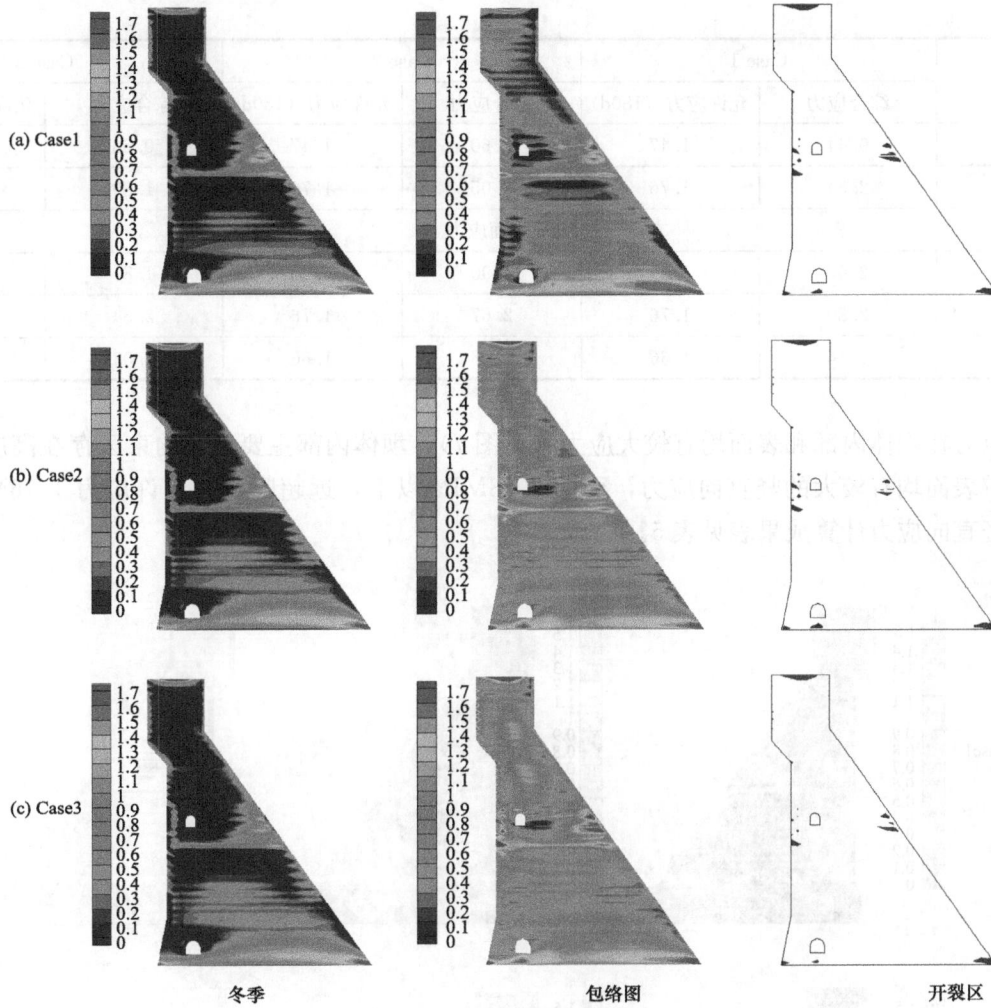

图 6　揭开保温层冬季顺河向应力场

表3			坝体揭开保温层横河向应力计算成果表			单位：MPa	
部位	Case 1		Case 2		Case 3	
	综合应力	允许应力（180d）	综合应力	允许应力（180d）	综合应力	允许应力（180d）
坝体内部应力						
强约束区	1.61	1.47	1.57	1.47	1.53	1.47
弱约束区	0.50	1.47	0.60	1.47	0.63	1.47
非约束区	2.37	1.76	2.19	1.76	2.13	1.76
大坝表面应力						
上游表面	2.45	1.66	2.33	1.66	2.22	1.66
坝顶	3.36	1.76	3.20	1.76	3.05	1.76
下游表面	3.31	1.66	3.15	1.66	3.00	1.66

表4			坝体揭开保温层顺河向应力计算成果表			单位：MPa	
部位	Case 1		Case 2		Case 3	
	综合应力	允许应力（180d）	综合应力	允许应力（180d）	综合应力	允许应力（180d）
坝体内部应力						
强约束区	1.91	1.47	1.77	1.47	1.70	1.47

部位	Case 1		Case 2		Case 3	
	综合应力	允许应力（180d）	综合应力	允许应力（180d）	综合应力	允许应力（180d）
弱约束区	0.44	1.47	0.60	1.47	0.63	1.47
非约束区	2.34	1.76	2.05	1.76	1.89	1.76
大坝表面应力						
上游表面	2.00	1.66	1.90	1.66	1.81	1.66
坝顶	2.80	1.76	2.67	1.76	2.54	1.76
下游表面	1.14	1.66	1.08	1.66	1.03	1.66

竖直向应力在坝体内部和表面均有较大应力（见图 7），坝体内部主要是非约束区存在高应力区；其次坝体上下游表面均有较大的竖直向应力，可达 2.63MPa 以上，远超竖直向允许应力 1.16MPa。坝体揭开保温层竖直向应力计算成果表见表 5。

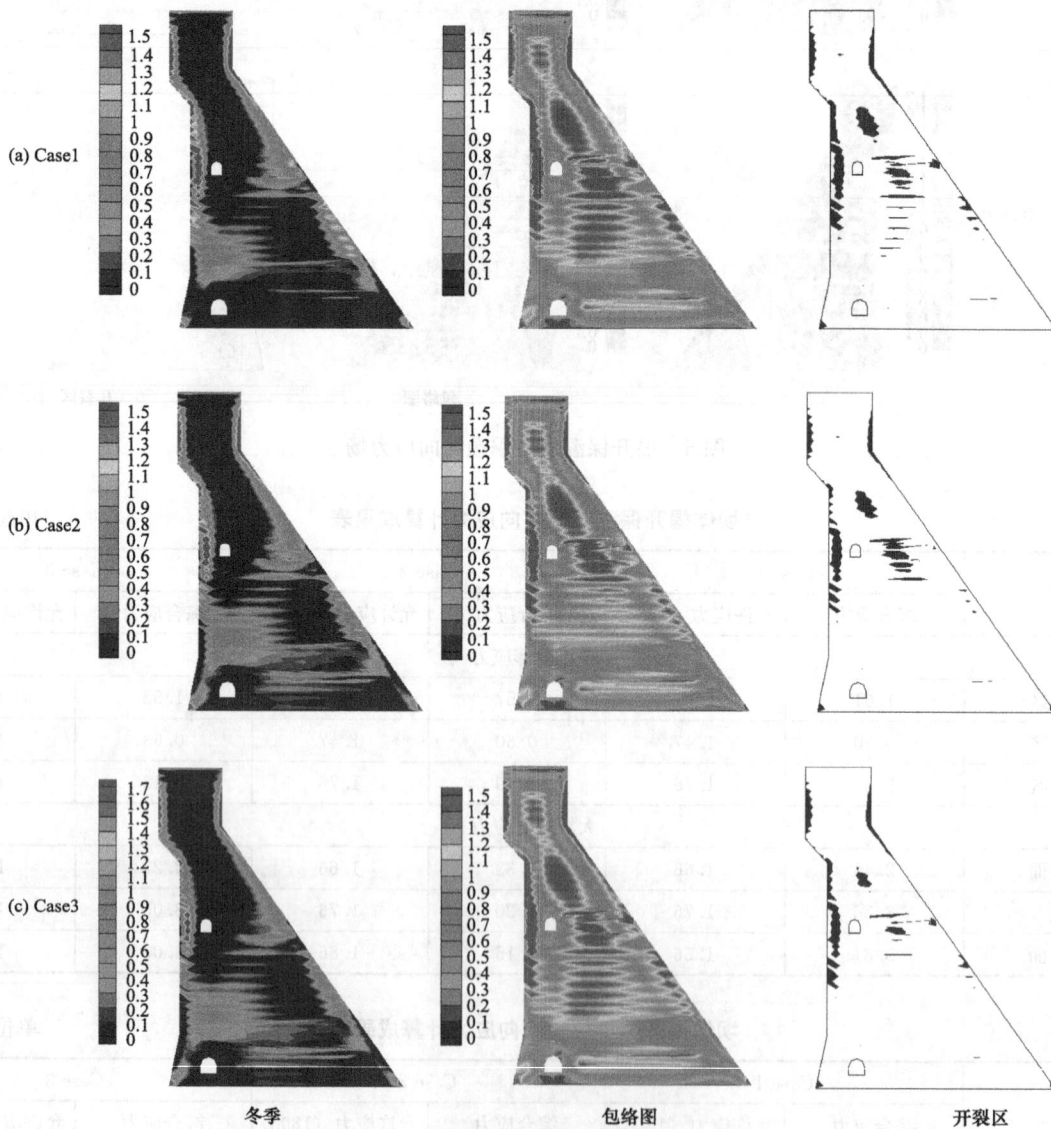

图 7　揭开保温膜竖直向应力场

表5		坝体揭开保温层竖直向应力计算成果表				单位：MPa	
部位	Case 1		Case 2		Case 3		
	综合应力	允许应力（180d）	综合应力	允许应力（180d）	综合应力	允许应力（180d）	
坝体内部应力							
强约束区	0.73	1.03	0.58	1.03	0.57	1.03	
弱约束区	0.66	1.03	0.86	1.03	0.83	1.03	
非约束区	2.69	1.23	2.24	1.23	1.95	1.23	
大坝表面应力							
上游表面	2.90	1.16	2.76	1.16	2.63	1.16	
坝顶	0.90	1.23	0.86	1.23	0.82	1.23	
下游表面	3.09	1.16	2.94	1.16	2.80	1.16	

保温层揭开时间对坝体温控的影响情况表现为：越早揭开越不利。从应力结果可以看出，随着保温层揭开时间的推移，坝体各方向应力结果呈下降趋势，下游表面横河向应力值由3年揭开的3.31MPa下降至10年揭开的3.00MPa，虽有下降，但仍然均超出相应部位允许抗裂应力。由典型点应力时程图（如图8所示）可以看出，在揭开保温层时间节点前后，坝体温度应力变化幅值明显增大，以下游表面点横河向应力为例，横河向应力最大值由1.10MPa增大至2.48MPa，应力值增大1倍以上，且应力变化与温度变化存在一个月左右的滞后反应。

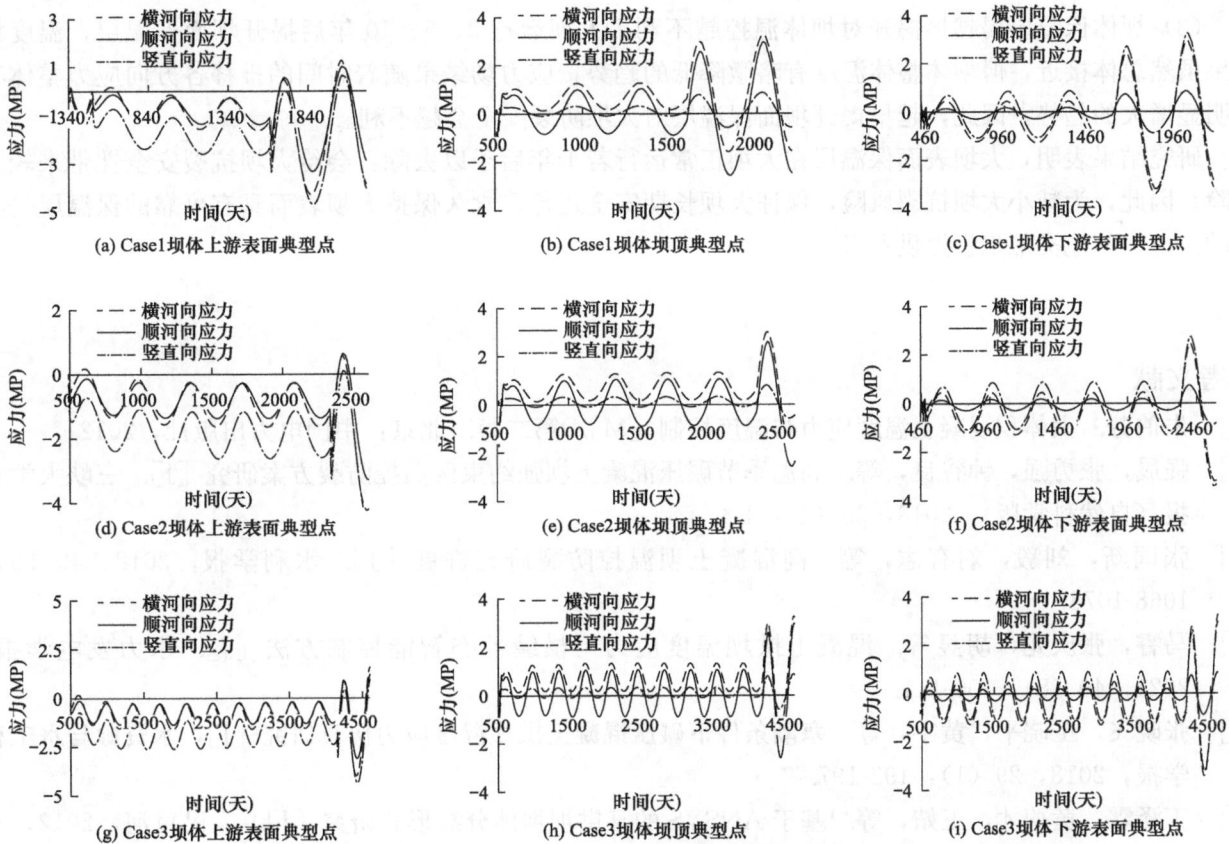

图8 揭开保温层坝体典型点应力时程图

揭开保温层后，坝体主要存在三个开裂区域：

（1）坝体上下游表面高程891～906m区域，该区域影响深度为2～3m之间，在坝轴线方向表现为中间影响较深，向两边逐渐递减。

（2）坝体上下游表面高程 909.5～936m 区域，该区域影响深度为 0～1m 之间，在坝轴线方向表现为中间影响较深，向两边逐渐递减。

（3）坝体内部非约束区高程 899～917.5m 区域，该区域处在坝体中间，顺河向宽度为 3.5～8.5m 之间，在顺河向方向表现为中间影响较大，向上下游方向逐渐递减。

综上所述，在揭开保温层后，应力均有明显超标情况，坝体有较大的开裂风险。

4　结语

严寒地区因冬季漫长寒冷、年温差大，因此对于坝面需采用永久表面保温措施，但大坝完工正常运行期坝面保温层长期保持的必要性尚不明晰。因此，本文以严寒地区 SY 抽水蓄能电站下水库碾压混凝土重力坝为例，通过对大坝竣工正常运行 3、5、10 年后去除大坝表面保温层情况下，进行了大坝混凝土温度场和应力场仿真模拟计算，获得以下主要结论：

（1）揭开坝体表面保温层，大坝温度场会受到明显影响，坝体表面会出现低温达到 −8℃，与冬季最低气温基本一致，而坝体内部大部分区域温度基本接近准稳定温度 9℃，坝体表面与坝体内部形成较大的内、外温差。过大的内、外温差大导致坝体表面横河向应力出现严重恶化，在坝体上游表面、坝顶、下游表面应力值均超过 3.0MPa，远超出相应部位混凝土允许应力。

（2）受到大坝坝面保温层去除的影响，主要坝体出现三个开裂区域：坝体内部非约束区高程 899～917.5m 区域，坝体上、下游表面高程 891～906m 区域及坝体上、下游表面高程 909.5～936m 区域，影响深度在 1～3m 范围。

（3）坝体保温层揭越早揭开对坝体温控越不利。大坝运行 3、5、10 年后揭开坝面保温层，温度场结果虽然总体接近，但坝体整体温度有略微降低的趋势，应力场结果随着时间的推移各方向应力整体都有明显增大的趋势。因此，越早揭开坝面保温层对大坝防裂安全会越不利。

研究结果表明，大坝表面保温层在大坝正常运行若干年后予以去除，会给大坝抗裂安全性带来较大风险。因此，为减小大坝抗裂风险，保证大坝长期安全运行，永久保持大坝表面具有可靠的保温层是必要的。也为其他类似工程提供参考。

参考文献

[1] 朱伯芳. 大体积混凝土温度应力与温度控制 [M]. 第二版. 北京：中国电力出版社，2012.

[2] 强晟，张勇强，钟谷良，等. 高温季节碾压混凝土坝强约束区温控防裂方案研究 [J]. 三峡大学学报（自然科学版），2013，35（4）：1-4.

[3] 张国新，刘毅，刘有志，等. 高混凝土坝温控防裂研究进展 [J]. 水利学报，2018，49（9）：1068-1078.

[4] 马睿，张庆龙，胡昱等. 混凝土拱坝温度应力与横缝性态智能控制方法 [J]. 水力发电学报，2021，40（8）：100-111.

[5] 张晓飞，王晓平，黄宇，等. 寒潮条件下碾压混凝土拱坝温度应力仿真研究 [J]，水资源与水工程学报，2018，29（1）：192-197.

[6] 丁泽霖，黄德才，王婧，等. 基于 ANSYS 的某拱坝坝体分缝形式研究 [J]. 人民黄河，2012，34（5）：114-116.

[7] 陈宗卿. 普定碾压混凝土拱坝布置和结构设计 [J]. 水力发电，1995（10）：5-11.

[8] 黄达. 海沙牌碾压混凝土拱坝损伤开裂分析 [J]. 大连理工大学学报，2001，41（2）：244-248.

[9] Envelope J，Kang M，Lin W，et al. Preparation and characterization of phase change material microcapsules with modified halloysite nanotube for controlling temperature in the building [J]. Con-

struction and Building Materials，2023，362.

[10] Cai J，Zhang C，Zeng L，et al. Preparation and action mechanism of temperature control materials for low-temperature cement [J]. Construction and Building Materials，2021，312：125364-125366.

[11] 朱伯芳. 全面温控、长期保温、结束"无坝不裂"历史 [C]//中国水利学会，中国水力发电工程学会. 第五届碾压混凝土坝国际研讨会论文集，2007：15-22.

[12] 朱伯芳，许平. 加强混凝土坝面保护尽快结束"无坝不裂"的历史 [J]. 水力发电，2004，30（3）：4.

[13] Zhang X F，Li S Y，Li Y L，et al. Effect of superficial insulation on roller-compacted concrete dams in cold regions [J]. Advances in Engineering Software，2011，42（11）：939-943.

作者简介：

胡　琪（1998—），女，辽宁康平，研究生，助理工程师，主要从事水电工程施工组织设计。E-mail：huqi@bjy. powerchina. cn

王　南（1991—），男，湖北襄阳，研究生，高级工程师，主要从事水电工程施工组织设计。E-mail：wangnan@bjy. powerchina. cn

程伟科（1985—），男，河北藁城，大学本科，高级工程师，主要从事水电工程施工组织设计。E-mail：chengwk@bjy. powerchina. cn

阳江抽水蓄能电站上库坝碾压混凝土特性及温度控制

刘力捷

（广东省水利电力勘测设计研究院有限公司，广州 510635）

【摘　要】 阳江抽水蓄能电站在超百米高碾压混凝土大坝采用早强水泥作为胶凝材料，在同一座大坝中使用了花岗岩和混合岩两种混凝土骨料。介绍了阳江抽水蓄能电站碾压混凝土大坝建筑材料、混凝土配合比、混凝土主要热力学性能指标及温控标准、温控措施、温控效果等成果，并对大坝混凝土温控效果进行了分析。实践证明，早强水泥和两种骨料在阳江抽水蓄能电站碾压混凝土大坝中的应用是成功的，可供类似工程参考。

【关键词】 早强水泥；碾压混凝土大坝；配合比；温度控制

1　工程概况

1.1　大坝结构设计

阳江抽水蓄能电站上库坝是广东省水利水电工程中已建的最高碾压混凝土大坝，也是国内抽水蓄能领域已建的最高碾压混凝土大坝。坝址位于阳春市八甲镇白水河白水瀑布陡涯上游侧山谷，坝址处河床较窄，谷宽 15～30m，谷底基岩裸露，呈较对称"V"字型谷，谷底高程 690m 左右。碾压混凝土大坝坝顶高程 777.60m，正常蓄水位 773.7m，坝顶总长 476.8m，坝顶宽度 8.0m，最大坝高 101.0m，共分 24 个坝段。左岸非溢流坝段（1～13 号）坝顶长 261.0m，中间溢流坝段（14～15 号）坝顶长 34.8m，右岸非溢流坝段（16～24 号）坝顶长 181m。坝体上游面垂直，下游面在高程 765.914m 以上为垂直，以下边坡为 1：0.78。溢流坝段分 3 孔，每孔净宽 10m，为开敞式自由溢流堰。溢流坝段上游面垂直，堰面为 WES 曲线，堰面曲线以下坡比为 1：0.78，采用台阶式溢流面与消力池联合消能方式。大坝混凝土总量约 65 万 m³，首仓混凝土于 2019 年 12 月 19 日浇筑，2021 年 8 月 2 日导流洞下闸蓄水，2022 年 1 月 1 日首台机组投入商业运行。大坝典型剖面见图 1。

1.2　水文气象

工程地处北回归线以南，属亚热带季风气候，雨量充沛，冬季温暖，夏季多雨，4～6 月多为锋面雨，7～9 月多为台风雨，4～9 月雨量占全年的 80％以上。站址附近的仙家洞雨量站多年平均年降水量 3300.5mm，降水年际变化较大，最大和最小年降水量之比为 2.48 倍。工程施工期间实测 2019 年年降雨量为 2429.5mm，2020 年年降雨量为 2596.5mm，最大日降雨为 219.5mm（发生在 2019 年 8 月 1 日）。

施工期间实测最高气温 31.6℃（发生在 2020 年 5 月 1 日），最低气温 −0.6℃（发生在 2021 年 1 月 11 日）。实测多年平均气温 19.8℃。当地气候比较湿润，多年平均相对湿度约 90％，最小相对湿度 46％。多年平均水面蒸发量为 1050mm。

2　主要建筑材料特性

2.1　水泥

阳江抽水蓄能电站水泥采用阳春海螺水泥有限公司生产的普通硅酸盐水泥。水泥物理力学性能检测结果见表 1，水泥化学成分分析结果见表 2。水泥水化热（直接法）试验结果见表 3。

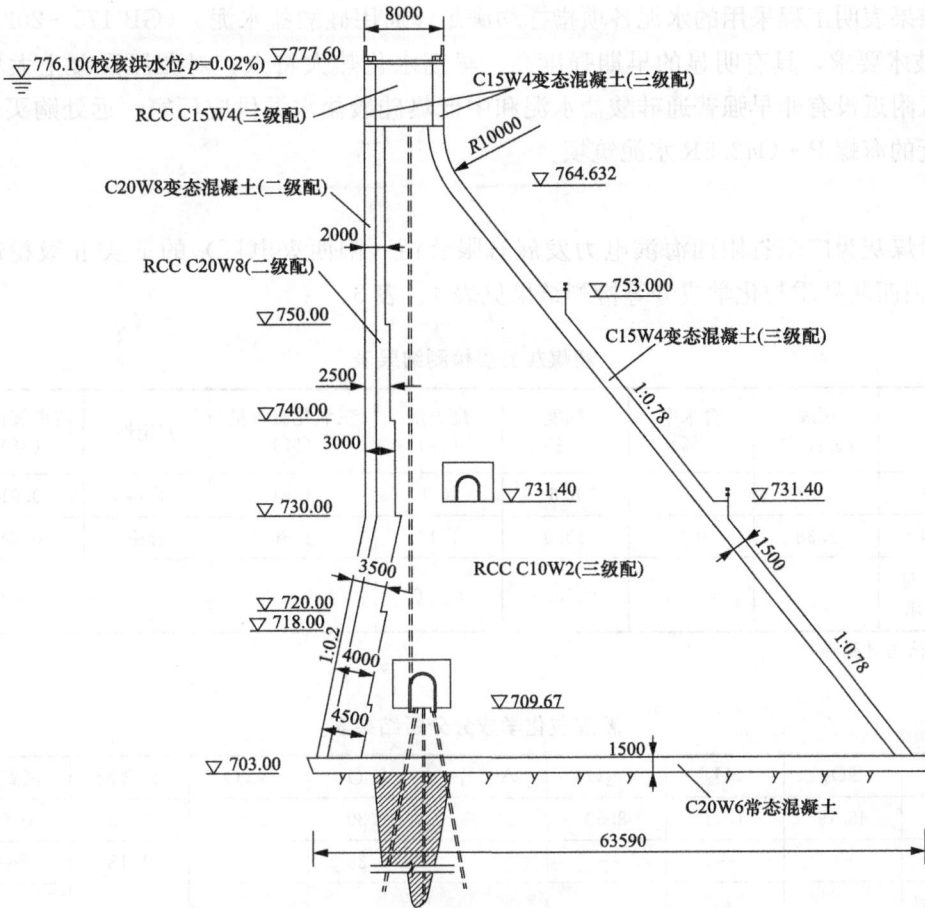

图 1 大坝典型剖面图

表 1 水泥物理力学性能检测结果表

水泥品种	密度 (g/cm³)	比表面积 (m²/kg)	安定性	标准稠度 (%)	凝结时间 (min)		抗折强度 (MPa)			抗压强度 (MPa)		
					初凝	终凝	3d	28d	90d	3d	28d	90d
设计配合比取样	3.09	374	合格	26.4	185	256	5.3	8.9	9.1	25.3	49.3	56.5
施工配合比取样	3.08	342	合格	26.3	133	188	5.3	8.3	—	29.6	53.1	—
GB 175—2023 要求	—	≥300 且不高于400	合格	—	≥45	≤600	≥4.5 (42.5R)	≥6.5		≥22.0 (42.5R)	≥42.5	

表 2 水泥化学成分（指标）分析结果表

水泥品种	化学成分（指标）（%）								
	烧失量	SiO_2	SO_3	Fe_2O_3	Al_2O_3	CaO	MgO	碱含量	氯离子
设计配合比取样	3.70	22.32	2.52	4.76	4.90	60.30	1.76	0.53	0.02
施工配合比取样	3.71	—	2.09				1.88	0.48	
GB 175—2023 要求	≤5.0	—	≤3.5				≤5.0	—	≤0.06

表 3 水泥水化热（直接法）试验结果表

水泥品种	水化热 $Q_t g$（kJ/kg）						
	1d	2d	3d	4d	5d	6d	7d
设计配合比取样	203	235	265	280	289	296	302

水泥试验结果表明工程采用的水泥各项指标均满足《通用硅酸盐水泥》（GB 175—2023）[1]普通硅酸盐 42.5R 相应技术要求，具有明显的早期强度高、早期水化热大特点，对碾压混凝土大坝温度控制不利。由于工程区附近没有非早强普通硅酸盐水泥和中低热硅酸盐水泥供应厂家，远处购买费用太高，最终决定采用附近的海螺 P·O42.5R 水泥筑坝。

2.2 粉煤灰

工程所用粉煤灰为广东省阳西海滨电力发展有限公司（阳西火电厂）的 F 类 II 级粉煤灰（以下简称：阳西灰），阳西灰品质与化学成分等检测结果见表 4、表 5。

表 4   粉煤灰品质检测结果表

粉煤灰品种	密度（g/cm³）	含水率（%）	细度（%）	烧失量（%）	三氧化硫含量（%）	安定性	游离氧化钙（%）	需水量比（%）
设计配合比取样	2.37	0.2	8.6	1.08	1.41	合格	0.91	97
施工配合比取样	2.38	0.2	13.0	1.10	1.86	合格	0.64	98
DL/T 5055—2007 对 F 类 II 级粉煤灰要求	—	≤1.0	≤25.0	≤8.0	≤3.0	—	≤1.0	≤105

注   细度为 45μm 方孔筛筛余。

表 5   粉煤灰化学成分分析结果表   单位：%

粉煤灰品种	SiO_2	SO_3	Fe_2O_3	Al_2O_3	CaO	MgO	碱含量	氯离子	f-CaO
设计配合比取样	48.19	1.41	8.59	25.93	9.30	1.92	2.59	0.00	0.91
施工配合比取样	—	—	—	—	6.38	—	1.18	—	0.64
DL/T 5055—2007 对 F 类 II 级粉煤灰要求	—	—	—	—	≤10	—	—	0.02	≤1.0

工程采用的粉煤灰品质指标符合《水工混凝土掺用粉煤灰技术规范》（DL/T 5055—2007）[2]对 F 类 II 级粉煤灰的技术要求，但粉煤灰中游离氧化钙（f-CaO）和氧化钙（CaO）含量接近规范上限。为进一步控制粉煤灰的品质，实施阶段将粉煤灰的游离氧化钙、氧化钙、安定性纳入每批进场粉煤灰的必检项目。

混凝土配合比试验成果表明：①粉煤灰掺量每增加 10 个百分点，3d 水化热的降低量约 18kJ/kg，7d 的水化热降低量约 16kJ/kg，说明掺加粉煤灰可以有效降低混凝土初期水化热；②掺 15％及以上粉煤灰时，胶凝材料 3d、7d 的水化热低于参照标准（中热水泥）限值，对于胶砂 90d 抗压强度增长系数，掺 55％粉煤灰时最大，掺 30％阳西灰时次之，纯水泥时最小。说明工程虽然采用了早强水泥，但通过掺加粉煤灰使得水泥早期水化热降低，且不会降低胶凝材料抗压强度。

2.3 混凝土骨料

本工程上库碾压混凝土坝基开挖料为花岗岩，石料场为混合岩，输水发电系统开挖料中以尾闸室附近为界上游为花岗岩、下游为混合岩。坝基弱风化上带花岗岩饱和、烘干单轴抗压强度分别为 51.8、76.7MPa，饱和抗拉强度 3.52MPa，干密度 2.56g/cm³，孔隙率 2.88％，饱和吸水率 1.01％，软化系数 0.68。石料场混合岩弱风化岩饱和、烘干单轴抗压强度分别为 87.24、120.92MPa，干密度 2.64g/cm³，孔隙率 1.24％，吸水率 0.33％，软化系数 0.72；微风岩的主要指标平均值：饱和、烘干单轴抗压强度分别为 112.65、157.50MPa，干密度 2.62g/cm³，孔隙率 0.93％，吸水率 0.30％，软化系数 0.72。地下洞室群开挖的微风化细粒花岗岩饱和、烘干单轴抗压强度分别为 180.33、221.33MPa，干密度 2.70g/cm³，孔隙率 1.54％，吸水率 0.24％，软化系数 0.81；微风化粗粒花岗岩主要指标值：饱和、烘干单轴抗压强度分别为 104.13、120.0MPa，干密度 2.63g/cm³，孔隙率

1.37％，吸水率 0.33％，软化系数 0.87。花岗岩、混合岩均为非碱活性骨料。经取样分析，两种岩石化学成分见表 6。

表6　　花岗岩、混合岩化学成分分析结果表

岩石品种		化学成分（％）								
		烧失量	SiO_2	SO_3	Fe_2O_3	Al_2O_3	CaO	MgO	K_2O	Na_2O
混合岩	混1	1.76	69.53	0.01	7.16	12.01	2.07	2.08	3.46	2.34
	混2	7.16	55.49	0.00	8.52	15.98	3.49	2.39	3.08	3.14
花岗岩	花1	0.47	77.44	0.00	3.09	9.33	1.25	0.18	3.89	3.35
	花2	0.46	76.27	0.01	3.52	8.82	1.65	0.00	3.94	3.55

上库坝基开挖的花岗岩弱分化料约 8.9 万 m^3，由于岩石强度相对较低，成品骨料压碎指标值超出规范要求，在同等水胶比下坝基花岗岩料的混凝土强度相较于混合岩和洞挖花岗岩材料混凝土强度低，各项力学性能也相较要低，由于可利用量较少、拌制混凝土品质一般，未在大坝混凝土中使用。

洞挖花岗岩和石料场混合岩在力学指标和化学成分上有一定差异，经配合比试验检测，利用两种岩石骨料拌制的混凝土各指标差异不大，最终决定大坝 740m 高程以下利用洞挖花岗岩骨料拌制混凝土，740m 高程以上利用石料场混合岩骨料拌制混凝土。

3　混凝土配合比及主要热力学参数

施工配合比成果及配料[3]见表 7、表 8。

表7　　大坝混凝土施工配合比成果表

混凝土强度等级	水胶比	骨料级配	煤灰掺量（％）	减水剂 GK-4A（％）	引气剂 TG-1A（1/万）	砂率（％）	V_c 值（s）
C_{90}20W6 常态混凝土	0.55	三	30	0.8	2	34	—
C_{90}20W8F50 碾压混凝土	0.55	二	55	0.8	10	38	2～5
C_{90}15W4F50 碾压混凝土	0.55	三	65	0.8	10	35	2～5
C_{90}10W2F50 碾压混凝土	0.60	三	65	0.8	10	36	2～5
C_{90}20W8 机制变态混凝土	0.54	二	55	0.7	5	38	1～3
C_{90}15W4 机制变态混凝土	0.53	三	62	0.7	5	35	1～3

表8　　大坝混凝土施工配合比配料表

强度等级	1m^3 材料用量（kg/m^3）									容重（kg/m^3）
	水	水泥	粉煤灰	砂	小石	中石	大石	减水剂	引气剂	
C_{90}20W6 坝基常态混凝土	117	149	64	707	412	412	549	1.702	0.043	2412
C_{90}20W8F50 碾压混凝土	93	76	93	802	536	804	0	1.353	0.169	2345
C_{90}15W4F50 碾压混凝土	83	53	98	757	432	432	576	1.207	0.151	2385
C_{90}10W2F50 碾压混凝土	83	48	90	783	428	428	570	1.107	0.138	2388
C_{90}20W8 机制变态混凝土	122	102	125	783	524	785	0	1.592	0.114	—
C_{90}15W4 机制变态混凝土	115	82	133	730	417	417	556	1.507	0.108	—

注　1. 表中骨料均为花岗岩，用于大坝 740m 高程以下混凝土。
　　2. 机制变态混凝土加浆量为碾压混凝土体积的 6％。

对设计配合比、施工配合比试验检测成果对比分析后，提出混凝土主要物理性能指标见表 9，主要热学性能指标见表 10，作为本工程大坝混凝土温控仿真计算依据。

表 9 　　　　　　　　　　　　　　　大坝混凝土主要物理性能参数指标表

混凝土 强度等级	抗压强度 （MPa）			劈裂抗拉强度 （MPa）			轴心抗拉强度 （MPa）		极限拉伸值 （×10⁻⁴）		轴心抗拉弹模 （GPa）		轴心抗压弹模 （GPa）	
	7d	28d	90d	7d	28d	90d	28d	90d	28d	90d	28d	90d	28d	90d
C_{90}20W6 常态混凝土	21.4	31.0	40.7	1.57	2.38	3.51	2.70	3.47	1.22	1.21	28.6	41.8	27.9	28.9
C_{90}20W8F50 碾压混凝土	14.0	22.5	32.9	0.91	1.73	2.51	1.79	2.68	0.68	0.88	49.3	47.6	23.9	37.0
C_{90}15W4F50 碾压混凝土	11.2	21.7	32.3	0.75	1.42	2.59	1.55	2.27	0.60	0.70	45.9	46.3	23.0	28.2
C_{90}10W2F50 碾压混凝土	10.1	15.8	27.2	0.5	0.98	1.96	1.37	2.52	0.55	0.61	42.0	40.8	22.8	31.6
C_{90}20W8 机制变态混凝土	14.2	24.0	33.5	1.09	1.78	2.81	2.31	3.22	0.78	1.08	42.3	42.1	26.8	31.8
C_{90}15W4 机制变态混凝土	10.0	19.2	30.5	0.77	1.56	2.41	1.91	2.65	0.77	1.05	33.5	36.3	25.3	27.2

表 10 　　　　　　　　　　　　　　大坝混凝土主要热学参数指标表

强度等级	90d 极限拉伸值 （×10⁻⁴）	线膨胀系数 （×10⁻⁶）	导温系数 （×10⁻³ m²/h）	导热系数 [kJ/(m·h·℃)]	比热 [kJ/(kg·℃)]	90d 绝热温升值 （℃）	90d 泊松比	90d 自变 G_t （×10⁻⁶）
C_{90}20W6 常态混凝土	1.12	9.4	2.969	7.558	1.039	33.9	0.183	—
C_{90}20W8F50 碾压混凝土	1.30	8.0	3.400	7.833	0.947	29.0	0.177	−31
C_{90}15W4F50 碾压混凝土	1.28	8.2	3.479	8.014	0.942	25.7	0.180	—
C_{90}10W2F50 碾压混凝土	1.26	8.3	3.523	8.046	0.936	23.3	0.163	−29

4　碾压混凝土大坝施工期温控措施及效果分析

4.1　大坝混凝土温度措施

4.1.1　混凝土温度控制标准

根据大坝设计及混凝土配合比试验成果，开展了大坝三维有限元仿真计算，提出了本工程施工期主要温控标准如下：

（1）低温季节混凝土浇筑均采用自然入仓方式，河床坝段安排在低温季节施工，浇筑温度不大于 20℃控制。

（2）高温季节坝体强约束区浇筑温度控制在 24℃以内，控制最高温度 32～33℃；弱约束区控制在 25℃以内，控制最高温度在 35℃以内。

（3）大坝自由区根据大坝高度浇筑温度控制在 25～28℃以内，控制最高温度不高于 38℃。

（4）碾压及常态混凝土的内外温差控制不超过 16℃。

4.1.2　主要温控措施

（1）常规的遮阳、淋水、养护等措施。

（2）主要通过加冰＋加冷水拌和控制混凝土出机口温度。

（3）高温季节浇筑的大坝强约束区和弱约束区混凝土埋设冷却水管，坝体混凝土一期通水连续通水冷却时间不少于 20d，并应连续进行。

（4）仓面覆盖，保温保湿。

4.2　温控效果分析

4.2.1　温控效果

阳江抽水蓄能电站上库碾压混凝土大坝坝体较高、混凝土量较大且工期紧，高温季节不间断施工。工程区虽然平均气温较高，但温差小，空气湿润，冬季基本不出现负温。通过采取遮阳、淋水、喷雾等常规措施，高温季节采取加冰、加冷水拌和、局部坝段通冷却水管、表面保护等措施，并将坝基强约束区安排在低温季节施工后，大坝混凝土各项指标基本达到温控指标要求。建成后的大坝未发现危害性裂缝产生，下游渗水量很小，大坝表面颜色美观，混凝土质量优良。

4.2.2 温控主要研究成果

（1）阳江抽水蓄能电站上库混凝土重力坝温控有利方面表现在：年内环境温差小、空气湿度大、混凝土线胀系数值较大；温控不利方面表现在：早强水泥早期水化热高、粉煤灰活性较强、混凝土绝热温升较高，常态混凝土自生体积收缩变形量大（C30W10F100 泵送混凝土 28、90、180d 的自变量分别约为 -60×10^{-6}、-112×10^{-6}、-131×10^{-6}）。在本工程特殊环境条件下，采取一定措施后裂缝得到有效控制。

（2）敏感性分析表明，不采取任何温控措施条件下，混凝土内部温度和应力都较大，超过规范允许值，采取一定的温控防裂措施很有必要。

（3）实践证明，类似本工程环境条件，百米级碾压混凝土大坝温度控制中混凝土骨料不需要采取风冷措施。相对于其他类似工程，阳江抽水蓄能电站上库碾压混凝土大坝温控要求相对宽松，节省了投资，有效加快了施工进度。温控方案是适合当地气候条件下碾压混凝土大坝施工的。

（4）机制变态混凝土拌和质量容易控制，混凝土内部各混合材料分布均匀且可保持浇筑质量的连续性，浇筑后温度变形较为协调统一，与现场加浆形成的变态混凝土相比更有利于防止大坝表面裂缝的产生。

（5）阳江抽水蓄能电站上库碾压混凝土大坝在非约束区采用了 6m 斜层平推铺筑法，有效解决了工程区高温多雨环境下碾压混凝土高坝高效优质施工难题，供类似工程参考借鉴。需要注意的是：①本工程大坝 6m 浇筑层厚浇筑区域为非约束区，且主要在低温季节浇筑；②6m 浇筑层厚高温季节最高浇筑温度不超过 25℃抗裂可基本满足要求，但安全裕度不大，否则需采取加冰、埋设冷却水管等处理措施。

（6）是否采取表面保温措施，对表面轴向应力影响较大。一般来说，表面冬季轴向应力大，夏季轴向应力小，保温后由于消减了温度的变化幅度，其应力也相应减小；在相同内外温差条件下，约束区表面的应力较大，应加强表面保温；冬季浇筑混凝土时，需加强仓面保温，防止仓面裂缝产生；高温季节浇筑薄层混凝土时应做好方面保护，防止热量倒灌现象发生；昼夜温差较大或者遭遇气温骤降天气时，加强表面保温，减弱长周期应力和短周期应力叠加。

5 结语

（1）阳江抽水蓄能电站在百米级碾压混凝土大坝首次采用早强水泥筑坝，事实证明是成功的，可为类似工程参考。

（2）阳江抽水蓄能电站碾压混凝土大坝成功采用了花岗岩和混合岩两种原岩骨料筑坝，节省了投资，方便了施工。

参考文献

[1] 国家市场监督管理总局，国家标准化管理委员会. GB 175—2023，通用硅酸盐水泥［S］.
[2] 中华人民共和国国家发展和改革委员会. DL/T 5055—2007，水工混凝土掺用粉煤灰技术规范［S］.
[3] 中国水利水电第八工程局有限公司检测中心. 阳江抽水蓄能电站上水库大坝土建工程大坝混凝土配合比试验报告［R］. 2020 年 7 月 18 日.

作者简介：

刘力捷（1973—），男，甘肃庆阳，本科，正高级工程师，主要研究方向：水利水电工程施工组织设计。
E-mail：389806221@qq.com

近断层地震动斜入射下沥青混凝土面板堆石坝响应特性研究

宋志强，许斯年

（西安理工大学，省部共建西北旱区生态水利国家重点实验室，陕西西安　710048）

【摘　要】　西部地区水利工程多建于复杂地震断裂带附近，这使得近场地震动的脉冲效应对水工建筑物所产生的影响无法忽略。因此有必要开展近断层地震动空间组合斜入射对沥青混凝土面板堆石坝地震响应影响的研究。基于地表三维地震动反演确定 P、SV、SH 波斜入射时程，构建近断层地震动组合斜输入模型，选取多条近断层地震动研究了空间组合斜入射对沥青混凝土面板加速度、应力和坝体永久变形的影响规律。结果表明：坝体面板三向加速度分布随着入射角度变化的变化十分明显，加速度峰值最大达到了 $8.85 \mathrm{m/s^2}$，相较于一致输入增大了 36.37%，面板最大动拉应力最大为一致输入的 2.07 倍；近断层地震动的脉冲特性对大坝响应的影响也十分显著，面板产生的拉应力最大为非脉冲地震动的 2.87 倍。

【关键词】　沥青混混凝土面板堆石坝；近断层地震动；空间组合斜入射；脉冲效应；地震响应

0　引言

近年来，因沥青混凝土具有良好的抗震性能、防渗性能以及大变形的适应性能，沥青混凝土面板堆石坝逐渐成为抽水蓄能工程的优选坝型[1]。抽水蓄能工程普遍建于西部地质断层活跃的强震地区，使得沥青混凝土面板堆石坝遭受严峻的安全考验。近断层地震动埋深较浅并且有明显的较长周期与较大幅值的速度和位移脉冲，相较于远场地震动可能导致结构更严重的破坏。Bray[2] 以断层距小于 20km 为原则选取了 54 条近断层地震动，使用数值分析方法得到了近断层地震动衰减公式，能够预测距离更近的近场地震动。Malhotra[3] 对比研究了方向性脉冲地震动和非脉冲地震动对高层建筑结构的影响，发现脉冲型地震动的方向性效应会显著放大结构的层间位移角与基地剪应力。蒋莉等[4] 将近断层、非近断层地震动输入多塔超高层建筑进行易损性分析，发现近断层地震动作用下结构的损伤概率更大，且速度脉冲是造成近断层地震动对结构损伤的重要因素。

以上的研究在地震动输入上大多是假定垂直入射的，然而近断层地震动在接近地表时往往带有一定的入射角度，大大增加了地震波入射的复杂性[5]。因此，开展近断层地震动空间组合斜入射下沥青混凝土面板堆石坝的响应研究具有十分重要的价值。

1　近断层地震动的选取

近断层脉冲地震动的选取原则一般为以下三点：①断层距小于 20km；②GV/PGA＞0.2；③PGA＞0.1g。本文依照以上原则在太平洋地震工程中心选取了脉冲型和非脉冲型地震动共 7 条，如表 1 所示，其中前 2 条为非脉冲型记录，后 5 条为脉冲型记录。

表 1　近断层地震动记录

序号	台站名称	断层距离（km）	PGA（g）	PGV（m/s）	PGV/PGA
1	TCU078	7.50	0.444	0.392	0.09

序号	台站名称	断层距离（km）	PGA（g）	PGV（m/s）	PGV/PGA
2	TCU076	2.74	0.344	0.518	0.15
3	TCU046	16.74	0.142	0.290	0.20
4	El Centro Array ♯4	7.05	0.370	0.804	0.22
5	TCU102	1.49	0.304	0.917	0.30
6	TCU128	13.13	0.144	0.637	0.44
7	Westmorland Fire Sta	15.25	0.111	0.531	0.48

2 地震动空间组合斜入射方法

经过多次反射和透射到达地表的地震动成分复杂，不单是由某一类型的体波构成的。由于近断层地震动距离地表很近，P 波、SV 波以及 SH 波入射时会带有一定的角度，在地表会各自反射出两条不同类型的反射波，多种类型的体波通过叠加组成了三维空间组合斜入射自由场，如图 1 所示。

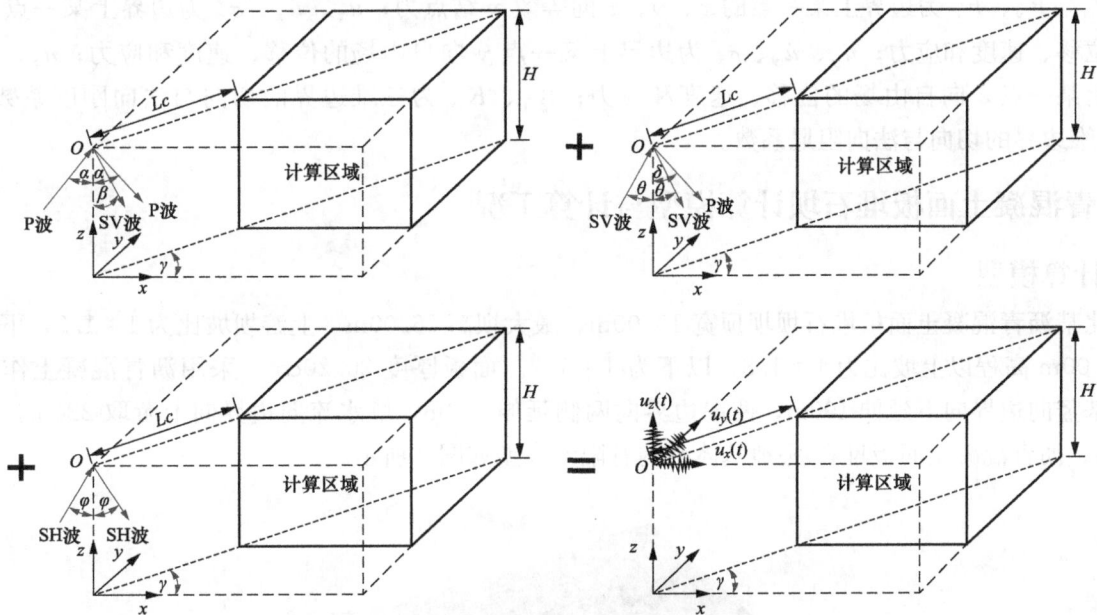

图 1 三维组合斜入射下控制点地震动组成

假定斜入射 P 波、SV 波和 SH 波同时到达控制点 O，三种地震波入射方向与水平向的夹角为 γ，与竖直向的夹角分别为 α、θ 和 φ；将所有入射波及其反射波产生的位移沿在控制点处沿着三个方向进行分解，空间任意点的自由场位移分量由三个方向分解得到的位移分量叠加而成。P 波、SV 波、SH 波组成的空间三向自由场：

$$
\begin{cases}
\begin{aligned}
u_x(t) =& [g(t-\Delta t_1)+A_1 g(t-\Delta t_2)]\cos\gamma\sin\alpha + A_2 g(t-\Delta t_3)\cos\gamma\cos\beta \\
&+[f(t-\Delta t_4)-B_1 f(t-\Delta t_5)]\cos\gamma\cos\theta - B_2 f(t-\Delta t_6)\cos\gamma\sin\delta \\
&-[h(t-\Delta t_7)+h(t-\Delta t_8)]\sin\gamma \\
u_y(t) =& [g(t-\Delta t_1)+A_1 g(t-\Delta t_2)]\sin\gamma\sin\alpha + A_2 g(t-\Delta t_3)\sin\gamma\cos\beta \\
&+[f(t-\Delta t_4)-B_1 f(t-\Delta t_5)]\sin\gamma\cos\theta - B_2 f(t-\Delta t_6)\sin\gamma\sin\delta \\
&+[h(t-\Delta t_7)+h(t-\Delta t_8)]\cos\gamma \\
u_z(t) =& [g(t-\Delta t_1)-A_1 g(t-\Delta t_2)]\cos\alpha + A_1 g(t-\Delta t_3)\sin\beta \\
&-[f(t-\Delta t_4)+B_1 f(t-\Delta t_5)]\sin\theta + B_2 f(t-\Delta t_6)\cos\delta
\end{aligned}
\end{cases}
\tag{1}
$$

式中：$u_x(t)$、$u_y(t)$、$u_z(t)$ 为控制点处三个方向地震动的位移分量；$g(t)$、$f(t)$、$h(t)$ 为斜入射 P 波、SV 波和 SH 波时程；β、δ 为斜入射 P 波反射出的 SV 波与竖直向的夹角，斜入射 SV 波反射出的 P 波与竖直向的夹角；A_1、A_2、B_1、B_2 为入射 P 波与其反射 P 波、入射 P 波与其反射 SV 波、入射 SV 波与其反射 SV 波、入射 SV 波与其反射 P 波的幅值比。Δt_1、Δt_2、Δt_3、Δt_4、Δt_5、Δt_6、Δt_7、Δt_8 为 P 波、SV 波、SH 波及其反射波自零时刻波阵面至边界内任一点 $n(x，y，z)$ 的时间延迟函数。

最后通过黏弹性人工边界在边界节点施加等效节点力，将地震动输入至三维大坝模型中[6]。参考周晨光等[7]的研究，利用位移势函数、位移、应变与应力之间的相互关系，分别对各斜入射波及其反射波产生的自由场应力进行求解，再通过叠加即可得到三维空间边界结点的等效节点力，如下式所示：

$$
\begin{cases}
F_x(t) = [K_T u_x(t) + C_T \dot{u}_x(t) - \sigma_x(t)] A_B \\
F_y(t) = [K_T u_y(t) + C_T \dot{u}_y(t) - \sigma_y(t)] A_B \\
F_z(t) = [K_N u_z(t) + C_N \dot{u}_z(t) - \sigma_z(t)] A_B
\end{cases}
\tag{2}
$$

式中：F_x、F_y、F_z 为边界上某一点的 x、y、z 向等效 x 结点力；u_x、$\dot{u}_x$、σ_x 为边界上某一点 x 向自由场的位移、速度和应力；u_y、$\dot{u}_y$、σ_y 为边界上某一点 y 向自由场的位移、速度和应力；u_z、$\dot{u}_z$、σ_z 为边界上某一点 z 向自由场的位移、速度和应力；K_T、K_N 为三维边界的切向与法向刚度系数；C_T、C_N 为三维边界的切向与法向阻尼系数。

3 沥青混凝土面板堆石坝计算模型与计算工况

3.1 计算模型

西北某沥青混凝土面板堆石坝坝顶宽 10.00m，最大坝高 76.00m，上游坝坡比为 1∶1.7，下游坝坡在 1634.00m 高程以上坡比为 1∶1.8，以下为 1∶1.7。面板厚度 20.20cm，采用沥青混凝土作为防渗体。地基竖向边界向下延伸 100m，两岸边界向两侧延伸 100m，顺水流向边界向上游取 220m，向下游取 300m。沥青混凝土面板堆石坝-地基体系的有限元模型如图 2 所示。

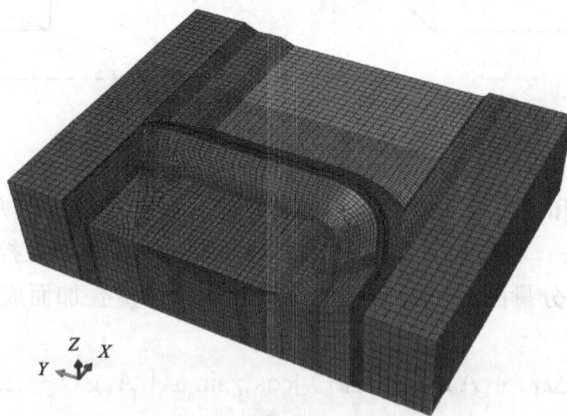

图 2 沥青混凝土面板堆石坝-地基体系有限元模型

3.2 材料本构模型及参数

面板、坝体和覆盖层土体材料的静力本构模型为非线性邓肯张 E-B 模型[8]，动力本构模型为等效线性黏弹性模型[9]，永久变形计算模型为邹德高等人改进的沈珠江模型。基岩密度取 2.7g/cm³，泊松比取 0.24，弹性模量取 20GPa。沥青混凝土面板、坝体及覆盖层材料静动力计算参数如表 2 所示。

表2   材料有限元静动力计算参数

材料名称	静力计算参数								动力计算参数				
	$\rho(g/cm^3)$	$\varphi_0(°)$	$\Delta\varphi(°)$	K	n	R_f	K_b	m	K_1	K_2	n	v	λ_{max}
沥青混凝土	2.467	30.9	—	1447	0.12	0.71	2430	0.347	18.0	635.2	0.398	0.33	0.2
碎石垫层	2.24	56.2	11.1	1241.2	0.30	0.74	498.2	0.23	27.4	1762	0.44	0.33	0.23
过渡层	2.21	56.4	12.1	1324.3	0.25	0.72	526.7	0.03	27.4	1762	0.44	0.33	0.23
上游堆石区	2.18	55.6	13.0	929.0	0.25	0.72	526.7	0.03	27.4	1762	0.44	0.33	0.23
下游堆石区	2.16	53.4	12.4	747.2	0.23	0.70	162.8	0.20	16.5	1201	0.487	0.33	0.25
库底块石回填	2.15	52.8	12.4	704.2	0.23	0.70	162.8	0.20	16.5	1201	0.487	0.35	0.25
覆盖层	2.15	53.4	12.4	589.6	0.23	0.70	162.8	0.20	15.2	1155	0.618	0.38	0.30
压坡体	2.14	51.6	12.4	656.5	0.23	0.70	162.8	0.20	16.5	1201	0.487	0.36	0.25

3.3 计算工况

如表3所示，随机选取6种不同的入射方式组合，其中入射方式1的角度组合为一致输入情况；入射方式2、3、5的角度组合中斜入射角相同，主要是为了研究三维空间内不同入射方位角对沥青混凝土面板堆石坝地震响应的影响。为了消除所选地震地动的不同PGA对计算结果的影响，将所选取的所有地震动峰值加速度调幅至0.2g。

表3   地震动组合斜输入入射方式汇总

入射方式	入射方位角	P波斜入射角	SV波斜入射角	SH波斜入射角
1	0	0	0	0
2	0	30	30	30
3	30	30	30	30
4	60	50	20	10
5	90	30	30	30
6	90	60	10	60

4 沥青混凝土面板堆石坝地震响应分析

4.1 沥青混凝土面板堆石坝加速度响应

图3～图5分别给出了5号地震动作用下入射方式2、3、5工况面板的加速度峰值分布云图。由图

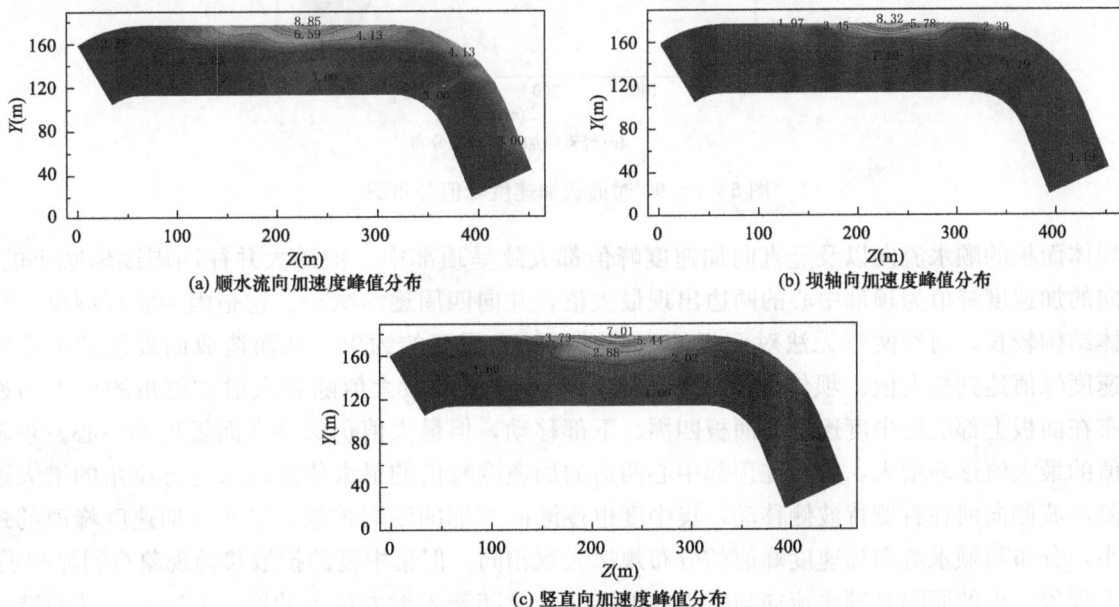

(a) 顺水流向加速度峰值分布

(b) 坝轴向加速度峰值分布

(c) 竖直向加速度峰值分布

图3 $\gamma=0°$时面板加速度峰值分布图

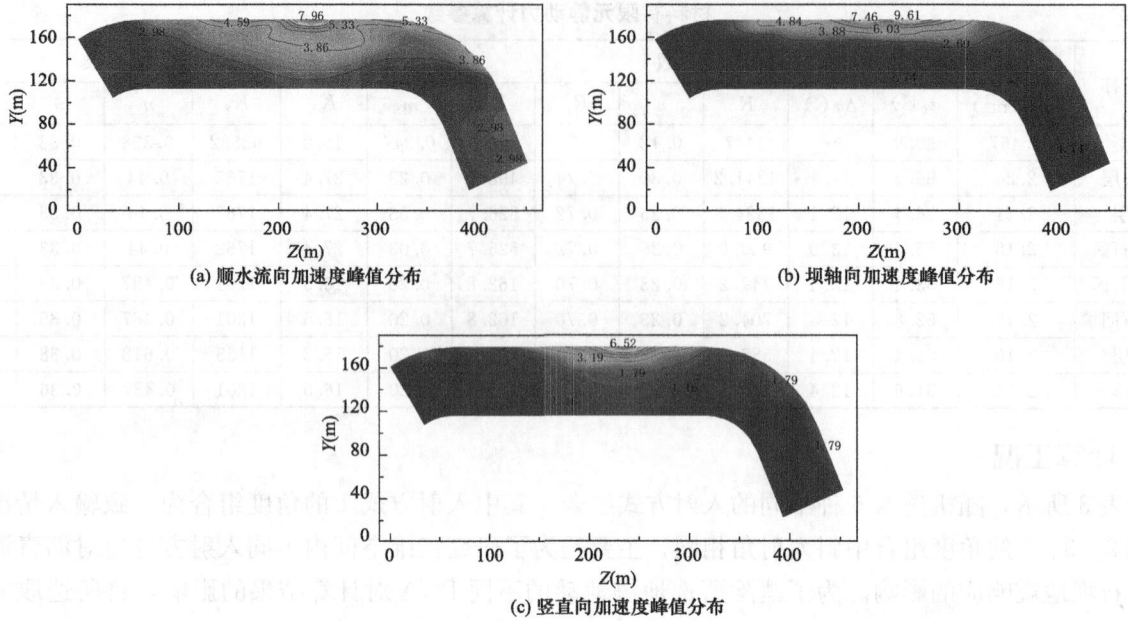

(a) 顺水流向加速度峰值分布

(b) 坝轴向加速度峰值分布

(c) 竖直向加速度峰值分布

图 4　$\gamma=30°$ 时面板加速度峰值分布图

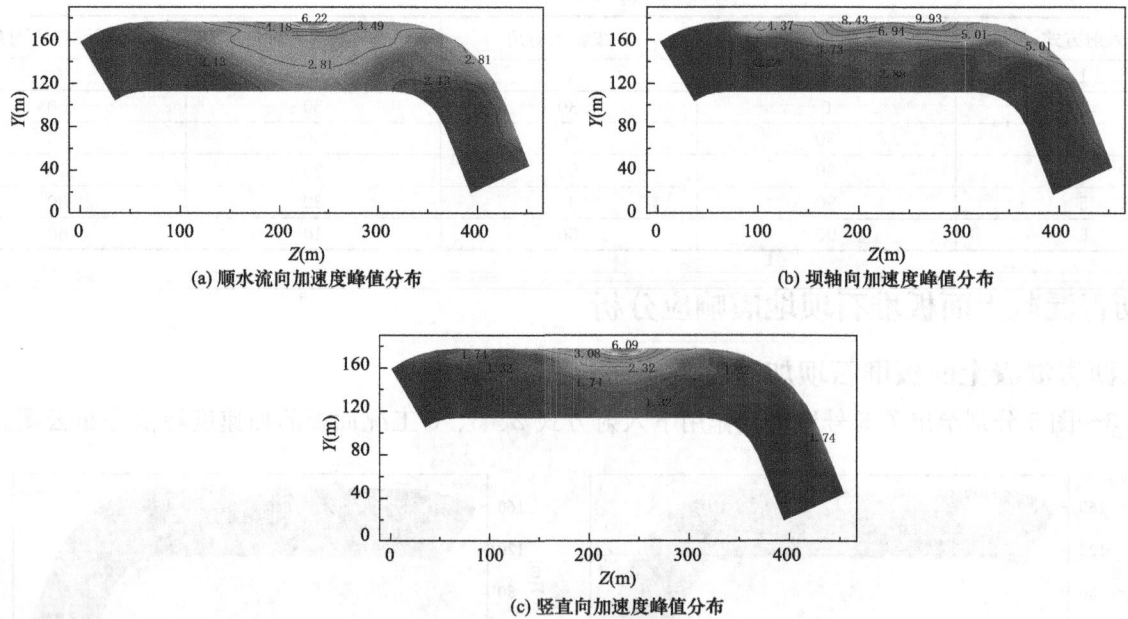

(a) 顺水流向加速度峰值分布

(b) 坝轴向加速度峰值分布

(c) 竖直向加速度峰值分布

图 5　$\gamma=90°$ 时面板加速度峰值分布图

可得，坝体面板的顺水流向以及竖直向加速度峰值都大致呈顶部中心值最大并往四周逐渐减小的趋势；而坝轴向的加速度峰值为顶部中心的两边出现最大值，并向四周逐渐减小。这是因为沥青混凝土面板堆石坝坝体结构较长，河谷两岸无法对面板的中部进行较大程度的约束，从而造成面板顶部中心能量汇聚，加速度峰值达到最大值。坝体面板顺水流向加速度峰值的最大值随着入射方位角的增大而逐渐减小，分布在面板上部的集中度逐渐向面板四周、下部移动，但最大值仍保持在面板顶部中心。坝轴向加速度峰值的最大值逐渐增大，分布在顶部中心两边的加速度峰值的最大值随着入射方位角的增大逐渐由河谷左侧迎波侧向河谷右侧背波侧移动，集中度也逐渐向顶部的四周扩散。竖直向加速度峰值的最大值变化很小，分布与顺水流向加速度峰值的分布规律大致相同，但集中度的扩散移动现象有明显减弱。

以上现象产生的原因是顺水流向与垂直向地震动分量随着入射方位角的增大而减小，从而造成加速度峰值集中度降低；坝轴向的加速度峰值分布特征是由地震波在迎波侧的散射效应和背波侧的绕射效应产生的，但随着入射方位角的逐渐增大，使得迎波侧与背波侧河谷地震波的反射方向均朝向背波侧，造成能量集中，从而造成背波侧产生很大的加速度。由以上分析可得，考虑不同入射方位角的沥青混凝土面板堆石坝动力响应分析是更加符合工程实际情况的。

图 6 给出了脉冲型、非脉冲型地震动不同入射方式下坝体面板的加速度峰值以及相对一致输入偏差图。由图可以看出，坝体面板顺水流向加速度峰值相较于坝轴向和垂直向受入射方式的影响更大。入射方式 2、3、4 下的顺水流向加速度峰值都大于一致输入情况，入射方式 2 时顺水流向加速度峰值最大达到了 8.85m/s²。与一致输入相比，非脉冲型地震动作用下的加速度均值相对增大了 33.43%，脉冲型地震动作用下的加速度均值相对增大了 36.37%。入射方式 6 时顺水流向加速度峰值最小达到了 2.52m/s²。与一致输入相比，脉冲型地震动作用下的加速度均值相对减小了 10.92%。

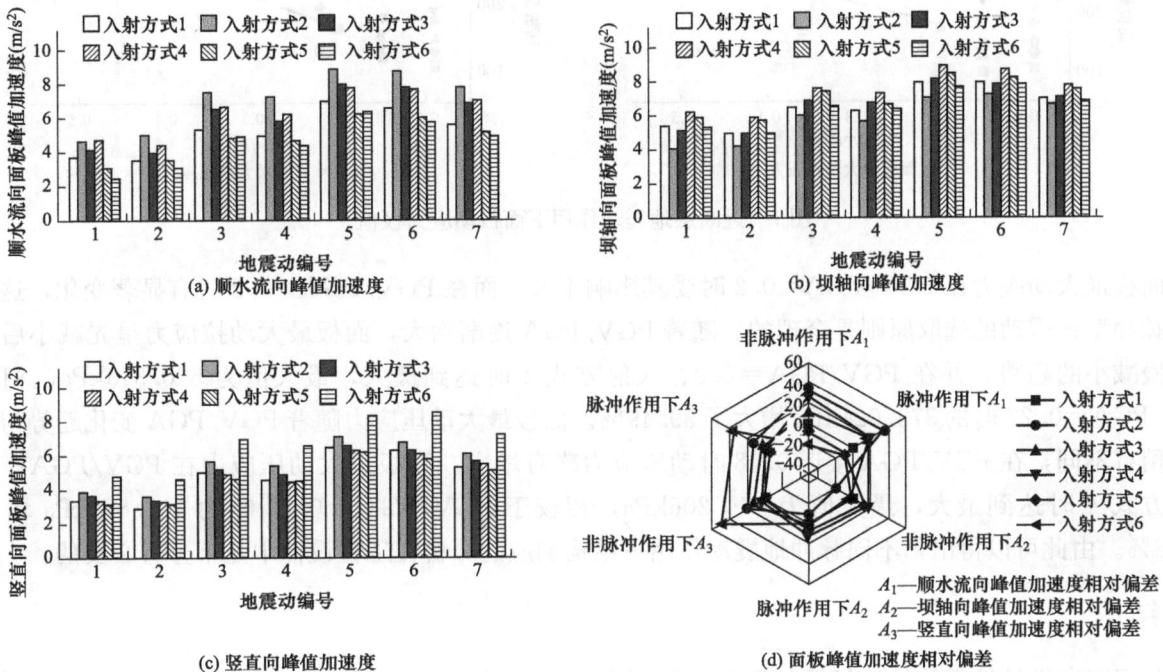

图 6 坝体面板峰值加速度及相对偏差

入射方式 4、5 下的坝轴向加速度峰值普遍都大于一致输入情况，入射方式 4 时坝轴向加速度峰值最大达到了 10.51m/s²。与一致输入相比，非脉冲型地震动作用下的加速度均值相对增大了 17.27%，脉冲地震动作用下的加速度均值相对增大了 12.75%。入射方式 2 时坝轴向加速度峰值最小达到了 4.81m/s²。与一致输入相比脉冲型地震动作用下的加速度均值相对减小了 8.59%。

入射方式 2、3、6 下的竖直向加速度峰值普遍都大于一致输入情况，入射方式 6 时竖直向加速度峰值最大达到了 8.39m/s²。与一致输入相比，非脉冲型地震动作用下的加速度均值相对增大了 48.79%，脉冲型地震动作用下的加速度均值相对增大了 35.63%。入射方式 5 时竖直向加速度峰值最小达到了 3.11m/s²。与一致输入相比，脉冲型地震动作用下的加速度均值相对减小了 5.24%。

4.2　沥青混凝土面板堆石坝应力响应

图 7 给出了不同入射角度下面板最大动拉、动压应力与 PGV/PGA 的关系图。由图可得，与一致输入相比，其余入射方式下产生的面板最大动应力都有显著增大。其中入射方式 4 下最大动应力的增幅最大，脉冲、非脉冲地震动作用下最大动拉应力的均值分别为一致输入的 2.01 倍和 2.07 倍，脉冲、非脉冲地震动作用下最大动压应力的均值分别为一致输入的 1.74 倍和 1.67 倍。对比入射方式 2、3、5 下面板最大动应力的拟合曲线可以发现，随着入射方位角的增大，面板最大动应力均呈先增大后减小的趋势。造成以上现象的主要原因是不同斜入射角与入射方位角对地震动分量的影响。一致输入情况下，振

动方向主要是竖向,此时面板不会在顺水流向产生较大变形,因此动应力最小。当入射方位角逐渐增大直至 90°时,面板的振动方向逐渐从顺水流向转为坝轴向,面板顺水流向变形减小,因此动应力也会减小。

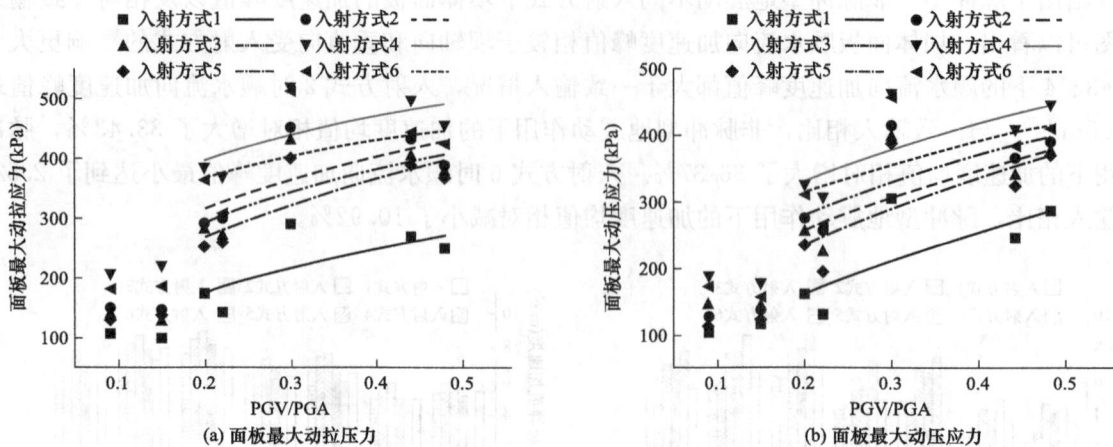

(a) 面板最大动拉压力

(b) 面板最大动压应力

图 7　近断层地震动作用下面板动应力极值

面板最大动应力在 PGV/PGA<0.2 时受其影响不大,而在 PGV/PGA>0.2 时有显著变化,这也说明了脉冲型地震动的选取原则是合理的。随着 PGV/PGA 逐渐增大,面板最大动拉应力呈先减小后增大再缓慢减小的趋势,并在 PGV/PGA=0.3、入射方式 4 时达到最大,最大值为 520.315kPa,相较于 PGV/PGA=0.22 时的 373.024kPa 增大了 39.49%。面板最大动压应力随着 PGV/PGA 变化趋势与动拉应力稍有不同,在 PGV/PGA 接近 0.48 时动压应力略有增大。面板最大动压应力在 PGV/PGA=0.3、入射方式 4 时达到最大,最大值为 464.206kPa,相较于 PGV/PGA=0.22 时的 307.872kPa 增大了 50.78%。由此可以得出,不同脉冲地震动作用下结构响应的分析在工程设计中是十分有必要的。

5　结语

基于三向设计地震动的波场叠加原理,用三向实测地震动记录反演得到了 P、SV 和 SH 波入射时程,构建了三维组合斜入射半空间地震动场,选取了近断层地震动记录共 7 条,不同入射方式共 6 种,研究了近断层地震动脉冲效应和斜入射角度与入射方位角度对沥青混凝土面板堆石坝地震响应的影响规律,得出的结果表明:

(1) 坝体面板顺水流向以及竖直向加速度峰值都大致呈顶部中心值最大并往四周逐渐减小的趋势;而坝轴向加速度峰值为顶部中心的两边出现最大值,并向四周逐渐减小。当入射方位角 γ 增大时,坝体面板顺水流向加速度峰值的最大值逐渐减小,集中度逐渐向面板四周、下部移动;坝轴向加速度峰值的最大值逐渐增大,加速度最大值位置由左侧迎波侧向右侧背波侧移动,集中度也逐渐向四周扩散。近断层地震动的脉冲效应对面板三向加速度峰值的影响也十分显著。

(2) 面板最大动应力受不同入射方式的影响十分明显,入射方式 4 下脉冲、非脉冲地震动作用下最大动拉应力分别为一致输入的 2.01 倍和 2.07 倍。随着入射方位角的增大,面板最大动应力均呈先增大后减小的趋势。近断层脉冲型地震动作用下面板的动应力增幅很大,产生的拉应力最大可为非脉冲地震动的 2.87 倍。

参考文献

[1]　李强非,李硕. 某抽水蓄能电站规划方案中的几点认识 [J]. 云南水力发电,2023,39(3):133-

137.

[2] BRAY JD, MAREK A R. Characterization of forward-directivity ground motions in the near-fault region [J]. Soil Dynamics and Earthquake Engineering，2004，24：815-828.

[3] MALHOTRA P K. Response of buildings to near-field pulse-like ground motions [J]. Earthquake Engng. Struct. Dyn，2009，28：1309-1326.

[4] 蒋莉，刘震，马兴亮. 近断层地震动作用下多塔超高层建筑地震易损性分析 [J]. 振动与冲击，2024，43（5）：273-282.

[5] 王飞. 空间非一致波动输入下沥青混凝土心墙坝地震响应特性研究 [D]. 西安：西安理工大学，2023.

[6] 刘晶波，吕彦东. 结构-地基动力相互作用问题分析的一种直接方法 [J]. 土木工程学报，1998（3）：55-64.

[7] 周晨光. 高土石坝地震波动输入机制研究 [D]. 大连：大连理工大学，2009.

[8] 余翔，孔宪京，邹德高，等. 覆盖层中混凝土防渗墙的三维河谷效应机制及损伤特性 [J]. 水利学报，2019，50（9）：1123-1134.

[9] 傅华，陈生水，凌华，等. 高应力状态下堆石料工程特性试验研究 [J]. 水利学报，2014，45（S2）：83-89.

作者简介：

宋志强（1981—），男，辽宁开原，博士，教授，博士生导师，主要从事水工结构抗震研究。E-mail：zqsong@xaut. edu. cn

许斯年（1999—），男，陕西西安，硕士研究生，研究方向为水工结构抗震。E-mail：2210420090@stu. xaut. edu. cn

基于材料参数随机的沥青混凝土面板堆石坝-覆盖层系统动力响应研究

宋志强，王宗凯，屈雪阳，高　川

（西安理工大学，省部共建西北旱区生态水利国家重点实验室，陕西西安　710048）

【摘　要】 覆盖层及坝体材料参数的空间变异性往往显著影响沥青混凝土面板堆石坝-覆盖层系统的地震响应，以某沥青混凝土面板坝工程为例，选取静力邓肯张 E-B 本构模型和动力等效线性黏弹性本构模型中的敏感参数作为随机参数，基于数论选点法的空间随机场模拟分析了沥青混凝土心墙坝坝顶、心墙顶水平向峰值加速度和坝体竖向永久变形的均值、变异系数及 95％ 的置信区间限值等统计规律。结果表明：数论选点法可以显著优化随机点集分布和提升计算效率；考虑材料参数的空间随机性会大概率引起坝体地震响应增大；坝体和覆盖层材料的空间差异性对坝顶和心墙顶水平峰值加速度的影响大于对永久变形的影响。

【关键词】 材料参数随机；混凝土面板堆石坝-覆盖层系统；数论选点法；动力响应

0　引言

河床覆盖层由于类型复杂且结构松散，往往在物理力学性质上呈现出较大的空间变异性和随机性。对于坝体来说，由于国内外规范对堆石料的级配和母岩性质控制较为"粗犷"[1]以及施工质量控制的不确定性，使得坝体堆石料的物理力学性质也具有一定的空间变异性和随机性[2]。国内外研究者针对材料参数的空间随机性开展了大量的研究，Cho[3]和蒋水华等[4]采用 K-L（Karhune-Loeve）展开法来进行随机场的模拟，研究了材料的空间随机对边坡稳定性的影响，但是 K-L 法中的二维 Fredholm 积分方程求解存在一定困难。王建娥等[5]采 Cholesky 分解方法生成了面板堆石坝材料参数的空间随机场，研究了当考虑材料参数随机时的面板堆石坝的沉降规律。

在以往沥青面板堆石坝地震响应分析中，往往忽略覆盖层和坝体材料参数的空间随机性，难以得出更加符合实际的坝体抗震安全评价结论，因此，为了取得更合理的抗震安全评价，本文对沥青混凝土面板坝在正常蓄水位下，分别对设计工况和校核工况地震动进行考虑材料参数空间变异性的随机有限元动力分析。

1　基于数论选点法的空间随机场模拟

1.1　多维空间的数论选点法

在沥青面板堆石坝空间变异性的模拟中，首先需要进行的就是随机配点，对于空间多维随机变量问题，传统蒙特卡罗法选点策略，易出现局部概率缺失或者几种的现象，为了解决这种问题，我们将华罗庚提出数论理论引入到随机场的配点中，目前已经证明 GLP 点集在所有可能生成的点集中具有最小偏差[6]，式（1）给出了 GLP 点集的 s 维生成矢量。

$$H(z) = \frac{3^s}{n}\left\{ 1 + 2\sum_{k=1}^{\frac{n-1}{2}}\prod_{j=0}^{s-1}\left[1 - 2\left(\frac{kz^j}{n}\right)\right]^2 \right\} \tag{1}$$

当 $z=c$ 时，函数 $H(z)$ 在区间 $1 \leqslant z \leqslant (n-1)/2$ 取得极小值，此时 1，c，$\cdots$，c_{s-1} 按模 n 取得最优系数 $(h_1, h_2, \cdots, h_s)$。文献 [7] 中给出了部分最优系数表，可用来产生 GLP 点集。按照式（2）可以得到单位超立方体 $(0, 1)^s$ 内点集 $x_{j,k}$：

$$x_{j,k} = \frac{h_j k}{N} - \text{int}\left(\frac{h_j k}{N}\right) (j=1,2,\cdots,s; k=1,2,\cdots,m) \tag{2}$$

图 1 给出了应用数论选点法生成区间（0，1）内点集概率的三维空间分布，该处每个点的值为后续随机场生成中参数点集每个点的概率值，下文将通过 Nataf 逆变换将概率值转换随机场的参数值。

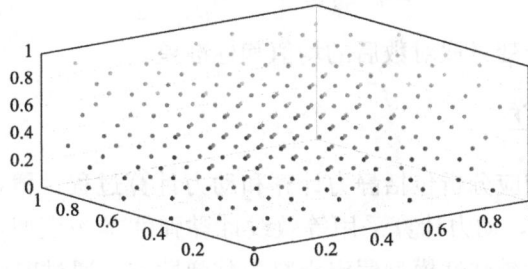

图 1 数论选点点集概率图

1.2 空间随机场模拟

本次计算采用中心点离散法分析离散随机场，通过 Nataf 逆变换将标准独立空间的数论点集转换成符合特定分布的点集，基于 Cholesky 分解法对随机变量进行变换，结合相关高斯随机场及对数正态随机场完成对同时考虑材料参数空间差异性和相关性的空间随机场模拟。随机场的单元参数通过均值、变异系数、分布函数、相关函数以及相关距离等来进行控制。

中心点离散法即取所研究几何空间域为 V，通过有限元方法离散为 n 个单元体子空间 V_i，即 n 个随机变量。在二维空间下，子域的中心点记为 (x_i, y_i)。令 $H(x, y)$ 为空间 V 在力学模型下的参数随机场，中心点离散法将 $Hi(x_i, y_i)$ 值赋给子空间 V_i 中心点 (x_i, y_i) 来体现该单元子域的材料特征。

在进行空间随机场模拟时需要将生成的数论点集 $x_{j,k}$ 转换成符合特定分布的点集，本文采用 Nataf 逆变换来实现，即对于随机变量 R 有如式（3）所示的关系：

$$\theta = F^{-1}(R) \sim F(x), \ R = F(\theta) = \int_{-\infty}^{\theta} f(x) \mathrm{d}x \tag{3}$$

通过式（4）将产生的数论点集 $x_{j,k}$ 转换成符合 $F(x)$ 分布函数的点集，用来实现对材料参数空间变异性的模拟。

$$A_{j,k} = F^{-1}(x_{j,k})(k=1,2,\cdots,m; j=1,2,\cdots,s) \tag{4}$$

各空间随机参数的数字特征通过变异系数 Cv 来描述，变异系数为式（5）：

$$Cv = \left(\frac{\sigma}{\mu}\right) \times 100\% \tag{5}$$

式中：σ 为各随机参数均值；μ 为各随机参数标准差。

在材料参数随机场的模拟中，一般认为只有在相关距离以内的不同空间点之间的材料特性才会有较强的相关性。本文选用高斯自相关函数计算不同空间点处的相关系数，进而实现对材料参数的空间相关性的模拟[8]：

$$\rho(\tau_x, \tau_y) = \exp\left[-\pi\left(\frac{\tau_x^2}{\delta_h^2} + \frac{\tau_y^2}{\delta_v^2}\right)\right] \tag{6}$$

通过 Cholesky 分解法使得 $\rho_{n \times n} = L_{n \times n} L_{n \times n}^{\mathrm{T}}$，将符合特定分布的点集 $A_{j,k}$ 进行随机抽样生成 n 列随机数 $A_{m \times n}$，则随机变量的样本矩阵 $H_{m \times n}^D$ 可以通过式（7）得到，在计算过程中自相关系数矩阵由于计算误差或者舍入误差出现行列式值接近于"0"，此时可以对矩阵进行微调补救[9]，使可以产生与实际情况相接近的相关系数矩阵。

$$\boldsymbol{H}_{m \times n}^{D}(x, y) = \boldsymbol{A}_{m \times n} \boldsymbol{L}_{n \times n} \tag{7}$$

通过式（8）便可生成材料参数的非高斯随机场：

$$\boldsymbol{H}_i(x, y) = \exp[\mu_{\ln x_i} + \sigma_{\ln x_i} \cdot \boldsymbol{H}_i^D(x, y)] \tag{8}$$

$$\mu_{\ln x_i} = \ln \mu_{x_i} - \frac{\sigma_{\ln x_i}^2}{2} \tag{9}$$

$$\sigma_{\ln x_i} = \sqrt{\ln\left[1 + \left(\frac{\sigma_{x_i}}{\mu_{x_i}}\right)\right]} \tag{10}$$

式中：$\mu_{\ln x_i}$、$\sigma_{\ln x_i}$ 分别为第 i 个变量取对数后的均值和标准差。

2　材料参数随机场的建立

沥青混凝土面板坝的地震响应分析包括静力计算和动力计算过程，覆盖层土体和坝体堆石料在静力计算中采用邓肯-张 E-B 模型[10]，动力计算采用等效线性黏弹性本构模型，永久变形计算采用等价节点力法和残余应变模型。等效线性黏弹性模型假定土料为黏弹性体，通过剪切模量 G 和等效阻尼比 λ 来表征土体的动应力-应变关系的非线性和滞后性。本文采用沈珠江建议的形式：

剪切模量：
$$G = \frac{k_2}{1 + k_1 \bar{\gamma}} P_a \left(\frac{\sigma_3'}{P_a}\right) \tag{11}$$

阻尼比：
$$\lambda = \lambda_{\max} \frac{k_1 \bar{\gamma}_d}{1 + k_1 \bar{\gamma}_d} \tag{12}$$

$$\bar{\gamma}_d = 0.65 \gamma_{\mathrm{dmax}} \left(\frac{\sigma_3'}{P_a}\right)^{n-1} \tag{13}$$

式中：σ_3' 为围压；k_1、k_2、n 为模型参数；$\bar{\gamma}_d$ 为归一化的剪应变；P_a 为大气压强；$\lambda_{\max}$ 为最大阻尼比；γ_{dmax} 为最大动剪应变。

对于永久变形计算，采用沈珠江模型，动力残余体积应变增量：

$$\Delta \varepsilon_v = c_1 (\gamma_d)^{c_2} \exp(-c_3 S_1^2) \frac{\Delta N}{1 + N} \tag{14}$$

$$\Delta \gamma = c_4 (\gamma_d)^{c_5} S_1^2 \frac{\Delta N}{1 + N} \tag{15}$$

式中：N 为总振动次数；ΔN 为时段增量；c_1、c_2、c_3、c_4、c_5 为模型参数。

2.1　材料参数敏感性分析

以上本构模型中可以看出，反映材料性质的参数多达十几个，如果对每个参数都进行模拟，会大大增加工作量，实际研究发现，不同的参数对计算结果的影响是不一样的，通过考虑敏感性较大的参数可以在提升计算效率的同时又满足工程精度要求。在静力分析中，邓肯-张 E-B 模型参数敏感性的研究较为充分，土石坝静力参数 ρ、K、φ、n、R_f 对结果的影响较为显著[11]，结合以往研究中对随机静力参数的选取，本文考虑密度 ρ、系数 k 和初始摩擦角 φ 为随机参数。在计算峰值加速度的等效线性方法中，土体剪切模量和阻尼比均与剪应变有关。

目前对于动力参数敏感性研究不多，尚无较为普遍认可的结论，为了确定覆盖层材料的动力随机参数，采用正交试验法对动力参数进行敏感性分析。由极差差异评价各因素影响的敏感性，综合考虑较为敏感的参数作为随机参数，并根据敏感性结果拟定随机参数的离散方式和变异系数。

对坝顶水平向峰值加速度和竖向永久变形的极差分析结果进行整理，按照各因素对各试验指标的极差值大小绘制极差值柱状图。如图 2 所示，由于极差最大的因素为敏感性最大的因素，对坝顶水平向峰值加速度而言，k_1、$\lambda_{\max}$、k_2 这 3 个参数的敏感性较高，对计算结果影响显著，而 v、n 对各指标参数敏感性较低；对残余变形而言，k_1、n、v 敏感性较高，而 k_2、λ_{max} 对各指标的敏感性较低。

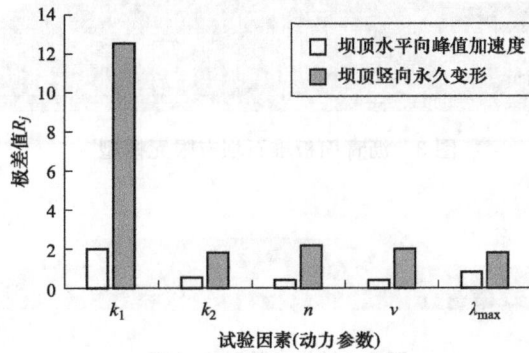

图 2　材料动力参数敏感性对比结果

2.2　材料参数统计特征

对于坝体材料的空间相关性，土体的水平相关距离一般为 $10\sim80\text{m}$，竖向相关距离一般为 $1\sim5\text{m}^{[12]}$。结合本工程实际情况，考虑压坡、回填区、覆盖层、以及上下游堆石区等几个区域材料参数空间变异性，本文计算选取覆盖层材料水平相关距离为 30m，竖向相关距离为 3m，上下堆石材料的水平相关距离为 40m，竖向相关距离为 4m，压坡与回填区水平相关距离取 35m，竖向相关距离取 4m，材料参数的数字特征如表 1 所示。

表 1　　　　　　　　　　静、动随机参数统计特性表

位置	参数	ρ (g/cm³)	k	φ (°)	K_1	n	v	λ_{max}	相关距离
压坡	均值	2.14	656.5	51.6	16.5	0.487	0.36	0.25	$\delta_h=35\text{m}$
	变异系数	0.1	0.15	0.15	0.15	0.12	0.1	0.12	$\delta_v=4\text{m}$
回填区	均值	2.15	704.2	53.5	16.5	0.487	0.35	0.25	$\delta_h=35\text{m}$
	变异系数	0.1	0.15	0.15	0.15	0.15	0.1	0.15	$\delta_v=4\text{m}$
覆盖层	均值	2.15	589.6	53.5	15.2	0.618	0.38	0.3	$\delta_h=30\text{m}$
	变异系数	0.1	0.15	0.15	0.15	0.15	0.1	0.15	$\delta_v=3\text{m}$
上堆石区	均值	2.18	929	53.5	27.4	0.44	0.33	0.23	$\delta_h=40\text{m}$
	变异系数	0.1	0.15	0.15	0.25	0.15	0.1	0.15	$\delta_v=4\text{m}$
下堆石区	均值	2.16	747.2	55	16.5	0.487	0.33	0.25	$\delta_h=40\text{m}$
	变异系数	0.1	0.15	0.15	0.25	0.15	0.1	0.15	$\delta_v=4\text{m}$

3　计算模型及工况介绍

3.1　计算模型概况

图 3 为考虑材料参数相关性的有限元计算模型。该沥青混凝土面板坝计算模型主要由面板、碎石垫层、过渡区、回填区、上下游堆石区、压坡、覆盖层、基岩等几部分组成。坝顶宽 10.0m，高程为 1658m，上游坝坡坡度为 1:1.7，下游坝坡 1634m 高程以上为 1:1.8，以下坡度为 1:1.7，坝后压坡体顶高程为 1634.0m，压坡坡度为 1:2，且在高程 1614.0、1594.0、1574.0m 处分别有一 5m 宽的马道。沥青面板自下至上由 10cm 厚整平胶结层，10cm 厚防渗层和 2cm 厚封闭层组成总厚度 20.2cm，碎石垫层厚度与过渡料垫层分别取 3m。有限元模型采用平面应变单元进行模拟，单元总数为 6740，节点总数为 7135。图 4 为基于数论选点和 Cholesky 分解方法生成的沥青面板堆石坝不同区域处考虑材料空间变性的示意云图（仅给出随机区域）。

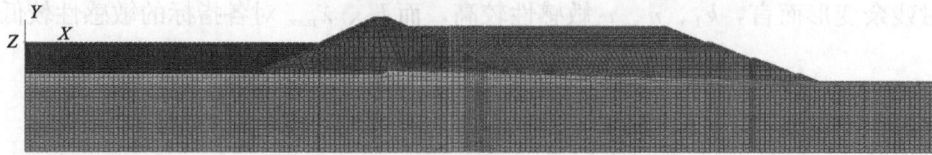

图 3　沥青面板堆石坝有限元模型

图 4　材料参数随机云图

3.2　计算工况地震波选取

本节选取正常蓄水位（水位高程 1654m）下设计地震（50 年超越概率 10％，峰值加速度 0.208g）与校核地震（50 年超越概率 5％，峰值加速度 0.25g）如图 5、图 6 各两条分别为横向和纵向地震动输入，对两种工况进行考虑材料参数空间变异性的随机有限元计算。两种工况各进行 200 次随机模拟，为了更好地对两种工况进行对比分析，200 次随机中对应模拟次数的材料参数将保持一致。图 7 可以看到，不论是坝顶水平峰值加速还是永久变形在 150 次左右时逐渐趋于平缓，说明模拟次数已经可以估计沥青混凝土心墙坝考虑材料参数空间变异性的动力响应变化规律。

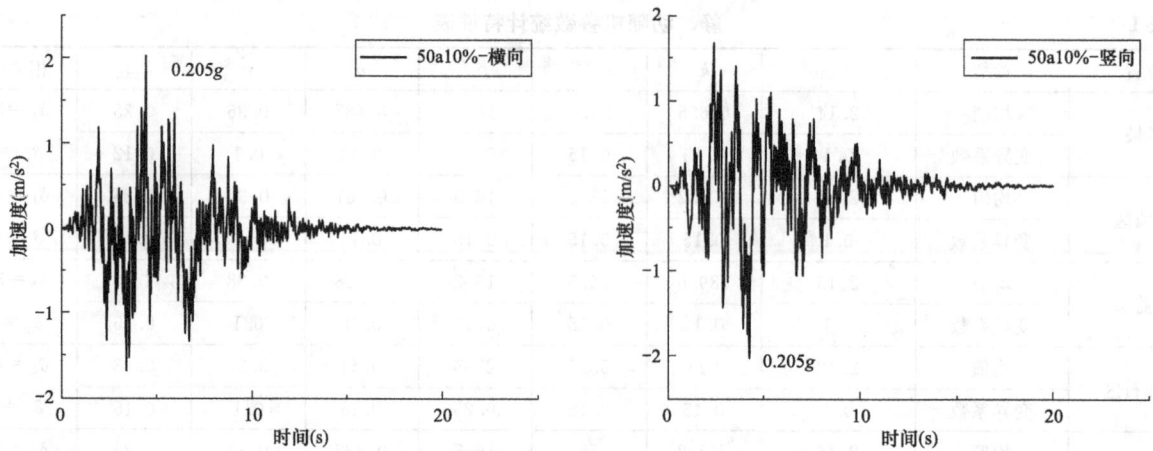

图 5　设计地震加速度时程曲线

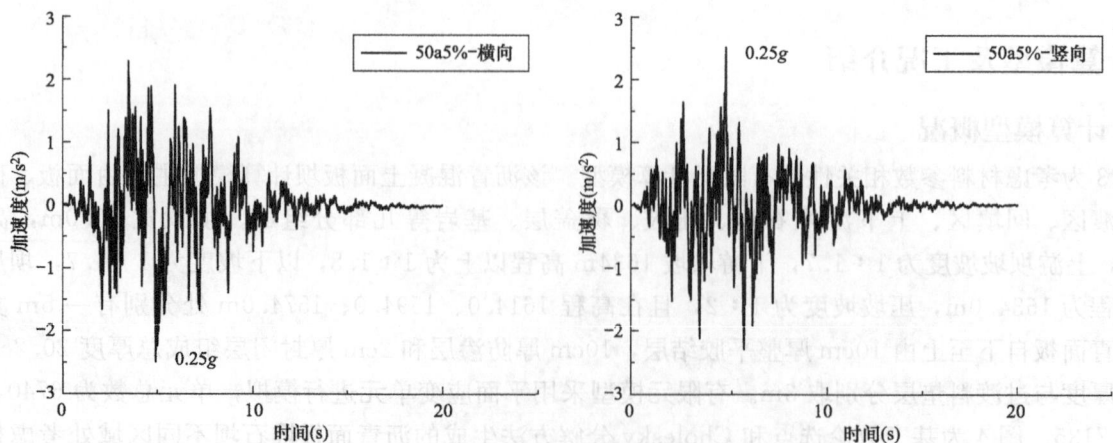

图 6　校核地震加速度时程曲线

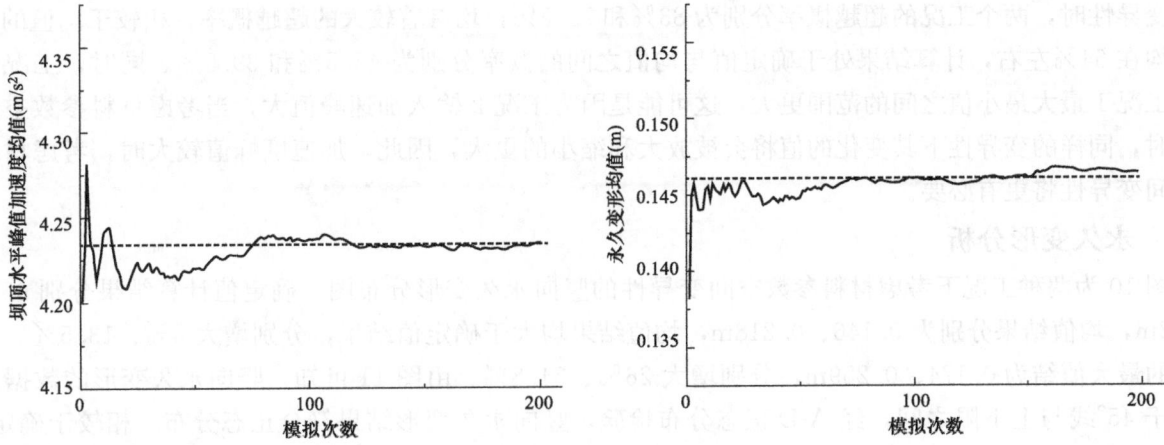

图 7　模拟次数均值变化曲线

4　计算结果分析

4.1　水平峰值加速度分析

图 8 为两种工况下考虑坝体材料空间变异性下，坝顶水平峰值加速度的概率分布图。两种工况下均值结果分别为 4.237、5.509m/s²，确定值结果分别为 4.139、5.316m/s²，均值结果均大于确定值的计算结果。两种工况下的最大值分别为 4.533、6.312m/s²，相较于对应工况的确定值分别有 9.5%、18.7% 的增大率。通过图 9 可以看到，两次及计算结果的大多数数据点均在 45°线附近，并且在上下限之间，仅有少数点处与区域之外，经 A-D 检验水平峰值加速结果符合正态分布规律的。当考虑材料参数

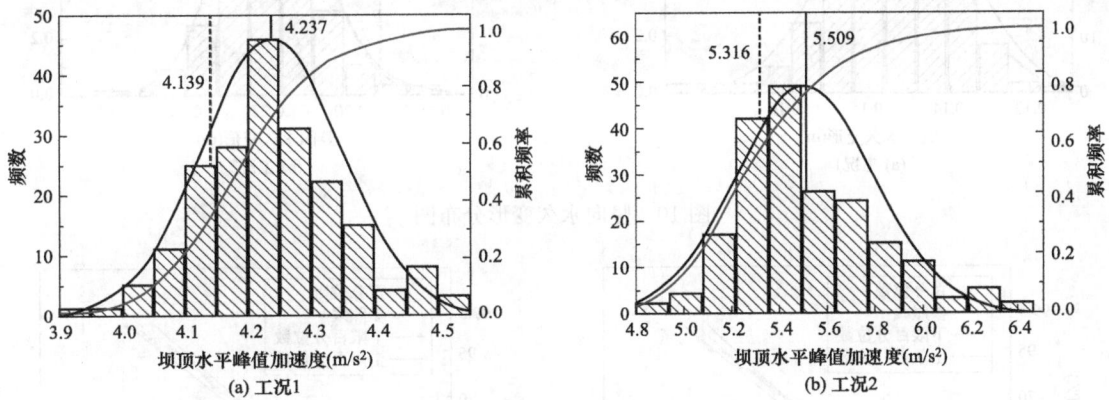

(a) 工况1　　　　(b) 工况2

图 8　坝顶水平峰值加速度分布图

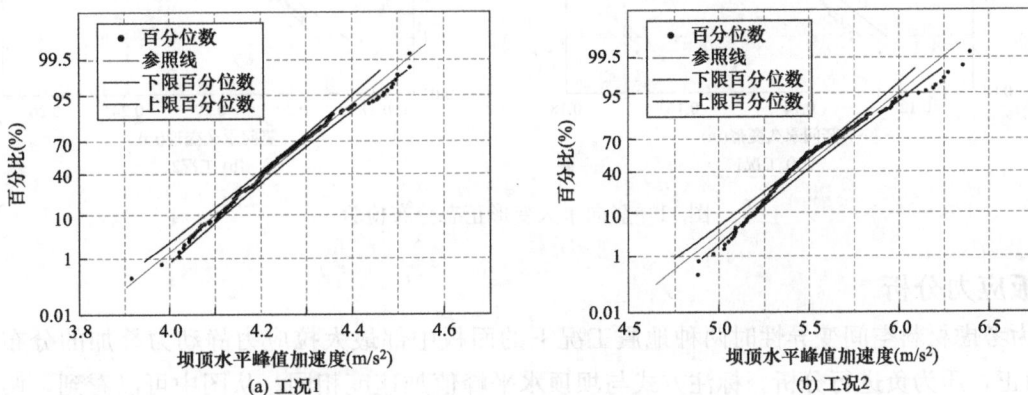

(a) 工况1　　　　(b) 工况2

图 9　坝顶水平峰值加速度正态分布检验

空间变异性时，两个工况的超越概率分别为 83％和 75.5％，均有着较大的超越概率，相较于均值的超越概率均在 64％左右，计算结果处于确定值与均值之间的概率分别为 46.5％和 39.5％。同时，工况 2 相较于工况 1 最大最小值之间的范围更大，这可能是因为工况 2 输入加速峰值大，当考虑材料参数空间变异性时，同样的变异性下其变化的值将会被放大和缩小的更大，因此，加速度峰值较大时，考虑材料参数空间变异性将更有必要。

4.2　永久变形分析

图 10 为两种工况下考虑材料参数空间变异性的竖向永久变形分布图。确定值计算结果分别 0.138、0.192m，均值结果分别为 0.146、0.218m，均值结果均大于确定值结果，分别增大 5％、13.5％。两种工况的最大值结为 0.174、0.259m，分别增大 26％、34.8％。由图 11 可知，竖向永久变形的数据点多数处于 45°线与上下限之间，经 A-D 正态分布检验，竖向永久变形结果符合正态分布。相较于确定值，两种工况的超越概率分别为 88％、95.5％，当考虑材料参数空间变异性后，竖向永久变形将会有相当大的概率大于确定值的计算结果。对于均值的超越概率分别为 47.5％、0.49％，处于确定值与均值计算结果之间的概率为 40.5％、46.5％。与坝顶水平峰值加速结果相一致，工况 2 结果范围仍大于工况 1。同时，根据图中震陷率标签图可以看到，当考虑材料参数空间变异性时，竖向永久变形会出现跨越震损率等级的破坏。

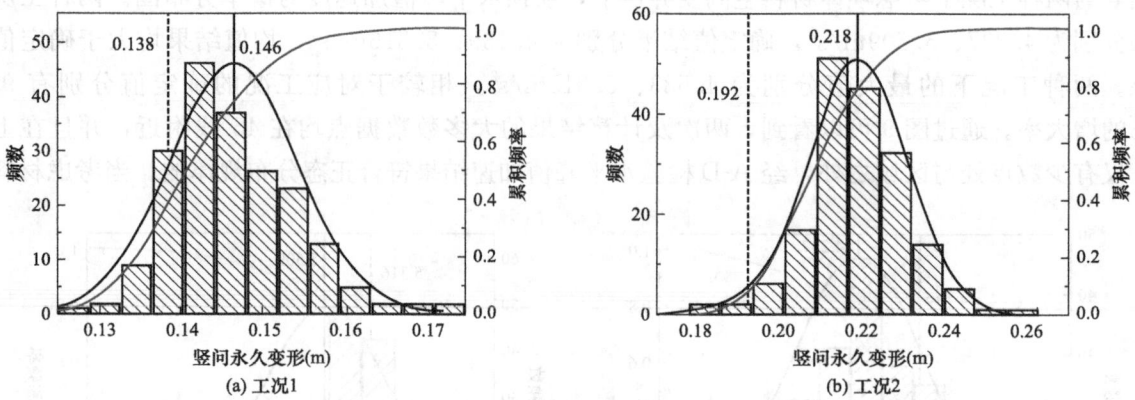

图 10　竖向永久变形分布图

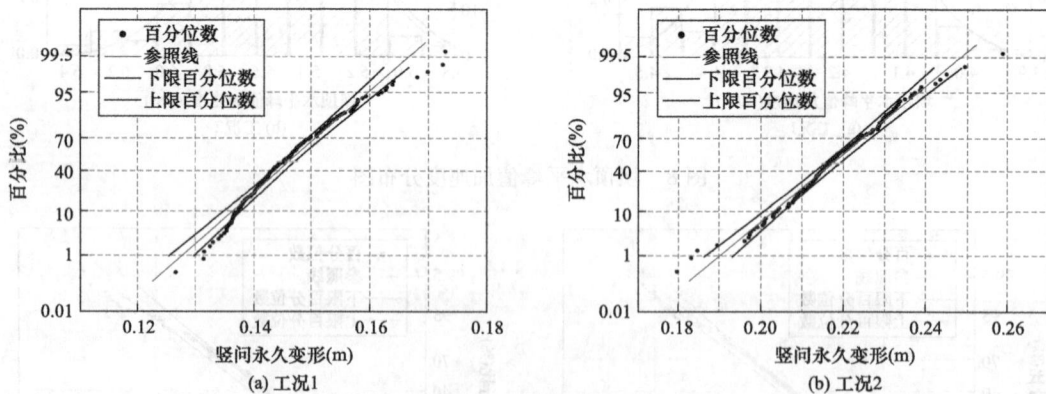

图 11　竖向永久变形正态分布检验

4.3　面板应力分析

图 12 为考虑材料空间变异性时两种地震工况下的面板中部最大拉应力静动力叠加的分布图，应力结果以拉为正，压为负进行分析。标注方式与坝顶水平峰值加速度相同。从图中可以看到，两种工况计算均值计算结果分别为 109.23、166.75kPa，均值结果分别为 91.87、124.89kPa，相较于确定值结果分

别增大 18%、33%。同时可以看到应力的分布规律两者相差较大，这主要原因是静动力叠加使得结果变异性增大，从而导致了较大差异的分布规律。结合图 13 可以看出，工况 1 有部分数据在上下限之间，经正态分布 A-D 检验，结果不服从正态分布，工况 2 经检验服从正态分布结果。相较于确定值，两种工况的超越概率分别为 54%、75.5%，从结果来看，当考虑材料参数空间变异性后，面板应力仍有很大概率是会超过确定值结果的。大于均值的概率分别为 45%、52.5%，处于确定值与均值结果之间的概率分别为 9%、23%。同时，由于静动力叠加原因使得工况 2 应力结果相较于工况 1 范围更大。两种工况最大值分别为 221.98、371.69kPa，相较于确定值结果甚至有着超过 1 倍的放大，因此，在沥青面板堆石坝的地震响应分析中考虑材料参数的空间变异性还是十分有意义的。

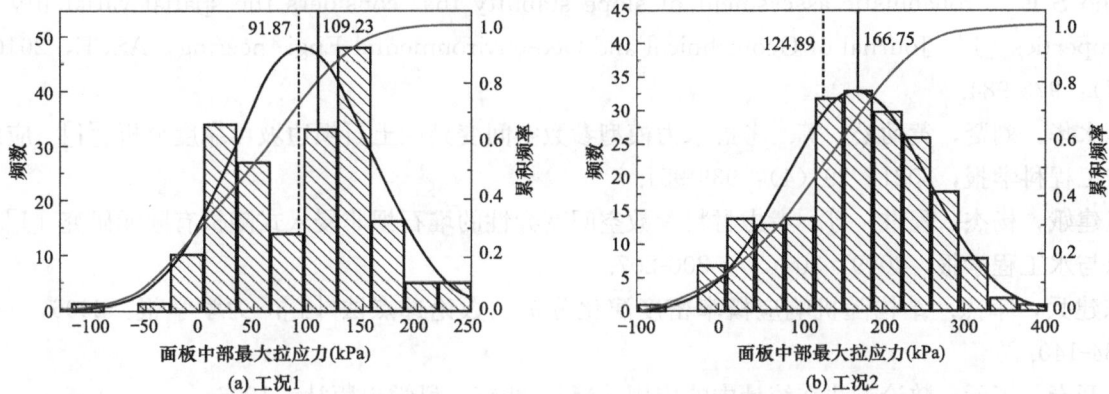

图 12　面板中部最大拉应力分布图（左：工况 1；右：工况 2）

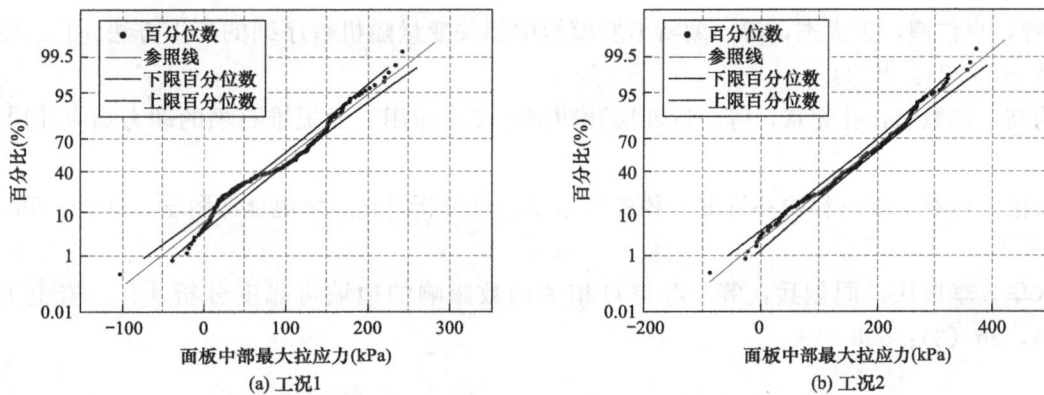

图 13　面板中部最大拉应力正态分布检验图

5　结语

本文以牛首山抽水蓄能电站沥青混凝土面板坝为研究对象，基于数论选点法的空间随机场模拟开展了地震作用下面板、坝体的加速度、位移及应力等的分布规律和演化特性。对两种工况进行考虑材料参数空间变异性的随机有限元计算。两种工况各进行 200 次随机模拟，得出以下结论：

（1）考虑坝体材料空间变异性下，坝顶水平峰值加速度均值结果均大于确定值的计算结果，两种工况下的最大值相较于对应工况的确定值分别有 9.5%、18.7%的增大率，经检验水平峰值加速结果符合正态分布规律。

（2）考虑材料参数空间变异性后，竖向永久变形将会有相当大的概率大于确定值的计算结果。与坝顶水平峰值加速结果相一致，工况 2 结果范围仍大于工况 1。当考虑材料参数空间变异性时，竖向永久变形会出现跨越震损率等级的破坏。

（3）考虑材料空间变异性时工况 1 面板应力结果不服从正态分布，工况 2 经检验服从正态分布结果。由于静动力叠加原因使得工况 2 应力结果相较于工况 1 范围更大。

参考文献

［1］ GB 521247—2018，水工建筑物抗震设计标准［S］. 北京：中国计划出版社，2018.

［2］ 林威伟，钟登华，胡炜，等. 基于随机森林算法的土石坝压实质量动态评价研究［J］. 水利学报，2018，49（8）：945-955.

［3］ Cho S E. Probabilistic assessment of slope stability that considers the spatial variability of soil properties［J］. Journal of Geotechnical and Geo-environmental Engi- neering，ASCE，2010，136（7）：975-984.

［4］ 蒋水华，刘贤，黄劲松，等. 考虑水力模型参数空间变异性土石坝边坡可靠度分析［J］. 应用基础与工程科学报，2021，29（4）：939-951.

［5］ 王建娥，杨杰，程琳，等. 考虑材料参数空间变异性的堆石坝非侵入式随机有限元研究［J］. 水资源与水工程学报，2019，30（3）：200-207.

［6］ 陈建兵，李杰. 结构随机响应概率密度演化分析的数论选点法［J］. 力学学报，2006，38（1）：134-140.

［7］ 方开泰，王元. 数论方法在统计中的应用［M］. 北京：科学出版社，1996.

［8］ 王建娥，杨杰，程琳，等. 考虑材料参数空间变异性的堆石坝非侵入式随机有限元研究［J］. 水资源与水工程学报，2019，30（3）：200-207.

［9］ 文德智，卓仁鸿，丁大杰，等. 蒙特卡罗模拟中相关变量随机数序列的产生方法［J］. 物理学报，2012，61（22）：26-33.

［10］ 邹德高，韩慧超，孔宪京，等. 近断层脉冲型地震动作用下面板堆石坝的动力响应［J］. 水利学报，2017，48（1）：78-85.

［11］ 吴长彬，燕乔. 堆石料的邓肯 E-B 模型参数敏感性分析［J］. 水电能源科学，2010，28（8）：94-96.

［12］ 蒋水华，李典庆，周创兵，等. 考虑自相关函数影响的边坡可靠度分析［J］. 岩土工程学报，2014，36（3）：508-518.

作者简介：

宋志强（1981—），男，辽宁开原，博士，教授，博士生导师，研究方向为水工结构抗震。E-mail：zqsong@xaut.edu.cn

王宗凯（1997—），男，陕西渭南，博士研究生，研究方向为水工结构抗震。E-mail：12300410038@stu.xaut.edu.cn

软基软岩大坝原型监测设计

李跃鹏

（中国电建集团中南勘测设计研究院有限公司，湖南长沙 410014）

【摘　要】 越来越多的抽水蓄能电站挡水建筑物选择在深厚软基或采用软岩筑坝，工程难度加大，需要做好软基软岩原型监测，对设计成果进行验证。以某软基围堰为例，介绍了软基、软岩大坝的监测，具有大变形特征，一方面，要精确取得大变形量监测数据；另一方面，要确保监测仪器在大变形条件下能够成活。文中提出的软弱地基变形、应力和渗流监测设计方案，实际实施经受住了达 2.35m 大变形考验，可为软基软岩大坝原型监测设计参考。

【关键词】 抽水蓄能；软基软岩筑坝；原型监测

0　引言

抽水蓄能电站选址优先考虑电网系统需求、布局要求，站点建设条件可以适当妥协。随着抽水蓄能电站建设发展，地理位置和建设条件均优的站点大量被开发，新站点的建设条件略差。

体现在挡水建筑物坝型选择上面，越来越多的抽水蓄能电站大坝不得不建在深厚软基或采用软岩筑坝，工程难度加大。

目前国内外利用深厚软基或采用软岩筑坝的经验比较缺乏，一些仿真原理也尚未完全明确，为推动我国水电工程相关领域技术进步，需要做好软基软岩原型监测，对设计成果进行验证。

1　工程概况

以某水电站围堰为例，堰体高度 60m，修建在深度达 71m 且含有约 50m 厚堰塞湖相沉积低液限黏土的深厚覆盖层上，与基坑开挖形成联合边坡高度 130m。堰体采用石渣填筑，地基湖相沉积层具有厚度大、承载力低、渗透系数低、抗剪强度低、压缩性高等特点。围堰填筑后，软弱地基土将形成较高超孔隙水压力，消散时间长。

通过各种方法分析，堰填筑后覆盖层地基最大沉降量达 6m，下游坡脚最大水平位移约 4.8m，坡脚隆起约 1.2m，围堰沉降变形、水平变位大。

因此，相对于传统监测，软基、软岩大坝的监测，需要面对大变形问题，一方面是要精确取得大变形量监测数据，另一方面是要确保监测仪器在大变形条件下保证成活。

2　原型监测项目选择

2.1　规范要求的监测项目

围堰最大堰高 60m，与基坑开挖形成联合边坡高度 130m。围堰是 3 级建筑物，参照 DL/T 5259—2010《土石坝安全监测技术规范》，应进行坝体表面垂直位移、坝体表面水平位移、渗流量、坝基渗透压力以及环境量等监测项目，同时考虑到两岸可能存在绕渗问题，需进行岸坡帷幕绕渗监测。

2.2　考虑预警需求的监测项目

监测预警需求主要涉及堰基、堰体、基坑等部位。预警物理量涵盖变形、水压和应力，从监测系统的监测项目分类来看，包括表面变形、内部水平变形、内部沉降变形、位错、挠度、孔隙水压力等。

一个预警需求需要一个或多个监测项目来监控，而不同预警需求又存在相同监测项目监控的情况。监测系统设计按部位和监测项目分类，需要进行的监测项目有软弱地基变形应力监测、基坑边坡变形监测、堰体变形监测和渗流监测，具体如下：

（1）软弱地基变形应力监测。包括堰基分层水平变形监测和围堰建基面沉降变形监测。

（2）基坑边坡变形监测。包括基坑边坡表面变形监测、基坑边坡内部水平变形监测以及基坑边坡内部沉降变形监测。

（3）堰体变形监测。包括堰体表面变形监测、堰体内部沉降变形监测、堰体内部水平变形监测。

（4）渗流监测。包括堰基分层孔隙水压力监测。

2.3 考虑反馈设计及科研需求的监测项目

从预警的角度来讲，围堰地基沉降只需进行建基面沉降变形监测，软弱地基应力变形研究成果也表明，最大沉降位置出现在建基面。但同时，围堰地基的地质条件具有复杂性，实际的最大沉降位置还需通过原型监测成果验证，并应考虑到沉降监测仪器需要深入基岩作为基准，具备沿测线分层布置测点的条件。因此，在建基面沉降变形的基础上，拓展为分层沉降变形监测。

软基筑坝设计和研究难点在于软弱地基承载能力确定困难，计算一般假定将堰体自重作为地基的载荷。考虑到实际情况的复杂性，作用于地基的土压力需要通过原型监测成果来确定，在掌握了实测土压力后，结合地基变形监测成果，可得到比较准确的地基土体实际变形模量，因此，需要进行地基顶部土压力监测。

堰基分层孔隙水压力监测成果对监测预警非常重要，为了进一步摸清地基渗透水来源及其消散去向，需要从上游开始，一直延伸到基坑边坡，系统性地开展渗流场监测。因此，堰基分层孔隙水压力监测项目需拓展为深厚覆盖层地基渗流场监测。

2.4 监测系统的监测项目

以规范要求、预警需求为基础，在此基础上增加科研需求相关监测项目，最终确定大变形条件下的围堰内部变形、应力和渗流监测项目如下：

（1）软弱地基变形应力监测。包括分层沉降变形监测、分层水平变形监测、地基顶部沉降变形监测以及地基顶部土压力监测。

（2）基坑边坡变形监测。包括基坑边坡内部水平变形监测、基坑边坡内部沉降变形监测。

（3）堰体变形监测。包括堰体内部水平变形监测、堰体内部沉降变形监测。

（4）渗流监测。包括深厚覆盖层地基渗流场监测、岸坡帷幕绕渗监测和渗流量监测。

考虑到表面变形监测的大变形适应能力强，基坑边坡内部变形、岸坡帷幕绕渗和渗流量等监测项目的仪器布置位置变形量较小，均属常规布置，本文不涉及论证。

3 软弱地基及堰体沉降变形监测

3.1 仪器预计测值分析

根据结构计算预测结果，仪器取得基准值开始测量后，最大沉降增量约为 3m。而从沉降分布上来看，在堰基顶部靠近围堰轴线附近，出现的最大局部沉降分布梯度为 0.7m/10m，即变形率（变形量与原始长度之比）为 7%。考虑到量程的裕量，仪器能够监测的变形率应达到 10% 以上，并以此参数选择监测仪器。

3.2 监测仪器类型比选

通过对沉降监测技术调研，监测沉降的仪器类型很多，但从位移传递原理上来看，主要分为四类：

（1）刚性杆类：典型仪器有杆式位移计、土位移计等，该类仪器通过刚性杆与电测位移传感器或光线位移传感器相连，位移传感器的量程，即使采用量程最大的电位器式位移传感器，一般也不超过

500mm，理论上可采用标距为 5m 的土位移计监测沉降，可以测量到 10％的变形率。但根据堰基与堰体结构，沉降测量测线从基岩相对不动点至堰体坡面或堰顶，总长度最大将超过 100m，即土位移计将由超过 20 个测点串接而成，其中一个损坏，即影响位移传递，系统可靠性偏低，同时根据预测成果，堰基变形在水平和垂直方向均很大，预计仪器本身将受到较大弯矩，影响刚性传感器的工作性能，这又进一步加剧了传感器的损坏概率，存在测线整体可靠性失控的可能，该种仪器仅适合堰基内较深，水平和沉降变形均不太大的部位。

（2）测斜类：典型仪器有滑动式测斜仪、固定式测斜仪、多维度变形测量系统等。该类仪器通过水平布置，测量不均匀沉降引起的位置倾斜，进而可以得到沿线的沉降。考虑到在围堰地基分层钻设水平钻孔的难度极大，测斜类仪器不适合布置在堰基。

（3）液力传高类：典型仪器有水管式沉降仪、静力水准仪、振弦式沉降仪以及振弦式传高仪等。静力水准仪一般用于混凝土结构的高精度测量，量程不满足要求。水管式沉降仪和振弦式沉降仪量程虽能达到 2m 级别，但上述仪器采用水平布置，不能满足钻孔垂直布置要求。

振弦式传高仪采用竖向安装形式，通过柔性通液管连接下部的高精度振弦式压力传感器和上部的储液罐，测量从压力传感器到储液罐的高差变化。这种测量手段的好处是适应各个方向的变形能力均很大，量程亦很大，最大可达 30m 以上，可以实现堰基和堰体的沉降测量。但该型传感器国内应用较少，施工经验比较欠缺，需要保证施工队伍有较高的作业水平。

（4）磁性探测类：典型仪器有电磁沉降管。通过在管外套有能与土体同步沉降的磁环，并采用仪器探测磁环的位置，进而监测沉降。磁环位置的探测可采用电磁式沉降仪和土体沉降计。电磁式沉降仪需要人工将测量线缆从地面置入管内，因此，不适合围堰上游土工膜布置区域的测量。土体沉降计的布置形式是在沉降管内串接，但测量的是相对于管内基准位置的变形，实际测量的沉降量很大，一般土体沉降计的量程不超过 1m，尚不能测量 3m 的沉降增量。因此，磁性探测类仅能选用电磁沉降管布置在围堰轴线下游侧。

综合以上各种监测仪器的特点，围堰轴线向下游方向的部位具备人工操作线缆条件，拟布置电磁沉降管；在围堰轴线向上游方向的部位因为有土工膜存在，不具备人工操作线缆条件，综合考虑仪器量程的适配性、长时间工作稳定性等要求，基岩地层以上 25m 范围内按 5m 跨距分层布置土位移计，其余范围按 12m 左右的高程跨距，分层布置振弦式传高仪，并将监测电缆从堰基钻孔内引出，竖直牵引至围堰表面集中监测。

3.3 监测仪器布置

软弱地基分层沉降测线，分主、辅两个监测断面对应布置，其中主要监测断面布置 6 条，分别对应堰体上游坡脚、上游侧反压平台完工期最大沉降出现位置、围堰轴线（也是堰体竣工期最大沉降出现位置）、下游侧反压平台完工期最大沉降出现位置、堰体下游坡脚、反压平台下游坡脚。堰体上游坡脚、上游测反压平台完工期最大沉降出现位置的 2 条测线位于土工膜下方，以此推测土工膜的变形量。监测仪器采用振弦式传高仪和土位移计，其余测线采用电磁沉降管。

堰基顶部沉降变形采用振弦式传高仪监测，除反压平台下游坡脚外，与地基分层沉降测线对应布置，每个监测断面布置 5 个测点。

4 软弱地基及堰体水平变形监测

4.1 仪器预计测值分析

根据邓肯 E-B 模型对围堰的预测结果，反压平台完工监测仪器取得基准值开始测量后，最大水平变形增量向下游约为 1.6m，向上游约为 0.7m，水平变形增量小于沉降变形增量，量级与一般的土质边坡类似，因为地层均一性比土质边坡好，出现层面大剪切变形的几率更小。

4.2 监测仪器类型比选

水平变形监测仪器中，磁性探测类仪器和刚性杆式仪器均需要水平布置才能测量水平方向的变形，不适合在堰基应用。

测斜类典型仪器有滑动式测斜仪、固定式测斜仪、多维度变形测量系统等。该类仪器通过竖向布置，测量分层水平变形引起的位置倾斜，进而可以得到分层水平位移。

滑动式测斜仪：需要在具有连续导槽的测斜管内测量，软基的沉降量很大，测斜管够适应的最大沉降变形率应达到 10%，需在测斜管间串接伸缩节。一般伸缩节的长度约为 800mm，压缩量为 150mm，考虑到裕量，测斜管长度需小于 700mm 才能保证沉降变形率的要求，如此短的测斜管十分不利于施工，且过多的接头也增加了损坏的风险。

固定式测斜仪：虽然也需要在具备导槽的测斜管内测量，但仅需在测量范围内的导槽连续，因此，可以通过合理配置测斜管长度来解决。

多维度变形测量系统：仅需要在小直径的套管内进行测量，不需要导槽，且具备量程大的优点，也可以满足堰基分层水平位移的测量。

固定式测斜仪和多维度变形测量系统的测量传感元件均含有高集成度的半导体芯片，内部结构复杂，传感器的可靠性和稳定性较难达到振弦式、差阻式仪器的水平，且由于串联的数量很大，其中一个测点损坏即无法传递位移，一般均需要具备从钻孔内取出进行更换维护的条件。然而，在堰基发生大变形后，仪器被卡住的可能性将很大，基本不具备更换维护条件，需要测点数尽可能少，因而仪器标距的大小成为确定传感器类型的最主要因素。在这一点上，固定式测斜仪的推荐最大标距可达 3m，且可以继续加大标距，而多维度变形测量系统标距一般为 0.5m，最大标距仅为 1m，固定式测斜仪较多维度变形测量系统优势明显。

综合以上各种监测仪器的特点，在围堰下游坡及深基坑部位具备人工操作线缆条件，且预计的沉降量相对较小的部位，结合电磁沉降管的布置增加测斜功能，即布置测斜沉降管配合滑动式测斜仪进行监测；围堰轴线部位预计出现最大沉降量，布置滑动式测斜仪极易卡住，需布置固定式测斜仪，且布置固定式测斜仪后将影响电磁沉降仪的测量，需单独布置测斜管；围堰上游侧有土工膜存在，不具备人工操作线缆条件，布置测斜管配合固定式测斜仪进行分层水平位移的监测。

4.3 监测仪器布置

地基分层水平位移测线，分主、辅两个监测断面对应布置，每个监测断面布置 5 条，分别对应堰体上游坡脚、围堰轴线、下游侧反压平台完工期最大沉降出现位置、堰体下游坡脚、反压平台下游坡脚。堰体上游坡脚、围堰轴线位置 2 条测线的监测仪器采用测斜管配合固定式沉降仪监测，固定式测斜仪布置标距为 3m。其余测线采用测斜沉降管配合滑动式测斜仪监测，与分层沉降变形测线兼用。

5 软弱地基应力监测

软弱地基应力监测分为软弱地基以上的土压力和反压平台顶部的土压力监测。软弱地基以上的土压力计在反压平台抛填施工过程中，利用进占戗堤，直接将仪器投入水中，让其自行沉底来完成埋设。为了便于直接监测有效应力，将接触式土压力计和渗压计（孔隙水压力计）结合布置在预制混凝土块中一同埋设，监测电缆采用可弯曲导管保护，测点埋设后方可继续回填细料，详见图 1。

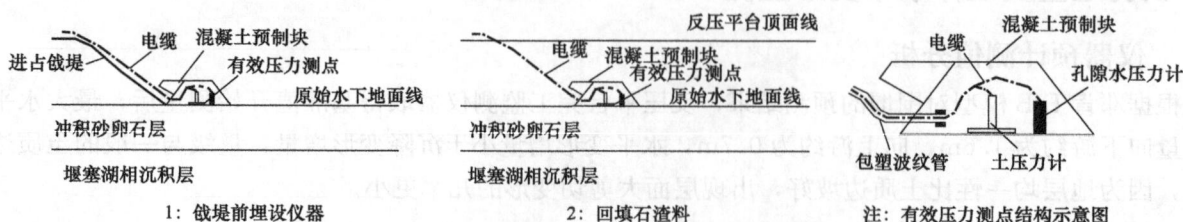

图 1　有效应力测点结构和埋设示意图

同时，选择在反压平台顶部布置土压力计，对堰体碾压区施加的荷载进行监测。

6 软弱地基与基坑开挖边坡渗流场监测

为了监测复核地基渗流场，沿 2 个顺河向监测断面，对应每条沉降测线，按照不同的地层性质在河床覆盖层桩间土内分别布置渗压计或测压管。考虑到地基和堰体部分部位沉降变形较大，渗压计的水位成果需要通过沉降监测成果和相同部位埋设的测压管进行校正。另一方面，从预警超孔隙水压来看，在短期内沉降变形增量不大的情况下，可以采用渗压计所测水头进行分析，即可满足预警需求。

为了监测基础防渗墙的截水效果，以及对比防渗墙上、下游在无、有碎石桩条件下的排水效果，在 2 个纵向监测断面上，分防渗墙上、下游对应布置渗压计测点。

为了监测基坑开挖边坡渗流场，沿主要纵向断面布置测压管测线，为了提高在隔水层内渗压监测的灵敏度，在测压管同位置还布置了渗压计。

7 结语

该项目围堰建成后连续两年在汛期安全拦江蓄水，监测仪器成活率较高，反映了围堰运行性态。截至发稿前，围堰实测最大累积沉降量 2.35m，监测仪器经受住了大变形考验，大变形条件下的监测设计方案可供软基软岩大坝原型监测设计参考。

作者简介：

李跃鹏（1983—），男，硕士研究生，主任工程师，正高级工程师，主要从事大坝安全监测设计、施工及科研工作。

山区多泥沙抽水蓄能电站泄洪排沙设计

熊　健，张建国，孟亚运

（中国电建集团中南勘测设计研究院有限公司，湖南长沙　410014）

【摘　要】 结合中部某抽水蓄能电站泄洪排沙洞设计及实践经验，介绍了抽水蓄能电站泄洪排沙洞布置及设计的一般经验，重点对泄洪排沙洞进口分流设计及其需要注意的问题进行了详细论述，对明流洞洞内台阶消能的计算分析及模型试验成果进行了对比分析，并介绍了建设实施过程中的相关问题及处理方法，为后续同类工程设计及建设提供了参考。

【关键词】 抽水蓄能；泄洪排沙洞；台阶消能；分流设计

0　引言

为了实现"双碳"目标，构建以新能源为主体的新型电力系统，我国正在大力推进抽水蓄能电站的规划及建设。选址在含沙量较大的天然溪沟或河道修建抽水蓄能电站时，需考虑泥沙对电站进/出水口、机组等永久运行的不利影响，在工程枢纽布置及方案设计时宜考虑必要的拦、排沙设计，以保证工程安全平稳运行，充分发挥效益。本文结合某抽水蓄能电站的拦、排沙建筑物实际设计、施工经验，对抽水蓄能电站泄洪排沙洞的设计进行了总结，可供同类工程参考。

1　工程背景

中部省份某抽水蓄能电站主要枢纽建筑物由上水库、地下输水发电系统、下水库等组成，上、下水库均采用钢筋混凝土面板堆石坝，最大坝高分别为 86.00、106.00m。

上水库集雨面积约 0.69km²，集雨面积小，设计及校核洪水的洪峰流量、洪量均较小，设计时考虑将洪水蓄于库内，不设置专门的泄水建筑物。

下水库集雨面积 25.9km²，坝址多年平均流量为 0.134m³/s，相应的多年平均径流量为 422.6 万 m³，多年平均悬移质含沙量 2.56kg/m³，200 年一遇设计洪水洪峰流量 723m³/s，1000 年一遇校核洪水洪峰流量 996m³/s。

2　方案布置

从水文资料来看，下水库洪水规模较大，需设置泄水建筑物，以保证挡水坝的安全。此外，下水库多年平均入库悬移质含量高，若不设置专门的拦、排沙建筑物，仅依靠水库沉沙降低过机含沙量，难以达到机组过机含沙量的控制要求。为避免泥沙淤积发电进/出水口，及其对水泵水轮机机组的不利磨损，本工程设计布置了必要的拦、排沙措施。

综合考虑本工程下水库泄洪及拦、排沙功能的需求，最终拟定的泄洪排沙方案为：泄洪排沙洞＋泄洪放空洞的组合方案，具体布置如图 1 所示。

泄洪排沙洞布置在下水库右岸山体中，其进口位于库尾以上约 400m 处，出口位于大坝下游。为防止携沙水流进入水库，在泄洪排沙洞进口处并排布置一拦沙坝。泄洪放空洞布置在大坝左岸山体中，进口位于下水库库内，大坝上游约 100m 处。此布置方案可将上游库尾来的携沙水流经泄洪排沙洞与其进

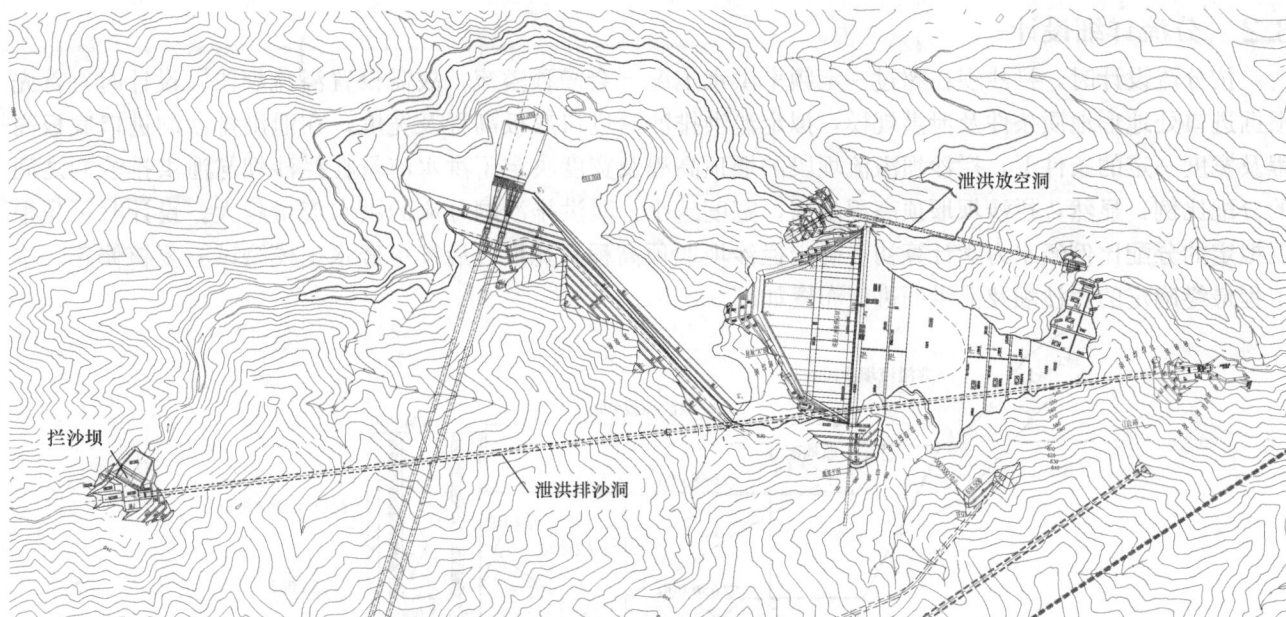

图 1　泄水建筑物布置方案示意图

口处的拦沙坝截排至水库下游，避免泥沙入库，消除了泥沙的不利影响。

泄洪排沙洞需适应各级流量下的运行要求，为避免出现明满流交替的不利工况，采用全程明流隧洞设计。泄洪排沙洞在平面上呈直线布置，立面上分为两级斜坡段，上游第一级斜坡段底板坡度 12.5%，长度约 1297m，其中约 1075m 长范围内底板设 0.6m×4.8m（高×宽）消能台阶；下游第二级斜坡段底板坡度 5%，长度约 278m，为常规光滑底板。排沙洞出口设挑流挑坎，见图 2。

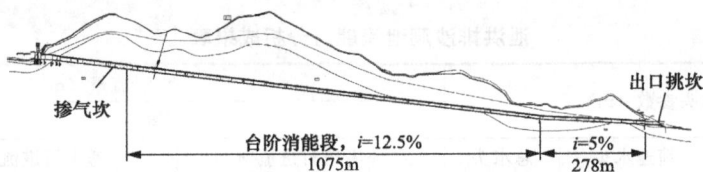

图 2　泄洪排沙洞纵剖面示意图

3　进口分流设计

3.1　分流方案比选

从拦、排沙效果来看，泄洪排沙洞应能泄放设计标准内各频率洪水，避免携沙水流入库，即拦沙坝不过流，上游洪水均从泄洪排沙洞泄放至下游河道。此方案泄洪建筑物功能区分明确，汛期泥沙对下水库运行影响小，但泄洪排沙洞规模大，造价高，施工工期较长。

考虑到工程区洪水具有"峰高量小"的特点，一次洪水入库泥沙量较少，为适当减小泄洪排沙洞的规模，节约投资，缩短工期，方便提前蓄水，在遭遇大洪水时，可允许部分洪水翻过拦沙坝进入下水库，经水库调蓄，泄洪放空洞泄放至下游。这样可充分发挥泄洪放空洞的作用，减小泄洪排沙洞的规模，节约投资。

兼顾工程永久运行和施工导流考虑，设计时分别拟定了 200 年一遇分流、100 年一遇分流、50 年一遇分流和 20 年一遇分流 4 组分流方案。从泄洪排沙洞分流标准及规模、工程投资、工期及初期蓄水时间等方面综合考虑，最终采用 50 年一遇分流方案。与不分流方案相比，泄洪排沙洞洞身断面由 9m×13m～8m 减小为 7m×12m～8m（宽×高），投资减少 1170 万元、工期缩短 3.5 个月。

3.2 分流详细设计

按分流设计时，拦沙坝在超过一定频率洪水工况下会漫顶溢流，故需设置溢流坝段。设计时，首先根据进口处地形地质条件及泄洪规模，拟定泄洪排沙洞进口底板高程及宽度，在泄洪排沙洞进口底板高程及宽度一定的条件下，拦沙坝溢流坝段的堰顶高程及宽度决定了洪水流量在拦沙坝与泄洪排沙洞之间的分配比例，显然，拦沙坝堰顶高程越高，宽度越小，泄洪排沙洞分流的洪水流量越大。设计时可先根据拟定的分配比例经水力学计算初步确定拦沙坝堰顶高程及宽度，后续可经水工模型试验复核修正。本工程最终确定的拦沙坝及泄洪洞进口布置如图 3 所示。

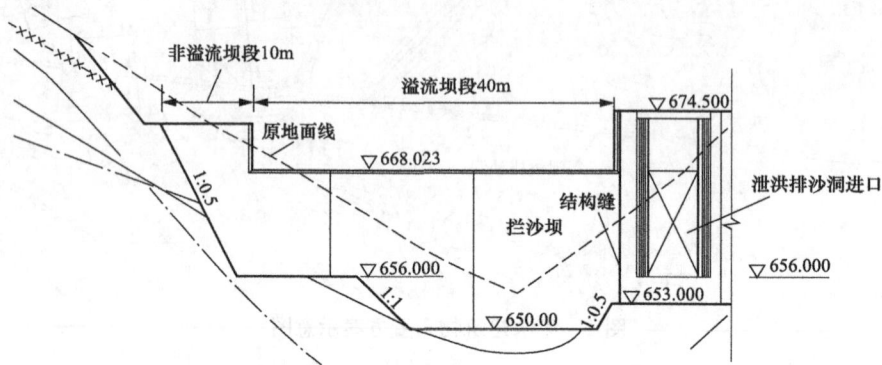

图 3　拦沙坝及泄洪排沙洞进口布置示意图

鉴于泄洪排沙洞上游河道纵坡较大，上游水流行进流速对泄洪排沙洞流量影响较大，考虑和不考虑行进流速与模型试验结果对比情况如表 1 所示。从表 1 成果来看，不考虑行进流速时，相同水位下的计算流量值与模型试验成果偏小较多，相对误差 12%～17%；考虑行进流速后，与模型试验的相对误差缩小至 3%～5%。

表 1　泄洪排沙洞泄流能力分析成果表

工况	水头参数（m）			泄流量（m³/s）		
	堰顶水头	流速水头	总水头	计算值		模型试验值
				不考虑行进流速	考虑行进流速	
$P=1\%$	12.39	0.30	12.69	480	498	523
$P=0.5\%$	12.94	0.42	13.36	512	578	599
$P=0.1\%$	13.63	0.81	14.44	554	603	623

3.3 小结

综合上述分流设计可知：①为满足大洪水分流过水的要求，拦沙坝应按溢流坝结构体型设计；②在泄洪排沙洞进口底板高程及宽度一定的条件下，拦沙坝溢流前沿宽度及堰顶高程将决定洪水在拦沙坝、泄洪排沙洞间的分流比；③因泄洪排沙洞进口及拦沙坝部位几乎无库容，泄流量计算时不能忽略行进流速水头，实际洪水过程中泄洪排沙洞及拦沙坝前的流态较紊乱，难以用堰流公式准确计算二者的下泄流量，应综合计算分析和水工模型试验的成果确定其实际分流比。

4 泄洪排沙洞消能设计

本工程泄洪排沙洞采用洞内台阶＋出口挑流的综合消能型式。小流量常遇洪水经洞内台阶消能后，出口处流速较低，经斜坡护坦跌流至下游；大流量洪水时，出口水流仍具有一定流速，可挑流至下游河道消能。洞内底板台阶详图见图 4。

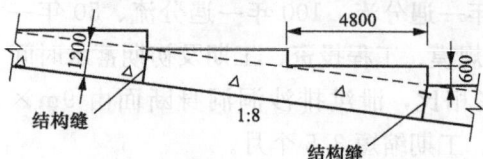

图 4　洞内底板台阶详图

表 2 是不同频率洪水消能成果计算值[1]与模型试验值的对比。

表 2　　　　　　　　　　洞内台阶消能成果表

工况	洪水频率	单宽流量 [m³/(s·m)]	台阶段首尾部高差 Δz（m）	计算值			模型试验		
				末端水深（m）	末端流速（m/s）	消能率 η（%）	末端水深（m）	末端流速（m/s）	消能率 η（%）
1	P=0.1%	86.2	156.00	3.98	22.07	82.3	4.20	20.67	85.0
2	P=0.5%	82.3	156.00	3.78	21.52	83.1	4.10	19.92	85.8
3	P=1%	76.1	156.00	3.62	21.04	83.8	3.88	19.70	86.2

从表中成果可知，台阶段各频率洪水的计算消能率与模型试验验证的消能率较接近，略偏小。对于台阶段末端水深，计算值给出的是均匀等效清水水深，非均匀掺气水深，因为按文献［1］中的计算公式得到的掺气水深很大，明显不合理，分析认为，该公式为泄槽较陡的模型基础上总结的经验公式，此处已超出其适用范围。

水工模型试验测得泄洪排沙洞在各级流量下沿程水深分布如图 5 所示，从试验成果来看，泄洪排沙洞内水面线随着上游来流量的增大而增大，台阶段上游的水面线呈沿程减小的趋势，台阶段的水面线呈先增大后趋于稳定趋势。各工况下，洞内水深均在洞直墙顶以下，台阶段掺气后的最大水深约 6m，泄洪排沙洞末端断面水面线距离直墙顶最小约 0.6m，相应余幅面积为 27%，满足规范要求。

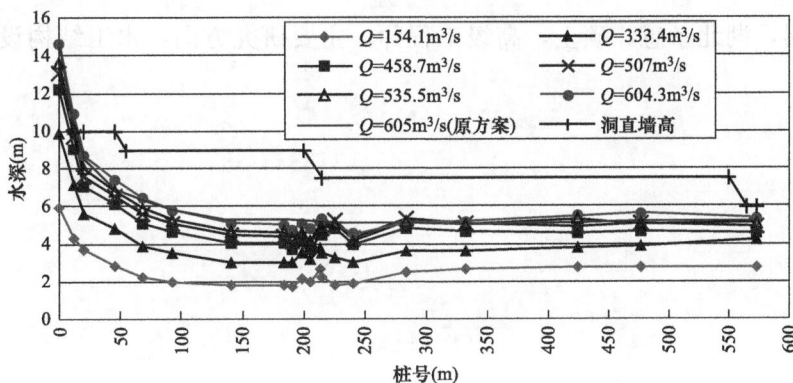

图 5　各级流量下模型试验沿程水深分布图

根据消能计算及模型试验成果可知，台阶段水流能量大部分在底板沿程消散，为保证底板与下部基础可靠连接成整体，在底板沿程布设系统锚筋以加强洞身衬砌结构与基础的连接。

5　施工注意事项

根据现场建设实施经验，施工过程中值得关注的主要问题如下：

（1）由于底板设置了消能台阶，洞身混凝土衬砌施工时，宜采用先浇筑边、顶拱部位，后浇筑底板的施工方案。若先浇筑底板台阶，后期浇筑边、顶拱部位时洞内交通通行困难，且难以避免对底板台阶的损坏。

（2）实际施工过程中，为方便台阶凸出尖角部位成品保护，将该部位进行倒圆角处理，倒角半径 3cm。

（3）洞身衬砌施工缝间距应充分考虑台阶尺寸的影响，宜为台阶宽的整数倍，以保持各段衬砌的型式统一。

（4）因衬砌边墙的钢筋伸入底板，受底板台阶的影响，台阶以上可采用钢模台车，台阶范围内则采用散装模板拼接。

6　结语

在某抽水蓄能电站泄洪排沙建筑物的设计及建设经验基础上，综合上述分析论述可得以下主要结论：

（1）对于在多泥沙区域修建的抽水蓄能电站，需研究泥沙对工程永久运行的不利影响，采取必要的拦、排沙设施。

（2）当采用在库尾布置泄洪排沙洞及拦沙坝截排沙时，为降低泄洪排沙洞的规模，可考虑大流量洪水部分经拦沙坝分流至水库内，经其他泄洪实施（如放空洞）泄放至下游，但应重点关注洪水在二者间的分配比例，做好相关的水力设计，应综合水力计算和水工模型试验成果确定。

（3）对于明流水工隧洞采用洞内台阶消能，可根据相关公式较准确地计算消能率，但掺气水深可能会存在较大偏差，宜结合模型试验的成果研究确定。

（4）洞内台阶消能结构对水工隧洞的传统施工工艺有一定影响，建设实施过程中应充分考虑。

参考文献

[1] R. 埃斯，等. RCC 坝阶梯式溢洪道的水力设计 [J]. 水利水电快报，2002，23（21）：1-4.

作者简介：

熊　健（1986—），男，湖北孝感，硕士，高级工程师，主要研究方向：水工结构设计。E-mail：xiongjiantwgx@163.com

辰溪抽水蓄能电站竖井溢洪道体型优化试验研究

卢　乾[1]，李奇龙[2]，王戈文[2]，王立杰[1]，苗宝广[1]

（1. 中国电建集团中南勘测设计研究院有限公司，湖南长沙　410014；

2. 西安理工大学，水利水电学院，陕西西安　710048）

【摘　要】　以辰溪抽水蓄能电站竖井溢洪道为例，对存在的消力井消能不足、退水隧洞弯道水流严重、消力池内流态差等问题进行了体型优化试验，主要结论有：在消力井深度足够的条件下，降低压坡出口高度保证充分有压出流，可有效解决消力井消能不足的问题；适当增大退水洞转弯半径会有效缓解弯道环流现象，并减轻弯道环流带来的内外两侧水面差过大和下游退水洞水面沿程起伏较大问题；当加宽消力池宽度至保证入池水流佛汝德数约大于 4.5 时，即可形成稳定的淹没水跃，并能满足工程消能要求；经试验观测分析，堰面和竖井中上部即使出现较小负压，但不会发生水流空化，竖井内可不用设置掺气设施；推荐体型下消能防冲洪水工况消力井消能率达 92.1％，消能率高；消力井内水流脉动优势频率为 0.01～0.09Hz，为低频脉动，不会造成结构振动破坏。研究成果可为竖井溢洪道的体型设计和优化提供参考。

【关键词】　竖井溢洪道；消力井；脉动压强；消能率；体型优化

0　引言

高坝泄洪消能中往往存在突出的高速水流问题，如空化、脉动、消能不足等，影响着泄水建筑物的运行安全，而内消能方式如竖井、孔板、洞塞、旋流消能等，其消能率高、抗空蚀能力强、不雾化，在高坝中通常被广泛采用[1-2]。上述消能方式各有优劣，其中竖井消能方式采用喇叭形进口，将水流引入竖直井内，在井底设置一定水垫深度的消力井，使水流主要集中在竖井底部与井内水垫碰撞、混掺、高速紊动而进行消能[3]。竖井消能方式适用于高水头、坝身不宜泄水、流量要求不太高的泄洪消能，其施工也相对简单，可结合导流洞改建节约工程成本[4]。竖井消能方式在国内应用十分广泛，如大石门、金平、桃源、绩溪等工程[5-6]。

关于竖井溢洪道体型设计，以及消力井直径、井深，以及通气对竖井溢洪道水力特性和消能效果的影响，张宗孝、王丽娟等[7-12]进行了大量研究，提出了相应的体型参数。然而，竖井消能方式往往会存在水力学问题，如竖井洞是否会发生空化、消能井水流脉动影响结构安全、消能率能否满足要求，以及竖井与下游排水洞水流衔接是否良好等，且每个工程对应的问题也不尽相同。这些问题往往直接影响着工程安全运行，因此，本文结合辰溪抽水蓄能电站竖井溢洪道，针对上述问题进行水工模型试验和体型优化，提出适宜体型和尺寸，为竖井溢洪道体型设计和优化提供参考。

1　竖井溢洪道体型

竖井溢洪道由环形溢流堰、竖井、消能井、退水隧洞和出口消力池组成。环形溢流堰采用实用堰，堰面曲线为 1/4 椭圆曲线，曲线方程 $x^2/2^2 + y^2/4^2 = 1$，堰顶内径 8.0m；堰顶高程 311.00m，堰顶不设闸门；竖井内径 4.0m，竖井深度 73.0m，底部消能井内径与竖井相同，为 4.0m，消能井深度 9.0m；消能井后接压坡段，并与下游退水隧洞衔接，压坡段长 14.0m，出口尺寸 3.5m×2.5m（宽×高），压坡坡度 1∶10；退水隧洞为无压洞，断面型式为城门洞型，尺寸 3.5m×4.5m（宽×

高），退水隧洞总长 274.78m；在退水隧洞桩号 $0+098.24\sim0+175.18$m 位置为转弯段，转弯半径 40m，转弯角度 55.07°；退水隧洞出口接消力池，池宽 3.5m，池长 40m，池深 3.0m。竖井溢洪道体型见图 1。

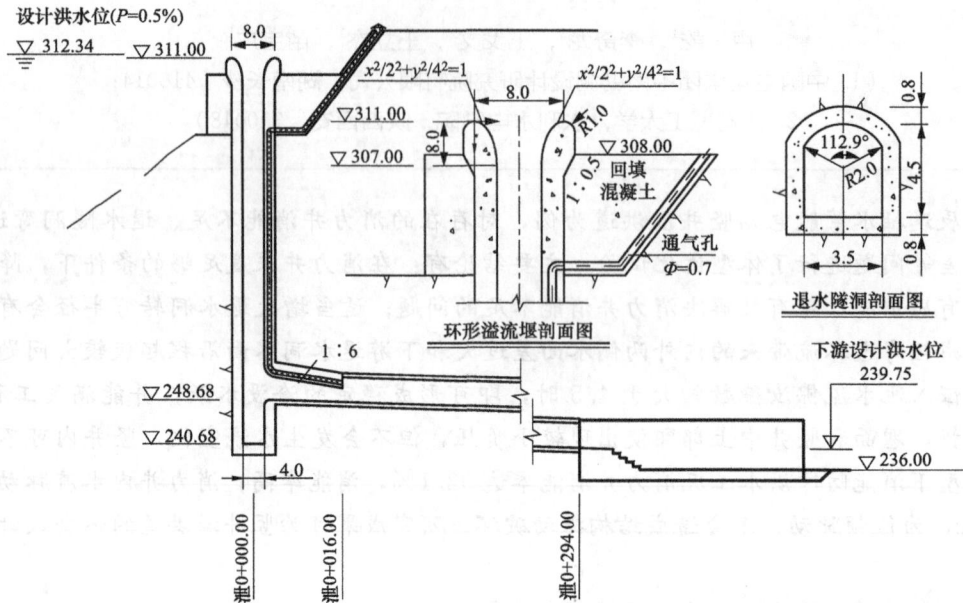

图 1　竖井溢洪道体型图（单位：m）

2　模型试验

模型试验按重力相似准则设计，几何比尺 1∶40，试验对水流流态、泄流量、水面线/水深、壁面压强、流速、脉动压强等水力特性进行观测。其中，流量采用三角量水堰由 0.1mm 精度水位测针测量，水面线采用 0.1mm 精度测针测量，壁面压强用测压管量测，流速用毕托管测量。脉动压强采用 DY2000 脉动压强传感器与 DJ800 监测仪测量，采样间隔时间 0.01s，采集时间 50s，每组重复采样 6 次。

3　原体型试验成果分析

3.1　流态

各水位环形溢流堰进流平稳，竖井为贴壁流，竖井中下部水流开始大量掺气，至竖井底部与消力

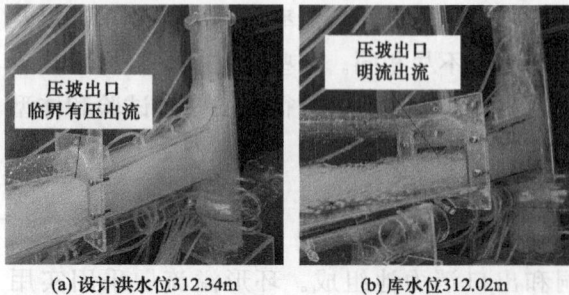

图 2　原体型竖井底部消力井水流流态

井底水流相互碰撞、掺气，形成完全掺气的高紊动气水两相流。库水位为设计水位时，压坡出口处水流呈时而接触洞顶时而不接触的临界有压流，当库水位再低时压坡段完全呈明流（见图 2），此时消力井消能明显不足。在此影响下，退水洞内水流沿程流动波动大，且退水洞流速较快，加之转弯段转弯半径偏小，退水洞转弯段弯道环流现象十分明显，外侧水面接近洞顶，流态差，见图 3。转弯段弯道环流现象引起下游退水洞内水流水面沿程较大起伏。设计洪水和消能防冲洪水工况运行时，消力池内呈远驱水跃，跃首位于消力池末端附近，下游水面波动大，流态差，见图 4。

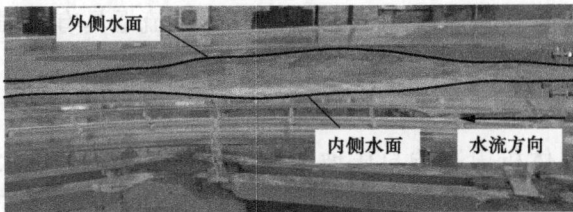

图3 设计洪水位退水洞转弯段水流流态

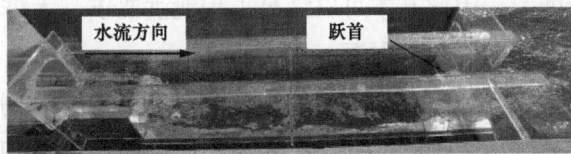

图4 设计洪水位退水洞转弯段水流流态

3.2 泄流规律

泄流关系曲线见图5。特征洪水位泄流能力试验值与设计值对比见表1。可以看出，试验流量与设计值基本接近，略偏小。在设计洪水位312.34m时，试验值较设计值偏小3.88m³/s，约4.7%。

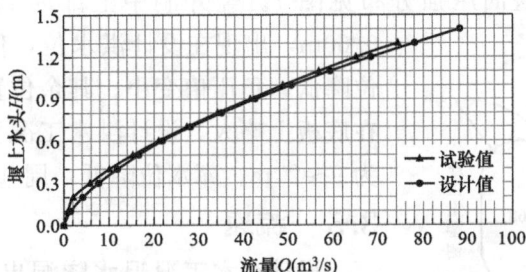

图5 堰上水头 H 与流量 Q 关系曲线

表1 特征洪水工况竖井溢洪道泄流能力试验值与设计值对比

洪水标准	库水位 （m）	堰上水头 H （m）	设计流量 Q_s （m³/s）	试验流量 Q （m³/s）	$(Q-Q_s)$ （m³/s）	$(Q-Q_s)/Q_s$ （%）
设计洪水标准 $P=0.5\%$	312.34	1.34	82.00	78.12	−3.88	−4.7
消能防冲洪水标准 $P=1\%$	312.02	1.02	50.60	50.24	−0.36	−0.7

环形溢流堰流量系数公式如下[13]

$$m=\frac{Q}{2\pi R_0 H^{1.5}\sqrt{2g}}\tag{1}$$

式中：m 为综合流量系数；Q 为流量，m³/s；R_0 为环形溢流堰半径，$R_0=4.0$m；g 为重力加速度，$g=9.8$m/s²；H 为环形溢流堰堰上水头，m。

流量系数曲线见图6。设计洪水位312.34m时试验流量系数 $m=0.452$，略小于设计流量系数0.476。环形实用堰流量系数 m 与堰高 P、水头 H 和环形堰口半径 R_0 有关，即 $m=f(P,H,R)$[14]。堰高对流量的影响主要体现在堰前水流行进流速上。本工程堰高 $P=3.0$m，设计堰上水头 $H=1.34$m，$P/H=2.24$，属高堰（高堰 $P/H_d=1.33$，H_d 为堰的定型水头），因此，可不计行进流速水头，堰高对流量的影响可忽略[13]。由图6知，随着相对堰上水头的增加，流量系数非线性增加，且增大速率略有减缓，符合环形溢流堰自由进流时的泄流规律[13]。

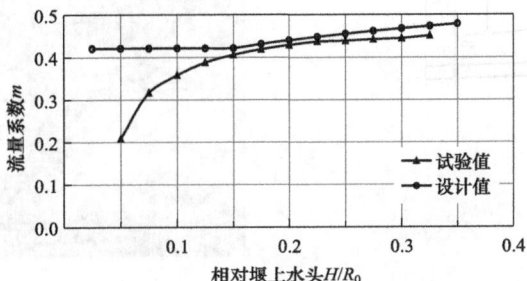

图6 相对堰上水头 H/R_0 与流量系数 m 关系曲线

从泄流能力来看，即使设计洪水工况试验流量偏小 4.7%，但偏小不多，且环形溢流堰具有较强的敞泄能力，因此基本可以满足工程泄洪要求，无需体型优化。

3.3 水面线与水深

设计水位时，退水洞内呈明流，水深受掺气水流气体析出影响自压坡出口后沿程逐渐降低，水深 1.6～2.5m。在转弯段，外侧洞壁水面明显高于内侧，两侧最大水面差 2.8m，且外侧洞壁水面接近洞顶，弯道环流现象严重。受此影响，转弯段下游的退水洞内水深沿程起伏较大，最大水面起伏约 1.5m。退水隧洞出口断面水深约 2.0m。

3.4 壁面压强

经观测，环形堰堰面曲线除中下部位置出现较小负压外，其余位置为正压，堰面最大负压为 -0.68m，出现在设计洪水位，堰面压强分布见图 7。竖井洞中上部局部出现较小负压，最大负压 -0.60m，出现在设计洪水位，位于自堰顶往下 26.4m。库水位降低，负压值变小。其余位置均为较小正压。消力井压强在底板上略大，设计洪水工况为 16～21m，消力井周壁最大为 9～21m。库水位降低，周壁和底板压强变小。

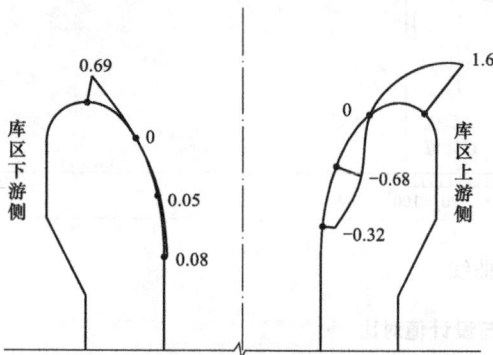

图 7 环形堰堰面曲线壁面压强沿程变化

3.5 流速

设计洪水工况退水隧洞出口断面平均流速约 12.2m/s，最大点流速为 12.9m/s。

3.6 原体型存在的问题

设计洪水位泄洪时退水隧洞压坡出口为临界有压出流，低于该库水位时将无法形成有压出流，消能不足，出流流态差。退水洞转弯段弯道环流现象明显，导致转弯段外内侧水面差较大；受此影响，转弯段后的退水隧洞水面沿程起伏较大。设计洪水和消能防冲洪水工况时，下游消力池内均未形成淹没水跃，跃首约位于消力池尾部，出池流态差，消能不足。

4 体型优化

4.1 压坡段体型优化

为使压坡出口形成有压流，将压坡出口高度由 2.5m 降至 1.8m，见图 8。经试验观测，堰上水头高于约 0.6m 时均能形成良好的有压出流，见图 9；低于 0.6m 时虽未能形成有压流，但此时泄流小，水流能量在消力井内已大幅消刹，压坡出口水流较为稳定，可满足消能要求。

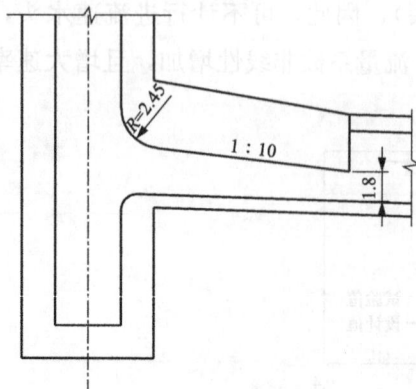

图 8 退水隧洞进口压坡段体型剖面图（单位：m）

图 9 优化后消力井与压坡段水流流态（设计洪水位）

4.2 退水洞转弯段体型优化

退水隧洞转弯段转弯半径由 40m 调整为 80m，转弯角度不变。经试验观测，退水洞转弯段弯道环流现象明显减弱，两侧最大水面差 2.1m，明显低于原体型方案 2.8m。外墙最大水面爬高 3.0m，低于直墙顶 3.5m。同时弯道下游退水洞水面最大起伏减小至 0.7m，明显小于原体型方案的 1.5m。优化后退水洞转弯段水流流态见图 10。

图 10 优化后退水洞转弯段水流流态（设计洪水位）

4.3 消力池体型优化

消力池内出现了远驱水跃，其主要原因在于入池水流佛汝德数 F_r 偏小，设计洪水和消能防冲洪水时 F_r 分别为 2.76、2.63。其次，还与消力井消能不足和退水隧洞转弯段流态不佳有关。产生较稳定的淹没水跃时，一般 $F_r > 4.5$[15]。据此估算，消力池宽度为 7.5～10.3m。因此，初步对池宽按 8m 和 10m 两个方案进行优化试验。经观测，池宽 8m 时（见图 11）各工况池内即可形成良好的淹没水跃，能够满足消能防冲洪水标准的消能要求，流态见图 12。

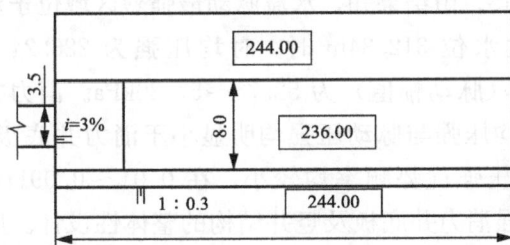

图 11 消力池池宽 8m 体型平面示意图（单位：m）

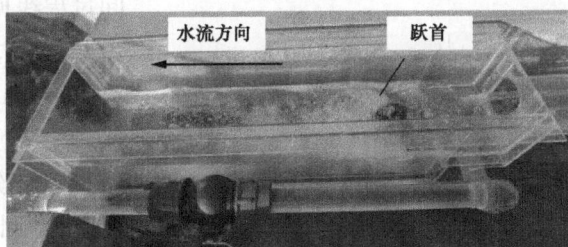

图 12 优化后消力池内水流流态（消能防冲洪水工况）

此外，由于水流入池佛汝德数偏小，消力池入池前的台阶上水深较大，呈滑行流，台阶消能十分有限，同时该工程下游水深条件好，因此取消消力池入池前台阶，同时不设尾坎。

5 推荐体型试验成果分析

按上述体型优化后的推荐体型，进行试验，成果如下。

5.1 泄流能力

各运行工况下竖井溢洪道环形堰为自由进流，泄流量由环形溢流堰控制，泄流能力同原体型。

5.2 流态

环形溢流堰与竖井水流流态与原体型相同，竖井中下部水流掺气明显，高掺气不仅利于减免水流空化，同时还可增大消能率。设计洪水运行时，压坡出口已形成充分的有压出流，消力井内水深明显深于原方案，水流掺气、碰撞更为剧烈，消能更充分，压坡出流更稳定。退水洞转弯段弯道环流现象明显减弱，两侧水面差减小，转弯段后的退水洞内水面起伏减弱，流态明显改善。消力池内呈良好的淹没水跃，消能充分，出流平稳，各工况下出池水流流速较小，下游河道未产生较严重的冲刷问题。

5.3 水面线与水深

退水隧洞内水流均呈明流，设计洪水工况退水洞平均水深在 1.16～2.50m 之间，水深均低于洞顶高度 4.5m，且水深沿程起伏变化较原体型方案小，水流更为稳定。转弯段弯道环流现象得到明显减弱，左右最大水面差 2.1m，右壁面最大水面爬高 3.0m，转弯段下游退水洞水面沿程最大起伏约 0.7m，均明显低于原体型方案，弯道环流现象明显减弱；退水隧洞出口平均水深约 1.9m。

5.4 时均壁面压强

设计洪水位消力井底板压强为 21～26m，消力井周壁最大为 13～26m。在对压坡出口降低后，增加了消力井内水深，压强略有增大。设计洪水时退水洞底板压强在 1.2～2.0m。消力池内为正压，底板压强近似与水深成正比，最大压强 9.48m，位于池尾水深相对较深处。

5.5 流速特性

设计洪水位运行时压坡出口实测平均流速 14.3m/s，退水洞内流速沿程基本保持这一流速值或略小，在退水洞出口实测平均流速为 12.9m/s。库水位降低，流速变小。

设计洪水工况消力池入池跌坎流速为 13.4m/s，经消力池消能后在消力池出口流速降至 2～3m/s；消能防冲洪水工况入池跌坎流速为 12.4m/s，消力池出口降至 1～2m/s。可见，消力池消能充分。

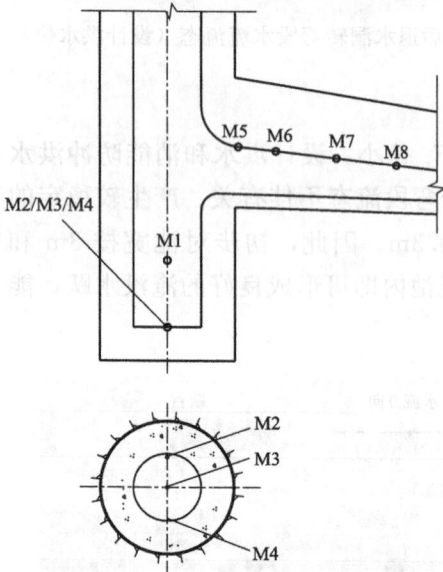

图 13 消力井脉动压强测点布置

5.6 脉动压强

在水流紊动剧烈的消力井底板、周壁及退水隧洞压坡段布置 10 个脉动压强测点，见图 13。

各测点脉动压强特征值见表 2，消力井底板与周壁脉动压强时间过程线见图 14、图 15。由结果知，水流脉动最强烈区域位于消力井底板，在设计洪水位 312.34m 时，时均压强为 226.24～243.64kPa，脉动压强（脉动幅值）为 52.75～57.30kPa。消力井周壁与压坡段顶部时均压强与脉动压强均明显小于消力井底板。通过频域分析，脉动压强优势频率均较小，在 0.01～0.09Hz，属于低频脉动，宜加强消力井底板及竖井结构的整体性设计。库水位降低泄洪时，水流脉动强度减弱。

表 2 推荐体型设计洪水位运行消力井与压坡段脉动压强特征值

测点编号	最大值（kPa）	最小值（kPa）	时均压强（kPa）	标准差（kPa）	脉动压强（kPa）	优势频率（Hz）
M1	134.0	48.4	97.6	13.2	39.7	0.02
M2	292.6	185.2	237.6	19.1	57.3	0.02
M3	277.2	170.3	226.2	18.0	54.0	0.01
M4	296.2	196.9	243.6	17.6	52.8	0.01
M5	70.2	19.0	46.2	7.7	23.2	0.01
M6	61.6	21.9	43.6	6.2	18.6	0.01
M7	44.9	8.6	30.8	4.9	14.7	0.01
M8	34.3	10.6	25.0	3.4	10.2	0.03

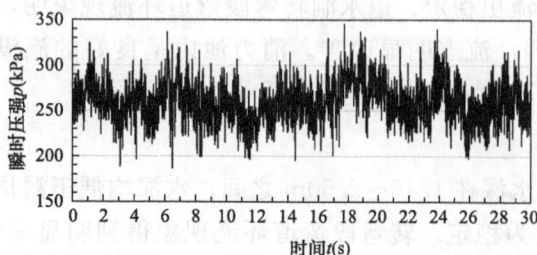

图 14 消力井底板 2 号测点压强时间过程线

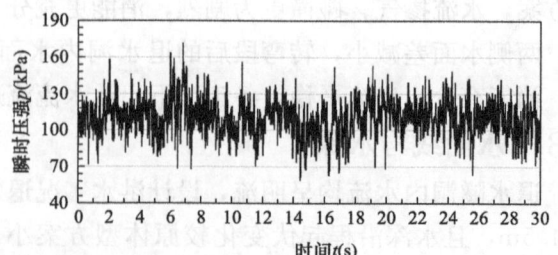

图 15 消力井周壁 1 号测点压强时间过程线

5.7 水流空化

在溢流堰面中下部和竖井壁中上部出现了较小负压，对该两点负压区水流空化数进行了估算，见表

3。其中，水流空化数按下式计算：

$$\sigma = \frac{h_0 + h_a - h_v}{v_0^2/2g} \tag{2}$$

式中：h_0 为计算点压强水头，m；$v_0^2/2g$ 为计算断面平均流速水头，m；h_v 为水的汽化压强水头，计算时水温取值 15℃，查表得 $h_v = 0.174$m；h_a 为大气压强水头，可据计算点高程 ∇z（单位 m）由式（3）估计。

$$h_a = 10.33 - \frac{\nabla z}{900} - 0.39 = 9.94 - \frac{\nabla z}{900} \tag{3}$$

一般认为，水流空化数不小于 0.3，就不会发生空化[15]。由计算知，这两个负压区水流空化数均大于初生空化标准 0.3，因此，不会发生空化。此外，在竖井内，水流下跌过程中会大量掺气，充分掺气的水流可有效减免水流空化[16]。

表 3   堰面与竖井中上部负压点水流空化数估算表

位置	测点高程 （m）	测点压强 水头 h_0（m）	大气压强水 头 h_a（m）	气化压强水 头 h_v（m）	测点流速 v_0（m/s）	流速水头 （m）	水流空 化数 σ
堰面曲线	309.36	−0.68	9.596	0.174	7.64	2.980	2.934
竖井洞中上部	284.60	−0.60	9.624	0.174	23.32	27.739	0.319

5.8 消能率

以退水隧洞压坡出口为控制断面，出口底板高程 248.29m 为基准面，计算竖井与消力井消能率 η[13]

$$\eta = 1 - \left(h + \frac{v^2}{2g}\right)/(H' + h) \tag{4}$$

式中：h 为控制断面水深，m；v 为控制断面平均流速，m/s；H' 为库水位与控制断面水位差，m。

计算竖井与消力井消能率见表 4。可见，设计洪水位 312.34m 时竖井与消力井的消能率为 85.0%，消能防冲洪水位 312.02m 时为 92.1%，消能率高，可以满足工程消能要求。

表 4   竖井与消力井消能率计算表

工况	库水位 （m）	堰上水头 H （m）	流量 Q （m³/s）	压坡出口水深 h （m）	水位差 H'（m）	压坡出口流速 （m/s）	消能率 （%）
设计洪水标准 $P=0.5\%$	312.34	1.34	78.12	1.8	65.9	12.4	85.0
消能防冲洪水标准 $P=1\%$	312.02	1.02	50.24	1.8	65.5	8.0	92.1

6 结论

本文对辰溪抽水蓄能电站竖井溢洪道进行了体型优化试验，主要结论有：

（1）本工程消力井消能不足，是由于退水隧洞压坡出口高度不足，未能形成充分的有压出流所致。压坡出口高度需满足消力井内具有足够水深消能时保证其有压出流，降低出口高度可有效解决该问题。

（2）退水洞转弯半径过小易引起弯道环流现象，导致内外两侧洞壁水面差偏大，并引起下游退水洞内水面沿程较大起伏，增大转弯半径可有效缓解该现象。

（3）消力池入池水流佛汝德数过小并产生远驱水跃，消能不足，流态差，当加宽消力池宽度保证入池水流佛汝德数约大于 4.5 时，即可形成稳定的淹没水跃并满足消能要求。

（4）经优化后壁面压强、水面线与水深、水流流速等水力特性分析，推荐方案竖井溢洪道体型合理；泄流能力略偏小，但基本能满足工程泄洪要求；堰面和竖井中上部虽然出现较小负压，但水流流速小，不会发生水流空化，竖井中下部水流掺气充分，可有效减免空化；设计洪水工况时消力井消能率达 85%，消能率高；消力井底板时均压强为 226.24～243.64kPa，脉动压强为 52.75～57.30kPa，脉动优势频率为 0.01～0.09Hz，为低频脉动，宜加强消力井底板及竖井结构的整体性设计。

参考文献

[1] 张建民. 高坝泄洪消能新技术研究进展和展望 [J]. 水力发电学报，2021，40（3）：1-18.

[2] 谢省宗，吴一红，陈文学. 我国高坝泄洪消能新技术的研究与创新 [J]. 水利学报，2016，47（3）：321-336.

[3] 郭雷，张宗孝，马斌，等. 竖井溢洪道水力特性试验研究 [J]. 人民长江，2007，38（6）：110-112.

[4] 孙双科，徐体兵，孙高升，等. 导流洞改建为跌流式竖井溢洪道的试验研究 [J]. 水利水电科技进展，2009，29（6）：5-8.

[5] 孙高升. 大石门水电站脱壁流竖井式溢洪道设计及应用 [J]. 人民黄河，2014，36（10）：97-99.

[6] 雷显阳，周辉，赵琳. 环形薄壁堰堰首竖井水力特性研究——以安徽绩溪抽水蓄能电站竖井溢洪道工程为例 [J]. 人民长江，2013，44（23）：79-81，85.

[7] 管志保，姜华. 金平水电站竖井溢洪道设计 [J]. 湖北水力发电，2007，68（2）：10-12.

[8] 张宗孝，郭蕾，谭立新. 消能井内消能工直径优化试验 [J]. 水利水电科技进展，2008，28（5）：54-57.

[9] 张宗孝，白欣，刘冲. 基于消能井井深变化下水力特性的研究 [J]. 应用力学学报，2018，35（2）：316-321.

[10] 陈小威，张宗孝，刘冲，等. 基于消能井井深变化下的竖井溢洪道压强试验研究 [J]. 应用力学学报，2016，33（5）：826-831.

[11] 张宗孝，刘冲，白欣，等. 基于消力井直径变化下竖井溢洪道压强特征试验研究 [J]. 应用力学学报，2018，35（3）：510-516.

[12] 王丽娟，张晓朋，贺一轩，等. 通气系统对竖井式溢洪道水力特性影响研究 [J]. 人民长江，2023，54（10）：177-182.

[13] 水工设计手册（第 7 卷 泄水与过坝建筑物）[M]. 第 2 版. 北京：中国水利水电出版社，2014.

[14] 张林夫. 竖井式溢洪道流态与泄流能力的探讨 [J]. 水利水电技术，1988，（12）：13-17.

[15] 四川大学. 水力学 [M]. 第 5 版. 北京：高等教育出版社，2016.

[16] 牛争鸣，南军虎，洪镝. 一种新型掺气设施的试验研究 [J]. 水科学进展，2013，24（3）：372-378.

作者简介：

卢　乾（1988—），男，湖南临湘，高级工程师，硕士研究生，主要从事水电水利工程设计工作。E-mail：806841386@qq.com

湖南常宁抽水蓄能电站泄洪消能布置试验研究

李家祥[1]，许　准[1]，张春财[2]，许传勇[1]，苗宝广[1]

（1. 中国电建集团中南勘测设计研究院有限公司，湖南长沙　410014；2. 长沙理工大学
水利与环境工程学院，湖南长沙　410114）

【摘　要】　以湖南常宁抽水蓄能电站竖井式溢洪道设计试验过程为例，介绍了对压坡段出口水翘现象、退水隧洞尾部水跃进池、联合泄洪时出口形成平面回流等问题的体型优化办法。主要结论为：①降低压坡出口高度保证充分有压出流，可有效缓解压坡段出口水翘及退水隧洞沿程水面波动较大问题；②适当增大退水隧洞坡度能够解决隧洞尾部水跃进池问题；③设置渐扩段消力池可避免联合泄洪时的平面回流问题。研究成果可为竖井溢洪道的设计、优化提供工程参考。

【关键词】　竖井溢洪道；模型试验；泄洪消能；抽水蓄能电站

0　引言

竖井溢洪道具有体型简单、布置灵活、消能效率高、施工简单、方便与导流洞结合等特点，广泛适用于高水头、坝身不宜泄水、下泄流量要求不高的水电工程中，近年来已被琼中、梅州等多个抽水蓄能项目成功运用。[1]

跌流式竖井溢洪道一般由进水环形溢流堰、竖井段、消力井、压坡段、退水隧洞段及出口消能工等组成。管志保、雷显阳、孙高升等[2-4]分别简述了竖井溢洪道在金平、绩溪和大石门水电站项目的设计意图、模型试验及应用实例。关于进水口、竖井、消力井及通气系统对竖井溢洪道水力特性的影响，郭雷、张宗孝、陈小威、叶祥飞、王丽娟等[5-11]进行了研究分析与模型验证，提出了各部位体型设计建议。然而，由于地质地形及水文条件存在多样性，各个工程仍需结合试验中暴露的具体问题进行具体分析。综上所述，本文结合湖南常宁抽水蓄能电站下水库竖井溢洪道设计、试验成果，针对泄流能力、水力特性进行分析论证，优化现有设计成果，为工程实践提供参考依据。

1　工程概况

湖南常宁抽水蓄能电站位于湖南省常宁市境内，安装 4 台单机容量为 300MW 的可逆式水轮发电机组，电站总装机容量为 1200MW，属一等大（1）型工程。

项目下水库位于香湖村，正常蓄水位为 248.00m，相应正常蓄水位库容 1229 万 m^3，总库容为 1310 万 m^3。下水库集水面积为 7.68km^2，多年平均径流量为 722.2 万 m^3。电站防洪标准如下：按 200 年一遇洪水设计，2000 年一遇洪水校核，200 年一遇洪水洪峰流量为 87.20m^3/s，2000 年一遇洪水洪峰流量为 128.00m^3/s。经计算，叠加发电流量，24h 校核洪水不能蓄于库内，考虑水库防洪安全、放空和水位调节需要，设置竖井泄洪洞和泄洪放空管联合泄洪。

2　竖井式泄洪洞初始设计体型

下水库泄洪建筑物采用竖井式泄洪洞，结合导流洞布置于右岸山体内，由环形溢流堰、圆形竖井及消能井、退水隧洞、出口消力池组成。溢流堰采用环形实用堰，堰顶直径 8.00m，堰面曲线为 1/4 椭圆

曲线，曲线方程为 $x^2/3.3^2 + y^2/1.5^2 = 1$，竖井内径 5.00m。溢流堰堰高 8.00m，堰顶高程同正常蓄水位 248.00m，堰顶不设闸门。竖井段采用内径 5.00m 等径圆形竖井，深 58.00m。为防止水流直接冲击竖井底板，在竖井底部设深约 10.00m 的消能井。消能井后接压坡段，压坡段长 18.175m，出口处控制尺寸 3.50m×1.70m（宽×高）。在竖井下游侧边墙设圆形通气孔至压坡段出口处，以满足掺气要求，减小压坡段负压，通气孔直径 0.70m。消能井后设长 281.50m（水平投影长）的无压退水隧洞，无压隧洞为城门洞型，断面尺寸为 3.50m×4.50m（宽×高）。退水隧洞出口设 35m 长突扩式消力池，退水隧洞出口处宽度由 3.50m 增加到 5.00m，放水钢管出口处消力池局部加宽 5.50m，局部加长 11.00m。消力池两侧均采用重力式挡墙，左侧侧墙部分区域因需布置泄洪放空管工作检修阀门室，前段设置混凝土墩，后段采用重力式挡墙。竖井溢洪道体型图见图 1。

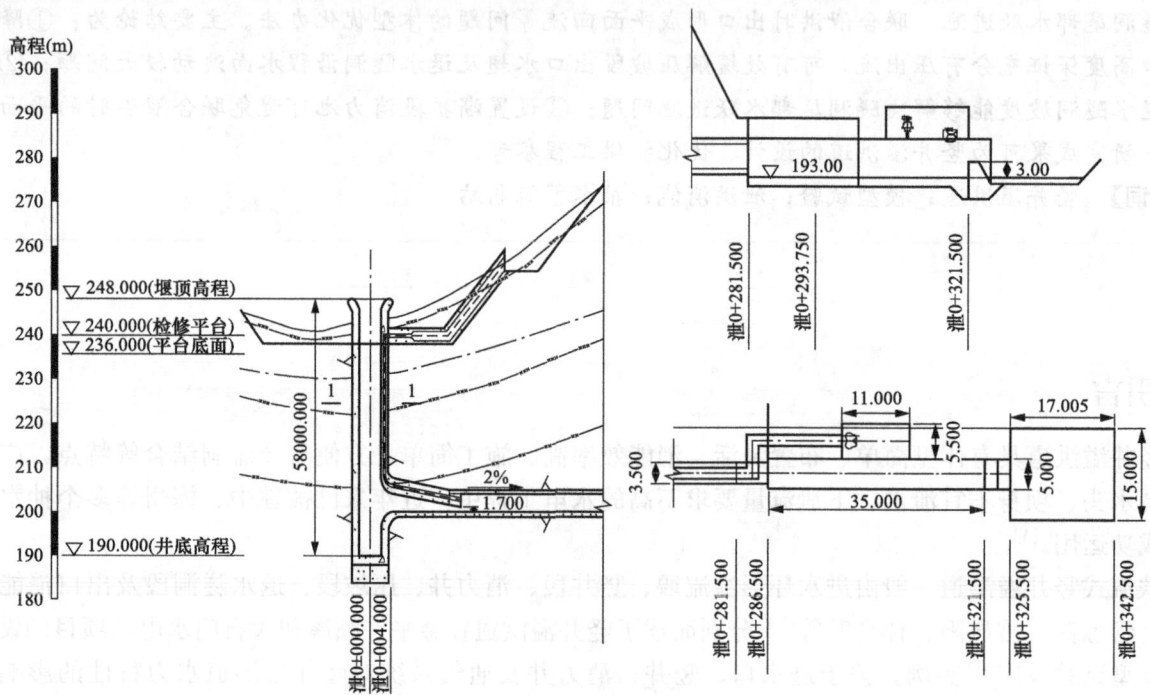

图 1　竖井溢洪道体型图

3　模型设计及试验工况

3.1　试验模型设计

模型试验按重力相似准则设计，几何比尺 1∶40，为保证模型试验中水流与原型相似，竖井式泄洪洞和泄洪放空管采用有机玻璃制作，有机玻璃糙率为 0.008，按糙率比尺换算至原型为 0.0153，与泄洪洞的实际糙率较为接近，可以满足动力相似要求，具体物理量比尺详见表 1。

表 1　　　　　　　　　　　　　　　模型试验各物理量比尺表

物理量名称	几何比尺	流速比尺	流量比尺	压力比尺	时间比尺	糙率比尺
比尺关系	λ_L	$\lambda_v = \lambda_L^{0.5}$	$\lambda_Q = \lambda_L^{2.5}$	$\lambda_{\frac{p}{\rho g}} = \lambda_L$	$\lambda_t = \lambda_L^{0.5}$	$\lambda_n = \lambda_L^{1/6}$
比尺数值	40	6.32	10119.29	40	6.32	1.85

为了解下泄水流对河床的冲刷影响，在消力池出口处铺沙设置动床，铺沙高程为 193.00m。消力池出口强风化基岩抗冲流速为 3.00~5.00m/s，弱风化基岩抗冲流速为 5.00~7.00m/s。护坦下游剥离覆盖层后基本为弱风化层，按照伊兹巴什公式计算，选用粒径为 25.8mm 的河卵石作为冲刷料模拟动床。

试验对水流流态、泄流量、水面线、流速、压强分布等水力特性进行观测。其中，入库流量采用三角量水堰和电磁流量计量测，堰上水头用精度为 0.1mm 的固定水位测针施测。河道水位用精度为

0.1mm 的固定水位测针施测。水面线用钢直尺、活动测针波高仪进行量测。流速采用直读式旋桨流速仪进行量测。冲淤由水准仪和活动测针联合测量。为了解竖井以及消力井的压强分布特性，在竖井环形溢流堰堰面、竖井段边壁及消能井底板分别布置了多个压强测点。

3.2 试验工况设计

试验主要包括以下洪水工况：$P=0.05\%$、$P=0.1\%$、$P=0.5\%$、$P=1\%$、$P=5\%$、$P=20\%$、$P=50\%$，另外，对泄洪放空管失效，竖井式泄洪洞单独下泄 128m³/s 洪水的非常规工况也进行了观测，试验工况见表 2。

表 2   试验工况表

工况	洪水频率 P	上游最高水位 (m)	下泄流量			下游水位 (m)	备注
			泄洪放空管 (m³/s)	竖井式泄洪洞 (m³/s)	最大流量 (m³/s)		
1	50%	248.057	18.012	1.188	19.200	189.660	—
2	20%	248.180	27.970	3.775	31.745	190.040	—
3	5%	248.624	28.098	23.356	51.455	190.746	—
4	1%	249.133	14.955	62.445	77.400	190.832	消能防冲水位
5	0.5%	249.340	6.022	82.278	88.300	190.952	设计洪水位
6	0.05%	249.340	28.305	82.278	110.583	191.152	校核洪水位
7	—	249.794	0	128.000	128.000	191.288	

4 设计体型试验结果分析及优化

消能防冲工况下，上游最高水位为 249.133m，环形堰进口周边水面平稳，流态良好。水流从环形堰顶自由溢流，紧贴竖井边壁进入消力井中，消能较为充分。掺气消能水体呈有压流进入压坡段，进入压坡段出口流速约为 10.50m/s。水流经压坡段后进入退水隧洞时，两侧边墙偶有水翅现象产生，水面波动较大，未出现水流拍击退水隧洞洞顶的现象。退水隧洞水深在 1.70~3.04m 之间，沿程水面先上升后下降的趋势，隧洞尾部有水跃进池现象，但未拍击退水隧洞洞顶。消力池尾部水面高出两侧导墙外溢，出池水流自尾坎处自由跌落对护坦后的动床造成一定冲刷，退水隧洞段及消力池流态详见图 2~图 4。

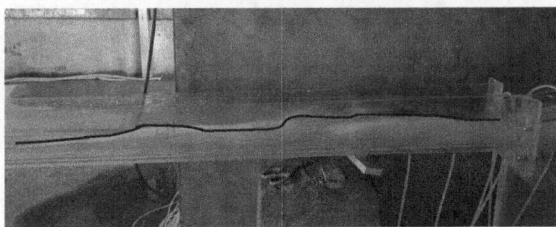

图 2 退水隧洞段

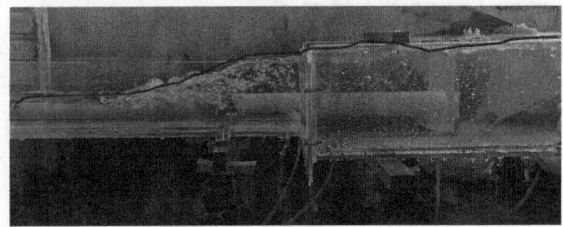

图 3 退水隧洞出口及消力池侧视图

图 4 退水隧洞出口及消力池俯视图

试验成果表明，竖井式泄洪洞溢流堰、竖井和消能井体型和尺寸设计合理，但在下泄百年一遇洪水时，竖井式泄洪洞压坡段出口沿程水面波动大，且偶有水翅现象发生，退水隧洞尾部有水跃进池的不利流态，消力池尾部水面超出两侧导墙外溢，其右侧泄洪放空管出口拓宽区域流态复杂，形成平面回流，拟针对上述问题对部分体型进行优化。

4.1　竖井与退水隧洞压坡段

为使压坡出口形成有压流，避免隧洞尾部出现水跃进池情况，将竖井底部高程由 190.00m 提高到 195.00m，压坡段出口高度由 1.70m 减小为 1.50m。退水隧洞底坡由 2.00% 调整为 4.00%，隧洞出口底板高程为 194.00m。竖井与退水隧洞压坡段优化方案示意图见图 5，优化后压坡段流态见图 6。

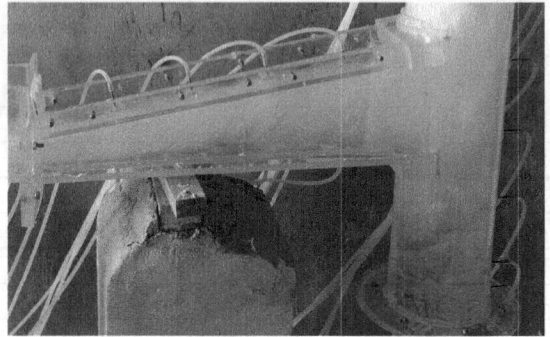

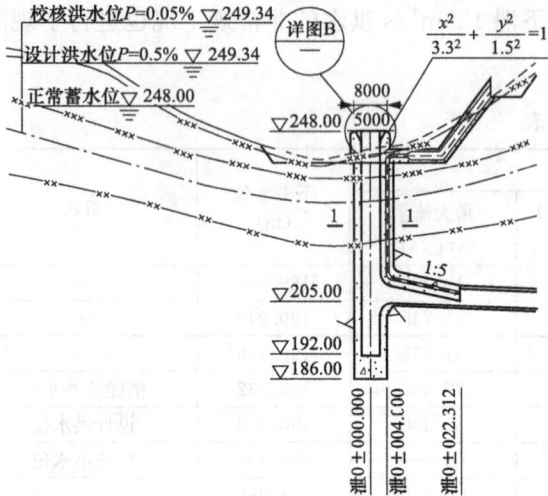

图 5　竖井与退水隧洞压坡段优化方案示意图　　　　图 6　优化后压坡段流态

下泄百年一遇洪水时，优化方案的竖井式泄洪洞压坡段出口处未发生水翅现象，退水隧洞沿程水面波动较原方案小，洞内水深先增加后保持稳定，隧洞尾部未出现水跃进池现象。

4.2　消力池段

为避免消力池段出现平面回流情况，退水隧洞与消力池间增设渐扩明渠段，始扩桩号为泄 0＋286.500m，扩散段长度 20.00m，渠宽由 3.50m 渐扩至 7.00m，扩散段底板经圆弧（$R＝20.00$m）过渡到 $i＝10.50\%$ 的斜坡，斜坡末端高程 191.500m；明渠通过跌坎与消力池衔接，跌坎高度 1.50m。消力池从起始位置向左侧突扩 6.00m，在锥形阀出口位置后整体宽度扩增至 13.00m，底板高程为 190.00m，池深 3.00m，池长 35.00m；消力池后设置 7.0m 钢筋混凝土护坦。消力池段优化方案示意图见图 7，优化后消力池段流态见图 8。

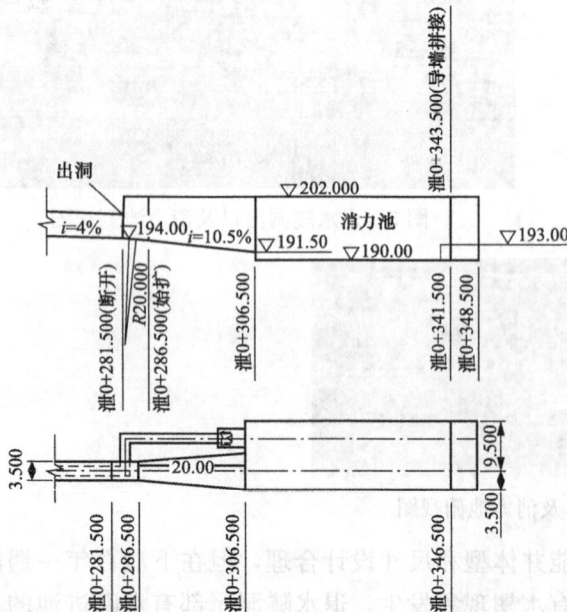

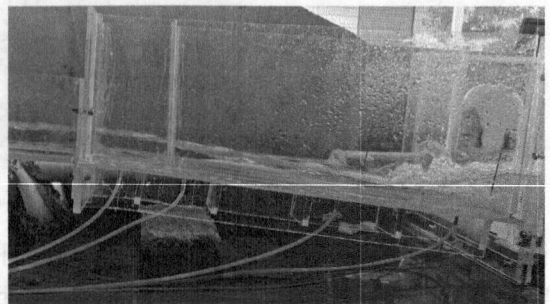

图 7　消力池段优化方案示意图　　　　图 8　优化后消力池段流态

5 推荐体型试验结果分析

5.1 泄流能力

试验重点观测了坝前 248.178～249.814m 水位区间的泄流能力，各试验点环形堰内的水流均呈贴壁下泄的自由堰流流态，库水位为 249.814m 时，竖井式泄洪洞的下泄流量为 131.179m³/s，竖井式泄洪洞水位流量关系见表 3。竖井式泄洪洞泄流能力曲线见图 9。

表 3 　　　　　　　　　　　　　　竖井式泄洪洞水位流量关系表

序号	上游水位 Z（m）	堰顶水头 H（m）	流量 Q（m³/s）	备注
1	248.178	0.146	2.738	自由堰流
2	248.730	0.698	27.442	自由堰流
3	248.814	0.782	33.569	自由堰流
4	249.086	1.054	55.769	自由堰流
5	249.242	1.210	69.373	自由堰流
6	249.482	1.450	93.002	自由堰流
7	249.542	1.510	98.262	自由堰流
8	249.670	1.638	112.561	自由堰流
9	249.750	1.718	124.306	自由堰流
10	249.794	1.762	129.493	自由堰流
11	249.814	1.782	131.179	自由堰流

注　表中堰顶水头 H＝上游位 Z－堰顶高程 248.00m。

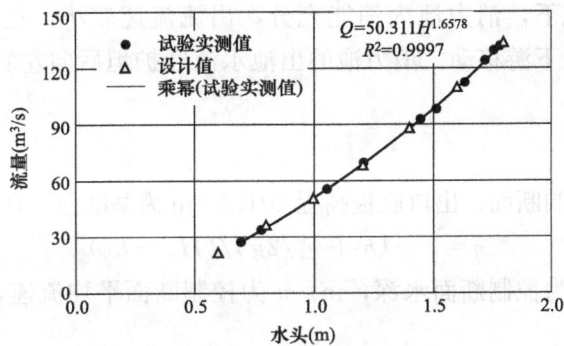

图 9　竖井式泄洪洞泄流能力曲线

根据上述试验成果进行回归分析，拟合得到竖井式泄洪洞的泄流能力公式如下：

$$\begin{cases} Q = 50.311H^{1.6578} \\ R^2 = 0.9997 \end{cases} \tag{1}$$

式中：Q 为流量，m³/s；H 为堰顶水头，m；R 为试验实测值拟合公式相关系数。

根据式（1）对竖井式泄洪洞在洪水频率为 $P=0.05\%$（校核洪水位）、$P=0.1\%$、$P=0.5\%$（设计洪水位）、$P=1\%$（消能防冲水位）、$P=2\%$ 和 $P=5\%$ 的泄量进行计算，并与设计值进行了比较，如表 4 所示。

表 4 　　　　　　　　　　　　　泄流能力设计值与试验值对比表

试验工况	洪水频率 P	上游水位（m）	设计流量（m³/s）	试验流量（m³/s）	流量差（%）
3	5%	248.62	23.356	23.463	0.455
—	2%	248.92	44.286	44.571	0.643

续表

试验工况	洪水频率 P	上游水位（m）	设计流量（m³/s）	试验流量（m³/s）	流量差（%）
4	1%	249.13	62.445	63.100	1.050
5	0.5%	249.34	82.278	83.353	1.307
—	0.1%	249.34	82.278	83.353	1.307
6	0.05%	249.34	82.278	83.353	1.307

由表 4 可知，校核洪水位、设计洪水位和消能防冲水位下，竖井式泄洪洞的试验泄流能力较设计值偏大分别为 1.307%、1.307% 和 1.050%，$P=5\%$ 时泄流能力较设计值偏大 0.455%，因此，竖井式泄洪洞的泄流能力满足设计要求。

5.2　流态

下泄 20 年一遇及以下洪水时，环形堰进口周边水面平稳，流态良好，过堰水流较均匀地进入竖井内。下泄流量更大时，过堰水流局部脱离竖井边壁跌入井内，下泄流量越大，脱壁现象越明显，但没有触及对面井壁，未封堵进口。水流流经环形溢流堰后，在重力作用下跌入竖井内，水流沿着井壁下泄，竖井内较薄的水层充分掺气，掺气量随流量的增加而增大。掺气水流跌入消力井后形成较深水垫，跌落水流与水垫发生剧烈碰撞、混掺、摩擦，紊动强度随流量的增加而增大，消耗大量机械能。消力井内上部水体掺气浓度维持较高水平，水体呈乳白色；由于较大的水垫深度，消力井底部水体的掺气浓度显著降低。试验中发现，消力井中下部流态紊乱，会出现大尺度旋流，旋流方向有较大的随机性，当旋流强度达到一定程度时，偶尔触及消力井底部，且随流量的增加，触底频次增多。设计洪水工况下，较大的流量使水垫深度淹没压坡段进口洞顶，整个压坡段形成充分的有压出流。进入退水隧洞后，所有工况下均为明渠流流态。各洪水工况下，消力池内消能充分，出流流速较小，进入消力池的跃首均位于明渠段，随着流量的增加，跃首向下游移动。消力池的出池水流经护坦后向左斜向归入下游主河槽，未产生较严重的冲刷问题。

5.3　消能率

以退水隧洞压坡出口为控制断面，出口底板高程 204.368m 为基准面，计算竖井与消力井消能率 η[12]：

$$\eta = 1 - (h + v^2/2g)/(H_0 - h_0) \tag{2}$$

式中：η 为消力井消能率；h 为控制断面水深，m；v 为控制断面平均流速，m/s；H_0 为上游水位，m；h_0 为控制断面底板高程，m。

计算竖井与消力井消能率见表 5。压坡段为明流流态时的消能率大于压坡段为有压流态时的消力井消能率，消能率随下泄流量的增加而减小，总体上看，消能井消能率高，满足工程要求。

表 5　　　　　　　　　　　　　　竖井与消力井消能率计算表

工况	洪水频率 P	竖井下泄流量（m³/s）	H_0（m）	v（m/s）	h（m）	h_0（m）	η（%）
2	20%	2.52	248.06	3.02	0.60	204.368	97.56
3	5%	23.36	248.62	6.26	1.20	204.368	92.77
4	1%	62.45	249.13	15.31	1.52	204.368	69.89
6	0.05%	82.28	249.34	19.42	1.52	204.368	53.84
7	—	128.00	259.59	24.14	1.56	204.368	43.35

5.4　水面线与水深

所有工况下退水隧洞内水流均为明渠流流态。下泄 20 年一遇及以下洪水时，退水隧洞段沿程水深小，在 1.88m 以下，水面波动不超过 0.44m。设计、校核洪水工况下，压坡段进入有压流态，退水隧洞内水流掺气剧烈，水深先增加后减小，出压坡段约 12m 后沿程水深和波动趋于平稳。校核洪水工况时，退水隧洞内的水深高值在 1.88～2.40m 之间，断面最小余幅为 46.7%。

随下泄流量的增加，消力池内水深增加，水面波动加大。下泄 20 年一遇及以下洪水时，消力池内水深小，且波动小，最高水面为 195.40m，波幅值小于 0.32m；消能防冲、设计洪水工况下，池内最高水面为 196.16m，波幅值小于 1.36m；校核洪水工况下，消力池内波幅值和水深最大，波动值为 2.04m，最高水面为 196.88m。

5.5 流速特性

退水隧洞内流态对称，过水断面流速沿水深分布较均匀，试验对临底流速进行了量测，结果表明，退水隧洞内流速随下泄流量的增大而增大。下泄 20 年一遇洪水时，临底流速沿流程增加，与出洞前约 30m 处观测到最大流速为 10.93m/s。消能防冲、设计、校核洪水工况下，最大临底流速出现在压坡段出口，流速沿程减小，校核工况下的最大流速为 19.01m/s。消力池内的临底流速最大值在 1.64～6.04m/s 之间，与下游动床的抗冲流速大小相当。

5.6 时均壁面压强

下泄 20 年一遇及以上洪水时，溢流堰面部分测点出现负压，校核工况下最小负压为 -0.408×9.8kPa。水垫深度以上的竖井壁面有负压出现，最小压强为 -0.536×9.8kPa；消力井底板压强均为正压，其大小随水垫深度的增加而增大。下泄 100 年一遇及以上洪水时，压坡段处于有压流态，顶板压强均为正压，压强随流量的增大而增加，校核工况下最大压强为 11.641×9.8kPa。下泄 5 年一遇及以上洪水时，压坡段底板压强随流量的增大而增加，校核工况下最大压强为 15.360×9.8kPa。消力池底板压强沿程增加，最大压强为 5.520kPa。消力坎上的压强最小，最大压强为 3.524kPa。各工况下，消力池底板压强并均未出现突变峰值，综上所述，主流并未对消力池底板形成明显冲击。

5.7 水流空化

试验观测发现，在溢流堰面中部和竖井壁中上部出现负压，但负压较小。流经环形溢流堰的水流为自由堰流，空气以自掺气的形式进入水体，水体掺气较多，充分掺气的水流可有效减免水流空化。

6 结语

本文对湖南常宁抽水蓄能电站竖井溢洪道进行了体型优化试验，主要结论有：

（1）本工程原设计体型压坡段出口水翅及退水隧洞前端沿程水面波动较大，是由于退水隧洞压坡段出口高度偏高，未能形成充分的有压出流所致，降低出口高度可有效缓解该问题。

（2）原设计体型退水隧洞尾部水跃进池，适当增大退水隧洞坡度、增大流速，可解决隧洞尾部水跃进池问题。

（3）原设计体型消力池尾部水面超出两侧导墙外溢，其右侧泄洪放空管出口拓宽区域流态复杂，形成平面回流，设置渐扩段消力池，增大消力池宽度可避免上述问题。

（4）对优化后的泄流能力、流态、消能率、水面线与水深、流速特性、时均压强等水力特性进行对比分析，推荐方案体型合理，泄流能力试验值略大于设计值，能够满足工程泄洪要求；堰面和竖井中上部虽然出现较小负压，但水流流速小，不会发生水流空化，竖井下部水流掺气充分，可有效减免空化；消能防冲设计工况下消力井消能率达 69.9%，消能率高；压坡段底板在校核工况下观测到最大压强为 15.360×9.8kPa。各工况下，消力池底板压强并均未出现突变峰值，主流并未对消力池底板形成明显冲击。

参考文献

[1] 孙双科，徐体兵，孙高升，等. 导流洞改建为跌流式竖井溢洪道的试验研究 [J]. 水利水电科技进

展，2009，29（6）：5-8.

[2] 孙高升. 大石门水电站脱壁流竖井式溢洪道设计及应用 [J]. 人民黄河，2014，36（10）：97-99.

[3] 雷显阳，周辉，赵琳. 环形薄壁堰堰首竖井水力特性研究——以安徽绩溪抽水蓄能电站竖井溢洪道工程为例 [J]. 人民长江，2013，44（23）：79-81，85.

[4] 管志保，姜华. 金平水电站竖井溢洪道设计 [J]. 湖北水力发电，2007，68（2）：10-12.

[5] 郭雷，张宗孝，马斌，等. 竖井溢洪道水力特性试验研究 [J]. 人民长江，2007（6）：110-112.

[6] 张宗孝，郭雷，谭立新. 消能井内消能工直径优化试验 [J]. 水利水电科技进展，2008，28（5）：54-57.

[7] 张宗孝，白欣，刘冲. 基于消能井井深变化下水力特性的研究 [J]. 应用力学学报，2018，35（2）：316-321.

[8] 陈小威，张宗孝，刘冲，等. 基于消能井井深变化下的竖井溢洪道压强试验研究 [J]. 应用力学学报，2016，33（5）：826-831.

[9] 张宗孝，刘冲，白欣，等. 基于消力井直径变化下竖井溢洪道压强特征试验研究 [J]. 应用力学学报，2018，35（3）：510-516.

[10] 叶祥飞，宿生，周琦，等. 竖井式溢洪道进水口体形优化设计与研究 [J]. 水力发电，2019，45（1）：48-52.

[11] 王丽娟，张晓朋，贺一轩，等. 通气系统对竖井式溢洪道水力特性影响研究 [J]. 人民长江，2023，54（10）：177-182.

[12] 水工设计手册（第 7 卷　泄水与过坝建筑物）[M]. 第 2 版：北京：中国水利水电出版社，2014.

作者简介：

李家祥（1995—），男，吉林通化，研究生，工程师，主要从事水电工程设计工作。E-mail：719987380@qq.com

某抽水蓄能电站规划阶段库址优化研究

漆天奇[1, 2]，王占军[1]，杨舒涵[1, 2]，李 蘅[1]

（1. 长江勘测规划设计研究有限责任公司，湖北武汉 430010；
2. 国家大坝安全工程技术研究中心，湖北武汉 430010）

【摘 要】 抽水蓄能电站库址选择灵活，可适应山区、高原及丘陵等多种地形。库址的选择对于抽水蓄能电站的投资规模、运行效率以及建设难度具有决定性影响。以湖北某抽水蓄能电站为例，深入探讨其库址选择的过程。首先，利用地理信息系统（GIS）等先进技术，对潜在库址进行初步筛选，排除条件明显较差的潜在库址。随后，对筛选出的库址进行深入的现场勘察和综合评估，充分考虑地形地质条件、动能指标、建设难度、投资成本以及环境影响等因素，择优选定库址。这一科学选址和严格评估的过程，确保了抽水蓄能电站的安全稳定运行和经济效益的合理实现。

【关键词】 库址选择；初步筛选；综合评估；科学选址

0 引言

21 世纪以来，国内新能源发电设施进入大规模开发和并网阶段，对灵活调节电源的需求日益增强，以确保电网的稳定运行[1-2]。在众多可调节电源中，抽水蓄能电站凭借其具有的储能容量大、调节速度快、运行灵活等显著优点，成为备受瞩目的选择[3]。近年来，我国抽水蓄能电站的建设取得了显著进展。根据统计数据，截至 2023 年底，我国抽水蓄能累计投产规模突破 5000 万 kW。

抽水蓄能电站主要由三大核心部分组成：上水库、输水发电系统以及下水库。在库址的选择上，抽水蓄能电站展现出独特的灵活性[4-5]，无论是山区、高原还是丘陵地带，只要有足够的水量和合适的地势差，都可以成为其潜在库址。库址选择对于抽蓄水能电站的整体规划与运营具有至关重要的影响，不仅关系到电站的投资成本，还直接决定电站的运行效率以及工程建设的难易程度。因此，必须充分重视库址选择工作，进行科学合理的规划和评估。本文基于湖北省境内的某抽水蓄能电站，深入探讨规划阶段初拟库址优化过程，揭示其背后的科学决策与严谨规划。

某抽水蓄能电站装机容量 360MW（2×180MW），开发任务为承担电力系统调峰、填谷、储能、调频、调相和紧急事故备，并促进地区新能源开发与消纳。工程供电范围为湖北电网，主要服务所在地级市地区。电站属二等大（2）型工程，枢纽工程由上水库、下水库、输水系统、地下厂房和开关站等建筑物组成，见图 1。

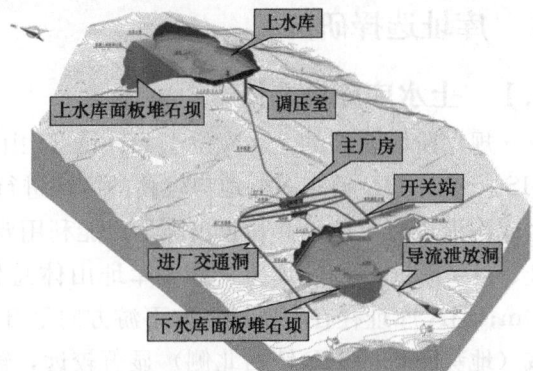

图 1 某抽水蓄能电站枢纽布置三维示意图

基金项目：第八届中国科协青年人才托举工程全额资助项目（2022QNRC001）。

1   工程区自然条件

1.1   水文泥沙

工程位于淮河支流上游山区，流域内天然植被较好，属亚热带季风气候，多年平均降水量为961.4mm，多年平均气温为 15.6℃。上、下水库的多年平均年径流量分别为 4.05 万、43.1 万 m^3。100年—遇和 1000 年—遇洪峰流量分别为：下水库 105、138 m^3/s；上水库 13.5、17.0 m^3/s。山区河流的泥沙主要来源于流域上游的土壤侵蚀，受季节性变化影响较大，多年平均含沙量为 0.52 kg/m^3，推悬比为25%。

1.2   基本地形地质条件

工程地处低山丘陵地带，地势总体北高南低、东高西低，场址区北部最高地面高程 688m，南侧最低地面高程约 180m。工程区基岩地层岩性主要为太古界桐柏山群关门山组（Arg）混合花岗岩、黑云斜长片麻岩。第四系覆盖层主要为第四系残坡积层（Q^{edl}）、第四系坡洪积层（Q^{dpl}）及第四系崩积层（Q^{col}），厚度 2~8m。工程区基岩岩体风化分带分全、强、弱、微风化带，全风化带厚度一般小于 4m，局部 6~8m；强风化带厚度 2~12m，局部达 18m；弱风化带厚度 2~30m，局部达 40m。

2   工程建设优势

2.1   电站规模适中，作用较为突出

本电站装机规模 360MW，连续发电利用小时数 6h，距本地负荷中心近，可快速灵活响应电网需求，缓解电力系统调峰和清洁能源消纳问题，促进能源清洁化转型和电网灵活性建设，推进清洁能源一体化基地建设，将带动本市经济发展，构建城市新能源通道。

2.2   建设条件较好，建设周期较短

本电站上、下水库区域构造稳定性好，工程区地震基本烈度为Ⅵ度，地形地质条件上均无制约性问题。上、下水库料源丰富，岩石质量较好，输水发电系统输水隧洞成洞条件总体较好，地下厂房洞室群围岩以Ⅱ类为主，具备修建大型地下洞室的工程地质条件。上、下水库天然山间盆地建库条件好，输水发电建筑物建设条件好。工程对外交通便利，工程建设所需大宗物资材料可就近采购供应，砂石骨料可完全利用本工程开挖料加工供应，施工条件好。

3   库址选择研究

3.1   上水库库址选择

规划阶段初拟的上水库位于 HD 镇 ZJ 山，利用山顶坳沟地形筑坝形成。在库址优化研究中，基于GIS 技术对 HD 镇东南侧地势较高的区域进行筛查，对有条件在 500~550m 高程以下形成封闭区域的凹地或沟道进行定位，共筛查出满足水能利用要求、具备建坝地形地质条件的 3 处位置（见图 2）：ZJS 库址、JJA 库址、XJG 库址。ZJS 库址山体总体较雄厚，水库封闭条件好，初估坝轴线长 420m、坝高90m；JJA 库址存在河谷地形向下游方向呈开口状、筑坝条件差的问题；XJG 库址距下水库潜在选址区域（地势较低的 HD 镇西北侧）显著较远，输水线路显著较长，且初估坝轴线长 570m、坝高 90m，开挖填筑量显著增大。综上所述，XJG 库址和 JJA 库址存在筑坝条件差、输水线路过长的问题，故选择ZJS 库址为上水库库址。

3.2   下水库库址选择

3.2.1   库址筛选

规划阶段初拟 HD 镇附近的一座已建水库作为下水库，但后续调研表明已建水库库周涉及生态红线，且水位频繁升降将对大坝、库岸、泄洪建筑物、边坡等安全产生影响，故不宜将其作为下水库。在

库址优化研究中，以推荐的ZJS上水库库址为原点，基于GIS技术对其5km范围内具有库盆地形的区域进行筛选，有QW、YJG、ZSW作为可供选择的下水库库址，见图3。QW、YJG库址的距高比接近，均为4左右；ZSW库址的输水线路投影长度约2010m，距高比约7.3，明显大于前述两个库址；且库内两条支沟沟谷坡度较陡，围堰布置难度大。因此，ZSW库址不宜作为下水库库址，选择QW、YJG库址进行综合比选。

图2 上水库库址筛选示意图

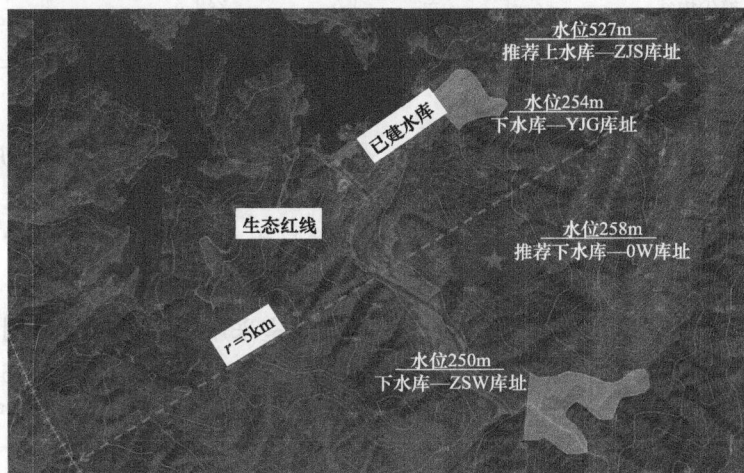

图3 下水库库址筛选示意图

3.2.2 库址比选方案拟定原则

（1）采用相同的装机规模（360MW）和机组连续满发小时数（6h）进行枢纽布置并确定建筑物结构尺寸。

（2）上水库均采用ZJS库址，库盆采用局部防渗型式，拦河坝采用混凝土面板堆石坝。

（3）输水系统沿上、下水库之间的山体布置，地下厂房按装机2×180MW的要求布置。

（4）下水库两方案特征水位选择原则相同，结合调节库容要求，考虑地形条件、水库泥沙淤积、进/出水口布置等方面，同时从满足电站水泵水轮机组的稳定高效运行考虑，水泵水轮机最大扬程和水轮机最小水头比值控制在1.25以内。

（5）料源选择及质量要求采用同等标准，弃渣处理采用相同模式。

根据上述原则，拟定两个库址方案的特征参数见表1。

表 1   **下水库库址方案特征参数表**

	项目	单位	QW 库址方案	YJG 库址方案
上水库	正常蓄水位	m	527	527
	死水位	m	500	500
	死库容（挖填后）	万 m³	12	13
	调节库容（挖填后）	万 m³	361	363
	正常蓄水位以下水库容（挖填后）	万 m³	373	376
下水库	正常蓄水位	m	258	254
	死水位	m	241	235
	死库容（挖填后）	万 m³	17	16.5
	调节库容（挖填后）	万 m³	361	356
	正常蓄水位以下水库容（挖填后）	万 m³	378	373
	距高比	—	4.4	3.9
发电工况	最大水头	m	285.9	291.9
	最小水头	m	234.5	238.5
	额定水头	m	262.0	267.0
	最大水头/最小水头	m	1.219	1.224
抽水工况	最大扬程	m	290	296
	最小扬程	m	249.5	253.5
	最大扬程/发电最小水头	—	1.237	1.241

3.2.3 各库址方案工程布置及建筑物

（1）QW 库址方案。水库正常蓄水位 258.00m，死水位 241.00m。主要建筑物有主坝、副坝、导流泄放洞、下水库进/出水口等。大坝采用混凝土面板堆石坝，坝顶长度 234m，最大坝高 65m。在大坝左岸设置导流泄放洞，隧洞水平投影全长约 350m，进水渠底高程 215m；下闸蓄水后，将隧洞出口约 20m 范围洞段回填混凝土并埋设内径为 1m 的放空钢管。

引水系统长 967.63m，尾水系统长 453.18m，引水调压室采用半埋藏式。采用尾部式地下厂房的布置型式，厂房三大主洞室平行布置，主厂房洞室开挖尺寸为 104.0m×26.0m×56.0m（长×宽×高）。220kV 开关站布置在下水库进/出水口北西侧环库公路旁，占地面积约 5267.5m²（122.5m×43.0m，长×宽），地面高程 263.50m。

（2）YJG 库址方案。水库正常蓄水位 254.00m，死水位 235.00m。主要建筑物有主坝、副坝、竖井泄洪洞和泄放管、电站进出/水口等。大坝采用混凝土面板堆石坝，坝顶长度 314m，最大坝高 64m。在大坝左岸设置一条隧洞，兼作导流洞、竖井泄洪洞和泄放管，隧洞全长约 288.6m，隧洞进口高程 216m，出口高程 204.5m；下闸蓄水后，将导流隧洞进口洞段回填混凝土并埋设直径 1.5m 的钢管，改建为泄放管段；出口设置在退水洞出口，接锥形阀；竖井段采用内径 3m 等径圆形截面。

引水系统全长 742.22m，尾水系统全长 289.77m，不设引水调压室。采用尾部式地下厂房的布置型式，地下洞室群规模与 QW 库址方案基本相同。

3.2.4 库址比选

从规划条件、水文条件、工程地质条件、工程布置、施工条件、环境保护、工程量及工程投资等方面，对两个下水库库址方案进行综合技术经济比较：

（1）在高差条件及库容需求方面，QW 库址方案水头差仅比 YJG 库址方案小 4m，调节库容仅大 5 万 m³，水头及调节库容基本相当。在水源条件方面，按 75% 频率计算，两方案初期蓄水水量均不能满足要求；正常运行期，两方案天然来水均不能弥补自身蒸发渗漏损失，遇 95% 频率来水年份连续缺水累计为 50 万～60 万 m^3。

（2）在地形地质条件方面，两库址相距仅约 1km，所处的地质环境相同，均不存在制约工程建设的地质因素，均具备建坝成库的地形地质条件。

（3）在枢纽建筑物布置方面，两库址枢纽布置格局基本相同，均采用面板堆石坝挡水，坝高接近，但 YJG 库址坝轴线较 QW 库址长 80m；YJG 库址流域面积和洪峰大（设计和校核洪峰为 QW 库址的2.3 倍），故泄洪建筑物采用竖井泄洪洞＋泄放管泄洪，结构尺寸较大；两方案厂房系统布置形式相同，地下洞室群规模相同，但 YJG 方案较 QW 方案输水隧洞短 262.76m，输水主洞洞径小 0.3m，且无引水调压室；从防渗布置来看，QW 库址方案防渗线路上岩体透水率 $q<3Lu$ 埋深较浅，址帷幕总进尺相比 YJG 库址少约 1.8 万 m。总体来看，QW 库址较优。

（4）在机电和金属结构方面，两库址方案在电站装机容量相同条件下，装机台数及单机容量均一致，机电设备技术方案均可行；两库址方案金属结构设备及压力钢管在设计、制造、安装与防腐蚀方面基本相当。

（5）在施工方面，两库址方案对外交通条件相同，导流方式均采用隧洞导流，混凝土骨料均由输水发电系统洞挖料加工，运距基本相同；施工场地均集中布置在两库址间的冲沟缓坡地，布置格局基本相同。

（6）在建设征地移民安置和环保方面，两库址水库集水面积小，均无重要淹没对象，QW 方案涉及工程征地约 2400 亩，较 YJG 方案仅多约 140 亩，实物指标和补偿费基本相当，不制约库址比选；两库址方案均不涉及生态保护红线、自然保护地等，在环境影响源方面无本质差别。

（7）在工程量方面，各库址方案主要工程量见表 2，相较于 YJG 方案，QW 方案的石方明挖、填筑量分别少约 25 万 m^3、23 万 m^3。

（8）在工程投资方面，QW 方案较 YJG 方案少约 1400 万元，单位容量静态投资少 39 元/kW，经济指标略优。

表 2　　　　　　　　　　　　　　两库址方案主要工程量表

工程量	单位	QW 方案	YJG 方案
土方开挖	万 m^3	41	30
石方明挖	万 m^3	456	481
坝体填筑	万 m^3	388	411
混凝土	万 m^3	23	23
钢筋、钢材	t	23181	22636

综上所述，在规划条件、地形地质条件、枢纽建筑物布置、施工布置、移民征地及环境保护等方面，两库址基本相当；QW 库址方案经济指标略优，且远离已建水库，建设限制条件少，运行期可避免与已建水库大坝相互影响，故选择 QW 库址为下水库库址。

4　结语

抽水蓄能电站作为一种受自然资源限制较小的清洁能源设施，在库址选择方面具有较大的灵活性和优势。在实际操作中，库址选择需要经过多轮筛选和比选。首先，通过地理信息系统（GIS）等技术手段，充分考虑地形地貌、距高比等因素，对潜在库址进行初步筛选，排除运行建设条件相对较差的潜在库址。然后，对筛选出的潜在库址进行详细的现场勘察和评估，对地形地质条件、动能指标、建设难度、工程投资、环境影响等因素进行技术经济综合比选，确定最终的库址。通过科学的选址方法和严格的评估程序，可确保抽水蓄能电站建设运行的安全性和合理性。

参考文献

[1] 郝军. "双碳"目标下抽水蓄能发展思考 [J]. 西北水电，2022（6）：138-143.

[2] 岳蕾，王丹迪. 以新能源为主体的新型电力系统背景下抽水蓄能标准体系建设的思考 [J]. 西北水电，2022（1）：78-81.

[3] 国家发展改革委、国家能源局部署加快"十四五"时期抽水蓄能项目开发建设 [J]. 新能源科技，2022（5）：31.

[4] 马秀伟，赵智伟，皮漫. 抽水蓄能电站库址筛选分析 [J]. 西北水电，2023（2）：64-69，79.

[5] 赵向涛，郭华，林永生，等. 我国多地抽水蓄能电站选址特点初步分析 [J]. 中国水运（下半月），2023，23（12）：59-61.

作者简介：

漆天奇（1993—），男，浙江衢州，博士，高级工程师，主要从事水工建筑物结构设计工作。E-mail：qitianqi@cjwsjy.com.cn

输水发电
系统设计

水工隧洞钢筋混凝土衬砌结构设计方法研究与应用

赵　路，王天兴，刘紫蕊，吴　含

（中国电建集团中南勘测设计研究院有限公司，湖南长沙　410014）

【摘　要】 水工隧洞衬砌结构设计方法历经多年发展，理论日趋完善，但随着建设条件变化，计算方法与实践应用存在诸多偏差。通过对水工隧洞各类衬砌结构计算方法进行适用性分析，得出边值法与线弹性有限元法可用于水头较低的各种常见断面衬砌结构设计，公式法适用于内水为主要荷载的圆形断面，计算结果更适用于实际工程，但公式法基本假设与工程实际之间仍存在一定偏差。因此，针对水工隧洞在高内水压力作用下，常规方法无法反映衬砌混凝土开裂后受力特点的问题，提出透水衬砌理论并开发专用软件，经与已建工程实测资料对比分析，计算结果规律吻合性较好，可为后续水工隧洞钢筋混凝土衬砌结构设计提供计算理论支撑。

【关键词】 水工隧洞；钢筋混凝土衬砌；边值法；有限元法；公式法；透水衬砌理论

0　引言

近年来，随着我国在常规水电站与抽水蓄能电站领域的持续发展，水工隧洞的建设步伐不断加快，对水工隧洞衬砌结构的设计要求也日益提高，呈现出"洞线长、洞径大、埋藏深、水头高"的发展趋势，一方面对隧洞衬砌结构的设计能力提出了更高的挑战，另一方面对隧洞衬砌结构的经济水平也提出了更高要求。

水工隧洞计算方法的发展经历了从经验类比到理论指导的演变。在早期阶段，水工隧洞主要依靠经验进行设计，缺乏系统性理论支撑。随着理论研究、工程实践以及计算技术的进步，不少学者开始将理论力学原理应用于水工隧洞设计中，逐渐形成了结构力学法、弹性力学法等多种理论方法。以结构力学法为基础，基于不同假定形成的公式法和边值法是使用较为普遍的计算方法。随着有限元计算理论和计算机硬件技术的进步，建立在弹性力学基础上的线弹性有限元法开始得到发展，可用于解决涉及复杂边界条件的衬砌结构计算问题。总的来说，公式法、边值法及线弹性有限元法是当前水工隧洞钢筋混凝土衬砌结构计算常见的几种方法[1-4]。

但是，从应用情况来看，主要存在以下两个问题：①在相同计算条件下，常规计算方法之间的计算成果相差较大，设计人员很难选择合适的配筋方案；②当水头较高时，边值法和线弹性有限元法的计算配筋面积通常较大，但实测数据表明钢筋的应力远小于计算值，计算假定存在不足之处。上述问题导致计算结果难以用于工程实际[5]。因此，本文首先对公式法、边值法和线弹性有限元法三种常规计算方法进行了适用性分析，并在此基础上提出基于透水衬砌理论的钢筋混凝土衬砌结构计算方法。

1　常规计算方法适用性分析

1.1　常规方法计算特点

1.1.1　水工隧洞受力特性分析

水工隧洞在内水作用下具备以下主要特点：

（1）低水头作用下，衬砌为弹性结构，钢筋应力随水压增大而呈近线性增长趋势。

(2) 当水头达到一定高度后，衬砌出现裂缝，裂缝呈少而宽的分布规律，裂缝处钢筋应力较大，钢筋应力和裂缝宽度随水压增大而增大；未开裂处钢筋应力较小，随水压增大其增幅较小，甚至可能出现"负增长"。

(3) 当衬砌开裂后，内水沿衬砌裂缝外渗进入衬砌围岩之间的接触面，此时衬砌内外水压差减小，衬砌承担的荷载变小，围岩逐渐成为承载主体。

(4) 衬砌结构及围岩均表现为透水介质，水总以"体积力"的形式作用于介质中[6]。

综上，可以发现考虑衬砌开裂、考虑内水外渗、主要依靠围岩承载、水作用方式（面力/体积力）是水工隧洞计算时需考虑的几个主要因素。

1.1.2 常规方法基本理论与假定

(1) 公式法（即《水工隧洞设计规范》附录圆形有压隧洞衬砌计算的"规范公式法"）可以考虑混凝土开裂特性，开裂后衬砌结构不再承担任何拉力，内水压力由围岩承担，在此基础上考虑衬砌与围岩间的变形协调关系推导计算围岩变形、钢筋位移及应力应变等[3-4]。

(2) 边值法假定混凝土衬砌为线弹性结构，假定衬砌在受力过程中不开裂，通过逐次迭代求解微分方程组，计算出围岩抗力及混凝土衬砌受力[2][4]。

(3) 线弹性有限元法假定衬砌在受力过程中不开裂，将连续的衬砌结构离散化为一系列小的、有限的单元，建立单元内应力、应变和位移的关系，并考虑单元间的相互作用，根据结构的边界条件和初始条件，通过数值方法求解力学方程得到单元的位移、应变及应力等[2]。

结合各方法原理，梳理了各常规计算方法计算特点，如表 1 所示。

表 1   **常 规 方 法 计 算 特 点**

计算方法	考虑衬砌开裂	考虑内水外渗	主要依靠围岩承载	水作用方式（面力/体积力）	适用情形
公式法	√	×	√	面力	内压为主的圆形断面
边值法	×	×	×	面力	各种常见断面
线弹性有限元法	×	×	×	面力	各种常见断面

1.2 常规方法对比分析

为讨论常规计算方法适用性问题，本文以 Y 抽水蓄能电站引水主洞下平段（Ⅱ类围岩）衬砌配筋设计为例，说明常规方法计算的特点，并进行对比分析，参数见表 2，不同水头计算结果见表 3。

表 2   **计 算 参 数**

参数名	取值	参数名	取值
洞径	9.0m	单位弹性抗力系数 K_0	171.38MPa/cm
衬砌厚度	0.6m	弹性模量 E	20.0GPa
围岩重度	25.0kN/m³	泊松比 ν	0.22

注 为保证不同方法围岩参数匹配，根据 NB/T 10241《水电工程地下建筑物工程地质勘察规程》附录 A 式 A.0.2，$K_0 = \dfrac{E}{(1+\nu)100}$。

分别采用公式法、边值法、线弹性有限元法进行计算分析，如表 3 所示。由表可知：

(1) 各方法配筋面积大小顺序为：边值法＞线弹性有限元法≫公式法。

(2) 公式法可考虑衬砌开裂，充分利用围岩承担荷载，围岩条件较好时所计算水头段下公式法计算结果均为构造配筋，甚至只需配置单层钢筋。

(3) 边值法和线弹性有限元法计算配筋面积随内水的增加呈线性增长的趋势，边值法比线弹性有限元法计算成果大约 20%；边值法和线弹性有限元法未考虑衬砌开裂，围岩承担荷载较小，就本案例而言，水头较低时，两方法配筋量虽比公式法大，但数值可接受，当水头达到 300m 时，边值法和线弹性有限元法内外计算配筋量大（＞13Φ25），难以应用于工程设计。

表 3　　　　　　　　　　　　　　　　　不同水头计算结果汇总

内水（m）	公式法		边值法		线弹性有限元法	
	内侧配筋（mm²）	外侧配筋（mm²）	内侧配筋（mm²）	外侧配筋（mm²）	内侧配筋（mm²）	外侧配筋（mm²）
100	构造配筋	—	2147	2147	1695	1695
200	构造配筋	—	4294	4294	3390	3390
300	构造配筋	—	6328	6328	5085	5085
400	构造配筋	—	8362	8362	6893	6893
500	构造配筋	—	10396	10396	8588	8588
600	构造配筋	—	12430	12430	10283	10283
700	构造配筋	—	14464	14464	11978	11978
750	构造配筋	—	15418	15418	12882	12882

Y 抽水蓄能电站实际水头为 750m，在设计时，参考了公式法的构造配筋计算结果以及类比已建工程，实际配筋参数为：内外 $\Phi28@167/3685mm^2$，实际配筋量远小于 750m 水头时边值法及线弹性有限元法计算配筋量。目前已投入运行两年多，期间经受了充水、机组增甩负荷等多种不利工况的试验与检测，从目前运行情况看，各项监测指标正常，实测钢筋应力也远小于钢筋应力设计值，工程处于安全状态。

1.3　常规方法适用分析

结合 1.1 中的计算因素和 1.2 中的对比分析，总结常规计算方法适用性如下：

（1）对于边值法和线弹性有限元法，均将衬砌看作线弹性结构，不考虑衬砌开裂，不考虑内水外渗，衬砌为承载主体，水压按面力施加。从计算结果来看，两方法计算结果相当（差 20%～25%），线弹性有限元法直接考虑了围岩模型，计算结果相对更能反应真实情况；从表 3 结果来看，两方法可用于低水头的衬砌结构计算，且能够适用于各种常见断面类型。但是，对于水头较高的隧洞，衬砌在内压作用下开裂，围岩发挥主要承载作用，因两种方法不能考虑衬砌开裂，计算结果难以用于工程设计，不适用于水头较高的隧洞。

（2）对于公式法，衬砌结构按开裂设计，不考虑内水外渗，围岩为承载主体，水压按面力施加。当内水为主要荷载时，公式法基本假定相对于边值法和线弹性有限元法更加符合水工隧洞的受力特性，采用公式法计算得到的配筋面积也更小；但公式法假定衬砌开裂后，内水全部由围岩承担，钢筋应力是由于衬砌钢筋与围岩之间的协调变形产生，而不是由衬砌内外压差产生，类似于内水外渗后衬砌内外基本平压，这种假定与实际工程可能有所出入；另外，公式法的钢筋应力按变形平均值给出，裂缝宽度也是按规范经验公式确定，不符合水工隧洞钢筋应力和裂缝发展规律[3]；此方法仅适用于内水为主要荷载的圆形断面。

（3）综上分析，受基本假设的影响，常规计算方法对不同的结构体型、工作环境的适用性各不相同，其计算结果差异较大，与工程实际之间仍存在一定偏差。鉴于此，构建能够反映钢筋混凝土衬砌在水工隧洞中真实受力特性的模型，考虑流体与固体间的耦合作用，建立衬砌与围岩相互作用的联合承载体系模型显得尤为必要，以更精准地模拟复杂工况，提升设计的合理性和安全性。

2　透水衬砌计算方法

鉴于常规计算方法在应对水工隧洞钢筋混凝土衬砌结构设计需求上的局限性，本章节旨在融入流固耦合理论，深化对衬砌、钢筋、裂缝等关键要素的理论模型探究，建立基于透水衬砌理论的水工隧洞衬砌结构计算方法，并研发相应计算软件，以提升水工隧洞钢筋混凝土衬砌结构设计的科学性与精确度。

2.1　透水衬砌计算理论

2.1.1　渗流-应力耦合分析的基本理论

对于水工隧洞钢筋混凝土衬砌，应采用渗流-应力耦合分析方法来进行渗流场和应力场的计算分析，分析方法主要有直接耦合方法和间接耦合方法。对于直接耦合方法，渗流场和应力场是耦合求解。对于间接耦合方法，渗流场和应力场是分开进行求解。由于直接耦合方法求解涉及所有物理量，其计算效率、计算精度和收敛性上通常存在较大的难度[7]，而间接耦合方法则可以采用各种成熟的渗流与应力分析理论，适用范围更广，由此本文采用间接耦合分析方法。

2.1.2 裂缝渗透系数计算方法

考虑裂缝面的粗糙度，将渗透系数表示为：

$$k = \frac{gb^2}{12\nu C} \tag{1}$$

式中：ρ 是流体的密度；g 是重力加速度；b 是裂缝开度；μ 是流体的黏滞系数；$\nu = \mu/\rho$ 是运动黏滞系数；修正系数 $C = 1 + 8.8\left(\frac{e}{2b}\right)^{1.5}$；$e$ 是裂缝面的不平整度。

2.1.3 衬砌裂缝

根据有关试验成果[8]，在内压作用下，衬砌会出现裂缝，此后随着内压增大，原有裂缝缝宽增大，无新裂缝产生，裂缝呈现少而宽的分布规律。为真实反映衬砌裂缝的具体形态，在建立计算模型时，沿径向预置裂缝，未开裂时预置裂缝单元失效，开裂后预置裂缝单元激活。裂缝开裂选用最大拉应力准则进行开裂判断，裂缝宽度直接由裂缝单元的结点位移差来计算。

2.1.4 衬砌钢筋

为了正确模拟钢筋与混凝土界面间的相互作用，显式模拟开裂后钢筋与混凝土间的相互滑移，本研究中采用分离式钢筋模型，将钢筋取为一维杆单元，在钢筋与混凝土间设接触单元。采用摩擦型接触来模拟钢筋与混凝土接触面，并在初始时采用有黏结模型，当接触面剪切破坏后，采用无黏结模型。

2.1.5 衬砌混凝土

衬砌混凝土由弹性混凝土块和非线性裂缝两种力学组件串联而成。在衬砌混凝土未开裂时，非线性裂缝组件未激活，衬砌混凝土整体表现为弹性性质。当衬砌混凝土环向拉应力超过其抗拉强度时，非线性裂缝组件激活，衬砌混凝土整体表现为宏观正交异性性质。衬砌与围岩之间接触面本构模型采用 M-C 模型，能反映接触面相互紧贴、相互滑动和相互脱离等不同工作状态。

2.2 透水衬砌计算案例

2.2.1 计算参数

继续以 Y 抽水蓄能电站引水隧洞下平段作为研究对象，此处采用透水衬砌法进行计算，计算参数如图 1 及表 4 所示。

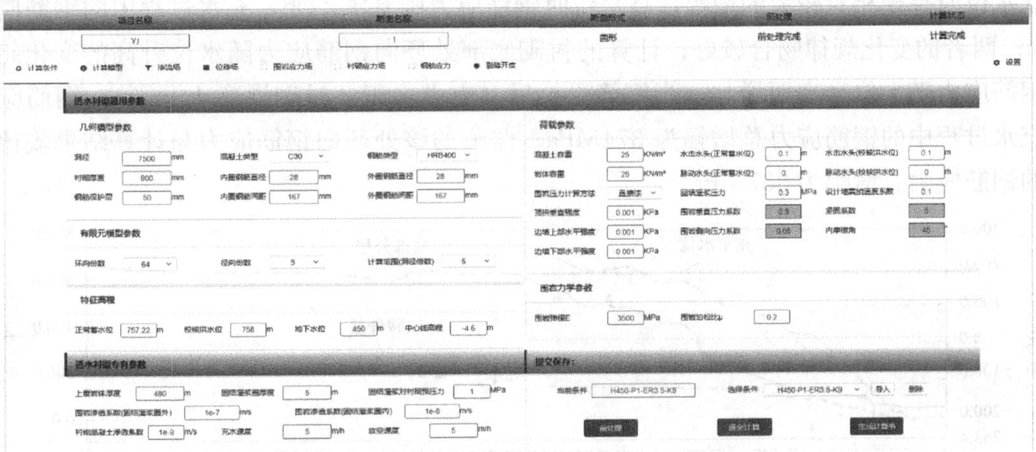

图 1 计算参数界面

表4 计 算 参 数 表 格

参数名	取值	参数名	取值
断面内径（m）	7.5	混凝土渗透系数（m/s）	1.0×10^{-7}
衬砌厚度（m）	0.8	固结灌浆圈厚度（m）	5.0
混凝土强度等级	C30	灌浆圈渗透系数（m/s）	1.0×10^{-7}
混凝土弹性模量（GPa）	20	管道中心线高程（m）	−4.6
泊松比	0.167	埋深（m）	480
混凝土抗拉强度（MPa）	2.0	初始地下水位（m）	450
混凝土容重（kN/m³）	24	固结预压力取值（MPa）	8.0
混凝土渗透系数（m/s）	1.0×10^{-10}	内侧配筋参数	6Φ28
围岩弹性模量（GPa）	7.0	外侧配筋参数	6Φ28
泊松比	0.2	保护层厚度（cm）	5.0
围岩容重（kN/m³）	25.0	充水历时（d）/水位（m）	19/752.22

2.2.2 计算结果及对比成果

图2～图4为充水完成后，衬砌裂缝、钢筋应力及渗流场分布图。可以看出，在高内水作用下，衬砌顶部及底部各出现1条裂缝，最大开度约4.6mm。裂缝处钢筋最大拉应力约277MPa，往两侧迅速衰减，洞腰附近钢筋接近于0。在裂缝附近小范围由于内水外渗，导致裂缝附近衬砌内外压差较小。

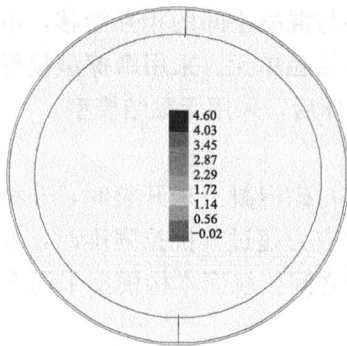

图2　衬砌裂缝开度（单位：mm）　　图3　钢筋应力（单位：MPa）　　图4　渗流场（单位：m）

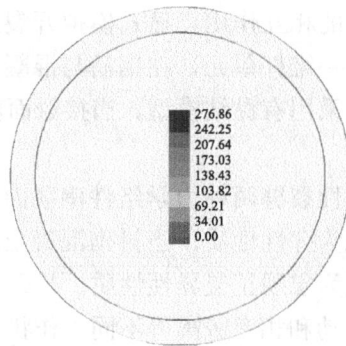

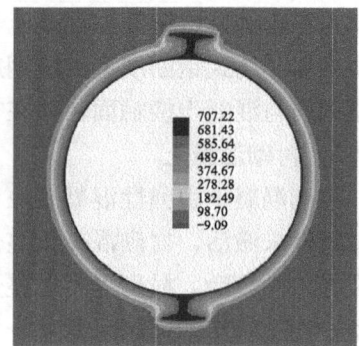

图5为衬砌环向钢筋计应力变化过程线监测成果，图6为衬砌环向钢筋计应力变化过程线计算成果。可以看出，计算的衬砌左腰处环向钢筋应力随水位升高的变化趋势为：中低水位时钢筋应力增幅相对较大，高水位时钢筋应力增幅明显减小，充水过程中的钢筋应力总增幅为199MPa；监测的该处环向钢筋应力在中低水位时呈现相对较大的增幅，高水位时钢筋应力则基本不变，充水过程中的钢筋应力总增幅为165MPa；两者的变化规律吻合较好；计算的衬砌底部处环向钢筋应力随水位升高的变化趋势为：中低水位时钢筋应力随水位升高而增加，当钢筋受拉后（应力为正，衬砌混凝土开裂），钢筋应力增幅显著增大，充水过程中的钢筋应力总增幅为374MPa；监测的该处环向钢筋应力与计算结果规律相近，充水过程中的钢筋应力总增幅为387MPa。

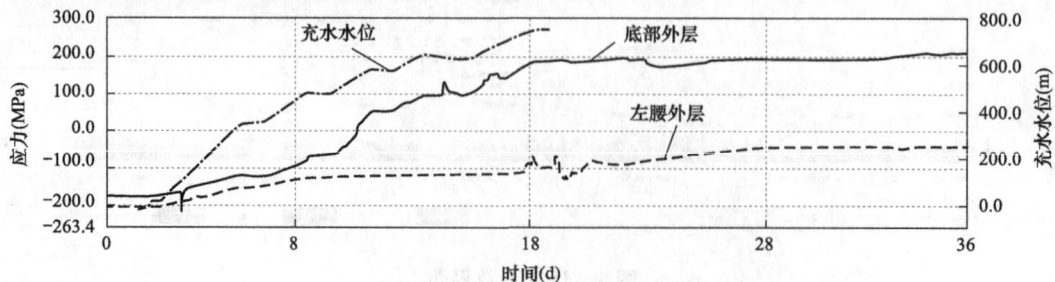

图5　衬砌环向钢筋计应力变化过程线（监测）

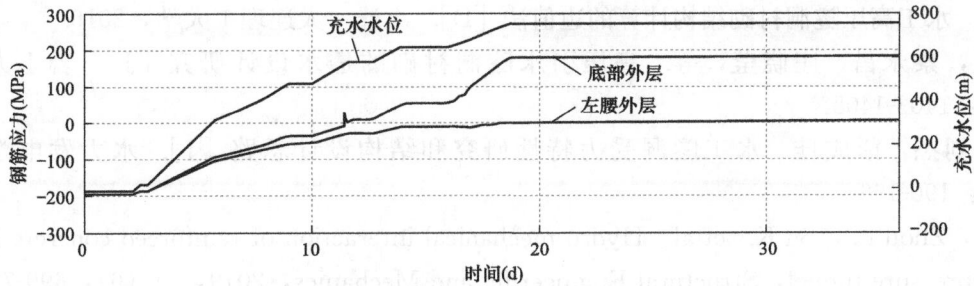

图 6 衬砌环向钢筋应力变化过程线（计算）

2.2.3 结论

从计算结果及对比成果可以看出：

（1）衬砌在一定内压作用下开裂，此后不出现新裂缝，裂缝分布少而宽；裂缝为内水外渗主要通道，裂缝处内压压差明显较小；裂缝处钢筋应力较大，未开裂区钢筋应力较小。

（2）充水过程中钢筋应力线与实测数据基本匹配，钢筋应力线未出现回弹是由于本案例中衬砌与围岩并未基本脱开。

（3）相当公式法的钢筋应力按变形平均值给出、裂缝宽度按规范经验公式确定、无法考虑渗流影响等缺点，透水衬砌法可以较为真实地模拟出钢筋应力、裂缝宽度以及内水外渗等发展规律。且经过与实际工程对比，认为透水衬砌所反映的计算规律基本符合工程认知，说明本研究成果是合理且可行的，可以为水工隧洞钢筋混凝土衬砌结构设计提供计算支撑。

3 结语

水工隧洞衬砌结构设计方法历经多年发展，理论日趋完善，但随着建设条件变化，计算方法与实践应用存在诸多偏差。本文通过对水工隧洞各类衬砌结构计算方法进行适用性分析，提出基于透水衬砌理论的水工隧洞钢筋混凝土衬砌结构计算理论，并得出如下结论：

（1）考虑衬砌开裂、考虑内水外渗、主要依靠围岩承载、水作用方式（面力/体积力）是水工隧洞计算时需考虑的几个主要因素。

（2）边值法与线弹性有限元法可用于水头较低的各种常见断面衬砌结构设计；公式法适用于内水为主要荷载的圆形断面，其允许衬砌开裂并充分利用围岩承载能力，计算结果更适用于实际工程，但其基本假设与工程实际之间仍存在一定偏差。

（3）对于常规计算方法不能真实反映水工隧洞受力特点的问题，提出透水衬砌理论并开发专用软件，经与实际工程对比，计算规律基本符合工程认知，可为水工隧洞钢筋混凝土衬砌结构设计提供计算支撑。

（4）综合分析公式法、边值法、线弹性有限元法及透水衬砌法，认为在内水水头较高时，边值法及线弹性有限元法不适用，公式法可为配筋提供参考，通过透水衬砌理论可较为真实地模拟出水工隧洞受力规律。

参考文献

[1]　许晓亮. 某水电站引水隧洞透水衬砌及配筋研究 ［D］. 宜昌：三峡大学，2013.

[2]　王明霞，张运良. 基于体力理论和边值法相结合的水工高压隧洞衬砌内力计算 ［J］. 水利规划与设计，2017（1）：85-90.

[3]　刘波. 水工压力隧洞衬砌配筋方法探讨 ［D］. 西安：西安理工大学，2010.

[4] 王明霞. 水工高压隧洞衬砌结构计算的边值法 [D]. 大连：大连理工大学，2016.

[5] 李新星，蔡永昌，庄晓莹，等. 高压引水隧洞衬砌的透水设计研究 [J]. 岩土力学，2009，30 (5)：1403-1408.

[6] 郑治，刘杰，彭成佳. 水工隧洞受力特性研究和结构设计思路 [J]. 水力发电学报，2010，29 (2)：190-196.

[7] Wu H. , Zhou L. , Su K. et al. Hydro-mechanical interaction of reinforced concrete lining in hydraulic pressure tunnel, Structural Engineering and Mechanics，2019，71 (6)：699-712.

[8] 张有天. 水工隧洞 [M]. 北京：水利电力出版社，1990.

作者简介：

赵　路 (1985—)，男，山东德州，硕士研究生，正高级工程师，水电站水工设计。E-mail：9186799@qq.com

清原抽水蓄能电站蜗壳外围混凝土结构设计

石知政[1]，张建富[1]，朱旭洁[1]，李　刚[1]，石小艺[1]，鞠承源[1]，申　艳[2]

（1. 中国电建集团北京勘测设计研究院有限公司，北京　100024；

2. 华北电力大学，水利与水电工程学院，北京　102206）

【摘　要】 地下厂房蜗壳外围混凝土应力复杂，采用 ANSYS 三维有限元方法，对清原抽水蓄能电站保压式蜗壳结构进行受力计算，通过分析应力应变等规律，为工程设计提供依据。计算结果和监测数据表明，各荷载组合应力下，蜗壳外围混凝土配筋能够满足承载力、变形等要求，表明结构和配筋设计合理、安全可靠。

【关键词】 抽水蓄能电站；蜗壳外围混凝土；三维有限元；配筋计算

0　引言

蜗壳是水电站厂房的重要组成结构之一，是水轮机重要的过流部分。在中、高水头的电站中，多采用金属蜗壳，其断面近似于不完全圆形。由于蜗壳形状比较复杂，其周围混凝土实际上是一不规则空间块体结构，过去常采用平面 Γ 形框架法计算蜗壳内力。按这种方法计算时，通常将整个蜗壳结构分成数量有限的较为规则的几个区域，在每个区域中选择具有代表性的断面代表整个区域的受力情况，将其视为平面框架或梁进行计算，一般尚能满足工程设计要求，但是忽略了顶板和边墙所受的环向力[1]。因此，此方法在计算顶板径向截面及边墙环向截面的弯矩时结果偏大，而又无法得到顶板和边墙环向的受力情况，计算结果不可避免地与实际结构受力之间存在误差[2]。因此，本文通过运用 ANSYS 软件，以有限元分析为基础，结合实际工程，对规模较大、水头较高的清原抽水蓄能电站的蜗壳外围混凝土进行设计。

1　工程概况

清原抽水蓄能电站位于辽宁省抚顺市清原满族自治县北三家镇境内，总装机容量为 1800MW（6×300MW），为一等大（1）型工程，在辽宁电网中承担调峰、填谷、调频、调相、紧急事故备用等任务。地下厂房位于水道系统中部，洞室群布置在元古界侵入岩花岗岩（γ2）内，上覆岩体厚度约 300m[3]。电站采用钢蜗壳外包混凝土结构，钢蜗壳与外围混凝土之间不设垫层，采取在蜗壳充水加压的状态下浇筑外围混凝土的方式。蜗壳外围混凝土平面尺寸 16.00m×17.30m，高 8.6m，最小厚度 1.9m，为满足机电设备布置，在第二象限局部削角，并在上游设尾水管进人廊道，左侧设蜗壳进人门。

2　计算模型

2.1　计算假定

假定混凝土结构和围岩的材料均为各向同性，按线弹性考虑，线弹性计算全部采用大型通用程序 ANSYS 进行，线弹性静力有限元通过弹性力学变分原理建立弹性力学问题有限单元表达格式。通常采用的基于位移元的线弹性有限元法基本思想是：将结构离散为一系列连续分布的单元，以单元结点位移为基本变量，初始假定单元内的位移与结点位移存在插值函数关系，通过弹性力学的几何方程，物理方程，以及最小位能原理建立单元刚度方程，按单元结点编号在整体坐标下进行坐标转换和刚度集成，得到整个结构的刚度矩阵，再根据单元等效结点荷载，位移边界条件，形成一系列线性方程。按直接解法或迭代法，在收敛精度允许范数求解方程，可得到结点位移，再由几何方程和物理方程进一步得到各单元相应的应变和应力[4]。

2.2 模型范围

主厂房取 1 号机组段进行建模，高度范围为尾水管底板到发电机层楼板，上、下范围为厂房上游边墙到下游边墙，厂房轴线方向取至机组段结构分缝。将蜗壳以及外围混凝土结构从整体计算模型中，取出形成蜗壳结构的计算模型。蜗壳结构计算模型上部取到定子基础高程，下部取到蜗壳层底板高程处，两侧取到一个机组段的边缘，上游方向取到蜗壳混凝土上游边，下游方向取到下游墙外侧。蜗壳单体结构及网格剖分详见图 1、图 2。

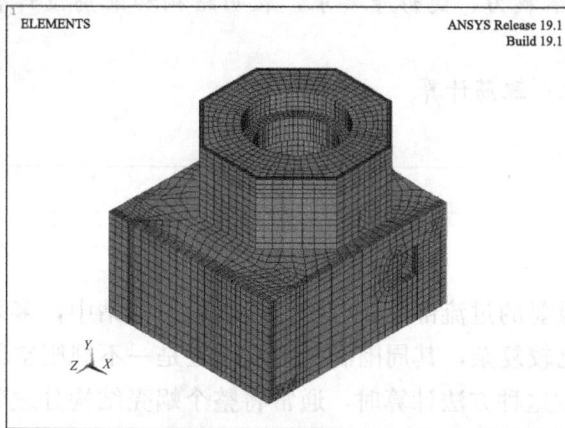

图 1　蜗壳单体结构有限元模型网格剖分图　　　　图 2　钢蜗壳、座环和固定导叶有限元网格

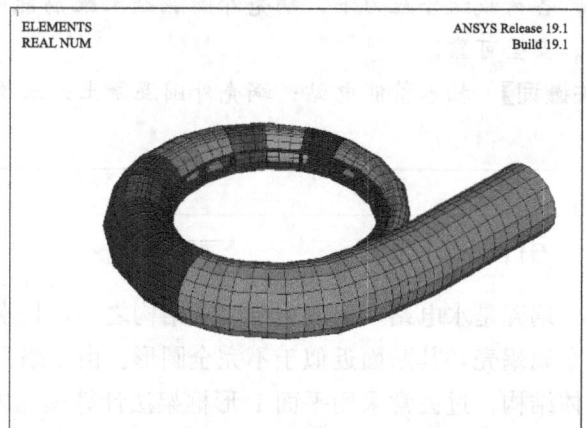

在网格划分时，根据构件的特征，选用块体单元模拟大体积混凝土结构、楼板结构和墙柱结构、闭孔泡沫板等，选用板壳单元模拟楼梯板和蜗壳钢衬，弹簧单元模拟围岩的约束作用。同时，还根据结构受力的特征，对网格的疏密程度加以控制，在应力集中部位和主要关心的构件上，尽可能细化单元，以提高计算精度。而在应力分布比较平缓或受力较小的大体积部位，适当采用较疏的网格，以降低计算工作量。整体模型的总体坐标系以水轮机安装高程处机组中心为原点，Z 轴为垂直竖向，向上为正；X 轴为水平纵向，正方向指向左侧（面向下游）；Y 轴为水平横向，正方向指向上游侧。

模型材料参数表详见表 1。

表 1　　　　　　　　　　　　　　　　材 料 参 数 表

材料型号	部位	容重 (kN/m³)	弹性模量 (MPa)	动弹性模量 (MPa)	泊松比	线膨胀系数	强度标准值 (MPa)	强度设计值 (MPa)
C25 混凝土	蜗壳外包混凝土	25.0	28000	36400	0.167	7×10^{-6}/℃	16.7（抗压）1.78（抗拉）	11.9（抗压）1.27（抗拉）
C30 混凝土	其他混凝土结构	25.0	30000	39000	0.167	7×10^{-6}/℃	20.1（抗压）2.01（抗拉）	14.3（抗压）1.43（抗拉）
B610CF	钢蜗壳	78.0	206000	268000	0.30			
Q345C	尾水管	78.0	206000	268000	0.30			
填缝泡沫板	主副厂房间结构缝	1.75	3.00	3.90	0.35			

2.3 边界条件

在 1 号机组段两侧，考虑结构分缝，各层楼板由墙柱支撑，按自由边界处理。在上、下游侧，各层楼板、蜗壳层底板与边墙之间为刚性连接。发电机层至蜗壳层底板范围内边墙与围岩之间考虑为弹性支撑，在边界节点上加弹性水平约束，竖向不加约束。蜗壳层底板以下的所有结构与围岩之间均按刚性连接处理，尾水管洞的混凝土结构与围岩之间按刚性连接处理。地下厂房处于Ⅲ类围岩区，计算采用的单位弹性抗力系数为 30MPa/cm。

对于蜗壳外围混凝土结构边界条件为底部采用固定约束，下游侧与围岩之间考虑为弹性支撑，在边界节点上加弹簧单元，其余按自由边界考虑。

2.4 计算工况及荷载组合

厂内结构按Ⅰ级结构安全级别进行配筋计算，荷载分项系数依据规范[5]选取，按照承载能力极限状态设计方法中的基本组合情况进行计算，同时考虑荷载分项系数和动荷载的动力系数。此外，按正常使用极限状态设计时，规范规定应采用标准组合并考虑长期组合的情况，用长期组合标准对其结果进行校核。

蜗壳设计内水压力为 7.00MPa（包括水击压力），其中充水保压压力值为 3.5MPa。根据规范要求[6]，发电机层楼面均布活荷载取 50kN/m^2，母线层和水轮机层楼面均布活荷载取 30kN/m^2，蜗壳层和尾水管层楼面均布活荷载取 20kN/m^2，荷载采用均布力施加于楼板处的节点。机组运行中荷载分别作用于定子基础、下机架基础和上机架基础，荷载采用集中力施加于作用部位的节点。

脉动水压力荷载计算工况分为水泵和水轮机两种工况。根据厂家提供的水轮机模型试验资料，选取各部位脉动压力幅值较大的作为计算工况。由于压力脉动的试验资料均是模型试验的成果，需要根据厂家资料给定的转换比例，将模型试验中脉动压力的作用频率转换至原型。根据抽水蓄能电站机组的压力脉动原、模型间的相似关系，真机和模型的压力脉动的幅值相对值相等。

根据规范[7]，计算工况包括以下两种：工况Ⅰ：正常运行工况；工况Ⅱ：放空检修工况。各工况对应的荷载组合如表 2 所示。

表 2 蜗壳单体结构静力计算荷载组合表

荷载分类		基本组合	
		正常运行工况（持久状况）	放空检修工况（短暂状况）
混凝土自重		√	√
各层楼板活荷载		√	√
蜗壳重		√	√
尾水管重		√	√
内水压力		√	√
发电机荷载	静荷载	√	√
	动荷载	√	
水轮机荷载	静荷载	√	√
	动荷载	√	

3 计算结果及分析

3.1 应力结果

根据计算结果，在荷载作用下，按照蜗壳实际结构分别取 4 个典型断面（1、6、11、16）分析混凝土各方向应力，断面位置见图 3，各断面的特征点位置见图 4。其中，特征点 a 为蜗壳顶部内缘，特征点 b 为蜗壳腰部内缘，特征点 c 为蜗壳底板内缘，特征点 d 为蜗壳腰部外缘。蜗壳外围混凝土典型断面特征点应力值见表 3，蜗壳外围混凝土典型断面环向应力云图、水流向应力云图见图 5 和图 6，其中，拉应力为正，压应力为负。

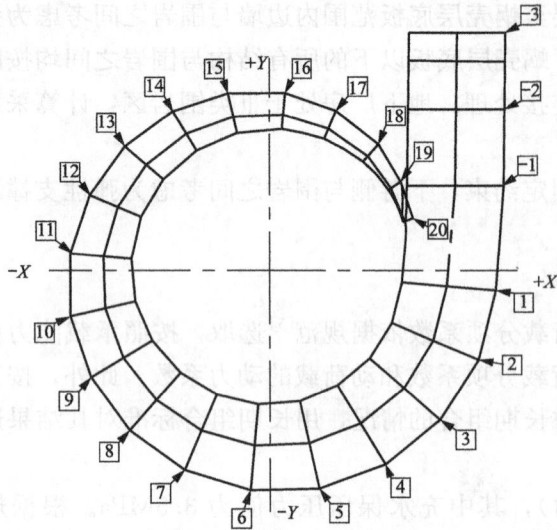

图3　蜗壳外围混凝土特征断面编号示意图

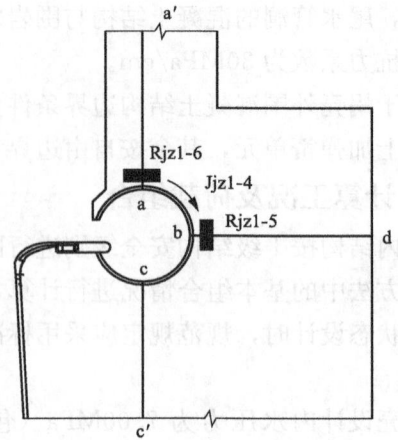

图4　蜗壳外围混凝土特征点位置示意图

正常运行工况，在内水压力作用下，各断面在蜗壳周围均存在较大的环向拉应力，随着距离钢蜗壳的距离越大，拉应力呈现逐渐减小的趋势。对比1、6、11、16号断面的环向应力可知，随着管径逐渐变小，环向应力也随之变小，符合蜗壳外包混凝土受力的一般规律。对比典型断面的特征点a、b、c应力可知，蜗壳顶部环向应力较底部和腰部较大，最大值为3.16MPa，位于1号断面蜗壳顶部；蜗壳外围混凝土水流向均为拉应力，最大值为0.92MPa，出现在蜗壳腰部，同时在蜗壳座环上下蝶边附近的混凝土有一定范围的应力集中。放空检修工况，蜗壳外包混凝土仅承受自重、设备重和上部传下来的荷载，不承担内水压力，环向应力和水流向呈现较小的压应力或者较小的拉应力，远小于混凝土的设计强度。

表3　　　　　　　　　　　　蜗壳外围混凝土典型断面特征点应力值　　　　　　　　　　　　单位：MPa

断面号	特征点	正常运行		放空检修	
		环向	水流向	环向	水流向
1	顶部内缘 a	3.16	0.34	0.01	0.06
	腰部内缘 b	1.82	0.37	−0.77	−0.12
	腰部外缘 d	0.65	0.25	−0.32	0.01
	底部内缘 c	2.39	0.20	0.11	−0.02
6	顶部内缘 a	3.03	0.59	−0.00	0.11
	腰部内缘 b	1.65	0.92	−0.65	0.00
	腰部外缘 d	−0.17	0.24	−0.37	−0.02
	底部内缘 c	2.16	0.48	−0.07	0.05
11	顶部内缘 a	2.79	0.45	0.07	0.02
	腰部内缘 b	1.66	0.60	−0.77	−0.10
	腰部外缘 d	−0.05	0.39	−0.35	0.01
	底部内缘 c	2.02	0.26	0.05	−0.03
16	顶部内缘 a	1.93	0.43	0.13	0.06
	腰部内缘 b	1.54	0.57	−0.95	−0.04
	腰部外缘 d	−0.29	0.27	−0.64	−0.02
	底部内缘 c	1.32	0.29	−0.00	0.07

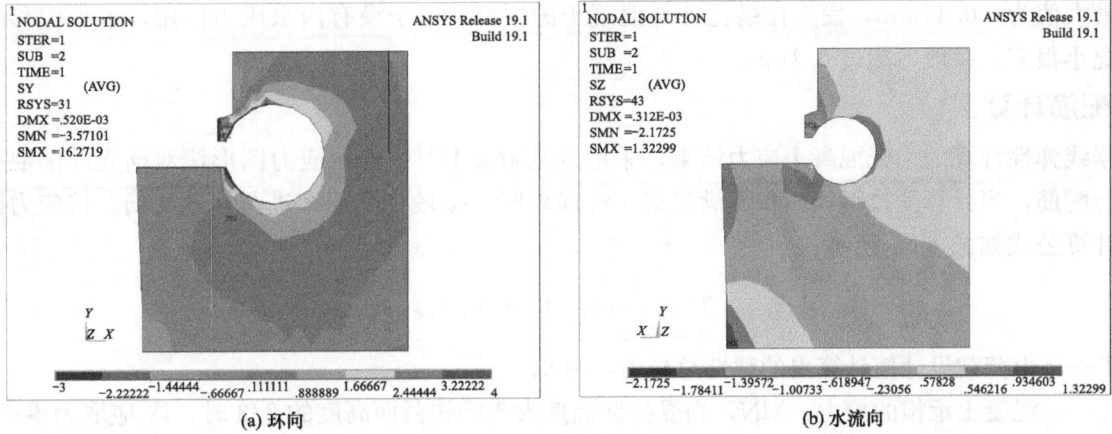

(a) 环向

(b) 水流向

图 5　正常运行工况蜗壳外围混凝土典型断面应力云图

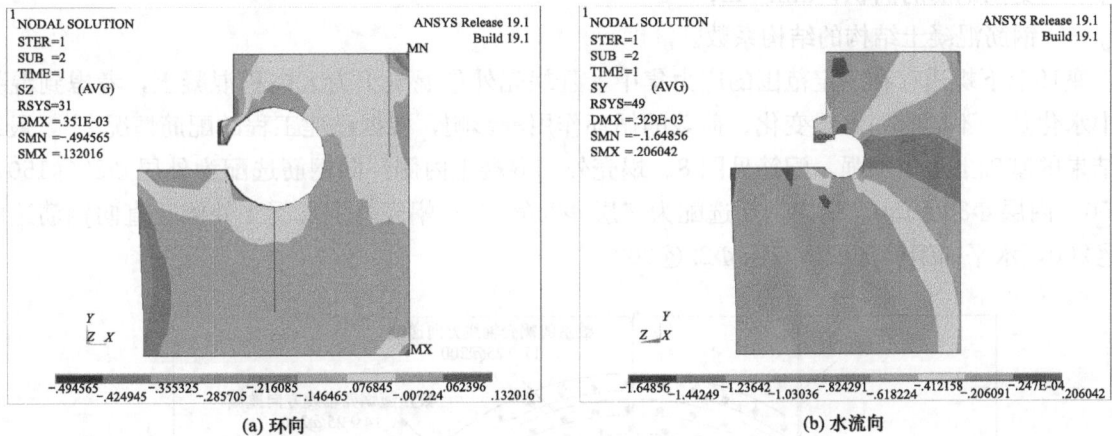

(a) 环向

(b) 水流向

图 6　放空检修工况蜗壳外围混凝土典型断面应力云图

3.2　位移结果

正常运行和放空检修两种工况下，蜗壳外包混凝土的位移云见图 7。分析位移计算结果可知，蜗壳外部混凝土结构整体刚度较大，位移量值较小，三个方向的位移最大值也比较接近。正常运行工况下，在内水压力作用下，蜗壳结构垂直最大位移值发生在断面较大断面的座环上下蝶边，最大值一般不超过 0.4mm；X 向位移最大值为发生在蜗壳进口处，最大值不超过 0.4mm；Z 向位移最大值也不超过 0.4mm，发生在机墩底部。放空检修工况下，在上部荷载和结构自重作用下，结构以垂直位移为主，垂

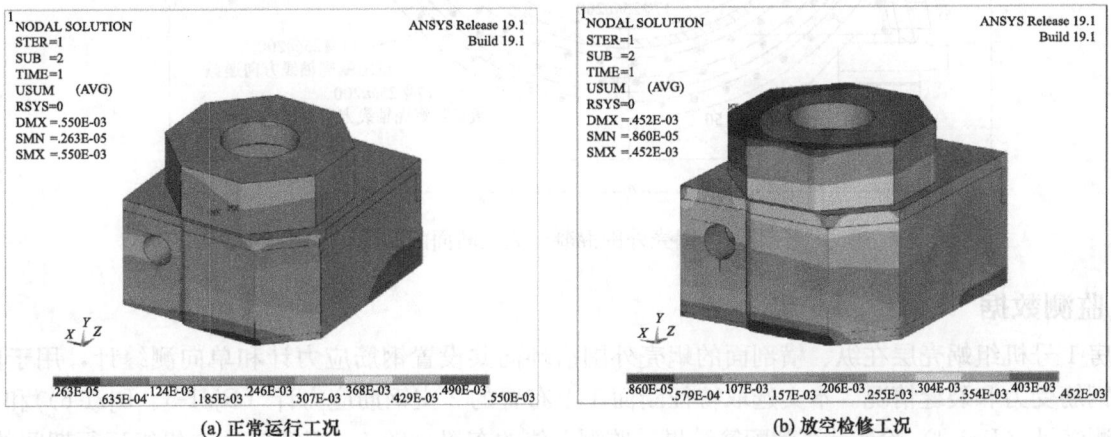

(a) 正常运行工况

(b) 放空检修工况

图 7　蜗壳外围混凝土典型断面位移云图

119

直位移最大值为−0.45mm，发生在蜗壳外部混凝土的顶部，由于没有内水压力作用，水平位移较正常运行工况小很多，一般不超过 0.1mm。

3.3　配筋计算

根据线弹性计算的蜗壳混凝土应力结果，采用规范附录 D[7]中的拉应力图形法对蜗壳外围混凝土各断面进行配筋，当计算受拉钢筋面积不满足最小配筋率时，按最小配筋率进行构造配筋。拉应力图形法的配筋计算公式如式（1）所示：

$$T \leqslant \frac{1}{\gamma_d}(0.6T_c + f_y A_s) \tag{1}$$

式中　T——由荷载设计值计算出的弹性总拉力，MN；

　　　T_c——混凝土承担的拉力，MN，当受拉区高度大于结构截面高度的 2/3 时，T_c 应取为零；

　　　f_y——钢筋抗拉强度设计值，MPa，HRB400 级钢，为 360N/mm²；

　　　A_s——受拉钢筋的面积，mm²/m；

　　　γ_d——钢筋混凝土结构的结构系数。

由于座环上下蝶边存在一定范围的应力集中，且蜗壳外包混凝土为大体积混凝土，考虑到混凝土浇筑过程中水化热、不同时间水温变化、荷载的循环作用等影响，根据已建工程的配筋情况[8-9]，最终配筋在计算结果的基础上适当加强，配筋见图 8。蜗壳外围混凝土内侧环向钢筋选配为外层 Φ32@150、中层 Φ36@150、内层 Φ36@150，蜗向钢筋选配为三层 Φ25@200；蜗壳外围混凝土外侧竖直向钢筋选配为双层 Φ28@200，水平向钢筋选配为双层 Φ22@200。

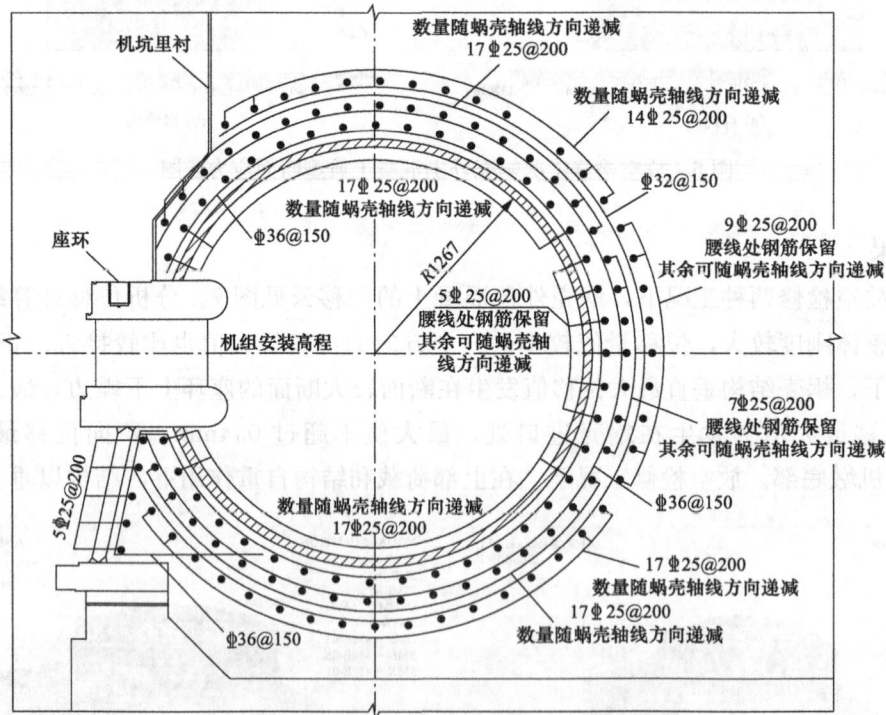

图 8　蜗壳外围混凝土典型断面配筋图

3.4　监测数据

厂房 1 号机组蜗壳层在纵、横剖面的蜗壳外围沿环向共设置钢筋应力计和单向测缝计，用于监测相应部位钢筋受力和裂缝情况。本文选取特征断面 1 上布置的 2 支钢筋应力计（Rjz1-5、Rjz1-6）和 1 支监测单向测缝计（Jjz1-4）验证计算和配筋结果。监测点位的布置见图 4，钢筋应力在机组运行期间的时间-应力曲线见图 9。

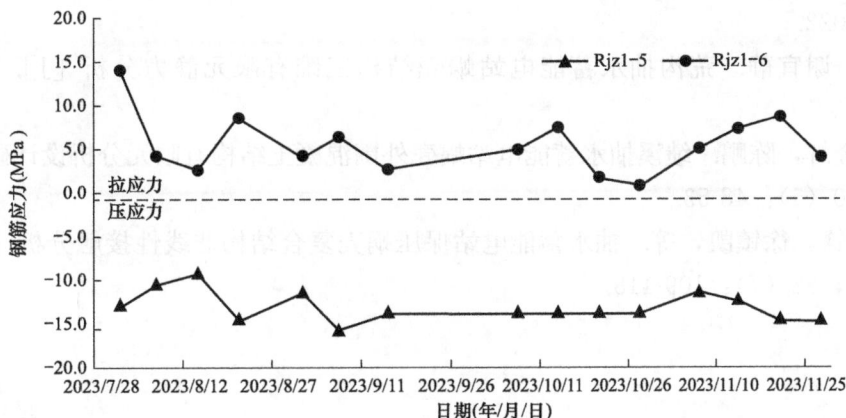

图 9　钢筋应力计时间-应力过程线

从监测结果可以看出，当前监测钢筋拉应力最大值为 14.0MPa，出现在顶部内缘，而最大压应力为 14.8MPa，出现在蜗壳腰部内缘。同时，单向测缝计最大裂缝数据为 0.02mm，表明此时混凝土结构处于比较良好的运行状态。

考虑到计算时未计入温度应力、混凝土塑性损失[10]的影响，计算值与钢筋应力计实测值有所差别，故最终配筋在计算结果的基础上适当加强是合理可靠的。

4　结语

经过蜗壳外围混凝土结构三维有限元仿真计算及监测数据分析，清原抽水蓄能电站钢蜗壳采用保压浇筑形式，钢筋应力、结构变形满足规范的相关规定，推荐的配筋方案较为合理，具体总结如下：

（1）正常运行工况，蜗壳在内水压力作用下，各断面在蜗壳周围均有较大的环向拉应力，随着距离钢蜗壳的距离越大，拉应力呈现逐渐减小的趋势；随着管径逐渐变小，环向应力也随之变小，水流向应力也都为拉应力为主。放空检修工况，环向应力和水流向呈现较小的压应力或者较小的拉应力，远小于混凝土的设计强度。

（2）蜗壳外围混凝土结构整体刚度较大，位移量值较小，三个方向的位移最大值也比较接近。

（3）各种荷载组合下，根据各部位的应力进行结构配筋，强度能够满足承载能力的设计要求，可为同类项目提供参考，同时外包混凝土浇筑过程中应加强振捣，避免脱空，保证钢衬和外包混凝土在正常运行工况时能够联合承载。

参考文献

[1]　顾鹏飞，喻远光. 水电站厂房设计 ［M］. 北京：水利电力出版社，1987.

[2]　高杉. 水电站预应力混凝土蜗壳三维有限元分析与研究 ［D］. 大连：大连理工大学，2023.

[3]　李院忠，付长明，孙凯辉，等. 清原抽水蓄能电站地下厂房工程地质条件 ［J］. 水利水电技术（中英文），2023 ，54（S2）：81-84.

[4]　朱伯芳. 有限单元法原理与应用 ［M］. 北京：中国水利水电出版社，1998.

[5]　水利水电规划设计总院. NB 35011—2016，水电站厂房设计规范 ［S］. 北京：中国电力出版社，2017.

[6]　中华人民共和国水利部. GB 51394—2020，水工建筑物荷载标准 ［S］. 北京：中国计划出版社，2020.

[7]　水利水电规划设计总院. NB/T 11011—2022，水工混凝土结构设计规范 ［S］. 北京：中国水利水

电出版社，2022.

[8] 刘佳，朱南，谢宜静. 荒沟抽水蓄能电站蜗壳结构三维有限元静力分析 [J]. 陕西水利，2020 (8)：20-24.

[9] 王锦峰，孙金辉，陈鹏. 绩溪抽水蓄能电站蜗壳外围混凝土结构有限元分析设计研究 [J]. 浙江水利科技，2020 (5)：48-53.

[10] 魏博文，王锋，徐镇凯，等. 抽水蓄能电站保压蜗壳复合结构非线性接触分析 [J]. 长江科学院院报，2015，32 (7)：109-118.

作者简介：

石知政（1994—），男，工程师，硕士研究生，主要从事水工结构厂房设计研究。E-mail：shizz@bjy.powerchina.cn

张建富（1981—），男，正高级工程师，大学本科，主要从事抽水蓄能电站设计及项目管理工作。E-mail：zhangjf@bjy.powerchina.cn

朱旭洁（1988—），女，高级工程师，硕士研究生，主要从事水工结构厂房设计研究。E-mail：zhuxj@bjy.powerchina.cn

李 刚（1984—），男，正高级工程师，大学本科，主要从事抽水蓄能电站设计及项目管理工作。E-mail：lig@bjy.powerchina.cn

石小艺（1998—），女，助理工程师，硕士研究生，主要从事水工结构厂房设计研究。E-mail：shixiaoyi@bjy.powerchina.cn

鞠承源（1997—），男，助理工程师，硕士研究生，主要从事水工结构厂房设计研究。E-mail：jucy@bjy.powerchina.cn

申 艳（1980—），女，教授，博士研究生，主要从事水电站地下工程方面研究。

基于概率地震需求模型的进水塔多维易损性分析

李晓娜[1]，周英杰[1]，朱和敏[2]，李宇辰[1]，安浩文[1]

（1. 西安理工大学，水利水电学院，陕西西安　710048；　2. 宁夏水利水电勘测设计研究院有限公司，宁夏银川　750000）

【摘　要】　基于概率地震需求分析方法，建立基于塔顶顺流向最大位移与损伤指数的二维概率地震需求模型，并对进水塔结构进行二维地震易损性分析，绘制进水塔结构同时考虑顺水流方向最大位移与损伤指数的二维易损性曲线。研究表明：随着地震加速度的增大，同时考虑进水塔结构顺水流方向最大位移与局部损伤指数和整体损伤指数的失效概率增大，若仅考虑一种极限性能状态，往往高估结构的抗震性能。因此，在进水塔抗震设计中，建议使用多维易损性分析来研究结构抗震性能。

【关键词】　概率地震需求分析；进水塔结构；极限性能状态；多维易损性

0　引言

进水塔作为水库大坝的重要组成部分，其抗震安全至关重要。在我国的地震记录中，不少水塔结构遭到了一定程度的损坏。5·12汶川地震中，沙牌水电站某进水塔的上部启闭机排架产生损伤开裂[1]，紫坪铺水电站进水塔承受了9度以上的强震作用，塔顶结构出现了严重损伤[2]。这些严重的破坏是由于位移和变形过大造成的，基于强度的设计低估了这些过大的位移和变形[3]。

基于性能的抗震设计理论的提出能够实现确定性分析向概率性分析的转变，从而针对不用性能等级提出合理的评估准则，使结构不再局限于单一性能设计[4]。赵国臣等[5]以最大层间位移角概率模型为例，计算了脉冲型地震动作用下钢框架的易损性。陈力波等[6]选取桥墩位移延性系数为工程需求参数（EDP），建立了简支梁桥的概率地震需求模型。以上工作以概率地震需求为基础，得到不同性能水准下的结构需求易损性曲线，但存在一定的不足，学者们仅选取单一极限状态评估性能水平。在基于性能的抗震设计中，考虑多维性能极限状态对地震易损性的影响可使结构的抗震设计更加合理。贾大卫等[7]基于多维性能极限状态方程以最大层间位移角、最大加速度作为EDP，进行概率地震需求分析。韩建平等[8]选取最大层间位移角和最大加速度作为二维性能指标研究了RC框架的多维易损性。何乡等[9]同样选择了最大层间位移角和最大加速度2种工程需求参数，建立多维概率需求模型，对机场塔台进行易损性分析。

上述学者进行多维易损性研究时大多数选取层间位移角和最大加速度作为二维性能指标，但进水塔结构在强震作用下会产生较大位移和较严重的损伤破坏，因此对进水塔结构的抗震性能研究除了需要考虑塔顶最大位移，还需要考虑各种损伤指数来定量描述塔体结构的易损性[10]。本文基于多维概率地震需求分析法，选择位移指标与损伤指标作为EDP，建立基于塔顶顺流向最大位移与损伤指数的二维概率地震需求模型，进行二维性能极限状态的地震易损性分析。从概率角度分析进水塔结构在地震作用下发生破坏的可能性，进而为进水塔抗震优化设计和抗震加固提供理论参考。

1　概率地震需求分析方法

在概率地震需求分析中，需要基于真实场地条件对其进行危险性分析，统计分析结构在任意设计周期内超过给定性能水准的概率，估计结构在整个生命周期内可能遭遇的地震，评估结构的抗震性能；概率地震需求模型指的是工程需求参数与地震动强度指标之间的统计关系，根据Cornell等[11]的研究，假定结构响应服从对数正态分布，据此建立进水塔结构的概率地震需求模型，如式（1）所示：

$$P[D \geqslant LS_i \mid IM] = \Phi\left[\frac{\ln(LS_i) - \ln(S_D)}{\beta_{DIM}}\right] \tag{1}$$

式中：D 为结构工程需求参数；LS_i 为结构的性能水准值；S_D 为 D 的对数均值；β_{DIM} 为 D 的对数标准差。

结构抗震需求和地震动强度参数之间的关系遵循如下表达式：

$$\ln D = \ln a + b\ln IM \tag{2}$$

式中：a、b 为回归参数，通过对数线性回归分析得到。

在回归分析中，对数标准差 β_{DIM} 表征概率地震需求模型的离散程度，可以用式（3）计算得到。

$$\beta_{DIM} = \sqrt{\frac{\sum[\ln(d_i) - \ln(aIM^b)]^2}{N - \mathrm{d}f}} \tag{3}$$

式中：d_i 为第 i 个非线性动力时程分析的结构响应参数；N 为结构响应的样本个数；$\mathrm{d}f$ 为自由度。

结构的易损性分析时，若考虑两项工程需求参数时，结构响应服从多元对数正态分布，此时，二维概率地震需求模型的密度函数可以表示为：

$$f(S,D) = \frac{1}{2\pi SD\sigma_S\sigma_D(1-\rho^2)^{\frac{1}{2}}} \cdot \exp\left\{-\frac{1}{2(1-\rho^2)}\left[\left(\frac{\ln S - \mu_S}{\sigma_S}\right)^2\right.\right.$$
$$\left.\left. + \left(\frac{\ln D - \mu_D}{\sigma_D}\right)^2 - 2\rho\left(\frac{\ln S - \mu_S}{\sigma_S}\right)\left(\frac{\ln D - \mu_D}{\sigma_D}\right)\right]\right\} \tag{4}$$

式中：ρ 为 S 和 D 的相关系数；μ_S 为结构响应的对数均值；σ_S 为结构响应的对数标准差。

二维概率地震需求分析中，假定两个工程需求参数的性能水准是固定值，因此，进水塔结构的二维易损性分析中的超越概率可以表示为：

$$P_f = \left[1 - \int_0^{S_{LS}} f_S(\delta)\mathrm{d}\delta\right]\left[1 - \int_0^{D_{LS}} f_D(\varepsilon)\mathrm{d}\varepsilon\right] \tag{5}$$

2 进水塔结构分析模型

本文采用 ABAQUS 对进水塔及基础进行三维有限元建模，采用空间直角坐标系，X 轴为顺水流方向，正方向指向下游，Y 轴为垂直水流方向，正方向指向左侧，Z 轴为竖直方向，正方向指向塔顶。对于进水塔模型，地基深度、上下游侧和左右侧均取 1 倍塔高，塔体、围岩地基和回填混凝土使用六面体单元离散，连系梁采用梁单元离散。进水塔结构的内外水压力采用附加质量进行处理，动水压力按《水电工程水工建筑物抗震设计规范》（NB 35047）[12]中的给出的附加质量计算方法。计算得出附加质量，按照高程将质量元一层层分布在塔体内外表面，以此模拟内外水体对塔体的动水压力。根据进水塔所在位置的场地情况以及规范要求，选择一系列适当的地震波，进行调幅之后，对进水塔结构进行增量动力时程分析[13]。

本文以某进水塔为例，其三维整体有限元模型如图 1 所示，划分网格后单元总数 129749 个，节点总数 128659 个。图 2 为进水塔塔体的有限元模型和 1/2 有限元模型。

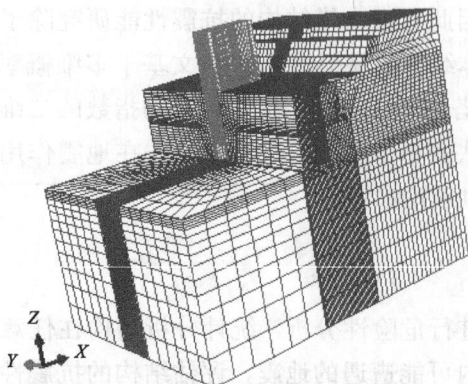

图 1　进水塔整体有限元网格划分　　　　　　　图 2　进水塔塔体有限元网格划分

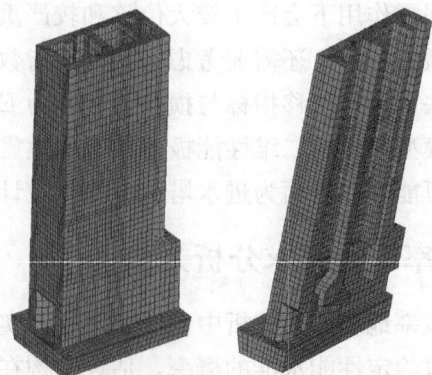

3 地震动的选取

现有研究表明，对于增量动力分析法，10～20 条地震动记录足以考虑地震动不确定性对结构易损性的影响。通过《中国地震动参数区划图》查询了工程所在地区的地震动参数，根据规范得到目标反应谱，本文从 PEER 的数据库中选取了 10 条震级在 5.2～7.4 范围内的地震波，人工合成了 2 条地震波，将 12 条地震动记录的 PGA 分别调幅至 $0.1g$～$1.0g$，调幅步长取 0.1。地震波的信息如表 1 所示。图 3 给出了时程分析所选地震波的平均反应谱和规范给出的目标反应谱对比图。

表 1　　　　　　　　　　　　　　　地 震 波 信 息 表

编号	地震名称	年份	测站	震级	PGA（g）
1	San Fernando	1971	Cedar Springs_ Allen Ranch	6.61	0.020
2	Borrego Mtn	1968	San Onofre-So Cal Edison	6.63	0.047
3	Livermore-02	1980	San Ramon Fire Station	5.42	0.054
4	Parkfield	1966	Cholame-Shandon Array ♯12	6.19	0.063
5	人工波 1	—	—	—	0.07
6	人工波 2	—	—	—	0.07
7	Borrego Mtn	1968	El Centro Array ♯9	6.63	0.133
8	Kern County	1952	Taft Lincoln School	7.36	0.159
9	Northern Calif-03	1954	Ferndale City Hall	6.5	0.203
10	San Fernando	1971	LA-HollywoodStor FF	6.61	0.225
11	Managua_Nicaragua-02	1972	Managua_ ESSO	5.2	0.263
12	Livermore-02	1980	San Ramon-Eastman Kodak	5.42	0.280

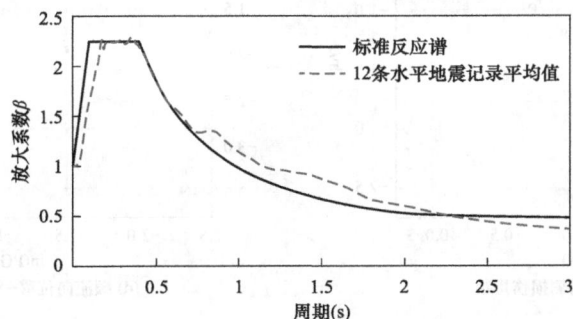

图 3　12 条地震波反应谱平均值与标准反应谱的比较图

4 二维概率地震需求模型

选择进水塔结构塔顶顺水流方向最大位移和损伤指数作为工程需求参数，假定工程需求参数服从对数正态分布，进水塔结构响应概率分布参数如表 2 和表 3 所示，响应均值随 ln（PGA）的变化情况如图 4 所示。

表 2　　　　　　　　　　　塔顶顺水流方向最大位移响应分布参数

分布参数	地震动峰值加速度 PGA									
	$0.1g$	$0.2g$	$0.3g$	$0.4g$	$0.5g$	$0.6g$	$0.7g$	$0.8g$	$0.9g$	$1.0g$
μ_{s_1}	−3.450	−2.597	−2.098	−1.744	−1.469	−1.245	−1.055	−0.891	−0.746	−0.616
σ_{s_1}	1.077	1.077	1.077	1.077	1.077	1.077	1.077	1.077	1.077	1.077

表 3   进水塔结构局部损伤分布参数

损伤指数	分布参数	地震动峰值加速度 PGA									
		$0.1g$	$0.2g$	$0.3g$	$0.4g$	$0.5g$	$0.6g$	$0.7g$	$0.8g$	$0.9g$	$1.0g$
塔前	μ_{D_1}	-2.485	-1.861	-1.496	-1.237	-1.036	-0.872	-0.733	-0.613	-0.507	-0.412
	σ_{D_1}	0.282	0.282	0.282	0.282	0.282	0.282	0.282	0.282	0.282	0.282
塔后	μ_{D_2}	-1.840	-1.360	-1.079	-0.880	-0.725	-0.599	-0.492	-0.400	-0.318	-0.245
	σ_{D_2}	0.381	0.381	0.381	0.381	0.381	0.381	0.381	0.381	0.381	0.381
塔侧	μ_{D_3}	-1.794	-1.329	-1.056	-0.863	-0.713	-0.591	-0.487	-0.398	-0.318	-0.248
	σ_{D_3}	0.281	0.281	0.281	0.281	0.281	0.281	0.281	0.281	0.281	0.281

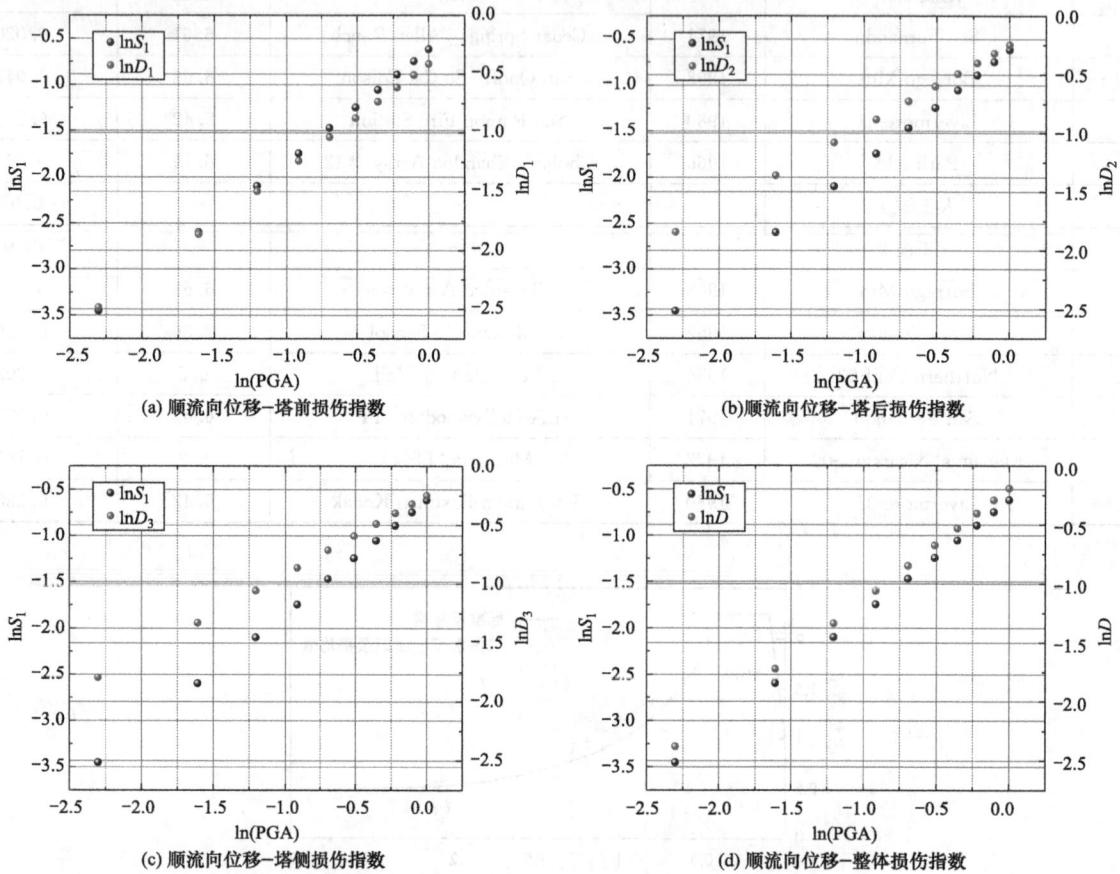

(a) 顺流向位移-塔前损伤指数   (b) 顺流向位移-塔后损伤指数

(c) 顺流向位移-塔侧损伤指数   (d) 顺流向位移-整体损伤指数

图 4   进水塔结构顺流向最大位移-损伤指数对数均值分布图

本文以进水塔结构的设计地震加速度 $0.2g$ 为例,给出塔顶顺水流方向最大位移与损伤指数的二维概率地震需求模型。

(1) 塔顶顺水流向最大位移与塔前损伤指数。根据公式(4)求得,设计地震加速度下进水塔结构的顺水流方向最大位移与塔前损伤指数的二维概率地震需求模型为:

$$f(S_1,D_1) = \frac{1}{1.908S_1D_1(1-\rho^2)^{\frac{1}{2}}} \cdot \exp\left\{-\frac{1}{2(1-\rho^2)}\left[\left(\frac{\ln S_1 + 2.597}{1.077}\right)^2\right.\right.$$
$$\left.\left. +\left(\frac{\ln D_1 + 1.861}{0.282}\right)^2 - 2\rho\left(\frac{\ln S_1 + 2.597}{1.077}\right)\left(\frac{\ln D_1 + 1.861}{0.282}\right)\right]\right\} \tag{6}$$

当塔顶顺水流方向最大位移与塔前损伤指数完全独立时,$\rho=0$,此时的二维概率地震需求模型为:

$$f(S_1,D_1) = \frac{1}{1.908S_1D_1} \cdot \exp\left\{-0.5\left[\left(\frac{\ln S_1 + 2.597}{1.077}\right)^2 + \left(\frac{\ln D_1 + 1.861}{0.282}\right)^2\right]\right\} \tag{7}$$

（2）塔顶顺水流向最大位移与塔后损伤指数。同理，设计地震加速度下进水塔结构的塔顶顺水流方向最大位移与塔后损伤指数的二维概率地震需求模型可以表示为：

$$f(S_1, D_2) = \frac{1}{2.578 S_1 (1-\rho^2)^{\frac{1}{2}}} \cdot \exp\left\{-\frac{1}{2(1-\rho^2)}\left[\left(\frac{\ln S_1 + 2.597}{1.077}\right)^2\right.\right.$$
$$\left.\left. + \left(\frac{\ln D_2 + 1.360}{0.381}\right)^2 - 2\rho\left(\frac{\ln S_1 + 2.597}{1.077}\right)\left(\frac{\ln D_2 + 1.360}{0.381}\right)\right]\right\} \tag{8}$$

塔顶顺水流方向最大位移与塔后损伤指数完全独立时：

$$f(S_1, D_2) = \frac{1}{2.578 S D_1} \cdot \exp\left\{-0.5\left[\left(\frac{\ln S_1 + 2.597}{1.077}\right)^2 + \left(\frac{\ln D_2 + 1.360}{0.381}\right)^2\right]\right\} \tag{9}$$

（3）塔顶顺水流向最大位移与塔侧损伤指数。设计地震加速度下进水塔结构的塔顶顺水流方向最大位移与塔侧损伤指数的二维概率地震需求模型为：

$$f(S_1, D_3) = \frac{1}{1.902 S_1 (1-\rho^2)^{\frac{1}{2}}} \cdot \exp\left\{-\frac{1}{2(1-\rho^2)}\left[\left(\frac{\ln S_1 + 2.597}{1.077}\right)^2\right.\right.$$
$$\left.\left. + \left(\frac{\ln D_3 + 1.329}{0.281}\right)^2 - 2\rho\left(\frac{\ln S_1 + 2.597}{1.077}\right)\left(\frac{\ln D_3 + 1.329}{0.281}\right)\right]\right\} \tag{10}$$

塔顶顺水流方向最大位移与塔侧损伤指数完全独立时：

$$f(S_1, D_3) = \frac{1}{1.902 S D_3} \cdot \exp\left\{-0.5\left[\left(\frac{\ln S_1 + 2.597}{1.077}\right)^2 + \left(\frac{\ln D_3 + 1.329}{0.281}\right)^2\right]\right\} \tag{11}$$

（4）塔顶顺水流方向最大位移与整体损伤指数。选择塔顶顺水流方向最大位移和整体损伤指数作为工程需求参数，假定工程需求参数服从对数正态分布，整体损伤的分布参数如表4所示。

表4 进水塔结构整体损伤分布参数

分布参数	地震动峰值加速度 PGA									
	$0.1g$	$0.2g$	$0.3g$	$0.4g$	$0.5g$	$0.6g$	$0.7g$	$0.8g$	$0.9g$	$1.0g$
μ_D	-2.379	-1.720	-1.334	-1.061	-0.848	-0.675	-0.528	-0.401	-0.289	-0.189
σ_D	0.450	0.450	0.450	0.450	0.450	0.450	0.450	0.450	0.450	0.450

本文以进水塔结构的设计地震加速度 $0.2g$ 为例，给出塔顶顺水流方向最大位移与整体损伤指数的二维概率地震需求模型，如公式（12）所示。

$$f(S_1, D) = \frac{1}{3.045 S D (1-\rho^2)^{\frac{1}{2}}} \cdot \exp\left\{-\frac{1}{2(1-\rho^2)}\left[\left(\frac{\ln S + 2.597}{1.077}\right)^2\right.\right.$$
$$\left.\left. + \left(\frac{\ln D + 1.720}{0.450}\right)^2 - 2\rho\left(\frac{\ln S + 2.597}{1.077}\right)\left(\frac{\ln D + 1.720}{0.450}\right)\right]\right\} \tag{12}$$

当塔顶顺水流方向最大位移与整体损伤指数不相关时，$\rho = 0$，则：

$$f(S_1, D) = \frac{1}{3.045 S D} \cdot \exp\left\{-0.5\left[\left(\frac{\ln S + 2.597}{1.077}\right)^2 + \left(\frac{\ln D + 1.720}{0.450}\right)^2\right]\right\} \tag{13}$$

5 进水塔结构二维地震易损性分析

5.1 进水塔结构性能水准

依据《建（构）筑物地震破坏等级划分》（GB/T 24335）[14] 与《中国地震烈度表》（GB/T 17742）[15]，将进水塔结构在地震作用下的破坏级别分为五级标准：基本完好、轻微破坏、中等破坏、严重破坏及毁坏。

根据表1的地震波信息，选择具有不同的震级和震中距的3号、4号、8号地震波，将上述三条地震波按照步长 $0.1g$ 调幅至 $1.0g$，通过分析得到进水塔结构塔顶顺水流方向最大位移的 IDA 曲线。

由于进水塔结构是比较复杂的大型水工建筑物，其实际震害资料和试验数据比较匮乏，因此无法采用经验法获得进水塔结构的性能水准。因此，本文从进水塔结构的非线性动力时程分析结果出发，通过响应随地震动强度的变化趋势的突变点定义进水塔结构的不同性能水准。根据图 5～图 7 曲线的斜率突变点定义进水塔结构基于位移的 4 个性能水准界限值。参考诸如水库大坝等混凝土结构的性能水准量化方法，本文采用塔顶顺水流向最大位移、塔体局部损伤和整体损伤为性能指标来定义进水塔结构不同的破坏状态，如表 5 所示。

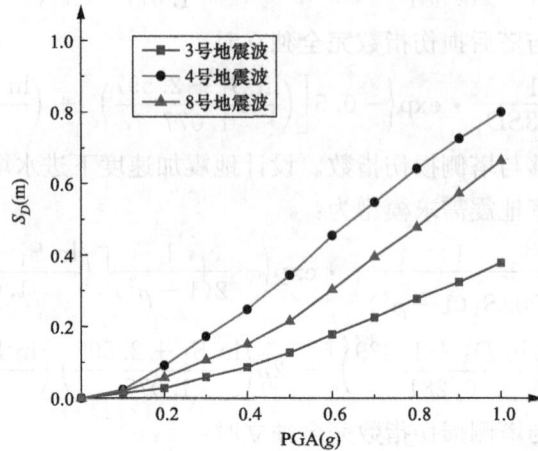

图 5　进水塔顶部顺水流方向最大位移的 IDA 曲线

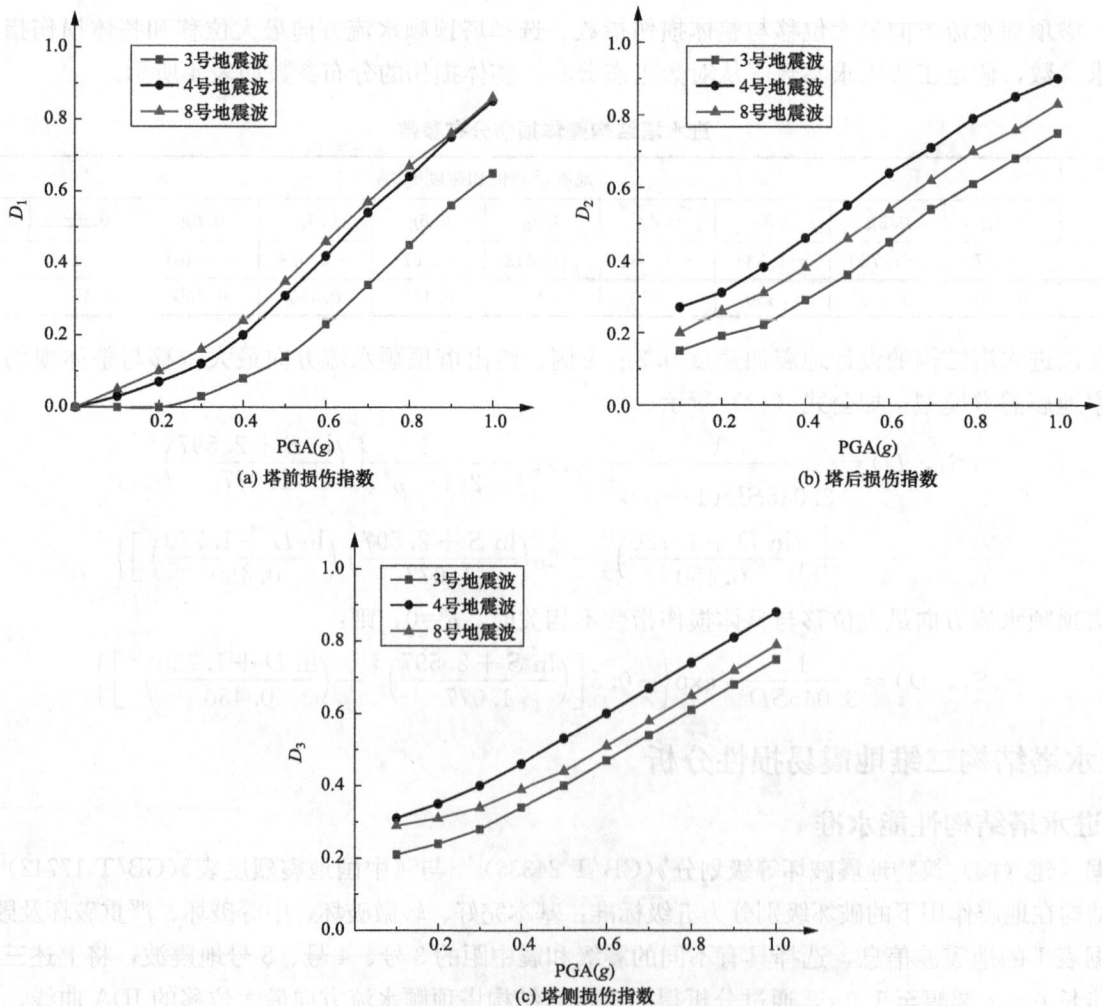

(a) 塔前损伤指数

(b) 塔后损伤指数

(c) 塔侧损伤指数

图 6　进水塔结构局部损伤指数的 IDA 曲线

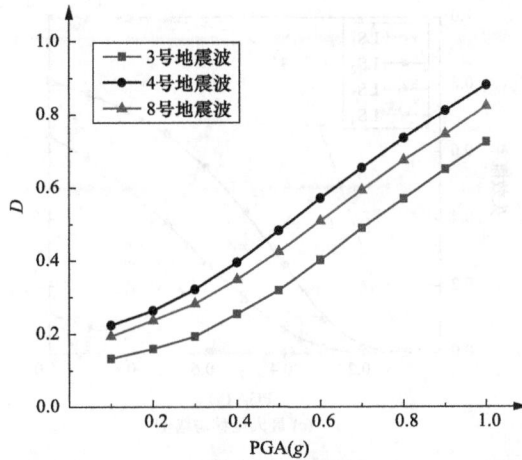

图 7　进水塔结构整体损伤指数的 IDA 曲线

表 5	进水塔结构的性能水准				单位：m
性能水准	基本完好	轻微破坏	中等破坏	严重破坏	毁坏
位移	0～0.02	0.02～0.2	0.2～0.3	0.3～0.8	＞0.8
塔前	0～0.05	0.05～0.16	0.16～0.35	0.35～0.85	＞0.85
塔后	0～0.20	0.20～0.38	0.38～0.55	0.55～0.90	＞0.90
塔侧	0～0.30	0.30～0.40	0.40～0.53	0.53～0.88	＞0.88
整体	0～0.20	0.20～0.30	0.30～0.50	0.50～0.88	＞0.88

5.2　二维易损性分析

假定进水塔结构的顺水流方向最大位移、塔体局部损伤指数与整体损伤指数都符合对数正态分布，采用式（5）计算进水塔结构达到极限性能状态的超越概率。分析进水塔结构顺水流方向最大位移与局部损伤指数和整体损伤指数的易损性，易损性曲线如图 8、图 9 所示。

由图 8（a）可以看出，设计地震加速度下，结构达到 LS_1 和 LS_2 的概率分别为 88.87%、8.13%，达到 LS_3 和 LS_4 性能状态的概率很小，忽略不计。在图 8（b）中，进水塔结构在设计地震加速度下达到前三个极限状态下的概率分别为：66.25%、2.71% 和 0.23%。在图 8（c）中，在设计地震加速度下，进水塔结构达到 LS_1 和 LS_2 的失效概率分别是 29.65% 和 1.33%。图 9 中，进水塔结构达到 LS_1、LS_2 和 LS_3 的概率为：36.35%、2.27% 和 0.11%。

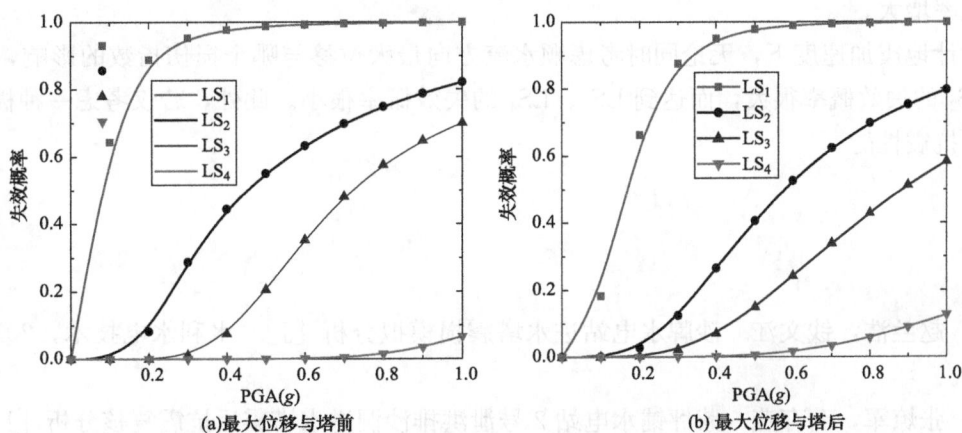

(a) 最大位移与塔前　　　　　　　　(b) 最大位移与塔后

图 8　同时考虑最大位移与局部损伤指数的极限状态时的易损性曲线（一）

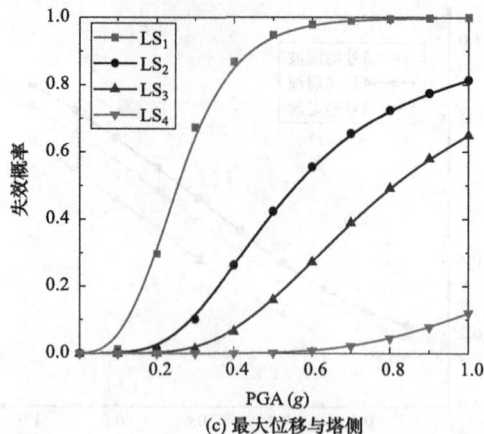

(c) 最大位移与塔侧

图 8　同时考虑最大位移与局部损伤指数的极限状态时的易损性曲线（二）

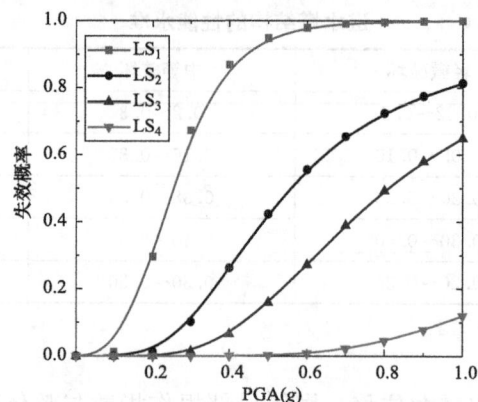

图 9　同时考虑最大位移与整体损伤指数的极限状态时的易损性曲线

6　结语

本文通过分析 IDA 曲线的变化趋势划分了进水塔结构不同性能水准，结合二维概率地震需求模型，得出了进水塔结构达到相应性能水准的概率绘制了二维地震易损性曲线。研究了进水塔结构不同地震加速度下的累计失效情况，得到如下结论：

（1）随着地震加速度的增大，同时考虑进水塔结构顺水流方向最大位移与局部损伤指数和整体损伤指数的失效概率增大。

（2）在设计地震加速度下，无论同时考虑顺水流方向最大位移与哪个损伤指数的影响，进水塔结构达到 LS_1、LS_2 的失效概率很大，而达到 LS_3、LS_4 的失效概率很小。此外，若仅考虑一种极限状态，往往高估结构的抗震性能。

参考文献

［1］刘亚琴，赵兰浩，钱文江. 沙牌水电站进水塔震损模拟分析［J］. 水利水电技术，2015，46（1）：30-33.

［2］赵晓红，张燎军，龚存燕. 紫坪铺水电站 2 号泄洪排沙洞进水塔震后抗震复核分析［J］. 水电能源科学，2010，28（8）：91-93.

［3］曾志和，樊剑，余倩倩. 基于性能的桥梁结构概率地震需求分析［J］. 工程力学，2012，29（3）：

156-162.

[4] 姚霄雯. 基于性能的高拱坝地震易损性分析与抗震安全评估 [D]. 杭州：浙江大学，2013.

[5] 赵国臣，徐龙军，杜佳俊，等. 脉冲型地震动作用下钢框架结构地震需求概率模型 [J]. 浙江大学学报（工学版），2023，57（6）：1080-1089.

[6] 陈力波，林文峰，谷音，等. 基于高斯过程的简支梁桥概率性地震需求模型研究 [J]. 工程力学，2023，40（7）：99-110，248.

[7] 贾大卫，吴子燕，何乡. 基于高斯混合模型和极限状态阈值随机性的概率地震需求分析 [J]. 振动与冲击，2020，41（20）：225-234.

[8] 韩建平，周帅帅. 考虑非结构构件损伤的钢筋混凝土框架建筑多维地震易损性分析 [J]. 地震工程与工程振动，2020，40（1）：39-48.

[9] 何乡，吴子燕，贾大卫. 考虑多维地震下的高耸塔台结构易损性分析 [J]. 自然灾害学报，2021，30（6）：126-135.

[10] 郑晓东. 强震作用下高耸进水塔损伤破坏机理分析 [D]. 西安：西安理工大学，2016.

[11] C. A. Cornell，F Jalayer，R. O. Hamburger，et al. Probabilistic Basis for 2000 SAC Federal Emergency Management Agency Steel Moment Frame Guidelines [J]. Journal of Structural Engineering，2002，128（4）：526-533.

[12] 国家能源局. NB 35047—2015，水电工程水工建筑物抗震设计规范 [S]. 北京：中国电力出版社，2015.

[13] 朱和敏. 基于性能的进水塔结构地震易损性研究 [D]. 西安：西安理工大学，2023.

[14] 中华人民共和国国家质量监督检验检疫总局，中国国家标准化管理委员会. GB/T 24335—2009，建（构）筑物地震破坏等级划分 [S]. 北京：中国标准出版社，2009.

[15] 国家市场监督管理总局，国家标准化管理委员会. GB/T 17742—2020，中国地震烈度表 [S]. 北京：中国标准出版社，2020.

作者简介：

李晓娜（1983—），女，河北衡水，博士，副教授，主要从事水工结构静动力分析。E-mail：lixjnj@163.com

基于 IDA 的开关站继保楼地震易损性分析

陈 涛

（中国电建集团中南勘察设计研究院有限公司，湖南长沙 410014）

【摘 要】 抽水蓄能电站开关站继保楼钢筋混凝土框架结构在地震中易遭受损坏，且承受荷载大，对结构抗震性能不利。基于 IDA 方法，采用有限元方法对继保楼框架结构进行地震易损性分析。结果表明：结构的 IDA 曲线在小震时离散性小，而随着地震强度增加离散性增加，对数线性回归模型能较好地拟合 IM 和 EDP 关系；按照我国规范设计，继保楼结构具有较高的抗震安全储备，发生倒塌的概率小，具有良好的抗震性能；随着地震强度的增加，继保楼处于基本完好、轻微损伤状态的概率越来越小；处于中等损伤状态呈现先增大后减小的趋势；结构处于严重损伤、倒塌状态的概率越来越大。

【关键词】 继保楼；框架结构；增量动力分析；地震易损性

0 引言

抽水蓄能电站是实现电网调峰和调频的重要手段之一，也是国家实现"双碳"目标的中长期规划重点项目。随着我国水电事业向西南地区发展，水电站面临的抗震问题日益突出。根据汶川地震震害调查结果，大坝等大体积结构震损较少，而板梁柱结构的震损较多[1]。抽水蓄能电站开关站多采用地面形式，其继保楼多为钢筋混凝土框架结构，更容易在地震中破坏。开关站继保楼往往存放电气相关设备，地震作用下建筑物和设备修复造成的经济损失，以及不能正常上网造成的间接损失都是不容忽视的。因此，对地震灾害进行风险分析是重要的防灾减灾措施。地震易损性分析从概率的角度对工程结构进行定量评价，是结构震害预测、抗震设防标准决策的重要依据。随着数值计算的发展，对地震易损性的研究多建立在数值分析基础上[2]。

开关站继保楼在强震作用下容易发生损伤，线弹性分析方法很难确定结构进入非线性状态后的地震响应。基于非线性时程分析的增量动力分析法，在评估工程结构抗震性能方面得到了广泛应用。通过对 IDA 曲线的分析可以较全面、真实地反映结构在不同强震作用下刚度、强度和变形的变化过程。在此基础上，选取合适的损伤指标，即可对结构的损伤状态进行评价。

不同于一般框架，开关站继保楼框架结构由于其存放大量高荷载电气设备，其抗震性能异于一般框架结构，因此有必要对开关站继保楼抗震性能进行研究。本文以某抽水蓄能电站开关站继保楼为研究对象，基于 IDA 方法对继保楼框架结构进行地震易损性分析，建立结构的地震易损性曲线，地面开关站继保楼结构的抗震设计及地震风险评估提供参考。

1 工程概况和计算模型

1.1 工程概况

基于我国南方某大（1）型抽水蓄能电站开关站工程实例，场地类别为 Ⅱ 类，场地特征周期为 $T_g = 0.20g$，标准设计反应谱最大值的代表值为 $\beta = 2.25$，设计基本烈度为 7 度，基岩峰值加速度为 $0.10g$，继保楼结构形式为钢筋混凝土框架结构。

依据我国抗震设计规范[3]，采用 PKPM 软件设计一栋四层三跨框架结构，其平面图以及立面图分别如图 1（a）、（b）所示，选取其中一榀框架进行分析。二层层高为 4.0m，其余层高 4.5m；其中，框架柱截面为 600mm×800mm，框架梁截面均为 400mm×800mm。结构主要设计参数如下：抗震设防烈度为 7 度（0.1g），抗震等级为二级，设计地震分组第二组，Ⅱ类场地；楼屋面恒载和活载分别取 6.0kN/m² 和 10kN/m²；材料选用 C30 混凝土，梁柱主筋采用 HRB400，箍筋采用 HRB400。梁柱配筋情况见表 1。

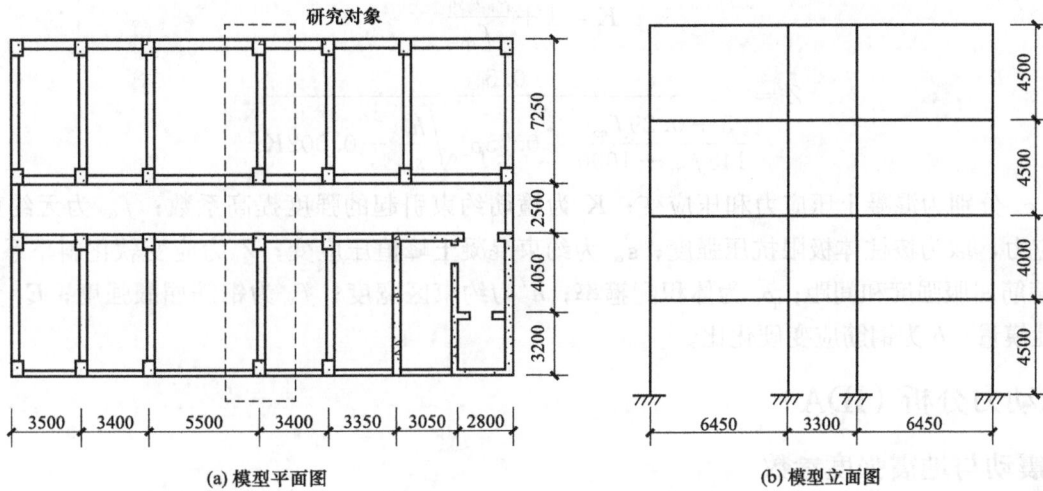

(a) 模型平面图 (b) 模型立面图

图 1　模型概况（单位：mm）

表 1　继保楼框架结构配筋

RC框架	柱		梁	
	纵筋（mm）	箍筋（mm）	纵筋（mm）	箍筋（mm）
继保楼	12Φ25	4Φ8@100/200	3Φ20+3Φ18	2Φ8@100/200

1.2　计算模型

OpenSees 由于其开放性特点在土木领域被广泛应用，它具有庞大的材料库、单元库和算法库，为研究人员提供了极大的便利，本文基于 OpenSees 有限元分析软件开展数值分析。其中：梁柱构件采用基于力的梁柱单元模拟，采用纤维截面，混凝土材料采用修正后的 Kent-Park 模型（Concrete01），为箍筋约束混凝土的本构模型，该模型不考虑混凝土抗拉强度，应力应变关系如图 2、式（1）～式（6）所示；钢筋材料采用可考虑等向应变硬化的改进 Menegotto 模型（Steel02），应力应变关系如图 3 所示；楼板采用刚性楼板假定，通过 T 型截面考虑楼板对框架梁的增强作用。

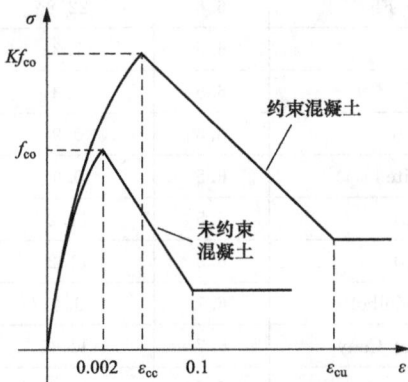

图 2　Concrete01 应力-应变曲线

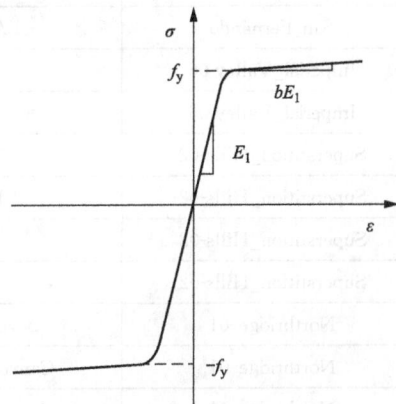

图 3　Steel02 应力-应变曲线

$$\sigma_c = K f_{co} \left[\frac{2\varepsilon_c}{\varepsilon_{cc}} - \left(\frac{\varepsilon_c}{\varepsilon_{cc}} \right)^2 \right], \quad \varepsilon_c \leqslant \varepsilon_{cc} \tag{1}$$

$$\sigma_c = K f_{co} [1 - Z(\varepsilon - \varepsilon_{cc})], \quad \varepsilon_{cc} < \varepsilon_c \leqslant \varepsilon_{cu} \tag{2}$$

$$\sigma_c = 0.2 K f_{co}, \quad \varepsilon_c > \varepsilon_{cu} \tag{3}$$

$$\varepsilon_{cc} = 0.002K \tag{4}$$

$$K = 1 + \frac{\rho_s f_{yh}}{f_{co}} \tag{5}$$

$$Z = \frac{0.5}{\dfrac{3 + 0.29 f_{co}}{145 f_{co} - 1000} + 0.75 \rho_s \sqrt{\dfrac{h'}{s_h}} - 0.002K} \tag{6}$$

式中：σ_c、ε_c 分别为混凝土压应力和压应变；K 为箍筋约束引起的强度提高系数；f_{co} 为无约束混凝土的峰值压应力，取为棱柱体极限抗压强度；ε_{cc} 为约束混凝土峰值压应变；Z 为应变软化斜率系数；f_{yh}、s_h 分别为箍筋屈服强度和间距；ρ_s 为体积配箍率；h' 为约束区宽度；f_y 为钢筋屈服强度；E_1 为钢筋屈服之前弹性模量；b 为钢筋应变硬化比。

2　增量动力分析（IDA）

2.1　地震动与地震强度参数

增量动力分析方法（Incremental Dynamic Analysis，IDA）是一种弹塑性地震反应动力参数分析的非线性分析方法，用于评估结构抗震性能。它将若干条地震动中每一条调幅到多个强度地震动作用于一个结构模型，再进行非线性时程分析。随着地震动强度增加，结构从初始的弹性状态进入非线性状态，直至结构倒塌[4]。为了兼顾结构动力时程分析的效率和精度，通常不采用等差数列的地震强度来进行 IDA 分析，因此，本文采用的地震强度 S_a 为 $0.1g$、$0.16g$、$0.23g$、$0.3g$、$0.4g$、$0.5g$、$0.7g$、$0.9g$、$1.1g$、$1.3g$。

本文研究中，选用 20 条从美国太平洋地震研究中心数据库挑选的实测地震波进行分析，详见表 2，PGA 范围为 $0.174g \sim 0.825g$。常用的地震动强度参数包括峰值加速度 PGA、峰值速度 PGV、峰值位移 PGD，以及与结构基本周期和阻尼相关的谱加速度 S_a、谱速度 S_v、谱位移 S_d。研究表明，阻尼比为 5%结构基本周期 T_1 对应的 S_a（T_1，5%）更能反映多层框架结构的地震需求，且取得的 IDA 曲线离散程度更低[5]。

表 2　　地　震　动　数　据

编号	地震名称	台站	震级	震中距（km）	PGA（g）
E1	San_Fernando	LA-Hollywood_Stor_FF	6.6	22.8	0.210
E2	San_Fernando	LA-Hollywood_Stor_FF	6.6	22.8	0.174
E3	Imperial_Valley-06	Chihuahua	6.5	7.3	0.270
E4	Imperial_Valley-06	Chihuahua	6.5	7.3	0.254
E5	Superstition_Hills-02	Parachute_Test_Site	6.5	0.9	0.455
E6	Superstition_Hills-02	Parachute_Test_Site	6.5	0.9	0.377
E7	Superstition_Hills-02	Poe_Road_（temp）	6.5	11.2	0.446
E8	Superstition_Hills-02	Poe_Road_（temp）	6.5	11.2	0.300
E9	Northridge-01	Beverly_Hills-14145_Mulhol	6.7	9.4	0.516
E10	Northridge-01	Canyon_Country-W_Lost_Cany	6.7	11.4	0.410
E11	Northridge-01	Canyon_Country-W_Lost_Cany	6.7	11.4	0.482
E12	Northridge-01	Northridge-17645_Saticoy_St	6.7	0	0.368

编号	地震名称	台站	震级	震中距（km）	PGA（g）
E13	Northridge-01	Northridge-17645_Saticoy_St	6.7	0	0.477
E14	Northridge-01	Rinaldi_Receiving_Sta	6.7	0	0.825
E15	Kobe-Japan	Nishi-Akashi	6.9	7.1	0.509
E16	Kobe-Japan	Nishi-Akashi	6.9	7.1	0.503
E17	Kobe-Japan	Shin-Osaka	6.9	19.1	0.243
E18	Duzce-Turkey	Bolu	7.1	12	0.728
E19	Duzce-Turkey	Bolu	7.1	12	0.822
E20	Hector_Mine	Hector	7.1	10.3	0.337

2.2 工程需求参数

对于多层框架结构，通常选取结构层间位移角最大值 θ_{max} 作为工程需求参数（Engineering Demand Parameter，EDP）。本文将开关站继保楼的破坏状态分为基本完好、轻微破坏、中等破坏、严重破坏、倒塌。参照规范来定义不同破坏状态对应的层间位移角范围，据此判断继保楼结构破坏状态，见表3[6]。

表3 损伤状态和最大层间位移角的关系

破坏状态等级划分	基本完好	轻微破坏	中等破坏	严重破坏	倒塌
最大层间位移角 θ_{max}	<1/550	1/550～1/275	1/275～2/275	2/275～1/50	>1/50

3 地震易损性分析

结构地震易损性定义：在不同强度地震作用下，结构超越某一极限状态的概率，其表达式见式：

$$P_f = P(C - D < 0) \tag{7}$$

式中：C 为结构抗震能力；D 为结构地震需求。

结构在地震作用下的反应是不确定的，包括抗震能力和地震需求的不确定性，C、D 均为服从正态分布的独立随机变量。在假设 EDP 和 S_a 的对数线性关系基础上，得到结构在不同谱加速度下不同性能水准的超越概率，其表达式见式：

$$\ln EDP = a + b\ln IM \tag{8}$$

$$P_f(D \geqslant C \mid IM = S_a) = \Phi[\ln(\bar{D}/\bar{C})/\sqrt{\beta_D^2 + \beta_C^2}] \tag{9}$$

式中：a、b 为统计回归系数；$P_f(D \geqslant C \mid IM = S_a)$ 表示在地震动强度 $IM = S_a$ 下结构地震需求 D 超过结构抗震能力 C 的概率；$\bar{C}$ 为结构抗震能力中值；$\bar{D}$ 为结构地震需求中值；β_D 为结构地震需求标准差；β_C 为结构抗震能力标准差；$\Phi(\cdot)$ 为标准正态累积分布函数。

当地震易损性曲线以谱加速度 S_a 为自变量时，$\sqrt{\beta_C^2 + \beta_D^2}$ 可取 0.4 进行计算。

4 结果分析

4.1 结构损伤状态发展过程

选用 E3 地震波在一系列地震强度下作用于结构，得出如图4所示的损伤状态分布。地震强度较低时，结构基本处于完好状态；随着地震强度的增加，各层的损伤状态逐步向倒塌过渡；从损伤状态在各层间的分布来看，中间两层损伤比底层和顶层严重。在设防等级下，结构处于轻微损伤状态，满足规范"中震可修"的要求；直到 0.4g 时，结构出现严重损伤状态，满足规范"大震不倒"的要求。

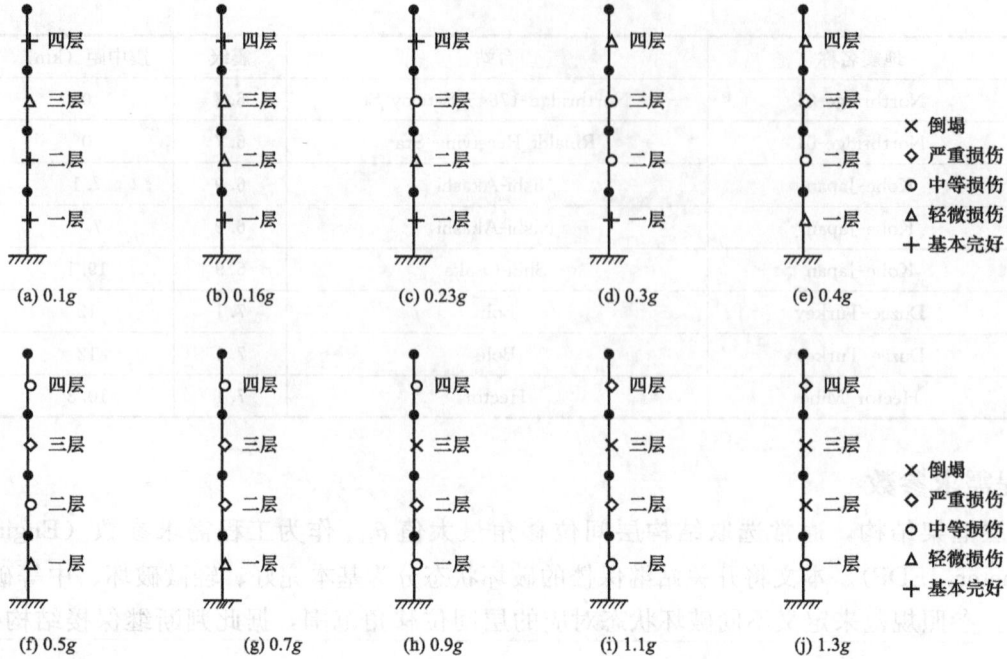

图 4 结构在 E3 作用下 θ_{max} 分布

4.2 IDA 曲线

图 5 显示了所有地震波的 IDA 曲线、均值曲线，图 6 显示了 16％、50％和 84％分位曲线。IDA 曲线可以反映不同强度地震作用的结构的响应，可通过曲线确定结构的极限状态，包括破坏状态。对本文而言，随着地震强度的增加，材料非线性使计算收敛越来越困难，结果的精度受到影响，因此本文所有的 IDA 曲线均显示至 $S_a=1.0g$，对于本文研究的工程而言，地震强度已经足够。

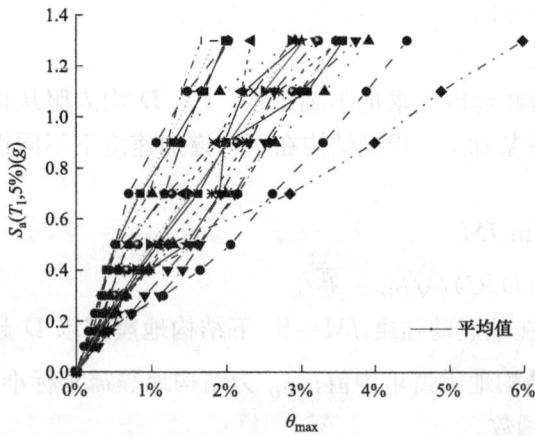

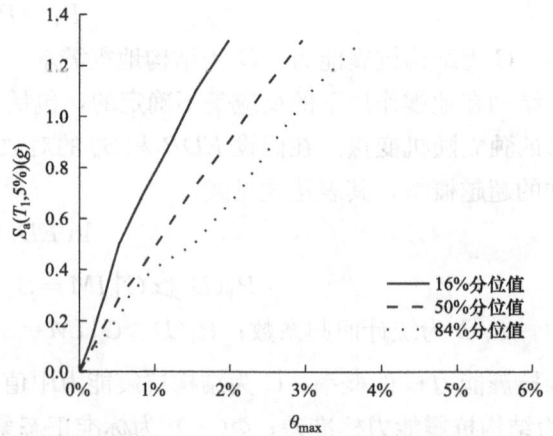

图 5 地震 IDA 曲线   图 6 IDA16％、50％、84％分位曲线

从图中可以看出，对于所有地震波，IDA 曲线呈现出大致相同的变化趋势，但不同地震波 IDA 曲线仍存在差异。当地震动强度较小时，结构处于弹性状态，各 IDA 曲线差异较小，均值曲线和中值曲线比较接近。随着地震动强度的增加，结构出现损伤，结构非线性开始显现，结构损伤的离散性变大，IDA 曲线差异变大。

图 7 为 IM 和 EDP 的对数线性回归关系图，由图可知 $\ln(\theta_{max})=-3.86+1.09\ln(S_a)$，其判定系数 R^2 为 0.862，说明回归模型可以较好地拟合数据，IDA 曲线能深刻反映结构抗震性能。

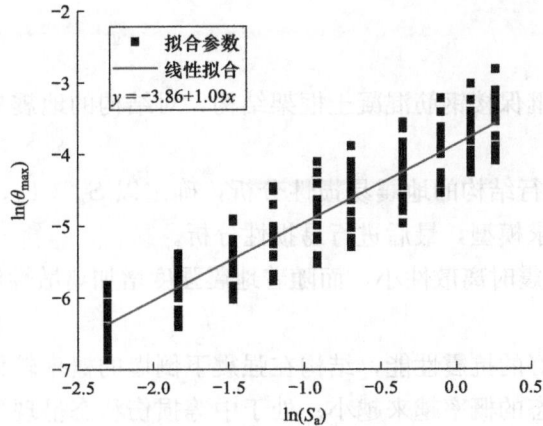

图 7　结构 $\ln(\theta_{\max})$ - $\ln(S_a)$ 回归分析

4.3　易损性曲线

　　基本完好、轻微损伤、中等损伤和严重损伤界限对应的层间位移角分别取 1/550、1/275、2/275 和 1/50。根据 IDA 曲线可以拟合出地震强度和工程需求参数之间的关系，按照上节计算方法可以得到结构的地震易损性曲线，见图 8。进而得到结构在不同地震动下的处于不同损伤状态的概率，见表 4。表 4 中，当 $S_a(T_1,5\%)=0.6g$ 时，发生倒塌的概率仅在 10% 左右，结构在强震下以轻微和中等损伤为主。由表 4 可知，随着地震强度的增加，结构处于基本完好、轻微损伤状态的概率越来越小；处于中等损伤状态呈现先增大后减小的趋势，这与现实情况相符，在小震时结构基本不破坏，而在强震时结构会处于严重破坏状态；结构处于严重损伤、倒塌状态的概率越来越大。

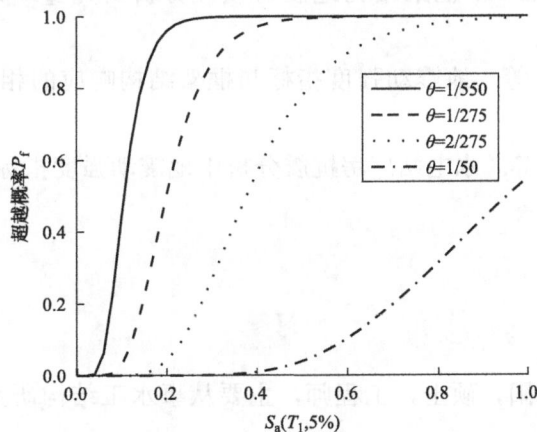

图 8　地震易损性曲线

表 4		结构处于不同损伤状态的概率			单位：%
$S_a(T_1,5\%)$	基本完好	轻微破坏	中等破坏	严重破坏	倒塌
0.1g	55.68	41.29	3.02	0.02	0
0.2g	4.08	45.58	46.11	4.23	0
0.4g	0.01	2.90	40.72	55.46	0.89
0.6g	0	0.14	10.21	79.39	10.26
0.8g	0	0.01	2.04	66.56	31.39
1.0g	0	0	0.4	44.75	54.85

5　结语

针对抽水蓄能电站开关站继保楼钢筋混凝土框架结构，对结构的地震易损性进行研究，主要取得以下结论：

（1）本文基于 IDA 方法进行结构的地震易损性分析，确定以 S_a（T_1，5%）为地震强度指标，θ_{max} 为损伤指标，确定概率地震需求模型，最后进行易损性分析。

（2）结构的 IDA 曲线在小震时离散性小，而随着地震强度增加离散性增加，对数线性回归模型能较好地拟合 IM 和 EDP 关系。

（3）开关站继保楼具有较好的抗震性能，结构在强震下倒塌的概率较低，随着地震强度的增加，结构处于基本完好、轻微损伤状态的概率越来越小；处于中等损伤状态呈现先增大后减小的趋势；结构处于严重损伤、倒塌状态的概率越来越大。

参考文献

[1]　晏志勇，王斌，周建平．汶川地震灾区大中型水电工程震损调查与分析［M］．北京：中国水利水电出版社，2009．

[2]　石长征，伍鹤皋，高晓峰，等．基于材料损伤的水电站厂房上部结构地震易损性分析［J］．振动与冲击，2021，40（1）：264-270．

[3]　中华人民共和国住房和城乡建设部．GB 50011—2010，建筑抗震设计规范［S］．北京：中国建筑工业出版社，2010．

[4]　李文博．基于 IDA 方法的 RC 框架结构地震易损性分析研究［D］．西安：西安建筑科技大学，2012．

[5]　陈健云，李静，韩进财，等．地震动强度指标与框架结构响应的相关性研究［J］．振动与冲击，2017，36（3）：105-112．

[6]　宋志强，张剑锋，王飞，等．水电站厂房抗震分析中地震动强度指标选择研究［J］．振动与冲击，2022，41（2）：151-160．

作者简介：

陈　涛（1997—），男，河南信阳，硕士，工程师，主要从事水工结构研究。E-mail：chentao464000@163.com

某抽水蓄能电站变速机组水力机械过渡过程计算

吴　含，赵　路，王炳豹，唐　波，朱　亮

（中国电建集团中南勘测设计研究院有限公司，湖南长沙　410014）

【摘　要】 抽水蓄能变速机组技术发展，对新型电力系统高效、安全、稳定运行十分重要。但是，受变速机组特性影响，导致抽水蓄能电站过渡过程计算分析较为复杂。通过建立某抽水蓄能电站变速机组过渡过程数学模型，提出相应的工况拟定原则，进行过渡过程仿真计算研究。结果表明，各工况均满足调保要求；小波动工况变速机组转速调节灵活、有功功率响应快速，且对电网或负荷频率影响较小；功率优先的调节模式下可实现定子有功快速调节，水轮机的出力可以更快地稳定到参考值，转速优先的调节模式下可实现转速的快速调节，使转速稳定在参考转速。

【关键词】 抽水蓄能；变速机组；过渡过程

0　引言

抽水蓄能是当前技术最成熟、经济性最优、最具大规模开发应用条件的电力系统清洁能源。我国抽水蓄能起步于 20 世纪 60 年代，截至 2021 年底，已投产总规模 3249 万 kW，居世界首位，在国家"双碳"目标引领下，抽水蓄能电站建设迎来新发展期，带动勘测、设计、施工、运行和装备制造等全产业链向大容量、高水头、高转速、可变速等方向快速发展[1]。

随着抽水蓄能电站建设发展，不断推动构建新型电力系统的同时，对电力系统安全稳定和可靠性提出了更高的要求，变速机组技术发展迎来契机[2]。变速机组相比定速机组，可以实现抽水工况入力可调[3]，在核电、风电、光伏发电等可再生新能源比重逐年增大的背景下，可有效提高电网运行的安全稳定性，提高资源利用效率。

从 20 世纪 50 年代起，很多国家就开始了对变速机组的研究。苏联于 1955 年提出异步化同步电机的概念，并建立了一套异步电机理论，发起了交流励磁电机研究历程[4]。1987 年，日本成出电站 22MW 变速机组成功投运，6 年后，日本大河电站投运 2 台 400MW 变速抽水蓄能机组[5]，变速机组技术日趋成熟。国内变速机组运用尚处于起步阶段，蔡卫江等[6]从可变速机组调节原理出发，提出了机组效率寻优、功率调节、一次调频控制、调速励磁的联合控制等方面的控制策略，对于可变速机组的控制调节做出了一些有益探索；乔照威等[7]重点研究了异步起动与定子短接起动两种启动方式，提出了转矩与功率表达式；胡万丰等[8]建立了双馈感应电机（DFIM）功率控制系统，对 300MW 双馈式可变速抽水蓄能机组调节过程进行了研究，结果表明，可变速机组双馈感应电机可以通过调节励磁电流直接对定子有功功率进行调节，定子有功功率可以快速跟随功率指令的变化；赵志高等[9]依托可变速抽水蓄能动态特性实验台，通过不同水头不同转速下模型实验分析变速机组的空载特性，揭示空载变速运行背后的演化规律；丁景焕等[10]基于数值仿真方法，开展含定速与变速机组的抽水蓄能电站一次调频动态特性研究。丰宁抽蓄二期为国内首次采用变速机组的抽水蓄能电站，装设 2 台单机容量 300MW 的变速水泵水轮机-发电电动机组，对我国变速技术发展具有重要意义。

水力-机械过渡过程计算的本质是解决水力惯性、机组惯性和调整性能三者的矛盾，实现技术经济最优，确保电站机组和水道系统安全稳定运行。抽水蓄能电站在电网中承担调峰、调频、调相、储能和紧急事故备用等功能，运行过程存在双向水流、启停频繁、一机多用、工况多变等特点；同时，受地形地质、枢纽布置和工程投资等因素影响，抽水蓄能电站输水系统布置形式复杂多样，电站水力过渡过程十分复杂。在引入变速机组条件后，由于其泵工况转速可调的特性，计算工况更为复杂，将进一步增加水力-机械过渡过程计算的复杂度。

本文依托国内某在建抽水蓄能电站，进行变速机组条件下的水力-机械过渡过程计算分析，可为类似项目提供参考。

1 工程概况

国内某抽水蓄能电站装机容量 1200MW，装机 4 台，单机容量 300MW，设置 1 台可变速机组。电站主要由上水库、输水系统、地下厂房及地面开关站、下水库等建筑物组成。

电站上水库正常蓄水位 645.00m，死水位 613.00m 调节库容 777.9 万 m³。下水库正常蓄水位 202.00m，死水位 174.00m，调节库容为 779.4 万 m³。

输水系统总长度约 2.8km，距高比 5.6。输水发电系统采用中部式地下厂房，引水及尾水系统均采用一洞四机布置，引水主洞立面采用一级竖井方案。输水系统主要包括上水库进/出水口、引水主洞、引水调压井、引水高压钢筋混凝土岔洞、引水支管、尾水支管、尾闸室、尾水岔洞、尾水调压室、尾水主洞及下水库进/出水口等。

电站共计 4 台机组，其中 4 号机为变速机组，水泵水轮机主要技术指标如表 1 所示。输水系统过渡过程计算简图如图 1 所示。

表 1   **变速机组和定速机组主要技术指标**

项目	定速机组	变速机组（−7%～+7%）		
额定转速 n_r（r/min）	428.6	398.6～458.4		
吸出高度 H_S（m）	−75	−75		
机组飞轮力矩 GD^2（t·m²）	5500	5500		
最大水头 H_{tmax}（m）	471	471		
最小水头 H_{tmin}（m）	401.7	401.7		
额定水头 H_{tr}（m）	436	436		
额定流量 Q_{tr}（m³/s）	79.5	80.7		
最大扬程 H_{pmax}（m）	479.7	475.25	478.90	479.70
最大扬程流量 Q_{pmin}（m³/s）	52.60	48.25	49.88	65.47
最小扬程 H_{pmin}（m）	413.16	413.25	413.52	415.50
最小扬程流量 Q_{pmax}（m³/s）	70.0	45.4	64.7	74.7

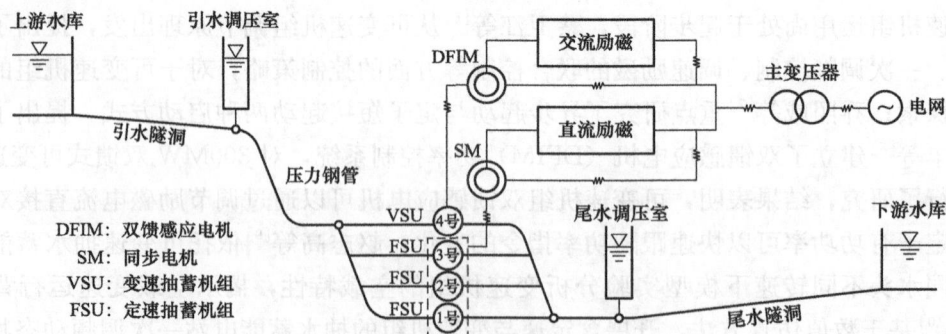

图 1   输水发电系统水力-机械过渡过程计算简图

2 计算方法与模型

2.1 计算方法

在考虑水流及水管壁弹性的情况下，运用非恒定流的一维连续方程和运动方程，得到有压过水管道非恒定流数学模型的双曲型偏微分方程如下：

$$\begin{cases} \dfrac{\partial H(x,\,t)}{\partial x} + \dfrac{1}{gA} \cdot \dfrac{\partial Q(x,\,t)}{\partial t} + \dfrac{f\,|\,Q(x,\,t)\,|}{2gDA^2} \cdot Q(x,\,t) = 0 \\ \dfrac{c^2}{gA} \cdot \dfrac{\partial Q(x,\,t)}{\partial x} + \dfrac{\partial H(x,\,t)}{\partial t} = 0 \end{cases} \tag{1}$$

式中：Q 为流过微管段的流量；H 为微管道段的水头；x 为管道起点到研究微管道的长度；D 为管道直径；A 为管道断面积；c 为水击波速；f 为摩阻系数。

特征线法因其物理意义明确、计算精确高效、适应瞬变过程强等特点，已被广泛应用于上述方程求解过程，国内已有多所高校和研究院开发了成熟的计算软件。

2.2　变速机组特性

本工程采用变速机组为基于双馈感应电机（Doubly Fed Induction Generator，DFIG）的变速抽蓄机组，如图 2 所示。发电电动机转子结构三相对称，定子绕组与电网直接相连，转子经变流器与电网相连，给双馈感应电机提供交流励磁，励磁频率即为双馈感应电机的转差频率。

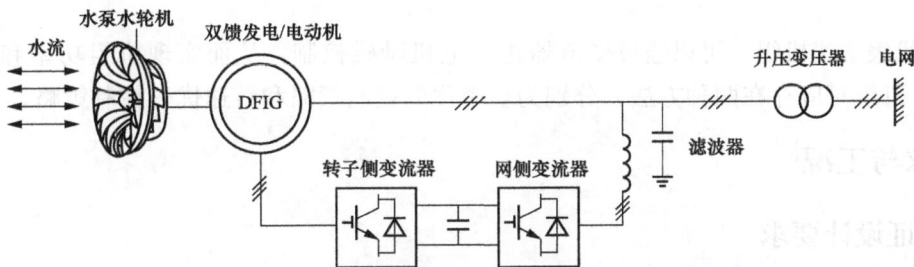

图 2　交流励磁双馈感应式变速抽蓄机组结构示意图

交流励磁双馈感应式变速抽蓄机组通过发电电动机转子交流励磁来实现机组转速的调节，使定子频率保持恒定。变速抽蓄机组不仅可以通过调节励磁电流频率来调节机组转速，达到调节有功功率的目的，也可以通过调节励磁电流的相位来快速调节有功功率，还可以通过调节励磁电流幅值来调节无功功率。

交流励磁双馈感应式变速机组与常规定速机组主要区别如表 2 所示。

表 2　常规定速抽蓄机组与交流励磁双馈感应式变速抽蓄机组对比

机组	常规定速抽水蓄能机组	交流励磁双馈感应式变速抽水蓄能机组
水泵水轮机	两者大致相同，变速抽蓄机组性能更加优化	
发电电动机定子	两者相同	
发电电动机转子	同步电机转子	铁芯为圆柱形，带三相绕组，旋转磁场有三相交流励磁电流在转子内旋转产生
发电机	同步电机	交流励磁双馈感应电机
励磁系统	直流励磁系统（DC）	三相交流励磁系统（AC），频率低（<5Hz），输出电流大、电压高
隐、凸极性	凸极，d 轴分量与 q 轴分量不同，有阻尼绕组，存在初始的瞬态分量	隐极，d 轴分量和 q 轴分量相同，无阻尼绕组，不存在初始的瞬态分量
转速	以额定转速同步运行	在一定范围内可变速运行
发电机输出功率控制	能	能
水泵输出功率控制	不能	能，水泵的人力与转速的三次方成正比

2.3　计算模型

根据输水发电系统布置方案，建立过渡过程计算模型如图 3 所示。N1 为上游水库，N33 为下游水库，N2 为上游闸门井，N32 为下游闸门井，N3 代表引水调压室，N31 代表尾水调压室。N7、N15、N20 及 N27 分别代表 4、3、2、1 号机组。

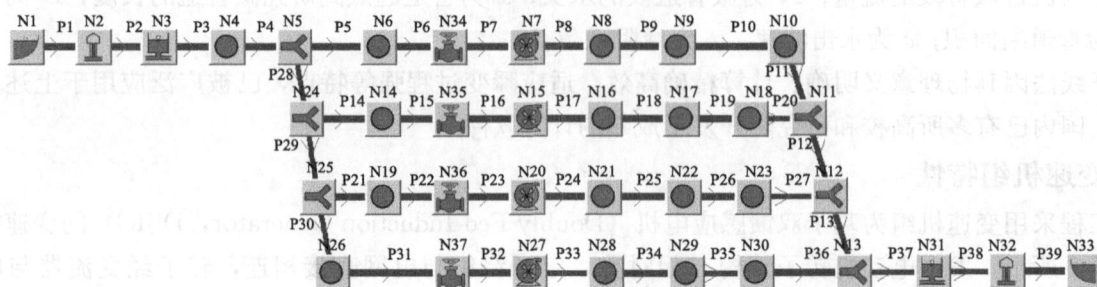

图 3　水力-机械过渡过程计算模型

其中，N7 代表变速机组，可以通过变流器进行电机励磁控制，从而实现机组功率和转速的独立解耦控制。因此，机组对应存在两种方法，分别为功率优先控制策略和转速优先控制策略。

3　计算要求与工况

3.1　调节保证设计要求

3.1.1　大波动计算控制值

（1）蜗壳末端最大压力：$\leqslant$709.8m·WC（升高率不大于 30%）。

（2）尾水管进口最小压力。

设计工况：HB$\geqslant$24m·WC；

校核工况：HB$\geqslant$15m·WC。

（3）机组最大转速升高率（以额定转速为基准）：$\beta_{max}\leqslant$45%。

（4）隧洞全线洞顶处的最小压力在各工况下，均不应小于 2.0m。

3.1.2　小波动计算控制值

（1）主波应满足：有压管道系统惯性时间常数 T_w 值不宜大于 4s，进入允许频率变化带宽的调节时间不宜大于 $24T_w$、衰减度宜大于 80%、超调量宜小于 10%、振荡次数不宜大于 2 次。允许频率变化带宽宜在-0.4%~$+0.4$%范围内。

（2）尾波应满足：进入允许频率变化带宽的调节时间不大于调压室水位波动周期的一半。

（3）小波动工况主要看机组转速的变化，列出小波动转速极值工况下的电气参数变化过程供参考。

3.1.3　水力干扰计算控制值

水力干扰主要研究被干扰的机组的出力、转速以及调压室水位波动等是否衰减，以最大超出力绝对值（MW）、最大超出力相对值（%）、转速± 0.4%调节时间、进入 110%出力限制线时间（s）作为控制工况的选取标准。并列出相应工况的电气参数的变化过程作为参考。

3.2　导叶关闭规律

导叶关闭规律的选择应使机组在水轮机工况和水泵工况均满足调节保证设计参数的要求。本文对发电工况事故甩负荷计算最大转速上升和蜗壳末端最大动水压力，以及尾水管进口最大、最小水动压力等控制值进行导叶关闭规律优化。经过多次优化计算与理论分析，导叶关闭规律如图 4、图 5 所示。

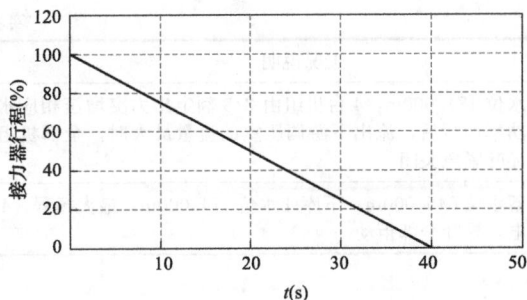

图 4　水轮机工况导叶关闭规律

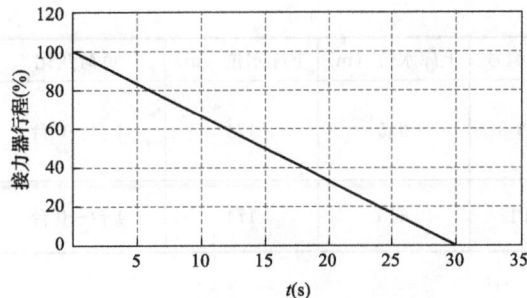

图 5　水泵工况导叶关闭规律

3.3　计算工况选择

针对工程特点，需要在常规过渡过程计算分析工况的基础上，考虑变速机组的叠加影响。变速机组有三档转速（最大转速、额定转速、最小转速）的概念，最大转速、额定转速、最小转速为变速机组的三个特征转速。计算工况按照如下原则拟定：

（1）变速机组最小转速运行工况下的出力/入力、流量等远小于最大转速运行工况，不会起控制作用，因此变速机组最小转速运行工况不需要计算。

（2）因变频器的问题，变速机组在水轮机工况和水泵工况的额定转速均不运行，因此额定转速运行工况不需要计算。

（3）对于变速机组，只需要计算最大转速运行工况。

（4）变速机组在水轮机工况做降速运行，即水轮机工况下的最大转速通常要略小于额定转速。在真机参数获取前，为保守起见，计算中变速机组水轮机工况下的最大转速取额定转速。

4　结果与分析

4.1　大波动过渡过程计算结果分析

通过对各种工况进行计算分析，得到大波动过渡过程计算结果见表 3，代表性控制工况见表 4。

表 3　　　　　　　　　　　　　大波动过渡过程计算结果表

项目		计算值（修正）	发生工况
蜗壳末端最大动水压力（m·WC）		695.32	CT7-2
尾水管进口最小动水压力（m·WC）	设计工况	16.8	DT9-3
	校核工况	7.76	CT7-1
转速最大上升率（％）	水轮机工况	40.88	CT1-2
	水泵工况	17.74	RP1

表 4　　　　　　　　　　　　　大波动过渡过程计算控制性工况表

工况编号	上库水位（m）	下库水位（m）	负荷变化	工况说明
CT1-2	633.79	189.19	4 台→0 台	下水库水位 189.190m，额定出力，额定水头，4 台机组同时甩负荷，其中 1 台机组（变速 4 号）导叶拒动，其他机组导叶紧急关闭
CT7-1	—	174	4 台→2 台→0 台	下水库死水位 174.000m，额定出力，4 台机组正常运行，1、2 号机组突甩负荷，另外 2 台机组在最不利时刻同时甩负荷，导叶正常关闭［2 台机组甩后，延时若干秒（1s 间隔），另 2 台同时甩］
CT7-2	—	174	4 台→2 台→0 台	下水库死水位 174.000m，额定出力，4 台机组正常运行，3、4（变速 4 号）号机突甩负荷，另外 2 台机组在最不利时刻同时甩负荷，导叶正常关闭［2 台机组甩后，延时若干秒（1s 间隔），另 2 台同时甩］

续表

工况编号	上库水位（m）	下库水位（m）	负荷变化	工况说明
DT9-3	645	174	4 台→0 台	下水库死水位 174.000m，4 台机组由 2/3 额定出力突增至相应水头下最大输出功率运行后，流出下游调压室的流量最大时，全部机组同时甩负荷，导叶紧急关闭
RP1	645	174	4 台→0 台	上库正常蓄水位 645.000m，下库死水位 174.000m，最大扬程，4 台水泵抽水断电，导叶全部拒动

（1）蜗壳末端最大动水压力发生于工况 CT7-2，蜗壳末端最大动水压力计算值为 651.83m，修正值 695.32m，满足小于 710m 的限制值要求。

（2）尾水管进口最小动水压力发生在工况 DT9-3 和 CT7-1。DT9-3 的尾水管最小压力计算值为 37.01m，修正值 16.80m，计算值满足设计工况下尾水管进口压力需大于 24m 的要求；CT7-1 的尾水管最小压力计算值为 28.62m，修正值 7.76m，计算值满足校核工况下尾水管进口压力需大于 15m 的要求。

（3）机组最大转速上升的控制工况是 CT1-2，机组最大转速上升率为 40.88%，满足机组最大转速上升率小于 45% 的要求。

4.2 小波动过渡过程计算结果分析

小波动工况下，所有机组转速进入 ±0.4% 的转速偏差内的调节时间均在 14.4s 以内，振荡次数均小于两次，调节时间最长为 14.4s；机组转速最大偏差为 18.18r/min。所有工况超调量均小于 10%，其中超调量最大为 3.67%，部分工况的衰减度小于 80%，但其调节时间和机组转速最大偏差以及超调量均表现良好。

根据小波动计算结果可以发现，首先，变速机组的定子有功可以在很短时间内快速响应，其在几秒钟以内便可调节达到参考值。其中，变速机组定子有功响应非常迅速，而定速机组为同步发电机其有功功率几乎与水轮机出力变化一致，响应缓慢，且有较多振荡。其次，在变速机组变流器转速可调节范围内，变速机组可实现变速恒频，换句话说，在变频器转速可调节范围内，变速机组的转速波动不会对其连接的电网或者负荷的频率造成影响，或者相对于定速机组来说其造成影响很小，另外相对于定速机组其转速可调节，所以变速机组的转速调节对其负荷端的频率影响较小且具有较好的灵活性。

综上变速机组具有有功功率可快速响应、转速调节灵活、对其连接的电网或负荷的频率影响较小的优势。

4.3 水力干扰过渡过程计算结果分析

变速机组有两种调节模式，即功率优先和转速优先。选择三种调节模式的组合：①定速机组频率调节、变速机组功率优先；②定速机组功率调节、变速机组功率优先；③定速机组功率调节、变速机组转速优先。按照不同调节模式进行水力干扰过渡过程计算分析。

在水力干扰工况下，经计算分析得出如下结论：

（1）定速机组频率调节变速机组功率优先的调节模式下，变速机组的定子有功可以在很短时间内快速响应，使其定子有功较好稳定在参考值，同样在变频器转速可调节范围内，变速机组的转速调节对其负荷端的频率影响较小且具有较好的灵活性。

在控制工况下相关变量的典型变化图如图 6 所示。

（2）定速机组功率调节变速机组功率优先的调节模式下，变速机组的定子有功可以在很短时间内快速响应。

在控制工况下相关变量的典型变化图如图 7 所示。

（3）定速机组功率调节变速机组转速优先的调节模式下，变速机组的定子有功可以在很短时间内快速响应，以适应水泵水轮机所需的入力变化，使水泵水轮机的转速快速调节稳定在参考转速。

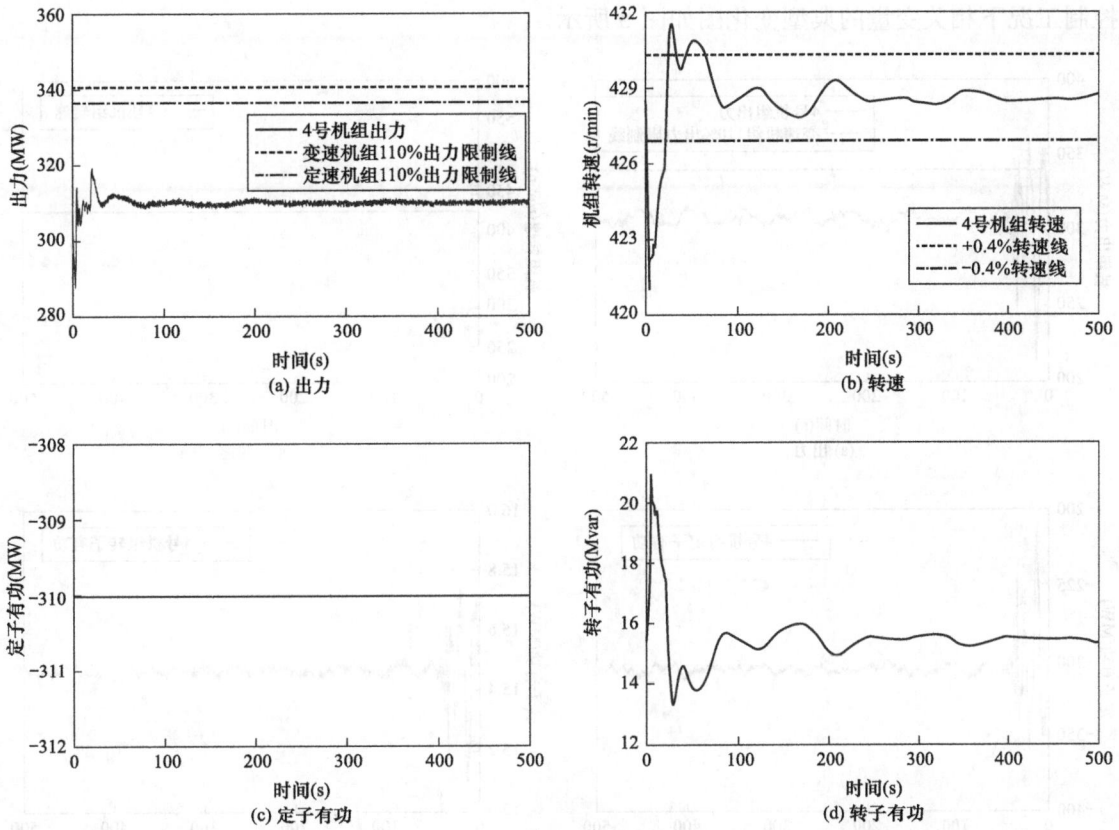

图 6　定速机组频率调节、变速机组功率优先水力干扰工况的各控制参数

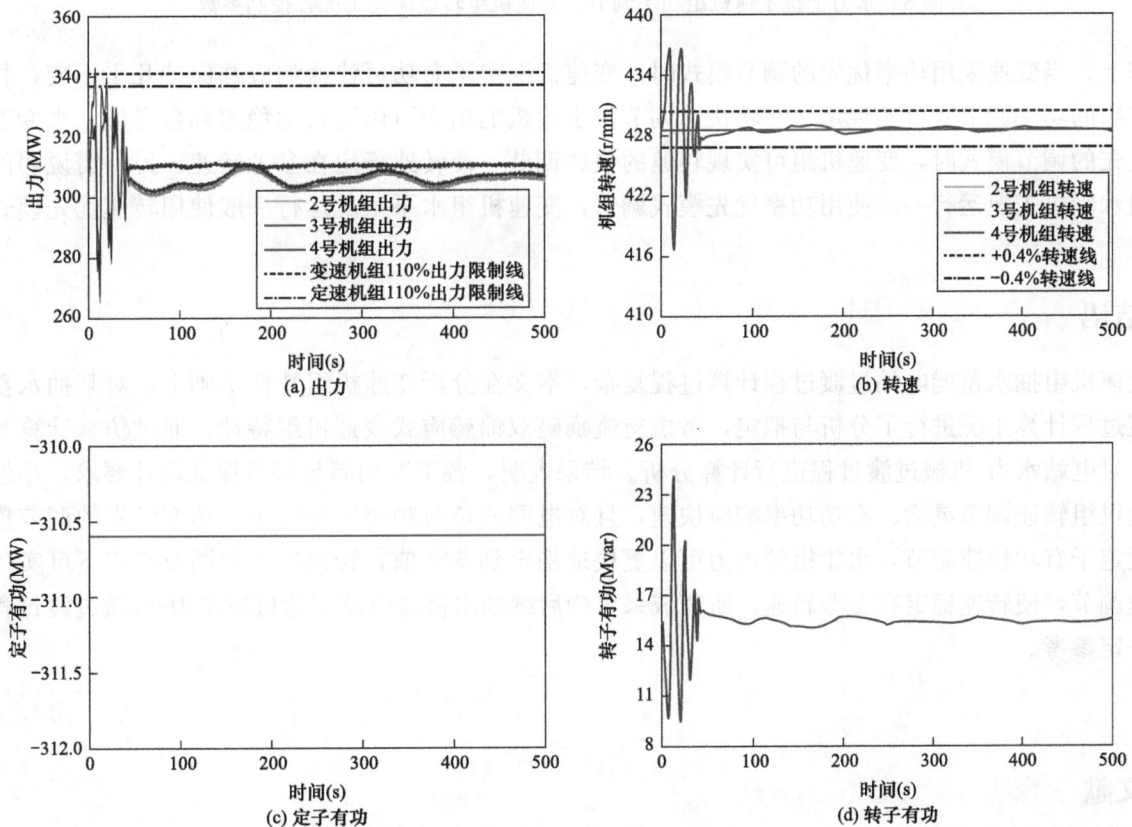

图 7　水力干扰定速机组功率调节、变速机组功率优先工况的各控制参数

在控制工况下相关变量的典型变化图如图 8 所示。

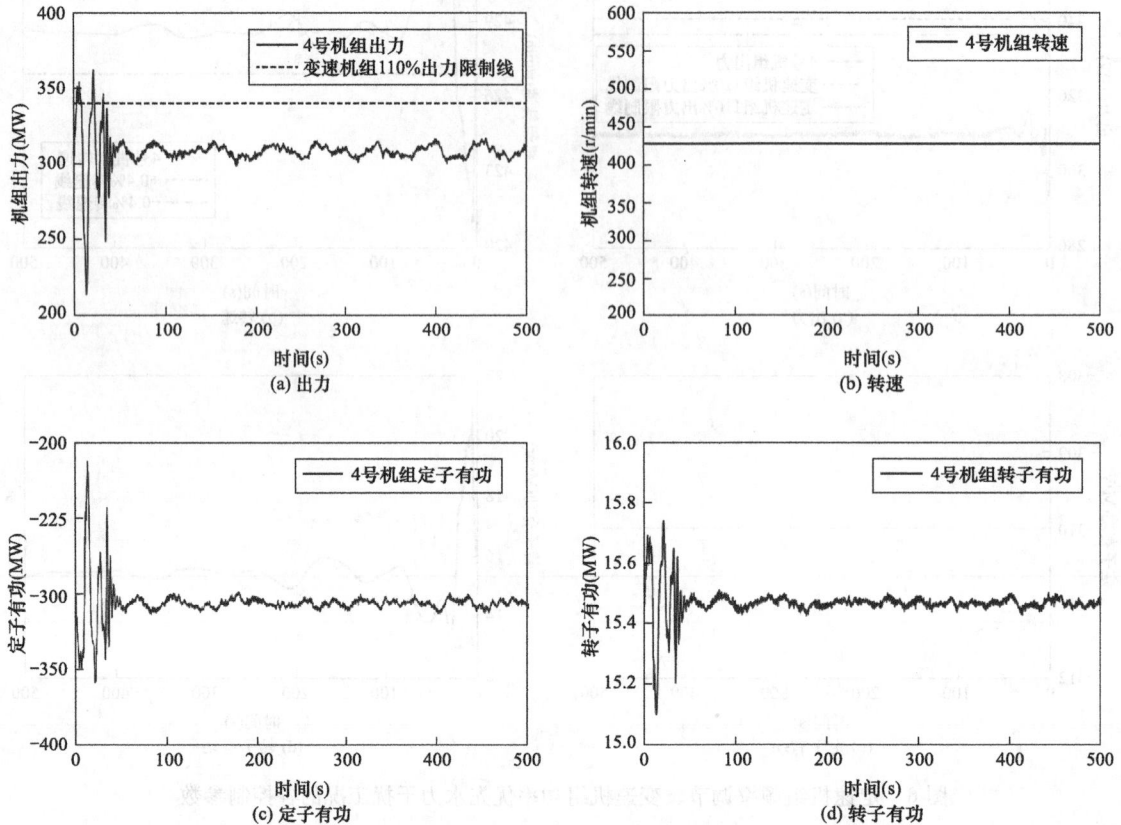

图 8　水力干扰定速机组功率调节、变速机组转速优先工况各控制参数

综上，当变速采用功率优先的调节模式时，变速机组定子有功可快速响应并保持几乎不变，相对于定速机组的功率调节其可实现定子有功快速调节，水轮机的出力可以更快地稳定到参考值；当变速采用转速优先的调节模式时，变速机组可实现转速的快速调节，使转速稳定在参考转速。另外需说明的是变速机组水轮机工况运行一般使用功率优先模式调节，变速机组水泵工况运行一般使用转速优先模式进行调节。

5　结语

变速机组抽水蓄能电站过渡过程计算过程复杂，本文在分析变速机组特性基础上，对某抽水蓄能电站过渡过程计算工况进行了分析与拟定，考虑交流励磁双馈感应式变速机组特性，通过仿真计算与理论分析，对电站水力-机械过渡过程进行计算分析。结果表明，各工况均满足调节保证设计要求，小波动工况变速机组转速调节灵活、有功功率响应快速，且对电网或负荷频率影响较小；功率优先的调节模式下可实现定子有功快速调节，水轮机的出力可以更快地稳定到参考值，转速优先的调节模式下可实现转速的快速调节，使转速稳定在参考转速。研究成果可为后续抽水蓄能电站变速机组水力-机械过渡过程计算提供一定参考。

参考文献

［1］　赵志高. 水电与抽水蓄能机组安全稳定运行与控制研究［J］. 水电与抽水蓄能，2023，9（4）：3.
［2］　胡畅，凌世河. 抽水蓄能电站快速发展面临的挑战与建议［J］. 能源，2023（8）：66-71.

[3] 邓宇闻. 可变速抽水蓄能机组暂态运行稳定性分析及调节性能评估 [D]. 咸阳：西北农林科技大学，2023.

[4] 刘海涛. 交流励磁抽水蓄能机组参与系统调频的控制策略研究 [D]. 重庆：重庆大学，2017.

[5] 桑原尚夫，代永成. 大河内电站 400MW 变速抽水蓄能机组的设计及动态响应特性 [J]. 水利水电快报，1997（3）：1-5.

[6] 蔡卫江，许栋，徐宋成，等. 可变速抽水蓄能机组调速器的控制策略 [J]. 水电与抽水蓄能，2017，3（2）：81-85.

[7] 乔照威，孙玉田. 可变速抽水蓄能机组水泵工况启动方式研究 [J]. 大电机技术，2019（4）：1-4，11.

[8] 胡万丰，樊红刚，王正伟. 双馈式抽水蓄能机组功率调节仿真与控制 [J]. 清华大学学报（自然科学版），2021，61（6）：591-600.

[9] 赵志高，杨建东，董旭柱，等. 基于动态实验的双馈抽水蓄能机组空载特性与变速演化 [J]. 中国电机工程学报，2022，42（20）：7439-7451.

[10] 丁景焕，曹锐，桂中华，等. 含定速与变速机组的抽水蓄能电站一次调频动态特性研究 [J]. 水电能源科学，2024，42（6）：192-197.

作者简介：

吴含（1991—），男，湖北十堰，硕士研究生，工程师，主要从事水电工程水工设计及工程数字化应用研究工作。E-mail：02702@msdi.cn

梅州抽水蓄能电站引水高压混凝土岔管设计及应用

王天兴，吴苏丰

（中国电建集团中南勘测设计研究院有限公司，湖南长沙 410014）

【摘　要】 抽水蓄能电站引水岔管一般水头较高，PD 值较大，若采用钢岔管，往往会产生投资高、工期长、制作安装难等一系列问题，若采用钢筋混凝土岔管则可避免以上问题。本文以梅州抽水蓄能电站引水高压混凝土岔管为例，对高压混凝土岔管的设计及应用过程中的相关问题进行了初步讨论。实践证明，该项目采用钢筋混凝土岔管，具备较好的经济性、合理性和安全性。

【关键词】 高压混凝土岔管；岔管设计；结构计算；安全监测

0　引言

与传统的将衬砌视作承载主体的结构力学理论不同，充分利用和发挥围岩的承载能力是混凝土岔管设计的核心理念，而衬砌仅起做保护围岩、改善糙率、承载局部不稳定块体的作用[1]。所以高压混凝土岔管对地形地质条件要求较高，在方案选择、结构设计及实施阶段的相关问题都需要做出充分的论证。

梅州抽水蓄能电站规划装机容量 2400MW，分两期建设，其中一期（已建成）装机容量 1200MW，二期（在建）装机容量 1200MW，电站枢纽建筑物主要由上水库、输水系统、发电系统及下水库等 4 部分组成。电站发电额定水头 400.0m，电站输水系统采用一洞四机布置，岔管体形为梳子形"卜"形岔，主管直径为 9.0m，支管直径为 4.0m，衬砌厚度为 0.80m，岔洞中心线处最大静水压力约 5.0MPa，引水高压岔洞顶部埋深 405.9～407.8m，洞室围岩主要为微风化～新鲜的Ⅱ类花岗岩。钢筋采用 HRB400 级，内侧配筋单层 C32@167。

1　衬砌型式选择

高压岔管段的衬砌形式有混凝土衬砌或钢板衬砌两种形式，根据工程经验，在其他条件相同的条件下，若高压岔管具备混凝土衬砌布置条件，可节省大量工程投资，具备很好的经济性。根据规范及经验，在进行混凝土岔管布置条件判断时，一般先采用"挪威准则"进行地形条件初判，然后再结合探洞情况选择围岩条件较好的Ⅰ、Ⅱ类围岩作为岔管布置区域，再通过压水试验及地应力试验论证岔管区围岩的在内水作用下不会产生渗透破坏及水力劈裂，最后要控制与相邻洞室间的距离，避免发生洞间渗透稳定问题[2]。以下将结合梅州抽水蓄能电站，从这几方面分析论证引水岔管采用钢筋混凝土衬砌的可行性。

（1）岩体覆盖厚度判断。岔洞布置区地表高程为 788.400～746.600m，岔洞轴线高程为 318.950～316.00m，其垂直岩层埋深 405.9～407.8m，该处最大静水压力 4.9MPa，按照挪威准则的要求，所需岩体最小覆盖厚度为 326.5～315.6m（经验系数取 1.5），因布置区无沟谷切割，侧向埋深安全度大于顶部，故满足要求。

（2）地应力分析。在勘探平洞内对高压岔管部位钻孔内采用水压致裂法进行了三维地应力测试，测试最小主应力 6.05MPa 大于岔洞所承担的最大静水压力 5.0MPa，其比值为 1.2，满足最小主应力要求。

（3）渗透稳定分析。根据已有的钻孔资料，高压岔管部位岩体透水率介于 0.15～1.25Lu 之间，大部分透水率小于 1Lu；根据勘探平洞揭露，高压岔管段岩石完整，大部分洞壁干燥，围岩类别以Ⅱ类为主，岩体基本满足围岩渗透稳定要求。

（4）洞间渗透稳定问题。与相邻洞室间的距离应按水力梯度进行控制，高压岔管与厂房上游侧边墙间距离按水力梯度 4～5 以内控制，梅州抽蓄高压岔管与厂房上游侧边墙间距离约 118m，水力梯度约 4.23。与其他如排水廊道、勘探平洞等邻近洞室水力梯度应按小于 10 控制，梅州抽蓄通过封堵邻近岔管的探洞及优化排水廊道布置等措施，均将与相邻洞室间水力梯度控制在 10 以内。

在满足以上原则的前提下，基本可判断该项目高压岔管具备混凝土衬砌的布置条件。

2 岔管布置及体型设计

对于岔管平面布置，理论上可以通过二次分岔，即将岔管设计为 1 大 2 小三个对称"Y"形岔管来达到分流或合流的目的，但这种布置水流必须连续经过两次偏折，水流条件复杂，水头损失大，岔管段长度也明显增加，工程上较少采用。目前如天荒坪、广州、惠州等已建抽水蓄能项目均采用不对称单侧"卜"形布置[3]，运行状态良好，故梅州抽水蓄能结合已建项目经验，也采用不对称单侧"卜"形布置。

对于岔管立面布置，一般有两种方式，第一种为主支管轴线在同一水平面的上下对称布置，第二种为主支管底部拉平的不对称平底布置，结合天荒坪、广州、惠州等已建抽水蓄能项目经验，虽然后者布置岔管体型稍显复杂，但更利于施工期和运行期排水[3]，对电站建设及运行更有利，梅州抽水蓄能项目采用平底岔管。

对于岔管分岔角，根据相关规范及工程经验，为避免岔管锐角区过长，同时也具备良好的水力学条件，分岔角角度一般取 45°～60°[3]，梅州抽蓄结合布置条件，岔管分岔角角度为 60°。同时，为了避免岔裆处应力集中，设计时会采用适当的倒角措施。

梅州抽水蓄能电站高压岔管钢筋混凝土衬砌结构体型三维图如图 1 所示。岔管体形为梳子形"卜"形岔，主管直径为 9.0m，支管直径为 4.0m，钢筋采用 HRB400 级，内侧配筋单层 C32@167。为提高围岩完整性和承载能力，对岔管区域的围岩进行普通水泥固结灌浆，并考虑局部化学灌浆。其中固结灌浆入岩 6.0m，间排距 2.0m×2.0m，灌浆压力 6.0MPa，局部构造发育处增加化学灌浆孔深 5.0m，间排距 1.5m×2.0m。为增强混凝土衬砌与围岩之间的整体性，提高岔管结构整体抗外压能力，将岔洞支护锚杆外露一定长度伸入砼内。

3 结构计算分析

为了解高压岔管钢筋混凝土衬砌的受力特性，采用三维非线性弹塑性有限元进行结构计算分析。计算模型如图 1 所示，引水岔管计算模型总结点数为 69284 个，总单元数为 68376 个。计算模型四周和底部施加法向链杆，顶部施加等效压力来模拟顶部岩体自重。

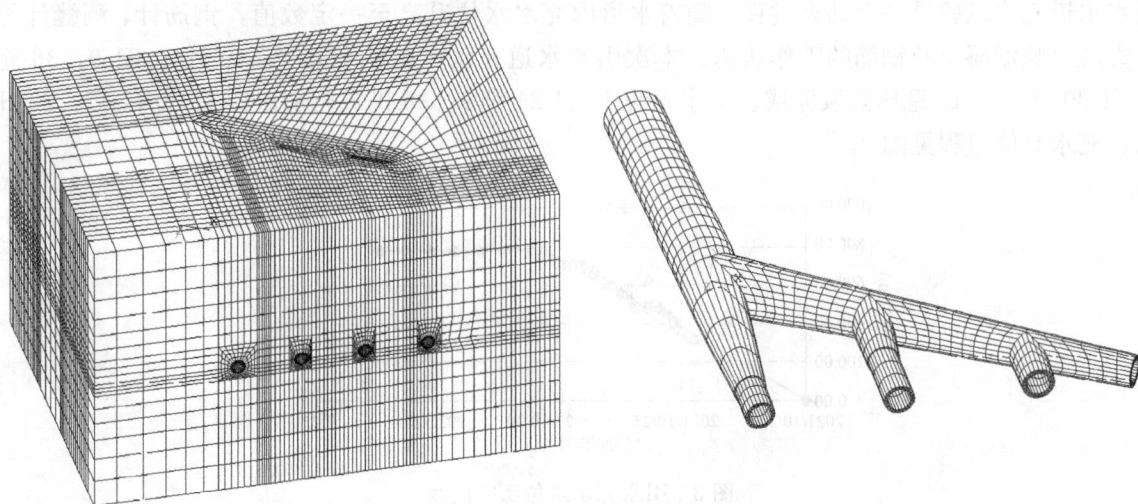

图 1　引水岔管计算模型

设计过程中对运行期岔洞衬砌混凝土结构进行开裂非线性计算，计算结果见图 2。结果说明，在内水压力作用下，岔管衬砌呈现全断面受力趋势，且衬砌的拉应力数值普遍较大，绝大部分管段的衬砌应力均在 9.070～12.244MPa 之间，岔裆局部区域的衬砌最大拉应力超过了 25MPa，远大于衬砌的设计抗拉强度，这说明在内水压力作用下，衬砌开裂将不可避免，需要配置受拉钢筋以限制裂缝的扩展。非线性计算时，参照类似工程，钢筋采用均布式模型，以单元体积率的方式体现配筋作用，岔洞衬砌混凝土采用正交均布式开裂模型和五参数组合破坏准则，其中环向钢筋为 C32@167 mm，衬砌混凝土强度等级为 C30。

当岔洞衬砌混凝土开裂以后，混凝土应力水平较低，且意义不大，水压力将由钢筋和围岩联合承担，钢筋呈受拉状态，钢筋应力数值普遍较大，需重点关注钢筋的应力。根据图 2 所示结果，环向钢筋基本呈拉应力，数值较大，内层环向钢筋拉应力数值普遍在 73.600～128.297MPa 之间，最大值 209.72MPa 出现在岔裆部位。计算结果表明，岔管钢筋应力满足规范要求，岔裆处因应力集中而数值较大而需进行修圆处理。

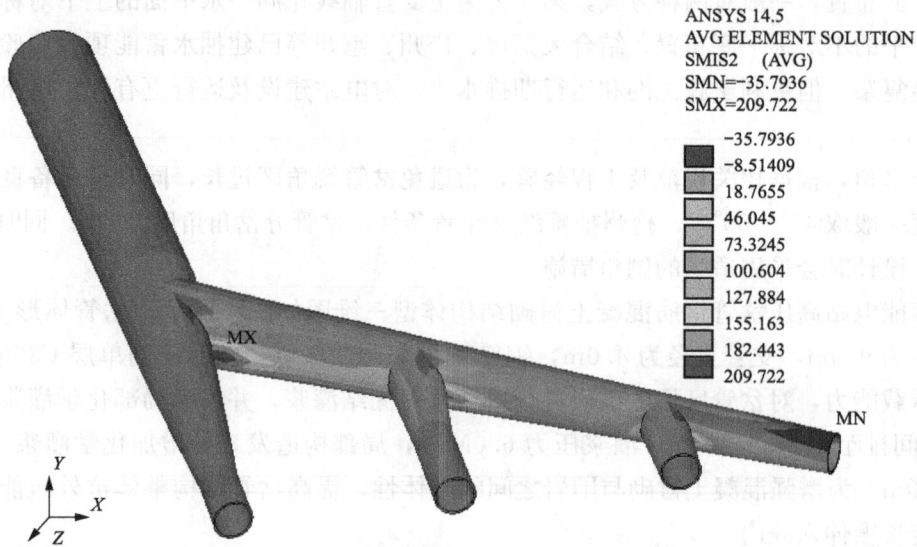

图 2　运行期衬砌内层环向钢筋应力（单位：MPa）

4　监测成果分析

4.1　充水试验过程

引水水道充水试验是一个动态过程，随着水道内充水水位升高至一定数值，钢筋计、测缝计等监测仪器可直观反映混凝土及钢筋的工作状态。本次引水水道充水试验从 2021 年 10 月 24 日 9：36 充水开始，10 月 30 日 17：10 稳压阶段完成。引水系统 10 月 24 日 9：36 正式充水；10 月 30 日 17：20 开始完成充水。充水具体过程见图 3。

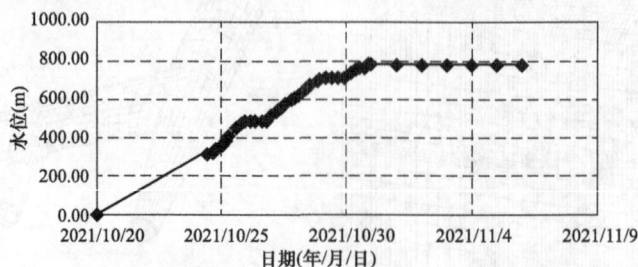

图 3　引水充水水位历时曲线

4.2 监测成果分析

4.2.1 钢筋应力计

选择 1、3 号引水岔管为监测对象，在地质条件较差部位（1Y0＋004.005）设置监测断面，布置 8 支钢筋计，监测钢筋应力变化情况。钢筋计埋设桩号及位置统计表及监测成果见表 1。

表 1		钢筋计安装及监测成果统计表						单位：MPa
仪器编号	高程（m）	安装位置	埋设时间	2021/10/20	2021/10/30	变化量	2021/11/6	
				充水前	充水后		当前值	
Ra4-1	317.666	引水岔洞 1Y0＋004.25 左侧腰部	2021/6/24	0.85	12.8	11.95	—	
Ra4-2	322.000	引水岔洞 1Y0＋004.25 左侧顶拱	2021/6/24	−2.26	−19.64	−17.38	—	
Ra4-3	322.000	引水岔洞 1Y0＋004.25 右侧腰部	2021/6/24	5.59	2.59	−3.00	3.25	
Ra4-4	317.666	引水岔洞 1Y0＋004.25 右侧顶拱	2021/6/24	−6.03	−8.76	−2.72	−34.20	
Rb1-1	315.99	引水岔洞 3Y0＋003.75 左侧腰线	2020/8/11	−9.63	−4.95	4.68	—	
Rb1-2	318.99	引水岔洞 3Y0＋003.75 左侧顶拱	2020/8/11	26.53	45.02	18.49	47.02	
Rb1-3	317.78	引水岔洞 3Y0＋003.75 右侧顶拱	2020/8/11	13.89	8.03	−5.86	7.39	
Rb1-4	315.99	引水岔洞 3Y0＋003.75 右侧腰线	2020/8/11	−5.79	105.43	111.22	—	

引水岔洞钢筋计 Ra4-1、Ra4-2 和 Rb1-1、Rb1-4 充水期间突变，因环向电缆走线未穿钢管保护，混凝土开裂时电缆外皮破损，4 支钢筋突变后失效（Ra4-1 和 Rb1-4 捕捉到测值突变）。充水期间钢筋应力计最大变化量 Rb1-4 为 111.22MPa。钢筋应力先增大随后应力调整减小，当前测值在−34.2～47.02MPa 之间，基本趋于稳定。引水岔洞 1Y0＋004.25、3Y0＋003.75 各布置了 4 支钢筋计，监测成果显示，Ra4-1、Ra4-2 和 Rb1-1、Rb1-4 充水期间突变，因环向电缆走线未穿钢管保护，混凝土开裂时电缆外皮破损，4 支钢筋突变后失效（Ra4-1 和 Rb1-4 捕捉到测值突变）。充水期间钢筋应力计最大变化量 Rb1-4 为 111.22MPa。钢筋应力先增大随后应力调整减小，当前测值在−34.2～47.02MPa 之间，基本趋于稳定。监测成果见表 1、图 4 及图 5。

监测成果表明，钢筋应力实测数值较小，整体上小于数值分析结果，初步判断是由于在高内水作用下，衬砌开裂，内水外渗，内外压基本平衡，衬砌为透水结构。

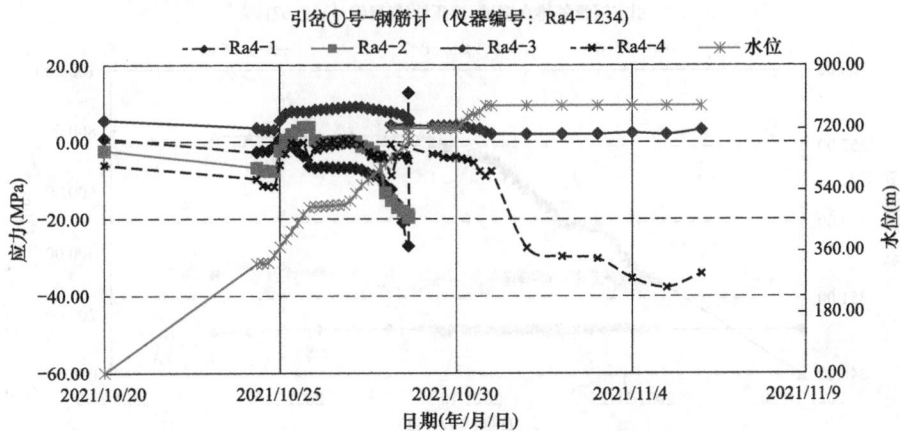

图 4　引岔①钢筋计钢筋应力历时曲线

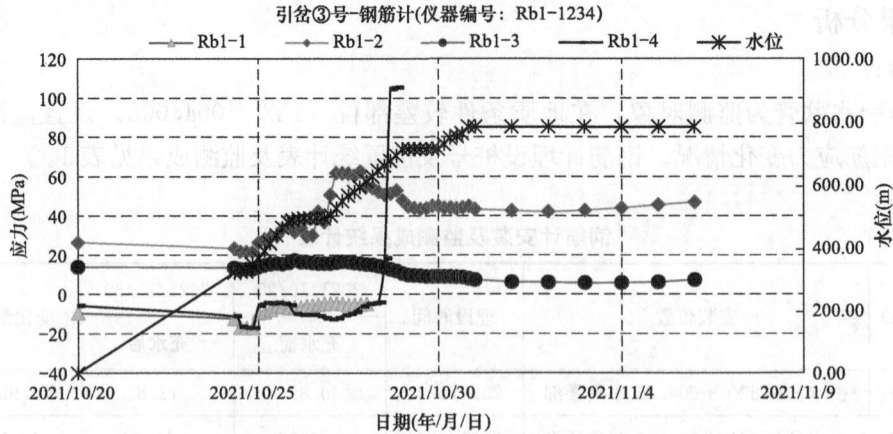

图 5　引岔③钢筋计钢筋应力历时曲线

4.2.2　渗压计和测压管

在引水钢管外排水廊道布置渗压计 2 支、测压管 3 根，监测廊道内的渗流量。渗压计、测压管统计表见表 2。

表 2		渗压器、测压管统计表				单位：m
仪器编号	埋设位置	安装高程	2021/10/20	2021/10/30	充水期间变化量	2021/11/6
			充水前	充水后		当前值
P-6	引水钢管外排水廊道 1-1；348.70	348.7	349.80	349.75	−0.05	349.66
P-7	引水钢管外排水廊道 3-3；351.70	351.7	351.74	351.95	0.20	351.94
UP-1	引水钢管外排水廊道 1-1；346.20	351.55	350.04	350.08	0.04	349.96
UP-2	引水钢管外排水廊道 2-2；346.70	351.28	282.31	282.20	−0.11	282.21
UP-3	引水钢管外排水廊道 3-3；349.10	350.28	364.28	364.31	0.03	364.37

引支钢管外排水廊道公布之 4 支渗压计和 2 根测压管用于渗压监测。水道充水前后测值变化介于 −0.11~0.2m；当前测值介于 282.31~364.37m 之间。监测数据显示，充水前后及后续一周渗压计测值无明显变化。监测成果见表 2、图 6 及图 7。

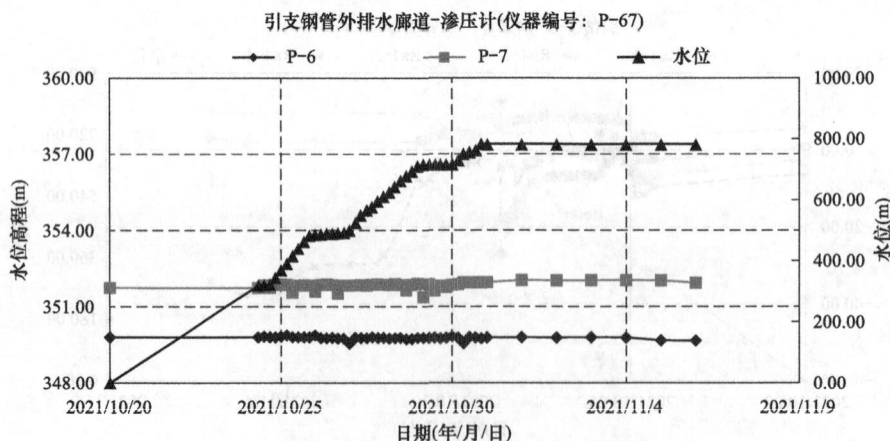

图 6　引支钢管外排水廊道渗压计测值历时曲线

引水钢管外排水廊道-测压管(仪器编号：UP-123)

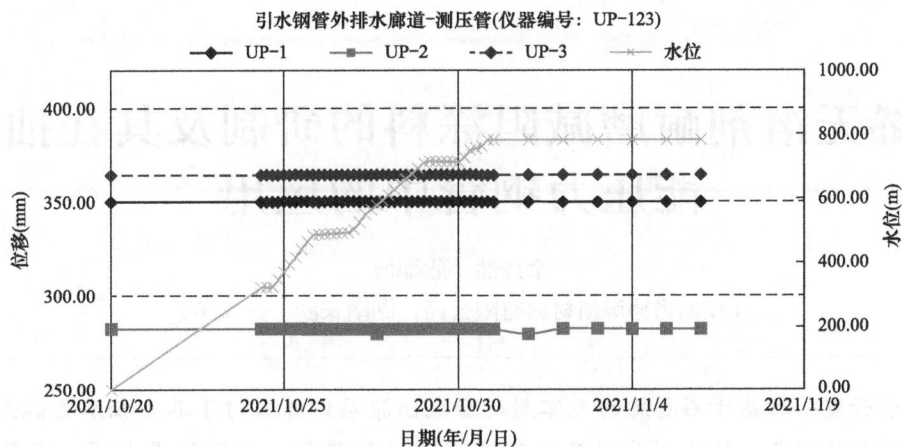

图 7 引支钢管外排水廊道测压管测值历时曲线

监测成果表明，高压岔管附近排水廊道渗压计及测压管充水前后测值变化不大，这说明岔管区围岩在高内水压力作用下，未发生水力劈裂现象及渗透稳定问题，岔管处于安全状态。

5 结论

梅州抽水蓄能电站高压钢筋混凝土岔管投入运行已两年多时间，期间经受了充水、机组增甩负荷等多种不利工况的试验与检测，从目前运行情况看，钢筋混凝土岔管运行状态良，岔管结构是安全的，表明高压岔管采用钢筋混凝土衬砌结构是成功的。通过梅州抽蓄高压混凝土岔管的实践，总结了如下经验：

（1）高压岔管采用混凝土衬砌型式需满足挪威准则和最小地应力要求，且围岩以Ⅱ类为主，不发生渗透破坏；岔管布置型式需结合供水方式比选进行；岔管平面、立面、分岔角及倒角等设计应考虑水头损失、排水条件及应力集中问题；为充分揭示混凝土岔管受力规律，宜通过三维非线性有限元计算进行分析。

（2）高压混凝土岔管是透水结构，主要依靠围岩承担内水压力，需在施工期开挖完成后，重点分析岔管区域构造发育情况，重视固结灌浆设计，必要时采用化学灌浆加强。

（3）为长期及时掌握岔管安全性，适当布置如钢筋计、渗流计等监测仪器是必要的，并且需要注意监测仪器的保护。

参考文献

[1] 叶冀升. 广蓄电站钢筋混凝土衬砌岔管建设的几点经验 [J]. 水利水电，2001（2）：93-105.
[2] 郑晶星. 复杂地质条件下建设高压钢筋混凝土岔管技术 [J]. 人民黄河，2014（2）：104-106.
[3] 张春生，姜忠见. 抽水蓄能电站设计（上册）[M]. 北京：中国电力出版社，2012.

作者简介：

王天兴（1993—），男，四川绵阳，硕士研究生，工程师，主要研究方向：水电站水工设计。E-mail：1028798575@qq.com

石墨烯无溶剂耐磨减阻涂料的研制及其在抽水蓄能压力钢管中的应用

余燕然，危德博

（湖南省德谦新材料有限公司，湖南长沙　410000）

【摘　要】　致力于开发一种基于石墨烯的无溶剂耐磨减阻涂层，并探讨了其在抽水蓄能压力钢管中的应用。研究重点是涂层的制备、性能测试以及实际应用环境的模拟。实验结果表明，石墨烯涂层在耐磨性、抗腐蚀性和减阻效果方面显著优于传统涂料。特别是在高压流体环境中，石墨烯涂层能有效降低流体阻力，提高能效，并展现出卓越的化学稳定性和物理耐久性。该涂层的环保特性，如零 VOC 排放和低环境影响，成为符合现代工业环保标准的理想选择。

【关键词】　石墨烯涂层；无溶剂耐磨涂料；抽水蓄能压力钢管以及耐磨性

0　引言

在当今的重工业领域，特别是在重防腐工程中，对涂料的需求越发严苛。重防蚀涂料不仅要求具备极强的耐化学腐蚀和物理磨损能力，还应对极端气候条件持续展现稳定性。随着全球环保标准的提升，这些涂料系统面临着双重挑战：在保证功能性的同时，必须符合越来越严格的环保法规。这种背景下，传统涂料技术的局限性逐渐显露，推动了新型环保涂料的研发与应用。

传统的溶剂型涂料虽然在施工和性能上具有成熟的技术基础，但它们释放的挥发性有机化合物（VOCs）正成为环保的一大难题。VOCs 的排放不仅对大气层造成伤害，还可能引起人体健康问题。因此，虽然这类涂料在市场上仍占有一席之地，但其环境成本让其逐渐失去了竞争力。

石墨烯作为一种新兴的纳米结构材料，由于其独特的二维结构和卓越的物理化学性质，备受科研和工业界的高度关注。石墨烯的每一片单层都仅有原子级厚度，但其强度却高于钢铁。此外，石墨烯的化学稳定性和极低的透气性使其成为理想的防腐材料。在工业领域，特别是在重防腐涂料中，石墨烯的应用正在开启一场革命，通过其屏蔽性和隔离效果，有效阻挡腐蚀因素的侵袭，同时提供了一种几乎不含有害溶剂的环保涂料解决方案。

1　研究的必要性

1.1　对无溶剂涂料的需求日增

近年来，由于传统涂料中的溶剂对环境和人体健康的潜在危害，全球对无溶剂涂料的需求急剧上升。无溶剂涂料能显著降低有害挥发性有机化合物（VOCs）的排放，符合越来越严格的环保法规。此外，这类涂料通常不需要加热施工过程，可以节省大量的生产时间和成本，尤其适用于对温度敏感的应用场合。

1.2　抽水蓄能压力钢管对涂料性能的特殊要求

常规水电站和抽水蓄能电站输水系统中的压力钢管通常承受较高的内水压力，例如在白鹤滩水电站，已经大规模采用了承压高达 800MPa 的高强度钢材，而在浙江天台抽水蓄能电站中，研发和应用了能够承受高达 1000MPa 的高强度钢材。这种高压环境对涂料的机械强度和耐腐蚀性提出了极高的要求。

涂料不仅需要在长时间水压作用下保持结构完整，而且必须能够抵抗多次高压水的冲刷。

在这种高压环境中，密闭空间内溶剂的挥发可能导致爆炸或人员窒息的安全风险，同时挥发物的析出还可能污染水质。此外，运行多年后，钢管内壁可能会积累水垢，以及藻类和其他微生物的生长，这些都会导致管内阻力增加，影响水流速度。在海水抽蓄电站中，还需要面对海洋藻类和其他海洋生物的吸附，这些生物的存在同样会显著增加管道的流动阻力。

因此，涂料的研究和开发不仅需要针对抗压强度进行优化，还必须考虑到环境安全、耐生物附着性和长期化学稳定性。这类涂料的优化不仅具有重要的实际应用价值，而且在可再生能源存储解决方案的市场中具有巨大的潜力。通过深入研究涂料配方、应用过程及其长期性能，可以极大地提升抽水蓄能系统的运行效率和安全性，推动能源存储技术的进一步发展。

2 传统涂料的应用与问题

传统溶剂型涂料在干燥过程中会释放大量挥发性有机化合物（VOCs），这些物质已被证实对环境造成严重破坏，包括臭氧层消耗、城市烟雾的形成及温室效应的加剧等。据报道，涂料和涂装工业是 VOC 排放的主要来源之一。例如，美国环保局（EPA）指出，涂料行业每年的 VOC 排放量高达数百万吨，这对于遵守越来越严格的环保法规构成了巨大挑战。

虽然传统涂料在市场上已有多年的应用历史，但它们在性能和耐久性方面存在明显的局限。这些涂料通常需要多层涂覆以达到理想的防护效果，且在极端环境下（如高湿度或高盐分条件下）的防腐蚀能力较弱。此外，传统涂料的耐磨损能力也不足以应对高负荷的工业应用需求，这导致了维护成本的增加和使用寿命的减少。

3 石墨烯的防腐、耐磨和减阻特性

石墨烯，凭借其单层碳原子结构，不仅展示了出色的力学性能和化学稳定性，还成为了一种卓越的防腐材料。这种材料能有效隔离环境因素，防止腐蚀介质的侵袭。在耐磨性能测试中，石墨烯增强的涂层展现了非凡的表现，其抗磨损能力远超传统涂料的数倍。

该产品利用高质量石墨烯的润滑性，使涂层漆膜致密且表面光滑，这一特性显著降低了介质与涂层表面之间的流动阻力。因此，不仅提高了介质输送的速度和效率，还显著延长了管道的使用寿命。这些属性使得石墨烯涂层在提供防腐保护的同时，也优化了流体动力学性能，从而在工业应用中提供了双重优势。

与传统涂料相比，石墨烯基涂料具有出色的环境友好性。由于其固含量接近 100%，几乎不含 VOCs，这符合当前全球对环保的严格要求。石墨烯涂料不需要添加有害的溶剂，能在常温下迅速固化，大大减少了涂装过程中的能源消耗和环境污染。此外，石墨烯涂料的高覆盖效率也意味着在实际应用中能够使用更少的材料达到更好的效果。

4 实验材料与方法

4.1 材料准备

4.1.1 石墨烯的选择与处理

本实验中，选择了一款分散在环氧中的高质量薄层石墨烯环氧分散浆料（GRF-GEP-2021），该浆料不包含有机溶剂。通过界面功能处理，解决了石墨烯在无溶剂涂料中的微观均匀分散以及界面相容性的问题。

4.1.2 基体与其他化学材料的准备

涂层的基体材料选用环氧树脂，因其优异的机械性能和黏接性被广泛用于要求高性能的工业应用。环氧树脂与固化剂的比例按照重量比为 2：1 进行混合，确保涂层在固化后展现最佳的物理性能和化学稳定性。除了基体和石墨烯，还加入了少量的纳米二氧化硅（SiO_2）粒子用于进一步提升涂层的耐磨性和耐久性。所有化学材料在使用前都需通过真空脱气处理，以去除可能影响涂层质量的气泡和杂质。

在涂层的制备过程中，石墨烯与环氧树脂混合得均匀至关重要。使用高剪切混合器以确保石墨烯均匀分散在环氧树脂中，形成稳定的混合液。混合过程控制在低温条件下进行，以防止任何热引起的材料性能降低。

石墨烯涂层基本配方见表 1。

表 1　　　　　　　　　　　　　　　　**石墨烯涂层基本配方**

材料类别	材料名称	制作工序
增强材料	单层石墨烯片状材料	碳纯度＞96％，厚度＜3nm
基体材料	环氧树脂	重量比为 2（环氧树脂）：1（加成固化剂）
填料	纳米二氧化硅（SiO_2）粒子	少量
混合与分散	石墨烯与环氧树脂混合	均匀分散
材料处理	所有化学材料	通过真空脱气处理

4.2　涂料的制备

4.2.1　无溶剂型涂料配方的开发

在开发无溶剂石墨烯涂料的过程中，主要目标是实现一种高性能、环保且易于施工的涂料配方。首先，基于环氧树脂的无溶剂系统被选为涂料的基体，因为环氧树脂具有极佳的机械强度和化学稳定性。石墨烯，作为核心增强材料，按照质量比约 0.5％～1％加入到基体中。这一比例经过优化，以确保涂层的均匀性和性能。

为了提高涂料的流动性和施工性，引入了一种环保型增塑剂；该增塑剂可以在不牺牲涂层性能的前提下提高涂料的流动性。

4.2.2　涂层的制备与施工技术

涂层的制备首先涉及将石墨烯均匀地分散在环氧树脂中。使用先进的分散设备，如超声波分散器，以确保石墨烯片在基体中的均匀分布。这一步骤对于最大化涂层的防腐和耐磨性能至关重要。混合后的涂料需要在控温环境中静置一段时间，让气泡自然上升并破裂，以避免在最终涂层中形成缺陷。

在施工技术方面，考虑到石墨烯涂料的快速固化特性，采用了高效的喷涂技术。使用专门设计的喷枪，可以在较短时间内覆盖大面积的钢管内外表面。涂层的厚度控制在 200～2000μm 之间，根据实际应用需求调整。施工后，涂层在室温下可快速固化，固化时间为 24～36h。

4.3　性能测试方法

4.3.1　基础性能测试

石墨烯无溶剂涂层的基础性能满足表 2 要求。

表 2　　　　　　　　　　　　　　　　**石墨烯无溶剂涂层性能测试对照表**

性能项目	性能要求	测试标准	测试设备	测试描述
干燥时间（h）	表干≤4，实干≤24	GB/T 1728—2020	标准测试环境	测量涂层从涂装完成到干燥的时间，包括表干和实干时间
耐湿热试验	6000h 无生锈、无起泡、无开裂、无剥落，允许轻微变色和失光	GB/T 1740—2007	恒温恒湿试验箱	在规定的高温高湿环境下测试涂层的稳定性，观察 6000h 后是否有生锈、起泡、开裂或剥落等现象
附着力（MPa）	拉开法，≥5MPa	GB/T 5210—2006	拉伸测试设备	通过测量实现涂层从基材上剥离所需的最大力量，评估涂层的附着力

性能项目	性能要求	测试标准	测试设备	测试描述
抗氯离子渗透性	$\leqslant 5.0 \times 10^{-3}$	HG/T 4336—2012	氯离子渗透测试设备	测量涂层阻挡氯离子渗透的能力，结果应$\leqslant 5.0 \times 10^{-3}$
耐电位	$[(-3.50 \pm 0.02) V]$（相对于银/氯化银参比电极）；30 天无起泡、无剥落、无生锈	GB/T 7788—2007	电位测试设备	测量涂层的耐电位性能，特别是在与银/氯化银参比电极相比的电位差
铅笔硬度	$\geqslant$2H	GB/T 6739—2022	铅笔硬度测试仪	使用铅笔硬度计测试涂层硬度，涂层的硬度应$\geqslant$2H
耐磨性（CS10，500r/500g）（g）	$\leqslant$0.03	GB/T 1768—2006	磨耗仪	采用橡胶砂轮对漆膜进行磨损，并通过测量漆膜在规定转数后的失重来评估其耐磨性能
石墨烯定性	含有石墨烯	HG/T 5573—2019	微观分析设备	通过微观分析确认涂层中石墨烯的存在和分布情况

4.3.2 化学品与环境耐受性测试

（1）化学品耐受性测试。将涂层样板浸泡在不同 pH 值的溶液中，包括 25% H_2SO_4 酸性溶液和 25% NaOH 碱性溶液，以及 5% NaCl 盐水溶液，模拟强酸、强碱及盐水环境的化学腐蚀。按照 GB/T 9274—1988 标准进行，测试时间设定为 2000h。通过观察涂层在这些恶劣环境下的表面化学变化、光泽变化以及重量变化，从而评估其化学稳定性。此测试旨在确保涂层能够在各种化学环境中保持性能良好，不出现生锈、起泡、开裂或剥落等不良反应。

（2）耐盐雾测试。涂层将进行耐盐雾测试，以模拟涂层在海洋盐雾环境中的表现。此测试按照 GB/T 1771—2007 标准执行，主要评估涂层在长期暴露于盐雾环境下的抗腐蚀能力。在测试期间，涂层样本将被放置在盐雾试验箱中，持续暴露于 5% 的 NaCl 盐水雾气中，模拟盐分和湿度极高的环境。

测试时长通常设定为 4500h，以观察涂层在这一期间内的表现。主要关注涂层是否出现生锈、起泡、开裂或剥落等现象，以及涂层色泽是否有明显的变化和失光现象。通过此测试，可以详细评估涂层的耐盐雾性能，确保其在类似环境中的长期稳定性和耐用性。

4.3.3 进行实际应用环境的模拟测试

（1）高压流动性能测试。为了评估涂层在实际运行条件下的表现，将对抽水蓄能压力钢管的石墨烯涂层进行高压流动性能测试。此测试旨在模拟抽水蓄能系统中的实际工作环境，其中压力管通常承受高达 800MPa 的水压。测试将在配备有高压水流测试装置的实验室内进行，涂层样管将被置于该装置中。

在测试过程中，涂层样管将承受不同水压级别，从 200MPa 逐渐增加到 1000MPa，以模拟不同的运行压力。测试参数包括：

初始流速：设置在 1000mm/s，用以建立测试基准。

压力损失：通过对比未涂覆样管和涂覆石墨烯涂层的样管在相同流速下的压力读数，可以计算出压力损失。

能耗：通过测量在达到相同流速时所需的泵动能量消耗，评估涂层对整体系统能效的影响。

在每个压力级别下，将记录涂层样管的流速、压力损失和能耗，并与未涂覆的样管数据进行对比。预期结果为涂覆石墨烯涂层的样管在相同的泵动能量下会展现更高的流速，显示出显著的减阻效果。这将直接表明石墨烯涂层能有效减少内部流动阻力，从而提升系统的能效和减少运行成本。

高压流动性能测试结果见表 3。

表3 高压流动性能测试结果

测试条件	流速（mm/s）	未涂覆样管压力损失（MPa）	石墨烯涂覆样管压力损失（MPa）	能耗差异（%）
200MPa 压力	1000	5.00	4.40	−12.00
400MPa 压力	1000	10.00	8.70	−13.00
600MPa 压力	1000	15.00	12.90	−14.00
800MPa 压力	1000	20.00	17.20	−14.00
1000MPa 压力	1000	25.00	21.50	−14.00

（2）耐磨载荷测试。为了评估涂层在真实工业环境中的耐磨性能，本测试采用磨料流动测试方法。该测试模拟了涂层在含有固体颗粒的流体中的表现，并通过向涂层表面喷射含有磨料的高速气流来实现。此测试旨在模拟涂层在高速流动的砂粒或其他磨料颗粒影响下的耐久性和防护能力。测试参数如下：

气流速度：设定为 70m/s，以确保足够的动能对涂层进行冲击和磨损。

磨料类型：使用标准的硅砂，粒径为 200～300μm。

喷射时间：每个测试样品被连续喷射 5min。

喷射距离：喷嘴到样品表面的距离固定在 50cm。

在测试结束后，将对涂层表面进行视觉检查以评估磨损情况，并通过测量涂层厚度的减少来定量分析磨损程度。此外，通过比较测试前后涂层的质量变化来进一步验证涂层的耐磨性能。预期结果如下：

涂层厚度减少：预期涂层厚度的平均减少不超过 10%，表明涂层具有优异的耐磨性能。

质量变化：磨损后涂层的质量损失应小于 5%，说明涂层在抵抗高速磨粒冲击下的稳定性。

耐磨载荷测试结果见表 4。

表4 耐磨载荷测试结果

测试参数	测试条件	测试结果	描述
气流速度	70m/s	符合标准	确保足够动能对涂层进行冲击和磨损
磨料类型	标准硅砂，粒径 200～300μm	符合规格	选择常见工业磨料进行测试
喷射时间	5min	完成测试	保证足够时间对涂层进行充分磨损
喷射距离	50cm	固定距离	保证磨损测试的一致性和重复性
涂层厚度减少	测试前后厚度比较	平均减少 8%	涂层显示出优异的耐磨性能
质量变化	测试前后质量比较	质量损失小于 5%	涂层在高速磨粒冲击下的稳定性良好

（3）长期稳定性测试。为了全面评估涂层在长期运行环境下的性能，进行了加速老化测试。该测试模拟了连续多周期的温度、湿度和压力变化，以评估涂层经过长期使用后的性能退化情况。这项测试特别关注涂层的结构完整性和防腐效果，对确保涂层在实际应用中的持久性至关重要。测试参数和结果如下：

温度范围：从 −20～80℃，以模拟极端气候条件。

湿度范围：从 30%～95% 相对湿度，以测试涂层在潮湿环境下的表现。

压力测试：涂层被施加最高达 1000MPa 的压力，以模拟抽水蓄能压力钢管的操作条件。

测试周期：进行了 12 个月的连续测试，每个月进行一次全面的性能评估。

预期和观察到的测试结果包括：

涂层腐蚀情况：通过视觉检查和化学分析，测试前后对涂层进行腐蚀评估，预期涂层在 12 个月后无明显腐蚀迹象。

涂层硬度变化：使用邵氏硬度计测量，预期涂层硬度变化不超过 5%。

涂层附着力：通过拉伸测试设备测量，预期附着力损失不超过 10%。

涂层的抗压性能：经过高压测试后，涂层无显著结构损伤或性能退化。

长期稳定性测试结果见表5。

表5 长期稳定性测试结果

测试项目	测试条件	测试周期	预期结果	观察结果	评估
腐蚀情况	持续暴露在高湿高盐环境下	12个月	无明显腐蚀迹象	无明显腐蚀迹象	优秀
涂层硬度变化	−20~80℃	12个月	硬度变化≤5%	硬度变化为4%	硬度保持良好
涂层附着力	高达1000MPa压力	12个月	附着力损失≤10%	附着力损失为8%	附着力维持稳定
抗压性能	高达1000MPa压力	12个月	无结构损伤	无结构损伤	高压环境下结构和性能维持良好

5 结果与讨论

5.1 涂层性能测试结果

5.1.1 耐磨性与抗腐蚀性能

在进行了一系列严格的耐磨性和抗腐蚀性能测试后，结果显示石墨烯涂层表现出了卓越的性能。在耐磨性测试中，与传统涂层相比，石墨烯涂层的磨损率降低了近60%，表明其具有显著的耐磨性。这是因为石墨烯的层状结构和高强度特性在涂层中形成了坚固的保护屏障，有效抵抗外界摩擦力的影响。

在抗腐蚀性能方面，涂层在各种腐蚀环境（包括盐水、酸性和碱性环境）中表现出高度稳定性，腐蚀速率显著低于行业标准。特别是在含盐环境中进行的中性盐雾测试显示，石墨烯涂层能够有效阻挡盐分和水分的渗透，腐蚀开始出现的时间比传统涂层延长了三倍以上，这归因于石墨烯的屏障效果和化学惰性。

5.1.2 减阻效果的验证

在高压流动性能测试中，石墨烯涂层对于减少流体在抽水蓄能压力钢管中的流动阻力显示了明显效果。测试数据表明，使用石墨烯涂层的管道在相同的泵压下，流速比未处理的管道提高了约20%。这一效果主要是由于石墨烯涂层的平滑表面降低了流体与管壁的摩擦。管道涂敷减阻内涂层的减阻示意图见图1。抽水蓄能压力钢管减阻性能评估表见表6。

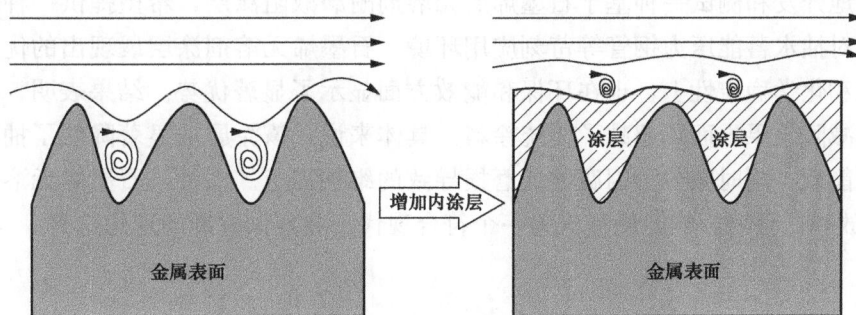

图1 管道涂敷减阻内涂层的减阻示意图

表6 抽水蓄能压力钢管减阻性能评估表

样管尺寸（mm）	无涂层通道（mm/s）	减阻涂层通道（mm/s）	减阻率（%）
φ50×1000	113.66	142.53	20.26
φ100×1000	102.06	126.55	19.35
φ125×1000	96.63	118.82	18.68
φ150×1000	86.59	104.25	16.94

5.1.3 环保性能评估

石墨烯涂层的环保性能也得到了充分的验证。涂层的 VOC 排放量几乎为零，完全符合当前严格的环保标准。此外，由于涂层的高固含量和无须使用有害溶剂的特性，在整个涂装过程中对环境的影响极小。涂层的制备和应用过程中产生的废物也大大减少，符合可持续发展的目标。

5.2 抽水蓄能压力钢管的案例应用

5.2.1 实际应用场景描述

抽水蓄能压力钢管在能源存储系统中扮演着关键角色，常用于连接水库和发电机，实现能量的存储与释放。这些钢管通常处于高压力和不断变化的水流环境中，需要面对腐蚀、磨损和生物附着等多重挑战。为了提高能效，减少维护成本，保证系统的长期稳定运行，对这些钢管的内涂层提出了极高的性能要求。

应用案例中，选择了一处位于复杂地质条件下的抽水蓄能电站作为研究对象。它具有典型的温带海洋性气候，高湿度和盐雾是常态，这给涂层的防腐蚀性能提出了更高的要求。

5.2.2 涂层表现与长期效益分析

应用石墨烯无溶剂耐磨减阻涂层后，首先观察到的即是流体阻力的明显降低。在连续运行 6 个月的测试期间，相比传统涂层，石墨烯涂层减少了约 12％的能耗，这归因于其极低的表面粗糙度和优异的流体动力学特性。这种减阻效果直接转化为能效提升，为电站带来了显著的经济效益。

在耐腐蚀性能方面，石墨烯涂层在长达一年的监测期内，未出现任何腐蚀迹象。与此同时，同区域使用传统涂层的钢管已开始出现轻微的腐蚀痕迹。石墨烯涂层的高化学稳定性和优秀的屏障性能有效阻止腐蚀介质的侵袭，从而显著延长管道的使用寿命。

长期效益分析表明，虽然石墨烯涂层的初期投入成本高于传统涂层，但其在维护成本、运行效率和使用寿命方面的优势使得其总体成本效益比大幅提高。预计使用石墨烯涂层的钢管在整个生命周期内可节省维护和运行成本高达 20％。由于减少了频繁的维修和更换工作，也大大降低了对生产的干扰，确保了能源生产的连续性和稳定性。

6 结语

本文通过系统地开发和测试一种基于石墨烯的无溶剂耐磨减阻涂层，希望提供一种环保且高效的解决方案，特别是针对抽水蓄能压力钢管等苛刻应用环境。石墨烯无溶剂涂层展现出的优异性能不仅体现在提升机械耐久性和化学稳定性上，也在环保和能效方面显示了显著优势。结果表明，石墨烯涂层在耐磨性、抗腐蚀性和减阻效果方面均超越了传统涂料。具体来说，该涂层被显著降低了抽水蓄能系统中的流动阻力，提高了能效，同时减少了因腐蚀或磨损导致的维护需求。此外，石墨烯无溶剂涂层的环保特性，如零 VOC 排放和低环境影响，使其成为一个符合现代工业环保标准的理想选择。

参考文献

[1] 王小牧，雍涛，王雷，等. 低黏度无溶剂环氧石墨烯玻璃鳞片涂料的研制 [J]. 涂料工业，2024（8）：53-58，64.

[2] 王雷，雍涛，王瑞，等. 无溶剂输油管道防腐减阻特种涂料的制备与性能研究 [J]. 新型建筑材料，2022，49（12）：103-109.

[3] 杜群报，王小玲，盛军德. 石墨烯无溶剂纳米流体的制备及其在防腐导热涂料中的应用 [J]. 材料开发与应用，2022，37（6）：102-107.

[4] 刘迟，路广平，田云峰. 天然气管道内减阻涂层应用及质量控制 [J]. 设备监理，2021（6）：39-43.

［5］ 岑日强，张驰. 输油气管道内减阻多功能防腐涂层的开发与研究［J］. 涂层与防护，2020，41 （11）：7-12.

［6］ 郑军生，田学辉，魏梦凯，等. 输气管道用无溶剂内减阻防腐涂料的制备与性能研究［J］. 中国涂料，2019，34（8）：29-33.

［7］ 王磊，段绍明，刘杨宇，等. 输气管道内减阻涂料性能参数对喷涂质量影响的研究［J］. 上海涂料，2016，54（4）：1-5.

［8］ 刘成楼. 无溶剂环氧输油气管内低表面处理防腐减阻涂料的研制［J］. 中国涂料，2014，29（4）：58-62.

［9］ 曹鹏. 无溶剂内减阻涂料的研发和应用［D］. 西安：西安石油大学，2013.

［10］ 曹鹏，李海坤. 输气管道内减阻涂料发展现状［J］. 广州化工，2013，41（6）：35-36.

作者简介：

余燕然（1990—）男，湖南，本科，工程师，主要研究方向：工业重防腐涂料及技术支持。E-mail：296997528@qq.com

某抽水蓄能电站上水库闸门井涌浪控制设计

沙 广

（中国电建集团中南勘测设计研究院有限公司，湖南长沙 410014）

【摘 要】 对于上水库采用全库盆防渗结构的抽水蓄能电站，上水库闸门井前隧洞段长度较长，在不布置上游调压室条件下，机组甩负荷时，闸门井内产生的涌浪高度较大，极易出现涌浪高度不满足结构设计高程的问题。结合某抽水蓄能电站工程设计实例，借助水力过渡过程计算，着重对降低闸门井最高涌浪的方法进行分析。针对某抽水蓄能电站，从工程实际出发，对上水库闸门井进行体型结构优化设计，采用增大闸门井截面面积＋设置溢流槽的方式，将涌浪水溢流回上水库库内，解决了闸门井涌浪过高问题，对类似工程具有一定的参考意义。

【关键词】 闸门井涌浪；抽水蓄能电站；水力过渡；溢流式闸门井

0 引言

抽水蓄能电站具有工况转换多、启停频繁以及输水系统中存在双向水流等特点，其水力过渡过程较复杂，压力管道中时常发生水锤现象，特别对于上水库采用全库盆防渗结构的抽水蓄能电站，上水库进/出水口隧洞段长度较长，未设置上游调压室的输水系统，极易出现上水库闸门井涌浪高度不满足结构设计高程的问题，如何因地制宜地选择合适的方案来解决上水库闸门井涌浪高度超限问题变得尤为重要[1,2]。本文依托某抽水蓄能电站的水力过渡过程一维模拟计算结果，从工程实际出发，选取设计了适合该工程的溢流式闸门井方案，降低了上水库闸门井最高涌浪，对类似工程具有一定的参考意义。

1 工程概况

1.1 工程布置

某抽水蓄能电站装机容量 1200MW，安装 4 台单机容量 300MW 的单级混流可逆式水泵水轮机组，采用首部式厂房方案，不设置上游调压室，设置尾水调压室；布置有两条输水发电系统，均采用一洞两机，引水系统立面采用两级竖井布置，尾水系统立面布置为一坡到底。上水库采用全库盆防渗结构，上、下水库进/出水口均采用侧式型式，分别设置上水库事故闸门井和下水库检修闸门井。具体参数见表 1 和表 2，输水发电系统纵剖面示意图如图 1 所示，依据引水发电管道系统布置方案，选择较长的 2 号水力单元过渡过程计算简图如图 2 所示，对应该计算简图的引水发电系统的计算参数见表 3。

表 1 水 位 特 征 参 数

上水库	水位（m）
上水库校核洪水位（$P=0.1\%$）	855.84
上水库设计洪水位（$P=0.5\%$）	855.57
上水库正常蓄水位	855.00
上水库死水位	815.00
下水库	
下水库校核洪水位（$P=0.05\%$）	393.39
下水库设计洪水位（$P=0.5\%$）	392.18
下水库正常蓄水位	388.00
下水库死水位	367.00

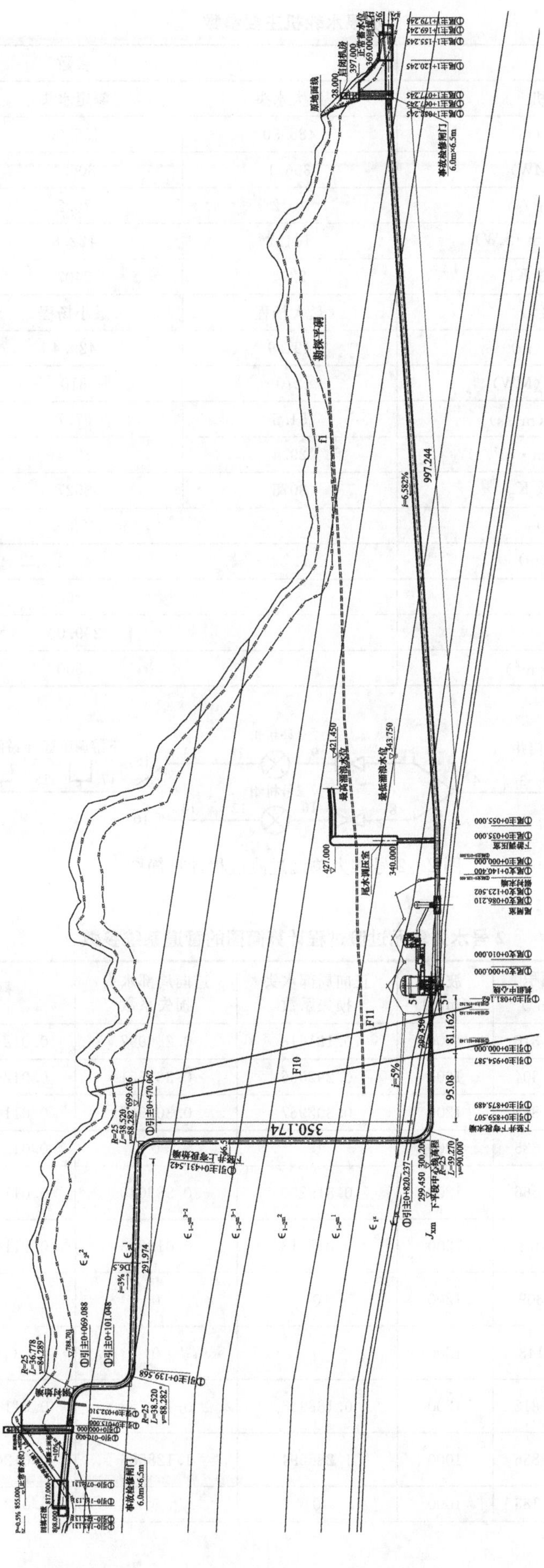

图 1　输水发电系统的纵剖面示意图

表 2 　　　　　　　　　　　　　　　　　　水泵水轮机主要参数

项目		参数		
	水轮机	最大水头	额定水头	最小水头
水轮机工况	净水头（m）	485.50	455.00	419.60
	出力（MW）	306.1	306.1	268.1
	流量（m³/s）	70.2	76.2	73.2
	比转速 n_{st}（m·kW）	104.1	122.8	116.9
	比速系数 K_t	2294	2407	2394
水泵工况	水泵	最大扬程	最小扬程	
	总扬程（m）	491.9	429.4	
	水泵出力（MW）	270	310	
	抽水流量（m³/s）	51.5	67.7	
	比转速 n_{sp}/(m·m³/s)	29.4	37.4	
	比速系数 K_p	3075	3527	
额定转速 n（r/min）		428.6		
转轮高压侧直径 D_1（m）		4.35		
吸出高度 H_S（m）		－68		
安装高程（m）		299.00		
机组飞轮力矩 GD^2（t·m²）		5500		

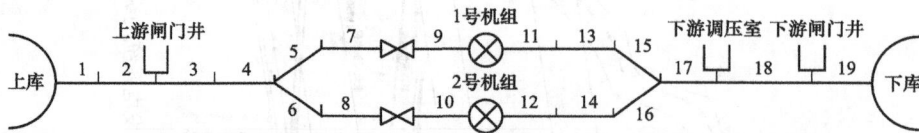

图 2　2 号水力单元过渡过程计算简图

表 3 　　　　　　　　　　2 号水力单元过渡过程计算简图的管道系统参数

管道	长度（m）	当量管径（m）	面积（m²）	波速（m/s）	正向局部水头损失系数	逆向局部水头损失系数	糙率	备注
1	107.173	8.316	54.316	1000	0.181618	0.246997	0.012~0.016	至上游闸门井
2	495.515	6.512	33.304	1000	0.292566	0.331551	0.012~0.016	至钢衬起点
3	422.613	6.469	32.864	1200	0.302967	0.302967	0.011~0.013	压力管道
4	78.650	5.000	19.635	1200	0	0	0.011~0.013	
5 6	61.350	4.000	12.566	1200	0.819200	0.983040	0.011~0.013	支管前直段
7 8	24.371	3.002	7.078	1200	0.018813	0.018813	0.011~0.013	至球阀
9 10	33.910	2.600	5.309	1200	0	0	0.001	蜗壳
11 12	31.548	3.412	9.143	1200	0	0	0.001	尾水管
13 14	91.000	5.506	23.812	1200	0.188948	0.140755	0.011~0.013	至尾闸室
15 16	62.350	5.509	23.836	1000	1.286694	1.128586	0.012~0.016	至支管合岔
17	35.000	6.500	33.183	1000	0	0	0.012~0.016	至下游调压室

管道	长度 (m)	当量管径 (m)	面积 (m²)	波速 (m/s)	正向局部水头 损失系数	逆向局部水头 损失系数	糙率	备注
18	1036.966	6.506	33.241	1000	0.150322	0.111484	0.012~0.016	至下游闸门井
19	72.393	8.953	62.954	1000	0.109783	0.021957	0.012~0.016	出水口

1.2 上、下水库闸门井参数

上、下水库闸门井体型参数见表4。

表4 闸门井体型参数表

部位	高程（m）	面积（m²）
上水库闸门井	794.21~802.71	12.92
	802.72~860.00	18.92
下水库闸门井	353.00~361.50	12.92
	361.51~396.00	18.92

2 闸门井涌浪分析

大波动过渡过程计算，上水库闸门井最高、最低涌浪水位结果如表5所示，相应的工况说明如表6所示。

表5 闸门井涌浪极值计算结果表

调保参数	工况	极值	控制标准
2号上水库闸门井	最高涌浪水位（m） CT2	863.12	860.00
	最低涌浪水位（m） CP3-1	805.00	802.00
2号下水库闸门井	最高涌浪水位（m） CP3-2	393.34	396.00
	最低涌浪水位（m） DT7-1	366.03	361.50

表6 对应工况说明表

说明	工况编号	负荷变化	工况说明
水轮机校核工况	CT2	2台→0台	上水库设计洪水位，额定出力，额定水头，2台机组同时甩负荷，导叶紧急关闭
水泵设计工况	CP3-1	1台→2台→0台	上水库死水位815.00m，下水库正常蓄水位388.00m，一台机组正常抽水时，另一台机组突然启动抽水至正常运行后，在流入下游调压室流量最大时突然断电，全部机组导叶拒动
	CP3-2	1台→2台→0台	上水库死水位815.00m，下水库设计洪水位392.00m，一台机组正常抽水时，另一台机组突然启动抽水至正常运行后，在流入下游调压室流量最大时突然断电，全部机组导叶拒动
水轮机设计工况	DT7-1	1台→2台→0台	上水库正常蓄水位855.00m，下水库死水位367.00m，一台机组正常运行时，另一台机组突增全负荷运行后，流出下游调压室流量最大时，全部机组同时甩负荷，导叶紧急关闭

通过大波动过渡过程计算，机组最大转速升高率、蜗壳最大压力、尾水管进口最小压力，下游调压室、上、下游闸门井的最高、最低涌浪均满足控制标准，且有一定裕度。但2号水力单元上水库闸门井最高涌浪水位超出控制标准3.12m，需要采取优化设计措施。

3 闸门井涌浪控制设计

减小闸门井最高涌浪高度的方法主要有：抬高闸门井顶部平台高程、缩短闸门井前的隧洞段长度、增大闸门井截面面积、顶部设置溢流槽、闸门井内布置错位阻抗块等[3-5]。

抬高闸门井顶部平台高程作为最直接的方法，对地形要求较高，容易与库岸道路形成高差错位，布置产生不协调感，而本电站上水库进/出水口处于最优布置位置，闸门井部位处为低矮的小山包，在满足平面尺寸布置和井口围岩开挖稳定的要求下，无法进一步抬高，从实际地形出发，工程不考虑抬高闸门井顶部平台高程方案。

上水库为全库盆防渗结构设计，在保证岸坡稳定基础上，库岸混凝土面板坡比设计为 1：1.4，此时闸门井前隧洞段长度为 66.2m，缩短闸门井前隧洞段长度十分有限。单纯考虑增大闸门井截面面积，通过试算需要将上水库闸门井面积从 18.92m² 增大到 27m²，结构设计上不经济，同样如果单纯考虑设置溢流槽，溢流槽尺寸也将变得很大；至于闸门井内布置错位阻抗块，由于适用场景较少，不适用。因此，为解决本工程上水库闸门井最高涌浪高程问题，采用增大闸门井截面面积＋设置溢流槽两方案结合的方法。

溢流式闸门井最上方考虑到启闭机设备的运输和载重以及最高涌浪对顶板的冲刷等情况，顶板与路面之间需要一定的覆土高度；孔口底板高程与库区水位之间要有一定的水位差，底板高程不宜太低，即开孔高度不宜过大[6]。

为保证上水库闸门井最高涌浪计算值高于闸门井，最高涌浪不影响启闭机闸门运行，将上水库进/出水口闸门井孔口宽度由 2.96m 增加到 5.00m，孔口面积增加 12.24m²，同时在闸门井顶部设置溢流槽，将涌浪水流回上水库库内，断面尺寸为 6.0m×2.3m，槽底坡度为 1.5%，长度 8m。参考宽顶堰的水力计算公式，确定溢流系数，重新进行大波动过渡过程计算，上水库闸门井最高涌浪满足设计高程要求。计算结果如表 7 所示。结构设计如图 3、图 4 所示。

表 7 上水库闸门井涌浪极值计算结果表

调保参数		工况	极值	控制标准
2 号上水库闸门井	最高涌浪水位（m）	DT3	858.09	860.00
	最低涌浪水位（m）	CP3-1	805.55	802.00

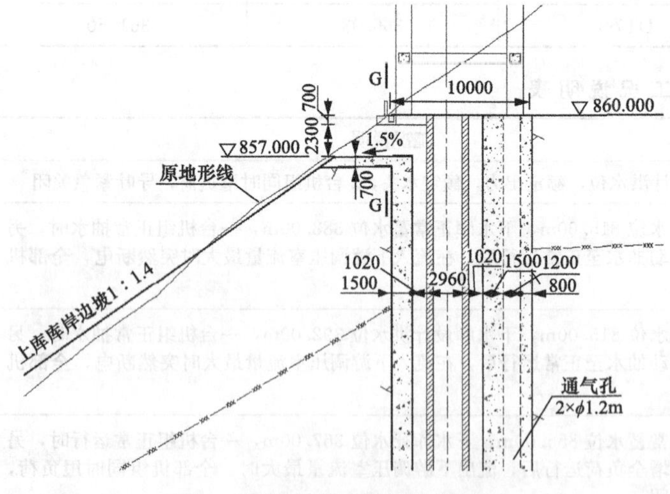

图 3 闸门井溢流槽设计剖面图

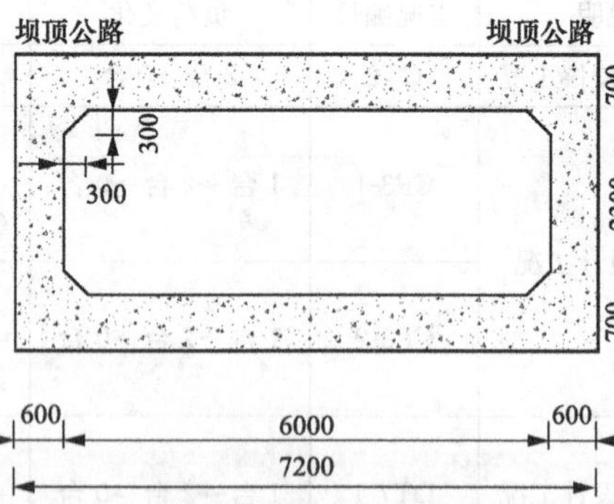

图 4 闸门井溢流槽截面尺寸图

4 结论

（1）某抽蓄电站在不设置上游调压室条件下，通过水力过渡计算研究，结合工程实际情况，对上水库闸门井进行体型结构优化设计，增大闸门井截面面积＋在闸门井顶部平台设置溢流槽，将涌浪水溢流回上水库库内，解决了闸门井涌浪过高问题。

（2）水力过渡过程分析结果表明，闸门井孔口宽度由 2.96m 增加到 5.00m，孔口面积增加

$12.24m^2$，同时在闸门井顶部设置溢流槽，断面尺寸为 $6.0m \times 2.3m$，槽底坡度为 1.5%，长度 8m，在各种水力过渡工况下，闸门井最高最低涌浪均满足要求。

参考文献

[1] 程远楚. 水轮机自动调节 [M]. 北京：中国水利水电出版社，2010.

[2] 靳国云. 某大型抽水蓄能电站大波动过渡过程计算分析 [J]. 百科论坛电子杂志，2018 (3)：365-366.

[3] NB/T 35021—2014，水电站调压室设计规范 [S]. 新华出版社，2014.

[4] 黄立财，刘林军，张巍. 清远抽水蓄能电站溢流式闸门井关键技术研究 [J]. 水利规划与设计，2013 (5)：54-56，71.

[5] 吴疆，王东锋，高亚楠. 一种能抑制最高涌浪的闸门井：中国，201420371773 [P]. 2023-07-03.

[6] 杜征宇，李进，曾剑辉. 降低抽蓄电站闸门井最高涌浪方法的对比分析 [J]. 电力勘测设计，2023 (S2)：210-216.

作者简介：

沙 广 (1994—)，男，湖北黄冈，研究生，工程师，主要研究方向：水工结构。E-mail：771867279@qq.com

抽水蓄能电站充水保压蜗壳合理保压值选取研究

姚 远

（中国电建集团中南勘测设计研究院有限公司，湖南长沙　410014）

【摘　要】　充水保压蜗壳合理保压值的选取是影响电站的稳定运行、蜗壳的体型设计和外围混凝土的配筋设计的一个关键技术问题。结合梅州抽水蓄能工程实际，以大型通用程序 ANSYS 为基础，分析不同充水保压工况下钢蜗壳外包混凝土应力、承载比、配筋及钢蜗壳应力等成果，并综合考虑机组稳定运行、温度荷载等因素对充水保压值选取的影响。研究表明，本工程蜗壳采用 350m 的保压值，不仅能够充分发挥外包混凝土的承载能力，而且更有利于保证机组稳定运行，是合理的保压水头。

【关键词】　抽水蓄能电站；充水保压蜗壳；保压值；外包混凝土承载比

0　引言

抽水蓄能电站是目前为止技术最成熟、经济性最优的大规模储能电站，是我国实现碳达峰碳中和的必然选择。近年来，我国抽水蓄能电站建设事业呈井喷式发展，大型抽水蓄能电站的核心构成部分是可逆式水轮发电机组，而蜗壳结构又是水轮机的重要部件，蜗壳结构的稳定与否直接影响机组的稳定安全运行，是水电站建设的重要的技术经济问题。

根据抽水蓄能电站厂房振动特性及机电设备对结构刚度的要求，充水保压蜗壳在大中型水电站特别是抽水蓄能电站中得到了广泛应用[1]。其中，充水保压蜗壳合理保压值的选取一直是工程技术人员重点关注的一个技术问题，它的选取直接影响电站的稳定运行、蜗壳的体型设计和外围混凝土的配筋设计[2-4]。对于抽水蓄能电站而言，运行期内水位变幅较大，若保压水头较高，低水位时钢蜗壳不能紧贴外包混凝土，钢蜗壳呈局部脱空运行状态，对增加整体结构刚度、减小机组振动不利；相反，若保压值过低，虽在各种水位运行时钢蜗壳能紧贴外包混凝土，增加整体结构刚性，但运行时外围混凝土分担内水压力的比例较大，可能会引起混凝土的损伤加重导致裂缝的产生和扩展，为了限制裂缝往往需要在有限的空间内布置大量密集的钢筋，导致混凝土难以振捣密实，影响浇筑质量。

本文依托广东梅州抽水蓄能电站（一期）作为工程实例，以大型通用程序 ANSYS 为基础，分析不同充水保压值方案下钢蜗壳外包混凝土应力、承载比、配筋及钢蜗壳应力等成果，并综合考虑机组稳定运行、温度荷载等因素对充水保压值选取的影响，确定合理的保压值，为蜗壳结构设计提供技术参考。

1　工程概况

梅州抽水蓄能电站为一等大（1）型工程，额定水头 400m，电站一期装机容量 1200MW，装设 4 台单机容量 300MW 的立轴、可逆、单级混流式水泵水轮发电机组。地下厂房按 1 级建筑物设计，标准机组段宽度 26.5（岩锚梁以下），长度 24m，采用充水保压钢蜗壳，钢蜗壳与外包混凝土联合承担内水压力，钢蜗壳外包混凝土厚度 1.94～5.5m，蜗壳设计内水压力 6.86MPa，最大静水压力 4.91MPa。

2　计算分析资料

2.1　计算模型

在计算范围内，对厂房混凝土结构、钢锅壳、座环及外围混凝土均按实际尺寸进行模拟。单元分为混凝土、钢蜗壳、座环、基岩四大组。钢蜗壳和座环采用四结点壳单元，个别过渡区域采用三结点壳单元；外包混凝土均采用八结点六面体单元，个别区域采用四面体单元过渡。混凝土、钢蜗壳、座环、基岩网格图分别见图1、图2。

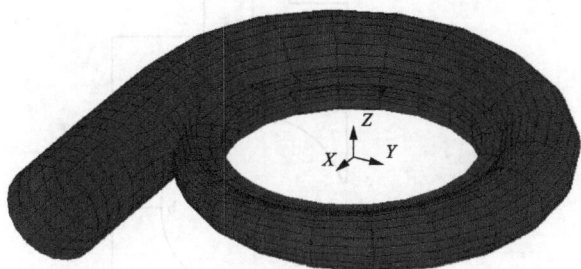

图1 蜗壳座环模型及网格

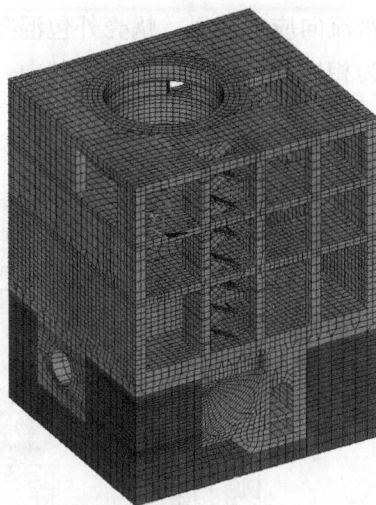

图2 混凝土和基岩模型及网格

2.2 材料参数

钢蜗壳、座环、混凝土、钢筋的材料参数如表1所示。

表1　　　　　　　　　　　　　　　　　材　料　参　数

材料名称	容重（kN/m³）	弹性模量（GPa）	泊松比	抗压强度（MPa）	抗拉强度（MPa）
混凝土	25.0	28.0	0.167	12.5	1.3
钢蜗壳	78.5	206	0.26	370	370
钢筋	78.5	200	0.30	310	310

2.3 计算方案与荷载组合

根据国内外工程实践，蜗壳充水保压压力一般控制在0.5～1.0倍最大静水压力，我国现行水电站厂房设计规范[5]建议控制在0.6～0.8倍。结合本工程实际情况，充水保压值分别选取350、375m和400m三个方案，在正常运行工况下对钢蜗壳及外包混凝土进行有限元分析。计算方案和主要荷载组合详见表2。其中，蜗壳内水压力采用上库校核洪水位下机组甩负荷运行，并考虑水击压力1.1分项系数及脉动压力1.3的分项系数，定子和下机架基础荷载三值分别为轴向、径向和切向荷载。

表2　　　　　　　　　　　　　　　　　计算方案和主要荷载组合

计算方案	充水保压值（m）	作用名称					
		结构自重	定子基础荷载（kN）	下机架基础荷载（kN）	上机架基础径向荷载（kN）	各楼层活荷载（kN/m²）	蜗壳内水压力（MPa）
A-1	350	√	538、71、253	861、53、2.5	361	√	7.12
A-2	375	√	538、71、253	861、53、2.5	361	√	7.12
A-3	400	√	538、71、253	861、53、2.5	361	√	7.12

3 不同充水保压保压值的受力状况分析

3.1 钢蜗壳外包混凝土应力

根据计算结果，按图 3、图 4 所示典型子午断面和特征点分别整理了各方案钢蜗壳外围混凝土环向应力和水流向应力成果，蜗壳外包混凝土应力云图见图 5～图 13，部分特征点的环向应力列于表 3。图、表中均为相应截面上的应力值，其中，拉应力为正，压应力为负，应力单位为 MPa。

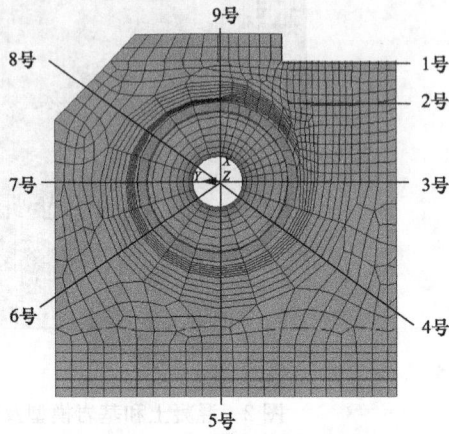

图 3 蜗壳断面示意图

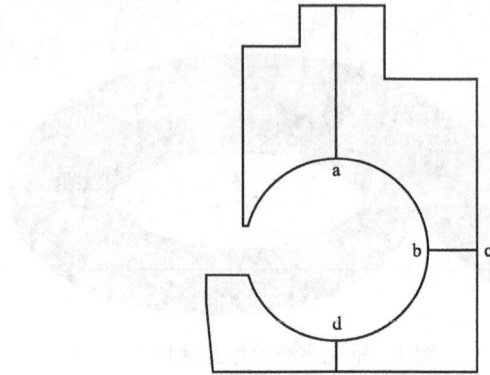

图 4 蜗壳断面特征点

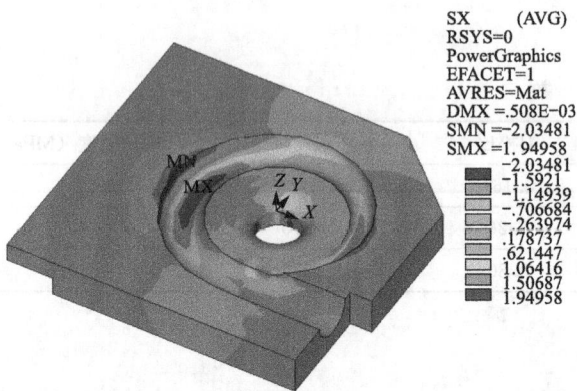

图 5 工况 1 外包混凝土 X 向应力

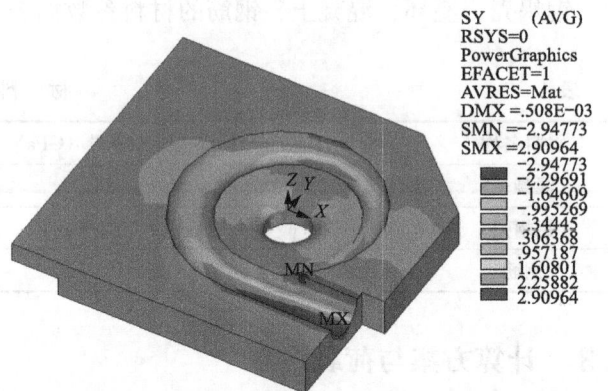

图 6 工况 1 蜗壳外包混凝土 Y 向应力

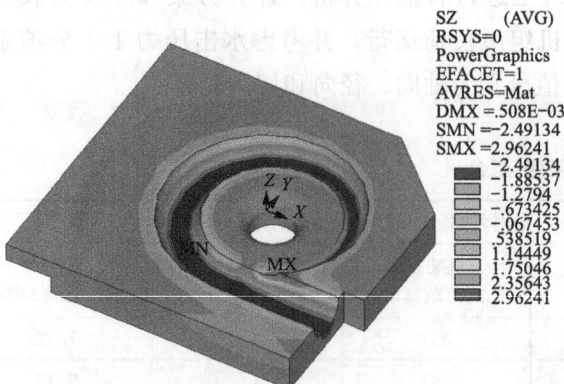

图 7 工况 1 蜗壳外包混凝土 X 向应力

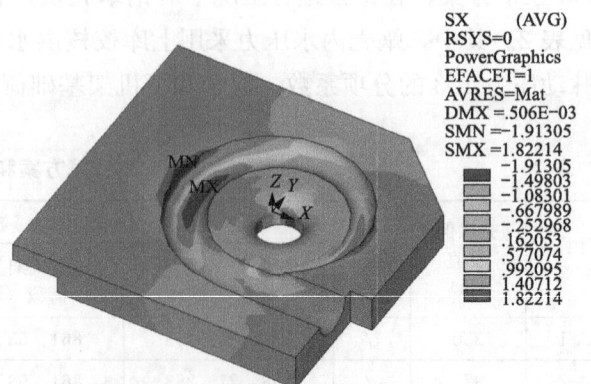

图 8 工况 2 蜗壳外包混凝土 X 向应力

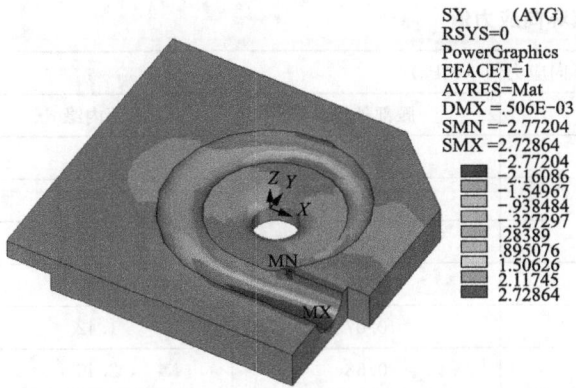

图 9　工况 2 蜗壳外包混凝土 Y 向应力

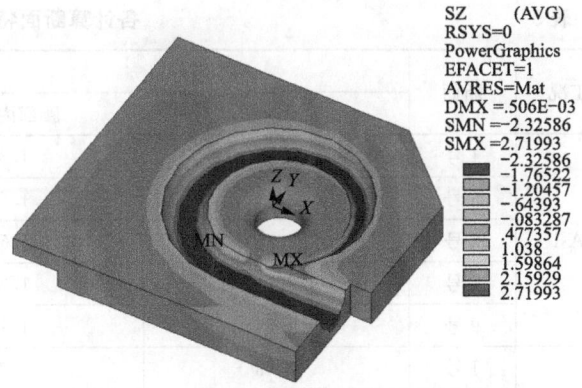

图 10　工况 2 蜗壳外包混凝土 Z 向应力

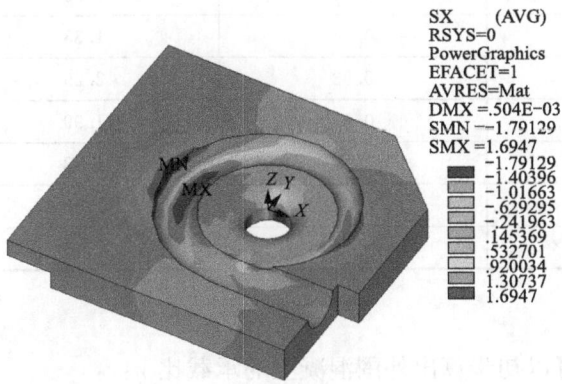

图 11　工况 3 蜗壳外包混凝土 X 向应力

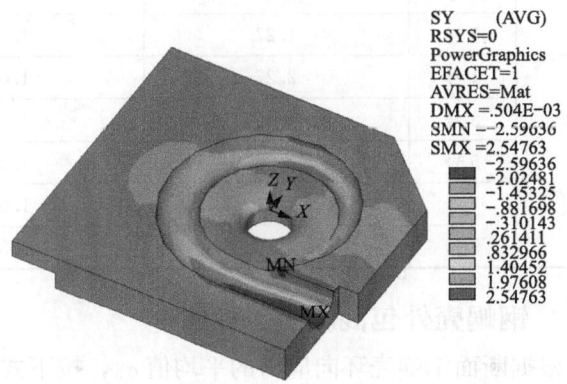

图 12　工况 3 蜗壳外包混凝土 Y 向应力

图 13　工况 3 蜗壳外包混凝土 Z 向应力

从计算成果可以看出，三个方案的应力分布规律基本一致。蜗壳外围混凝土各断面环向均出现较大拉应力，大部分断面顶部、底部内缘环向拉应力均大于 C30 混凝土的设计抗拉强度 1.43MPa，沿径向远离蜗壳的点大都呈现拉应力逐渐减小的趋势。三个方案的环向拉应力最大值分别为 2.94、2.75MPa 和 2.55MPa，均位于 3 号断面蜗壳顶部内缘。三个方案水流向几乎都为拉应力，但总体水平较低，最大值分别为 0.80、0.76MPa 和 0.71MPa，均出现在 5 号断面蜗壳腰部内侧。受力状况分析表明，随着充水保压值的增大，蜗壳外围混凝土的应力呈逐渐减小的规律，但从应力分布图可以看出，三个方案下拉应力数值均较大，沿径向的范围也较大，都需要配置较多的钢筋。

表3   各计算断面特征点环向应力值

工况	断面	环向应力值（MPa）			
		顶部内缘 a	腰部内缘 b	腰部外缘 c	底部内缘 d
A-1	1号	2.59	1.34	0.64	2.63
	3号	2.94	1.67	0.58	2.28
	5号	2.30	1.53	−0.20	1.81
	7号	2.11	1.25	0.12	1.80
	9号	1.35	1.12	0.07	1.42
A-2	1号	2.43	1.21	0.58	2.46
	3号	2.75	1.51	0.53	2.13
	5号	2.15	1.39	−0.20	1.69
	7号	1.97	1.13	0.09	1.69
	9号	1.27	1.00	0.04	1.33
A-3	1号	2.27	1.08	0.53	2.29
	3号	2.55	1.36	0.47	1.99
	5号	2.00	1.25	−0.21	1.58
	7号	1.84	1.00	0.05	1.57
	9号	1.19	0.89	0.00	1.23

3.2 钢蜗壳外包混凝土承载比

根据断面钢蜗壳环向应力的平均值 σ_0，按下式就可以初步算出外围混凝土的承载比 η：

$$\eta = 1 - \frac{p_b}{p} - \frac{\delta \cdot \sigma_0}{r \cdot p} \tag{1}$$

式中：δ 为典型断面处钢蜗壳厚度，mm；r 为典型断面处钢蜗壳半径，mm；σ_0 为钢蜗壳环向应力平均值，MPa；p_b 为蜗壳保压值，本工程 A-1 工况为 3.43MPa，A-2 工况为 3.675MPa，A-3 工况为 3.92MPa；p 为钢蜗壳设计内水压力（含水击压力），本工程为 7.124MPa。

根据计算结果，整理了 A-1、A-2、A-3 三个方案下1、3、5、7、9号五个典型断面的钢蜗壳环向应力和外围混凝土承载比，列于表4。

表4   钢蜗壳环向应力和混凝土承载比

方案	断面	钢蜗壳应力 （MPa）			顶腰底平均值 σ_0 （MPa）	蜗壳断面半径 （mm）	蜗壳壁壁厚 （mm）	砼承载比 η （%）
		顶部	腰部	底部				
A-1	1号	22.09	15.62	22.19	19.97	1225	62	37.67
	3号	24.85	18.65	20.41	21.30	1218	62	36.63
	5号	22.00	18.36	18.29	19.55	1082.8	54	38.17
	7号	20.07	16.78	18.12	18.32	856.6	42	39.24
	9号	14.52	16.56	15.14	15.41	591.5	28	41.62
A-2	1号	20.7	14.3	20.78	18.59	1225	62	35.20
	3号	23.24	17.09	19.09	19.81	1218	62	34.26
	5号	20.58	16.85	17.11	18.18	1082.8	54	35.69
	7号	18.82	15.35	16.95	17.04	856.6	42	36.69
	9号	13.66	15.17	14.16	14.33	591.5	28	38.89

方案	断面	钢蜗壳应力（MPa）			顶腰底平均值 σ_0（MPa）	蜗壳断面半径（mm）	蜗壳壁壁厚（mm）	砼承载比 η（%）
		顶部	腰部	底部				
A-3	1号	19.31	12.97	19.37	17.22	1225	62	32.74
	3号	21.63	15.54	17.78	18.32	1218	62	31.89
	5号	19.17	15.34	15.92	16.81	1082.8	54	33.21
	7号	17.57	13.92	15.78	15.76	856.6	42	34.13
	9号	12.8	13.78	13.18	13.25	591.5	28	36.17

从表可以看出，A-1方案混凝土的承载约为39%，钢蜗壳承担61%；A-2方案保压水头增大，钢蜗壳与蜗壳混凝土联合承载的内水压力减小，混凝土承载比降低2~3个百分点；A-3方案内水压力进一步减小，相比A-2方案，混凝土承载比进一步降低2~3个百分点。

3.3 钢蜗壳外包混凝土配筋

根据计算结果，对A-1、A-2、A-3三个方案的1~9号断面进行了配筋。对于每个断面，分别选择顶部、腰部、底部三个截面，首先整理了这些截面上的合力 T，然后按照拉应力图形进行配筋，计算公式如下：

$$T \leqslant \frac{1}{\gamma_d}(0.6T_c + f_y + A_1) \tag{2}$$

由于大多数断面拉应力范围均超过截面高度的2/3，因此配筋时 T_c 取为零；另外，计算时取钢筋混凝土结构系数 $\gamma_d = 1.2$，钢筋设计抗拉强度 $f_y = 360\text{MPa}$。根据每个截面的合力 T（考虑结构重要性系数 $\gamma_0 = 1.1$，设计状况系数 ψ 持久状况取1.0），可算出相应的钢筋面积，列于表5。

表5 蜗壳外围混凝土各断面配筋面积 单位：mm^2/m

计算方案	合力方向	截面位置	断面号								
			1号	2号	3号	4号	5号	6号	7号	8号	9号
A-1	环向	顶部	9060	10124	5911	4869	4121	3483	3131	2512	1712
		腰部	5394	7733	6692	4396	4136	3329	2768	1866	2035
		底部	4979	5672	4341	3857	3487	3296	3557	3102	2699
	水流向	顶部	245	469	7068	3406	4246	5313	4028	4310	4288
		腰部	273	889	8166	4695	5423	5128	5159	5016	4004
		底部	8	15	2471	1252	1540	1760	1745	2077	2187
A-2	环向	顶部	8510	9464	5489	4521	3824	3300	2897	2325	1690
		腰部	4803	6985	6002	3857	3641	2915	2306	1599	1624
		底部	4653	5313	4048	3593	3241	3065	3304	2871	2501
	水流向	顶部	308	455	6719	3247	4013	5036	3817	4123	3832
		腰部	255	832	7750	4440	5154	4840	4871	4704	3764
		底部	0	22	2382	1203	1485	1685	1670	1980	2101
A-3	环向	顶部	7898	8804	5071	4173	3520	2970	2662	2200	1467
		腰部	4220	6237	5309	3333	3150	2512	1800	1335	1291
		底部	4330	4950	3755	3329	2999	2831	3047	2644	2303
	水流向	顶部	276	436	6380	3047	3779	4748	3601	3890	3830
		腰部	238	765	7333	4186	4890	4554	4576	4428	3520
		底部	7	26	2290	1151	1412	1610	1595	2017	1925

从表中可以看出：

（1）对于环向配筋，各方案下 2 号断面及其上游的直管段，管径大，外包混凝土厚度较薄，环向配筋面积较大，直管段混凝土拉应力和配筋面积均达到最大，3 号断面及以后随着断面直径的逐渐减小，蜗壳外围混凝土的配筋量也随之减少。三个方案环向最大配筋量分别为 10124、9464m³ 和 8804m³，均出现在 2 号断面顶部。

（2）对于水流向配筋，在 2 号断面及上游的直管段，数值较小；但在 3 号断面水流向配筋量达到最大，随后各断面沿水流向的配筋量随断面直径的减小而降低。三个方案水流向最大配筋量分别为 8166、7750m³ 和 7333m³，均出现在 3 号断面腰部。总体而言，各方案下水流向配筋面积远小于环向配筋面积。

4　机组稳定运行对保压水头选取的影响研究

选取保压水头需要考虑的一个重要技术问题是电站在运行期水位是变化的，当处于低水头运行时，钢蜗壳如果不能紧贴外围钢筋混凝土，机组基础刚性小，就会导致机组振动过大，影响整个厂房的安全，对抗振和运行稳定性不利。

水轮发电机组在运行过程中不但承受各种静荷载作用，同时也要承担水流脉动等动荷载作用，这就不可避免地要产生振动，虽然蜗壳结构允许有轻微的振动，但如果振动超出一定的范围，就会直接影响到机组的安全运行，缩短检修周期和使用寿命，严重时还会导致引水系统和整个厂房的振动。水电站厂房由于其结构特点和功能需要，所有产生于机组旋转体系或水体的动荷载都将通过机架支臂、定子基础或流道结构传递到机组混凝土支承结构和基础上，如果这些支撑结构产生振动或共振，严重时有可能造成结构突然破坏或疲劳开裂，影响电站的安全运行。

近年来，随着许多水电站采用高水头、大容量水轮发电机组，水轮机比转速不断提高，机组尺寸不断增大，机组及厂房结构的刚度相对减弱，使得水轮机在一定水头运行区普遍出现了水力不稳定现象，并不同程度地引起厂房的振动。国内近年投产的岩滩水电站因厂房强烈振动导致电气设备运行故障而不得不搬迁，十三陵抽水蓄能电站中控室因副厂房的振动和噪声而迁出地下，红石水电站因厂房振动导致结构裂缝而必须加固等。国外电站也存在类似的问题，除振动破坏严重的巴基斯坦塔贝拉电站外，美国的大古力Ⅲ、委内瑞拉古里Ⅱ也都在低负荷时存在着较强的振动区。剧烈的振动对结构具有一定的破坏作用，危及电厂的安全运行。另外，振动产生的噪声也给运行人员的工作环境造成不利影响。

因此，从机组安全稳定运行考虑，充水保压值的选取不宜超过电站运行期最小运行水头，以保障钢蜗壳能够在不同水位下都能紧贴外围混凝土结构，从而减少振动的不利影响。

5　温度荷载对保压水头选取的影响研究

由于钢蜗壳与混凝土之间的缝隙值形状和大小不仅与施工期保压值有关，而且与施工期和运行期钢蜗壳内的水温差有关[6]。从理论上讲，如果施工期和运行期蜗壳内的水温相同，那么钢蜗壳与外围混凝土之间间隙就不会由于两种材料的冷缩或热胀而变形，此时实际间隙的大小和形状就和施工期形成的初始缝隙值完全一致，蜗壳在一定的水头作用下发生与间隙值相同的变形，此时蜗壳与外围混凝土完全紧贴，共同承担其余内水压力，但实际上这只能是一种理想状态，在机组的实际运行过程中蜗壳内水温总是随着季变化而不断变化的。蜗壳施工期与运行期的水温差会使钢蜗壳和外围混凝土之间的缝隙随着运行水温和外界气温的季节性变化而变化。

通常情况下，在充水保压下浇筑外围混凝土时，由于混凝土的水化热，施工期蜗壳内水温一般高于运行期。根据有关研究[7]，温度荷载可以等效为一定值的内水压力，同内水压力相似温度荷载对钢蜗壳影响与蜗壳半径和蜗壳厚度有关。通过弹性力学中薄壁圆筒受变温荷载和内水压力下的解答，可以推导出温度荷载和等效水头之间的近似关系：

$$H_{eq} = \frac{\alpha E \bar{t} \Delta T}{0.00981 \cdot \bar{R}} \tag{3}$$

式中：H_{eq} 为等效水头，m；E 为钢蜗壳的弹性模量，MPa；α 为钢蜗壳的线膨胀系数，$1/\text{℃}$；ΔT 为钢蜗壳的温度变化量，℃；$\bar{t}$ 为钢蜗壳的平均厚度，m；$\bar{R}$ 为钢蜗壳的平均半径，m。

以梅州抽水蓄能电站直管段进口 2 号断面（断面蜗壳半径 1229mm，钢蜗壳厚度 64mm）为例，将蜗壳理想化为薄壁圆筒模拟钢蜗壳进行粗略估计，每 1℃ 的水温差引起的冷缩裂缝根据式（3）相当于要在蜗壳内施加相当于 10.5m 水头的内水压力。因此，考虑温度荷载对保压水头选取的影响，为保证蜗壳与外围混凝土完全紧贴工作，适当降低充水保压值是有利的。

6　结语

从受力状况分析，充水保压水头在 350、375m 和 400m 三个方案下，外包混凝土不同断面、特征点的应力水平和配筋量的分布和变化规律基本一致，都随着保压水头的增加而逐渐降低，但相比 350m 保压水头，375m 和 400m 保压水头时，外包混凝土承载比仅降低几个百分点，配筋量也未明显减少，综合考虑机组稳定和温度荷载的影响，350m 保压水头对钢蜗壳贴紧外包混凝土更为有利。综上所述，350m 方案不仅能够充分发挥外包混凝土的承载能力，而且更有利于保证机组稳定运行。因此，本工程合理保压水头建议确定为 350m，即保压值 3.43MPa。

目前，梅州抽水蓄能电站（一期）已经全部投产发电，机组运行安全稳定，表明充水保压值选取合理，为类似工程积累了宝贵的经验。

参考文献

[1]　秦继章，马善定，伍鹤皋，等. 三峡水电站充水保压钢蜗壳外围混凝土结构三维有限元分析 [J]. 水利学报，2001，32（6）：28-32.

[2]　聂金育，伍鹤皋，苏凯. 抽水蓄能电站蜗壳保压值优化研究 [J]. 水电能源科学，2009，27（1）：151-154.

[3]　申艳，伍鹤皋，蒋逯超. 大型抽水蓄能电站充水保压蜗壳结构分析 [J]. 华中科技大学学报，2008，36（5）：97-109.

[4]　郭涛，张立翔，姚激. 大型水电站蜗壳保压值的优化分析 [J]. 武汉理工大学学报（交通科学与工程版），2011（10）：1023-1026.

[5]　中华人民共和国水利部. SL 266—2014，水电站厂房设计规范 [S]. 北京：中国水利水电出版社，2014.

[6]　杨华彬. 高水头水电站蜗壳结构受力特性研究 [D]. 武汉：武汉大学，2004.

[7]　包腾飞，等. 抽水蓄能机组蜗壳与外包钢筋混凝土联合作用机理研究 [D]. 南京：河海大学，2011.

作者简介：

姚　远（1986—），男，河南济源，硕士研究生，高级工程师。E-mail：705378791@qq.com

超深灌注桩支护体系在大型调压室中的应用与研究

张金行[1]，杨　利[1]，张慧敏[1]，金　华[2]

（1. 中国电建集团北京勘测设计研究院有限公司，北京　100024；

2. 河海大学土木与交通学院，江苏南京　210024）

【摘　要】　作为水电站的重要组成部分，调压室的洞室围岩支护是一个重要的问题。印尼巴塘水电站采用圆筒阻抗式调压室，调压室开挖直径 27.4m，开挖深度 59.7m。通过方案比选，最终采用超深灌注桩＋锚杆＋腰梁支护体系，并应用有限元进行仿真模拟成果，开展了施工过程的监测反馈。结果证明了支护体系的合理性和可靠性，计算成果对调压室的安全施工起到了有效的指导作用，且对类似工程有一定的参考价值。

【关键词】　调压室；超深灌注桩；支护体系；数值分析

1　工程概况

　　巴塘水电站位于印度尼西亚北苏门答腊省南 Tapanuli 县 Sipirok 和 Marancar 区，装机容量 510MW。引水系统包括引水隧洞段和压力钢管段，总长 13.4km，其中，引水隧洞段长 12.2km，调压室设置在引水隧洞末端，形式为阻抗式。调压室开挖直径 27.4m，衬砌厚度 1.0m。根据钻孔勘探资料，调压室围岩上部为残坡积碎块石土和凝灰岩砂，覆盖层厚 16m，中部为全风化凝灰岩砂，厚度约 20m，底部岩体为强风化凝灰岩，厚度约 24m，调压室所在位置整体地质条件较差，调压室剖面图见图 1，主要参数见表 1~表 4。

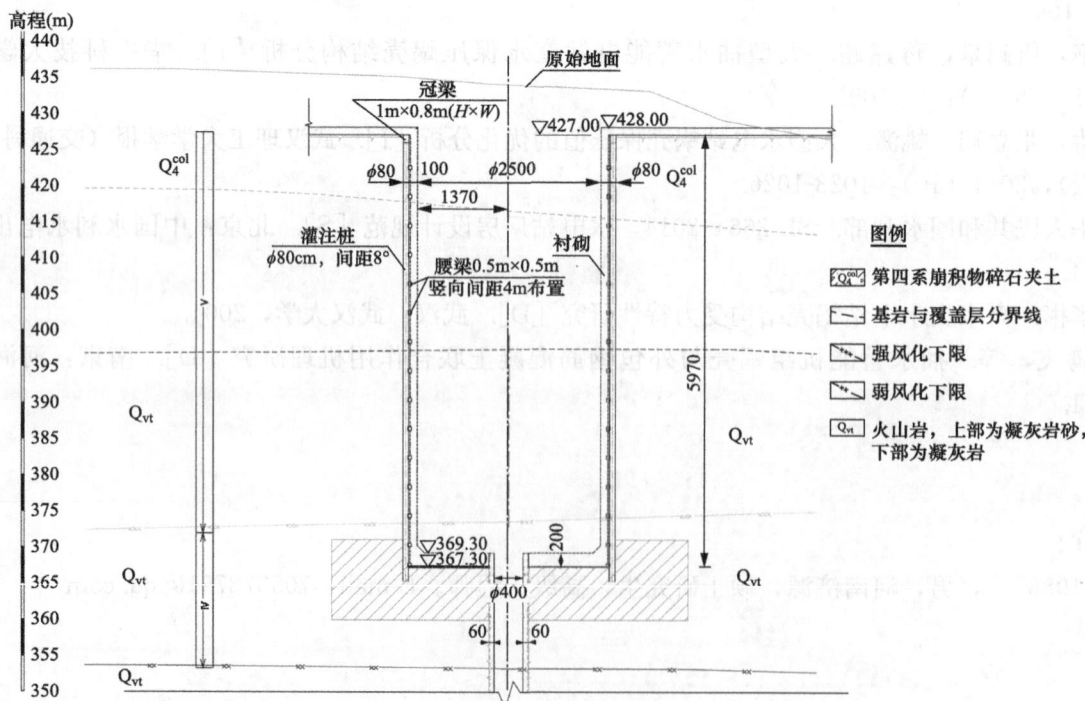

图 1　调压室剖面图

表 1   材料的物理力学参数

岩石类别	密度 （g/cm³）	弹模 （MPa）	泊松比	摩擦角 （°）	黏聚力 （MPa）	高程范围 （m）
凝灰岩（Ⅲ）	2.18	1500	0.3	41	1.05	～353.00
凝灰岩（Ⅳ）	2.08	750	0.35	36	0.45	353.00～371.00
凝灰岩（Ⅴ）	1.95	500	0.4	31	0.225	371.00～395.00
凝灰岩砂（Ⅴ）	1.64	400	0.4	26	0.02	395.00～415.00
砂质黏土	1.58	20	0.35	22	0.02	415.00～431.00
混凝土（美标 C25）	2.4 （钢筋混凝土）	25300	0.2	—	—	—
钢 HRB400		203000	0.3	—	—	—

表 2   灌浆锚杆物理力学参数表

截面面积 （mm²）	弹性模量 E （GPa）	抗拉强度 （MPa）	灌浆直径 （m）	灌浆黏聚力 （MPa）	灌浆摩擦角 （°）
615	203	400	0.12	0.15	25

表 3   冠梁及腰梁物理力学参数表

弹性模量 （GPa）	泊松比	厚度 （m）
30	0.22	0.5

表 4   钻孔灌注桩的物理力学参数表

弹性模量 （GPa）	泊松比	直径 （mm）	切向耦合弹 簧黏聚力 （MPa）	切向耦合弹 簧摩擦角 （°）	法向耦合弹簧 黏聚力 （MPa）	法向耦合弹簧 摩擦角 （°）
30	0.22	1000/800	1.3E5	10	1.3E4	0.0

2 开挖支护方案

灌注桩支护体系中灌注桩排桩形式有分离式、咬合式、双排式等等，其中，分离式灌注桩排桩施工工艺简单、工艺成熟、质量易控制、造价经济、噪声小、无震动、无挤土效应，施工时对周边环境影响小，并可根据基坑变形控制要求灵活调整支撑刚度。结合项目的地质条件等实际情况，选用分离式灌注桩作为调压室支护的一部分，并分别结合锚杆和腰梁支护，采用数值模拟研究和优化调压室的支护体系。

2.1 计算模型和边界条件

数值计算采用莫尔-库伦本构模型，地下水位线在地面以下 150 多米（调压室底板以下），故不考虑地下水的影响。

模型尺寸：240m×240m×185m（长×宽×高）

边界条件：X 轴方向，模型左右两侧 X 方向位移固定；Y 轴方向，模型前后两侧 Y 方向位移固定；Z 轴方向，模型底板 Z 方向位移固定，表面自由，模型 X、Y、Z 方向如图 2 所示。

2.2 初始应力场

模拟工程范围内调压室开挖之前的岩体自重应力场，初

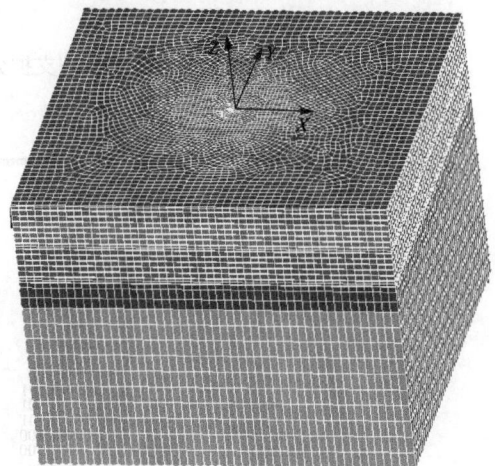

图 2 模型网格离散图

始应力场见图 3。由图可以看出，地应力场分布受地层深度影响，地应力最大值为 3.53MPa，这符合地应力分布规律（不考虑构造应力）。

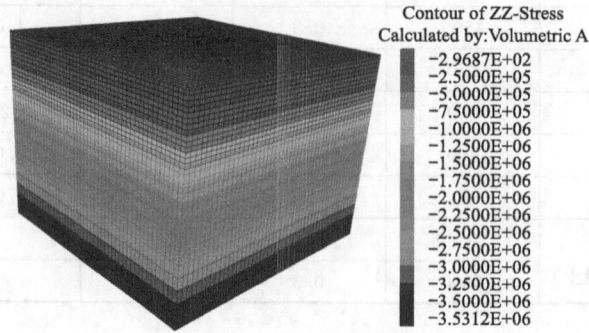

图 3　初始地应力场示意图

2.3　支护计算分析

支护按照由简单到复杂，分别对灌注桩支护分步开挖，灌注桩＋锚杆支护分步开挖和灌注桩＋锚杆＋腰梁分步开挖三种工况进行分析研究。三种方案的灌注桩布置一致，均采用 80cm 直径，深度 60m，环向 8°布置。腰梁为钢筋混凝土结构，断面尺寸为 0.5m×0.5m，竖向间距 4m 布置。调压室分布开挖分为 15 个阶段，每个阶段开挖 4m。计算模型中，灌注桩用桩单元模拟，锚杆用锚杆单元模拟，腰梁用壳单元模拟。

2.3.1　灌注桩支护分步开挖

在施加灌注桩围护结构，当开挖至高程 383m 时，计算无法收敛，在开挖至高程 385m 时，调压室壁水平 X 向最大位移为 16.9m（见图 4），说明调压室也早已失稳破坏了。从图 5 可以看出，灌注桩水平 X 向位移也已达到约 3m，位移很大，说明灌注桩早已倾斜，失去支护能力。

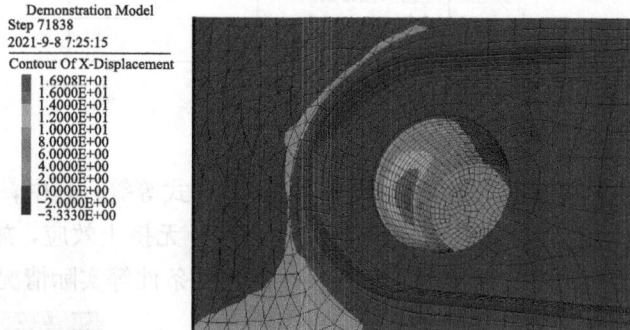

图 4　灌注桩支护分步开挖至高程 385m 时 X 向位移等值线云图

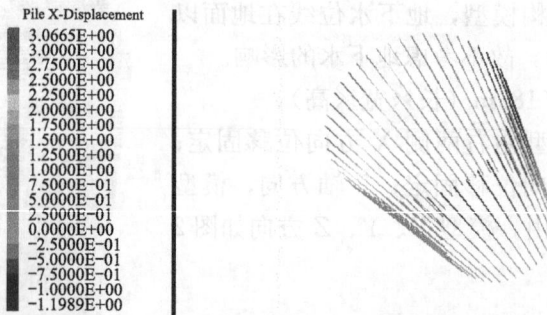

图 5　灌注桩支护分步开挖至高程 385m 时灌注桩 X 向位移等值线云图

2.3.2 桩锚支护分步开挖

在灌注桩支护不能满足要求后，又施加锚杆支护，锚杆长度 12m，入岩 11m，竖向间距 2m，锚杆支护见图 6。

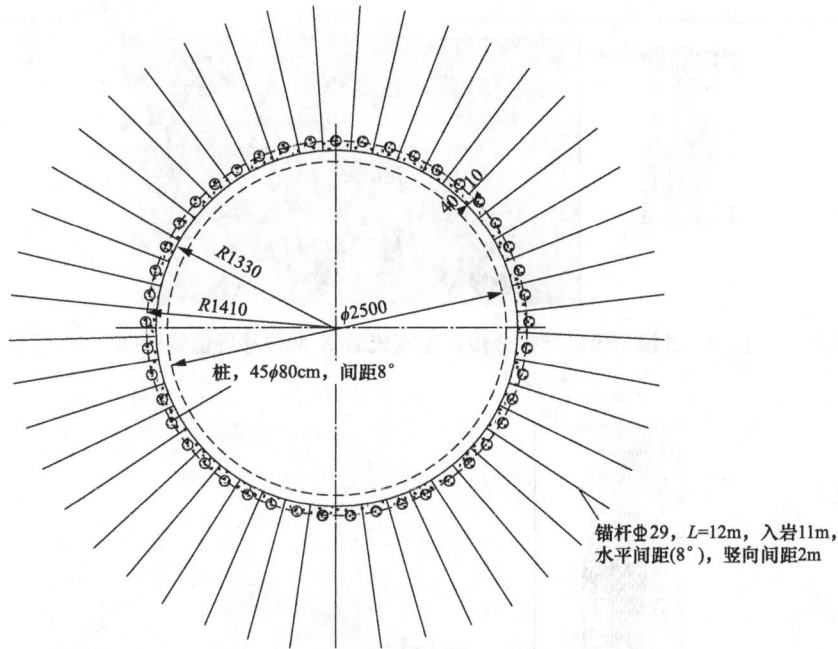

图 6　桩锚支护平面布置图

计算结果显示，调压室分步开挖完成后，井壁水平 X 向最大位移为 23.2cm（见图 7），灌注桩水平 X 向最大位移为 11.1cm（见图 8），位移都相对较大。这是因为随着开挖的进行，围岩侧向压力增加，加上灌注桩缺少侧向支撑，导致灌注桩及围岩的水平向变形较大。

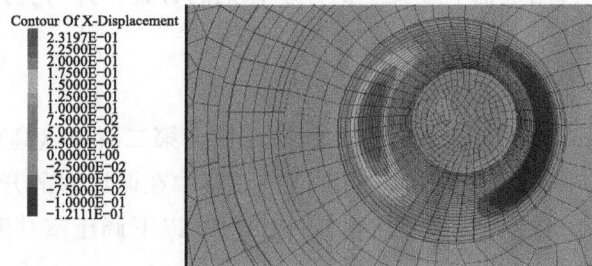

图 7　桩锚支护分步开挖完成后 X 向位移等值线云图

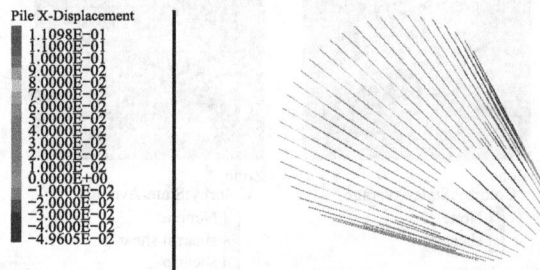

图 8　桩锚支护分步开挖完成后灌注桩 X 向位移等值线云图

2.3.3 桩锚＋腰梁支护分步开挖

桩锚＋腰梁支护分步开挖完成后，位移大幅减小，调压室壁最大 X 向位移仅为 2.5cm（见图 9），灌注桩最大水平 X 向位移仅为 8.4mm（见图 10），从位移角度来看这种工况是满足要求的。而最大位移没有出现在顶部，是因为灌注桩有腰梁的限制，导致最大位移位置下移。

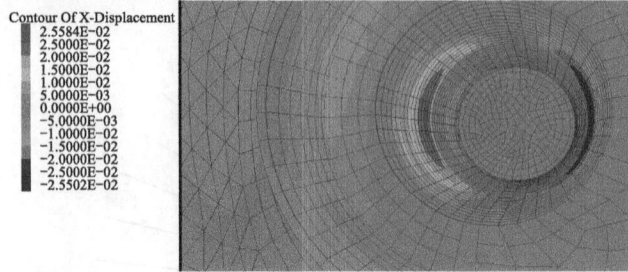

图 9　桩锚＋腰梁支护分步开挖完成后 X 向位移等值线云图

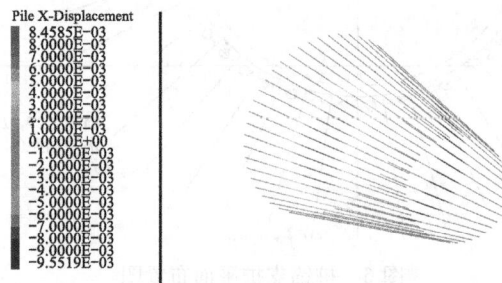

图 10　桩锚＋腰梁支护分步开挖完成后灌注桩 X 向位移等值线云图

3　调压室稳定分析

根据支护计算分析，初步选用桩锚＋腰梁支护分步开挖的方案，并对支护体系结构的变形和应力进行分析。

3.1　围岩塑性区

调压室分 15 个阶段开挖，每个阶段 4m。当调压室开挖至第二阶段（高程 419m 以下）时，围岩开始出现塑性区，如图 11 所示。随着继续开挖，塑性区主要集中在调压室的开挖面附近，以剪破坏为主，在底部有一定的拉破坏区；在开挖到第 8 步之后，高程 395m 以下调压室井壁基本无塑性区，这是因为

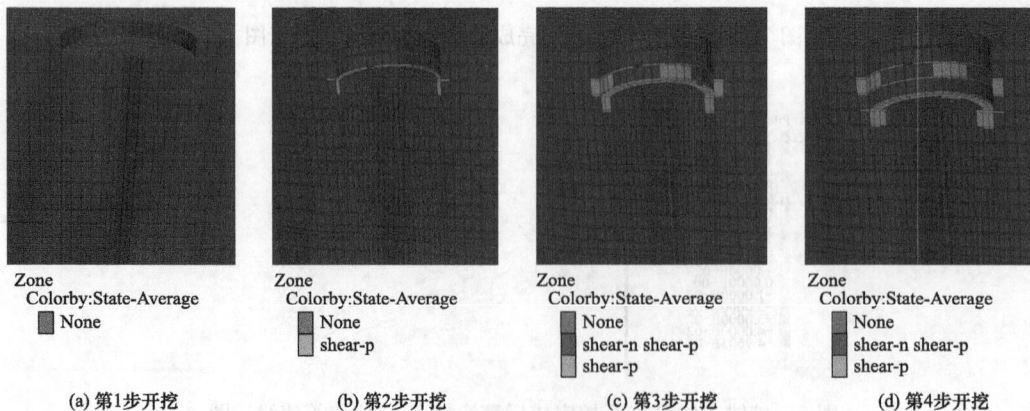

(a) 第1步开挖　　　(b) 第2步开挖　　　(c) 第3步开挖　　　(d) 第4步开挖

图 11　塑性区位置分布图（一）

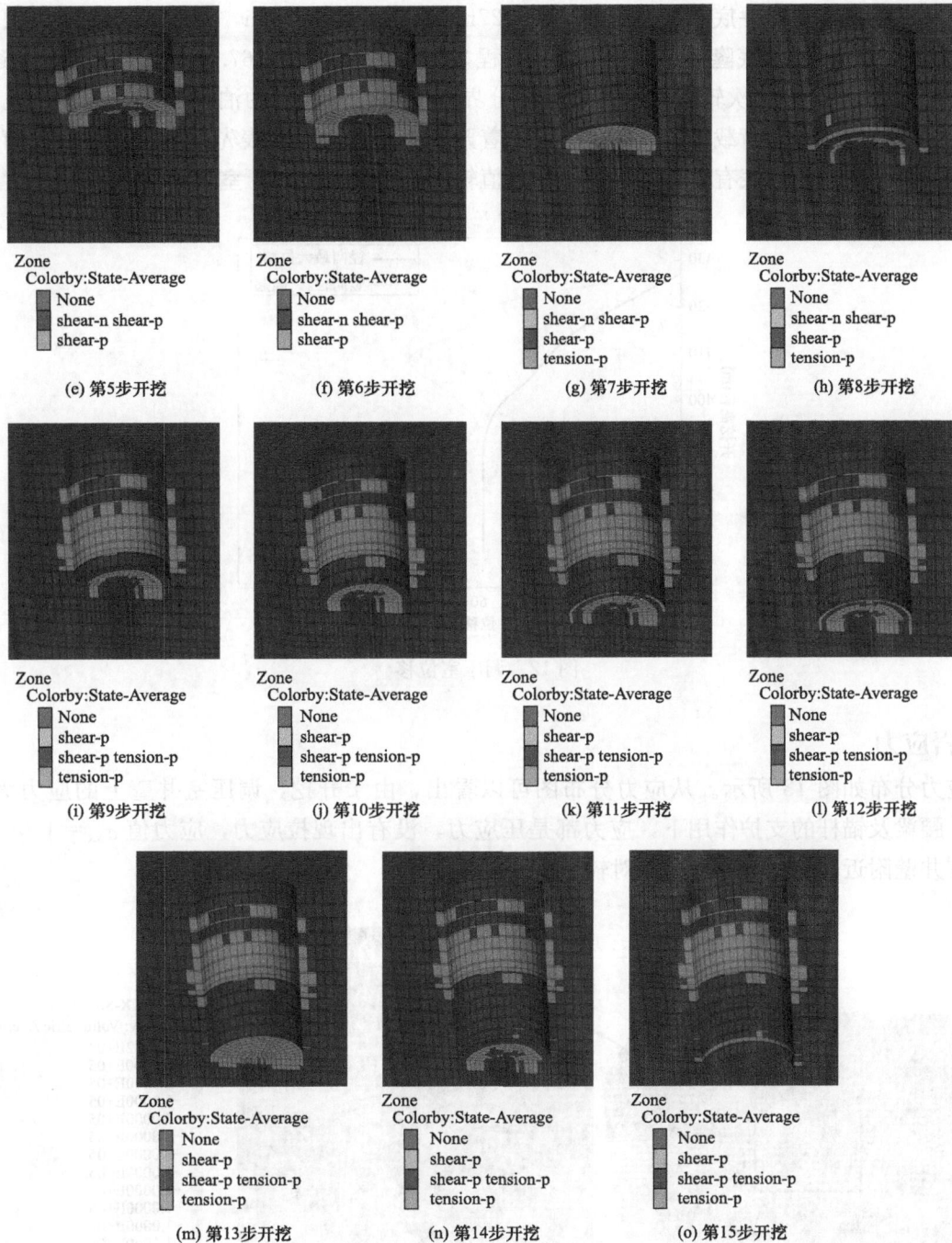

Zone
Colorby:State-Average
■ None
■ shear-n shear-p
■ shear-p

(e) 第5步开挖

Zone
Colorby:State-Average
■ None
■ shear-n shear-p
■ shear-p

(f) 第6步开挖

Zone
Colorby:State-Average
■ None
■ shear-n shear-p
■ shear-p
■ tension-p

(g) 第7步开挖

Zone
Colorby:State-Average
■ None
■ shear-n shear-p
■ shear-p
■ tension-p

(h) 第8步开挖

Zone
Colorby:State-Average
■ None
■ shear-p
■ shear-p tension-p
■ tension-p

(i) 第9步开挖

Zone
Colorby:State-Average
■ None
■ shear-p
■ shear-p tension-p
■ tension-p

(j) 第10步开挖

Zone
Colorby:State-Average
■ None
■ shear-p
■ shear-p tension-p
■ tension-p

(k) 第11步开挖

Zone
Colorby:State-Average
■ None
■ shear-p
■ shear-p tension-p
■ tension-p

(l) 第12步开挖

Zone
Colorby:State-Average
■ None
■ shear-p
■ shear-p tension-p
■ tension-p

(m) 第13步开挖

Zone
Colorby:State-Average
■ None
■ shear-p
■ shear-p tension-p
■ tension-p

(n) 第14步开挖

Zone
Colorby:State-Average
■ None
■ shear-p
■ shear-p tension-p
■ tension-p

(o) 第15步开挖

图 11　塑性区位置分布图（二）

此高程以下围岩为凝灰岩岩体。当调压室开挖到第 3 步（高程 415m），井底开始出现塑性区，说明井底底部发生隆起破坏；但是在调压室开挖到井底时，无塑性区，这是因为此高程 367.31m 已位于Ⅳ凝灰岩中，强度较高。调压室井壁围岩塑性区最大深度为 4.5m，小于灌浆锚杆长度。根据工程经验，塑性区没有延伸到表面，也没有形成贯穿塑性区，因此这种情况是安全的。

3.2　围岩变形

由于整个模型是关于 $X=0$ 和 $Y=0$ 的轴对称的，所以在调压室井壁在 $Y=0$ 处的 X 向位移等同于调压室井壁的径向位移。在标高 427～399m 之间，开挖后，最大径向位移出现在开挖标高处。399m 高程以上岩土体开挖后，最大径向位移总是发生在 399m 标高处。调压室开挖完成后，399m 高程处的径向位移为 5.8cm。由于冠梁和底部岩层限制了岩体的位移，围岩的最大位移发生在调压室中部。

随着开挖深度的增加，井底有隆起，从高程 427m 开挖至高程 407m，井底隆起逐渐增大，从高程 407m 开挖至高程 395m，井底隆起逐渐减小，从高程 395m 开挖至高程 367.31m，井底隆起又逐渐增大，并达到最大值为 11.7cm，每次转折发生在地层的分界面附近，因地层的泊松比不同，加之地应力的影响而导致；在外荷载（施工荷载等）的作用下，随着开挖深度加大，地表先发生沉降，后因剪胀的作用下地表发生回弹，表现为地表有轻微的上浮，但数值较小，约 2cm。调压室位移见图 12。

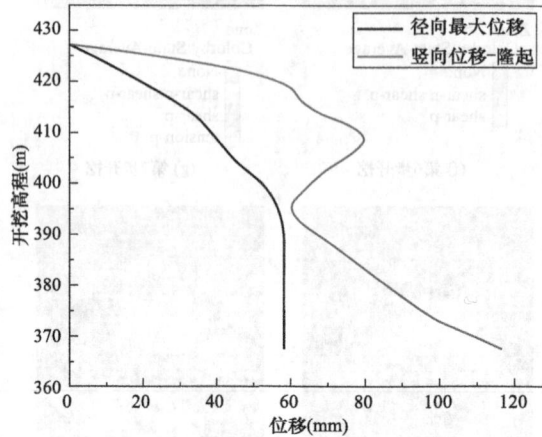

图 12　调压室位移

3.3　围岩应力

围岩应力分布如图 13 所示。从应力分布图可以看出，由于开挖，调压室井壁上的应力大大释放。在灌注桩、腰梁及锚杆的支护作用下，应力都是压应力，没有出现拉应力，应力值 $\sigma_{xx}=1.0\sim500\text{kPa}$，应力集中在井壁附近，井壁岩体应力相对较小。

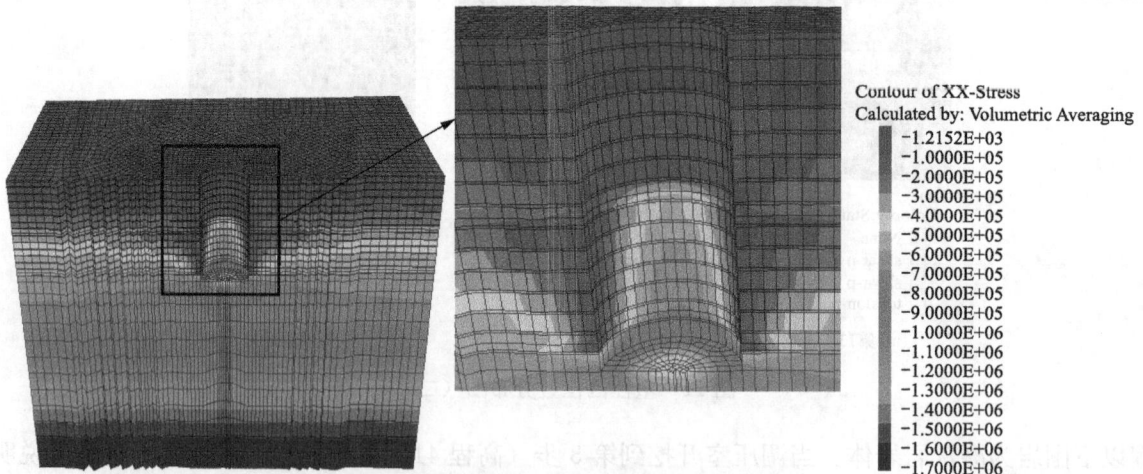

图 13　σ_{xx} 分布云图

3.4　钻孔灌注桩

3.4.1　钻孔灌注桩弯矩

钻孔灌注桩的弯矩如图 14 所示。从弯矩分布图可以看出，桩的竖向弯矩较小；桩的水平向弯矩最大值为 34.2kN·m，出现在 396m 高程处，灌注桩弯矩较小，桩身是安全的。其中，单元坐标 X 向为沿桩长方向，X、Z 向为水平方向。

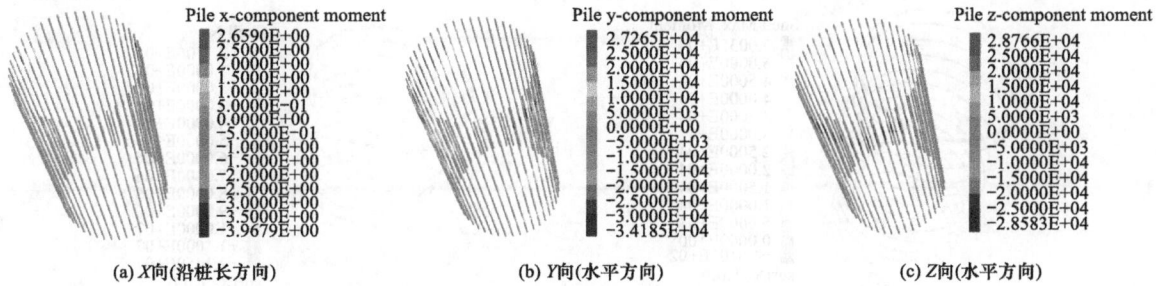

(a) X向(沿桩长方向) (b) Y向(水平方向) (c) Z向(水平方向)

图14　钻孔灌注桩弯矩分布云图

3.4.2　钻孔灌注桩轴力

钻孔灌注桩的轴力如图15所示。从图可以看出，桩的竖向轴力最大值为4.4MN，水平向轴力最大值为13.1kN。（单元坐标 X 向为沿桩长方向，X、Z 向为水平方向。）

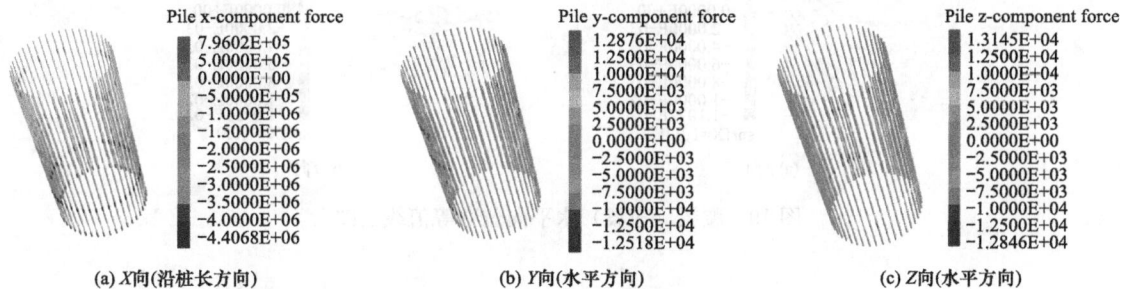

(a) X向(沿桩长方向) (b) Y向(水平方向) (c) Z向(水平方向)

图15　钻孔灌注桩轴力分布云图

3.4.3　钻孔灌注桩位移

钻孔灌注桩的水平向位移如图16所示。从图可以看出，桩的径向位移较小，最大值仅5.6mm。

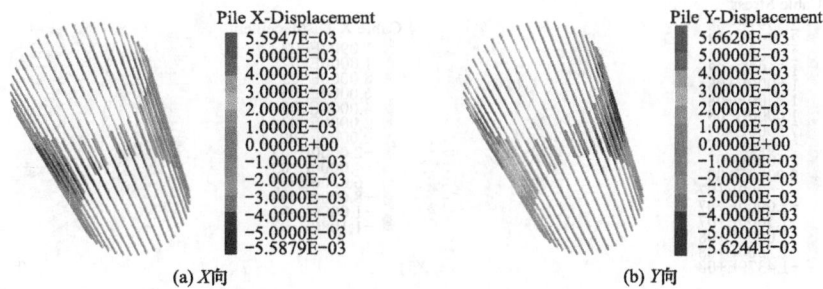

(a) X向 (b) Y向

图16　钻孔灌水平向位移等值线云图

3.5　腰梁（冠梁）

腰梁（冠梁）的最大弯矩约为50.0 kN·m（见图17），出现在403m高程处。腰梁（冠梁）的弯矩较小。

腰梁（冠梁）的最大轴力约为11.5MN（见图18），出现在403m高程处，与最大位移发生位置接近。

腰梁（冠梁）的水平向位移如图19。从图可以看出，腰梁（冠梁）的水平向位移较小，最大值为1.1cm。

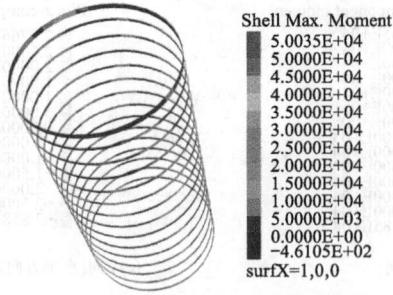

图 17 腰梁（冠梁）弯矩分布云图

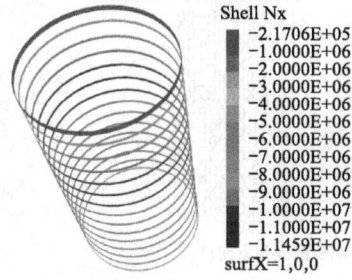

图 18 腰梁（冠梁）轴力分布云图

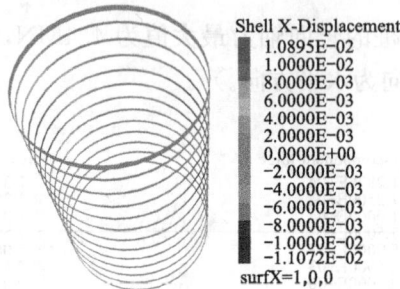

(a) X向

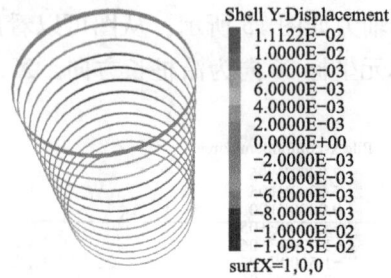

(b) Y向

图 19 腰梁（冠梁）水平向位移等值线云图

3.6 锚杆

灌浆锚杆的应力分布如图 20 所示。灌浆锚杆的最大应力约为 235.9MPa，出现在高程 403m 处，远低于灌浆锚杆的抗拉强度 400MPa。灌浆锚杆的水平向位移如图 21 所示。灌浆锚杆的最大位移约为 1.1cm，出现在高程 403m 处。

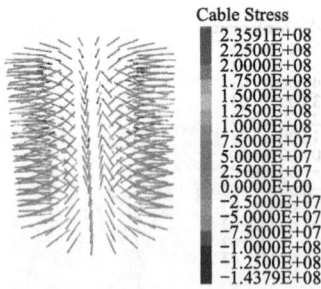

图 20 锚杆应力分布云图

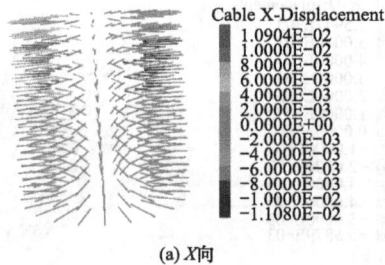

(a) X向

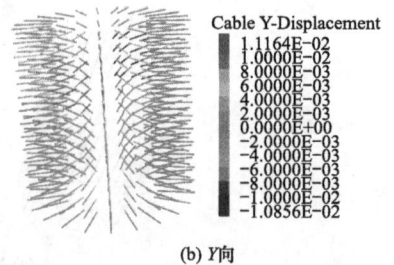

(b) Y向

图 21 锚杆水平向位移等值线云图

为了节省材料和缩短安装时间，对灌浆锚杆的长度进行了优化。考虑到灌浆锚杆的结构要求，顶部三排灌浆锚杆（从标高 427m 到标高 415m）的长度为 9m，中间六排灌浆锚杆的长度为 11m（从标高 415m 到标高 395m），随着围岩条件稍好，底部五排灌浆锚杆长度为 7m（从标高 395m 到标高 367m），见图 22。

水平 X 向位移等值线如图 23 所示。将图 23 与图 12 进行对比，发现两者的变形规律是一致的。然而，优化灌浆锚杆长度后，X 向位移仅增加了 3mm。调压室开挖完成后，399m 高程处的 X 向位移为 6.1cm。

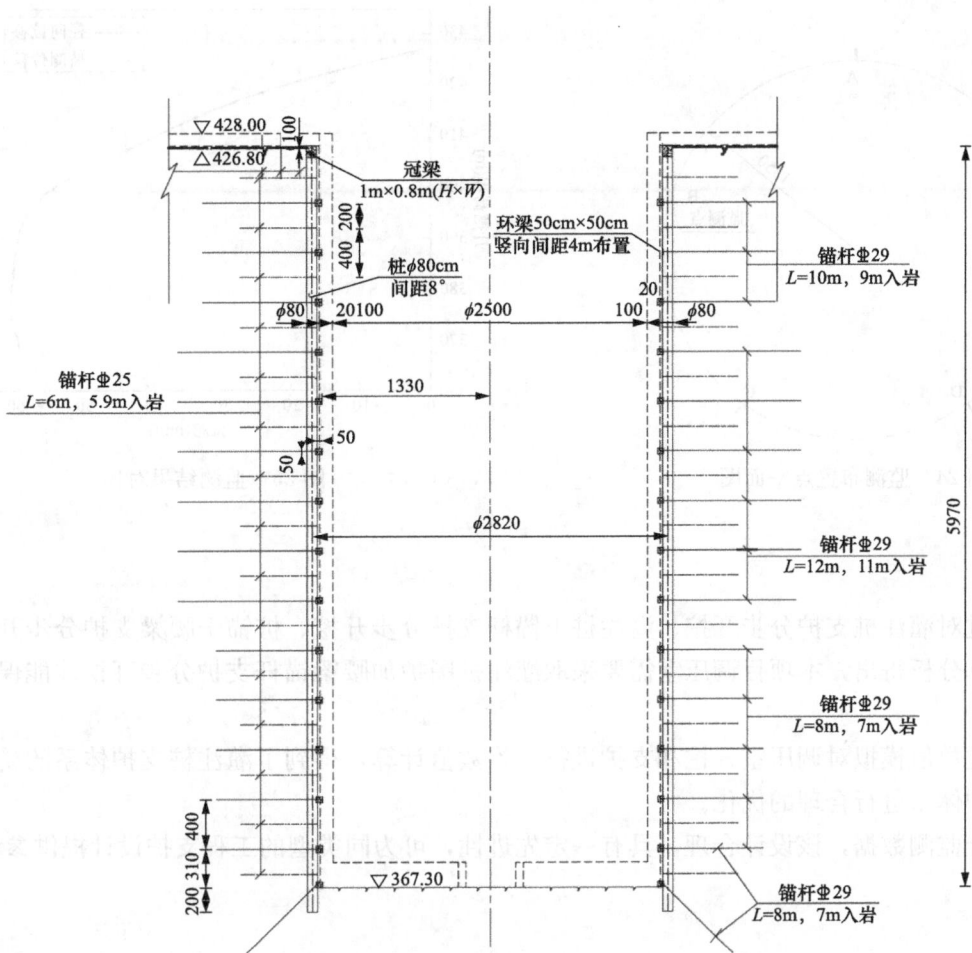

图 22　锚杆长度分布图

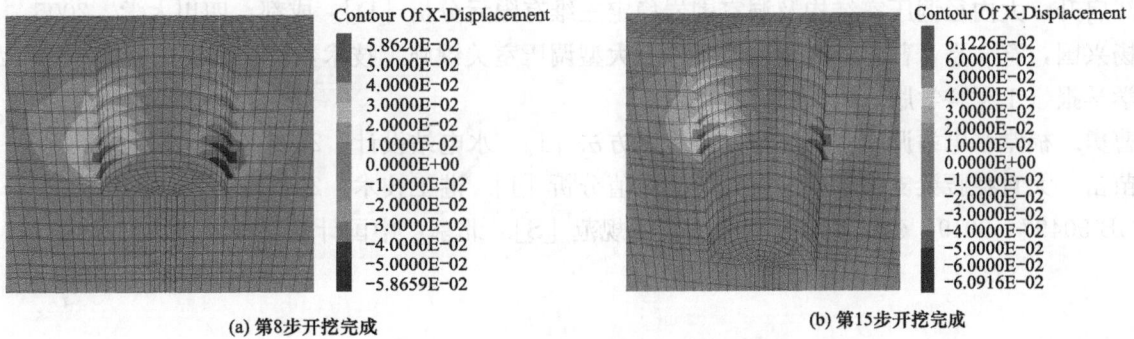

(a) 第8步开挖完成　　　　　　　　　　(b) 第15步开挖完成

图 23　锚杆优化后围岩位移等值线图

4　施工监测

在施工过程中对竖井支护结构的水平位移、地表沉降进行了监测，监测点位布置如图 24 所示，水平向位移监测装置分别布置在高程 426.00、419.00、409.00、399.00、389.00、379.00，根据《建筑基坑工程监测技术标准》（GB 50497—2019），调压室允许位移要求不超过设计深度的 0.3‰～0.4‰（180～240mm），调压室沉降要求不超过 35mm。结合监测资料，调压室从开挖至完成，围岩最大径向变形为 41mm，顶部沉降最大值为 7mm，满足变形控制要求。监测结果对比如图 25 所示。

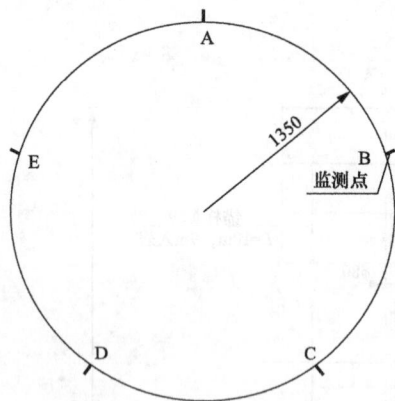

图 24　监测布置点平面图

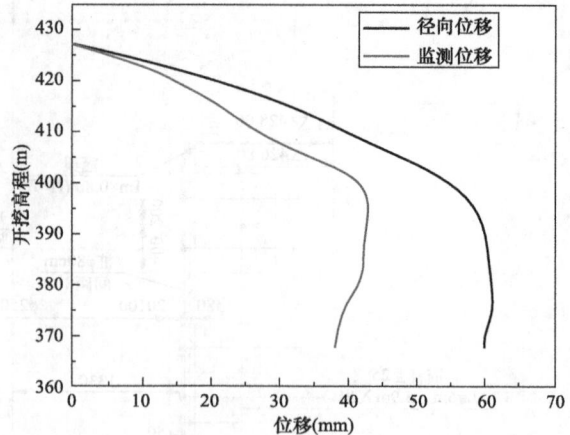

图 25　监测结果对比

5　结语

（1）通过对灌注桩支护分步开挖、灌注桩＋锚杆支护分步开挖、桩锚＋腰梁支护分步开挖三种开挖支护方案计算分析得出，本项目调压室需要采取灌注桩围护加腰梁锚杆支护分步开挖才能保证调压室围岩的稳定。

（2）通过数值模拟对调压室开挖和支护进行三维数值计算，得到了灌注桩支护体系的受力及变形特点，并对支护体系进行合理的优化。

（3）结合监测数据，该设计合理，具有一定先进性，可为同类型的工程支护设计提供参考。

参考文献

［1］　杨利，张慧敏，张生东，李志山，董丹丹，王志珑，张金行，林易澍，李康宏，吴梓煜. 一种适用于不良地质条件下圆形调压室的支护系统及方法［P］. 中国专利：CN116006183A，2023-04-25.

［2］　江启升. 大内径调压室结构及洞室围岩稳定三维有限元分析［D］. 成都：四川大学，2005.

［3］　杨兴国，符文熹，曹竹. 复杂地质条件下大型调压室关键施工技术数值仿真优化分析［J］. 四川大学学报（工程科学版），2006（4）：5-9.

［4］　曹勇. 福堂水电站调压室开挖与支护施工方法［J］. 水电站设计，2006（1）：6-9，22.

［5］　苗笛. 大直径腰梁支护下深基坑开挖的数值分析［J］. 港工技术，2015，52（1）：75-79.

［6］　GB 50497—2019，建筑基坑工程监测技术规范［S］. 北京：中国计划出版社，2019.

作者简介：

张金行（1995—），男，河南南阳，硕士研究生，主要从事水利水电工程设计。E-mail：zhangjinh@bjy.powerchina.cn

基于某电站引水隧洞塌方临时应急处理措施的设计研究

曹大为[1]，李雯静[1]，关李海[2]

（1. 中国电建集团北京勘测设计研究院有限公司，北京　100024；2. 国能电力工程管理有限公司，北京　100010）

【摘　要】 研究了新疆阿克苏地区某电站引水隧洞在放空检修期间出现的塌方问题。通过对塌方位置的详细描述和原因分析，提出了针对不同塌方规模的应急处理措施，包括小面积落石塌方采用钢支撑加固，大面积落石塌方则结合钢支撑、喷锚衬砌、水泥灌浆和珍珠岩混凝土等多种方法进行处理。同时，为确保施工安全，还实施了安全监测预警措施。经过应急处理，输水系统及电站机组运行平稳，证明了所采取措施的有效性。研究成果为类似工程塌方问题的处理提供了有价值的参考，并强调了电站输水系统按时放空检修的重要性。[1]

【关键词】 塌方；长引水隧洞；应急处理措施；钢支撑加固；喷锚衬砌；水泥灌浆；珍珠岩混凝土；安全监测预警

0　引言

本文围绕某电站引水隧洞塌方问题的处理及效果评估展开论述。电站位于新疆阿克苏地区拜城县境内，采用无坝径流引水式开发，装机容量为 160MW。工程运行期间，在引水隧洞不同位置出现了不同程度的塌方，给电站安全运行带来了挑战。本文首先概述了工程概况和塌方问题的具体情况，随后深入分析了塌方的原因，并提出了相应的应急处理措施。通过实施这些应急措施，有效地控制了塌方的发展，确保了输水系统和电站机组的平稳运行，并为后续的永久修复工作打下了基础。最后，对处理效果进行了评估，并总结了经验教训，提出了未来电站运行管理的建议。本文的研究成果对于类似工程塌方问题的处理具有一定的参考意义。[2]

1　工程概况

某电站位于渭干河（塔里木河一级支流）最大支流木扎尔特河干流上，工程区处于新疆维吾尔自治区阿克苏地区拜城县境内。电站采用混合式开发，正常蓄水位 2160.00m，电站为无坝径流引水式开发，无调节水库，电站装机容量 160MW，为三等中型工程。

输水建筑物由分水渠、进水口、无压暗涵、排沙漏斗、压力前池、引水隧洞、调压井、压力管道等建筑物组成，输水系统总长度约 15.8km，引水系统总长约 12.8km，采用混凝土衬砌段约 5.7km，采用喷锚衬砌段约 7.1km。其中，前 4.6km 全部进行了混凝土衬砌，后 8.2km 有 1/7 洞段进行了混凝土衬砌。隧洞断面为直径 6.18m 的全圆，底板沿中心线左右 1m 为填塘混凝土回填平板。

引水隧洞沿线的地层岩性为：灰—深灰色生物碎屑灰岩、灰岩、礁灰岩泥晶灰岩及砾岩、间夹泥岩或泥质粉砂岩、灰绿色砾岩、绿色角砾熔岩、灰绿色石英砂岩、绿灰色砂岩、粉砂岩、炭质页岩、泥岩夹工业煤层等，隧洞围岩主要以Ⅰ、Ⅱ类为主。

2　塌方问题描述

2.1　塌方位置及现场情况

桩号 S2＋500m 处，洞顶有小面积落石塌方，堆积物约 100m³，洞身形成环形裂隙，缝宽 0.7m，深约 5m，见图 1。

桩号 S4＋760 处，洞顶有小面积落石塌方，堆积物约 100m³，塌方处洞顶超出设计断面约 2m，见图 2。

图 1　S2＋500m 处塌腔体示意

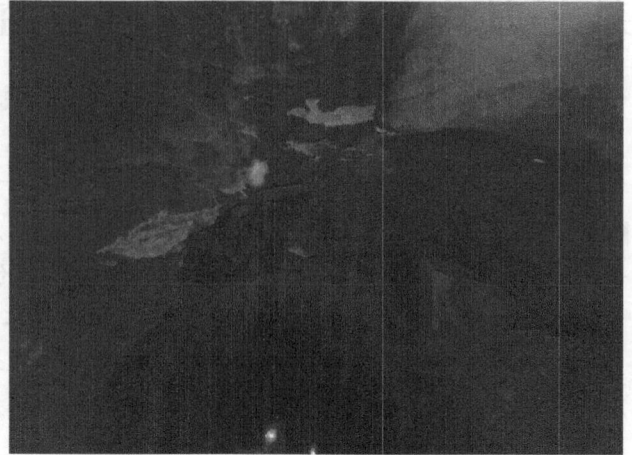

图 2　S4＋760m 处塌腔体示意

桩号 S5＋780 处，洞顶有大面积落石塌方，堆积物可见明显新旧分隔线，水位线有较大粒径块石，堆积物目测约 700m³，塌腔体沿水流方向长约 24m，高 18m，见图 3。

桩号 S11＋610 处，洞顶有大面积落石塌方，堆积物目测约 600m³，塌墙体沿水流方向长约 7m，高 26m，见图 4。

图 3　S5＋780m 处塌腔体示意

图 4　S11＋610m 处塌腔体示意

桩号 S11＋620 处，洞身形成环向空腔，缝宽 0.3～1.5m，深 8～15m，见图 5。

2.2　隧洞塌方原因分析

小面积落石塌方：桩号 S2＋500m 处、桩号 S4＋760m 处，围岩以微新花岗岩和片麻岩为主，且塌方处位于隧洞喷锚段，塌方处一般存在软弱夹层或裂隙密集切割带，判断为发电过程中水的淘蚀、空气频繁压缩气动效应引起的塌方。[2]

大面积落石塌方：桩号 S5＋780m 处，左右局部塌方段岩性为片麻岩夹石墨片岩，千枚状构造，微风化，为较软岩～中硬岩，裂隙发育，岩体较破

图 5　S11＋620m 处塌腔体示意

碎，为Ⅲ2类围岩。塌方段有锚杆支护，少见挂网与喷混凝土，塌方处发育软弱结构面，与硐室呈大角度相交，倾角45°左右。桩号S11+610m、S11+620m处，局部塌方段为三叠系上统克拉玛依组灰黑色砂质灰岩，薄层～中厚层状构造，微风化，岩体中等坚硬，裂隙较发育，一般闭合，无充填，裂隙洞向大角度相交。塌方段为未衬砌洞段，塌方沿结构面发育，判断为发电过程中水的淘蚀、空气频繁压缩气动效应引起的塌方。[2]

3 应急处理措施

3.1 小面积落石塌方

塌方掉块范围及前后轴线方向延升1～2m范围内：I20工字钢，间距0.5m。相邻2榀钢支撑间采用Φ25@20cm钢筋连接。钢支撑左右两侧分别布置4根Φ25锁脚锚杆，锁脚锚杆长度为3.0m。小面积落石塌方修复方案横断面示意见图6。

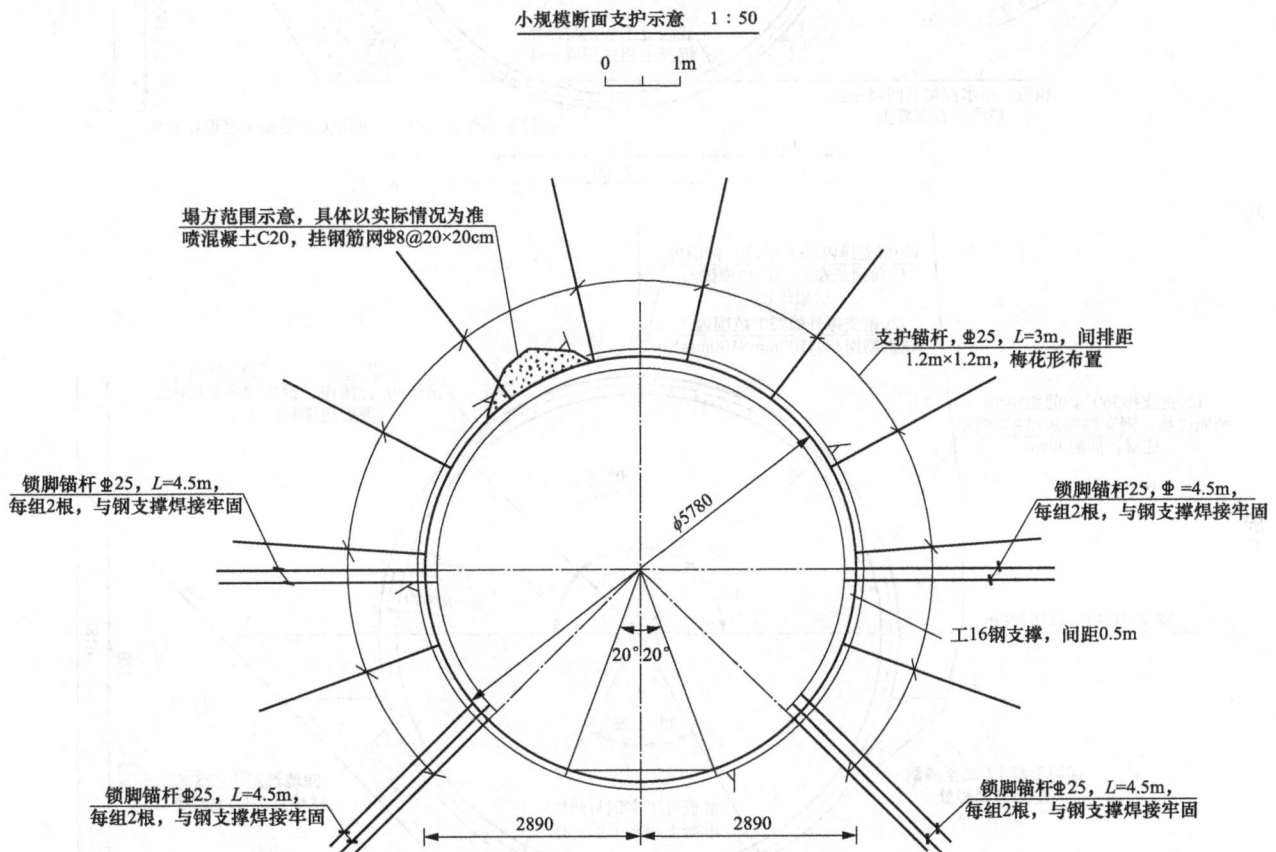

图6 小面积落石塌方修复方案横断面示意

3.2 大面积落石塌方

塌方掉块范围及前后轴线方向延升5m范围内：搭设I20工字钢钢支撑拱架，间距0.5m；钢支撑顶拱及边墙外侧挂230°Φ8@100mm×100mm钢筋网；钢拱架顶拱外缘180°范围内纵向布置5道[10槽钢与拱架焊接；相邻2榀钢支撑间，顶拱90°范围内，采用Φ25@20cm钢筋连接，两侧边墙采用Φ25@50cm钢筋连接；钢支撑侧墙与塌方岩面之间隧洞直径三分之一高度及以下范围内：采用C25及埋石混凝土进行回填（埋石混凝土可用洞内石渣灌浆形成），混凝土内留随机排水孔。I20工字钢底脚浇筑混凝土至隧洞设计断面，与工字钢结构相接。为减轻隧洞冲水发电后塌方顶拱岩壁受水的淘蚀以及空气频繁压缩气动效应等造成的再次塌方对钢支撑结构造成的损伤，采取在钢支撑顶拱45°范围内铺设袋装珍珠岩混凝土（厚 1.0m）的措施。大面积落石塌方修复方案横断面示意见图 7。

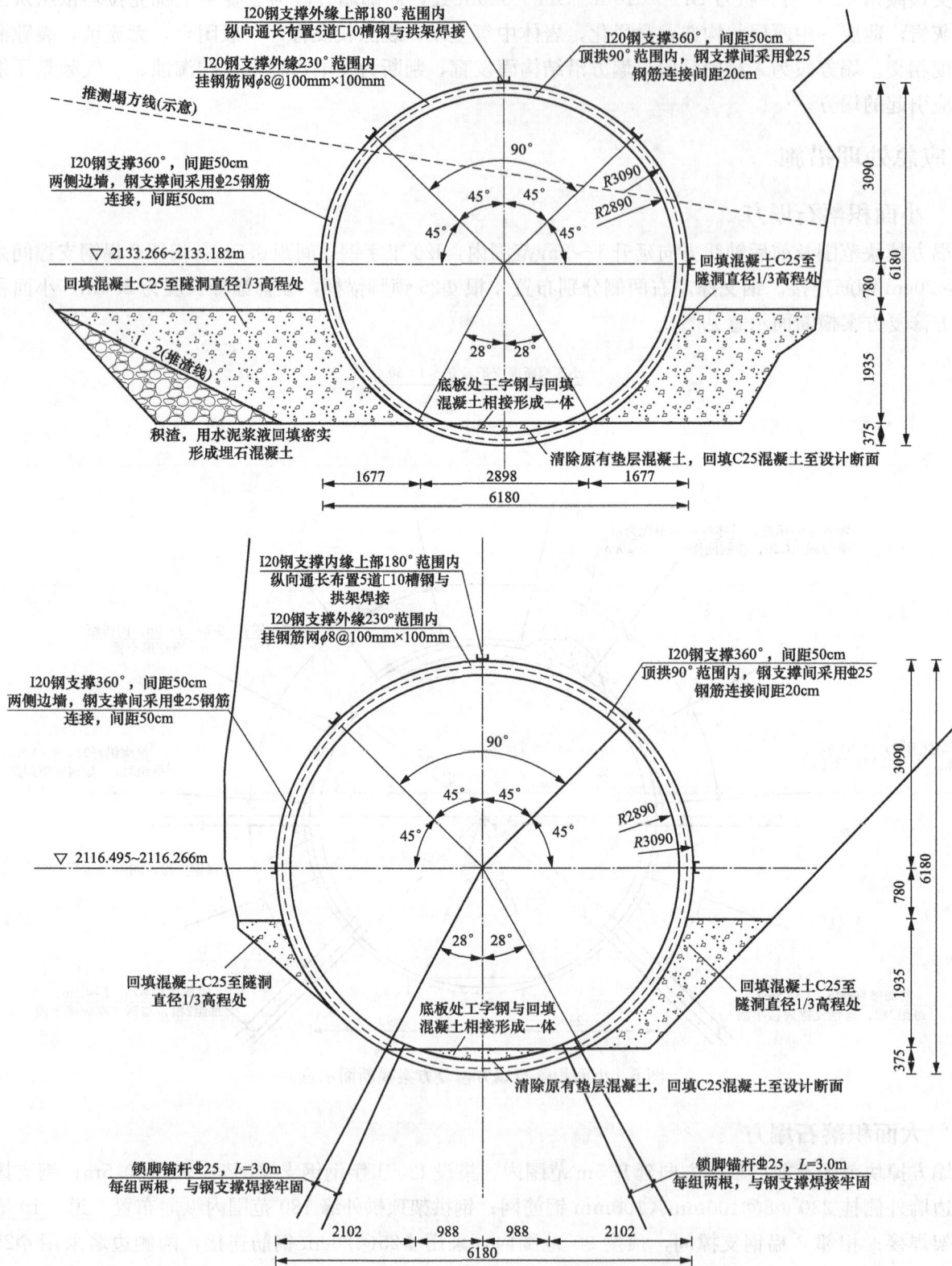

图 7　大面积落石塌方修复方案横断面示意

3.3　安全监测预警

本工程结合建筑物特点，设置了围岩变形监测、接缝位移监测、孔隙水压力监测、锚杆应力监测、钢板应力监测等必要监测项目。在通水发电前，对监测设施进行全面检查，且对损坏且有条件修复的监测设施进行修复，并对原有监测数据进行全面整理及分析，同时做好应急预案。[3]

4　效果评估

4.1　监测数据分析

经过一段时间的监测，各监测点的数据均显示在正常范围内，未出现明显的异常变化。特别是塌方修复区域的监测数据，如围岩变形、接缝位移、锚杆应力等，均保持在设计允许范围内，表明修复措施有效，塌方区域已趋于稳定。

4.2　发电运行状况

电站机组重新投入运行后，发电效率稳定，未因塌方事件影响发电能力。同时，引水隧洞的水流状况良好，未出现明显的冲刷和淤积现象，证明塌方修复措施对输水系统的影响较小，电站运行正常。

4.3　安全性评估

结合监测数据和电站实际运行状况，对塌方修复后的区域进行了安全性评估。评估结果显示，塌方修复区域结构稳定，满足设计要求，不会对电站的安全运行构成威胁。同时，建议继续加强监测，确保电站长期稳定运行。[1]

5　后续工作建议

5.1　加强监测预警

尽管塌方修复区域目前处于稳定状态，但仍需继续加强监测预警工作，确保及时发现和处理可能出现的问题。建议定期对监测设施进行检查和维护，确保监测数据的准确性和可靠性。[2]

5.2　完善应急预案

针对可能出现的塌方等突发事件，建议进一步完善应急预案，明确应急处置流程和责任分工，确保在发生突发事件时能够迅速、有效地进行处置，减少损失。[2]

5.3　提升地质勘察能力

鉴于地质条件是影响电站运行稳定性的重要因素，建议提升地质勘察能力，加强对引水隧洞沿线地层岩性的研究和监测，为电站的安全运行提供更为准确的地质资料支持。[3]

6　结语

（1）本次隧洞塌方处理系某电站投入商运发电3年以来第一次放空检修，本次在喷锚隧洞段地质薄弱处出现小范围以及大范围面积岩石塌方的现象，隧洞在修复期间耽误的发电时间，使当地电网的调控丧失了一定的灵活性。给发电公司在电网的内部考核造成了一定的负面影响。隧洞在修复期间损失掉的发电量，使发电公司付出了一定的经济代价。这充分说明水电站应按期放空检修的重要性，输水系统应按相关规程规范进行放空检修。[1]

（2）在全线巡视隧洞的过程中，巡视人员观察到了一些关键现象并进行了合理的推断。首先，他们注意到隧洞左右边墙上的塌方堆积体存在明显的新旧分界线，说明塌方并非一次形成，而是长时间逐渐积累而成。此外，石渣堆积体在发电水流的推动下，表现出了向前滚动的趋势。

（3）考虑到某电站输水系统的特定布局，其中设置了两个集石坑用于收集可能滚落的石块。如果塌方导致的石渣堆积体持续沿水流方向滚动，直至填满这两个集石坑，并最终导致石块进入机组，那么这样的后果将是极其严重的，甚至可能引发不可预知的危险。因此，必须高度重视这一现象，并采取相应的预防措施，确保电站的安全运行。

（4）本次某电站隧洞喷锚衬砌段塌方，判断为发电过程中喷锚段围岩薄弱处经水的淘蚀、空气频繁压缩气动效应引起的塌方。本次临时应急修复措施的采用，使电站引水系统恢复了正常使用功能，保障了电站的经济效益，为后续某电站引水隧洞衬砌段塌方的永久修复奠定了基础。

参考文献

[1] NB/T 10243—2019，水电站发电及检修计划编制导则［S］. 北京：中国电力出版社，2019.

[2] NB/T 10391—2020，水工隧洞设计规范［S］. 北京：中国电力出版社，2020.

[3] DL/T 5308—2013，水电水利工程施工安全监测技术规范［S］. 北京：中国电力出版社，2014.

作者简介：

曹大为（1992—），男，山东济宁，大学本科，工程师，主要研究方向：水利水电工程设计。E-mail：caodw@bjy. powerchina. cn

李雯静（1998—），女，河北保定，硕士研究生，工程师，主要研究方向：水利水电工程设计。E-mail：liwenjing@bjy. powerchina. cn

关李海（1982—），男，河南鹤壁，大学本科，正高级工程师，主要研究方向：水利水电工程设计与建设管理。E-mail：366470726@qq. com

地下洞室与
边坡稳定

清原抽水蓄能电站地下厂房洞室群围岩稳定分析与空腔地质缺陷处理研究

朱旭洁[1]，张建富[1]，石知政[1]，石小艺[1]，鞠承源[1]，杨海霞[2]，苏静波[2]

（1. 中国电建集团北京勘测设计研究院有限公司，北京　100024；　2. 河海大学，力学与材料学院，江苏南京　210098）

【摘　要】　大型抽水蓄能电站地下厂房洞室群具有规模大、跨度大、边墙高、岔口多等特点，正确分析地下洞室群围岩稳定、确定合理的支护方案是地下厂房设计的关键技术问题之一。依托清原抽水蓄能电站，采用 Midas/GTS 有限元分析软件，根据地下厂房地质条件、结构布置、支护参数、开挖步序等资料，开展地下洞室群围岩稳定分析；依据地下厂房洞周岩体实测位移、揭露地质条件、监测数据等信息，开展地下洞室群围岩稳定反分析，动态科学地指导施工，优化支护设计。针对地下厂房工程区空腔地质缺陷，提出补强处理措施，确保工程安全可靠，对后续大型地下洞室的围岩稳定分析及设计施工具有借鉴意义。

【关键词】　清原抽水蓄能电站；地下厂房；围岩稳定；地质缺陷处理

0　引言

大型抽水蓄能电站地下厂房洞室群地质条件复杂，围岩稳定受洞室规模、开挖步序和支护方式等多方面的影响。正确分析地下洞室群围岩稳定、确定合理的支护方案是地下厂房设计的关键技术问题之一。鉴于每个地下工程均具有自身的特殊性，针对不同工程地质特点，采用合适的数值方法和合理地确定岩体物理力学参数是洞室群稳定研究的前提和关键[1]。

Midas/GTS（岩土与隧道分析系统）由世界结构软件开发公司之一 MIDAS 开发，它将通用的有限元分析内核与岩土隧道结构的专业性要求有机结合，在隧道工程与特殊结构领域提供了一个崭新的解决方案。Midas/GTS 可对复杂的几何模型进行可视化的直观建模；解决问题的范围覆盖了从相对简单的线性分析到非常复杂的非线性问题分析，包括应力分析、施工阶段分析、渗流分析、固结分析等，在岩土工程界得到了广泛应用。

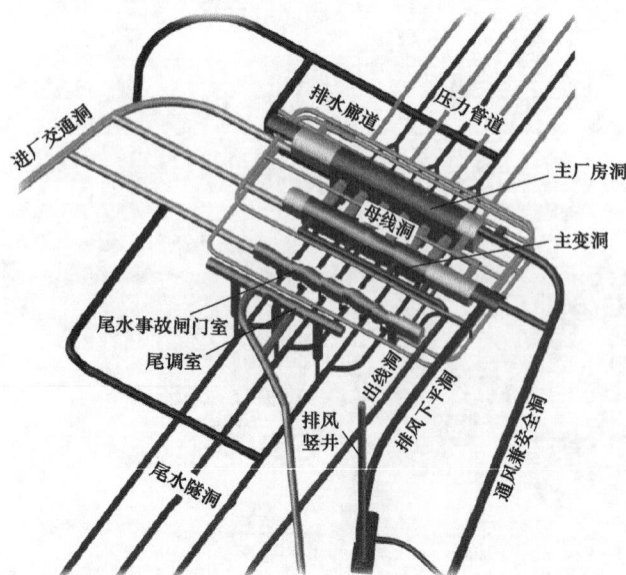

图 1　地下厂房洞室群轴侧图

1　工程概况

辽宁省清原抽水蓄能电站总装机容量为 1800MW（6×300MW），额定水头 390m，工程规模为一等大（1）型。厂区建筑物主要由主厂房洞、主变洞、母线洞、排风系统、出线系统、进厂交通洞、通风兼安全洞、排水廊道及其他附属洞室等组成。主厂房洞开挖尺寸为 222.5m×26.0m×55.3m（长×宽×高，下同），主变洞开挖尺寸为 220.0m×21.0m×22.0m。不同断面、不同功能的洞室在空间上相互交错，形成了规模较大的地下洞室群。地下厂房洞室群轴侧图见图 1。

地下厂房系统布置于输水系统的中部，轴线方向为 NW295°，埋深为 245～315m，厂区揭露的地层为元古界侵入花岗岩（γ2），揭露有三条角闪岩岩脉，∑3：NE50°SE∠84°，宽 0.3～0.4m，节理裂隙中等发育，岩石较完整，与围岩裂隙接触，局部见石英条带；∑2：NE51°NW∠85°，宽 1.5～2m，岩石较完整，节理裂隙轻度发育，与围岩裂隙接触；∑1：NE55°SE∠78°，宽 3～4m，节理裂隙较发育～发育，岩石完整性差，与花岗岩以裂隙接触，局部张开 1～2cm，充填岩块、岩屑，局部少量泥，渗水～滴水。

厂区岩体裂隙轻度～中等发育，以陡倾角为主，局部有缓倾角裂隙发育。主厂房洞围岩以 Ⅲ 类为主，优势结构面主要发育 NW、NWW 和 NEE 三组（见图 2），发育裂隙①、②与③、④相互切割易形成不稳定楔形体；厂房上、下游边墙与裂隙④小角度相交，与其他发育裂隙切割易形成不稳定块体；发育岩脉与裂隙相交部位易产生不稳定块体。[2]

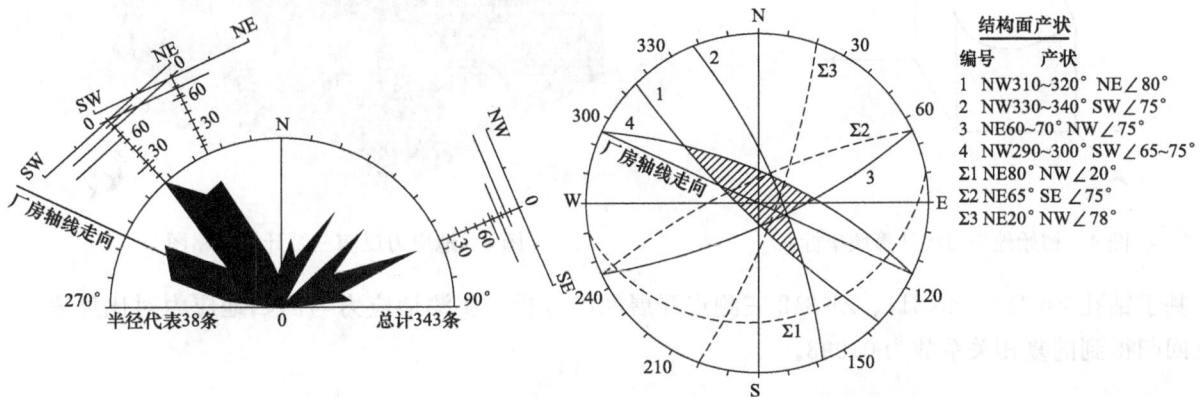

图 2　主厂房洞发育裂隙（岩脉）玫瑰花图及赤平投影图

在主厂房洞顶拱开挖过程中，通过地质雷达、孔内电视等地质勘查手段，发现厂房下游边墙岩体内揭露空腔异常点 39 处，地质编录空腔 1 个。空腔缺陷区域主要集中在主厂房洞下游边墙厂右 0＋40m～厂右 0＋60m，距下游边墙水平深度 1.2～8.5m 范围内，其他部位有零星空腔发育；厂房顶拱及上游边墙围岩内未发现，参见图 3。

2　初始地应力场反演

初始地应力场是地下工程从开挖到支护等仿真全过程分析计算的基础。根据地应力实测值、山体地形及岩体地质构造、力学性质等资料，建立大范围山体的计算区域，对于三维离散点的初始地应力值由大区域网格计算所得。由于形成初始地应力场的主要因素有岩体自重和地质构造运动等，对于自重因素，计算时采用岩体实测容重获得自重场 $\sigma_{自}$，而构造场 $\sigma_{构}$ 获取比较困难，需考虑多种因素，本文通过选取足够大的区域在边界上加法向、切向分布荷载来实现。

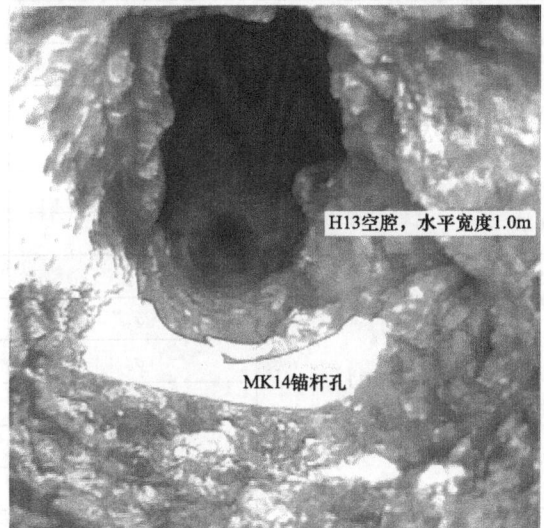

图 3　主厂房洞下游边墙空腔缺陷
区域 MK14 锚杆孔孔内电视图像

计算域坐标取 z 向为垂直向上，x、y 分别取水平方向，即构造场 $\sigma_{构}$ 由下列几种因素组合而成：$\sigma_{构1}$：x 面加沿 x 方向的法向分布荷载引起；$\sigma_{构2}$：y 面加沿 y 方向的法向分布荷载引起；$\sigma_{构3}$：x 面加沿 y 方向的切向分布荷载及 y 面加沿 x 方向的切向分布荷载引起；$\sigma_{构4}$：y 面加沿 z 方向的切向分布荷载引起；$\sigma_{构5}$：x 面加沿 z 方向的切向分布荷载引起。初始地应力场计算域坐标见图 4。

清原抽水蓄能电站地下厂房初始地应力场大区域计算范围：上游边界取主厂房洞上游边墙向上游延

伸 200m，下游边界取尾水闸门室下游边墙向下游延伸 200m，左、右侧边界分别取厂房端墙向左、右侧延伸 200m，高程方向取尾水管底板以下 200m 至山体表面。计算区域剖分成 153705 个单元、28123 个节点。地应力反演三维计算网格图见图 5。

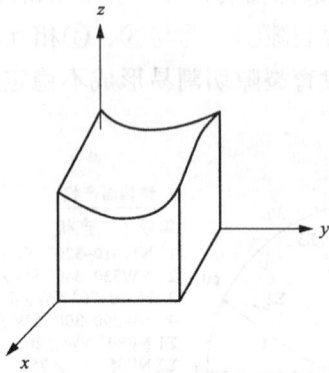

图 4　初始地应力场计算域坐标　　　　　　图 5　地应力反演三维计算网格图

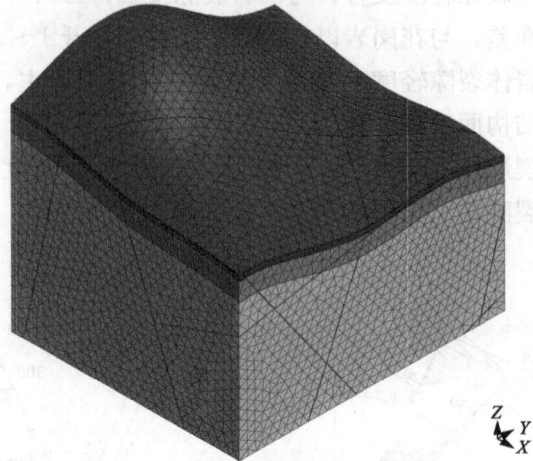

基于钻孔 ZK310、ZK311、ZK312 三测点开展回归分析，实测地应力与回归地应力对比见表 1，三测点回归得到的复相关系数为 0.993。

表 1　　　　　　　　　　　　计算坐标系下测点实测地应力值与回归地应力对比　　　　　　　　　　单位：MPa

测点	应力分量	实测值	回归值	差值
测点 ZK310	σ_x	−8.35	−8.31	−0.04
	σ_y	−8.62	−8.38	−0.25
	σ_z	−9.33	−8.45	−0.88
	τ_{xy}	1.69	1.30	0.39
	τ_{yz}	—	−0.07	0.07
	τ_{zx}	—	0.19	−0.19
测点 ZK311	σ_x	−9.99	−9.10	−0.89
	σ_y	−10.62	−9.63	−0.99
	σ_z	−9.15	−9.19	0.04
	τ_{xy}	2.03	1.42	0.61
	τ_{yz}	—	0.02	−0.02
	τ_{zx}	—	0.10	−0.10
测点 ZK312	σ_x	−8.61	−9.48	0.88
	σ_y	−9.29	−10.41	1.12
	σ_z	−8.86	−9.61	0.75
	τ_{xy}	1.20	1.81	−0.61
	τ_{yz}	—	−0.16	0.16
	τ_{zx}	—	0.04	−0.04

注　坐标 x 方向（沿厂房机组剖面方向，即垂直于地下厂房轴线方向）指向下游，坐标 y 方向为沿地下厂房轴线方向，坐标 z 方向垂直向上；应力值符号按弹性力学中的规定。

用逐步回归分析方法求出回归系数，得到厂区岩体初始地应力场回归成果：

$$\sigma_{地} = 0.001\sigma_{自} - 2.994\sigma_{构1} - 0.770\sigma_{构2} - 0.910\sigma_{构3} + 0.520\sigma_{构4} + 0.530\sigma_{构5} + 0.414 \tag{1}$$

三维地应力测试成果表明：地下厂房区域地应力属中等应力场，厂区主体洞室第一主应力范围为 $-11.25\sim-9.11$MPa（负值表示压应力，下同）；第二主应力范围为 $-9.04\sim-8.01$MPa；第三主应力范围为 $-10.23\sim-8.64$MPa；初始地应力场非仅由自重场引起，而构造场主要由地下厂房纵轴线方向和上下游方向的构造应力产生。

地下厂房主体洞室岩体主应力数值范围见表2。

表2　　　　　　　　　　　地下厂房主体洞室岩体主应力数值范围　　　　　　　　　　单位：MPa

区域	第一主应力	第二主应力	第三主应力
主厂房洞	$-11.25\sim-9.64$	$-9.04\sim-8.73$	$-10.23\sim-8.64$
主变洞	$-10.35\sim-9.11$	$-8.97\sim-8.01$	$-9.47\sim-8.97$
尾水事故闸门室	$-10.30\sim-9.43$	$-9.01\sim-8.42$	$-9.33\sim-8.73$

3　整体围岩稳定分析

3.1　三维模型

地下厂房洞室群整体围岩稳定分析三维模型（见图6）模拟了主厂房洞、主变洞、尾水事故闸门室、母线洞、压力管道、尾水隧洞、进厂交通洞、通风兼安全洞等主要洞室。根据地质编录资料，厂区未揭露断层，发育三条角闪岩岩脉（$\Sigma1$、$\Sigma2$、$\Sigma3$）。地下厂房洞室群岩脉空间分布见图7。

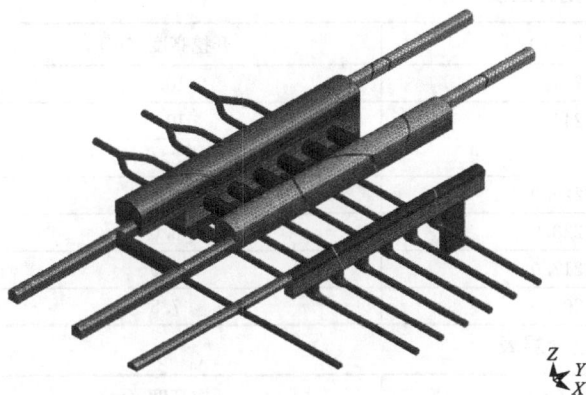

图6　地下厂房洞室群三维模型

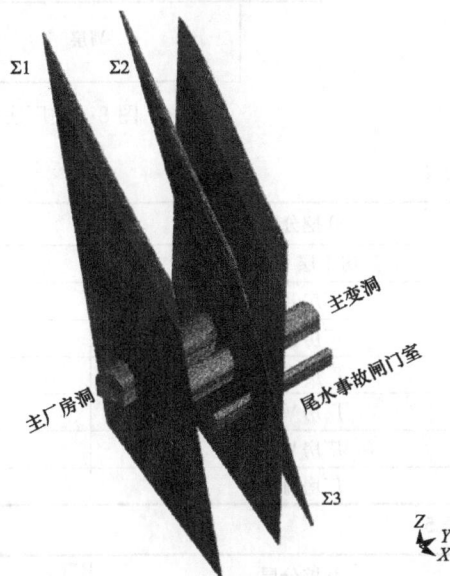

图7　地下厂房洞室群岩脉空间分布

3.2　计算参数

本构模型：洞室围岩采用弹塑性 Drucker-Prager 屈服准则，锚杆和锚索采用线弹性材料本构模型。计算边界条件：铅直边界上施加水平向连杆约束；水平底部边界上施加铅直连杆约束。洞周围岩按Ⅲ类中值，岩脉按Ⅳ类岩体考虑，地下洞室群最终确认岩体力学参数，见表3。

表3　　　　　　　　　　　　　　地下洞室群区域岩体力学参数

岩体	变形模量（GPa）	泊松比	C'（MPa）	f'	容重（g/cm³）
围岩	10.4	0.26	1.25	1.00	2.66
全风化	0.30	0.38	0.15	0.50	2.20
强风化	2	0.33	0.40	0.70	2.30
弱风化	3	0.33	0.50	0.80	2.40
岩脉	2	0.33	0.40	0.70	2.30

3.3 开挖步序

尾水事故闸门室开挖跨度为 8.8m，考虑主厂房洞、主变洞开挖跨度均大于 20m，为大跨度地下洞室，因此本文重点对主厂房洞、主变洞进行围岩稳定分析计算。主厂房洞、主变洞均采用分层开挖，具体见图 8、表 4、表 5。

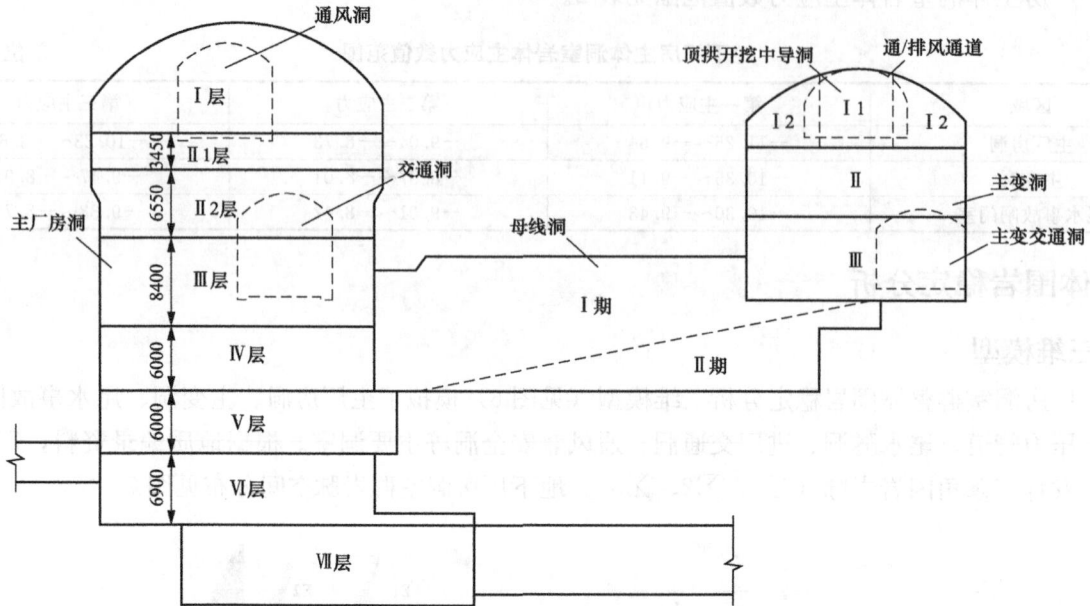

图 8　主厂房洞、主变洞及母线洞开挖分层示意图

表 4　主厂房洞开挖分层表

开挖分层	起止高程（m）	开挖高度（m）
厂房Ⅰ层（顶拱）	264.8～254.3	10.5
厂房Ⅱ层	254.3～244.3	10.0
厂房Ⅲ层	244.3～235.9	8.4
厂房Ⅳ层	235.9～229.9	6.0
厂房Ⅴ层	229.9～223.9	6.0
厂房Ⅵ层	223.9～217.0	6.9
厂房Ⅶ层	217.0～209.5	7.5

表 5　主变洞开挖分层表

开挖分层	起止高程（m）	开挖高度（m）
主变Ⅰ层（顶拱）	260.5～253.0	7.5
主变Ⅱ层	253.0～246.6	6.4
主变Ⅲ层	246.6～238.5	8.1

3.4 支护设计

大跨度地下洞室开挖尺寸确定后，依据《岩土锚杆与喷射混凝土支护工程技术规范》（GB 50086—2015）、《水工隧洞设计规范》（NB/T 10391—2020），通过工程类比，初步确定锚喷支护的类型和参数，再辅以地下洞室整体围岩稳定分析进行验证。在洞室顶拱开挖过程中，进行局部不稳定块体分析，对顶拱部位可能存在失稳块体进行有针对性的支护；在洞室顶拱以下各层开挖过程中，可以同步进行围岩稳定正反分析，用以指导洞室边墙支护参数的修正。

工程类比时，一般以围岩的岩体强度和岩体完整性、地下水影响程度、洞室埋深、地应力、洞室形状与尺寸、施工方法等为参考因素，通过综合分析，主要按围岩类别与洞室跨度给出相应初拟支护类型与参数。清原抽水蓄能电站主厂房洞、主变洞支护参数见表6。

表6   清原抽水蓄能电站主厂房洞、主变洞支护参数表

部位	岩性/类别	最大跨度（m）	支护参数（锚杆直径为mm，其余为m）
主厂房洞	微新花岗岩/Ⅲ类为主	27.5	顶拱：挂网喷C30混凝土厚0.2； 砂浆锚杆Φ28/预应力树脂锚杆Φ32@1.5×1.5，$L=6/9$ 边墙：挂网喷C30混凝土厚0.2； 砂浆锚杆Φ28/Φ32@1.5×1.5，$L=6/9$； 加强支护预应力锚索$T=1500/2000$kN@4.5/6，$L=25/40$
主变洞	微新花岗岩/Ⅲ类为主	21.0	顶拱：挂网喷C30混凝土厚0.15； 砂浆锚杆Φ25/预应力树脂锚杆Φ28@1.5×1.5，$L=5/7$ 边墙：挂网喷C30混凝土厚0.15； 砂浆锚杆Φ25/Φ28@1.5×1.5，$L=5/7$； 加强支护预应力锚索$T=1500$kN@6，$L=25$

3.5 计算流程

根据清原抽水蓄能电站地下洞室群整体布置方案，由地应力反演回归得到地应力场作为岩体初始地应力场，针对支护方案进行开挖前洞室群整体围岩稳定分析计算，初步判断洞室群布置的合理性及洞室群整体稳定性，评价主厂房洞、主变洞的围岩稳定。具体流程见图9。计算中考虑岩体的弹塑性效应，得到地下洞室群的应力和变形分布规律，描绘岩体塑性区的分布情况。

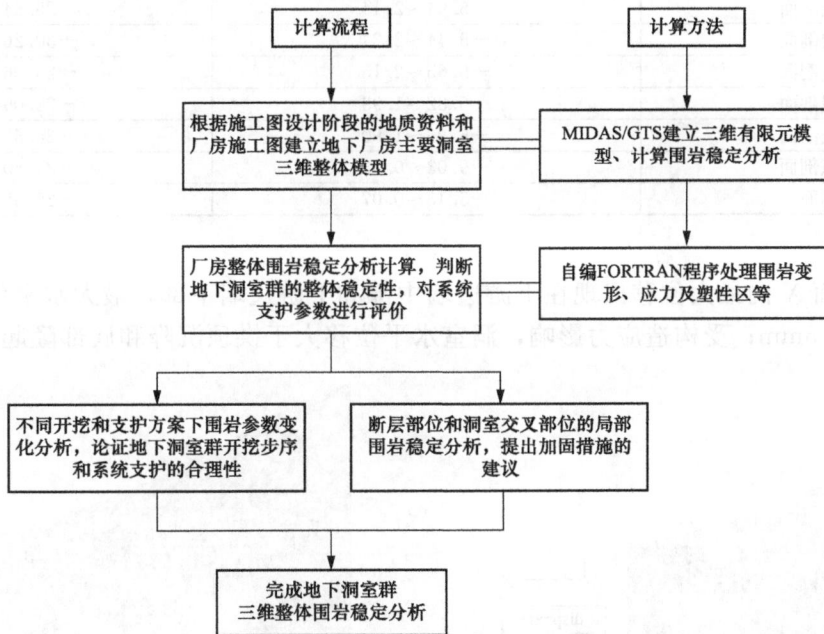

图9 地下洞室群三维整体围岩稳定分析流程

3.6 计算成果

3.6.1 围岩应力

地下厂房围岩总体朝向开挖临空面变形，洞室拱顶呈现沉降变形趋势、底板呈现回弹变形特征，洞室边墙表现为卸荷回弹的变形特征。洞室围岩应力分布以压为主，拉应力出现在主厂房洞上游岩锚梁下方岩体、下游边墙母线洞之间岩体、主变洞上游边墙中部、主变洞底部等局部区域，最大拉应力为2.0MPa，最大压应力为29.55MPa，均小于围岩的抗拉、抗压强度。图10、图11为1号机组轴线剖面主拉应力、主压应力分布图（其他典型剖面不再赘述），表7为地下厂房典型剖面应力范围。

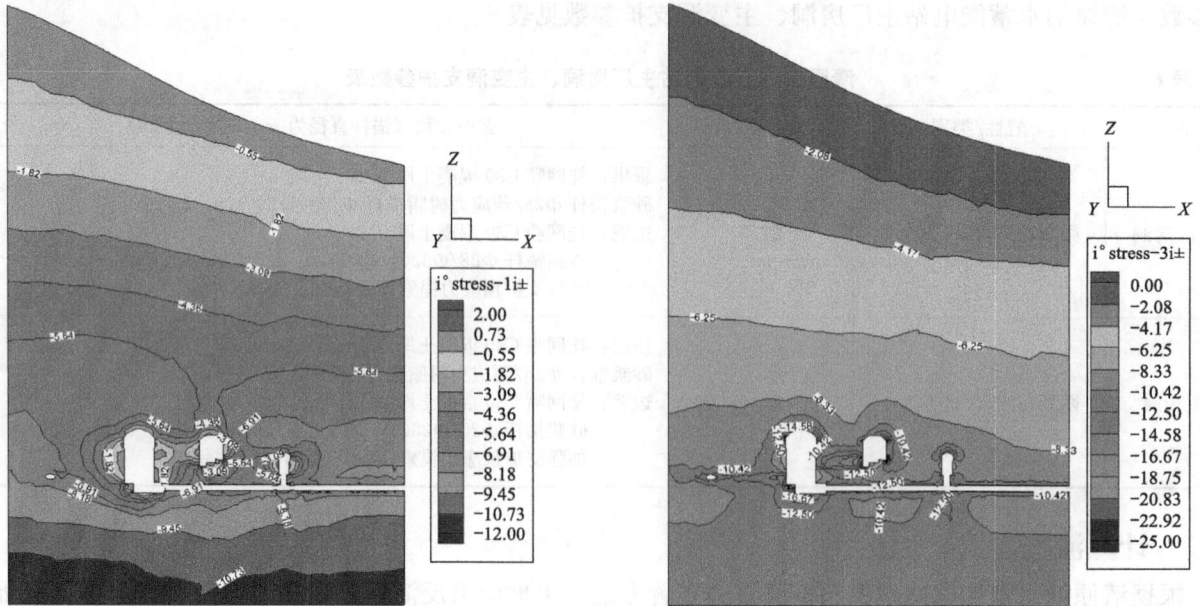

图 10　1号机组轴线剖面主拉应力区分布图（单位：MPa）　　图 11　1号机组轴线剖面主压应力区分布图（单位：MPa）

表 7　　　　　　　　　　　　　　　　地下厂房典型剖面应力范围表

剖面	主拉应力（MPa）	主压应力（MPa）
①号机轴线剖面	−4.36～1.91	−24.81～−0.06
②号机轴线剖面	−5.64～2.14	−25.64～−0.04
③号机轴线剖面	−5.44～2.24	−30.26～−0.05
④号机轴线剖面	−5.65～2.15	−26.06～−0.03
⑤号机轴线剖面	−5.82～1.93	−26.09～−0.22
⑥号机轴线剖面	−5.96～1.90	−25.53～−0.14
地下厂房纵剖面	−9.03～0.33	−21.80～−0.03
母线洞剖面	−5.43～0.07	−29.55～−5.00

3.6.2　围岩变形

各机组中心剖面 X 向最大位移出现在上游边墙中部和下游边墙下部，最大水平位移为 31.71mm，最大竖向位移为 17.5mm；受构造应力影响，洞室水平位移大于拱顶沉降和底部隆起量。图 12、图 13

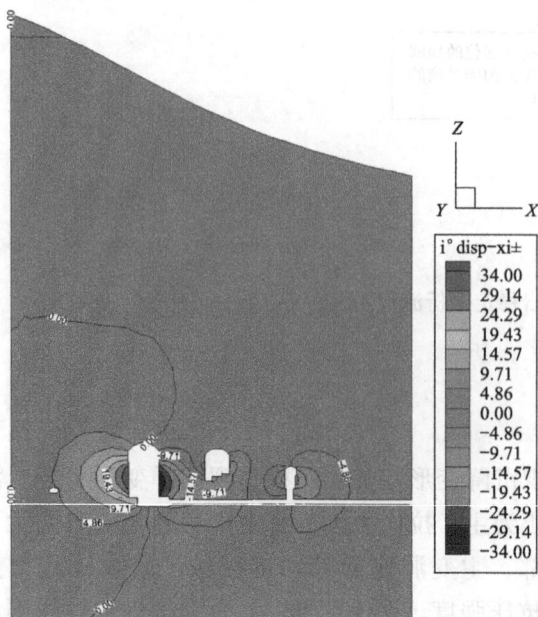

图 12　1号机组轴线剖面 X 向位移等值云图（单位：mm）　　图 13　1号机组轴线剖面 Z 向位移等值云图（单位：mm）

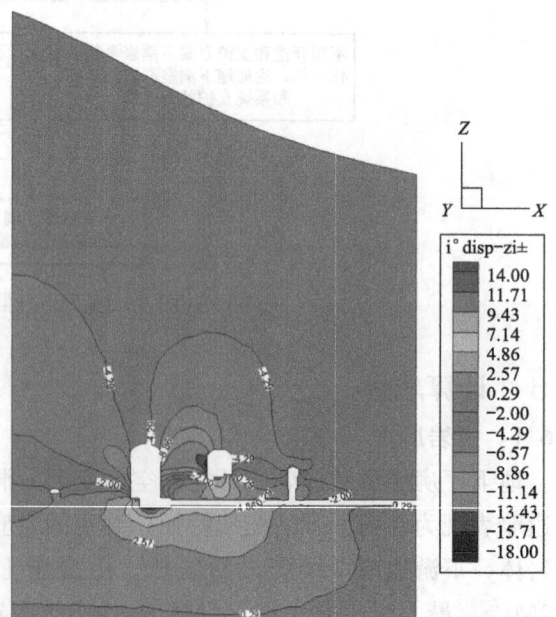

为 1 号机组轴线剖面 X 向、Z 向位移等值线云图（其他典型剖面不再赘述），表 8 为地下厂房典型剖面位移范围。

表 8 　　　　　　　　　　　　 地下厂房典型剖面变形位移范围表

剖面	X 向位移（mm）	Z 向位移（mm）
①号机轴线剖面	−33.59～32.56	−17.71～12.23
②号机轴线剖面	−35.68～34.34	−18.68～13.12
③号机轴线剖面	−36.87～33.88	−18.89～14.05
④号机轴线剖面	−36.55～35.78	−19.56～14.45
⑤号机轴线剖面	−35.82～35.03	−19.32～14.23
⑥号机轴线剖面	−29.96～30.23	−15.53～12.36
剖面	Y 向位移（mm）	Z 向位移（mm）
地下厂房纵剖面	−17.43～16.28	−7.89～14.63
剖面	X 向位移（mm）	Y 向位移（mm）
母线洞剖面	−36.86～36.53	−17.68～16.76

3.6.3　围岩塑性区

由于洞室开挖卸荷效应，主厂房洞上游边墙内部岩体、下游边墙与母线洞和尾水事故闸门室之间的岩体、主变洞上下游边墙内部岩体、尾水事故闸门洞上下游边墙局部岩体、裂隙带及厂房端墙岩体中均出现了一定的塑性区。受水平构造应力影响，塑性区主要集中在主厂房洞上游边墙局部及下游边墙中下部岩体中。图 14 为 1 号机组轴线剖面塑性区分布图（其他典型剖面不再赘述），表 9 为地下厂房支护后塑性区开展深度最大值统计。

表 9 　　 地下厂房支护后塑性区开展深度最大值统计表

部位	上游边墙（m）	下游边墙（m）
主厂房洞	4.5	8.3
主变洞	7.3	—

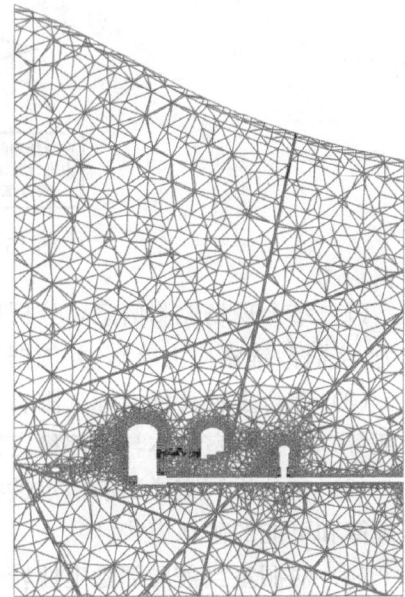

图 14　1 号机组轴线剖面塑性区分布图

3.6.4　锚杆（索）内力

洞室开挖引起围岩发生变形，进而导致锚杆、锚索中出现不同程度的拉力值。表 10 为地下厂房支护后锚杆、锚索轴力范围，可知锚杆、锚索轴力基本处于抗拉强度设计值范围内，支护设计合理。

表 10 　　　　　　　　　　　　 地下厂房支护后锚杆、锚索轴力范围表

部位	预应力锚杆（kN）	砂浆锚杆（kN）	锚索（kN）
主厂房洞顶拱	143～208	30～67	1725～1740
主厂房洞边墙	41～259	30～146	1360～1694
主变洞顶拱	139～190	15～55	—
主变洞边墙	128～266	8～124	1564～1759

4　围岩稳定反馈分析

为确保数值模拟参数的准确性，有必要根据主厂房洞、主变洞分层分步开挖的施工步序，利用洞室

开挖过程中围岩变形等现场监测信息，结合洞室开挖后揭示的围岩地质条件，深入开展洞室群开挖支护仿真计算。即在前一阶段研究成果总结基础上，对地下洞室开挖过程中的动态反馈分析进行系统归纳总结。基于厂区监测断面的多点位移计实测变形进行岩体力学参数反演，分析开挖过程中揭示的围岩变形破坏特点。再利用三维数值模拟评价后续阶段开挖后的围岩稳定性，预测整个洞室群开挖过程的稳定性和围岩力学行为。

4.1 计算流程

洞室群分层开挖稳定性分析与反馈分析流程见图 15。

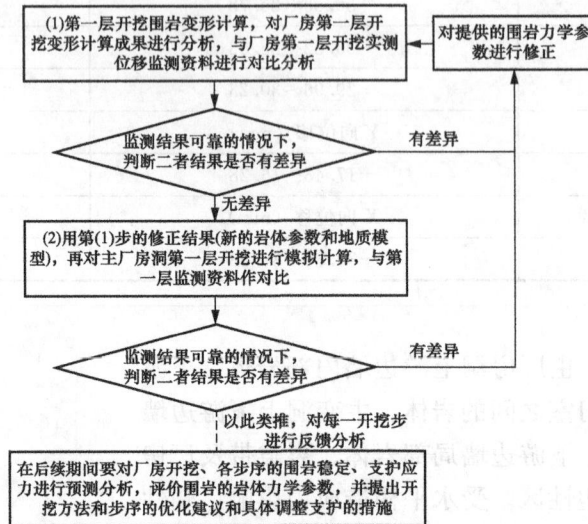

图 15　洞室群分层开挖稳定性分析与反馈分析流程

（1）结合现场监测信息，分析地下厂房当前开挖层引起的围岩力学响应（围岩位移、岩体内部围岩应力、锚杆/锚索应力等），并依据开挖揭露的围岩地质条件，进行围岩分类和工程地质复核。

（2）综合多种评价指标（围岩三维应力状态与屈服程度、岩体应力大小与方向变化过程、洞室变形特征等）分析洞室整体与局部稳定性。

（3）在分析洞室群当前稳定性状态的基础上，采用有限单元法预测洞室后续开挖围岩的变形量、变形规律和可能的破坏模式。

（4）对洞室当前局部稳定性较差的部位进行补充加固计算分析，提出补强加固措施。

（5）在多次反演反馈分析的过程中，通过反演分析对初始地应力进行验证。

（6）上述技术路线通过闭环循环分析，将现场多种监测信息-数值仿真技术-洞室群开挖支护设计三方面有机结合，可实现地下厂房的快速与安全施工。

4.2 计算成果

在清原抽水蓄能电站厂区围岩力学参数反演分析中，主要采用了 5 个系统监测断面的多点位移计监测数据和锚杆应力监测数据，对厂区地层进行了力学参数识别，累计进行了 7 次岩体力学参数跟踪识别。

以厂房顶拱即开挖阶段一为例，表 11 为开挖阶段一稳定分析选用的岩体物理力学参数，图 16、图 17 为开挖阶段一以稳定性分析选用的岩体物理力学参数计算得到的测点数值与实际监测点位移和锚杆应力值的对比，由图可知，开挖阶段一稳定性分析选用的岩体物理力学参数弱于实际岩体物理力学参数，导致总体上测点位移与应力在开挖后产生较大变化，偏离实测值。因此，计算模型的岩体物理力学参数应向着加强围岩强度方向修正。表 12 为岩体物理力学性质指标建议值、开挖阶段一稳定分析选用的岩体物理力学参数，以及本次反演通过二分两端逼近方法修正参数所取的参数计算范围（通过计算该范围包含待定修正参数）。

表 11   开挖阶段一稳定分析选用的岩体物理力学参数表

项目 岩体	变模（GPa）	泊松比	C'（MPa）	f'	容重（g/cm³）
围岩	9	0.26	1.10	1.00	2.68
全风化	0.30	0.38	0.15	0.50	2.20
强风化	2	0.33	0.40	0.70	2.30
弱风化	3	0.33	0.50	0.80	2.40
断层参数	2	0.33	0.40	0.70	2.30

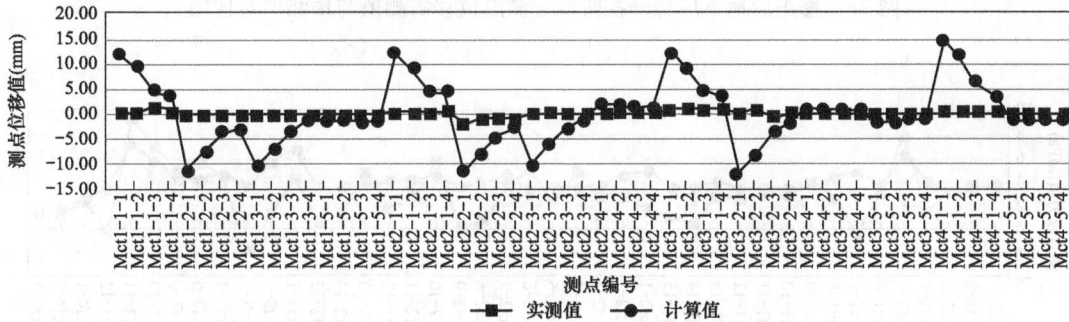

图 16 地下厂房开挖阶段一测点位移实测值与预测值对比图

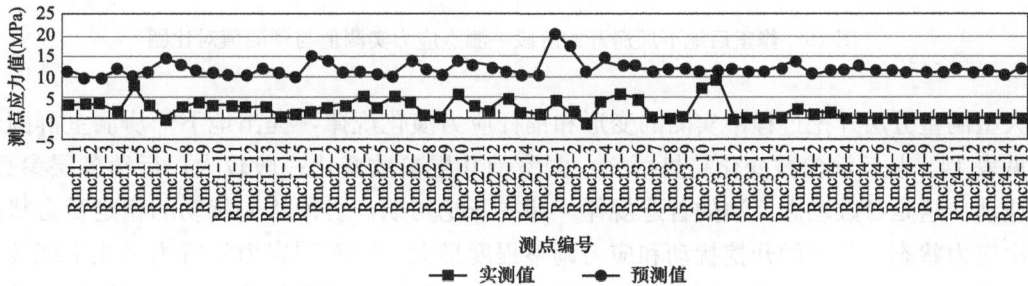

图 17 地下厂房开挖阶段一测点应力实测值与预测值对比图

表 12   地下洞室岩体物理力学性质指标值表

围岩参数	建议值	开挖阶段一选用值	参数计算范围
变模（GPa）	8～10	9	9～12
泊松比	0.26	0.26	0.26
C'（MPa）	1.0～1.2	1.1	1.1～1.3
f'	1	1	1
容重（g/cm³）	2.66	2.66	2.66

　　表 13 为拟合较好（以方差为判断标准）的岩体物理力学参数。图 18、图 19 为基于修正参数下各测点实测值与计算值对比。修正后，实测值与计算值基本处于同一波动数值范围内。其他开挖阶段不再赘述。

表 13   地下洞室岩体物理力学性质指标值表

围岩参数	修正后
变模（GPa）	11
泊松比	0.26
C'（MPa）	1.25
f'	1
容重（g/cm³）	2.66

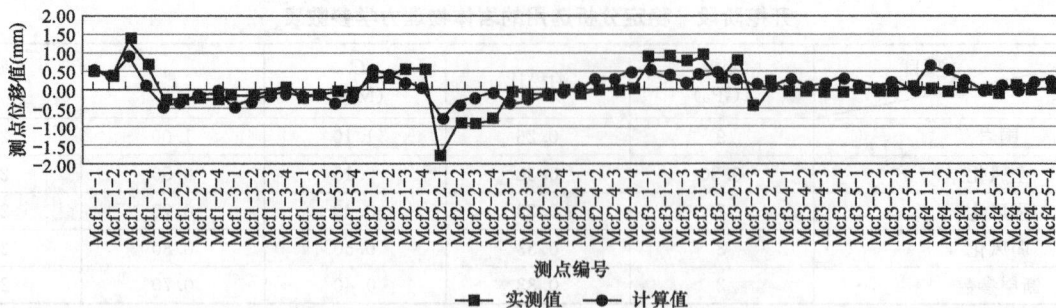

图 18　修正后地下厂房开挖阶段一测点位移实测值与预测值对比图

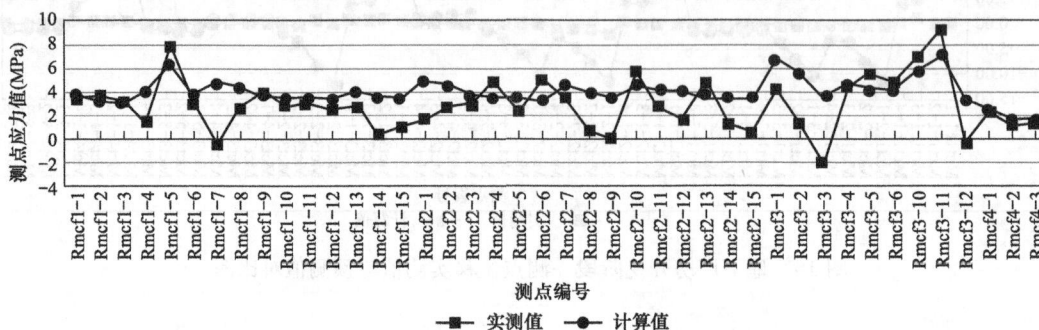

图 19　修正后地下厂房开挖阶段一测点应力实测值与预测值对比图

基于大型洞室分层开挖过程中实测的变形和锚杆应力演化规律，提出地下厂房洞室群围岩的力学参数取值，见表 14。从反演参数变化趋势可知：洞室前几层参数变化一般较大，后续各层参数逐渐稳定，仅有小幅波动。这是参数动态反演的普遍规律，即在开挖初期，岩体从未扰动的稳定受力状态转变为开挖后的二次应力状态，经历的开挖扰动和应力调整程度最大，因而围岩力学行为可能出现较大的不稳定现象。而在首层开挖支护完成后，围岩变形、松弛深度发展都已逐渐收敛，后续开挖过程的围岩扰动和应力调整相对较小且规律相似。因此，在保证洞室各层开挖基本稳定的前提下，围岩力学行为将不会发生剧烈变化，反演获得的力学参数也不会出现明显波动。

表 14　　　　　　　　　　　　　　　　　　地下厂房开挖各阶段力学参数反演值

反演阶段	变形模量（GPa）	泊松比	C'（MPa）	f'	容重（g/cm³）
Ⅰ 层（开挖阶段一）	11	0.26	1	1.25	2.66
Ⅱ 层（开挖阶段二）	11.4	0.26	1	1.25	2.66
Ⅲ 层（开挖阶段三）	10.4	0.26	1	1.25	2.66
Ⅳ 层（开挖阶段四）	10.4	0.26	1	1.25	2.66
Ⅴ 层（开挖阶段五）	10.4	0.26	1	1.25	2.66
Ⅵ 层（开挖阶段六）	10.4	0.26	1	1.25	2.66
Ⅶ 层（开挖阶段七）	10.4	0.26	1	1.25	2.66

在整个洞室监测进程中，监测仪器受施工扰动或表层裂缝变形影响较大，可能会导致部分点位监测值过大。另因监测仪器实际埋置时间一般在仪器埋设位置已开挖后进行，此时围岩变形已经完成。因此，绝大部分监测实测值小于预测值。图 20 为地下厂房开挖阶段七完成后监测值与预测值对比拟合情况。由此可知，变形的反演计算值与实测值在变形趋势上较为接近，验证了反演结果的可靠性。

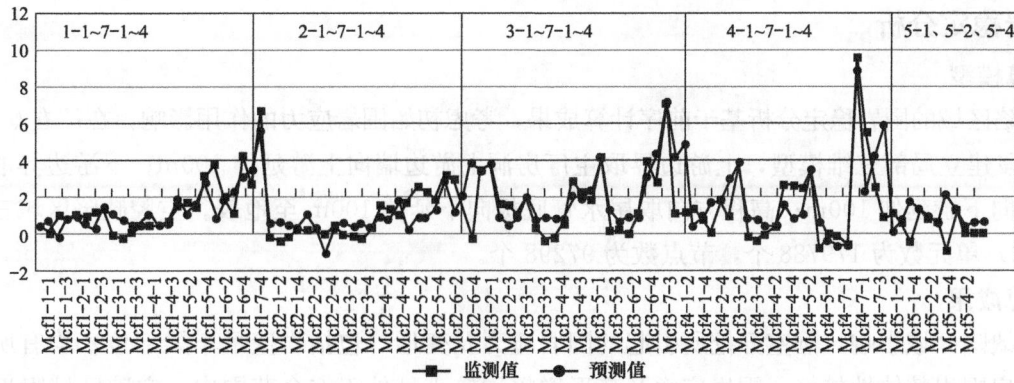

图 20　修正后地下厂房开挖阶段七测点位移实测值与预测值对比图（单位：mm）

5　空腔地质缺陷处理及围岩稳定分析

5.1　处理原则

根据地质勘测资料，空腔缺陷区域主要集中主厂房洞Ⅰ～Ⅱ层下游边墙厂右 0＋40m～厂右 0＋60m 段岩体内，如图 21 所示。

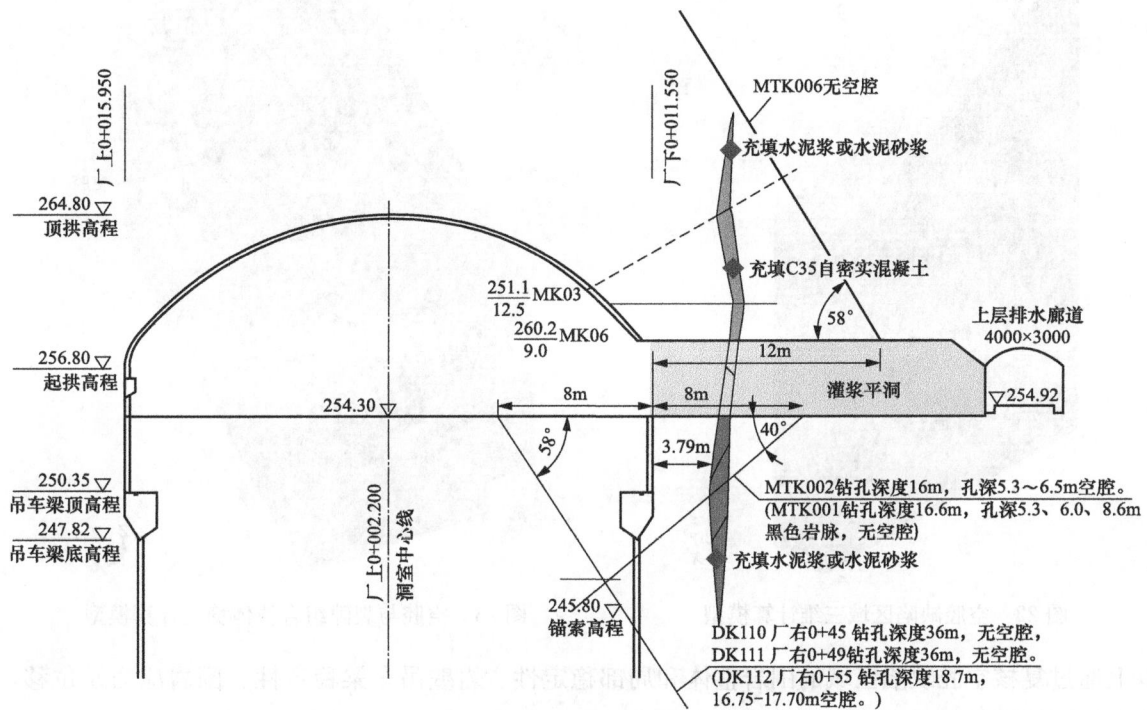

图 21　空腔缺陷处理示意图

（1）为进一步探明空腔形态及分布范围，在主厂房洞下游侧布置 1 个平洞，平洞穿过空腔区域、与 3 号排水廊道连通。

（2）以平洞为操作平台，将平洞底部的空腔采用水泥浆或水泥砂浆充填。

（3）平洞洞身采用 C30 混凝土封堵。

（4）将平洞洞顶 7.5m 以上范围内空腔采用水泥浆或水泥砂浆充填；平洞洞顶以上 7.5m 范围内空腔采用 C35 自密实混凝土充填。

（5）对空腔缺陷区域进行加强支护，锚筋束采用 3Φ28，$L＝12$m、锚索采用 $P＝1500$kN，$L＝25$m。

（6）对空腔缺陷区域进行固结灌浆，在渗水点补打随机排水孔。

5.2 围岩稳定分析

5.2.1 计算模型

空腔缺陷区域的围岩稳定分析基于前序计算成果，考虑初始围岩应力的作用影响，在厂右 0+15m～厂右 0+85m 段建立局部三维模型，上游边界取主厂房洞上游边墙向上游延伸 100m；下游边界取尾水闸门室下游边墙向下游延伸 100m；高程方向取尾水管底板向下延伸 100m 至地表。空腔缺陷区域三维计算模型（见图 22）单元数为 179788 个，节点数为 97298 个。

5.2.2 计算成果

受空腔缺陷区域影响，洞室开挖所引起的围岩应力及变形（包括岩壁吊车梁部位）均有所增加，但由于地下厂房围岩整体性较好，围岩应力及变形增幅均较小且处于安全范围内。空腔区域附近增加了部分塑性区，最大深度为 2.36m，支护方案设计满足安全要求。处于空腔区域的少数锚杆、锚索的轴力有所增大，但仍处于正常范围内。

空腔缺陷对地下厂房下游侧围岩块体的安全系数影响较小。对空腔分区进行人为扩大后，假定空腔在边墙出露且与周边裂隙形成关键块体，如图 23 所示，得出块体安全系数大于 2.0，满足规范要求。

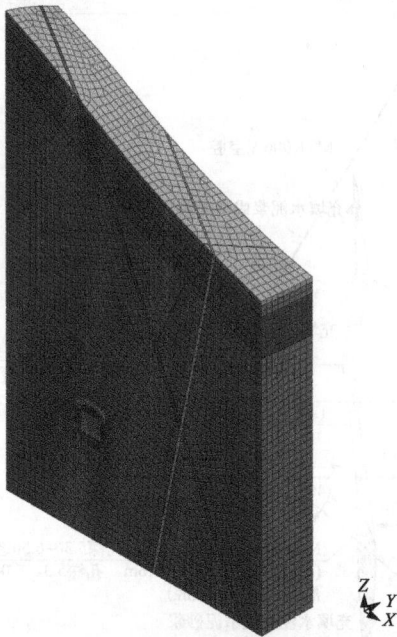

图 22 空腔缺陷区域三维计算模型   图 23 空腔与裂隙组合块体稳定计算模型

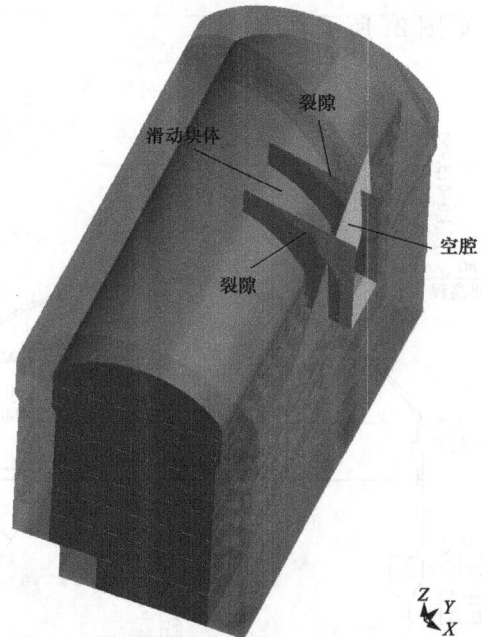

以上通过复核空腔缺陷区域的围岩整体和局部稳定性、岩壁吊车梁稳定性、围岩应力及位移，认为空腔缺陷区域拟定的加强支护参数满足安全要求。

6 整体稳定性评价

（1）清原抽水蓄能电站地下厂房洞室群开挖完成后，洞室围岩变形规律性较强，变形量适中，围岩破坏程度不大，个别锚杆和锚索荷载较大，主要受不利的地应力影响，目前监测数据均已收敛，认为地下厂房整体稳定性较好。

（2）受水平构造应力作用，洞室围岩塑性区主要集中在主厂房洞上下游边墙、底部岩体、主变洞上下游边墙、底部岩体、母线洞与主厂房洞连接部位和母线洞与主变洞连接部位。由于母线洞处有岩脉贯穿，因而母线洞开挖后塑性区沿岩脉发展，塑性区最大深度为 8.05m，位于 3 号母线洞与下游边墙连接处，支护方案满足塑性区的深度及安全要求。

7　结语

　　清原抽水蓄能电站地下厂房自 2019 年 6 月—2021 年 9 月开挖完成，在地下厂房洞室群施工期动态分析全过程中，结合理论分析、数值计算等多手段开展了围岩稳定分析研究。针对地下厂房空腔缺陷，提出"回填混凝土＋锚筋束＋随机锚索＋灌浆排水"的成套处理方案，并通过有限元计算，进一步分析洞室围岩稳定性，从而验证补强措施的安全性。这为大跨度地下洞室群科学地优化设计方案提供了有力依据，也为后续大型地下洞室的围岩稳定分析及设计施工提供参考。

　　2023 年 12 月 15 日，清原抽水蓄能电站 1♯机组进入商业运行。截至目前，厂房系统地下洞室各监测数据整体变化量较小，监测数据稳定无异常。

参考文献

[1]　王辉，陈卫忠. 嘎隆拉隧道围岩力学参数对变形的敏感性分析 [J]. 岩土工程学报，2012，34（8）：1548-1553.

[2]　李院忠，付长明，孙凯辉，等. 清原抽水蓄能电站地下厂房工程地质条件 [J]. 水利水电技术（中英文），2023，54（S2）：81-84.

[3]　中华冶金建设协会. GB 50086—2015，岩土锚杆与喷射混凝土支护工程技术规范 [S]. 北京：中国计划出版社，2015.

[4]　水利水电规划设计总院. NB/T 10391—2020，水工隧洞设计规范 [S]. 北京：中国水利水电出版社，2021.

[5]　欧慧琳. 抽水蓄能电站地下厂房围岩稳定性分析 [J]. 云南水力发电，2023，39（10）：310-313.

[6]　张恩宝，孔张宇，王兰普，等. 丰宁抽水蓄能电站地下厂房围岩稳定性分析 [J]. 人民长江，2021，52（8）：151-157.

[7]　曾继坤，彭强，陈熠，王振红. 复杂地质条件下的地下洞室群施工期围岩稳定分析 [J]. 水力发电，2019，45（11）：62-66.

[8]　刘坤，刘晓青，刘庆晶. 某抽蓄电站地下厂房洞室群开挖支护过程中围岩稳定性分析 [J]. 水电能源科学，2017，35（11）：79-83.

作者简介：

朱旭洁（1988—），女，高级工程师，硕士研究生，主要从事水工结构厂房设计研究。E-mail：zhuxj@bjy. powerchina. cn

张建富（1981—），男，正高级工程师，大学本科，主要从事抽水蓄能电站设计及项目管理工作。E-mail：zhangjf@bjy. powerchina. cn

石知政（1994—），男，工程师，硕士研究生，主要从事水工结构厂房设计研究。E-mail：shizz@bjy. powerchina. cn

石小艺（1998—），女，助理工程师，硕士研究生，主要从事水工结构厂房设计研究。E-mail：shixiaoyi@bjy. powerchina. cn

鞠承源（1997—），男，助理工程师，硕士研究生，主要从事水工结构厂房设计研究。E-mail：jucy@bjy. powerchina. cn

杨海霞（1962—），女，教授，主要从事复杂结构分析和优化设计方向的科研工作。

苏静波（1979—），男，教授，主要从事岩土及结构工程领域的科研工作。

含软弱结构面顺层高边坡稳定分析与处理

——以某抽水蓄能电站厂房后边坡为例

胡蓝凯[1]，李智机[1]，宋雷鸣[1]，薛　卉[1]，李汪洋[2]，石　崇[2]

（1. 中国电建集团中南勘测设计研究院有限公司，湖南长沙　410014；2. 河海大学，江苏南京　210024）

【摘　要】　某抽水蓄能电站厂房后边坡为典型的含软弱结构面顺层岩质高边坡，开挖最大高差 238.79m，厂区地质条件复杂，岩层褶皱剧烈，断层、裂隙发育，层间含有泥夹岩屑型结构面、节理密集带等软弱结构面。厂房基坑开挖后对后坡岩层切脚，易产生沿软弱结构面顺层滑动的变形。通过锚杆喷护、钢筋桩支护、预应力锚索及排水等措施处理后，选取典型剖面采用刚体极限平衡法与有限差分法进行计算分析，得到的最小安全系数均大于规范要求，能确保边坡安全稳定，为国内外同类边坡提供参考经验。

【关键词】　水电站；高边坡；稳定性分析；软弱结构面；变形

0　引言

　　某抽水蓄能电站位于湖北省十堰市竹山县境内，装机容量 298MW，电站枢纽由上水库、下水库、输水系统、岸边式地面厂房等建筑物组成。有效库容 11.20 亿 m³。上水库利用已建的水库；下水库利用已建的小漩水库，调节库容 940 万 m³，总库容 2780.15 万 m³。工程输水系统建筑物、岸边式地面厂房和开关站等永久性主要建筑物按 3 级建筑物设计；其他永久性次要建筑物按 4 级建筑物设计；临时建筑物按 5 级建筑物设计。

　　厂房后边坡属于 A 类Ⅱ级边坡，受施工围堰的影响，地面厂房向山体内平移 56m，放坡后形成高边坡，边坡最大高差 238.79m。其中，厂房地面平台（高程 277.500m）以上边坡高 171.29m，为顺层岩质边坡，含多种软弱夹层；厂房基坑深 67.5m，开挖时对顺层岩质边坡切脚。厂区地质条件复杂，靠近厂房位置存在一条规模较大的陈家河逆推断层（F2 断层），边坡顺层与反倾结构面发育。大量的边坡失稳实例表明，岩质边坡的失稳大都沿各种软弱结构面发生，其中又以含软弱结构面的顺层边坡稳定性最差[1]，厂房后边坡的稳定问题为该工程的重大技术问题。

1　地质条件

1.1　岩体特征

　　地面厂房处地形坡度 15°～25°，山坡上部为斜坡地貌，山坡下部近河床侧为第四系阶地经人工改造及自然堆积形成。厂房后边坡岩性主要为古生界寒武系下统水沟口组（∈lsg2）薄层～互层状硅质板岩、硅质板岩夹灰岩层，属中硬岩～坚硬岩；（∈lsg1）炭质千枚岩夹炭质板岩，属软岩～较软岩。岩层产状：290°～320°，NE∠38°～50°。

　　地面厂房处发育有陈家河逆推断层（F2），为Ⅰ级结构面。产状：310°～325°，NE∠40°～50°。该断层厚度约 9.0m，断层影响带宽约 30.0m，断层带内多发育宽为 0.5m～5.0m 的小褶曲。带内物质为薄层（层厚 0.5～5.0cm）碳质板岩及硅质板岩，岩体呈块状、碎块状、砂状、泥状。工程区岩层总体以单斜构造为主，未见大规模褶皱，但受多期构造挤压应的作用，岩层内发育有轴宽为 0.5～10.0m 的小褶曲，褶皱轴面走向与岩层走向近于垂直。

1.2 软弱结构面特征

影响地面厂房后边坡稳定性的结构面主要有：①顺层 $\gamma3_{pln}$ 软弱结构面，为含绿泥钠长片岩蚀变岩体，厚度约 1.6m，局部呈泥质、可塑，抗剪强度低，该软弱结构面在地面厂房中多有揭露；②片理面（层面），岩层走向与边坡走向交角＜15°，岩层倾角 38°～50°，层间黏结力较低；③节理裂隙密集带 f1，在硅质板岩夹灰岩层的顶部发育有节理密集带，厚度为 4.0～8.0m。在节理密集带中的顶部发育有厚度为 0.5～0.8m 的蚀变带，性质同 $\gamma3_{pln}$，该蚀变带在地面厂房第 5 级开挖边坡以上（高程 367.5m 以上）有揭露。

1.3 地下水特征

根据埋藏条件，工程区地下水类型主要为基岩裂隙水和第四系孔隙潜水，均由大气降水补给，向河床排泄。地面厂房处地下水多分布在弱风化中下部岩体中，地下水位埋深 20～30m，相对透水岩体主要为弱风化中上部硅质板岩及强风化炭质千枚岩、硅质板岩。根据试验成果，工程区地表水、地下水对普通硅酸盐水泥拌制的混凝土均无腐蚀性。

2 边坡处理设计

2.1 边坡开挖

厂房后边坡为顺层坡，开挖原则为顺层开挖，尽可能减少开挖量。边坡内存在 F2 断层及 $\gamma3_{pln}$ 等软弱夹层，其中断层物理力学参数很低，需要在厂房基坑顺层部分尽可能挖除断层 F2 以上岩体。厂房基坑开挖后将切断岩层，大大增加顺层高边坡的整体变形风险，为此需要将厂房基坑范围内后坡挖除软弱夹层 $\gamma3_{pln}$，降低顺层高边坡由于基坑切脚导致的沿软弱面整体滑动问题。根据以上原则并结合其他工程实践经验，边坡设计共十级坡面，每级开挖高度为 15～20m，开挖坡比根据岩层倾角顺层开挖，大致为 1：0.8～1：1，部分覆盖层较厚及全风化岩体处按 1：1.5 开挖，除特殊道路需求外每级坡顶设置宽 2.0m 马道，马道设置种植槽和排水沟。

2.2 边坡支护

2.2.1 浅层支护

为了防止雨水渗入坡体，降低边坡岩土体的物理力学参数，必须对开挖坡面进行有效表面防护，采用挂网喷混凝土封闭，喷护厚度 0.15m，挂 $\varphi8@200$ 的钢筋网并加设 $\varphi14@2000$ 压网钢筋。为了提高挂网喷护的整体性及对表层不稳定块体的防护，坡面采用系统锚杆支护＋随机锚杆，系统锚杆长 6m/4.5m 梅花形间隔布置，垂直坡面间排距 2m×2m；随机锚杆则根据现场不稳定块体针对性施加。

2.2.2 深层支护

该边坡岩层倾向与坡向同向，属于顺层边坡，层间发育多条连续性较好的泥夹岩屑型结构面（如 $\gamma3_{pln}$ 软弱夹层），其抗剪强度参数较低，在厂房基坑开挖切脚后极易产生沿软弱结构面顺层滑动的变形。针对顺层边坡岩体结构面的不确定性，深层支护采用系统预应力锚索与锚筋桩支护。根据边坡刚体极限平衡稳定分析初步结果，边坡按层面开挖整体稳定，但厂房基坑切脚造成局部软弱面形成滑移的可能，为此厂房正坡顺层部分采用锚索支护，侧坡采用锚筋桩支护。根据地形、地质条件及"锁口、收腰、护脚"的原则，以分析计算为指导，将边坡划分为 4 个区域进行加固处理设计，见图1，厂房边坡支护剖面图见图2。

第一区为正坡，高程 277.500～367.500m 分五级坡面，岩层为顺向坡，坡面处于弱风化及微风化薄层状硅质板岩层，每级坡面采用双排 1500kN 预应力锚索支护，锚索长 45m/40m 间隔布置，内锚固段长 9m，俯角 20°，间距 6m，分别布置在马道上下各 3m 高程。

第二区为正坡，高程 367.500m～坡顶共分五级坡面，支护相比第一区将锚索由双排减为单排锚索，其余与第一区支护参数相同。

第三区为边坡侧坡，岩体层面与坡面侧交，相比正坡风险性较小，采用锚筋桩支护做深层支护，锚筋桩采用 5 根 32 钢筋成束，长度 24m，间距 3m，在每级马道及坡面中部各施加一排；为了使锚筋桩穿过更多岩层，达到最大锚固效果，施工时倾向岩体层面 15°。

第四区为厂房基坑内，厂房基坑开挖后将切断岩层，为重点支护区域，对基坑采用每开挖 5m 施加一排锚索，锚索 1500kN，间距 6m，施工时采用跳仓开挖，预留保护层开挖。

为了达到锁口与护脚的原则，在坡面最高一级马道及坡脚 277.500m 平台分别施加一排锚筋桩，加强坡顶与坡脚的稳定。

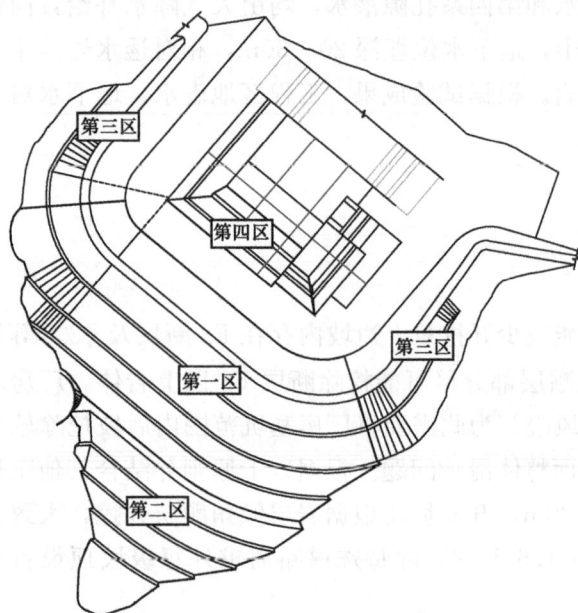

图 1　厂房边坡支护分区平面图

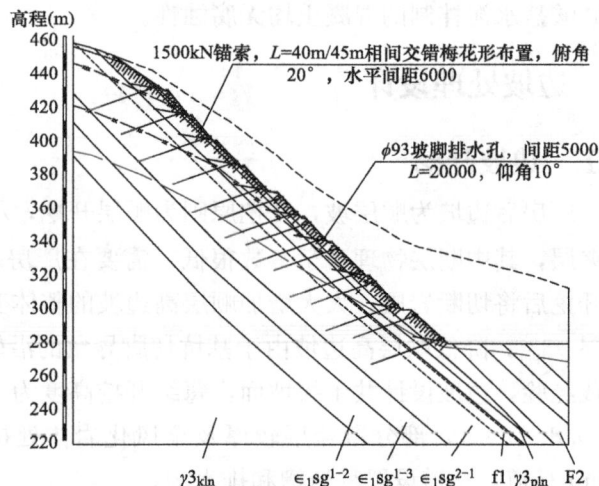

图 2　厂房边坡支护剖面图

2.2.3　坡面截、排水

坡面排水考虑了深层排水和浅层排水，深层排水在每级坡脚处打 20m 长排水孔，仰角 15°，间距 5m；浅层排水在每级坡面上打 3m 长排水孔，仰角 15°，间排距 3m 梅花形布置。侧坡统一采用 5m 长排水孔，仰角 15°，间排距 3m 梅花形布置。在边坡开口线以外 5m 范围设置截水沟，截水沟较陡处设置跌水与沉砂池，每级马道上设置排水沟。坡面外的水通过截水沟拦截，坡面内的水通过深浅排水与排水沟引至截水沟，形成安全可靠的排水系统。

3　边坡稳定性分析

3.1　计算方法与模型

岩土边坡常用的稳定性分析方法包括地质力学方法、解析方法、数值方法和其他一些分析方法等[2]，地质力学方法一般指赤平投影方法，其研究对象为不连续岩体沿结构面产生的滑动破坏；解析方法包括从土力学方法中演变过来的一些具体方法。本工程选取典型剖面，首先采用刚体限平衡法，假定滑体为刚性体，计算作用在可能发生滑动面上阻止滑体滑动的总抗滑力与驱使滑体滑动的总下滑力之比，得到边坡安全系数。然后基于 FLAC 三维软件，采用显式有限差分法的数值分析方法得到安全系数与位移，该方法可以模拟岩石或土体及其他材料的力学行为[3]；其中快速拉格朗日分析采用了显式有限差分格式来求解场的控制微分方程，并应用了混合单元离散模型，可以准确模拟材料的屈服、塑性流动、软化直至大变形，尤其在材料的弹塑性分析、大变形分析以及模拟施工过程等领域有其独到的优点。图 3、图 4 分别为岩层分组和厂房后边坡三维模型锚索支护布置情况。

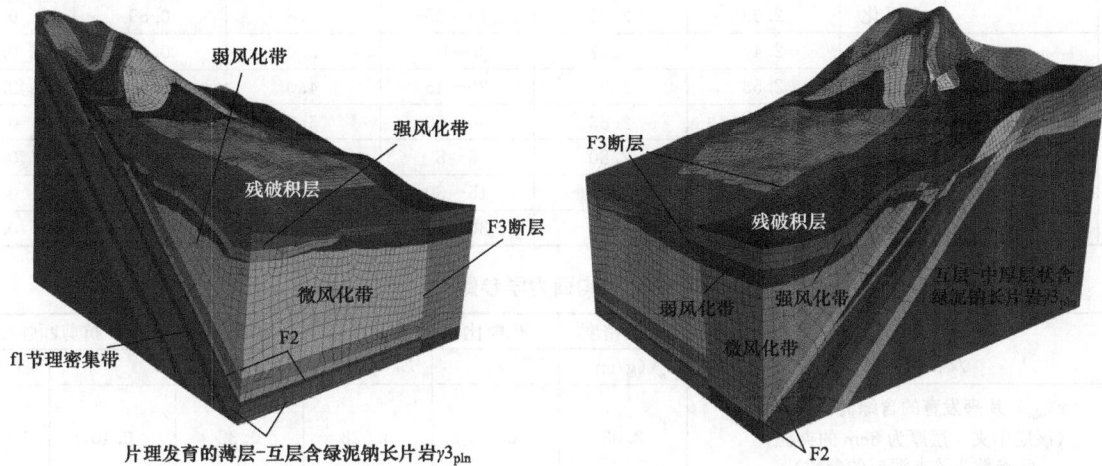

图 3　岩层分组

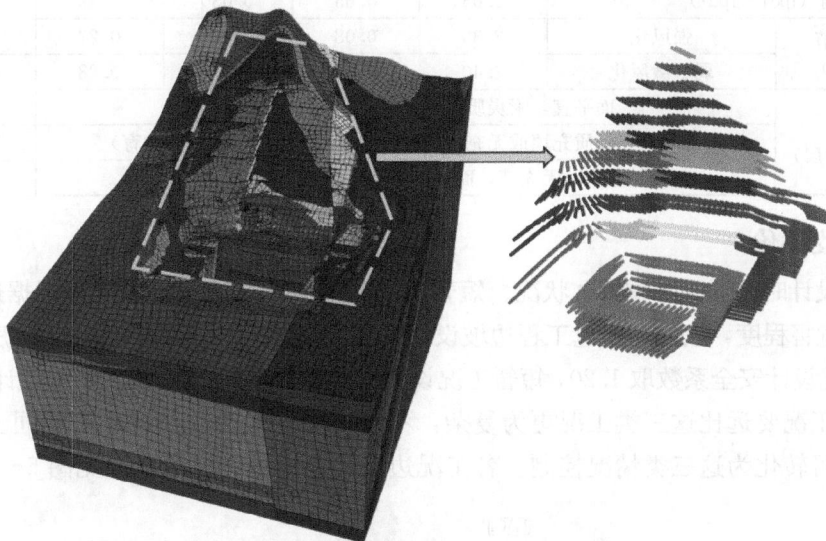

图 4　厂房后边坡三维模型锚索支护布置

3.2　力学参数的选择

岩质边坡不同于土质边坡，其特点是岩体结构复杂、断层、节理、裂隙互相切割，块体不规则。由于介质的不均匀性、非连续性，少量的岩土力学试验代表性较差，导致其力学参数往往难以确定，导致提供的岩体力学参数在计算时常常与工程勘察不符[4]。为了获得较符合实际情况的力学参数，采用自然边坡反分析以验证原来试验数据和进行参数选择，岩石（体）物理力学参数与主要结构面的力学参数见表 1 与表 2。

表 1　　　　　　　　　　　　　　　　岩石（体）物理力学参数

地层代号	岩性	风化程度	岩体主要特征参数					
			干密度	湿密度	单轴饱和抗压强度	变形模量	抗剪断强度	
			ρ_d (g/cm³)	ρ (g/cm³)	R_w (MPa)	E_0 (GPa)	f'	c' (MPa)
∈lsg1、∈lsg3	炭质千枚岩	强风化	2.60	2.63	<5	0.1	0.38	0.05
		弱风化	2.66	2.68	3～12	0.3	0.49	0.15
		微风化	2.69	2.73	15～25	0.8	0.59	0.55
∈lsg2	硅质板岩	强风化	2.47	2.52	5～15	2.0	0.45	0.20
		弱风化	2.53	2.59	20～45	4.0	0.65	0.75
		微风化	2.57	2.63	50～60	5.0	0.75	0.85
γ3kln	绿泥钠长片岩	强风化	2.72	2.80	6～8	1.5	0.50	0.15
		弱风化	2.74	2.82	15～30	3.5	0.60	0.55
		微风化	2.79	2.84	30～45	5.0	0.68	0.63

表 2　　　　　　　　　　　　　　　　主要结构面力学参数

序号	结构面类型及填充情况		天然密度	孔隙比	变形模量	泊桑比	抗剪断强度	
			ρ_s (g/cm³)	e_0	E_0 (GPa)	u_s	f'	c' (MPa)
1	(γ3pln) 片理发育的含绿泥钠长片岩（该层中夹一层厚为 8cm 的夹泥，此参数为该夹泥层的参数）		2.08	0.62	0.028	0.32	0.40	0.018
2	岩块岩屑型（F1）		2.10	0.60	0.3～0.4	0.29	0.45	0.035
3	泥（F2、F3）		2.00	0.72	0.022	0.35	0.25	0.015
4	岩屑（fpd1～fpd7）		2.05	0.65	0.030	0.32	0.35	0.020
5	硅质板岩层内节理密集带（f1）	强风化	2.35	0.08	0.20	0.27	0.40	0.10
		弱、微风化	2.40	0.06	0.80	0.28	0.60	0.20
6	片理面（弱风化及以下岩层）	面平直，附炭质岩粉（炭质千枚岩层内发育）					0.50	0.12
		面平直、钙质充填或无充填，面连续性较好（硅质板岩内发育）					0.55	0.15
		胶结紧密，无充填，面不连续（含绿泥钠长片岩内发育）					0.60	0.18

3.3　计算成果及评价

边坡抗滑稳定设计时，需要考虑持久状况、短暂状况和偶然状况这三种情况，根据边坡所处的位置及失事后可能造成的危害程度，按照《水电工程边坡设计规范》（NB/T 10512—2021），厂房后边坡属于 A 类 Ⅱ 级边坡，持久工况设计安全系数取 1.20，短暂工况设计安全系数取 1.10，偶然工况设计安全系数取 1.05。

实际工程中的工况要远比这三类工况更为复杂，不同工况所考虑的荷载也不相同。但按照每种工况所持续的时间，均可转化为这三类情况控制。各工况边坡支护后稳定计算成果见图 5～图 7，表 3。

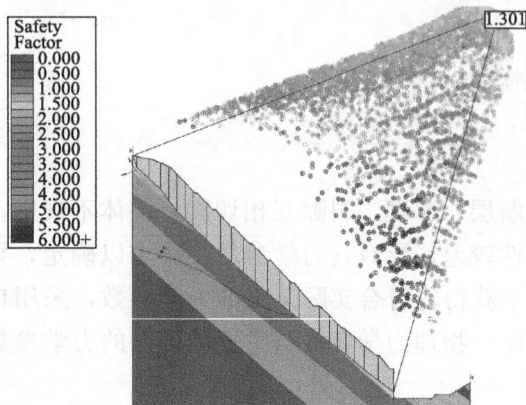

图 5　极限平衡法开挖＋未支护

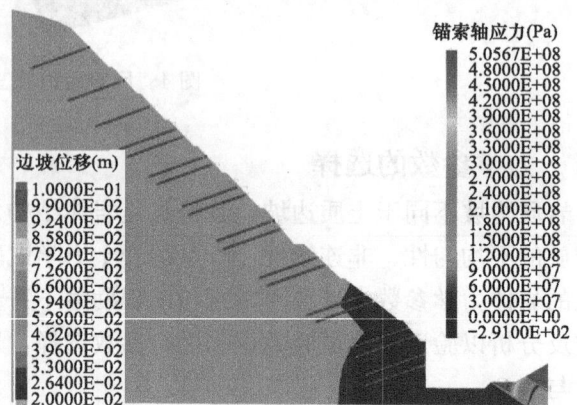

图 6　二维开挖＋支护边坡位移场

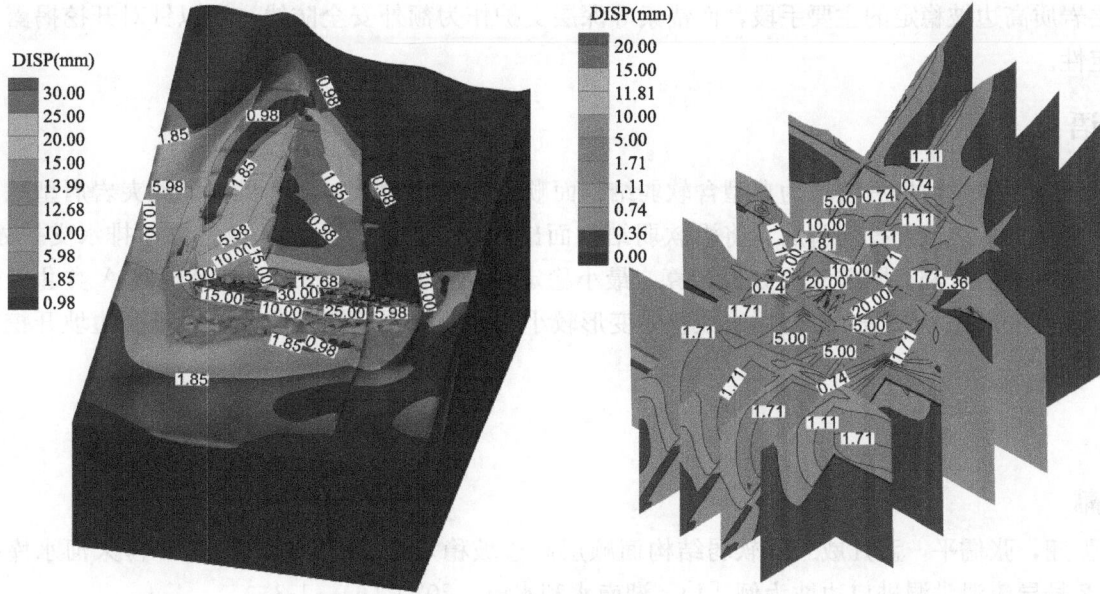

图 7　厂房后边坡三维模型位移

表 3　　　　　　　　　　　　　　　　　边坡支护处理后稳定性计算成果

计算工况	刚体限平衡法	二维强度折减法		三维有限差分法	
	稳定系数	稳定系数	变形分析	稳定系数	变形分析
开挖（施工期）	1.301	1.401	最大位移在基坑底部坡脚，最大位移值 2.95cm	1.415	最大位移在基坑底部坡脚，最大位移值 2.92cm
开挖＋支护（运行期）	1.345	1.470	最大位移在基坑底部坡脚，最大位移值 2.70cm	1.481	最大位移在基坑底部坡脚，最大位移值 2.67cm
降雨	1.308	1.323	最大位移在基坑底部坡脚，最大位移值 2.90cm	1.338	最大位移在基坑底部坡脚，最大位移值 2.88cm
地震（50 年超越概率 10%）	1.282	1.296	最大位移在基坑底部坡脚，最大位移值 3.11cm	1.301	最大位移在基坑底部坡脚，最大位移值 3.09cm
短暂蓄水期（死水位 260.0m）	1.451	1.489	最大位移在基坑底部坡脚，最大位移值 2.67cm	1.552	最大位移在基坑底部坡脚，最大位移值 2.65cm

计算结果分析与评价：

（1）刚体极限平衡法安全系数略低，计算结果偏保守；二维、三维有限差分强度折减法得到的安全系数规律基本一致，数值可相互印证。

（2）边坡采用分层开挖方案，计算结果表明塑性区随着开挖的深入沿 f1 节理破碎带产生，潜在滑面位于此，稳定性系数为 1.345，均能够满足规范 A 类 Ⅱ 级边坡要求。

（3）考虑顺层岩质边坡特性，对边坡采用锚索支护方案，穿过预计滑面实现加固效果。计算结果表明施加支护后，开挖坡面位移略有减小，坡下部最大位移不足 2.7cm，坡体沿 f1 节理破碎带的塑性区消失，沿 f1 节理破碎带潜在滑面稳定性系数为 1.47，施加分层支护措施可以有效提高边坡稳定性。

（4）静水压力可小幅度提高边坡的稳定性。

（5）边坡开挖后，各种工况下的稳定性系数对软弱结构面（F2 断层、F3 断层、f1 密集节理带和 $\gamma3_{pln}$）的物理力学参数最为敏感，其 c、f 值增大，边坡稳定性系数增大。因此，注重对软弱结构面的处理，采取"排水、压脚、注浆"等增稳措施，有效提高岩体 c、f 参数，使得边坡稳定性系数有较大幅度的提高。

（6）从计算结果上看锚索深层支护对安全系数提高及位移的控制比较有限，说明合理的开挖设计是控制顺层岩质高边坡稳定的主要手段，而锚索等深层支护作为额外安全防线，用以针对开挖揭露过程中的不确定性。

4　结语

　　某抽水蓄能电站厂房后边坡为典型含软弱结构面顺层岩质高边坡，层间见多条泥夹岩屑型软弱结构面，抗剪强度低，边坡开挖切脚后，将沿软弱结构面出现顺层滑动变形，采取锚固与排水支护处理后，通过刚体极限平衡法和有限差分法分析计算，最小稳定性系数均大于 1.20，满足规范 A 类 Ⅱ 级边坡要求；结合现有变形监测数据，厂房后边坡整体变形较小，监测数据逐渐趋于收敛，证明边坡开挖支护设计是合理的。

参考文献

［1］　王强翔，张儒平，孟凡威. 含软弱结构面顺层高边坡稳定性分析及处理——以涔天河水库扩建工程 2 号导流泄洪洞进口边坡为例［J］. 湖南水利水电，2020（6）：1-3.

［2］　邹昌旭，王希庆. 浅谈边坡稳定性分析的常用方法［J］. 科技信息，2010（36）：635.

［3］　冯登尧，孟亮华，李宗意，等. 基于 Civil3D 与 Flac3D 松散耦合的边坡稳定性分析方法［J］. 建筑结构，2023，53（S2）：2653-2661.

［4］　刘国锋，冯坤，晏长根，等. 考虑力学参数不确定性的岩质边坡开挖卸荷响应概率评价［J］. 岩土力学，2023，44（7）：2115-2128.

作者简介：

胡蓝凯（1993 —　），男，河南，硕士研究生，主要从事水电工程勘测设计工作。E-mail：790180130@qq.com

复杂地质条件下地下洞室群布置方案研究

杨　利[1]，杨凡杰[2]

（1. 中国电建集团中南勘测设计研究院有限公司，湖南长沙　410014；

2. 中国科学院武汉岩土力学研究所，岩土力学与工程安全重点实验室，湖北武汉　430071）

【摘　要】　复杂地质条件下地下洞室群的厂房位置和纵轴线选取是影响围岩安全和建造成本的关键因素。以高地应力复杂地质条件下某水电站地下洞室群为例，采用多种方法研究了厂房位置和纵轴线的合理布置方案。研究认为，厂房合理位置需要综合考虑工程主要特点、厂区制约性因素（如地应力、控制性结构面等）以及防渗要求来确认；厂房纵轴线选取则应考虑枢纽顺畅、与地应力和控制性结构面的方向（尽量与控制性结构面大角度相交，与第一主应力小角度相交）等，并兼顾辅助洞室的影响。

【关键词】　地下洞室群；复杂地质条件；高地应力；厂房位置；厂房轴线

0　引言

随着我国"双碳"目标的加速推进，水电工程作为目前绿色低碳新能源的核心工程，在全国范围内被大力推广。受限于复杂的地形地貌条件，水电工程开发中需要建造大量的大型地下洞室群。复杂地质条件下地下洞室群的厂房位置和纵轴线选取是影响围岩安全和建造成本的关键因素。因此，开展复杂地质条件下地下洞室群布置方案研究对抽水蓄能水电站的安全与经济建造具有重要意义。

针对水电工程地下洞室群的布置方案，国内外学者开展了大量研究。如李曼等[1]研究了开挖后围岩重分布应力对轴线选取的影响。向天兵等[2]研究了洞室轴线与最大主应力的关系。张勇等[3]研究了高地应力条件下洞室轴线选择应综合考虑最大主应力与结构面的关系。杨捷[4]研究了地应力与节理裂隙成小夹角时地下洞室轴线走向的选取。戚蓝等[5]研究地下洞室长轴向选取原则。刘鹏等[6]研究了断层对地下洞室围岩安全的影响。巨能攀等[7]研究了结构面不同夹角、倾角对洞室稳定性的影响。张勇等[8]提出了一种基于岩石强度应力比的地下洞室设计方法。黄书岭等[9]提出了一种综合考虑三维地应力、岩石强度及围岩结构特征的高地应力下地下洞室布置设计方法。

综上所述，学者们对水电工程地下洞室群的轴线选取、断层与结构面对洞室稳定性的影响、洞室布置设计方法等方面开展了深入研究，取得了大量研究成果。然而，由于地下工程地质条件的复杂性，现有研究成果在工程应用的普适性方面还存在不足。

鉴于此，本文以高地应力复杂地质条件下某大型水电站地下洞室群为工程案例，采用工程经验、物理试验、数值模拟等多种方法，研究了地下洞室群厂房位置和纵轴线的合理布置方案。首先，介绍了工程案例的基本情况及工程地质特点；然后，基于物理试验及数值模拟等方法，研究了厂房的最优位置；最后，综合考虑工程主要特点和厂区制约性因素，提出了厂房纵轴线选取原则，研究了厂房的最优纵轴线。

1　工程简介

1.1　工程概况

某大型水电站位于青藏高原的东缘、中国西部强隆区内的三江深切割强隆区。电站主要有混凝土双曲拱坝＋坝身泄洪＋左岸非常泄洪洞＋左岸导流洞＋右岸输水发电系统等建筑物。经综合分析比较，地下厂房布置在右岸山体内，采用首部式开发方案。工程枢纽布置如图1所示。

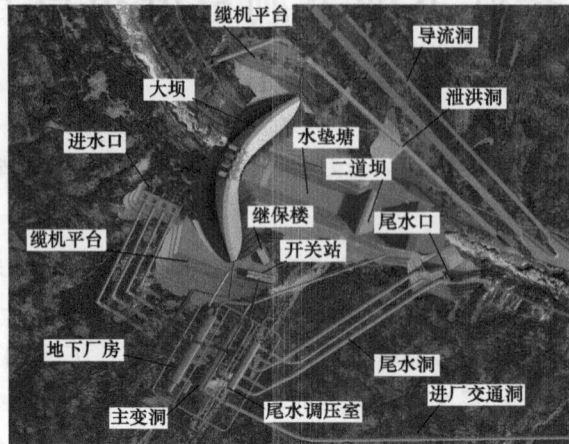

图1　工程枢纽布置图

主副厂房洞、主变洞、尾调洞三大洞室采用平行式布置方案，主厂房尺寸204.50m×30.50m×73.62m，主变洞尺寸192.05m×19.50m×24.43m，尾调洞140.00m×23.50m×72.62m。洞室间还布置诸多辅助洞室，空间交错，规模巨大，挖空率高。

1.2　工程地质条件

该水电站输水发电系统布置范围区位于坝址右岸山体内，平均坡度为40°～50°，局部为悬崖峭壁，地形总体完整性较好。输水发电系统基岩多裸露，出露地层为印支期侵入岩，岩性为花岗岩和花岗闪长岩，岩石坚硬，新鲜岩体单轴饱和抗压强度在100MPa以上，岩体完整性较好，围岩以Ⅲ为主，局部为Ⅳ。区域断层从坝址下游2km处通过，厂区存在Ⅱ级结构面F_{115}断层（延伸1km以上，破碎带0.5～1.2m，影响带10～20m），厂区其他构造发育主要以小断层、长大裂隙为主，厂区Ⅲ、Ⅳ级结构面平面分布见图2。

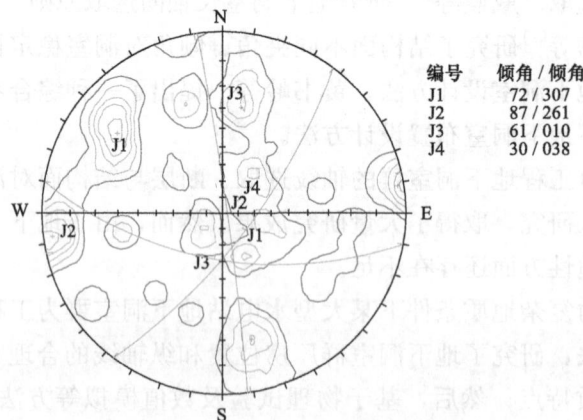

编号	倾角/倾角
J1	72/307
J2	87/261
J3	61/010
J4	30/038

图2　PD52平洞厂房段结构面等密图

厂区Ⅲ级结构面主要发育3条，分别为f_{187}、f_{189}、f_{190}断层，属岩块岩屑夹泥型断层；另发育Ⅳ级结构面长大裂隙13条。整体而言，厂区结构面包括下面4种类型：①近EW向陡倾角小断层及长大裂隙，为厂房发育主要结构面；②NWW向中倾角结构面，同组裂隙发育，局部波状起伏；③NNE向缓倾角结构面；④NW向中缓倾角结构面。此外，基于平洞结果分析，厂区还有4组优势节理裂隙，以陡倾节理最为发育，多呈闭合状态，洞内长度为 0.5～10m。

厂区地下水位埋深较大，除断层裂隙具一定透水性外，岩体一般透水性较弱，属基岩裂隙水。岩体中地下水一般在断层破碎带附近出露，以渗水～滴水为主，局部线状流水。根据地下厂房勘探钻孔压水试验显示，岩体透水率主要在 2.0Lu 以下，局部受裂隙发育影响大于 10Lu，大部为弱～微透水，局部中等透水。

地应力测试表明，厂区最大主应力 σ_1 为 32.64 MPa，σ_2 为 18.22 MPa，σ_3 为 14.4 MPa。σ_1 方位角在 $34.3°～77.4°$，优势方位角约为 $40°$，倾角为 $1°～9.6°$；工程区最大主应力方向位于 $27°～77°$，基本与河流垂直。综合可知，厂区应力以构造应力为主，平洞 300m 以内为高地应力区，局部可能为历史构造高应力残留区。

2 厂房位置选择

右岸地下洞室群区内无区域性断裂通过，构造较为发育，主要以断层和节理裂隙为主。其中，F_{115} 断层走向和倾角为 $280°～290°$/SW$\angle 65°～70°$，沿顺河向发育，倾向山体内侧，穿过坝肩边坡和地下洞室群中间区域，并在进水口及坝肩槽开挖区边坡、引水隧洞、尾水隧洞内均有出露，与库水有一定的连通性。工程实践表明，由于厂房位置在工程枢纽中的特殊性，首部式厂房的防渗排水要求相对较高。本工程控制性断层（F_{115}）也决定了需要妥善处理大坝和厂房位置关系，并能协调两者之间的帷幕衔接方案，从而需要对厂房位置进行精细化设计。考虑地应力条件和输水线路设计倾向于洞室群向山体外侧布置，而防渗排水需要洞室群往山体内侧移动，如何平衡洞室防渗、围岩安全性、经济性各目标厂房位置的选择是个值得研究的问题。

为此，图 3 给出了地下厂房布局与 F_{115} 断层的关系。由图可知，F_{115} 的倾向造成低高程更靠近地下洞室群。为了保证地下洞室的围岩安全与控制建造成本，需要选择洞室群与 F_{115} 断层的合理间距。依据工程经验和相关规范[10]要求，该间距受三个因素的影响：

（1）厂房与断层间需要布置防渗帷幕和排水帷幕，洞室与断层最近距离需要约 60m。按规范[10]要求，灌浆廊道与主洞室的净距宜为洞室跨度的 1.5～2.0 倍；排水廊道与临近主洞室距离为 1.0～1.5 倍。综合防渗排水需要，最外侧廊道离厂房距离宜为 60m。

（2）受拱坝防渗需要，帷幕底部高程为 2215m（见图 3），考虑最底层帷幕深度 100m，采用垂直帷幕较为合适。地下厂房为库内布置，防渗帷幕与大坝坝肩帷幕连成一体。渗流场分析表明，厂内有近一半的水源补给为库内水。因此，厂坝间帷幕底高程须与坝基帷幕一致。

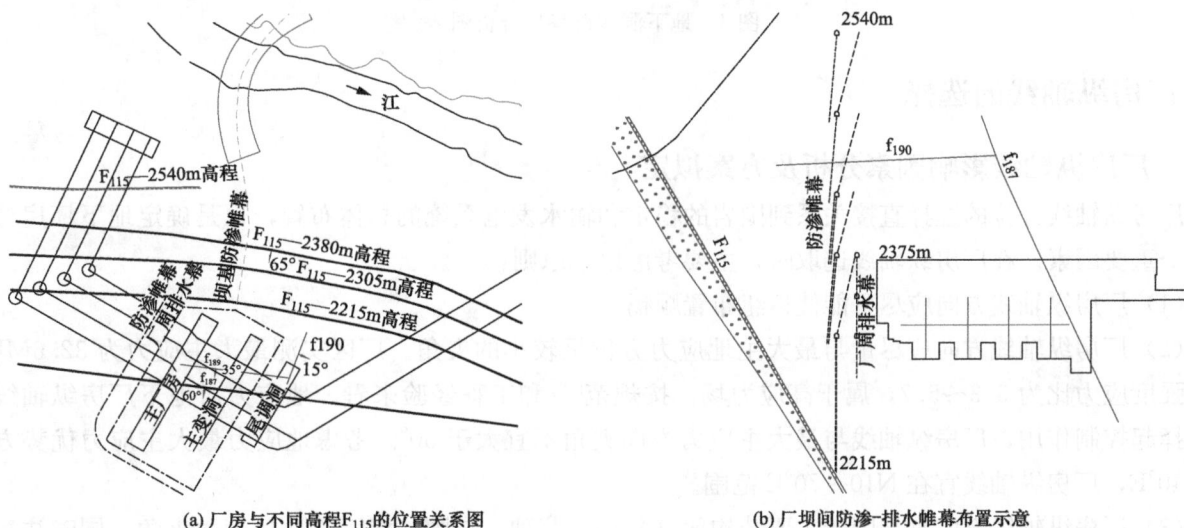

(a) 厂房与不同高程 F_{115} 的位置关系图　　　　(b) 厂坝间防渗-排水帷幕布置示意

图 3　地下厂房与 F115 断层关系示意图

（3）地应力变化和输水系统顺畅度的需要。从地应力成果来看，洞室群越往山内移动，地应力越来越高，且输水线路外凸更明显，整个线路也越长，大约厂房内移 10m，线路总长增加 35m 左右。

综上考虑，将地下洞室与断层最近距离为 86m 时，可以兼顾多层防渗排水廊道布置的需要。

在工程地质条件复核研究的基础上，采用稳定/非稳定渗流分析方法，利用防渗排水精细模拟技术构建有限元计算模型，计算分析了厂坝帷幕的防渗情况。计算时，采用各向异性渗流力学模型，模型四周为稳定水头边界、底部为不透水边界，地下洞室洞壁设置为溢出边界，模型中考虑了 F_{115} 断层（透水率 $4.28×10^{-4}$ cm/s）和地下洞室群，岩体透水率按中等、弱透水上段/下段，微透水区取值。计算表明，厂坝帷幕与 F_{115} 断层相交处渗透坡降分别为 30.2，厂区渗流量 23.3 L/s，二者均在可控范围内（见图 4）。可见，优化后的厂房位置满足拱坝和洞室的防渗要求。

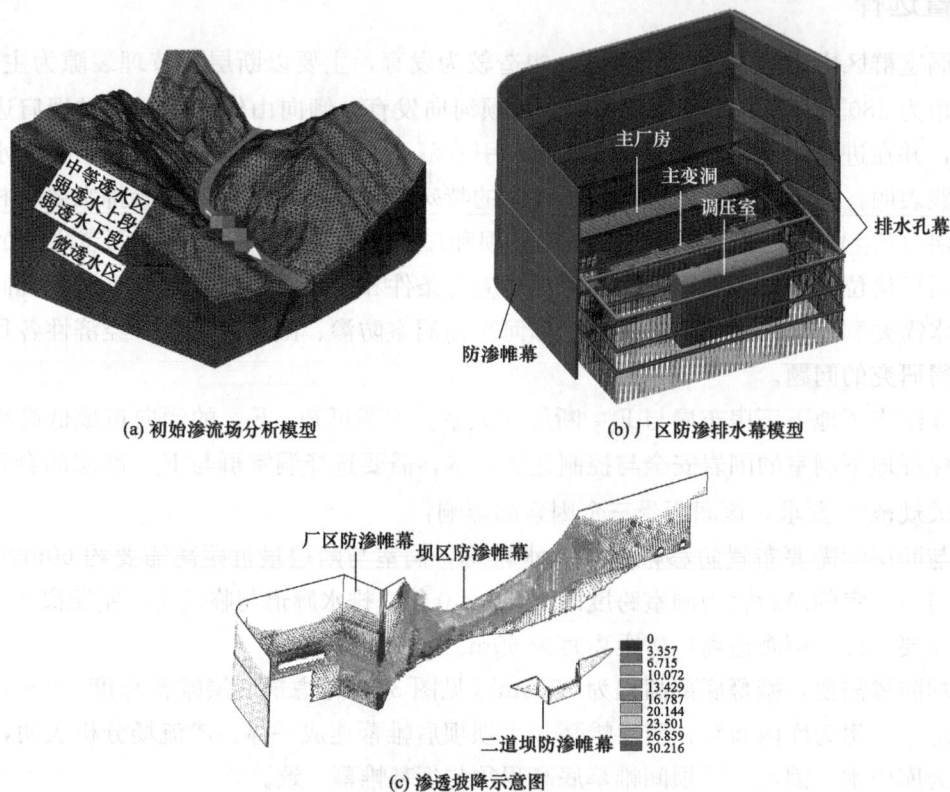

(a) 初始渗流场分析模型　　　　　　　(b) 厂区防渗排水幕模型

(c) 渗透坡降示意图

图 4　地下洞室群渗控分析图

3　厂房纵轴线的选择

3.1　厂房纵轴线影响因素分析及方案拟定

厂房纵轴线方位的选择直接关系到围岩的稳定和输水发电系统的总体布置，也是确定地下厂房位置的一个重要因素。在厂房纵轴线选取时，主要考虑以下原则：

（1）厂房纵轴线方向应尽可能使枢纽布置顺畅。

（2）厂房纵轴线方向应尽量与最大主地应力方位呈较小的夹角。厂区实测最大主应力为 32.6MPa，岩石强度应力比为 3.3～5.7，属于高应力场。按规范[10]和工程经验来看。地应力对地下厂房纵轴线方向选择起控制作用，厂房纵轴线与最大主应力方向夹角不宜大于 30°。考虑地应力最大主应力优势方向为 N40°E，厂房纵轴线宜在 N10～70°E 范围。

（3）厂房纵轴线方向宜与围岩主要结构面（断层、节理、裂隙、层面等）呈较大夹角，同时注意次要结构面对洞室稳定的不利影响。考虑地下厂房纵轴线与主要结构面呈 50°以上夹角，厂房轴线宜选择在 N25°W～N55°E 之间。

综上可知，厂房轴线选择范围为 N10°～55°E。结合输水发电系统布置的顺畅度，拟定三个厂房轴线方案：方案一：N20°E；方案二：N30°E；方案三：N40°E。

3.2 厂房纵轴线方案比选

下面将从地质条件、枢纽顺畅性及围岩安全方面开展厂房纵轴线方案的比选研究。

3.2.1 地质因素分析

三个方案轴线与主要结构面关系见表 1。

表 1 厂房轴线与最大主应力及厂区主要结构面夹角关系

项目	方案一 N20°E	方案二 N30°E	方案三 N40°E
与实测（反演）最大地应力交角最大主地应力 32.6MPa，优势方向 N40°E；（反演均值 N46°E）	20° (26°)	10° (16°)	0° (6°)
与 f_{187} 断层交角 290°～294°/SW∠56°～64°	88°	82°	68°
与 f_{189} 断层交角 275°～280°/SW∠32°～38°	78°	68°	58°
与第②组节理交角 80°～85°/SE（NW）∠85°～88°	60°～65°	50°～55°	40°～45°
与第③组节理交角 280°/NE∠60°～70°	80°	70°	60°

地下洞室群位于高地应力区，岩石强度应力比约 3.3，轴线选择时主要考虑地应力因素并兼顾结构面因素。三个轴线方向基本满足布置要求，仅方案三与第②组节理交角稍微小一些。

考虑地下洞室群中含有较多的与三大洞室垂直的辅助洞室，综合考虑厂房轴线选取 N30°E 时，主要结构面与辅助洞室轴线也有一定的夹角。因此，方案二略优于方案一和三。

3.2.2 输水发电系统布置分析

三个轴线方案厂房位置相同，随着轴线顺时针旋转，引水管道平面转弯角度由 95°增加到 115°（实际为竖井转弯），尾水管道转弯角度由 132.5°减小到 112.5°，输水系统长度略有减小，但总长差别不大。三大洞室尺寸不变，附属洞室长度变化不大。三个方案差别不大，方案三略优于方案二，方案二优于方案一。

3.2.3 围岩稳定数值分析

本工程采用大型通用软件 FLAC3D 开展洞室群整体稳定分析。围岩采用理想弹塑性模型，屈服准则为 Mohr-Coulomb 剪切屈服与拉破坏准则相结合的复合准则。首先通过模拟河谷初始应力场演变过程，并基于人工神经网络的地应力场非线性方法反演初始地应力场，再对三方案下地下洞室群的围岩稳定情况进行了对比分析。计算时，模型长宽分别为 1667 和 1456m，竖直方向从海拔 2087.5 到山顶，共含有 2872188 单元，483285 节点，模型考虑了地下洞室群和洞周结构面的切割，见图 5。计算参数按表 2 选取，其中围岩按Ⅲ类中值，结构面按Ⅴ类，模型四周和底部为法向约束。

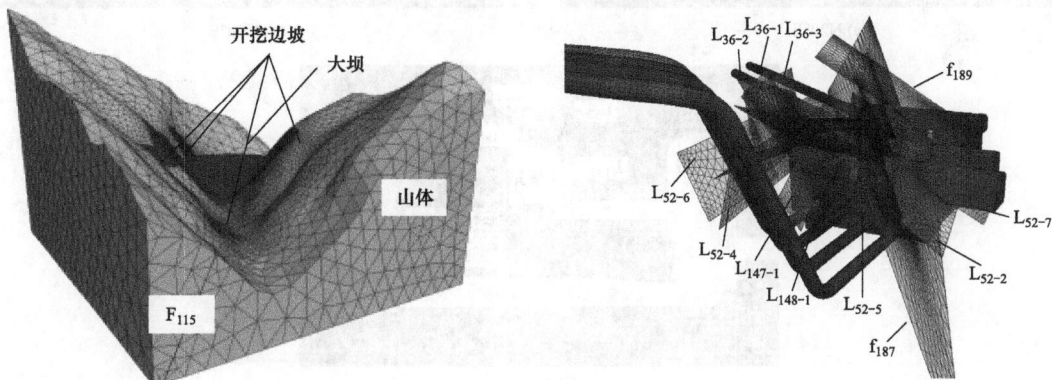

图 5 地下洞室群三维数值模型

表 2　　　　　　　　　　　　　　　　　地下洞室围岩物理力学参数建议值表

围岩类别	工程地质岩组	变形模量（GPa）	泊松比	抗剪断强度		单位弹性抗力系数 K_0（MPa/cm）	坚固系数 f
				f'	c'（MPa）		
Ⅱ	微风化～新鲜未卸荷岩体	15～25	0.22	1.3～1.4	2.05～2.1	80～100	8～10
Ⅲ₁	弱风化下段弱卸荷岩体、弱风化下段未卸荷岩体、微风化带弱卸荷岩体	10～13	0.23	1.15～1.25	1.3～1.5	45～55	6～7
Ⅲ₂	弱风化上段弱卸荷岩体、节理密集带岩体	7～10	0.24	1.05～1.15	1.1～1.3	40～45	5～6
Ⅳ	弱风化上段强卸荷岩体	2～5	0.25	0.75～0.95	0.5～1.0	15～25	3～4
Ⅴ	强风化岩体、断层破碎带岩体	<1	0.35	0.45～0.55	0.1～0.2	<2	<1

下面基于计算结果，从塑性区分布、变形、应力方面进行了统计比较。

（1）塑性区：由表 3 和图 6 可知，随着纵轴线方向的顺时针旋转，各方案洞周塑性区深度也随之相应变化，N20°E 方案塑性区最大深度约 9.3m，位于主厂房顶拱结构面切割部位，N30°E、N40°E 方案最大深度分别为 7.8m、9.0m，位于结构面切割及母线洞与主厂房洞室相交部位。相对而言，N30°E 方案塑性区体积最小。

表 3　　　　　　　　　　　　　　　　洞室开挖完成后典型断面塑性区开展深度

项目		方案一	方案二	方案三
		N20°E	N30°E	N40°E
主厂房	一般深度（m）	0.5～7.2	0.5～6.8	0.5～7.1
	最大深度（m）	9.3	7.8	9.0
主变洞	一般深度（m）	1.0～4.5	1.0～4.0	1.0～4.2
	最大深度（m）	8.5	7.8	8.3
调压室	一般深度（m）	1.0～7.0	1.0～6.5	1.0～6.7
	最大深度（m）	8.6	7.2	7.3
三大洞室	塑性区体积（m³）	$4.45e^5$	$3.95e^5$	$4.22e^5$

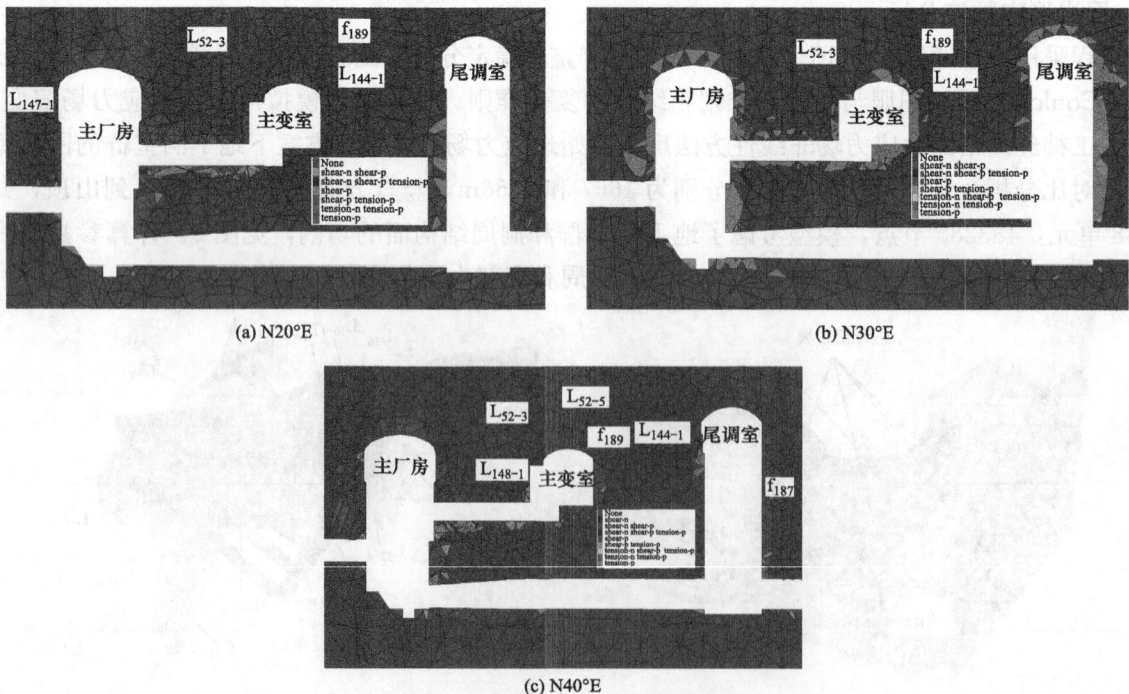

(a) N20°E　　　　　　　　　　　　　　　(b) N30°E

(c) N40°E

图 6　各方案洞周塑性区分布云图

（2）围岩应力：由表4可知，随着纵轴线方向的顺时针旋转，围岩各部位的应力分布规律基本一致。各方案洞周最大压应力略有增减，不存在量级上的差异，围岩最大压应力分别为－77.6、－70.6、－73.7MPa，出现在调压室与尾水管相交部位、洞室转角部位等，但总体均小于围岩抗压强度，各方案洞室整体围岩稳定可控。相对而言，N30°E方案略优。

表4 洞室开挖完成后典型断面应力分布

方案 \ 部位		方案一	方案二	方案三
		40m	45m	50m
主厂房	一般应力（MPa）	－15.0～－60.0	－15～－57	－15.0～－56.0
	集中应力（MPa）	－68.1	－64.1	－62.8
主变洞	一般应力（MPa）	－12～－35	－12～－32	－12～－31
	集中应力（MPa）	－64.6	－61.7	－60.4
调压室	一般应力（MPa）	－18～－53	－18～－50	－18～－50
	集中应力（MPa）	－75.0	－70.6	－70.1

（3）围岩变形：由表5可知，随着纵轴线方向的顺时针旋转，围岩各部位的围岩变形基本一致，量值变化很小，主要变形量基本在70mm以内，各方案洞室整体围岩稳定可控，统计大于70mm的变形总量来看，N30°E方案最少。

表5 洞室开挖完成后典型断面位移分布

项目		方案一	方案二	方案三
		N20°E	N30°E	N40°E
主厂房	一般变形（mm）	20～75	20～70	20～73
	最大变形（mm）	122.8	106.7	109.4
主变洞	一般变形（mm）	15～70	15～66	18～68
	最大变形（mm）	94.1	83.5	87.6
调压室	一般变形（mm）	15～69	15～65	15～67
	最大变形（mm）	116.7	106.8	110.5
三大洞室	位移＞7cm 总体积（m³）	$5.33e^4$	$3.87e^4$	$4.69e^4$

3.2.4 轴线选择结论

轴线方向N30°E方案输水系统较为顺畅，与最大地应力方向夹角较小，与主要结构面夹角较大，洞室整体围岩稳定可控，选择轴线N30°E作为本工程地下厂房洞室群轴线设计方案相对合理。

4 结语

为研究复杂地质条件下地下洞室群的布置方案，本文以高地应力复杂地质条件下某大型水电站地下洞室群为工程案例，采用工程经验、物理试验、数值模拟等多种方法，研究了地下洞室群厂房位置和纵轴线的合理布置方案。

（1）介绍了工程案例的基本情况及工程地质特点。工程案例的地下厂房布置在右岸山体，地质条件复杂；岩性为花岗岩和花岗闪长岩，围岩以Ⅲ类为主，局部Ⅳ类，厂区存在Ⅱ级结构面F_{115}断层；地下水位埋深较大，岩体一般透水性较弱，属基岩裂隙水；厂区以构造应力为主，最大主应力32.64 MPa，方向基本与河流垂直。地下洞室群布置影响因素较多，厂房精细化设计要求高，难度大。

（2）考虑工程控制性断层（F_{115}）、防渗排水、输水线路顺畅性的要求，通过精细化布置选择了较为合理的厂房位置，兼顾了多层防渗排水廊道布置的需要，并通过渗流场分析来验证其可行性。

（3）最后，基于枢纽布置顺畅性、地应力及结构面等因素，提出了本工程厂房纵轴线重点关注因素，拟定了初步的厂房纵轴线比选方案，并从地质条件、枢纽顺畅性及围岩安全方面开展了厂房纵轴线方案的比选研究，选取了轴线 N30°E 的布置方案。

本文研究成果可为类似工程案例提供参考。

参考文献

[1] 向天兵，冯夏庭，江权，等. 大型洞室群围岩破坏模式的动态识别与调控 [J]. 岩石力学与工程学报，2011，30（5）：871-883.

[2] 张勇，肖平西，丁秀丽，等. 高地应力条件下地下厂房洞室群围岩的变形破坏特征及对策研究 [J]. 岩石力学与工程学报，2012，31（2）：228-244.

[3] 李曼，马平，孙强. 洞室轴线走向与初始地应力关系对围岩稳定性的影响 [J]. 铁道建筑，2011（7）：70-72.

[4] 杨捷. 小孤山水电站地下厂房布置方案确定和设计 [J]. 水电能源科学，2010，28（8）：80-82，85.

[5] 戚蓝，马启超. 在地应力场分析的基础上探讨地下洞室长轴向选取和围岩稳定性 [J]. 岩石力学与工程学报，2000（S1）：1120-1123.

[6] 刘鹏，赵青，陈轶磊，等. 断层破碎带与洞室间距对地下水封洞库洞室稳定性的影响研究 [J]. 长江科学院院报，2018，35（8）：151-153，158.

[7] 巨能攀，赵建军，黄润秋，等. 控制性结构面对地下洞室围岩稳定性的影响 [J]. 成都理工大学学报（自然科学版），2010，37（2）：188-194.

[8] 张勇，肖平西，程丽娟. 基于岩石强度应力比的大型地下洞室群布置设计方法 [J]. 岩石力学与工程学报，2014，33（11）：2314-2331.

[9] 黄书岭，丁秀丽，廖成刚，等. 深切河谷区水电站厂址初始应力场规律研究及对地下厂房布置的思考 [J]. 岩石力学与工程学报，2014，33（11）：2210-2224.

[10] NB/T 35090—2016，水电站地下厂房设计规范 [S].

作者简介：

杨　利（1977—），男，湖北黄冈，本科，正高级工程师，主要从事水工建筑物设计。E-mail：01685@msdi. cn

地下厂房洞室群开挖阶段三维非稳定渗流分析

曹　成，许增光，宋志强，武子豪

（西安理工大学，陕西西安　710048）

【摘　要】　地下水是影响抽水蓄能电站地下厂房洞室群建设的关键因素，厘清洞室群开挖阶段工程区三维渗流场动态变化过程，对工程建设意义重大。以某抽水蓄能工程为例，采用同高程排水系统优先开挖原则分析了施工过程中地下厂房洞室群渗流场变化规律。结果表明，子模型能够有效解决抽水蓄能工程建模范围大、计算难度高的难题，开挖过程中洞室群周围地下水位呈漏斗状逐渐降低，并且排水系统能够导排大量地下水，其中，厂房系统渗流量将被控制在 588.40～1526.50m³/天之间，排水系统渗流量则是厂房系统的 2.4～10.1 倍。

【关键词】　地下洞室群；排水系统；非稳定渗流；开挖；渗流量

0　引言

抽水蓄能电站地下洞室群具有埋深大、结构复杂等特点，地下水对洞室群施工及运行期的结构安全和功能完整影响显著[1,2]。通过数值模拟方法是分析抽水蓄能电站地下洞室群不同时期渗流场分布规律、评估渗控措施的有效性的有效手段，也是诸多学者关注的重点[3,4]。林文等[5]分析了某抽水蓄能电站输水发电系统最大渗透坡降和外水压力分布，讨论了引水管道和厂房洞室群渗流量变化过程，发现钢筋混凝土衬砌、钢板衬砌、多层排水廊道和排水孔幕相结合的措施能起到良好的渗控作用。Xu 等[6]人构建了包括上下库、水道和地下厂房洞室群的抽水蓄能电站整体计算模型，分析了不同蓄水位下工程区渗流场变化规律，发现压力管道和厂房排水系统附近地下水位呈现出明显的降落漏斗状，说明排水系统效果显著。江海云等[7]通过对句容抽水蓄能电站进行三维渗流计算分析，发现坚持"堵排结合，堵排并重"的渗控原则能够有效控制工程区渗流场分布，并且厂房洞室群底部会出现明显的绕流现象。刘昌军等[8]采用自开发的 GWSS 软件对文登抽水蓄能电站进行了多工况渗流分析，结果表明引水管道下水平段和岔管上方的平洞和排水孔幕等渗控措施能有效控制高压渗水。周斌等[9]人发现针对抽水蓄能电站渗流场计算，三维整体模型比独立模型适应性更强，并且在排水孔幕作用下地下厂房关键部位位于地下水位之上。此外，在地下厂房洞室群施工阶段工程区渗流场将处于非稳定变化状态，刘昌军等[10]发现文登抽水蓄能电站地下厂房洞室群施工过程中，平硐和水道系统开挖对研究区地下水位下降有着直接的影响。Cao 等[11]发现抽水蓄能电站地下厂房洞室施工开挖过程中，排水系统和洞室群的开挖顺序对渗流场影响显著。

本文以某抽水蓄能电站地下厂房洞室群为研究对象，采用母模型和子模型方法构建了三维有限元计算模型，分析了洞室群和排水系统施工开挖过程中渗流场动态变化规律，揭示了施工阶段排水系统对洞室群周围地下水位和渗流量的控制机理，以期为同类工程施工提供参考依据。

1　工程概况及模型构建

1.1　工程概况

某抽水蓄能电站共 6 台发电机组，厂房系统由主厂房、主变室、母线洞（6 个）、尾闸室及尾水支管组成。厂房系统四周布设三层排水廊道。顶层与中层廊道、中层与底层廊道之间布设竖直排水孔幕，顶层廊道斜向上 278.7m 高程处布设"人"字形排水孔幕。排水孔直径为 5cm、间距为 6m。洞室群剖面如图 1 所示，其中，有三条主断层（F3、F5、F8）穿过洞室群，在后续模型中介绍。

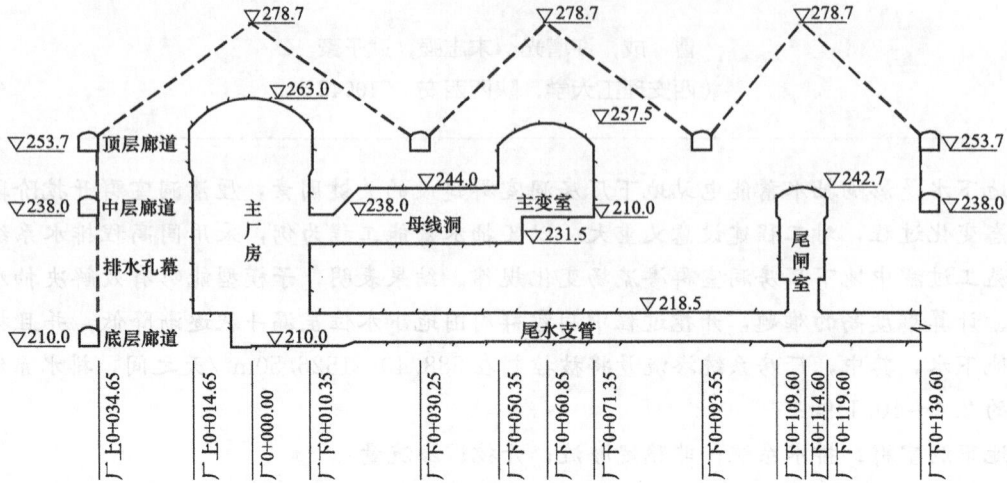

图 1　某抽水蓄能电站地下洞室群剖面图

参考同类同等工程施工方案，该抽水蓄能电站地下洞室群开挖分区及开挖进度如图 2 及表 1 所示。图 2 中排水孔分为 D1、D2 及 D3 区；主厂房分为 M1、M2、M3、M4、M5、M6 及 M7；母线洞分为 B1 及 B2 区；主变室分为 TR1、TR2 及 TR3 区；尾闸室分为 E1、E2、E3 及 E4 区；TT 区为尾水支管。洞室群开挖时遵循从上自下开挖、同高程先开挖排水系统再开挖厂房系统的原则。

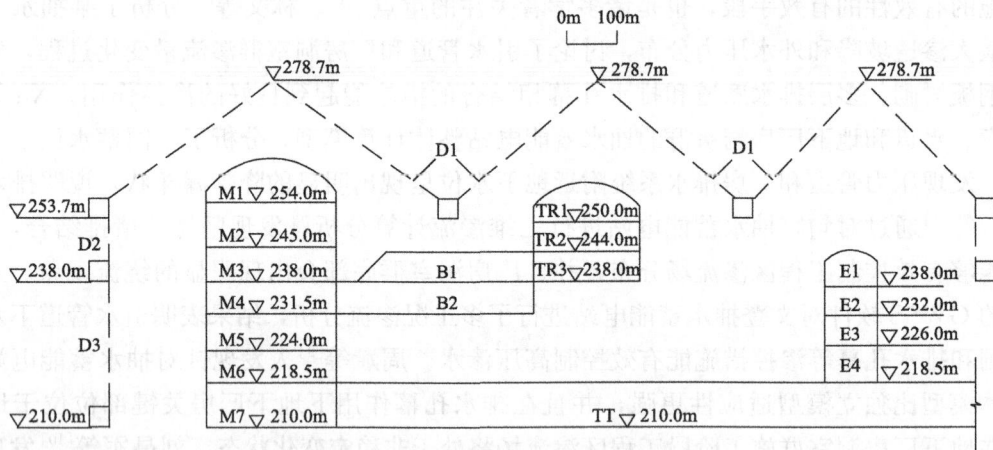

图 2　某抽水蓄能电站地下洞室群开挖分区示意图

表 1　　　　　　　　某抽水蓄能电站地下洞室群开挖进度表

开挖步骤	开挖区域	开挖时间（天）	计算时间步	开挖步骤	开挖区域	开挖时间（天）	计算时间步
1	D1	16	Step 1	7	M4，B2，E2	42	Step 7
2	M1，TR1	70	Step 2	8	M5，E3	42	Step 8
3	D2	10	Step 3	9	M6，E4	42	Step 9
4	M2，TR2	50	Step 4	10	M7	42	Step 10
5	M3，B1，TR3，E1	50	Step 5	11	TT	60	Step 11
6	D3	16	Step 6				

1.2 有限元模型

本文通过 ABAQUS 软件建模并进行计算，由于工程区范围较大，本文有限元模型包括大范围母模型和局部子模型。母模型为子模型边界提供水位值，子模型则可精细化反映建筑物细部结构，并细化网格提供计算精度。其中母模型及洞室群模型如图 3 所示。其中，母模型单元数量为 33194，节点数量为 29342。子模型及洞室群与各断层之间相对位置如图 4 所示，子模型单元数量为 608284，节点数量为 302926。计算时模型侧面为定水头边界，排水孔及洞室群内壁为潜在溢出边界，其余部位为隔水边界。

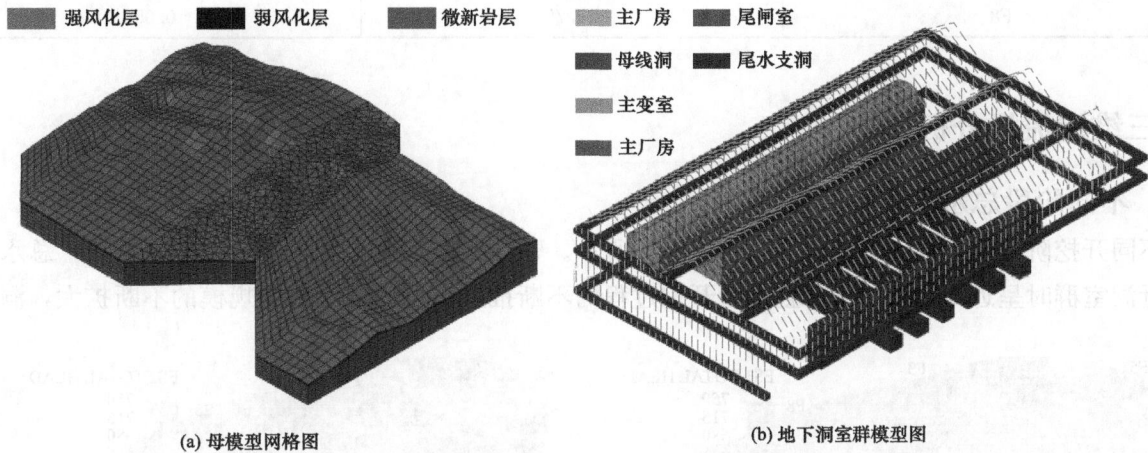

| 强风化层 | 弱风化层 | 微新岩层 | 主厂房 | 尾闸室 |
| 母线洞 | 尾水支洞 |
| 主变室 |
| 主厂房 |

(a) 母模型网格图　　　　(b) 地下洞室群模型图

图 3　某抽水蓄能电站渗流场模型网格图

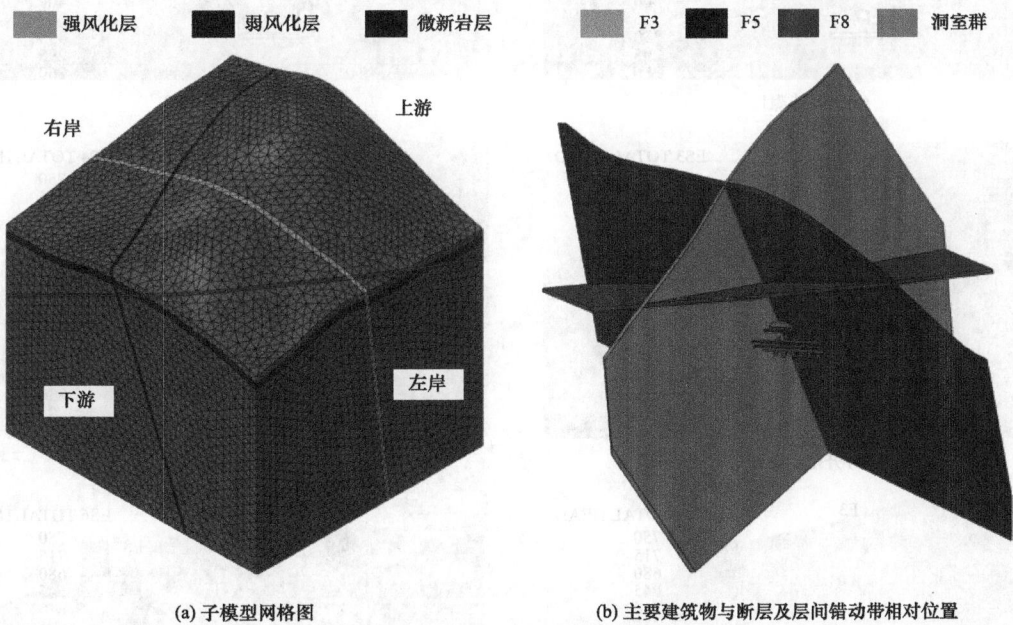

| 强风化层 | 弱风化层 | 微新岩层 | F3 | F5 | F8 | 洞室群 |

右岸　上游

下游　左岸

(a) 子模型网格图　　　　(b) 主要建筑物与断层及层间错动带相对位置

图 4　某抽水蓄能电站地下洞室群子模型

根据地质勘探结果，模型计算参数如表 2 所示（表中 $K_\perp$ 表示垂直向地质构造走向渗透系数，$K_\parallel$ 表示垂直向地质构造走向渗透系数），其中地层渗透系数为各向同性，$K_\perp = K_\parallel$。断层渗透系数为各向异性，顺断层向为主要渗流方向，$K_\perp < K_\parallel$，并且 $K_\perp$ 值为微新岩层渗透系数值。

表 2   **某抽水蓄能电站渗流模型计算参数**

地质构造类型	渗透系数（m/天）	
	$K_{//}$	$K_{\perp}$
强风化层	0.61	0.61
弱风化层	0.38	0.38
微新岩层	0.052	0.052
F3	65.32	0.052
F5	74.41	0.052
F8	27.79	0.052

2 三维渗流场分析

2.1 不同阶段总水头分布云图

不同开挖阶段洞室群剖面总水头分布如图 5 所示。整体上由于地下水向洞室群不断汇集，总水头线在靠近洞室群时呈近环形降低。并且随着开挖过程的不断推进，潜在逸出边界规模的不断扩大，洞室群

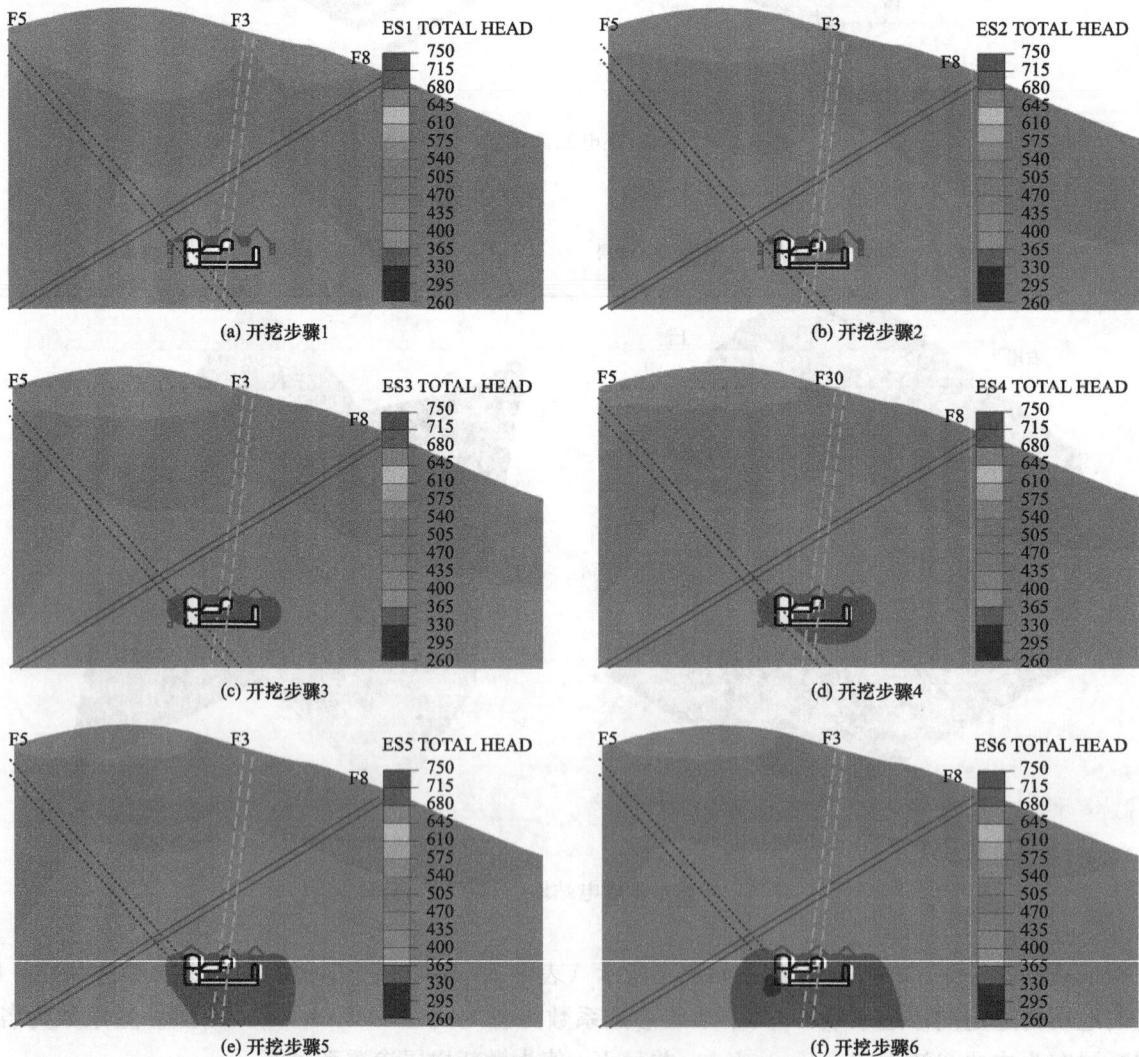

图 5 不同开挖步骤洞室群附近总水头分布云图（单位：m）（一）

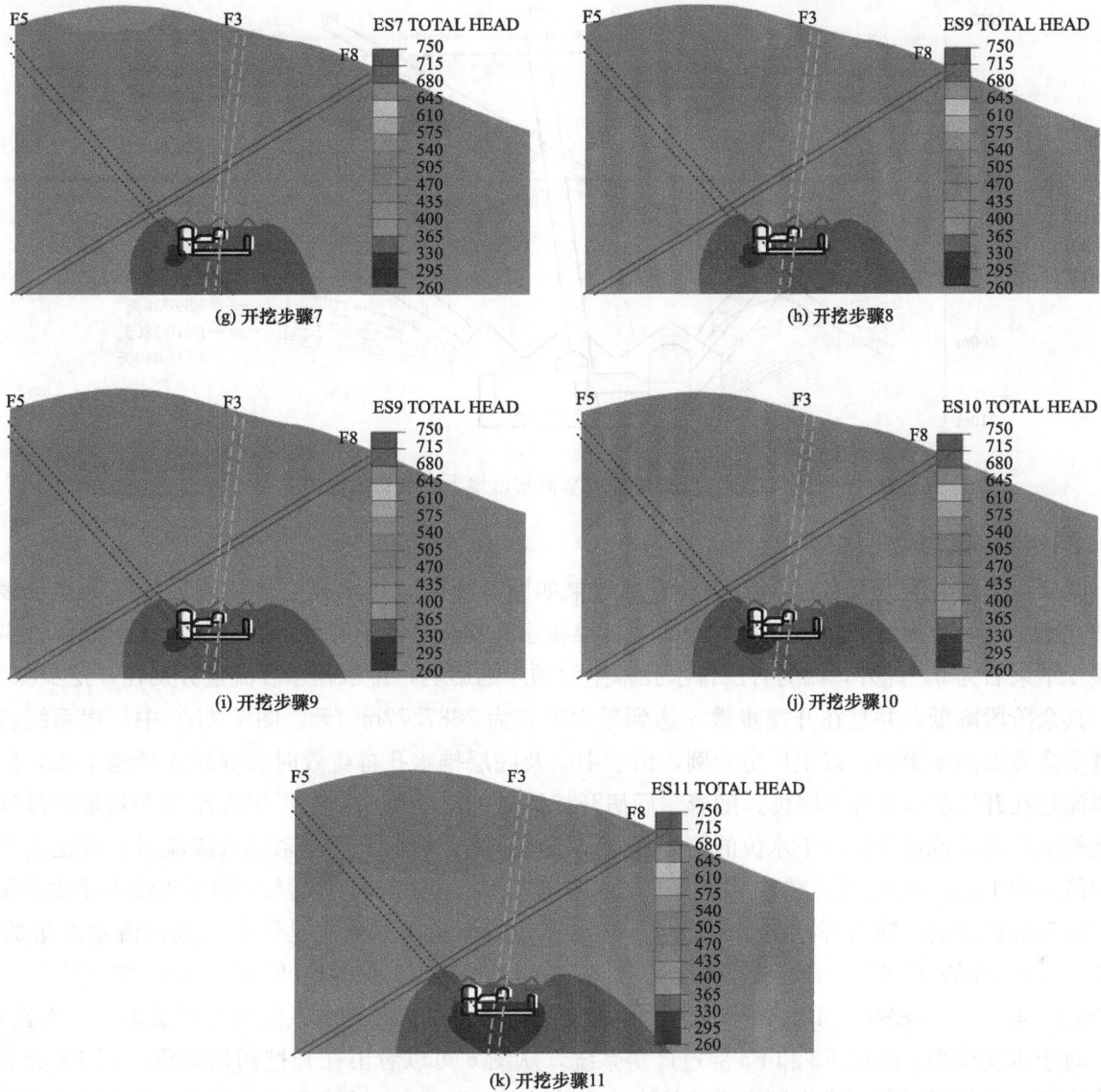

(g) 开挖步骤7

(h) 开挖步骤8

(i) 开挖步骤9

(j) 开挖步骤10

(k) 开挖步骤11

图 5 不同开挖步骤洞室群附近总水头分布云图（单位：m）（二）

附近的总水头值越来越小。云图中总水头等值线形状及最小值范围受到开挖体量和断层带的共同影响。随着开挖体量的增大，潜在逸出边界规模越来越大，地下水位下降幅度加快，总水头线最小值逐渐降低，非饱和区逐渐扩大。此外，由于断层带的强导水作用，断层带流速大于相邻地层，同时间段内断层带饱和度低于相邻地层。因此，尽管断层及相邻地层内均为非饱和状态，孔压为负值，但断层带内孔压要小于相邻地层孔压，导致总水头值靠近断层时骤然降低，形成倒漏斗状云图。

2.2　地下水位动态变化过程

图 6 给出了不同开挖阶段洞室群上、下游地下水位变化结果。从图中可以看出洞室群开挖时地下水面线呈漏斗状，随着开挖进程的不断推进，漏斗范围不断扩大。由于排水系统的生效，在 ES1、ES3 及 ES6 阶段地下水位降幅最为明显。尤其在 ES1 阶段，当顶部排水孔生效 16 天后地下水位已降低至上、下游排水孔幕两侧，大部分顶部排水孔已无水可排，处于非饱和状态。结果表明，洞室群外围排水孔幕对地下水位的下降起主要控制作用。此外，地下水位的下降速率同时受到地层及断层渗透系数、当前已有潜在逸出边界规模及该阶段新增潜在逸出边界规模的综合影响。

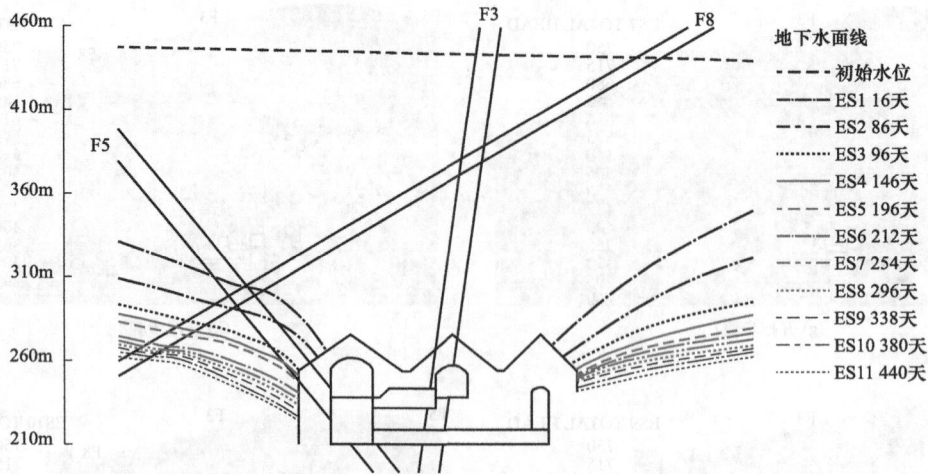

图 6 不同开挖阶段洞室群附近地下水位变化规律

2.3 洞室群渗流量变化规程

不同开挖阶段各洞室及各层排水孔渗流量结果如图 7 所示。排水孔边界形成后，地下水位缓慢降低，潜在逸出边界范围逐渐减小，图 7（a）中各层排水孔渗流量逐渐降低，并且顶层排水孔渗流量在开挖步骤 4 结束后为 0。此外，因为各层排水孔幕生效顺序的影响，排水孔总渗流量分别在开挖步骤 3 和 6 突增，其余阶段降低，并且在开挖步骤 6 达到最大值，为 7887.77m³/天。图 7（b）中厂房系统各洞室渗流量受多方面因素影响，以主厂房为例，由于中层及底层排水孔幕生效时会导排大量地下水，使得主厂房渗流量在开挖步骤 3 和 6 降低；随着主厂房开挖体量的不断增大，主厂房渗流量在其余阶段逐渐增大；此外主厂房渗流量会随地下水位的整体降低而降低。综合影响下厂房系统总渗流量在开挖步骤 5 达到最大值，为 1526.50m³/天。整体上，由于排水系统先于厂房系统开挖，大量地下水渗入排水系统并降低了厂房系统渗流场，随着开挖步骤的增加，排水系统渗流量总量依次是厂房系统渗流量总量的 3.96 倍（ES2）、9.68 倍（ES3）、4.26 倍（ES4）、2.40 倍（ES5）、10.01 倍（ES6）、8.24 倍（ES7）、6.56 倍（ES8）、4.75 倍（ES9）、4.11 倍（ES10）、2.48 倍（ES11）。在排水系统全部形成时二者差距最大。此外，对于本文模型，断层 F3 和 F5 穿过厂房系统，从图 6 可以看出在开挖初始阶段断层 F3 起到一定的导流作用，使得通过断层进入厂房系统的渗流量增大，而 ES2 之后地下水位降低，断层 F3 为非饱和状态，对厂房系统渗流量较小。而断层 F5 在 ES1 至 ES 阶段为饱和状态，对厂房系统渗流量有一定影响。断层 F8 则对厂房系统渗流量影响较小。

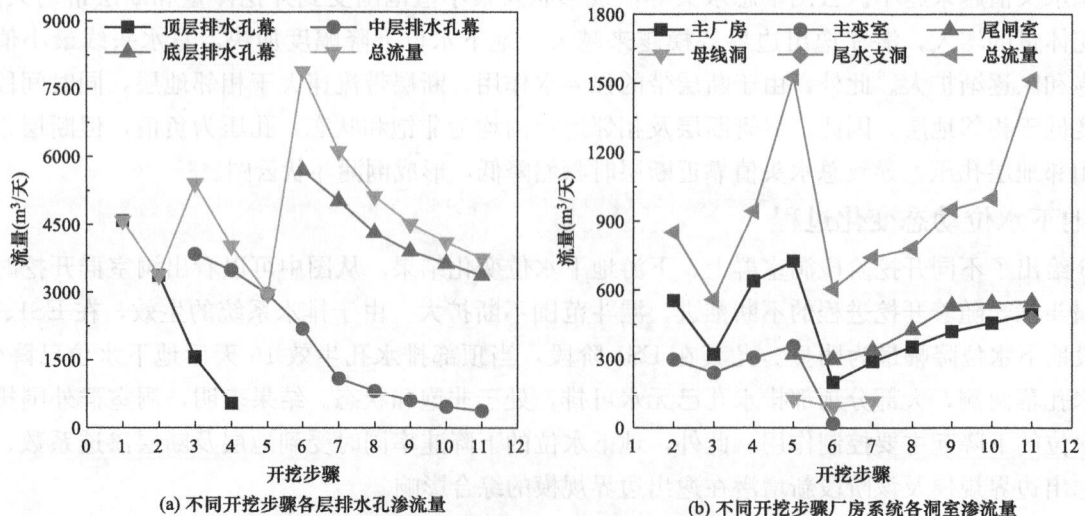

(a) 不同开挖步骤各层排水孔渗流量

(b) 不同开挖步骤厂房系统各洞室渗流量

图 7 不同开挖步骤各洞室群渗流量

3 结语

本文以某抽水蓄能电站地下洞室群为例，分析了同高程排水系统优先开挖时洞室群渗流场变化规律，主要结论如下：

（1）针对抽水蓄能电站区范围大、建模要求高的问题，构建洞室群子模型可以有效减小工作量，提高网格精度和计算效率。

（2）洞室群开挖过程中洞室群周围地下水位呈漏斗状持续降低，顶部排水系统仅在开挖初期起到排水作用。

（3）同高程排水系统先于厂房系统开挖能保证大量地下水渗入排水系统，厂房系统渗流量将被控制在 588.40～1526.50m³/天之间，排水系统渗流量则是厂房系统的 2.4～10.1 倍。

参考文献

[1] 崔皓东，朱岳明，吴世勇. 深圳抽水蓄能电站厂房洞室群优选渗控方案分析 [J]. 三峡大学学报（自然科学版），2008（1）：1-5.

[2] Wen L, Li Y, Chai J. Numerical Simulation and Performance Assessment of Seepage Control Effect on the Fractured Surrounding Rock of the Wunonglong Underground Powerhouse [J]. International Journal of Geomechanics, American Society of Civil Engineers，2020，20（12）：05020006.

[3] 李伟，韩华强，吴吉才，等. 芝瑞抽水蓄能电站沥青混凝土心墙砂砾石坝坝体反滤设计及渗流安全评价 [J]. 岩土工程学报，2023，45（2）：369-375.

[4] 许增光，曹成，李康宏，等. 某抽水蓄能电站上水库局部防渗渗控分析 [J]. 应用力学学报，2018，35（2）：417-422，459.

[5] 林文，徐力群. 某抽水蓄能电站输水发电系统渗流场与渗控措施研究 [J]. 三峡大学学报（自然科学版），2022，44（3）：20-26.

[6] Xu Z, Cao C, Li K, et al. Simulation of drainage hole arrays and seepage control analysis of the Qingyuan Pumped Storage Power Station in China：a case study [J]. Bulletin of Engineering Geology and the Environment，2019，78（8）：6335-6346.

[7] 蒋海云，徐剑飞，刘斯宏，等. 句容抽水蓄能电站渗控效果数值模拟与评价 [J]. 三峡大学学报（自然科学版），2016，38（4）：17-22.

[8] 刘昌军，王小卫，徐甲存，等. 文登抽水蓄能电站地下洞室群复杂渗流场的数值模拟分析 [J]. 长江科学院院报，2013，30（4）：73-78.

[9] 周斌，刘斯宏，姜忠见，等. 洪屏抽水蓄能电站渗控效果数值模拟与评价 [J]. 水力发电学报，2015，34（5）：131-139.

[10] 刘昌军，高立东，丁留谦，等. 文登抽水蓄能电站工程区地下水三维非稳定渗流场的数值模拟 [J]. 中国农村水利水电，2012（4）：107-112.

[11] Cao C, Xu Z, Chai J. Transient Seepage Analysis of Qingyuan Power Station Underground Caverns and Drainage Hole Arrays with Excavation Process [J]. Arabian Journal for Science and Engineering，2022，47（4）：4589-4604.

作者简介：

曹 成（1992—），男，陕西眉县，博士研究生，博士后，主要从事水工渗流分析与控制、岩土体渗流特性研究等工作。E-mail：caocheng_xaut@163.com

非线性强度参数初值取值对边坡稳定的影响探讨

方 博[1]，李相旭[2]，袁俊平[2]

（1. 中国电建集团中南勘测设计研究院有限公司，湖南长沙 410014；

2. 河海大学，土木与交通学院，江苏南京 210024）

【摘 要】 研究旨在探讨非线性强度参数初值的取值在边坡稳定性分析中的重要性及其对工程实践的影响。首先分析了线性与非线性强度指标在边坡稳定设计中的应用，并指出了现有研究在参数选择和初值取值方面的不足。为了解决这一问题，通过 Geostudio 软件对两个工程案例的边坡稳定性进行分析。结果表明，非线性强度参数初值的取值显著影响最危险滑裂面的形状，其中，正应力初值至少达到 200kPa 时，滑裂面才会达到理想的效果。研究结果不仅为边坡稳定性分析提供了新的理论依据，也为工程设计和风险评估提供了实用的技术参考。

【关键词】 边坡稳定性分析；非线性参数；极限平衡法；有限元法；安全系数

0 引言

在以往的研究中，人们对于线性强度指标和非线性强度指标的研究大多都在其对于边坡稳定设计的影响。但究其原因，对于线性强度参数和非线性强度参数的选择以及初值取值的选择并没有进行深度的研究。在实际工程案例中，上述参数的选择以及初值取值的不同对工程结果的计算影响很大，并且给工程师和设计人员带来了很大的困扰。但采用非线性抗剪强度指标进行坝坡稳定分析和设计则少有工程经验可以借鉴，特别是缺乏相应的安全评价标准，因此极大地限制了非线性抗剪强度指标在工程中的应用。所以具体应该如何选用非线性强度参数的研究是非常有必要的。因此，为深入探索非线性强度参数和初值取值的不同对边坡稳定性的影响，本论文进行了初步研究。

1 边坡稳定主要分析方法

1.1 极限平衡法

极限平衡法是通过计算潜在滑裂面上的剪切强度与土体实际剪切强度之间的比值，来评估边坡的安全系数的一种方法，包括：Morgenstern-Price 法、Bishop 法、Janbu 法和 Fellenius 法等。这类方法需对边坡土体进行分条，再基于各土条和边坡整体的力和力矩平衡条件进行求解，不考虑土体受力变形和加载过程。其中，Morgenstern-Price 法不仅考虑了土条间的剪切力和法向应力，还通过引入条间力函数，同时满足力和力矩平衡[1-3]。用该方法求解安全系数 F_s 的计算公式如下：

$$F_s = \frac{\sum c'\beta\cos\alpha + (N - \mu\beta)\tan\varphi'\cos\alpha}{\sum N\sin\alpha - \sum D\sin\omega} \tag{1}$$

式中：c' 为有效黏聚力，kPa；β 为土条间作用力的夹角，(°)；φ' 为有效内摩擦角，(°)；μ 为孔隙水压力，kPa；α 为土条底部的倾斜角，(°)；N 为土条底部的法向力，kN；D 为线荷载，kN/m。

1.2 有限元法

有限元法基于连续介质力学原理，通过离散化手段将边坡视为由多个小单元组成的集合体。这种方法首先在理论上将边坡划分为有限数量的元素，每个元素具有特定的几何形状和物理属性。通过在这些元素上施加边界条件和荷载，能够求解边坡在不同工况下的应力和应变状态。有限元法的核心在于迭代求解方程，以获得边坡内部各点的应力和位移分布情况。这种方法的优势在于其能够适应复杂的几何形状和多变的物理条件，从而提供更为精确的分析结果。通过计算安全系数等关键参数，可以评估边坡在特定条件下的稳定性水平，为工程设计和风险评估提供重要依据[4]。一般材料的本构关系可表示为：

$$[\delta] = [D][\varepsilon] \tag{2}$$

由虚位移原理可建立单元体的结点力与结点位移之间的关系进而得出总体平衡方程：

$$[K][\delta] = [R] \tag{3}$$

式中：$[K]$ 为劲度矩阵；$[\delta]$ 为结点位移列向量；$[R]$ 为结点荷载列向量；$[D]$ 为无量纲的比例系数。

2 工程实例概况

2.1 边坡稳定分析

2.1.1 研究方法

对于该工程案例选用 Geostudio 软件来进行分析，GeoStudio 软件在分析边坡稳定性时，采用了极限平衡法和有限元法的结合使用，以实现对边坡稳定性的全面评估。在 GeoStudio 中，先用 SEEP/W 模块利用有限元法模拟渗流场，计算孔隙水压力分布。这些孔隙水压力数据随后被导入到 SLOPE/W 模块中，该模块采用极限平衡法进行边坡稳定性分析。通过结合这两种方法，GeoStudio 能够综合考虑土体的渗透性和力学行为，提供更为精确和全面的边坡稳定性评估。

对于 Geostudio 软件的分析结果，安全系数和最危险滑裂面这两个指标对于评估边坡的稳定性至关重要。安全系数是一个量化指标，表示边坡在特定条件下保持稳定所需的安全裕度，通常定义为滑裂面上的抗剪强度与引起滑动的剪应力之间的比值。一个高的安全系数意味着边坡对于潜在失稳具有较大的安全边际，而低的安全系数则可能表明边坡处于失稳风险之中。最危险滑裂面是指所有可能滑裂面中导致安全系数最小的面，它代表了失稳风险最大的情况。识别最危险滑裂面对于理解边坡的弱点、制定加固措施和优化设计至关重要。

2.1.2 非线性强度参数取值的影响

一个深入的滑裂面可以更全面地揭示边坡内部的稳定性状况。在复杂的地质条件下，边坡内部可能存在软弱夹层、断层或其他结构面。这些地质特征可能导致滑裂面不仅仅停留在表面，而是深入边坡的内部结构。如果仅考虑边坡表面的临界滑裂面，我们可能会忽略边坡内部的复杂性，从而无法准确计算边坡的安全系数。在优化搜索过程中，若仅考虑浅层滑裂面，计算结果可能会得到局部最小值，而失去了全局最小安全系数所对应的临界滑裂面。深入的滑裂面有助于避免这一问题，确保我们找到的是一个全局最优解。因此，临界滑裂面应当尽可能地与滑裂面下断点对应的水平线相切或更加深入[5-7]。非线性强度参数表达式为：

$$\tau = \sigma \tan \varphi \tag{4}$$

$$\varphi = \varphi_0 - \Delta\varphi \lg\left(\frac{\sigma_3}{p_a}\right) \tag{5}$$

式中：τ 为剪切应力，kPa；σ 为法向应力，kPa；φ 为内摩擦角，(°)；σ_3 为试验围压值，kPa，p_a 为大气压力，kPa；φ_0 和 $\Delta\varphi$ 为非线性抗剪强度指标，由试验数据拟合而定，(°)。

2.2 工程实例介绍

2.2.1 工程实例1

以沥青混凝土心墙堆石坝为研究对象，上游坡度约为 1：2.2，下游坡度约为 1：2.5，坝基宽度为 294m，坝顶高程为 207m，坝基高程为 141m，坝高为 66m 正常蓄水位为 202m，死水位为 174m。断面图如图 1 所示，该工程案例的主要计算参数表如表 1 所示。

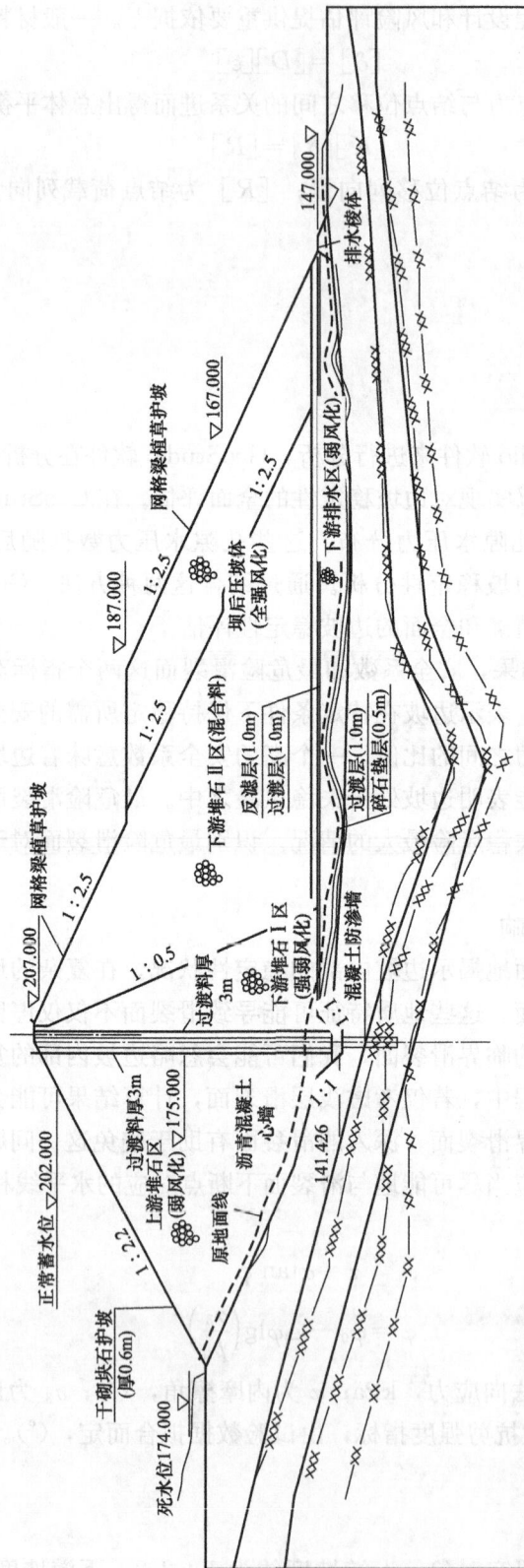

图 1 案例 1 沥青混凝土心墙堆石坝断面

表1		案例1坝体非线性强度参数表
填料名称	φ_0 (°)	$\Delta\varphi$ (°)
全风化砂卵砾石层	43.70	4
反滤层	49.20	5.4
过渡层	49.20	5.4
碎石垫层	47.90	5.2
过渡料层（厚3m）	49.20	5.4
上游堆石区（弱风化）	48.70	5.3
下游堆石Ⅰ区（强弱风化料）	47.30	5.2
下游堆石Ⅱ区（混合料）	33.30	3
下游排水区	47.90	5.2
坝后压坡体	31.60	1.7
排水棱体	47.90	5.2

在Geostudio软件进行计算过程中，发现对于正应力初值的选择不同得到的结果也有较大的差异。具体如图2所示，非线性强度参数正应力初值从为0开始取值时，安全系数为1.490，最危险滑裂面较浅；当非线性强度参数正应力初值从100kPa开始取值时，安全系数为1.590，最危险滑裂面较正应力为0时变浅，安全系数升高0.1；当非线性强度参数正应力初值从200kPa开始取值时，安全系数为1.694，最危险滑裂面较前面两个等级都变深了，而且安全系数较正应力初值从100kPa开始取值时升高了0.104；当非线性强度参数正应力初值从300kPa开始取值时，安全系数为1.737，最危险滑裂面与正应力初值从200kPa开始取值时相同，而且安全系数较正应力初值从200kPa开始取值时升高了0.043。由此可以得出结论，在此次工程案例中非线性强度参数正应力初值从200kPa开始取值时，最危险滑裂面达到最深的效果。

2.2.2 工程实例2

以沥青混凝土心墙堆石坝为研究对象，上游坡度约为1：2.2，下游坡度约为1：2.5，坝基宽度为332m，坝顶高程为207m，坝基高程为134m，坝高为73m正常蓄水位为202m，死水位为174m。断面图如图3所示，该工程案例的主要计算参数表如表2所示。

为了进一步验证规律的可行性，对另一工程案例的坝坡的边坡稳定进行了分析，结果如图4所示。非线性强度参数正应力初值从0开始取时，安全系数为1.583，最危险滑裂面较浅；当非线性强度参数正应力初值从100kPa开始取时，安全系数为1.632，最危险滑裂面较正应力初值从0开始取时加深了，安全系数升高了0.049；当非线性强度参数正应力初值从200kPa开始取时，安全系数为1.654，最危险滑裂面较正应力初值从100kPa开始取时略微加深，而且安全系数升高了0.022；当非线性强度参数初值正应力初值从300kPa开始取时，安全系数为1.681，最危险滑裂面部分与正应力初值从200kPa开始取时重合，部分比其略微加深，而且安全系数升高了0.027。

2.3 综合分析

从上述两个工程案例分析结果可见，非线性强度参数正应力初值的选择对坝体稳定性计算结果有一定影响。如果按照现有理论公式，正应力初值取为0，两个案例所得到的潜在滑裂面的埋深都非常浅（约为0.5m）。而已有滑坡失稳的工程案例中，滑弧埋深一般均大于5m[8]，未出现滑裂面极浅的现象。调整正应力初值，使之增大到200kPa后，才得到与已有工程实践相符的滑弧埋深结果；而进一步增加正应力初值，不会导致滑弧埋深再有明显变化。因此，建议在类似工程中，将200kPa作为非线性强度参数正应力初值。考虑到不同的地质和工程条件对边坡稳定性的影响，该取值标准的普适性尚有待通过更多工程案例加以验证和完善。

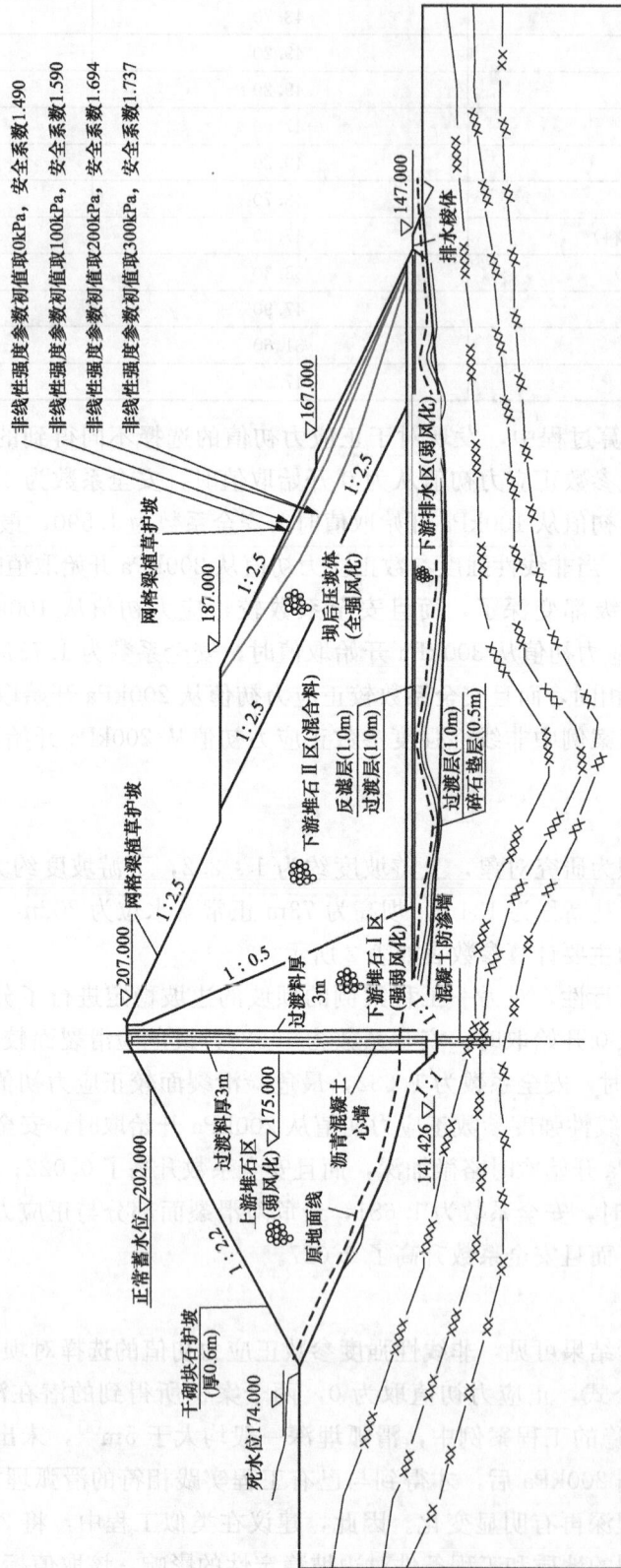

图 2 案例 1 不同非线性强度参数初值下的最危险滑裂面

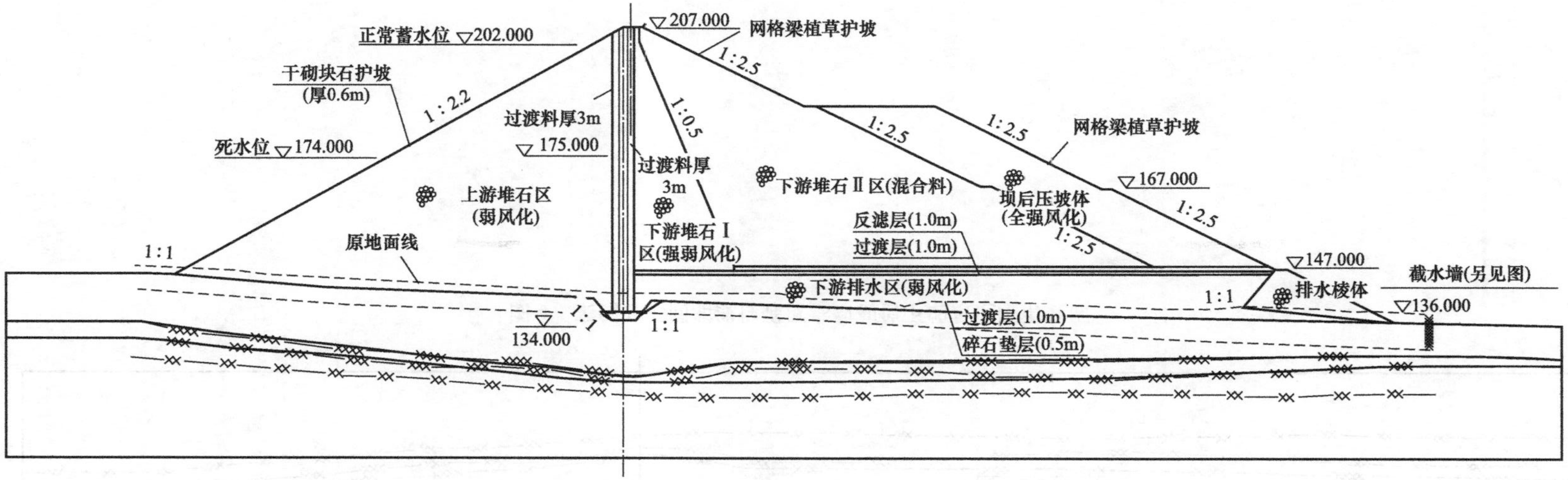

图 3　案例 2 沥青混凝土心墙堆石坝断面

表 2

案例 1 坝体非线性强度参数表

填料名称	φ_0 (°)	$\Delta\varphi$ (°)
全风化砂卵砾石层	42.10	4.2
反滤层	48.70	5.3
过渡层	49.20	5.3
碎石垫层	45.60	5.2
过渡料层 (厚 3m)	49.20	5.4
上游堆石区 (弱风化)	48.70	5.2
下游堆石 I 区 (强弱风化料)	45.50	5.1
下游堆石 II 区 (混合料)	32.10	3
下游排水区	45.60	5.2
坝后压坡体	31.40	1.7
排水棱体	46.60	5.4

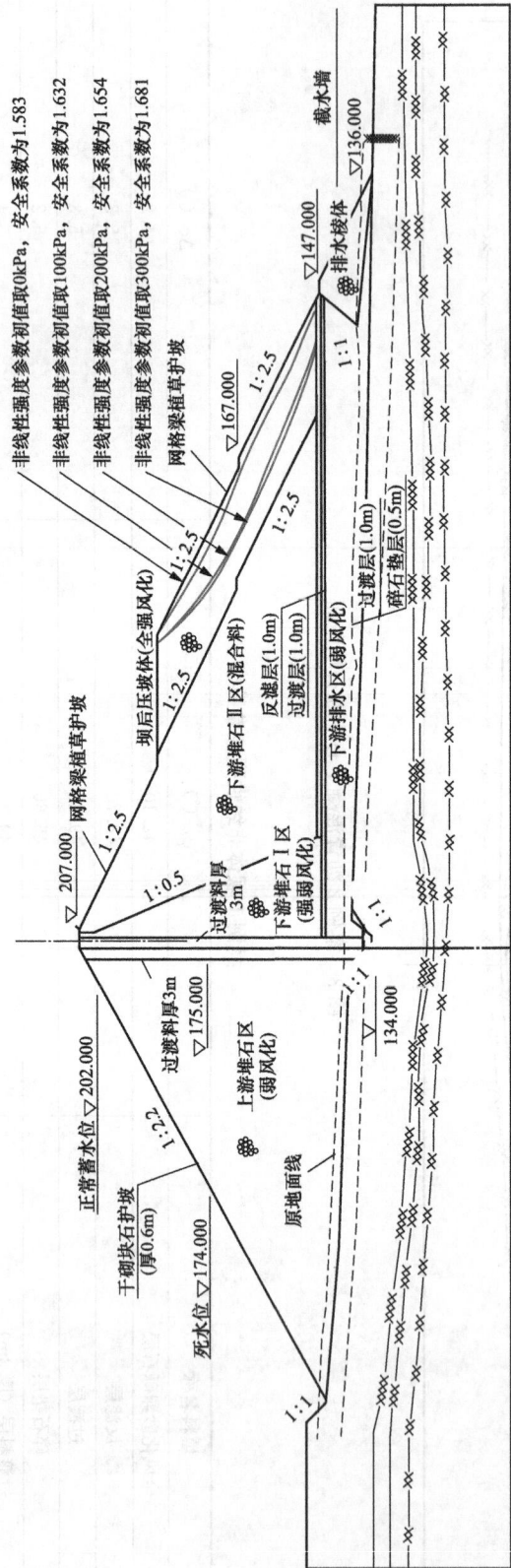

图 4 案例 2 不同非线性强度参数初值下的最危险滑裂面

3 结语

在本研究中，通过 Geostudio 软件的应用，深入分析了非线性强参数初值的取值对于边坡稳定性产生的影响。对于两个案例的分析，展示了非线性强度参数对安全系数和最危险滑裂面识别的显著影响，当非线性强度参数初值在 0~100kPa 时，滑裂面的形状特征并不稳定会出现加深或者变浅的现象，当非线性强度参数正应力初值大于 200kPa 时，最危险滑裂面明显趋于稳定。由此可以得出结论，为了得到最合理的最危险滑裂面，非线性强度参数正应力初值至少要达到 200kPa。尽管本研究取得了一定的成果，但在未来，仍需考虑更多影响边坡稳定性的因素，如地质条件、水文地质特性等，并结合更多实际工程案例，以验证和完善本研究的结论。总体而言，非线性强度参数的合理选择和准确取值对于边坡稳定性的评估至关重要，本研究不仅为边坡稳定性分析提供了理论依据，也为工程设计和风险评估提供了实用的技术参考。

参考文献

[1] Bishop A W. The use of the slip circle in the stability analysis of slopes [J]. Geotechnique, 1955，5 (1)：7-17.

[2] Morgenstern N u，Price V E. The analysis of the stability of general slip surfaces [J]. Geotechnique，1965，15 (1)：79-93.

[3] Sarma S K. Stability analysis of embankments and slopes [J]. Geotechnique，1973，23 (3)：423-433.

[4] Matsui T，San K-C. Finite element slope stability analysis by shear strength reduction technique [J]. Soils and foundations，1992，32 (1)：59-70.

[5] 王成华，夏绪勇. 边坡稳定分析中的临界滑动面搜索方法述评 [J]. 四川建筑科学研究，2002 (3)：34-39.

[6] 吴春秋，朱以文，蔡元奇. 边坡稳定临界破坏状态的动力学评判方法 [J]. 岩土力学，2005 (5)：784-788.

[7] 赵优. 土体边坡稳定临界滑裂面研究 [D]. 郑州：河南大学，2022：23-24.

[8] 张强. 三峡库区黔江伍家院子滑坡防治研究 [D]. 重庆：重庆交通大学，2012：20.

作者简介：

方 博 (1991—)，男，湖南张家界，硕士研究生，水工结构工程师。E-mail：542841357@qq.com

李相旭 (1999—)，男，山东济南，硕士研究生在读，土木水利。E-mail：376362541@qq.com

袁俊平 (1975—)，男，湖北麻城，博士研究生，教授，岩土工程。E-mail：yuan_junph@hhu.edu.cn

半地下厂房临边基础及井口段支护设计技术研究

谷　晓，李雨哲，李智机，王炳豹，邓春芳

（中国电建集团中南勘测设计研究院有限公司，湖南长沙　410014）

【摘　要】 由于具备施工周期短、工程量小、投资低、生产环境好、安全系数大等优势，中小型抽水蓄能电站常采用半地下厂房。半地下厂房机组竖井周边的地面排架结构柱基础属于临边基础，设计时需重点考虑基础的抗倾覆稳定性及竖井围岩稳定性。采用柱下条形基础设计，通过计算地面排架荷载，分析临边基础在排架柱传力作用下的抗倾覆稳定性并计算地基反力；同时根据地基反力计算结果，结合勘探资料和实际揭露的地质条件，分析井口段围岩稳定性及地基承载力问题，提出井口段围岩支护优化建议。以某中小抽水蓄能电站为载体，开展中小型抽水蓄能电站半地下厂房临边排架基础设计和井口段支护方案研究。

【关键词】 中小型抽水蓄能电站；半地下厂房；临边基础；围岩稳定性；地基承载力；支护措施

0　引言

如今，我国已建、在建以及规划建设的抽蓄电站主要以大型抽蓄电站为主，单站装机规模多为 100 万 kW 及以上。大型抽蓄电站在区域电网和省市电网中主要承担负荷中心的调峰填谷、调频、调相、事故备用和黑启动及保安电源的作用，而对于线路走廊开辟困难、中小城市、电网边缘地区则无法顾及。在与主网连接较弱的边缘地区、孤立电网及海岛电网等，布置中小型抽蓄电站（水库总库容 1 亿 m³ 以下且装机容量 30 万 kW 以下的抽水蓄能电站），可有效保障局部地区用电安全。中小型抽水蓄能电站具有较好的技术经济性，电站水工建筑物等级低、枢纽布置较灵活、建设工程量小、建设工期较短，4～5 年可投入运行。

中小型抽水蓄能电站通常采用半地下厂房，相比大型抽水蓄能电站的地下厂房，具有施工周期短、工程量小、投资低、生产环境好、安全系数大等优势，厂房辅助洞室较少，开挖难度相对较低。半地下厂房机组竖井在地面处，通常采用排架结构封闭，排架结构柱基础位于井边围岩上，属于临边基础，设计时需要重点考虑基础的抗倾覆稳定性和井壁围岩稳定性。

本文以某中小型抽水蓄能电站半地下厂房临边基础设计和围岩稳定验算实例，重点介绍机组竖井临边排架柱基础设计和围岩稳定验算的问题，根据基础和围岩所受的荷载，分析失稳机制和失稳条件，展示问题分析过程，提出临边基础倾覆稳定性问题和基础所在基岩滑移稳定性问题的解决思路，为类似中小型抽水蓄能电站半地下厂房的排架柱临边基础及井口段支护提供参考。

1　某中小型抽水蓄能电站工程概况

某中小型抽水蓄能电站装机容量 300MW，装设 2 台 150MW 立轴单级混流可逆式水泵水轮机组。本工程为二等大（2）型工程。半地下厂房等永久性主要建筑物为 2 级建筑物。工程厂区 50 年超越概率 10% 地震动峰值加速度为 0.05g，对应地震基本烈度为 Ⅵ 度，地震动反应谱特征周期 0.35s。本工程半地下厂房等永久性主要建筑物及其边坡、抗震设防类别为丙类，其抗震设计标准为 50 年基准期超越概率 10%。

半地下厂房分为主机间与安装场两部分（见图 1），其中主机间位于地下 40～60m 的主厂房竖井内，竖井开挖尺寸 52.0m×24.0m×69.4m（长×宽×高），安装场位于地面。厂房地面设置排架结构，总长82m，宽30m，高18m，屋面为钢结构网架。厂房设有 1 台 225t＋225t/50t/10t 双小车桥式起重机，跨度25.5m。

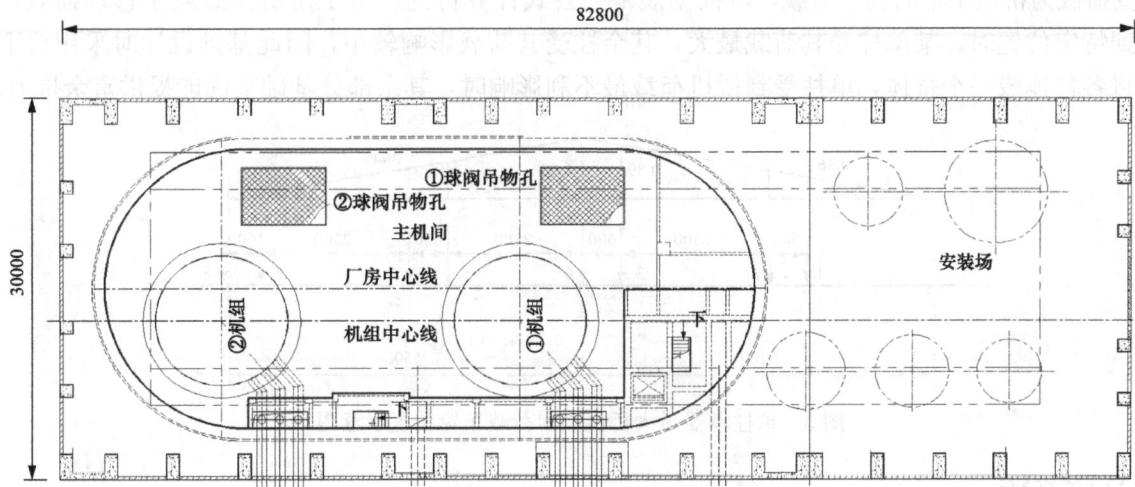

图 1　半地下厂房地面排架结构平面布置

半地下厂房竖井围岩以弱至微风化鲜岩体为主，属中坚硬至坚硬岩，强度高，岩体整体较完整；地质构造以节理裂隙为主，主要发育一组缓倾角和两组陡倾角节理裂隙。节理综合产状分别为：J1 组 N22°E，NW∠17°、J2 组 N26°～31°W，SW(NE)∠80°、J3 组 N65°～67°E，NW(SE)∠79°～83°。竖井围岩类别以Ⅱ～Ⅲ类为主，局部Ⅳ类围岩，竖井边墙整体稳定性较好，但 J2 组陡倾角节理裂隙走向与厂房长边走向夹角较小，且最大延伸长度超过 20m，需注意其与井壁及其他节理裂隙相切形成的块体滑移稳定问题。

由于主机间排架柱位于机组竖井井口边缘，其基础属于临边基础，根据规范要求"当基础附近有临空面时，应验算向临空面倾覆和滑移稳定性"[1]。因此，除验算地基承载力和基础自身结构设计外，本工程排架结构临边基础设计还应考虑基础倾覆稳定性问题和基础所在井口段围岩滑移稳定性问题。

2　排架结构临边基础设计

本工程机组竖井的井口段设置一圈 1m 厚的钢筋混凝土护壁（见图 2），护壁高度 9.85m，通过预应力锚索、系统锚杆的拉结与岩壁形成一个整体。针对本工程排架柱布置情况以及所受荷载的基本特性，本工程排架基础采用钢筋混凝土柱下条形基础，基础宽 4.5m，高 3m。基础位于护壁和基岩之上，基础混凝土强度等级 C30，钢筋型号 HRB400。

2.1　排架柱基础荷载分析

本工程排架柱基础主要承受的荷载包括：基础自重、排架结构自重、砌体填充墙荷载、网架屋面荷载、风荷载、桥机荷载。

基础自重、砌体填充墙荷载、排架结构自重为竖向永久荷载，排架结构自重包括排架结构柱自重、排架结构各层联系梁自重、牛腿自重、吊车梁自重。网架屋面荷载包括网架屋面竖向永久荷载和网架屋面竖向可变荷

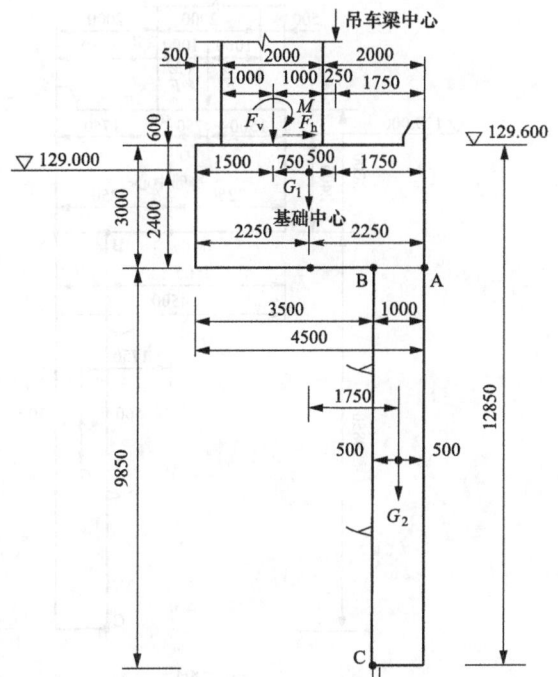

图 2　排架结构临边基础设计方案

载。风荷载为水平可变荷载，根据规范[2] 公式按当地风压数据计算。

桥机荷载分为竖向可变荷载与水平可变荷载，由于桥机可移动，根据影响线原理和排架柱距，计算出桥机一侧最大轮压对单根柱的竖向荷载（见图3），此时桥机及吊物正好位于靠近所分析柱的最不利位置，水平可变荷载为桥机小车的刹车荷载，可根据规范[3] 公式计算得到。由于桥机荷载属于移动荷载，当桥机移动到特定位置时，某单柱受其荷载最大，其余柱受其荷载影响较小，因此基础设计时采用柱下条形基础，将各柱连成一个整体，单柱受到桥机荷载最不利影响时，其余部分基础梁尚能提供富余抗力。

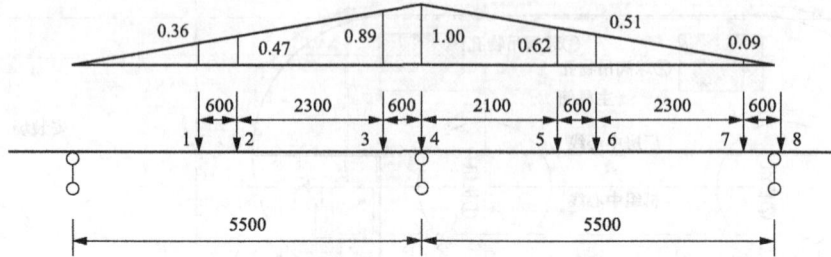

图 3　单柱承受最大桥机竖向荷载车轮布置示意图

2.2　计算系数

本工程结构重要性系数 γ_0 按规范[4]取 1.0。分项系数按规范[4]取值，永久作用对结构不利时取 1.1；永久作用对结构有利时取 0.95；一般可变作用取 1.3；可控制的可变作用取 1.2。结构系数 γ_d，计算基础倾覆稳定性时参考岩锚梁的规范[5]计算公式取 1.65，计算基础配筋时按规范[4]取 1.2。设计状况系数按规范[4]取值，持久设计取 1.0，短暂设计取 0.95。动力系数按规范[3]取值，当对桥式起重机吊车梁及其连接进行承载力强度计算时，竖向荷载乘以动力系数 1.05。

2.3　抗倾覆计算

本工程排架柱基础抗倾覆和地基反力按两个假定工况计算（见图4）：工况 1，护壁与岩壁视为一体，作为地基的一部分，提供地基承载力；工况 2，护壁产生竖向位移，作为地基失效，无法提供地基承载力。

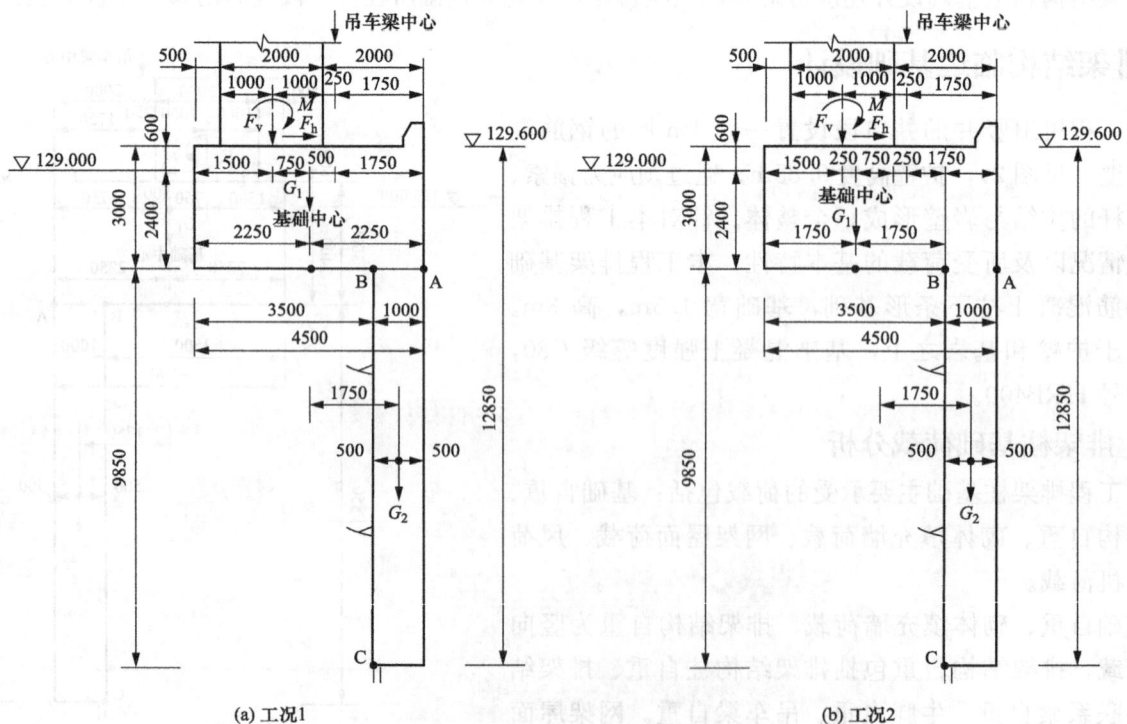

图 4　临边排架柱基础抗倾覆计算简图

工况 1 按单柱最大受荷长度，计算单柱基础绕护壁外缘（A 点）抗倾覆稳定性，岩壁外缘（B 点）、护壁最低点（C 点）为参考。工况 2 按单柱最大受荷长度，计算单柱基础绕岩壁外缘（B 点）抗倾覆稳定性，护壁外缘（A 点）、护壁最低点（C 点）为参考。

根据各类荷载的作用位置和排架柱中心的几何关系，先计算出由柱传给基础的弯矩、柱中心竖向力、基础顶面水平力的标准值和设计值。再根据柱中心与 A、B、C 点的几何关系，计算出倾覆力矩的标准值和设计值。基础由于中心位于基岩内，其自重属于抗倾覆力，可根据基础中心与 A、B、C 点的几何关系计算出抗倾覆力矩的标准值和设计值。抗力除以作用，所得值大于安全系数（取 1.65）则为安全，小于安全系数（取 1.65）则为不安全。工况 2 的倾覆力矩，尚应考虑护壁失效后，护壁对基础的倾覆作用。

本工程单柱抗倾覆验算结果如表 1 所示，根据工况 1 假定，护壁和基岩视为一体，共同作为基础的地基，基础和排架应绕 A 点倾覆，计算结果显示，倾覆稳定性安全。根据工况 2 假定，护壁产生竖向位移，作为地基的一部分失效，基础和排架应绕 B 点倾覆，计算结果显示，倾覆稳定性不安全。

表 1   基础对 A、B、C 三点的抗倾覆力矩与倾覆力矩对比表

工况 1	A 点抗力/作用	B 点抗力/作用	C 点抗力/作用
	2.82	1.62	1.37
工况 2	A 点抗力/作用	B 点抗力/作用	C 点抗力/作用
	2.79	1.63	1.40

对于临边基岩，应按单柱最大受荷长度计算单柱基础的地基反力，作为基础传给临边基岩的荷载。根据规范公式分别计算两种工况下轴心荷载作用的地基反力、偏心荷载作用的地基反力最大值。本工程两种工况的地基最大反力如表 2 所示，可以看出，工况 2 假定护壁作为地基失效后，基岩所受的最大地基反力增加较大，对基岩的稳定性不利。

表 2   两种工况最大地基反力对比表

工况 1（kPa）	工况 2（kPa）
351	2245

上述基础抗倾覆计算和地基反力计算的结果显示，当护壁和基岩成为一个整体，作为排架柱临边基础的地基时，抗倾覆稳定性安全，地基反力较小，对基岩稳定有利。当护壁作为地基产生竖向位移和排架临边基础脱开时，抗倾覆稳定性不安全，地基反力较大，对基岩稳定不利。因此，本工程应采取强支护措施，确保护壁和基岩成为一个整体。

2.4 基础配筋

基础配筋计算仅针对工况 1 的基础。根据本工程竖井边排架布置，采用两条柱下条形基础作为排架柱基础，条形基础宽 4.5m，高 3.0m，长 58.8m。按倒梁法计算条形基础梁配筋。经计算，地基梁仅需按构造配筋即可满足承载需求，如图 5 所示。

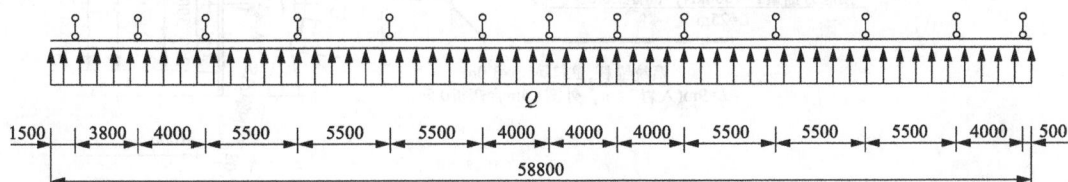

| 1500 | 3800 | 4000 | 5500 | 5500 | 5500 | 4000 | 4000 | 4000 | 5500 | 5500 | 5500 | 4000 | 500 |

58800

图 5   基础梁计算简图

3 井口段围岩稳定性分析及支护优化建议

3.1 井口段地质条件及初步支护措施

厂房排架柱基础位于厂房竖井口边缘，厂房竖井井口段围岩作为基础地基。井口段围岩以弱风化～

微风化花岗质片麻岩为主，岩石属中硬至坚硬岩，围岩类别以Ⅲ类为主，局部可能分布少量Ⅳ类。据勘探资料反映，井口段地质构造以节理裂隙为主，主要发育三组节理裂隙（J1、J2、J3），最大延伸长度均大于 20m，其平面出露位置如图 6 所示。

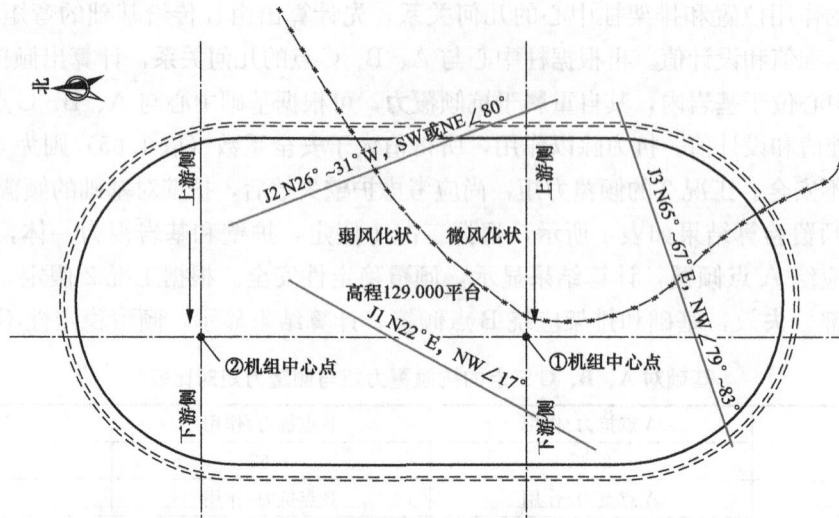

图 6　井口段主要节理地表出露平面示意图

厂房竖井井口段初步采用钢筋混凝土护壁＋系统锚杆＋预应力锚索组合支护，井口段支护设计图 7 所示。

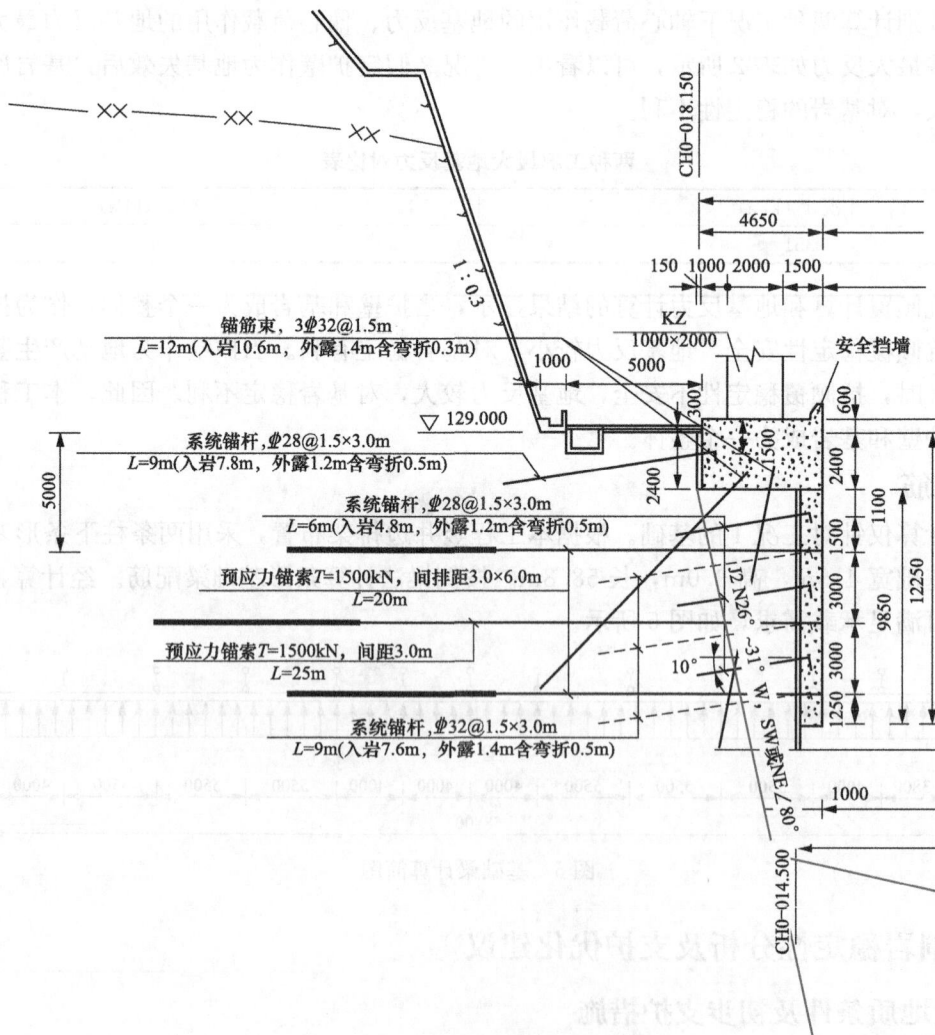

图 7　厂房竖井井口段支护示意图

3.2 井口段地基围岩稳定性分析与极限承载力计算

3.2.1 计算工况设置

综合地质、竖井开挖设计、排架基础设计资料,井口段地基围岩稳定性分析与极限承载力按两种工况分别进行计算。

工况1(一般工况):井口段围岩为弱风化~微风化花岗质片麻岩,无节理裂隙出露,岩体完整性好;工况1设置2种细分工况,即工况1-1(围岩为均质弱风化花岗质片麻岩),工况1-2(围岩为均质微风化花岗质片麻岩)。

工况2(极端工况):井口段围岩以弱风化花岗质片麻岩为主,同时考虑不利结构面影响,J2组陡倾角节理裂隙以最不利情况出露,即节理裂隙最大延伸长度超过20m,并于地基上表面和井壁出露,形成贯通裂隙面,如图8所示。根据节理在围岩上表面出露位置,设置2种细分工况,即工况2-1(节理裂隙在排架柱基础下部中间位置出露,切割形成的易失稳块体较小,尺寸1.75m×10.1m),工况2-2(节理裂隙在排架柱基础边缘处出露,切割块体较大,尺寸3.5m×20.15m)。

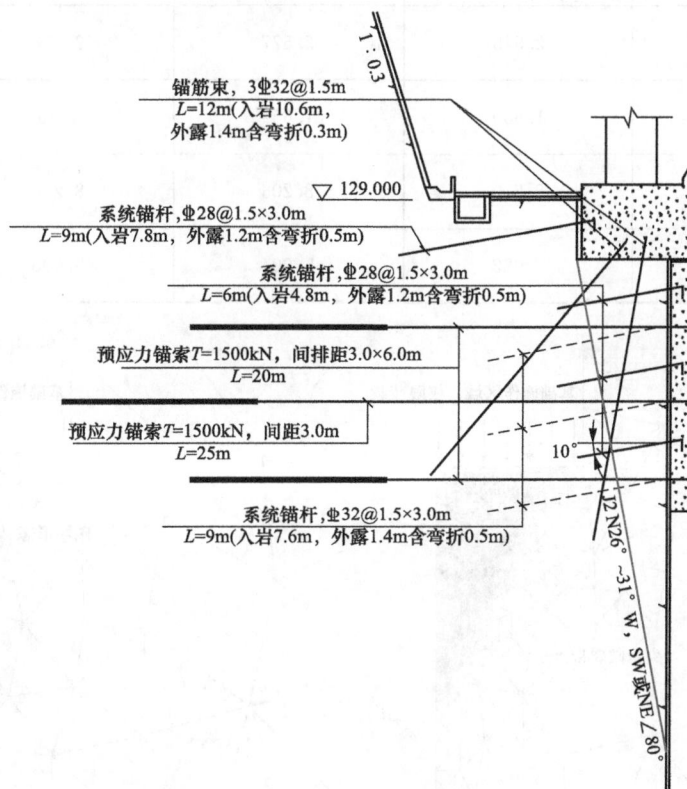

图8 井口段存在贯通节理裂隙(工况2)

3.2.2 计算方法及参数取值

本文围岩稳定性分析及地基极限承载力计算采用刚体极限平衡法及极限分析上限有限元法。屈服准则选用Mohr-Coulomb屈服准则,假定各风化程度的围岩为均质花岗质片麻岩岩体,针对爆破开挖可能导致岩体的完整性降低及片麻理发育导致的岩体强度各向异性的影响,设置岩体强度折减系数0.75。节理裂隙按软弱结构面考虑。本节分析过程暂不考虑井口段支护措施,均为裸岩状态。在裸岩无支护情况下围岩受荷有失稳破坏风险时,进一步考虑支护措施。岩土体力学参数取值如表3所示。

表 3		围岩稳定性分析岩土体物理力学参数取值	
围岩及结构面类别	密度（g/cm³）	黏聚力 c（kPa）	内摩擦角/摩擦系数 $\varphi(°)/f$
弱风化花岗质片麻岩	2.66	700	34.00/0.7
微风化花岗质片麻岩	2.68	1200	50.19/1.2
贯通节理裂隙面	2.70	100	28.81/0.55

注 贯通节理裂隙面参数是在严格控制爆破质量前提下给出，若现场爆破控制不到位导致出现裂隙完全张开等特殊情况，需对结构面强度做进一步考虑。

3.2.3 计算结果

（1）工况 1 计算结果。工况 1 地基极限承载力计算结果统计如表 4 所示。基岩在极限状态下的失稳破坏形态如图 9、图 10 所示。

表 4	工况 1 地基极限承载力计算结果			
计算工况	地基极限承载力（MPa）			
	上限法	M-P 法	Janbu 法	Bishop 法
工况 1-1（强度未折减）	2.575	2.577	2.578	2.579
工况 1-1（折减系 0.75）	1.650	1.659	1659	1.661
工况 1-2（强度未折减）	8.219	8.205	8.215	8.255
工况 1-2（折减系 0.75）	5.022	5.004	5.005	5.009

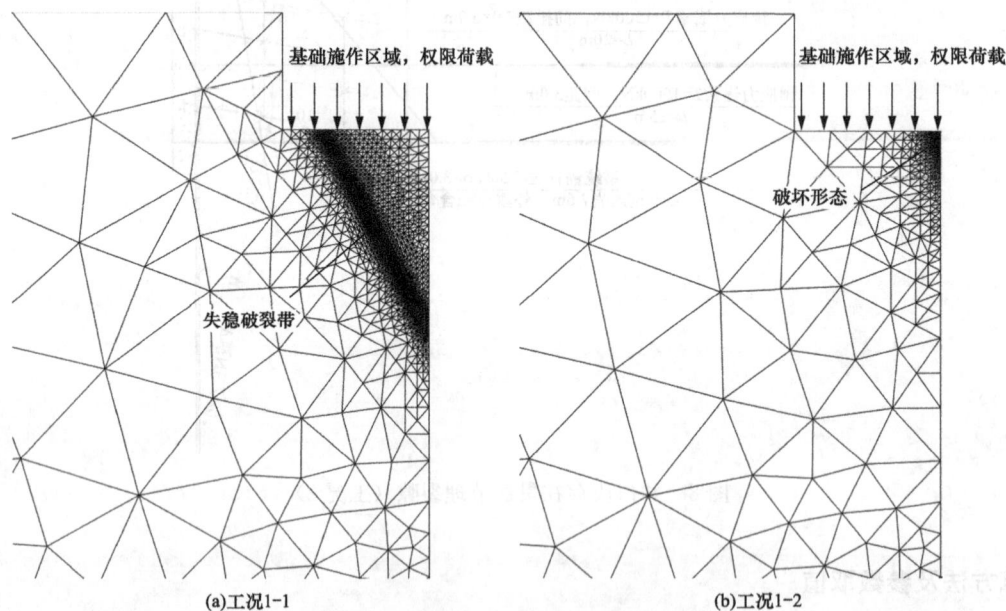

图 9 围岩极限状态下破坏模式（强度未折减）

当井口段围岩为均质弱风化花岗质片麻岩时（工况 1-1），围岩呈剪切滑裂破坏，剪切形成的失稳块体尺寸约 1.7m×3.5m（宽×长）；对强度进行折减后，其形成的失稳块体尺寸约 2.5m×3.7m（宽×长）。

当井口段围岩为均质微风化花岗质片麻岩时（工况 1-2），极限承载力最高；发生破坏的范围较小，集中在地基与临空面角点的小范围（上限法临界破坏分析结果）。上限法表明高硬质围岩在施加较大荷载时，角点范围内最先发生了压溃破坏。但二者极限承载力计算结果相近。

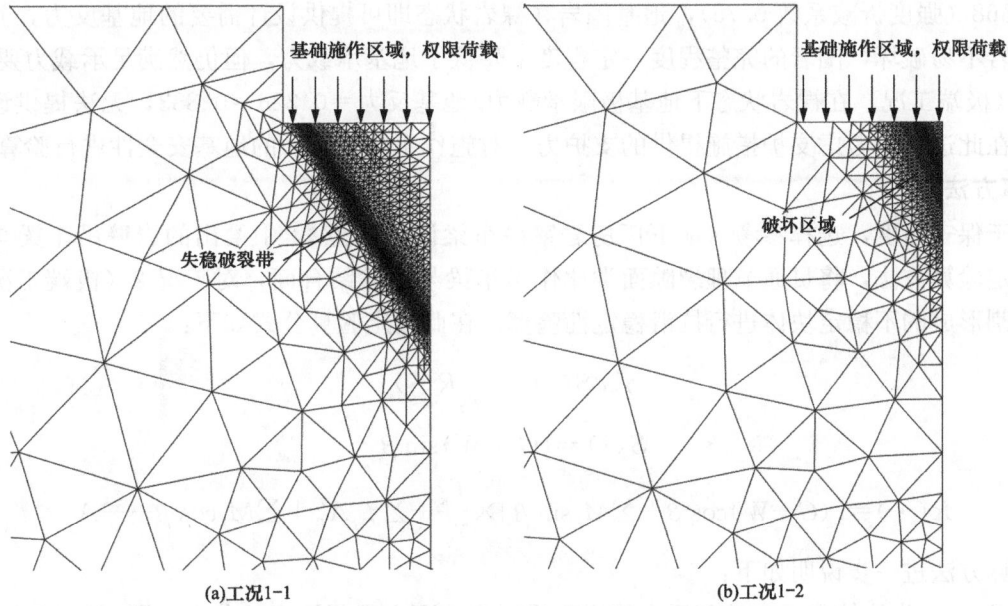

(a)工况1-1 　　　　　　　　　　　　　　　(b)工况1-2

图 10　围岩极限状态下破坏模式（强度折减系数 0.75）

由工况 1 地基极限承载力计算结果可见当井口段围岩为无节理裂隙时，地基能够提供较大的承载力，能够满足上部排架基础承载力需求，围岩不易发生失稳破坏。

（2）工况 2 计算结果。对于工况 2，当井口段围岩存在贯通的陡倾角节理裂隙时，贯通裂隙切割岩体形成易失稳块体，此时滑裂面由该裂隙贯通面控制。采用极限平衡法，以贯通裂隙面作为已知滑动面，对工况 2 的地基极限承载力进行计算，计算结果图 11 所示。

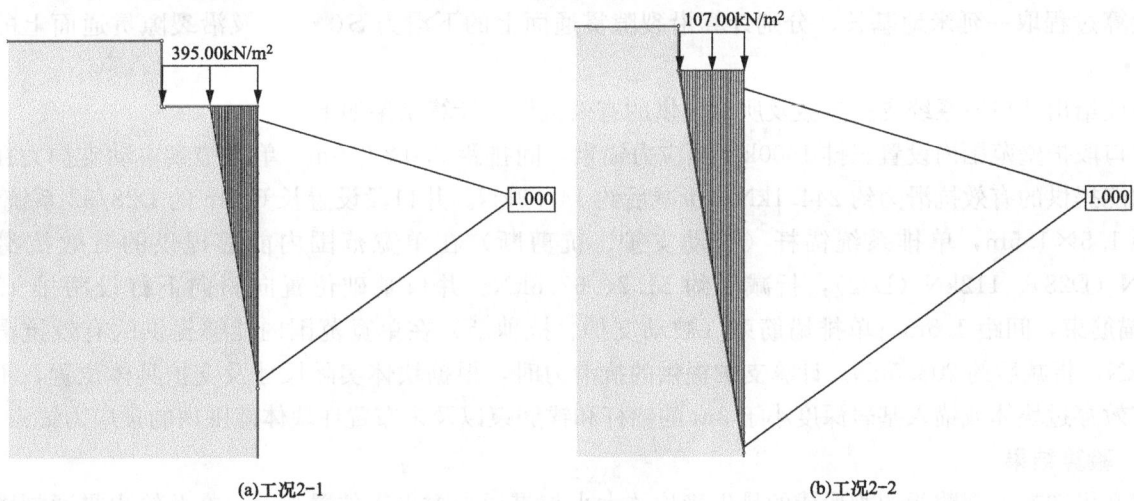

(a)工况2-1 　　　　　　　　　　　　　　　(b)工况2-2

图 11　工况 2 极限平衡法计算结果（Bishop 法）

当贯通节理裂隙在排架柱基础下部中间位置出露时（工况 2-1），地基所能承受的极限荷载仅为 0.395MPa。当贯通节理裂隙在排架柱基础远离井壁边缘处出露时（工况 2-2），地基所能承受的极限荷载仅为 0.107MPa。可见当存在贯通节理裂隙时，岩体易沿着贯通的陡倾角裂隙发生滑移破坏，极限承载力远小于无节理裂隙时。该工况下围岩自稳能力差，需进一步考虑支护措施。

3.3　已知基础地基反力情况下地基安全性验算

现阶段结构设计情况下，排架柱基础抗地基反力计算结果为 0.474MPa。由前文未支护情况下极限承载力计算结果可知，工况 1（一般工况）地基极限承载力/地基反力＝5.432～17.416（强度未折减），

3.481～10.568（强度折减系数 0.75），地基围岩在裸岩状态即可提供设计需要的地基反力，并有一定安全余度，围岩不易破坏，围岩的完整程度一定程度上降低了地基承载力，但仍然满足承载力要求。

工况 2（极端工况）在裸岩状态下地基极限承载力/地基反力＝0.226～0.833，无法提供设计需要的地基反力。在此进一步考虑支护措施提供的支护力，对施作系统支护后的地基安全性进行验算。

3.3.1 验算方法

本文基于保守角度，选择参考《地下厂房岩壁吊车梁设计规范》[5]中给出的岩壁吊车梁与岩壁结合面的抗滑稳定验算方法，将贯通节理裂隙面类比作吊车梁与岩壁结合面，对工况 2（极端工况）中贯通节理裂隙切割形成的不稳定块体进行抗滑稳定性验算。在此给定验算公式如下：

$$\gamma_0 \psi S(\cdot) \leqslant \frac{1}{\gamma_d} R(\cdot) \tag{1}$$

$$S(\cdot) = (G + W)\sin\beta \tag{2}$$

$$R(\cdot) = [(G + W)\cos\beta + \sum M_i \sin\beta] \times \frac{f_k}{\gamma_f'} + \sum f_y A_{si}' + \sum M_i \cos\beta + \frac{c_k'}{\gamma_c'} A \tag{3}$$

对该验算方法进一步说明如下：

下滑力 $S(\cdot)$ 为块体自重和地基反力传递到贯通裂隙面上平行该面的分力，即 $(G + W)\sin\beta$，β 为陡倾角节理裂隙倾角 80°；抗滑力 $R(\cdot)$ 由 4 部分组成：①块体自重和地基反力传递到贯通裂隙面上垂直该面的分力产生的切向摩阻力，即 $(G + W)\cos\beta \times \frac{f_k}{\gamma_f'}$；②系统锚杆及锚筋束抗剪（被动支护力）提供的平行结构面切向力，即 $\sum f_y A_{si}'$；③预应力锚索锚固力（主动支护力）垂直结构面的压力产生的切向摩阻力 $\sum M_i \sin\beta \times \frac{f_k}{\gamma_f'}$，平行于结构面的拉力 $\sum M_i \cos\beta$；④结构面自身黏聚力抗滑 $\frac{c_k'}{\gamma_c'} A$；γ_0、ψ、γ_f'、γ_c'、γ_d 等分项系数取值参考规范[5]。

验算过程取一延米地基长，分别计算沿裂隙贯通面上的下滑力 $S(\cdot)$，及沿裂隙贯通面上的抗滑力 $R(\cdot)$。

在此给出井口段系统支护参数及所能提供的有效抗滑力计算结果如下：

井口段护壁范围内设置三排 1500kN 预应力锚索，间排距 3.0×6.0m，单排锚索主动支护力在单宽范围内能提供的有效抗滑力约 244.1kN，折减后约 147.9kN。井口段设置长 6/9m 的 D28/32 系统锚杆，间排距 1.5×1.5m，单排系统锚杆（被动支护、抗剪断）在单宽范围内能够提供的有效抗滑力约 85.3kN（D28）、112kN（D32），折减后约 51.7、67.8kN。井口基础位置向斜向下打设两排 12m 长 3D32 锚筋束，间距 1.5m，单排锚筋束（被动支护、抗剪断）在单宽范围内能够提供的有效抗滑力约 335.8kN，折减后约 203.5kN。计算支护提供的抗滑力时，根据块体实际尺寸及支护具体位置，不计入未能有效穿过块体或锚入基岩深度小于 3m 的锚杆和锚筋束以及未布置在块体范围内的预应力锚索。

3.3.2 验算结果

前文可知贯通裂隙所切割形成的易失稳块体大小与贯通裂隙出露位置相关，在此给出贯通裂隙面于地基上表面不同位置出露时，原系统支护下的验算结果如图 12 所示。

可见，当贯通裂隙于地基上表出露位置距临空面小于 1.1m 时，折减后抗滑力小于块体下滑力；在该范围内出露时，切割形成的块体较小，块体有效支护范围亦窄，可对其进行清挖置换处理。

当出露位置距临空面距离大于 1.1m 小于 2.35m 时，块体范围内的支护措施能够提供所需抗滑力，抗滑移验算通过。

当出露位置距临界面大于 2.35m 时，折减后的抗滑力小于下滑力，验算不通过，抗滑力缺口为 0～687.540kN。现场需针对该类型情况对该范围一步加强支护。

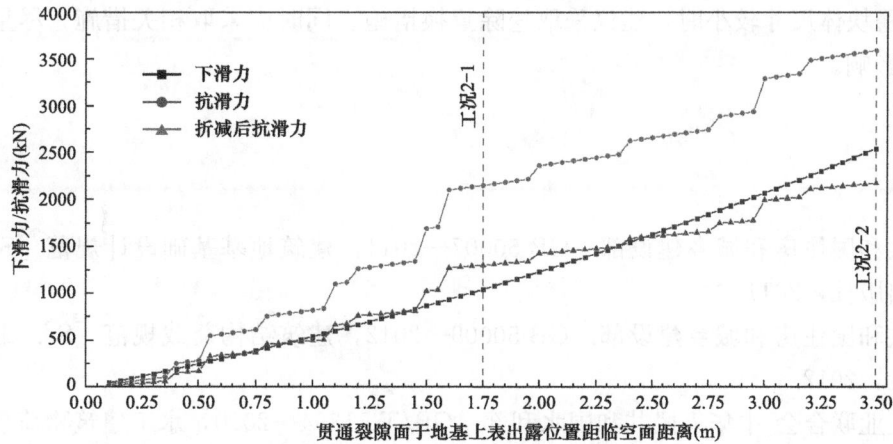

图 12　贯通裂隙不同出露位置时验算结果

3.4　极端工况下支护优化措施

综合分析不同工况下的地基承载力验算结果，可见当井口段围岩无节理裂隙发育时，地基能够提供足够承载力；当井口段某处围岩存在贯通节理裂隙时，需根据现场实际揭露情况，依托抗滑验算结果，对该范围支护措施进行动态优化。针对现场可能揭露贯通节理裂隙时的极端工况，提出支护措施优化建议如下：

（1）针对贯通节理裂隙在地基上表面靠近排架柱基础外边缘处出露，切割块体较大时，可考虑提高三排预应力锚索锚固力，同时根据现场施工条件，在不影响岩体完整性的前提下，在块体范围内增设锚索、锚杆或锚筋桩，调整布置间排距，做针对性加固。具体支护增量应根据现场实际揭露情况对应的不同尺寸块体抗滑力缺口计算结果及有效支护力计算结果进一步明确。

（2）当贯通节理裂隙切割块体较小时，作用于块体的有效支护范围较小，无法设置多排预应力锚索，针对该情况考虑对易失稳块体进行清挖，并采用钢筋混凝土进行置换，砼岩接触面设置插筋，保证接触面抗剪强度。

（3）地基承载力受围岩完整性影响较大，应采取相关爆破控制措施，尽量减小爆破开挖对围岩完整性的影响。在基础施作之前，应对井口段围岩进行预裂试验。

4　结语

本文给出了湖北大悟抽水蓄能电站竖井式半地下厂房临边排架柱基础设计方案，并对排架柱基础的基础抗倾覆稳定性、基础地基反力进行了计算；同时对竖井井口段的排架地基围岩稳定性和地基承载力进行了计算分析，在此基础上针对井口段贯通节理裂隙出露时的极端工况进行了验算，并针对现场可能出现的该类极端工况提出了动态支护优化措施。结论如下：

（1）本工程竖井边排架采用两条柱下条形基础作为排架柱基础，条形基础宽 4.5m，高 3.0m，长 58.8m。基础抗倾覆计算和地基反力计算的结果显示，当护壁和基岩成为一个整体，作为排架柱临边基础的地基时，抗倾覆稳定性安全，地基反力较小，对基岩稳定有利。当护壁作为地基产生竖向位移和排架临边基础脱开时，抗倾覆稳定性不安全，地基反力较大，对基岩稳定不利。因此，本工程应采取加强支护措施，确保护壁和基岩成为一个整体。按倒梁法计算显示，地基梁仅需按构造配筋即可满足承载需求。

（2）井口段采用钢筋混凝土护壁＋系统锚杆＋预应力锚索组合支护，一般工况下均能满足围岩稳定和地基承载力要求。针对井口段存在贯通节理裂隙时的极端工况，需根据现场揭露的裂隙出露位置，判断失稳块体尺寸，并依托抗滑验算及抗滑力缺口计算结果进行支护措施动态优化：当块体尺寸较大时，可通过增大预应力锚索锚固力并在块体范围内增设锚杆或锚筋桩，提供更大的支护力，以保证井口段围岩稳定；当易失稳块体尺寸较小时，建议采取挖除置换措施。同时应采取相关措施，尽量减小爆破开挖对围岩完整性的影响。

参考文献

［1］ 中华人民共和国住房和城乡建设部. GB 50007—2011，建筑地基基础设计规范［S］. 北京：中国建筑工业出版社，2011.

［2］ 中华人民共和国住房和城乡建设部. GB 50009—2012，建筑结构荷载规范［S］. 北京：中国建筑工业出版社，2012.

［3］ 中国电力企业联合会 中华人民共和国水利部. GB/T 51394—2020，水工建筑物荷载标准［S］. 北京：中国计划出版社，2020.

［4］ 水电水利规划设计总院. NB/T 11011—2022，水工混凝土结构设计规范［S］. 北京：中国水利水电出版社，2022.

［5］ 水电水利规划设计总院. NB 35079—2016，地下厂房岩壁吊车梁设计规范［S］. 北京：中国电力出版社，2016.

作者简介：

谷　晓（1989—），男，湖南长沙，硕士，工程师，主要研究方向：水电工程设计。E-mail：guxiaoxjtu@126.com

李雨哲（1997—），男，江西萍乡，硕士，助理工程师，主要研究方向：水电工程设计。E-mail：liyuzhecsu@163.com

李智机（1981—），男，广东郁南，本科，正高级工程师，主要研究方向：水电工程设计。E-mail：MSDI@qq.com

王炳豹（1990—），男，安徽，研究生，高级工程师，主要研究方向：水电工程设计。E-mail：1037120135@qq.com

邓春芳（1990—），女，湖南长沙，本科，工程师，主要研究方向：水电工程设计。E-mail：459994946@qq.com

水平软岩夹层对地下洞室围岩演化的影响研究

王帅，童恩飞，江凡

（中国电建集团中南勘测设计研究院有限公司，湖南长沙 410014）

【摘　要】　随着"双碳"目标的提出，一大批抽水蓄能工程提上日程，其核心部分地下厂房的围岩稳定性备受关注。水平软岩夹层在空间分布的不确定性和物理力学性质较差的特点，影响着大型地下洞室的施工安全性和运行稳定性。依托某大型地下厂房工程，基于岩体力学的基本原理，采用现场调查和数值计算等方法，研究了软岩夹层对洞室围岩应力、位移、塑性区的影响，并进一步探讨了围岩初始应力水平、软岩夹层的物理力学参数等因素对洞室演化的影响，得到的主要结论有：①软岩夹层会影响围岩应力的重分布，在开挖面和软岩夹层中间会出现应力集中区，软岩夹层的空间位置限制应力集中区的大小；②受软岩夹层的影响，围岩变形在水平方向上的影响宽度要大于在竖直方向；③随着上覆岩体压力的增加，围岩的塑性区会延伸到软岩夹层，增大破坏区域。

【关键词】　水平软岩夹层；地下洞室；层状岩体；围岩演化；泥岩

0　引言

随着"双碳"目标的提出，国内加快新能源建设的步伐。抽水蓄能电站工程是新能源事业中的关键一环，对电网的调峰填谷起着重要作用[1]。地下厂房作为抽水蓄能电站的核心部分，有着规模大、埋深大的特点，对洞室围岩的稳定性要求更高。

地下厂房经常布置于沉积岩地层，例如小浪底水电站[2]、西龙池抽水蓄能电站[3]、溧阳抽水蓄能电站[4]等。沉积岩地层相较于火成岩地层，其特殊的层理特征对洞室围岩应力位移响应均会产生影响。耿大新等[5]研究表明层面影响了洞室围岩次生应力的分布，导致洞室变形增大，并且造成变形分布不对称性。朱泽奇等[6]开展了层状岩体变形与强度各向异性特性的研究，分析了陡倾层状岩体结构洞室的变形特征。肖明等[3]以西龙池抽水蓄能电站地下厂房为研究对象，为洞室结构型式、支护型式和施工开挖方式提供了理论支持。王小威等[7]为了更好模拟地震作用下层状岩体受力和变形情况，提出了考虑应变率对黏聚力影响的动力强度准则。何敏等[8]认为层状岩体洞室拱肩开裂的主要原因为薄层岩体在侧向卸荷作用下发生了压弯挠曲变形，并基于此提出了薄层岩体压弯溃曲指数的概念，量化了拱肩开裂的规模。尹冬梅等[9]通过分析声波监测和多点位移计监测结果，定量分析近水平层状岩体的松动圈范围。谢文斌[10]基于围岩动态演化原理和板壳理论，探讨了大型洞室水平层状围岩的离层机理，并阐述了离层的逐层递进性破坏特征。

现有国内外学者的成果表明，水平层状岩体中在层面方向常表现为均匀性，但在垂直层面方向物理力学性质会发生变化，表现为软岩、硬岩互层或硬岩中含有软岩夹层等分布特征。当层状围岩洞室开挖时，若软岩夹层分布在开挖面上会导致该区域围岩释放应力程度加剧，变形值增大，增加施工难度。尽管水平分布的软岩夹层没有在开挖面揭露而分布在临近顶拱的围岩内部位置，围岩变形也会因地下厂房跨度大、赋存应力高的特点，受到软岩夹层的影响。因此，本文以某抽水蓄能电站为研究对象，结合现场勘测数据，针对含有水平软岩夹层的大型地下洞室，开展数值分析研究，研究水平软岩夹层对洞室围岩的应力、位移、塑性区的特征。在此基础上，进一步探讨初始应力赋存环境、软岩夹层的物理力学性质等因素对围岩的影响。

1　工程概况

地下厂房顶拱上覆岩体厚 180～240m，主厂房纵轴线方向为 N15°W 向。主副厂房洞室开挖尺寸 165.65m×26.5m×57.3m（长×宽×高）。主副厂房地层为侏罗系蓬莱镇组上统，岩性主要为灰白色细砂岩夹粉砂质泥岩、泥质粉砂岩、泥岩，构造较简单，岩层产状近水平，未发现断层通过，岩体呈微风化至新鲜状。在主厂房顶拱水平分布一道泥岩层，其厚度约为 10m，到顶拱的距离也约为 10m。典型断面的地质分布情况见图 1。

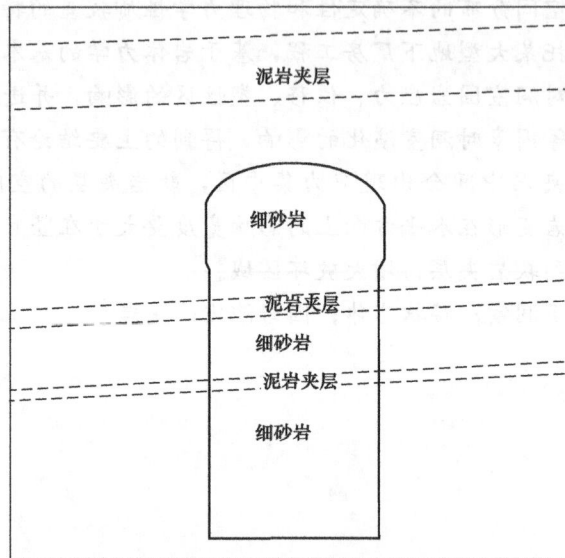

图 1　主副厂房典型地质断面图

2　数值计算

2.1　几何模型

不考虑上部地表起伏对洞室开挖的影响，将几何模型顶部设置为水平分布，通过等效均布荷载的形式将上部岩体的重度施加到模型顶部。

忽略洞室端墙对围岩应力位移分布的影响，以主厂房典型断面为岩体物理力学参数的取值依据，建立几何模型。整体模型沿着 X 轴方向延伸 300m，沿着 Z 轴方向延伸 200m，沿着 Y 轴方向延伸 50m。

地下洞室的围岩以水平层状的细砂岩为主，质地坚硬。不考虑揭露于主副厂房上下游边墙较薄的泥岩夹层，只考虑在距离顶拱开挖面 10m 的泥岩夹层，假定所有岩层均为水平分布。

几何模型图见图 2。

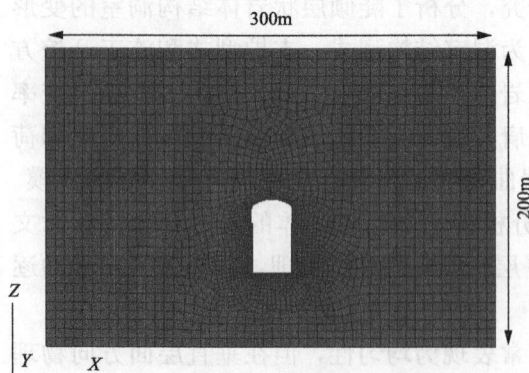

图 2　几何模型图

2.2　物理力学参数

不考虑洞室的支护措施，仅分析毛洞开挖下的洞室围岩响应特征。洞室围岩均假定为均匀连续的各向同性材料，符合弹塑性本构模型（Mohr-Coulomb 准则）。细砂岩，质地坚硬，完整性高，为Ⅲ类围岩；水平泥岩夹层强度低、开挖后容易发生崩解破坏，属于Ⅴ类围岩，具体物理力学参数见表 1。

表1 岩 体 参 数 表

岩层	重度（kN/m³）	弹性模量（GPa）	泊松比	黏聚力 c（kPa）	内摩擦角 φ（°）
细砂岩	26.5	10	0.24	900	46
泥岩夹层	25.0	3	0.33	50	22

2.3 边界条件

不考虑模型边界对洞室开挖的影响，对模型四周施加法向位移约束，对模型底部施加固定端约束，模型顶部不施加位移约束。

忽略地形起伏对应力分布的影响，对模型顶部施加 2.5MPa 的均布荷载作为上覆岩体荷载。假定水平应力是竖向应力的 1.5 倍，即为（$\sigma_x/\sigma_z=1.5$），在模型的侧向施加对应的应力边界。

2.4 计算结果

2.4.1 应力响应

初始应力在水平方向上均匀分布，受岩体自重的影响，初始应力随着埋深的增大而逐渐增加。最大主应力的范围为 3.9～11.4MPa，最小主应力的范围为 2.5～7.6MPa。初始应力见图 3。

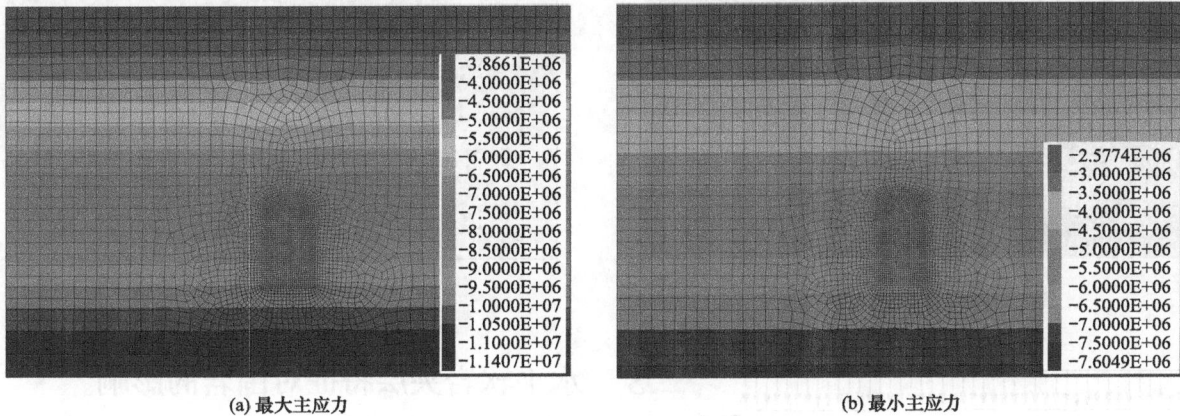

(a) 最大主应力　　　　　　　　　　　　　　(b) 最小主应力

图 3　初始应力

洞室围岩应力受开挖卸荷发生了重分布，临近开挖面洞室的顶拱、边墙、底板的中部发生了不同程度的应力释放现象；拱肩、边墙和底板相交处为应力集中区域。从开挖面到围岩深处，顶拱、边墙、底板的中部，应力先降低后增加，直到远离洞室影响范围，逐渐恢复到天然应力水平。在洞室顶部围岩内的应力集中现象相较于其他部位，最为明显；应力集中区域的范围受到水平软岩夹层和开挖面的共同限制，存在于两者的几何界限之间。开挖后应力云图见图 4。

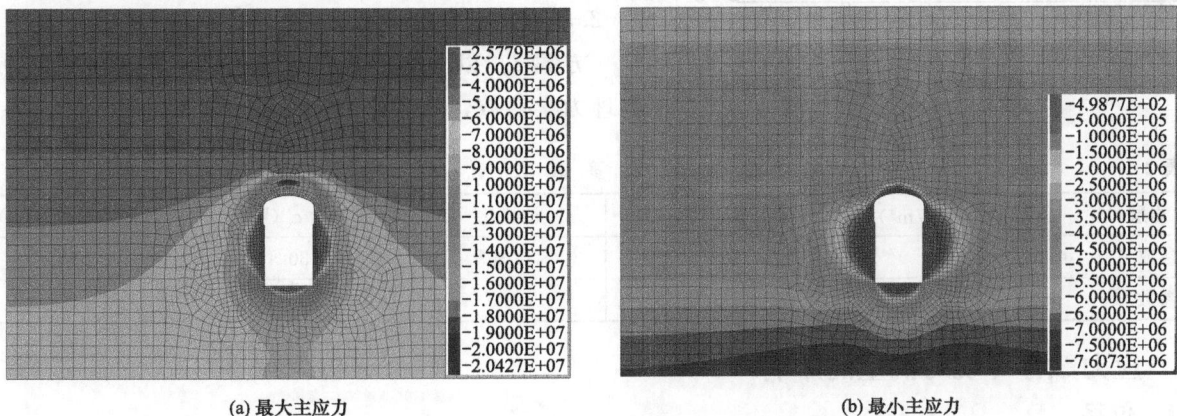

(a) 最大主应力　　　　　　　　　　　　　　(b) 最小主应力

图 4　开挖后应力云图

2.4.2 位移响应

洞室开挖后，洞室顶拱、边墙、底板的中部的变形值相对较大，洞室的拱肩变形相对较小。受洞室顶部水平软岩夹层的影响，边墙上部的位移影响范围明显大于边墙下部，呈现出上宽下窄的分布形态。洞室围岩位移的整体分布特征受顶部水平软岩夹层的影响，在空间上呈现明显的分界现象，以软岩层为界限，软岩层下部受洞室开挖影响显著，软岩层上部几乎不受洞室开挖的影响。开挖后位移分布云图见图 5。

2.4.3 塑性区发育特征

洞室开挖后，边墙的塑性区发育厚度较大，顶拱和底板的厚度相对较薄。临近开挖面，顶拱围岩以剪切破坏为主，边墙和底板围岩以拉伸破坏为主。边墙和底板围岩，从开挖面向底板深处，破坏模式从拉伸破坏，逐渐转变成剪切破坏。从围岩塑性区发育特征来看，水平软岩夹层距离开挖面较远，对塑性区发育的影响较小。塑性区的发育特征主要受到临近围岩的物理力学参数、应力赋存条件、洞室开挖尺寸的影响。后文中将进一步分析软岩层到开挖面的距离对洞室围岩的影响。开挖后塑性区发育特征见图 6。

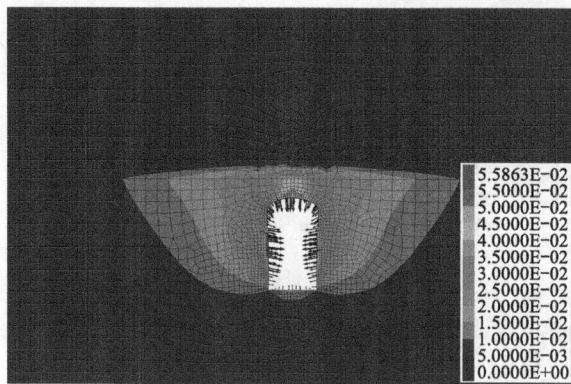

图 5　开挖位移分布云图

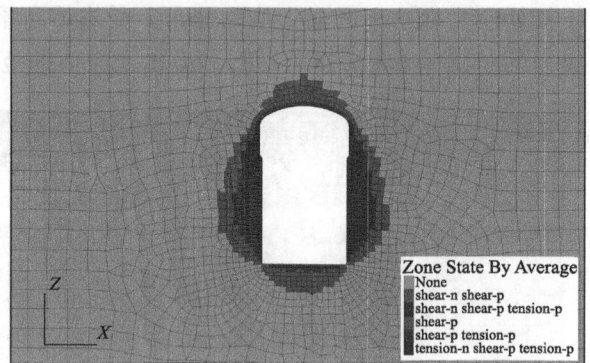

图 6　开挖后塑性区发育特征

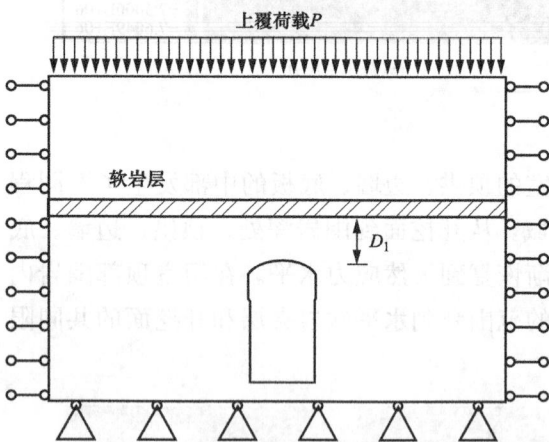

图 7　模式示意图

3　水平软岩夹层特征对围岩的影响

通过上文的工程实例表明，软岩夹层的物理力学参数、应力赋存环境等因素会对洞室围岩演化造成影响。故此，设计 2 个计算方案，更加清晰的表明各因素对围岩应力、位移、塑性区的影响。模式示意图见图 7。

方案 1：以上文工程实例的几何模型，物理力学参数，位移边界条件为基准，改变上覆岩体荷载，分别为 0、2.5、5.0、7.5MPa。

方案 2：以上文计算条件为基准，改变泥岩夹层的物理力学参数，其具体力学参数见表 2。

表 2　　　　　　　　　　　　泥 岩 参 数 表

岩层	重度（kN/m³）	弹性模量（GPa）	泊松比	黏聚力 c（kPa）	内摩擦角 φ（°）
参数 A	24.0	0.75	0.35	30	18
参数 B	25.0	3	0.30	50	22

3.1　应力赋存环境对洞室的影响

3.1.1　位移

随着上覆岩体压力的逐渐增加，围岩变形逐渐加大，最大值分布的位置从边墙中心过渡到顶拱中心位置。水平方向上，洞室开挖的影响宽度也逐渐减小，受水平软岩夹层的影响程度变弱，主要变形集中在洞室顶部部位，并且变形值较大，存在垮落的趋势。在竖直方向上，变形的影响范围逐渐加大，但受到水平软岩夹层的隔断，在竖向上的变化幅度不大，在 7.5MPa 的上覆围岩压力下，围岩变形的影响范围，刚穿过软岩夹层。上层岩体压力对围岩变形的影响见图 8。

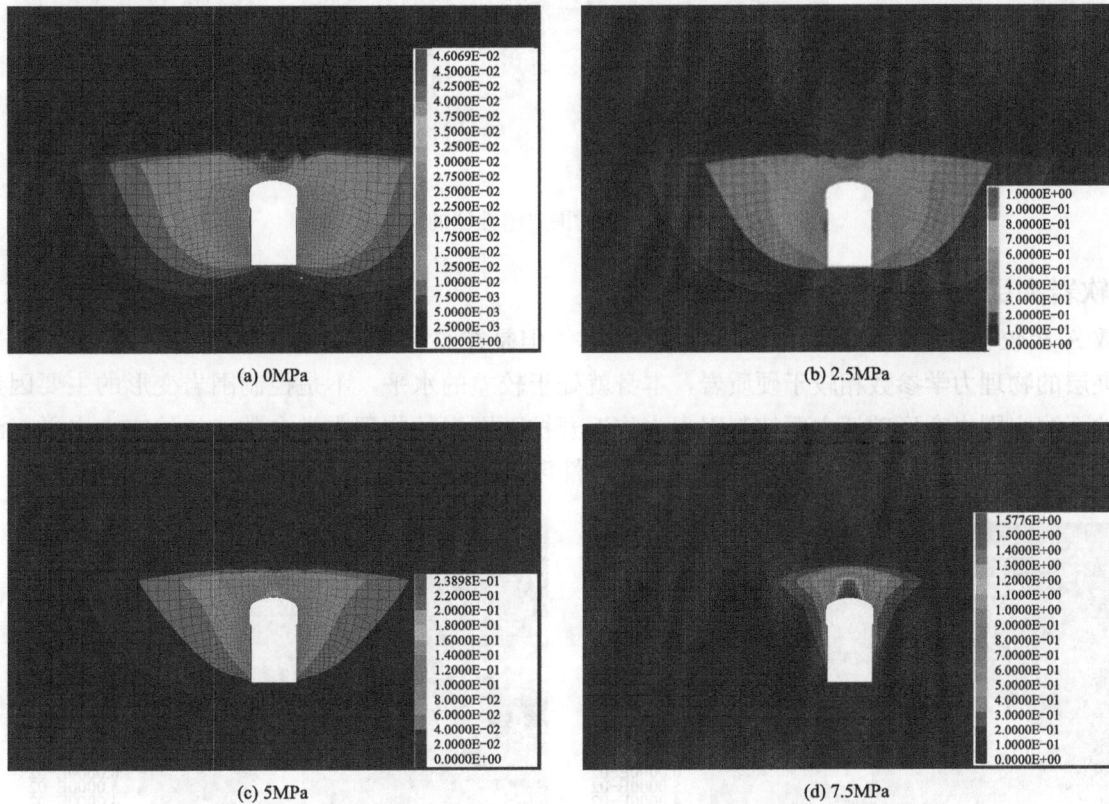

图 8　上覆岩体压力对围岩变形的影响

3.1.2　塑性区

在上覆岩体压力的逐级增加的过程中，围岩塑性圈的厚度也在逐渐变厚。赋存应力较小时，塑性区主要沿着开挖面分布，边墙、顶拱和底板的塑性区厚大较大，两端较小。赋存应力较大时，拱肩位置的塑性区与水平泥岩夹层相连，水平方向上，塑性区的厚度增大明显。上覆岩体压力对围岩塑性区的影响见图 9。

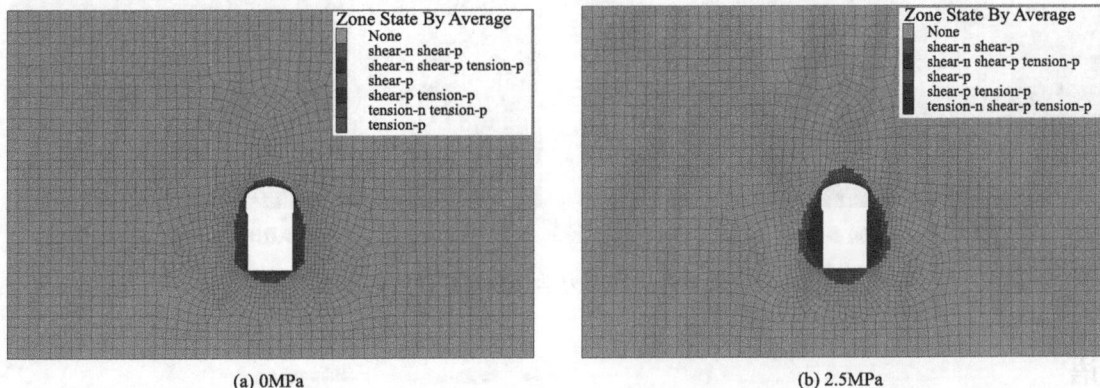

图 9　上覆岩体压力对围岩塑性区的影响（一）

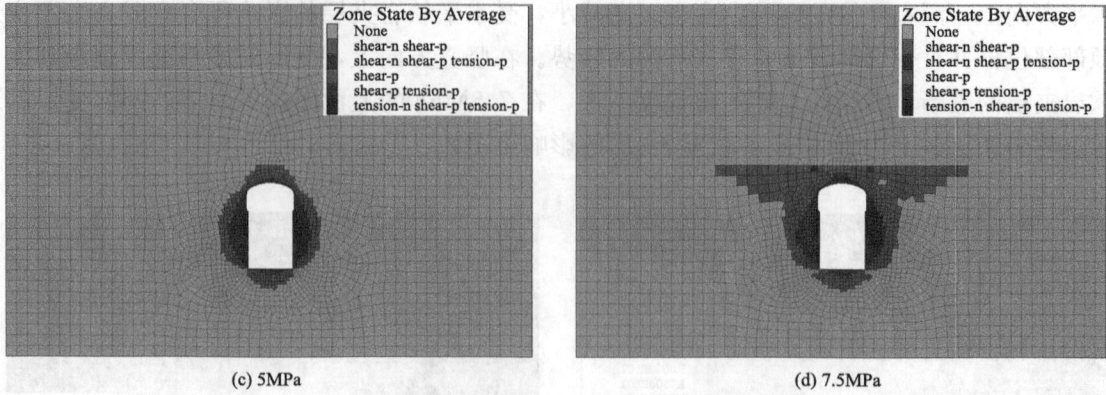

(c) 5MPa   (d) 7.5MPa

图 9 上覆岩体压力对围岩塑性区的影响（二）

3.2 软岩夹层力学参数对洞室的影响

参数 A 相较于参数 B 而言，物理力学参数更差，但是在洞室围岩变形和塑性区的变化上不明显。考虑软岩夹层的物理力学参数相较于硬质岩，本身就处于较差的水平，不是控制围岩变形的主要因素。软岩夹层地下洞室围岩变形破坏主要控制因素为临近开挖面围岩的物理力学参数、初始应力水平、洞室几何尺寸等。软岩夹层物理力学参数对围岩变形、塑性区的影响分别见图 10、图 11。

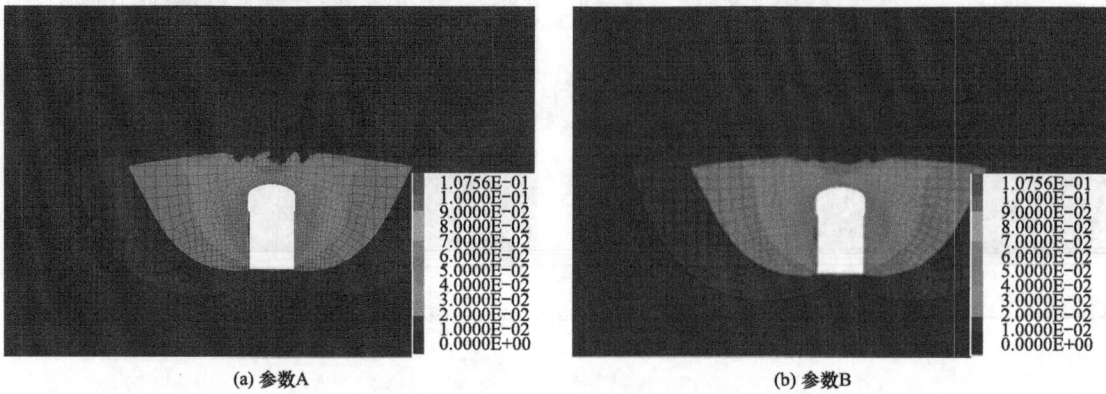

(a) 参数A   (b) 参数B

图 10 软岩夹层物理力学参数对围岩变形的影响

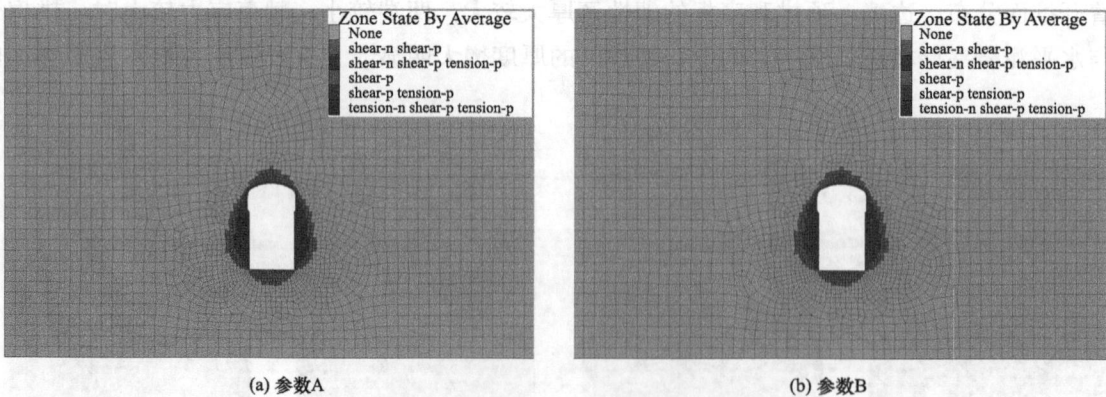

(a) 参数A   (b) 参数B

图 11 软岩夹层物理力学参数对塑性区的影响

4 结语

结合某抽水蓄能工程地下厂房案例，进行数值计算，分析了洞室顶部含软岩夹层的围岩应力、位移塑性区的响应特征，得出主要结论如下：

（1）地下洞室开挖后，围岩应力会发生重分布，常在洞室的拱肩、边墙和底板的交界处，发生应力集中现象。软岩夹层会影响围岩应力的分布，在开挖面和水平软岩夹层之间会出现应力集中区，水平软岩夹层的空间位置限制应力集中区的大小。

（2）受软岩夹层的影响，围岩变形在水平方向上的影响宽度要大于在竖直方向。在竖直方向上，围岩变形分布受到水平软岩夹层的阻隔，夹层以外的围岩，变形不明显。

（3）含软岩夹层地下洞室的围岩演化的主要控制因素为临近开挖面围岩的岩体参数、洞室开挖尺寸，应力赋存条件等。随着上覆岩体压力的增加，围岩的塑性区会延伸到软岩夹层，增大破坏区域。

参考文献

[1] 国家能源局. 抽水蓄能中长期发展规划（2021～2035年）[R]. 北京：国家能源局，2021.

[2] 黄子平，Einar Broch，吕明. 水电站地下厂房洞室顶拱的形成与锚固[J]. 岩石力学与工程学报，2005，27（8）：1348-1354.

[3] 肖明，龚玉锋，俞裕泰. 西龙池抽水蓄能电站地下厂房围岩稳定三维非线性分析[J]. 岩石力学与工程学报，2000，26（5）：557-561.

[4] 胡林江，冯树荣，胡育林，等. 溧阳抽水蓄能电站地下厂房洞室群防渗排水设计[J]. 水力发电，2017，43（11）：39-42，90.

[5] 耿大新，杨林德. 层状岩体的力学特性及数值模拟分析[J]. 地下空间，2003，32（4）：380-383＋387-455.

[6] 朱泽奇，盛谦，梅松华，等. 改进的遍布节理模型及其在层状岩体地下工程中的应用[J]. 岩土力学，2009，30（10）：3115-3121，3132.

[7] 王小威，陈俊涛，肖明. 层状岩体地下洞室地震响应分析[J]. 华中科技大学学报（自然科学版），2016，44（12）：18-24.

[8] 何敏，王明疆，郝军刚，等. 层状岩体中大跨度地下洞室拱肩开裂机理分析[J]. 水力发电学报，2012，31（6）：237-241，185.

[9] 尹冬梅，周长兴，张沁成，等. 近水平层状岩体的松动区分布范围探讨[J]. 水利水电技术，2007，21（11）：40-43，54.

[10] 谢文斌. 近水平层状围岩离层机理与效应研究[D]. 兰州：兰州大学.

作者简介：

王　帅（1998—），男，辽宁鞍山，硕士，初级工程师，从事地下洞室围岩稳定性研究。E-mail：1018908868@qq.com

童恩飞（1983—），男，湖南宁乡，本科，正高级工程师，研究方向为水电站水工建筑物结构设计。E-mail：80787641@qq.com

江　凡（1986—），男，湖北武汉，硕士，高级工程师，研究方向为水工结构。E-mail：344282994@qq.com

考虑渗流影响的某抽水蓄能电站单薄库岸边坡稳定性研究

张国琛，姜媛媛，万恩波，邹同华

（中国电建集团成都勘测设计研究院有限公司，四川成都　610072）

【摘　要】 针对某抽水蓄能电站上水库单薄库岸边坡稳定问题，结合工程资料及坝址区地质情况，对左岸单薄库岸边坡的稳定性采用有限单元法和刚体极限平衡法进行计算分析，研究了布置防渗帷幕前后渗流场的变化和对边坡稳定性的影响。结果表明：水库在蓄水运行的情况下，布置防渗帷幕后，库岸边坡的安全稳定系数均有一定程度提升，刚体极限平衡法提升了 0.031，有限单元法提升了 0.033，故在单薄库岸边坡上游侧进行帷幕灌浆是十分必要的。

【关键词】 抽水蓄能电站；单薄库岸边坡；渗流-应力耦合；强度折减法；渗透稳定性

0　引言

随着"双碳"目标的提出，我国可再生能源发展步入规模化、市场化的新阶段，新型电力系统的构建迫在眉睫。抽水蓄能电站作为消纳清洁能源、保障电网安全稳定运行的有效手段，逐渐成为电力系统的重要组成部分[1]。

随着抽水蓄能电站上水库蓄水运行后，破坏了库岸边坡原有的自然平衡条件，引起边坡形状及稳定性的变化，导致库岸边坡失稳等问题出现。而库岸边坡失稳的原因是多方面的，首先是库岸自身的岩土性质及地质构造条件，这是库岸失稳的内在因素；其次是地下水诱发库岸边坡失稳的外在因素。通常自然边坡在长期地质作用下，绝大多数已经趋于稳定，但在水库蓄水运行后导致地下水抬升，库岸边坡的物理力学性质出现恶化，表现为岩土体的抗剪强度降低，原处于或接近极限平衡状态的库岸边坡往往发生失稳破坏。

针对上述问题，诸多学者开展了研究。殷杏元[2]基于刚体极限平衡法和 PLAXIS3D 有限元软件，以某库岸边坡工程为研究对象进行稳定性计算。结果表明：边坡在天然工况下处于稳定状态，暴雨工况下土体含水率增大，导致边坡变形增大近一倍；黎其才等[3]结合具体工程实例，分别运用了模糊评判和数值模拟分析两种方法对其库岸边坡的稳定性进行了分析评价，结果表明：水库蓄水后考虑了静水压力、动水压力等荷载，库岸边坡存在稳定性问题，需要重点治理；潘燕芳等[4]结合某电站库岸边坡，对开挖过程中的应力-变形特征及稳定性进行计算分析，结果表明：加固后的边坡处于整体稳定状态。

结合上述研究可以看出，水库蓄水后岩体内浸润线抬高，会对库岸边坡产生不可忽略的影响。本文结合某抽水蓄能电站单薄库岸边坡渗控措施研究，采用渗流-应力耦合数值模拟方法和强度折减法对其稳定性进行计算分析，可为类似工程的设计研究提供借鉴。

1　计算原理及方法

1.1　渗流-应力耦合原理

岩土体上下游水位差产生的孔压，改变土体内的应力场分布，使土体产生形变，改变了土体孔隙比、饱和度和渗透系数等特性，造成渗流场变化，二者相互作用，相互影响。

1.1.1　平衡方程

取一个土体的微小单元，若受到的体积力仅是重力，则土体微单元的平衡方程如下：

$$\begin{cases} \dfrac{\partial \sigma'_x}{\partial x} + \dfrac{\partial \tau_{xy}}{\partial y} + \dfrac{\partial \tau_{xz}}{\partial z} + \dfrac{\partial u}{\partial x} = 0 \\[2mm] \dfrac{\partial \tau_{xy}}{\partial x} + \dfrac{\partial \sigma'_y}{\partial y} + \dfrac{\partial \tau_{yz}}{\partial z} + \dfrac{\partial u}{\partial y} = 0 \\[2mm] \dfrac{\partial \tau_{xz}}{\partial x} + \dfrac{\partial \tau_{yz}}{\partial y} + \dfrac{\partial \sigma'_z}{\partial z} + \dfrac{\partial u}{\partial z} + \gamma_{sat} = 0 \end{cases} \tag{1}$$

式中：γ_{sat} 是饱和土体的重度，kN/m^3；σ_x、σ_y、σ_z 分别为 x、y、z 方向上的主应力，kPa。

引入有效应力理论，总应力为孔隙水压力和有效应力之和，即：

$$\{\sigma\} = \{\sigma'\} + \{M\}u \tag{2}$$

式中：σ' 为有效应力，kPa；u 为孔隙水压力，kPa；$\{M\} = [1\ 1\ 1\ 0\ 0\ 0]^T$。

式（1）可表示为：

$$\begin{cases} \dfrac{\partial \sigma'_x}{\partial x} + \dfrac{\partial \tau_{xy}}{\partial y} + \dfrac{\partial \tau_{xz}}{\partial z} + \dfrac{\partial u}{\partial x} = 0 \\[2mm] \dfrac{\partial \tau_{xy}}{\partial x} + \dfrac{\partial \sigma'_y}{\partial y} + \dfrac{\partial \tau_{yz}}{\partial z} + \dfrac{\partial u}{\partial y} = 0 \\[2mm] \dfrac{\partial \tau_{xz}}{\partial x} + \dfrac{\partial \tau_{yz}}{\partial y} + \dfrac{\partial \sigma'_z}{\partial z} + \dfrac{\partial u}{\partial z} + \gamma_{sat} = 0 \end{cases} \tag{3}$$

式中：u 对 x、y、z 三个方向的偏导数即 x、y、z 方向的渗透力。

平衡方程的矩阵表示形式如下：

$$[\partial]^T \{\sigma\} = \{f\} \tag{4}$$

$$[\partial] = \begin{bmatrix} \dfrac{\partial}{\partial x} & 0 & 0 & 0 & \dfrac{\partial}{\partial z} & \dfrac{\partial}{\partial y} \\[2mm] 0 & \dfrac{\partial}{\partial y} & 0 & \dfrac{\partial}{\partial z} & 0 & \dfrac{\partial}{\partial x} \\[2mm] 0 & 0 & \dfrac{\partial}{\partial z} & \dfrac{\partial}{\partial y} & \dfrac{\partial}{\partial x} & 0 \end{bmatrix}, \quad \{\sigma\} = \begin{bmatrix} \sigma_x \\ \sigma_y \\ \sigma_z \\ \sigma_{yz} \\ \sigma_{zx} \\ \sigma_{xy} \end{bmatrix}, \quad \{f\} = \begin{bmatrix} f_x \\ f_y \\ f_z \end{bmatrix} \tag{5}$$

式中：$\{f\}$ 为体积力向量。

1.1.2 本构方程

在土体中，应力-应变关系的物理方程表示如下：

$$\{\sigma'\} = [D]\{\varepsilon\} \tag{6}$$

式中：$[D]$ 是材料的本构方程矩阵，因为土体材料为弹塑性材料，故 $[D]$ 为弹塑性矩阵。

1.1.3 几何方程

Biot 固结理论中在假定小变形的条件下，几何方程为：

$$\{\varepsilon\} = -[\partial]\{w\} \tag{7}$$

式中：$\{w\}$ 为位移分量向量。

将式（7）展开为：

$$\varepsilon_{xx} = -\frac{\partial w_x}{\partial x}, \quad \varepsilon_{yz} = -\left(\frac{\partial w_y}{\partial z} + \frac{\partial w_z}{\partial y}\right)$$

$$\varepsilon_{yy} = -\frac{\partial w_y}{\partial y}, \quad \varepsilon_{xz} = -\left(\frac{\partial w_x}{\partial z} + \frac{\partial w_z}{\partial x}\right)$$

$$\varepsilon_{zz} = -\frac{\partial w_z}{\partial z}, \quad \varepsilon_{xy} = -\left(\frac{\partial w_y}{\partial x} + \frac{\partial w_x}{\partial y}\right) \tag{8}$$

1.1.4　连续性方程

对于饱和土体，单位时间土体单位体积中流量等于单位体积土体的压缩量，即：

$$\frac{\partial \epsilon_v}{\partial t} = \frac{\partial q_x}{\partial x} + \frac{\partial q_y}{\partial y} + \frac{\partial q_z}{\partial z} \tag{9}$$

式中：ϵ_v 为土体的体积应变；q_x、q_y、q_z 分别表示在 x、y、z 方向上的单位流量。

流量和孔隙水压力关系可表示如下：

$$q_x = -\frac{k_x}{\gamma_w} \frac{\partial u}{\partial x}$$

$$q_y = -\frac{k_y}{\gamma_w} \frac{\partial u}{\partial y} \tag{10}$$

$$q_z = -\frac{k_z}{\gamma_w} \frac{\partial u}{\partial z}$$

式中：k_x、k_y、k_z 分别为在 x、y、z 三个方向上的渗透系数。

在实际计算中，通常认为 $k_x = k_y = k_z$，则连续性方程可以表示为：

$$\frac{\partial \epsilon_v}{\partial t} = -\frac{k}{\gamma_w} \nabla^2 u \tag{11}$$

$$\nabla^2 = \frac{\partial^2}{\partial x^2} + \frac{\partial^2}{\partial y^2} + \frac{\partial^2}{\partial z^2} \tag{12}$$

式中：∇^2 为拉普拉斯算子。

1.1.5　渗流场和应力场耦合的微分方程

根据平衡方程、有效应力方程、应力-应变方程、几何方程和连续性方程，则可以得到渗流场和应力场的耦合微分方程。

$$-[\partial]^T [D] [\partial] \{w\} + [\partial]^T \{M\} u = \{f\} \tag{13}$$

$$\frac{\partial}{\partial t} \{M\}^T [\partial] \{w\} - \frac{k}{\gamma_w} \nabla^2 u = 0 \tag{14}$$

1.2　强度折减法

有限元强度折减法的概念最早是由 Zienkiewicz 等[5] 提出的，目前已被广泛应用于边坡稳定性分析，通过不断降低边坡土体抗剪强度参数 c'、φ'，当计算不收敛或位移发生突变时对应的折减系数即为边坡最小安全系数，折减后的土体抗剪强度参数为：

$$c_e = \frac{c'}{F_r} \tag{15}$$

$$\varphi_e = \arctan\left(\frac{\tan \varphi'}{F_r}\right) \tag{16}$$

式中：c'、φ' 分别为土体提供的强度指标值；c_e、φ_e 分别为折减后的强度指标值；F_r 为折减系数。

1.3　刚体极限平衡法

刚体极限平衡法以 Mohr-Coulomb 强度准则为准绳，将岩土体假设成刚性体来研究，不考虑其本身的变形，但会传递力，运用静力以及力矩平衡原理进行研究，以得出滑动面的反力，从而进行计算对应的安全系数。这类方法必须通过许多可能的滑动面的试算求出最小安全系数，使其结果尽量接近真实解。极限平衡分析法是工程实践中应用最早，也是目前使用最普遍的一种定量分析方法。以简化 Bishop 法为例，计算抗滑稳定安全系数公式如下：

$$F_s = \frac{\sum \frac{1}{ma_i} \{c_i' b_i + [W_i - u_i b_i] \tan \phi_i'\}}{\sum W_i \sin a_i + \sum Q_i \frac{e_i}{R}} \tag{17}$$

在考虑渗流影响的边坡稳定分析中，相较于有限单元法，刚体极限平衡法仅能考虑水荷载的静力作用，无法考虑岩土体内部渗透力的效果。

2 模型构建

2.1 工程概况

某抽水蓄能电站上水库正常蓄水位 1469.00m，设计洪水位为 1470.00m，校核洪水位为 1470.26m，死水位 1443.00m。库周地形封闭条件较差，左岸分布有单薄分水岭，左岸山顶高程 1467.00 ～ 1480.00m，正常蓄水位 1469.00m 时，分水岭最小厚度仅 20m 左右，局部段地面高程低于正常蓄水位，故在左岸单薄山脊处采用防渗帷幕进行处理，防渗帷幕设计标准为 1Lu。图 1 为某抽水蓄能电站上水库枢纽布置图。

图 1 某抽水蓄能电站上水库枢纽布置图

2.2 有限元模型

模型范围包括水库全部建筑物及其影响区域，模型上、下游边界分别截取至上游坡脚前 700m、下游坡脚后 200m；左、右岸边界分别截取至左坝肩以左 200m、右坝肩以右 100m；坝顶高程按实际地形考虑，底高程截至 400m，至微新及新鲜岩体。有限元模型采用 ABAQUS 自带的 C3D4P 单元进行离散，生成有限单元法计算信息。根据工程地质和水文地质资料，将库区岩体按不同岩性分为弱风化层、强风化层和微新岩体。同时考虑计算区域内的实际地形的变化以及分水岭的分布，共剖分网格节点 524227 个，单元 3071645 个。上水库三维有限元模型如图 2 所示，坝体及防渗结构三维有限元模型如图 3 所示。

图 2 某抽水蓄能电站上水库三维有限元模型

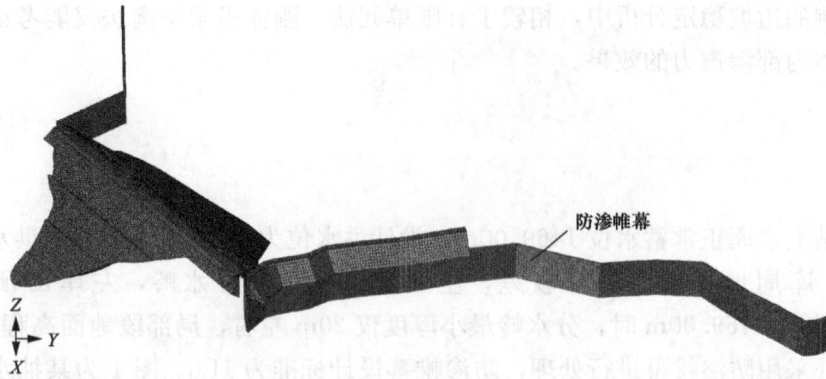

图 3　坝体及防渗结构三维有限元模型

2.3　边界条件

有限单元法计算模型中的边界类型包括已知水头边界、出渗边界、不透水边界、水荷载边界和固定约束边界 5 种。已知水头边界和水荷载边界包括上游水库内正常蓄水位以下的表面节点；出渗边界为下游高于地下水位且与大气接触的表面节点；不透水边界和固定约束边界包括模型四周边界以及模型底部截取边界上的节点。

2.4　计算参数

结合室内试验成果和相关类似工程经验，确定的工程区各材料物理力学参数如表 1 所示。

表 1　　　　　　　　　　　　　地基岩层及坝体各料区物理力学参数

坝料及岩层分区	渗透系数 （m/s）	弹性模量 （MPa）	泊松比	密度 （g/cm³）	黏聚力 （MPa）	摩擦角 （°）
垫层区	1.68×10^{-5}	1500	0.20	2.23	0	39
过渡区	5.31×10^{-4}	1100	0.20	2.23	0	39
上游堆石区	4.42×10^{-3}	1000	0.26	2.20	0	38
下游堆石区	1.50×10^{-3}	800	0.28	2.20	0	37
面板	1.00×10^{-9}	26000	0.160	2.38	—	—
趾板	1.00×10^{-9}	25000	0.160	2.38	—	—
帷幕	1.00×10^{-7}	2000	0.200	1.50	—	—
覆盖层	1.35×10^{-4}	80	0.350	1.65	0.0075	16.5
混凝土	1.00×10^{-9}	29000	0.167	2.80	—	—
强风化	1.00×10^{-5}	500	0.325	2.71	0.125	14.04
弱风化	2.50×10^{-7}	1500	0.290	2.72	0.250	25.42
微新岩层	5.00×10^{-8}	2500	0.275	2.72	0.350	28.83

3　单薄库岸边坡稳定性分析

该抽水蓄能电站上水库地形封闭条件较差，左岸分布有单薄分水岭，左岸山顶高程 1467.00～1480.00m，正常蓄水位 1469.00m 时，分水岭最小厚度仅 20m 左右，局部段地面高程低于正常蓄水位，且岩体材料泥质粉砂岩具有遇水崩解的可能。为此，针对上水库左岸单薄库岸边坡进行稳定性分析，并采用刚体极限平衡法对单薄库岸边坡典型剖面进行对比计算分析，为渗控措施的布置提供依据。

3.1　有限单元法边坡稳定性分析

3.1.1　渗控措施下渗流场变化

上水库左岸单薄山脊处采用帷幕灌浆防渗方案，故选取左岸单薄山脊最危险段，对其未布置防渗帷幕工况（正常蓄水位）和布置防渗帷幕工况（正常蓄水位）进行渗透稳定分析，各工况下的总水头分布、孔隙水压力分布和饱和度分布如图 4、图 5 所示。

(a) 总水头

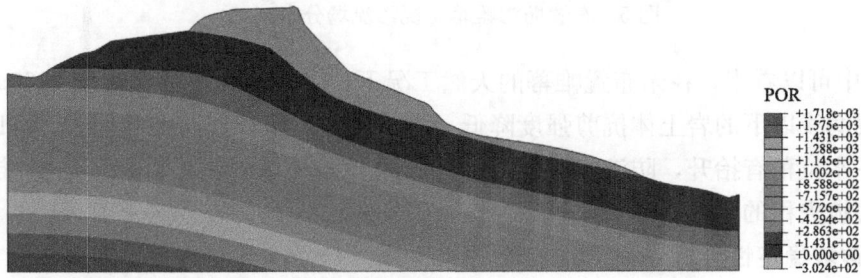

(b) 孔隙水压力分布

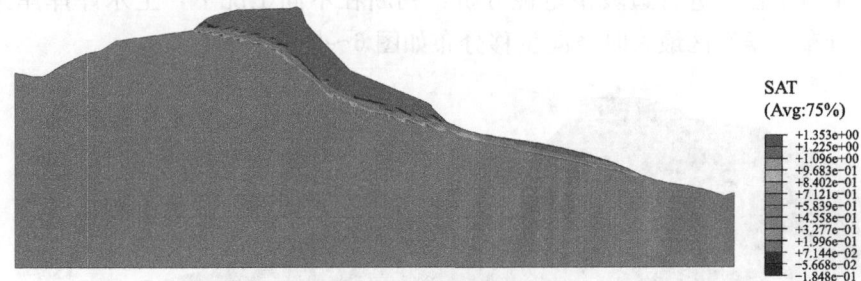

(c) 饱和度分布

图 4　未布置防渗帷幕工况渗流场分布

(a) 总水头

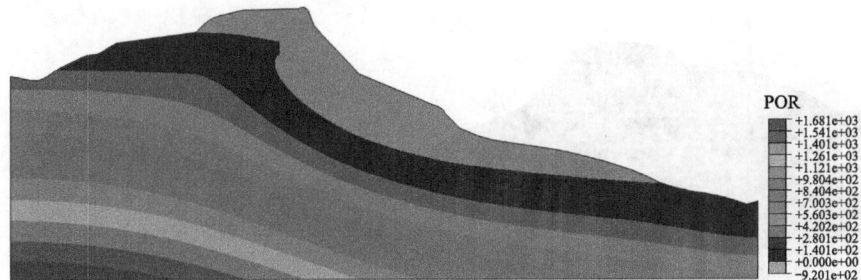

(b) 孔隙水压力分布

图 5　布置防渗帷幕工况渗流场分布（一）

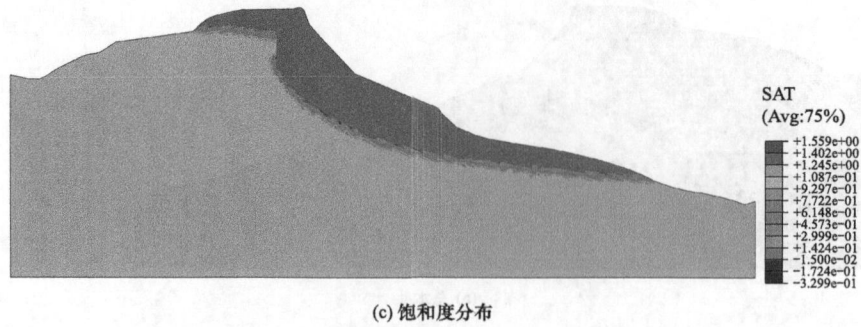

(c) 饱和度分布

图 5　布置防渗帷幕工况渗流场分布（二）

从图 4～图 5 中可以看出，在未布置帷幕的天然工况下，水库达到正常蓄水位 1469.00m 时，地下水随之抬升，导致浸润线以下的岩土体抗剪强度降低，增加失稳风险；在防渗帷幕深入 1Lu 线以下，可以看出帷幕前的地下水位稍有抬升，防渗帷幕总共削减了约 22m 水头，有效降低了防渗帷幕下游浸润线高度，降低了库岸边坡失稳的风险。

3.1.2　单薄库岸边坡稳定性分析

针对左岸单薄山脊最危险段，对其自重工况（无水）、未布置防渗帷幕工况（正常蓄水位）和布置防渗帷幕工况（正常蓄水位）进行边坡稳定性分析，判断在不同工况下，上水库库岸边坡的稳定情况。各工况下的塑性区分布和塑性区最大时竖向位移分布如图 6～图 8 所示。

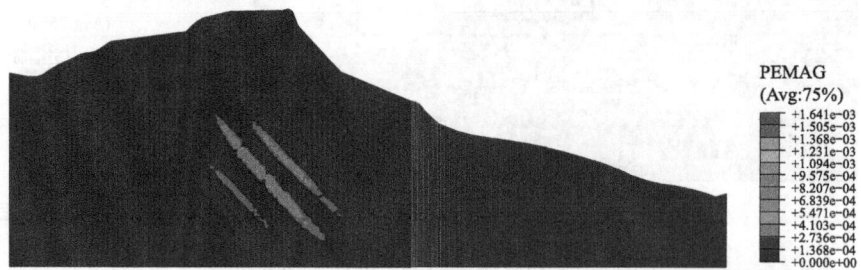

图 6　自重工况塑性区分布

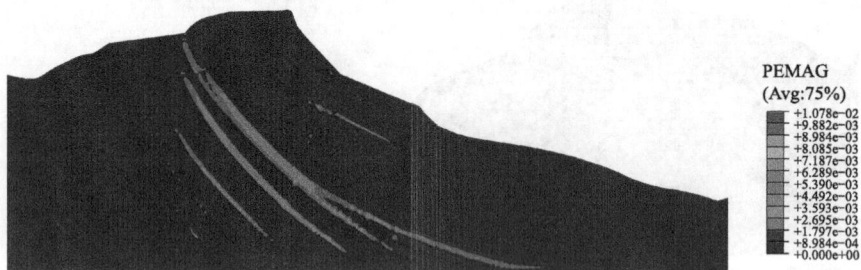

图 7　未布置防渗帷幕工况塑性区分布

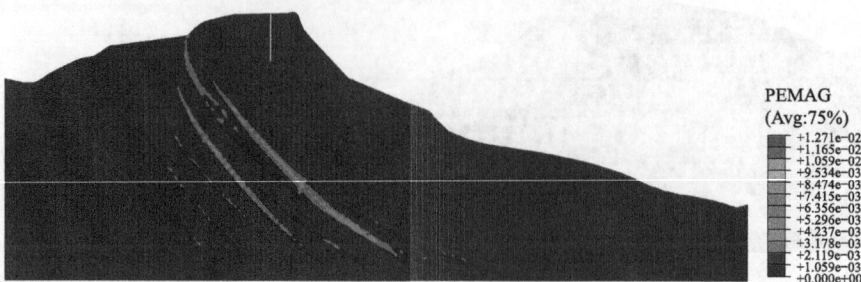

图 8　布置防渗帷幕工况塑性区分布

从图 6～图 8 中可以看出，在自重工况下，塑性区域最小，且没有贯穿，整体稳定性较好；在未布置防渗帷幕工况下，塑性区完全贯穿且分布区域最大；在布置防渗帷幕工况下，塑性区相较于未布置防渗帷幕工况有所减小。

选取库岸边坡的坡顶作为特征点，以特征点的位移突变作为边坡失稳的判据。边坡失稳导致滑动破坏不仅有水平位移变化，而且也伴随较大垂直位移变化，为真实模拟边坡失稳产生的滑动破坏，综合考虑强度折减系数随总位移的变化，采用位移发生突变时的折减系数作为边坡稳定安全系数。不同工况下库岸边坡折减系数与总位移变化关系如图 9 所示。

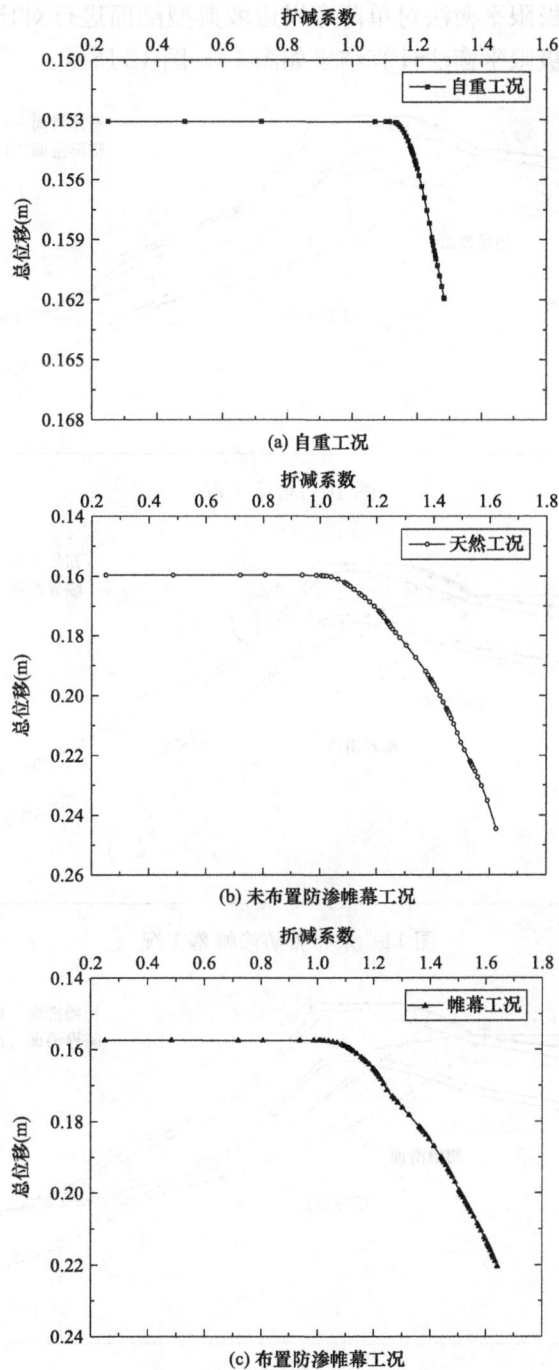

(a) 自重工况

(b) 未布置防渗帷幕工况

(c) 布置防渗帷幕工况

图 9　不同工况库岸边坡折减系数与总位移变化关系

从图 9 中可以看出，在自重工况下，位移在折减系数为 1.148 处发生突变，对应总位移为 0.1534m；在未布置防渗帷幕工况下，位移在折减系数为 1.007 处发生突变，对应总位移为 0.1598m；在布置防渗帷幕工况下，位移在折减系数为 1.040 处发生突变，对应总位移为 0.1576m。可见在水库没有蓄水的情况下，库岸边坡的稳定安全系数为 1.148，当水库蓄水至正常蓄水位 1469.00m 时，库岸边坡的稳定安全系数降低到了 1.007，当在上游进行帷幕灌浆至 1Lu 线以下，库岸边坡的稳定安全系数提升到了 1.040，对应总位移也有所降低。分析其主要原因为：在单薄山脊上游侧进行帷幕灌浆的防渗措施降低了下游地下水位，使其主要分布在微新岩层内，减弱了强弱风化层中渗透力的分布，对于单薄库岸边坡的稳定性具有较为明显的提升。

3.2　刚体极限平衡法边坡稳定性分析

依据规范要求，采用刚体极限平衡法对单薄库岸边坡典型剖面进行对比计算分析，为渗控措施的布置提供依据。不同工况下刚体极限平衡法计算结果如图 10～图 12 所示。

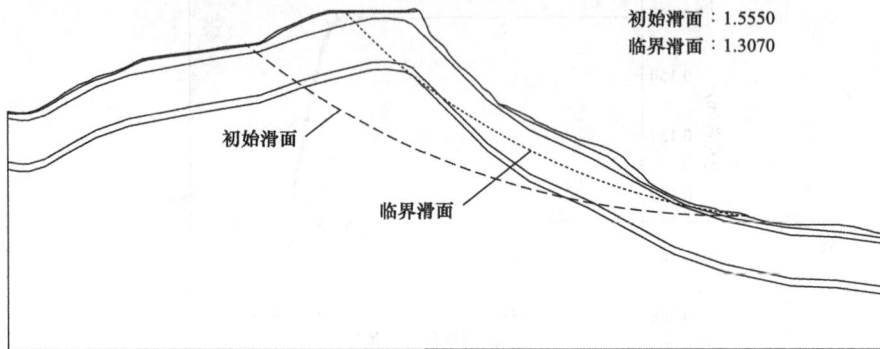

图 10　自重工况

初始滑面：1.5550
临界滑面：1.3070

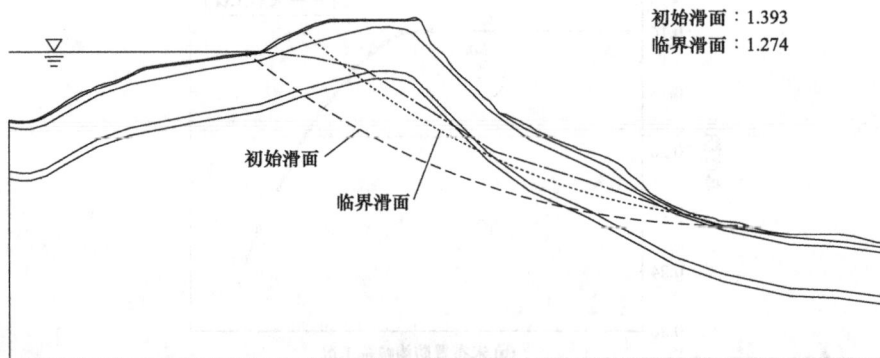

图 11　未布置防渗帷幕工况

初始滑面：1.393
临界滑面：1.274

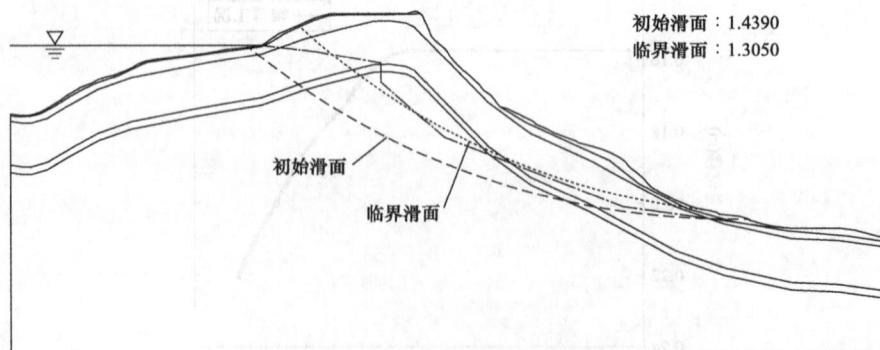

图 12　布置防渗帷幕工况

初始滑面：1.4390
临界滑面：1.3050

根据《水电工程边坡设计规范》（NB/T 10512—2021）规定，该水库库岸边坡采用刚体极限平衡法计算时，持久工况的最小安全系数为 1.25。从图中可以看出，在自重工况下，临界滑面的安全稳定系数为 1.307；在未布置防渗帷幕工况下，临界滑面的安全稳定系数为 1.274；在布置防渗帷幕工况下，临界滑面的安全稳定系数为 1.305。可见采用刚体极限平衡法进行库岸边坡稳定计算时，最危险工况安全稳定系数为 1.274，仍满足规范要求。

综上可以看出，刚体极限平衡法获取的边坡安全稳定系数相较于有限单元法略大，主要原因为刚体极限平衡法只考虑了水的压力荷载，没有考虑渗透力的作用以及岩基中地应力场的影响。两种方法在布置防渗帷幕后，库岸边坡的安全稳定系数均有一定程度的提升，刚体极限平衡法提升了 0.031，有限单元法提升了 0.033，故在上游进行帷幕灌浆是十分有必要的。

4　结论

本文针对某抽水蓄能电站上水库左岸单薄库岸边坡稳定性问题，结合工程资料及坝址区地质情况，对左岸单薄库岸边坡的稳定性采用有限单元法和刚体极限平衡法进行计算分析，研究了布置防渗帷幕前后渗流场的变化和对边坡稳定性的影响。主要结论如下：

（1）刚体极限平衡法获取的边坡安全稳定系数相较于有限单元法略大，主要原因为刚体极限平衡法只考虑了水压力荷载，没有考虑岩土体中渗透力的作用以及岩基中地应力场的影响。

（2）两种方法均表明，水库在蓄水运行的情况下，布置防渗帷幕降低了下游地下水位，使其主要分布在微新岩层内，减弱了渗透力对强弱风化层的影响，库岸边坡的安全稳定系数均有一定程度提升，刚体极限平衡法提升了 0.031，有限单元法提升了 0.033，故在上游进行帷幕灌浆是十分必要的。

（3）在未布置防渗帷幕工况下，刚体极限平衡法和有限单元法的稳定安全系数分别为 1.274 和 1.007，安全裕度不足。水库蓄水前除必要防渗措施外，还需要在单薄分水岭背水侧设置压重体，利用开挖弃渣料进行填筑，以提高库岸边坡的安全稳定性。

参考文献

[1]　周兴波，周建平，杜效鹄. 新时期抽水蓄能电站高质量发展的思考 [J]. 水电与抽水蓄能，2023，9（6）：20-24，36.

[2]　殷杏元. 库区边坡稳定性及滑坡分析 [J]. 水科学与工程技术，2021（4）：74-78.

[3]　黎其才，李思辰. 库岸边坡的稳定性分析评价 [J]. 中国水运（下半月刊），2011，11（2）：162-163.

[4]　潘燕芳，刘翔，黎满林. 大岗山水电站缆机平台左岸边坡稳定分析与评价 [J]. 水电站设计，2011，27（2）：35-39.

[5]　Zienkiewicz O C，Humpheson C，Lewis R W. Associated and non-associated visco-plasticity and plasticity in soil mechanics [J] Geotechnique，1975，25（4）：671-689.

作者简介：

张国琛（1997—），男，河南洛阳，研究生，助理工程师，从事水工结构设计工作和水利工程渗控研究。

多断层带影响下某抽蓄地下厂房开挖模拟分析

王子捷，聂柏松

（中国电建集团华东勘测设计研究院有限公司，浙江杭州 311122）

【摘　要】 抽水蓄能电站因安装高程低，广泛采用地下厂房布置方案，地下厂房开挖后因应力释放导致围岩变形，围岩的稳定性直接影响厂房的安全。某抽水蓄能电站厂房所处位置地质条件复杂，厂房位置及周边发育多条断层，对厂区围岩稳定影响较大。采用有限差分（FLAC3D）计算方法进行了厂房开挖仿真模拟，并从开挖过程、围岩变形及塑性区方面分析了围岩及支护系统稳定。计算结果表明，受多条断层带切割影响，岩体在结构面出露部位变形偏大，施工期间可能会出现局部掉块和应力坍塌现象，但影响范围较小，采用局部加强支护措施即可。围岩开挖变形场分布规律表现出非连续变形特征，系统支护改善了结构面附近的应力不连续现象，锚杆整体受力良好。采用相应的系统支护方案后，地下厂房围岩整体是稳定的。

【关键词】 抽水蓄能电站；地下厂房；断层；数值模拟；开挖分析

0　引言

"双碳"目标提出以来，抽水蓄能电站迅速发展，地下厂房是目前抽水蓄能电站普遍采用的布置形式。抽水蓄能电站多建于高山峡谷之中，地形地质情况复杂多样，因此，在地下洞室开挖过程中，受开挖方式及工程地质条件等多种因素的影响[1-3]，常常伴随围岩变形等一系列问题，因此，对于抽水蓄能电站地下厂房的围岩变形以及稳定性研究成为目前抽水蓄能电站建设中的一项重要课题。目前，众多学者对抽水蓄能电站地下厂房的围岩变形及稳定性分析做了大量工作[4-6]，但对于有多条断层带影响的抽水蓄能电站地下厂房围岩稳定相关研究较少。

某抽水蓄能电站地下厂房洞室群体处于地段地质条件复杂，多条断层带穿越地下厂房区域，地下厂房围岩变形问题尤为突出。本文对该抽水蓄能电站地下厂房开挖过程进行了三维仿真模拟，考虑了厂区断层对围岩稳定的影响，对支护前后的厂房变形、塑性区范围进行了系统分析，得出了地下厂房支护前后围岩变形规律，为后期地下厂房的系统及加强支护提供了理论依据，同时也为类似地质条件下的大型抽水蓄能电站地下厂房的施工以及加固设计提供了工程借鉴。

1　计算模型与参数

1.1　计算模型

岩体本构采用摩尔-库仑岩体强度准则，即 MC 准则，其表达式为：

$$\tau = c + \sigma_n \cdot \tan(\phi) \tag{1}$$

式中：c 为内聚力；ϕ 为内摩擦角；τ、σ_n 分别为滑移面上的切应力与正应力。

由于岩体的特殊性，非连续的结构面存在是不可忽视的，然而在大尺度的模型中，用连续的一层实体单元进行断层和节理模拟，无法模拟结构面产生的剪切滑移、张开等破坏，更难以描述结构面屈服后的（错动）力学行为，所以模拟的结果是不准确的。并且，在有限元计算方法中，通常还会因为网格变形奇异，造成不收敛。

结构面的变形参数可以由结构面的厚度和结构面物质进行等效换算，而强度参数可以由 Barton 经验公式或者类似 PFC 数值试验获取。实际中，大型构造如断层、错动带、岩脉等的力学参数主要由充填物厚度及性状等决定；而刚性结构面的力学参数主要由壁岩强度、粗糙度等指标确定。

在计算中，对结构面采取单独的处理方式，避免出现计算单元的"奇异"造成的不利影响。结构面的法向刚度按照断层充填综合模量以及综合厚度确定，而切向刚度根据结构面充填物变形模量以及充填物质的厚度等参数指标根据相关计算公式换算获得，采用的软弱结构面刚度计算公式如下：

$$k_n = \frac{E_0}{h_1} \tag{2}$$

$$k_s = \frac{G_0}{h_2} \tag{3}$$

式中：k_n、k_s 分别为结构面法向和切向刚度；E_0、G_0 分别为结构面综合变形模量和充填物的剪切模量；h_1、h_2 分别为结构面的综合厚度和充填物厚度。

有厚度结构面的工程响应，如张开、压缩、剪切滑移乃至它们之间的任何组合都可以在计算中得到直观模拟。

1.2 计算参数与三维数值模型

地下厂房洞室群岩性较单一，基岩岩性为角砾凝灰岩，岩体以微风化～新鲜为主，为中硬岩，岩石质量指标 RQD 均值为 60～95，块状～次块状结构，岩体较完整～完整性差为主，局部受断层及节理影响，岩体完整性差～较破碎。围岩类别以Ⅲ类为主，断层、破碎带为Ⅳ类，其中Ⅲ$_1$类占比 74.85%，Ⅲ$_2$类占比 16.00%，Ⅳ类占比 9.15%。厂房洞室群地下水为基岩裂隙水，沿裂隙、断层呈脉状、带状分布，地下水总体活动相对较弱，围岩呈微透水性，局部弱透水性，厂房区沿断层及节理存在渗水、流水现象。

根据长探洞及钻孔揭露，主变洞、尾闸洞围岩为微风化～新鲜角砾凝灰岩，岩质坚硬，岩体以较完整为主，以次块状～块状结构为主，工程地质条件及围岩的稳定性与厂房洞类似，主变洞、尾闸洞总体地质条件较好，围岩以Ⅲ类为主，局部断层带为Ⅳ类，洞室围岩基本稳定，局部稳定性差，总体工程地质条件良好。

地下厂房探洞 PD1 及支洞揭露岩性为白垩系下统小溪组上段（K1×2）的晶屑凝灰岩、集块岩、角砾凝灰岩，局部为燕山期侵入的花岗斑岩，岩脉与围岩呈断层接触。

晶屑凝灰岩和花岗斑岩均为硬质岩，其中晶屑凝灰岩弱风化上段岩石单轴饱和抗压强度平均值 44.42MPa，软化系数 0.69，弱风化下段岩石单轴饱和抗压强度平均值 70.37MPa，软化系数 0.76，微风化岩石单轴饱和抗压强度平均值为 118.52MPa，软化系数 0.88，为不软化岩石；正长岩脉弱风化上段岩石单轴饱和抗压强度平均值 21.11MPa，软化系数 0.47，弱风化下段岩石单轴饱和抗压强度平均值为 136.19MPa，软化系数 0.90，为不软化岩石。角砾凝灰岩为中硬岩，角砾凝灰岩微风化岩石单轴饱和抗压强度平均值为 57.12MPa，软化系数 0.74。

晶屑凝灰岩和花岗斑岩的弱风化～微风化及新鲜岩石均为强度高、吸水率低的硬质岩。角砾凝灰岩的微风化及新鲜岩石为强度较高、吸水率较低的中硬岩。

地下厂房区域的岩体力学参数见表 1。厂区围岩以Ⅲ类为主，断层、破碎带为Ⅳ类，计算中岩体力学参数按表 1 中的Ⅲ类角砾凝灰岩围岩取中值。厂房周边发育规模较大的断层有 F_{58} 和 F_{70}，属Ⅱ级结构面，规模较小的断层有 f_{65}、f_{109}、f_{115}、f_{116}、f_{119}、f_{120}、f_{124}、f_{125}、f_{130}、f_{133}、f_{134}、f_{135}、f_{137}、f_{138}，带宽一般 0.01～0.50m，属Ⅲ～Ⅳ级结构面，带内多充填碎裂岩、碎块岩，局部夹泥质。其中 f_{109}、f_{116}、f_{119}、f_{120}、f_{124}、f_{125} 断层位于厂房南侧，f_{115}、f_{130}、f_{133}、f_{134}、f_{135}、f_{137}、f_{138} 断层位于厂房北侧及中部，断层 f_{135}、f_{138} 从厂房北端墙通过，与边墙夹角分别为 10°、55°，其他断层均从厂房上、下游边墙穿过，除断层 f_{115} 与边墙夹角为 45°外，其他交角 70°～90°，交角均较大。各结构面在 FLAC3D 软件中使用 Interface 模拟，各结构面力学参数取值如表 2 所示。

表 1   地下洞室围岩物理力学参数建议值表

围岩类别	岩性	颗粒密度 (g/cm^3)	饱和抗压强度 R_w (MPa)	变形模量 E_0 (GPa)	泊松比 μ	抗剪断强度 岩/岩	
						f'	c' (MPa)
Ⅱ	晶屑凝灰岩	2.64~2.70	70~120	11~15	0.14~0.24	1.20~1.30	1.60~1.80
Ⅲ	晶屑凝灰岩	2.57~2.64	30~80	5~10	0.24~0.34	0.80~1.20	0.80~1.30
	角砾凝灰岩	2.51~2.70	10~68	2~7	0.24~0.30	0.80~1.20	0.80~1.30
Ⅳ	晶屑凝灰岩	2.50~2.57	15~40	2~4	0.30~0.40	0.50~0.60	0.40~0.60
	角砾凝灰岩	2.40~2.48	5~10	1~2	0.30~0.40	0.50~0.60	0.40~0.60
V		2.20~2.40	—	0.5~1	>0.40	0.40~0.50 断层带 0.25~0.45	0.10~0.20 断层带 0.05~0.20

表 2   结构面力学参数取值表

结构面编号	级别	结构面类型	法向刚度 k_n (GPa/m)	剪切刚度 k_s (GPa/m)	黏聚力 c (MPa)	摩擦角 φ (°)
F_{58}	Ⅱ	岩块岩屑夹泥	0.2	0.1	0.02	15.38
f_{65}	Ⅲ	岩块岩屑夹泥	1.8	0.6	0.065	20.56
F_{70}	Ⅱ	岩块岩屑夹泥	1.2	0.4	0.065	20.56
f_{83}	Ⅲ	岩块岩屑	2.4	0.9	0.125	25.41
f_{109}	Ⅳ	岩块岩屑夹泥	8.8	3.1	0.065	20.56
f_{113}	Ⅲ	岩块岩屑夹泥	0.6	0.2	0.065	20.56
f_{115}	Ⅳ	岩块岩屑	8.0	2.9	0.125	25.41
f_{116}	Ⅳ	岩块岩屑	2.0	0.7	0.125	25.41
f_{119}	Ⅳ	岩块岩屑	6.0	2.2	0.125	25.41
f_{124}	Ⅳ	岩块岩屑	9.2	3.4	0.125	25.41
f_{125}	Ⅳ	岩块岩屑夹泥	8.8	3.1	0.065	20.56
f_{130}	Ⅳ	岩块岩屑夹泥	17.5	6.2	0.065	20.56
f_{133}	Ⅳ	岩块岩屑	30.0	11.0	0.125	25.41
f_{134}	Ⅳ	岩块岩屑夹泥	8.8	3.1	0.065	20.56
f_{135}	Ⅳ	岩屑夹泥	17.5	6.2	0.065	20.56
f_{137}	Ⅳ	岩块岩屑夹泥	8.8	3.1	0.065	20.56
f_{138}	Ⅳ	岩块岩屑夹泥	10.0	3.5	0.065	20.56

    洞室群主要支护形式为柔性的系统喷锚支护，根据已有类似工程经验，并根据本工程实际地质条件，设计初拟的主要洞室支护参数见表 3。

表 3   地下厂房洞室群支护参数表

部位		支护型式及参数
主副厂房洞	顶拱	砂浆锚杆 $\Phi28/32$，$L=6/9m@1.5m×1.5m$，间隔布置
	拱座	3 排拱座加强锚杆 $\Phi32$，$L=9m@1.2m×1.5m$
	岩梁	拉杆：2 排砂浆锚杆 $\Phi36$，$L=10m@0.75m$
		压杆：1 排砂浆锚杆 $\Phi32$，$L=9m@0.75m$
	边墙及端墙	锚杆 $\Phi28/32$，$L=6/9m@1.5m×1.5m$，间隔布置

部位		支护型式及参数
主变洞	顶拱	砂浆锚杆 $\Phi28$，$L=6m@1.5m\times1.5m$
	拱座	2排拱座锚杆 $\Phi32$，$L=9m@1m\times1m$
	边墙及端墙	砂浆锚杆 $\Phi28$，$L=6m@1.5m\times1.5m$
尾闸洞	顶拱	砂浆锚杆 $\Phi25$，$L=4.5m@1.5m\times1.5m$
	边墙及端墙	砂浆锚杆 $\Phi25$，$L=4.5m/6m@1.5m\times1.5m$
附加措施		在节理发育岩体破碎及断层岩脉等出露区域及其他不稳定区域，采取如下加强支护措施： 1. 随机预应力锚杆直径 32、36mm，$L=9\sim12m$，$T=100\sim200kN$； 2. 随机预应力锚索 1000kN，$L=25\sim40m$； 3. 锚杆束：$3\Phi25$、$3\Phi28$，$L=6\sim15m$

图 1 为地下厂房洞室群数值分析模型，模型包括了主副厂房、主变洞、尾闸洞、母线洞、引水洞和尾水隧洞，并且模拟了洞室群周边的 17 条主要断层，包括 F_{58}、f_{65}、f_{70}、f_{83}、f_{109}、f_{113}、f_{115}、f_{116}、f_{119}、f_{124}、f_{125}、f_{130}、f_{133}、f_{134}、f_{135}、f_{137}、f_{138}。整体三维模型共计 100 万高精度六面体为主的单元，实现了良好的工程仿真，能够满足工程所需计算精度要求。地下厂房断层空间展布特征见图 2，地下厂房洞室群支护模拟示意图见图 3。

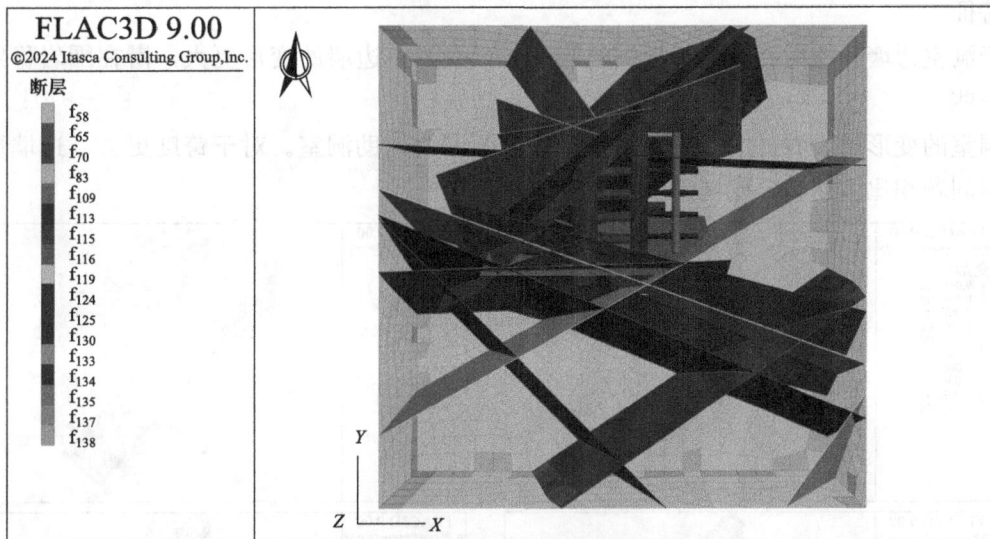

图 1 地下厂房洞室群数值分析模型

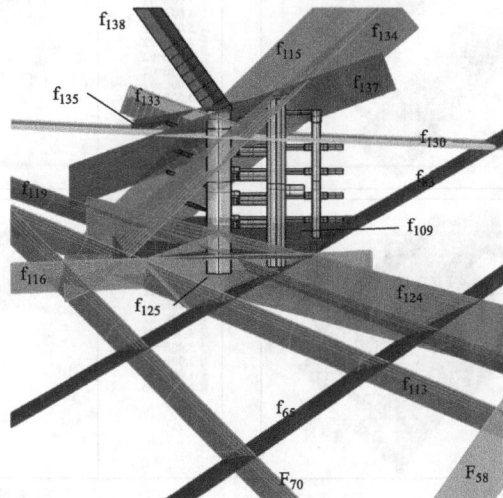

图 2 地下厂房区断层空间展布特征

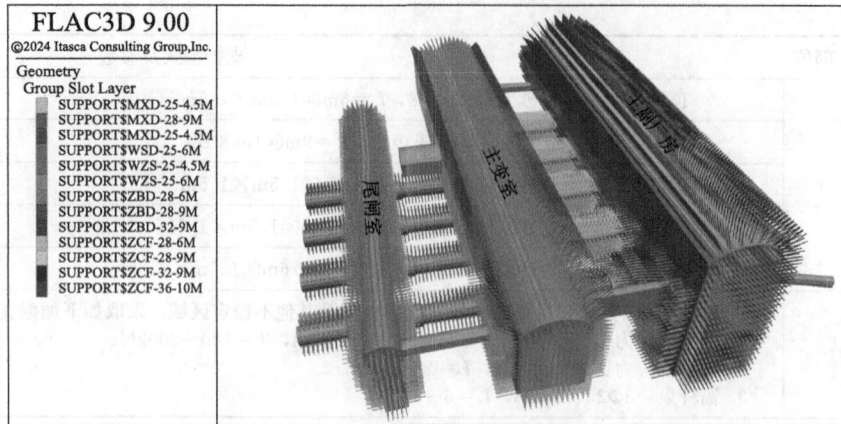

图 3　地下厂房洞室群支护模拟示意图

2　计算成果分析

2.1　开挖过程模拟

图 4 给出了无支护和系统支护条件下洞室群围岩变形随分级开挖的变化特征和开挖完成后围岩变形分布的总体特征：

（1）由于洞室边墙开挖的高度大于顶拱的跨度，三大洞室边墙的变形更大，潜在围岩稳定问题相对会更加明显一些。

（2）从洞室的变形量级看：主厂房＞主变洞＞尾闸洞＞辅助洞室。对于跨度更大、边墙更高的厂房而言，其变形问题相比主变洞、尾闸洞会更加突出。

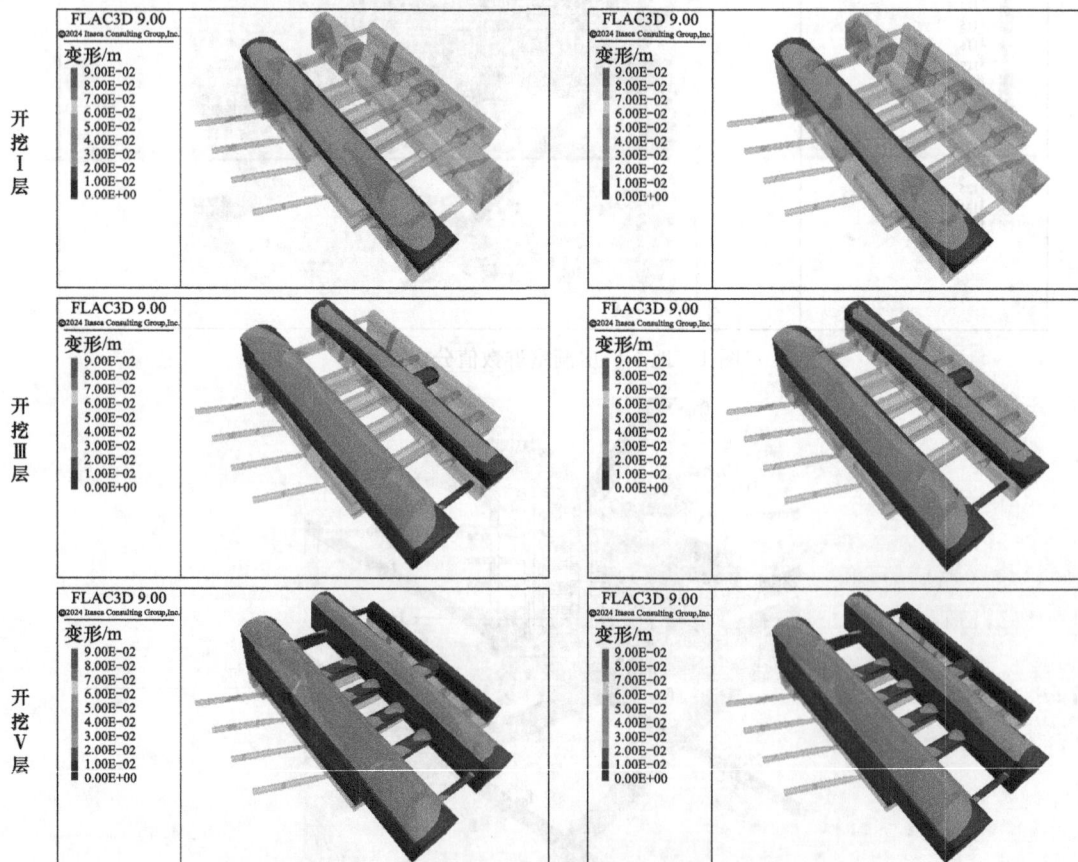

(a) 无支护条件下　　　　(b) 系统支护条件下

图 4　地下厂房洞室群开挖过程的变形云图（一）

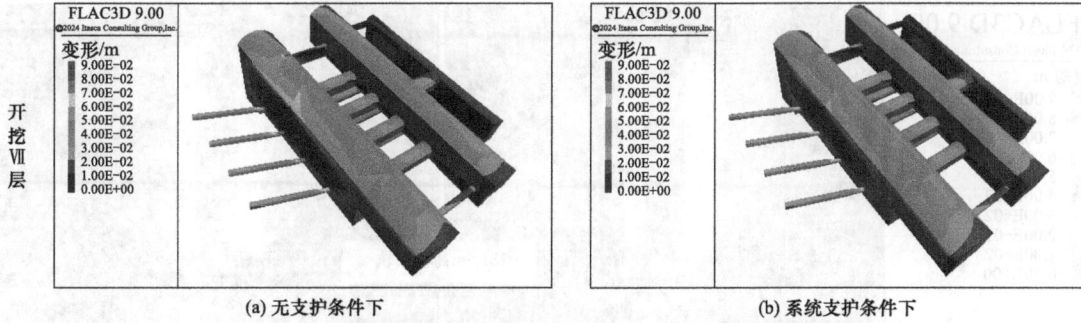

(a) 无支护条件下　　　　　　　　　(b) 系统支护条件下

图 4　地下厂房洞室群开挖过程的变形云图（二）

（3）洞室交叉部位存在多向卸荷作用，表现为厂房与母线洞相交部位的变形明显要大一些。

（4）断层 f_{115}、f_{124}、f_{125}、f_{130}、f_{134}、f_{137}、f_{138} 等断层切割部位的变形有所增大，体现了结构面控制型非连续变形特征。

对比可见，系统支护条件下的围岩变形分布特征与无支护条件下的计算结果基本一致。系统支护使得洞室群围岩变形略有减小，并且以三大洞室高边墙中部、洞室交叉口、断层切割部位的局部"不良变形"改善更为明显。这里的不良变形，指开挖弹性释放以外的变形，包括后续开挖的应力扰动、断层变形、围岩屈服变形等，是加强支护重点关注的地方。针对这些部位，后续将对洞室交叉口进行锁口锚杆支护、对断层破碎带部位进行锁边锚杆等加强支护。

2.2　围岩变形特征

图 5、图 6 给出了无支护和系统支护条件下机组横剖面及平切面围岩变形特征。由图可见，系统支

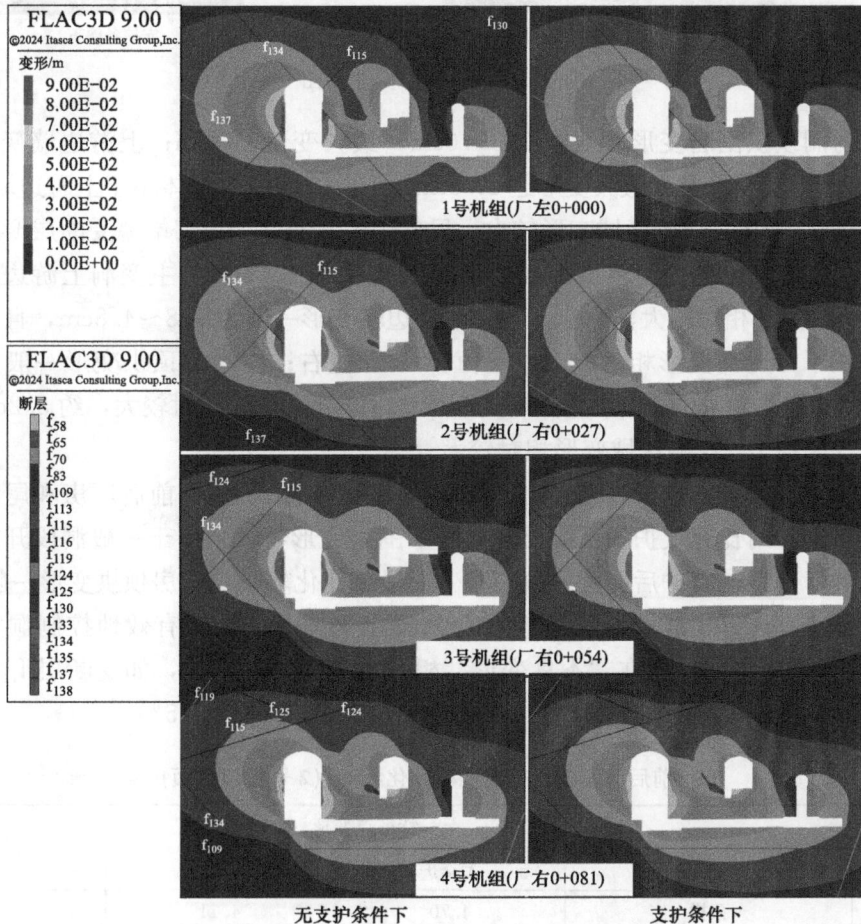

图 5　洞室群典型横剖面变形云图

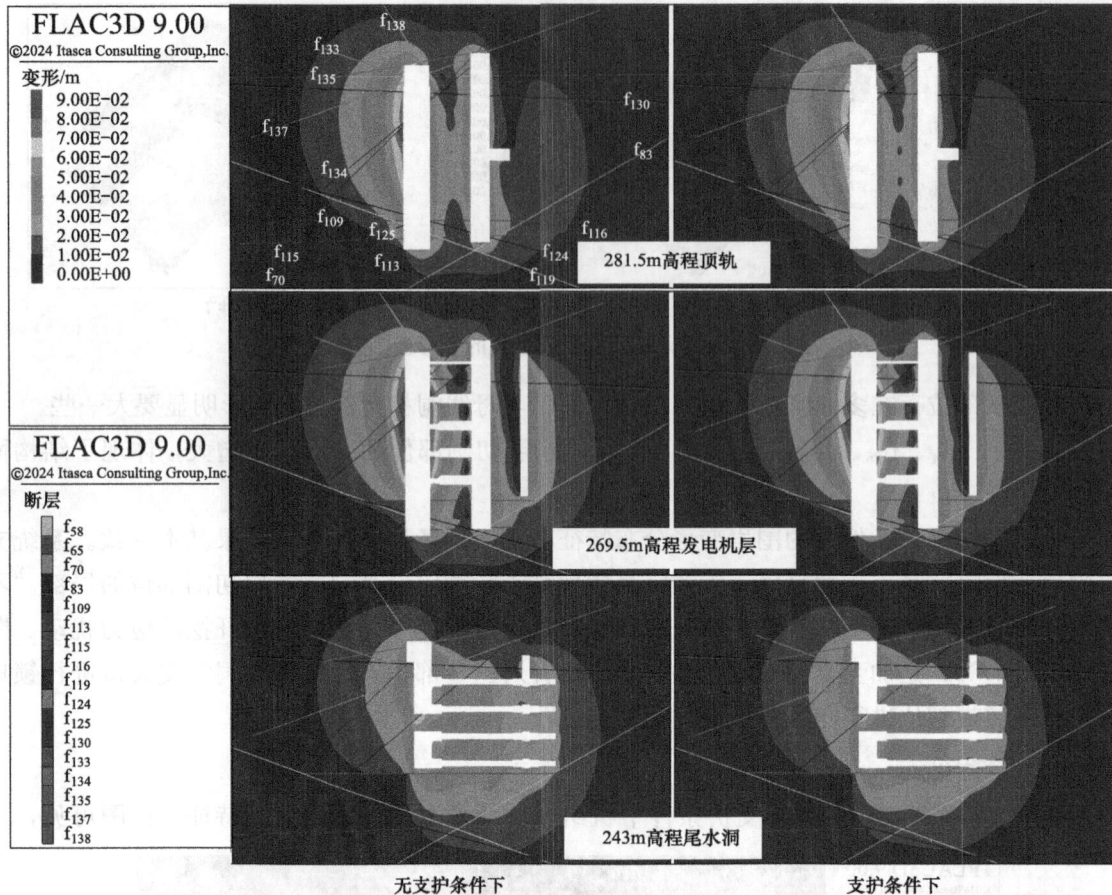

图 6　典型平切面变形云图

护条件下：主副厂房洞顶拱围岩变形一般在 2.3～6cm，最大变形 6.7cm；上游边墙变形一般为 3.3～8.4cm，受断层 f_{115}、f_{134} 影响，局部最大变形达 10.3cm；下游边墙变形整体小于上游边墙，一般为 2.8～7.5cm，1 号母线洞受断层 f_{134} 切割区域变形较大，局部约 8.9cm；副厂房端墙受断层 f_{135}、f_{138} 影响，变形相对较大，为 5～7.8cm。主变洞顶拱围岩变形一般为 1.9～3.7cm，主变洞上游边墙一般在 1.3～4.2cm，交叉洞口上方变形相对较大，约 5.5cm；下游边墙变形一般为 1.8～4.8cm，且下游边墙变形大于上游边墙，出线洞下方局部变形相对较大，量值在 5cm 左右；尾闸洞顶拱变形一般为 0.9～1.8cm，上游边墙变形一般为 0.4～2.5cm，集水井围岩受断层 f_{130} 影响，变形相对较大，约 3.2cm；尾闸室整体受断层影响较小，仅断层 f_{130} 影响区域变形相对较大。

支护前后典型部位特征点的变形和减小比率见表 4，图 7 给出了支护前后厂房和尾闸洞边墙中部沿轴线方向变形变化特征。对比无支护和系统支护条件下围岩变形特征，由于一般洞段开挖卸荷后的弹性变形占比较大，因此考虑系统支护后的变形分布和变形量级变化较小，厂房顶拱变形一般减小 1～5mm，厂房边墙变形一般减小 0～10mm，降幅一般为 0～10％；支护可以比较有效地控制洞室群的"不良变形"，因此，支护的作用也主要体现在"不良变形"相对比较明显的部位，如受断层 f_{115}、f_{134} 切割的厂房上游侧边墙局部最大变形从支护前的 12.1cm 减小至 10.3cm，降幅约 15％。

表 4　支护前后洞室各特征点位移变化统计（2 号机组剖面）

特征点位置		特征点变形（cm）		减小比率（%）
		无支护	系统支护	
主副厂房	顶拱	4.70	4.11	12.6
	上游岩锚梁	9.83	8.89	9.6

特征点位置		特征点变形（cm）		减小比率（%）
		无支护	系统支护	
主副厂房	下游岩锚梁	5.45	4.79	12.0
	上游边墙中部	8.58	7.99	6.9
	下游边墙中部	7.82	7.47	4.5
主变洞	顶拱	3.44	3.24	5.8
	上游边墙中部	3.99	3.68	7.7
	下游边墙中部	3.90	3.66	6.2
尾闸洞	顶拱	1.42	1.38	3.4
	上游边墙中部	1.12	1.01	9.1
	下游边墙中部	4.87	4.74	2.7

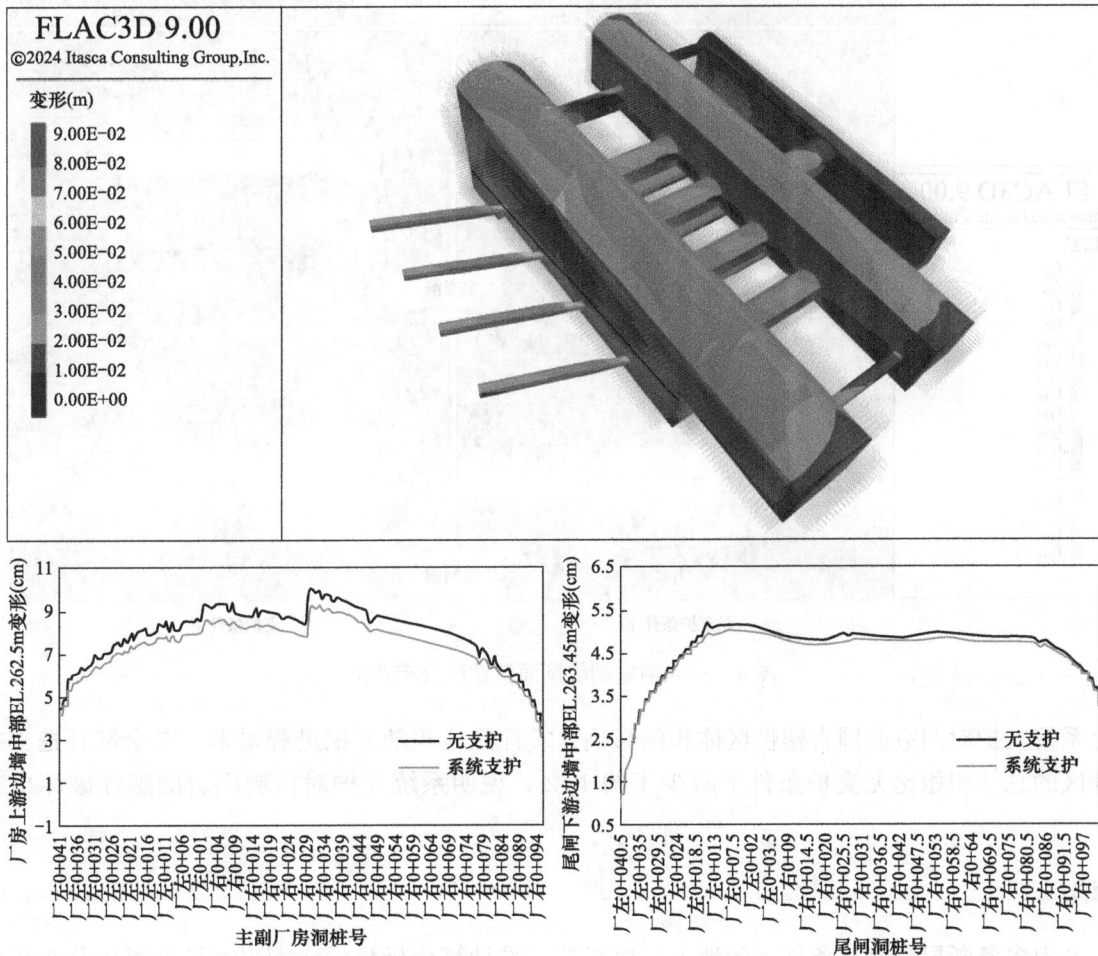

图 7　支护前、后厂房和尾闸洞的高边墙位移对比

采取系统支护措施后，围岩变形分布规律与无支护情况下一致，三大洞室围岩变形量值有所减小，减小幅度一般在 10% 以内。系统支护对围岩变形起到了应有的控制作用，并且增大了安全储备。

2.3　塑性区分布特征

塑性变形区往往意味着围岩承载力受到影响，尽管不一定出现工程问题，但安全储备受到影响，是工程中需要关注的区域，因此，了解塑性区分布有助于开展支护设计。就高边墙结构地下洞室的变形控制而言，现实中往往比较关心边墙中部一带塑性变形区的分布，这也往往是支护加固设计的重要依据。

图 8 详细地揭示了无支护和支护条件下地下厂房洞室群典型剖面上塑性区的分布，系统支护条件下，整体表现为：主厂房顶拱塑性区的深度在 1~3m，断层 f_{115} 影响区域塑性区深度约 5.5m；主厂房上游侧边墙塑性区的深度在 4.5~7.5m，主厂房下游侧边墙塑性区的大部分深度在 4.5~8m，其中塑性区深度最大部位在厂房高边墙中部及洞室交叉口处，受断层 f_{134} 和母线洞、尾水洞开挖扰动部位塑性区深度相对较大，为 6~9.5m。主变洞顶拱塑性区的深度约 1~3m；尾闸洞顶拱塑性区的深度为 0.5~1m。

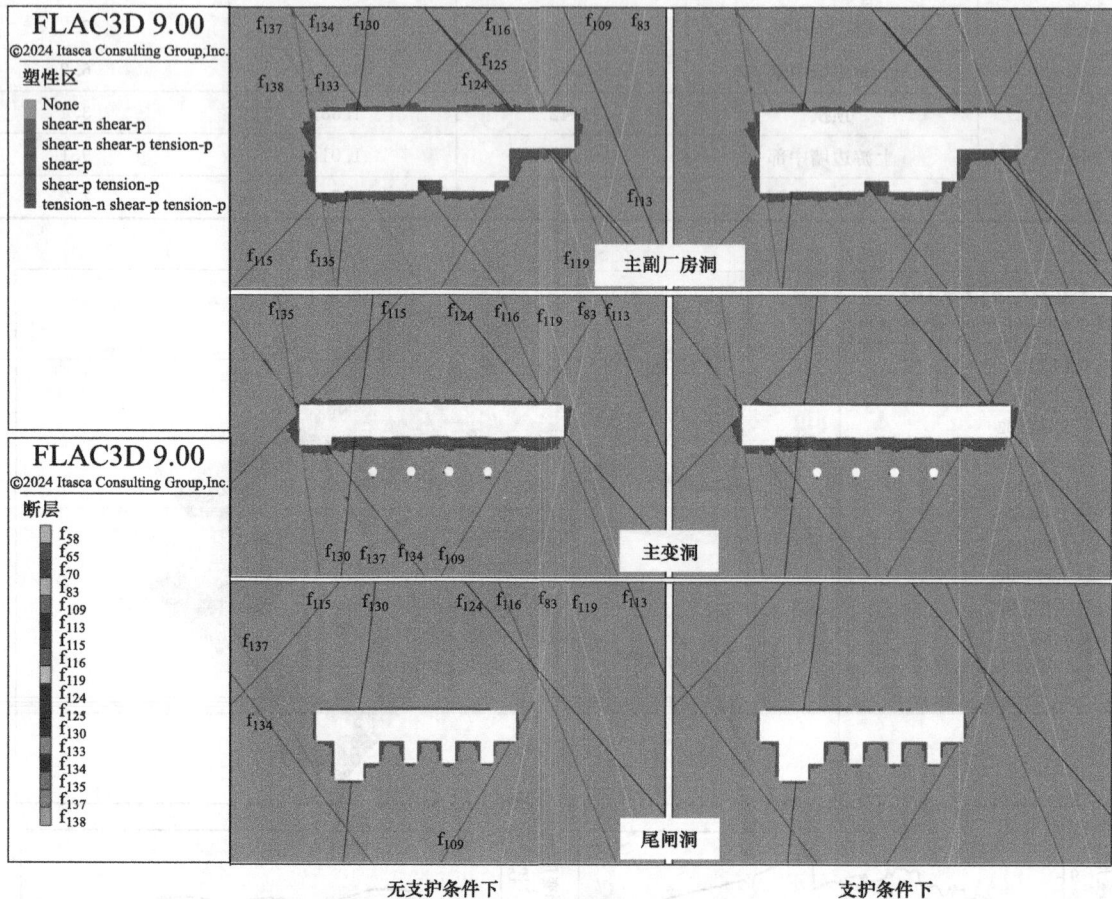

图 8　三大洞室轴线剖面塑性区分布特征

对比系统支护对洞室群围岩塑性区体积的影响，塑性区体积随开挖进程增多，在全部开挖支护完成后，塑性区的总体积相比无支护条件下减少了约 19%，说明系统支护对控制围岩的塑性破坏也有一定效果。

3　结语

（1）考虑多条断层带穿越条件下的地下厂房开挖三维计算分析显示，围岩开挖变形场分布规律受到了断层结构面的影响，表现出非连续变形特征。围岩开挖变形、塑性区分布规律也明显受到结构面的影响，局部有所增大。

（2）无支护条件下地下厂房洞室群围岩变形及塑性区分布符合一般工程规律，围岩变形量值较小，地下厂房洞室群围岩整体稳定，成洞条件较好；局部受断层切割、洞室交叉口应力集中的影响，岩体变形偏大，但影响范围较小，对于这些部位，洞室交叉口应进行锁口锚杆加强支护、断层破碎带部位应采取锁边预应力锚杆、预应力锚索等针对性加强支护。

（3）考虑系统支护后，相比无支护情况下，地下厂房围岩变形量值有所减小，减小幅度一般在 10%

以内；支护后，围岩塑性区深度减小 0.5～1.5m、体积减少约 19%。总体上，系统支护后洞室围岩变形及塑性区皆有所减小，洞室群围岩整体稳定。

（4）本文对多断层的影响下的抽水蓄能地下厂房开挖过程进行了模拟分析，可为类似地质条件下的大型抽水蓄能电站地下厂房的施工以及加固设计提供一定的工程指导。

参考文献

［1］ 董林鹭，李鹏，李永红，等. 高应力地下厂房顶拱开挖过程围岩力学响应与稳定性分析［J］. 岩石力学与工程学报，2023，42（5）：1096-1109.

［2］ 王红彬，石焱炯，沈德虎，等. 白鹤滩水电站巨型地下厂房高边墙开挖支护变形研究［J］. 水电能源科学，2020，38（5）：118-121.

［3］ 钱波，徐奴文，肖培伟，等. 双江口水电站地下厂房顶拱开挖围岩损伤分析及变形预警研究［J］. 岩石力学与工程学报，2019，38（12）：2512-2524.

［4］ 徐俊祥，王艳强，李旭，等. 某抽水蓄能电站地下厂房洞室群三维有限元稳定性分析［J］. 水利与建筑工程学报，2024，22（2）：26-31.

［5］ 王兰普，吕凤英，王波，等. 丰宁抽水蓄能电站二期地下厂房施工期围岩变形规律分析［J］. 水电与抽水蓄能，2023，9（2）：106-114.

作者简介：

王子捷，男，湖北武汉，硕士研究生，工程师，主要研究方向：地下厂房围岩稳定与渗流分析。E-mail：495315109@qq.com

地下厂房洞室群排水孔幕显式简化模拟方法

曹　成，许增光，宋志强，武子豪

（西安理工大学，陕西西安　710048）

【摘　要】　排水孔幕是控制抽水蓄能工程地下洞室群渗流场的主要措施。针对排水孔建模复杂、精度低等问题，以井流解析解为基础，结合排水孔显示模拟方法和隐式模拟方法的各自优势，提出了排水孔"以线代孔"及"以面代孔"显式简化模拟方法。该方法可在减少排水孔子结构节点数量的同时，为排水孔边界提供有效的计算边界。其中，"以线代孔"法适用于直径小于 0.05m 的排水孔，"以面代孔"法适用于直径大于 0.05m 的排水孔。

【关键词】　排水孔；渗流控制；数值计算；地下水位；渗流量

0　引言

排水孔幕是降低抽水蓄能工程压力管道外水压力、控制厂房系统周围地下水位的必要措施[1,2]。然而排水孔结构细长，数目繁多，边界条件多变，在有三维限元模型中难以精准描述，这为抽水蓄能工程地下结构渗流分析带来了难题和挑战[3,4]。目前排水孔幕模拟方法可分为隐式模拟方法，包括"以沟代井列"法[5]、"以管代孔"法[6]、"以缝代井列"法[7]、空气单元法[8]、等效窄缝法[9] 和复合单元法[10]；显示模拟方法，包括排水子结构法[1,3]、半解析法[11] 和汇线单元法[12]。其中，隐式模拟方法以井流理论为基础，对排水孔周围一定范围的岩体进行等效处理，建模便捷，但是无法反映排水孔的真实渗流行为[2]。显示模拟方法可在排水孔内壁形成有效的计算边界，可以刻画每一个排水孔的实际渗流行为，但相应计算难度较大，网格精度要求高。

本文将井流理论应用至单孔排水孔渗流场计算，以渗流量解析解为基准，融合排水孔显式及隐式模拟方法的优势，针对不同直径排水孔分别提出了"以线代孔"和"以面代孔"的显式简化模拟方法，并分析所提方法的使用环境以及优势。

1　排水孔渗流计算基本理论

1.1　排水孔渗流解析过程

排水孔在几何形态上与井一致，排水孔工作时地下水的运动过程与井周围地下水运动过程类似。根据流量守恒定理及 Dupuit 假设可知，单个排水孔渗流解析解如下[13]：

$$Q = 2\pi r h K \frac{\mathrm{d}h}{\mathrm{d}r} = \pi r K \frac{\mathrm{d}(h^2)}{\mathrm{d}r}$$

$$h_i^2 = h_d^2 + (h_0^2 - h_d^2)\left(\ln\frac{2r_i}{d} \Big/ \ln\frac{2R}{d}\right)$$

$$\tag{1}$$

式中：Q 为排水孔渗流量；r 表示排水孔轴线距计算位置的任意距离；h 为 r 对应的水头；K 为含水层渗透系数；h_i 为观测点水深；h_d 为排水孔内水深；h_0 为边界水深；r_i 为观测孔距排水孔距离；d 为排水孔直径；R 为排水孔距边界距离。

1.2　排水子结构法

以传统排水子结构法为例，排水子结构单元形式及节点类型如图 1 所示。排水子结构也可视为母结构中的超单元，尺寸和外形上与普通单元并无差异，集合 o 为出口节点，集合 m 为中间节点，集合 b 为边界节点。出口节点与母结构其他单元相连接；边界节点为排水孔计算边界；中间节点为过渡节点，需要通过子结构内部凝聚消除自由度。

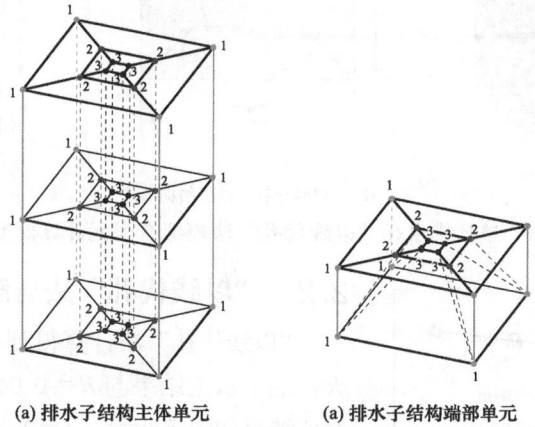

(a) 排水子结构主体单元　　　　　　(a) 排水子结构端部单元

图 1　排水子结构法单元形式及节点类型[14]

1—集合 o，出口节点；2—集合 m，中间节点；3—集合 b，边界节点

2　排水孔显示简化方法建模思路及结果分析

2.1　显式和隐式模拟方法融合过程

排水孔显式模拟方法可在排水孔部位提供渗流计算边界，使得渗流场计算结果更加精准，但建模过程烦琐。基于等效思想的排水孔隐式模拟方法建模过程更为便捷，但是精度略低。本文以排水孔子结构法[4]为基础，对排水孔子结构进行简化，但使其保留计算边界，同时根据流量等效原则确定简化方法。以此为基础融合排水孔显式和隐式模拟方法的各自优势，提出排水孔显式简化模拟方法。为了保留传统排水子结构法的优势，并提高建模效率、减少计算量，本文将图 1 中的排水孔分别简化为线单元（见图 2）和面单元（见图 3），提出排水孔"以线代孔"法及"以面代孔"法模拟方法，使排水孔边界节点数量减少 3/4 和 1/2。

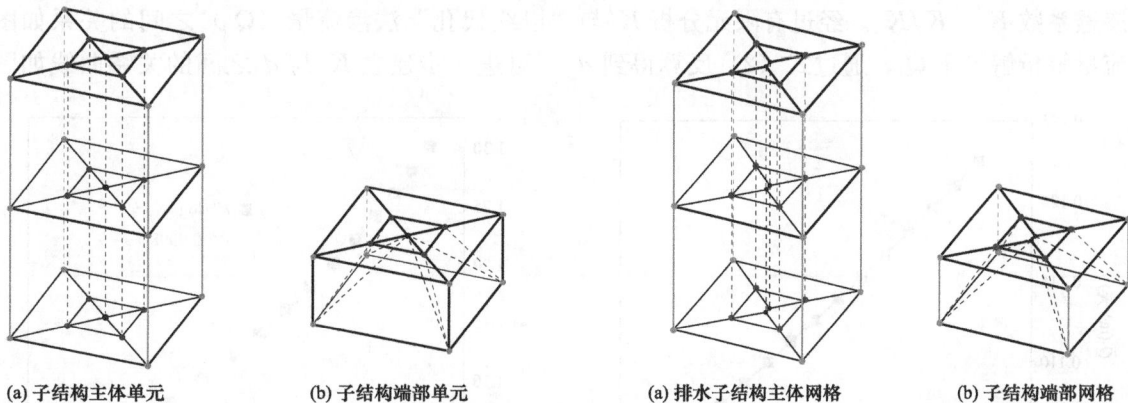

(a) 子结构主体单元　　(b) 子结构端部单元　　　　(a) 排水子结构主体网格　　(b) 子结构端部网格

图 2　"以线代孔"法子结构单元形式及节点类型　　　图 3　"以面代孔"法单元形式及节点类型

同时，建立如图 4 所示的单孔排水孔有限元模型进行对比分析。图 4 中模型厚度为 5m，直径为 5m，排水孔位于模型中心部位，孔内水位为 1m。模型（除子结构）节点数量为 1936，单元数量为 1640；"以线代孔"法子结构节点数量为 77，单元数量为 80；"以线代孔"法子结构节点数量为 66，单元数量为 80。模型侧面为定水头边界，排水孔内壁为潜在溢出边界，其余边界为隔水边界。

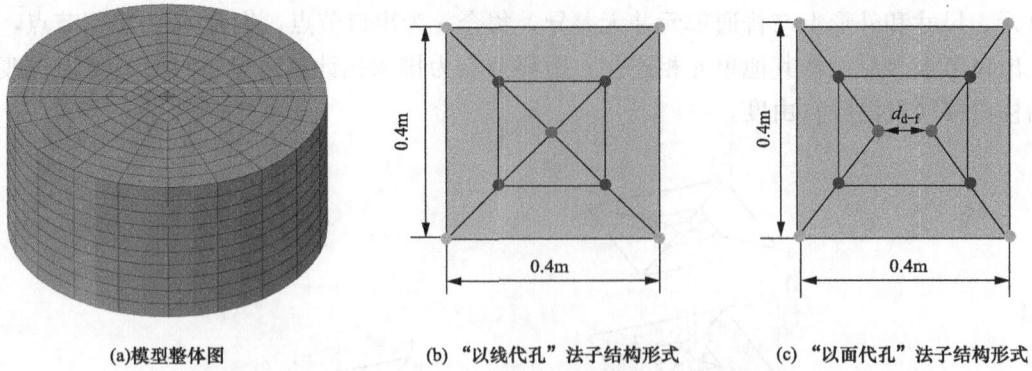

(a)模型整体图　　　　　(b)"以线代孔"法子结构形式　　　　　(c)"以面代孔"法子结构形式

图 4　单孔排水孔"以线代孔"法模拟有限元计算模型

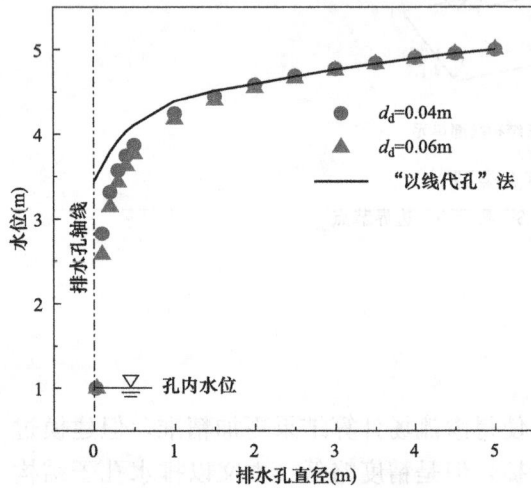

图 5　单孔排水孔地下水位解析解
与"以线代孔"法结果对比

2.2　"以线代孔"法与解析解对比

"以线代孔"法计算得到单孔排水孔渗流量为 $0.123\mathrm{m}^3/$ 天，地下水位结果与 $d=0.04$、$0.06\mathrm{m}$ 的排水孔水位解析解对比结果如图 5 所示，$d=0.04$、$0.06\mathrm{m}$ 时排水孔流量解析解分别为 0.118、$0.127\mathrm{m}^3/$天。通过对比流量及地下水位结果可知，"以线代孔"法计算结果介于直径为 $0.04\mathrm{m}$ 和 $0.06\mathrm{m}$ 的排水孔解析解之间，通过插值可得"以线代孔"法能准确模拟直径为 $0.05\mathrm{m}$ 的排水孔。此外，从 0 可知"以线代孔"法计算得到的逸出点高于排水孔内部水位。由于"以线代孔"法在排水孔边壁形成了有效的计算边界，可用于迭代求解地下水逸出点，得到的计算结果更符合实际情况，弥补了距离排水孔越近，计算误差越大的缺陷。

以图 4 中的计算模型为例，改变排水孔直径时，"以线代孔"法计算结果保持不变。因此，需要对"以线代孔"法进一步修正。对于直径小于 $0.05\mathrm{m}$ 的排水孔，本文基于排水孔隐式模拟方法的思路，以流量等效为原则，减小"以线代孔"法子结构渗透系数以降低排水孔渗流量，抬升地下水位。

对于直径范围为 $0.02\sim0.05\mathrm{m}$ 的排水孔，设"以线代孔"法子结构渗透系数为 K_s，同时定义排水孔相对渗透系数 $K'=K/K_\mathrm{s}$。经过有限元分析 K' 与"以线代孔"法渗流量（Q_1）之间的关系如图 6 所示。令流量解析解等于 Q_1，通过式（2）反算得到 d_d，可进一步建立 K' 与 d 之间的关系曲线如图 7 所

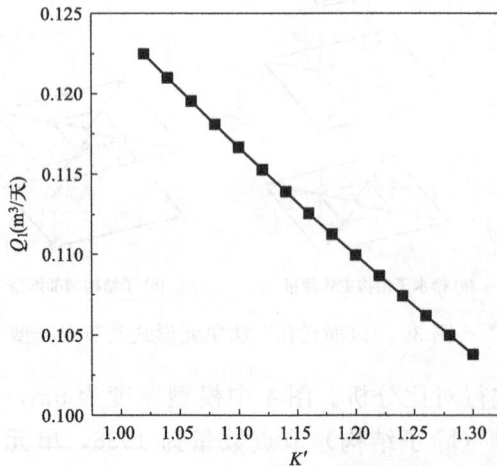

图 6　相对渗透系数与渗流量关系曲线

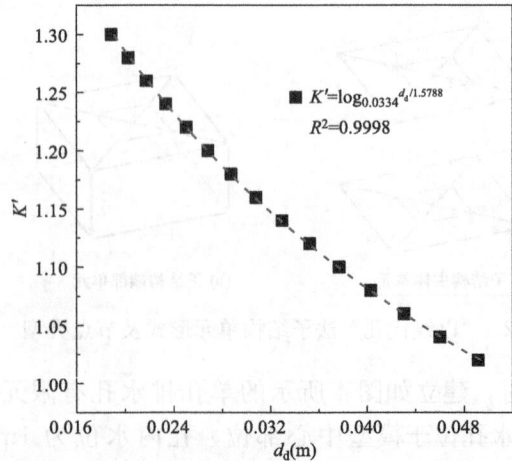

图 7　排水孔直径与相对渗透系数关系曲线

示。对图 7 中的数据点进行回归分析可得到 K' 与 d_d 之间的关系如下：

$$K' = \log \frac{\frac{d}{1.5788}}{0.0334}$$

(2)

式中：K' 为相对渗透系数。

当排水孔直径范围为 0.02～0.05m 时，"以线代孔" 法与解析解之间的渗流量对比结果如表 1 所示。图 8 给出了直径为 0.04m 时 "以线代孔" 法与解析解之间地下水位对比结果。

表 1　　　　　　　　单孔排水孔渗流量解析解与"以线代孔"法计算结果对比

直径（m）	解析解（m³/天）	"以线代孔"法（m³/天）	相对误差（%）
0.02	0.1048	0.1015	3.08
0.024	0.1108	0.1138	2.70
0.036	0.1157	0.1175	1.50
0.044	0.1200	0.1235	2.88

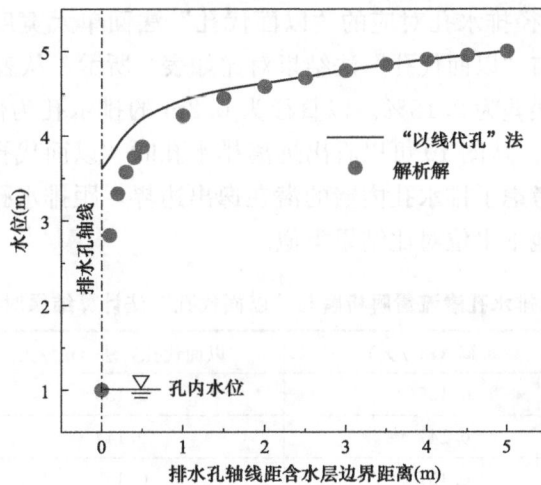

图 8　直径为 0.04m 单孔排水孔地下水位解析解与"以线代孔"法结果对比

从渗流量计算结果可以看出，"以线代孔" 法计算结果与解析解接近，最大相对误差为 3.08%。从图 8 中可以看出远离排水孔时二者地下水位计算结果吻合度较高，靠近排水孔时由于式（2）假设逸出点与孔内水面相接，二者误差越来越大。整体上，通过流量等效原则修正后的"以线代孔"法与解析解之间的误差较小，并且地下水位结果更加符合实际情况。此外，通过改变子结构渗透系数，针对直径范围为 0.02～0.05m 的排水孔，"以线代孔" 法可实现在同一模型中对排水孔直径进行对比分析。

2.3　"以面代孔"法与解析解对比

对于直径大于 0.05m 的排水孔，"以面代孔" 法通过将"以线代孔"法子结构中的线单元替换为面单元，以增强排水孔的排水效果。采用"以面代孔"法模拟排水孔时首先需要确定图 9 中面单元宽度 $d_{d\text{-}f}$，即模型中排水孔直径。由于"以面代孔"法忽略了排水孔的三维几何形态，当 $d_{d\text{-}f}$ 取值为排水孔实际直径时会弱化排水孔的排水效果，需要通过解析解对 $d_{d\text{-}f}$ 取值进行修正。对于单孔排水孔，将已知参数代入式（3）则可得到排水孔流量解析解

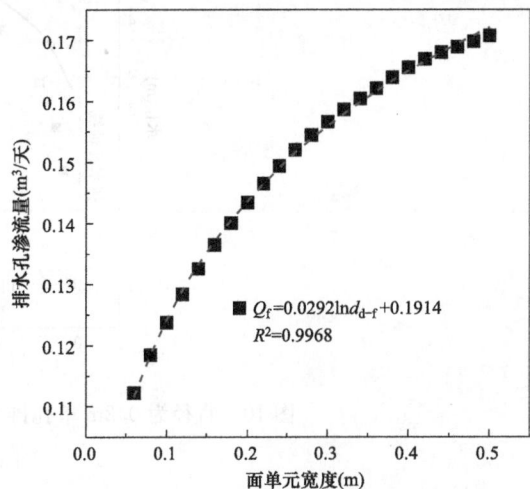

图 9　"以面代孔"法子结构面单元宽度与排水孔渗流量关系曲线

与排水孔直径之间的关系如下：

$$Q_d = \frac{0.651}{\ln \frac{10}{d_d}} \qquad (3)$$

式中：Q_d 为潜水井流量以及文中排水孔流量解析解；d_d 为排水孔直径。

通过"以面代孔"法对单孔排水孔进行模拟计算，可得到排水孔流量（Q_f）与面单元宽度之间的关系如 0 所示，其数学关系可表示为：

$$Q_f = 0.0292\ln d_{d\text{-}f} + 0.1914 \qquad (4)$$

式中：Q_f 为排水孔流量。

令 $Q_d = Q_f$，可得到 d_d 与 $d_{d\text{-}f}$ 之间的关系如下：

$$\ln d_{d\text{-}f} = \frac{0.651 \big/ \ln \frac{10}{d_d} - 0.1914}{0.0292} \qquad (5)$$

通过式（5）可得到不同直径排水孔对应的"以面代孔"法面单元宽度。以单孔排水孔为例，当排水孔直径变化时渗流量解析解与"以面代孔"法结果对比如表 2 所示。从表 2 可以看出，"以面代孔"法渗流量接近解析解，最大相对误差为 2.18%。以直径为 0.2m 的排水孔为例，"以面代孔"法与解析解地下水位对比结果如图 10 所示。从图 10 可以看出远离排水孔时"以面代孔"法地下水位计算结果接近解析解，由于"以面代孔"法考虑了排水孔内壁的潜在逸出边界，距排水孔越近二者误差越大，该规律与"以线代孔"法和解析解的地下水位对比结果类似。

表 2　　单孔排水孔渗流量解析解与"以面代孔"法计算结果对比

直径（m）	解析解（m³/天）	"以面代孔"法（m³/天）	相对误差（%）
0.08	0.135	0.138	2.18
0.12	0.147	0.144	1.95
0.16	0.157	0.155	1.77
0.2	0.166	0.169	1.81

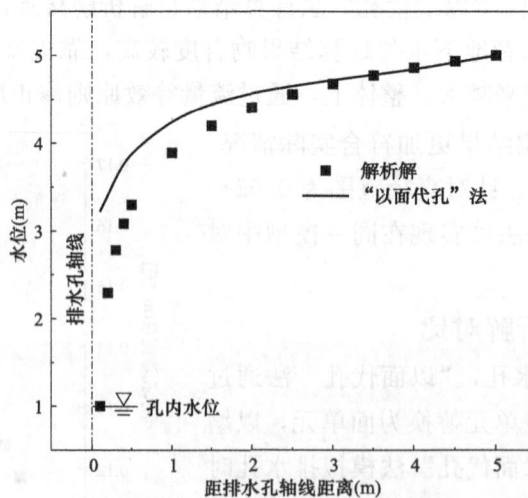

图 10　直径为 0.2m 单孔排水孔地下水位解析解与"以面代孔"法结果对比

3　对比验证

为了证明本文方法的有效性，建立如图 11 所示的简化算例，该算例含水层厚度为 250m，长度为

460m，宽度为 81m，渗透系数为 0.00864m/天。地下洞室位于含水层中部，长度为 81m，宽度为 20m，高度为 50m，底高程为 50m。洞室侧面和顶部分别设置间距为 3m 的排水孔幕。其中，侧面排水孔距洞室群边壁 20m，顶部排水孔倾角为 30°并与侧面排水孔相连接。与洞室轴线平行的含水层边界存在稳定补给水源，水头为 50m。

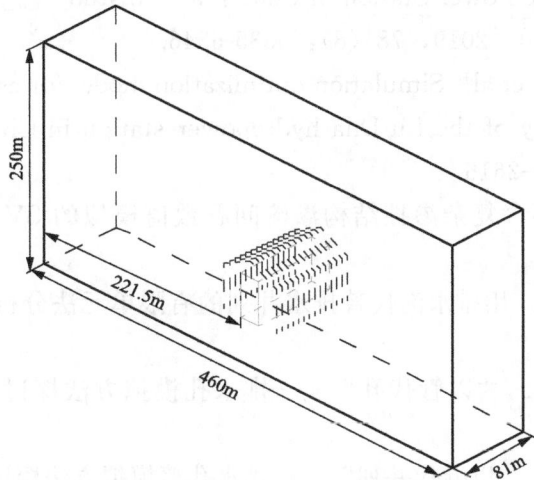

图 11　简化地下洞室及排水孔幕模型示意图

设定图 11 中排水孔直径分别为 0.05m 和 0.2m，采用排水子结构法[4]、"以线代孔"法和"以面代孔"法模拟排水孔结构，可得到渗流场计算结果对比如表 3 所示。计算结果表明本文所提出的排水孔显式简化模拟方法计算结果接近排水子结构法计算结果，针对图 11 中的计算案例，渗流量相对误差最大值为 5.75%，地下水位溢出点高程相对误差最大值为 0.76%。同时相比于排水子结构法，本文所提方法能够在保证计算精度的同时减少模型单元和节点数量，提高计算效率。

表 3　本文所提排水孔显式简化模拟方法与排水子结构法计算结果对比

对比参数		排水子结构法	直径 0.05m "以线代孔"法	相对误差（%）	排水子结构法	直径 0.2m "以面代孔"法	相对误差（%）
渗流量（m³/天）	洞室	22.58	21.46	4.99	13.74	12.95	5.75
	排水孔	183.19	178.51	2.55	227.45	238.78	4.98
地下水逸出点高程（m）		77.38	76.91	0.61	72.16	71.61	0.76

4　结语

本文通过井流理论获得了排水孔渗流场解析解，以解析解为基准提出了针对不同直径排水孔幕的"以线代孔"及"以面代孔"显式简化模拟方法。主要结论如下：

（1）本文提出的"以线代孔"及"以面代孔"显式简化模拟方法，融合了排水孔显式及隐式模拟方法的各自优势，能够减少排水孔边界节点数量，提供有效计算边界。与排水子结构法相比，"以线代孔"法可使排水孔节点数量减少 3/4，"以面代孔"法可使排水孔节点数量减少 1/2。

（2）"以线代孔"法适用于直径小于 0.05m 的排水孔，"以面代孔"法适用于直径大于 0.05m 的排水孔。排水孔直径变化跨越 0.05m 时需要更换子结构模型。

（3）本文提出的排水孔显示简化模拟方法，可在同一个计算模型中，通过改变排水孔边界类型，以直径为 0.05m 为界限，可实现排水孔直径和间距的敏感性分析。

参考文献

[1] 周亚峰, 苏凯, 伍鹤皋. 深埋 TBM 隧洞渗流动态演化机制 [J]. 中南大学学报（自然科学版）, 2016, 47 (12)：4231-4239.

[2] Xu Z, Cao C, Li K, et al. Simulation of drainage hole arrays and seepage control analysis of the Qingyuan Pumped Storage Power Station in China：a case study [J]. Bulletin of Engineering Geology and the Environment, 2019, 78 (8)：6335-6346.

[3] Qian W, Chai J, Qin Y, et al. Simulation-optimization model for estimating hydraulic conductivity：a numerical case study of the Lu Dila hydropower station in China [J]. Hydrogeology Journal, 2019, 27 (7)：2595-2616.

[4] 陈益峰, 周创兵, 郑宏. 含复杂渗控结构渗流问题数值模拟的 SVA 方法 [J]. 水力发电学报, 2009, 28 (2)：89-95.

[5] 关锦荷, 刘嘉炘, 朱玉侠. 用排水沟代替排水井列的有限单元法分析 [J]. 水利学报, 1984 (3)：10-18.

[6] 王恩志, 王洪涛, 邓旭东. "以管代孔"——排水孔模拟方法探讨 [J]. 岩石力学与工程学报, 2001 (3)：346-349.

[7] 王恩志, 王洪涛, 王慧明. "以缝代井列"——排水孔幕模拟方法探讨 [J]. 岩石力学与工程学报, 2002 (1)：98-101.

[8] 胡静, 陈胜宏. 渗流分析中排水孔模拟的空气单元法 [J]. 岩土力学, 2003 (2)：281-283, 287.

[9] 王春. "等效窄缝"排水孔幕有限元数值模拟研究 [J]. 内蒙古水利, 2019 (3)：17-19.

[10] Li X, Li D. A numerical procedure for unsaturated seepage analysis in rock mass containing fracture networks and drainage holes [J]. Journal of Hydrology, 2019, 574：23-34.

[11] 詹美礼, 速宝玉, 刘俊勇. 渗流控制分析中密集排水孔模拟的新方法 [J]. 水力发电, 2000 (4)：23-25, 66.

[12] 王建, 姜海霞. 排水孔模拟的汇线单元法 [J]. 岩土工程学报, 2008 (5)：677-684.

[13] 张志昌, 李国栋, 李治勤. 水力学 第 2 版 上册. 第 2 版. [M]. 北京：中国水利水电出版社, 2011. 1.

[14] Chen Y, Zhou C, Zheng H. A numerical solution to seepage problems with complex drainage systems [J]. Computers and Geotechnics, 2008, 35 (3)：383-393.

作者简介：

曹　成 (1992—), 男, 陕西眉县, 博士研究生, 博士后, 主要从事水工渗流分析与控制、岩土体渗流特性研究等工作. E-mail：caocheng_xaut@163.com

四

防渗与地基处理技术

河南天池抽蓄电站上水库防渗体系设计

孟亚运，王增武，李建平，沈首秀

（中国电建集团中南勘测设计研究院有限公司，湖南长沙　410014）

【摘　要】 天池抽水蓄能电站上水库大坝趾板跨越 7 条发育断层，受断层影响，趾板建基面节理裂隙发育，局部发育蚀变带，岩体完整性较差，透水性强，且相对隔水层埋藏深。介绍了电站断层处理的方法和上水库防渗体系设计方案，根据上水库渗流量监测成果，上水库大坝总渗流量已基本趋于稳定，且总渗流量维持在较低水平，上水库防渗设计方案合理。本文研究结果可为不利地质条件下大坝防渗体系设计提供参考。

【关键词】 抽水蓄能电站；趾板；断层；防渗体系；渗流量

1　工程概况

天池抽水蓄能电站位于河南省南阳市南召县马市坪乡，电站装机容量为 1200MW，具有周调节性能，电站额定水头为 510m，设计年发峰荷电量为 9.62 亿 kWh。工程由上水库、下水库、输水系统及厂房四部分组成。上水库位于黄鸭河左岸支流马蹄河上游的炮房沟河段，库区河谷狭窄呈"V"形。上水库大坝为混凝土面板堆石坝，大坝最大坝高 118.40m，坝顶高程 1068.40m，轴线长度 416.00m。上水库正常蓄水位 1063.00m，设计洪水位 1066.25m，校核洪水位 1067.10m，死水位 1020.00m，上水库采用垂直防渗。上水库调节库容 1221 万 m^3，总库容 1588 万 m^3。

2015 年 7 月，电站筹建标开工建设；2017 年 3 月，电站主体标开工建设。2022 年 7 月，电站下水库下闸蓄水；同年 10 月，电站上水库下闸蓄水。2023 年 1 月，电站首台机组正式投入商业运行；同年 9 月，全部机组全面投产。

图 1 为天池抽水蓄能电站上水库蓄水后全景照片。

图 1　天池抽水蓄能电站上水库蓄水后全景照片

2　地质情况

电站上水库趾板建基面岩体为弱风化混合花岗岩，跨趾板共发育 7 条断层。其中，在沟底顺河分布的 F_{25} 断层规模较大，趾板处断层破碎带宽 1.5～2.5m，两侧影响带宽 3.0～10.0m，在该断层两侧尚发育 5 条次级断层，破碎带宽在 0.2～2.0m 之间；在左岸岸坡发育有 f1 断层，破碎带宽 0.7～1.0m，两侧影响带宽 1.5～5.0m。F25 断层在水库内基本沿冲沟底部分布，未切穿分水岭，不存在沿断层向库周渗漏问题。表 1 为上水库趾板断层一览表，图 2 为混凝土土板坝趾板断层分布图。

表 1　　　　　　　　　　　　　　　　　上水库趾板断层一览表

断层编号	产状	破碎带宽度（m）	破碎带特征
F_{25}	315°～325°/NE∠70°	1.5～2.5	断层泥、蚀变的岩块、岩屑，多呈泥、砂状
f_1	320°～330°/SW∠65°～70°	0.7～1.0	断层泥夹断层角砾，大部分蚀变呈泥、砂状
f_2	5°～15°/SE∠80°～85°	0.2～0.4	断层泥夹断层角砾，大部分蚀变呈泥、砂状
f_3	20°～30°/NW∠80°～85°	0.5～2.0	断层泥、蚀变的岩块、岩屑，多呈泥、砂状
f_4	20°～30°/SE∠75°	0.5～0.8	岩块、岩屑和断层泥
f_5	10°～20°/SE∠70	0.8～1.5	岩块、岩屑和断层泥
f_6	25°/SE∠80°～85°	1.2～1.5	岩块、岩屑

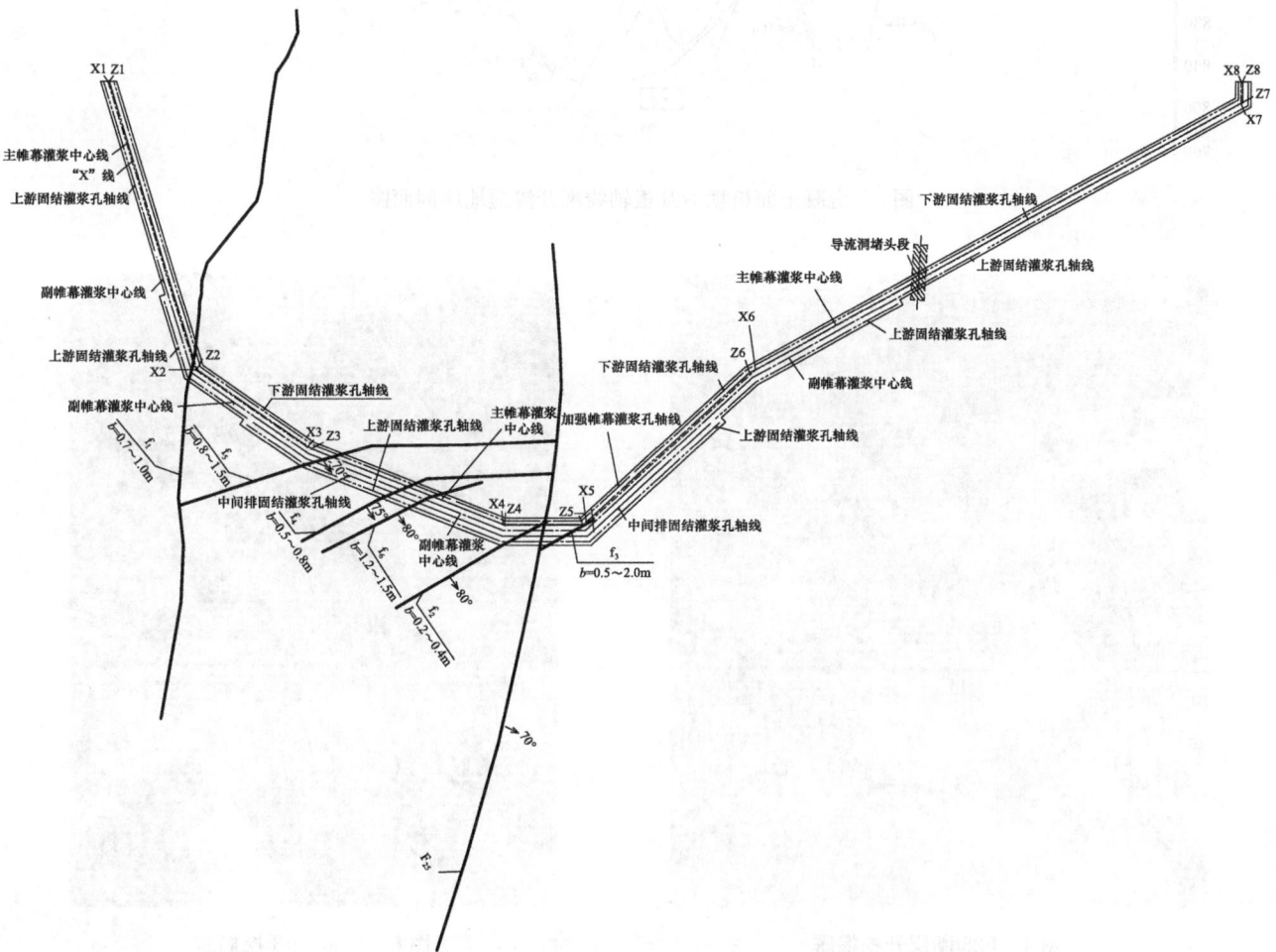

图 2　混凝土面板坝趾板断层分布图

上水库左岸坝肩岩体相对不透水层顶板（$q<1.0Lu$）埋藏深度 $63.1\sim117.25m$，右岸坝肩岩体相对不透水层顶板（$q<1.0Lu$）埋藏深度 $58.5\sim59.7m$；左岸趾板和河床坝基大部未揭露相对不透水层顶板，右岸趾板局部亦未揭露相对不透水层顶板。受断层影响，趾板建基面节理裂隙发育，局部发育蚀变带，岩体完整性较差，透水性强，相对隔水层埋藏深。沿趾板轴线剖面在水平趾板段、左右岸趾板段分别存在 3 个凹槽，均未揭露相对不透水层顶板线（$q<1.0Lu$），前期勘探揭示凹槽孔底附近透水率仍达 10Lu 至数十吕荣，F25 断层附近灌浆试验先导孔 FW-89、FW-93 灌前压水试验显示岩体透水性强。

图 3 为混凝土面板坝沿趾板轴线展开渗透地质剖面图，图 4、图 5 分别为 F25 断层开挖揭露和 f4 断层开挖揭露。

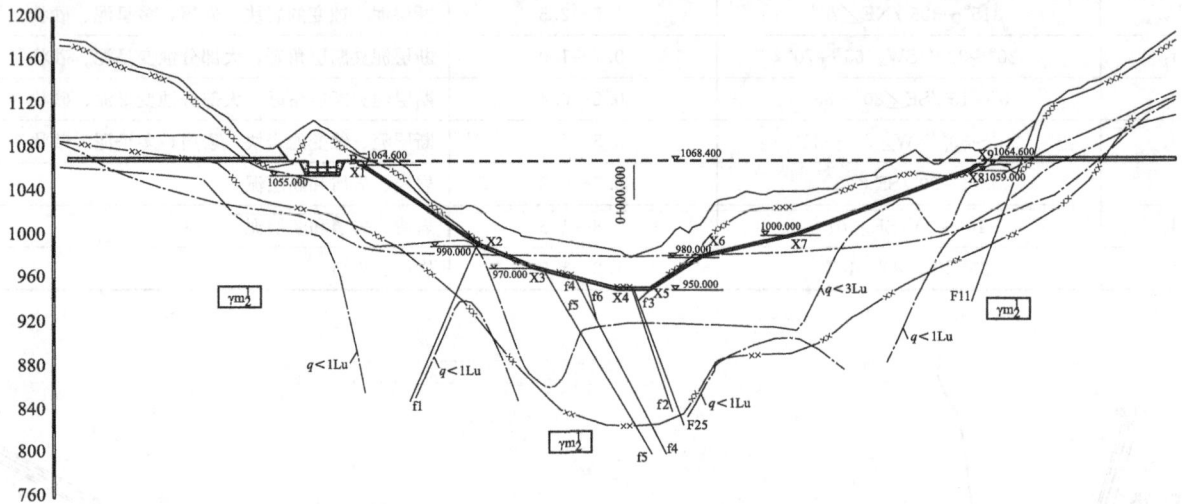

图 3　混凝土面板坝沿趾板轴线展开渗透地质剖面图

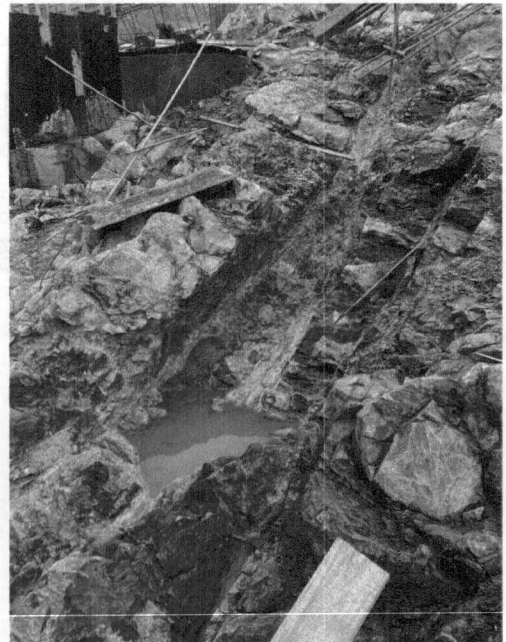

图 4　F25 断层开挖揭露　　　　　　　　　　图 5　f4 断层开挖揭露

3 断层处理设计

上水库跨趾板断层较多，为构建完整的防渗体系，对跨趾板 7 条断层采取以下处理措施：

（1）断层及趾板基础处理原则：断层处理采用刻槽回填 C30 微膨胀混凝土，趾板上游侧刻槽延伸不少于 10m，下游延伸至 F25 断层交汇处；趾板开挖建基面至设计基础面采用 C30 微膨胀混凝土回填，指标与趾板二序混凝土相同；趾板下游侧建基面至设计开挖面采用 C30 常态混凝土回填，指标同趾板一序块，但不加纤维素纤维。

（2）断层刻槽两侧基础面设置 Φ28 插筋，$L=6.0$m，@1.5m×1.5m，入岩 2.0m，外露 1.0m，外露部分弯折 0.5m。

（3）断层影响区域内趾板锚筋长度根据刻槽深度进行调整加长，保持入岩深度长度不变；趾板以下断层回填混凝土底部面层布置钢筋 Φ25@200。

（4）趾板上游侧回填混凝土表面素喷 C25 混凝土，厚 50mm，并向断层端部上游侧及两侧延伸覆盖 2m。

（5）趾板下游侧断层回填混凝土后表面填筑垫层料，厚 0.8m，坡比按 1∶1 控制。

图 6 为上水库趾板断层处理原则。

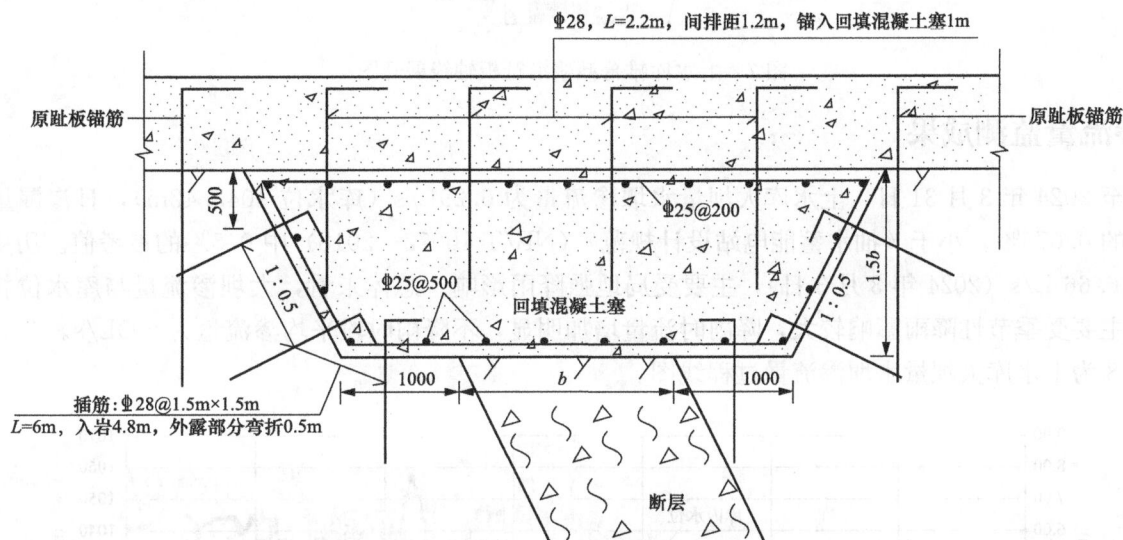

图 6 上水库趾板断层处理原则

4 防渗设计

电站上水库防渗标准为 1Lu，河床部位 1Lu 相对不透水层埋深较深，未揭露 1Lu 相对不透水层顶板，河床部位采用悬挂帷幕。河床部位最大作用水头为 117m，考虑全水头另稍有裕度，河床部位悬挂帷幕深确定为 130m。

两岸帷幕线大致顺山脊向山里延伸，接地下水位或相对隔水层内，左岸与地下水位线相交后延伸 5m，右岸深入 $q<$1Lu 相对隔水层内 5m，左、右两岸防渗帷幕水平长度度分别约为 290、160m。

河床坝基部分帷幕在趾板中间位置布置一排主帷幕灌浆孔，主帷幕灌浆孔孔底以深入 $q<$1Lu 相对隔水层内 5m 控制，河床部位设计最大帷幕孔深为 130m，帷幕底高程 820m。在趾板 X2～X6 之间（坝高高于 60m 的河床部位）增加一排副帷幕孔，布置在主帷幕孔上游侧，副帷幕孔孔深控制在主帷幕深度的 1/2～2/3 之间，深度 50.3～51.6 m，帷幕底高程 900～970 m。

F25 断层在水平趾板（X4～X5）中部出露，顺河向展布，断层泥断续发育、影响带岩体破碎，完整性差。根据大坝趾板帷幕灌浆试验，水平趾板试验孔局部孔段透水性较强，涌水量较大。结合断层走向情况，为保证水平趾板区域的灌浆质量，减小渗漏量，在水平趾板 X4～X5 及左右相邻单元灌浆区间布置一排加强帷幕，加强帷幕灌浆孔孔深同主帷幕。水平趾板段共有 3 排帷幕，主帷幕和加强帷幕深均为大坝 130m。所有帷幕灌浆孔均为铅直孔，主帷幕孔孔距为 1m，其余孔距为 2m，排距为 1.5m。

图 7 为上水库帷幕灌浆沿趾板轴线展开图。

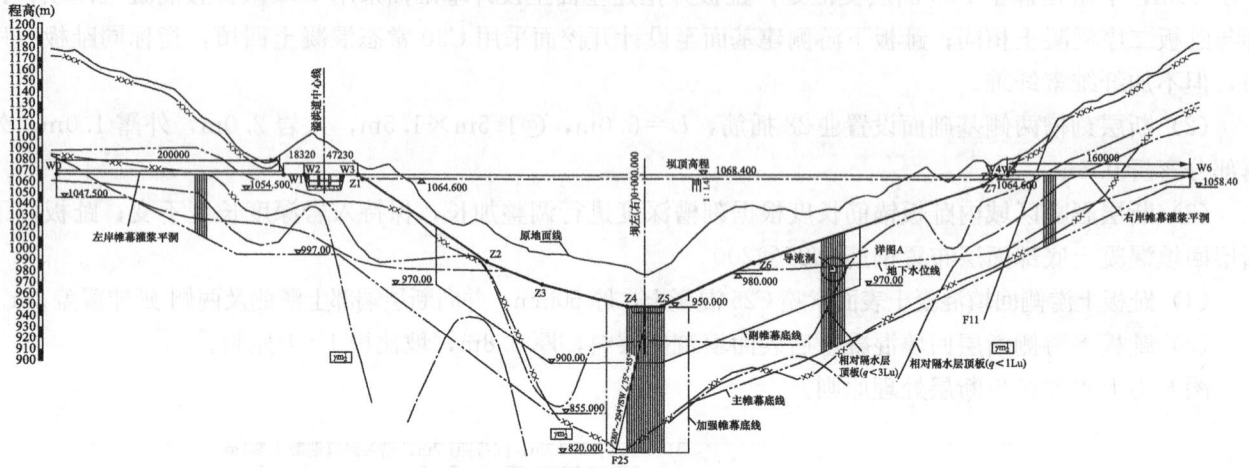

图 7 上水库帷幕灌浆沿趾板轴线展开图

5 渗流量监测成果

截至 2024 年 3 月 31 日，上水库大坝量水堰渗流量为 6.29L/s（库水位 1043.42m），日渗漏量约占总库容的 0.075‰，小于《抽水蓄能电站设计规范》（NB/T 10072—2018）中 0.5‰的参考值。历史最大渗流量 6.66 L/s（2024 年 3 月 3 日），主要受局地强降雨影响。总体来看，大坝渗流量与库水位相关性不大，主要受季节性降雨影响较大，降雨时流量增加明显，不降雨时段平均渗流量为 5.3L/s。

图 8 为上水库大坝量水堰渗流量过程线图。

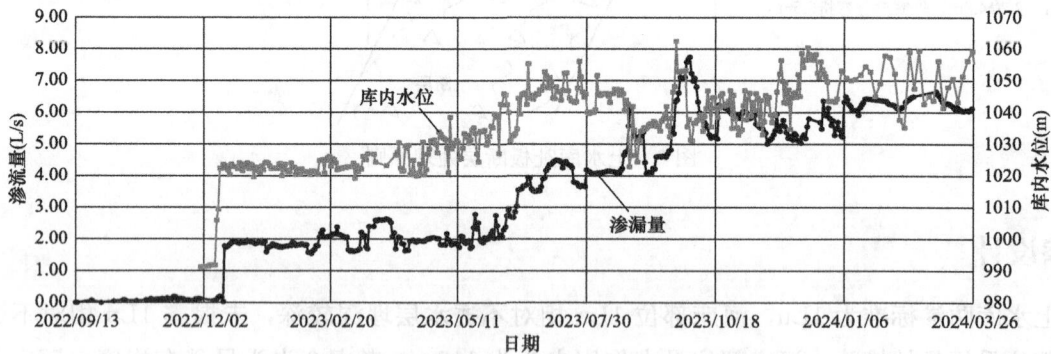

图 8 上水库大坝量水堰渗流量过程线图

根据渗流量监测成果，上水库大坝总渗流量已基本趋于稳定，且总渗流量维持在较低水平，上水库防渗设计方案合理。

6 结语

天池抽水蓄能电站上水库大坝跨趾板发育 7 条断层，受断层影响，趾板建基面节理裂隙发育，局部发育蚀变带，岩体完整性较差，透水性强，相对隔水层埋藏深。沿趾板轴线存在 3 个凹槽，均未揭露相对不透水层顶板线（$q<1.0Lu$）。

上水库防渗标准为 1Lu，河床部位未揭露 1Lu 相对不透水层顶板，河床部位采用悬挂帷幕。水平趾板部位设置 3 排帷幕，主帷幕、副帷幕和加强帷幕，主帷幕和加强帷幕在水平趾板处最大深度均为 130m，帷幕最大深度较深。根据上水库渗流量监测成果，上水库大坝总渗流量已基本趋于稳定，且总渗流量维持在较低水平，上水库防渗设计方案合理。本文研究结果可为不利地质条件下（断层密集带）大坝防渗体系设计提供参考。

参考文献

[1] 孟亚运. 河南天池抽水蓄能电站上水库蓄水验收设计自检报告 第四分册 水工设计 [R]. 长沙，中南勘测设计研究院有限公司，2022.

[2] 孟亚运. 河南天池抽水蓄能电站枢纽工程竣工安全鉴定设计自检报告 第 3 篇 水工设计 [R]. 长沙，中南勘测设计研究院有限公司，2024.

[3] 王明涛，程正飞，王元生，等. 河南天池抽水蓄能电站工程堆石坝面板施工与基础处理专题咨询报告 [R]. 北京，中国水利水电建设工程咨询有限公司，2020.

[4] 包腾飞，周喜武，等. 深厚覆盖层上的面板堆石坝防渗布置最优方式 [J]. 人民黄河，2023，45（2）：144-147.

[5] 林健. 洪屏抽水蓄能电站上水库断层渗漏问题与防渗地质分析 [J]. 2016 年抽水蓄能学术交流会，2016：195-200.

[6] 刘善利，赵坚，等. 拉西瓦水电站坝基软弱断层的渗流及防渗 [J]. 水利水电科技进展，2007，27（4）：55-59.

[7] 杨金孟，赵兰浩，等. 某抽水蓄能电站上水库防渗帷幕深度优选研究 [J]. 水资源与水工程学报，2021，32（2）：209-216.

作者简介：

孟亚运（1990—），男，硕士，高级工程师，主要研究方向：水工结构设计。E-mail：531911936@qq.com

五峰太平抽水蓄能电站下水库防渗方案研究

赵一航[1]，苏小波[1]，张　晨[2]

（1. 中国电建集团中南勘测设计研究院有限公司，湖南长沙　410014；

2. 湖北五峰抽水蓄能有限公司，湖北宜昌　443413）

【摘　要】　近几年来，我国抽水蓄能电站建设快速发展，岩溶地区抽水蓄能电站水库防渗经验更加丰富，但大多采用全库盆防渗形式，复杂岩溶水文地质条件下垂直防渗的研究较少。湖北五峰太平抽水蓄能电站下水库岩溶水文地质条件复杂，坝址存在渗漏通道。结合可行性研究阶段的成果，对下水库渗漏特征进行分析，拟定了垂直帷幕和垂直帷幕＋库岸面板两个方案，经技术经济比选采用帷幕灌浆防渗方案。

【关键词】　抽水蓄能电站；岩溶；防渗；帷幕灌浆

0　引言

随着我国抽水蓄能电站建设的蓬勃发展，站址建设条件更加复杂，特别是在岩溶发育的山区，工程建设面临尤为严峻的挑战。水库防渗处理是抽水蓄能电站建设重点研究的工程问题，在岩溶地区，溶洞往往形成连通水库内外的渗漏通道，而地下溶洞、裂隙和暗河纵横交错，岩溶发育规律和规模复杂多变，给水库的防渗处理带来了极大的难度。因此，通过研究工程区岩溶渗漏特点，确定经济可行的防渗方案，对工程建设具有至关重要的作用。本文基于五峰太平抽水蓄能电站可行性研究阶段下水库勘探成果，分析评价了下水库渗漏特点，提出了防渗处理方案。

1　工程概况

湖北五峰太平抽水蓄能电站位于湖北省宜昌市五峰土家族自治县境内，电站装机容量为 2400MW，为一等大（1）型工程。下水库位于五峰县采花乡南家湾河中上游段溪沟，下水库为河道峡谷型水库，库盆两岸山体雄厚，地形封闭条件较好。下水库集雨面积为 7.89km²，正常蓄水位为 1216.00m，相应库容为 1035 万 m³，死水位为 1171m，死库容为 92 万 m³，调节库容为 944 万 m³。下水库大坝采用混凝土面板堆石坝，最大坝高 125m，泄水建筑物采用竖井式泄洪洞和泄洪放空洞联合泄洪，均布置在左岸山体。下水库采用垂直帷幕防渗，并分两期实施，一期防渗面积 16.7 万 m²，二期防渗面积 13.9 万 m²，总防渗面积 30.6 万 m²。

2　地质概况和岩溶渗漏评价

2.1　地质概况

下水库位于五峰县采花乡万里村南家湾河中上游段溪沟，下水库区属中山峰丛槽谷地貌。溪沟大体顺岩层延伸发育，为常年流水沟，溪沟沟底高程为 1111.0～1218.0m，水库沟谷综合水力坡降为 6.5%。两岸山体雄厚，左岸水库范围山顶高程为 1538.0～1632.0m，冲沟发育甚少，地形整齐，地表坡度为 22°～39°，综合坡度为 35°，坡面基岩多裸露，植被发育。右岸范围山顶高程为 1568.0～1678.0m，冲沟较发育，冲沟切割深度为 8.0～42.0m，下部切割较深为 26.0～42.0m，多为常年流水冲沟；右岸高程

1208.0～1242.0m 以下为陡崖，高程 1208.0～1260.0m 间为一平缓坡地，高程 1260.0～1360.0m 地形坡度为 25°～40°，以上地形以陡坎为主。库坝区主要出露三叠系下统大冶组中段（T_{1d}^2）、下段（T_{1d}^1）、二叠系上统大隆组（P_2d）、吴家坪组（P_2w）和下统茅口组（P_1m）、栖霞组（P_1q）、石碳系上统黄龙组（C_{2h}）地层，地表分布第四系残坡积物、冲积物、坡积物。

下水库工程区发育的褶皱以弧形构造为主，工程区主发育褶皱 1 条，即大安场弧形向斜，位于库盆南侧山脊。水库区内未见断层发育，水库库尾北侧冲沟区发育 9 条陡倾角断层（含推测断层），均属Ⅲ级结构面，按断层走向及倾角可将断层分为近 SN 向、NE、NW 和 EW4 组，破碎带宽度一般介于 0.02～0.8m 之间，沿断层岩溶发育，其中以近 SN 向断层较发育，岩溶以管道为主。下水库左岸岩层产状较稳定，总体产状为 N70°E、SE∠43°，左岸边坡为顺向坡；右岸岩层产状变化较大，靠近向斜核部岩层产状平缓，为 N65°～85°E、SE∠5°～44°，右岸边坡为反向坡。

下水库岩溶主要在二叠系下统茅口组（P_1m）和栖霞组灰岩段（P_1q^{l-2}）地层顶部发育，地表岩溶基准面在高程 994.6～1099.0m，大安场向斜核部岩溶基准面在高程 953m 左右。库坝区岩溶铅直发育深度 11～207.5m 不等，发育低高程在 1121.0m 左右；岩溶管道、洞穴最大水平发育深度约 415.8m；岩溶洞穴发育高度 0.4～19.2m 不等。二叠下统茅口组（P_1m）灰岩岩溶发育强烈，栖霞组灰岩段第二层（P_1q^{l-2}）灰岩岩溶发育相对较弱。

2.2 岩溶渗漏评价

下水库属岩溶强发育场地，发育岩溶管道、洞穴共计发育 9 处，即 K_{S10}、K_{S12}、K_{s13}（K_{s13-1}、K_{s13-2}、K_{s13-3}）、K_{S14} 岩溶管道和 K_{11}、K_{15} 岩溶洞穴，主要沿岩层层面与近 SN 或 EW 裂隙组追踪发育，可能延伸至向斜轴部。下水库右岸存在向下游管道渗漏，岩溶管道 K_{S12} 及其出水口低于正常蓄水位，K_{s13} 管道进水口位于坝址下游、低于正常蓄水位、库区其他岩溶洞穴、管道出水口多高于正常蓄水位。下水库岩溶水文地质略图见图 1。

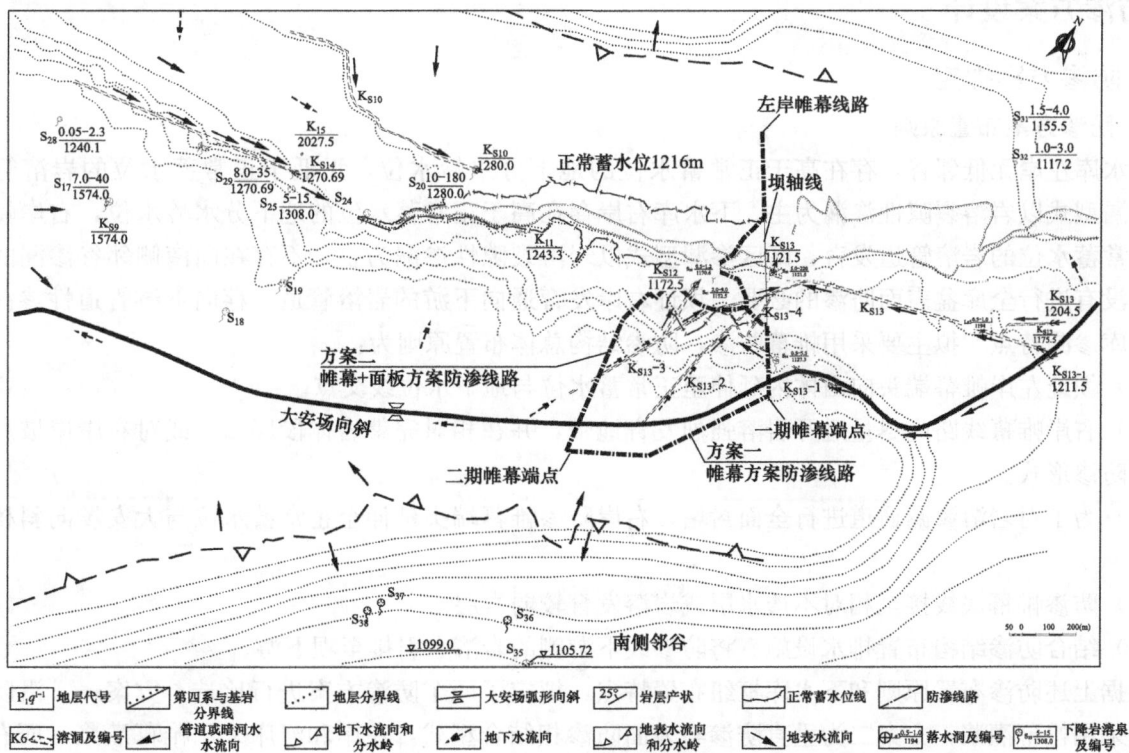

图 1　下水库岩溶水文地质略图

岩溶管道 K_{S12} 在茅口组（P_1m）地层内沿岩层层面与近 SN 裂隙组追踪发育至大安场向斜轴部，发育方向与南家湾河近垂直；南邻谷边坡发的育岩溶洞穴泉 S_{35}、S_{36}、S_{37} 和 S_{38}，仅 S_{35} 泉高程 1109.72m，低于正常蓄水位，在栖霞组灰岩段（P_1q^{l-2}）灰岩底部发育，勘探期间流量仅 0～3.0 L/s，2022 年 3 月至今岩溶洞穴一直无水流。而岩溶管道 K_{S12} 出水口高程 1172.5m，高于 S_{35} 泉，且常年有地下水排出。因此，基本可排除下水库蓄水后向南岭谷管道渗漏形式。

下水库河谷为非悬托型河谷。据钻孔揭露，两岸地下水位均高于沟水位，下水库河谷为补给型河谷。下库沟谷地下水位与沟水位一致，水位高程 1110.23m。左岸出露地层为茅口组和栖霞组灰岩段灰岩，左岸坝肩以上地下水位埋藏深度一般在 58.8～69.12m，水位高程 1194.6～1244.82m，水力坡度为 0.31～0.48；存在高于正常蓄水位（1216m）的地下分水岭水位。

右岸分布三叠系下统大冶组微晶灰岩，二叠系上统大隆组和吴家坪组碳质页岩夹灰岩，二叠系下统茅口组和栖霞组灰岩，右岸存在多层地下水位，水文地质条件复杂。坝址综合地下水位埋藏深度一般在 46.42～84.79m，水位高程 1188.97～1212.21m，水力梯度为 13.2%；下库右岸地表分水岭附近深孔 ZK26 地下水最低埋藏深度为 70.6m，水位高程为 1367.13m，右岸地表分水岭综合地下水位高于正常蓄水位。据坝址区勘探成果，二叠系下统茅口组和栖霞组灰岩地下水位埋藏深度一般在 40.4～85.4m，水位高程 1122.7～1137.4m，最底水位仅高于坝段沟水位 3.9～11.4m。

下水库为河道峡谷型水库，两岸山体雄厚，地形封闭条件较好，河谷为补给型河谷。库盆岩性主要为二叠系含燧石结核生物屑灰岩、碳质页岩等。库区无通向库外的断裂构造发育，左岸无低邻谷，存在高于水库正常蓄水位的地下分水岭。右岸地层岩性复杂，库盆右岸下伏基岩主要为茅口组灰岩，综合地下分水岭略于高正常蓄水位，二叠系下统茅口组地下水位水力坡度平缓。

左岸渗漏型式为岩溶裂隙性渗漏；右岸岩溶管道 K_{S12} 和出水口低于正常蓄水位，且 K_{s13} 管道进水口位于坝址下游、低于正常蓄水位，存在向下游管道性渗漏；水库右岸岭谷（南岭谷）无低于正常蓄水位的岩溶管道发育，渗漏型式以岩溶裂隙性渗漏为主。

3 防渗方案设计

3.1 防渗方案拟定

3.1.1 防渗方案布置原则

下水库左岸无低邻谷，存在高于正常蓄水位的地下分水岭水位，无低于正常蓄水位的岩溶管道发育，渗漏型式以岩溶裂隙性渗漏为主。下水库右岸存在高于正常蓄水位的地下分水岭水位，右岸岭谷无低于正常蓄水位的岩溶管道发育，库区渗漏型式以岩溶裂隙性渗漏为主，不存在向南侧邻谷渗漏的岩溶管道，没有进行全库盆表面防渗的必要。坝址右岸发育通向下游的岩溶管道，存向下游管道性渗漏。根据下水库渗漏特点，拟主要采用帷幕防渗，防渗结构总体布置原则为：

（1）坝址左岸帷幕端头向山体内延伸至正常蓄水位与地下水位线交点。

（2）右岸帷幕线路应尽量避开岩溶强烈发育地带，并在相对完整岩体段展布，或对右岸岸坡局部采用表面防渗形式。

（3）为了对岩溶渗漏通道进行全面封堵，右岸防渗帷幕端头延伸至正常蓄水位与大安场向斜核部的交点。

（4）防渗帷幕底线接至相对不透水层或岩溶发育较弱岩层。

（5）结合防渗结构布置排水设施。将防渗线下游侧的岩溶水引排至坝下游。

根据上述防渗布置原则和下水库枢纽布置特点，拟定了两个防渗方案进行比选。方案一，沿防渗线路全线采用帷幕灌浆；方案二为垂直防渗与表面防渗相结合型式，左岸和河床采用帷幕灌浆，而右岸采用帷幕灌浆与库岸混凝土面板结合。两个方案的左岸帷幕布置相同的。

3.1.2 方案一：垂直帷幕防渗方案

方案一沿大坝趾板线和两岸防渗线路布置防渗帷幕，并考虑分两期实施。方案一垂直帷幕防渗方案平面布置图见图2。坝基帷幕沿趾板线布置，出左坝头后，帷幕线路平行坝轴线布置，继续向山体内延伸，端部接至正常蓄水位与地下水位线的交点，帷幕底线伸入相对不透水3Lu线以下5m，且帷幕深度不小于0.5倍坝高。右岸帷幕出右坝头后，帷幕线路平行坝轴线向右岸山体延伸250m穿过大安场向斜核部（一期帷幕端点），继而转角向上游地质勘探钻孔ZK26方向延伸500m，再沿方位角S70°W延伸410m（二期帷幕端点）。右岸帷幕底线伸入栖霞组灰岩顶部碳质页岩、煤矸石夹层以下5m，且帷幕深度不小于0.5倍坝高。

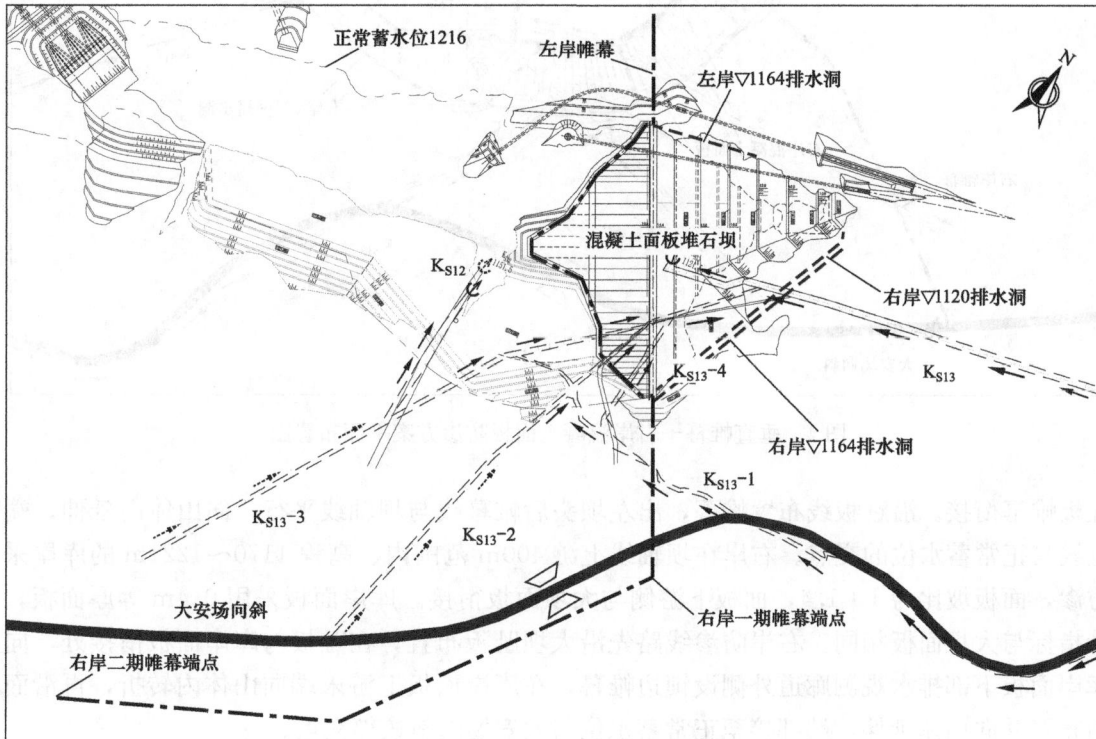

图2　垂直帷幕防渗方案平面布置图

本阶段考虑分期实施防渗帷幕，一期先对河床、左岸近坝部位、右岸坝头至大安场向斜核部约250m范围内进行防渗处理；余下右岸向上游延伸的帷幕为二期帷幕，可根据一期开挖揭露的地质情况进一步确定二期处理范围。

3.1.3　方案二：垂直帷幕＋右岸混凝土面板方案

方案二采用垂直防渗与表面防渗相结合的型式：即坝址左岸布置灌浆帷幕，右岸局部岸坡采用混凝土面板防渗，库岸面板下游侧与大坝面板衔接，其平面布置见图3，渗线路展开图见图4。左岸防渗帷幕

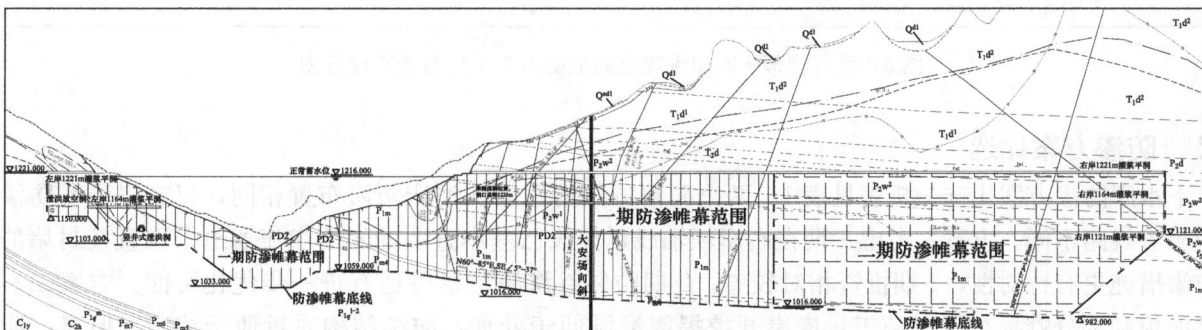

图3　垂直帷幕防渗方案防渗线路展开图

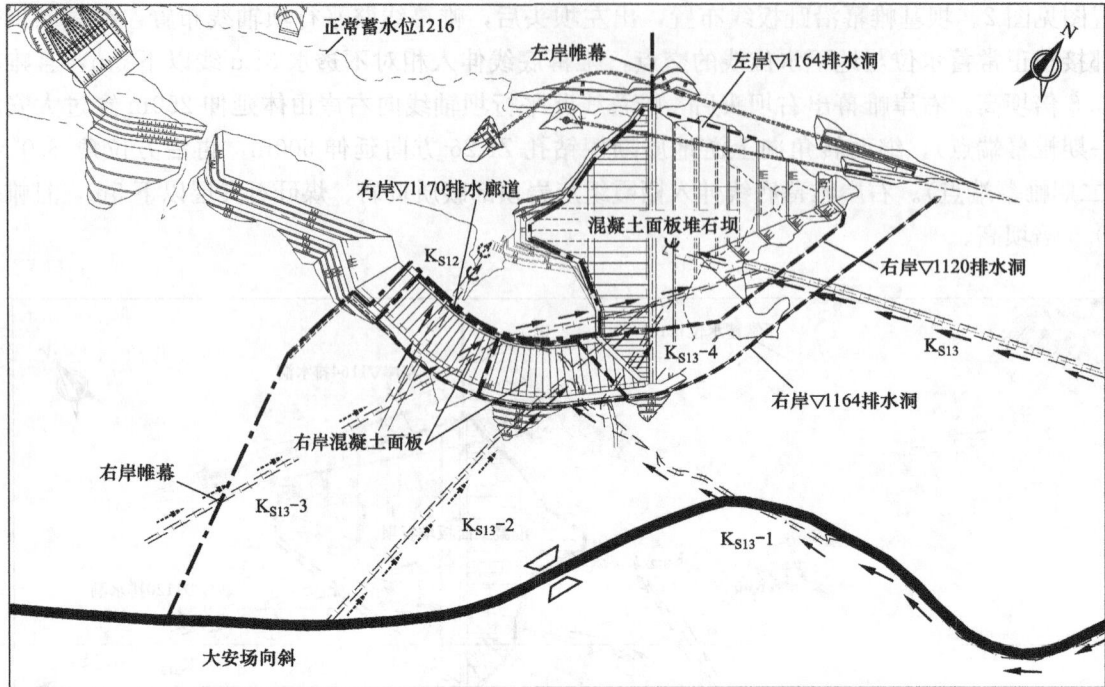

图 4　垂直帷幕＋右岸混凝土面板防渗方案平面布置图

与大坝趾板帷幕衔接。沿趾板线布置帷幕，出左坝头后帷幕线与坝轴线平行，向山体内延伸，端部接至地下水位线与正常蓄水位的交点。右岸在坝轴线上游 400m 范围内、高程 1170～1221m 的库岸采用混凝土面板防渗，面板坡比为 1：1.4，面板下游侧与大坝面板衔接。库岸面板采用 0.4m 等厚面板，面板混凝土设计指标与大坝面板相同。右岸防渗线路先沿大坝趾板布置，在趾板与库岸面板衔接处，向上游转折并沿库岸面板下部排水观测廊道外侧设锁边帷幕，在库岸面板上游末端向山体内转折，再沿面板上游末端侧边布置并向山体延伸，端部接至正常蓄水位与大安场向斜核部交点。

垂直帷幕＋右岸混凝土面板防渗方案防渗线路展开图见图 5。

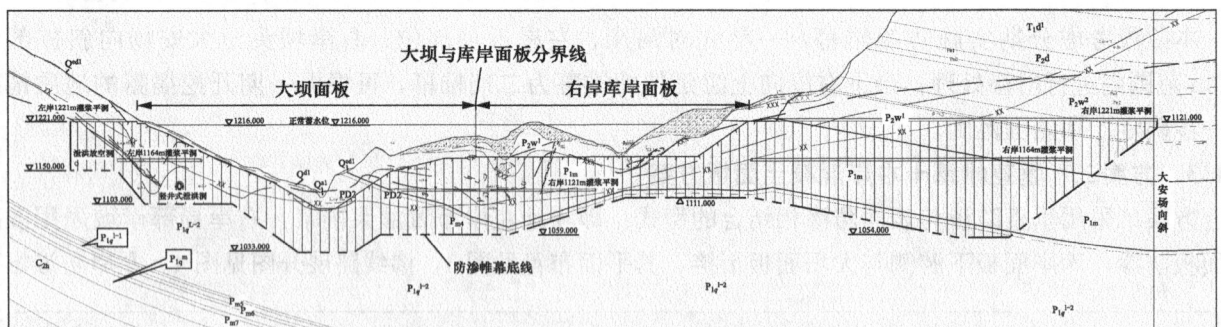

图 5　垂直帷幕＋右岸混凝土面板防渗方案防渗线路展开图

3.2　防渗方案比选

下水库防渗方案比选分析表见表 1。两个防渗方案的左岸和河床防渗布置相同，仅右岸局部防渗形式和防渗线路不同。方案一考虑 1 期在右岸坝轴线延伸段已基本查明的岩溶渗流通道采取直接封堵的垂直防渗措施更有针对性，1 期投资相对较省，2 期防邻谷渗漏帷幕段还有进一步优化可能。方案二右岸防渗面板和部分帷幕在地表施工，库岸开挖揭露溶洞便于处理，防渗结构质量便于控制，但需一次建成，一次性投资较大。

表 1 下水库防渗方案比选分析表

项目	①垂直帷幕防渗方案			②垂直帷幕＋右岸混凝土面板方案
	1期工程	2期工程	两期合计	
防渗面积（m²）	166997	139016	306013	180694
土石方明挖（m³）	—	—	—	661540
石方洞挖（m³）	41140	28009	69149	51108
土石方填筑（m³）	—	—	—	59819
衬砌混凝土（m³）	18104	12325	30429	26572
面板混凝土（m³）	—	—	—	14370
钢筋（t）	1086	740	1826	3151
固结灌浆（m）	14280	9720	24000	5970
帷幕灌浆（m）	166997	139016	306013	132666
可比投资（万元）	11225	8732	19957	13189

注 两方案坝体填筑量相同，土石方明挖指库盆开挖，土石方填筑量指库岸面板下部平整填筑。为仅体现渗控工程投资规模和差异，土石方明挖仅计入因面板布置导致的变化量。

综合分析认为，两个方案均可行，方案一虽然两期总体工程量和投资较大，但可根据地质情况分期实施帷幕，具有优化空间。因此，本阶段推荐采用方案一，即垂直帷幕防渗方案。

3.3 防渗结构设计

3.3.1 防渗控制标准和防渗范围

（1）防渗设计标准。下水库采用帷幕灌浆防渗，灌浆帷幕的防渗标准为透水率 $q \leqslant 3Lu$。

（2）防渗线路布置。沿大坝趾板线和两岸防渗线路布置防渗帷幕。左岸帷幕出左坝头后与坝轴线平行，向山体内延伸，端部接至地下水位线与正常蓄水位的交点。右岸帷幕出右坝头后，帷幕线路平行坝轴线向右岸山体延伸 250m 穿过大安场向斜核部，继而转角向上游地质勘探钻孔 ZK26 方向延伸 500m，再沿方位角 S70°W 延伸 410m。右岸帷幕底线伸入栖霞组灰岩顶部碳质页岩、煤矸石夹层以下 5m，且帷幕深度不小于 0.5 倍坝高。本阶段考虑分期实施防渗帷幕，一期先对河床、左岸近坝部位、右岸坝头至大安场向斜核部约 250m 范围内进行防渗处理；余下右岸向上游延伸的帷幕为二期帷幕，根据揭露的地质情况进一步确定二期处理范围。

（3）防渗帷幕底线。左岸及河床趾板帷幕底线伸入相对不透水层 3 Lu 线以下 5m，右岸帷幕底线以岩溶发育最低高程控制，伸入栖霞组灰岩顶部碳质页岩、煤矸石夹层以下 5m。

3.3.2 灌浆廊道

根据左岸灌浆深度，左岸坝肩岩体内设 2 层灌浆平洞，高程初步拟定为 1221.00m 和 1164.00m，其中高程 1164m 灌浆平洞向下游与左岸高程 1164m 排水洞相通。根据右岸灌浆深度和库岸防渗面板布置，右岸坝肩山体内设 3 层灌浆平洞，高程初步拟定为 1221.00m、1164.00m 和 1121.00m，其中高程 1164m 和 1120m 灌浆平洞向下游分别与右岸高程 1164m 排水洞、1120m 排水洞相通。

灌浆平洞断面为城门洞型，净断面尺寸为 3.0m×3.5m（宽×高），衬砌厚 0.5m，顶拱回填灌浆。为满足帷幕高压灌浆要求，对高程 1164.00m 和 1121.00m 灌浆平洞进行全断面固结灌浆。

灌浆孔布置：设 2 排帷幕灌浆孔，间排距 2m。

3.3.3 排水设计

下水库坝址岩溶发育强烈，防渗帷幕封堵了大坝上游岩溶渗漏通道，但在防渗线路下游，坝基仍存在发生岩溶涌水条件，左、右岸坝基均存在溶蚀裂隙渗水，右岸还存在从下游涌向坝基的 K_{S13} 岩溶管道水。为防止岩溶裂隙和管道涌水对坝基产生不利影响，坝基上溶蚀裂隙和溶洞采取封堵和反滤措施，在大坝两岸坝肩山体内还布置了完备的排水系统。

（1）幕后排水。为收集坝基山体内岩溶裂隙渗水，在左坝肩约 100m、右坝肩约 150m 范围内，高程 1164m 和 1121m 灌浆平洞顶拱布置仰孔排水孔幕，孔深 30～50m，高程 1121m 灌浆平洞还设置俯孔排水孔，排水孔间距均为 3m。各高程的灌浆平洞内设排水沟，灌浆平洞内汇水通过坝顶公路排水沟或相应高程的排水洞排向大坝下游。

（2）排水洞。在左岸山体布置 1 条顺流向排水洞，高程在 1164m，在右岸山体布置 2 条顺流向排水洞，高程分别为 1164m 和 1120m。排水洞顶拱设仰孔排水孔幕。左、右岸排水洞上游接至相应高程灌浆平洞，下游分别接至大坝下游边坡，洞内收集的渗水均自流排至大坝下游。右岸防渗线下游侧的 K_{S13} 岩溶管道分布高程在 1120～1211m，利用右岸高程 1120m 和高程 1164m 排水洞直接或通过排水孔连通 K_{S13} 岩溶管道，将岩溶管道水引至排水洞，保证右岸岩溶管道水可以自流排至大坝下游。

3.3.4 溶洞处理

帷幕灌浆遇到溶洞、溶槽时，采取以下措施：溶洞内无充填物时，根据溶洞大小和地下水活动程度，回填混凝土或水泥砂浆处理，或者回填碎石再灌浆处理。溶洞内有充填物时，根据充填物的类型、特征和充填程度，采用高压灌浆或高压旋喷灌浆等措施。

4 结语

五峰太平抽水蓄能电站下水库岩溶水文地质条件复杂，右岸存在通向下游的岩溶渗漏通道，防渗形式对工程安全、经济运行影响重大。本文结合可行性研究阶段在勘探成果基础，对防渗方案、线路进行了研究论证和比选工作，选定了垂直帷幕防渗方案，并分两期实施，一期帷幕投资较少，二期帷幕有进一步优化可能。为达到防渗效果，同时降低工程投资，招标设计及施工图详图设计阶段，还应结合开挖揭露的岩溶地质条件，对下水库右岸防渗帷幕范围进行更深入研究。

参考文献

[1] 王化龙，赵一航，梁承运，等. 湖北五峰太平抽水蓄能电站可行性研究报告 [R]. 长沙：中国电建集团中南勘测设计研究院有限公司，2023.

[2] 易连兴，王喆，曹建文，等. 湖北五峰太平抽水蓄能电站岩溶水文地质专题研究报告 [R]. 桂林：中国地质科学院岩溶地质研究所，2022.

[3] 沈春勇，余波，郭维祥. 水利水电工程岩溶勘察与处理 [M]. 北京：中国水利水电出版社，2015.

[4] 吴关叶，黄维，王樱畯，等. 抽水蓄能电站水库防渗技术 [M]. 北京：中国水利水电出版社，2020.

[5] 刘加龙，徐年丰，向能武，等. 构皮滩电站防渗帷幕线上典型岩溶及处理技术 [J]. 人民长江，2010，41（22）：44-46.

[6] 杨泽艳，湛正刚，文亚豪. 等，洪家渡水电站工程设计创新技术与应用 [M]. 北京：中国水利水电出版社，2008.

[7] 钟以国. 洪家渡水电站库首右岸构造切口岩溶渗漏处理方案的确定 [J]. 贵州水力发电，2007，21（1）：27-30.

作者简介：

赵一航（1992—），男，湖南长沙，硕士研究生，工程师，主要从事水电工程结构设计工作。E-mail：zhaoyh@msdi.cn

水泥化学复合帷幕灌浆在福建仙游
抽水蓄能电站的应用

张维国

（中国南水北调集团中线有限公司，河南郑州 450000）

【摘　要】 随着抽水蓄能电站的大规模兴建，高水头、深埋深、长距离、大洞径的钢筋混凝土衬砌高压水道相继出现。本文简要对福建仙游抽水蓄能电站高压支管排水廊道水泥-化学复合灌浆施工技术进行介绍，并结合现场施工情况，对施工过程中应注意的一些问题进行探讨，可供类似工程参考。

【关键词】 防渗帷幕；湿磨；化学灌浆；灌浆工艺

0　引言

仙游抽水蓄能电站位于福建省莆田市仙游县西苑乡，是福建省第一座抽水蓄能电站，福建省"十一五"规划重点项目。电站装机容量为1200MW，安装4台单机容量为300MW的混流可逆式水泵水轮发电机组，为周调节抽水蓄能电站。该工程属大（1）型一等工程，枢纽主要包括上水库、引水系统、尾水系统、地下厂房、地面开关站及下水库等工程项目。

引水高压岔管周围大范围岩体均为新鲜花岗斑岩，其呈岩株状产出，以Ⅱ类围岩为主，局部断层破碎带及岩脉接触带为Ⅲ～Ⅳ类。岔管及其周围区域构造以断裂为主，发育有断层F22和节理密集带Jm，F22断层距离岔管近，为张扭性，勘探揭露断层倾角陡，深部宽度变窄，充填碎裂岩，两侧断层影响带宽1～2m，岩芯较破碎，见涌水；节理密集带Jm，宽度为0.1～0.2m，与其他不规则短小节理组合，极易发生机械破碎，造成岩芯破碎，节理渗水。断层F22和节理密集带Jm两者倾角陡，在岔管上方相交，高水头压力下，部分节理渗水量增加，形成主要的渗流通道，对钢筋混凝土岔管的渗透稳定不利，为防止沿该组节理可能产生的高压渗透问题，最终决定在高压支管排水廊道内采用水泥-化学复合灌浆对该部位进行防渗帷幕处理。

1　复合帷幕灌浆施工布置

高压支管排水廊道B1、A1、A2、A3位于引水压力钢管中心线上方约42m处，为一道横向、三道纵向"E"形布置，见图1。在B1、A1、A3廊道内向下设置垂直帷幕灌浆，其中B1廊道布置三排，排距1.6m，梅花形布置，三排垂直帷幕与底部1～4号压力钢管首部的帷幕灌浆相搭接；A1、A3排水廊道各布置两排，帷幕灌浆孔间距3m，孔深65～70m，灌浆压力为3.0～6.0MPa。B1排水廊道下方设3排灌浆帷幕，其中上游排和下游排全部采用湿磨超细水泥浆液进行灌浆，中间排高程186.00～217.00m之间区域采用低黏度环氧树脂灌浆材料进行灌浆，高程217.00m以上和186.00m以下区域采用湿磨超细水泥浆液进行灌浆。A1、A3排水廊道灌浆帷幕采用湿磨超细水泥浆液进行灌浆。对A2延伸洞，布置与A1相同的帷幕灌浆。高压支管排水廊道平面布置如图1所示。

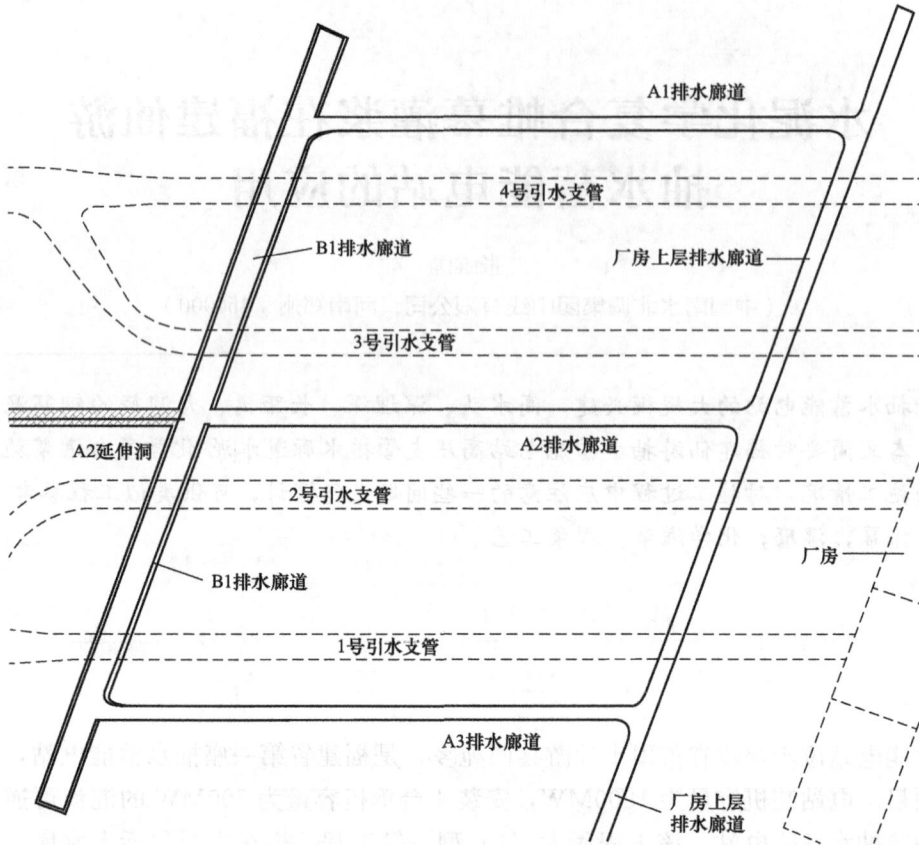

图 1　高压支管排水廊道平面示意图

2　灌浆施工技术要求

湿磨水泥帷幕灌浆施工采用孔口封闭式灌浆法自上而下分段灌浆，化学灌浆采用纯压式灌浆方法，采用自下而上分段灌浆。灌浆时先进行下游排的灌浆，然后进行上游排的灌浆，最后进行中间排的灌浆，每排灌浆分两序施工，施工工艺流程见图 2。

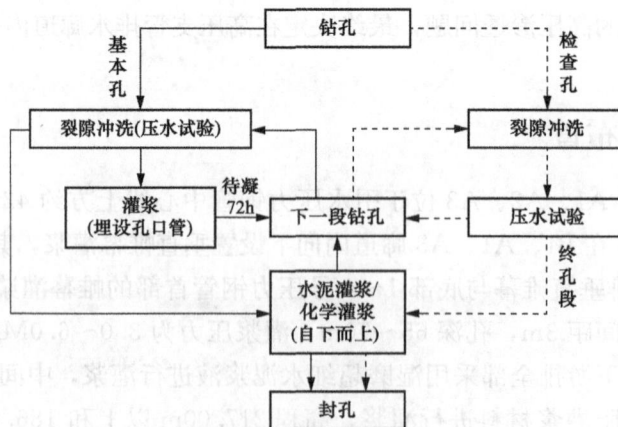

图 2　灌浆工艺流程

2.1　钻孔

钻孔采用 XY-2 型地质钻机造孔，孔口段开孔孔径为 $\phi91mm$，预埋 $\phi89mm$ 孔口管（钢管），先导孔与灌后压水检查孔孔口段以下至孔底段钻孔孔径为 $\phi76mm$，其他灌浆孔孔径为 $\phi60mm$，钻头采用金刚石钻头。

2.2 裂隙冲洗和压水试验

各孔灌浆前采用压力水进行裂隙冲洗，时间至回水清净时为止，压力不大于 1MPa。灌前压水试验在裂隙冲洗后进行，压水试验孔数不小于总孔数的 10％，试验采用单点法。

2.3 帷幕灌浆

水泥灌浆选用湿磨 52.5 普通硅酸盐水泥浆液，浆液水灰比采用 0.8：1、0.6：1、0.5：1 三个比级，浆液由稀到浓逐级变换。施工中采用 GSM 型湿磨机，湿磨水泥比表面积为 6000～8000cm²/g，平均粒径 D50 为 6～10um。湿磨时间在 5～6min，为保证湿磨浆液质量，定期采用光透颗粒测试仪对水泥细度进行检测。化学灌浆采用 CW 低黏度环氧树脂灌浆材料，浆液性能指标：外观均匀、无分层，浆液密度 ≥1g/cm³，初始黏度≤20MPa·s，可操作时间≥12h。固化物性能指标：28 天抗外压强度≥60MPa，28 天拉伸剪切强度≥5.0MPa，28 天抗拉强度≥10MPa，干黏结≥4.0MPa，湿黏结≥3.0MPa，28 天抗渗压力≥1.3MPa，28 天渗透压力比％≥300。

灌浆压力孔深 0～2m 灌浆压力为 1.0MPa，2～7m 为 3.0MPa，7～13m 为 4.0MPa，13～26m 为 5.0MPa，26～57m 为 6.0MPa，57～70m 为 5.0MPa。

水泥灌浆采用 3SNS-A 型高压注浆泵，帷幕灌浆第一段采用灌浆塞灌浆的方式进行钻孔灌浆，然后埋设孔口管，孔口管埋设长度以 2m 控制，各孔埋设深度予以记录。对第二段开始往下的钻孔，利用孔口封闭器进行重复式孔内循环灌浆，满足设计对复灌的要求，更好地保证灌浆质感。灌浆压力采用一次升压法控制灌浆压力，尽快达到设计压力，当注入率较大时可分级升压或间歇升压。

化学灌浆采用 HGB-2 型化学灌浆泵，在帷幕孔的第 5 段至第 10 段，采用水塞自下而上进行。化学灌浆过程中，应遵循"长时间、慢速率、尽量达到一定的注入量"的原则，控制好灌浆压力和注入率的协调关系，一般情况下注入率应控制在 0.05～0.1L/min 之间。当注入率≤0.05L/min，适当提高灌浆压力直至设计灌浆压力；当注入率＞0.1L/min，适当降低灌浆压力。

2.4 帷幕灌浆结束标准及封孔

（1）水泥灌浆：在设计规定灌浆压力下，灌浆孔吸浆量不大于 1L/min，继续灌注不少于 60min 结束。

（2）化学灌浆：在设计规定灌浆压力下，灌浆孔吸浆量不大于 0.02L/min，继续灌注不少于 30min 结束。

全孔帷幕灌浆结束以后采用"全孔灌浆孔法"进行封孔，孔口压抹齐平。

2.5 质量检查

质量检查采用五点法压水试验检查，在该部位灌浆结束 14 天后进行，检查孔数量为灌浆孔总孔数的 10％，合格标准为 85％以上试段的透水率不大于 0.5Lu，其余试段的透水率不超过 1.0Lu，且分布不集中。

3 成果分析

仙游抽水蓄能电站共计完成湿磨水泥帷幕灌浆 18578.97m，消耗水泥 1268.92t，平均单位耗灰量 68.29kg/m，其中Ⅰ序孔单位耗灰量 87.21kg/m，Ⅱ序孔单位耗灰量 48.83kg/m，Ⅱ序孔较Ⅰ序孔单位耗灰量减少 44％，化学灌浆 1019.42m，消耗环氧材料 14.21t，平均单位注浆量 13.9kg/m，其中Ⅰ序孔单位注浆量 19.41kg/m，Ⅱ序孔单位注浆量 7.07kg/m，Ⅱ序孔较Ⅰ序孔单位注浆量减少 63％，单位耗灰量随灌浆次序的增加而呈逐次减少现象。

水泥灌后检查孔压水共 36 个孔 368 段，平均透水率为 0.21Lu。化学灌浆灌后压水共 11 个孔 122 段，平均透水率 0.12Lu，灌后压水检查全部满足设计要求比较灌前压水试验，透水率有明显降低，表明灌浆的效果是显著的。

灌后质量检查孔采用地质钻机造孔取芯，根据检查孔取芯情况来看，灌后质量检查孔取芯率普遍较高，局部可见的水泥浆液结石和化学浆液结石，化学浆液以裂隙填充为主，岩芯获得率能达到 90％以上。

4　结语

根据渗压计、量水堰等监测、检测数据显示，高压岔管区防渗帷幕后渗透压力小，增幅在 16m 水头以内，远小于幕前水头增幅 500m，且比较稳定；高压支管排水廊道量水堰排水量在 1 L/s 以内，排水量较小，帷幕后排水呈强碱性，pH 均值为 12.0。渗压数据小、排水量小、幕后排水强碱性化，各项数据都显示防渗帷幕灌浆起到了很好的阻截渗流的作用。

水泥灌浆与低黏度环氧树脂化学灌浆材料灌浆组成的水泥-化学复合灌浆方式在本工程能够形成可靠的防渗帷幕，该工艺技术上是可行的，效果上是可靠的。

单纯的水泥灌浆存在小裂隙无法灌注，强度周期长等问题，单纯的环氧化学材料灌浆存在大裂隙时注入量大，造价高，资金投入大。使用两种浆液的复合灌注，对各种地质情况的处理都有明显效果，且经济合理。

作者简介：

张维国（1980—），男，大学本科，高级工程师，从事水利工程运行管理工作。E-mail：805519107@qq.com

花岗岩地区抽水蓄能电站趾板地基缺陷处理标准化设计

卢 博[1]，张 帆[2]，杨学超[3]

（1. 中国电建集团中南勘测设计研究院有限公司，湖南长沙 410014；

2. 河南新华五岳抽水蓄能发电有限公司，河南信阳 465400；

3. 四川水发勘测设计研究有限公司，四川成都 610072）

【摘 要】 趾板地基缺陷的处理直接关乎到混凝土面板堆石坝防渗体系的安全稳定运行。为了研究趾板地基缺陷处理的标准化设计，本文通过分析不同地基缺陷的特性，总结相关工程经验，明确了地基缺陷的标准化处理方法。通过采取刻槽置换混凝土、增加防渗板、加强锚固、加强灌浆、反滤处理等一种或多种处理措施，对趾板地基缺陷进行处理。处理方法技术可行、方便施工、经济合理，为后续的抽水蓄能电站工程建设提供参考和借鉴。

【关键词】 混凝土面板堆石坝；花岗岩；趾板；地基处理

0 引言

混凝土面板堆石坝筑坝技术从 20 世纪 80 年代引进国内以来，发展迅猛，逐渐积累了大量的设计、施工经验[1]。面板堆石坝作为一种当地材料坝，不仅可以就地取材，而且其对坝基的要求较低，适应变形能力强[2-4]。混凝土面板堆石坝的趾板是面板堆石坝防渗体系的重要组成结构[5]，它是连接地基防渗体和面板的混凝土板[6]，既要承受水压力，又要承受混凝土面板传递下来的荷载。

花岗岩地区的趾板地基缺陷主要有断层破碎带、节理密集带、花岗岩蚀变带，施工过程中还存在地基超挖等问题。趾板地基缺陷的处理方法主要有刻槽回填混凝土、加强固结灌浆、反滤处理等[7-10]。随着近些年抽水蓄能电站井喷式发展，混凝土面板堆石坝数量急剧增加，研究花岗岩地区趾板地基缺陷处理的标准化设计工作，具有重要的工程应用价值，为后续的混凝土面板堆石坝设计和施工提供借鉴作用。

1 处理原则及处理方法

趾板及防渗板地基范围内的断层破碎带和软弱夹层等地质缺陷的处理，应根据其产状、规模、组成物质和承受的荷载，重点研究其承载能力、防渗性能、渗透稳定和抗滑稳定等方面的问题，采取针对性的处理措施。

抽水蓄能电站的坝高大部分小于 100m，趾板地基开挖后，如果发现地质条件与前期预判的有较大出入时，会采取趾板二次定线。一般情况下，趾板地基缺陷处理的深度小于 5.0m，不涉及高趾墙以及趾板基础稳定的问题。在标准化设计中，主要解决地基承载力、防渗问题和渗透稳定问题。

水布垭大坝最大坝高 233m，趾板区断层采取抽槽回填混凝土进行处理[9]。三板溪大坝最大坝高 185.5m，趾板区域的断层破碎带采取刻槽回填 C20 混凝土、加深固结灌浆孔和出口反滤进行处理[10]。猴子岩水电站最大坝高 223.5m，趾板区域内的断层等地质缺陷采用刻槽回填混凝土和下游反滤进行处理[6]。梨园水电站最大坝高 155m，趾板区域断层破碎带采取刻槽回填混凝土、增加长锚杆、增加帷幕灌浆排数、加深固结灌浆以及下游增设反滤层进行处理[11]。结合相关工程经验，根据趾板地基缺陷的特性，采取刻槽置换混凝土、增加防渗板、加强锚固、加强灌浆、反滤处理等一种或多种处理措施。

2 趾板地基缺陷处理的标准化设计

2.1 断层破碎带处理

根据断层走向与趾板轴线之间夹角的大小，可以分为与趾板大角度相交的断层和与趾板小角度相交的断层。当断层与趾板大角度相交时，断层从趾板上游贯穿至趾板下游，形成了渗漏通道，会导致渗漏量加大，甚至产生渗透破坏，需要解决地基防渗和渗透破坏问题。当断层与趾板小角度相交时，没有形成直接渗漏的通道，库水可能沿着断层层面绕渗至趾板底面，此时的渗径较长，水力梯度较小，一般不会发生渗透破坏，主要解决地基防渗问题。此外，趾板地基受到断层挤压错动的影响，地基压缩模量较小，承载力可能达不到设计要求，受水压力作用后，趾板地基的压缩变形较大，可能引起止水失效，因此需要解决地基承载力不足的问题。

断层破碎带的允许渗透坡降需要根据其组成和填充胶结情况，类比工程进行拟定，重要部位可通过渗透试验确定，初拟处理方案时，花岗岩地区断层允许渗透坡降可取 1～2。

2.1.1 与趾板小角度相交的断层破碎带处理

（1）地基处理的范围为趾板建基面以及沿断层走向外扩 2 倍断层宽度。

（2）沿断层走向进行刻槽回填 C25 微膨胀混凝土，膨胀率为 0.025%～0.045%，形成一个倒梯形的混凝土塞。刻槽底宽为断层及其破碎带两侧各外扩 0.5～1.0m，刻槽深度为 1.5 倍断层的宽度，两侧坡比取 1:0.5。趾板建基面一般位于坚硬的弱风化基岩上，花岗岩地区的断层破碎带岩体虽然软弱，但是其影响范围外岩体的强度陡增，刻槽施工的难度比较大，因此刻槽的底宽不宜过宽。刻槽断面是倒梯形，外荷载的作用会先传递给两个侧面，再传递至底面，侧面基岩完好，承载力较高，刻槽底宽较窄时，也能满足承载力要求。

（3）在刻槽回填混凝土基础面设置 $L=4.5$m、间排距均为 1.5m 的 $\phi25$ 锚筋，锚入基岩 3.5m，外露 1.0m，外露部分根据实际回填深度进行弯折，弯折长度不小于 0.2m。锚筋施工的角度需要根据断层的产状进行调整，尤其是底部的锚筋，要保证锚固段大部分位于完整基岩才能保证其锚固力。

（4）对刻槽回填混凝土范围的基岩进行固结灌浆处理。固结灌浆孔深度为 8.0m，间排距为 2.0m，灌浆压力可为 0.3～0.8MPa，待回填混凝土达到设计强度后可开展固结灌浆施工。固结灌浆孔的角度需要根据断层的可灌性进行调整，当断层的可灌性较好时，灌浆孔宜穿过断层；当断层的可灌性较差时，通过调整灌浆孔的角度，将断层两侧的基岩灌注密实，通过断层两侧的基岩对其产生挤密作用来提高基岩整体的力学性能。

2.1.2 与趾板大角度相交的断层破碎带处理

（1）为了保证趾板地基的渗透稳定，沿断层方向，地基处理的长度为趾板所在部位承受的最大水头与断层的允许渗透坡降之比。当该长度大于趾板宽度时，可以在趾板的上下游方向分别布置防渗板来延长渗径。

（2）当防渗板布置于趾板上游侧时，防渗板与趾板之间设置铜止水，两端设置止水槽。防渗板厚度取 0.5m，防渗板宽度为断层及其影响带两侧各向外延伸 2m，混凝土指标同面板混凝土一致。防渗板布置双层双向钢筋，每层每向钢筋的配筋率和混凝土保护层厚度同面板一致。防渗板范围内梅花型布置 $L=4.5$m、间排距均为 1.2m 的 $\phi25$ 锚筋，入岩深度为 4.0m，外露部分设置一弯钩，弯钩同防渗板表层钢筋牢固连接。在防渗板范围内布置固结灌浆孔，孔深 8.0m，间排距为 2.0m，灌浆压力可为 0.5MPa。当防渗板布置于趾板下游侧时，除了采取上述措施外，在防渗板及其外扩 1m 范围内，增加一层 0.4m 厚的垫层料进行缓冲，防止防渗板被压裂。

（3）趾板建基面范围内的断层刻槽回填混凝土以及锚筋的布置同与趾板小角度相交的断层破碎带处理一致。

（4）为了减少渗漏量，提高趾板地基渗透稳定性，在断层破碎带及其两侧外扩 2 倍断层宽度范围内的帷幕灌浆需要进行加强处理。帷幕灌浆孔孔距可调整至 1.0m，孔深不小于该部位趾板所承受的最大水头与断层的允许渗透坡降之比的一半。当帷幕灌浆孔穿过断层时，水泥浆液可能沿着断层层面扩散，在帷幕轴线方向扩散范围较小，不能形成封闭的防渗帷幕。因此，在帷幕加强的长度范围内需要增加一排副帷幕，以保证主帷幕的灌浆效果，同时也能起到辅助防渗作用。副帷幕的孔深宜大于该部位断层的埋深或不小于主帷幕孔深的一半。

（5）当趾板下游的防渗板根据计算需要，长度较长时，也可以采取"喷混凝土＋反滤"的方法进行处理。在防渗板下游沿断层破碎带及其两侧外扩 2m 范围内，喷 5cm 厚的 C25 混凝土，在喷混凝土表面及其两侧外扩 1m 范围内增加一层 0.4m 厚的反滤料进行反滤处理。该方法适用于防渗板较长且趾板下游边坡坡度较缓的情形。

（6）在断层破碎带两侧的趾板增设结构缝，缝内设置止水，用于减轻断层破碎带范围内，趾板地基压缩变形的影响。

2.2 节理密集带处理

节理是岩体的裂隙，节理会削弱岩体的完整性，降低岩体的承载力。节理的发育深度较浅，一般不会导致渗漏和渗透破坏问题，在趾板范围内的节理密集带主要解决地基承载力的问题。

对节理密集带的处理，主要采取刻槽回填混凝土、加强锚固以及加强固结灌浆的方法，同处理趾板断层破碎带一致。刻槽回填混凝土可将破碎的、不满足承载力要求的节理密集带清除，加强固结灌浆可以提高地基的完整性，提高地基承载力。

2.3 蚀变带处理

花岗岩地区，基岩的蚀变现象较为普遍，蚀变带的发育一般没有规则。蚀变带矿物成分较为复杂，蚀变带的强度很低，遇水软化，可灌性差，但是天然状态下的透水性较小。对于趾板范围内蚀变带的处理，主要是解决地基承载力低的问题，不宜过多地对其进行扰动。对于蚀变带的处理，主要是采取刻槽回填微膨胀混凝土和加强固结灌浆。

（1）蚀变带不同于断层，其宽度一般较窄，两侧的基岩强度基本不受蚀变带的影响，采取常规的倒梯形混凝土塞的刻槽断面，施工难度很大。当趾板承受水头不高，且蚀变带宽度不宽时，可将趾板简化为简支梁进行计算，梁的跨度为蚀变带出露建基面的宽度。计算结果如能满足结构承载力要求，对蚀变带的刻槽处理，可以调整为仅处理蚀变带区域，能够充分利用蚀变带两侧基岩的承载力，方便施工，节省工期。

（2）对蚀变带处理范围的基岩进行固结灌浆，灌浆孔深为 8.0m，间排距为 2.0m，灌浆压力可为 0.3～0.5MPa。蚀变带的强度很低，遇水易软化，施工过程中的灌浆压力不宜过大，可采取低压、浓浆、待凝等措施，或者减小灌浆孔孔距，尽可能地在蚀变带区域形成完整的防渗帷幕，阻断可能的渗漏通道。

2.4 地基超挖处理

为了减小钻爆法施工对趾板地基的扰动，在趾板开挖设计时，一般会预留保护层开挖，靠近建基面一定范围内只能采取人工清撬的方法进行开挖，会有局部凸起的岩块。受到开挖爆破和地质缺陷的影响，不可避免地会产生超挖情况，根据超挖的深度不同，需要采取不同的方法进行处理。

（1）对于局部凸起的岩块，凸起高度较大时，可能会对趾板产生一定的约束作用，诱发趾板混凝土产生裂缝。因此，对于凸起高度大于 0.5m 的岩块，需要人工进行凿除至与周边基岩保证相对平整的基础面。

（2）当超挖深度小于 0.2m 时，超挖部位的回填混凝土要求同趾板混凝土一致，可同趾板混凝土一起浇筑，但需要保证原趾板锚筋入岩深度不小于原设计值。此时，相当于将趾板底部钢筋的混凝土保护层厚度加厚了，基本不改变趾板混凝土的结构特性，因此无需特殊处理。

（3）当超挖深度在 0.2～1.0m 之间时，在趾板混凝土浇筑之前应采用 C25 混凝土回填至趾板设计建基面，原趾板锚筋入岩深度不小于原设计值。为了减少趾板混凝土裂缝的产生，回填混凝土浇筑完成 7 天以后，才可以浇筑趾板混凝土。当超挖深度大于 1.0m 时，回填混凝土上游表面布置限裂钢筋，防止由于回填混凝土产生上下游贯通裂缝而导致渗漏发生，钢筋的布置可同趾板混凝土一致。

3 结论

混凝土面板堆石坝趾板地基缺陷种类较多，不同类型的地基缺陷可能引起的问题也不尽相同。通过分析不同类型的地基缺陷可能产生的后果，结合相关工程经验，对花岗岩地区混凝土面板堆石坝的趾板地基缺陷处理进行了标准化的设计工作。根据地基缺陷的特性，采取刻槽置换混凝土、增加防渗板、加强锚固、加强灌浆、反滤处理等一种或多种处理措施，以达到技术可行、施工方便、经济合理的目的。为后续的抽水蓄能电站工程建设提供参考和借鉴。

参考文献

[1] 杨泽艳，周建平，蒋国澄，等. 中国混凝土面板堆石坝的发展 [J]. 水力发电，2011，37（2）：18-23.

[2] 杨泽艳，王富强，吴毅瑾，等. 中国堆石坝的新发展 [J]. 水电与抽水蓄能，2019，5（6）：36-40，45.

[3] 徐泽平. 混凝土面板堆石坝关键技术与研究进展 [J]. 水利学报，2019，50（1）：62-74.

[4] 徐泽平. 面板堆石坝应力变形特性研究 [D]. 北京：中国水利水电科学研究院，2005.

[5] NB/T 10871—2021：凝土面板堆石坝设计规范 [S]. 北京：中国水利水电出版社，2022.

[6] 窦向贤. 猴子岩水电站高面板堆石坝设计 [J]. 人民长江，2014，45（8）：42-45.

[7] 杨泽艳，罗光其，罗洪波. 洪家渡混凝土面板堆石坝设计 [J]. 水力发电，2001（9）：14-16.

[8] 吴基昌，杨泽艳，邹林. 洪家渡水电站面板堆石坝基础开挖及处理设计 [J]. 贵州水力发电，2003，17（3）：30-33.

[9] 肖化文，陈传慧，熊泽斌. 水布垭面板堆石坝趾板设计 [J]. 水力发电，2005，31（6）：15-17.

[10] 宁永升，潘江洋，钟谷良. 三板溪面板堆石坝（主坝）基础开挖及处理设计 [J]. 中南水力发电，2003（1）：27-29.

[11] 项捷，黎满山. 梨园水电站面板堆石坝基础处理设计 [J]. 人民长江，2016（47）：90-93.

作者简介：

卢　博（1993—），男，湖南郴州，研究生，工程师，主要从事水工结构和岩土工程工作。E-mail：416059043@qq.com

外露土工膜防渗水库斜坡面压覆锚固应用

罗书靖，徐 辉，张 弦

（中国电建集团华东勘测设计研究院有限公司，浙江杭州 310058）

【摘 要】 外露土工膜水库在无库水位压覆情况下受风荷载的影响容易隆起，极端情况隆起会撕裂土工膜引起防渗失效。本文介绍了外露土工膜防渗水库沿斜坡面压覆锚固设计方法，并以中东某土工膜防渗抽水蓄能项目水库为例，进行了设计验算，该项目水库锚固及防渗土工膜已实施完成并蓄水，相关方法被验证是有效的。

【关键词】 外露土工膜；压覆锚固；工程案例

0 引言

由于土工膜生产水平和施工工艺的提高，采用土工膜进行土石坝防渗近年来得到了较大的发展，国内外已经普遍接受了这种新型的防渗材料和技术。目前国内的许多工程实践都表明土工膜的防渗效果良好、经济、施工方便，有推广使用价值。土石坝中土工膜有外露在坝面、浅埋在坝面及埋设在坝体内三种形式。国际大坝协会公报统计截止到 2010 年有 243 座大坝项目使用了土工膜作为防渗层，其中土石坝有 171 座，土石坝中使用外露土工膜作为防渗层的项目有 44 个[1]。因外露土工膜具有施工方便快捷、破损后容易发现渗漏点进行修补、修补成本较低等优点被越来越多地应用到土石坝中。

外露土工膜水库特别是抽水蓄能项目水库由于水位频繁变幅，在无库水位压覆土工膜的情况下容易受风荷载吹拂引起土工膜隆起，极端情况下可能引发土工膜产生撕裂破坏。因此，外露土工膜如何锚固在土石坝迎水面边坡上显得尤为重要。[2-3]；美标规程规范，如大坝协会公报、垦务局土工膜规范等也主要集中在介绍土工膜的机械锚固、土工膜在坡顶及坡脚的槽挖锚固、在水库坡面上沿水平向间隔设置槽挖锚固等。[1,4] 近年来，随着使用外露防渗土工膜的项目逐渐增加，垂直于坝轴线沿着水库斜坡面设置锚固槽的工程案例也逐渐增多[5]。本文主要介绍了外露土工膜防渗水库沿斜坡面设置压覆锚固槽的计算方法、锚固验算主要考虑因素及安全系数控制标准等。相关方法已经运用在了中东某抽水蓄能项目中，取得了较好的效果。

1 斜坡面压覆锚固计算方法及验算

1.1 锚固计算方法

1.1.1 风荷载

外露土工膜铺设在土石坝上游坡面，在无水荷载压覆情况，土工膜受到的荷载主要为风荷载及土工膜自重，其中风荷载 μ_{GM} 计算公式[6]如下式（1）所示，风荷载扣除土工膜自重后的向上分力 p_{eff} 计算公式如（2）所示。

$$\mu_{GM} = \lambda \cdot \rho \cdot \frac{v^2}{2g} \cdot e^{-\left(\frac{\rho \cdot g \cdot z}{Pa}\right)} \tag{1}$$

$$p_{eff} = \mu_{GM} - GM_w \cos\theta \tag{2}$$

式中：λ 为吸力系数；v 为设计风速，m/s；z 海拔，m；g 为重力加速度；ρ 为空气密度；Pa 为标准大气压；GM_w 为土工膜重度；θ 为土工膜的铺设坡面角度。

吸力系数 λ 取值沿水库坡面不同高程取值不同，顶部 1/3 取 0.85，中部 1/3 取 0.7，底部 1/3 取 0.55[6]。沿水库坡面吸力系数 λ 分布如图 1 所示。

受风荷载影响，复合土工膜发生似圆弧隆起的变形，变形所引起的表面拉力 T 可参考图 2。表面拉力通过土工膜传递到锚固系统，其法向分量和切向分量分别为 T_n 和 T_t。表面拉力 T 计算公式如式（3）所示[1]，即

$$T = p_{eff} \cdot R = p_{eff} \cdot \frac{d}{2\sin\alpha} \tag{3}$$

式中：R 为隆起变形半径，m；α 为变形弧度，rad；d 为锚固槽间距。

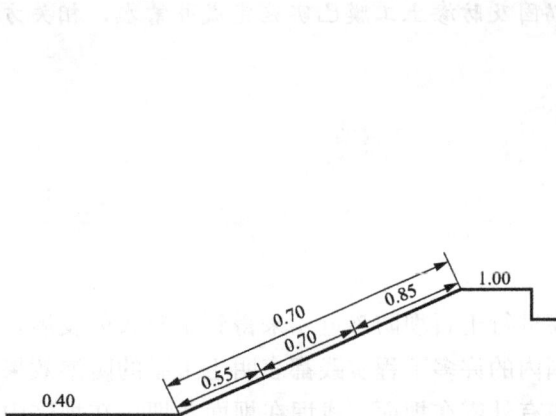

图 1　沿水库坡面吸力系数 λ 分布

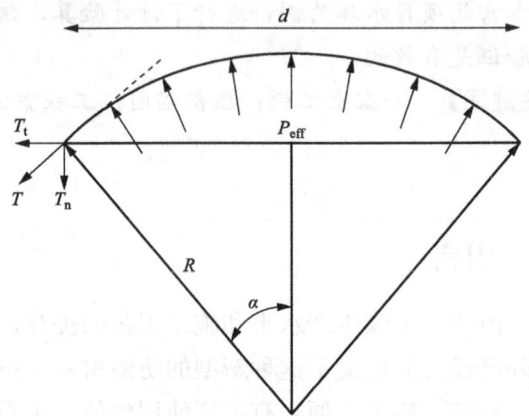

图 2　土工膜受风荷载隆起后受力示意图

土工膜伸长率 ε 和表面拉力 T 分别见式（4）和式（5），T 和 ε 的关系与土工膜材料选项有关，可根据实验室获得的应力-应变曲线得到两者关系的多项式，并结合 ε 和 T 的计算公式进行单变量求解得到变形弧度 α，即

$$\varepsilon = \frac{\alpha}{\sin\alpha} - 1 \tag{4}$$

$$T = k \cdot \varepsilon \tag{5}$$

式中：k 为土工膜材料的刚度（弹性模量），kN/m；ε 为土工膜伸长率。

1.1.2　锚固槽受力分析

土工膜在坡面主要通过锚固槽进行加固，根据设计要求在坡面上开挖多道垂直于坝轴线的锚固槽，槽内压覆土工膜条带沿槽一侧边壁及槽底铺设在锚固槽内，与槽底及边坡贴合，外露一焊接长度，锚固槽内回填土石料并碾压密实。外露土工膜通过分幅热熔焊接在压覆土工膜条带上，锚固槽与表面铺设土工膜关系示意如图 3 所示，外露土工膜接头及压覆土工膜条带受力简图如图 4 所示。

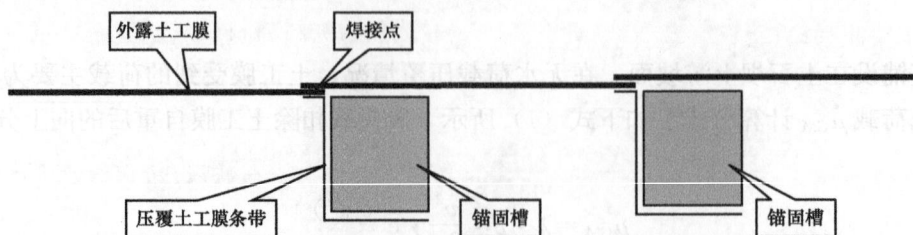

图 3　锚固槽与表面铺设土工膜关系示意

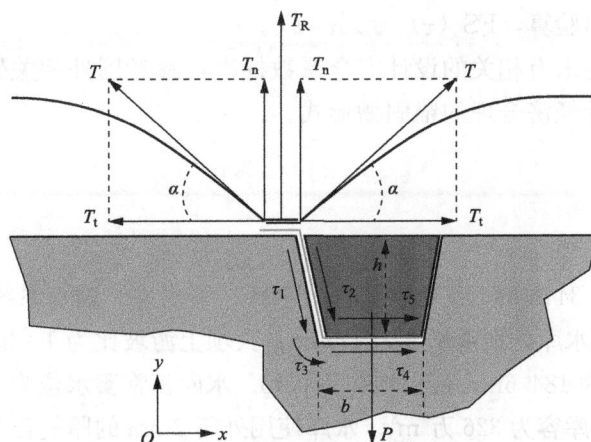

图 4　外露土工膜接头及压覆土工膜条带受力简图

根据图 4 示意，主要设计参数定义如下：b 为锚固槽底宽；h 为槽深，单位为 m；T 为土工膜受风荷载影响时的表面拉力，km/N，T_t 和 T_n 分别表示表面拉力 T 在水平向和竖直向的分力；由于外露土工膜是分两幅热熔焊接在压覆土工膜条带上，压覆土工膜条带两侧均受到表面拉力 T，其产生的合力为 T_R；α 表示土工膜隆起后的弧度，rad；P 表示槽内回填材料单位长度的重量，kN/m；τ 为压覆土工膜条带与两侧材料接触后产生相应的摩擦力，单位为 kN/m。

根据锚固槽受力情况，合力 T_R 为

$$T_R = 2T_n = 2T\sin\alpha \tag{6}$$

考虑坝坡影响，锚固槽内锚固材料的有效重量为

$$P = \gamma V\cos(\theta) \tag{7}$$

式中：V 为锚固槽的单位长度体积，m^3/m；γ 为槽内回填材料的重度；θ 为坝坡上游面坡度，rad。

压覆土工膜条带抗拔计算各分力方法基于 J. P. Giroud 在 2011 年提出的研究成果[5]，其摩擦力 τ 为

$$\tau_1 = \gamma h^2/2k\tan\delta_S \tag{8}$$

$$\tau_2 = \tau_1\frac{\tan\delta_M}{\tan\delta_S} \tag{9}$$

$$\tau_3 = (\tau_4 + \tau_5)(e^{\beta\tan\delta_M} - 1)f \tag{10}$$

$$\tau_4 = \gamma hb\tan\delta_S \tag{11}$$

$$\tau_5 = \tau_4\frac{\tan\delta_M}{\tan\delta_S} \tag{12}$$

式中：$f = 0.5$，为非刚性锚固材料的折减系数；$k = 0.7$，为侧向土压系数；$\beta = \pi/2$，为滑移角度；δ_M 土工膜与上部压覆材料间摩擦系数；δ_S 为土工膜与底部原状材料间摩擦系数。

1.2　锚固验算及安全系数取值

为了验算锚固槽的锚固能力是否满足要求，需要分别考虑验算土工膜自身抗拉强度、土工膜热熔焊接点位置锚固强度、锚固槽压载及土工膜压覆段抗拔出等四个方面。其中，土工膜抗拉强度安全系数与土工膜自身的抗拉强度有关；土工膜焊接强度安全系数与土工膜材料种类、焊接方式相关；锚固槽压载安全系数和压覆段土工膜抗拔出安全系数与坡面设置的槽尺寸大小、土工膜与基础及回填料间的摩擦系数、土工膜压覆条带的宽度等因素有关。

主要需验算的内容如下：

（1）土工膜自身抗拉强度验算，$\text{FS}(T) = T_{土工膜}/T$；

（2）土工膜热熔焊接点位置锚固强度验算，$\text{FS}(S) = T_{焊接}/T_n$；

（3）锚固槽压载验算，$\text{FS}(P) = P/2\times T_n$；

（4）土工膜压覆段抗拔出验算，$FS(\tau) = \sum \tau / T_R$。

由于国内外现行规范中还未有相关的设计安全系数标准，参考国外相关研究成果及工程经验，可以根据最小安全系数取 1.5 设计经济合理的锚固槽形式。

2 工程案例

2.1 锚固设计

中东某抽水蓄能项目装机 344MW，工程主要由上水库、下水库、输水系统、地下厂房和开关站组成。上水库为半开挖半回填形成的水库，坝顶长度为 1770m，大坝上游坡比为 1∶3.5，下游坡比为 1∶2.5，坝顶高程为 209.1m，库底高程为 184.6m，最大坝高为 25m。水库正常蓄水位为 208.0m，死水位为 185.6m，水位变幅为 22.4m，水库调节库容为 326 万 m³。水库使用外露 2mm 的厚复合 PVC 土工膜防渗，该复合土工膜包含了一层 2mm 厚的 PVC 土工膜及一层 500g/m² 的无纺土工布，复合土工膜的幅宽为 2m。

土工膜在坝顶位置通过机械锚固固定在防浪墙底部混凝土上；在水库内侧坡面上将土工膜热熔焊接在锚固槽露头的压覆土工膜条带上进行锚固固定，坡面上设置的每条锚固槽均沿坡面布置并垂直于坝轴线；在水库库底位置土工膜通过死水位压覆锚固。水库边坡及库底防渗土工膜面积约 22 万 m²，其中边坡坡面上土工膜面积约 14 万 m²。沿坡面由于吸力分布系数 λ 不同，距离坡顶部 1/3 范围锚固槽间距为 8m，距离坡底部 2/3 范围锚固槽间距为 16m，水库沿坡面设置的锚固槽示意见图 5。锚固槽尺寸顶部 1/3 为高×宽（50cm×105cm），底部 2/3 为高×宽（50cm×130cm），见图 6。

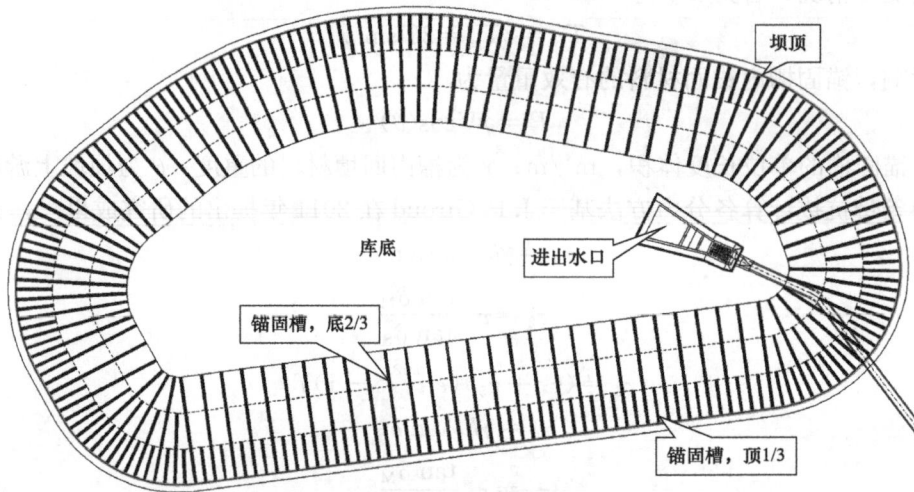

图 5　水库沿坡面设置的锚固槽示意

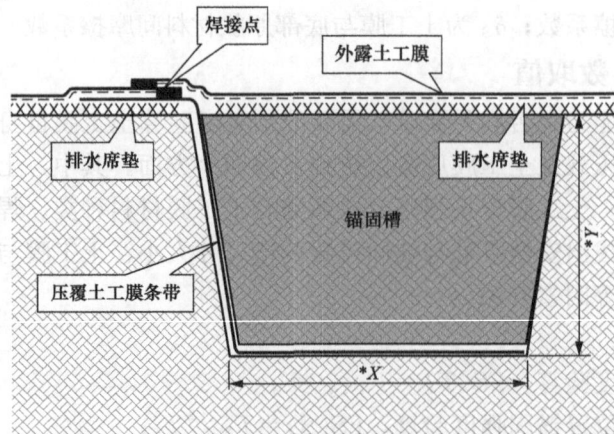

图 6　水库锚固槽大样图

根据上述设计内容，采用第二节介绍的相关方法进行设计验算。根据收集到的气象资料显示上水库设计最大风速为 40.5m/s，锚固槽锚固验算成果见表 1。分别验算了土工膜抗拉强度安全系数、土工膜焊接强度安全系数、锚固槽压载安全系数和压覆段土工膜抗拔出安全系数。由于土工膜本身抗拉强度较高，计算得到的安全系数较大，顶部为 5.93，底部为 4.94。相同材质的土工膜通过热熔进行焊接后，由于焊点的强度小于土工膜本身抗拉强度，得到焊接强度安全系数也较小，顶部为 2.16，底部为 1.70。锚固槽压载安全系数由开挖锚固槽的大小和回填料的重度共同确定，锚固槽压载安全系数顶部为 1.65，底部为 1.61，回填料确定后，锚固槽的尺寸越大安全系数越大，但锚固槽开挖尺寸越大越不经济。压覆段土工膜抗拔出安全系数由开挖锚固槽的尺寸、土工膜与基础及回填料间的摩擦系数等因素共同决定，压覆段土工膜抗拔出安全系数顶部为 2.28，底部为 2.18。

表 1 锚固槽锚固验算成果

	项目	顶部 1/3，间距 8m	底部 2/3，间距 16m
p_{eff}	风吸力（kPa）	0.85	0.54
T	表面拉力（kN/m）	4.50	5.40
α	隆起变形弧度（rad）	0.85	0.92
T_n	竖向分力（kN/m）	3.39	4.30
T_R	拉力合力（kN/m）	6.78	8.61
b	锚固槽底宽（m）	1.05	1.30
h	锚固槽高度（m）	0.50	0.50
P	锚固槽回填料重（kN/m）	11.2	13.9
$\Sigma\tau$	摩擦力和值（kN/m）	15.5	18.8
$FS(T)$	土工膜抗拉强度安全系数	5.93	4.94
$FS(S)$	土工膜焊接强度安全系数	2.16	1.70
$FS(P)$	锚固槽压载安全系数	1.65	1.61
$FS(\tau)$	压覆段土工膜抗拔出安全系数	2.28	2.18

本项目取安全系数不小于 1.5 作为控制指标，从计算成果可知锚固槽的压载安全系数为锚固设计安全系数的控制因素，设计合理的锚固槽可有效地节省投资。

2.2 锚固实施方案

坡面土工膜采用压覆锚固，将土工膜压覆条带压覆在坡面预先开挖的槽内，再将作为防渗层的外露土工膜热熔焊接在压覆条带上。由于水库土坡坡面开挖的锚固槽边壁凹凸不平，且不规则，可在槽内一侧边壁设置砂浆找平层，压覆土工膜条带铺装在槽底及砂浆找平层上较平顺，不易脱空。压覆土工膜条带的施工工序可分为坡面开挖锚固槽→沿槽铺设土工膜压覆条带→回填并分层碾压密实→整平清理坡面流出焊接条带→铺设表层土工膜与预留条带焊接等工序，如图 7 所示。坡面锚固槽按照不同高程间距不同，如图 8 所示。

(a) 锚固槽开挖

(b) 压覆土工膜铺设

图 7 锚固槽及土工膜铺设施工工序（一）

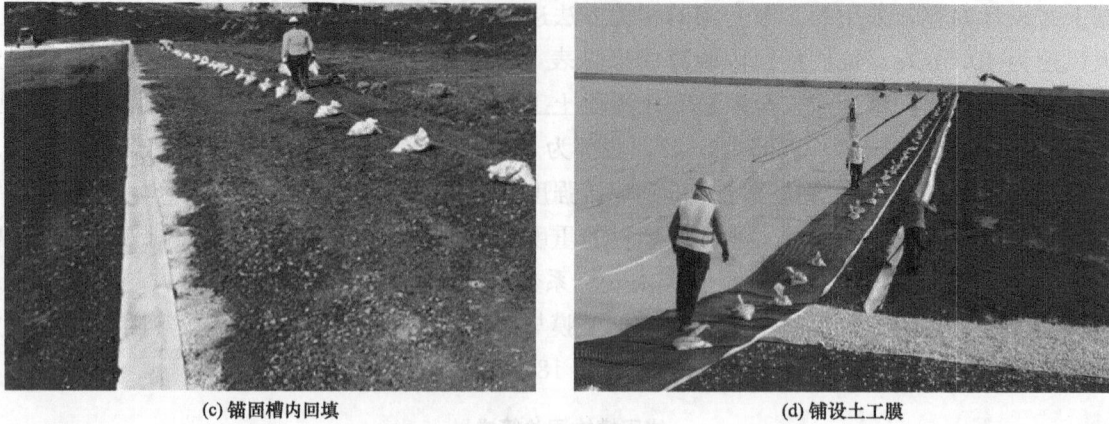

(c) 锚固槽内回填

(d) 铺设土工膜

图 7　锚固槽及土工膜铺设施工工序（二）

图 8　坡面锚固槽示意

选用的 PVC 土工膜幅宽为 2m，坡面间距为 16m 的锚固槽需要 8 幅土工膜焊接而成，如图 9 所示。图 9 中编号①～③的土工膜为单边预留焊接条带土工膜，编号④为双边预留焊接条带土工膜，土工膜的铺设及焊接顺序为①到④。两幅土工膜结合位置均使用双缝热熔焊接工艺。设项目上水库自 2023 年 11 月土工膜铺设完工并经过调试后开始蓄水，边坡上设置的锚固槽能较好地将土工膜固定在边坡上，取得了较好的锚固效果。

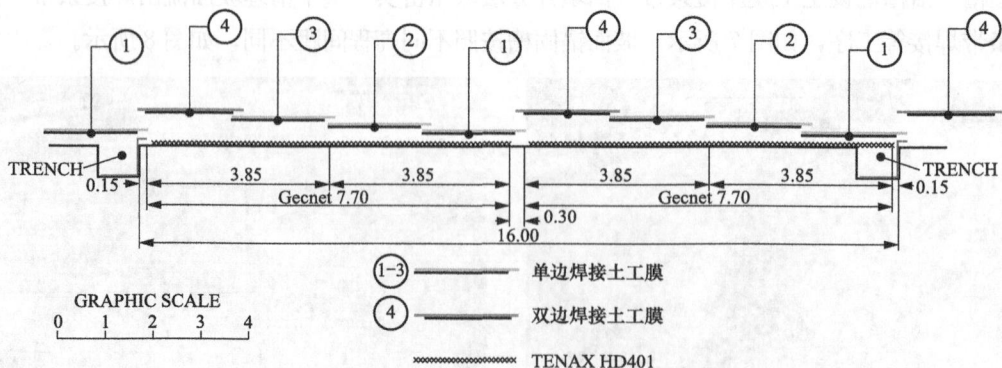

图 9　坡面土工膜安装示意图

水库完建后蓄水情况如图 10 所示。

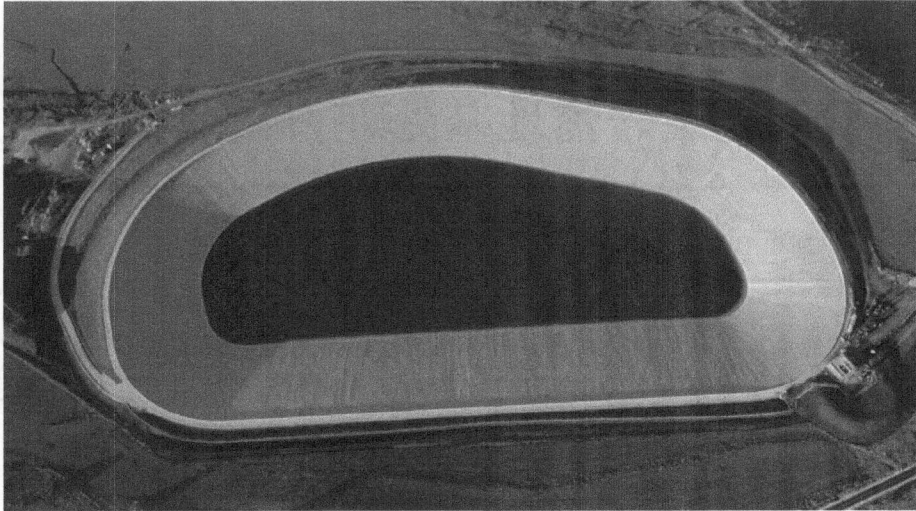

图 10　水库完建后蓄水情况

3　结语

本文介绍了外露土工膜防渗水库沿斜坡面设置压覆锚固槽的设计计算方法，锚固槽的锚固设计需考虑土工膜抗拉强度安全系数、土工膜焊接强度安全系数、锚固槽压载安全系数和压覆段土工膜抗拔出安全系数。以中东某土工膜防渗抽水蓄能项目水库为例，进行了设计验算，该项目水库锚固及防渗土工膜已实施完成并蓄水，取得了较好的锚固效果，工程经验可为后续相关工程设计提供参考。

参考文献

[1]　InernationalCommission on Large Dams Bulltin 135. Geomembrane sealings systems for dams（design principles andreview of experience）[Z]. 2010.

[2]　索丽生，刘宁. 水工设计手册 [M]. 北京：中国水利水电出版社，2014 年.

[3]　能源行业水电勘测设计标准化技术委员会. NB/T 35027—2014：水电工程土工膜防渗技术规范 [S]. 北京：中国电力出版社，2014.

[4]　U. S. Department of the Interior Bureau of Reclamation. De-sign standard No. 13，Embankment dams [S]. 2014.

[5]　Kanishka Perera，J. P. Giroud. Exposed Geomembrane Cover Design：A Simplified Design Approach [C]. Geo-Frontiers Congress 2011.

[6]　J. P. Giroud，T. Pelte，R. J. Bathurst. Uplift of Geomembranes by Wind [J]. Geosynthetics International，1995，2 (6)：897-952.

作者简介：

罗书靖（1987—），男，重庆，工学硕士，高级工程师，主要从事水电站设计管理工作。E-mail：luo_sj@ecidi. com

抽水蓄能电站岩溶地基处理方案研究与应用

王　坤

（中国电建集团中南勘测设计研究院有限公司，湖南长沙　410014）

【摘　要】 随着抽水蓄能电站工程的快速发展，越来越多的抽水蓄能电站需建在距负荷中心较近、但地形地质条件较差的地方，其中部分抽水蓄能电站站址区处在岩溶发育的地区。在此筑坝成库，其基础处理、水库周边和库区渗漏通道的防渗处理极为重要，并且处理的技术方案也十分复杂。因岩溶地区地层岩性复杂，在溶蚀作用下，岩溶地区常常伴有溶洞、暗河、落水洞、消水点、岩溶孔洞、煤洞以及其他地质缺陷和可能的渗漏通道，使得在岩溶地区修建的水库，由于防渗处理不到位，水库渗漏量依旧很大，甚至导致水库无法正常蓄水，不仅无法建成水库，满足电站运行功能，而且坝基尤其是和近坝库区存在的漏水通道，同样也会危及坝体的安全。此外，岩溶地区分布的溶洞、暗河等也难以查明，如若全部查明，则工作量大，投资大，因此，岩溶库区渗漏处理问题对整个工程能否安全建成投运至关重要。

【关键词】 抽水蓄能电站；水库渗漏；岩溶；坝基处理

0　引言

随着国家"碳中和、碳达峰"目标的提出，抽水蓄能电站建设现已驶入了发展快车道。抽水蓄能电站被称为"巨型充电宝"，是利用两个地势高低不同的水库，使用电网中负荷低谷时的电力，由下水库抽水到上水库蓄能，待电网高峰负荷时，放水到下水库发电的水电站。

抽水蓄能电站对水库防渗要求高，水库渗漏影响着电站的经济效益，大坝的渗透或渗漏问题也影响坝基、库岸边坡、地下洞室围岩、水道系统的稳定性和水库的水量平衡，还可能引起山体和已有建筑物的失稳和低凹地区的浸没。岩溶库区渗漏问题成为制约整个工程成败的主要因素。针对这种情况，本文主要分析在抽水蓄能电站建设过程中岩溶地基在处理过程中可能存在的问题，以及如何采用更加合适、经济、有效的地基处理方法，提高岩溶地基的稳定性。

1　抽水蓄能电站水库选址与岩溶地区的关系

1.1　抽水蓄能电站水库选址

岩溶地区，以峰丛洼地为主要地貌类型，以近圆形居多，四周环绕低山或峰林，底部呈"锅底状"，是大气降雨汇流之地。由于岩溶洼地为天然负地形，开挖量极少，四周封闭较好，具有良好的几何形态，能节约大量开挖支护投资，在一定条件下是修建抽水蓄能电站水库的可用场所。[1]

岩溶洼地是岩溶区因溶蚀作用形成的地表形态，呈椭圆形、漏斗形等圈闭地貌，其特点一般是中间低洼、底部平坦、面积较大，且坡度缓陡不均、地势纵横交错、封闭条件复杂，不同发育阶段的岩溶洼地溶蚀程度差别较大，容积大小不一。不同容积的洼地可直接影响建库级别和调节能力，库容越大对洼地顶板的承载力要求也越高；岩溶区自然斜坡坡度过陡、坡体不稳定等会造成滑坡、崩塌等不良地质现象，威胁水库建设和蓄水安全。

我国可溶岩分布面积达 344 万 km^2（其中裸露、覆盖型 206 万 km^2，埋藏型 138 万 km^2），占国土面积的 1/3 以上，是世界上岩溶最发育、类型最齐全的国家之一。岩溶塌陷是岩溶区特有的地质灾害，据全国重点地区岩溶塌陷调查资料，截至 2021 年，我国有记录的岩溶塌陷计 3800 处，其中 90％以上为土层塌陷，主要分布在西南、华南地区的桂、黔、湘、赣、川、滇、鄂、渝等省（区、市），以及华北、东北地区的冀、鲁、辽等省。在全国 337 个地级以上城市中，有 105 个分布在岩溶塌陷高易发区。岩溶塌陷主要发育在覆盖型岩溶区，地势相对平坦。本公司从事抽水蓄能电站勘察设计业务的西南、华南地区已有多个项目遭遇，华中地区也有数个项目涉及，它的隐蔽性、突发性特点，更让人防不胜防。[2]

1.2 岩溶地区常见的地基处理方案

采用全库盆防渗的水电工程主要是抽水蓄能电站，用在上水库防渗的居多，全库盆防渗是指采用防渗材料将库盆的库周和库底全封闭防渗的形式。垂直防渗适用于大部分抽水蓄能电站，其施工简便，应用较多；全库盆防渗对地形地质条件要求较高，施工难度大，目前国内采用全库盆防渗形式的抽水蓄能电站主要有灵寿、沂蒙、天荒坪、张河湾、西龙池、宝泉、泰安、溧阳、洪屏、句容、长阳等抽水蓄能电站。

2 岩溶渗漏及处理

2.1 岩溶地区的渗漏问题

岩溶是指地表水和地下水对可溶性岩石的长期溶蚀作用及形成的各种岩溶现象的总称。这个术语原先用于亚得里亚海达尔马提亚（Dalmatia）沿岸的石灰岩区喀斯特，但经过推广，现已用于有类似现象的一切地区。岩溶形成必须具备四个基本条件，即可溶性岩石、岩石具有透水性、水具有溶蚀能力和流动性。

2.2 岩溶地区的渗漏判断

岩溶水库渗漏评价可分为不渗漏、溶隙性渗漏、溶隙与管道混合型渗漏、管道型渗漏四类。

（1）水库存在下列条件之一时，可判断为水库不存在岩溶渗漏。

1）水库周边有可靠的非岩溶化地层或厚度较大的弱岩溶化地层封闭；

2）水库与邻谷或与下游河湾地块有可靠的地下水分水岭，且分水岭水位高于水库正常蓄水位；

3）水库与邻谷或与下游河湾地块的地下水分水岭水位略低于水库正常蓄水位，但分水岭地段岩溶化程度轻微；

4）邻谷常年地表水或地下水水位高于水库正常设计蓄水位。

（2）水库存在下列条件之一时，可判断为可能存在溶隙性渗漏。

1）河间或河湾地块存在地下水分水岭，地下水位低于水库正常蓄水位，但库内外无大的岩溶水系统（泉、暗河）发育，无贯穿河间或河湾地块的地下水位低槽；

2）河间或河湾地块地下水分水岭水位低于水库正常蓄水位，库内外有岩溶水系统发育，但地下分水岭地块中部为弱岩溶化地层。

（3）水库存在下列条件之一时，可判断为可能存在溶隙与管道混合型渗漏或管道型渗漏。

1）可溶岩层通向库外低邻谷或下游支流，可溶岩地层岩溶化强烈，河间或河湾地块地下水分水岭水位低平且低于水库正常蓄水位，岩溶洼地呈线状或带状穿越分水岭地段，分水岭一侧或两侧有岩溶水系统发育；

2）经连通试验或水文测验证实，天然条件下，河流向邻谷或下游河湾排泄；

3）悬托型或排泄型河谷，天然条件下存在岩溶渗漏；

4）库内外有岩溶水系统发育，系统之间在水库蓄水位以下曾发生过相互袭夺现象，或有对应的成串状岩溶洼地穿越分水岭地块，经连通试验，证实地下水经岩溶洼地、漏斗、落水洞流向库外。

2.3 岩溶渗漏处理原则及方法

岩溶渗漏处理的范围、深度、措施和标准，应根据渗漏影响程度评价，通过技术经济比较，依照下列原则确定。

2.3.1 处理原则

（1）岩溶渗漏处理应根据与工程安全的关系、水量损失和对环境的影响等情况，分析岩溶渗漏范围与型式，以堵为主，以排为辅。要以满足建筑物渗控要求为原则进行处理；仅有水量损失的渗漏，可视水库库容、河流多年平均流量和水库调节性能等，以不影响工程效益的正常发挥为原则进行处理；具有一定环境效益水库的渗漏，如补给地下水或泉水，使地下水位升高，泉水流量增加，可发挥环境效益水库的渗漏，在不严重影响工程效益的前提下可不予处理，但对有次生灾害的渗漏应予以处理。

（2）与工程建筑物安全有关的防渗处理，应利用隔水层和相对隔水层，提高防渗的可靠性，防止坝基坝肩附近溶洞、溶隙中的充填物在工程运行期发生冲刷破坏，并满足建筑物渗控要求。

（3）为减少水库渗漏量进行的防漏处理可分期实施，水库蓄水前应对可能出现严重渗漏的部位进行处理，对可能存在溶隙性渗漏的部位，可待蓄水后视渗漏情况确定是否处理。

2.3.2 处理方法

岩溶防渗处理措施可根据具体条件，宜采用封、堵、围、截、灌等综合防渗措施。防渗帷幕通过溶洞时，应先封堵溶洞，以保证灌浆的可靠性。防漏性质的处理，应区分不同情况分别对待。对影响工程效益和危害地质环境条件的严重渗漏带应先作处理后，再进行观测。若渗漏量在控制范围内，则可不处理；否则，再实施第二期的防渗处理。防渗性质的处理，是为避免建筑物（大坝坝基、坝肩、地下厂房等）地区的岩体产生岩溶冲蚀破坏和不允许的扬压力，或是为了防潮湿需要。渗控工程除了防渗帷幕之外，常有排水工程。对防渗处理的线路、范围和深度选择，应作技术经济比较。宜利用先导孔与其他孔间透视或孔内电视找出防渗线上的岩溶洞穴。帷幕灌浆应先封堵溶洞，使管道介质变成裂隙性介质再浓浆，才能有效地形成帷幕。对于正在过水的主管道，宜先安上阀门，最后才完全封堵，以利整个防渗帷幕的形成。

3 坝基处理

3.1 坝基处理目标

（1）为填筑坝体防渗材料准备均质基础。

（2）冲填空洞和不平整处以防止接触冲刷。

（3）加强坝体与基岩之间的衔接。

（4）改善坝基岩体的自然条件，减少渗漏，控制渗透压力和渗流量，提高强度，避免坝基岩层的不稳定。相对应的处理措施包括防渗帷幕灌浆、软弱带的开挖、回填、置换以及反滤排水。

3.2 岩溶处理

在岩溶地区修坝建库应对岩溶的发育情况进行详细的勘察，并视情况进行处理，以免蓄水后引起大量漏水和渗透破坏。地勘工作主要应查清岩溶的分布、规模、有无冲填物、冲填物的组成和物理力学性质等，并针对具体情况采取相应的工程措施。

一般情况下可选择以下方法处理。

（1）大面积溶蚀但未形成溶洞的可做铺盖防渗。

（2）浅层的溶洞宜挖除或只挖除洞内的破碎岩石和冲填物，用浆砌石或混凝土或黏土等予以封闭。

（3）深层的溶洞，可采用灌浆或做混凝土防渗墙处理。

（4）防渗体下游必要时做排水设施。

（5）库岸边处可用浆砌石、混凝土等防渗措施隔离。

（6）有高流速地下水时，宜先灌砂卵石或采用模袋墙堵漏，再进行灌浆处理。

（7）采用以上数项措施综合处理。

以下分别对各处理措施进行分析。

3.2.1 开挖

对于表面浅层溶洞进行爆破、开挖清除、回填混凝土或相对不透水土料予以封闭。

3.2.2 铺盖

对于中低坝，如岩溶不十分发育，又无大溶洞，地表仅呈面状或带状分布的渗漏通道，渗透水仅沿岩溶岩层的裂隙渗漏时，可修筑不透水土料铺盖，用水泥砂浆填缝或喷混凝土，或铺土工膜，其上填土砂保护层进行处理，或布设混凝土盖板。铺盖应与土质防渗体相接，向上游库区及两岸延伸展布，将岩溶封闭。

3.2.3 防渗墙

对岩溶孔洞既大又集中的地段及被淋蚀严重的岩溶裂隙密集带，宜采用混凝土防渗墙。

若坝基岩溶溶洞埋藏较浅并已探明溶洞呈竖井或漏斗状，可直接挖除溶洞中的冲填物，经冲洗后按反滤原则，由下而上，由里向外回填块石、碎石、砂、土等予以封堵，在表面用干砌或浆砌石保护，也可采用混凝土封堵。

如果是水平溶洞，可在洞口筑挡水墙。如果是埋藏较深的溶洞，且开挖有一定困难，可以打大口径钻孔，形成竖井，或开挖平洞直达溶洞，清除洞内冲填物，经清洗后，回填混凝土堵塞，同时预留灌浆孔进行回填灌浆，以填充混凝土与基岩间缝隙。

3.2.4 灌浆

灌浆是利用水泥浆、化学浆液、砂浆等具有一定流动性和可灌性的材料，对溶隙、溶洞、管道进行封堵，是处理溶隙型渗漏最常用的方法。它适用于埋藏较深又不宜开挖，以岩溶裂隙发育为主的地层。对于大的溶洞采取堵的方法时，也常以灌浆作为辅助措施。应先查清溶洞分布和相对隔水层，有无冲填物及其可灌性。采用灌浆方法时应注意：

（1）加强调查和勘测工作，了解侵蚀基准面的位置，查明基岩中有无探厚的相对不透水层，详细绘制地质剖面和渗透剖面。

（2）应尽量利用岩基中存在较厚的岩层如页岩、灰岩或其他透水性较小的岩层作为相对不透水层，并尽量避开构造较多的不利地段，以减少帷幕深度，降低处理费用，防渗效果也易得到保证。帷幕线的方向应与地下水位线垂直或有较大的交角，使性幕线最短，同时帷幕孔应避免与主导溶蚀方向平行，避开大的溶洞，如乌江渡和红岩电站，就是根据这一原则布置帷幕的。

（3）由于岩溶海浆施工技术复杂。特别是岩溶发育，渗漏严重，处理工程量大时，施工前应选择代表性地段，进行灌浆试验，为设计，施工提供必要的设计指标。

（4）对溶洞。溶隙中存在的冲填物是否清除及怎样清除，应视冲填物的性质及处理方法而定。当冲填物能起防渗作用的可以不清，如乌江渡灌浆采用6～8MPa的高压需浆，在充泥岩溶地层建成了质量较高的防渗帷幕。

3.2.5 筑墙隔离

在两岸边坡处的漏水溶洞，无论成群成片的或个别的，如堵塞困难，地形条件允许，可修筑浆砌石或混凝土围墙，将漏水通道与水库隔开，防止向溶洞漏水。贵州省猫跳河百花水库右岸有一片渗漏洼地，就在库边修筑高9m、长44m的浆砌块石坝，将渗漏洼地隔离在水库之外。

3.2.6 封堵导排

引流是为防止地基渗漏破坏，以致造成更大的渗漏，将渗漏水流引走，以降低坝基下部过大的扬压力及渗透压力，防止基础破坏，减少渗漏损失。封堵是利用混凝土（包括毛石混凝土、素混凝土、钢筋混凝土）、浆砌块石对溶洞、管道进行封闭或截断，是处理管道型渗漏优先采用的方法。对于地表或埋藏浅的溶洞、管道，可从地表进行开挖封堵，对于埋藏较深的溶洞、管道，有必要的可打施工支洞、竖井对其揭露后进行封堵。导排主要指排除在水库蓄水后积聚在溶洞或管道中的气体，以防止因气爆造成溶洞周围岩体或堵体的破坏。

3.2.7　混凝土塞

对于库边渗漏较大的溶蚀裂隙，用混凝土塞填实，使用材料一般为黏土或混凝土。

3.3　工程实例

3.3.1　湖北长阳清江抽水蓄能电站

长阳清江抽水蓄能电站装机容量为 1200MW，装设 4 台单机容量为 300MW 的水泵水轮发电机组，额定水头为 417.00m，为日调节抽水蓄能电站。上水库正常蓄水位为 516.00m，死水位为 488.00m，正常蓄水位对应库容为 851.50 万 m³，调节库容为 781.70 万 m³ 上库库盆由三个溶蚀洼地组成，库周山包相连形成 5 个低矮垭口，垭口高程均低于正常蓄水位，需修筑挡水坝以形成封闭库盆。该工程上水库枢纽布置主要包括主坝、副坝 1、副坝 2、副坝 3、副坝 4、进/出水口、库底防渗结构及库岸防护等部分。大坝均为混凝土面板堆石坝，坝顶高程 521.00m，主坝最大坝高 61.00m（坝轴线处），4 座副坝最大坝高分别为 36.00、26.00、25.00、24.50m（均为坝轴线），库底后期回填至高程 483.00m。上水库采用大坝、库岸钢筋混凝土面板＋库底土工膜的全库盆防渗型式。

库盆及库周地层为岩性薄层条带状白云质灰岩，库盆内见多个落水洞发育，其中 K1 落水洞规模较大，为库盆内地表径流主要排泄通道。上水库库周水位多低于水库设计正常蓄水位，在坝端防渗处理范围以外，库岸地下水位仍低于水库正常蓄水位，场地岩溶发育强度属中等强度。因此，存在岩溶渗漏问题。

库底基础处理设计如下。

（1）工程区岩溶情况。

工程区以裸露型岩溶为主，根据平面地质测绘成果，工程区及周边地表的岩溶形态主要有盲谷、溶蚀洼地、落水洞、溶洞及溶沟溶槽 5 种，各种岩溶形态的特征分述如下。

1）盲谷：为地表水流入落水洞转入地下使下游断流而形成，走向与凤凰山断层走向一致，主要分布在工程区输水线路北侧的天坑坳，由于 K8～K11 落水洞的发育，地表水从次落水洞转入地下。

2）溶蚀洼地：由大规模的盲谷发展而成或由相邻的漏斗逐渐扩大加宽合并而成。工程区分布多个溶蚀洼地，四周为低山丘陵，底部平坦，分布有落水洞。主要分布在工程区上库库盆及附近。

3）落水洞：系地表水和地下水沿结构面以垂直方向溶蚀作用的产物，为地表水的集中消水点或涌水点，为库区的主要岩溶形态之一，也是岩溶治理的重点。

4）溶洞：为地表水或地下水沿结构面以水平方向为主的侵蚀、溶蚀作用产物，工程区主要分布 2 个溶洞，均在上库库外发育，溶洞空间形态复杂。

5）溶沟、溶槽：地表水对可溶性岩石表面裂隙溶蚀和冲蚀而成的小型石质沟槽，是场地普遍发育的岩溶形态，规模不一。主要沿中、高倾角裂隙发育，少部分沿层面发育。平面宽一般数十厘米至数米，深一般为 0.2～2m，沟、槽壁面一般较陡，横断面一般呈 "U" 或 "V" 型，底部多裸露基岩，部分充填黏土夹碎石，规模一般较小，延伸较短。裂隙分散于工程区可溶岩中，数量难以统计。

（2）库内落水洞、溶洞及溶沟溶隙处理。

根据上水库库盆岩溶分布情况，库内落水洞、溶洞及溶沟溶隙的处理，水库基础处理采用的主要处理措施如下。

上水库钻孔揭露岩溶及落水洞分布平面图如图 1 所示。

落水洞 K1 规模比较大，为防止落水洞附近填筑体变形过大，导致塌陷，拟对落水洞洞口进行扩挖后，底部先用大块石回填密实，再回填 C20 混凝土，形成梯形混凝土塞。落水洞 K1 原具备排水功能，封堵后，为保证库底回填区凹地内渗水能顺利排出，混凝土塞上预埋 PVC 管直径 150mm@1m×1m，并在排水孔孔口顶部及其周边依次布设 C15 无砂混凝土、过渡层。

库底另设一条 3 号排水洞（2.50m×3.50m），洞长 524.637m，底坡 $i=0.8\%$，下游出口高程 429.800m，3 号排水洞进口段采用无砂混凝土封堵，为防止石渣堵塞，在无砂混凝土及其周边布设土工布。可顺畅排走库底部回填区的渗透水流，防止了对库底土工膜的反向顶托，保证库底防渗安全。

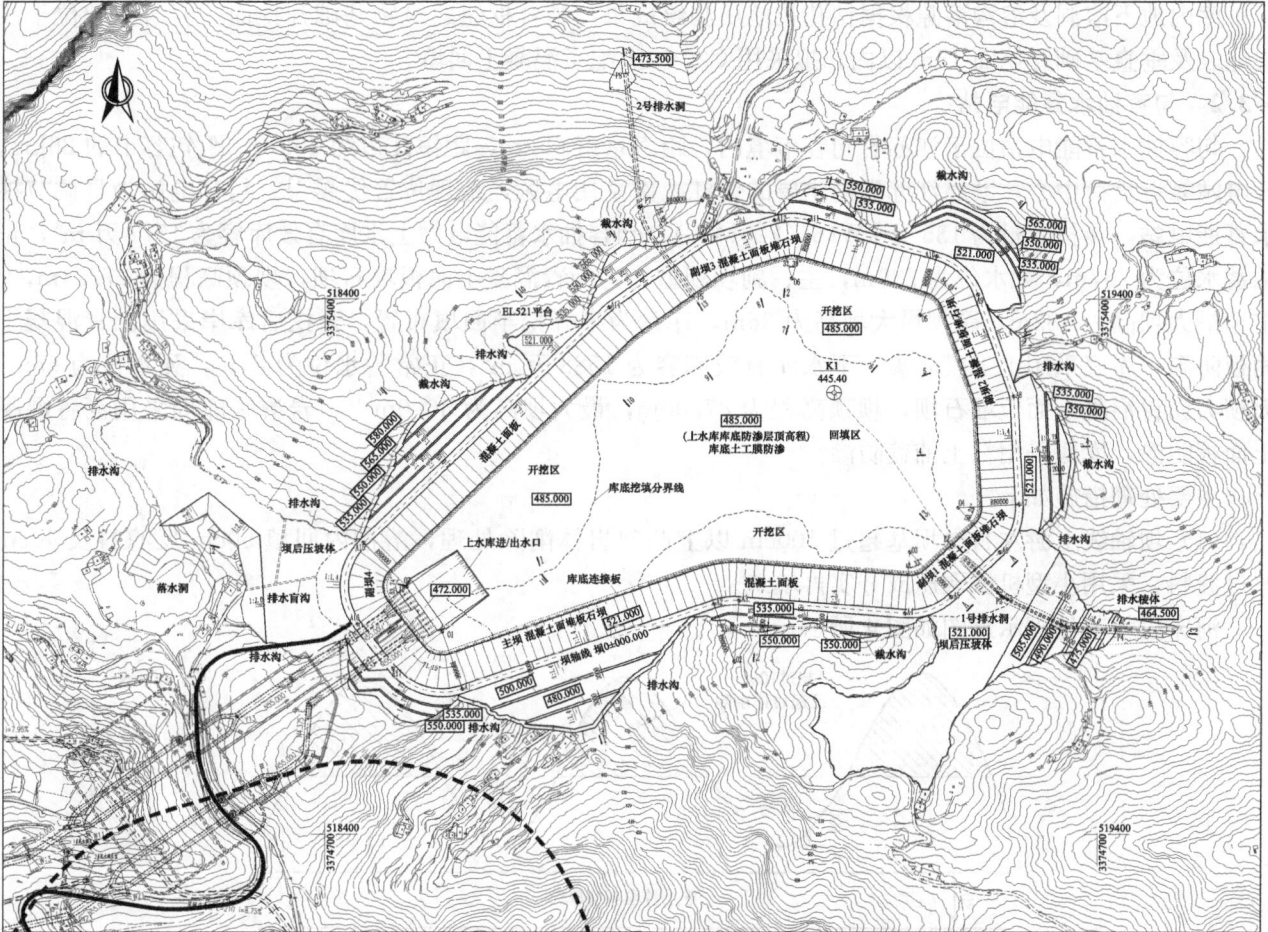

图 1　上水库钻孔揭露岩溶及落水洞分布平面图

K1 落水洞处理示意图如图 2 所示。

落水洞 K2 规模不大，且无排水要求，防止落水洞附近填筑体变形过大，拟对落水洞洞口进行扩挖后，采用回填 C20 混凝土封堵。

K2 落水洞处理示意图如图 3 所示。

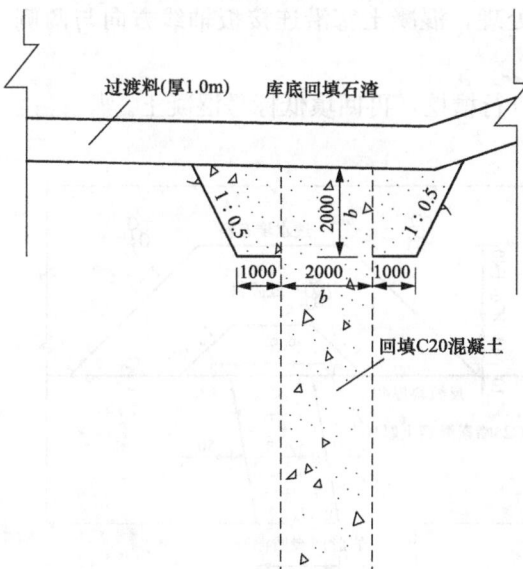

图 2　K1 落水洞处理示意图

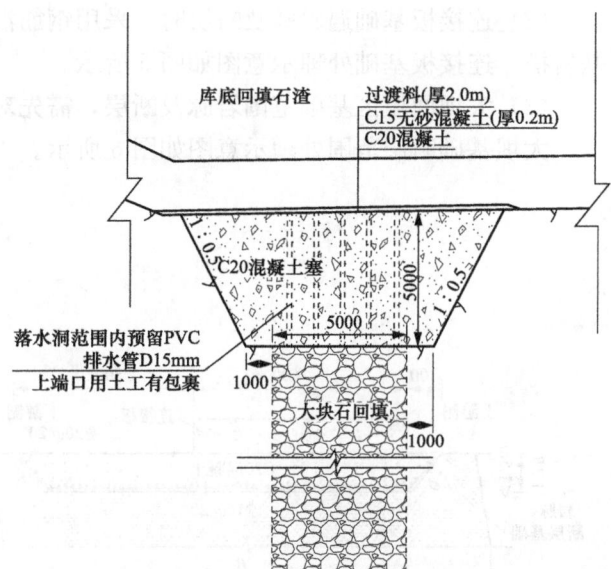

图 3　K2 落水洞处理示意图

库内地下溶洞及溶沟溶隙根据钻孔及地质测绘成果，结合枢纽建筑物基础开挖面，岩溶空腔位于浅层地表及垂直基础开挖面 15m 以内，拟采用 C20 二级配素混凝土回填。

3.3.2　句容抽水蓄能电站

句容抽水蓄能电站位于江苏省句容市境内，距南京市 65km，距镇江市约 36km，距句容市约 26km。该电站靠近负荷中心，紧靠江苏省内主要的镇江、南京用电区，地理位置优越[3]。句容电站为日调节抽水蓄能电站，装机容量为 135 万 kW(6×225MW)。句容抽水蓄能电站上水库有效库容为 1577 万 m³，正常蓄水位为 267m，死水位为 239m，主、副坝坝型均为沥青混凝土面板堆石坝，坝顶高程为 272.4m，[4] 主坝最大坝高为 182m，副坝最大坝高为 36m，库盆为半开挖半回填布置，开挖后库岸采用沥青混凝土面板防渗，库底采用土工膜防渗。下水库有效库容为 1588 万 m³，正常蓄水位为 81m，死水位为 65m，大坝为沥青混凝土面板堆石坝，坝顶高程为 87.00m，最大坝高为 36.0m[5]，岩溶区库周采用沥青混凝土面板防渗，库底采用粘土铺盖防渗。[6]

主要处理措施如下。

（1）坝轴线上游左右岸坝基超过 100cm 以上凸起岩体削除处理，溶槽内回填 50cm 反滤料及 40cm 厚过渡料，采用小型机械碾压或夯实再填筑。

河床段坝基处理示意图如图 4 所示。

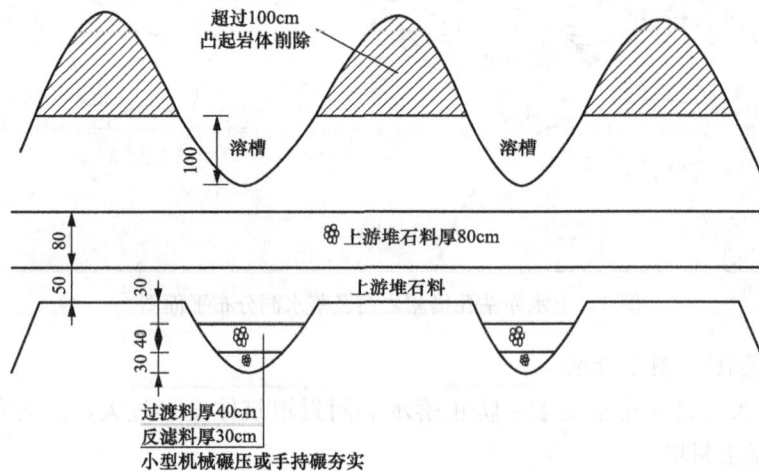

图 4　河床段坝基处理示意图（单位：cm）

（2）连接板基础遇岩脉及断层时，采用钢筋混凝土塞进行处理，混凝土塞沿连接板轴线方向与两侧基岩搭。连接板基础处理示意图如图 5 所示。

（3）大坝回填区基础范围岩脉及断层，需先对岩脉或断层进行槽挖，再回填低标号混凝土。[7]

大坝基础断层范围处理示意图如图 6 所示。

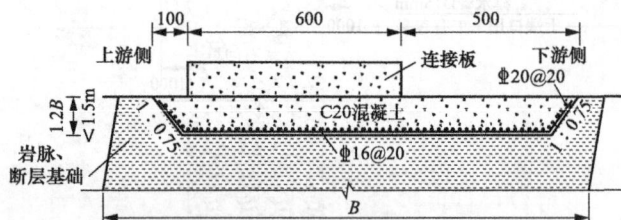

图 5　连接板基础处理示意图（单位：cm）

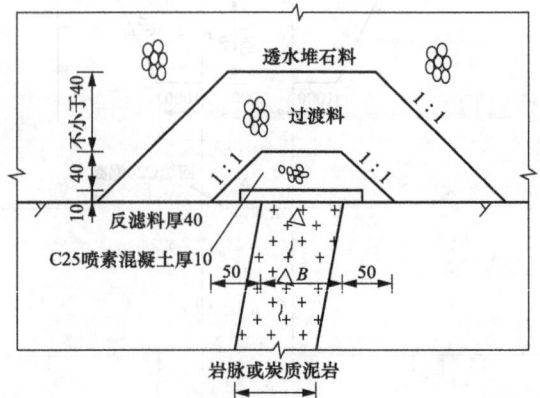

图 6　大坝基础断层范围处理示意图（单位：cm）

4　结语

通过对抽水蓄能电站水库的选址与岩溶地区的分布情况、与岩溶渗漏的种类及特点进行分析，确定以堵为主，以排为辅的原则，根据工程实际情况，并结合过往的工程实践经验，通过对传统的开挖、铺盖、防渗墙、灌浆、筑墙隔离、封堵导排、混凝土塞等地基处理措施进行分析，从中选择最适合本工程岩溶特点的地基处理方式。只有选择最适合与本工程实际情况及项目特点的防渗方式，才能够最有效地治理水库渗漏问题。

参考文献

[1] 张涛，左双英，沈春勇，等. 岩溶洼地抽水蓄能建库适宜性评价体系及目标优选 [J]. 中国岩溶，2023 (6)：1161-1172.

[2] 蒋小珍，冯涛，郑志文，等. 岩溶塌陷机理研究进展 [J]. 中国岩溶，2023 (3)：517-527.

[3] 王素香. 某抽水蓄能电站上水库库底土工膜防渗设计研究 [J]. 黑龙江水利科技，2020 (2)：102-105.

[4] 雷显阳，王樱畯，孙檀坚，等. 句容抽水蓄能电站堆石坝岩溶基础处理措施研究 [J]. 人民长江，2021 (A2)：74-78.

[5] 索丽生，刘宁，高安泽，等. 水工设计手册. 2 版 [M]. 北京：中国水利水电出版社，2014.

[6] 王樱畯，王爱林，赵琳. 某高堆石坝防渗面板抗震能力分析及工程措施研究 [J]. 华南地震，2021 (4)：128-137.

[7] 韩荣荣，郑晓红. 某抽水蓄能电站特高面板堆石坝及库底回填料内部沉降监测设计及分析 [J]. 大坝与安全，2022 (5)：62-66.

作者简介：

王坤 (1997—)，男，山东菏泽，本科，工程师，主要从事水工结构设计工作。

沥青混凝土心墙坝防渗系统静动力分析

廖宗文，陈建胜，邓云瑞

（中国电建集团中南勘测设计研究院有限公司，湖南长沙 410014）

【摘　要】　基于三维有限元数值计算，对某沥青混凝土心墙坝的防渗系统进行应力应变及位移和动力反应分析。静力计算本构模型采用邓肯张 E-B 模型，动力计算采用修正的等效线性黏-弹性模型，研究在满蓄期和竣工期两种情况下沥青混凝土心墙坝堆石体、沥青混凝土心墙、基座、防渗墙的应力应变和位移规律。计算结果表明坝体应力、变形均在正常范围内，基座和心墙动力反应规律正常，在材料的强度允许范围内，防渗墙拉应力超过混凝土材料的抗拉强度设计值，但是采取一定的措施后大坝的安全性可以得到保证。

【关键词】　沥青混凝土心墙坝；防渗系统；邓肯张 E-B 模型；等效线性黏-弹性模型；应力应变

0　引言

沥青混凝土心墙堆石坝作为一种当地材料坝，具有构造简单、防渗和抗震性能良好和施工方便等优点，因此广泛应用于水利水电工程建设。沥青混凝土作为大坝内部防渗体已经有 70 多年的历史，1949年葡萄牙修建了世界上第一座 45m 高的瓦勒多盖奥沥青混凝土心墙坝，2017 年建成的 164.2m 高的去学沥青混凝土心墙坝是目前中国最高的沥青混凝土心墙坝。

随着沥青混凝土心墙坝在土石坝中的广泛应用，技术人员对沥青混凝土心墙坝的研究也越来越多。孔宪京[1]运用非线性三维有限元进行静动力分析，研究心墙的动剪应变的反应规律；李守义[2]采用等效非线性本构模型对沥青混凝土心墙的绝对加速度反应、动主应力反应及动剪应力反应的分布规律进行了分析；只炳成[3]采用二维有限元计算模型研究深厚覆盖层特性变化对沥青混凝土心墙坝动力反应影响。现有研究大多采用二维和三维有限元的方法，侧重于坝体堆石料或沥青混凝土心墙动力反应以及应力应变分析，而对沥青混凝土心墙坝防渗系统研究较少。因此，本文基于三维有限元模型，针对沥青混凝土心墙坝的防渗系统在不同时期开展静动力计算，分析评价其防渗系统的安全性。

1　工程概况

某抽水蓄能电站工程为一等大（1）型，上水库大坝为沥青混凝土心墙坝。水库正常蓄水位为1118m，坝顶高程为 1123m，最大坝高为 55m，心墙顶高程为 1122.2m，沥青混凝土心墙高 54.2m。坝顶长度为 440m，坝顶宽度为 10m。沥青混凝土心墙厚度 t 变化公式为 $t=0.6+0.006\times(1122.2-$混凝土基座顶高程-渐变段高度），渐变段高度取 1.5m，渐变段心墙两侧坡度为 1∶0.2，心墙最大底宽为1.78m。坝体顺水流方向主要为上游堆石区、上游过渡层、沥青混凝土心墙、下游过渡层、下游堆石区、下游压坡体。坝基下伏基岩为加里东期细粒—中粗粒二长花岗岩，全强风化岩体强度较低，弱风化以下强度较高，未见规模较大的断层通过，节理裂隙为其主要构造形迹，以 NW 向陡倾角为主。根据坝基地质条件，采用沥青混凝土心墙＋混凝土基座＋混凝土防渗墙＋垂直防渗帷幕共同组成防渗系统。坝体横剖面如图 1 所示。

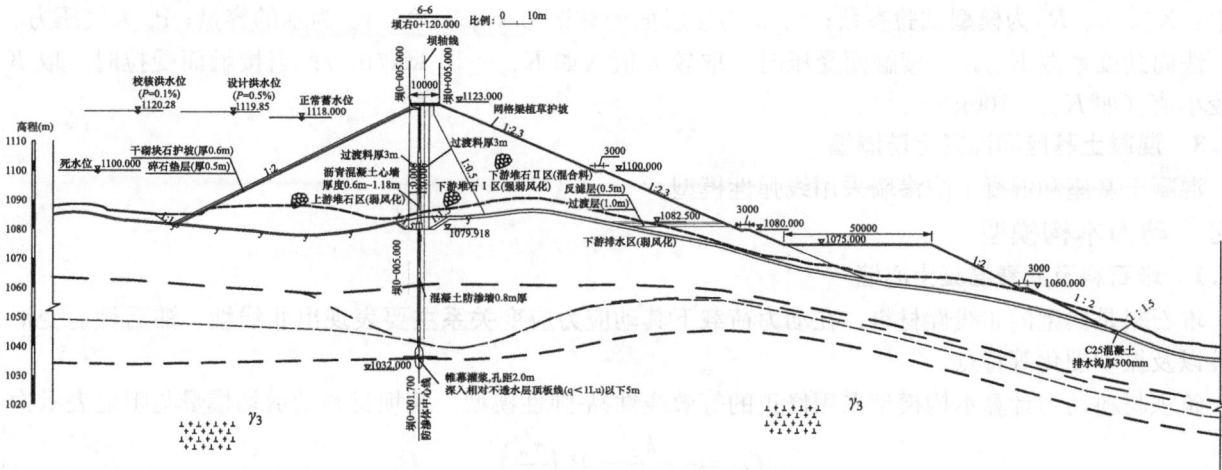

图 1 坝体横剖面图

2 计算模型及参数

2.1 静力本构模型

2.1.1 堆石料及沥青混凝土心墙

筑坝堆石料是非线性材料，变形不仅随荷载的大小而变化，还与加荷的应力路径相关，应力应变关系呈现明显的非线性特性。邓肯张 E-B 模型公式简单，参数物理意义明确。三轴试验研究结果表明，其对坝料应力-应变非线性特性也能较好地反映。模型以切线弹性模量 E_t 和切线体积模量 B_t 表示为

$$E_t = K P_a \left(\frac{\sigma_3}{P_a}\right)^n \left[1 - \frac{R_f(\sigma_1 - \sigma_3)(1 - \sin\varphi)}{2c \cdot \cos\varphi + 2\sigma_3 \cdot \sin\varphi}\right]^n \tag{1}$$

切线体积变形模量为

$$B_t = K_b P_a \left(\frac{\sigma_3}{P_a}\right)^m \tag{2}$$

对于卸载情况，采用回弹模量 E_{ur} 进行计算，即

$$E_{ur} = K_{ur} P_a \left(\frac{\sigma_3}{P_a}\right)^{n_{ur}} \tag{3}$$

式中：P_a 为大气压；K、n、φ、c、R_f、K_b、K_{ur}、n_{ur} 为模型参数，由常规三轴试验测得。

2.1.2 接触面

沥青混凝土心墙与过渡料、沥青混凝土心墙与混凝土基座的刚度差异较大，在外荷载作用下两种材料在交接部位的变形可能存在不连续现象。为模拟不同坝料间的相互作用，进行有限元分析时，在沥青混凝土心墙和过渡料、沥青混凝土心墙和基座、混凝土基座和过渡料间设置 Goodman 接触面单元处理这种位移不协调问题。

接触面上剪应力 τ 与相对位移 W_s 呈非线性关系，近似表示成双曲线型式，其切线剪切劲度系数可表达为

$$K_{st} = \frac{\partial \tau}{\partial W_s} = K_1 \gamma_w \left(\frac{\sigma_n}{P_a}\right)^n \left(1 - \frac{R'_f \tau}{\sigma_n}\right)^2 \tag{4}$$

在三维非线性分析中，无厚度接触面单元的两个切线方向劲度系数为

$$\left.\begin{aligned} K_{yx} &= K_1 \gamma_w \left(\frac{\sigma_{yy}}{P_a}\right)^n \left(1 - \frac{R'_f \tau_{yx}}{c + \sigma_{yy} \tan\delta}\right)^2 \\ K_{yz} &= K_1 \gamma_w \left(\frac{\sigma_{yy}}{P_a}\right)^n \left(1 - \frac{R'_f \tau_{yz}}{c + \sigma_{yy} \tan\delta}\right)^2 \end{aligned}\right\} \tag{5}$$

式中：K_1、n、R'_f 为模型试验参数；c、δ 为接触面的黏聚力和摩擦角；γ_w 为水的容量；P_a 大气压力。

法向劲度系数 K_{yy}，当接触面受压时，取较大值（如 $K_{yy}=10^7 \text{kN/m}^3$）；当接触面受拉时，取 K_{yy} 为较小值（如 $K_{yy}=100\text{kN/m}^3$）。

2.1.3 混凝土基座和混凝土防渗墙

混凝土基座和混凝土防渗墙采用线弹性模型。

2.2 动力本构模型

2.2.1 堆石料及沥青混凝土心墙

堆石料是典型的非线性材料，在动力荷载下其动应力应变关系主要表现出非线性、滞后性、变形累积性以及振动硬化等特点。

筑坝材料动力计算本构模型采用修正的等效线性黏-弹性模型，筑坝材料动剪切模量与阻尼表示为

$$G_d = \frac{k_2}{1+k_1\bar{\gamma}_d}P_a\left(\frac{\sigma'_m}{P_a}\right)^n \tag{6}$$

$$\lambda = \lambda_{max}\frac{k_1\bar{\gamma}_d}{1+k_1\bar{\gamma}_d} \tag{7}$$

式中：P_a 为大气压；σ'_m 为有效球应力；k_1、k_2、n 和 λ_{max} 为输入参数；$\bar{\gamma}_d$ 为归一化的剪应变，由下式计算

$$\bar{\gamma}_d = (\gamma_d)_{eff}\Big/\left(\frac{\sigma'_m}{P_a}\right)^{1-n} \tag{8}$$

式中：$(\gamma_d)_{eff}$ 为有效剪应变，$(\gamma_d)_{eff}=0.65(\gamma_d)_{max}$，$(\gamma_d)_{max}$ 为该时段的最大剪应变。

2.2.2 接触面

接触面的动力剪切劲度模量采用河海大学的研究成果，即

$$K_{yx} = \frac{K_{max}}{1+\dfrac{K_{max}U_r}{\tau_f}} \tag{9}$$

$$K_{max} = C \times \sigma_n^{0.7}(\text{kPa/mm})$$

式中：K_{max} 为最大剪切劲度模量；U_r 为接触面相对动动位移，$U_r=M\times r$；M 为与接触面粗糙度有关的参数；τ_f 为接触面的破坏剪应力，$\tau_f=\sigma_n\tan\delta$，$\delta$ 为接触面堆石间的摩擦角；C 为试验参数。

此模型需要出动力拖板试验和动力单剪试验测定 C、M、δ 三个参数。

2.3 计算模型

大坝的三维有限元网格共有 143663 个单元，由于地基弱风化岩体材料的剪切波速已大于 800m/s。因此，与弱风层接触的土体，采用刚性约束边界，即将弱风化基岩当作刚性体考虑。模型基底处理为固定边界，三向约束；两侧剖面处理为侧向水平约束。坝体、沥青混凝土心墙、基座、防渗墙等采用六面体等参元和少量退化的四面体单元。在沥青混凝土心墙与过渡料、沥青混凝土心墙与基座、基座与堆石体交界面设置 8 结点空间 Goodman 单元。大坝三维空间网格、沥青混凝土心墙网格、基座网格、防渗墙网格分别见图 2～图 5。

图 2 大坝三维空间网格图（单元数：143663）

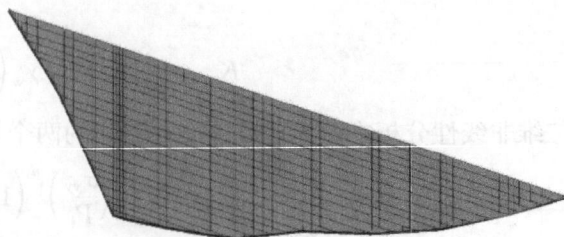

图 3 沥青混凝土心墙网格图（单元数：4020）

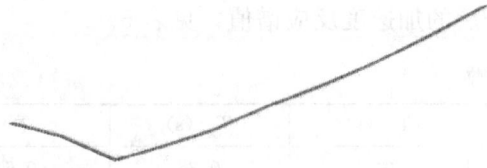

图 4 基座网格图（单元数：1512）

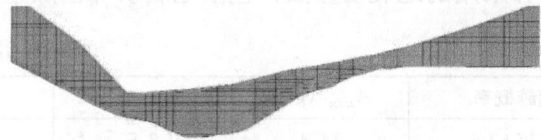

图 5 防渗墙网格图（单元数：2110）

2.4 计算参数

堆石料和沥青混凝土心墙静力分析 E-B 模型计算参数如表 1 和表 2，接触面模型参数如表 3 所示。

表 1 坝体填筑料 E-B 模型参数

坝料分区名称	干密度 (g/cm³)	E-B 模型参数						
		φ_0 (°)	$\Delta\Phi$ (°)	R_f	K	n	K_b	m
过渡层	2.18	51.3	6.4	0.6	1118	0.33	811	0.06
上游堆石区	2.13	50.7	6.3	0.62	1015	0.33	731	0.02
下游排水区	2.09	49.8	6	0.64	946	0.32	605	0.03
下游堆石区	2.03	48.8	5.5	0.6	906	0.35	576	0.12
坝后压坡体	2.00	44.0	4.8	0.65	548	0.31	136	0.33
全风化坝基	2.00	43.5	4.7	0.69	470	0.35	210	0.34

表 2 沥青混凝土心墙静力分析 E-B 模型参数

坝料分区名称	干容重 (kN/m³)	c (kPa)	φ (°)	R_f	K	n	K_b	m
沥青混凝土	24.4	300	32.2	0.67	297	0.33	2217	0.58

沥青混凝土心墙与混凝土基座等部位的刚度差异较大，在外荷载作用下两种材料在交接部位的变形可能存在不连续现象。为模拟不同坝料间的相互作用，进行有限元分析时，设置 Goodman 接触面单元处理这种位移不协调问题。接触面模型的参数见表 3[4-5]。

表 3 接触面模型参数

材料	K_1	n	δ	R_f	c (kPa)
心墙与过渡料	2022	0.64	32.4	0.84	19.5
基座与过渡料	4800	0.56	36.6	0.74	0.0
心墙与基座	4500	0.24	20	0.95	250

坝料动力计算采用等价线性模型，对于模型计算参数，本工程填筑堆石料的母岩岩性为花岗岩，根据各筑坝材料的静力特性，通过类似工程，坝料的室内固结排水大型动力三轴试验资料及本工程坝料填筑基本参数类比拟定得到，参考已有的堆石料动力本构模型相关参数，根据静力的弹性模量系数 K 的变化规律，修改动力本构模型中和模量以及阻尼相关的系数 K_1、K_2 和 λ_{max}，见表 4。

表 4 坝体填筑料动力模型参数表

坝料名称	动模量与阻尼比				永久变形			
	k_1	k_2	n	λ_{max}	c_1 (%)	c_2	c_4 (%)	c_5
过渡区	33.2	2109	0.398	0.18	0.57	0.9	5.75	1.04
上游堆石区	33.0	2090	0.363	0.21	0.69	0.89	6.50	0.95
下游堆石区	29.9	1978	0.407	0.22	0.73	0.89	6.89	0.95
坝后压坡体	15.2	1112	0.455	0.25	1.03	0.97	9.28	0.89
全风化料	15.3	968	0.363	0.26	1.10	1.00	13.0	1.10
沥青混凝土	—	3010	0.34	0.20	0.00	0.00	1.5	1.0

计算采用的地震动参数，包括地震动峰值加速度、规准后的加速度反应谱值，见表 5。

表 5 　　　　　　　　　　　　　　　　　　　　场地设计地震动参数

超越概率	A_{max} （gal）	β_{max}	α_{max}	T_1 （s）	T_g （s）	Γ
50 年 63%	14.4	2.5	0.037	0.1	0.25	0.6
50 年 10%	43.2	2.5	0.110	0.1	0.25	0.6
50 年 5%	58.3	2.5	0.149	0.1	0.25	0.6
50 年 2%	80.2	2.5	0.204	0.1	0.30	0.6
100 年 2%	99.8	2.5	0.254	0.1	0.30	0.6
100 年 1%	130.0	2.5	0.331	0.1	0.30	0.6

2.5　地震输入与计算工况

2.5.1　地震输入

本次大坝三维有限元动力计算采用规准后的场地谱人工合成地震波，同时计入水平向（顺河向、坝轴向）和竖向地震作用，竖向设计地震加速度的代表值取水平向设计地震加速度代表值的 2/3。有限元动力计算中地震动输入采用一致性均匀输入法，即选取基岩以上的坝体作为计算对象，在坝体内部各节点上施加同一个地震加速度时程产生惯性力。图 6 所示为地震动时程曲线，图 7 所示为水库地震动加速度放大倍数反应谱曲线对比。

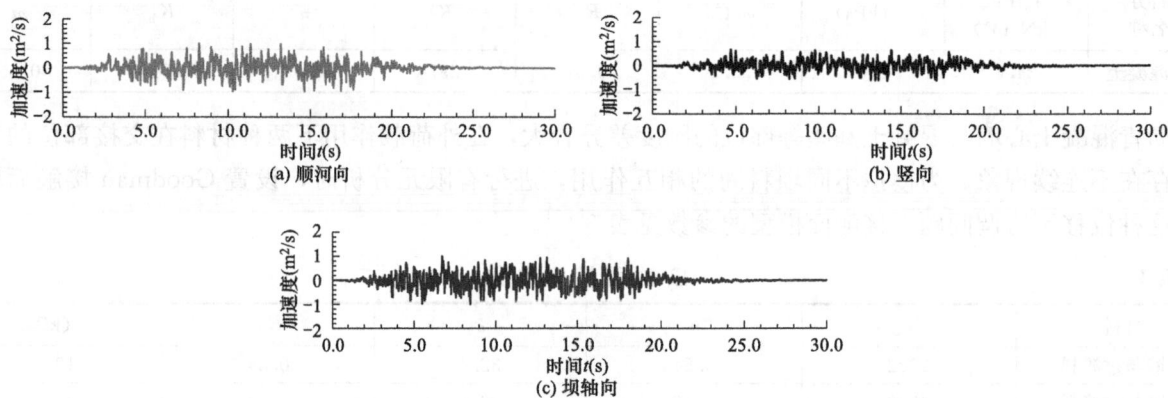

(a) 顺河向

(b) 竖向

(c) 坝轴向

图 6　地震动时程曲线

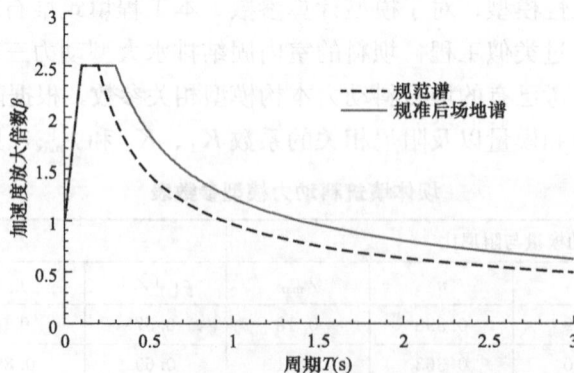

图 7　水库地震动加速度放大倍数反应谱曲线对比

2.5.2　计算工况

静动力分析计算分为竣工期和满蓄期两种工况。计算工况及荷载组合见表 6。

表6	静 动 力 计 算 工 况 表
计算工况	荷载组合
工况1（竣工期）	自重
工况2（满蓄期）	自重＋库水压力

3 计算结果及分析

3.1 静力分析

有限元静力计算极值表见表7。

表7 有限元静力计算极值表

项目			竣工期	满蓄期
堆石体位移（cm）	向上游位移		14.8	13.1
	向下游位移		9.6	22.6
	竖向沉降		49.5	49.0
堆石体应力（MPa）	第一主应力		0.90	0.75
	第三主应力		0.29	0.38
沥青混凝土心墙位移（cm）	顺河向	向上游	1.2	0.1
		向下游	0.4	14.9
	竖向沉降		41.5	41.8
	坝轴向	向左岸	3.9	4.3
		向右岸	5.0	5.2
沥青混凝土心墙应力（MPa）	压应力		1.50	1.53
	拉应力		—	—
基座应力（MPa）	压应力		4.52	3.95
	拉应力		1.40	1.22
防渗墙位移（cm）	顺河向	向上游	0.5	—
		向下游	0.5	15.1
	竖向沉降		2.4	1.4
	坝轴向	向左岸	0.4	0.3
		向右岸	0.8	0.6
防渗墙应力（MPa）	压应力		19.90	9.70
	拉应力		0.85	2.42
沥青混凝土心墙拉应变（％）			1.35	1.30

坝体变形及应力分布规律与工程经验相符。大坝竣工期、满蓄期竖直沉降最大值分别为49.5cm和49.0cm，分别为最大坝高（不含全风化覆盖层厚度）的0.92％和0.91％，竣工期沉降最大值位于坝轴Z0-30m和坝轴Z0＋30m坝底与覆盖层的交界处，满蓄期沉降最大值位于坝轴Z0＋30m坝底与覆盖层的交界处。如算上覆盖层厚度（0＋40断面全风化覆盖层厚度）约为31.5m，满蓄期最大沉降为坝高的0.57％。竣工期、满蓄期坝体最大主应力分别为0.90MPa和0.75MPa，与自重应力数值基本接近。

竣工期心墙最大沉降为41.5cm，满蓄期增加为41.8cm，最大值均位于最大断面Z0＋40m约2/5坝高处，河床中部的沉降大于两岸心墙。水库蓄满后，由于心墙水压力以及上游堆石变形的影响，心墙顺河向最大位移为14.9cm，由上游指向下游，最大值位于坝轴Z0-40m心墙底部区域。坝轴向向右岸位移为5.2cm，最大值位于坝轴Z0-40m靠近心墙底部区域，向左岸位移为4.3cm，最大值位于Z0＋120m

靠近心墙底部附近区域。

竣工期和满蓄期，基座最大压应力分别为 4.52MPa、3.95MPa，均位于基座底部靠近河谷附近区域；基座最大拉应力分别为 1.40MPa、1.22MPa，竣工期最大值位于基座顶部靠近河谷附近区域和坝轴 Z0＋150m 附近，满蓄期最大值位于基座顶部靠近河谷附近区域和坝轴 Z0＋150m 和 Z0＋200m 附近。

竣工期防渗墙最大沉降为 2.4cm，满蓄期最大沉降为 1.4cm，最大值均位于最大断面 Z0＋60m 防渗墙顶部区域。水库蓄满后，由于水压力以及上游堆石变形的影响，防渗墙顺河向最大位移为 15.1cm，由上游指向下游，最大值位于坝轴 Z0-50m 防渗墙顶部区域。坝轴向向右岸位移为 0.6cm，向左岸位移为 0.3cm。竣工期最大压应力为 19.90MPa，位于 Z0＋50m 附近防渗墙底部区域、满蓄期防渗墙最大压应力为 9.70MPa，位于 Z0＋0m 和 Z0＋50m 附近防渗墙底部区域；最大拉应力分别为 0.85MPa 和 2.42MPa，竣工期位于 Z0＋160m 附近防渗墙顶部区域，满蓄后由于受到水压力的作用，最大值位于防渗墙与强风化交界处。

3.2 动力分析

3.2.1 震后防渗系统动力反应成果分析

地震后大坝堆石体动力反应如图 8 所示，地震后心墙动力反应如图 9 所示，地震时基层动力反应如图 10 所示，地震时防渗墙动力反应如图 11 所示。

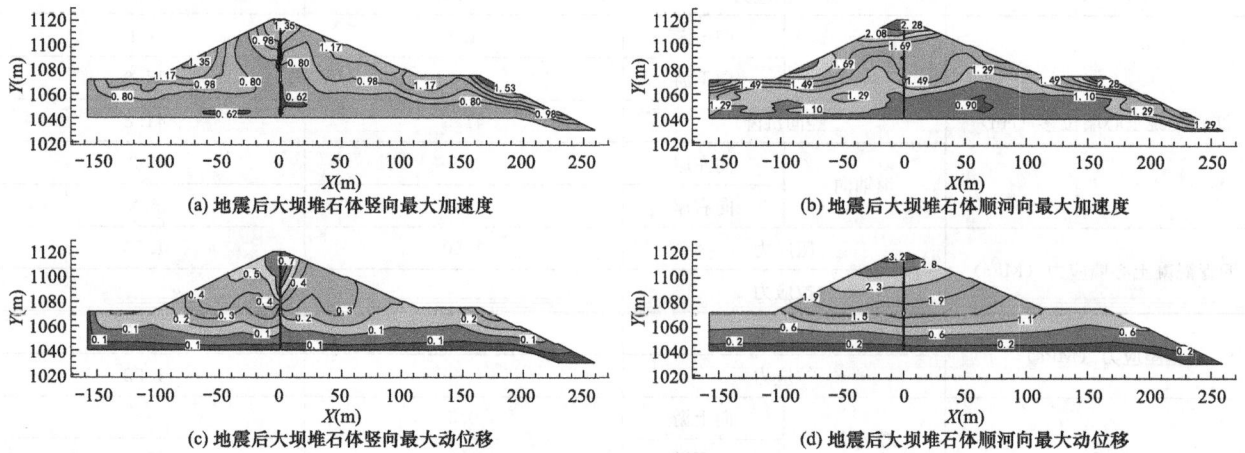

(a) 地震后大坝堆石体竖向最大加速度 (b) 地震后大坝堆石体顺河向最大加速度

(c) 地震后大坝堆石体竖向最大动位移 (d) 地震后大坝堆石体顺河向最大动位移

图 8 地震后大坝堆石体动力反应

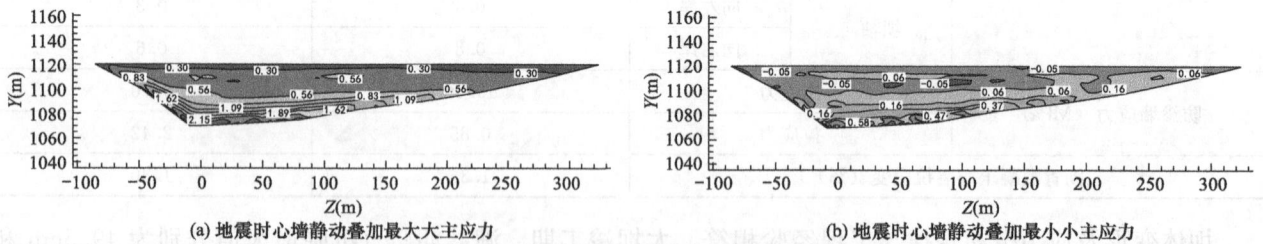

(a) 地震时心墙静动叠加最大大主应力 (b) 地震时心墙静动叠加最小小主应力

图 9 地震后心墙动力反应

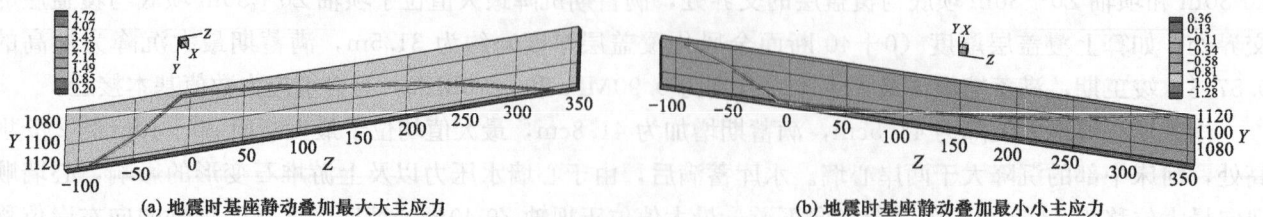

(a) 地震时基座静动叠加最大大主应力 (b) 地震时基座静动叠加最小小主应力

图 10 地震时基座动力反应

(a) 地震时防渗墙静动叠加最大大主应力

(b) 地震时防渗墙静动叠加最小小主应力

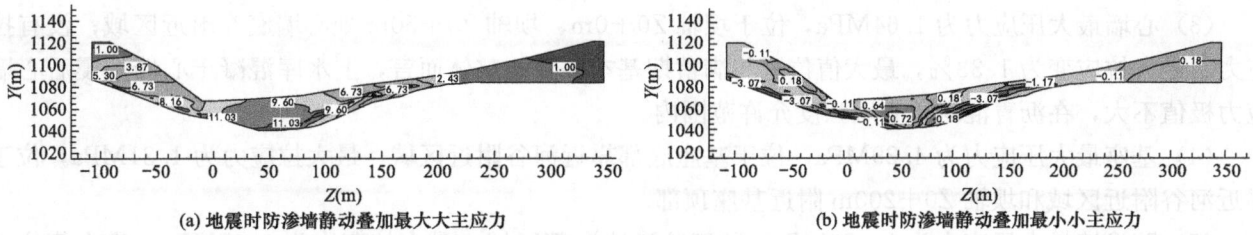

图 11　地震时防渗墙动力反应

动力反应成果：

（1）地震作用下，坝体典型断面坝顶顺河向最大加速度为 2.28m/s²，竖向最大加速度为 1.35m/s²，放大倍数分别为 2.28（顺河向）和 2.03（竖向），坝体加速度反应符合一般性规律，分布基本合理。动力计算的坝体顺河向最大动位移为 3.2cm、竖向为 0.7cm，最大值均位于坝顶部位附近，变形小于一般经验估计的范围。

（2）地震作用下，心墙静动叠加最大压应力为 2.15MPa，最大压应力位于坝轴 Z0＋0m 心墙底部区域，最大拉应力为 0.05MPa，出现在靠近心墙顶部附近区域，最大拉应变为 1.35%，位于坝轴 Z0＋50m 附近靠近心墙底部区域。整体而言，上水库沥青混凝土心墙坝在地震作用下心墙静动叠加应力和应变极值不大，在材料的强度允许范围内。

（3）在地震作用下，基座静动叠加最大压应力为 4.72MPa，最大拉应力为 1.28MPa，与满蓄期最大值位置基本一致。

（4）在地震作用下，防渗墙静动叠加最大压应力为 11.03MPa，位于坝轴 Z0＋0m、坝轴 Z0＋60m 防渗墙底部附近区域；最大拉应力为 3.98MPa，位于防渗墙与强风化交界处。

整体而言，在地震作用下，大坝、心墙和基座的动力反应规律正常，应力与变形均不大，在材料的强度允许范围内，防渗墙拉应力超过混凝土材料的抗拉强度设计值。

3.2.2　震后防渗系统应力及位移分析

有限元动力计算极值表见表 8。

表 8　　　　　　　　　　　　　　　有限元动力计算极值表

项目		竣工期
堆石体位移（cm）	向上游位移	3.3
	向下游位移	5.6
	竖向沉降	8.1
混凝土心墙位移（cm）	顺河向	5.2
	竖向	6.8
	坝轴向	1.3
混凝土心墙应力（MPa）	压应力	1.64
	拉应力	—
基座应力（MPa）	压应力	4.29
	拉应力	1.31
防渗墙应力（MPa）	压应力	10.80
	拉应力	3.07
沥青混凝土心墙拉应变（%）		1.33

震后应力、永久变形成果：

（1）地震作用后，大坝顺河向最大永久位移为 5.6m，竖向最大永久位移为 8.1cm，最大沉降位于上游靠近坝顶的区域，变形小于一般经验估计的范围。

（2）地震作用后，心墙顺河向最大位移为 5.2cm，由上游指向下游，最大值位于心墙左岸靠近坝顶区域；竖向最大位移为 6.8cm，位于坝轴 Z0＋0m 附近心墙顶部区域；坝轴向最大位移为 1.3cm，位于坝轴 Z0＋130m 附近心墙顶部区域。

（3）心墙最大压应力为 1.64MPa，位于坝轴 Z0＋0m、坝轴 Z0＋50m 处心墙底部附近区域；没有拉应力。最大拉应变为 1.33‰，最大值位置与满蓄期基本一致。整体而言，上水库混凝土心墙坝震后心墙应力极值不大，在沥青混凝土心墙强度允许范围内。

（4）基座最大压应力为 4.29MPa，位于基座底部靠近河谷附近区域；最大拉应力为 1.31MPa，位于靠近河谷附近区域和坝轴 Z0＋200m 附近基座顶部。

（5）防渗墙最大压应力为 10.80MPa，位于防渗墙底部区域；最大拉应力为 3.07MPa，最大值位于防渗墙与强风化交界处。

整体而言，上水库沥青混凝土心墙坝震后心墙应力极值不大，在强度允许范围内；防渗墙拉应力超过混凝土材料的强度设计值。

4 结语

（1）沥青混凝土心墙堆石坝静力计算成果说明，大坝分区基本合理，沥青混凝土心墙应力和应变在允许范围内，混凝土基座的应力在允许范围内；防渗墙竣工期压应力和满蓄期拉应力超过混凝土材料的强度（压应力强度设计值为 16.7MPa，拉应力强度设计值为 1.78MPa）设计允许值。冶勒等国内外类似工程计算成果表明，防渗墙应力计算值普遍偏大（大于混凝土强度设计值），但工程运行正常，防渗墙防渗效果可以得到保证。在采取一定的措施后（如设计加强配筋等），可以认为大坝及防渗体系是安全的。

（2）防渗墙的材料和全风化地基的材料刚度差别较大，防渗墙对其周围土体的竖向变形产生了明显的"托顶"作用，两者变形不协调会产生不均匀沉降；由于防渗墙选取的本构模型是线弹性模型，可能会导致防渗墙的最大拉、压应力偏大。可以在拉应力较大的部位增加配筋来改善应力偏大的问题。

（3）上水库沥青混凝土心墙堆石坝在地震作用下，坝体应力、变形均在正常范围内，基座和心墙动力反应规律正常，在材料的强度允许范围内，防渗墙拉应力超过混凝土材料的抗拉强度设计值。虽然防渗墙拉应力超过混凝土材料的强度（拉应力强度设计值为 1.78MPa）设计允许值，但是采取一定的措施后大坝的安全性可以得到保证。

参考文献

[1] 孔宪京，余翔，邹德高，等. 沥青混凝土心墙坝三维有限元静动力分析 [J]. 大连理工大学学报，2014，54（2）：197-203.
[2] 李守义，马成成，李炎隆，等. 沥青混凝土心墙堆石坝的地震反应特性分析 [J]. 水力发电学报，2013，32（6）：198-202，221.
[3] 只炳成，宋志强，王飞. 深厚覆盖层特性变化对沥青混凝土心墙坝动力反应影响研究 [J]. 水资源与水工程学报，2020，31（5）：189-194.
[4] 张治军，饶锡保，龚壁卫，等. 砂砾石与沥青混凝土接触面力学特性试验研究 [J]. 长江科学院院报，2006，（2）：38-41.
[5] 周扬，刘士佳，屈永倩. 去学沥青混凝土心墙坝高基座体型研究 [J]. 水电能源科学，2020，38（3）：71-73，176.

作者简介：
廖宗文（1996—），男，湖南长沙，硕士研究生，初级工程师，从事水电站水工设计工作。E-mail：940412710@qq.com

智能化设计与施工技术

抽水蓄能电站输水系统建筑物 BIM 建模与水力学计算一体化设计研究

吴　含，赵　路，张战午，张建国，陈　特

（中国电建集团中南勘测设计研究院有限公司，湖南长沙　410014）

【摘　要】　随着 BIM 技术在工程建设领域快速发展，不断变革着勘察设计生产方式。本文面向抽水蓄能领域，研发了输水系统主要建筑物参数化 BIM 设计功能，实现建筑物 BIM 模型的快速创建和设计属性自动附加。通过构建输水系统 BIM 模型数据空间拓扑关系自动识别和排序方法，实现基于 BIM 模型的输水系统水力学自动计算分析，进一步拓展了 BIM 模型的应用场景，为 BIM 技术发展提供了有益参考。

【关键词】　抽水蓄能；BIM 设计；水力学；参数化；一体化

0　引言

　　抽水蓄能电站工程具有系统性、复杂性、唯一性等特点，涉及水工建筑物种类多，设计工作量大、周期短、质量要求高，且常处于复杂的地形地质环境中，运用传统设计软件和方法对水工建筑物进行设计时，需要反复调整，工作繁杂，传统建模方法设计效率低下。另外，在设计过程中需要多次修改尺寸或形体来实现方案优化，而采用常规软件和方法设计时，设计方案表达不直观、计算工作量大、设计参数调整困难，且容易发生设计失误，增加设计周期和设计成本等[1-2]。随着数字化智能化技术在抽水蓄能工程领域中广泛应用，推进数字化智能化设计、建造、交付，发展智能建造已成为行业发展的必由之路，而 BIM 技术在数据支撑、全寿命周期信息流转和可视化等方面发挥着关键作用。

　　开展抽水蓄能电站 BIM 设计不仅是专业知识协同、优化结构设计和提升质量效率的重要手段，更是工程后期数据集成、流转和应用的基础支撑。近年来，BIM 技术在抽水蓄能电站建设领域已有较快发展，但是由于 BIM 设计与应用缺乏系统规划和底层标准支撑，加之建（构）筑物本身的复杂性和特殊性，针对输水系统建筑物 BIM 设计尚未建立专业级设计系统平台，BIM 设计普遍存在效率低、协同性弱、数据互用性、质量参差不齐等问题，无法满足后期工程数字化智能化应用需求。因此，本文研究建立了抽水蓄能电站输水系统建筑物参数化 BIM 设计与水力学计算分析一体化设计系统，采用参数化设计手段实现输水系统主要建筑物 BIM 模型快速创建，并附加相应设计属性，通过建立自动识别 BIM 模型的数据空间拓扑关系，实现输水系统水力学自动计算分析。

1　功能架构设计

　　设计系统功能规划应充分考虑设计阶段和设计深度的因素，并按照正向设计的思路，以"专业化、一体化"的设计流程进行。设计系统功能创建以"深度应用＋二次开发"的模式进行，优先使用基础平台功能，当基础平台功能无法满足设计需要时，通过二次开发实现。

　　Bentley 面向建筑行业 BIM 建模平台，具有很好的应用样条曲面和实体建模的能力，对复杂曲面模型具有较强处理能力。Bentley 包含多种类型软件平台，不同软件文件格式均采用 DGN 格式，可实现软件内部文件无转换传输，避免信息丢失。Microstation CONNECT Edition（缩写"MSCE"）是 Bentley 产品体系中用于建筑和工程的 CAD 软件，主要用于土木、测量、建筑、城市规划、地理和 GIS 等多个学科的设计和制图[3]。OpenRoads Designer CONNECT Edition（缩写"ORD"）是基于 Microstation 开发的服务于交通行业的线性工程设计软件，适用于勘测、道路、隧道、给排水 BIM 设计[4]。考虑输水系统建筑物特征，进/出水口、调压室、尾闸室等建筑物采用 MSCE 基础平台开发实现；水工隧洞作为线性工程，采用 ORD 作为基础平台开发实现，部分功能利用 ORD 原生功能实现。

通过系统梳理输水系统主要建筑物类型和水力学计算内容，搭建了输水系统参数化 BIM 设计和水力学计算分析一体化设计系统，系统功能结构如图 1 所示。

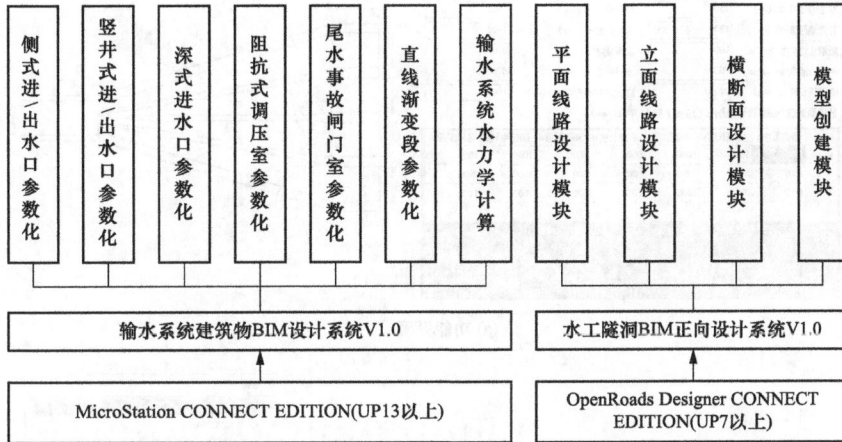

图 1　输水系统参数化 BIM 设计和水力学计算分析一体化设计系统

采用标准化、模块化、参数化设计理念实现抽水蓄能电站输水系统主要建筑物三维模型的快速创建，并自动附加设计属性信息，形成输水系统设计 BIM 模型。基于 BIM 模型对相关数据进行提取、清洗、重构，形成水力学计算分析所需基础数据，通过水力学计算软件在后台自动分析计算，得到水力学计算成果。

2　参数化 BIM 设计研究

2.1　进/出水口参数化设计

按照标准化、模块化设计理念，将进/出水口拆解为防涡梁段、矩形扩散段、闸门井（塔）段、竖井喇叭口段和竖井肘管段，可满足侧式和竖井式进/出水口 BIM 模型快速创建。进/出水口参数化 BIM 设计软件功能结构如图 2 所示。

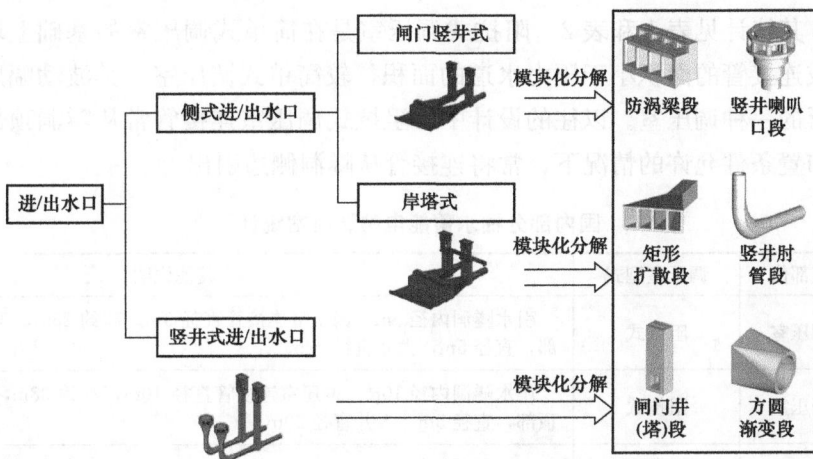

图 2　进/出水口参数化 BIM 设计功能结构图

侧式进/出水口矩形扩散段参数化建模功能界面及 BIM 模型如图 3 所示，支持 1～6 孔矩形扩散段模型快速创建，可根据需要设置整流段和隧洞段。通过输入结构设计参数及水力学参数，自动创建矩形扩散段 BIM 模型，模型分类编码自动附加，支持属性信息查看。其他部位参数化设计思路与矩形扩散段一致。

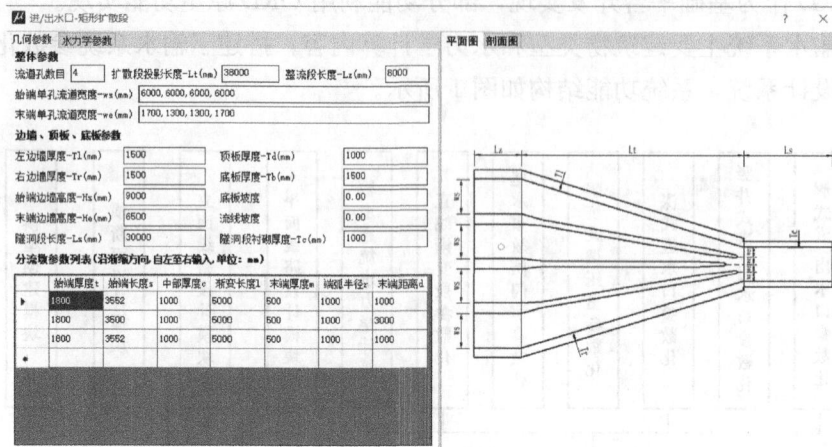

(a) 功能界面

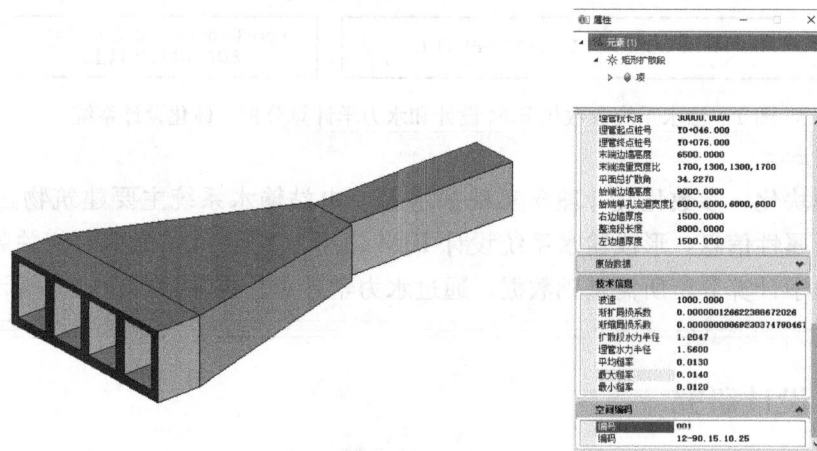

(b) 模型成果及属性

图 3　侧式进/出水口矩形扩散段参数化建模功能界面及 BIM 模型

2.2　调压室参数化设计

综合国内工程的实际应用情况，国内部分在建和已建的水电站（包括抽水蓄能电站）大部分调压室都为阻抗式调压室，其统计见表 1 和表 2。阻抗式调压室是在简单式调压室的基础上增设了阻抗孔，其特点是底部阻抗孔或连接管的面积小于压力水道的面积，较简单式调压室，其波动幅度更小、衰减速度更快，是应用最广泛的一种调压室。以往的设计中，阻抗式调压室连接管常从隧洞顶部引出，近年来为便于现场施工，在布置条件允许的情况下，常将连接管从隧洞侧边引出。

表 1　　　　　　　　　　　　　　国内部分抽水蓄能电站调压室统计

工程名称	调压室部位	调压室型式	其他说明
湖北白莲河蓄能电站	上游调压室	阻抗式	引水隧洞内径 9m，调压室连接管直径 9m，高约 25m，阻抗孔设置在连接管顶部，直径 5m，大井直径 22m
江苏溧阳蓄能电站	下游调压室	阻抗式	尾水隧洞内径 10m，调压室连接管直径 10m，高约 38m，阻抗孔设置在连接管顶部，直径 5m，大井直径 20m
河南天池蓄能电站	上游调压室	阻抗式	引水隧洞内径 6m，调压室连接管直径 6m，阻抗孔设置在隧洞与连接管相接处，直径 4m，大井直径 8.7m

续表

工程名称	调压室部位	调压室型式	其他说明
河南洛宁蓄能电站	上下游双调压室	上游阻抗式 下游阻抗式	上游调压室：引水隧洞内径 6.5m，调压室连接管直径 6.5m，阻抗孔设置在连接管顶部，直径 4m，大井直径 11m；下游调压室：尾水隧洞内径 7m，调压室连接管直径 7m，阻抗孔设置在连接管顶部，直径 4m，大井直径 10.6m
广东梅州蓄能电站	下游调压室	阻抗式	尾水隧洞内径 10.4m，调压室连接管直径 6m，连接管兼做阻抗孔，大井直径 17m
湖南平江蓄能电站	下游调压室	阻抗式	尾水隧洞内径 6.8m，连接管直径 6.8m，阻抗孔设置在连接管顶部，阻抗孔直径 3.7m，大井直径 10.5m

表 2 国内部分常规水电站调压室统计

水电站	额定水头 （m）	额定流量 （m³/s）	引水隧洞长度 （m）	调压室型式	调压室实际面积 F （m²）	波动周期 （s）
卧罗桥	89	62.7	5427.02	阻抗式	254.47	353.52
新马	92	60.89	21492.92	阻抗式	440.00	694.27
古学	131	38.90	14408.5	阻抗式	122.66	473.10
黄角树	155	57.73	10720	阻抗式（有上室）	281.23	372.13
中梁	165	16.397	7905.48	阻抗式	113.097	475.33
立洲	177	72.5	16737.014	阻抗式	315.00	633.65
渡口坝	376	15.1	20027.64	阻抗式	63.585	608.29
金汉拉	310	23.40	7793.858	阻抗式	78.54	590.07

按照标准化和模块化设计理念，将调压室划分为压力隧洞、连接管、阻抗孔、大井和顶部结构模型。调压室设计参数可划分为压力隧洞参数、连接管参数、阻抗孔参数、大井参数、穿顶参数和水力学参数六部分，通过输入设计参数快速创建对应调压室模型。隧洞断面形式包括圆形、城门洞形和马蹄形。连接管引出形式包括上部引出、左侧引出和右侧引出，阻抗孔形式包括上部阻抗孔、下部阻抗孔和不设阻抗孔。调压室顶部结构有三种形式，包括球形穿顶布置、城门洞形穿顶布置和开敞式布置。

阻抗式调压室参数化建模功能界面及 BIM 模型如图 4 所示。

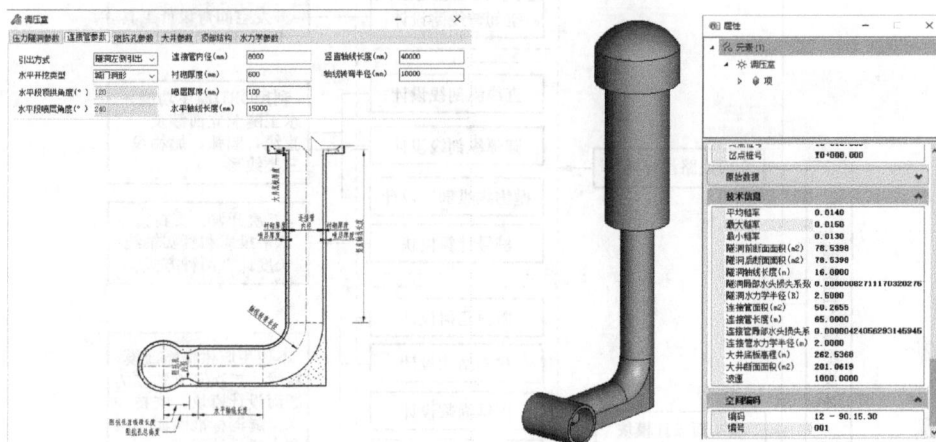

图 4 阻抗式调压室参数化建模功能界面及 BIM 模型

2.3 尾闸室参数化设计

尾水事故闸门室一般由闸室、闸门竖井段等部位组成。结合尾水支管与闸门室不同的布置方式，尾水事故闸门室参数化建模考虑如下 2 种情况：

（1）尾水支管与尾水事故闸门室正交，尾水支管正进正出尾水事故闸门室。

（2）尾水支管与尾水事故闸门室斜交，尾水支管斜进斜出尾水事故闸门室。

按照标准化、模块化设计理念，将尾闸室拆分为尾水闸门竖井模型、尾水闸门室模型。设计参数可划分为竖井参数、运行区参数、安装检修区及附加参数和水力学参数四部分。通过标准化设计参数输入，快速生成尾闸室参数化 BIM 模型。尾水事故闸门室参数化建模功能界面及 BIM 模型如图 5 所示。

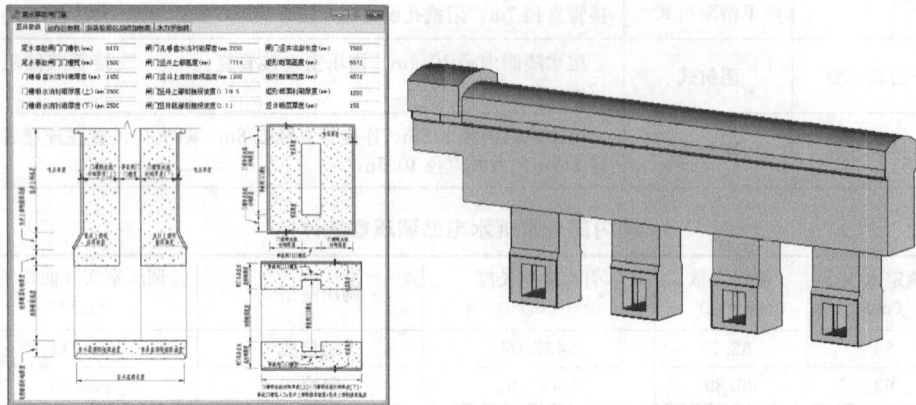

图 5　尾水事故闸门室参数化建模功能界面及 BIM 模型

2.4　水工隧洞参数化设计

水工隧洞参数化设计基于 Bentley OpenRoads Designer 软件实现，按照水工隧洞 BIM 正向设计流程，首先开展平面洞线设计，在平面洞线基础上生成纵断面视图，并进行纵断面洞线设计，通过平、立面洞线拟合生成三维空间下隧洞轴线。洞线设计完成后，根据隧洞沿线围岩类别进行典型断面设计，典型断面设计包括对断面形状、衬砌、灌浆、开挖支护等。在确定隧洞洞轴线以及各洞段横断面设计参数后，即可开展隧洞三维模型创建，附加相应属性信息，最终形成水工隧洞 BIM 模型[5]。水工隧洞 BIM 模型设计功能模块分解图如图 6 所示，典型功能界面和 BIM 模型如图 7 所示。

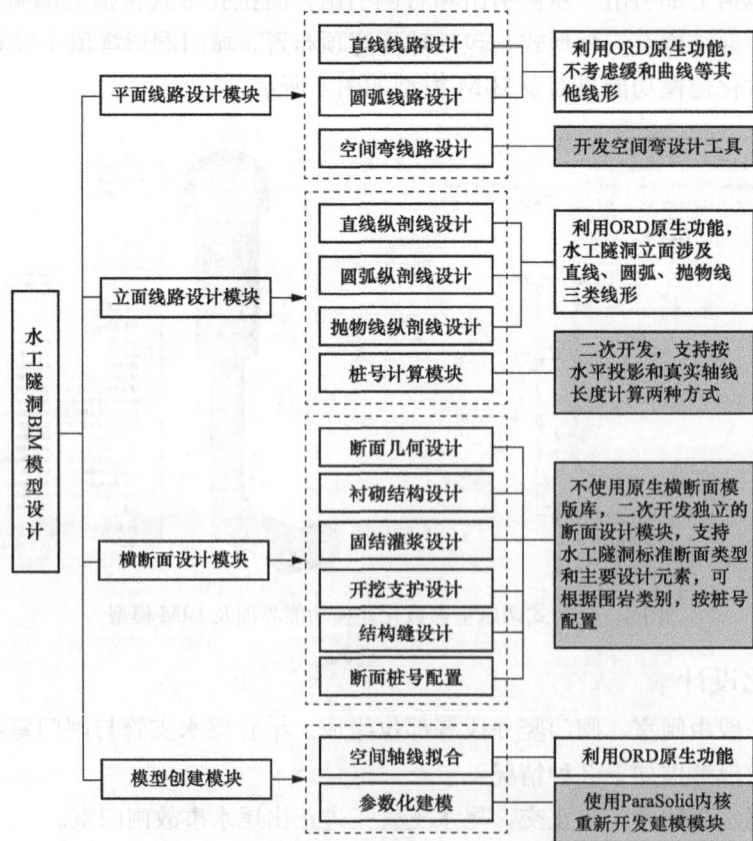

图 6　水工隧洞 BIM 模型设计功能模块分解图

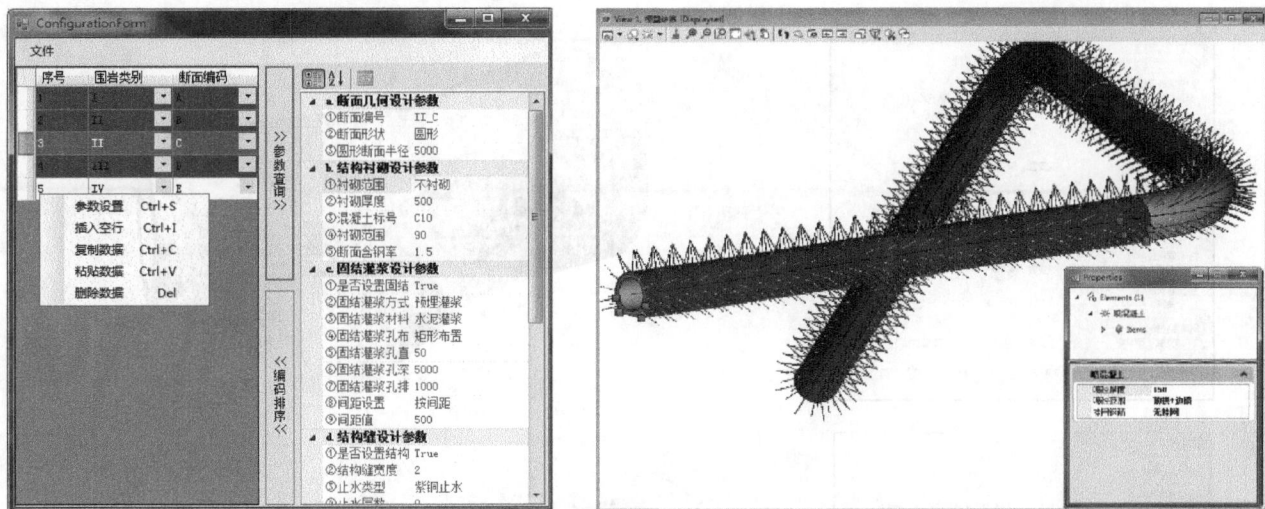

图 7　水工隧洞参数化建模典型功能界面及 BIM 模型

　　对于水工隧洞不同断面形状之间渐变段和隧洞分岔的岔洞段，开发对应渐变段、岔管段参数化设计功能，通过设计参数输入，快速创建对应的 BIM 模型。针对隧洞渐变段 BIM 设计，系统总结了 10 种直线渐变段类型，如表 3 所示。

表 3　　　　　　　　　　　　　　　水工隧洞渐变洞段类型表

序号	起始断面	终点断面	备注
1	圆形	圆形	考虑不同直径、不同衬砌厚度
2	圆形	城门洞圆形	过水断面为圆形渐变段，开挖断面为圆形-城门洞形
3	圆形	马蹄形	过水断面为圆形渐变段，开挖断面为圆形-马蹄形
4	圆形	矩形	—
5	城门洞形	城门洞形	顶拱尺寸不变，边墙高度发生变化
6	城门洞形	矩形	—
7	城门洞形	城门洞矩形	末端过水断面为矩形渐变段
8	马蹄形	马蹄形	过水断面为圆形渐变段，开挖断面为马蹄形渐变段
9	马蹄形	矩形	过水断面为方圆渐变，开挖断面为马蹄形渐变为矩形
10	矩形	矩形	考虑不同过水断面尺寸，不同衬砌厚度

　　通过研究国内外钢筋混凝土岔管和钢岔管结构型式，结合规程规范要求，研发了混凝土岔管和钢岔管参数化设计工具，可分别支持"Y"型钢筋混凝土岔管、"卜"型钢筋混凝土岔管、"Y"型月牙肋钢岔管和"卜"型月牙肋钢岔管四种岔管类型。岔管参数化建模典型功能界面和 BIM 模型如图 8 所示。

3　水力学计算分析一体化研究

　　水力学计算是输水系统建筑物设计的重要内容，水电站水头损失和水力机械过渡过程的计算理论与方法均比较成熟，且随着计算机技术的快速发展，手工计算方式逐步被各类计算软件程序替代。输水发电系统由进水口、隧洞、蜗壳、尾水管、调压井、闸门等建筑物组成，其水力学计算和过渡过程计算都需要对建筑物的拓扑关系进行分析与识别[6]。本文通过研究输水系统 BIM 模型属性的数据拓扑结构，实现基于参数化设计模型，自动提取属性数据，创建输水发电系统各建筑物属性数据的拓扑结构，进行输水系统水力学计算分析。

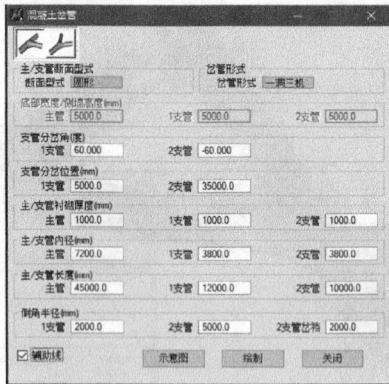

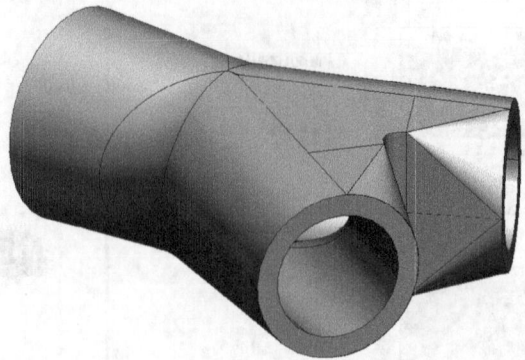

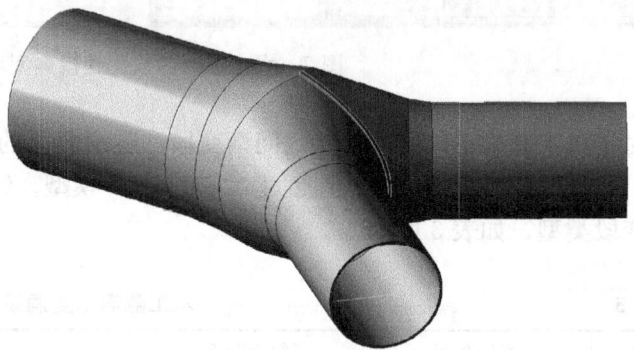

图 8　岔管参数化建模典型功能界面及 BIM 模型

3.1　BIM 模型拓扑数据结构

　　按照建筑物类型对输水发电系统进行模块化划分，得到构成所述输水发电系统的各个模块；分别创建每个模块的 BIM 模型，并对每个模块的 BIM 模型附加设计属性信息，得到每个模块的设计 BIM 模型。属性信息包括 ID、分类编码、桩号以及水力学计算分析所需参数；ID 表示设计 BIM 模型的编号，分类编码表示设计 BIM 模型对应模块的建筑物类型，桩号表示设计 BIM 模型对应模块在输水发电系统中的相对位置。将所有模块的设计 BIM 模型进行组装，得到输水发电系统 BIM 模型，如图 9 所示。

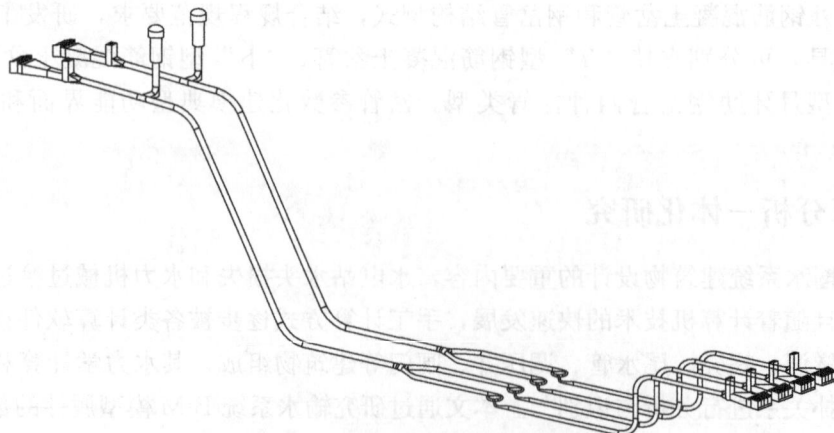

图 9　抽水蓄能电站输水系统 BIM 模型

对所述输水发电系统 BIM 模型进行自动检索，根据分类编码自动识别出每个模块的建筑物类型，并提取每个模块的设计属性信息，由所有模块的设计属性信息形成数据集合；对数据集合中的桩号进行解译（见图 10），自动识别输水发电系统各个模块的拓扑结构，实现拓扑数据结构的自动构建。

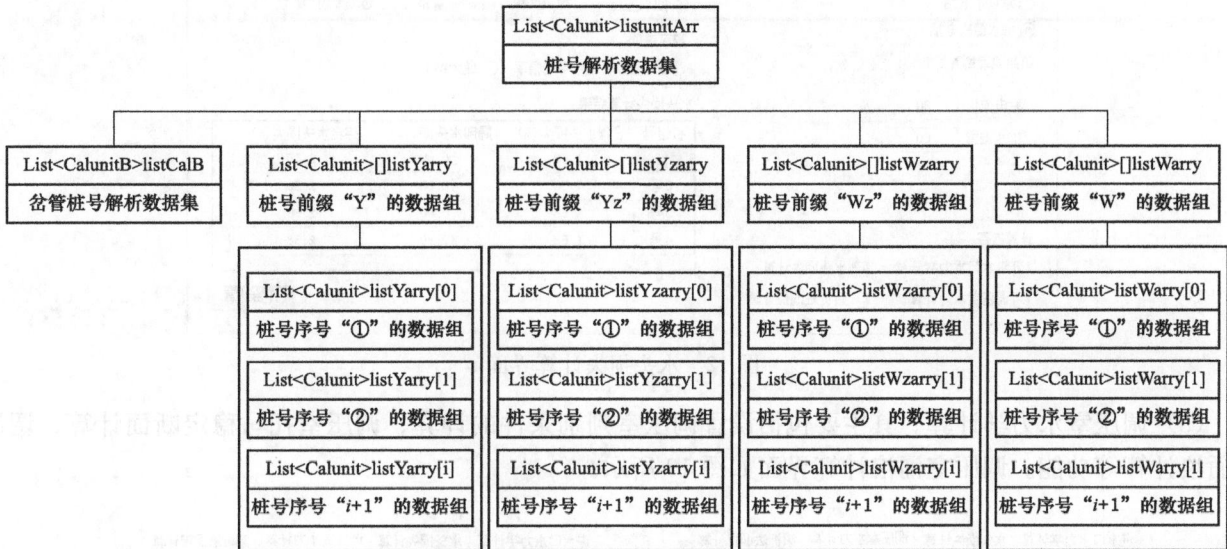

图 10　桩号解析集数据分组示意图

3.2　水力学计算分析

基于输水发电系统 BIM 模型成果，研发输水发电系统水力学计算工具，计算内容主要包含 4 部分。

（1）进水口水力学计算包括淹没深度计算和通气孔面积计算。淹没深度采用戈登公式进行计算，通气孔面积采用规范附录公式进行计算。

进水口水力学计算界面如图 11 所示。

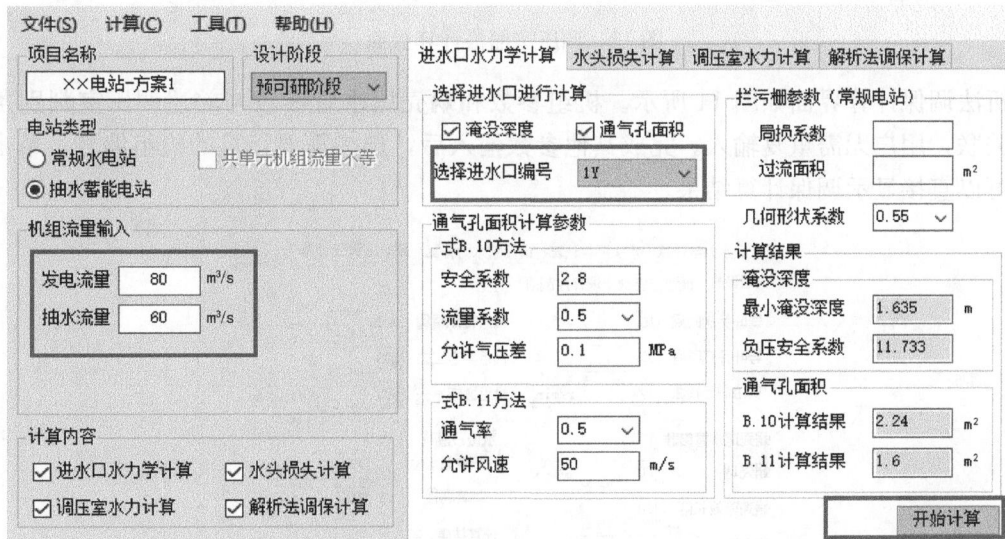

图 11　进水口水力学计算界面

（2）输水发电系统水头损失计算。区分水力单元、机组单元，计算不同工况流量下各种糙率的水头损失值。水头损失计算界面如图 12 所示。

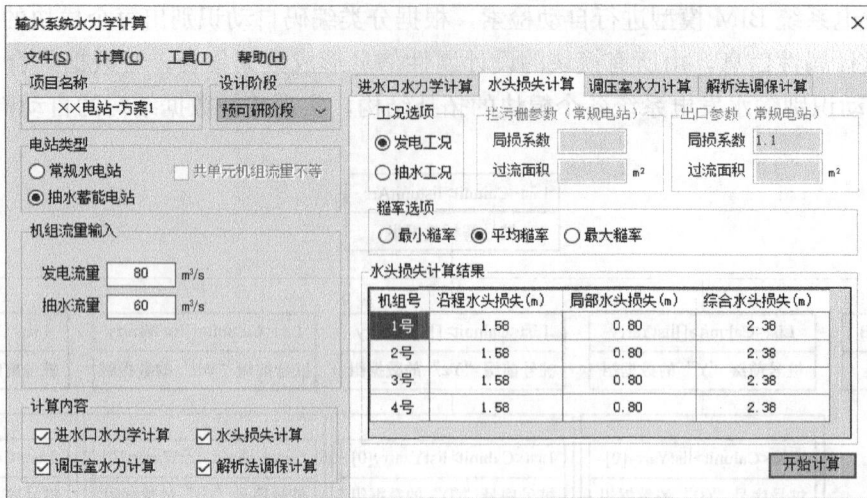

图 12　水头损失计算界面

（3）调压室水力学计算。其主要包括设置调压室判别条件的计算、调压室托马稳定断面计算、调压室涌浪计算等功能。调压室涌浪计算界面如图 13 所示。

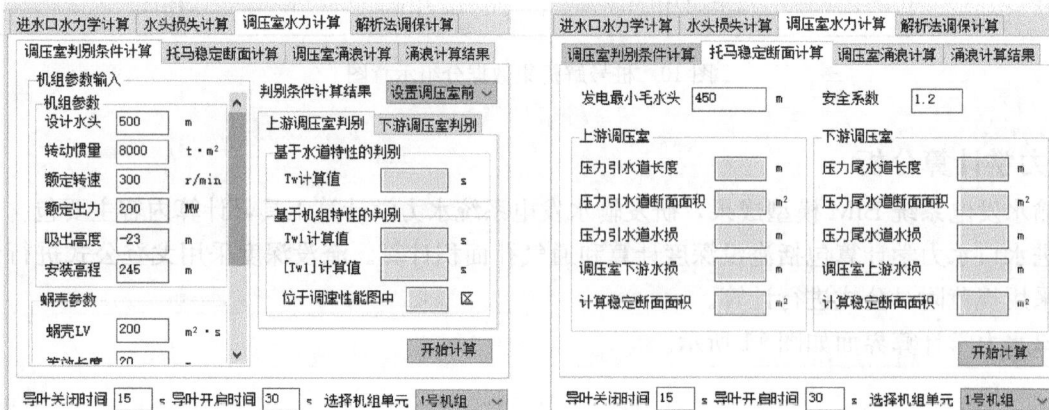

图 13　调压室涌浪计算界面

（4）解析法调保计算界面如图 14 所示。机组参数和蜗壳尾水管参数与前述调压室判别条件计算输入参数相互关联，用户无需重复输入。完成其他参数输入后，选择需要计算的机组编号，单击"开始计算"按钮，可以直接显示调保计算结果。

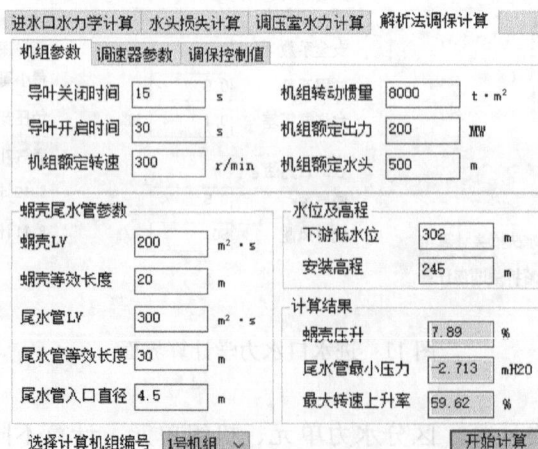

图 14　解析法调保计算界面

4　结语

面向国家水利与能源工程应用的重大需求，在抽水蓄能电站 BIM 设计领域，研发了一套输水系统建筑物参数化 BIM 设计和水力学计算分析一体化系统，并取得如下主要成果。

（1）通过总结标准化设计成果，采用标准化、模块化、参数化设计理念实现抽水蓄能电站输水系统进/出水口、阻抗式调压室、岔管和尾水事故闸门室等建筑物参数化设计模块，实现主要建筑物三维模型的快速创建，并自动附加设计属性信息。

（2）按照水工隧洞 BIM 正向设计方法流程，研发水工隧洞 BIM 正向设计模块，实现了水工隧洞从洞线设计、横断面设计到参数化建模全过程。

（3）提出基于 BIM 模型的数据空间拓扑关系自动识别和排序方法，研发水力学计算分析模块，基于 BIM 模型对相关数据进行提取、清洗、重构，形成水力学计算分析所需基础数据，通过水力学计算软件在后台自动分析计算，得到水力学计算成果。

基于上述成果，利用 Bentley 基础平台进行整合，搭建了抽水蓄能电站输水系统建筑物 BIM 建模与水力学计算一体化设计系统。

参考文献

[1]　张潆月. 基于 BIM 技术的水利水电工程三维协同设计策略 [J]. 工程技术研究，2024，9（2）：205-207. DOI：10.19537/j. cnki. 2096-2789. 2024. 02. 067.

[2]　宋建英，周师玉，李敏玉，等. 基于 BIM 技术的水利水电工程智能系统设计 [J]. 自动化与仪器仪表，2023，（10）：113-116，121. DOI：10.14016/j. cnki. 1001-9227. 2023. 10. 113.

[3]　汪宇航，王志东，许文达. 基于 Microstation 软件的重力坝参数化设计应用 [J]. 福建水力发电，2023，（1）：12-15. DOI：10.19565/j. cnki. cn35-1153/tv. 2023. 01. 017.

[4]　潘涛. OpenRoads Designer 在河道三维正向设计的应用 [J]. 东北水利水电，2022，40（7）：65-67. DOI：10.14124/j. cnki. dbslsd22-1097. 2022. 07. 014.

[5]　吴含，赵路，刘建秀. 基于 ORD 的水工隧洞 BIM 正向设计系统研究 [J]. 人民黄河，2022，44（5）：157-162.

[6]　杨建东，莫剑，唐岳灏，等. 水电站过渡过程程序可视化设计的思路及实现 [J]. 水电能源科学，2005，（1）：57-59，93.

作者简介：

吴　含（1991—），男，湖北十堰，硕士研究生，工程师，主要从事水电工程水工设计及工程数字化应用研究工作. E-mail：02702@msdi. cn

基于智能动态管控技术和工程地质可视化
模型的地下洞室群数字化设计

刘鹏程[1]，李智机[1]，于　磊[1]，李　冲[1]，杨文权[1]，周　通[1]，周少波[2]，杨凡杰[3]

（1. 中国电建集团中南勘测设计研究院有限公司，湖南长沙　410014；

2. 华能澜沧江水电股份有限公司，云南昆明　650214；

3. 中国科学院武汉岩土力学研究所，湖北武汉　430064）

【摘　要】　西南高山峡谷地区的大型水电站常开挖大规模地下洞室群，近年工程设计数字化水平的不断提高推动了复杂水电工程的建设进程，但也暴露出诸多问题。本文提出基于动态管控和三维地质模型的数字化设计思路，形成一套闭环的设计方法，在 TB 水电站的地下洞室群设计中取得了成功的实践经验。TB 水电站右岸地下输水发电系统采用全专业全流程、系统性的三维正向协同设计，实现地下洞室群设计方案的优化。现场开挖施工过程中结合洞室围岩稳定现场监测与动态管控技术，提高了地下洞室施工的安全控制水平，优化了地下洞室开挖程序，使地下洞室施工更为经济、高效、安全。依托地质信息三维可视化模型，实现了地质信息的数字化传递，与地下工程建筑物 BIM 模型和计算分析模型深度融合，极大地提高了建模效率和计算精度。以解决现场实际问题为导向的动态设计理念，结合水电工程数字化设计思路，为指导现场施工提供合理依据，实现了水电工程高效安全智能建造。

【关键词】　地下洞室群；数字化设计；反馈分析；动态设计

0　引言

水电站的开发与建设，往往会受到特定地形地质条件的限制，尤其在坝址河谷山高坡陡、地面空间有限的西南地区，水电站厂房需采用地下布置的方式。大型水电站往往需要布置大规模的地下洞室群，规模庞大、空间组成复杂的洞室群布置在有限的地下空间内，如何确保地下洞室群施工期安全和完建后的稳定运行，是水电工程建设中的关键技术问题。

随着水电工程数字化工作的深入推进，国内多家设计院都不同程度地对实现水电工程数字化进行了探索，取得了一系列丰硕成果，数字化设计的深入应用对缩短设计周期，协同各专业设计，降低工程成本，提高设计质量与效率等问题发挥了不可替代的作用。但对于复杂的大型水电工程，也暴露出诸多问题，如与地质信息融合度不够、设计反馈周期长、现场处理问题不及时等。

本文提出基于动态管控和三维地质模型的数字化设计思路，形成一套闭环的设计方法，在 TB 水电站的地下洞室群设计中取得了成功的实践经验。地下洞室群数字化设计的核心内容包括结合地下工程智能动态管控技术的反馈分析结果，参考工程地质三维模型，运用三维可视化技术、多专业协同设计技术、参数化技术、三维-CAD 集成技术等，形成地下洞室群开挖支护设计方案，为解决现场实际施工问题提供设计依据。

1　地下工程施工期智能动态管控技术

1.1　研究方法和内容

由于地下工程的复杂性，选择安全、经济、合理的开挖和支护设计参数是设计过程中的重点问题。

目前的开挖支护设计方法主要包括工程类比、理论计算、现场监测，三种方法各有利弊，都有一定的局限性。从发展趋势上看，三种方法互相渗透、补充，形成开挖和支护的"动态设计"已成为工程施工阶段科学设计的发展方向，其基本思想是根据现代围岩稳定性分析和支护理论的基本原理，以围岩分类先行，并贯彻设计和施工的全过程，以工程现场大量的监测信息作为初步方案与最终设计方案之间的纽带和信息反馈的主要定量依据，通过理论分析计算从实质和规律上指导开挖和支护设计与施工。这种"动态设计"方法的最大特点是要求地质勘测、设计、施工及监测之间密切配合，融为一体，地下洞室施工期快速监测与动态反馈分析设计正是这种设计方法的一个重要环节，它在整个支护设计过程中具有重要作用。

运用新型监测手段，并在此基础上对地下厂房洞室群开展施工期的动态管控分析研究，掌握地下工程施工期围岩损伤的孕育机制、分布特征以及演化规律；通过辨识地下洞室围岩破坏模式，揭示其失稳机理；建立大型地下洞室群的动态仿真分析模型，开展开挖过程中洞室围岩的整体与局部稳定性分析→开挖和支护参数的调整优化→洞室围岩变形控制标准等，对洞室群的围岩稳定性进行合理评价，实现地下厂房洞室群建设的数字化设计，确保施工期的安全和工程的正常运行。地下工程施工期智能动态管控技术研究内容如图1所示。

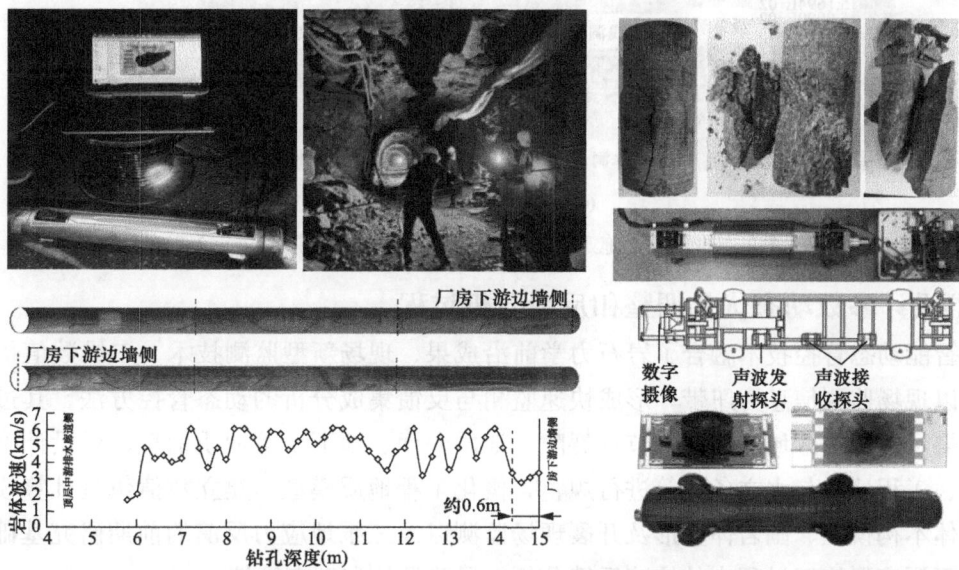

(a) 综合测孔机器人监测

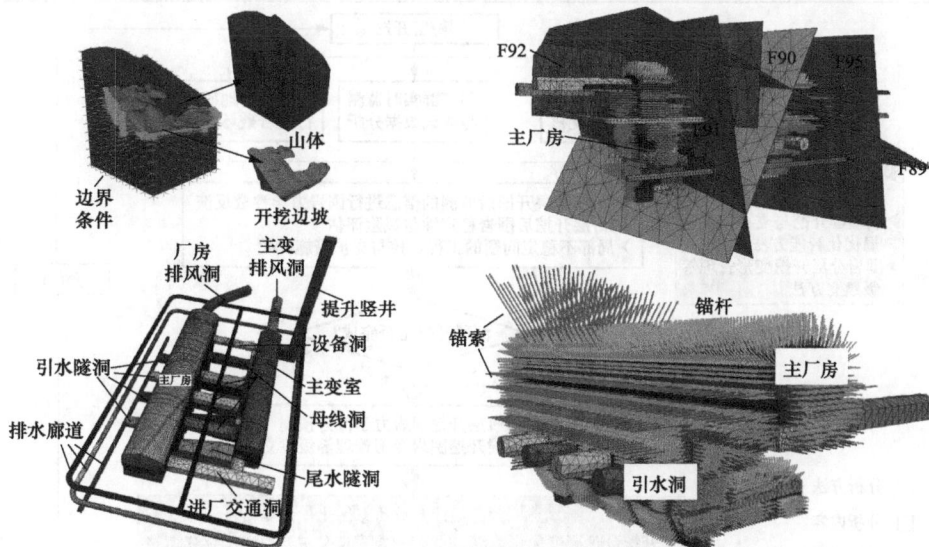

(b) 动态反馈分析计算模型

图1　地下工程施工期智能动态管控技术研究内容（一）

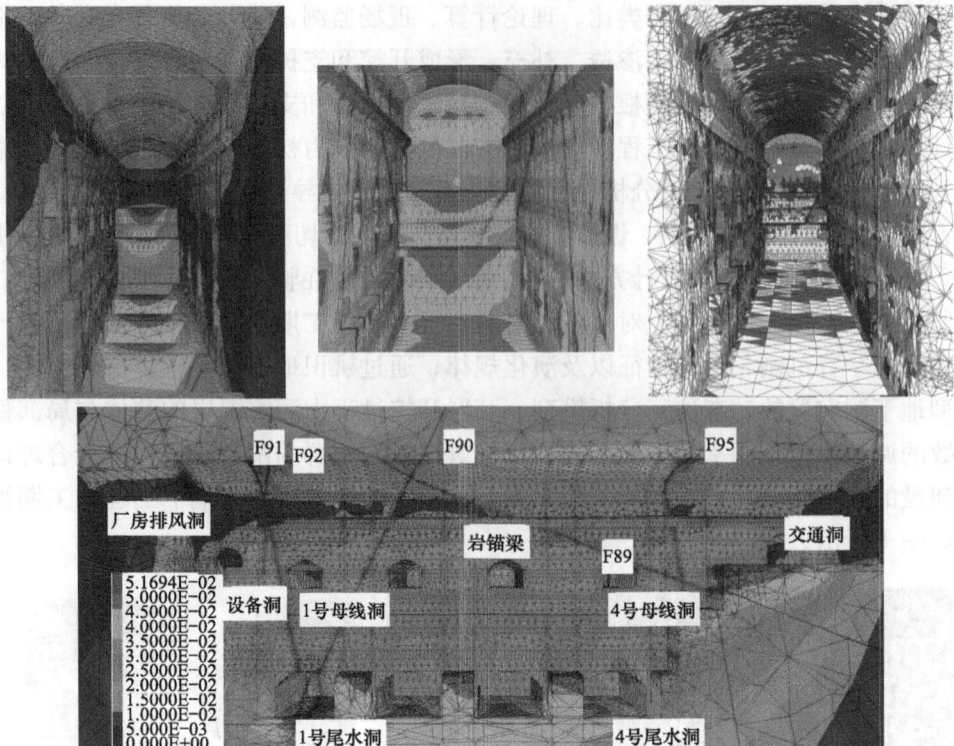

(c) 综合评估围岩稳定性

图 1　地下工程施工期智能动态管控技术研究内容（二）

1.2　洞室群设计参数动态优化调整和反馈分析过程

地下工程智能动态管控技术融合了岩石力学前沿成果、现场新型监测技术、三维数值仿真技术和人工智能方法，以现场监测信息为纽带，形成快速监测与反馈集成分析的动态管控方法。其过程是在分析前期勘察阶段揭示的厂房区域的断层、节理裂隙、地质弱面、地下水等地质信息，对设计确定的围岩分类、岩体强度、工程地质与水文条件等进行规整，概化工程地质模型，建立数值仿真计算模型、选择或开发合理的岩体本构模型、围岩体变形及开裂现场监测以及三维地应力反演的前期研究基础上，形成如图 2 所示的地下洞室群施工过程中的快速反馈分析、风险评估和动态管控。

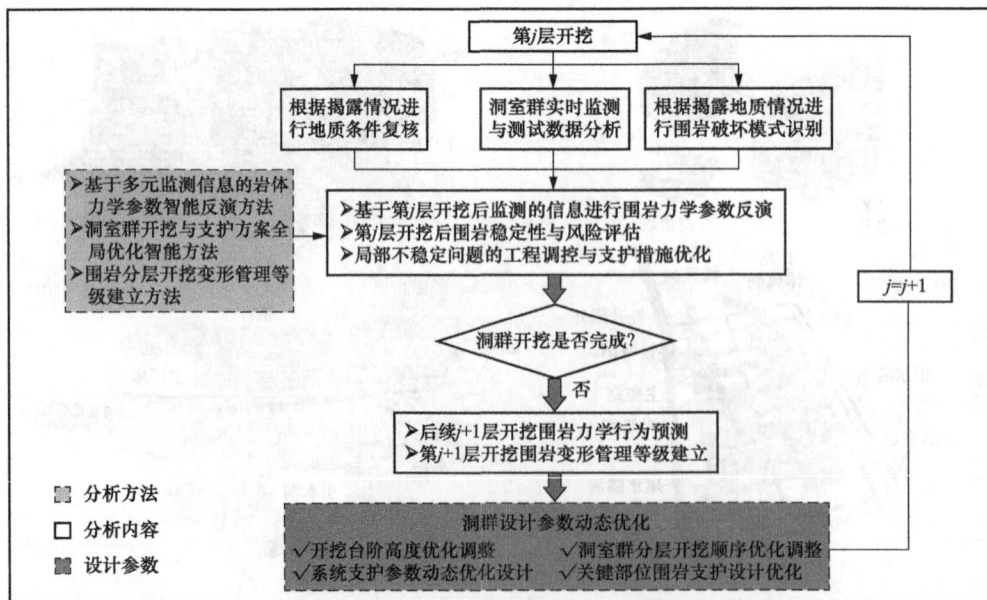

图 2　设计参数动态优化调整和反馈分析过程

2 工程地质三维模型的深化应用

2.1 TB水电站地下厂房工程地质条件

TB水电站地下输水发电系统布置于右岸，地下厂房位于⑤号冲沟下游的右侧山体内。区内山体雄厚，地表地形陡峻，初拟厂房纵轴线方向N42°E，最小侧向埋深约80m，最小垂直埋深约90m；地下厂房岩性为印支期基性侵入体吉岔辉长岩（ν51），呈灰绿、暗绿色，局部呈灰白色，块状构造。地下厂房布置区主要断层汇总如表1所示。

表1　　　　　　　　　　　　　　　地下厂布置房区主要断层汇总表

组别	编号	产状	规模级别	出露位置	破碎带宽度（cm）	影响带宽度（m）	与厂房轴线夹角	主要地质特征	性状类别
NWW	F₉₂	N63°W，NE∠87°	IV	主洞114～117m处	1～3	0.1～0.2	45°	面不平，张开；破碎带由岩石碎块、岩屑及灰色断层泥组成，断层面上附大量石英，沿断层面有地下水渗出	张性正断层
	F₈₉	N40°W，SW∠22°	IV	下游支洞63～65m处	0.5～3	0.2～0.3	68°	面平，破碎带由岩石碎块、岩屑、灰白色断层泥、蚀变岩体及石英脉组成，断层面见倾向擦痕。断层上盘岩体中发育较多的与其平行的次生缓倾角节理	压性逆断层
	F₉₀	N33°～42°W，NE∠55°～69°（综合倾角55°）	III₂	主洞182～199m；下游支洞25～27m处	3～25	0.2～0.6	66°～75°	面不平，破碎带由岩石碎块、岩屑及大量灰色断层泥组成，局部有石英充填。断层面见倾向擦痕，附大量Fe、Mn氧化物，主洞部位沿断层有大量滴水。断层上盘岩体较完整，下盘相对较破碎	压性正断层
	F₉₁	N42°W，SW∠76°	IV	上游支洞15～16m处	0.5～2	0.1～0.2	66°	面较平，破碎带由岩石碎块、岩屑及石英组成，充填少量次生黄泥，局部张开	张性正断层
NW	F₉₃	N48°W，NE∠46°～57°（综合倾角55°）	III₁	上游支洞59～61m处；主洞74～76m处	5～20	0.3～1	60°	面不平，破碎带由碎裂岩、岩石碎块、岩屑、灰色断层泥组成，断层有张开现象，破碎带内充填大量石英及团块状次生黄泥。下盘岩体较完整，上盘岩体较破碎。沿断层有地下水渗出。断层破碎带上部分布宽0.8～1m的卸荷松弛带，带内充填网格状次生黄泥	张性正断层
	F₉₄	N55°W，NE∠57°～71°（综合倾角65°）	III2	主洞31～33m	1～15	0.2～0.3	53°	面不平，破碎带由岩石碎块、岩屑及团块状次生黄泥组成，局部张开，沿断层有大量滴水	张性正断层
	F₉₅	N44°W，SW∠80°	IV	下游支洞89～89.5m处	1～5	0.1～0.2	64°	面较平，破碎带由岩石碎块、岩屑及大量黄褐色、灰黄色泥组成，局部有石英充填，沿断层有渗水。断层面两侧岩体较完整	压性正断层
	F₉₆	N40°W，SW∠22°～35°（综合倾角25°）	IV	ZK100～ZK102揭露	1～10	—	68°	孔内录像显示，面不平，破碎带由岩石碎块、岩屑及灰色断层泥组成。据钻孔揭露，沿断层有大量承压水	推测断层

组别	编号	产状	规模级别	出露位置	破碎带宽度（cm）	影响带宽度（m）	与厂房轴线夹角	主要地质特征	性状类别
NNW	F_{47}	N18°W，NE∠55°	Ⅲ2	右岸 PD29	18～28	0.4～1	90°	破碎带由石英脉、灰色泥、岩石碎块、岩屑组成，石英脉宽 3～12cm，局部断开。灰色泥主要沿断层上、下界面分布，泥厚 0.5～3.5cm。断层面较平直，局部见倾向擦痕	张性正断层
NE	F_{34}	N508E，NW∠678	Ⅲ2	右岸陡崖，在 PD35 没有发现	20	0.5	22°	推测断层，沿小冲沟沟底分布，破碎带由岩石碎块夹泥组成	—
NEE	F_{35}	N708E，NW∠708	Ⅳ	右岸陡崖及主洞 14～21m	3～10	0.2～0.5	2°	断层面较平，破碎带由岩石碎块夹岩屑及次生黄泥组成	

地下厂房布置区均为微新岩体，节理裂隙局部较发育。根据节理统计结果，主要有 5 组：①N70°～85°E，NW∠55°～85°；②N65°～85°W，NE∠60°～80°；③N60°～65°W，NE∠80°～85°；④N50°～70°W，SW∠85°～88°；⑤N 50°W～N35°E，SW 或 NW∠10°～25°。节理倾角一般大于 60°，部分闭合；其中，第①组（NEE 向）、第②组（NWW 向）节理最发育，由于位于微新岩体内，一般长 2～5m，延伸不长（第①组节理在卸荷带内发育，长 5～15m）。两组节理与厂房的夹角分别为 28°～43°和 53°～73°。

2.2 地下洞室群地质三维可视化

TB 水电站地下厂房洞室群规模大、地质条件复杂。通过地质子系统建立三维模型，将地质信息三维可视化，实现了地质信息的数字化传递。在厂房施工期围岩稳定分析过程中，计算模型与三维地质模型深度融合，极大地提高了建模效率和计算精度。TB 地下洞室群 GIM＋BIM 模型与反馈分析模型深度融合如图 3 所示。

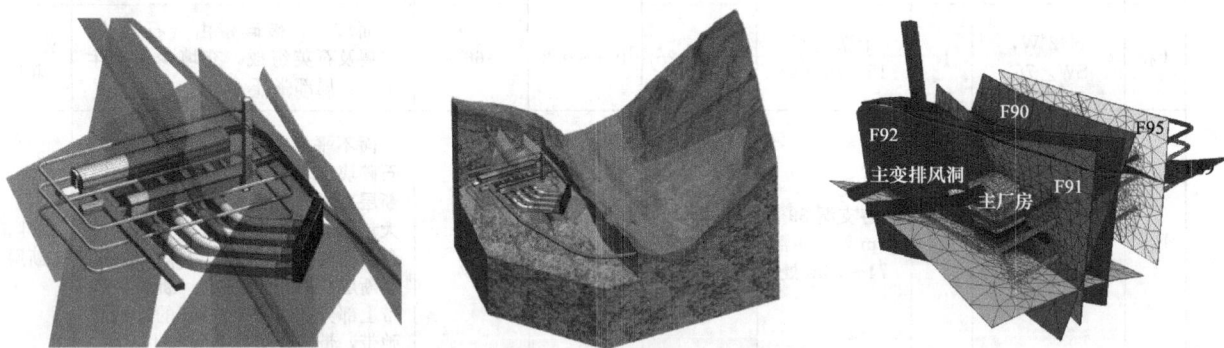

图 3 TB 地下洞室群 GIM＋BIM 模型与反馈分析模型深度融合

3 地下洞室群三维数字化设计

3.1 三维数字化设计流程与设计方法

中南院工程数据平台（PowerBIM）功能涵盖勘察设计、施工、运营三大环节，设计过程目前采用全专业全流程、系统性的三维正向协同设计平台（PW）。各专业协同设计方法存在差异，以厂房专业为例，将地下厂房设计工作内容进行分解，经过分析工作目标和分解模型，归纳出地下厂房三维数字化设计内容：包括协同平台任务创建、项目工作目录定制、厂房位置及轴线的确定、厂房轴网的布置、机电设备布置、各单体结构模型搭建、组装、校审及碰撞检查、三维仿真模拟计算、配筋计算、工程量统计、出图，最终建立一套完整的厂房专业设计工作流。中南院 PowerBIM 平台功能模块如图 4 所示，厂房专业设计工作流如图 5 所示。

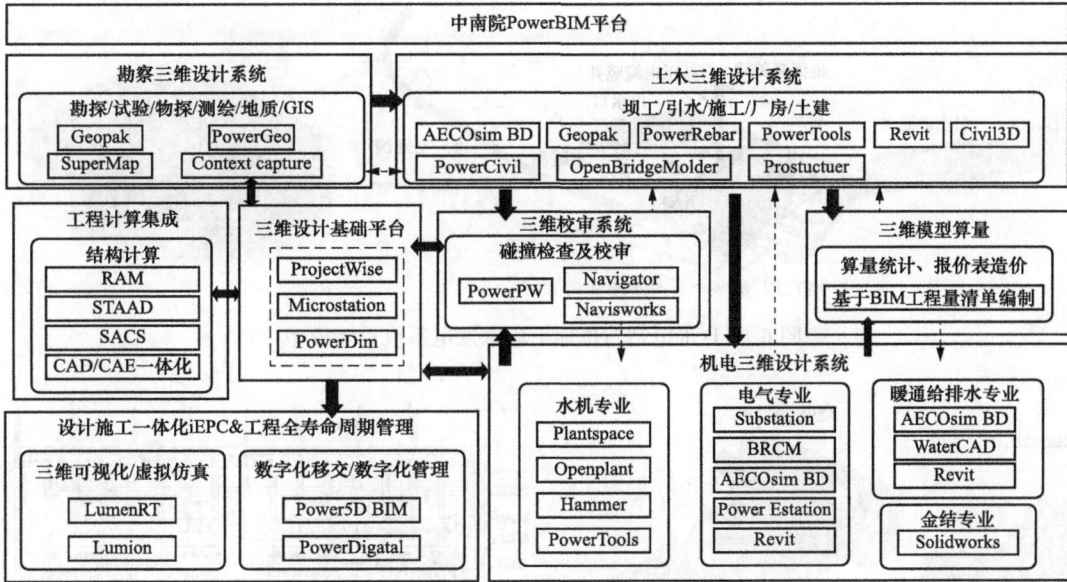

图 4　中南院 PowerBIM 平台功能模块

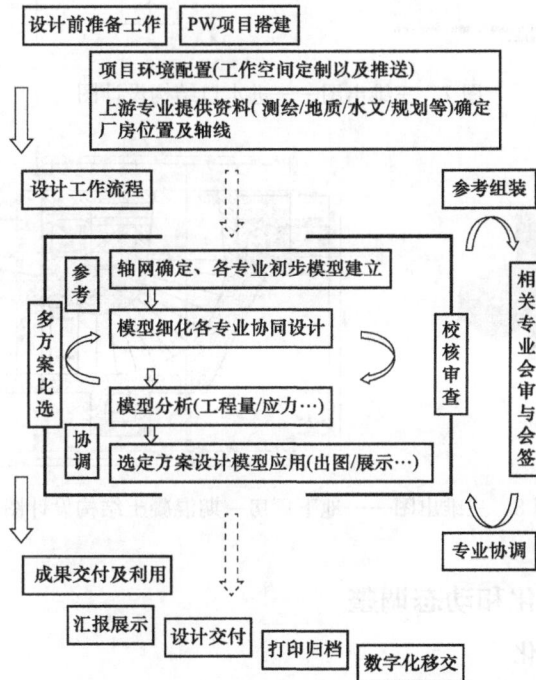

图 5　厂房专业设计工作流

3.2　地下洞室群三维数字化设计实例

TB 水电站地下厂房设计采用协同工作平台（PW）实现全专业三维协同设计，各专业直接在 PW 平台上进行设计工作，可随时查看其他专业的设计成果，并参考相关专业的模型成果进行协同设计，形成专业总装模型。

TB 水电站右岸地下输水发电系统总装模型如图 6 所示。

各设计人员在三维结构模型基本建立完毕并赋予模型相关材质属性的基础上，对模型进行校审和固化，便可进行三维出图。三维分析形成的模型其几何边界更加合理，精度更高，切图只需要选定剖切位置，即可获得所需的剖面图纸，所生成的剖面图无需再进行材质填充，最后只需进行标注和适当后处理即可形成可用的正式图纸。

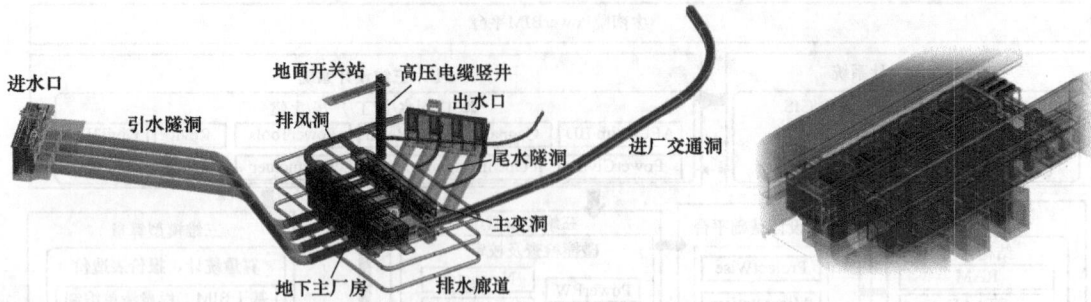

图 6 TB 水电站右岸地下输水发电系统总装模型

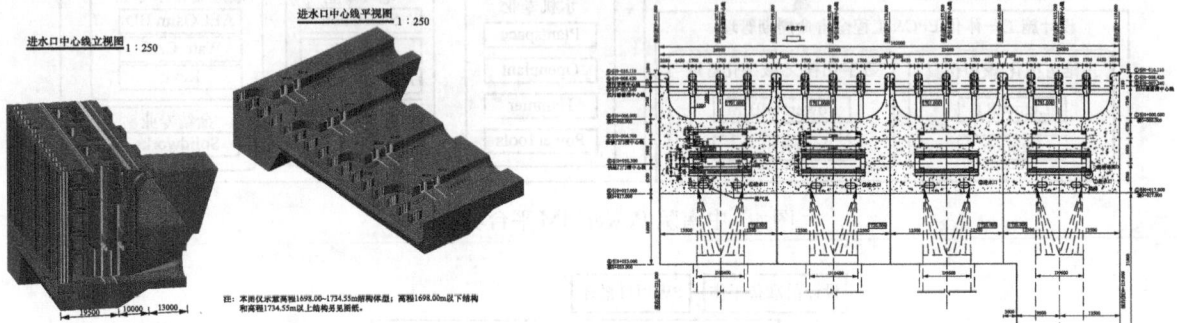

图 7 三维出图——进水口结构设计图

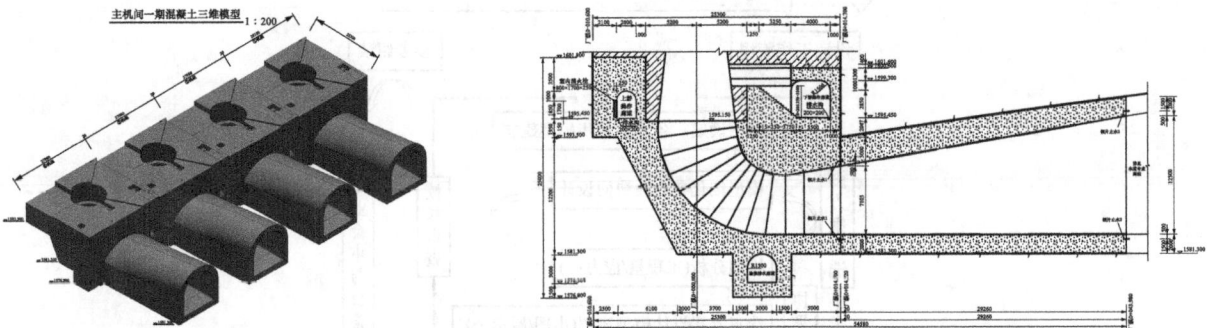

图 8 三维出图——地下厂房一期混凝土结构设计图

3.3 施工过程中的设计优化和动态调整

3.3.1 主厂房开挖施工顺序优化

在施工建设过程中，主厂房开挖支护顺序从原来的 Ⅹ 层从上到下开挖，改为 Ⅷ 层预留岩盖上下层同时开挖，优化调整后分层见图 9。

基于调整后的施工方案，采用数值模拟方法得到了主厂房开挖后围岩变形场、应力场、塑性区以及锚杆与锚索受力等计算结果，经比较，围岩应力变化正常，位移变化正常，锚杆锚索受力小于临界值，塑性区在岩盖区域未贯通（见图 10），上下层同时开挖预留岩盖施工方案可行，开挖后各监测断面数据值正常，现场情况见图 11。主厂房减小开挖分层，预留岩盖上下层同时开挖方案的调整加快了工程建设进度，高效准确动态设计的及时反馈，为现场施工提供合理依据，为地下厂房安全高效开挖奠定了基础。

3.3.2 厂房细部支护参数动态调整

厂房空调机房室宽 18.010m、高 6.063m，呈拱门型，拱门半径为 11.228m；送风竖井高 16.673m，宽 13.310m，沿厂房轴线长度 3.150m，顶部与厂房拱部一致，顶部宽 19.310m；初始设计方案支护参数系统锚杆为 $\phi28/25mm@1500\times1500mm$，长度 L 为 9/6mm；喷层为 C25 混凝土，厚度 150mm，挂

钢筋网为 ϕ8mm@200×200mm，锁口锚杆为 ϕ28mm@1000×1000mm，外倾 10°，长度 9m。由于地质条件发生变化，调整后设计方案新增 7 根 T=2000kN，L=30m 无黏结预应力锚索，间距为 4.5m。

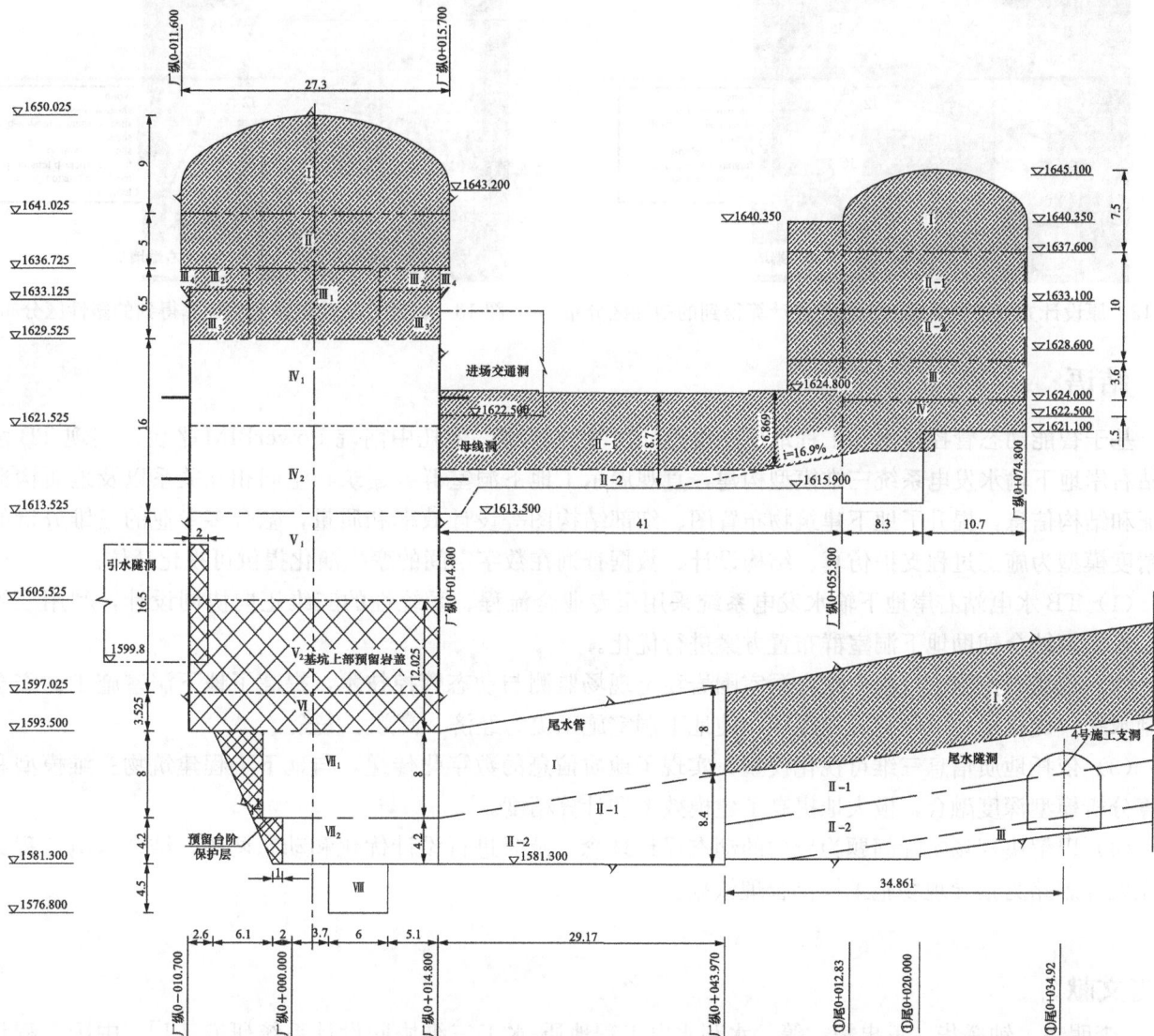

图 9　开挖支护顺序调整示意图

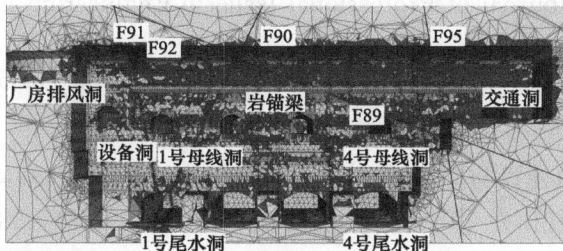

图 10　围岩稳定分析计算

图 11　开挖后现场照片

　　分析了初始设计方案下安装间空调机房及送风竖井围岩的稳定性，计算了该部位不同设计方案下围岩的变形与受力情况，新设计方案下安装间空调机房及送风竖井附近围岩的变形明显偏小，最大塑性区深度也略有减小，表明设计方案动态调整后明显改善了该部位围岩的稳定性。

　　原设计方案根据揭露的地质条件计算得到的塑性区分布如图 12 所示，设计方案动态调整后计算得到的塑性区分布如图 13 所示。

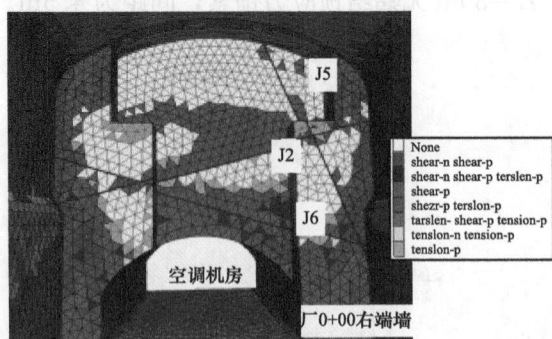

图 12　原设计方案根据揭露的地质条件计算得到的塑性区分布

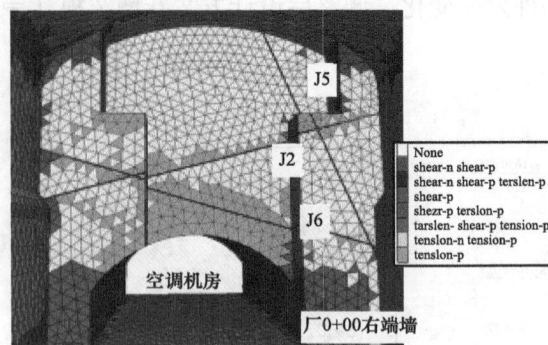

图 13　设计方案动态调整后计算得到的塑性区分布

4　结语

　　基于智能动态管控技术和工程地质三维地质可视化模型，依托中南院 PowerBIM 平台，实现 TB 水电站右岸地下输水发电系统三维模型构建，直观展示了地下洞室群各建筑物空间相互关系以及地质构造特征和结构信息，提升了地下建筑物布置图、细部结构图等设计效率和质量，融合多专业的三维分析的高精度模型为施工过程支护仿真、结构设计、数据查询在数字空间的孪生演化提供可视化载体。

　　（1）TB 水电站右岸地下输水发电系统采用全专业全流程、系统性的三维正向协同设计，利用三维和实景模型结合辅助地下洞室群布置方案进行优化。

　　（2）现场开挖施工过程中结合洞室围岩稳定现场监测与动态管控技术，提高了地下洞室施工的安全控制水平，优化了地下洞室开挖程序，使地下洞室施工更为经济、高效、安全。

　　（3）依托地质信息三维可视化模型，实现了地质信息的数字化传递，与地下工程建筑物三维模型和计算分析模型深度融合，极大地提高了建模效率和计算精度。

　　（4）以解决现场实际问题为导向的动态设计理念，及时进行设计优化和动态调整，结合水电工程数字化设计思路为指导现场施工提供合理依据。

参考文献

[1]　李明超，钟登华，王忠耀，等. 水利水电工程地质-水工三维协同设计系统研究 [J]. 中国工程科学，2010，12 (1)：43-46.

[2]　LEE N, DOSSICK C, FOLEY S. Guideline for Building Information Modeling in Construction Engineering and Management Education [J]. Journal of Professional Issuesin Engineering Education & Practice, 2013, 139 (4)：476-488.

[3]　余卫平，等. 地下洞室群围岩稳定性分析及其结果的可视化 [J]. 岩石力学与工程学报，2005，24 (20)：730-736.

[4]　王金锋，等. 水利水电工程三维数字化设计平台建设与应用 [J]. 水力发电，2014，40 (8)：3-4.

[5]　王子成，等. 大型地下洞室群动态安全可视化系统研发 [J]. 水电能源科学，2015，33 (5)：98-99.

[6]　蒋艺. 基于 BIM 的地下厂房三维数字化设计研究 [D]. 长沙理工大学硕士学位论文，60-68.

作者简介：

刘鹏程 （1995—），硕士研究生，工程师，主要从事水电站地下厂房设计工作。E-mail：lpc_msdi@qq.com

抽水蓄能电站工程数字化建设研究

唐腾飞，徐 林，崔 进，黄 洁，邵凌峰

（中国电建集团贵阳勘测设计研究院有限公司，贵州贵阳 550081）

【摘 要】 抽水蓄能电站建设规模迅速增加，工程建设数字化已成为行业技术发展的主要方向之一。本文针对现阶段行业发展过程中的问题，结合某抽蓄电站工程数字化设计、建设实践，并对其中涉及的关键问题进行分析，提出了解决思路。研究结果对抽水蓄能及水电工程数字化建设技术与管理应用和发展具有借鉴意义。

【关键词】 抽水蓄能；工程数字化；数据架构；工程建设管理信息系统；智能建造；BIM 数字基座

0 引言

我国抽水蓄能站点资源丰富，至 2022 年底，已纳入《抽水蓄能中长期发展规划》的站点资源总量约 8.23 亿 kW，其中 1.67 亿 kW 已经实施；重点实施项目共计 4.21 亿 kW，规划储备项目共计 3.03 亿 kW[1-2]。"十四五"期间，我国抽水蓄能电站项目已核准 9399 万 kW。截至 2022 年底，我国投产在运装机规模达到 4579 万 kW，在建总装机规模为 1.21 亿 kW。

随着信息化数字化技术的发展及水电行业工程数字化建设案例的不断丰富，我国水利水电行业充分融入现代信息技术，大力推进数字化转型实践[3]。目前智慧工地[4]、大坝智能碾压[5]、智能灌浆[6]、安全监控中心、项目管理系统[7]、BIM＋[8~10] 技术等，已经逐步在部分抽水蓄能电站中得到应用[11]。上述数字化技术应用各成体系，虽然部分解决了传统建设管理模式下的工程管控难点，但缺乏系统性的需求分析与针对具体抽水蓄能工程建设管理特性的整体策划，缺乏前端设备感知、数据信息流转、设计施工数据传递、数据集成分析应用的全流程技术方案与执行管理的顶层设计，抽水蓄能电站数字孪生建设发展仍处于初步探索与应用研究阶段，本文结合某抽水蓄能电站数字工程设计、建设实践，从其整体架构策划、全寿命周期内各项业务系统应用部署等进行论述分析，并对其中涉及的关键技术问题进行分析，提出了解决思路。

1 数字建设总体架构

本工程抽水蓄能电站工程数字化综合管控平台采用分层架构设计模式，整个平台分为 6 层。

（1）感知层。是平台数据采集和专项应用系统运行基础，由前端传感器、移动采集终端、数据采集基站等组成，为平台提供基础数据支撑。

（2）网络传输层。通过建设"工程建设专网"、互联网、物联网三大传输网络，提供高带宽、高速率、高安全的传输通道，保障数据高效流转。

（3）应用支撑及数据管理层。由应用支撑平台及数据服务平台构成，应用支撑平台提供 GIS 与 BIM 模型的集成、场景管理、三维展示、空间分析和空间查询等基础功能服务，提供快速构建业务逻辑功能，利用低代码技术方便构建如数据 BI 报表、自定义表单等快速应用，从而具备快速应用搭建能力；数据服务平台通过数据集成、数据存储、数据建模、数据管理、数据治理、数据服务流程，实现抽水蓄能

基金项目：贵州省科技支撑计划项目（黔科合支撑〔2023〕一般 410）；贵阳院级重大科研项目（YJZD2023-01）；贵阳院级重大科研项目（YJZD 2022-02）。

电站多源异构数据的贴源物联汇聚、统一管理。

（4）应用层。基于微服务组件及应用支撑平台基础功能，快速组装开发特定功能的专项应用系统，打造 N 个智慧应用，包括项目管理、施工现场管理以及施工过程管理三个主要板块。

（5）决策支持层。基于应用层数据，实现数据综合展示、风险预警，为决策分析奠定数据基础，支撑工程建设过程的指挥调度。

（6）展现层。面向多用户使用与展示，为 Web 端、大屏、移动端开发用户交互界面，完成大屏适配、多端协同等。

抽蓄电站工程数字化平台建设架构如图 1 所示。

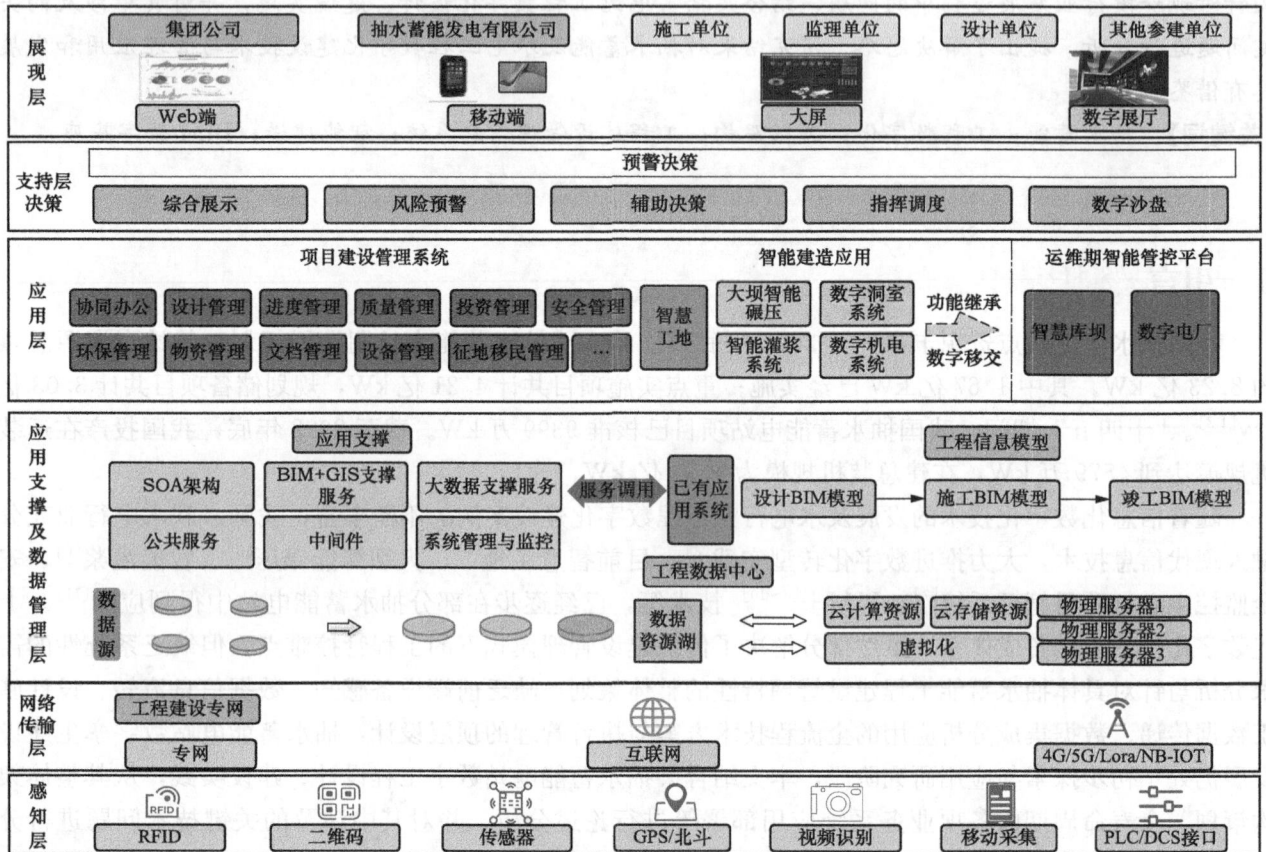

图 1 抽蓄电站工程数字化平台建设架构

2 主要业务系统应用

2.1 智慧工地

智慧工地通过使用视频监控、空间定位、前端传感器等感知技术，基于统一规划的传感网络，全面采集施工现场的人员、车辆、环境、特种设备等施工记录和状态变化，通过对影响施工要素的全方位管理，实现状态实时感知，提升项目现场精细化管理能力。本工程智慧工地硬件规划内容主要包括门禁管理、人员管理、施工车辆与机械管理、视频监控、施工环境监测、塔吊安全监控等。

2.2 工程建设管理信息系统

工程建设管理信息系统以工程信息模型为基础，将抽象虚拟的管理数据与工程信息模型深度融合，实现工程建设管理的可视化，为建设期间的参建各方提供统一公共信息共享平台，促进实现高效和集约化项目管理。本抽水蓄能项目工程建设管理信息系统策划包括了 11 个功能模块，分别为进度管理、质量管理、安全管理、投资管理、征地移民管理、环水保管理、设计管理、协同办公、物资管理、设备管理及文档管理，各功能模块下具体实施业务子项为 63 项。

2.3 智能建造

近年来水利部、能源局等相继发布了智能建造发展的指导意见和方案[12,13]，对支撑水电工程安全运行、水电水利工程建设的关键问题提出了新的要求，推动"安全、高质、高效、经济、绿色"智能化建设是抽水蓄能工程领域新的发展趋势[14]。现阶段抽水蓄能电站建设过程中智能建造应用如下。

2.3.1 大坝智能碾压

常规振动碾由于操控精度低，经常出现碾压速度过快、漏碾、碾压遍数不足、搭接宽度过大等问题，同时驾驶员劳动强度高、强烈的振动环境影响操作人员身体健康等问题不断凸现。通过在摊铺、碾压机械上安装北斗或GPS定位监测设备装置、感应装置、工业显示装置、振动频率采集装置等，对摊铺碾压施工机械进行实时自动监控，后台识别已碾与未碾土石方图像，对碾压参数进行监控及记录，为摊铺、碾压的实时精准控制与碾压参数的修正提供依据，可显著提升上、下库堆石坝坝料施工质量及进度[15,16]。

2.3.2 智能灌浆

灌浆工程属隐蔽工程，灌浆施工对工程长期安全运行尤为重要。智能灌浆系统将制浆、灌浆、污水处理、云平台管理联网智能运行，实现灌浆数据自动采集传输和管理工作智能化[17]，实时统计灌浆完成工程量和施工进度，对现场设备及参数异常进行预警，根据地质条件进行精准预判并自动调整灌浆方案和灌浆参数，实现对灌浆设计、施工、质量、成果的全过程可视化管理，有效管控隐蔽帷幕工程的施工质量，降低耗浆量[18]。

2.3.3 数字洞室

本工程地下厂房具有埋深高、开挖规模大、地质条件复杂、施工风险高等特点。数字洞室系统以现场施工安全、建设进度为核心要素开展管控。

（1）构建地下洞室群工程现场信息采集与网络数据库实时交互的软硬件平台，以实时信息分析、施工进度控制及安全评价预测、预警预报与辅助决策为主要内容的智慧管控系统。

（2）集成地下厂房洞室群岩体力学参数、数值分析计算模型、现场开挖地质揭露、围岩稳定安全性态、地下洞室群安全监测数据，构建一体化仿真分析平台，进行地下厂房变形控制、适时支护、施工安全分析及预警。

（3）基于地下洞室群的BIM nD+模型，分析地质风险、设备风险等多源风险对施工过程的影响，运用系统仿真、网络计划分析与优化技术等建立地下洞室群施工过程多源数据驱动智能仿真与优化模型[9]，同步开展模拟施工、重大件运输吊装虚拟仿真等。

2.3.4 数字机电

依托机电金结设备LOD3.0～4.0级BIM模型及现行通用的KKS编码系统，开展模型轻量化及数字移交，将机电及金结设备的生产制造、监造、安装、调试、验收各环节数据进行集成与关联，实现机电及金结设备的生产制造及安装全过程的过程管控。其主要功能模块包括机电设备编码管理、二维码管理、监造管理、安装管理、调试管理、安装验收管理、电缆管道模型敷设管理等。

2.4 IT基础设施

该抽水蓄能工程IT基础设施由通信网络、数据机房、计算存储资源、网络信息安全设施设备组成。该抽水蓄能工程IT基础设施搭建方案如表1所示。

表1　　该抽水蓄能工程IT基础设施搭建方案

建设项目	建设内容	具体建设方式/配套建设软硬件
通信网络	施工现场有线网络建设和无线网络	网络架构采用层次化网络结构，拓扑结构分为上核心层、汇聚层、接入层。核心层位于中心机房，汇聚层位于营地办公区、施工现场办公区、上库施工区、下库施工区、输水发电系统施工区、仓库及设备加工厂等汇聚点。中心机房至施工现场主干采用光纤传输，接入层采用光纤与网桥相结合的方式进行传输，地下洞室群采用无线AP方式进行信息传输

建设项目	建设内容	具体建设方式/配套建设软硬件
数据机房	标准化模块机房	机房供配电系统、防雷接地及静电释放系统、视频监控及门禁系统以及微模块系统，其中微模块系统部署有 DC 基础设施一体柜、服务器机柜、精密空调室外机、机柜配电单元、电池柜、灭火装置、网络布线等设备设施
计算存储资源	超融合服务器	超融合基础设施和物联网关基础设施，配置 6 节点计算超融合硬件和 4 节点存储节点硬件
网络信息安全	安全物理环境、安全通信网络、安全区域边界、安全计算环境和安全管理中心等	防火墙、入侵防御系统、上网行为管理、WEB 应用防火墙、日志审计系统、运维审计堡垒机、安全接入网关、主机防病毒软件等

2.5 BIM 数字基座

利用 BIM 技术面向对象化特性，以建设对象工程实物的数字化特征虚拟表达及属性数据为核心，构建工程全寿命周期的 BIM 模型，涵盖设计 BIM 模型、施工 BIM 模型及竣工 BIM 模型，基于数字移交系统形成的轻量化模型及模型属性数据库与工程项目管理系统、智慧工地系统及智能建造系统进行数据信息的交互、分析与反馈，不断更新模型，同步完善模型信息，并用统一或映射的工程编码进行对象特征的管理信息、施工过程信息统一管理。工程建设投产时，开展 BIM 模型、平台交付，同步进行数据库、资料库及信息系统平台的移交，形成多维数据资产，为数字孪生电站奠定基础。

BIM 数字基座构建流程如图 2 所示。

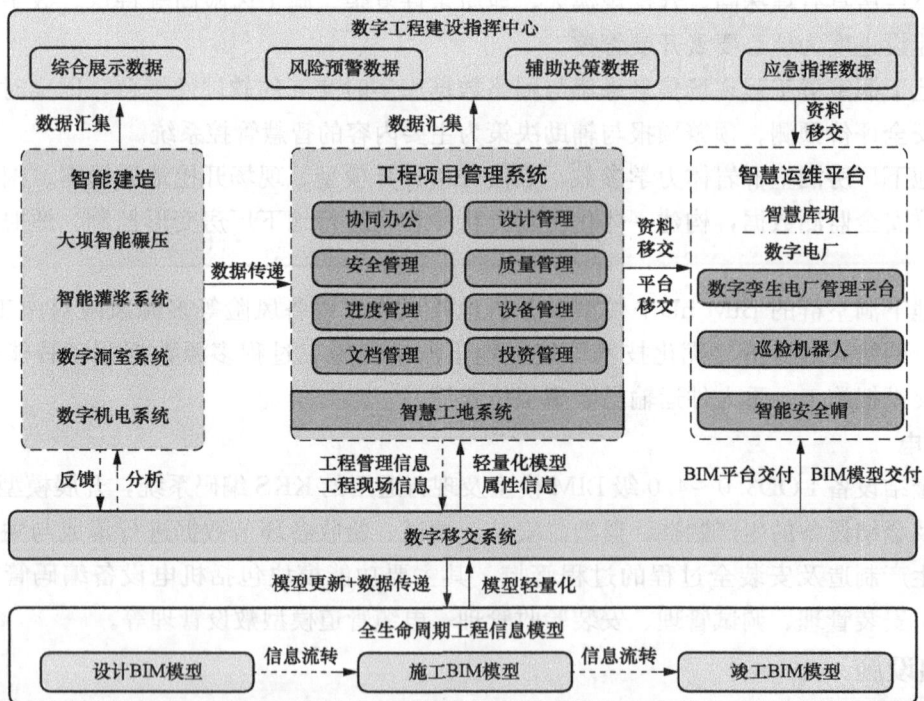

图 2 BIM 数字基座构建流程

2.6 数字工程建设指挥中心

数字工程建设指挥中心是抽水蓄能电站工程建设的数字化中枢，通过上述工程建设管理信息系统、智慧工地、智能建造等实时对接，制定数据交互标准及接口，并通过 GIS＋BIM、移动互联网等技术，将各系统实时监控（含视频、图片）数据、KPI 指标数据、报警及异常数据全面集成以及实时呈现。数字工程建设指挥中心由综合展示模块、风险预警模块、辅助决策模块、应急指挥模块组成。

3 实施关键

3.1 数据架构规划及数据平台设计

在抽水蓄能电站工程数字化设计和建设中，其数据架构和数据平台的设计是最基础、最重要的核心中枢。基于本工程建设实践，建议在电站各类数据集成上，从每条数据的源头、流转到使用端，围绕"采、建、管、用"的全链路进行规划设计，为规划建设的智能应用及其他第三方信息化系统提供数据服务，基于全寿命周期 BIM 模型及统一工程数据体系与标准、统一工程数据编码开展工程全寿命周期各类数据的统一采集、存储、查询、统计、分析及共享，以提升工程全寿命周期数据资产管理和增值服务能力[20,21]。

3.2 实施标准及管控体系

转变思维模式及建设管理方法，从经验驱动转向数据驱动，同步进行底层改造，包括技术平台的升级、业务流程的优化、组织管理架构的调整等，工程数字化建设管理的实施落地是决定项目实施成败的关键。

（1）"五位一体协同管控标准体系"。以数据流转应用为导向，以业务流程管理为核心，在合同清单内明确各参建方数字化权责，构建各方共同参与的数字工程建设领导及组织机构，建立符合工程建设管理特性的技术标准及管理标准制度，整合职责流程、制度、标准、考核等各管理体系，建立各体系间的关联关系，推动项目管理由职能驱动型向流程驱动型转变，协调促进抽水蓄能电站工程数字化各参建方更加紧密的集成与联动。

（2）数据服务体系。通过构建数据服务框架，对工程信息资源进行统一管理和利用，使数据信息产生最大化价值；获取工程外部环境以及对象状态感知数据信息，为上层智能建造、智慧工地、工程项目管理等应用提供数据分析服务；通过统一检索服务为各参建方提供快速便捷的信息获取方式，实现工程建设管理信息的集成与共享。聚焦工程建设过程多源异构数据采集、汇聚、管理、分析和共享过程，建立数据治理决策权和职责体系，覆盖工程参建各方多元治理主体。聚焦数据生命周期、数据质量、数据安全等治理客体，定义跨层级、跨业务、跨系统的多模态数据治理活动，研究构建工程数据治理模型。

（3）BIM＋应用体系。考虑 BIM 模型创建应用过程，建设涵盖模型结构、模型分类与编码、模型存储与交换、模型管理、模型实施精度、模型交付六大类的、符合本工程应用的标准。专项梳理抽水蓄能工程 BIM 实施方案，明确各参建方主体责任。以应用成果为导向，以项目级 BIM 标准体系为依据，细化设计方模型创建、整理及设计应用方案；梳理施工方模型深化、模型应用细项，制定专项实施方案保障履约；优化监理单位或数字化承建商各阶段模型及应用成果审核职能，并在过程中强化监督执行。

4 结论及展望

抽水蓄能工程建设数字化技术经过十余年的积累发展，从初期的点状分散应用，更加趋向于数据集成化、应用平台化发展，要求从工程建设层面及行业技术发展层面总体考量；同时《水电水利工程可研设计报告编制规程》（NB/T 11013—2022）为抽水蓄能工程数字化的整体策划与建设实施指引了方向。本抽蓄工程数字化以基于工程全寿命周期 BIM 模型的数字基础，在统筹打造的 IT 基础设施上，建设 N 项专项应用系统，实现抽水蓄能电站全寿命周期的数字化建设，使其在技术、质量、进度、安全、效率、管控等各方面得到全面提升，进一步推动数字孪生抽水蓄能电站的建设与发展。

参考文献

[1] 赵增海，张益国，彭才德，等. 中国可再生能源发展报告 2022 [M]. 北京：中国水利水电出社，2023.

[2] 赵增海，赵全胜，朱方亮，等．抽水蓄能产业发展报告 2022 [M]．北京：中国水利水电出版社，2023．

[3] 张宗亮，刘彪，王富强，等．中国常规水电与抽水蓄能技术创新与发展 [J]．水力发电，2023，49 (11)：1-6，114．

[4] 蒋程晟，郑征凡，黄杨梁，等．面向泛在电力物联网的智慧工地解决方案 [J]．水电与抽水蓄能，2019，5 (5)：16-21．

[5] 刘毅，张国新，李松辉，等．碾压混凝土坝数字监控系统及其工程应用 [J]．水利水电技术，2014，45 (2)：47-52．

[6] 樊启祥，黄灿新，蒋小春，等．水电工程水泥灌浆智能控制方法与系统 [J]．水利学报，2019，50 (2)：165-174．

[7] 田继荣，张帅，林瀚文，等．数字化建设管理模式在 DG 水电站中的应用 [J]．人民长江，2021，52 (1)：224-229．

[8] 谭尧升，樊启祥，汪志林，等．白鹤滩特高拱坝智能建造技术与应用实践 [J]．清华大学学报（自然科学版），2021，61 (7)：694-704．

[9] 李谧，周恒宇，沈国焱．水电工程数字移交技术研究 [J]．水电站设计，2019，35 (2)：73-75，96．

[10] 樊启祥，林鹏，魏鹏程，李果．高海拔地区水电工程智能建造挑战与对策 [J/OL]．水利学报．https://doi.org/10.13243/j.cnki.slxb.20210320．

[11] 王仲，李世强．数字孪生抽水蓄能电站建设研究 [J]．水利水电快报，2023，44 (9)：110，115，122．

[12] 《智慧水利总体方案》及《水利业务需求分析报告》通过水利部审查 [J]．水利技术监督，2019 (4)：268．

[13] 国家能源局关于加快推进能源数字化智能化发展的若干意见 国能发科技〔2023〕27 号．

[14] 薛小伟，董书礼，何玉虎．数字化大坝智能碾压监控系统在抽水蓄能电站的应用 [J]．云南水力发电，2024，40 (1)：144-148．

[15] 马雨峰，李斌，韩彦宝，等．数字化智能碾压系统在抽水蓄能电站中的应用 [J]．西北水电，2018，(4)：101-104．

[16] 李庆斌，马睿，胡昱，等．大坝智能建造理论 [J]．水力发电学报，2022，41 (1)：1-13．

[17] 陈伏牛，陈含，韩建东．智能灌浆系统在水电工程施工中的应用 [J]．西北水电，2023，(3)：76-81．

[18] 樊启祥，陆佑楣，李果，等．金沙江下游大型水电工程智能建造管理创新与实践 [J]．管理世界，2021，37 (11)：206-226，13．

[19] 廖云江，王超，王红军，等．基于 BIMnD 的地下洞室群施工动态可视化研究与实践 [J]．云南水力发电，2020，36 (4)：92-94．

[20] 刘立伟，张林，雷浩，等．基于超融合技术的抽水蓄能电站级数据中心建设方法 [J]．通信电源技术，2019，36 (9)：56-57．

[21] 朱俊杰，陈泽阳，胡军，等．水电站多源异构数据平台的搭建及应用 [J]．水电站机电技术，2024，47 (1)：45-48．

作者简介：

唐腾飞（1987—），男，高级工程师，主要研究方向为工程数字化。E-mail：598692992@qq.com

基于 3DE 平台抽水蓄能电站地下厂房快速参数化设计研究

邵文捷，刘晓勇

（中国电建集团成都勘测设计研究院有限公司，四川成都　610072）

【摘　要】 目前抽水蓄能电站正值井喷式增长与快速推进阶段，地下厂房作为抽水蓄能电站的重要组成部分，设计过程涉及规划、地质、机电等多专业协同配合，设计方案多、周期短、任务重，亟需一套高效率地下厂房设计体系。基于 3DE 数字化平台，严格遵循地下厂房正向设计思路开展抽水蓄能电站地下厂房快速参数化设计研究，通过将上下游专业提资、方案设计和工程量统计流程参数化，简化专业间配合内容、提高设计效率、确保设计质量。以某抽水蓄能电站为例，应用该体系进行地下厂房设计，参数驱动模型自动生成并以表格形式输出工程量。研究结果表明：该体系能够大幅提升设计效率，设计精度满足预可、可研阶段要求，可在工程实践中推广应用。

【关键词】 3DE 平台；抽水蓄能电站；地下厂房；参数化设计

0　引言

为应对全球气候变化和能源转型，大力发展可再生能源已经成为当前能源建设领域的重大战略方向和必然趋势。在此形势下，我国明确提出"2030 年前实现碳达峰、2060 年前实现碳中和"目标，因此，加快建设新型电力系统、构建现代能源体系刻不容缓。抽水蓄能是目前技术最成熟、经济性最优、最具大规模开发条件的绿色低碳清洁能源，加快发展抽水蓄能，是构建新型电力系统的迫切要求，是保障电力系统安全稳定运行的重要支撑，是大规模发展可再生能源的重要保障[1]。这意味着抽水蓄能即将开启飞速发展的新阶段，与此同时，抽水蓄能电站设计工作也将面临前所未有的关注和压力。推动设计流程标准化，促进设计过程参数化，实现设计经验信息化，成为当前抽水蓄能电站设计工作应当研究与实现的重要目标。

地下厂房作为抽水蓄能电站厂房最常采用的型式，在预可研、可研阶段需完成枢纽布置设计、主要建筑物结构尺寸确定及工程量计算等多项任务，存在设计任务重、设计方法五花八门、专业交叉多、设计流程不规范、设计过程中数据量巨大、参数关系繁杂、设计人员主观性强、设计经验信息化程度低、错误率和返工率高等问题，给设计人员造成较大的困扰。因此，规范抽水蓄能电站地下厂房设计流程，简化土建与规划、地质、机电[2]等上游专业协同环节；研究参数驱动设计过程，实现地下厂房正向参数化设计体系，快速计算并提取各建筑物工程量给造价、施工等下游专业；学习并总结规范和工程经验，指导抽水蓄能电站地下厂房智能化设计，对提高地下厂房设计效率、规范地下厂房设计流程至关重要。结合当前政策形势和市场需求，基于 3DE 平台开展抽水蓄能电站地下厂房快速参数化设计研究。

1　抽水蓄能电站地下厂房快速参数化设计体系建立

1.1　地下厂房设计思路

预可研、可研阶段地下厂房设计目标主要为明确厂区枢纽建筑物布置、确定主要建筑物结构尺寸，并计算工程量。从地下洞室群结构组成来看，抽水蓄能电站与常规电站基本相同，主要细分为主副厂房、主变压器室、尾闸室等主洞室和母线洞、尾水支洞、排水廊道及进厂交通洞、进（排）风洞、出线洞等附属洞室。地下厂房设计首先应明确主体洞室平面位置，并遵循"由宏观到具体、由简单到复杂、由框架到细部"的原则，分为平面设计和立面设计两部分。其中，平面设计主要确定各洞室平面尺寸、洞室间距及附属洞室出口；立面设计主要确定洞室各层结构高程，如安装高程、发电机层、电气夹层等。抽水蓄能电站地下厂房快速参数化设计体系建立基于上述设计思路与目标开展研究。

1.2 参数化设计体系基本框架

地下厂房设计是一个多专业间信息流转、协同配合的过程，设计过程中涉及专业较多，上至规划、地质、机电、水道等专业，下达施工、造价等专业。各专业间信息、数据量庞大且关联性强，关系错综复杂，牵一发而动全身。设计过程中需对信息及数据进行系统的归纳与梳理，否则大量的信息与数据间无法形成一定的关系网，导致设计效率低、易出错、易漏项等问题。

基于 3DE 平台的抽水蓄能电站地下厂房快速参数化设计体系，旨在利用参数化手段快速、高效完成预可、可研阶段抽水蓄能电站地下厂房设计。将数据信息参数化处理，梳理查找参数间的函数关系，并整理成公式集成到 3DE 中，尽可能减少设计参数输入量，将复杂的参数关系交由后台自动运行处理。具体实现步骤为对专业间信息参数进行规范化和标准化；通过编写公式自动求解建筑物结构尺寸；建立 3DE 参数关联模型，集成参数与公式，确保模型随参数自动驱动更新；利用结果模型自动提取并输出工程量。基本框架如图 1 所示。

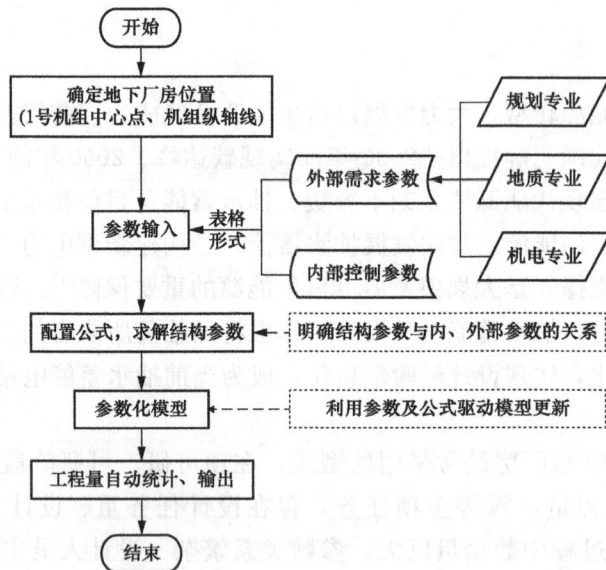

图 1　3DE 平台抽水蓄能电站地下厂房快速参数化设计体系基本框架

1.3 关键技术

1.3.1 设计参数公式化

如前文所述，地下洞室群建筑物组成众多，相应地，设计参数信息量巨大，参数关系复杂。构建地下厂房快速参数化设计体系，首先应对设计参数进行梳理和明确，厘清参数之间的关系，确保参数信息全面、简洁、有效，满足预可研、可研阶段设计精度。为此，基于已有抽水蓄能电站资料及相关工程经验，结合地下洞室群建筑物组成，列举出各建筑物设计所需参数清单（如图 2 所示）；寻找各设计参数与外部需求参数、内部控制参数的关系，并编写公式（如图 3 所示）；对参数进行归纳整合，筛除重复参数，保证参数唯一性。

1 主机间开挖及结构设计清单.xlsx
1.2 岩壁吊车梁结构设计清单.xlsx
1.3 机墩风罩结构设计清单.xlsx
1.6 蜗壳外围混凝土结构设计清单.xlsx
2 安装间开挖及结构设计清单.xlsx
3 副厂房开挖及结构设计清单.xlsx
4 尾水支洞开挖及结构设计清单.xlsx
5 主变压器室开挖及结构设计清单.xlsx
6 尾闸室开挖及结构设计清单.xlsx
7 母线洞开挖及结构设计清单.xlsx
8 进厂交通洞开挖及结构设计清单.xlsx
9 进风兼安全洞开挖及结构设计清单.xlsx
10.1 排风排烟平洞开挖及结构设计清单.x...
10.2 排风排烟竖井开挖及结构设计清单.x...
11.1 出线平洞开挖及结构设计清单.xlsx
11.2 出线竖井开挖及结构设计清单.xlsx

图 2 抽水蓄能电站地下厂房主要建筑物设计清单

参数类型	参数名称	参数代号	单位	数据类型	计算公式
结构设计参数	厂房岩壁吊车梁以上开挖宽度	B_up	m	长度	$B\_up=Lk+2\times(C1+ZB\_up+t\_pc\_arch)$
结构设计参数	厂房岩壁吊车梁以下开挖宽度	B_down	m	长度	$B\_down=(Bzy+Bfy)+2\times(ZB\_down+t\_pc\_wall)$
结构设计参数	主机间开挖总长度	L_zjj	m	长度	$L\_zjj=n\times(Lzx+Lfx)+Lad+Ld$
结构设计参数	机组中心线至厂房中心线水平距离	D_center	m	长度	$D\_center=(Bfy-Bzy)/2$
结构设计参数	机组安装高程	EL_az	m	长度	$EL\_az=LMOL+hs$
结构设计参数	主机间开挖底高程	EL_bottom	m	长度	$EL\_bottom=EL\_az-H1-t\_wsg\_bottom$
结构设计参数	尾水管底板高程	EL_wsg_bottom	m	长度	$EL\_wsg\_bottom=EL\_az-H1$
结构设计参数	进水阀高程	EL_jsf	m	长度	$H\_jsf=EL\_az-H2$
结构设计参数	水轮机层高程	EL_sljc	m	长度	$EL\_sljc=EL\_az+H3$
结构设计参数	电气夹层高程	EL_dqjc	m	长度	$EL\_dqjc=EL\_az+H3+H4$
结构设计参数	发电机层高程	EL_fdjc	m	长度	$EL\_fdjc=EL\_az+H3+H4+H5$
结构设计参数	轨顶高程	EL_gd	m	长度	$EL\_gd=EL\_az+H3+H4+H5+H6$
结构设计参数	主厂房开挖起拱高程	EL_cf_qg	m	长度	$EL\_cf\_qg=EL\_az+H3+H4+H5+H6+H7+Ha$
结构设计参数	主厂房开挖顶拱高程	EL_cf_dg	m	长度	$EL\_cf\_dg=EL\_az+H3+H4+H5+H6+H7+Ha+B\_up/r\_cf$
结构设计参数	主机间最大开挖高度	H_max	m	长度	$H\_max=H1+H2+H3+H4+H5+H6+H7+Ha+B\_up/r+t\_wsg\_bottom$
结构设计参数	机组间距	D_jz	m	长度	$D\_jz=Lzx+Lfx$

图 3 地下厂房主机间主要参数公式

　　设计参数公式化的主要思路是自下而上、追本溯源。以主厂房为例，根据结构特点，将主厂房划分为安装间、主机间和副厂房三大部分。其中，主机间立面设计内容主要是确定各层结构高程，各层结构高程受机组安装高程控制，而机组安装高程则由最低尾水位与机组吸出高程确定，由此明确主机间各层结构高程计算公式。同样地，主机间开挖宽度主要由净跨度、排架柱宽度、喷层厚度等控制，净跨度需机电专业提资，属于外部需求参数，排架柱宽度和喷层厚度可由土建专业结合工程经验确定，属于内部控制参数，两者相加可得主机间开挖宽度。

1.3.2 输入/输出参数规范化

　　地下厂房洞室群体型复杂，结构设计输入、输出参数数量大且面向专业种类多，仅主机间开挖结构设计就需外部需求参数和内部控制参数共约 90 个。面对海量的待处理数据，如何将这些参数与 3DE 模型关联起来，并保证参数修改后快速调用，是地下厂房快速参数化设计体系应当解决的首要问题。

　　3DE 平台中"设计表"工具，具有关联 Excel 表与 3DE 模型参数集的功能，同时，能够识别出两者名称相同的参数，并将 Excel 表中的相应参数值赋值给 3DE 模型参数集，进一步驱动模型更新。因此，基于 3DE 平台的抽水蓄能电站地下厂房快速参数化设计体系，以 Excel 表为媒介，进行外部需求参数/内部控制参数输入和工程量输出。经相关专业多次讨论确认，对 Excel 表中参数项数、参数名称进行规范和统一，形成各专业标准化输入/输出参数表单（如图 4、图 5 所示），大大提高协同效率。

参数类型	需求专业	参数名称	参数代号	单位	数据类型	参数值
外部需求参数	水机	桥机轨道跨度	Lk	m	长度	23.50
外部需求参数		厂房上游宽度	Bzy	m	长度	12.00
外部需求参数		厂房下游宽度	Bfy	m	长度	10.50
外部需求参数		尾水管高度	H1	m	长度	11.60
外部需求参数		进水阀层高度	H2	m	长度	4.55
外部需求参数		水轮机层高度	H3	m	长度	3.25
外部需求参数		电气夹层高度	H4	m	长度	6.00
外部需求参数		发电机层高度	H5	m	长度	6.00
外部需求参数		桥机轨道道顶高度	H6	m	长度	11.50
外部需求参数		拱桥高度	H7	m	长度	6.00
外部需求参数		尾水管长度	L	m	长度	17.21
外部需求参数		尾水管出口圆形断面直径	Dw	m	长度	4.95
外部需求参数		机组段正X向长度	Lzx	m	长度	15.60
外部需求参数		机组段负X向长度	Lfx	m	长度	9.90
外部需求参数		安装间端机组段附加长度	Lad	m	长度	1.00
外部需求参数		端机组段附加长度	Ld	m	长度	10.00
外部需求参数		蜗壳进口直径	Ds	m	长度	2.10
外部需求参数		蜗壳进口中心线至机组中心线水平距离	W	m	长度	4.12
外部需求参数		吸出高度	hs	m	长度	-80.00
外部需求参数	电气	母线B相中心线至机组中心线水平距离	W_mxd	m	长度	—
外部需求参数		母线洞小洞段宽度	b_mx_x	m	长度	7.00
外部需求参数		母线洞小洞段高度	H_mx_x	m	长度	7.00
外部需求参数	水道	厂房上游墙压力管道开挖直径	Dy	m	长度	7.00
外部需求参数	地质	主机间III类围岩比例	R_rock_3_zjj	—	实数	0.60
外部需求参数		主机间IV类围岩比例	R_rock_4_zjj	—	实数	0.30
外部需求参数		主机间V类围岩比例	R_rock_5_zjj	—	实数	0.10
外部需求参数	规划	机组台数	n	台	整数	4
外部需求参数		下库死水位	LMOL	m	长度	644.00

图 4　地下厂房主机间外部需求参数标准化输入表单

序号	汇总项		单位	工程量阶段系数	工程量汇总	各建筑物部件工程量						
						主机间	安装间	副厂房	尾水支洞（厂房至尾闸室）	主变压器室	至尾闸	母线洞
1	建筑物尺寸	建筑物开挖长度	m									
2		建筑物开挖宽度	m									
3		建筑物开挖高度	m									
4		建筑物开挖直径	m									
5	土石方开挖	土方开挖	m³									
6		土方开挖含孤石率	%									
7		石方开挖	m³									
8		石方洞挖	m³									
9		石方井挖	m³									
14	混凝土	机墩风罩混凝土C60（二）	m³									
15		水轮机层以下板梁柱混凝土C25（二）	m³									
16		衬砌混凝土C25（二）（δ=0.5m）	m³									
19		底板混凝土C25（二）（δ=0.5m）	m³									
22	喷混凝土	喷混凝土C25（δ=15cm 挂网洞内）	m³									
23		喷混凝土C25（δ=20cm 挂网洞外）	m³									
24		喷混凝土C25（δ=15cm 挂网洞外）	m³									
25	钢筋	钢筋制作安装（地下）	t									
26		钢筋制作安装（地面）	t									
29	锚杆	地下普通砂浆锚杆（ϕ22, L=3m）	根									
30		地下普通砂浆锚杆（ϕ25, L=4.5m）	根									
31		地下普通砂浆锚杆（ϕ28, L=6m）	根									

图 5　地下厂房标准化输出参数表单

1.3.3　结构模板标准化

标准化是水利水电工程协同设计的前提和基础，同时也是专业内、外部数据转换和利用的必要条件[3]。标准化结构模板是参数信息的载体，是参数驱动模型生成的关键，是工程量自动统计的依据，因此，实现快速参数化设计目标的核心任务是创建标准化结构模板。

主机间开挖及结构设计模板如图 6 所示。

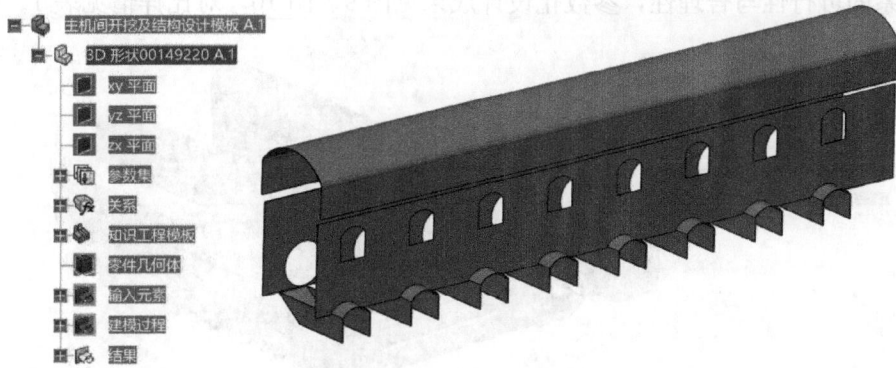

图 6 主机间开挖及结构设计模板

由于地下厂房洞室群规模大、组成多、结构复杂，为降低模板制作难度，防止同一模板因参数元素过多，导致模板更新缓慢、驱动错误，将地下厂房系统进行合理拆分，拆分原则与主要建筑物设计清单一致，多个建筑物模板组装形成地下厂房洞室群整体模型。为便于模板与参数的统一管理，基于 3DE 平台的各地下厂房洞室群结构模板均采用 1 号机组中心点和机组纵轴线作为定位元素。利用 3DE 进行模板制作时，首先根据规范化的输入参数表单和结构设计参数创建参数集合（如图 7 所示）；然后进行参数公式和规则编写（如图 8 所示），实现参数自动计算；接着绘制标准结构典型断面轮廓及实体模型，并应用参数关联约束，形成参数驱动模型；最后以驱动生成的结构模型作为对象，测量结构工程量，并以参数形式挂载到参数集中，根据地下厂房标准化输出表单，对参数进行命名，关联参数与输出表单，实现工程量自动输出。

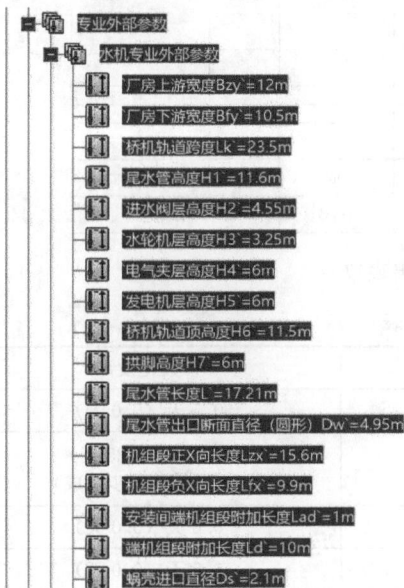

图 7 主机间开挖及结构设计参数集

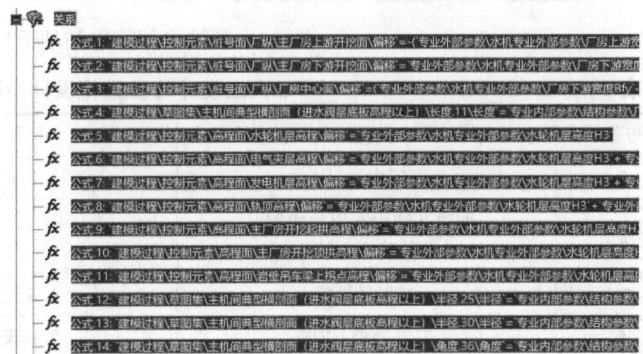

图 8 主机间开挖及结构设计参数公式

2 实例应用

结合工程实例，同步开展人工和参数化地下厂房设计工作，记录两种方式的设计步骤及耗时（含上游提资变化后，两种方式修改工作耗时），其中，人工设计主要步骤为厂房选址、枢纽布置及结构设计成图、计算工程量、三维翻模；参数化设计主要步骤为厂房选址、参数确定与输入、输出工程量、成图。同时，通过人工计算工程量与参数化设计工程量对比，验证基于 3DE 平台的抽水蓄能电站地下厂房快速参数化设计体系的可行性与合理性，参数化设计成果见图 9、图 10，对比详情见表 1。

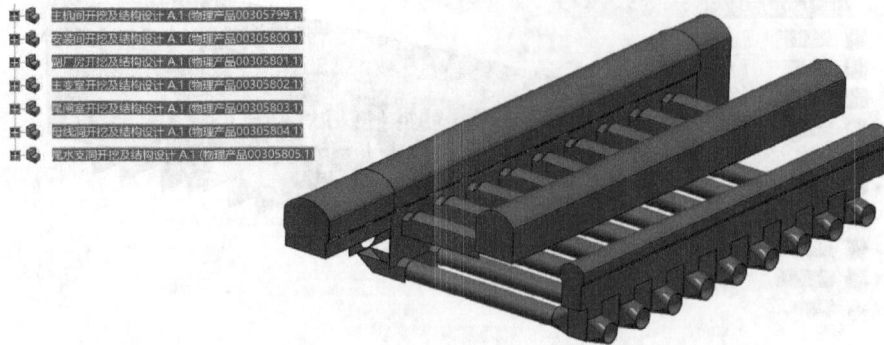

图 9　某抽水蓄能电站地下厂房快速参数化设计模型

序号	汇总项		单位	工程量阶段系数	工程量汇总	各建筑物部位工程量						
						主机间	安装间	副厂房	尾水支洞（厂房至尾闸室）	主变压器室	尾闸室	母线洞
1	建筑物尺寸	建筑物开挖长度	m			240.5	52	26		300	241.7	40
2		建筑物开挖宽度	m			27.4				20.8	14	10.4
3		建筑物开挖高度	m			54.9	27.8			23.9	41.1	12.1
4		建筑物开挖直径	m						10.25			
5	土石方开挖	土方开挖	m³									
6		土方开挖含孤石率	%									
7		石方开挖	m³									
8		石方洞挖	m³			306629	32712	33418	66645	137803	67706	46526
9		石方井挖	m³								36924	
14	混凝土	机墩风罩混凝土C30（二）	m³			6304						
15		水轮机层以下板梁柱混凝土C25（二）	m³			41704						
16		衬砌混凝土C25（二）（δ=0.5m）	m³									9598
19		底板混凝土C25（二）（δ=0.5m）	m³									1765
22	喷混凝土	喷混凝土C25（δ=15cm 挂网洞内）	m³			2319	183	676	3844	2753		1898
23		喷混凝土C25（δ=20cm 挂网洞内）	m³			2615	556					
24		喷混凝土C25（δ=15cm 挂网洞外）	m³									
26	钢筋	钢筋制作安装（地下）	t			4927						909
26		钢筋制作安装（地面）	t									
29	锚杆	地下普通砂浆锚杆（φ22, L=3m）	根									
30		地下普通砂浆锚杆（φ25, L=4.5m）	根						3467			7360
31		地下普通砂浆锚杆（φ28, L=6m）	根			4156	628	717	11485	7778	12139	

图 10　某抽水蓄能电站地下厂房工程量输出表单

表 1　　　　　　　　　　　**人工设计与参数化设计步骤及耗时对比表**

步骤	项目	人工设计	参数化设计
1	厂房选址	0.5 天（0.0 天）	0.5 天（0.0 天）
2	枢纽及结构布置并成图/参数确定与输入	1.5 天（0.5 天）	0.5 天（0.25 天）（三维模型同步生成）
3	工程量计算	1.5 天（0.5 天）	0.0 天（0.0 天）
4	三维翻模/成图	2.0 天（0.5 天）	0.5 天（0.0 天）
	总耗时	5.5 天（1.5 天）	1.5 天（0.25 天）

注　括号内数值为上游提资发生变化时，修改工作耗时。

由图 9、图 10 及表 1 可知，参数化设计较人工设计效率大幅提升，所得工程量结果准确可靠。人工设计方式各步骤间关联性差，需人工干预，二维设计完成后，还需花费较长时间用于翻模，设计效率低；参数化设计通过参数实现了各设计环节的关联与衔接，人工干预度低，设计参数确定并输入后，三维模型可同步生成，同时自动输出工程量，最后根据三维模型进行投影、剖切视图即可。当上游提资发生变化时，人工设计方式需对每一步骤中的设计成果进行修改更正，费时费力，且容易出错，而参数化设计仅需重新输入参数，三维模型、工程量及图纸随参数同步更新，效率显著提高。应用快速参数化设计体系，能够在较短时间内完成地下厂房设计，获取各建筑物部位工程量，并一键驱动生成三维模型。进一步地，可基于上述成果开展工程效果展示、制作宣传效果图、三维图册等工作，设计效率高、设计成果丰富，值得在工程实践中推广应用。

3 结语

本文提出的基于3DE平台的抽水蓄能电站地下厂房快速参数化设计体系，严格遵循地下厂房正向设计思路，结合工程实例与设计经验，对设计过程中厂房专业内部及上下游协同专业的参数信息、参数关系进行梳理、整合和提炼，将地下厂房设计简化为参数输入、输出的过程。应用实例后发现，在上游专业提资齐全的前提下，按照常规设计方式完成抽水蓄能电站地下厂房推荐方案设计（含枢纽布置、建筑物结构尺寸计算、工程量计算及三维模型建立）需4～5天，而采用本文提出的地下厂房快速参数化设计体系，可将设计时间缩短至0.5～1天，在比选方案较多的情况下，快速参数化设计体系的效率优势更加明显；若边界条件或上游专业提资发生变化，常规设计方式至少需0.5～1天时间完成修改，而参数化设计体系仅需一键导入外部需求参数即可完成修改。足以证明这一体系能够有效解决协同专业间反复修改提资造成返工工作量大、修改遗漏、修改错误等问题，显著提高地下厂房设计效率，较好适应预可研、可研阶段抽水蓄能项目设计周期短、比选方案多、设计任务重等特点，对新手友好。进一步地，该体系可推广应用至常规水电站地下厂房设计中，形成更完善、更系统、更成熟的地下厂房快速参数化设计体系。

集成化、智能化、可视化、网络化、并行化是三维设计的发展方向[4]。目前，快速参数化设计体系的输入、输出参数采用表格提资形式，需要人工导入、导出，为进一步提高设计效率，后期将研究多专业直接基于体系平台进行一键资料传输。同时，考虑引入知识工程[5]，将设计规范、工程经验写入体系，对设计参数进行智能判断[6]和取值，实现智能化设计，以便设计体系更好地适用于招标、技施设计阶段精细化设计。

参考文献

[1] 韩冬，赵增海，严秉忠，等. 2021年中国抽水蓄能发展现状与展望 [J]. 水力发电，2022，48（5）：1-4，104.

[2] 解凌飞，李德. 基于BIM技术的水利水电工程三维协同设计 [J]. 中国农村水利水电，2020（3）：105-111.

[3] 汪小军. 水利水电工程三维数字化设计平台建设及实践分析 [J]. 中国水运（下半月），2016，16（12）：230-231.

[4] 张社荣，顾岩，张宗亮. 水利水电行业中应用三维设计的探讨 [J]. 水力发电学报，2008，27（3）：65-69，53.

[5] 黄艳芳，吕昌伙，张玲丽. 大中型水电站地下厂房三维参数化设计技术应用 [J]. 人民长江，2015（1）：46-49.

[6] 刘超，祝靖，陈伟. 基于3DE平台的抽蓄电站预可研阶段引水系统三维设计模板研究 [J]. 四川水力发电，2023，42（z1）：29-35.

作者简介：

邵文捷（1996—），女，山东泰安，硕士研究生，工程师，主要从事水电站建筑物设计工作。E-mail：2496943628@qq.com

装配式建筑技术在抽水蓄能电站工程中的应用

贺书财[1]，刘　存[1]，杨慧冉[1]，杨宗成[2]

（1. 中国电建集团北京勘测设计研究院有限公司，北京　100024；

2. 四川瀚盛建设工程有限公司，四川成都　610213）

【摘　要】　在"碳达峰、碳中和"的大背景下，抽水蓄能电站工程也逐渐向节约降耗的方向发展，通过装配式建筑施工的方式减少在现场作业产生的建材损耗，有效节约了项目的施工资金成本。将加工环节前置，减少施工建设中产生的环境污染等问题，在工程效率、建设质量等方面都有较为明显的提升，也是建筑工程行业实现现代化发展的重要体现。本文主要研究装配式建筑的概念及优势，详细分析装配式建筑技术在抽水蓄能电站工程中的应用。

【关键词】　抽水蓄能电站；装配式建筑；BIM 技术；装配式装修技术

0　引言

《住房和城乡建设部关于印发"十四五"建筑业发展规划的通知》建市〔2022〕11 号[1]中指出，智能建造与新型建筑工业化协同发展的政策体系和产业体系基本建立，装配式建筑占新建建筑的比例达到30％以上，培育一批智能建造和装配式建筑产业基地。建筑行业高质量发展的路径包括完善智能建造体系、夯实标准化和数字化基础、大力发展装配式建筑、推广绿色建筑方式等措施。《国务院办公厅关于大力发展装配式建筑的指导意见》（国办发〔2016〕71 号）[2]中提出装配式装修技术应结合装配式建筑协同发展，实现装修工程的工业化和规范化发展。装配式装修技术的运用不仅能解决传统建筑中资源浪费、能耗高等问题，还能提升土建与装修的适配度，推动打造低碳、零碳的高品质工程；提出要健全标准规范体系，创新装配式建筑设计，优化部品部件生产，提升装配式施工水平，推进建筑全装修。

装配式建筑技术是指将基础建材加工的环节前置，由加工厂统一进行加工处理，形成的预制构件经过质检、运输后可在工厂现场直接进行拼接安装施工，整体工艺流程更加简单便捷，施工效率明显提升。装配式建筑采用标准化建设方式对基础建材进行加工处理，在保证预制构件产品质量的同时，能够有效减少其水电、钢材等的损耗浪费，更符合绿色环保的发展理念。装配式建筑预制构件加工中产生的建筑垃圾数量更少，有效预防了对环境带来的污染和危害等问题，粉尘、废料等的排放量更低，部分预制建材在后续拆除后还可以实现回收利用。

1　装配式建筑技术的应用

抽水蓄能电站工程的布置主要分为地下厂房洞室群和地面建筑物两部分。地下厂房洞室群主要包括地下主厂房、副厂房、母线洞、主变洞、尾闸洞、进厂交通洞、出线洞等。地面建筑物主要包括 GIS 开关楼，排风机房，上、下水库进/出水口闸门启闭机室等。

根据国家电网有限公司相关要求，积极推进标准化建设，提升抽水蓄能电站规划设计、施工制造、安装调试及运行等全寿命周期的标准化、通用化程度，加快抽水蓄能电站建设效率，发挥规模化、集约化效益，适应抽水蓄能高速建设发展需求，实现提质增效。

1.1　BIM 技术在抽水蓄能电站工程设计阶段的应用

随着 BIM 技术的兴起，各行各业都在利用这一新技术提高自身的应用水平。抽水蓄能电站作为水电站中相对比较标准化的类型，对于 BIM 技术更有优势。地下厂房洞室群工程情况复杂，涉及专业多且专业间互提资料频繁，设计交叉问题比较突出，交叉协调工作量密集。随着当前对工程质量、效率的进一步提高，传统方式已无法满足要求，通过三维协同设计，将各专业工作统一在服务器上并行，再通过三维模型直观、精细地展示设计方案，提高交互沟通效率和质量。

纪晓磊[3]等指出运用 BIM 技术所构建的设计平台，各专业设计人员在装配式建筑设计中能够快速地传递设计信息，借助 BIM 技术与"云端"技术，对设计方案进行"同步"修改，各专业设计人员可以将包含专业的设计信息上传，从而专业之间的设计冲突通过 BIM 模型的碰撞与自动纠错功能被自动筛选出来，以便及时发现设计中存在的不足，充分调整设计方案，有利于节省时间，提高工作效率。

目前 Revit 是现阶段国内使用最普遍的 BIM 软件[4]，BIM 技术在抽水蓄能电站工程设计阶段的应用研究已经非常广泛，地下厂房三维协同设计流程如图 1 所示。

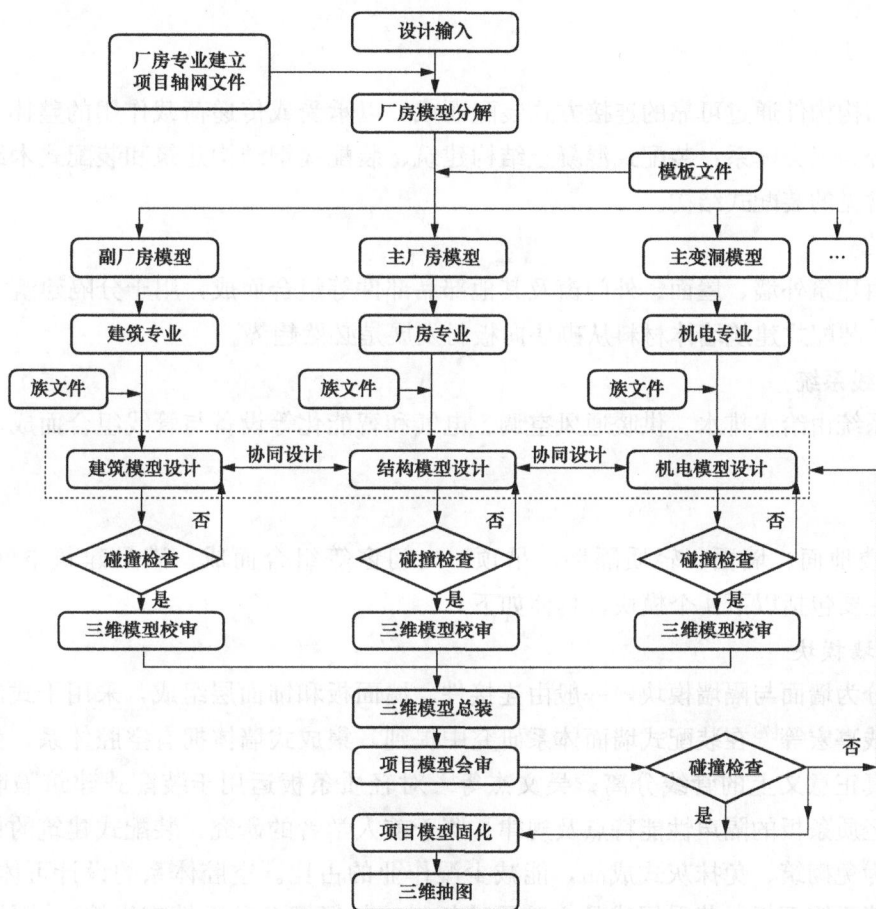

图 1　地下厂房三维协同设计流程图

地下厂房三维协同设计流程具体如下。

（1）项目控制轴网的建立。首先由厂房专业建立项目的整体控制轴网，作为统一的坐标基准，并单独保存为一个 Revit 文件，各专业模型文件通过 Revit 链接的形式进行参考引用。

（2）厂房模型的划分。对地下厂房洞室群进行划分，以相对独立的建筑物结构为原则进行拆分。如主厂房、副厂房、主变洞等。

（3）协同设计。各专业通过参考统一的轴网文件，对本专业的模型进行坐标定位，通过族文件导入或建立模型展开本专业模型设计工作，同时根据需要引用其他专业模型文件。本专业模型及时在 Vault 服务器上进行保存，Vault 服务器自动更新，供各专业协同设计使用。

（4）项目级模型总装及三维会审。各专业模型进行专业级总装后，进行专业内的碰撞检查和校审，阶段性模型进行校审后进行发布。项目部对专业级模型进行项目总装，并进行项目整体碰撞检查，组织专家对项目级总装模型进行三维会审，根据会审意见进行模型修改，然后再会审，直至无意见。

（5）模型固化及抽图。经过会审无意见的项目级总装模型，在 Vault 服务器上进行固化，即模型文件变为只读属性，无法进行编辑和修改。各专业根据固化模型进行抽图工作，生成最后的设计图纸。

纪奕丞[4]指出 BIM 技术在建筑装修设计阶段的应用研究比较缺乏，尤其是对建筑装修 BIM 正向设计的研究不足。Revit 作为国内装饰装修行业普及程度较高的一款 BIM 建模软件，但是能达到装饰装修工程要求的功能比较少，有些功能与传统建模软件相比，操作步骤较多，为实现细致化的建模工作，较烦琐费时。因此，呼吁装饰装修行业相关从业人员加大装饰族库的研究力度。

1.2 装配式建筑技术

装配式建筑是指结构系统、外围护系统、设备与管线系统、内装系统的主要部分采用预制部品部件集成的建筑。[5-6]

1.2.1 结构系统

结构系统由结构构件通过可靠的连接方式装配而成，以承受或传递荷载作用的整体。[5-6]我国的装配式建筑主要可以分为三类体系：装配式混凝土结构建筑、装配式钢结构建筑和装配式木结构建筑。其中前两类结构是最常见的装配式结构。

1.2.2 外围护系统

外围护系统由建筑外墙、屋面、外门窗及其他部品部件等组合而成，用于分隔建筑室内外环境的部品部件的整体。[5-6]装配式建筑墙体材料从砌块向板材发展是必然趋势。

1.2.3 设备与管线系统

设备与管线系统由给水排水、供暖通风空调、电气和智能化等设备与管线组合而成，满足建筑使用功能的整体。[5-6]

1.2.4 内装系统

内装系统由楼地面、墙面、轻质隔墙、吊顶、内门窗等组合而成，满足建筑空间使用要求的整体。[5-6]内装系统主要包括以下 4 个模块，具体如下。

1. 墙面与隔墙模块

装配式墙体分为墙面与隔墙模块，一般由连接件、墙面板和饰面层组成，采用干式法、现场组合安装集成的产品。钱嘉宏等[7]在装配式墙面体系研究中提到，集成式墙体拥有空腔体系，为管线铺设提供了空间，可实现真正意义上的管线分离；吴文杰等[8]对轻质条板运用于装配式建筑隔墙进行了系统研究，得到了多种轻质条板的隔声性能特点及规律。鉴于前人学者的研究，装配式建筑的集成式墙体需采用空腔板材，且为免砌筑、免抹灰式成品，能减少湿作业的占比。空腔体系的设计可体现在隔墙模块，也可体现在成品墙面饰面板，若采用成品空腔隔墙板材（如轻钢龙骨内填充岩棉），则饰面板材需采用非干挂工艺成品板材（如陶瓷、纤维增强水泥板等）；若采用成品无空腔隔墙板材（如轻质条板），则饰面板材需采用干挂式空腔成品板材（如彩钢板、复合铝板等）。墙面与隔墙模块的构造应连接稳固、便于安装，其排版的布置需结合电气及内墙板的预留连接构造进行合理规范布局；不同设备管线安装于墙面与隔墙模块时，应采取必要的加固、隔声、减振或防火封堵措施。

2. 吊顶模块

装配式吊顶模块的设计需考虑模数化，设计时可采用标准板和调节板两类模数化尺寸，通过组合实现不同空间的吊顶面层[9]，当空间尺寸小于 1500mm 时，可采用由 L 形边龙骨、饰面板及配套连接构件组成的免吊杆装配式吊顶；当空间尺寸大于 1500mm 时，常用轻钢龙骨吊顶。顶棚模块需结合新风、排风、给水、灯具及管线等进行一体化集成设计，集成化设计有利于促进空间与设备、部品部件、管线的模数协调。

3. 楼地面模块

装配式楼地面模块是把地面基层、隔声层和饰面层集成设计成一个整体。而装配式架空型楼地面采用可调节支座，在支座上敷设衬板及地板面层，形成架空层。铺装时先取出集成架空地板及支架并将支架紧固安装在架空地板上，每块架空板装入支架的高度应基本调节成一致，按集成架空地板的加工编号与平面排版图在相对应位置进行试铺。[10]

4. 门窗模块

装配式门窗宜与隔墙、楼地面、吊顶一体化集成设计，其材质、性能、质量标准应按照各空间使用功能确定。内外门窗都应首选成套供应的门窗部品，其设计文件应标明门窗的材料、品种、规格等指标，节省门窗安装时间。装配式门窗从设计、安装到使用的全过程中都应遵循"少规格、多组合"的原则，实现门窗模块的标准化、多样化。

1.3 装配式建筑技术在地下洞室群中的应用

（1）出线竖井采用装配式混凝土结构建筑技术。出线竖井衬砌采用滑模施工，入仓方式采用溜管和缓降器共同配合，预制件吊装采用行吊。出线竖井结构包括隔墙、预制板和预制梁；隔墙为预制墙板；预制板和预制梁均为钢筋混凝土预制件；在出线竖井内部不同高度层各安装预制板；在上下相邻的两块预制板之间，自上向下安装预制梁和隔墙。

（2）地下主厂房发电机层墙面采用装配式空腔隔墙板材装修，通过"龙骨支架＋预制面板"等简便组装模式代替传统装修的复杂工艺流程，极大提高装修工作效率，保证装修质量，绿色环保。装配式装修的施工方式成功规避了绝大部分难以管控的湿作业施工，直接使用预先生产好的部品部件，现场只需锚固、支托、拼接等，大大提高了施工精准度，质量得到提升。[10]

（3）出线平洞防火隔墙采用装配式隔墙。该装配式隔墙包括支撑骨架、纤维增强水泥装饰板、憎水性岩棉板。支撑骨架的前后两侧各装配安装纤维增强水泥装饰板，在前后两侧的纤维增强水泥装饰板之间填充憎水性岩棉板。

（4）进厂交通洞采用装配式吊顶，固定件、调平件、金属面板、弧形纵向龙骨、拱形横向龙骨均由工厂预先生产好的部品部件。金属面板采用的新型环保板材在生产厂家按照模数化、标准化统一生产，配送到施工现场后再进行拼接、安装和锚固，避免了现场开槽、开孔等操作，提高了施工精确度，保证了工程的施工质量。设计、车间生产、现场安装实现标准化，大大地减少了资源的浪费；同时标准化生产大大降低了施工过程中产生的噪声和粉尘，减少对周围的环境的影响，促进工地的文明施工和谐发展。

（5）副厂房中控室地面采用装配式架空型楼地面。此方法不仅施工快、可实现干式工法，还可在架空层中敷设管线，方便安装与检查线路，将相关设备及管线从主体结构中剥离，实现真正意义上的"骨肉分离"。

1.4 装配式建筑技术在地面建筑物中的应用

地面建筑物主体结构的墙板、立柱、楼板、楼梯等部分采用拼接施工，这些区域的施工建设采用预制构件生产、现场安装连接的方式进行建设。

（1）GIS开关楼地面以上采用装配式钢结构建筑。装配式钢框架结构通过锚板、地脚螺栓与下部的地下混凝土剪力墙/混凝土结构柱连接。该装配式钢结构建筑可以减小结构尺寸，减轻结构自重，有益于结构稳定，节省了工程投资；可以加快施工进度，节省工期。既满足了地面GIS大跨度、高承载力的结构要求，又能充分利用钢结构的特性，提高地面建筑的抗震性能。

（2）地面建筑物采用装配式楼梯，装配式楼梯包括预制板和预制梁，预制板和预制梁均为钢结构预制件。

（3）地面建筑物装配式建筑外墙采用节能保温一体化技术。节能保温一体化技术是指节能保温一体板在工厂集成生产、现场装配化施工的技术。工厂集成生产技术具体是指建筑外墙的保温层和保护层在工厂集成在一起，达到保温隔热、耐火耐久的效果；现场装配化施工技术是指保温一体化结构无需现场浇筑，在现场装配施工即可的施工技术。

（4）地面建筑物采用装配式门窗，施工人员需要关注门窗等安装时涉及的预制构件，确保各个工序环节之间能够形成更科学可靠的衔接。由于大部分门窗框结构的安装槽与保温侧相连，施工人员在进行预制构件的安装预埋时要注意其方向性，并将预留槽口的一侧和门窗框部分相连，内页部分则与混凝土墙体使用螺栓连接在一起，施工人员可以使用橡胶垫实现限位，也有利于防止冷桥现象的产生。门窗框预留槽的安装应注意做好安全距离的预留，施工人员在后续安装门窗时需要根据预留的位置来进行固定，安装完成后需要对门窗框与墙体之间的缝隙部分进行二次填充，避免门窗在使用过程中出现渗漏等情况。

2　结语

（1）现阶段很多抽水蓄能电站项目的 BIM 模型是在施工图完成后进行绘制的，这种后 BIM 的方式可以对施工进行指导，但是对于设计阶段的帮助不大。而 BIM 正向设计工作流程从方案之初就引入 BIM 模型，并随着项目的深化，同步深化 BIM 模型，不仅能够对施工阶段进行指导，还可以帮助设计人员优化设计方案，提升工作效率。建筑装饰专业在 BIM 技术应用相较于厂房、机电等专业相对落后，但是随着国家政策的推行，建筑装饰专业的 BIM 技术推行势在必行。[4]

（2）抽水蓄能电站项目建设应实现建筑主体结构、机电、装修、材料等专业均采用 BIM 技术进行三维化的数据处理，实现模型的合理建立，对预购件、生产制造配件进行设计和策划，实现标准化设计，满足经济性、标准化的要求。建议今后新建抽水蓄能电站工程装配式建筑应在可研、招标、详图设计阶段协调业主、设计、制作、施工各方之间的关系，并应加强厂房、机电、建筑装修等专业之间的配合，提前策划，统筹考虑。

（3）抽水蓄能电站工程应从智能化、数字化、工业化、标准化的要求考虑，应坚持标准化设计、工厂化生产、装配化施工、一体化装修、信息化管理、智能化应用。首先，智能化和数字化是装配式建筑发展的一个重要趋势。随着物联网、大数据、人工智能等新技术的不断发展，装配式建筑将更加注重智能化和数字化管理。其次，可持续发展和环保理念将在装配式建筑的发展中占据越来越重要的地位。随着全球对环境保护和可持续发展的重视，装配式建筑将更加注重使用可再生材料、节能技术和环保工艺，以减少对环境的负面影响。最后，集成化也是装配式建筑发展的一个重要方向。抽水蓄能电站工程装配式建筑技术不仅是实现"双碳"目标的重要保障，而且对完善建筑标准体系、满足业主对高质量、高品质工程的需求具有重要现实意义。

参考文献

[1]　住房和城乡建设部关于印发"十四五"建筑业发展规划的通知：建市〔2022〕11 号（2022-01-27）.

[2]　国务院办公厅关于大力发展装配式建筑的指导意见：国办发〔2016〕71 号（2016-09-27）.

[3]　纪晓磊，严涵. BIM 技术在装配式建筑设计中的应用实践［J］. 装饰装修天地，2017，000（24）：147.

[4]　纪奕丞. BIM 技术在建筑装饰设计阶段的应用研究——基于 Revit 的装饰工程 BIM 正向设计探析［J］. 居舍，2023（1）：86-89.

[5]　GB/T 51231—2016，装配式混凝土建筑技术标准［S］. 北京：中国建筑工业出版社，2017.

[6]　GB/T 51232—2016，装配式钢结构建筑技术标准［S］. 北京：中国建筑工业出版社，2017.

[7]　钱嘉宏，刘勃. 装配式墙面地面技术研究与应用［J］. 建设科技，2021（2）：10-13.

[8] 吴文杰，何婉艺，余恒鹏. 几种常见建筑隔墙用轻质条板的隔声性能研究和分析 [J]. 四川建筑科学研究，2021，47（4）：83-89.

[9] 牛昌林，冯力强，祁生旺，等. 装配式钢结构住宅全装修方案分析 [J]. 工程质量，2021，39（4）：1-5，13.

[10] 黄文杰. BIM 装配式技术在建筑装饰工程中的应用研究 [J]. 建材与装饰，2024，（008）：22-24.

作者简介：

贺书财（1983—），男，山西汾阳，工程师，主要从事水电与抽水蓄能工程装配式建筑设计、建筑装饰装修设计、消防设计等工作。E-mail：hesc@bjy. powerchina. cn

抽水蓄能电站引水斜井 TBM 开挖支护数值分析及设计优化

王炳豹[1, 2]，　张建国[1, 2]

（1. 水能资源利用关键技术湖南省重点实验室，湖南长沙　410014；

2. 中国电建集团中南勘测设计研究院有限公司，湖南长沙　410014）

【摘　要】　本文依托河南洛宁抽水蓄能电站首条千米级引水斜井 TBM 开挖工程，采用 3DEC 块体离散元数值计算方法，分析了现有支护设计方案下的开挖围岩稳定性；随后根据计算结果及现场开挖实际情况，提出了相应的支护优化措施，并对比分析了开挖工况、开挖支护工况以及支护优化工况下的洞周围岩位移与主应力分布。计算结果表明各工况下的洞周最大位移均符合规范规定的洞周允许收敛，但开挖工况下的洞周最大位移为 65mm，显著大于开挖支护工况（40mm）与支护优化工况（45mm）。随着引水斜井顺利贯通，本文所提支护优化措施可为同类工程支护方案的设计与选择提供参考。

【关键词】　抽水蓄能电站；引水斜井；TBM；支护优化设计

0　引言

TBM 法和钻爆法是目前隧洞开挖施工中最常用的两种方法[1]。TBM 由于机械化程度高、对围岩扰动小、掘进速度快等优点，逐渐成为引水隧洞尤其是长距离引水隧洞的首选施工方法[2]。随着近年来抽水蓄能电站的大范围建设，TBM 在抽水蓄能引水斜（竖）井中的应用也受到越来越多的关注[3-5]。

TBM 开挖技术虽已广泛应用于隧洞施工，但目前国内外尚没有公认的 TBM 施工隧洞围岩分类统一标准，TBM 的开挖支护设计仍然以钻爆法相关规范为基准，导致常常出现支护设计过于保守，进而影响 TBM 隧洞的掘进速度[6]。为兼顾 TBM 开挖支护结构的稳定性与施工掘进速度，本文以河南洛宁抽水蓄能电站引水斜井 TBM 开挖施工为依托，采用 3DEC 块体离散元数值计算方法，分析现有支护设计方案下的开挖围岩稳定性，并根据计算结果提出相应的支护优化措施，以保障洛宁抽水蓄能电站引水斜井 TBM 开挖施工的稳定性与适用性，同时为同类工程支护方案的选择提供参考。

1　工程概况

洛宁抽水蓄能电站引水系统采用一管两机布置，引水斜井采用 TBM 开挖，开挖直径 7.2m[7]。1 号斜井全长 928.297m，上坡坡度为 36.236°，TBM 掘进长度为 914.233m；2 号斜井全长 872.979m，上坡坡度为 38.742°，TBM 掘进长度为 859.681m；1、2 号斜井 TBM 掘进长度合计 1773.914m[8]。引水斜井断面为圆形，洞室埋深 78～624m，基岩为燕山晚期斑状花岗岩，岩石致密坚硬，岩体较完整，岩体透水性一般为微透水，地质构造较简单。引水隧洞沿线，大部分岩体完整性较好，大多为Ⅱ～Ⅲ类围岩，局部存在小规模断层、节理裂隙及密集带，该部位一般为Ⅳ～Ⅴ类围岩。其中，断层破碎带 F39 斜穿引水隧洞，引水隧洞的影响最大，影响范围达 0.5～5m。河南洛宁抽水蓄能电站输水发电系统剖面图如图 1 所示。

引水斜井采用 TBM 自下而上全断面的开挖方式，开挖支护施工顺序为开挖→钢支撑（根据情况选择，下同）支护→锚杆支护→挂网喷混凝土。其中，由于 TBM 设备限制，其系统锚杆于边顶拱 220°范

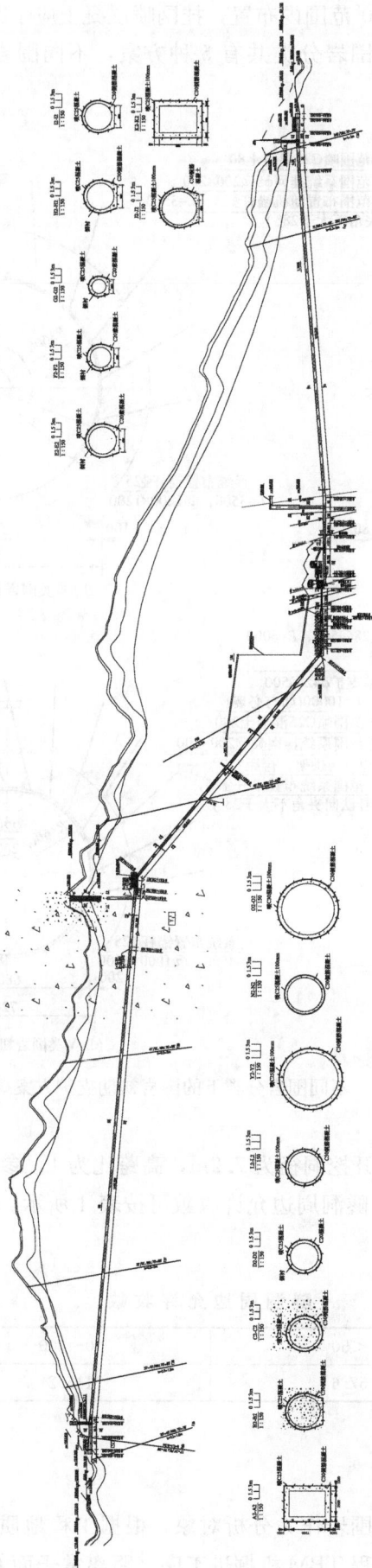

图 1 河南洛宁抽水蓄能电站输水发电系统剖面图

围内布置，挂网喷混凝土于边顶拱 260°范围内布置，挂网喷混凝土应于距离掌子面 60m 后进行。根据设计方案，引水隧洞喷锚支护按照不同围岩分类共有 5 种方案，不同围岩类别下的隧洞围岩支护方案如图 2 所示。

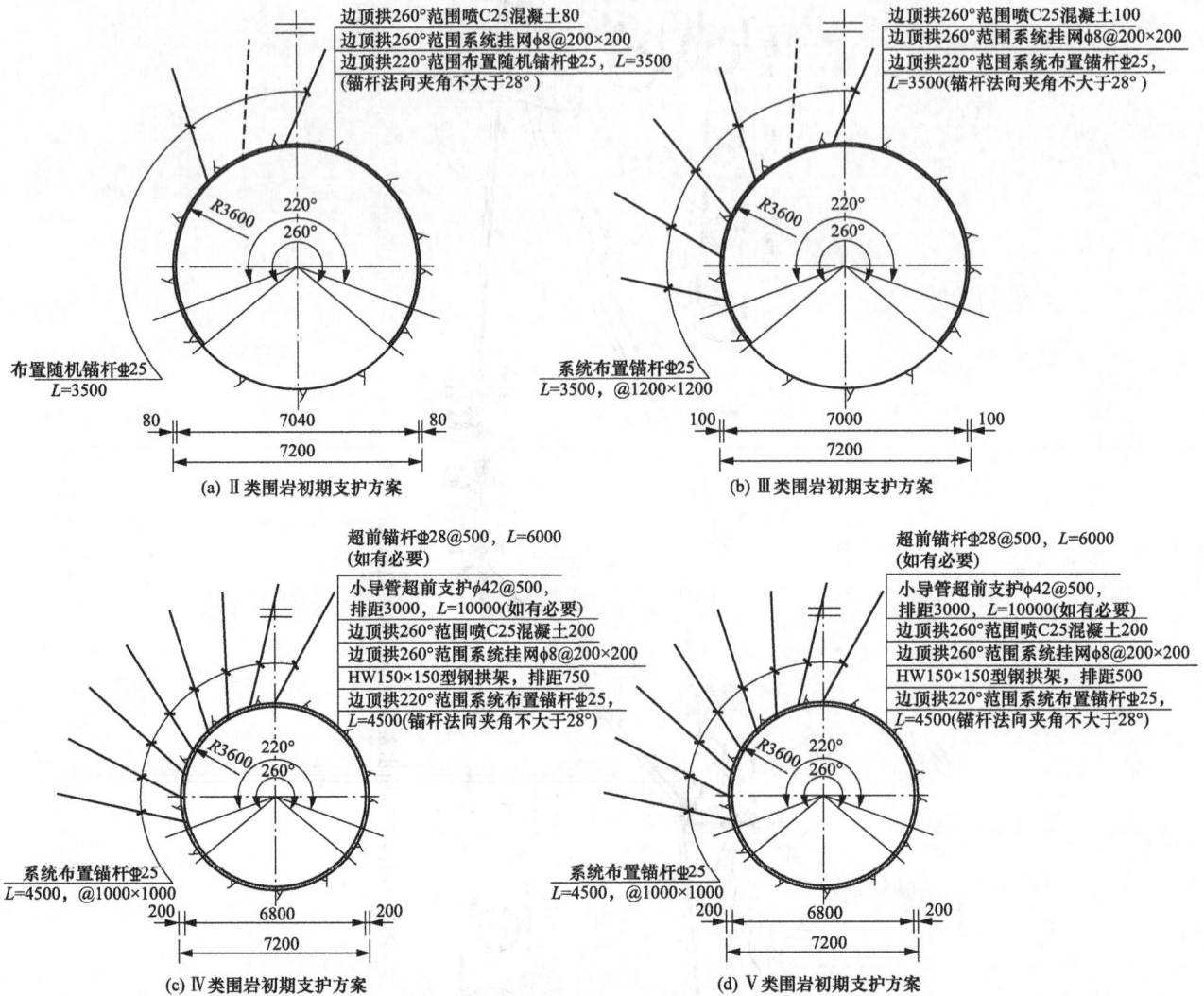

图 2　不同围岩分类下的围岩初期支护方案

洛宁抽水蓄能电站引水斜井隧洞开挖洞径为 7.2m，高跨比为 1，参照《岩土锚杆与喷射混凝土支护工程技术规范》（GB 50086—2015）[9] 隧洞周边允许收敛可按表 1 所示。则上覆岩体按 500m 计算时，V 类围岩隧洞周边允许收敛为 216mm。

表 1　　　　　　　　　　　　　　　隧洞周边允许收敛　　　　　　　　　　　　　　　　mm

隧道埋深（m）	<50	50～300	>300
V 类围岩	57.6	115.2	216.0

2　模型建立及力学参数选取

本文选取实际开挖揭露出的 V 类围岩作为分析对象，根据工程地质学中的常取 3～5 倍洞径范围作为影响圈边界的计算域，结合实际工程 TBM 机掘进工序（距离掌子面 60m 后喷射混凝土）选取围岩计算范围：在本模型中隧洞开挖直径为7.2m，因此取上下左右尺寸约等于5倍洞径的35m，前后尺寸结合TBM喷混工作台距离，即水平方向宽70m、垂直方向高70m、开挖方向长70m，计算模型整体视为三维应力—应变问题模型尺寸。

锚杆采用3DEC的CABLE单元模拟，钢拱架采用BEAM单元模拟，采用实体单元模拟喷混凝土结构，计算模型和隧洞支护结构分别如图3、图4所示。计算时，围岩单元采用Mohr-Coulomb本构模型，喷混凝土单元选用弹性本构模型。计算时岩体力学参数参照设计提供的参数建议值来选取，如表2所示。上覆岩体按500m计算，重力按引水斜井与水平面所成36.2°进行换算。在沿隧洞轴线方向$Y \in [30, 40]$范围内采用Ⅴ类围岩力学参数，其余均采用Ⅱ类围岩参数，以此模拟Ⅴ类围岩影响带。

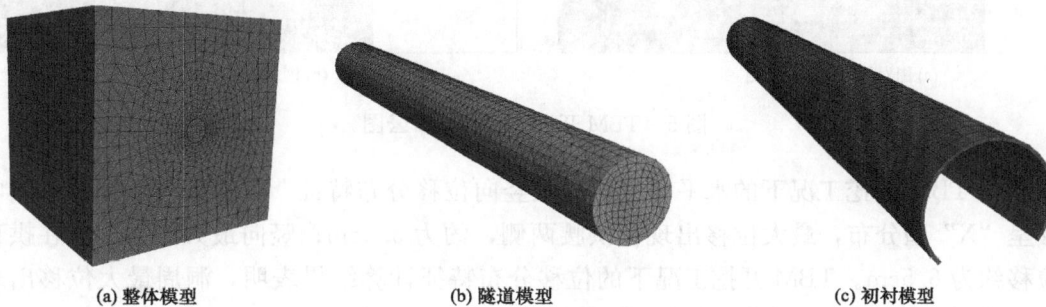

(a) 整体模型　　　　　　　　　(b) 隧道模型　　　　　　　　　(c) 初衬模型

图3　计算模型

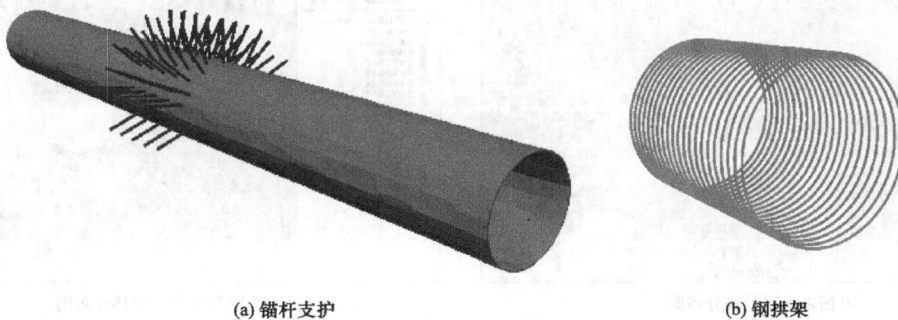

(a) 锚杆支护　　　　　　　　　　　　(b) 钢拱架

图4　隧洞支护结构

表2　　　　　　　　　　　　　　　　　岩体力学参数建议值

岩体分类	岩体密度	岩体变形		泊松比 μ	混凝土/岩抗剪（断）		岩/岩抗剪（断）	
		弹模	变模		f'	c'	f'	c'
	kg/m³	GPa		—	—	MPa		MPa
Ⅱ	2650	18	13～18	0.22	1.15～1.25	1.15～1.25	1.25～1.35	1.65～1.75
Ⅴ	2000	0.8	0.3～0.5	0.35	0.4～0.55	0.1～0.2	0.35～0.45	0.35

进行数值计算时应力初始条件只考虑自重，模型结构与荷载是对称的。因此，取模型中部的$Y = 35m$监测断面，监测洞周围岩的应力、应变，取洞周M1（洞顶）、M2（洞腰）、M3（洞底）共计3个监测点。

3　开挖支护围岩稳定性计算结果

3.1　TBM开挖工况围岩稳定性分析

图5给出了TBM开挖工况下的应力分布云图。由图5可见，最大、最小主应力均呈对称型分布。受开挖扰动诱发的应力重分布影响，最大主应力在拱腰两侧，距洞室约4.3m深处出现局部集中效应，

应力为－11.69MPa。围岩最小主应力呈"X"型分布，受开挖扰动影响，洞室周围应力得到释放，形成了深度约为 4.7m 的应力降低区，洞周应力约为－0.66MPa。

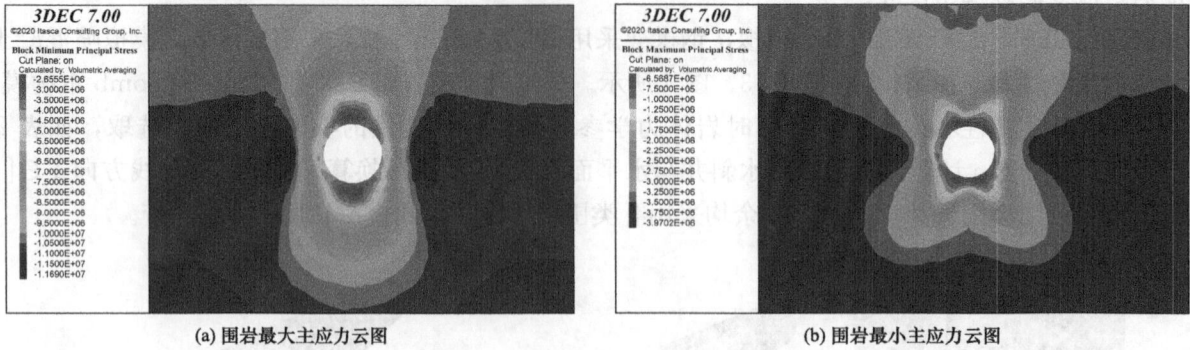

(a) 围岩最大主应力云图　　　　　　　　　　(b) 围岩最小主应力云图

图 5　TBM 开挖主应力分布云图

图 6 给出了 TBM 开挖工况下的水平向位移以及竖向位移分布特征。受初始应力场分布影响，围岩水平向位移呈"X"型分布，最大位移出现在拱腰两侧，约为 3.5cm；竖向最大位移出现在拱顶与拱底处，最大位移约为 6.5cm。TBM 开挖工况下的位移分布特征计算结果表明，洞周最大位移出现在拱顶与拱底部分，最大位移符合表 1 所示的隧洞周边允许收敛。

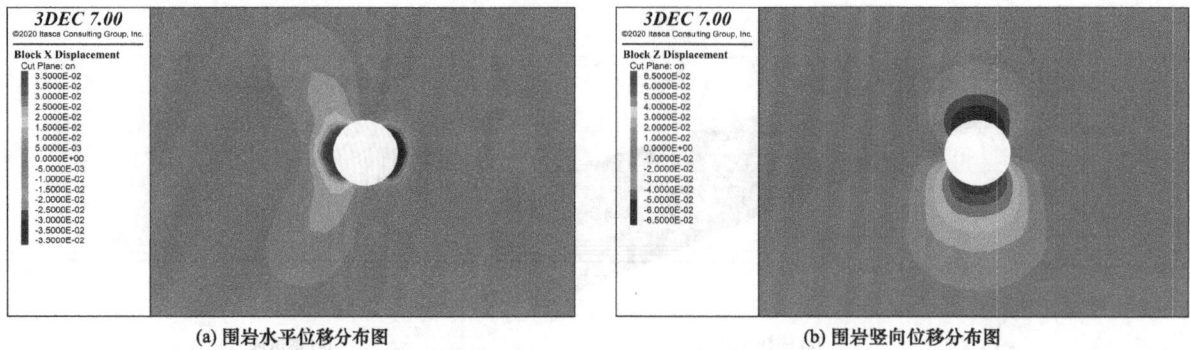

(a) 围岩水平位移分布图　　　　　　　　　　(b) 围岩竖向位移分布图

图 6　TBM 开挖位移分布云图

3.2　TBM 开挖支护工况围岩稳定性分析

图 7 给出了 TBM 开挖支护工况下的应力分布云图。由图 7 可见，最大、最小主应力均呈对称型分布。受开挖扰动诱发的应力重分布影响，最大主应力在拱腰两侧，距洞室约 1.4m 深处出现局部集中效应，应力为－12.15MPa。围岩最小主应力呈"X"型分布，受开挖扰动诱发的应力重分布影响，在拱腰两侧距洞室约 1.3m 深处出现局部应力集中效应，应力为－3.96MPa。

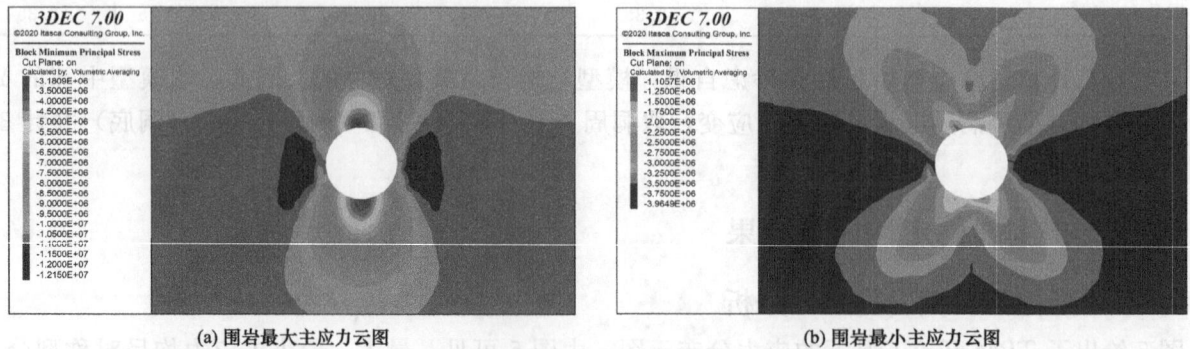

(a) 围岩最大主应力云图　　　　　　　　　　(b) 围岩最小主应力云图

图 7　TBM 开挖支护主应力分布云图

图8给出了Ⅴ类围岩在TBM开挖支护工况下的水平向位移以及竖向位移分布特征。受初始应力场分布影响，围岩水平向位移呈"X"型分布，最大位移出现在拱腰两侧，约为1.0cm；竖向最大位移出现在拱顶与拱底处，最大位移约为4.0cm。TBM开挖支护工况下的位移分布特征计算结果表明，洞周最大位移出现在拱顶与拱底部分，最大位移符合表1所示的隧洞周边允许收敛。

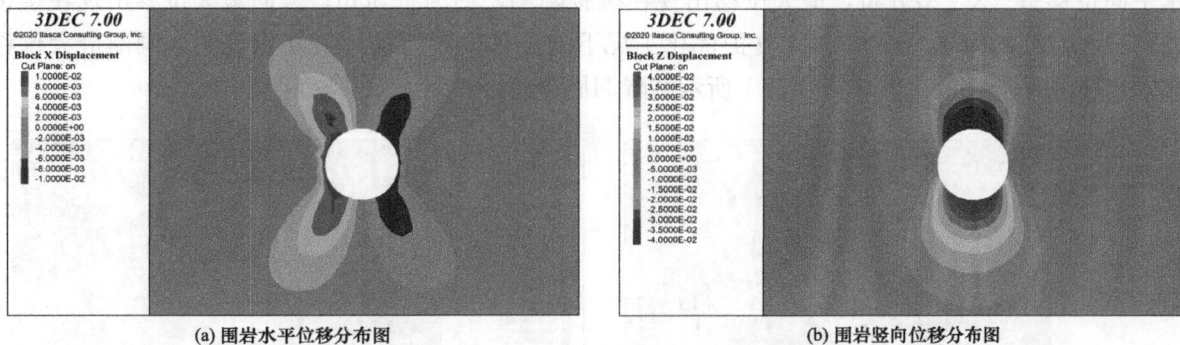

(a) 围岩水平位移分布图   (b) 围岩竖向位移分布图

图8　TBM开挖支护位移分布云图

4　引水斜井围岩支护优化设计

4.1　TBM开挖支护优化设计方案

引水斜井开挖支护围岩稳定性计算结果表明，Ⅴ类围岩在TBM开挖不支护与TBM开挖支护工况下均符合洞周最大允许收敛，说明现有支护条件可有效规避围岩开挖扰动造成的围岩失稳，支护效果良好。考虑数值分析计算结果及现场松弛圈单孔声波测试结果（塑性区0~0.2m），结合设备支护能力，对引水斜井开挖支护参数进行优化。洛宁抽水蓄能电站引水斜井Ⅴ类围岩TBM开挖建议支护参数如表3所示。

表3　　　　　　　洛宁抽水蓄能电站引水斜井Ⅴ类围岩TBM开挖建议支护参数

现有支护措施	(1) 边顶拱260°范围内喷C25混凝土厚200mm，挂ϕ8.0mm钢筋网@200×200mm。 (2) 边顶拱220°范围内布置系统锚杆为ϕ25mm@1000×1000，L=4500mm（锚杆法向夹角不大于28°）。 (3) HW150×150型钢拱架，排距50cm，钢支撑连接筋为ϕ22@500，锁脚锚杆为ϕ25，L=4.5m，每榀16根
优化措施	(1) 边顶拱220°范围内喷C25混凝土厚100mm，挂ϕ8.0mm钢筋网@100×100mm。 (2) 边顶拱220°范围内布置系统锚杆为ϕ25mm@1000×1000，L=3500mm（锚杆法向夹角不大于28°）。 (3) HW100×100型钢拱架，排距75cm，钢支撑连接筋为ϕ22@750，锁脚锚杆为ϕ25，L=3.5m，每榀16根

4.2　TBM支护优化工况围岩稳定性分析

对上述所提支护优化措施条件下的围岩稳定性进行计算分析。图9给出了TBM支护优化工况下的应力分布云图。由图可见，最大、最小主应力均呈对称型分布。受开挖扰动诱发的应力重分布影响，最

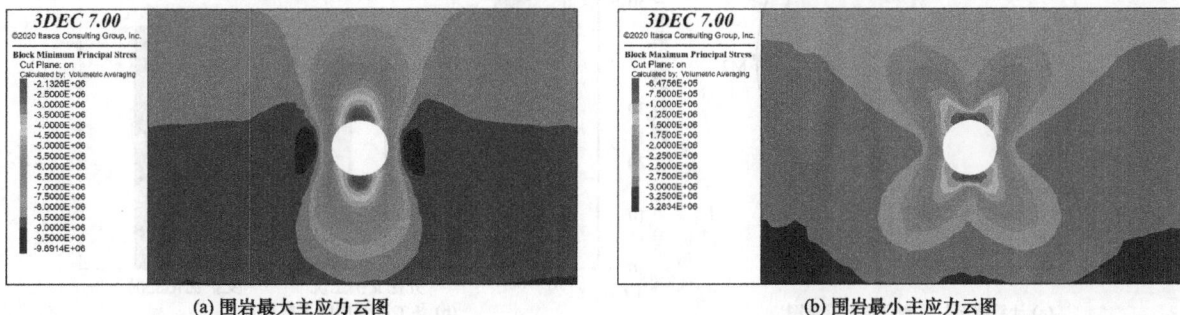

(a) 围岩最大主应力云图   (b) 围岩最小主应力云图

图9　TBM支护优化工况下的应力分布云图

大主应力在拱腰两侧，距洞室约 2.2m 深处出现局部集中效应，应力为 −9.70MPa。围岩最小主应力呈"X"型分布，受开挖扰动诱发的应力重分布影响，洞室周围应力得到释放，形成了深度约为 2.2m 的应力降低区，洞周应力约为 −0.65MPa。

图 10 给出了 TBM 支护优化工况下的水平向位移以及竖向位移分布特征。受初始应力场分布影响，围岩水平向位移呈"X"型分布，最大位移出现在拱腰两侧，约为 1.5cm；竖向最大位移出现在拱顶与拱底处，最大位移约为 4.5cm。TBM 支护优化工况下的位移分布特征计算结果表明，洞周最大位移出现在拱顶与拱底部分，最大位移符合表 1 所示的隧洞周边允许收敛。

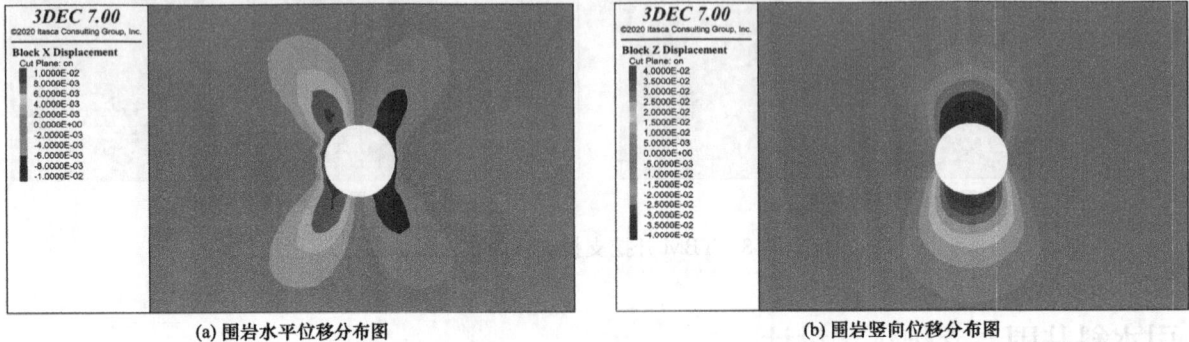

(a) 围岩水平位移分布图　　　　　　　　　　(b) 围岩竖向位移分布图

图 10　TBM 支护优化工况下的位移分布云图

4.3　开挖支护优化结果分析

表 4 给出了 TBM 在开挖工况、开挖支护工况以及支护优化工况下的围岩拱顶沉降量与拱底隆起量，同时根据表 1 所示的拱顶下沉和底部隆起控制值，不同工况下，Ⅴ类围岩位移沉降量可满足规范要求。

表 4　　　　　　　　　　　　各类围岩拱顶沉降量与拱底隆起量　　　　　　　　　　单位：mm

工况	拱顶沉降量	拱底隆起值	是否满足变形控制值
开挖工况	65.0	65.0	是
开挖支护工况	40.0	40.0	是
支护优化工况	45.0	45.0	是

图 11 展示了开挖工况、开挖支护工况以及支护优化工况下Ⅴ类围岩的拱顶沉降量，由图 11 可见在各类工况条件下，最大位移总是出现在拱顶（监测点 M1）与拱底（监测点 M3）位置，拱腰（监测点

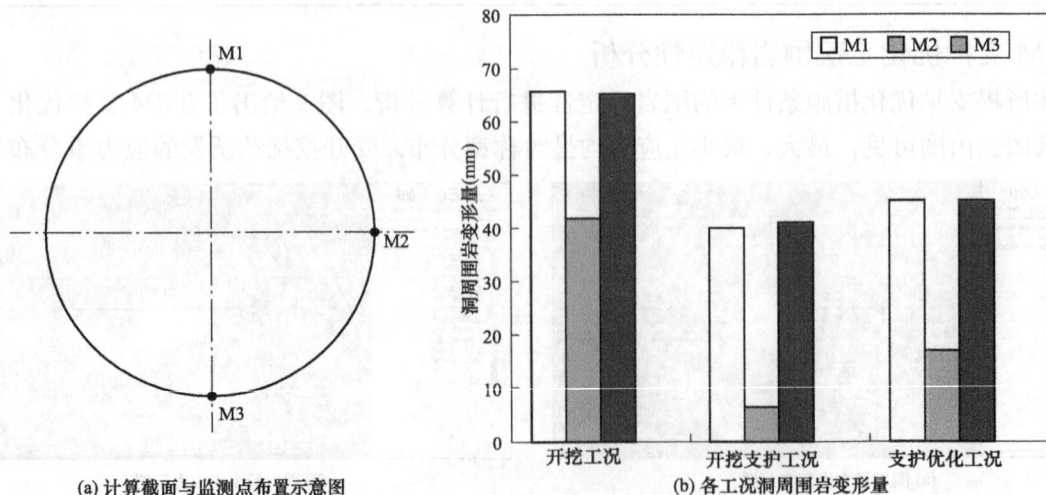

(a) 计算截面与监测点布置示意图　　　　　　　　(b) 各工况洞周围岩变形量

图 11　各工况洞周围岩变形量

M2）位移相对较小。开挖工况洞周围岩位移显著大于开挖支护工况以及支护优化工况。同时，支护优化工况与开挖支护工况围岩拱顶沉降量基本相似，由于支护优化工况降低了支护的强度，其围岩拱顶沉降量略大于开挖支护工况。但总体而言，开挖工况、开挖支护工况以及支护优化工况下的洞周围岩变形量均符合表1所示的拱顶下沉和底部隆起控制标准。

5　结论

本文采用数值模拟方法计算分析了洛宁抽水蓄能电站首条千米级引水斜井TBM开挖过程，分析了引水隧洞Ⅴ类围岩洞段在开挖过程中和开挖后的应力分布情况，分析了锚杆支护、钢支撑支护以及喷混凝土衬砌等各种支护措施的组合下，隧洞围岩在施工期的稳定性态。具体结论如下。

（1）数值模拟计算分析表明，开挖工况未出现明显局部应力集中效应，洞周应力分布主要表现为应力释放，其中开挖不支护工况应力降低区深度约为4.7m；支护工况下，应力重分布受应力释放及支护双重影响，其中支护优化工况受钢拱架等支护措施影响，应力降低区深度减小为2.2m。开挖支护工况下，围岩受开挖扰动及支护措施诱发的围岩应力重分布影响，在距洞周1.3m等处呈现出局部应力集中效应。

（2）引水斜井洞周围岩位移计算结果表明，采取及时有效的支护措施可有效降低TBM开挖扰动诱发的围岩变形。同时，由于支护优化工况降低了支护的强度，其洞周围岩变形量略大于开挖支护工况。但总体而言，各工况洞周围岩变形量均符合规程规范关于拱顶下沉和底部隆起控制标准。

（3）结合现场实际需求及TBM开挖影响，将原设计支护方案进行了设计优化，给出了初步的支护优化方案建议。数值计算结果表明，支护优化对洞周围岩变形影响较小，支护优化后的围岩拱顶沉降量与拱底隆起符合规范要求的控制标准，所提支护优化方案有效，说明原支护方案具备一定的优化空间。同时，根据现场实际情况、规程规范要求及设备性能，引水斜井Ⅱ类围岩采用随机支护，Ⅲ1类围岩采用顶拱260°挂网喷混凝土C25厚100mm，系统锚杆为C25@1500mm×1500mm，$L=3000mm$；Ⅲ2类围岩顶拱260°挂网喷混凝土C25厚100mm，系统锚杆为C25@1200mm×1200mm，$L=3500mm$）；Ⅳ类围岩顶拱260°挂网喷混凝土C25厚100mm/200mm（拱架处），系统锚杆为C25@1000mm×1000mm，$L=3500mm$，HW100@750拱架支护；综合考虑数值模拟的计算假定以及现场实际监测数据的缺乏以及超长斜井（928m）压力钢管安装安全施工要求，Ⅴ类围岩支护偏安全考虑，Ⅴ类围岩顶拱260°挂网喷混凝土C25厚100mm/200mm（拱架处），系统锚杆为C25@1000mm×1000mm，$L=4500mm$，HW150@750拱架支护。在这种初期支护措施下，已顺利完成首条千米级引水斜井贯通，相关支护优化工作可供类似工程参考。

参考文献

[1]　徐顺通，杨靖，余志超，等．TBM与钻爆法在并行长大引水隧洞施工中的适用性研究［J］．施工技术（中英文），2022，51（5）：126-129.

[2]　洪开荣，杜彦良，陈馈，等．中国全断面隧道掘进机发展历程、成就及展望［J］．隧道建设（中英文），2022，42（5）：739-756.

[3]　张兴彬，王炳豹，张辰灿，等．河南洛宁抽水蓄能电站引水斜井TBM施工组织设计方案［J］．人民黄河，2021，43（S2）：174-176.

[4]　张祥富，朱静萍，杨朝，等．抽水蓄能电站引水斜井TBM施工关键技术研究［J］．水电与新能源，2021，35（8）：40-43.

[5]　任在民，彭飞，刘展志，等．青海省抽水蓄能电站与梯级水库储能电站对比分析［J］．人民黄河，2022，44（S2）：195-198.

[6]　王雁军，齐梦学．岩石掘进机关键技术展望［J］．隧道建设（中英文），2018，38（9）：1428-

1434.

[7] 张学清，王炳豹，殷康，等. 洛宁抽水蓄能电站引水斜井 TBM 施工设计方案研究 [J]. 水电与抽水蓄能，2023，9（1）：60-64.

[8] 张学清，王炳豹，殷康，等. 洛宁抽水蓄能电站引水斜井 TBM 施工关键技术研究 [J]. 水力发电，2022，48（2）：81-87.

[9] GB 50086—2015，岩土锚杆与喷射混凝土支护工程技术规范 [S].

作者简介：

王炳豹（1990—），男，安徽阜阳，研究生，高级工程师，主要从事抽水蓄能电站输水发电系统专业设计及相关科研工作。E-mail：1037120135@qq.com

平坦原抽水蓄能电站 TBM 技术适应性分析

杨佳琦

（中国电建集团中南勘测设计研究院有限公司，湖南长沙 410014）

【摘 要】 针对平坦原抽水蓄能电站通风兼安全洞及进厂交通洞设计，对 TBM 和钻爆法施工方案进行研究，阐述了线路布置和施工方案。

【关键词】 进厂交通洞；通风兼安全洞；TBM 施工；钻爆法

0 引言

抽水蓄能电站选址一般位于岩体相对完整的山区，岩石强度较高、完整性较好，但是伴有部分断层破碎带风险，抽水蓄能施工工期一般安排较紧，施工强度较大，需要多种施工装备和多工种人员进行作业。

国内抽水蓄能电站地下隧洞主要采用的机械设备有手风钻、架子钻、潜孔钻、多臂台车、自卸汽车、挖掘机、爬罐、反井钻机、扒渣机、装载机、盘锯等。抽水蓄能施工机械设备经历了几个发展过程，最早采用的钻孔设备为手风钻钻孔，随着开挖设备的发展，2019 年文登抽水蓄能电站使用 TBM 开挖排水廊道，在施工机械自动化上迈出重要一步。

目前国内抽水蓄能电站进厂交通洞、通风兼安全洞等开挖普遍采用"钻爆法"进行施工，进厂交通洞和通风兼安全洞是地下厂房开挖施工的主要通道，特别是通风兼安全洞施工工期位于整个电站建设的关键线路上，是控制电站建设工期的关键项目，但传统钻爆法施工每月进度约 100m，因此工程工期安排十分紧张。

TBM 施工技术具有施工速度快、自动化程度高、节约劳动力、安全环保等优点，可以实现隧洞开挖工程的全机械化施工，是目前最为先进的隧洞施工技术，可显著提升隧洞开挖的施工质量和安全水平，TBM 施工途中不改变开挖直径和形状，开挖作业能连续进行，施工速度快，特别是在稳定的围岩中长距离施工时，利用 TBM 快速掘进的特点，可以缩短工程工期，尽早发挥工程效益。

TBM 施工不采用炸药爆破，对围岩损伤小，几乎不产生松弛、掉块，崩塌的危险小，可减轻支护的工作量；施工时振动、噪声小，对周围的居民和结构物的影响小；TBM 基本为机械化施工，安全，作业人员少，近期 TBM 可在防护棚内进行刀具的更换，密闭式操纵室、高性能的集尘机等技术采用，使安全性和作业环境进一步得到改善。

钻爆施工现场作业环境差、安全风险突出，随着时代进步，愿意从事钻爆施工的人员将越来越少，应用 TBM 施工技术进行隧道洞室开挖是科技进步、社会发展的必然趋势。

1 工程概况

平坦原抽水蓄能电站上水库位于罗田县九资河镇大地坳村的平坦原山间盆地内，正常蓄水位为 822.00m，相应库容为 696.80 万 m³，死水位为 790.00m，相应死库容为 76.10 万 m³，蓄能发电调节库容为 620.70 万 m³。上水库枢纽主要建筑物由主坝、副坝 1、副坝 2、库岸防渗及库岸防护等部分组成。主坝采用混凝土面板堆石坝，坝顶高程为 827.00m，最大坝高为 66.00m。下水库位于罗田县九资河镇天堂河二级电站坝址下游约 4.17km 处，正常蓄水位为 211.50m，相应库容为 765.40 万 m^3，死水位为 188.00m，相应死库容为 106.58 万 m^3，蓄能发电调节库容为 659.00 万 m^3。下水库主要建筑物由堆石混凝土重力坝、库岸防护等部分组成，堆石混凝土重力坝坝顶高程为 216.50m，最大坝高为 60.50m。

输水发电系统布置在天堂河右岸上下库山体之间的山体内，总体呈东北—西南走向。上、下水库进/出水口水平距离约为 3281m，设置尾水调压室，距高比为 5.5。引水系统采用两洞四机供水方式，尾水系统采用四机两洞供水方式，尾水支洞上布置尾闸室。下水库进/出水口位于天堂河右岸、下水库库区坝址上游约 520m 山脊处。输水系统总长度为 3669.195m，其中引水系统长度为 1604.627m，尾水系统长度为 2064.568m。

地下厂房采用中部式布置方式，主厂房纵轴线方向为 N71.8°W，地下厂房安装 4 台单机容量为 350MW 的可逆式水轮发电机组，总装机容量为 1400MW。地下厂房、主变洞、尾闸室平行布置。机组安装高程为 98m，主副厂房洞开挖尺寸为 163m×25.5m×60.731m。主变洞开挖尺寸为 161.89m×20.00m×22.30m（长×宽×高）。开关站布置在下水库进/出水口东北侧山头，距下水库进/出水口直线距离约为 800m，平台高程为 398.000m。主变压器室通过高压电缆平洞和电缆竖井连接到地面开关站。

进厂交通洞洞口布置在距离下水库进/出水口约 350m 位置处，洞口高程为 220.000m；进厂交通洞从安装间端部进厂，全长 2237m，平均纵坡为 4.8%，净空尺寸为 7.8m×7.8m（宽×高）。

通风兼安全洞洞口位于距离下水库进/出水口约 240m 处，洞口高程为 248.100m。通风兼安全洞全长约 2089m，综合纵坡为 5.6%，净空尺寸为 7.5m×7.0m（宽×高）。

平坦原抽水蓄能电站地下厂房辅助洞室主要在中生代白垩纪混合花岗岩山体中，地下厂房洞室围岩以弱风化和微风化-新鲜混合花岗岩为主，岩性较单一，岩体完整性较好，以Ⅱ类～Ⅲ类为主，构造发育较少，具备采用 TBM 掘进施工的地质条件。

2 进厂交通洞及通风兼安全洞钻爆法施工布置方案

进厂交通洞自主副厂房洞左端安装场左端进厂，洞口设在下水库右侧的冲沟旁，与下水库施工道路相接，总长度为 2245.0m，综合坡比为 4.8%，洞口高程为 220.000m。进厂交通洞净空尺寸为 7.8m×7.8m。

通风兼安全洞连接地下副厂房屋顶的风机室，洞口位于下水库右侧距离出水口约 250m 处，洞口高程为 245.000m。自主副厂房右端进厂，总长度为 2108.0m，综合坡比为 5.3%。通风兼安全洞断面净空尺寸为 7.5m×7.0m（宽×高）。厂区平面布置如图 1 所示。

进厂交通洞室断面尺寸主要考虑大件运输要求，截面采用城门洞型断面，其净空断面要求为 7.8m×7.8m（宽×高）；通风兼安全洞断面尺寸主要考虑出渣要求，截面采用城门洞型断面，其净空断面为 7.5m×7.0m（宽×高）。

进厂交通洞、通风兼安全洞非衬砌断面如图 2、图 3 所示。

进厂交通洞、通风兼安全洞同时施工，开挖采用三臂台车钻孔，洞周光面爆破，石渣用 $3m^3$ 侧卸式装载机配 15～20t 自卸汽车出渣。

3 TBM 施工布置方案

进厂交通洞自主副厂房洞左端安装场左端进厂，总长度为 2317.0m，厂房端底板高程为 113.60m，地面出口高程为 220.00m，综合坡比为 4.6%。通风兼安全洞自主副厂房右端进厂，总长度为 2181.0m，厂房端底板高程为 133.60m，地面出口高程为 245.00m，综合坡比为 5.1%。

综合考虑方便施工，适当调整 TBM 水平转弯半径不小于 180m、TBM 施工路线纵坡不大于±10%。

图 1　厂区平面布置图

L—长度；i—综合坡比

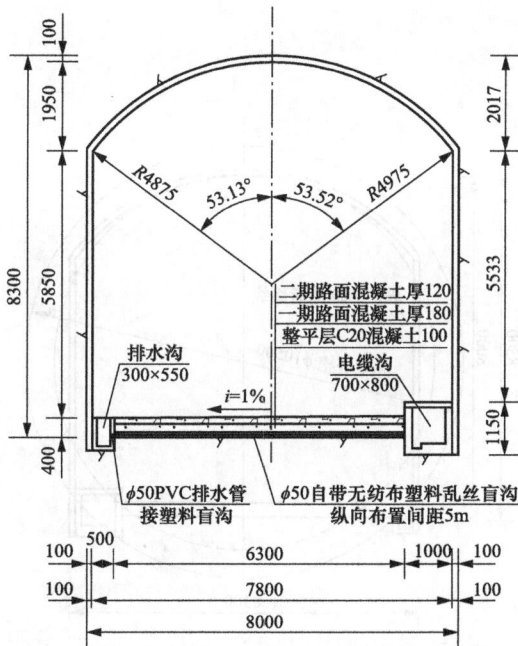

图 2　进厂交通洞非衬砌标准断面图

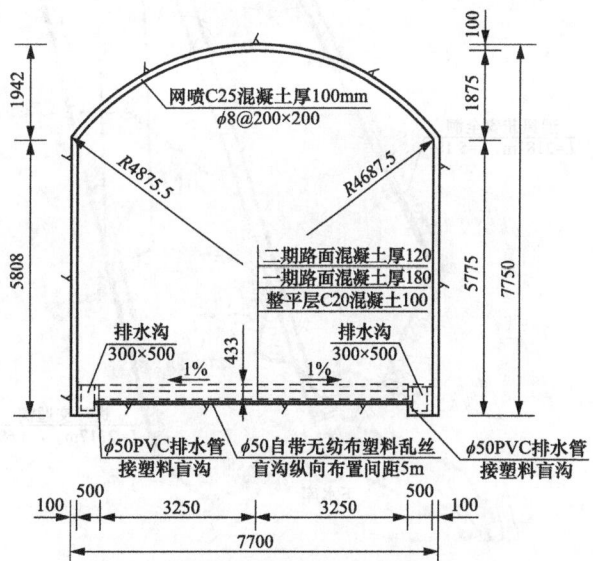

图 3　通风兼安全洞非衬砌标准断面图

TBM 掘进路线布置原则：为主厂房开挖尽早提供施工条件。初拟 TBM 自通风兼安全洞进洞，掘进通风兼安全洞；厂房连接洞段水平掘进，为施工厂房顶拱提前开挖导洞，缩短厂房开挖工期；TBM 进入进厂交通洞前按 10% 的下坡将掘进高程下降至 113.60m，掘进进厂交通洞并出洞；后期主厂房开挖时，再打通进厂交通洞至主厂房间洞段。

TBM 施工线路为 TBM 组装→TBM 始发→TBM 掘进通风兼安全洞→TBM 水平开挖主厂房顶部导洞→TBM 反坡掘进至进厂交通洞高程→TBM 开挖进厂交通洞→TBM 接收、拆解→钻爆法开挖进厂交通洞至主厂房通道。

TBM 设备始发位置为通风兼安全洞洞口，洞口平台面积约需 2000m²，可满足大断面 TBM 的组装场地要求。

（1）通风兼安全洞段：总长度为 2181.0m，起点高程为 245.00m，终点高程为 133.60m，综合坡比为 5.1%。

（2）主厂房段：长度为 170m，起点高程为 133.60m，终点高程为 133.60m。

（3）进厂交通洞段：总长度为 2317.0m，起点高程为 133.60m，爬坡段长度约为 200m，爬坡段终点高程为 113.6m，交通洞终点高程为 220.00m，综合坡比为 4.6%。

TBM 行进路线示意图如图 4 所示。

进厂交通洞净空断面要求为 7.8m×7.8m；通风兼安全洞净空断面为 7.5m×7.0m。进厂交通洞室断面尺寸主要考虑大件运输要求，通风兼安全洞断面尺寸主要考虑出渣要求；在满足以上要求情况下，对洞室排水沟、电缆沟可优化布置，减少对 TBM 开挖直径要求。

根据隧洞净空（7.8m×7.8m）限界要求，以及满足初级支护（Ⅱ、Ⅲ类围岩初喷混凝土厚度 0.1m，Ⅳ、Ⅴ类围岩支护衬砌 0.7m）要求的情况下，经洞线断面模拟，初步确定 TBM 直径约为 ϕ10.5m。

此方案根据进厂交通洞大小控制，采用 TBM 开挖截面模拟，见图 5。

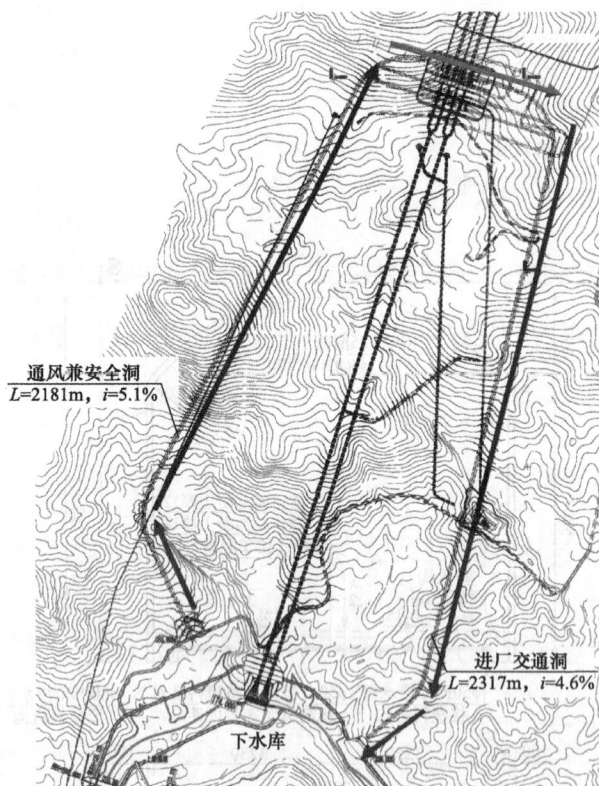

图 4 TBM 行进路线示意图

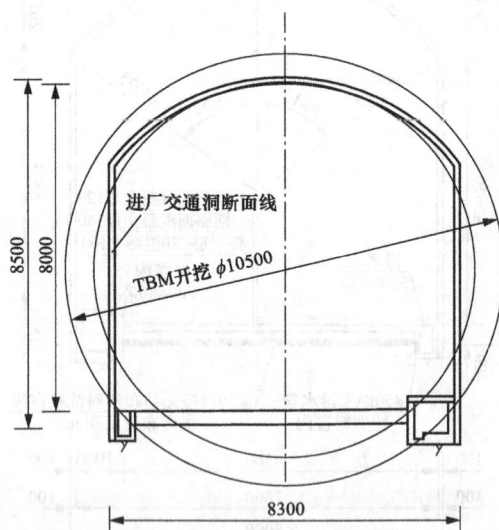

图 5 TBM 开挖进厂交通洞截面模拟图

TBM 开挖洞径满足最大件运输要求，最大件为钢岔管，同时留有 400mm 的运输安全余量；TBM 掘进后，使用预制仰拱块铺底隧洞底部，上平面作为渣车运输通道，隧道掘进完成后进行干硬性混凝土浇筑，满足隧道净空尺寸要求。

最大件运输、开挖支护模拟见图 6。

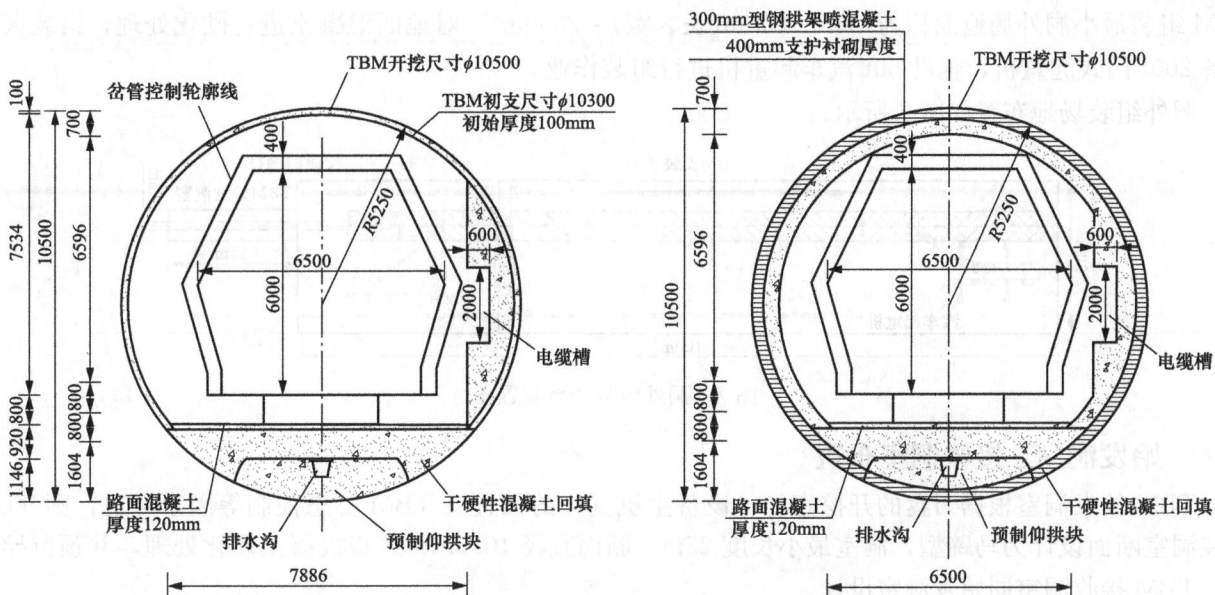

图 6　最大件运输、开挖支护模拟图

4　TBM 设计参数

按照洞室开挖尺寸 $\phi10.50$m 界线以及 100m 水平转弯半径要求，设计 TBM 为直径 10.53m（新刀）的敞开式 TBM，满足水平转弯半径 100m 要求。TBM 整机参数如表 1 所示。

表 1　　　　　　　　　　　　　　　　TBM 整机参数

开挖直径	$\phi10.50$m	主机长度	约 16m	整机长度	100mm
整机最小转弯半径	100m	主轴承直径	$\phi5880$mm	主驱动功率	约 5000kV

TBM 开挖直径为 10.53m，整机总长约 100m，总重约 1000t，水平最小转弯半径为 180m，纵向爬坡能力为 ±5%，装机功率约 8000kW。

开挖直径 10.53m 的敞开式 TBM 从刀盘向后依次由主机、设备桥、喷混桥、后配套组成，包括开挖系统、推进系统、支护系统、物料运输系统、轨线延伸系统、监控系统、通风除尘系统、供排水系统、照明系统、有毒有害气体检测系统等，整机全长约 100m。

TBM 主机全长 16m，区域包括刀盘、主驱动、盾体、推进油缸、扭矩油缸、撑靴、钢拱架拼装器、锚杆钻机、主机皮带机等，主机区域负责 TBM 开挖、开挖方向的调整执行、设备的支撑推进、锚杆拱架初支、刀盘渣料的运输传导等功能，为 TBM 核心区域。

TBM 设备桥全长 30m，区域包括锚液压润滑泵站系统、液压动力柜、物料转运系统、除尘系统、主控室、维修间刀等，设备桥区域负责 TBM 液压系统动力源输出、TBM 操作执行、材料的转运、主机区域的润滑执行单元及轨线延伸等功能，为 TBM 主机与后配套连接机构。

TBM 喷混桥全长 24m，区域包括 2 套初喷混凝土喷射机械手，负责 TBM 混凝土初喷。

TBM 后配套全长 30m，区域包括高压变压器配电设备、混凝土输送泵系统、应急发电机、一次风筒延伸、吊机、卫生间、控制柜、空气压缩系统、污水箱、供水管延伸系统等，后配套区域负责 TBM 高压变压器配电、弱电控制、混凝土输送、空气压缩、供排水、一次风筒延伸、应急发电等功能，为 TBM 服务机构。

5　TBM 施工规划

5.1　组装场地布置

TBM 洞外组装场地依据 TBM 直径、长度、不可分割件尺寸及刀盘的反转的因素进行规划，则需求

TBM 组装最小洞外场地面积为 $100m \times 20m(长 \times 宽) = 2000m^2$，对地面混凝土进行硬化处理，组装区域配备 200t 门式起重机，辅助 50t 汽车起重机进行组装作业。

洞外组装场地布置如图 7 所示。

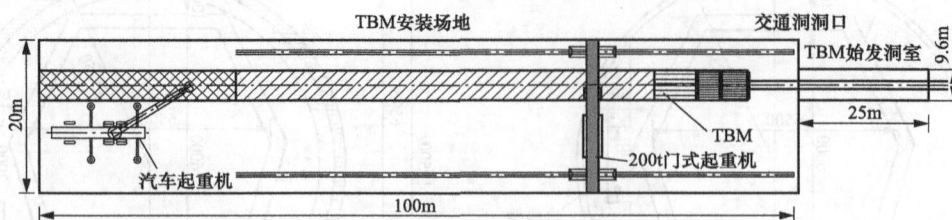

图 7　洞外组装场地布置图

5.2　始发洞室、接收洞室布置

TBM 始发洞室根据刀盘的开挖直径、设备主机支撑的位置及 TBM 姿态控制等因素考虑，则 TBM 组装洞室断面设计为马蹄型，洞室最小长度 25m，断面直径 10.6m，底板混凝土硬化处理，并预留导向槽，TBM 接收洞室同始发洞室设计。

5.3　TBM 开挖及支护

在 TBM 向前掘进过程中，盘形滚刀在刀盘推力作用下贯入掌子面岩石，一方面随着刀盘旋转作公转运动，另一方面绕自身刀轴作自转运动。掌子面岩石在滚刀刀刃的滚压作用下不断破碎、剥落，实现破岩开挖。掉落的渣料由刀盘铲刀搜集至包厢，通过皮带机运输至设备尾部。裸露的围岩在支撑盾后方 L1 区域进行拱架、网片、锚杆、超前喷混等支护作业，在 L2 区域进行系统混凝土喷射作业，局部Ⅳ、Ⅴ类围岩破碎带，在 TBM 通过后通过二次衬砌进行永久支护作业。

5.4　TBM 断面布置

TBM 在掘进过程中，通过设备桥底部的仰拱吊机沿洞线铺设仰拱预制块（预制的仰拱预制块可设计排水沟和电缆穿行管廊功能），满足 TBM 掘进过程中人员、施工材料的运输及渣料的运输等功能，并作为后期运营期间交通洞永久运输路面。在 TBM 后配套尾端，顺次延伸新鲜风筒、供排水管、动力照明线缆等。TBM 断面布置见图 8。

5.5　TBM 方向控制

根据隧洞施工精度要求，TBM 上配备激光导向系统，导向系统以固定参考点激光器发出的光束为基准计算 TBM 位置，通过 TBM 位置计算与设计轴线的偏差，并在显示器上清晰显示，指导掘进操作。激光导向系统见图 9。

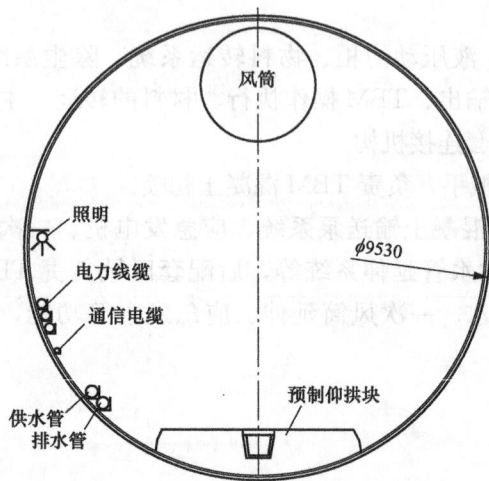

图 8　TBM 断面布置

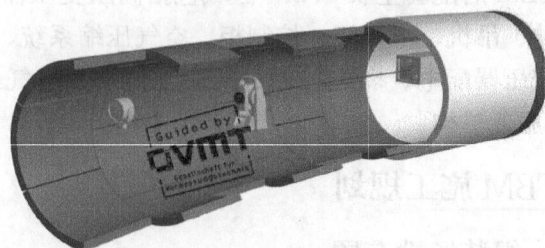

图 9　激光导向系统

6 TBM 施工重难点分析

6.1 TBM 施工重难点

（1）工期紧张，交通洞、通风洞围岩为中生代白垩纪混合花岗岩，微风化、弱风化花岗岩饱和抗压强度平均值介于 70.5～91.6MPa、47.5～63.0MPa，属坚硬岩。

（2）掘进线路呈"V"型，洞内存在最低点，洞内易积水，排水困难。

（3）隧洞水平转弯半径较小，坡度为 5‰～10‰，无法采用有轨运输。

综上所述，采用 TBM 技术施工通风兼安全洞、进厂交通洞，需重点考虑硬岩破岩、大坡度顺坡掘进以及排水系统布置等方面的设备适应性。

6.2 TBM 施工重难点应对措施

（1）硬岩破岩应对措施：TBM 通过刀盘结构高强度、高耐久性设计；采用合理滚刀间距设计，专门应对高岩石强度，破岩能力强；关键部件（主轴承、驱动电动机、减速机、液压/润滑泵和马达、液压油缸、控制系统等）高可靠性配置等措施，可实现连续硬岩高效破岩。

（2）反坡排水应对措施：TBM 关键部件的防水等级（TBM 刀盘电动机防水等级为 IP67）满足要求；常规主机区域和后配套区域排水设计充足；设备上预留应急排水接口和备用水泵，防止在出现大股水时能及时抽排。TBM 排水布置见图 10。

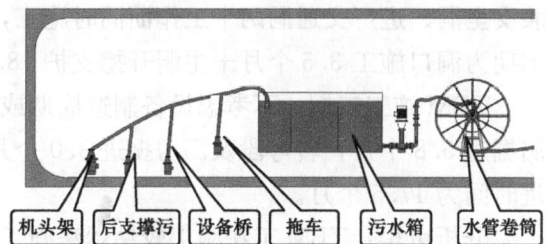

图 10 TBM 排水布置图

（3）小转弯半径工况 TBM 应对措施：为满足 TBM 大开挖直径情况下实现小转弯半径需求，TBM 针对性设计了 1500mm 短行程推进系统、驱动系统和支撑系统之间通过扭矩推进油缸连接、尽可能减小整机单体结构件的长度等措施以满足 TBM 适应 200m 转弯半径。

根据相关类似施工经验，通风—交通洞 TBM 主要制约因素为材料及渣土运输能力，由于隧道坡度较大，无法采用有轨运输，建议采用胶轮运输提供 TBM 材料运输（含混凝土），利用连续皮带机进行出渣，以满足 TBM 高速掘进的需求。

桥架转载＋连续皮带机方案说明：在会车平台上架设桥架转载皮带机，可选择使用出渣车出渣和连续皮带机出渣；在旋转平台后方及桥架转载皮带机下方安装连续皮带机；根据掘进路线及转弯工况确定 1 号连续皮带机的总长（约 2000m）；掘进 2 个小转弯及厂房时，采用出渣车出渣；掘进至交通洞直线段时，安装转弯皮带 2、固定皮带 3、转弯皮带 4 及连续皮带 5；利用连续皮带机 5 掘进完成交通洞施工。

桥架转载＋连续皮带机方案说明如图 11 所示。

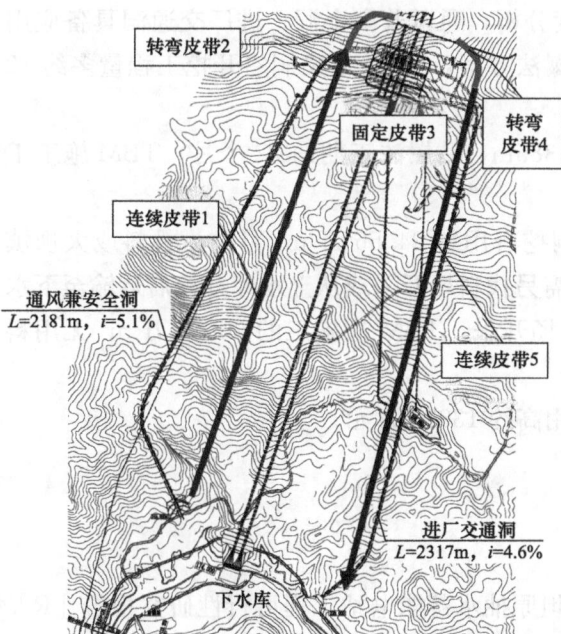

图 11 桥架转载＋连续皮带机方案说明

7 方案比较

7.1 料源分析

进厂交通洞、通风兼安全洞洞挖料总计 38.06 万 m³（自然方，下同），根据现有地质条件分析，采用钻爆法施工时，约 24.56 万 m³ 可作为下水库混凝土骨料或运输至上水库作为大坝填筑料；采用 TBM 施工时，开挖料颗粒细、成片状，不能作为骨料或填筑料，下水库骨料缺口 11.54 万 m^3 需另找料场开采或从上水库开挖后运输至下水库，上水库填筑料缺口 13.02 万 m^3 需在上水库仙人岩石料场开采。

进厂交通洞、通风兼安全洞采用 TBM 施工，因断面扩大而增加的 12 万 m^3 及全部开挖无用料合计 36.56 万 m^3，需另找渣场堆存。

7.2　施工进度分析

通风兼安全洞、进厂交通洞围岩为中等风化-新鲜斑状花岗岩，地质构造较简单，围岩工程地质类别以Ⅱ～Ⅲ类为主。根据该工程地质特性，综合配置设备生产能力。在Ⅱ、Ⅲ、Ⅳ类围岩条件下，采用连续皮带机出渣时，洞室开挖综合进尺为 350m/月；采用渣车出渣时，洞室开挖综合进尺为 250m/月。

钻爆法通风兼安全洞长约 2108m，交通洞长约 2245m，主厂房长度约 170m，总长度为 4523m。TBM 施工法通风兼安全洞长约 2181m，交通洞长约 2317m，主厂房长度约 170m，总长度为 4668m。

钻爆工法工期：通风兼安全洞、进厂交通洞及厂房段合计长度为 4523m，采用钻爆法施工时，通风兼安全洞、进厂交通洞两个工作面同时施工，开挖月进尺按照 120m 考虑，则钻爆法双工作面开挖完成工期为洞口施工 3.5 个月＋主洞开挖支护 18.5 个月＝22 个月。

TBM 施工工期：不考虑设备制造周期或者已有设备情况下，TBM 组装调试 2.0 个月，通风兼安全洞掘进 5.8 个月，转弯段及厂房掘进 3.0 个月，皮带机安装 0.5 个月，进厂交通洞掘进 6.2 个月，总掘进时间为 17.5 个月。

分析可得：TBM 工法施工较钻爆法施工节约工期约 4.5 个月。

7.3　经济分析

常规钻爆法施工与 TBM 施工投资的差异主要体现在设备、洞室开挖、支护，因此，概算分析主要包含隧道开挖、出渣、初期支护及施工设备摊销等，未计算混凝土衬砌、围岩灌浆等工程费用。通过造价对比分析，两方案施工费用 TBM（直径 10.5m）施工费用高约 13927 万元。

8　结语

本文重点分析了通风兼安全洞、进厂交通洞应用 TBM 技术施工的可行性，主要结论如下。

（1）通过从洞室布置、洞室断面设计、支护设计等角度分析，通风兼安全洞、进厂交通洞具备应用 TBM 施工的可行性，初拟 TBM 直径为 10.5m；相对于钻爆法方案，TBM 方案洞室开挖工程量多约 12 万 m^3，占比约 32％。

（2）通风兼安全洞、进厂交通洞及厂房段合计长度为 4385m，钻爆法工期约 22 个月，TBM 施工工期约 17.5 个月，TBM 施工较钻爆法节约工期 4.5 个月。

（3）采用钻爆法施工通风兼安全洞、进厂交通洞时，洞挖有用料 24.56 万 m^3 可作为骨料或大坝填筑料。采用 TBM 法施工时，下水库骨料缺口 11.54 万 m^3 需另找料场开采或从上水库开挖后运输至下水库，上水库填筑料缺口 13.02 万 m^3 需在上水库仙人岩石料场开采。TBM 法施工的 36.56 万 m^3 无用料需另找渣场堆存。

（4）相对于钻爆法方案，TBM（直径 10.5m）施工费用高约 13927 万元。

参考文献

[1]　中国电建集团中南勘测设计研究院有限公司. 湖北平坦原抽水蓄能电站工程可行性研究报告 [R].
　　　长沙：中国电建集团中南勘测设计研究院有限公司，2022.
[2]　中国电建集团中南勘测设计研究院有限公司. 湖北平坦原抽水蓄能电站工程可行性研究报告：工

程地质专题报告［R］．长沙：中国电建集团中南勘测设计研究院有限公司，2022.

作者简介：

杨佳琦（1991—），女，湖南长沙，硕士研究生，工程师，主要从事水工结构工作。E-mail：346149011@qq.com

TBM 在抚宁抽水蓄能电站交通洞、通风洞中的应用研究

李 柯，吴朝月，赵万青

（中国电建集团北京勘测设计研究院有限公司，北京 100020）

【摘　要】 为促进 TBM 在我国蓄能电站建设领域的广泛应用，特依托抚宁抽水蓄能电站，开展大断面 TBM 在交通洞、通风洞建设中的试点应用研究。经对抚宁抽水蓄能电站交通洞、通风洞 TBM 掘进洞线、洞径的比选，确定了最优掘进洞线和合理的 TBM 开挖洞径。根据交通洞、通风洞的地质条件、洞线布置和设备性能，决定采用新型敞开式 TBM，即"抚宁号"，其最小转弯半径为 90m，适应最大纵坡为±10%，采用汽车运输出渣。另外，电站现场条件较好，场地布置、供水、供电及废水处理系统均满足 TBM 应用的要求。采用 TBM 施工时，隧洞工程投资较常规钻爆法增加较多，折合隧洞每延米投资约为钻爆法的 1.84 倍。

【关键词】 抚宁抽水蓄能电站；TBM；工程布置；设备选型；施工；工程投资

0　引言

截至 2023 年，我国抽水蓄能累计投产规模突破 5000 万 kW。2023 年新增投产抽水蓄能 515 万 kW，西北地区抽水蓄能投产实现零的突破；年度核准抽水蓄能电站 49 座，总容量超过 6300 万 kW。为实现"碳达峰、碳中和"目标，我国"十四五"及未来电力系统对抽水蓄能电站的需求将更为强烈，抽水蓄能电站将迎来前所未有的高速发展期[1]。

TBM 施工具有安全、环保、自动化、掘进速度快、非爆破、小扰动、少超挖、形成质量高等优点，随着我国 TBM 设备制造和施工水平的不断提高，TBM 已被广泛应用于交通、市政、水利等行业[2-3]。在我国抽水蓄能电站行业中，依托文登抽水蓄能电站开展的紧凑型超小转弯半径硬岩 TBM（直径 3.53m）在排水廊道开挖应用也首获成功，现已在行业内推广，但受制于抽水蓄能电站地下洞室种类多、洞径多变、转弯半径小、长隧洞少等特点，截至目前，我国抽水蓄能电站建设尚未有大断面 TBM 应用的先例[4]。

为促进 TBM 在我国抽水蓄能电站建设领域的广泛应用，解决越来越严格的安全生产管控问题、应对我国劳动力人口数量和质量"双变"，实现工程本质安全、环保、智能、以人为本的目标，提高抽水蓄能电站建设施工效率，推动我国抽水蓄能电站设计、施工、管理等技术的进步，特依托抚宁抽水蓄能电站，开展大断面 TBM 在交通洞、通风洞建设中的试点应用研究。

1　工程概况

抚宁抽水蓄能电站位于河北省秦皇岛市抚宁区境内，电站规划装机容量为 1200MW，装机 4 台，单机容量为 300MW。枢纽工程主要建筑物由上水库、输水系统、地下厂房及开关站、下水库等部分组成。电站建成后，在京津及冀北电网系统中承担调峰、填谷、调频、调相和紧急事故备用等任务。

抚宁抽水蓄能电站工程区地处冀东沿海地带中部，属燕山山系的黑山山脉，工程区属于中低山-丘陵地貌，冲沟沟谷切割较深，沟谷断面多呈"V"型。工程场地地震基本烈度为Ⅶ度，场地出露地层主要

有太古界安子岭片麻岩套、上太古界混合花岗岩与第四系地层。地下洞室围岩主要发育有混合花岗岩、钾长花岗岩和少量的片麻岩，其中，混合花岗岩岩石饱和抗压强度平均值达 192.09MPa，石英含量为 35%～40%，钾长花岗岩岩石饱和抗压强度平均值达 200.61MPa，石英含量为 30%～35%。工程区地下水主要为基岩裂隙水和第四系空隙潜水。

抚宁抽水蓄能电站首次将大断面、小转弯半径 TBM 应用于抽水蓄能电站的交通洞和通风洞，"抚宁号" TBM 于 2021 年 5 月底制造完成，2021 年 6 月 4 日正式下线。2021 年 7 月 15 日起开始组装，组装时间为 40 天，调试时间为 8 天，设备于 2021 年 10 月 25 日始发掘进，于 2022 年 10 月 24 日出洞，拆机时间为 45 天，TBM 施工综合月进尺可达 280～300m，日最高进尺达 21.6m，最高月进尺 350m。

2 适应 TBM 应用的交通洞、通风洞工程布置研究

2.1 洞线选择

2.1.1 洞线布置原则

考虑隧洞功能要求、TBM 设备自身特点、TBM 施工的技术经济性及抚宁抽水蓄能电站的实际情况，交通洞、通风洞采用 TBM 施工的布置原则如下。

（1）TBM 掘进设备从交通洞洞口或通风洞洞口进入，从另一洞口穿出，中间从厂房穿过，采用同一个直径的 TBM 开挖断面。

（2）平面洞线的设计转弯半径为 100m，极限转弯半径为 90m，纵向坡度不大于 10%，并在满足布置要求的前提下尽量减少转弯和坡度变化。

（3）洞口高程应高于洞口部位的校核洪水位，同时洞口布置宜考虑 TBM 设备组装、拆卸和必要备品备件存放的场地要求。

（4）兼顾可研批复的枢纽布置方案和征地范围。

2.1.2 洞线比较与选择

抚宁抽水蓄能电站为尾部厂房布置方式，地下厂房距离下水库近，仅为 250m，通风洞从地下厂房与下水库之间穿过，可供通风洞洞线调整的空间有限。考虑 TBM 设备的性能特点，分别按照平面转弯半径 100m、平面极限转弯半径 90m 作为控制指标，拟定了两个适用于 TBM 施工的洞线进行比较。

方案一：以可研推荐的洞线布置为基础，为了尽量减小隧洞与下水库的距离，通风洞进厂房之前的平面转弯半径采用 $R=90m$，其余洞段转弯半径采用 $R=100m$，纵坡全部采用 2.44%；TBM 设备由通风洞末端 147.0m 高程进入厂房，沿顶拱水平纵向穿越厂房后，以 9.0% 纵坡下降，在桩号交 0+722.714 与交通洞相接，然后从交通洞洞口掘出。本方案交通洞长度为 868.6m，通风洞长度为 1194.1m，厂房长度为 164m，采用 TBM 施工的隧洞总长度为 2226.7m。

方案二：通风洞平面转弯半径全部采用 $R=100m$，同时为了避免隧洞与下水库的距离过近，通风洞绕引水压力管道后进入厂房右端墙，通风洞平均坡度采用 1.72%；TBM 设备由通风洞末端 147.0m 高程进入厂房，沿顶拱水平纵向穿越厂房后，以 9.0% 纵坡下降，在桩号交 0+668.278 与交通洞相接，然后从交通洞洞口掘出。本方案交通洞长度为 826.7m，通风洞长度为 1666.7m，厂房长度 164m，采用 TBM 施工的隧洞总长度为 2657.4m。

通过对以上两个适用 TBM 施工洞线进行比较可知：方案一采用 TBM 施工的隧洞长度比方案二短约 430.7m，投资相对较少；方案一洞线布置局部采用转弯半径 $R=90m$，能够满足 TBM 设备的极限转弯要求，通风洞与下水库的距离适中，因此，选择方案一作为 TBM 应用的布置洞线。

2.2 洞径选择

交通洞开挖洞径受断面形状、初期支护和永久衬砌厚度影响，需要满足运行期交通要求，以及施工期大件运输、TBM 掘进出渣等要求[5-6]；通风洞开挖断面尺寸受支护厚度影响，需要满足 TBM 掘进出

渣和运行期地下洞室群通风面积要求。考虑 TBM 设备不宜变径开挖、抚宁抽水蓄能电站运行期地下厂房通风面积需要 45m²、断面较小等因素，交通洞、通风洞采用同一个开挖洞径，TBM 开挖洞径主要由交通洞决定。按交通洞运输的最大件分别为整体钢岔管、钢岔管主锥，并复核出渣功能，拟定了 2 个洞径方案进行比较分析。

方案一：考虑钢岔管整体运输要求，抚宁抽水蓄能电站交通洞运输的最大件为钢岔管（6.2m×6.6m×7.5m），据其确定的 TBM 开挖断面为圆形，直径为 10.6m，岔管运输时与洞壁的最小距离为 45cm，见图 1。交通洞、通风洞工程投资约 20070 万元。

方案二：考虑钢岔管的主锥采用洞外焊接后整体运输就位，支锥采用洞内焊接，交通洞运输的最大件为高压岔管主锥（6.2m×6.8m×5.2m），据其确定的 TBM 开挖断面为圆形，直径为 9.5m，高压岔管主锥运输时与洞壁的最小距离为 46cm，见图 2。由于隧洞纵坡较大，最大达 9%，不适合采用轨道运输，采用自卸汽车出渣。考虑 TBM 出渣强度、掘进效率的匹配，经复核，9.5m 洞径可满足双车道出渣，见图 3。交通洞、通风洞工程投资约 16916 万元。

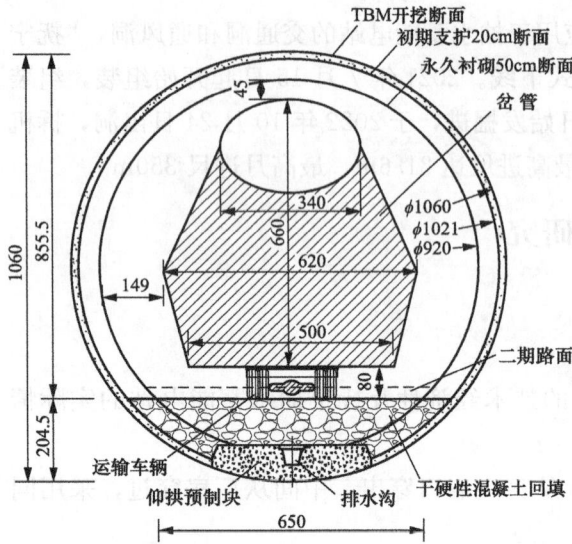

图 1 方案一整体岔管运输断面图

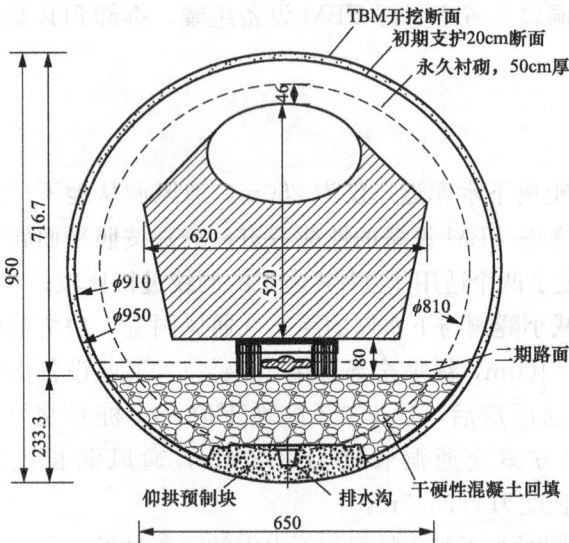

图 2 方案二岔管主锥运输断面图

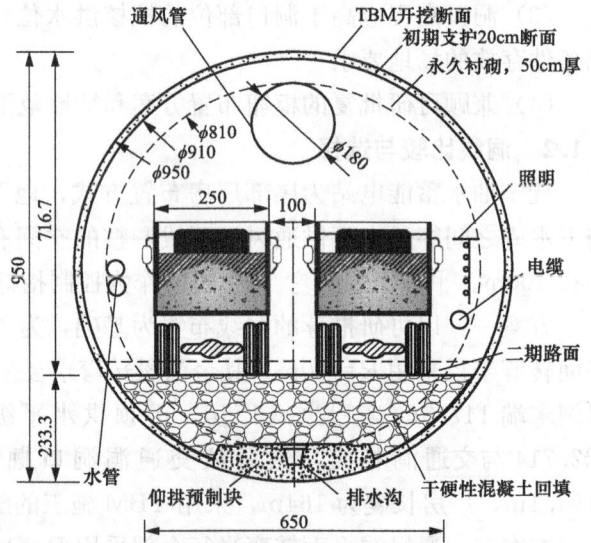

图 3 方案二出渣运输断面图

通过以上对两个洞径方案分析比较可知，TBM 开挖洞径 10.6m/9.5m 均可满足施工期运输、TBM 掘进出渣和运行期要求，但 9.5m 洞径时，工程投资节约较多，约为 3154 万元，因此，推荐交通洞和通风洞采用方案二，即 TBM 开挖洞径为 φ9.5m。

3 TBM 选型及相关技术参数

3.1 交通洞、通风洞地质条件及评价

通风洞和交通洞岩体主要以钾长花岗岩、混合花岗岩为主，弱风化、微风化，岩石完整程度为较完整，属于硬岩，岩石抗压强度大，最大干抗压强度 253.56MPa，最大饱和抗压强度 200.61MPa；地下水为基岩裂隙水，地下水位较高，隧洞基本都在地下水位线以下，沿断层有渗水；隧洞最大埋深约 330m，

中等地应力场，未发现岩爆现象。根据地质围岩类别划分，交通洞、通风洞合计：Ⅱ～Ⅲ类围岩约占56%，Ⅳ类围岩约占40%，Ⅴ类围岩约占4%。根据前期地质工作成果，交通洞发育有断层8条及裂隙密集带J1，其中仅断层fp58宽度达2.5m、裂隙密集带J1宽度5.5m，其余破碎带宽度均小于0.5m；通风洞沿线的断层有13条、裂隙密集带J1和J2，其中断层fp5宽度2m、fp54宽度1m、裂隙密集带J1宽度5.5m、裂隙密集带J2宽度10～15m，其余破碎带宽度均小于1m，可见，交通洞、通风洞断层和不良地层发育较少，且断层宽度多小于1m。

3.2 TBM设备选型

目前国内外施工的TBM主要有敞开式和护盾式，护盾式又可分为单护盾和双护盾，三种机型的TBM均已得到广泛的应用，但各机型均有各自的适用范围。其中，敞开式TBM适用于硬岩、岩石整体较完整、有较好自稳性的隧洞开挖，敞开式TBM只需有顶护盾就可以进行安全施工，如遇有局部不稳定的围岩，由TBM所附带的辅助设备，可采用打锚杆、挂网、喷混凝土、安装钢拱架等方法加固，以保持洞壁稳定；当遇到局部地段特软围岩及破碎带，则TBM可由所附带的超前钻及注浆设备，预先固结前方上部周边一圈岩石，待围岩强度达到自稳后，再进行安全掘进；敞开式TBM适应隧洞收敛变形能力强。

根据抚宁抽水蓄能电站通风洞和交通洞的地质条件，隧洞大部分位于硬岩中，岩体结构较完整，自稳性较好。敞开式TBM适应性良好，对于沿线少量的局部不稳定的断层和岩脉，可结合设备自带的超前地质钻探进行预报，并通过TBM自身超前预注浆设备进行超前预加固和加强初期支护等措施，TBM设备具备安全有效通过的能力。敞开式TBM在掘进过程可直接观测到洞壁岩性变化，便于地质图描绘，利于及时掌握洞内开挖揭示的地质条件，采取针对性的支护措施，利于工程安全，节约支护成本。另外，在相同直径时TBM敞开式设备价格比护盾式的低。因此，抚宁抽水蓄能电站交通洞、通风洞开挖选择为敞开式TBM。

3.3 "抚宁号"TBM设备及相关技术参数

"抚宁号"为世界首台大断面、超小转弯半径硬岩TBM，属于新型敞开式TBM，主机采用双护盾TBM主机设计，支护系统采用敞开式TBM锚网喷支护系统设计，后配套台采用门架式，撑靴采用"三点支撑"结构形式；TBM设有钢筋排储存系统＋钢拱架拼装系统＋锚杆钻机系统＋混凝土喷射系统，并在主机区配备了应急干喷机，配备了一台超前钻机，并预留超前注浆孔。锚杆钻机移动行程为1.6m，锚杆钻机钻孔范围为顶拱270°，单根锚杆的最大钻深为4m，与岩面法线夹角最小为30°。"抚宁号"TBM设备主要技术参数见表1。

表1		"抚宁号"TBM设备主要技术参数			
开挖直径	φ9530mm	整机长度	约85m	整机重量	约1700t
主机长度	约17m	装机功率	5201kW	主机重量	约1100t
适应最大坡度	±10%	主驱动功率	3500kW	最小转弯半径	90m
推进速度	80mm/min	最大扩挖量	50mm（径向）	推进行程	1500mm
最重件	约170t（为主驱动组件）	最大件	7.4m×6.7m×2.1m（为主驱动组件）	最大推力	55571kN

4 TBM施工组织设计及实施

4.1 TBM应用的施工条件

抚宁抽水蓄能电站交通洞、通风洞洞口位于下水库大坝坝后左岸，两洞口为紧邻布置，洞口场地平整后面积为5700m²。通风洞洞口TBM设备组装吊装场地面积为800m²（长50m、宽度16m），洞口布置TBM生产常用的设备材料堆放场550m²、布置TBM设备零部件存放库房150m²、门卫室及值班室

120m²，两洞洞口场地布置条件满足 TBM 组装、运行的要求，两洞洞口场地于 TBM 进场前平整完成。

抚宁抽水蓄能电站在工程区设置一座 35kV 中心变电站，容量为 16000kVA，按用电高峰负荷 6000kW 架设了一条 10kV 专线（从中心变电站-交通洞、通风洞洞口），专供应交通洞、通风洞 TBM 施工使用。

TBM 施工需要最大供水强度为 95m³/h。抚宁抽水蓄能电站设置了施工供水系统，设计供水能力为 600m³/h，在两洞口较近区域设置了 2 座 1000m³ 水池，供应 TBM 施工用水和下水库区用水。

在交通洞洞口下游侧约 300m 处设置了 TBM 废水处理系统，废水经处理后回用做 TBM 施工或道路洒水等，禁止外排。

交通洞、通风洞 TBM 施工属于电站筹建标（Q1 标）负责，TBM 施工期间办公、生活以及公用设施均布置于筹建标（Q1 标）的施工营地内，另外，在两洞洞口场处布置了 TBM 会议室，方便现场交流沟通。

4.2 TBM 始发与接收

"抚宁号" TBM 设备组装主要在洞口场地完成，采用分体组装进洞。分体组装首先在洞口安装场内组装主机，主机组装调试结束后，再分段组装后配套机附属设备等，各分体组装调试完成后推送进预先开挖完成的步进洞段。步进洞段由始发洞、始发台组成，从洞口向里依次为始发洞、始发台，长度分别为 20m、5m。始发洞为马蹄形断面，高度为 9.8m，底部宽度为 6m，见图 4；始发台隧洞为圆形断面，直径为 9.56m。另外，在交通洞出洞口段设置接收洞，洞室长度为 20m，城门洞形，宽度为 9.70m，高度为 9.80m。TBM 接收洞断面图如图 5 所示。

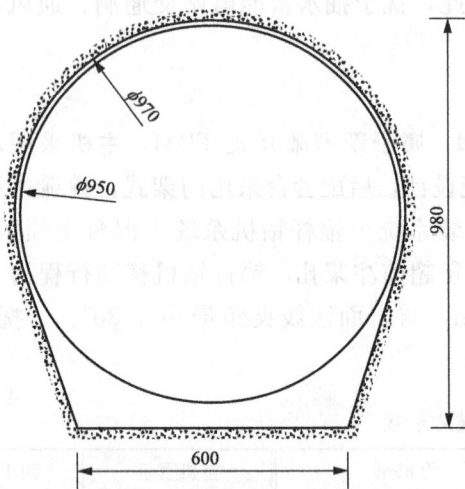

图 4 TBM 始发洞断面图   图 5 TBM 接收洞断面图

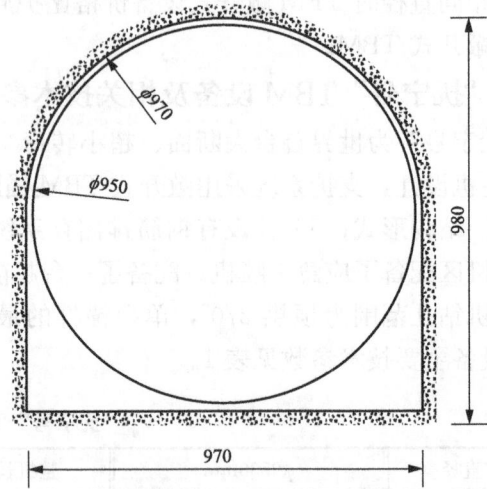

4.3 出渣方式及渣料利用

抚宁抽水蓄能电站交通洞、通风洞较短，洞线长度仅为 2226.7m，隧洞转弯多（多达 8 个转弯），纵坡大，局部最大达 9%，交通洞平均纵坡达 5.1%，通风洞平均纵坡为 2.44%。考虑通风洞、交通洞长度较短，且纵坡相对较大，转弯多，交通洞、通风洞 TBM 掘进出渣及材料运输等，采用汽车运输。

受限于 TBM 旋转刀头切屑岩体前进的破岩工艺，TBM 开挖料多为片状、薄片状，并有较高的石屑（粉）量，同时 TBM 掘进时需不断喷水降温、降尘等，以致开挖料含水率较高，这些因素影响了 TBM 开挖料的可利用性。参考锦屏二级水电站 TBM 掘进料的技术研究成果、桓集隧道工程 TBM 洞挖料综合利用研究与实践等，考虑抚宁交通洞、通风洞为花岗岩，岩体较完整，岩石硬度大，经研究分析，抚宁 TBM 掘进渣料不用作混凝土骨料料源，选择用作场内场地平整或道路路基填筑。

4.4 其他

经对方案的深入研究、多次论证，2020年9月2日，国网新源抚宁公司决定采用TBM进行交通洞、通风洞施工。

5 经济性对比分析

采用常规钻爆法时，抚宁通风洞全长948m，断面尺寸为7.5m×7.0m（宽×高），进厂交通洞全长868.6m，断面尺寸为8.0m×8.5m（宽×高）。以《水电工程设计概算编制规定（2013年版）》以及《水电工程费用构成及概（估）算费用标准（2013年版）》为编制原则，按2018年上半年价格水平进行概算编制，交通洞、通风洞开挖支护费用约为7614万元，折合每延米费用约为4.19万。

采用TBM施工时，抚宁抽水蓄能电站通风洞长度为1194.1m，交通洞长度为868.6m，厂房长度为164m，开挖洞径为φ9.5m。以水利部水总〔2007〕118号文颁布的《水利工程概预算补充定额（掘进机施工隧洞工程）》以及《水利工程设计概（估）算编制规定》为编制原则，并结合该工程的实际情况按2018年上半年价格水平进行编制，交通洞、通风洞开挖支护费用约为17123万，折合每延米费用约为7.69万元。

根据以上对比分析可知，采用TBM施工时，抚宁抽水蓄能电站交通洞、通风洞工程投资较常规钻爆法增加约9509万元，折合隧洞每延米投资约为钻爆法的1.84倍。

6 结语

6.1 结论

（1）经对抚宁抽水蓄能电站交通洞、通风洞TBM掘进洞线、洞径进行比选，确定了最优洞线和合理的TBM开挖洞径。通风洞进厂房之前的平面转弯半径采用极限值90m，通风洞其余洞段和交通洞转弯半径采用100m。TBM由通风洞洞口开始，沿通风洞掘进，由通风洞末端进入厂房，沿顶拱水平纵向穿越厂房后，以9.0%纵坡下降，与交通洞相接，然后从交通洞洞口掘出。TBM掘进断面为圆形，直径为9.5m，一次开挖成型。

（2）交通洞、通风洞部位的地质条件较好，隧洞岩石以钾长花岗岩、混合花岗岩为主，为硬岩，隧洞岩体结构较完整，自稳性较好，适宜采用敞开式TBM。

（3）"抚宁号"TBM为世界首台大断面、超小转弯半径硬岩隧洞掘进机，属于新型敞开式TBM，最小转弯半径为90m，适应最大纵坡为±10%。

（4）抚宁电站现场条件较好，场地布置、供水、供电及废水处理系统满足TBM应用的要求。

（5）考虑通风洞、交通洞长度较短，且纵坡相对较大、转弯多、"抚宁号"TBM掘进出渣及材料运输等，采用汽车运输。

（6）受限于TBM旋转刀头切屑岩体前进的破岩工艺，以及交通洞、通风洞工程地质条件，抚宁TBM掘进渣料不用作混凝土骨料料源，选择用作场内场地平整或道路路基填筑。

（7）采用TBM施工时，抚宁抽水蓄能电站交通洞、通风洞工程投资较常规钻爆法增加约9509万元，折合隧洞每延米投资约为钻爆法的1.84倍。

6.2 建议

（1）采用TBM施工需要的施工供电负荷大，建议尽早完成施工供电建设。

（2）抚宁大断面TBM刚刚始发，目前正处于试掘进阶段，TBM施工的效率尚未发挥出来，建议尽快完成试掘进，消除设备存在的缺陷，实现各施工作业的高效、工序衔接紧密有序。

参考文献

[1] 韦惠肖，任伟楠. 《中国可再生能源发展报告 2022》《抽水蓄能产业发展报告 2022》发布 [J]. 水力发电，2023，49（8）：128.

[2] 杜彦良，杜立杰. 全断面岩石隧道掘进机系统原理与集成设计 [M]. 武汉：华中科技大学出版社，2010.

[3] 路振刚，王建华，朱安平，等. 适用于超小转弯半径的紧凑型 TBM 设计关键技术研究及应用——以山东文登抽水蓄能电站排水廊道隧洞工程为例 [J]. 隧道建设（中英文），2021，41（6）：1048-1057.

[4] TBM 在抚宁抽水蓄能电站地下洞室应用专题报告 [Z]. 中国电建集团北京勘测设计研究院有限公司，2020.

[5] 李富春，吴朝月，徐艳群，等. 抽水蓄能电站 TBM 施工技术 [M]. 北京：中国电力出版社，2018.

[6] 尚海龙，吴朝月，李冰，等. 基于 TBM 施工的抽水蓄能电站进厂交通洞断面研究 [J]. 隧道建设（中英文），2021，41（4）：620-628.

作者简介：

李柯（1988—），男，山东淄博，研究生，高级工程师，主要从事水电工程施工组织设计工作。E-mail：lik@bjy.powerchina.cn

吴朝月（1968—），男，湖北房县，大学本科，正高级工程师，主要从事水电工程施工组织设计工作。E-mail：wuchaoy@bjy.powerchina.cn

赵万青（1968—），男，河南平顶山，大学本科，正高级工程师，主要从事水电工程施工组织设计工作。E-mail：zhaowq@bjy.powerchina.cn

抽水蓄能电站 600m 级超深大直径
竖井开挖方案比选研究

鞠智敏，李勇刚

（中国电建集团中南勘测设计研究院有限公司，湖南长沙 410014）

【摘　要】　对于 600m 级超深大直径竖井的开挖施工，目前水电行业尚无成熟的施工技术和经验可以借鉴。通常竖井可选的开挖方案主要有反井法、正井法、正反井结合法等。鉴于当前形势下对抽水蓄能电站发电工期要求十分高，如何合理地选择竖井开挖方案是保证竖井施工安全、质量、进度的重要前提之一。以某抽水蓄能项目引水系统竖井与调压井结合布置形成的竖井为例，通过相关研究，介绍超深大直径竖井开挖方案的比选分析，为今后类似深大竖井施工提供参考。

【关键词】　深大竖井；机械化施工；快速正井法；正反井结合法

0　引言

抽水蓄能是当前技术最成熟、经济性最优、最具大规模开发条件的电力系统绿色低碳、清洁灵活调节电源，与风电、太阳能发电、核电、火电等配合效果较好。加快发展抽水蓄能是构建以新能源为主体的新型电力系统的迫切需求，是保障电力系统安全稳定运行的重要支撑，是可再生能源大规模发展的重要保障。与常规水电站相比，抽水蓄能电站具有高水头的特点，深竖井、长斜井的抽水蓄能电站项目越来越多，由此产生的施工进度、质量、安全和运行检修问题也越发突出。为便于运行检修，可将引水调压井与竖井进行结合布置，使竖井"两条变一条"，通过调压井顶部设置的起吊装置进入引水竖井进行流道检修。但调压井与引水竖井结合布置后，竖井施工高度大幅增加、普遍在 500m 以上，竖井施工断面直径增大至 15m 以上。同时引水竖井是控制工程发电的关键项目之一，施工进度要求高。受施工设备的限制，深度 500m 以上的竖井施工难度大，施工进度较慢，特别是施工安全难以保障，已经成为工程建设的制约因素。

水电工程竖井普遍采用反井法施工导井，然后正井进行扩挖。在条件允许的情况下，该施工方法同正井法相比在排水、出渣、通风等方面有较大的优越性，但反井法也有其不足之处。首先，竖井的上、下口施工通道需先行到位，特别是下部施工通道到位才能进行反井施工；其次，竖井的上、下通道均不能位于主要运输线路上，否则相互影响，将会延长工期；再之，反井导通后，仍需正井扩挖，上口需布置一套提升吊挂设施和设备，需要工作面转移，增加准备工期和反井施工机具的投入。随着竖井深度的不断增加，反井施工难度越来越大，速度越来越慢，在反井扩挖时，堵井事故率高，堵井处理困难，增加施工组织和管理的难度。而正井法虽在矿山、交通行业使用较多，也已突破千米级深度，但直径普遍在 10m 以下。本文以某抽水蓄能电站超深大直径竖井为背景，通过对正井法、反井法、正反井结合法及 TBM 掘进机施工调研，对比了上述竖井施工与之对应施工方案的优劣势，并结合该抽水蓄能电站施工环境特点，选择最优的竖井施工方案，为今后类似 600m 级超深大直径竖井施工提供参考。

1　工程概况

某抽水蓄能电站主要由上、下水库，输水系统及发电厂房系统 4 部分组成，电站额定水头为

436.00m，总装机容量为 1200MW（4×300MW）。电站输水发电系统地下厂房采用中部式开发方式，引水及尾水系统均采用一洞四机布置。引水主洞共 1 条，包括上平段、竖井段和下平段，洞轴线方位角为 N72.00°E、S55.00°E、N63.00°E，隧洞洞径为 9.50m，发电工况最大流速为 4.486m/s，抽水工况最大流速为 3.95m/s。上平段坡度为 5%，轴线长度为 441.594m，轴线高程由 593.498m 降至 571.446m；竖井段垂直高度为 408.999m（不含上、下弯段），分别以半径 30.00m 的立面弯段与上、下平段相接；下平段水平布置，轴线长度为 334.85m，始端中心线高程为 102.485m。引水系统采用立面一级竖井，引水调压室与竖井段进行结合布置，采用开敞式型式。调压室地面平台高程为 660.00m，大井直径为 16.00m，净高为 67.00m，连接管直径为 9.50m，净高为 51.915m，连接管段与主洞竖井段相接，阻抗孔布置在大井底板处，直径为 5.50m，工程平面布置图和超深竖井立面布置图如图 1、图 2 所示。

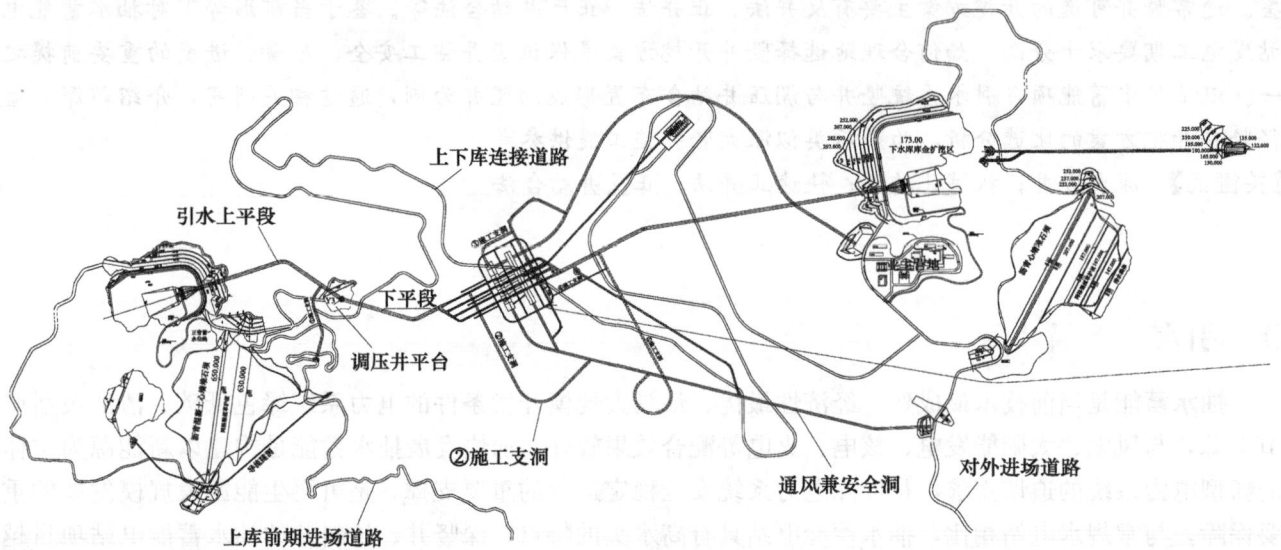

图 1　工程平面布置图

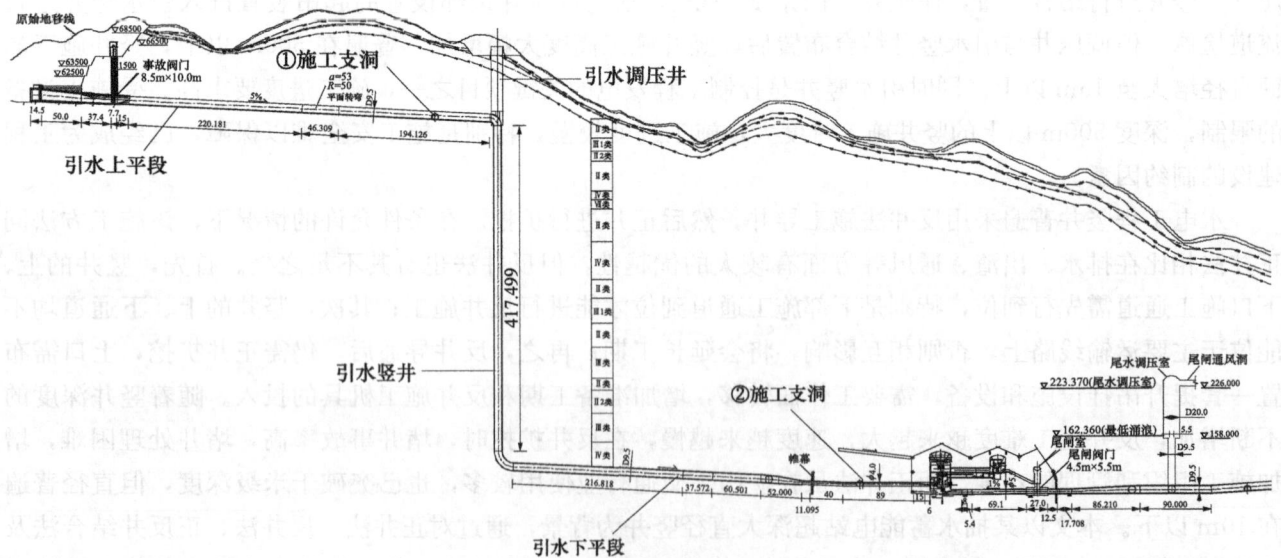

图 2　超深竖井立面布置图

　　引水调压井及竖井均采用钢筋混凝土衬砌，衬砌厚度为 0.60～1.00m，竖井开挖支护型式包括系统锚杆、挂网喷混凝土以及型钢拱架等。调压井和引水竖井同轴布置，开挖直径引水调压井达 17.40m，引水竖井达 10.90m，形成总高度约 561m 的国内水电工程最深大直径竖井。引水深竖井位于上水库大坝北东侧一浑圆山包，调压井及引水竖井围岩主要为燕山三期细粒、中细粒斑状黑云母花岗岩。围岩岩体多较完整，岩石质量指标（RQD）一般在 80% 以上，钻孔声波速度一般在 4000m/s 以上，围岩体平均渗透系数为 6.5mm/d。

该工程计划 2025 年底投产发电，该超深竖井施工处于项目发电关键施工线路，若采用水电工程竖井常规反井法施工，则需形成溜渣井从引水竖井底部出渣，而引水竖井底部通道需先后通过通风兼安全洞、②施工支洞、引水支管、引水下平洞，通道总长合计约 2.5km。经分析，如等到竖井底部通道贯通则深竖井施工难以满足工期要求，且超深竖井施工历来是重难点项目，存在施工安全风险管控难、职业健康危害较大、施工环保条件差、进度难以控制等难题，必须开展装备和施工方法创新。

2　施工方案分析

竖井的正井法施工是煤矿、冶金、有色和非金属矿山等行业建设最常见的施工方法，特别是深大竖井，采用正井法，速度快，质量好，安全有保障[1-2]。通过多年的施工实践，正井法已总结出了一套完整的施工安全技术措施，保障了竖井的安全、优质、高效施工[3]。

水利水电地下工程竖井施工方法按全断面一次开挖法和导井开挖法两种方式分类，其中传统导井法开挖方式有正井、反井、正反井结合法。抽水蓄能电站的高压管道特点是高差大、长度长、施工难度较大。当井底具备溜渣条件时，宜先开挖溜渣导井，然后自上而下扩挖，从斜井或者竖井底部出渣。反井钻机导井法目前在水利水电工程中应用比较普遍，施工工艺应用纯熟[4]。

2.1　反井法施工方案

采用 BMC-D90 定向钻机从调压井顶部平台至引水竖井底部钻孔施工定向孔、BMC-600 反井钻机反拉终形成 φ3.0m 溜渣导井（分 2 段，调压井及引水竖井分别施工导井），安装正井法设备形成提升系统，扩挖采用伞钻造孔，导井溜渣下平洞出渣。

2.2　正井法施工方案

调压井及引水竖井采用矿山快速正井法施工，在调压井顶部平台出渣。采用矿山 V 型凿井井架，作为该工程施工的主要支撑架，主要机械化配套投入：井架支撑系统，主、副提升系统，稳车悬吊系统，立井钻爆系统，井筒装排渣系统，井筒供排水系统，井筒供、通风系统，井筒供电、照明通信、信号系统，井筒临时支护系统，井筒永久支护系统，井筒壁厚灌浆、固结灌浆系统，立井安全防护系统。

竖井凿岩爆破工序示意及作业流程图如图 3 所示。

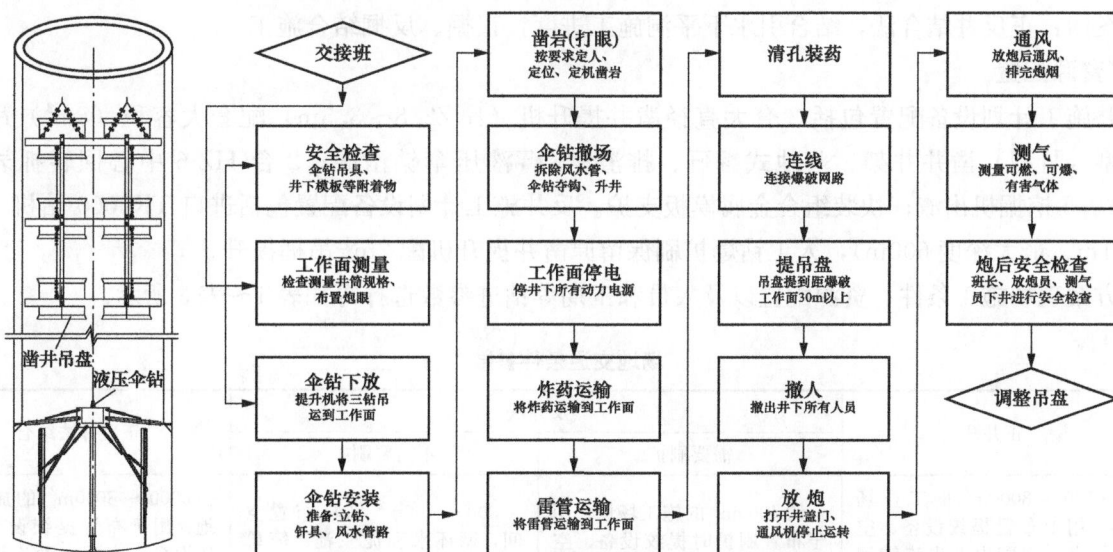

图 3　竖井凿岩爆破工序示意及作业流程图

2.3 正反井结合法施工方案

正反井法结合施工主要工艺是在反井施工不具备条件时（如反井钻机施工深度不够，深竖井底部通道不具备出渣条件等），先用正掘法施工竖井上部，待竖井底部引水下平洞贯通、具备反井施工条件后，再用反井施工井筒下部洞段。

2.4 SBM 全断面竖井掘进机施工方案

SBM 全断面竖井掘进机是近些年国外新研究开发的专门用于竖井施工的装备，其集掘进、支护、出渣、井壁拼装、渣土分离于一体[5][6]。目前在国内矿山工程、隧道工程中均有成功施工案例，在水电工程中，浙江宁海抽水蓄能电站排风竖井施工引进了国内首台大直径全断面 SBM，成功进行了竖井开挖。该工程竖井深度 198.00m，净直径 7.50m，喷锚支护厚度 150.00mm。SBM 施工竖井技术不成熟，施工应用案例较少，地质适应性差，适用于无水、软岩、中硬岩等地质较好的地层，其设备重量大，运输组装困难。本抽蓄项目的竖井直径、深度均超过该竖井掘进机的工作能力，如仅用于上部竖井导洞然后再刷扩成型，实际意义不大且造价较高，因此不做考虑。

3 各施工方案对比分析

3.1 施工方案拟定及各方案资源配置

3.1.1 方案拟定

如前所述，相对于矿山的深竖井动辄千米以上，水利水电行业的井深目前并不深，一般在 600m 以内。一般水电工程竖井或斜井常规多采用反井钻施工，但竖井施工需要等下平洞开挖完成后才能安装钻头进行扩挖和出渣，两者存在施工干扰、互相影响。本工程通过调整、优化设计方案，将引水调压井和竖井结合布置，结合后深度达到 561m，并且进口通天布置，创造了快速正井法施工条件。本项目竖井筒净直径 9.5m，上部调压井净直径 16m，在水电工程中该 561m 的井筒已经属于超深大直径竖井。根据矿山行业的施工方法特点以及水电工程特点初步拟定几种施工方法。

基于调压井的技术参数和工期等要求，选择了以下施工方案。

方案一：正井法，9.5m 直径从上至下一次成型，16m 直径段再进行扩挖，16m 直径段扩挖需要进行临时封堵，出渣через引水上平洞①施工支洞排出。

方案二：正井法，16m 直径段开挖一次成型，接着施工 9.5m 直径段竖井。

方案三：反井法，561m 全井一次反掘到底。

方案四：正反井结合法，结合引水下平洞施工进度，正掘、反掘结合施工。

3.1.2 资源配置

正井施工计划设备配置包括 2 套大直径凿井提升机（JKZ2.8～3.5m）配套大容积（5m³）吊桶提升；V 型（VI 型）凿井井架、落地式翻矸、排渣；6 臂液压伞钻凿眼；2 台 HZ-6 中心回转抓岩机配 MWY8/0.5 挖掘机出渣；快装组合金属模板支护。反井施工计划设备配置包括进口 TR3000 钻机（扩孔直径 3.1m、最大深度 600m），人工钻爆扩刷保留原凿井提升机配 2m³ 吊桶提升。

各方案现场施工条件、资源配置以及人员和工期等钻进参数选择等如表 1～表 3 所示。

表 1   场地交通条件参数

需要条件	正井法	反井法		正反井法结合
		需要刷扩	不需要刷扩	
场地	6000～8000m² 的工业场地，用于布置提绞设备、空压设备、变配电及出渣转运等空间	约 4000m² 的施工场地，用于布置刷扩时提绞设备、空压设备、变配电室	300～500m² 钻机布置空间，循环水和泥浆池，简单的临时供电	6000～8000m² 的施工场地，用于布置提绞设备、空压设备、变配电及出渣转运等空间

需要条件	正井法	反井法		正反井法结合
		需要刷扩	不需要刷扩	
道路	满足载重 50t 卡车运输至井口场地	满足载重 30t 卡车运输至井口场地	载重 15t 卡车运输至井口场地	满足载重 50t 卡车运输至井口场地
供电	高压 10kV，容量 4000kVA	高压 10kV 或低压 660V，容量 1000kVA	低压 660V，500kVA	高压 10kV，容量 4000kVA

表 2 设 备 资 源 及 材 料

资源投入	正井法	反井法		正反井法结合
		需要刷扩	不需要刷扩	
主要设备	2 台大直径提升机，井架、伞钻、抓岩机、挖掘机、13 台稳车、移动变电站，设备投入约 2000 万元	钻机及钻杆 1000 万元；刷扩设备含提升机 1 台、井架、8 台稳车、移动变电站等，500 万元，后期增加铲运机、卡车约 250 万元	定制进口钻机及钻杆	正掘＋反井设备均需要
主要周转材料	钢丝绳 15～17 根，约 120 万元；临时凿井两盘两台约 120t；风筒 2000m	钢丝绳 7 根，约 50 万元；临时凿井两盘两台约 60t	钢丝绳 7 根，约 50 万元；临时凿井两盘两台约 60t	钢丝绳 16～18 根，约 120 万元；临时凿井两盘 2 台约 120t；风筒 1000m
其他工程材料	炸药约 150t，雷管 3 万发，其他钻头、钻杆	炸药约 100t，雷管 2 万发		火工品用量取决与井底平洞到位时间
特临投入	设备折旧、钢丝绳及钢材投入、基础工程及生产厂房等合计约 490.5 万元	设备折旧、钢丝绳及钢材投入、基础工程及生产厂房等合计约 150 万元	约 20 万元	设备折旧、钢丝绳及钢材投入、基础工程及生产厂房等合计约 490.5 万元

表 3 人 员 及 工 期 参 数

人员及工期	正井法	反井法		正反井法结合
		需要刷扩	不需要刷扩	
准备期	道路 30 天，场平 60 天，施工准备 60 天	道路 30 天，场平 30 天，施工准备 15 天	道路 10 天，场平 10 天，施工准备 15 天	道路 30 天，场平 60 天，施工准备 60 天
井筒施工	一次支护按 80m/月计算需 210 天；二次支护 90 天	导孔＋扩孔 60m/月，计 270 天；刷扩＋支护 120 天	导孔＋扩孔 60m/月，计 270 天；支护 120 天	
其他工期	上部 70m 扩刷 60 天；壁后注浆 60 天	上部 70m 扩刷 105 天；壁后注浆 60 天	上部 70m 扩刷 105 天	
合计工期（不考虑引水上平洞及引水下平洞与竖井连接处）	570 天	施工工期 630 天，具体取决于井底引水下平洞到位时间	540 天	工期取决于井底引水下平洞到位时间
劳动力人员	掘进期 80 人，支护期 95 人	反井期 11 人刷扩支护期 48 人	反井期 11 人，支护期 40 人	掘进期 80 人，支护期 95 人，反井期 22 人，刷扩支护期 48 人

3.2 方案的施工工艺简述

3.2.1 方案一（正井法）

在地表设立正掘施工特殊大型临时设施，按照 9.5m 净直径设计正掘需要的提升系统、出渣系统、支护（外壁、内壁）、排水、供电等。

施工顺序：平整场地、安装施工特殊大型临时设施（井架、提升机、稳车等）、施工锁口段、安装吊盘、井筒正常掘进到底、上行支护永久井壁至上平洞位置，拆除提升系统，安装上部 16m 井筒刷扩小型提升吊盘设施，安装上支洞和井筒连接处的接渣平台，刷扩上部 16m 井筒，渣落在接渣平台上从上平洞排出，刷扩完成后从下而上将上部井筒永久支护完成，拆除临时设施。

该方案按照 9.5m 直径施工，措施工程等相对较小，但 16m 井筒段刷扩需要第二次安装措施工程。

3.2.2　方案二（正井法）

方案二在地表设立正掘施工特殊大型临时设施，按照 16m 净直径设计正掘需要的提升系统、出渣系统、支护（外壁、内壁）、排水、供电等。

施工顺序：平整场地、安装施工特殊大型临时设施（井架、提升机、稳车等）、施工锁口段、安装吊盘、井筒正常掘进到底、上行支护永久井壁至永久支护完成，拆除临时设施。

改方案工序少，但需要按照 16m 井筒施工布置设计凿井措施工程，因为 V 型井架天轮平台跨距只有 7.5m，需要将 16m 井筒施工时的一部分外侧的吊盘悬吊钢丝绳布置到地面封口盘或者两平台上。

3.2.3　方案三（反井法）

方案三采用在井口布置反井施工设备，在调压井顶部采用反井钻机先施工导孔，待引水下平洞开挖至引水竖井底部后，将反井钻机钻头更换为扩孔钻，然后自下而上进行导井施工；导井施工完成后，再利用导井作为溜渣井进行调压井上部 10m 的开挖，浇筑锁口混凝土，安装井口载人提升系统和井口门机（用于井内吊运材料），最后自上而下进行竖井爆破扩挖及支护，全部开挖完成后，自下而上支护永久井壁至永久支护完成，拆除临时设施。

该方案工序简单，措施工程少，但需要下部引水下平洞出渣通道先行贯通（通风兼安全洞→②施工支洞→引水支洞→引水下平洞→深竖井底部，通道总长合计约 2.5km），施工工期较长。

3.2.4　方案四

9.5m 直径井筒正掘施工到高程 300.0m（井深 360m），再反井施工剩余的 200.0m 井筒，然后从下向上支护到高程 570.0m 处停止，在高程 570.0m 处施工接渣平台，拆除原井架并安装特制井架（部分Ⅶ型井架），刷扩 16m 井筒，完成后将剩余井筒一次性支护到井口，拆除临时设施。

该方案工期短，投资相对较小，但工序多，措施工程较多。

3.3　方案技术比较

根据拟定的方案，进行了施工技术比较，见表 4。

表 4　　　　　　　　　　　　　　施工方案技术比较表

序号	项目	方案一	方案二	方案三	方案四
1	主要方法	正井法		反井法	正反井结合法
2	主要工艺简述	9.5m 直径一次成型，16m 直径段再进行扩挖，16m 扩挖时需要对井筒进行临时封堵，从引水上平洞出渣	16m 直径开挖一次成型，接着施工 9.5m 直径竖井	561m 一次反掘到底	结合引水下平洞施工进度，正掘（360m）、反掘（200m）结合施工
3	整体工期	626 天	587 天	1092 天	659 天
4	地表	地表需要平整较大	地表需要平整较大	地表平整量小	地表平整量小
5	措施工程	（1）竖井地表大型措施工程量较大。（2）井下措施工程量较小	（1）竖井地表大型措施工程量非常大。（2）无井下措施工程量	（1）竖井地表大型措施工程量小。（2）无井下措施工程量	（1）竖井地表大型措施工程量较小。（2）井下措施工程量较大
6	施工组织	不受引水下平洞的施工进度制约，16m 直径段井筒施工要受引水上平洞的影响	不受引水下平洞的施工进度制约，不受其他工程的影响	反井施工时受制于引水下平洞的施工进度，具有不可确定性	前期施工不受其他工程施工影响，但正反掘交换受受下平洞施工进度的影响

续表

序号	项目	方案一	方案二	方案三	方案四
7	缺点	地面场地小，稳绞系统场平工作量较大且布置困难	地面场地小，稳绞系统场平工作量大且布置困难	井筒刷扩出渣需要引水下平洞到位后才能开始施工，受外界影响大	反井施工井下措施工程量大，施工设备安装维修维护难度大

各方案投资比选汇总见表5。

表5　　　　　　　　　　　　　各方案投资比选汇总

序号	项目名称	可比投资（万元）			
		方案一	方案二	方案三	方案四
一	施工辅助工程	745	909	371	738
二	建筑工程	10845	11156	8344	10048
1	引水竖井工程	8043	8043	6116	7228
2	引水调压井工程	2802	3114	2229	2821
	合计（一＋二）	11590	12065	8715	10786

由表5可知：方案三投资最省，方案二投资最高。方案四较方案三投资高2071万元，方案一较方案三投资高2874万元，方案二较方案三投资高3349万元。

3.4　施工方案的选择

根据分析成果，从各方案投资来看，采用纯反井法是最经济的，两种纯正井法是造价最高的，其中方案二造价最高。考虑引水下平洞施工通道到达竖井底部时间较晚，反井法施工工艺形成的工期难以满足目前对项目的工期要求。

根据进度分析，采用正井法施工，可以提前开工，能够较大幅度缩短施工工期，但造价会有所增加，但是提前投产带来的经济效益十分可观，同时对于加快构建以新能源为主体的新型电力系统，落实"碳达峰、碳中和"战略决策具有重要意义。

综合技术和经济比较，在加快能源绿色低碳转型的新形势下，经初步分析将选择以方案二施工该深竖井，该方案是矿山施工正井法的常规做法，该方案技术应用于超过500m级竖井的实例较多，可借鉴的经验较多，是一项成熟的施工方法，该方法自上而下施工，不受竖井下部通道等条件的制约，施工易把控，且该方案系统设备比较成熟。

4　结语

深竖井的施工历来是一个难题，其施工方案的选择尤为重要。针对某抽水蓄能电站项目超深竖井施工方案，结合现有的施工条件、工期目标等要求，围绕正井法、反井法及正反井结合拟定了多个施工方案分析比选。综合考虑安全、工期、造价等因素，推荐矿山行业快速正井法施工该超深大直径竖井。基于此施工方案，后续可结合工程建设推进情况和地质条件，考虑排水、通风及深井工效指标因素等，进一步探索研究深竖井上部采用正井法施工、下部采用反井法施工的合理性和可行性。通过相关研究和实践，形成一套较为完整的适合水电行业的深竖井施工工艺，实现深竖井施工技术的突破，为水电工程深竖井的安全、优质、高效施工开辟广阔的前景。

参考文献

[1] 赵秋林，魏军政. 秦岭终南山特长公路隧道竖井设计及施工方法探讨 [J]. 公路，2005，（8）：173-176.

［2］ 徐士良．特长隧道通风竖井设计与施工技术 ［J］．铁道建筑，2012，（1）：80-82.

［3］ 常民生，赵中宇．超深竖井快速掘进施工新方法 ［J］．长江科学院院报，2003，（20）：26-28.

［4］ 阮周宁．水电站高竖井开挖施工技术 ［J］．吉林水利，2007，（12）：55-56.

［5］ 李晓锋．反井钻机在竖井工程施工中的应用 ［J］．公路交通技术，2009，（4）：125-128.

［6］ 桂良玉．反井钻机在沐若水电站施工中的应用 ［J］．建井技术，2014，35（4）：52-55.

作者简介：

鞠智敏（1987—），男，湖南邵阳，硕士研究生，高级工程师，主要从事水电工程施工组织设计工作。
E-mail：451790734@qq.com

基于 VOSviewer 的风光水一体化现状分析与未来展望

曹大为

（中国电建集团北京勘测设计研究院有限公司，北京 10024）

【摘　要】　为了揭示风光水一体化研究现状及未来发展趋势，本研究采用文献计量学的方法，借助文献可视化分析工具 VOSviewer，对中国知网数据库收录的以风光水一体化为主题的文献进行可视化分析。结果显示，风光水一体化研究阶梯式增长，目前其研究热点主要集中在多能互补、优化调度、虚拟电厂、梯级水电站等方面。在未来研究中，可以从多元化角度出发，探讨优化调度、博弈论、风光不确定性等技术或者因素对风光水一体化的影响。

【关键词】　风光水一体化；VOSviewer；研究热点；文献计量学

0　引言

风光水一体化是指将风能、太阳能和水能等可再生能源资源在流域或地区范围内进行统筹规划、优化布局和一体化开发利用的理念和实践[1]。其核心在于利用流域内丰富的自然资源，通过水电站的调节能力，将风电、光伏等间歇性新能源与水电进行互补，提升整个流域的可再生能源利用率和供电稳定性。"双碳"目标下，风光水一体化作为清洁能源供应方式，凭借水电的调节性能和风光资源的互补性，正逐步成为能源转型的关键。然而，当前该领域的综述研究尚显不足，利用文献计量学进行分析更是少见。本文利用 VOSviewer 软件对风光水一体化领域的文献进行可视化分析，旨在挖掘研究热点和未来发展趋势。研究将聚焦技术创新、经济效益提升及能源系统协同集成，为相关研究人员提供指导，并促进学术交流和合作。期望通过本研究，深入理解风光水一体化技术的核心价值和潜力，为其在实际应用中的推广和优化提供科学依据。同时，为能源领域的科学研究提供全面、准确和深入的支持，推动能源领域的持续发展和创新。综上所述，风光水一体化研究具有重要意义，文献计量学的分析将为其研究和实践提供有价值的参考。

1　数据来源与研究工具

1.1　数据来源

在文献计量学中，选择合适的数据库和检索策略是十分重要的。在本文中，选择 CNKI 数据库是因为该数据库涵盖了大量中文期刊文献，能够更好地反映国内风光水一体化技术领域的研究现状。检索策略"TS=（风光）AND（水）"则是为了保证检索结果的准确性和相关性，即同时包含"风光"和"水"这两个关键词的文献。检索式：（"梯级水-风-光互补系统"OR"自适应随机模型预测控制"OR"多目标优化"）AND（"风电"OR"光伏"OR"水电"）AND（"调度成本"OR"出力波动性"OR"出力特性"OR"出力保证率"）。选择汉语作为语种也是因为本文研究的是国内风光水一体化技术领域的研究现状，所以需要检索的文献应该以汉语为主。选择期刊论文作为文献类型，则是因为期刊论文通常具有较高的学术权威性和可信度。在检索到 70 篇文献后，进行了人工筛选，去掉了无关文献，确保了后续分析的准确性和有效性。最后，将检索文献以 Refworks 格式经由 TXT 文件导出（见表 1），便于后续的可视化分析和数据处理。

表 1 　　　　　　　　　　　　　TXT 文件转出文献信息汇总

序号	作者	单位	标题	期刊	年份	卷号	期号	页码范围	关键词
1	蒋光梓；彭杨；纪昌明；罗诗琦；于显亮	华北电力大学	计及价格型需求响应的水风光互补短期调度	水力发电学报	2023	1-11	42	10-21	价格需求响应；多能互补；短期优化调度；源荷匹配；风光消纳
2	刘晓颖；郭春义；迟永宁	新能源电力系统国家重点实验室（华北电力大学）；中国电力科学研究院有限公司	不同风光水配比下多类型电源打捆直流外送系统的功率传输能力研究	中国电机工程学报	2023	44	13	5051-5063	风光水打捆直流外送系统；功率传输能力；稳态运行约束条件；小信号稳定性约束条件；风光水配比
3	唐雅洁；阎洁；李玉浩；龚迪阳；杜倩昀；叶碧琦	国网浙江省电力有限公司电力科学研究院；新能源电力系统国家重点实验室（华北电力大学）；国网浙江省电力有限公司丽水供电公司	基于深度嵌入聚类的风光水典型联合出力场景提取	浙江电力	2023	42	04	36-44	风光水一体化；典型场景；深度嵌入聚类；降维；特征提取
4	张权；陈嘉威；刘杨；虎珀	黄河勘测规划设计研究院有限公司；水利部黄河流域水治理与水安全重点实验室（筹）；黄河上游水电开发有限责任公司	黄河上中游水风光发电出力特性研究	人民黄河	2023	45	04	13-19	水能资源；风能资源；光能资源；出力特性；出力保证率；黄河上中游
5	冯哲飞；霍志红；魏赏赏；许昌；薛飞飞；郭琛良	河海大学能源与电气学院；河海大学水利水电学院	基于自适应 SMPC 的梯级水-风-光互补系统多目标优化调度	可再生能源	2023	41	03	352-360	梯级水电；水-风-光互补；自适应随机模型预测控制；多目标优化
6	吴晓刚；阎洁；葛畅；唐雅洁；倪筹帷；季青锋	国网浙江省电力有限公司丽水供电公司；新能源电力系统国家重点实验室华北电力大学；国网浙江省电力有限公司电力科学研究院	基于改进 GRU-CNN 的风光水一体化超短期功率预测方法	中国电力	2023	56	09	178-186,205	风光水一体化预测；超短期功率预测；联合预测；注意力机制
7	王义民；刘世帆；李婷婷；周永；王学斌	西安理工大学省部共建西北旱区生态水利国家重点实验室；三门峡黄河明珠（集团）有限公司；雅砻江流域水电开发有限公司	雅砻江能源基地水风光互补短期调度运行模式对比研究	水利学报	2023	54	04	439-450	运行模式；多能互补；集总式调度；新能源消纳
8	丁紫玉；方国华；闻昕；谭乔凤；毛莺池；张钰	河海大学计算机与信息学院；河海大学水利水电学院	考虑预报不确定性的水风光互补系统两阶段决策研究	水利水电技术（中英文）	2023	54	04	49-59	水风光互补；预报不确定性；梯级水库；长期调度
9	段佳南；谢俊；邢单玺；陈付山	河海大学能源与电气学院；江苏省工程咨询中心有限公司	含径流式水电的风-光-氢多能系统合作博弈增益分配策略	电力自动化设备	2023	43	12	222-230,247	风-光-水-氢多主体能源系统；短期调度；增益分配策略；合作博弈论；改进的 MCRS 法
10	张秋艳；谢俊；潘学萍；刘明涛；肖宇泽；冯丽娜	河海大学能源与电气学院	考虑动态频率响应的风光水互补发电短期优化调度模型	太阳能学报	2023	44	01	516-524	虚拟惯量；下垂控制；频率响应；风光水互补发电；混合整数线性规划

序号	作者	单位	标题	期刊	年份	卷号	期号	页码范围	关键词
11	谢俊；鲍正风；曹辉；徐杨；卢佳	中国长江电力股份有限公司；智慧长江与水电科学湖北省重点实验室	金沙江下游水风光储联合调度技术研究与展望	人民长江	2022	53	11	193-202	水风光储系统；多能互补；出力不确定性；一体化调度；协调控制；金沙江
12	蔡绍荣；沈力；江栗；陶宇轩；文一宇；刘友波；何川	国家电网有限公司西南分部；四川大学电气工程学院	考虑水风光互补与机会约束的电力系统源网荷协调扩展规划研究	电网与清洁能源	2022	38	11	134-145	水风光互补；梯级水电站；扩展规划；需求响应；源网荷协调；机会约束
13	张玮；孙长平	中国长江三峡集团有限公司科学技术研究院	水风光一体化发电系统研究进展	中国农村水利水电	2023	09	04	285-293	水风光一体化发电系统；资源潜力评估；互补特性分析；多能源预测；容量规划及场站选址；调度运行；实时控制
14	张振东；唐海华；覃晖；罗斌；周超；黄璨瑶	长江勘测规划设计研究有限责任公司；长江水利委员会互联网＋智慧水利重点实验室；华中科技大学水电与土木工程学	风光水互补系统发电效益-稳定性多目标优化调度	水利学报	2022	53	09	1073-1082	风光水互补系统；多目标；优化调度；效益-稳定性
15	张振东；罗斌；覃晖；唐海华；周超；冯快乐	长江勘测规划设计研究有限责任公司；长江水利委员会互联网＋智慧水利重点实验室；华中科技大学水电与土木工程学院	风光水互补系统时间序列变量概率预报框架	水利学报	2022	53	08	949-963	风光水互补系统；概率预报；深度学习；特征组合优化；超参数优选
16	申建建；王月；程春田；张聪通；周彬彬	大连理工大学；云南电力调度控制中心	水风光互补系统灵活性需求量化及协调优化模型	水利学报	2022	53	11	1291-1303	灵活性；多能互补；短期调度；调峰；风光电站群
17	井志强；王义民；王学斌；陈云华；周永；赵明哲	西安理工大学西北旱区生态水利国家重点实验室；雅砻江流域水电开发有限公司	水风光多能互补运行中多主体损益关系分析	水力发电学报	2022	41	11	56-67	多能互补；多主体；损益关系；清洁能源；水风光一体化
18	唐梅英；张权；姚帅；姜勃	黄河勘测规划设计研究院有限公司；水利部黄河流域水治理与水安全重点实验室（筹）	黄河干流水风光一体化能源综合开发研究	人民黄河	2022	44	06	6-10, 33	水风光一体化；清洁能源；碳中和；出力特性；互补特性；能源配置；一体化运行；黄河干流
19	郭怿；明波；黄强；王义民；李运龙	西北旱区生态水利国家重点实验室（西安理工大学）；中国电建集团西北勘测设计研究院有限公司	考虑输电功率平稳性的水-风-光-储多能互补日前鲁棒优化调度	电工技术学报	2023	38	09	1-15	多能互补；特高压直流输电；打捆外送；不确定性；双层嵌套优化
20	李咸善；杨拯；李飞；程杉	梯级水电站运行与控制湖北省重点实验室（三峡大学）	基于梯级水电调节的风光水联盟与区域电网联合运行优化调度策略	中国电机工程学报	2022	43	06	2234-2248	新能源消纳；梯级水电站；绿证考核；主从博弈；KKT条件；纳什议价

续表

序号	作者	单位	标题	期刊	年份	卷号	期号	页码范围	关键词
21	张艳华；黄静梅；黄景光；邓逸天；李振兴	三峡大学电气与新能源学院；国网重庆电力公司永川供电分公司	基于改进粒子群算法的梯级水风光短期调峰优化调度	科学技术与工程	2022	22	12	4993-5000	梯级水电站；联合调峰；改进粒子群算法（PSO）；优化调度
22	刘哲源；刘攀；李赫	武汉大学水资源与水电工程科学国家重点实验室	基于集合卡尔曼滤波的水风光互补适应性调度	水力发电学报	2022	41	08	1-12	水风光互补；变化环境；中长期调度；适应性调度规则；集合卡尔曼滤波
23	段佳南；谢俊；冯丽娜；陈付山	河海大学能源与电气学院；江苏省工程咨询中心有限公司	基于合作博弈论的风-光-水-氢多主体能源系统增益分配策略	电网技术	2022	46	05	1703-1712	合作博弈论；风-光-水-氢多主体能源系统；增益分配策略；Shapley 值法；Aumann-Shapley 值法
24	陈述；赵金凡；陈云；习俊博；周露；崔洁	三峡大学水利与环境学院；三峡大学经济与管理学院	水风光多能互补联合运行增益分配研究	科学技术与工程	2022	22	10	3991-3997	多能互补；联合运行；互补系数法；增益；分配策略
25	孙惠娟；巩磊；彭春华；温泽之	华东交通大学电气与自动化工程学院；江西瑞林电气自动化有限公司	考虑风光水多重不确定性置信风险的多目标动态分解优化调度	电网技术	2022	46	09	3416-3428	可再生能源；机组出力高估/低估；置信风险；优化调度；多目标动态分解进化
26	桑林卫；卫璇；许银亮；孙宏斌	清华大学深圳国际研究生院；清华大学电机工程与应用电子技术系	抽水蓄能助力风光稳定外送的最佳配置策略	中国电力	2022	55	12	86-90，123	抽水蓄能；新能源；打捆稳定输送；聚类分析；容量配置
27	申建建；王月；程春田；李秀峰；苗树敏；张一；张俊涛	大连理工大学；云南电力调度控制中心；国网四川省电力公司电力科学研究院	水风光多能互补发电调度问题研究现状及展望	中国电机工程学报	2022	42	11	3871-3885	多能互补；水风光系统；出力不确定性；灵活性；协调控制
28	齐帅；王现勋；曾坤；汤正阳；姚华明	长江大学油气地球化学与环境湖北省重点实验室；长江大学油气资源与勘探技术教育部重点实验室；中国长江电力股份有限公司；智慧长江与水电科学湖北省重点实验室	水风光打捆模式下新能源占比对水电机组效率的影响	长江科学院院报	2023	40	01	43-50	清洁能源；水风光打捆；多能互补；水电机组；机组效率；乌东德水电站
29	魏明奎；蔡绍荣；江栗	国家电网有限公司西南分部	高水电比重系统中梯级水电群与风光电站协调调峰优化运行策略	电力科学与技术学报	2021	36	02	199-208	高水电比重；梯级水电；调峰；优化运行；风光水协调优化
30	高本锋；杨健；宋胜利；张寒；赵书强；景璟	河北省分布式与微网重点实验室（华北电力大学）；国家电网有限公司	抑制新能源经直流外送系统过电压的水电机组协调控制策略	中国电机工程学报	2021	41	18	6212-6224	单极闭锁；过电压；附加励磁控制；风光水打捆；协调控制策略
31	梅光银；龚锦霞；郑元黎	上海电力大学电气工程学院	考虑风光出力相关性和碳排放限额的多能互补虚拟电厂的调度策略	电力系统及其自动化学报	2021	33	08	62-69	分布式能源；虚拟电厂；多能互补；Copula 理论；碳排放限额

续表

序号	作者	单位	标题	期刊	年份	卷号	期号	页码范围	关键词
32	张蓓；朱燕梅；马光文；王靖；周开喜；赵永龙	国家电网有限公司西南分部；成都动能科技有限公司	考虑新能源的梯级水电中长期调度策略研究	水电能源科学	2020	38	11	67-71	风光水；中长期；互补；调度策略
33	李铁；李正文；杨俊友；崔岱；王钟辉；马坤；胡伟	沈阳工业大学电气工程学院；国网辽宁省电力有限公司；电力系统及发电设备控制和仿真国家重点实验室（清华大学电机系）	计及调峰主动性的风光水火储多能系统互补协调优化调度	电网技术	2020	44	10	3622-3630	深度调峰；调峰主动性；调峰补偿；优化调度
34	么艳香；叶林；屈晓旭；王伟胜；范越	中国农业大学信息与电气工程学院；中国电力科学研究院有限公司；国网青海省电力有限公司	风-光-水多能互补发电系统功率云耦合模型分析	电网技术	2021	45	05	1750-1759	功率云；多能互补；耦合；耦合度；相关性；相似度
35	张国斌；陈玥；张佳辉；唐宁宁；牛玉广	内蒙古电力科学研究院；华北电力大学控制与计算机工程学院；新能源电力系统国家重点实验室	风-光-水-火-抽蓄联合发电系统日前优化调度研究	太阳能学报	2020	41	08	79-85	分布式能源；经济调度模型；抽水蓄能电站；运行策略；联合发电系统
36	万家豪；苏浩；冯冬涵；赵诣；范越；于冰	电力传输与功率变换控制教育部重点实验室（上海交通大学）；国网青海省电力公司；国网新疆电力公司	计及源荷匹配的风光互补特性分析与评价	电网技术	2020	44	09	3219-3226	可再生能源；互补性评价；源荷匹配；容量配置
37	叶林；屈晓旭；马明顺；么艳香；王伟胜；庄红山；董凌	中国农业大学信息与电气工程学院；新能源与储能运行控制国家重点实验室（中国电力科学研究院有限公司）；国网新疆电力公司；国网青海省电力公司	含风-光-水的多能源系统的同质化耦合模型	电网技术	2020	44	09	3201-3210	风光水；同质化；多能源；耦合性；典型场景
38	印月；刘天琪；何川；胡晓通	四川大学电气信息学院	风-光-水-火多能互补系统随机优化调度	电测与仪表	2020	57	16	51-58	多能系统；不确定性；可再生能源消纳；安全约束机组组合
39	文杰；刘继春；温正楠；李健华；李晨昕	四川大学电气工程学院；西南电力设计院	计入负荷时空转移特性的风-光-水-蓄互补系统容量配置方法	中国电力	2021	54	02	66-77＋97	需求响应；源-网-荷；风光水蓄；互补系统；电力市场
40	闻昕；孙圆亮；谭乔凤；雷晓辉；丁紫玉；刘哲华；王浩	河海大学水利水电学院；中国水利水电科学研究院流域水循环模拟与调控国家重点实验室	考虑预测不确定性的风-光-水多能互补系统调度风险和效益分析	工程科学与技术	2020	52	03	32-41	多能互补；发电调度；发电计划；风光水；风险分析
41	沈筱；方国华；谭乔凤；闻昕	河海大学水利水电学院	风光水发电系统联合调度规则提取	水力发电	2020	46	05	114-117，126	风光水发电系统；联合调度；调度规则；灰色关联度
42	谭忠富；邢通；德格吉日夫；林宏宇；谭清坤	华北电力大学经济与管理学院；延安大学经济与管理学院；国网能源研究院有限公司	基于CVaR的能源互补联合系统优化配置模型研究	系统工程理论与实践	2020	40	01	170-181	风光水；电力系统优化调度；风险评估；CVaR

续表

序号	作者	单位	标题	期刊	年份	卷号	期号	页码范围	关键词
43	张歆蒴；黄炜斌；王峰；马光文；陈仕军	四川大学水利水电学院；四川大学水力学与山区河流开发保护国家重点实验室；南瑞集团（国网电力科学研究院）有限公司	大型风光水混合能源互补发电系统的优化调度研究	中国农村水利水电	2019	05	12	181-185，190	混合发电系统；清洁能源消纳；优化调度；逐步优化算法；梯级水电
44	赵书强；胡利宁；田捷夫；许朝阳	华北电力大学新能源电力系统国家重点实验室	基于中长期风电光伏预测的多能源电力系统合约电量分解模型	电力自动化设备	2019	39	11	13-19	中长期运行；合约电量分解；检修计划；聚类算法；核密度估计
45	么艳香；叶林；屈晓旭；王伟胜；李湃；董凌	中国农业大学信息与电气工程学院；中国电力科学研究院有限公司；国网青海省电力有限公司电力科学研究院	风-光-水多能互补发电系统分析模型	电力自动化设备	2019	39	10	55-60	分析；效率；多能互补发电系统；能效分析
46	李志伟；赵书强；刘金山	华北电力大学新能源电力系统国家重点实验室；国网青海省电力公司调控中心	基于机会约束目标规划的风-光-水-气-火-储联合优化调度	电力自动化设备	2019	39	08	214-223	电力系统优化调度；机会约束目标规划；模型确定性转化；风电；光伏发电
47	李伟楠；王现勋；梅亚东；王浩	武汉大学水资源与水电工程科学国家重点实验室；武汉大学水资源安全保障湖北省协同创新中心；中国水利水电科学研究院	基于趋势场景缩减的水风光协同运行随机模型	华中科技大学学报（自然科学版）	2019	47	08	120-127	电力系统；水库调度；水风光协同运行；随机模型；趋势拟合；同步回代缩减；多目标
48	程海花；寇宇；周琳；郑亚先；张硕；冯树海；袁汉杰；李更丰	中国电力科学研究院南京分院；西安交通大学陕西省智能电网重点实验室；北京电力交易中心	面向清洁能源消纳的流域型风光水多能互补基地协同优化调度模式与机制	电力自动化设备	2019	39	10	61-70	高比例清洁能源消纳；多能互补；流域型；协同调度；优化
49	叶希；张熙；欧阳雪彤；朱觅；胥威汀	国网四川省电力公司经济技术研究院；国网成都供电公司	考虑多直流运行模式的水风光打捆送端系统配套电源容量优化方法	可再生能源	2019	37	05	707-713	特高压直流；送端系统；配套电源；容量优化
50	崔勇；李鹏；姬德森；杜中剑	三峡大学经济与管理学院；国网河南省电力公司经济技术研究院；国网江西省电力公司计量中心；国网江西省电力公司电力调度控制中心	基于多边收益的风光水能源联合运营策略	电力自动化设备	2019	39	04	161-166，173	市场环境；多能互补；电网调度；优化策略
51	温正楠；刘继春	四川大学电气信息学院	风光水互补发电系统与需求侧数据中心联动的优化调度方法	电网技术	2019	43	07	2449-2460	风光水发电；互补特性；数据中心；并发处理；延迟决策
52	辛禾；鞠立伟；李秋燕；张立辉	华北电力大学经济与管理学院；北京能源发展研究基地；国网河南省电力公司经济技术研究院	计及资源互补特性的风光水储耦合系统运行策略及求解算法	可再生能源	2018	36	12	1833-1841	互补；风光储；耦合；多目标；优化

序号	作者	单位	标题	期刊	年份	卷号	期号	页码范围	关键词
53	朱燕梅；陈仕军；黄炜斌；王黎；马光文	四川大学水力学与山区河流开发保护国家重点实验室；四川大学水利水电学院；四川大学商学院	风光水互补发电系统送出能力分析	水力发电	2018	44	12	100-104	光伏发电；风电；互补；送出能力；敏感性分析
54	张志文；范威；刘军；周滔；石建可	国家电能变换与控制工程技术研究中心（湖南大学）	偏远山区风光水储互补发电系统容量优化配置	电源学报	2018	16	05	138-146	风光水储；互补发电系统；HO-MER仿真软件；容量优化配置；经济性
55	朱燕梅；陈仕军；黄炜斌；王黎；马光文	四川大学水力学与山区河流开发保护国家重点实验室；四川大学水利水电学院	一定弃风光率下的水光风互补发电系统容量优化配置研究	水电能源科学	2018	36	07	215-218	水电站；水光风互补；容量优化；弃风光率
56	张世钦	国网福建省电力有限公司	基于改进粒子群算法的风光水互补发电系统短期调峰优化调度	水电能源科学	2018	36	04	208-212	风光水互补发电系统；短期优化调度；改进粒子群算法；调峰
57	吴迪；王佳明；李晖；王智冬；张宁；康重庆	电力系统及发电设备控制和仿真国家重点实验室（清华大学电机系）；国网经济技术研究院有限公司	以促进可再生能源消纳为目标的我国西北-西南联网容量与送电时序研究	电网技术	2018	42	07	2103-2110	特高压输电；时序运行模拟；西部电网；西北-西南联网；可再生能源消纳
58	叶林；屈晓旭；么艳香；张节潭；王跃峰；黄越辉；王伟胜	中国农业大学信息与电气工程学院；青海省光伏发电并网技术重点实验室（国网青海省电力有限公司电力科学研究院）；新能源与储能运行控制国家重点实验室（中国电力科学研究院有限公司）	风光水多能互补发电系统日内时间尺度运行特性分析	电力系统自动化	2018	42	04	158-164	风光水；互补特性；日内时间尺度；评价指标；多能源系统
59	夏永洪；吴虹剑；辛建波；程林；余运俊；万晓凤	南昌大学信息工程学院；国网江西省电力公司电力科学研究院；清华大学电力系统及发电设备控制和仿真国家重点实验室	考虑风/光/水/储多源互补特性的微网经济运行评价方法	电力自动化设备	2017	37	07	63-69	微网；遗传算法；储能容量；互补特性；经济效益；分布式电源
60	何可人；滕欢；高红均	四川大学电气信息学院；四川省智能电网重点实验室	考虑季节特性的多微源独立微网容量优化配置	现代电力	2017	34	01	8-14	微网；多微源；蒙特卡洛模拟法；供电可靠性；改进粒子群算法
61	夏永洪；吴虹剑；辛建波；余运俊；万晓凤	南昌大学信息工程学院；国网江西省电力科学研究院	含小水电集群的互补微网混合储能容量配置	可再生能源	2016	34	11	1658-1664	分布式能源；混合储能；蓄电池；超级电容
62	杨菠；邵如平；张佑鹏	南京工业大学	孤网运行下新能源配比与储能配置研究	电源技术	2016	40	07	1469-1472	新能源发电；孤网运行；储能配置
63			我国将打造世界级清洁能源示范基地	工具技术	2016	50	04	43	清洁能源；示范基地；雅砻江干流；世界级

续表

序号	作者	单位	标题	期刊	年份	卷号	期号	页码范围	关键词
64	黄昕颖；黎建；杨莉；姜捷；冯昌森	浙江大学电气工程学院；国网浙江省电力公司经济技术研究院；国电云南电力有限公司；国网浙江省电力公司江山市供电公司	基于投资组合的虚拟电厂多电源容量配置	电力系统自动化	2015	39	19	75-81	可再生能源发电；虚拟电厂；不确定性；容量配置；投资组合
65	邹云阳；杨莉	浙江大学电气工程学院	基于经典场景集的风光水虚拟电厂协同调度模型	电网技术	2015	39	07	1855-1859	分布式发电；虚拟电厂；Wasserstein 距离；场景缩减；协同调度
66	曹蓓；杨越	国网江西省电力科学研究院	综合考虑风光水储的微网容量优化配置	水电能源科学	2015	33	06	209-212, 150	微电网；SOC 约束；储能配置最小；新能源配比优化
67	董文略；王群；杨莉	浙江大学电气工程学院	含风光水的虚拟电厂与配电公司协调调度模型	电力系统自动化	2015	39	09	75-81, 207	分布式电源；虚拟电厂；不确定性；协调调度；合作博弈
68	马静；石建磊；李文泉；王增平	新能源电力系统国家重点实验室（华北电力大学）；衡水供电公司	基于功率多频率尺度分析的风光水气储联合系统日前调度策略	电网技术	2013	37	06	1491-1498	风光发电；多频率尺度；优化调度；大规模并网
69	李露莹；吴万禄；沈丹涛	上海浦海求实电力新技术有限公司；上海电力学院电力与自动化工程学院；浙江省松阳县供电局	计及风、光、水能混合发电系统的建模与研究	华东电力	2012	40	07	1157-1160	可再生能源；抽水蓄能；混合发电；仿真；建模
70	井天军；杨明皓	中国农业大学信息与电气工程学院	农村户用风/光/水互补发电与供电系统的可行性	农业工程学报	2008	7	24	178-181	户用发电；互补发电系统；农村电力；微型电网

1.2　研究工具 VOSviewer

VOSviewer 是一款强大的可视化分析工具，它基于共现聚类思想，能够帮助研究人员全面解析文献数据，深入洞察某一领域的研究现状和未来趋势。

VOSviewer 拥有多个显著特点：首先，它能够处理关键词、作者、期刊等多维度数据，形成丰富的文献网络，并据此进行聚类分析，揭示研究热点、趋势以及作者、期刊间的合作关系。其次，其图形化结果呈现功能使得分析结果更加直观易懂，如关键词共现关系图、作者合作关系图等，为研究人员提供了清晰的视觉参考。再者，VOSviewer 提供多种分析功能，如作者合作分析、关键词共现分析等，这些功能确保了分析的全面性和深入性。最后，VOSviewer 支持交互式分析，用户可以根据需要调整分析参数，以获得更为精确的结果。

风光水一体化领域在能源、环境和水资源等多个方面发展迅速，其研究对于实现可持续发展和能源转型具有重要意义。为了更深入地了解该领域的研究现状和未来趋势，我们可以运用 VOSviewer 对相关文献进行深入分析。这样，我们能够全面掌握风光水一体化领域的研究热点、趋势以及学术和产业界的合作关系，为推动该领域的发展提供有力支持，为实现可持续发展和应对能源挑战贡献智慧。

2　风光水一体化文献计量结果分析

2.1　出版物历年发表分析

历年文献数据是文献计量学中的一个重要指标，用于反映某一领域在不同时间段内的研究活跃程度

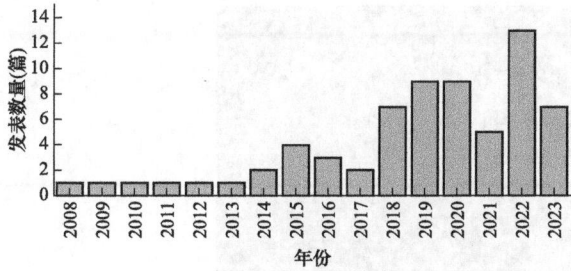

图 1 风光水一体化领域历年发文量的趋势变化

和研究方向的变化情况。图 1 展示了风光水一体化领域历年发文量的趋势变化。

分析图 2 可知，在 2013 年及之前，风光水一体化领域的发文量维持在较低水平。但在 2013 年之后，该领域的发文量呈阶梯式上升，可大致分为 2013—2017 年、2017—2021 年、2021—2023 年三个阶段。2013—2017 年为第一阶梯，2018—2023 年为第二阶梯。其中 2017 年、2021 年为低谷，2015 年、2019—2020 年、2022 年为三段高峰时期。图 2 的发文量呈现明显变化趋势和周期性波动，通过分析各年份的重要政策文件和会议记录对发文量的影响。结合国内外社会经济环境的变化，对发文量的高峰和低谷进行归因分析，可见表 2。

表 2　　　　　　　　　　　　　　　　　风光水一体化发文量归因分析

趋势	日期	因素
高峰	2015	《关于进一步深化电力体制改革的若干意见》（电改 9 号文）、巴黎气候大会、核电重启、气价并轨
	2019—2020	泛在电力物联网加速落地、光伏成本接近火电、"双碳"提出
	2022	"双碳"目标逐步落实、技术上的储能技术突破，俄欧能源关系破裂，国际能源市场波动
低谷	2017	全国碳交易市场、开展分布式发电市场化交易试点
	2021	受 2020 年疫情影响，科研活动和项目推进受到影响，国内政策调整和产业结构变化带来的不确定性

2.2　关键词频次分析

关键词是一篇论文研究内容的高度浓缩，对关键词的词频和中心度进行统计和分析，可以得到该领域的研究热点和发展趋势。使用 VOSviewer 绘制综合能源系统领域的关键词共现图（如图 2、图 3 所示），可以更加直观地展示该领域的研究热点和发展趋势。在关键词共现图中，每个节点代表一个关键词，节点的大小表示该关键词的词频，节点之间的连线表示两个关键词之间的共现关系。通过对关键词共现图的分析，可以发现该领域的研究热点和发展趋势。其出现频率最高的关键词为多能互补、虚拟电厂、优化调度、调峰、梯级水电站等。下面分别对这几个词简要介绍其在风光水一体化中的含义。

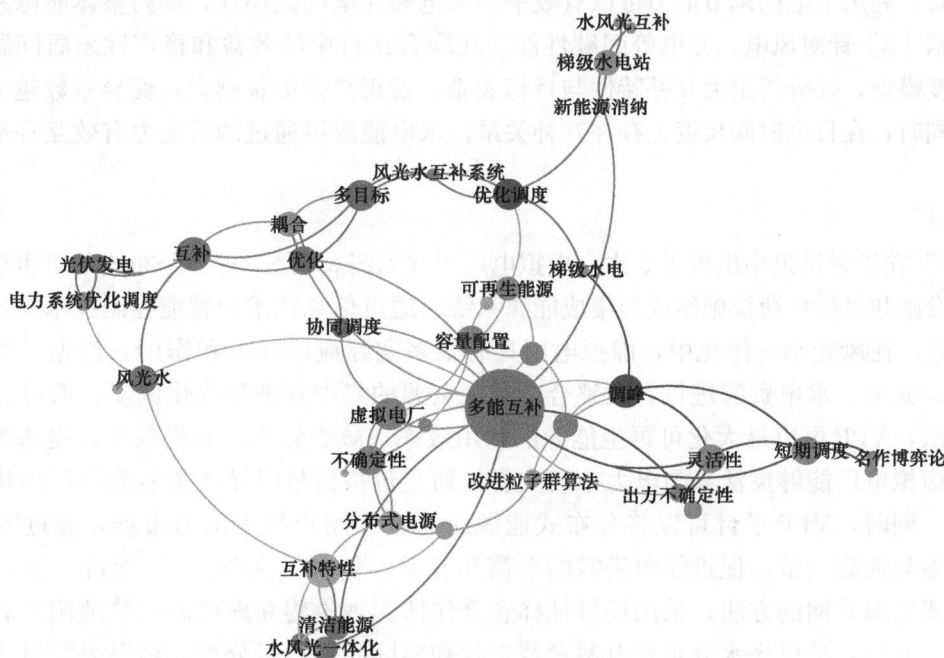

图 2　综合能源系统领域 "风光水一体化" 关键词频次图

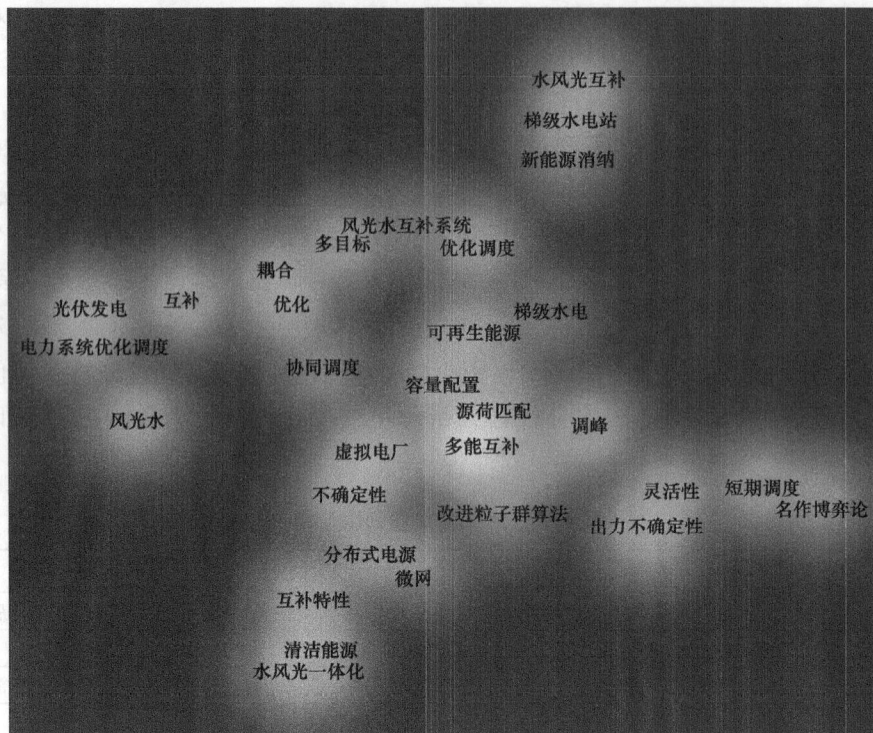

图 3　综合能源系统领域"风光水一体化"方向热点分布图

2.2.1　多能互补

"多能互补"在检索结果中出现了 3 次。多能互补[1]（见图 3）指的是将不同形式的可再生能源相结合，通过互补和平衡不同能源的优势，实现能源的多源利用和共享。这种方式可以有效地解决可再生能源波动性和间歇性带来的问题，提高能源系统的可靠性和稳定性，促进可持续能源的发展和能源转型。在风光水一体化领域，多能互补的研究具有重要意义。通过整合风能、太阳能和水能等多种可再生能源，可以充分发挥各自的优势，实现能源的优化配置。例如，风电和光电虽然具有间歇性和波动性，但在与水电结合后，利用水电的调节能力可以有效平抑风电和光电的波动性，提高整体能源系统的稳定性和可靠性。文献［2］针对风电、光电等间歇性能源在联合运行中的效益和稳定性矛盾问题，通过构建多目标优化调度模型，并分析出力互补特性与目标关系，发现总发电量越大，变异系数越大，出力过程平稳性越差。同时，在日内时间尺度上存在互补关系，水电能源可通过调节能力有效互补平抑风电和光电出力。

2.2.2　虚拟电厂

"虚拟电厂"在检索结果中出现了 5 次。虚拟电厂[3]（见图 3）是一种由分布式的可再生能源发电设施、能源储存设施和灵活负荷设施组成的集成能源系统，通过信息技术和智能控制技术实现能源的优化调度和灵活配置。在风光水一体化中，虚拟电厂具有很多实际应用场景和作用。首先，虚拟电厂能够将分散的风电、光电、水电资源进行有效整合，实现资源的集中管理和优化调度。通过智能化控制和先进的优化算法，VPP 可以最大化可再生能源的利用效率，减少弃风、弃光现象，提高系统整体运行效益。其次，虚拟电厂能够灵活参与电力市场交易，通过价格信号引导各类能源资源的优化调度，实现市场化运作。同时，VPP 平台可以将分布式能源所有者和用户纳入电力市场，通过需求响应等机制，激励用户参与能源调节，促进能源供需的平衡和互动。例如，文献［4］探讨了利用微网和虚拟电厂解决分布式电源并网的方法，采用场景抽样和合作博弈理论建立虚拟电厂单独调度和与配电公司联合调度模型。通过对某风光水分布式电源示范工程和实际数据进行分析，结果表明风光发电出力的预测精度、配电负荷曲线、备用价格等因素对虚拟电厂和配电网的合作空间和利益分配方案具有直接影响。总的来看，虚拟电厂在风光水一体化中的研究和应用，不仅提升了可再生能源的利用效率和系统稳定性，还推动了能源市场化和用户参与，为实现能源系统的绿色转型和可持续发展提供了重要技术支撑。

2.2.3 优化调度

"优化调度"在检索结果中出现了3次。优化调度[5]是指通过先进的数学模型、优化算法和计算技术，可对能源系统中的发电、输电、配电、储能和用电等各个环节进行综合优化和协调管理，以实现资源的高效利用、系统的稳定运行和经济效益的最大化，即优化调度（见图3）。优化调度在风光水一体化中的研究，通过整合风能、太阳能和水电等多种可再生能源，能够提高资源利用效率，提升系统稳定性和可靠性，降低运行成本，支持多能互补与协调运行，促进可再生能源高比例接入，并为决策提供科学支持，从而推动能源系统的绿色转型和可持续发展。例如，文献［6］分析了面向清洁能源消纳的流域型风光水多能互补基地（WMCB）协同优化调度所面临的问题，分析WMCB的发展现状和协同优化调度模式和机制方面的研究现状，归纳了亟需解决的瓶颈问题，探索了WMCB协同优化调度相关问题的解决思路。总的来看，优化调度在风光水一体化中的研究，不仅能够提升能源系统的整体效益和稳定性，还能够推动可再生能源的广泛应用，助力能源系统的绿色转型和可持续发展。通过科学的调度和管理，实现各类能源资源的最优配置，为构建高效、稳定、环保的现代能源系统提供了重要技术支撑。

2.2.4 梯级水电站

"梯级水电站"在检索结果中出现了3次。梯级水电站[7]是指为了有效利用水能，必须对河流进行分段开发，即从上游起，沿河流由上而下地拟定一个河段接一个河段的水利枢纽系列，呈阶梯状的分布形式，这种开发方式称为梯级开发（见图3）。水电站是一种利用水位的高低差来发电的清洁能源生产系统。它通常由多个水轮机、池坝、水闸等组成，可以将水位高处的水体输送到水位低处，从而利用水位差发电。例如，可以在水电站的上游或下游安装风力发电机或光伏板，利用风能和光能为水电站提供额外的电力补充，提高整个系统的发电效率和可靠性。其中，梯级水电站在风光水一体化中的作用至关重要，通过其独特的调节能力和灵活的运行方式，为整个系统提供了稳定的支持。首先，梯级水电站可以通过其储能和调峰功能，有效平抑风电和光电的波动性和间歇性，确保电力供应的连续性和稳定性。风电和光电在发电过程中会受到天气和时间的影响，输出功率不稳定，而梯级水电站能够根据风光发电的实时情况调整出力，在风光发电不足时增加发电量，在风光发电过剩时减少出力，甚至储存多余的电能。此外，梯级水电站具有快速响应能力，可以在短时间内调节输出功率，迅速应对负荷变化和系统故障，增强系统的灵活性和可靠性。梯级水电站还可以通过优化调度，合理分配各级电站的发电任务，提高整体发电效率和水资源利用效率，从而最大限度地发挥水资源的综合效益。在环境保护方面，梯级水电站通过合理调度，可以控制水流量，减少对生态环境的影响，促进可持续发展。例如，文献［8］提出了一种以梯级水电为调节电源的"风光波动平抑＋电网负荷跟踪"的清洁型电网建设方案，由4个阶段组成：入网前风光波动平抑、入网后电网负荷跟踪、联盟成员利润分配，以及波动调节功率在各级电站优化分配。该方案可以有效提高电网新能源消纳占比和联盟成员利润，降低火电占比。总的来看，梯级水电站在风光水一体化中不仅是稳定系统运行的重要调节手段，也是提高可再生能源利用效率、实现能源系统绿色转型的关键支撑。

2.3 关键词聚类分析

对关键词进行聚类形成主题集群是一种基于文献分析的数据挖掘方法，可以有效地挖掘风光水一体化方向的研究热点和趋势，为相关研究提供重要的参考依据。基于VOSviewer软件结果，可聚类为9类，其聚类原理可参照文献［9］，不再赘述。关键词聚类结果如表3所示。

表 3   关键词聚类结果

簇 1	簇 2	簇 3	簇 4	簇 5	簇 6	簇 7	簇 8	簇 9
优化	互补	分布式电源	不确定性	出力不确定性	可再生能源	互补特性	新能源消纳	合作博弈论
优化调度	光伏发电	微网	分布式能源	协调控制	容量配置	出力特性	梯级水电站	增益分配策略
协同调度	典型场景	改进粒子群算法	可再生能源消纳	多能互补	抽水蓄能	水风光一体化	水风光互补	短期调度
多目标	电力系统优化调度	短期优化调度调峰	虚拟电厂	灵活性	源荷匹配	清洁能源	需求响应	
梯级水电	风光水	调峰						
耦合	风电							
风光水互补系统								

    关键词聚类分析首先介绍了风光水一体化系统的研究热点，通过关键词聚类形成主题集群，这是对研究领域的一个概念性描述。接着，该分析指出了风光水一体化系统研究领域中关键词的分布集中趋势，涉及系统优化调度需求、不同能源主体之间的合作与竞争关系，以及如何管理和应对可再生能源的间歇性和不确定性等核心挑战。该分析通过 VOSviewer 软件进行关键词聚类，形成了 9 个主题集群，这可以视为研究的方法与技术路线。该分析详细列出了 9 个主题集群的关键词，这些关键词反映了研究方法和取得的成果，如"优化""协同调度""多目标"等指向了系统优化调度的研究成果，而"合作博弈论""增益分配策略"等则体现了不同能源主体间合作与竞争关系的研究成果。该分析通过对研究热点和趋势的分析，暗示了未来风光水一体化系统研究可能的发展方向，如进一步优化调度策略、深化合作博弈论在资源分配中的应用等。综上所述，该分析通过分析关键词聚类结果，展示了风光水一体化系统研究的现状和未来可能的发展方向。

2.3.1　风光水一体化系统的出力不确定性问题

    风光水一体化系统出力不确定性是指在将风能、太阳能和水能三种可再生能源集成到一个统一的发电系统中时，由于各自资源本身的间歇性和不可预测性，导致系统整体输出电力的能力存在不可预知的变化。这种不确定性主要源于风力和太阳能发电能力受风速、日照时间等气象条件的影响，以及水力发电受季节性降雨和河流流量变化的影响，这些因素都具有高度的不确定性和波动性[10]。为了应对这些挑战，提高系统的灵活性和稳定性是关键。通过灵活的控制和调度策略，可以实现风光水能源的互补，促进水能的多次开发，并有效消纳可再生能源。可能的研究重点包括：

    （1）风光出力预测：开发高精度的预测模型，以减少风力和太阳能发电的预测误差，提高系统对可再生能源出力的预测准确性。

    （2）水电出力预测：研究水文模式和气候变化对水力发电的影响，建立更为精确的水能预测模型。

    （3）系统灵活性提升：探索风光水一体化系统中的能量存储技术，如电池储能系统，以平衡可再生能源的间歇性出力。

    （4）系统稳定性增强：开发先进的控制策略和调度算法，以实现风光水三种能源的有效互补和协调运行。

    例如，针对不确定性问题，文献［11］基于分类机会约束提出了风光水出力高估/低估功率偏差置信风险量化计算方法；文献［12］探讨了风光出力预测不确定性对于风-光-水多能互补系统的影响，其结果展示了：相对风光水独立运行，互补系统的发电效益大幅提高。总的来看，需要通过上述方向的深入探索和实践应用，以提高系统的运行效率和稳定性，从而有效应对可再生能源出力的不确定性。通过上述研究方法和技术路线的实施，未来风光水一体化系统将能够更加高效地利用可再生能源，减少对化石燃料的依赖，降低碳排放，促进能源结构的转型和可持续发展。同时，随着预测模型和控制策略的不断优化，系统的稳定性和灵活性将得到进一步提升，为实现绿色能源的高效利用和能源安全提供有力支撑。

2.3.2 风光水一体化系统中的合作博弈研究

为应对风光水一体化系统的出力不确定性，研究将采用高精度预测模型、灵活的控制和调度策略，以及能量存储技术等方法。技术路线包括风光出力预测、水电出力预测、系统灵活性提升和系统稳定性增强。相关研究通过开发高精度的风光出力预测模型，显著减少了预测误差，提高了预测准确性。同时，研究了水文模式和气候变化对水力发电的影响，建立了更为精确的水能预测模型。在系统灵活性提升方面，探索了电池储能系统等能量存储技术，有效平衡了可再生能源的间歇性出力。在系统稳定性增强方面，开发了先进的控制策略和调度算法，实现了风光水三种能源的有效互补和协调运行[10]。该研究方向需要解决如何通过合作博弈论的方法，实现风光水一体化中多个参与者之间的增益分配策略和短期调度问题的协同优化。例如，文献［13］以径流式水电、风电、光电等为研究对象基于转移电量建立合作博弈分配模型，认为通过合作运行各利益主体运行能够有较大幅度提高收益。合作博弈论可以用于解决风光水一体化中多个参与者之间的博弈问题，找到合作方案，实现资源的优化配置和分配。在增益分配策略方面，风光水一体化可以研究如何通过合作博弈论的方法，实现风光水一体化中各参与方的收益分配问题的协同优化，提高各参与方的收益和整个系统的效益。在短期调度方面，可以研究如何通过合作博弈论的方法，实现风光水一体化中多个参与者之间的短期调度问题的协同优化，提高风光水一体化的运行效率和经济性。该研究方向的成果可以为风光水一体化的可靠性、经济性和环境友好型提供重要支撑，具有重要的理论和实际应用价值。未来的研究将进一步优化预测模型，提高预测精度，同时探索更多能量存储和转换技术，以增强系统的灵活性和稳定性。此外，将研究如何在更大规模和更复杂的能源系统中应用这些技术和策略，以实现可持续能源发展的长远目标。

2.3.3 风光水一体化系统的优化调度研究

风光水互补系统优化调度是指风能、太阳能和水能三种可再生能源的互补利用，通过优化调度提升能源利用效率和经济性[10]。目前存在的问题包括风光出力预测不准确、水力发电调度依赖的径流预测不精确，风能、太阳能和水能互补性分析不足以及调度策略不够完善。研究方法包括开发先进预测模型以准确预测风光出力和水力发电的径流，分析不同能源间的互补性并识别协同效应，制定不同时间尺度的调度策略，以及建立分布式可再生能源消纳和虚拟电厂管理模型。技术路线涉及长期规划、中期调整和短期操作的综合考虑。重点相关文件可能涉及使用启发式算法，如粒子群、蚁群等群智能算法，来优化风光水一体化系统的调度方法。文献［14］利用改进粒子群优化算法并行优化内部成本；文献［15］改进了粒子群算法，对福建省某典型风光水多种电源互补系统进行短期调峰优化调度，取得了较好效果。未来的研究将致力于提高预测模型的准确性，完善调度策略，以及优化分布式可再生能源消纳和虚拟电厂管理模型，以进一步提升能源系统的灵活性和响应能力。

3 结语

风光水一体化面临未来挑战与机遇，研究可朝多方向发展。水侧研究应聚焦于水资源可持续利用、多能互补及水能多次开发，提升系统能效与环境友好性。电侧研究需结合分布式能源、微电网技术，解决电力调度与调峰问题，并探索储能与电动汽车技术协同，促进高效能源利用和系统可持续发展。新能源侧研究应重视风能、光能、水能的联合利用，探索新型能源技术如氢能与生物质能的集成应用，提升系统能效与经济性。控制侧研究需探索智能化、自主化控制技术，如智能能源控制算法与管理系统，提高系统响应速度与适应性。社会侧研究需评估系统的社会与环境效益，探索新型能源市场与环保政策，增强系统社会价值与可持续发展性。

参考文献

［1］ 智筠贻，凌浩恕，吴昊，等．风光储多能互补能源系统容量配置优化研究［J］．储能科学与技术．

[2] 张振东，唐海华，覃晖，等. 风光水互补系统发电效益-稳定性多目标优化调度［J］. 水利学报，2022，53（9）：1073-1082.

[3] 焦治杰，王小君，刘曌，等. 考虑分布式新能源出力不确定性的虚拟电厂概率可行域构建方法［J］. 电力系统自动化.

[4] 董文略，王群，杨莉. 含风光水的虚拟电厂与配电公司协调调度模型［J］. 电力系统自动化，2015，39（9）：75-81，207.

[5] 崔颢. 计及碳交易的含风电电力系统的优化调度［D］. 青岛：青岛大学.

[6] 程海花，寇宇，周琳，等. 面向清洁能源消纳的流域型风光水多能互补基地协同优化调度模式与机制［J］. 电力自动化设备，2019，39（10）：61-70.

[7] 李晟，高洁，方光达，等. 我国流域梯级水电开发的回顾与展望［J］. 水电与抽水蓄能，2022，8（2）：1-6.

[8] 李咸善，杨拯，李飞，程杉. 基于梯级水电调节的风光水联盟与区域电网联合运行优化调度策略［J］. 中国电机工程学报，2023，43（6）：2234-2248.

[9] https://www.vosviewer.com/documentation/Manual_VOSviewer_1.6.19.pdf.

[10] 张振东. 多重不确定性下风光水多能互补系统优化调度研究［D］. 武汉：华中科技大学.

[11] 孙惠娟，巩磊，彭春华，等. 考虑风光水多重不确定性置信风险的多目标动态分解优化调度［J］. 电网技术，2022，46（9）：3416-3428.

[12] 闻昕，孙圆亮，谭乔凤，等. 考虑预测不确定性的风-光-水多能互补系统调度风险和效益分析［J］. 工程科学与技术，2020，52（3）：32-41.

[13] 马静，石建磊，李文泉，等. 基于功率多频率尺度分析的风光水气储联合系统日前调度策略［J］. 电网技术，2013，37（6）：1491-1498.

[14] 张世钦. 基于改进粒子群算法的风光水互补发电系统短期调峰优化调度［J］. 水电能源科学，2018，36（4）：208-212.

[15] 段佳南，谢俊，邢单玺，等. 含径流式水电的风-光-氢多能系统合作博弈增益分配策略［J/OL］. 电力自动化设备：1-15［2023-05-19］.

作者简介：

曹大为（1992—），男，山东济宁，大学本科，工程师，主要从事水利水电工程设计工作。Email：caodw@bjy.powerchina.cn

山东文登抽水蓄能电站地下洞室群施工通道设计

张　萌，多　彤，崔皓博

（中国电建集团北京勘测设计研究院有限公司，北京　100004）

【摘　要】 山东文登抽水蓄能电站地下洞室群洞室多、跨径大，地下洞室群紧凑、规模大、结构复杂、施工质量要求严格、施工强度高。合理安排施工通道和排水、通风散烟路径布置及厂房和与厂房交叉洞室的施工程序，对保证大洞室围岩及洞室交叉口围岩稳定有极为重要的作用。本文介绍了山东文登抽水蓄能电站地下洞室群施工通道布置方案及应用研究等内容。

【关键词】 抽水蓄能电站；地下洞室群施工；通道；排风；进度

0　引言

文登抽水蓄能电站位于山东省胶东地区文登市界石镇境内，电站安装 6 台单机容量 300MW 的单级混流可逆式水泵水轮机组，总装机容量为 1800MW，属一等大（1）型工程。枢纽工程由上水库、下水库、水道系统、地下厂房系统及开关站等建筑物组成。三维透视图如图 1 所示。

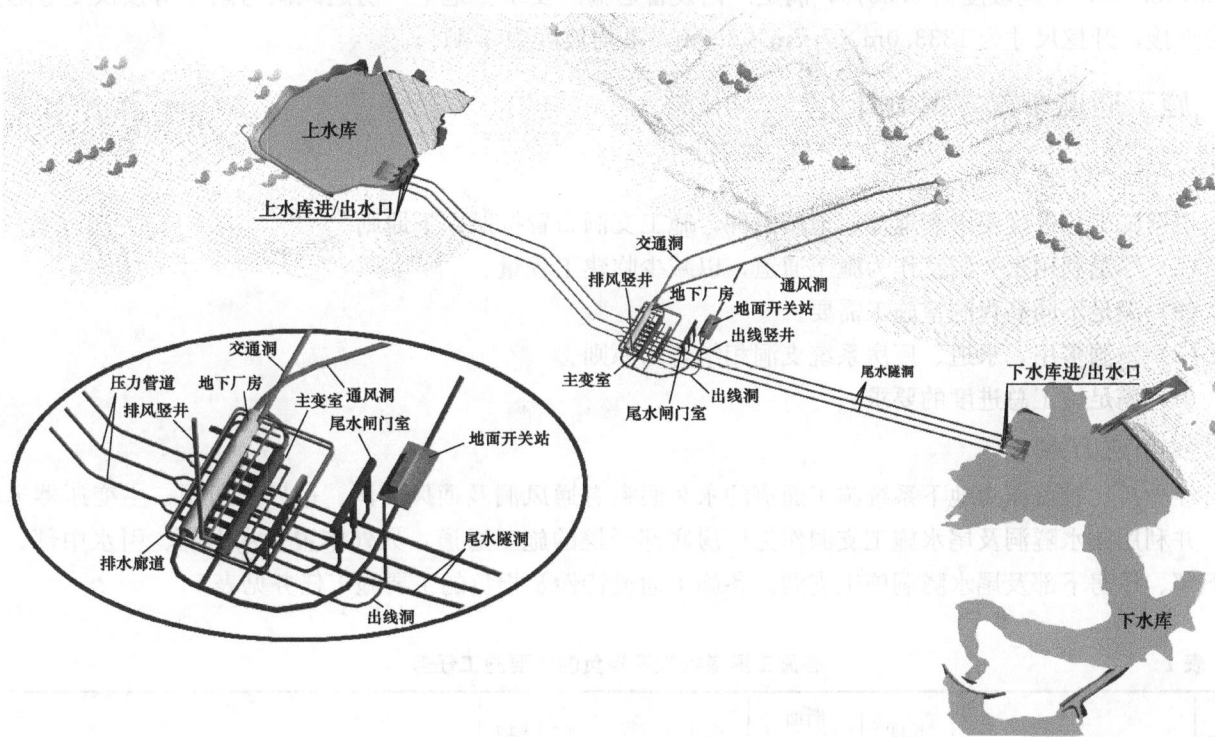

图 1　三维透视图

1　地下洞室群布置

输水系统地下洞室群建筑物包括高压管道、高压岔管、引水支管、尾水支管、尾水事故闸门室、尾水混凝土岔管、尾水调压井、尾水隧洞等。水道系统总长约 3071m，其中引水系统长度为 1376m，尾水系统长度为 1695m。高压管道采用一管两机的布置方式，由高压主管、岔管和高压支管组成，采用钢板衬砌。高压管道立面上采用双斜井布置，设有上平段、上斜段、中平段、下斜段和下平段，斜井角度为 55°。从上平段到中平段的上部弯管管径为 6.8m，之后经 10m 渐缩段管径由 6.8m 渐变为 5.8m；中平段管径为 5.8m；在中平段末端管径由 5.8m 渐变为 5m；下平段管径为 5m，与岔管连接。高压岔管采用对称"Y"型内加强月牙肋型钢岔管，分岔角为 70°，主管直径为 5m，支管直径为 3.3m，最大公切球直径为 5.7m，中心高程为 35m。岔管后为高压支管，采用一机一管的布置方式。6 条引水支管相互平行，支管间距均为 23m，内径为 3.3m，长为 50.25m，在蜗壳进口厂前内径为 2.4m，长为 9.75m，采用钢板衬砌。尾水支管为机组尾水管出口至尾水钢筋混凝土岔管之间的管段，共六条平行布置，尾水支管内径为 4.4m，自尾水管出口至尾水闸室后 20.0m 范围内的尾水支管采用钢板衬砌。

厂区地下洞室群主要有主、副厂房，主变压器室，通风机房，母线洞，进厂交通洞，通风洞，通风支洞，排风竖井，出线平洞，出线竖井，排水廊道等。主、副厂房由副厂房、主机间和安装场组成，呈"一"字形布置。主厂房开挖尺寸为 209.5m×24.9m×53.0m（长×宽×高，下同）。主变洞平行布置在主、副厂房下游侧，左、右端为主变压器副厂房，主变洞开挖尺寸为 203.41m×19.9m×20.0m。母线洞与主厂房、主变洞正交连通，一机一洞，净尺寸均为 40.0m×8.5m×11m。低压电缆洞位于副厂房和主变压器副厂房之间，净尺寸为 40.0m×2.5m×5.5m，主要用于交通和电缆敷设。主变压器运输洞位于安装场和主变洞之间，净尺寸为 40.0m×6.0m×7.0m，用于主变压器的检修运输。厂房对外通道主要是进厂交通洞和地下厂房通风洞。进厂交通洞设在安装场左侧，通至地面，开挖尺寸为 1447.0m×8.2m×8.8m，平均坡度为 6.36%，满足厂内设备运输的要求。地下厂房通风洞与副厂房顶拱 1 号通风机房连接，开挖尺寸为 1333.0m×7.7m×6.8m，平均坡度为 4.41%。

2 施工通道布置方案设计

2.1 布置原则

根据施工总进度要求和地形、地质条件，施工支洞布置按照以下原则。
（1）尽量利用永久洞室作为施工通道，以减少临建工程量。
（2）满足不同高程洞室施工需要。
（3）一洞多用，水道、厂房系统支洞相结合的原则。
（4）满足施工总进度的要求。

2.2 布置方案

经分析比较可作为地下系统施工通道的永久洞室有通风洞及通风支洞、进厂交通洞、主变压器运输洞，并利用尾水隧洞及尾水施工支洞作为厂房底部开挖的施工通道，另外布置引水上部、引水中部、引水下部、厂房下部及尾水隧洞施工支洞。各施工通道特性及担负的主要施工任务见表 1。

表 1　　　　　　　　各施工通道特性及担负的主要施工任务

编号	名称	长度（m）	断面（宽×高）（m×m）	起止点高程（m）	平均纵坡（%）	担负主要任务
1	引水上部施工支洞	370.2	8.0×8.5	540.0～551.7	3.2	引水上平段、引水闸门井、高压隧洞上斜段施工
2	引水中部施工支洞	675.5	7.5×8.0	340.0～347	1.0	引水高压隧洞上斜段、竖井段、中平段施工
3	引水下部施工支洞	326.9	8.0×8.5	51.0～33.8	－5.3	引水系统下斜段、下平段、高压支管、厂房下部施工

编号	名称	长度 (m)	断面 (宽×高) (m×m)	起止点高程 (m)	平均纵坡 (%)	担负主要任务
4	进厂交通洞	1447	8.0×8.5	142.0~50.0	−6.4	引水支管-尾水支管之间整个地下厂房三大洞室群系统中下部等施工
5	厂房下部施工支洞	150.2	7.5×6.0	39.0~30.5	−5.7	引水支管、尾水支管及地下厂房系统底层施工
6	通风洞	1789	7.5×6.5	142.0~63.1	−4.4	地下厂房三大洞室群系统上部施工
7	尾水隧洞1号施工支洞	371.6	7.5×7.0	43.5~28.5	−4.0	尾水隧洞、尾水支洞、尾水闸门室、尾水调压井、厂房最下层施工
8	尾水隧洞2号施工支洞	684.5	7.5×6.5	143.39~90.88	−8.8	尾水隧洞施工
9	尾闸施工支洞	70.4	7.5×6.0	50~49.8	−0.3	尾闸上中层施工
10	尾调交通洞	672	5×5	117.5~158.0	6.0	尾调上、中层施工

施工通道布置示意图如图2、图3所示。

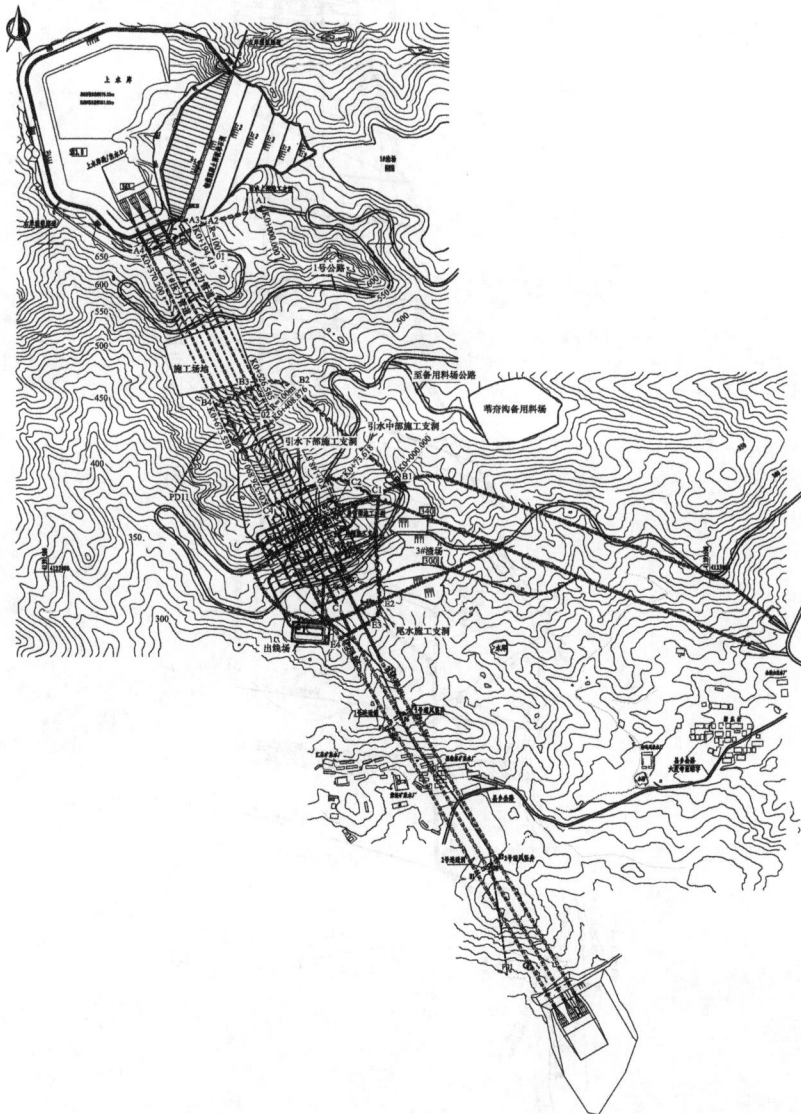

图2　施工通道布置示意图（平面-引水及厂房）

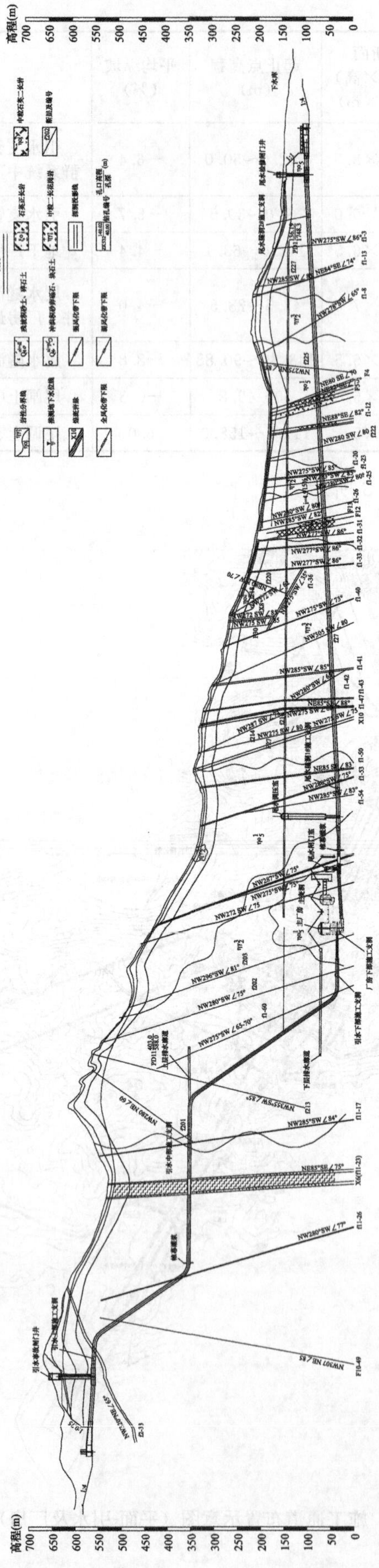

图 3　施工通道布置示意图（纵剖面）

2.3 开挖及支护通道分析

2.3.1 输水系统

根据水电工程常用施工方法，平洞或不具备溜渣条件的斜井石方开挖一般采用全段面开挖、周边光面爆破；斜井石方开挖一般采用先自下而上开挖导井，再自上而下钻爆扩挖，石渣经导井溜至井底。

引水系统立面为双斜井布置，斜井段不具备行车条件。引水系统上平段、中平段及下平段均需布置有施工通道可直接到达，出渣运输通道为引水上部、中部及下部施工支洞。引水系统上斜井段石方开挖石渣经斜井溜至中平段，可由引水中部施工支洞运出；下斜井段石方开挖石渣经斜井溜至下平段，可由引水下部施工支洞运出。

尾水隧洞段纵坡为 4.915%，采用全段面开挖、周边光面爆破。为避免尾水调压室及尾水检修闸门井存在施工干扰，需单独布置施工通道。尾水隧洞长度为 1.34km，且 2 号公路茶山隧道具备利用条件，因此分别于尾水调压室下游 60m 处、尾水检修闸门井上游 87m 处布置 2 条尾水隧洞施工支洞。尾水隧洞石方开挖经尾水隧洞施工支洞运出。

2.3.2 主、副厂房

开挖程序示意图如图 4 所示。

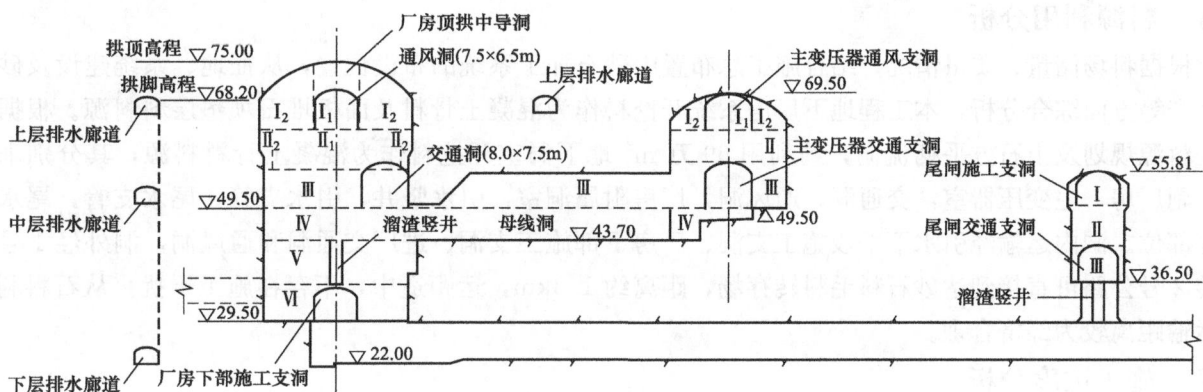

图 4　开挖程序示意图

地下洞室群中主厂房施工是整个电站系统施工的关键线路，施工程序的安排以主厂房的施工为主线。为使主厂房尽早实现开挖施工及形成良好的通风散烟和排水条件，将通风洞、进厂交通洞、第一层排水廊道、排风竖井提前进行施工。

主、副厂房最大开挖高度为 53.0m，从上到下依次布置有四层施工通道，分别为通风洞及通风支洞、交通洞、厂房下部施工支洞和尾水施工支洞。根据施工通道的布置，主、副厂房布置，并结合其他工程经验，确定厂房施工共分七层进行，层高 6.5~11.9m。采用自上而下依次先挖顶拱、逐层下挖、逐层锚喷支护的施工程序。

主变压器室开挖分四层进行，施工通道分别为主变压器通风支洞和主变压器交通支洞。尾水事故闸门室分三层开挖，上、中层施工通道为尾闸室施工支洞，下层施工通道为尾闸交通洞。

2.4 通风及排水分析

地下系统埋深较深，靠洞室之间形成的自然通风尚难以满足地下工程通风除尘要求，因此地下工程的通风采用混合式机械通风方式。通风洞、交通洞、高压隧洞上平段施工支洞、中平段施工支洞、下平段施工支洞、尾水隧洞施工支洞等独头巷道的开挖，均采用轴流风机压入式通风。厂房及主变压器室施工时，利用通风洞、交通洞、排风竖井、出线洞等洞室通风散烟，尽早形成自然通风条件。高压隧洞斜井开挖主要利用设置在施工支洞内的轴流风机通风排烟，爆破散烟时附以掌子面压力水喷射，洞内作业的装载机及自卸汽车等柴油机械安装空气净化设备。尾水隧洞开挖时，利用尾水隧洞 2 号施工支洞端部的排风竖井，进行施工期排烟。

引水上部及中部施工支洞为顺坡洞，引水系统上平段、上斜井段及中平段洞内施工排水可沿顺坡段自然排水至洞外。进厂交通洞、厂房下部施工支洞、通风洞不具备自留排水条件，因此引水系统下斜井段、引水下平段及主、副厂房采用洞内设集水井，然后由排水泵集中排出的方式，掌子面的水用潜水泵排至集水井，然后由排水泵排至洞外污水处理系统。

2.5 钢板安装及重大件运输分析

高压管道采用钢板衬砌，由高压主管、岔管和高压支管组成。钢管加工厂布置在厂房交通洞洞口施工区内，压力钢管在工地现场钢管加工厂进行切割、卷板、焊接。钢管运输采用平板拖车运至支洞与主洞交叉口处，再装门式吊架牵引至工作面。

引水系统上平段钢管由引水上部施工支洞运入洞内由里向外安装；上斜井及中平段钢管由引水中部施工支洞运入洞内，上斜段钢管安装程序为先安装中上弯、上斜段，中平段钢管由里向外安装；下斜井、下平段、高压支管及岔管均由下部施工支洞经交通洞运入洞内，下斜段钢管安装施工方法同上斜段，下平段安装方法同中平段。

施工通道净断面根据运输管节尺寸，综合考虑加劲环宽度、平板拖车高度及净空综合确定[3]。

2.6 料源利用分析

根据料场储量、质量情况，结合施工总布置中砂石加工系统的布设位置，从征地、系统建设及砂石料生产等方面综合分析，本工程地下厂房系统开挖料作为混凝土骨料及面板堆石坝垫层料料源。根据本工程料源规划及土石方平衡流向，约利用 69 万 m^3 地下洞室开挖料作为混凝土骨料料源，其分别来自主、副厂房，主变压器室，交通洞，通风洞，厂房附属洞室，引水竖井，引水支管，尾水支管，尾水隧洞等部位。洞内运输经引水下平段施工支洞、厂房下部施工支洞、进厂交通洞和通风洞，洞外经 1 号公路转 2 号公路可直接到达砂石料毛料转存场，距离约 1.3km，运距适中，不存在施工干扰。从石料利用及运输距离较为经济合理。

2.7 施工进度分析

该工程施工关键线路为地下厂房系统：施工准备-通风洞施工-厂房顶拱洞挖及支护-厂房 Ⅱ 层开挖及支护-岩壁吊车梁施工-厂房中、下部开挖及支护-主厂房一期混凝土浇筑-1 号机组安装、二期混凝土浇筑-1 号机组调试、发电-2、3、4、5、6 号机组安装、调试、发电，工程竣工。地下厂房布置由上到下 4 条施工通道，能够最大限度地保证直线工期最短且经济合理。引水系统上平段、上斜井及中平段均由单独设置洞口的施工支洞进入即可满足施工条件，不受其他部位施工制约，不占用直线工期。

此外，可研控制计划中尾水系统共设置了 1 条施工支洞，尾水系统开挖完成至首台机组发电之间工期偏紧，为此在尾水隧洞下游侧增加了尾水 2 号施工支洞，以缩短尾水系统开挖支护施工时间，为水道系统充水试验后的检修留出适当时间。

3 结语

在文登抽水蓄能电站地下洞室群施工通道布置方案设计中，充分利用了进厂交通洞、通风洞等永久建筑物，充分考虑了开挖及支护、通风及排水、钢板安装及重大件运输、料源利用等方面的合理性，以最大限度缩短施工工期、经济最优为目标进行了优化设计。文登抽水蓄能电站已于 2023 年 1 月 1 日首批机组顺利投产发电，土建工程按期完工、电站按期投产发电，再次表明了该地下系统施工通道布置经济合理，对于后续工程具有一定借鉴意义。

随着抽水蓄能电站建设需求的加大，地下洞室群规模、结构，围岩稳定与地质情况也将面临新的变化。同时，先进机械设备、创新施工工艺的应用也将为地下洞室群施工通道的布置提供新思路，均有待进一步研究。

参考文献

[1] 中国电建集团北京勘测设计研究院有限公司. 山东文登抽水蓄能电站施工总布置专题报告 [R]. 北京：中国电建集团北京勘测设计研究院有限公司，2008.

[2] 中国电建集团北京勘测设计研究院有限公司. 山东文登抽水蓄能电站可行性研究报告 [R]. 北京：中国电建集团北京勘测设计研究院有限公司，2011.

[3] 丰宁抽水蓄能电站压力钢管洞内运输方法对施工支洞尺寸影响的研究 [C] //抽水蓄能电站工程建设文集，2020.

作者简介：

张 萌（1994—），女，河北邢台，硕士研究生，工程师，主要从事抽水蓄能电站施工组织设计工作。
E-mail：zhangmeng@bjy.powerchina.cn

面板堆石坝垫层料护坡施工技术研究

谢鹏飞

（华电金沙江上游水电开发有限公司，四川成都 610041）

【摘　要】 气候条件和施工工艺的选择对面板堆石坝垫层料护坡施工有较大的影响，本文针对国内外面板堆石坝垫层料护坡施工的现状，结合五岳抽水蓄能电站上水库工程施工特点，从自动化、智能化设备研发、施工参数选择等方面详细介绍了多雨地区复杂结构体型面板堆石坝垫层料护坡施工的关键技术及应用要点，并提出相关建议，希望能够给同行业工作人员提供一定的借鉴。

【关键词】 面板堆石坝；垫层料；护坡；施工技术

0　引言

五岳抽水蓄能电站位于河南省光山县殷棚乡和罗山县定远乡境内，其上水库位于牢山寨北坡近顶部山坳处的牢山林场。上水库正常蓄水位对应库容为 1132 万 m^3，死库容为 186 万 m^3，调节库容为 946 万 m^3。上水库大坝坝型为混凝土面板堆石坝，坝轴线按中间直线、两端圆弧线（凸向库外）方式布置，由左

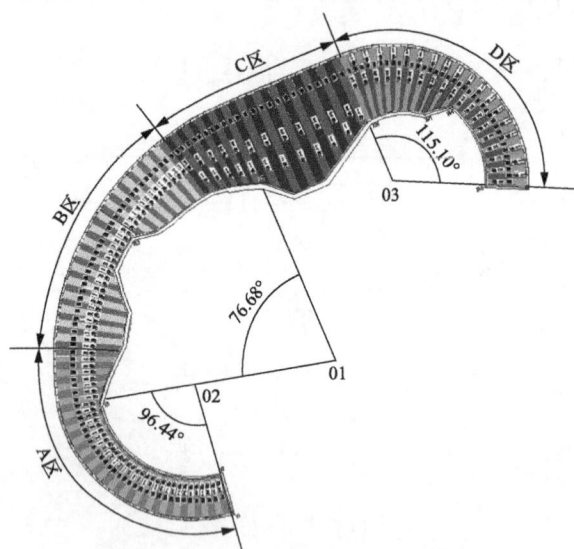

图 1　五岳上水库面板平面示意图

（西南侧）至右（东侧）依次为左 2 弧段：曲率半径为 185.00m，圆心角为 96.44°，坝轴线长 311.38m；左 1 弧段：曲率半径为 382.00m，圆心角为 76.68°，坝轴线长为 511.20m；直线段：坝轴线长为 168.00m，方位角为 NE67.29°；右弧段：曲率半径为 185.00m，圆心角为 115.10°，坝轴线长为 371.65m。坝顶高程为 351.00m，坝轴线总长 1362.23m，约占上水库库盆轴线周长的 65.61%。五岳上水库面板平面布置示意见图 1。

1　施工现状及改进的必要性

1.1　斜坡面修整

传统的斜坡面修整施工需结合测量人员放线辅助控制修坡合格率，该方法对挖掘机操作手、测量工程师的业务能力、工作经验以及责任心有较高要求。现阶段国内外高边坡修整施工，在成型精度、机械利用率、施工成本、施工效率、施工安全等方面仍有较大提高空间。尤其是抽水蓄能电站项目在"十四五"期间大规模开工建设，一些项目更是有着填筑高、大曲面、坡度陡等施工难点。

目前国内高边坡施工放样常用的测量工具主要有全站仪和 GPS-RTK，常用方法主要包括图解法、解析法、渐进法。无论使用哪种方法，一般均遵循"从高级到低级"原则，皆需要测量人员先放样出开挖线，再逐台阶放样引导挖掘机操作施工。

1.2　斜坡面护坡

目前垫层料上游斜坡面固坡主要采用斜坡碾压法、挤压边墙法或翻模固坡法，国内外现有工艺主要

施工特点如下。

1.2.1 斜坡碾压固坡法

为确保垫层料填筑质量，按设计要求垫层料填筑时必须向上游面超填 30cm 左右，在面板施工前，进行修坡、斜坡碾压和喷射混凝土护坡。斜坡碾压固坡法的缺点为修坡工程量大，费料、费工、费时。采用卷扬设备通过钢丝绳牵引钢轮至进行静碾施工，坝体上游垫层料斜坡面密实度难以保证。同时受施工条件限制，防护层喷射混凝土厚度偏差大、刚度较大，不能随垫层料一起沉降而造成脱空。坡面很难达到规范内对于平整度偏差值在 +5～-8cm 范围内的要求，致使面板混凝土大量超填。且护坡施工需在大坝填筑完成后一次性进行，填筑施工期间坡面无任何防护，极易受雨水冲刷而出现局部坍塌，坡面在未做防护的情况也无法进行临时挡水渡汛。斜坡碾压固坡法施工示意见图 2。

1.2.2 挤压边墙法

采用挤压边墙机在垫层料填筑前形成一道低强低弹模的挤压边墙。具有施工速度快、干扰小等优点，但由于挤压墙施工时没有精确的控制措施，其各层接合处极易形成错台（见图 3），坡面平整度较差，后期坡面修整工作量大。挤压墙成型后须等待 2～3h 才能填筑垫层料，施工进度受到限制。挤压墙底面与顶面厚度相差悬殊，为面板提供了一个很不均匀的基础，且由于挤压墙的刚度相当大，不能与坝体协调一致地变形，尤其是对于坝体变形较大的高坝、特高坝，容易产生局部挤压墙突出上游坡面的情况。同时挤压边墙法无法适用于结构体型复杂的坝体。

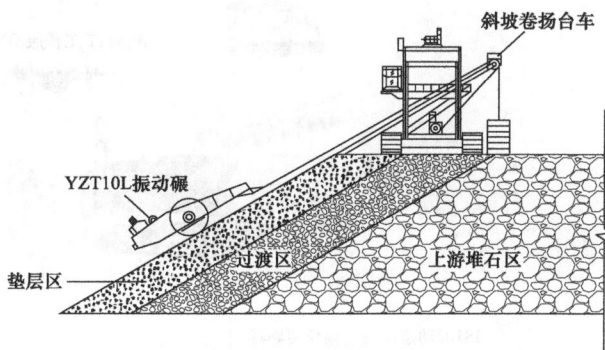

图 2　斜坡碾压固坡法施工示意图

图 3　挤压边墙法施工效果图

1.2.3 翻模固坡法

在大坝上游坡面支立带楔板的模板，在模板内填筑垫层料，振动碾初碾后拔出楔板，在模板与垫层料之间形成一定厚度的间隙，向此间隙内灌注砂浆，再进行终碾，由于模板的约束作用，使垫层料及其上游面防护层砂浆达到密实并且表面平整。模板随垫层料的填筑而翻升。其模板周转工程量大，人工在坡面上进行模板安装、拆除时施工安全风险高。翻模固坡法施工示意见图 4。

图 4　翻模固坡法示意图

现有的斜坡碾压法、挤压边墙法、翻模固坡法等常见垫层料护坡工艺均存在一定的缺点。采用斜坡碾压法施工时，牵引式斜坡振动碾行走轨迹控制难度大，无法保证施工安全，且需坝体填筑至一定高度后方可进行护坡施工，易出现雨水冲刷坡面增加后续坡面修筑工程量的现象；采用挤压边墙法施工时，需等待挤压边墙达到一定强度后方可进行下一层施工，且该方法无法适应复杂结构体型填筑施工需求；采用翻模固坡法施工时，需投入大量人员进行模板安拆，模板投入量大，安全风险高。因此，如何加快垫层料斜坡面护坡施工进度、提高施工质量及机械利用率的同时尽量降低施工成本成为亟待解决的问题。

2 技术研发

2.1 三维模型建立与挖掘机引导系统研发

2.1.1 三维模型建立

利用 Autodesk Maya、Adobe After Effects（AE）、Adobe Premiere Pro（PR）等软件，对五岳抽水蓄能电站上水库工程建设过程中的关键工序及节点进行模拟仿真推演，利用全息投影技术，将实体沙盘与虚拟模型相结合，把整个上水库工程的建设情况以可视化的方式进行呈现。同时根据建立的高精度上水库工程三维模型（见图 5），实现对弧形斜坡面结构坐标进行精确抓取。

2.1.2 挖掘机引导系统研发及使用

1. 系统工作原理

TX63 系统利用 GNSS＋RTK 高精度定位技术获取厘米级定位值，结合 GNSS 姿态测量，通过位于挖掘机摇杆、斗杆、动臂和车身的高精度传感器和惯导倾斜传感技术综合计算出挖斗斗齿位置的三维坐标，并根据车载控制器中的三维设计图纸进行引导挖掘，适用于开挖精度要求高、结构体型复杂、可见度差、安全性要求高等的工程。引导系统组成见图 6。

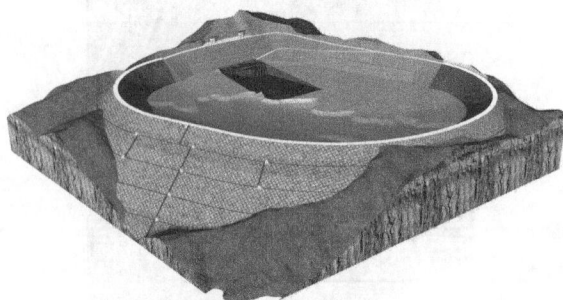

图 5 五岳抽水蓄能电站上水库工程三维模型

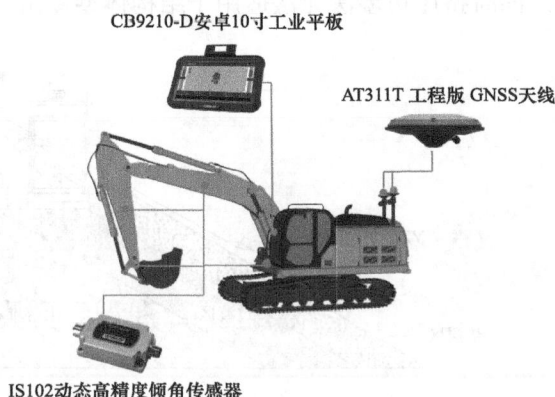

图 6 引导系统组成

2. 系统主要组成及精度控制方式

挖掘机引导系统由倾角传感器、主控箱、GNSS 天线、高精度接收机等部分组成。通过结合北斗高精度定位系统，高精度传感器技术和先进的算法模型，能够使挖机铲尖坐标精度达到±3cm 范围内，高效引导操作手作业。

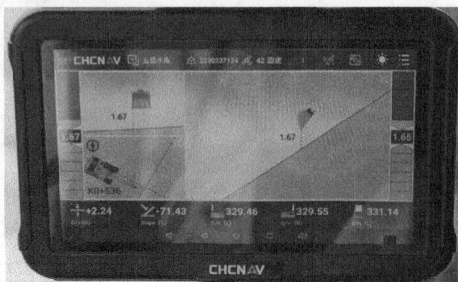

图 7 车载平板电脑显示端

精度控制主要采用北斗定位技术、GNSS 高精度定位技术和惯导倾斜传感技术，通过实时计算，得出挖掘机铲斗斗尖三维坐标。系统能够将平面精度控制在±2cm，高程精度控制在±3cm。

3. 引导操作手作业

将车载控制器中的三维设计模型及挖机铲尖实时坐标值传输至车载平板电脑，通过电脑显示屏将三维图形及各体型控制相关数值反馈给设备操作手（见图 7），让操作手一目了然，简单培训即可上手。

2.2 垫层料斜坡面连续夯击装置设计

2.2.1 机械结构设计

垫层料斜坡面连续夯击装置的机械结构主要结构包括行走及动力系统、导向大臂、夯击结构三个部分。

1. 行走及动力系统

装置的行走及动力系统采用成熟的液压挖掘机履带底盘，能够适用于恶劣、多变的施工环境，同时可利用发动机提供动力源，为夯板夯击提供动力。

2. 导向大臂

使用 Autodesk Inventor Professional（AIP）对导向大臂结构进行初步设计，确定导向大臂材料、尺寸及安装位置，形成导向大臂三维模型（见图 8）。再使用ANSYS 软件对导向大臂各工况进行仿真模拟，对最不利工况下最大形变、最大应力进行检查，并复核设计安全系数是否合理（见图 9、图 10）。

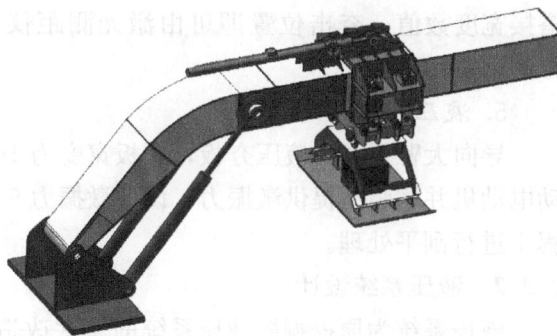

图 8 导向大臂设计模型

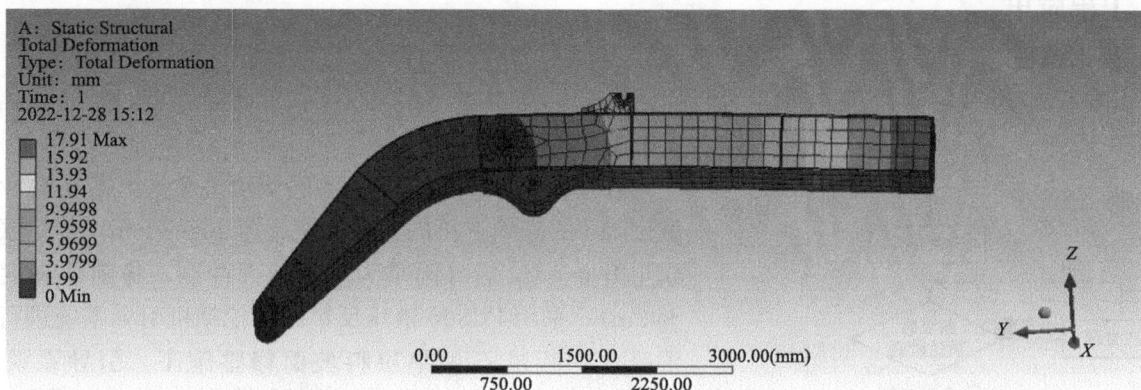

图 9 形变仿真计算

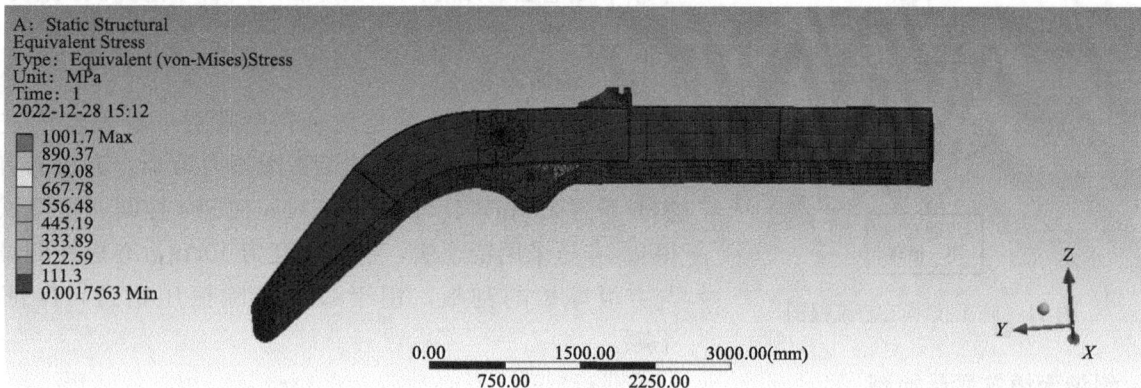

图 10 应力仿真计算

3. 夯击角度控制

通过控制变幅油缸可使导向大臂支架与待夯实斜坡面大致平行，再通过精确调整升降装置油缸控制位移套筒与夯板的角度，使其与弧形待夯斜坡面完全平行。夯板与套筒采用升降油缸连接，一方面能够减少夯击作业过程中导向大臂的振动，另一方面能够使该装置根据施工现场实际情况自动调节夯板角度、高度，增强工况适应性。

4. 夯击位置控制

根据导向大臂设计结构尺寸，夯板能够伸出斜坡面的距离为 4m，导向大臂为单梁式结构，采用MGE 板导向，调整夯击位置时，控制伸缩油缸驱动套筒在导向大臂上移动，作业过程中只需提前设定搭接宽度数值,夯击位置即可由激光测距仪传感器、自动控制装置联合控制,精确移动至下一处待夯面。

5．液压夯板

导向大臂下方为液压夯板,夯板宽度为1m,长度为2.5m,夯板四边均进行翻边处理,采用两个振动电动机并联驱动提供激振力,设计激振力9t。夯板外侧设置一个与夯板等长的刮板,用于坡面夯实过程中进行刮平处理。

2.2.2 液压系统设计

液控系统为原挖掘机液压系统的二次改造,在主阀上面增设先导阀组,为液压夯板提供主油路输出,控制端采用对驾驶室内部增设液控脚踏阀,实现操作人员在驾驶室内部对整体设备的手动控制,采用液压系统的二次改造,增设和保留液压油路可以提高整机协调性和稳定性。液压系统采用原机液压系统手柄驱动,伸缩油缸和振动电动机增加电磁控制。

2.3 工程应用

2.3.1 施工流程

面板堆石坝垫层料护坡施工技术工艺流程见图11。

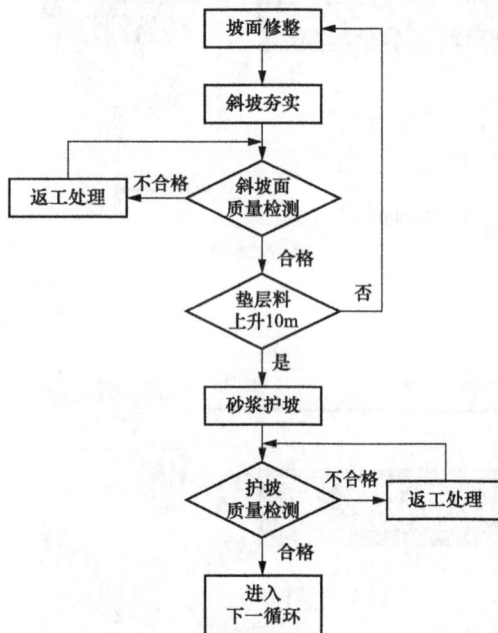

图 11 施工技术工艺流程图

2.3.2 坡面修整

在垫层料填筑施工中,为确保填筑质量,需在设计水平宽度3m的基础上再向上游加宽超填20～30cm,待垫层料填筑上升3～4m后(雨季为防止坡面冲刷,将削坡高度调整至2m),采用PC300液压反铲配合挖掘机引导系统进行弧形混凝土面板堆石坝垫层料坡面修整施工,引导系统采用GNSS高精度定位技术和惯导倾斜传感技术,通过实时计算,得出挖掘机铲斗斗尖三维坐标,同时将计算成果反馈至车载平板电脑,结合三维设计图纸,引导挖掘机操作手进行垫层料上游斜坡面修坡作业。

2.3.3 斜坡夯实

采用垫层料斜坡面连续夯击装置对上游斜坡面进行压实,垫层料斜坡面连续夯击装置激振力为9t,夯板的有效夯实面积为2.5m×1.0m,夯击时间按90s控制(碾压试验获得)。夯压采用错距法,搭接宽度为10cm,夯板外侧设一个与夯板等长的刮板,用于最后消除振压错迹,保证坡面平顺。

2.3.4 斜坡面填筑质量检测

垫层料修坡、碾压结束后,按照规范要求进行随机挖坑取样试验。试验主要检测垫层料填筑的干密度、颗粒级配、含水率和渗透系数。干密度检测采用灌砂法;颗粒级配检测采用筛析法;含水率检测采用烘干法;渗透系数采用原位渗透法。

2.3.5 斜坡面返工处理措施

当压实度检测不合格时在周围范围内加密检测,找出压实不合格范围,然后根据试验结果对不合格区域进行补压,补压采用垫层料斜坡面连续夯击装置;当级配检测不合格时在周围范围内加密检测,找出级配不合格区域,然后按单层铺填厚度将该区域内坝料挖除,做不合格料处理,重新施工;直至各项参数均满足设计要求,经验收通过后,方可进行下一循环施工。

2.3.6 砂浆护坡

为有效控制砂浆喷护面的平整度,防止其侵占面板混凝土结构,需在每次作业喷护范围内增设厚度标识，厚度标识采用直径为 8mm 的光圆钢筋，在幅宽中部纵向加密布设，每间隔 6m 增设一处。对于弧形段厚度标识按双排梅花型间排距 5m 布置。直线段条带幅宽按 12m 控制，弧线段条带幅宽按 10m 控制。

斜坡面验收合格后，将螺杆空气压缩机、液压湿喷机等设备运至施工区域，喷射砂浆护坡前先将坡面松散细料自上而下清扫干净，并保证基面润湿，如坡面较为干燥需进行淋水润湿后再开始喷护。喷护自下而上按分副分片规划依次进行，通过高压钢丝软管经喷嘴均匀地将 M5 砂浆喷洒在垫层料上游坡面上，分两次喷护至设计要求 5cm 厚。

2.3.7 护坡质量检测

按照技术要求，垫层料上游斜坡保护的喷射砂浆强度指标为 M5，在喷护施工过程中应按规范要求的频次、项目进行"喷大板"取样检测；采用随机取芯法对已施工完成的喷射砂浆护坡进行厚度检测；采用全站仪对已施工完成的喷射砂浆护坡进行平整度检测。

2.3.8 护坡返工处理措施

当强度检测不合格时，应找出不合格范围，然后将该区域内砂浆护坡挖除，重新施工；当厚度检测不合格时，应找出不合格范围，然后对该区域进行补喷施工；当平整度检测不合格时，对高于设计体型部位进行打磨至设计体型，对低于设计体型部位进行补喷至设计体型；直至各项参数均满足设计要求，经验收通过后，方可进行下一循环施工。

3 结论

依托五岳抽水蓄能电站上水库工程项目的建设，对斜坡面精准修坡施工技术、斜坡面压实及护坡施工技术进行了系统的研究，总结了面板堆石坝垫层料护坡施工技术并成功实践应用，得出以下结论。

（1）挖掘机引导控制系统利用北斗高精度定位获取厘米级定位值，结合挖掘机机械模型及位于车体上的传感器实时计算出挖掘机铲斗斗尖的三维坐标，并将坐标信息实时传输到驾驶室的控制箱中，与三维设计数据对比，计算出当前施工面与设计面的高差，并以图形、数值和光靶指示等多种方式引导操作手精确施工。经实测系统能够将平面精度控制在 ±2cm，高程精度控制在 ±3cm。

（2）垫层料斜坡面压实装置设置夯击时间为 90s，启动夯击动力开关及自动控制系统后由液压马达提供激振力进行压实作业，由激光测距仪传感器控制夯板搭接宽度为 10cm，每完成 90s 夯击后通过自动控制系统沿导向大臂移动夯板至下一区域进行作业。经实测采用垫层料斜坡面压实装置进行施工，将垫层料斜坡面压实平均每单元所需施工时间由 118min 降低至 91.7min，且垫层料压实后孔隙率均小于 17%，施工质量满足设计要求。

（3）喷射砂浆护坡施工的喷射角度为 80°~90°，喷射距离为 1.0~1.2m，风压为 0.3~0.4MPa，一次喷射厚度为 2.5cm 时，喷面平整，无波型、砂浆密实度较好，无孔隙，回弹量为 4.2%~4.6%，回弹量较小。

本文总结了复杂结构体型面板堆石坝垫层料护坡工程施工过程中面临的重难点，并对面板堆石坝垫层料护坡施工技术进行了概述，归纳出适用于垫层料护坡施工的先进技术和设备，对类似工程项目的建设起到一定指导和借鉴作用。

参考文献

[1] 巫世奇，张正勇，梁韶辉. 阿尔塔什大坝垫层料填筑施工质量控制 [J]. 水力发电，2018，44（2）：71-73.

[2] 李振谦，李乾刚，曹巧玲. 阿尔塔什高面板堆石坝施工技术研究 [J]. 四川水力发电，2020，39（3）：1-6，74.

[3] 朱双儒. 抽水蓄能电站工程中混凝土面板堆石坝施工技术研究 [J]. 科技风，2021，44（2）：120-122.

[4] 尹继瑶，梁凤英. 压实技术与压实机械的新发展 [J]. 工程机械与维修，2001，31（10）：42-45.

[5] DL/T 5128—2021，混凝土面板堆石坝施工规范. [S]. 北京：中国电力出版社，2021.

[6] 阙文丽. 高降雨地区大坝垫层料施工质量分析及解决措施 [J]. 四川建材，2018，44（11）：201-202.

[7] 杨胜品，任伸. 喷素混凝土护面在鸡鸠水库大坝坝前斜坡垫层防护中的应用 [J]. 广西水利水电，2018（5）：35-38.

作者简介：

谢鹏飞（1996—），男，湖北浠水，本科，助理工程师，主要从事施工技术管理工作。E-mail：981495911@qq.com

六 地下储能技术研究

废弃油气藏酸气回注气体运移规律研究

张晓艳[1,2,3]，雷显阳[1]，蒋　磊[1]，李　琦[2,3]，汪　轮[1,4]，魏晓琛[5]

（1. 中国电建集团华东勘测设计研究院有限公司，浙江杭州　311122；

2. 中国科学院武汉岩土力学研究所，岩土力学与工程国家重点实验室，湖北武汉　430071；

3. 中国科学院大学，北京　100049；4. 浙江华东工程咨询有限公司，浙江杭州　311122；

5. 西南石油大学，四川成都　610500）

【摘　要】　酸气回注作为酸气处理的最有效技术之一，已在全球范围内广泛应用。本文基于多组分多相流体运移模型，研究由不同 H_2S 浓度引起的酸气密度、黏度和溶解度的变化对酸气羽流迁移的影响。结果表明：由不同 H_2S 浓度引起的气相密度和黏度的变化对酸气羽流迁移的影响不大。然而，H_2S 与 CO_2 的溶解度对酸气羽流迁移的影响很大，由于 H_2S 的溶解度大于 CO_2 溶解度，随着酸气中 H_2S 浓度的增加，气相流体的水平运移距离减小。随着注入酸气中 H_2S 浓度的增大，酸气的自由气质量减小，溶解封存量增大，残余封存量减小；CO_2 的自由气量、溶解封存量和残余封存量均减小；H_2S 的自由气量、溶解封存量和残余封存量均增大。H_2S 浓度对酸气回注过程中 CO_2 和 H_2S 的混合气体运移的影响显著。

【关键词】　酸气回注；H_2S 浓度；密度；黏度；溶解度；CO_2-H_2S 混合气体运移

0　引言

以二氧化碳（CO_2）为主的温室气体排放导致的一系列全球气候变化已成为人类共同面临的重大问题。CO_2 捕集与封存（Carbon Capture and Storage，CCS）是减少大气中 CO_2 浓度的重要措施之一[1-3]。特别是在酸性油气藏的大规模开发与利用中，为得到商品天然气需对原料气进行脱硫处理，由此产生了大量含二氧化碳（CO_2）和硫化氢（H_2S）的酸性废气[4-5]。酸气回注，即将含 CO_2 和 H_2S 的酸气注入地层，能够实现碳硫零排放，缓解硫磺供需矛盾，降低酸雨发生频次，已经成为酸气处理的最有效技术之一[6-8]。目前，全球共有 85 个酸气回注工程，大多数分布在加拿大和美国[9-10]。在油气资源丰富的地区，如里海、卡塔尔、阿布扎比、冰岛和波兰也正在开展酸气回注项目[11-15]。此外，中国的首个酸气回注项目正处于可行性研究阶段[16]。现有酸气回注工程中，酸气中 H_2S 浓度在 2%～83% 范围内。酸气中 H_2S 浓度会影响 CO_2-H_2S 混合气体的密度、黏度和溶解度[17-20]，进而会影响 CO_2-H_2S 的运移规律及封存效率[21-23]。因此，研究酸气回注中 H_2S 浓度对 CO_2-H_2S 混合气体运移规律的影响有重要意义。

关于 CO_2-H_2S 混合气体在地层中的迁移规律，现有研究均将 H_2S 作为非纯净 CO_2 地质封存中的杂质气体，分析 H_2S 杂质对 CO_2 地质封存的影响，包括 CO_2 和 H_2S 的分离现象，以及 H_2S 杂质对 CO_2 封存能力的影响。BACHU 和 BENNION[17]进行了一系列实验，发现管口处逸出气体中出现 CO_2 和 H_2S 之间存在时间差，且注入流体中 H_2S 的比例越高，时间差越小。BACHU 等[18]通过数值模拟重现实验结果，并进行敏感性分析，发现渗透率、压力梯度、弥散、气体流动性和流动方向均会影响 CO_2 和 H_2S 的分离现象。ZHENG 等[24]模拟 CO_2 和 H_2S 共同注入深部咸水层，结果表明 CO_2 和 H_2S 混合物沿泄漏通道运移至上覆含水层时，CO_2 和 H_2S 的到达时间之间存在延迟。同样地，ZHANG 等[25]研究碳

基金项目：国家自然科学基金资助项目（41872210，41274111，51809220）；中国博士后科学基金第 74 批面上资助项目（2023M743310）

酸盐岩和砂岩储层中共同注入 CO_2 和 H_2S，同样发现 CO_2 和 H_2S 的分离现象。此外，他们还发现含铁硅质碎屑和碳酸盐的存在更有利于 H_2S 的矿物捕集。因此，与纯 CO_2 注入相比，H_2S 杂质的存在降低了 CO_2 的溶解和矿物封存。LI 和 JIANG[19] 研究了分层地层中 H_2S 杂质对 CO_2 封存的影响，结果表明随着 H_2S 浓度的增大，气相流体的水平运移距离略微减小，CO_2 的溶解封存量减小。

在非纯净 CO_2 地质封存中，H_2S 作为杂质气体，其浓度不超过 10％。然而，在酸气回注中 H_2S 浓度高达 83％。由于 H_2S 在咸水中的溶解度大于 CO_2，H_2S 浓度增大会使多孔介质中的水更快地饱和 CO_2-H_2S 混合气体，从而导致 CO_2 和 H_2S 更早突破[17]。此外，还未有研究分析由酸气中不同 H_2S 浓度引起的 CO_2-H_2S 混合气体的密度、黏度和溶解度的变化如何影响 CO_2-H_2S 混合气体运移。

酸气/咸水/岩石系统的相对渗透率和毛管力是预测酸气运移过程的关键，而酸气中 H_2S 浓度会影响酸气/咸水/岩石系统的界面性质，包括表面张力和润湿性，从而进一步影响酸气/咸水/岩石系统的相对渗透率和毛管力[26]。SHAH 等[7] 和 BROSETA 等[27] 研究了在酸气（CO_2 和 H_2S）存在的情况下，从法国 Rousse 枯竭气田盖层钻取的"真实"碳酸盐岩的润湿性，该盖层样品的主要成分为方解石（约 70％）、石英（13％）、绿泥石（10％）和伊利石/云母（4.5％）。研究结果表明，H_2S/咸水/碳酸盐岩体系中岩石与水之间的接触角与 CO_2/水/碳酸盐岩体系基本相同，与 CO_2 相比，H_2S 几乎不改变碳酸盐岩的润湿性。此外，AL-KHDHEEAWI 等[28 30] 指出在没有实验测量的情况下，可以根据现有实验数据建立不同润湿性条件下酸气的相对渗透率和毛管力曲线。因此，在碳酸盐岩中，H_2S 浓度不影响相对渗透率和毛管力曲线。

因此，本文首先利用 CMG-GEM 数值模拟器模拟深部咸水层 CO_2 和 H_2S 共同注入的分离现象，验证模型的可靠性。然后研究碳酸盐岩储层中，不同 H_2S 浓度下密度和黏度、溶解度对 CO_2-H_2S 混合气体运移的影响，以及气相中 CO_2 和 H_2S 的迁移分布，并分析酸气中 H_2S 浓度对酸气封存量的影响。这方面研究将为我国未来的碳封存以及碳中和目标产生重要意义。

1 数值模型

1.1 概念模型

现有研究中，仅有 SHAH 等[7] 和 BROSETA 等[27] 对 Rousse 枯竭气田的碳酸盐岩盖层的接触角进行测量，而酸气/咸水/岩石系统的润湿性取决于 H_2S 浓度、热物理条件和岩石矿物成分。因此，本模拟选取与 Rousse 碳酸盐岩矿物成分相似的法国 Paris 盆地 Dogger 咸水层的碳酸盐岩储层[31] 作为目标储层，探讨了不同 H_2S 浓度下 CO_2-H_2S 混合气体的运移规律。该碳酸盐岩储层的主要成分为方解石（约70％）、白云石（10％）和伊利石（5％）。法国 Paris 盆地有大量地热含水层，Dogger 碳酸盐岩储层是巴黎地区开发的主要地热含水层。

本研究中将碳酸盐岩储层概化为厚度为 20m 的单一均质储层，如图 1 所示，碳酸盐岩储层的尺寸为 12000m×12000m×20m，位于地下 3000～3020m 的埋深区域。注入井位于模型区域中心，半径为 0.2m。由于模型为轴对称模型，为提高计算效率，本模拟选取碳酸盐岩储层的 1/4 进行模拟，分析酸气注入后 CO_2-H_2S 的运移规律及封存演化过程。

模型尺寸为 6000m×6000m×20m，在垂直方向上等间距剖分为 8 层，水平方向上等间距剖分为 200×200 个网格，每个单元格的尺寸为 30m×30m×2.5m。假设碳酸盐岩储层的上覆和下伏地层封闭性优异，不进行热量和能量的交换，模型的上下边界设置为封闭边界。离注

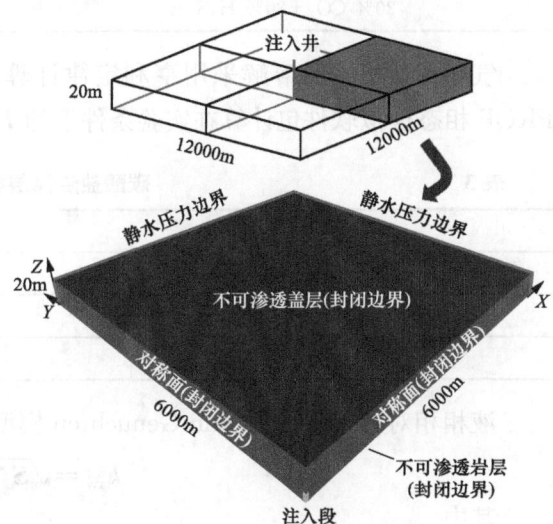

图 1　碳酸盐岩储层酸气回注概念模型示意图

入井 6000m 处的最外层边界设置为静水压力边界。另外，两个边界均设置为封闭边界来表示对称面。

酸气在注入井底部（注入部分厚度为 2.5m）以恒定速率 40m³/天注入 10 年，停止注入后模拟时间为 40 年。其中，注入的酸气为不同摩尔分数的 CO_2-H_2S 混合气体。本文中研究了四组不同的 CO_2-H_2S 组合的情况：100% CO_2，80% CO_2＋20% H_2S，50% CO_2＋50% H_2S 和 20% CO_2＋80% H_2S。

1.2　参数设置

数值模型中采用的水文地质学参数与 ANDRÉ 等[31]相同，见表 1。储层温度设置为 75℃，采用等温条件，3010m 深度处的储层压力设置为 18000kPa。储层的平均孔隙度为 0.12，渗透率为 100mD。储层中水在中等矿化水 5g·$kg_{H_2O}^{-1}$（咸水层南部）～强矿化水 35g·$kg_{H_2O}^{-1}$（咸水层东部）之间，在本研究区域范围内，假设含水层为中等矿化水，即矿化度为 5g·$kg_{H_2O}^{-1}$。由于本文的研究目的是分析碳酸盐岩储层中，不同 H_2S 浓度下密度和黏度、溶解度对 CO_2-H_2S 混合气体运移的影响，以及气相中 CO_2 和 H_2S 的迁移分布，并分析酸气中 H_2S 浓度对酸气封存量的影响，因此不考虑咸水的矿化度和成分、酸气吸附以及酸气注入后的地球化学反应的影响。

表 1　碳酸盐岩储层水文地质学参数

参数	取值	参数	取值
温度（℃）	75	垂直与水平渗透率比	0.1
压力（kPa）	18000	储层顶部深度（m）	−3000
孔隙度	0.12	储层底部深度（m）	−3020
水平向渗透率（mD）	100	初始水饱和度（%）	100

在 CMG-GEM 数值模拟器中，气相密度采用 Peng-Robinson 状态方程[32]计算；液相密度采用 Rowe 和 Chou 关系式[33]计算；气相黏度采用 Jossi、Stiel 和 Thodos 公式[34]计算；液相黏度采用 Kestin 公式[35]计算，计算结果见表 2。

表 2　碳酸盐岩储层模型中流体性质

注入酸气的气体组成	气相密度（kg·m^{-3}）	液相密度（kg·m^{-3}）	气相黏度（Pa·s）	液相黏度（Pa·s）
100% CO_2	252.3	1008.6	$2.42×10^{-5}$	$3.80×10^{-4}$
80% CO_2＋20% H_2S	241.6	1008.6	$2.37×10^{-5}$	$3.80×10^{-4}$
50% CO_2＋50% H_2S	226.2	1008.6	$2.29×10^{-5}$	$3.80×10^{-4}$
20% CO_2＋80% H_2S	211.3	1008.6	$2.20×10^{-5}$	$3.80×10^{-4}$

气相在液相中的溶解采用亨利定律计算，为了计算 CO_2 和 H_2S 在液相中的溶解度，使用 WIN-PROP 相态模拟软件包计算在实验条件下的 H_i^* 和 $V_i^∞$，计算结果见表 3。

表 3　碳酸盐岩储层模型中 CO_2 和 H_2S 的亨利常数

亨利常数	CO_2	H_2S
H_i^*（kPa）	$4.37×10^6$	$8.07×10^5$
p_{ref}（kPa）	$1.00×10^4$	$1.00×10^4$
$V_i^∞$（L/mol）	$3.61×10^{-2}$	$3.57×10^{-2}$

液相相对渗透率根据 Van Genuchten 模型[36]计算，计算公式为

$$k_{rw} = \sqrt{S^*}\{1-(1-[S^*]^{1/\lambda})^\lambda\}^2 \tag{1}$$

其中

$$S^* = (S_w - S_{wr})/(S_{ws} - S_{wr}) \tag{2}$$

气相相对渗透率根据 Corey 模型[37]计算，计算公式为

$$k_{rg} = (1 - \hat{S})^2 (1 - \hat{S}^2) \tag{3}$$

其中

$$\hat{S} = (S_w - S_{wr})/(S_w - S_{wr} - S_{gr}) \tag{4}$$

毛管力根据 Van Genuchten 模型[36]计算，计算公式为

$$p_{cap} = p_0 ([S^*]^{-1/\lambda} - 1)^{1-\lambda} \quad 0 \leqslant p_{cap} \leqslant p_{max} \tag{5}$$

式中：λ 为指数；k_{rw} 为液相相对渗透率；k_{rg} 为气相相对渗透率；S_w 为液相饱和度；S_{wr} 为残余水饱和度；S_{ws} 为最大水饱和度；S_{gr} 为残余气饱和度；p_{cap} 为毛管力；p_0 为强度系数；p_{max} 为毛管力最大值。

相对渗透率和毛管力曲线取自 ANDRÉ 等[31]，式（1）～式（5）中的指数 λ 取值为 0.6，残余水饱和度 S_{wr} 取值为 0.20，最大水饱和度 S_{ws} 取值为 0.95，残余气饱和度 S_{gr} 取值为 0.05，强度系数 p_0 取值为 54kPa，毛管力最大值 p_{max} 取值为 10000kPa，计算结果如图 2 和图 3 所示。

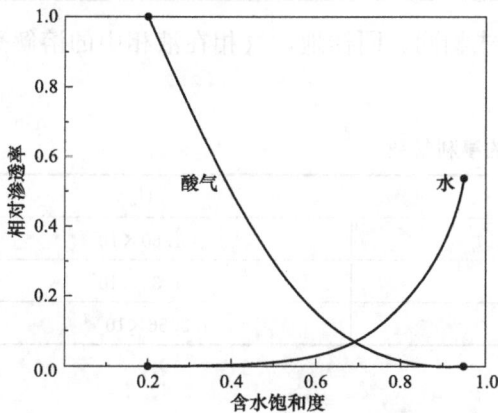

图 2　酸气-水-碳酸盐岩体系中气水相对渗透率曲线　　　　图 3　碳酸盐岩储层的毛管力曲线

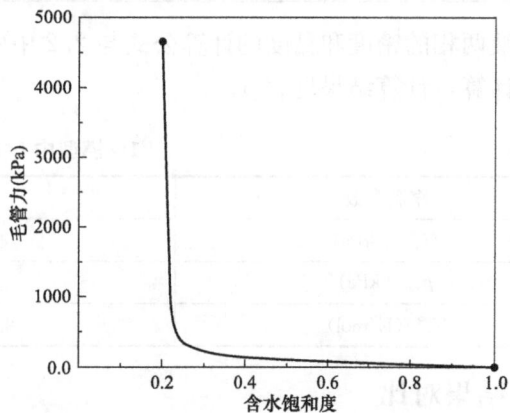

2　模型验证

2.1　模型建立

为了验证 CMG-GEM 数值模拟器对于酸气回注中多组分多相流体流动刻画的可靠性，本文利用模拟器对深部咸水层 CO_2 和 H_2S 共同注入的分离现象进行模拟，并与 BACHU 等[18]的数值模拟结果及 BACHU 和 BENNION[17]的实验结果进行了对比验证。在 BACHU 和 BENNION[17]的实验中，CO_2 和 H_2S 的动态分离实验是在由哈氏合金制成的高压圆管中进行。圆管的长度为 24.38m，内径为 0.775cm，管横截面积为 0.471cm²。该管中充满了 200 目的石英砂，孔隙体积为 424.68cm³。

本文将该圆管简化为一维水平径向模型，在水平方向上等间距剖分为 500 个网格，垂直方向上剖分为 1 层。在模型的左侧边界设置注入井来控制驱替速率，右侧设置生产井来模拟定压边界条件。CO_2-H_2S 混合气体中 CO_2 和 H_2S 的摩尔分数分别为 98% 和 2%。CO_2-H_2S 混合气体的注入速率为 7.5cm³/h，模拟时间为 6 天。一维水平径向模型示意图如图 4 所示。

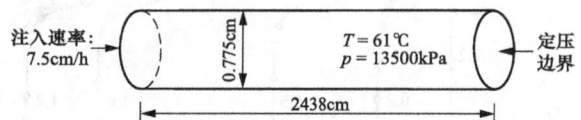

图 4　一维水平径向模型示意图

2.2　参数设置

模拟中采用的水文地质参数与 BACHU 等[18]相同，见表 4。模型的孔隙度和渗透率分别为 0.37 和 5915 mD。对于孔隙度和渗透率都很高的疏松砂岩，驱替是重力稳定的，毛管效应可以忽略[17]。因此，将毛管力大小设置为 0。渗透率的计算采用 Corey 提出的模型[37]，计算公式为

$$k_{rw} = k_{rw0} \left(\frac{S_w - S_{wr}}{1 - S_{wr}} \right)^m \tag{6}$$

$$k_{rg} = k_{rg0} \left(\frac{S_g - S_{gr}}{1 - S_{gr} - S_{wr}} \right)^n \tag{7}$$

式中：k_{rw0} 为液相端点相对渗透率；k_{rg0} 为气相端点相对渗透率；m 为液相幂指数；n 为气相幂指数。

表 4   **1D 模型水文地质学参数**

参数	取值	参数	取值
温度（℃）	61	残余气饱和度 S_{gr}	0.0
压力（kPa）	13500	液相端点相对渗透率 k_{rw0}	1.0
孔隙度	0.37	气相端点相对渗透率 k_{rg0}	0.3
渗透率（mD）	5915	液相幂指数 m	2.0
残余水饱和度 S_{wr}	0.1	气相幂指数 n	1.5

气液两相的密度和黏度的计算公式与 2.2 中的计算公式相同。同样地，气相在液相中的溶解采用亨利定律计算，计算结果见表 5。

表 5   **1D 模型中 CO_2 和 H_2S 的亨利常数**

亨利常数	CO_2	H_2S
H_i^*（kPa）	4.50×10^5	1.60×10^5
p_{ref}（kPa）	1.35×10^4	1.35×10^4
V_i^∞（L/mol）	3.52×10^{-2}	3.56×10^{-2}

2.3 结果对比

图 5 给出了不同时刻气相饱和度分布，图 6 给出了管出口处逸出气体成分的演化。由图 5 可看出，气相到达管出口处的时间大约是 1.3 天，与 BACHU 等[18]的数值模拟结果非常吻合。由图 6 可看出，CO_2 和 H_2S 共同注入的分离现象几乎与 BACHU 等[18]的数值模拟结果一致。本文与 BACHU 等[18]的结果略有不同的原因可能是由于计算流体的密度和黏度时采用了不同的关系式。尽管如此，本文模型对于描述酸气注入后的运移过程是正确可靠的。

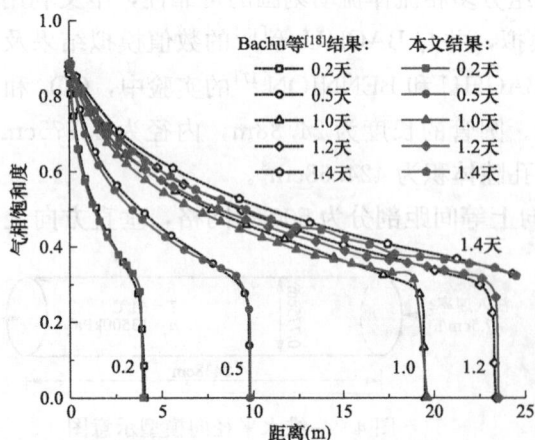

图 5   不同时刻的气相饱和度分布   图 6   管出口处逸出气体成分的演化

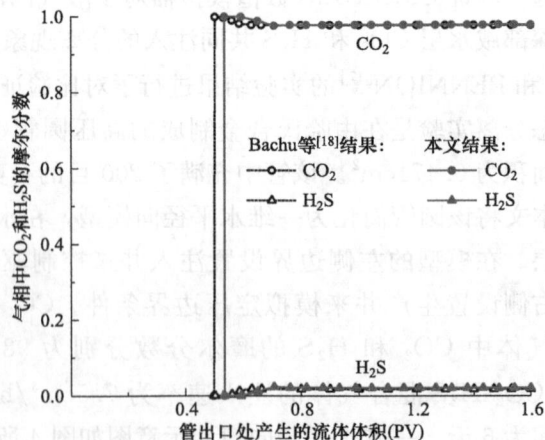

3 气相饱和度的时空演化

由表 2 可知，酸气中 H_2S 浓度影响气相流体性质，随着 H_2S 浓度的增大，气相（CO_2-H_2S 混合气体相）密度和黏度均减小。由表 3 可知，CO_2 的亨利常数是 H_2S 亨利常数的 5.4 倍，表明在 CO_2 和 H_2S 逸度相等，即浓度相同的条件下，H_2S 的溶解度是 CO_2 溶解度的 5.4 倍。

为了分析酸气回注中不同 H_2S 浓度对酸气羽流迁移的影响，首先不考虑 CO_2 和 H_2S 的溶解，研究气相密度和黏度的共同作用对酸气羽流迁移的影响；其次，考虑 CO_2 和 H_2S 的溶解度不同，研究气相密度、黏度和溶解度的共同作用，即不同 H_2S 浓度对酸气羽流迁移的影响，计算算例见表 6。

表 6 计算算例

模拟情况	注入酸气的气体组成	影响因素		
		密度	黏度	溶解度
气相密度和黏度的共同作用	100% CO_2	√	√	×
	80% CO_2+20% H_2S	√	√	×
	50% CO_2+50% H_2S	√	√	×
	20% CO_2+80% H_2S	√	√	×
气相密度、黏度和溶解度的共同作用（即不同 H_2S 浓度的影响）	100% CO_2	√	√	√
	80% CO_2+20% H_2S	√	√	√
	50% CO_2+50% H_2S	√	√	√
	20% CO_2+80% H_2S	√	√	√

图 7 所示为不同 H_2S 浓度的酸气回注中，酸气注入 10 年后，气相密度和黏度的共同作用下气相饱和度分布。图 8 所示为不同 H_2S 浓度的酸气回注中，气相密度和黏度的共同作用下气相流体的水平运移距离。酸气中 H_2S 浓度对气相流体的水平运移距离的影响不大。当酸气中 H_2S 浓度为 0%、20%、50% 和 80% 时，气相流体的水平运移距离分别为 840m、840m、870m 和 870m。

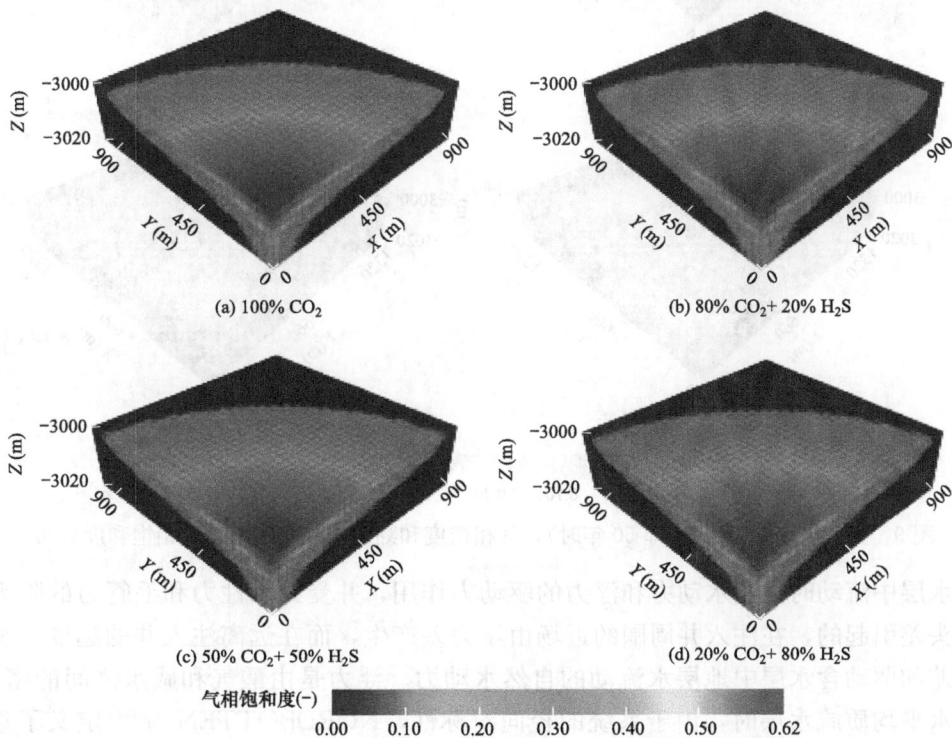

图 7 酸气注入 10 年后，气相密度和黏度的共同作用下气相饱和度分布

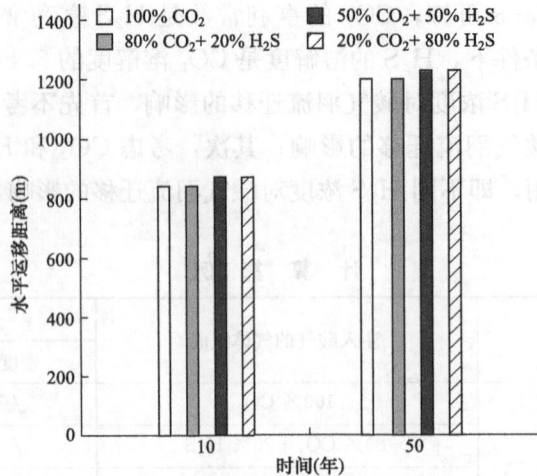

图 8　不同 H_2S 浓度的酸气回注中，气相密度和黏度的共同作用下气相流体的水平运移距离

图 9 所示为不同 H_2S 浓度的酸气回注中停止注入 40 年后（即 50 年时），气相密度和黏度的共同作用下，气相饱和度分布。由图 8 和图 9 可见，酸气中 H_2S 浓度对气相流体的水平运移距离影响不大。酸气中 H_2S 浓度为 0% 和 20% 时，气相流体的水平运移距离为 1200m。酸气中 H_2S 浓度为 50% 和 80% 时，气相流体的水平运移距离为 1230m。

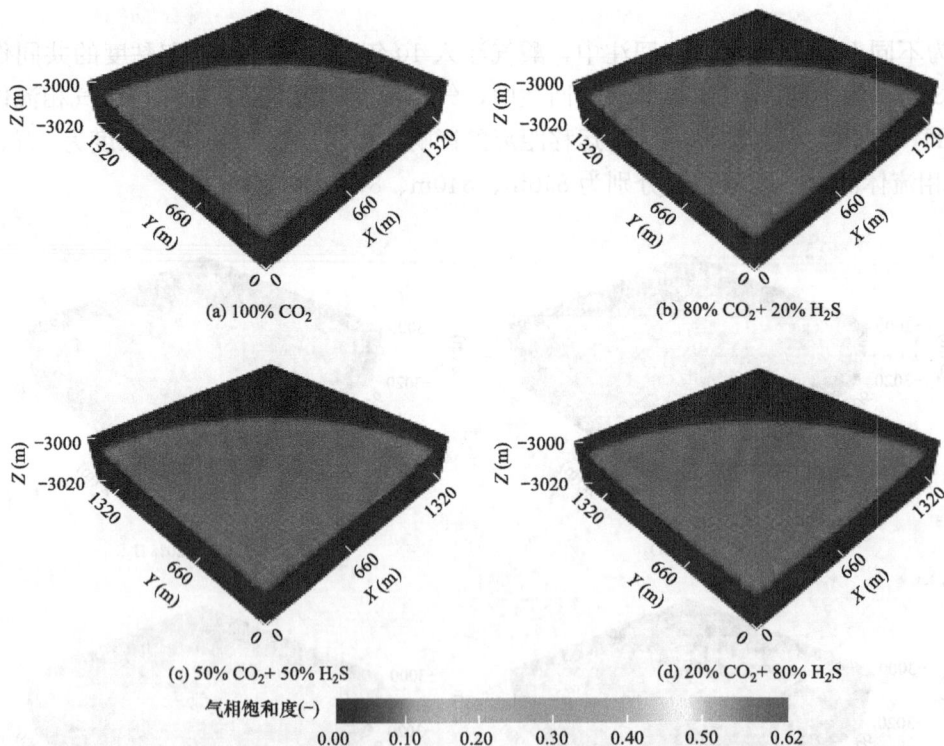

图 9　停止注入 40 年后（即 50 年时），气相密度和黏度的共同作用下气相饱和度分布

酸气在咸水层中流动时受到水动力和浮力的驱动力作用，并受到黏性力和毛管力的阻力作用。水动力通常是由水头差引起的，在注入井周围的近场由压力差产生，而在远离注入井的远场，水动力包括注入引起的压力差和驱动含水层中地层水流动的自然水动力。浮力是由酸气和咸水之间的密度差引起的。酸气单井注入水平均质咸水层时，由于系统的径向对称性，NORDBOTTEN 等[22]定义了重力数 Γ，表示浮力与黏性力之比，即

$$\Gamma = \frac{2\pi\Delta\rho g k \lambda_w H^2}{Q} \tag{8}$$

式中：$\Delta\rho$ 为储层条件下气体与咸水间的密度差，$kg \cdot m^{-3}$；g 为重力常数，等于 $9.8m \cdot s^{-2}$；k 为咸水层的渗透率，m^2；H 为咸水层的厚度，m；Q 为注入速率，$m^3 \cdot s$；λ_w 为咸水的流度，$1 \cdot (Pa \cdot s)^{-1}$。

咸水的流度 λ_w 表示储层中流体的流动能力，流体的流动能力随流度的增加而增大。λ_w 为咸水的相对渗透率与黏度之比，计算公式为

$$\lambda_w = \frac{k_{rw}}{\mu_w} \tag{9}$$

式中：μ_w 为咸水的黏度，$Pa \cdot s$。

注入的酸气和咸水之间的密度和流动性差异导致重力超覆和黏性不稳定（指进），酸气上升到咸水层顶部并沿水平方向向外迁移[21,23]。当重力数较大时，由于相对较强的重力作用会形成重力舌，导致气体在注入后立即向上流动。与作用在气体上的浮力相比，黏性力相对较小，因此大部分水平流动发生在重力舌中。而当重力数较小（$\Gamma < 1$）时，黏性力占主导地位，气体在含水层下部也发生显著的水平流动。

表 7 给出了碳酸盐岩储层中注入不同 H_2S 浓度的酸气时的重力数。表 7 中显示，碳酸盐岩储层中注入不同 H_2S 浓度的酸气时的重力数 Γ 均较大（$\Gamma > 5$）。因此，酸气注入后立即向上流动，大部分水平流动发生在重力舌中（见图 7 和图 9）。

表 7 碳酸盐岩储层中注入不同 H_2S 浓度的酸气时的重力数

注入酸气的气体组成	重力数 Γ
100% CO_2	5.71
80% CO_2 + 20% H_2S	5.79
50% CO_2 + 50% H_2S	5.91
20% CO_2 + 80% H_2S	6.02

另外，从表 7 中还可看出，碳酸盐岩储层中注入不同 H_2S 浓度的酸气时的重力数 Γ 随着 H_2S 浓度的增大而略微增大。这是由于随着 H_2S 浓度的增大，气相密度减小，气体与咸水间的密度差增大。从图 7、图 8 和图 9 中可看出，酸气中 H_2S 浓度对气相流体的水平运移距离的影响不大，这说明，重力数 Γ 的略微增大对酸气羽流迁移的影响不明显。

图 10 所示为酸气注入 10 年后，气相密度、黏度和溶解度的共同作用，即不同 H_2S 浓度下气相饱

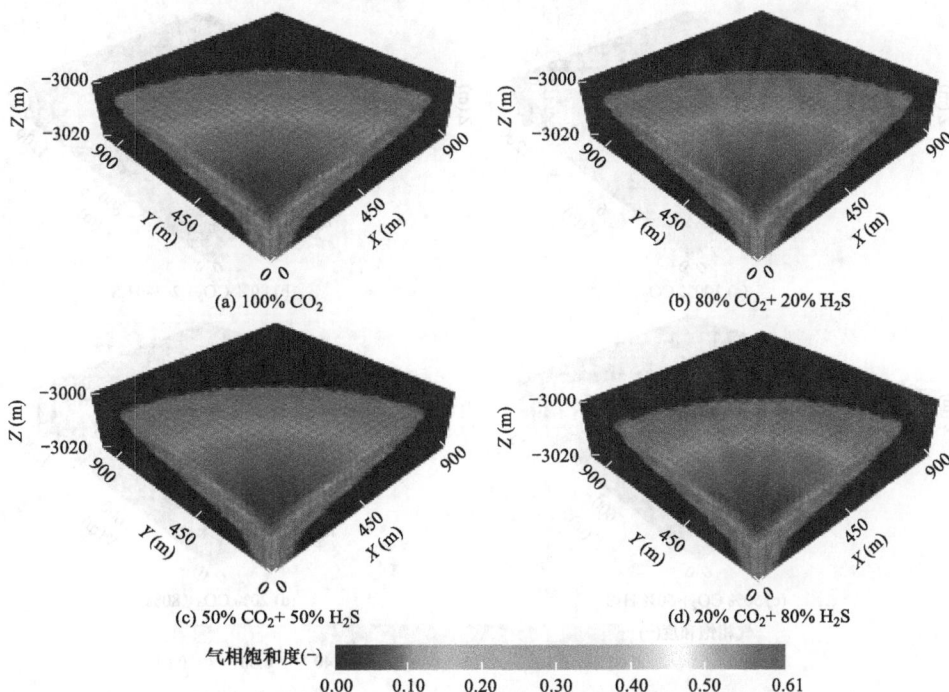

(a) 100% CO_2
(b) 80% CO_2 + 20% H_2S
(c) 50% CO_2 + 50% H_2S
(d) 20% CO_2 + 80% H_2S

气相饱和度(-)
0.00 0.10 0.20 0.30 0.40 0.50 0.61

图 10 酸气注入 10 年后，不同 H_2S 浓度下气相饱和度分布

度分布。图 11 所示为不同 H_2S 浓度下气相流体的水平运移距离。随着 H_2S 浓度的增加,气相流体的水平运移距离逐渐减小。在注入 10 年后,当酸气中 H_2S 浓度为 0%、20%、50% 和 80% 时,气相流体的水平运移距离分别为 780m、750m、720m 和 690m。

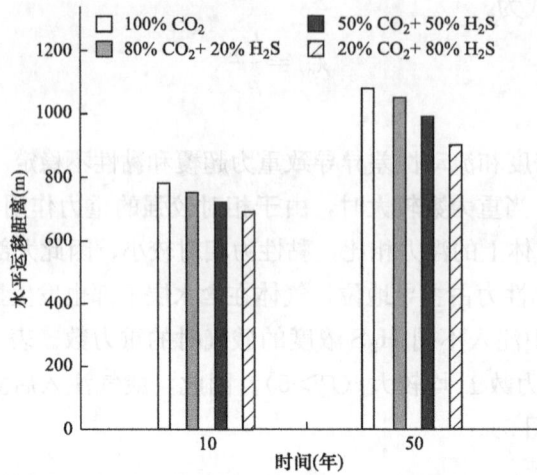

图 11 不同 H_2S 浓度下气相流体的水平运移距离

与图 7 和图 8 对比,可以看出注入 10 年后,H_2S 与 CO_2 的溶解度对气相流体的水平运移距离影响很大,且随着酸气中 H_2S 浓度的增大,气相流体的水平运移距离差异增大。当酸气中 H_2S 浓度为 0%、20%、50% 和 80% 时,与气相密度和黏度的共同作用下气相流体的水平运移距离相比,气相密度、黏度和溶解度的共同作用下气相流体的水平运移距离分别减小 60m、90m、150m 和 180m。这是由于 H_2S 的溶解度大于 CO_2 溶解度,随着酸气中 H_2S 浓度的增加,酸气的溶解量增大。

图 12 所示为酸气停止注入 40 年后(即 50 年时),气相密度、黏度和溶解度的共同作用下,即不同 H_2S 浓度下气相饱和度分布。由图 11 和图 12 可见,随着 H_2S 浓度的增加,气相流体的水平运移距离逐渐减小。在 50 年时,当酸气中 H_2S 浓度为 0%、20%、50% 和 80% 时,气相流体的水平运移距离分别为 1080m、1050m、990m 和 900m。

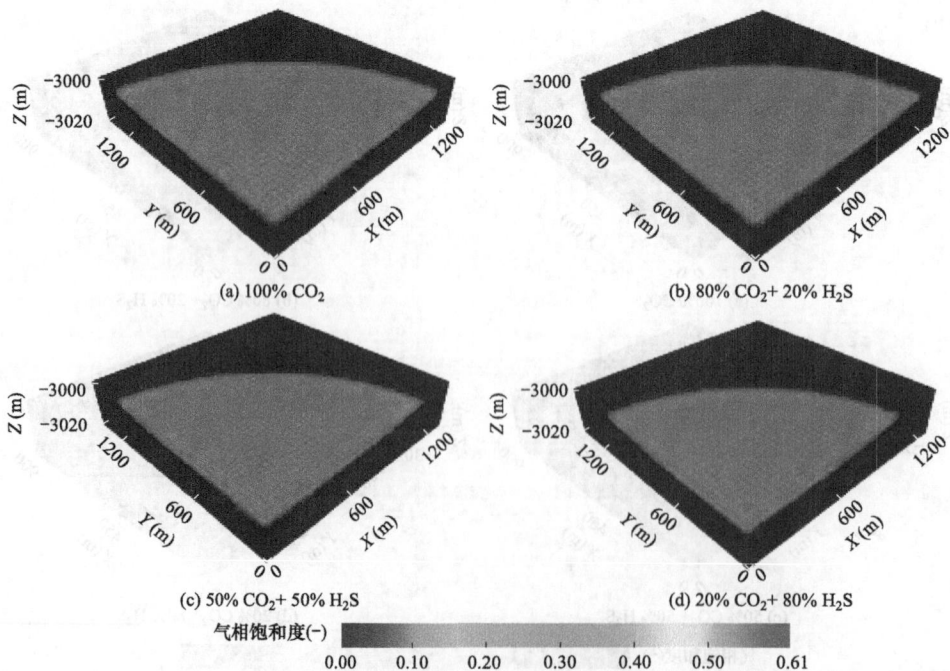

图 12 停止注入 40 年后(即 50 年时),不同 H_2S 浓度下气相饱和度分布

与图 8 和图 9 对比，可以看出在 50 年时，H_2S 与 CO_2 的溶解度对气相流体的水平运移距离影响很大，且随着酸气中 H_2S 浓度的增大，气相流体的水平运移距离差异增大。当酸气中 H_2S 浓度为 0%、20%、50% 和 80% 时，与气相密度和黏度的共同作用下气相流体的水平运移距离相比，气相密度、黏度和溶解度的共同作用下气相流体的水平运移距离分别减小 120m、150m、240m 和 330m。与前文的分析结果相同，由于 H_2S 的溶解度大于 CO_2 溶解度，随着酸气中 H_2S 浓度的增加，酸气的溶解量增大，导致气相流体的水平运移距离逐渐减小。

当酸气注入深部地层时，酸气侵占孔隙空间会导致储层压力增加。此外，注入酸气产生的压力梯度又会使酸气向前运移。以注入段上方 10m，即 3010m 深度处储层为监测点，分析不同 H_2S 浓度对储层压力变化的影响，结果见图 13。酸气注入后，随着 H_2S 浓度的增大，储层压力逐渐减小。这是由于 H_2S 的溶解度大于 CO_2 溶解度，随着酸气中 H_2S 浓度的增加，酸气的溶解量增大。

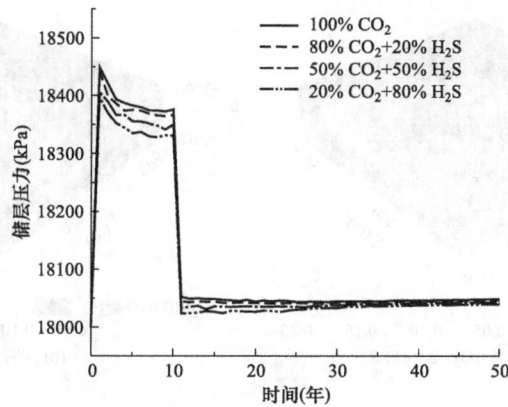

图 13　不同 H_2S 浓度下，3010 m 深度处的储层压力变化

综上所述，在碳酸盐岩储层酸气注入中，由不同 H_2S 浓度引起的气相密度和黏度的变化对酸气羽流迁移的影响不大。然而，H_2S 与 CO_2 的溶解度对酸气羽流迁移的影响很大，由于 H_2S 的溶解度大于 CO_2 溶解度，随着酸气中 H_2S 浓度的增加，气相流体的水平运移距离和储层中最大气相饱和度减小。因此，在碳酸盐岩储层注入过程中，气相流体的水平运移距离和储层中最大气相饱和度随酸气中 H_2S 浓度的增加而减小。

4　气相中 CO_2 和 H_2S 的迁移分布

图 14 和图 15 分别为不同 H_2S 浓度的酸气回注中，注入 10 年后气相中 CO_2 和 H_2S 的摩尔分数分布。随着 H_2S 浓度的增大，CO_2 和 H_2S 的分布范围略微减小。当酸气中 H_2S 浓度为 0%、20%、50% 和 80% 时，气相中 CO_2 的水平迁移距离分别为 810m、780m、750m 和 720m。当酸气中 H_2S 浓度为

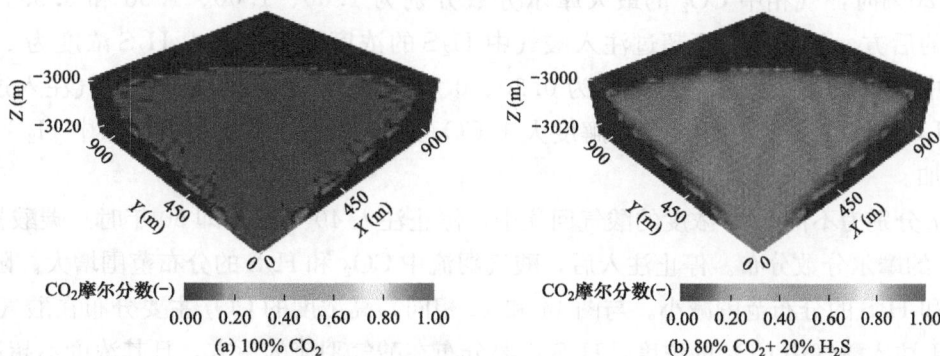

(a) 100% CO_2　　　　　　　　　　(b) 80% CO_2+ 20% H_2S

图 14　酸气注入 10 年后，不同 H_2S 浓度下气相中 CO_2 的摩尔分数分布 （一）

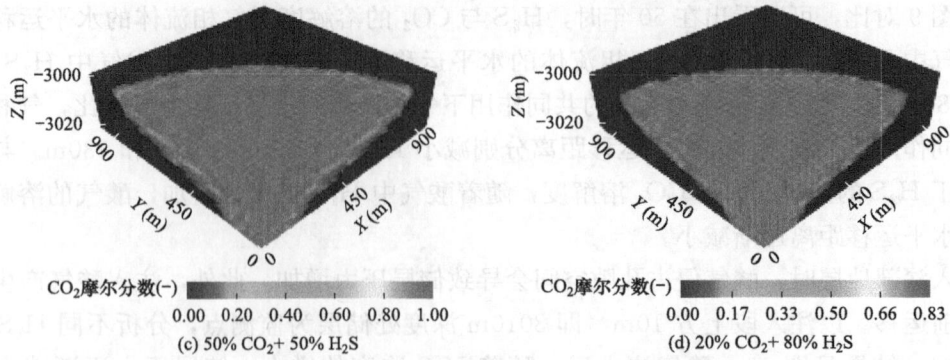

图 14　酸气注入 10 年后，不同 H_2S 浓度下气相中 CO_2 的摩尔分数分布（二）

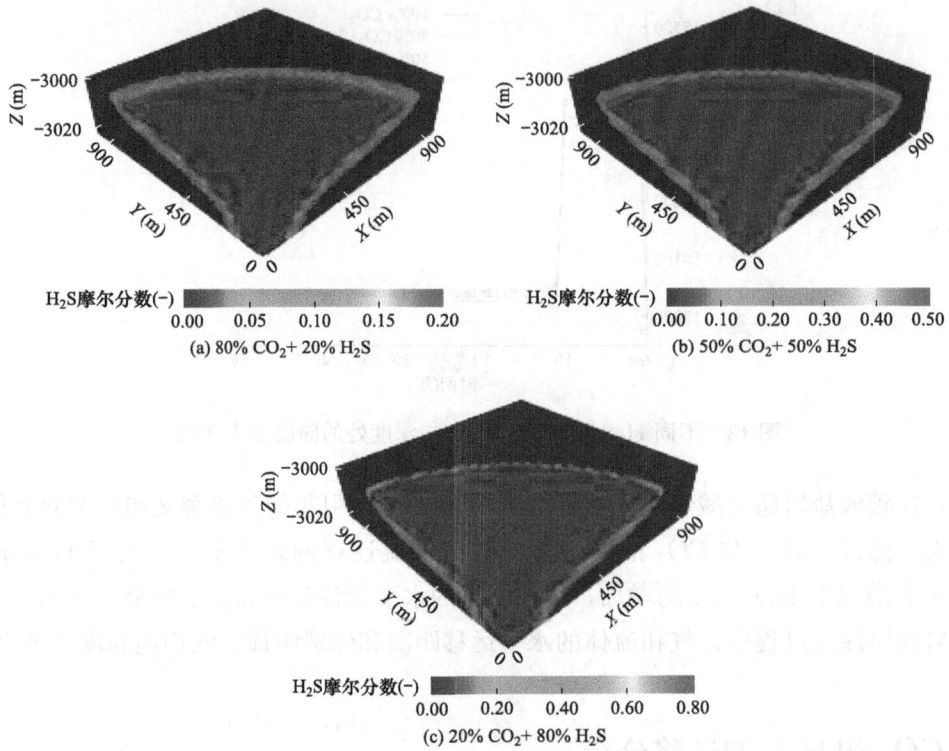

图 15　酸气注入 10 年后，不同 H_2S 浓度下气相中 H_2S 的摩尔分数分布

20%、50% 和 80% 时，气相中 H_2S 的水平迁移距离分别为 750m、720m 和 720m。高浓度的 CO_2 主要分布在酸气羽流的前缘，且其浓度远大于注入酸气中 CO_2 的浓度。当酸气中 CO_2 浓度为 100%、80%、50% 和 20% 时，气相中 CO_2 的最大摩尔分数分别为 1.00、1.00、1.00 和 0.83。H_2S 主要分布在酸气羽流的后方，且其浓度不超过注入酸气中 H_2S 的浓度。当酸气中 H_2S 浓度为 20%、50% 和 80% 时，气相中 H_2S 的最大摩尔分数分别为 0.20、0.50 和 0.80。这是由于在酸气注入过程中，气相中的 CO_2 和 H_2S 溶解在水中，而 H_2S 溶解度大于 CO_2 的溶解度，导致气相前缘中 H_2S 的浓度下降，CO_2 的浓度增加。

图 16 和 17 分别为不同 H_2S 浓度的酸气回注中，停止注入 40 年后（即 50 年时）碳酸盐岩储层气相中 CO_2 和 H_2S 的摩尔分数分布。停止注入后，酸气羽流中 CO_2 和 H_2S 的分布范围增大。随着 H_2S 浓度的增大，CO_2 和 H_2S 的分布范围减小。与图 14 和 15 相同，高浓度的 CO_2 主要分布在酸气羽流的前缘，且其浓度远大于注入酸气中 CO_2 的浓度。H_2S 主要分布在酸气羽流的后方，且其浓度不超过注入酸气中 H_2S 的浓度。

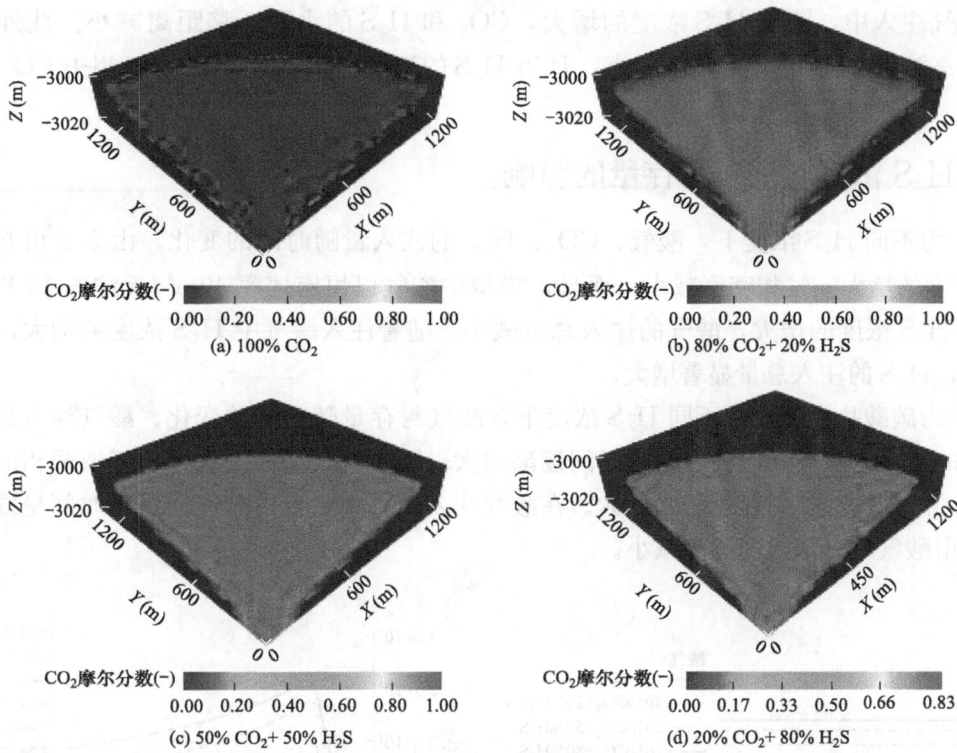

图 16　停止注入 40 年后（即 50 年时），不同 H_2S 浓度下气相中 CO_2 的摩尔分数分布

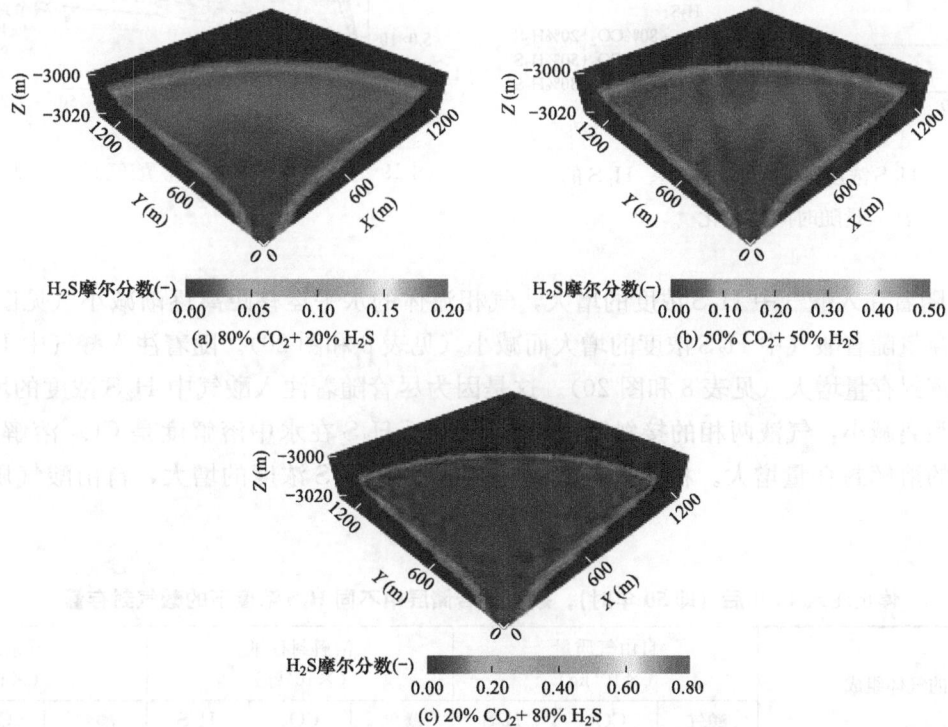

图 17　停止注入 40 年后（即 50 年时），不同 H_2S 浓度下气相中 H_2S 的摩尔分数分布

综上所述，由于在酸气羽流迁移过程中，气相中的 CO_2 和 H_2S 溶解在水中，且 H_2S 的溶解度大于 CO_2，因此高浓度的 CO_2 主要分布在气体前缘，而 H_2S 主要分布在酸气羽流的后方。气相中 CO_2 的最大浓度远大于注入酸气中 CO_2 的浓度，而 H_2S 的最大浓度不超过注入酸气中 H_2S 的浓度。在碳

酸盐岩储层酸气注入中，随着 H_2S 浓度的增大，CO_2 和 H_2S 的水平迁移距离减小。此外，随着 H_2S 浓度的增大，高浓度 CO_2 的分布范围减小，且当 H_2S 的浓度增大到 80％时，气相中 CO_2 的最大浓度为 0.83。

5 酸气中 H_2S 浓度对酸气封存量的影响

图 18 所示为不同 H_2S 浓度下，酸气、CO_2、H_2S 的注入量随时间的变化。由表 2 可知，随着注入酸气中 H_2S 浓度的增大，气相密度减小。而且，模拟中酸气以恒定速率 $40m^3$/天注入 10 年。因此，随着注入酸气中 H_2S 浓度的增大，酸气的注入总量减小。随着注入酸气中 H_2S 浓度的增大，CO_2 的注入总量显著减小，H_2S 的注入总量显著增大。

图 19 所示为碳酸盐岩储层中不同 H_2S 浓度下，酸气封存量随时间的变化。酸气注入后，随着酸气羽流分布范围的扩大，酸气残余封存量随时间逐渐增大。随着酸气羽流的迁移，气液两相的接触面积和接触时间增大，酸气的溶解封存量随之增大。在酸气注入过程中，自由酸气质量随时间呈线性增大。注入停止后，自由酸气质量随时间逐渐减小。

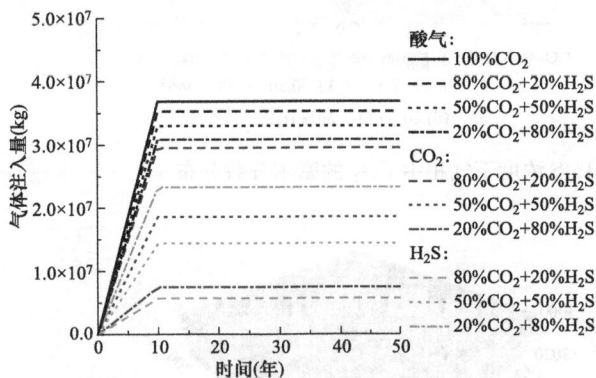

图 18 不同 H_2S 浓度下，酸气、CO_2、H_2S 的
注入量随时间的变化

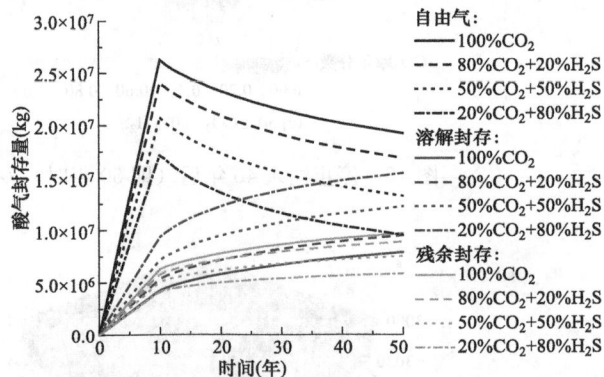

图 19 不同 H_2S 浓度下，酸气封存量随时间的变化

50 年时，随着注入酸气中 H_2S 浓度的增大，气相流体的水平运移距离逐渐减小（见图 12）。因此，酸气的残余封存量随着酸气中 H_2S 浓度的增大而减小（见表 8 和图 20）。随着注入酸气中 H_2S 浓度的增大，酸气的溶解封存量增大（见表 8 和图 20）。这是因为尽管随着注入酸气中 H_2S 浓度的增大，气相流体的水平运移距离减小，气液两相的接触面积减小，然而 H_2S 在水中溶解度是 CO_2 溶解度的 5.4 倍，从而导致酸气的溶解封存量增大。相应地，随着注入酸气中 H_2S 浓度的增大，自由酸气质量减小（见表 8 和图 20）。

表 8 停止注入 40 年后（即 50 年时），碳酸盐岩储层中不同 H_2S 浓度下的酸气封存量

注入酸气的气体组成	自由气质量 ($\times 10^7 kg$)			溶解封存量 ($\times 10^7 kg$)			残余封存量 ($\times 10^7 kg$)		
	酸气	CO_2	H_2S	酸气	CO_2	H_2S	酸气	CO_2	H_2S
100% CO_2	1.92	1.92	0	0.79	0.79	0	0.97	0.97	0
80% CO_2+20% H_2S	1.69	1.47	0.22	0.95	0.68	0.27	0.89	0.81	0.08
50% CO_2+50% H_2S	1.32	0.83	0.49	1.23	0.49	0.74	0.75	0.54	0.21
20% CO_2+80% H_2S	0.95	0.27	0.68	1.55	0.25	1.30	0.59	0.24	0.35

图 21 和图 22 所示为碳酸盐岩储层中不同 H_2S 浓度下，CO_2 和 H_2S 封存量随时间的变化。CO_2 和 H_2S 的自由气量、溶解封存量和残余封存量随时间的变化趋势均与酸气一致。图 23 所示为停止注入 40 年后（即 50 年时），CO_2 和 H_2S 封存量随 H_2S 浓度的变化。随着注入酸气中 H_2S 浓度的增大，CO_2 的自由气量、溶解封存量和残余封存量均减小，H_2S 的自由气量、溶解封存量和残余封存量均增大（见图 23 和表 8）。

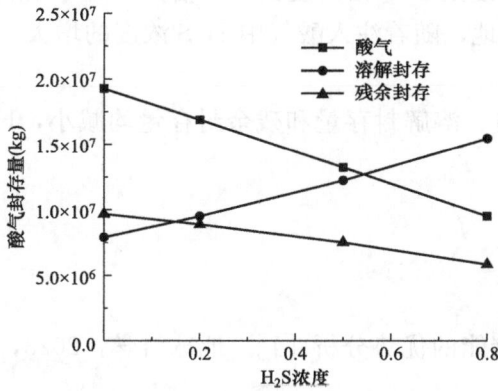

图 20 停止注入 40 年后（即 50 年时），酸气封存量随 H_2S 浓度的变化

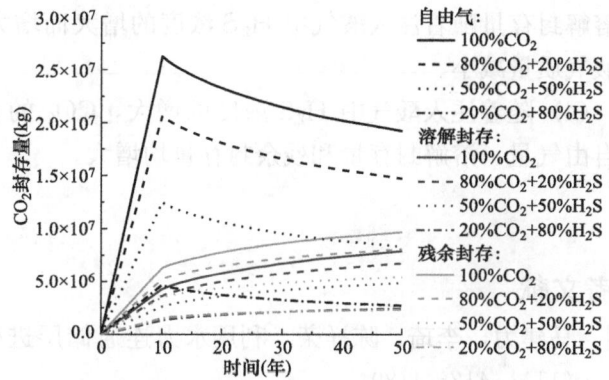

图 21 不同 H_2S 浓度下，CO_2 封存量随时间的变化

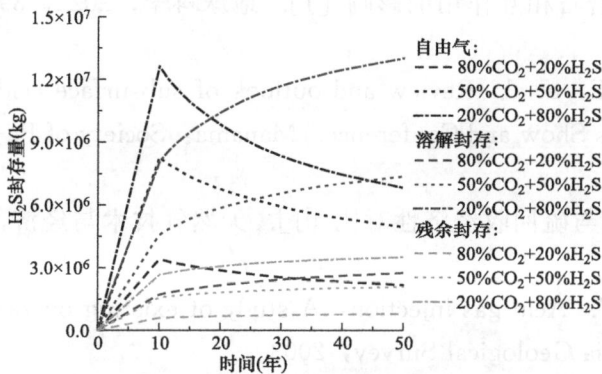

图 22 不同 H_2S 浓度下，H_2S 封存量随时间的变化

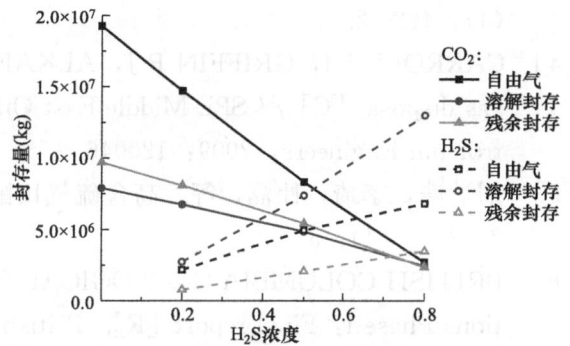

图 23 停止注入 40 年后（即 50 年时），CO_2 和 H_2S 封存量随 H_2S 浓度的变化

综上所述，随着注入酸气中 H_2S 浓度的增大，气相流体的水平运移距离逐渐减小。因此，酸气的残余封存量随着酸气中 H_2S 浓度的增大而减小。随着注入酸气中 H_2S 浓度的增大，酸气的溶解封存量增大。这是因为尽管随着注入酸气中 H_2S 浓度的增大，气相流体的水平运移距离减小，气液两相的接触面积减小，然而 H_2S 在水中溶解度是 CO_2 溶解度的 5.4 倍，从而导致酸气的溶解封存量反而增大。相应地，随着注入酸气中 H_2S 浓度的增大，自由酸气质量减小。

6 结语

本文利用多组分多相流体运移模型，模拟研究了酸气回注中不同 H_2S 浓度下 CO_2-H_2S 混合气体的运移规律，包括气相饱和度的时空演化以及气相中 CO_2 和 H_2S 的迁移分布，并分析了酸气中 H_2S 浓度对酸气封存量的影响。主要结论如下：

（1）由不同 H_2S 浓度引起的气相密度和黏度的变化对酸气羽流迁移的影响不大。然而，H_2S 与 CO_2 的溶解度对酸气羽流迁移的影响很大，由于 H_2S 的溶解度大于 CO_2 溶解度，随着酸气中 H_2S 浓度的增加，气相流体的水平运移距离减小。

（2）由于在酸气羽流迁移过程中，气相中的 CO_2 和 H_2S 溶解在水中，且 H_2S 的溶解度大于 CO_2，因此高浓度的 CO_2 主要分布在气体前缘，而 H_2S 主要分布在酸气羽流的后方。气相中 CO_2 的最大浓度远大于注入酸气中 CO_2 的浓度，而 H_2S 的最大浓度不超过注入酸气中 H_2S 的浓度。随着 H_2S 浓度的增大，高浓度 CO_2 的分布范围减小，且当 H_2S 的浓度增大到 80％时，气相中 CO_2 的最大浓度为 0.83。

（3）随着注入酸气中 H_2S 浓度的增大，气相流体的水平运移距离逐渐减小。因此，酸气的残余封存量随着酸气中 H_2S 浓度的增大而减小。由于 H_2S 在水中溶解度是 CO_2 溶解度的 5.4 倍，从而导致酸气的溶解封存量随着注入酸气中 H_2S 浓度的增大而增大。相应地，随着注入酸气中 H_2S 浓度的增大，自由酸气质量减小。

（4）随着注入酸气中 H_2S 浓度的增大，CO_2 的自由气量、溶解封存量和残余封存量均减小，H_2S 的自由气量、溶解封存量和残余封存量均增大。

参考文献

[1] 马建力，李琦，陈祥荣. 利用水力连通储层进行地质储能的优势分析 [J]. 地球科学，2023，48（11）：4175-4189.

[2] 桑树勋，牛庆合，曹丽文，等. 深部煤层 CO_2 注入煤岩力学响应特征及机理研究进展 [J]. 地球科学，2022，47（5）：1849-1864.

[3] 杨国栋，李义连，马鑫，等. 绿泥石对 CO_2-水-岩石相互作用的影响 [J]. 地球科学，2022，39（4）：462-72.

[4] CARROLL J J，GRIFFIN P J，ALKAFEEF S F，et al. Review and outlook of subsurface acid gas disposal [C] // SPE Middle East Oil and Gas Show and Conference. Manama：Society of Petroleum Engineers，2009：120046.

[5] 刘学浩，李琦，杜磊，等. 高含硫气田酸气回注与硫回收经济性对比 [J]. 天然气技术与经济，2012，6（4）：55-59.

[6] BRITISH COLUMBIA GEOLOGICAL SURVEY. Acid gas injection：A study of existing operations Phase I：Final report [R]. British Columbia Geological Survey，2003.

[7] SHAH V，BROSETA D，MOURONVAL G，et al. Water/acid gas interfacial tensions and their impact on acid gas geological storage [J]. International Journal of Greenhouse Gas Control，2008，2（4）：594-604.

[8] 李琦，匡冬琴，刘桂臻，等. 酸气回注——以土库曼斯坦阿姆河右岸封存场地适应性评价为例 [J]. 地质论评，2014，60（5）：1133-1146.

[9] BACHU S，CARROLL J J. In-situ phase and thermodynamic properties of resident brine and acid gases（CO_2 and H_2S）injected into geological formations in western Canada [M] //RUBIN E S，KEITH D W，GILBOY C F，et al. Greenhouse Gas Control Technologies 7. Oxford：Elsevier Science Ltd.，2005：449-457.

[10] KLEWICKI K J，KOBELSKI B，KARIMJEE A，et al. Acid gas injection in the united states [C] //Carbon Capture & Sequestration. Alexandria，VA，2006.

[11] CARROLL JJ. Acid gas injection-The next generation [J/OL]. （2021-06-06）[2021-08-06] https：//www. gasliquids. com/pdfs/2009_AGINextGen. pdf.

[12] CLARK D E，OELKERS E H，GUNNARSSON I，et al. CarbFix2：CO_2 and H_2S mineralization during 3.5 years of continuous injection into basaltic rocks at more than 250℃ [J]. Geochimica et Cosmochimica Acta，2020，279：45-66.

[13] JACQUEMET N, PIRONON J, LAGNEAU V, et al. Armouring of well cement in H_2S-CO_2 saturated brine by calcite coating-Experiments and numerical modelling [J]. Applied Geochemistry, 2012, 27 (3): 782-795.

[14] MIWA M, SHIOZAWA Y, SAITO Y, et al. Sour gas injection project [C] //10th Abu Dhabi International Petroleum Exhibition and Conference. Abu Dhabi: Society of Petroleum Engineers, 2002.

[15] STOPA J, LUBAS J, RYCHLICKI S. Underground storage of acid gas inpoland-experiences and forecasts [C] //23rd World Gas Conference. Amsterdam, 2006.

[16] ZHANG X Y, LI Q, ZHENG L G, et al. Numerical simulation and feasibility assessment of acid gas injection in a carbonate formation of the Tarim Basin, China [J]. Oil & Gas Science and Technology-Rev IFP Energiesnouvelles, 2020, 75: 28.

[17] BACHU S, BENNION D B. Chromatographic partitioning of impurities contained in a CO_2 stream injected into a deep saline aquifer: Part 1. Effects of gas composition and in situ conditions [J]. International Journal of Greenhouse Gas Control, 2009, 3 (4): 458-467.

[18] BACHU S, POOLADI-DARVISH M, HONG H F. Chromatographic partitioning of impurities (H_2S) contained in a CO_2 stream injected into a deep saline aquifer: Part 2. Effects of flow conditions [J]. International Journal of Greenhouse Gas Control, 2009, 3 (4): 468-473.

[19] LI DD, HE Y, ZHANG H C, et al. A numerical study of the impurity effects on CO_2 geological storage in layered formation [J]. Applied Energy, 2017, 199: 107-120.

[20] LI DD, ZHANG H C, LI Y, et al. Effects of N_2 and H_2S binary impurities on CO_2 geological storage in stratified formation-A sensitivity study [J]. Applied Energy, 2018, 229: 482-492.

[21] BACHU S. Review of CO_2 storage efficiency in deep saline aquifers [J]. International Journal of Greenhouse Gas Control, 2015, 40: 188-202.

[22] NORDBOTTEN J M, CELIA M A, BACHU S. Injection and storage of CO_2 in deep saline aquifers: Analytical solution for CO_2 plume evolution during injection [J]. Transport in Porous Media, 2005, 58 (3): 339-360.

[23] TAKU IDE S, JESSEN K, ORR F M. Storage of CO_2 in saline aquifers: Effects of gravity, viscous, and capillary forces on amount and timing of trapping [J]. International Journal of Greenhouse Gas Control, 2007, 1 (4): 481-491.

[24] ZHENG L G, SPYCHER N, BIRKHOLZER J, et al. On modeling the potential impacts of CO_2 sequestration on shallow groundwater: Transport of organics and co-injected H_2S by supercritical CO_2 to shallow aquifers [J]. International Journal of Greenhouse Gas Control, 2013, 14: 113-127.

[25] ZHANG W, XU T F, LI Y L. Modeling of fate and transport of coinjection of H_2S with CO_2 in deep saline formations [J]. Journal of Geophysical Research: Solid Earth, 2011, 116: B02202.

[26] ZHANG X Y, LI Q, MATHIAS S, ZHENG G D, TAN Y S. Effect of H2S content on relative permeability and capillary pressure characteristics of acid gas/brine/rock systems: A review [J]. Journal of Rock Mechanics and Geotechnical Engineering, 2022, 14 (6): 2003-2033.

[27] BROSETA D, TONNET N, SHAH V. Are rocks still water-wet in the presence of dense CO_2 or H_2S? [J]. Geofluids, 2012, 12 (4): 280-294.

[28] AL-KHDHEEAWI E A, VIALLE S, BARIFCANI A, et al. Impact of reservoir wettability and heterogeneity on CO_2-plume migration and trapping capacity [J]. International Journal of Green-

house Gas Control，2017，58：142-158.

[29] AL-KHDHEEAWI E A，VIALLE S，BARIFCANI A，et al. Influence of CO_2-wettability on CO_2 migration and trapping capacity in deep saline aquifers [J]. Greenhouse Gases：Science and Technology，2017，7 (2)：328-338.

[30] AL-KHDHEEAWI E A，VIALLE S，BARIFCANI A，et al. Effect of wettability heterogeneity and reservoir temperature on CO_2 storage efficiency in deep saline aquifers [J]. International Journal of Greenhouse Gas Control，2018，68：216-229.

[31] ANDRé L，AUDIGANE P，AZAROUAL M，et al. Numerical modeling of fluid-rock chemical interactions at the supercritical CO_2-liquid interface during CO_2 injection into a carbonate reservoir, the Dogger aquifer (Paris Basin, France) [J]. Energy Conversion and Management，2007，48 (6)：1782-1797.

[32] PENG D-Y，ROBINSON D B. A new two-constant equation of state [J]. Industrial & Engineering Chemistry Fundamentals，1976，15 (1)：59-64.

[33] ROWE A M，CHOU J C S. Pressure-volume-temperature-concentration relation of aqueous sodium chloride solutions [J]. Journal of Chemical & Engineering Data，1970，15 (1)：61-66.

[34] REID R C，PRAUSNITZ J M，SHERWOOD T K. The properties of gases and liquids，3rd edition [M]. New York，USA：McGraw Hill，1977.

[35] KESTIN J，KHALIFA H E，CORREIA R J. Tables of the dynamic and kinematic viscosity of aqueous NaCl solutions in the temperature range 20-150℃ and the pressure range 0. 1-35MPa [J]. Journal of Physical and Chemical Reference Data，1981，10 (1)：71-88.

[36] VAN GENUCHTEN M T. A closed-form equation for predicting the hydraulic conductivity of unsaturated soils [J]. Soil Science Society of America Journal，1980，44：892-898.

[37] COREY A T. The interrelation between gas and oil relative permeabilities [J]. Producers Monthly，1954，19 (1)：38-41.

作者简介：

张晓艳（1992—），女，安徽亳州，博士研究生，主要从事地下能源储存、二氧化碳地质利用与封存方面的研究工作。E-mail：zhang_xy5@hdec. com

海底长时储能技术研究进展

李　鹏[1]，王　虎[2]，赵泽诚[2]，范力阳[1]，汤稀博[1]，易卓炜[1]，熊　伟[2]，王志文[2]

（1. 中国电建集团中南勘测设计研究院有限公司，湖南长沙　410014；

2. 大连海事大学，辽宁大连　116026）

【摘　要】　本文对新兴的海底长时储能技术的研究进展进行了综述。通过分析现阶段国内外海底长时储能技术发展情况，梳理了海底压缩空气储能、海底储氢、海底抽水储能、海底气液混合储能、海底电池储能等技术的研究进展，总结并分析了优势与不足。本文旨在提供海底长时储能领域最新的有价值信息，以期引起广泛的讨论，并为相关人员提供一定的指导和参考。

【关键词】　海洋可再生能源；海底长时储能；海底压缩空气储能；海底储氢；海底抽水储能；海底气液混合储能；海底电池储能

0　引言

随着全球能源需求的不断增长以及对环境可持续性的关注，传统的化石能源逐渐显示出其局限性。面对气候变化和能源安全双重挑战，人类社会正加速向低碳、清洁的能源体系转型。在此背景下，风能、太阳能等可再生能源因其清洁、可再生的特性而成为能源结构调整的重点。相比于陆上可再生能源，面积广阔的海洋拥有更多可供人类利用的海洋可再生能源。我国海域面积达 470 多万 km^2，海洋可再生能源开发利用的前景极为广阔。海洋可再生能源主要包括海上风能、海上太阳能、潮汐能、波浪能、海流能、温差能等，丰富的能源形式，为我们提供了几乎无限的清洁能源来源。此外，海洋可再生能源作为重要的战略资源，对于我国实现海洋强国具有基础性的作用。开发海洋可再生能源有助于提高能源供应的多样性和安全性，它们不受地缘政治的影响，可以减少对外部能源供应的依赖，增强国家的能源自主性。然而，海洋可再生能源的间歇性和不稳定性，特别是在高比例接入电网时，对电力系统的供需平衡和运行稳定性提出了新的挑战[1-2]。随着全球能源结构的转型和可再生能源比例的不断上升，如何有效管理和存储这些间歇性能源成为一个日益突出的问题。为了解决这些问题，发展可靠、长时、规模化的海洋储能技术成为关键[3]。

目前主要的陆上长时规模化储能技术有抽水储能、压缩空气储能和电池储能等，其中抽水储能是最成熟的，占绝对主导地位。压缩空气储能则处于快速发展阶段，近年来投入了大量工程项目，正成为规模化储能战场的新力军。电池储能技术在灵活性和响应速度方面优势明显，但在安全性、成本、寿命和环保综合性能方面还有很大的发展空间。新兴的海洋长时储能技术都是基于较为成熟的陆上储能技术发展起来的，但提出了新的更高的要求。由于海洋环境的特殊性、水下系统的复杂性和海洋能源技术发展的相对滞后，海洋长时储能技术总体上也落后于陆上储能技术。

海洋长时储能技术主要指海底长时储能技术。海底长时储能技术包括海底压缩空气储能、海底储氢、海底抽水储能、海底气液混合储能、海底电池储能、海底浮力储能、海底重力储能等[4]。在海底储能具有一些独特的优势。第一是环境稳定。海底环境相对稳定，受气候和天气变化的影响较小，这有助于维持储能系统运行的连续性和可靠性。第二是空间可用性强。海底储能可以更有效地利用空间资源，尤其是在人口密集或土地稀缺的地区，海底提供了广阔的存储空间，这有助于实现大规模的储能集群，可拓展性强，成本效益好。第三是在位存储。海底储能系统可以部署在海上可再生能源生产地点的海底，实现能源的就地存储和使用，避免远距离电力输送，不仅能够提高能源利用效率还减少对输电基础设施的依赖，降低建设和维护成本，对海上能源的高效管理和经济性具有重要意义。此外，海底储能设施在水下，还能降低对海上航行和作业活动的干扰。

总的来说，海底长时储能技术属于一个较为小众冷门的研究领域，但随着海洋可再生能源开发逐渐走向深远海和海洋可再生能源发电占比的快速提高，海底长时储能技术逐渐获得关注。海底长时储能技术将是实现能源转型、提高电力系统灵活性和促进海洋可再生能源大规模应用的关键技术。随着技术进步和成本降低，预计海底长时储能将在未来的能源系统中扮演越来越重要的角色。本文对海底长时储能技术进行总结分析，对其发展面临的多方面挑战进行探讨，希望能够为国内同行提供有价值的参考。

1 海底压缩空气储能

海底压缩气体储能发源于陆上压缩空气储能，两者本质上是同一类储能技术。文献［1-4］已对2018 年及以前的海底压缩空气储能研究与发展情况进行了较为系统的阐述，本文仅对最新的研究进展进行更新和补充。

如图 1 所示，通常海底压缩空气储能有两种技术路线[5]。一种是基于绝热压缩和膨胀的海底压缩空气储能，另一种是基于等温压缩和膨胀的海底压缩空气储能。在绝热海底压缩空气储能系统中，系统与外界环境没有热交换。压缩空气的热能存储在储热单元中，当需要的时候，释放出压缩空气并通过储热单元加热空气，加热后的压缩空气绝热膨胀，驱动膨胀机发电。在等温海底压缩空气储能系统中，压缩机被冷却并且压缩空气以低温排出。类似地，膨胀机被加热并且压缩空气等温膨胀。海水被视为是实现等温压缩与膨胀的理想热源，海底等温压缩空气储能系统能够充分利用这一优势。这也是为什么目前许多关于海底压缩空气储能的研究都集中在等温压缩与膨胀的原因。通常，压缩空气可以被存储在人造储能装置或海底洞穴或含盐含水层中。将压缩气体存储在海底洞穴/含盐含水层/枯竭油气田的海底压缩空气储能类似于传统的陆上地下压缩空气储能，压缩空气的压力在充放气过程中是变化的[6-7]。相比之下，虽然人造储能装置的储气量远小于利用海底地质储气，但是基于深海静水压特性，人造储能装置的储气压力可以近似保持恒定。人造储能装置可以分为柔性储气装置和刚性储气装置。柔性储能装置通常是由聚合物复合材料制成的气囊，并且在充放气过程中外形随着压缩空气的存储体积的变化而变化，从而保持压缩空气的恒定压力，目前存在各种关于柔性气囊的设计[4,8-9]。柔性储气装置通常被认为比刚性储气装置更具成本效益。然而，柔性储气装置需要很高的锚定要求。已经被证明的是，在复杂的海底环境中，柔性储气装置更容易受到损害，特别是当储气量非常大的时候[9-10]。刚性储能装置通常由钢筋混凝土构成，是一个底部允许海水进出的内部中空的储气容器，这种设计允许海水在充放气过程中流出和流入储气容器，从而保持压力的恒定。目前已有一些刚性储气装置结构设计出现[11-12]。

北卡罗莱纳州立大学和贝勒大学的 Patil 和 Ro 等人延续了他们对海底压缩空气储能的研究，同时专注于研究等温压缩技术[13-14]。同样，南特大学和 SEGULA 科技公司的一个团队也在开发海底压缩空气储能项目"REMORA"，重点关注等温压缩/膨胀[15-16]。毫无疑问，等温压缩和膨胀可以显著提高能量效率。总的来说，为了增强传热和实现等温过程，大多数研究都基于液体活塞式压缩，结合着水雾喷射、金属丝网、多孔介质和水-气两相泡沫等。从准稳态理论研究和低速实验来看，可以在 85%～95%的范围内实现非常高的压缩㶲效率[17-18]。然而，当考虑系统的瞬态运行和液压设施的非设计运行时，性能会退化。考虑实际运行条件，在系统层面上仍然缺乏研究。此外，当转速达到工程实用性时，很难实现等温压缩/膨胀。

大多数研究都遵循另一种路径，即基于更成熟的绝热压缩空气储能（A-CAES）和热能储存。自2019 年以来，多个陆上商业绝热压缩空气储能系统已在全球成功运行，如戈德里奇绝热压缩空气储能设施（2.2MW，10MWh）[19]、金坛绝热压缩空气储能设施（60MW，300MWh）[20]和张家口绝热压缩空气储能设施（100MW，400MWh）[21]等。因此，目前，绝热压缩空气储能路径比等温压缩空气储能路径更可行。基于世界上第一个并网的海底压缩空气储能设施，温莎大学和Hydrostor的Carriveau等人发现，实际往返烟效率可以达到53%左右。75%～82%的烟损是可以避免的，因此显示出显著的改善潜力[22]。大连海事大学的Wang等人为岛屿设计了一种海洋可再生能源-海底压缩空气储能-电池储能-柴油发电混合能源系统。研究发现，就海底压缩空气储能子系统而言，可以实现59%的效率[23]。米兰理工大学的Guandalini等人考虑整个系统的非设计特性和实际功率输入，对海底压缩空气储能进行了初步设计和性能评估。研究发现，可以实现75%～85%范围内的往返效率[24]。西安交通大学的Dai等人通过引入海底压缩空气储能，设计了一种自主式可再生海水反渗透系统，并从技术和经济角度研究了其可行性[25-26]。GustoMSC的Cheater提出了海底压缩空气储能的生态概念。结果表明，当压缩空气储存在超深水中时，它在经济上与抽水储能具有竞争力[27]。

工业进展远远落后于学术研究。在海底压缩空气储能的工业化示范和商业化方面，大量企业和项目有始无终。到目前为止，大多数项目停留在融资和概念阶段。目前，全球仅有两个海底压缩空气储能项目完成了建设运行，其中之一是美国布雷顿能源公司声称在夏威夷岛建成了容量为12MW（56MWh）的海底压缩空气储能项目[28]。但是后续真实的运行数据没有公开，也没有透露详细的工程进展，可能是属于商业机密或出于军事保密的原因。另一个是加拿大Hydrostor公司于2015年底在多伦多岛上建成的世界上第一套1MW商业海底压缩空气储能示范系统，总体上地面系统运行良好，水下系统则存在较多难题。原本规划的休伦湖项目和阿鲁巴项目均没有后续进展。相反，近年来陆上已经陆续运行了多个基于绝热压缩/膨胀和热能储存的压缩空气储能项目[29]，且存储容量及规模显著扩大，陆上压缩空气储能项目如日中天。追求短期资本回报预计将成为海底压缩空气储能的主要障碍。其次，海底压缩空气储能的体积能量密度依赖于工作水深，当工作水深小于100m时，能量密度小于1kWh/m³，在低能量密度的情况下，需要相当大的储气容积才能满足储能容量需求，这将导致其经济性不高。

海底压缩空气储能系统原理图如图1所示。

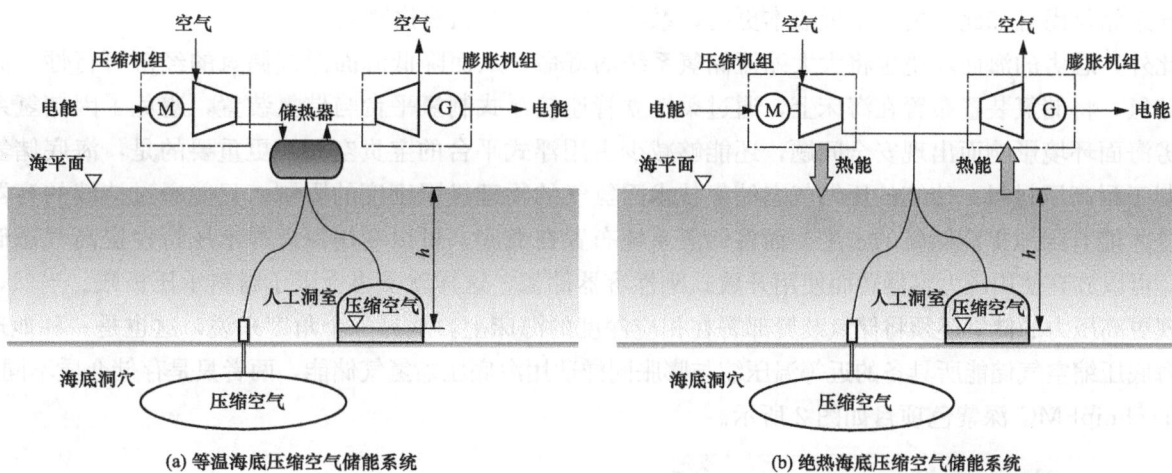

(a) 等温海底压缩空气储能系统　　　　　　　　　(b) 绝热海底压缩空气储能系统

图1　海底压缩空气储能系统原理图

2　海底储氢

近年来国内外涌现出大量的利用海洋可再生能源制氢的项目。2019年7月，荷兰海王星能源公司（Neptune Energy）的Q13a-A海上平台被选为全球首个海上风电制氢试验点，项目名为PosHYdon[30]，把北海海域的三种能源形式：海上风能、海上天然气和氢能，有机统一到一起，项目于2021年底正式生产，每天可生产400kg绿氢。2019年9月，由ITM Power牵头，联合了Ørsted和Element Energy共同开发英国的海上风电制氢 Gigastack 项目[31]，Gigastack 项目联合了当时世界最大的 1.4GW Hornsea 2 海上风电场生产绿氢，预计在 2025 年前完成规模较大的商业化生产。国外项目如火如荼地开展，国内也开始积极入场，提前布局。2022 年 8 月，由明阳集团负责的国内首个"海上风电＋海洋牧场＋制氢"项目启动，项目名为青洲四 500MW 项目[32]，在 2023 年底建成投产。2023 年 5 月，东方电气集团与谢和平院士团队研制的漂浮式海上制氢平台进行海试，全球首次实现了海上风电无淡化海水直接电解制氢，这标志着海水无淡化原位直接电解制氢在产业化进程上跨出了一大步[33]。

随着海洋可再生能源制氢项目的大量提出与示范运行，海底储氢需求不断提高。TechnipFMC 正在领导一个项目代号为"深紫色（Deep Purple）"的海上浮式风电结合海底储氢的项目[34]。绿氢由海上风力发电产生，随后储存在海底的人造压力容器中。该项目旨在利用海底储氢将过剩风电存储起来，提高风电稳定性，并为用户提供氢气。该项目的一个陆上试点将于 2024 年左右建成。2021 年，Tractebel 和合作伙伴公司提出了一种利用海底盐穴存储绿氢的系统，这是世界上第一个利用海底盐穴大规模储氢的概念，它在海洋平台上制氢，然后将氢气存储到 120 万 m³ 的盐穴中，压力可达 180MPa[35]。

氢气在未来的能源格局中扮演着重要的角色。空气和氢气具有相似的物理性质，因此他们可以采用相似的方式进行存储，如以高压气体状态存储在海底人造压力容器中或者海底地下洞穴中，液态时存储在绝热容器中。氢气本身具有化学能，从体积能量密度的角度来说，相比于海底压缩空气储能，海底压缩氢气储能似乎更具性价比。相比于海面浮式储氢，海底高压气态储氢存在以下优势。

（1）海底储氢安全性更高。尽管陆上压缩气态储氢和低温液态储氢相对成熟，但仍存在较大的安全问题。这主要归因于氢气的固有属性，包括氢气的快速扩散性、易燃性（燃点为 574℃）、爆炸极限广（体积浓度为 4%～75.6%）以及氢脆。与陆上储氢相比，海面浮式储氢的安全问题更加严重，储氢系统须经受恶劣的海洋环境，如浮式平台的振动与海水腐蚀等。而在海底储氢，海底环境相对海面更加稳定，更不需要担心起火爆炸的问题。

（2）海底储氢经济性更好。海上浮式平台空间有限，为了实现更高的能量密度需要增加储氢压力，这就需要使用昂贵的强度更高的压力容器，高压力同时带来了更复杂的流量控制以及更大的泄漏风险。压缩气态储氢尚且如此，更不用说成本更高，系统更复杂的低温液化储氢。

此外，恶劣的海面环境也将大大缩短储氢系统的寿命，从而降低海面浮式储氢的经济可行性。而在海底储氢，将储氢装置布置在海床上，通过柔性立管连接浮式制氢平台与储氢装置，避免了因储氢系统受恶劣海面环境影响而出现安全问题，还能够减少占用浮式平台的宝贵空间。更重要的是，海底储氢不再受制于耐高压材料。传统的压缩气态储氢技术因氢气的物理极限密度的限制，只能通过持续的容器材料改进才能有限地提高储氢的密度。而将储氢系统布置在海底，可以利用深海静水压特性提高气态储氢压力，可以放弃使用压力容器转而使用开放式刚性容器储氢，这样就不再受限于材料承压极限。当然，若要实现更高压力的储氢还须将储氢装置部署在相应深度的海床上，从另一个角度来说，这也是一种地理局限。海底压缩空气储能所具备的近等温压缩与膨胀同样适用海底压缩氢气储能，两者只是存储介质不同。

TechnipFMC 深紫色项目如图 2 所示。

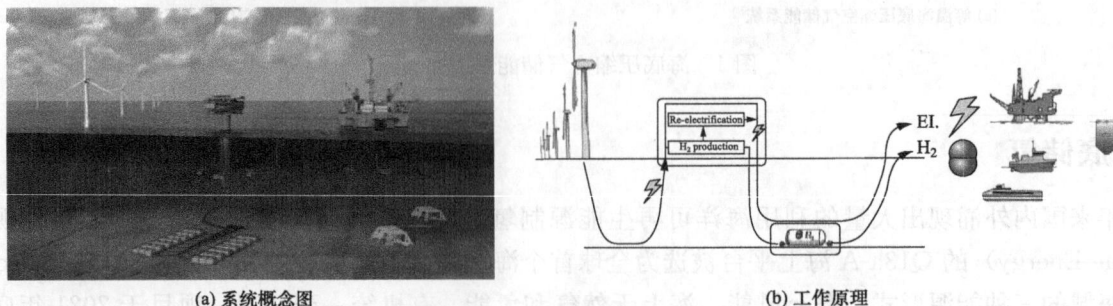

(a) 系统概念图　　　　　　　　　　　　(b) 工作原理

图 2　TechnipFMC 深紫色项目

Tractebel 海底盐穴大规模储氢概念如图 3 所示。

(a) 海上制氢平台　　　　　　　　　　(b) 总体概念图

图 3　Tractebel 海底盐穴大规模储氢概念

3　海底抽水储能

抽水储能具有技术成熟、效率高、容量大、储能周期长等优点，是目前应用最广泛的电力储能技术[37]。抽水储能需要两个具有高度差的储层，通过提升和释放储层中水来进行势能和电能的双向转换。由于其工作原理的特殊性，其选址受到了地理条件、生态环境等因素的限制。传统抽水储能系统通常是利用淡水作为工作介质，对于淡水资源匮乏的岛屿和城市并不适用。近些年来，对于近海岸（岛屿、沿海城市等）可再生能源的开发和利用发展迅速，其能源存储问题也逐渐显现，因此，利用近海岸海水优势，将海水和抽水储能系统相结合成为一种新型储能模式。其作为传统抽水储能的衍生技术，既结合了原有优势，同时又解决了选址困难等问题，但是海水又带来了一系列问题，如腐蚀成为其发展的主要障碍。

海水抽水储能技术的提出可以追溯到 1981 年日本开始的海水抽水储能研究试验[38]。日本于 1999 年建成全球首座海水抽水储能冲绳电站[39]。但是由于海水腐蚀的原因，导致了这个海水抽水储能电站在运行 14 年之后最终关闭。不过，其成功运行验证了海水抽水储能的可行性，为之后发展给予了一定技术支持。近些年来，一些国家为了满足可再生资源开发需求，对建设海水抽水储能系统都进行了项目规划，其中如沙特、希腊、美国和智利等国家预期装机容量从 70MW 到 300MW 不等[40-42]。其次针对海水抽水储能存在问题和解决方案的一些研究也成为热点话题，其中包括海水防渗透、防腐蚀以及海洋生物的影响。同时，以海水抽水储能原理为基础的其他形式储能模式也不断涌现，呈现出了多样化趋势以满足不同需求。

随着海洋可再生能源发电走向深远海，海水抽水储能技术也逐渐演化为海底抽水储能技术。美国麻省理工的 Slocum 等人为了解决海上风电场储能问题，提出了一种 Ocean Renewable Energy Storage（ORES）System 的新型水下储能概念[43]，如图 4 所示。与传统抽水储能相比，其不需要建立两个不同高度的水库，而是利用了深水中的静水压，其工作原理是将球形的混凝土装置置于海底，储能时利用海上风电驱动水泵将球内水排出，使球内形成真空，气压为 0.05 倍大气压；释能时，因内外压差，海水进入球形储水室内，驱动水轮机发电。经过理论分析，其理论效率为 65%，而在实际试验中，其效率仅有 11%，其原因为水轮机机型选择不当且试验系统形成的水压较低，装置不能工作在额定工况，Slocum 提到接下来将在 30~40m 水下继续进行试验。类似地，德国弗劳恩霍夫研究所早期设想了海底抽水储能（StEnSea）发电的未来应用[44]，如图 5 所示。后建立相关的 StEnSea 项目，一共分为三个阶段：可行性研究、系统参数详细分析与缩比模型测试和全尺寸系统测试[45-46]。在第二阶段中，如图 6 所示，对一个 1∶10 的混凝土球形储能装置进行了水下 100m 海试，为后期全尺寸模型试验可能存在的挑战做出了评估，比如全尺寸球体的建造和组装、海上物流作业、机电设备和系统的电网集成。

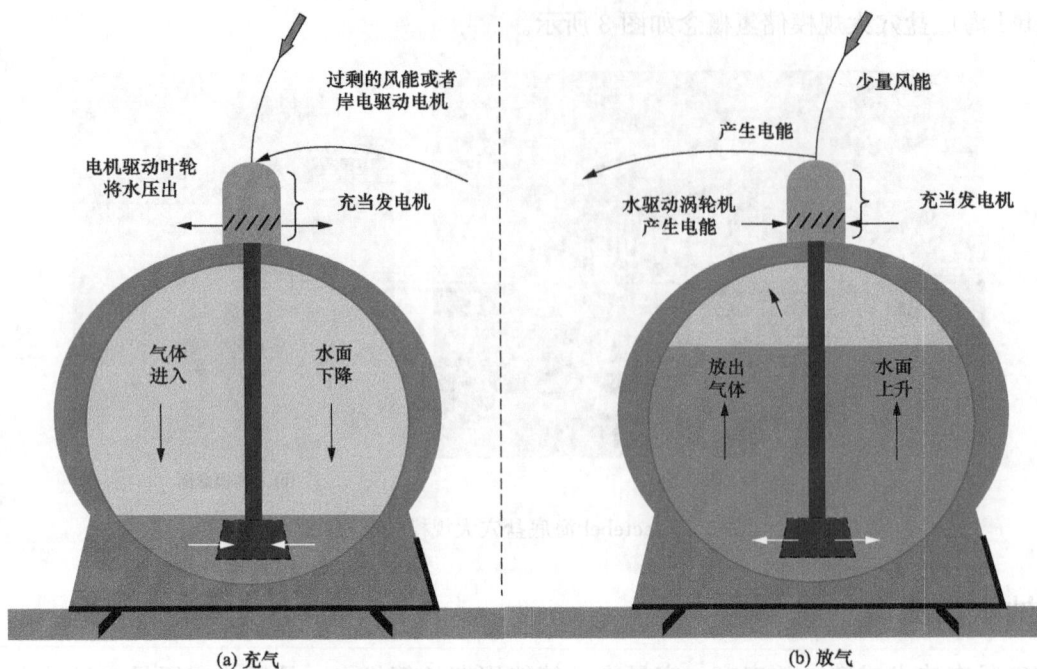

过剩的风能或者
岸电驱动电机

电机驱动叶轮
将水压出

充当发电机

气体
进入

水面
下降

(a) 充气

少量风能

产生电能

水驱动涡轮机
产生电能

充当发电机

放出
气体

水面
上升

(b) 放气

图 4　ORES 新型水下储能概念

图 5　海底抽水储能（StEnSea）发电应用场景

图 6　StEnSea 项目第二阶段实况

4 海底气液混合储能

海底气液混合储能从某种角度来讲，是抽水储能的另一种形式，同时它又结合压缩空气储能的优势，形成了集高能量密度和高功率密度于一体的储能方式[47]。海底气液混合储能系统利用水体良好的散热储热能力，让系统实现了近等温压缩和近等温膨胀，具有很好的热管理效益，相对陆上气液混合储能系统减少了系统的热能损失[48]。随着海洋可再生能源的发展，海底气液混合储能也备受关注。

在早期，明尼苏达大学的 Li 等人[49]提出了将带开式蓄能器的 CAES 技术结合海上风机进行储能的概念，如图 7 所示。风机直接驱动机舱内的变量泵，变量泵驱动液压马达带动发电机发电。多余风力将海水泵入开式蓄能器转化为压缩空气的压力能，蓄能器内压力可以通过调整保持恒压。由于蓄能器的存在，系统还具有承受短时过载的能力。法国南特大学的 Maisonnave 等人[50]设计了一种可以实现等温等压的气液混合储能系统用于海洋可再生能源的存储与释放，并对系统能量转换过程进行了电力优化，力图降低系统能量损失，如图 8 所示。近些年来，马耳他大学的 Tonio Sant 针对海底气液混合储能系统做了较多研究，其中包括如图 9 (a) 所示的气液混合储能与海上漂浮式风机结合的系统[51]；图 9 (b) 所示的 FLASC (Floating Liquid-piston Accumulator using Seawater under Compression) 概念，其位于海床上的气液混合储能装置通过气体管路与水面的浮动压力容器相连，储能时，可再生能源发电驱动水泵，电能转化为压缩空气的压力能，浮动压力容器用于海底储气容器的扩容，释能时，压缩空气膨胀，

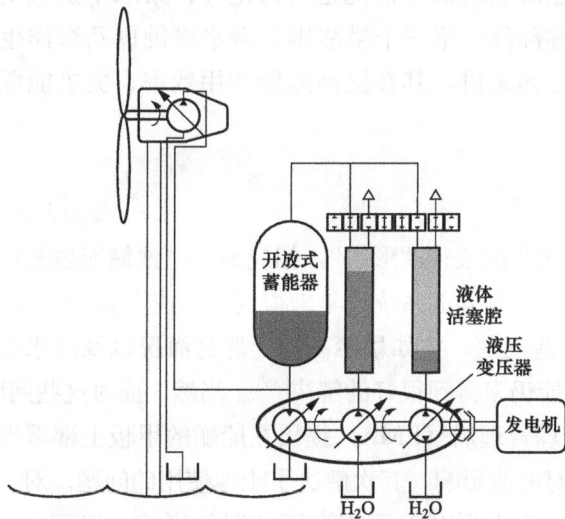

图 7 海上风电-气液混合储能系统

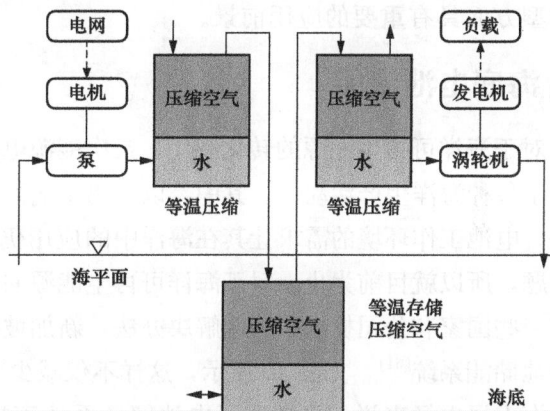

图 8 等温等压的气液混合储能系统

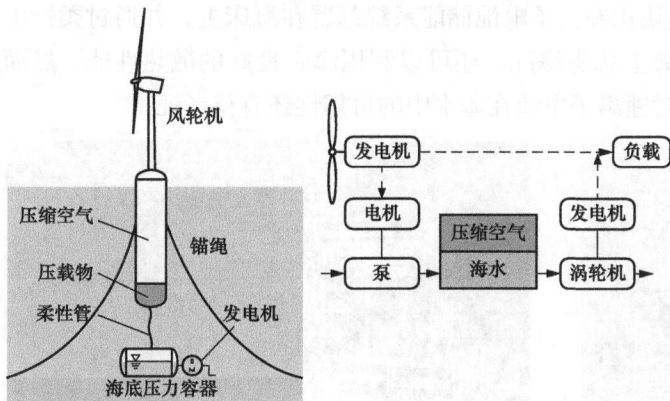

(a) 海上漂浮式风机-气液混合储能系统

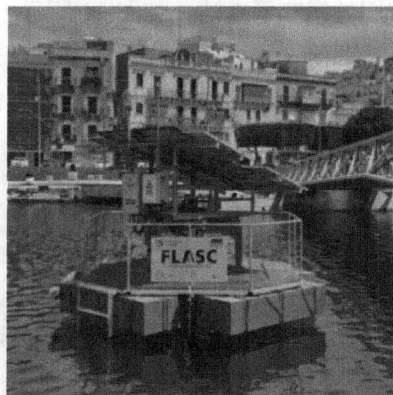

(b) FLASC系统

图 9 马耳他大学相关研究（一）

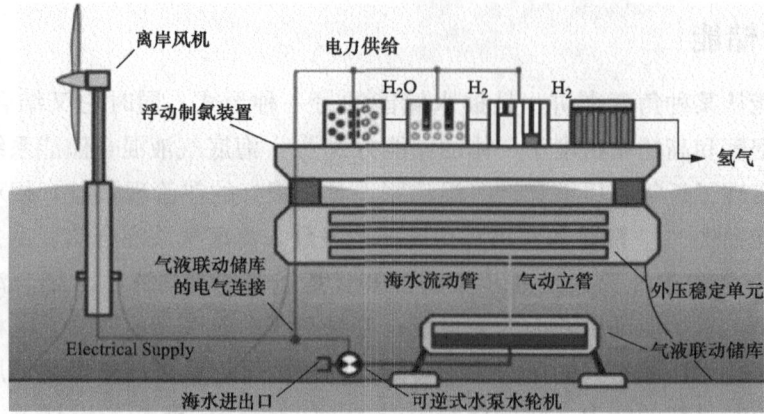

(c) 海上风电制氢-气液混合储能系统

图 9 马耳他大学相关研究（二）

推动海水驱动水轮机发电[48]；图 9（c）所示的 FLASC 储能系统用于风电制氢。系统不存在火灾危险，连续运行时间可超 30 年（与风机以及电解槽寿命相近）。仿真结果表明，可减少电解槽开/关循环次数 70%，大大增加了电解制氢的时间，提高了氢产量[52]。

然而，海底气液混合储能也存在着很多挑战，与海底压缩空气储能和海底储氢类似，第一个挑战则是压力容器体积限制了其体积能量密度，而且压力容器在海底的抗压情况也有待论证；第二个挑战则是其系统往返效率，主要受限于泵、电动机、发电机等关键部件；第三个挑战则是海水腐蚀以及海洋生物问题。虽然其发展仍面临着一些技术和研究的挑战，但总体来讲，其在提高能源利用效率、促进能源结构转型方面具有重要的应用前景。

5　海底电池储能

对于海洋可再生能源的转化利用，二次能源电能是其转化的最佳"形态"，相应地，电池储能也被广泛应用于各种海洋生产活动中。其中，以锂离子电池为主的电化学储能系统近年来得到了迅速发展和应用[53]。但是，电池工作环境的需求让其在海洋中的应用仍存在一些问题，比如暴晒高温、恶劣海况以及海水腐蚀等问题，所以就目前为止，对于海洋可再生能源的电池储能仍未得到很好的解决[36]。当然，面对这些问题，仍有一些国家和公司提出了一些解决办法，新加坡能源市场管理局（EMA）提出在船舶的甲板上部署锂离子电池储能系统[54]，如图 10 所示，这样不仅减少了环境对电池影响，其次解决了土地使用的问题。对于漂浮式海上风电场来说，将锂离子电池储能系统直接部署在海上平台上面临海面状况的影响，然而，Sub-Ctech 公司[55]发布的水下锂离子电池存储系统可以满足上述情况，并且其是目前世界上最大的、唯一的用于海底应用的锂离子电池，如图 11 所示。模块化锂离子电池储能系统部署在海床上，并通过柔性电缆连接到浮式风机和海上平台，这样不仅可以规避海上恶劣海况，还可以利用海水良好的散热性能。然而这还在理论研究阶段，目前还没有具体的应用，同时锂离子电池在海水中的可靠性还有待考证。

图 10　漂浮式锂电池储能

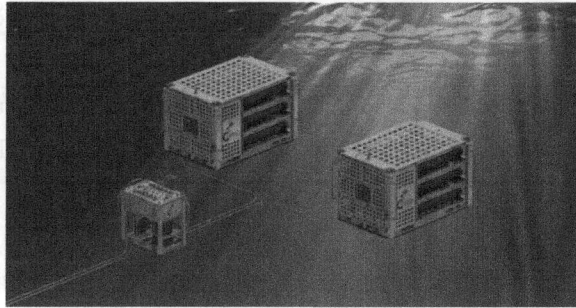

图 11　海底锂电池储能

6　结语

总体而言，海底长时储能技术是海洋规模化储能最具备可行性的技术方案之一，目前仍然处于发展初期阶段，面临诸多挑战。但海底储能技术的蓝图已经展开，未来充满无限可能。海底储能技术的发展，将构建一个以清洁能源为核心的新型海洋经济带，铺设一条通向可持续未来的"蓝色经济之路"。随着技术的不断成熟和应用的不断拓展，海底储能技术将为人类全面进入海洋时代，实现海洋资源的高效利用和海洋环境的和谐共生，提供坚实的能源支撑和保障。

参考文献

[1]　陈海生，李泓，徐玉杰，等. 2023 年中国储能技术研究进展 [J]. 储能科学与技术，2024，13（5）：1359-1397.

[2]　王志文，熊伟，王海涛，等. 水下压缩空气储能研究进展 [J]. 储能科学与技术，2015，4（06）：585-598.

[3]　高捷，赵斌，杨超，等. 海上储能技术发展动态与前景 [J]. 新能源进展，2020，8（2）.

[4]　Wang Z，Carriveau R，Ting DSK，Xiong W，Wang Z. A review of marine renewable energy storage [J]. International Journal of Energy Research，2019，43：6108-6150.

[5]　Wang H，Wang Z，Liang C，et al. Underwater compressed gas energy storage（UWCGES）：current status，challenges，and future perspectives [J]. Applied Sciences，2022，12（18）：9361.

[6]　Bennett J A，Fitts J P，Clarens A F. Compressed air energy storage capacity of offshore saline aquifers using isothermal cycling [J]. Applied Energy，2022，325：119830.

[7]　Mouli-Castillo J，Wilkinson M，Mignard D，et al. Inter-seasonal compressed-air energy storage using saline aquifers [J]. Nature Energy，2019，4（2）：131-139.

[8]　Mas J，Rezola J M. Tubular design for underwater compressed air energy storage [J]. Journal of Energy Storage，2016，8：27-34.

[9]　Pimm A J，Garvey S D，de Jong M. Design and testing of energy bags for underwater compressed air energy storage [J]. Energy，2014，66：496-508.

[10]　Pimm A，Garvey S D. Underwater compressed air energy storage [M] //Storing energy. Elsevier，2022：157-177.

[11]　Wang Z，Wang J，Cen H，et al. Large-eddy simulation of a full-scale underwater energy storage accumulator [J]. Ocean Engineering，2021，234：109184.

[12]　Wang H，Xiong W，Liang C，et al. Design and modal analysis of a large-scale underwater com-

pressed gas energy storage accumulator ［C］//7th Offshore Energy & Storage Symposium（OSES 2023）. IET，2023，2023：15-23.

［13］ Patil V C，Ro P I. Modeling of liquid-piston based design for isothermal ocean compressed air energy storage system ［J］. Journal of Energy Storage，2020，31：101449.

［14］ Patil V C，Acharya P，Ro P I. Experimental investigation of water spray injection in liquid piston for near-isothermal compression ［J］. Applied energy，2020，259：114182.

［15］ Neu T，Solliec C，dos Santos Piccoli B. Experimental study of convective heat transfer during liquid piston compressions applied to near isothermal underwater compressed-air energy storage ［J］. Journal of Energy Storage，2020，32：101827.

［16］ Neu T，Subrenat A. Experimental investigation of internal air flow during slow piston compression into isothermal compressed air energy storage ［J］. Journal of Energy Storage，2021，38：102532.

［17］ Guanwei J，Weiqing X，Maolin C，et al. Micron-sized water spray-cooled quasi-isothermal compression for compressed air energy storage ［J］. Experimental Thermal and Fluid Science，2018，96：470-481.

［18］ Li C，Wang H，He X，et al. Experimental and thermodynamic investigation on isothermal performance of large-scaled liquid piston ［J］. Energy，2022，249：123731.

［19］ 戈德里奇绝热压缩空气储能项目 https：//www. hydrostor. ca/goderich-a-caes-facility/.

［20］ 金坛绝热压缩空气储能 https：//www. ccdi. gov. cn/yaowenn/202207/t20220704_202757. html.

［21］ 张家口绝热压缩空气储能 https：//view. inews. qq. com/a/20220624A0AGML00.

［22］ Carriveau R，Ebrahimi M，Ting D S K，et al. Transient thermodynamic modeling of an underwater compressed air energy storage plant：Conventional versus advanced exergy analysis ［J］. Sustainable Energy Technologies and Assessments，2019（31）：146-154.

［23］ Wang Z，Xiong W，Carriveau R，et al. Energy，exergy，and sensitivity analyses of underwater compressed air energy storage in an island energy system ［J］. International Journal of Energy Research，2019，43（6）：2241-2260.

［24］ Astolfi M，Guandalini G，Belloli M，et al. Preliminary design and performance assessment of an underwater compressed air energy storage system for wind power balancing ［J］. Journal of Engineering for Gas Turbines and Power，2020，142（9）：091001.

［25］ Zhao P，Zhang S，Gou F，et al. The feasibility survey of an autonomous renewable seawater reverse osmosis system with underwater compressed air energy storage ［J］. Desalination，2021（505）：114981.

［26］ Zhao P，Gou F，Xu W，et al. Multi-objective optimization of a renewable power supply system with underwater compressed air energy storage for seawater reverse osmosis under two different operation schemes ［J］. Renewable Energy，2022（181）：71-90.

［27］ Cheater B J. The Eco Power System-A GWH Class Underwater Compressed Air Energy Storage System ［C］//SNAME Offshore Symposium. SNAME，2021：D021S004R013.

［28］ Remora. https：//www. segulatechnologies. com/en/innovation_project/remora/.

［29］ 加拿大 Hydrostor 水下压缩空气储能项目. https：//www. braytonenergy. net/our-projects/ucaes-undersea-compressed-air-energy-storage/.

［30］ PosHYdon. https：//poshydon. com/en/home-en/.

［31］ Gigastack. https：//gigastack. co. uk/.

[32] 青洲四 500 兆瓦项目 https：//h2. solarbe. com/news/20231008/1601. html.

[33] 海上风电无淡化海水直接电解制氢 https：//kjb. szu. edu. cn/info/1143/7181. htm.

[34] 德西尼普 FMC 深紫色项. https：//www. technipfmc. com/en/what-we-do/new-energy/hydrogen/deep-purple-pilot/.

[35] 特克贝尔世界上第一个盐穴储氢概念 https://tractebel-engie. com/en/news/2021/world-s-first-offshore-hydrogen-storage-concept-developed-by-tractebel-and-partners.

[36] Wang Z, Wang H, Sant T, et al. Subsea energy storage as an enabler for floating offshore wind hydrogen production：Review and perspective [J]. International Journal of Hydrogen Energy, 2024 (71)：1266-1282.

[37] 谭雅倩，周学志，徐玉杰，等. 海水抽水蓄能技术发展现状及应用前景 [J]. 储能科学与技术, 2017, 6 (1)：25.

[38] 张旭，张鹏，陈昕. 海水抽水蓄能电站发展及应用 [J]. 水电站机电技术, 2019, 42 (6)：66-70.

[39] Oshima K, Kawai J, Otsuka S, et al. Development of pump-turbine for seawater pumped storage power plant [M] //Waterpower'99：Hydro's Future：Technology, Markets, and Policy. 1999：1-6.

[40] Geth F, Brijs T, Kathan J, et al. An overview of large-scale stationary electricity storage plants in Europe：Current status and new developments [J]. Renew. Sust. Energy Rev, 2015 (52)：1212-1227.

[41] Pina A, Ioakimidis C, Ferrão P . Economic modeling of a seawater pumped-storage system in the context of São Miguel [C] //In Proceedings of the IEEE International Conference on Sustainable Energy Technologies, Singapore, 24-27 November 2008.

[42] Rehman S, Al-Hadhrami L, Alam M. Pumped hydro energy storage system：A technological review [J]. Renew. Sust. Energy Rev, 2015 (44)：586-598.

[43] Slocum A H, Fennell G E, Dundar G, et al. Ocean renewable energy storage (ORES) system：Analysis of an undersea energy storage concept [J]. Proceedings of the IEEE, 2013, 101 (4)：906-924.

[44] StEnSea 项目 https：//www. iee. fraunhofer. de/en/topics/stensea. html♯302061883.

[45] Puchta M, Bard J, Dick C, et al. Development and testing of a novel offshore pumped storage concept for storing energy at sea-Stensea [J]. Journal of Energy Storage, 2017 (14)：271-275.

[46] Dick C, Puchta M, Bard J. StEnSea-Results from the pilot test at Lake Constance [J]. Journal of Energy Storage, 2021 (42)：103083.

[47] 王虎，王志文，熊伟. 基于 AMESim 的水下大型气液混合储能系统运行特性分析 [J]. 液压与气动, 2023, 47 (11)：120-127.

[48] Buhagiar D, Sant T, Farrugia R N, et al. Small-scale experimental testing of a novel marine floating platform with integrated hydro-pneumatic energy storage [J]. Journal of Energy Storage, 2019 (24)：100774.

[49] Li P Y, Loth E, Simon T W, et al. Compressed air energy storage for offshore wind turbines [J]. Proc. International Fluid Power Exhibition (IFPE), Las Vegas, USA, 2011.

[50] Maisonnave O, Moreau L, Aubrée R, et al. Optimal energy management of an underwater compressed air energy storage station using pumping systems [J]. Energy conversion and management, 2018, 165：771-782.

［51］ Sant T，Buhagiar D，Farrugia R N． Evaluating a new concept to integrate compressed air energy storage in spar-type floating offshore wind turbine structures ［J］． Ocean Engineering，2018，166：232-241.

［52］ Settino J，Farrugia R N，Buhagiar D，et al． Offshore wind-to-hydrogen production plant integrated with an innovative hydro-pneumatic energy storage device ［C］//Journal of Physics：Conference Series． IOP Publishing，2022，2151（1）：012013.

［53］ Zhang C，Sun H，Zhang Y，et al． Fire accident risk analysis of lithium battery energy storage systems during maritime transportation ［J］． Sustainability，2023，15（19）：14198.

［54］ 漂浮式电池储能系统 https://cn. solarbe. com/news/20231030/81749. html.

［55］ 海底锂电池储能 https://subctech.com/offshore_energy_storage_system.

作者简介：

李　鹏（1987—），男，山西长治，博士研究生，正高，主要从事压缩气体储能、工程信息化、数字化研究工作。E-mail：02489@msdi.cn

地下高压储气库围岩开裂机理与结构受力特性研究

李桥梁，王健野，雷　鸣，杨　圭，张　勇

（中国电建集团中南勘测设计研究院有限公司，湖南长沙　410014）

【摘　要】 地下高压储气库旨在利用围岩作为主要承载体承担内部压力荷载，在储气库内部极高气压作用下，洞室围岩以及软弱结构面的环向受拉劈裂可能成为围岩承载失效的主要问题。为深入了解地下高压储气库围岩的开裂特征，基于黏聚裂缝模型，在围岩中设置内聚单元模拟围岩开裂过程中的裂缝拓展特性，研究围岩开裂过程中裂缝拓展规律与应力变化特征，并进一步探讨了不同内聚单元强度下的裂缝拓展特征、钢衬应力与围岩塑性应变分布特征。研究结果表明：采用内聚单元可以较好模拟围岩拓展裂缝末端环向拉应力集中，且随着裂缝进一步加深，环向应力逐渐向围岩深处传递的特征；主要裂缝两侧围岩先因开裂而远离，后续加压过程又因压剪屈服致使表层围岩部分闭合，内聚单元强度也会明显影响围岩裂缝的拓展特征以及钢衬应力与围岩塑性应变的分布位置。

【关键词】 压缩空气储能；储气库；岩石断裂；裂缝拓展

0　引言

压缩空气储能（Compressed Air Energy Storage，CAES）是一项将空气压缩和释放来储存能量和发电的新型储能技术，可有效解决可再生能源的间歇性问题，同时起到电网峰谷调节的作用。其中大规模 CAES 电站通常利用人工开挖岩石内衬洞室作为其储气容器[1]，与受内压较低或大埋深的地下埋管结构不同，CAES 储气库长期处于极高气压作用状态，且围岩中可能存在大量随机的软弱结构面，洞室围岩环向受拉劈裂可能成为围岩承载失效的主要问题，而非常见的 Mohr-Coulomb 模型所描述的单纯压剪破坏[2]；因此，考虑围岩产生裂缝而导致的承载能力下降这一因素才更接近 CAES 储气库的工程实际。

多年以来，国内外学者对相关工程中围岩、混凝土等准脆性、脆性材料的破坏模式以及裂缝扩展规律开展了一系列的研究。蒋中明等[3]基于 FLAC3D 衬砌裂缝分析程序，研究了衬砌结构形式、围岩类别和循环荷载作用等因素对衬砌开裂演化特征的影响。顾金才等[4]对地应力、围岩受力变形特征进行分析，提出深部开挖洞室围岩分层断裂破坏机制。马铢等[5]通过黏聚裂缝模型模拟混凝土开裂过程中的损伤和断裂特性，得到了管道结构开裂前后的裂缝扩展形态以及裂缝宽度。伍鹤皋等[6]利用分离裂缝模型对试验模型进行对照分析，得到了分析管道开裂前后的初裂荷载以及裂缝宽度值。以上研究主要聚焦于水电工程压力管道等低内压洞室，针对 CAES 储气库围岩裂缝扩展模式以及围岩开裂情况下结构受力特性的研究尚少，由于 CAES 地下高压储气库 PD 值（内压与直径的乘积）远高于常规压力管道，其受力情况以及裂缝扩展模式也更为复杂。

因此，以某 CAES 电站储气库为背景建立计算模型，在围岩中设置黏聚裂缝模型（CCM）内聚单元模拟围岩及软弱结构面的断裂特性，分析得到了围岩开裂前后的应力分布规律、裂缝扩展形态，并进一步探讨了围岩内聚单元抗拉强度对钢衬应力分布、裂缝扩展深度以及围岩塑性变形的影响。

1　黏聚裂缝模型

围岩在开裂过程中会存在较大的微裂纹区，同时考虑围岩的损伤和断裂更符合实际开裂情况。常规的分离裂缝模型、弥散裂缝模型等本构模型多是基于损伤理论或者断裂理论，通常会忽略两者的耦合作用。而基于内聚理论的黏聚裂缝模型（CCM）则综合考虑了准脆性材料的损伤和断裂特性，可以较为精准地模拟围岩结构的开裂过程。

内聚理论衍生于弹塑性断裂力学，用于描述塑性和脆性材料界面分离时的不连续断裂过程[7-8]，而黏聚裂缝模型（CCM）在内聚理论基础上将裂纹分为两部分[9]：一部分为宏观裂缝，裂纹表面不受应力作用的断裂区；另一部分为虚拟裂缝，将带状微裂区简化为一条分离裂缝，裂纹表面有应力作用[10]，如图 1 所示。

内聚单元可模拟材料开裂产生的非连续变形，单元在受力满足起裂准则后由连续介质过渡为非连续介质[11]，其中围岩在内压作用下的破坏形式主要为张开断裂，采用双线型模型可以精确地描述围岩材料的开裂行为[12]，其内聚本构的控制方程为

$$T_n = \begin{cases} \dfrac{\sigma_{max}}{\delta_n}\delta & \delta \leqslant \delta_n \\[3mm] \sigma_{max}\dfrac{\delta_{nf}-\delta}{\delta_{nf}-\delta_n} & \delta > \delta_n \end{cases}$$

$$T_s = \begin{cases} \dfrac{\tau_{max}}{\delta_s}\delta & \delta \leqslant \delta_s \\[3mm] \tau_{max}\dfrac{\delta_{sf}-\delta}{\delta_{sf}-\delta_s} & \delta > \delta_s \end{cases}$$

基于内嵌零厚度的 CCM 内聚单元可以较好地描述围岩等准脆性、脆性材料的开裂特征[13]，因此计算中采用内嵌零厚度的内聚单元模拟围岩的开裂过程。ABAQUS 中采用的内聚单元如图 2 所示。

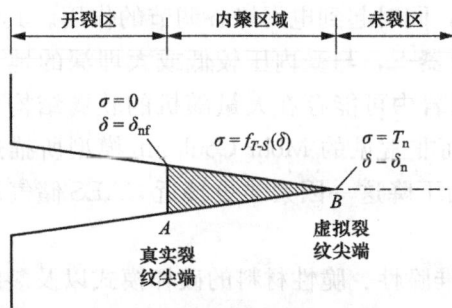

图 1 黏聚裂缝模型示意

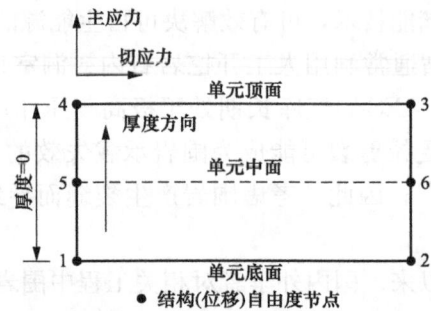

图 2 ABAQUS 中二维内聚单元

在荷载作用下，内聚单元的上下两层节点将沿着单元厚度的方向发生相对移动，为精确模拟裂纹尖端的扩展，通常要求内聚区域的长度需满足[14]

$$l_{cz} = ME\frac{G_c}{T_n^2}$$

式中：M 为内聚区域模型选定参数；E 为围岩的弹性模量；G_c 为临界断裂能；T_n 为最大内聚力强度。

内聚刚度反映了内聚界面的强弱，但由于内聚界面厚度趋近于零，内聚刚度在理论上将趋于无穷大的，内聚刚度取值过大会导致有限元解产生数值振荡，从而不利于计算收敛，为此 ABAQUS 中引入了黏结系数来优化材料的刚度矩阵，通过修改损伤因子 D 以改善计算的收敛性，其中：

$$D'_v = \frac{D - D_v}{\mu}$$

式中：D 为材料的损伤因子；D_v 为黏性刚度退化变量；μ 为黏结系数。

2 储气库围岩开裂分析

2.1 计算模型

以某在建 CAES 地下高压储气库为背景进行建模，其中洞室设计储气库容为 $3.00 \times 10^4 m^3$，洞室采用钢衬－回填混凝土－围岩联合承载结构，钢衬为 20mm 厚 Q490R 高强钢，回填混凝土为 0.6m 厚 C30 混凝土，洞室开挖直径为 11.2m，净断面直径为 10.0m，设计最大运行压力为 10MPa。计算模型如图 3 所示，为模拟围岩在不同方向的裂缝开裂，围岩以洞室轴线为中心，每间隔 45° 采用共节点连接方式在围岩中插入内聚单元。钢衬与混凝土间、混凝土与围岩间皆等效为共节点连接。

具体计算条件如下：圆形截面洞室围岩受均匀内压，施加以 0.1MPa 为一个计算子步、最大为 10MPa 的均布荷载于洞室表面，模型其他表面均施加法向位移约束。观察逐级加压时，预设裂缝的拓展过程，具体材料参数见表 1。

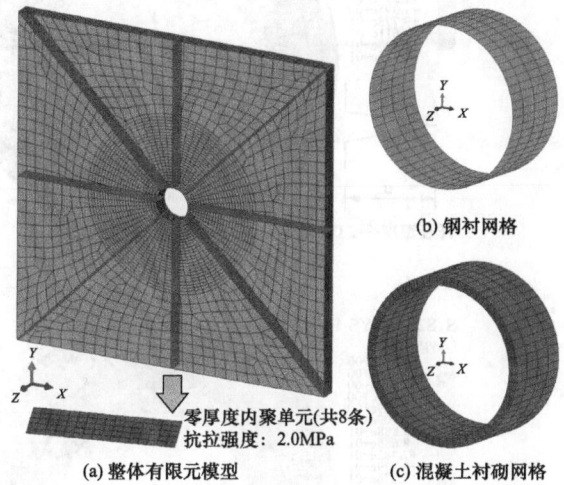

(b) 钢衬网格

(c) 混凝土衬砌网格

零厚度内聚单元(共8条)
抗拉强度：2.0MPa

(a) 整体有限元模型

图 3 算例有限元模型

表 1 材料参数取值表

材料名称	弹性模量（GPa）	密度（kg·m⁻³）	C（MPa）	Φ（°）	泊松比 μ
围岩	15.0	2700	0.95	45	0.27
C30 混凝土	30.0	2500	—	—	0.167
Q490R 高强钢	206.0	7850	—	—	0.3

2.2 围岩开裂破坏过程分析

为验证内聚单元用于模拟围岩裂缝拓展的合理性以及了解围岩的开裂过程，首先对计算模型进行简化计算，模型中仅包括围岩与内聚单元，设置内聚单元抗拉强度参数为 2.0MPa。逐级加压过程中围岩环向应力的变化直接导致内聚单元开裂，围岩裂缝拓展过程展现出明显的规律性，选取部分关键计算子步的环向应力结果如图 4 所示。

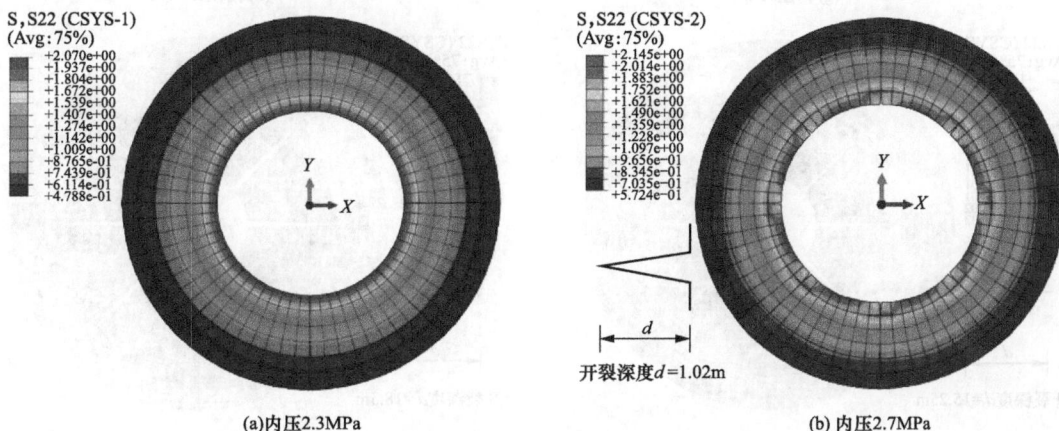

开裂深度 $d = 1.02m$

(a) 内压2.3MPa

(b) 内压2.7MPa

图 4 逐级加压时围岩环向应力分布云图（MPa）（一）

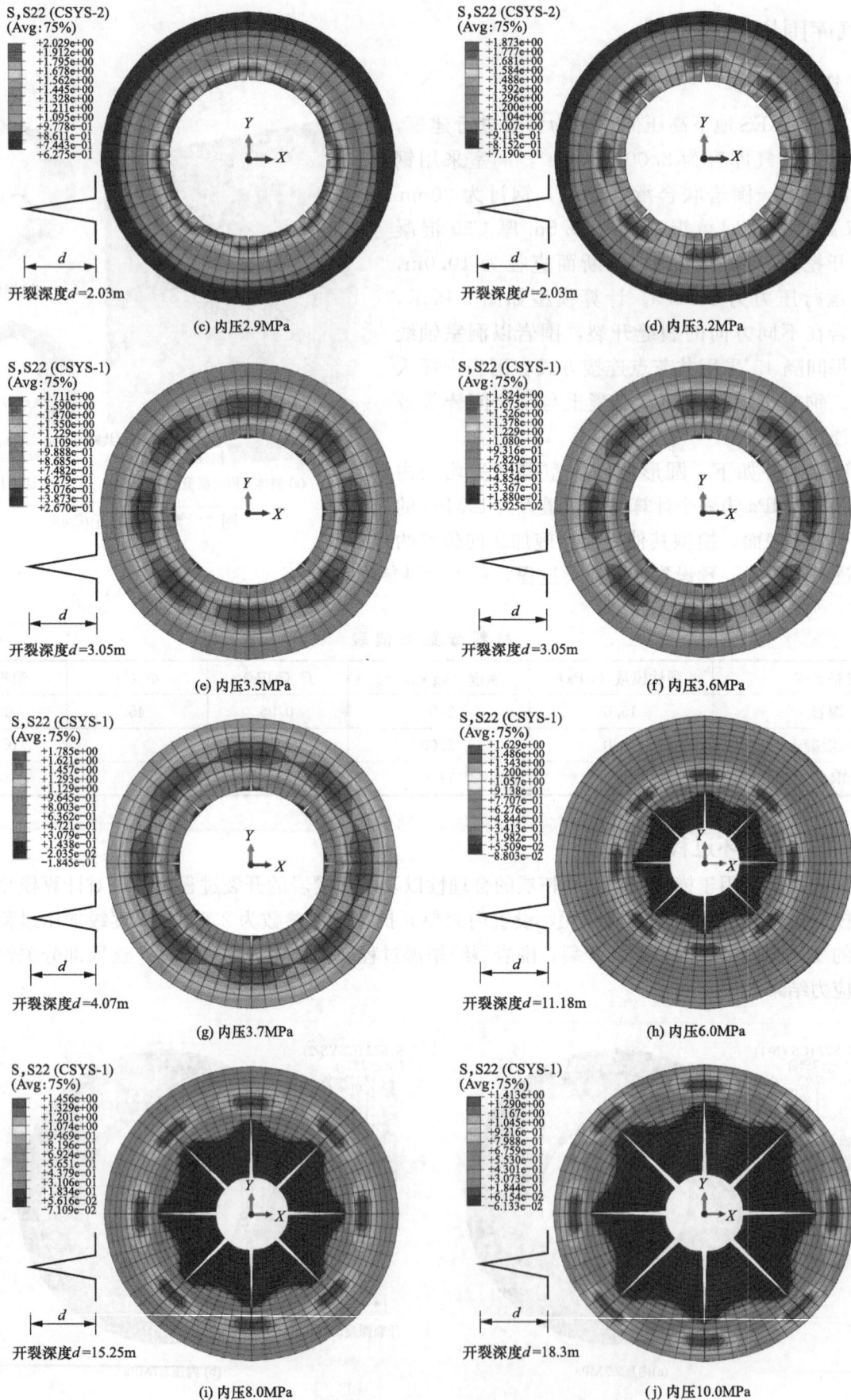

(c) 内压2.9MPa

(d) 内压3.2MPa

(e) 内压3.5MPa

(f) 内压3.6MPa

(g) 内压3.7MPa

(h) 内压6.0MPa

(i) 内压8.0MPa

(j) 内压10.0MPa

图 4　逐级加压时围岩环向应力分布云图（MPa）（二）

（1）当内压水平低于 2.3MPa 时，内聚单元均处于未断裂状态，围岩环向应力分布如图 4（a）所示，内压作用的内壁环向应力最大，向外逐渐降低，此时洞室表面围岩环向应力已达到 2.07MPa，已接近内聚单元抗拉强度 2.0MPa，内聚单元即将断裂。

（2）图 4（b）中内压达到 2.7MPa，此时第一层内聚单元已经断裂形成裂缝，裂缝两侧围岩单元的环向应力随之下降。

（3）图 4（c）内压为 2.9MPa，为第二层内聚单元张开初期，此时第二层单元处裂缝尚较窄。随着内聚单元断裂深度增大，环向应力逐渐向裂缝末端集中，直至内压为 3.2MPa 的图 4（d），环向应力最大的区域已由洞室表面两裂缝之间的位置完全转移至已张开裂缝的末端。

（4）图 4（e）、图 4（f）、图 4（g）的内压分别为 3.5、3.6、3.7MPa，内压为 3.2MPa 时第三层内聚单元尚未断裂，而到 3.5MPa 内压时则已经初步断裂，可以看到新的裂缝产生过程中，环向应力大的区域会相应地向深处转移至新的裂缝末端；内压从 3.5MPa 升至 3.6MPa 的过程为第三层内聚单元断裂的末期，这阶段裂缝宽度变化已经很小，新增内压主要作用于围岩上，导致围岩环向应力最大值上升，且环向应力分布集中现象变得显著，而内压从 3.6MPa 到 3.7MPa 则为第四层内聚单元从闭合到断裂的新循环开始，主要变化为因新的内聚单元张开分担环向应力，围岩环向应力相应降低，分布也变得更均匀。

（5）图 4（h）、图 4（i）、图 4（j）展示了裂缝深度较大后持续加压过程中普遍的环向应力分布规律，内压分别为 6.0、8.0、10.0MPa，三种内压值下裂缝深度分别为 11.18m、15.25m、18.3m。

由图 4 环向应力分布云图可以看出，内聚单元两侧围岩单元的环向应力大小能一定程度上反映此处内聚单元是否开裂，且内聚单元两侧单元的环向应力将会在此处单元张开时变为环向应力最大处，规律性十分明显。其中一条内聚单元一侧的围岩单元节点随内压增大环向应力的变化曲线如图 5 所示，特征点 A 为洞室围岩开挖面上的节点，B～N 特征点逐渐远离开挖面，最深处的特征点 N 距离开挖面 13.22m。

由图 5 可以看到，所有特征点均随着内压增大经历环向应力先增大后降低过程，环向应力峰值处对应

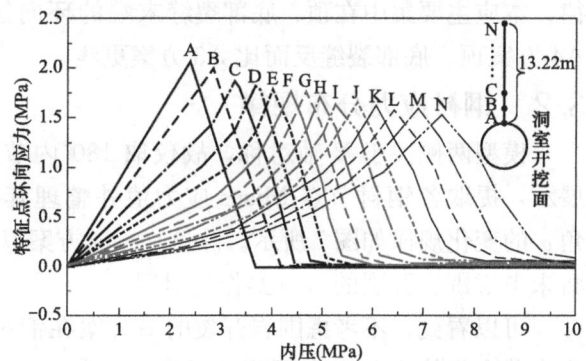

图 5 围岩特征点随内压升高环向应力变化曲线图

此特征点的内聚单元张开。从整体趋势上看，随着内聚单元距离洞室中心距离变大，其张开时的环向应力逐渐下降。引入内聚单元后，围岩不再呈现大面积受较大拉应力状态，而变为拓展的裂缝周边单元暂时性受拉，随着裂缝进一步加深，环向应力将得到释放。一般采用 Mohr-Coulomb 准则只能描述围岩的压剪状态性质，引入内聚单元后大部分围岩环向拉应力得到释放，围岩大部分处于受较小拉应力或受压状态，此时 Mohr-Coulomb 准则更符合实际情况。

3　考虑围岩开裂的储气库结构受力特性分析

3.1　不同内聚强度下围岩裂缝拓展特征

使用内聚单元预设裂缝的方式可以比较合理地描述围岩的受拉特性，也会使密封结构的受力特性更接近真实情况。在考虑裂缝拓展的基础上，进一步对内聚单元抗拉强度进行敏感性分析，研究预设裂缝张开的临界拉应力值与最终裂缝深度、结构受力特性的关系，详细的计算方案如表 2 所示。

表 2　　　　　　　　　　　　　　计　算　方　案

计算方案	A1	A2	A3	A4	B
内聚单元抗拉强度（MPa）	2.0	1.5	1.0	0.75	无内聚单元

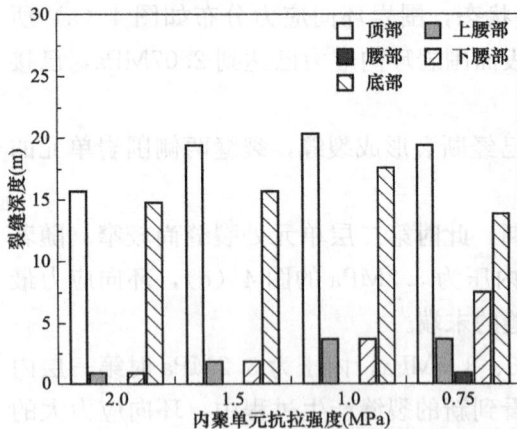

图 6　各计算方案下内压达到
10MPa 时预设裂缝的开裂情况

图 6 所示为各计算方案下内压达到 10MPa 时预设裂缝的开裂情况。横向比较各方案，可见围岩开裂最严重的位置均在洞室顶部及底部，这两处的裂缝深度远超洞室其他部位。这是由于洞室为整体受压，腰部受压最大，而顶、底部压应力水平极低；当内压达到 10MPa 以后，洞室的顶、底部也是围岩受拉最大的部位，较大的拉应力导致围岩裂缝拓展更为显著，而腰部虽初始压应力较大，但在高内压作用下转为较小拉应力，因此该部位的裂缝拓展深度也最浅。

纵向比较，A1～A3 方案随着内聚单元抗拉强度下降，围岩各位置的裂缝深度均逐渐增长。但从 A3～A4 方案，顶、底部裂缝的深度反而有所下降，同时下腰部裂缝深度也有明显增大，腰部裂缝也开始出现开裂现象，产生这种现象的原因主要是裂缝未张开或张开尚浅时，洞室腰部及上下腰部围岩环向拉应力较小，一方面，当内聚单元抗拉强度较大（A1～A3）时，环向拉应力不足以使内聚单元张开；另一方面，当顶、底部裂缝张开后，环向拉应力将向裂缝末端集中；故 A1～A3 方案腰部裂缝难以张开。但在 A4 方案中，内聚单元强度已低于腰部附近围岩拉应力，导致腰部及下腰部已有裂缝张开，又根据裂缝末端拉应力集中的规律，本应主要集中在顶、底部裂缝末端的环向拉应力有一定程度地向腰部、下腰部裂缝末端转移，使 A4 方案顶、底部裂缝反而比 A3 方案更浅。

3.2　钢衬应力分布规律

模型两侧关于 Y 轴对称，故仅取 180° 内节点进行展示，提取各钢衬节点 Mises 应力值并整理其关于夹角 α 的变化规律如图 7 所示。除 A1～A4 方案以外，也将未考虑围岩开裂的 B 方案作为对照。

可以看到，不考虑围岩开裂的 B 方案在钢衬 Mises 应力分布规律上与考虑开裂的 A1～A4 四种方案有明显区别，且考虑开裂后钢衬应力最大、最小值之间差值增大，即应力更集中于局部位置，主要的高应力区域对应的 α 值为 22.5° 及 157.5°，分别为顶部与上腰部裂缝之间、底部与下腰部裂缝之间的位置。虽然顶、底部为裂缝拓展最为严重部位，但该部位钢衬仅为受弯较严重，应力反而相对偏低。

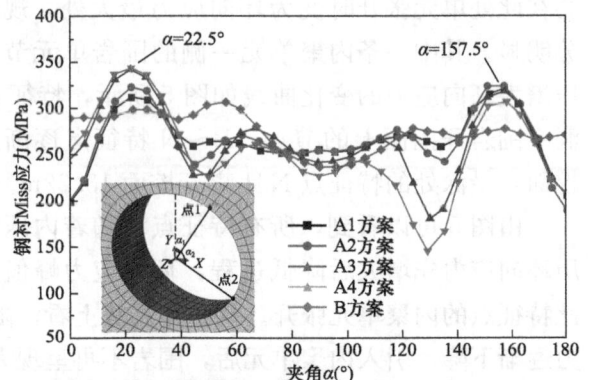

图 7　钢衬 Mises 应力分布折线图

此外，随着内聚单元抗拉强度降低，钢衬在应力分布规律大致不变，但应力集中现象更为显著，钢衬最大应力值有所上升，最小值有所下降。对比各方案的钢衬应力大小，考虑围岩开裂后钢衬最大 Mises 应力有一定程度的上升，但幅度有限，即使在内聚单元抗拉强度低至 0.75MPa 的 A4 方案中相比 B 方案也仅有不到 10% 的上升。

3.3　围岩塑性区分布特征

A1～A4 方案围岩等效塑性应变如图 8 所示，围岩塑性应变较大处位于底部与下腰部裂缝之间围岩表层，内聚单元抗拉强度较大时靠近底部裂缝，抗拉强度较小时则靠近下腰部裂缝。导致这种变化的原因主要是内聚单元抗拉强度降低后下腰部内聚单元张开，下腰部旁的围岩单元也变为临空的边缘单元，径向压应力在此处集中导致塑性变形严重。综上所述，两处较接近的深裂缝之间的围岩应力集中明显，可能产生额外的塑性变形，因此工程中应重点关注开裂面处的围岩应力情况。

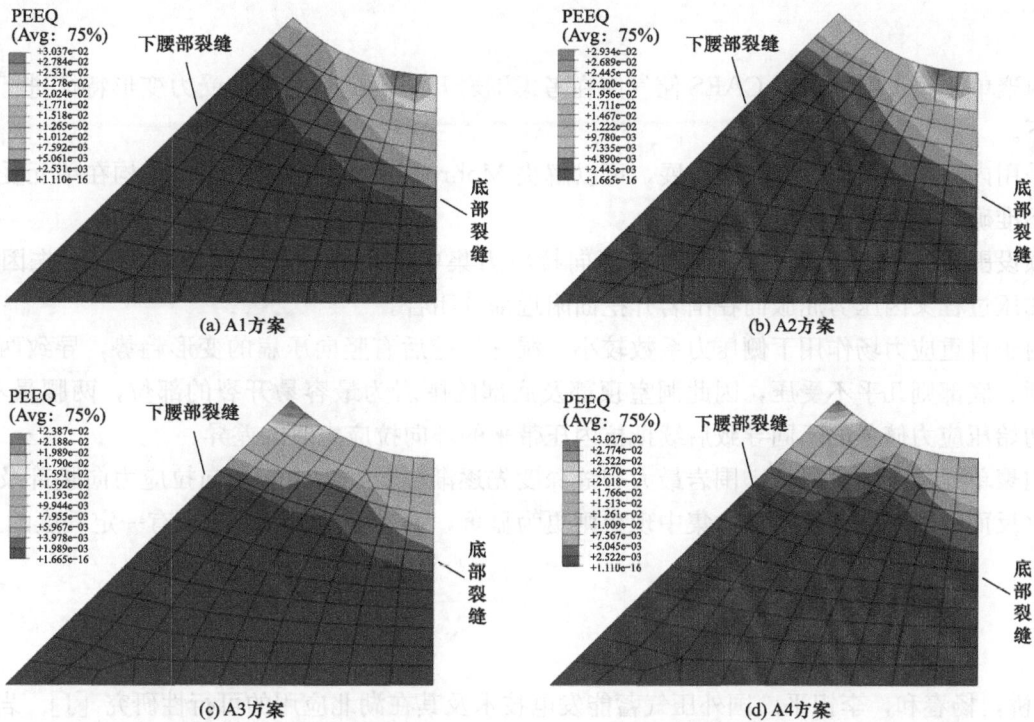

(a) A1方案

(b) A2方案

(c) A3方案

(d) A4方案

图 8　A1～A4 方案围岩等效塑性应变

考虑围岩开裂前后，虽然围岩均发生塑性变形，但引起塑性变形的原因并不相同，为更清晰展示带裂缝模型的围岩塑性变形过程，选取 A1 方案加载过程中两个时间点（6.75MPa、8.75MPa 时刻）围岩的等效塑性应变云图如图 9 所示。

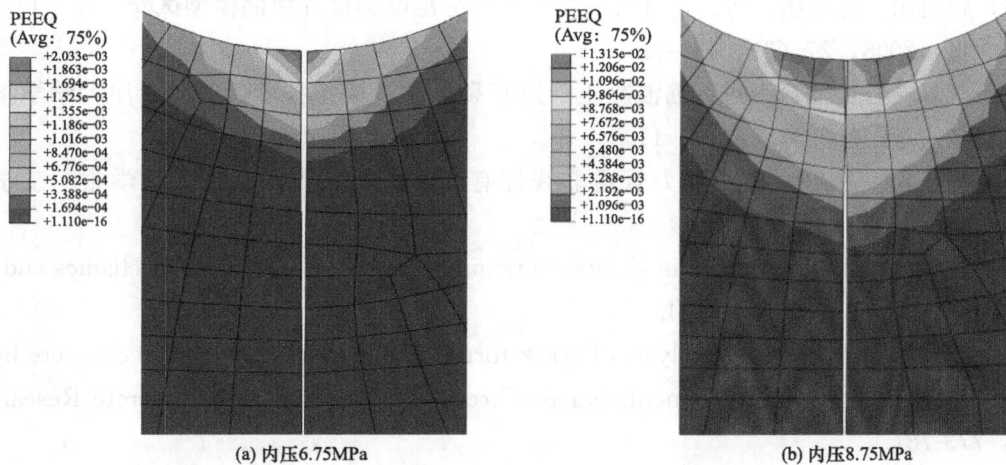

(a) 内压6.75MPa

(b) 内压8.75MPa

图 9　A1 方案加载过程围岩等效塑性应变

综上分析可知，在内压较小时，围岩表面附近主要环向受拉，受拉区随着内压的增大由围岩表面逐渐向深处转移，径向因内压水平较低受到的压应力较小，该阶段围岩塑性变形为环向拉应力及径向压应力联合导致，该阶段裂缝也持续张开。随着内压进一步增大，围岩受拉区已经远离围岩表面，围岩浅层区域均为压应力，但该阶段内压较大，围岩所受径向压应力水平较高，围岩主要发生压剪屈服。

因此可见，考虑围岩开裂后，因围岩内裂缝的出现使围岩部分区域失去连续性，加上环向应力释放的影响，围岩的受力特性有很大变化，又因为高内压条件下，储气库周边围岩发生开裂几乎是必然的，考虑围岩开裂的分析更符合实际情况。

4　结语

基于内聚单元预设裂缝对某 CAES 储气库在考虑围岩开裂情况下的结构受力变形特征进行研究，所得结论如下。

（1）采用内聚单元模拟围岩裂缝拓展，可以解决 Mohr-Coulomb 准则弹塑性本构在单元受拉时本构关系描述不准确的问题。

（2）预设围岩裂缝张开后，裂缝末端有环向拉应力集中的现象，主要裂缝两侧围岩先因开裂而远离，后续加压过程又因压剪屈服而在围岩开挖面附近部分闭合。

（3）由于自重应力场作用下侧压力系数较小，洞室开挖后有竖向压扁的变形趋势，导致两腰初始受压较大，顶、底部则几乎不受压，因此洞室顶部及底部的围岩为最容易开裂的部位，两腰最不易开裂，这是围岩初始压应力储备的不同导致后续抵抗内压带来的环向拉应力时的差异。

（4）内聚单元抗拉强度降低，围岩最大裂缝深度先逐渐增长，后由于环向拉应力向腰部及下腰部裂缝末端转移反而有所下降；钢衬应力集中现象则更为显著，钢衬最大 Mises 应力有一定程度的上升。

参考文献

[1]　徐新桥，杨春和，李银平. 国外压气蓄能发电技术及其在湖北应用的可行性研究 [J]. 岩石力学与工程学报，2006，25（z2）：3987-3992.

[2]　蒋中明，秦双专，唐栋. 压气储能地下储气库围岩累积损伤特性数值研究 [J]. 岩土工程学报，2020，42（2）：230-238.

[3]　蒋中明，甘露，张登祥，等. 压气储能地下储气库衬砌裂缝分布特征及演化规律研究 [J]. 岩土工程学报，2024，46（1）：110-119.

[4]　顾金才，顾雷雨，陈安敏，等. 深部开挖洞室围岩分层断裂破坏机制模型试验研究 [J]. 岩石力学与工程学报，2008，27（3）：433-438.

[5]　马铢，伍鹤皋，石长征，钢衬钢筋混凝土管道开裂机理及模拟技术研究. 天津大学学报：自然科学与工程技术版，2022. 55（1）：11.

[6]　伍鹤皋，马善定. 三峡水电站压力管道非线性有限元分析 [J]. 武汉大学学报：工学版，1994（6）.

[7]　Dugdale, D. S., Yielding of steel sheets containing slits. Journal of the Mechanics and Physics of Solids, 1960. 8（2）：p. 100-104.

[8]　A, Hillerborg, and, et al. Analysis of crack formation and crack growth in concrete by means of fracture mechanics and finite elements-ScienceDirect [J]. Cement and Concrete Research，1976，6（6）：773-781.

[9]　薛亮，孙千伟，任晓丹. 基于内聚单元模型的装配式剪力墙数值模拟研究 [J]. 地震工程与工程振动，2020，40（4）：9.

[10]　Alfano, G., On the influence of the shape of the interface law on the application of cohesive-zone models. Composites Science & Technology, 2006. 66（6）：723-730.

[11]　蔡改贫，宣律伟，张雪涛，等. 多尺度内聚颗粒模型破碎过程研究 [J]. 岩土力学，2020，41（6）：1809-1817.

[12]　Su K, Chen H, Fok S, et al. Determination of the tension softening curve of nuclear graphites using the incremental displacement collocation method [J]. Carbon, 2013, 57（3）：65-78.

[13] Yang S T，Li K F，Li C Q. Numerical determination of concrete crack width for corrosion-affected concrete structures [J]. Computers & Structures，2017，207（SEP.）：75-82.

[14] A A T，C. G. Dávila b，C P P C，et al. An engineering solution for mesh size effects in the simulation of delamination using cohesive zone models [J]. Engineering Fracture Mechanics，2007，74（10）：1665-1682.

作者简介：

李桥梁（1998—），男，湖南娄底，硕士研究生，助理工程师，主要从事岩土工程与压缩空气储能工程设计工作。E-mail：lql13548802027@163.com

CAES 地下储气库结构受力变形特性分析

杨　雪[1]，蒋中明[1, 2]，石兆丰[1]，郭遥旭[1]

（1. 长沙理工大学水利与环境工程学院，湖南长沙　410114；

2. 水沙科学与水灾害防治湖南省重点实验室，湖南长沙　410114）

【摘　要】 为了解采用新型柔性密封材料密封时压气储能地下储气库结构应力变形特性，以某拟建压气储能电站地下储气库为研究对象，采用热力耦合理论对运行条件下储气库的密封层、衬砌、围岩的应力变形特性及其变化过程进行了研究。研究表明：密封层内部温度受储气库内空气温度影响大，衬砌和围岩中的温度影响较小，且围岩离洞壁处越远其温度基本不受影响。储气库各结构位移在高压和高温作用下会产生较大的应力和位移，且随着离洞壁距离越远，结构层中的应力和位移越小。在储气库多次循环充放气过程中，密封层中未出现塑性区，衬砌中出现以剪切破坏为主的塑性区。

【关键词】 柔性密封材料；压气储能；地下储气库；受力特性；结构变形

0　引言

　　压缩空气储能（compressed air energy storage，CAES）技术作为目前最具有前景的储能技术之一，具备容量大、储存周期长、经济性能好、安全可靠等特点[1-2]。该技术的原理是在用电低谷期利用压缩机储存压缩后的空气，在用电高峰期利用膨胀机释放压缩空气发电[3]。地下储气库是大规模 CAES 电站储气装置最优的储气形式[4]。其中人工开挖硬岩地下洞室不受特殊地质构造的限制，选址更灵活，可选择性更强，从而受到越来越多学者的关注[5]。为了保证地下储气库的密封性能，常设置密封层和衬砌层作为密封结构[6]。

　　目前常用的密封材料有钢衬、玻璃钢、橡胶等[7-10]。钢衬具有优异的气密性能和抗裂性能，常被选作地下储气库密封材料；玻璃钢具有优异的气密性能和较高的拉伸强度，在 10MPa 内压作用下的破坏风险也很小，可被选用为密封材料，如湖南平江实验库则选择了该种材料作为密封材料[8]。橡胶作为柔性材料，气密性和抗拉强度均好，同样可作为密封材料使用，如日本北海道实验库采用橡胶板密封[10]。但是以上材料均有不足，在储气库长期的高温高压交变荷载作用下，钢衬和玻璃钢密封结构存在受力复杂、内压分配不可控、施工难度大、造价偏高等问题[11-12]。橡胶则是耐高低温循环作用下性能还略显不足，从而导致其耐久性较差[8-10]。为了让 CAES 地下储气库密封材料多一种选择，本团队研发了一种新型柔性密封材料，并对其基本物理指标和力学性能进行了测试，试验数据表明该材料能满足地下储气库密封材料的要求。

　　地下储气库在温度和压力作用下的受力稳定性直接影响电站运行的安全性和可靠性。众多学者对此展开了研究，如蒋中明等[13-14]研究了热力耦合条件下压气储能遂昌地下储气库和平江实验库的结构应力变形特性；Rutqvist 等[15]利用 TOUGH-FLAC 数值模拟了考虑温度和内压引起的洞室围岩的应力变化特性。以上研究结果表明了考虑温度应力和不考虑温度应力的数值结果有明显差异。同时目前针对刚性密封结构受力特性研究偏多，对柔性密封结构受力特性研究偏少，因此考虑储气库实际受到高温高压交变荷载的同步作用，需要进一步分析采用新型柔性密封材料时储气库密封结构层的受力变形特性。

基金项目：国家自然科学基金项目（52178381）；2022 年湖南省研究生科研创新项目（CX20220907）。

鉴于此，本文依据某 CAES 拟建储气库工程信息，基于热力耦合理论，采用热力耦合数值仿真分析方法，分析采用新型柔性密封材料时储气洞室在循环充放气条件下密封层、衬砌和围岩的温度、应力、变形以及塑性区变化规律。

1　热力耦合分析理论

CAES 电站在运行时将受到温度压力交变荷载的循环作用，因此在分析储气库各结构层应力变形特性时需要考虑温度压力共同作用，即进行热力耦合分析。热力耦合分析理论包括能量平衡方程、热传导方程以及热应力方程，分别为

$$\frac{\partial q_i}{\partial x_i} + q_V = \rho c_V \frac{\partial T}{\partial t} \tag{1}$$

$$q_i = -kT_i \tag{2}$$

$$\Delta\sigma_{ij,\mathrm{th}} = 3K\alpha_t \Delta T \delta_{ij} \tag{3}$$

式中：q_i 为热流量向量，$\mathrm{W/m^2}$；q_V 为体积热源强度，$\mathrm{W/m^3}$；ρ 为连续介质干密度，$\mathrm{kg/m^3}$；c_V 为定容热容，$\mathrm{J/(kg \cdot ℃)}$；T 为介质温度，℃；T_i 为 T 在 i 方向的导数；t 为时间，s；k 为导热系数，$\mathrm{W/(m \cdot ℃)}$；$\Delta\sigma_{ij,\mathrm{th}}$ 为热应力增量；K 为介质体积模量；α_t 为线性热膨胀系数；δ_{ij} 为 Kronecker 函数。

考虑热应力影响的固体介质热-力耦合应力方程为

$$\Delta\sigma_{ij} = \Delta\sigma_{ij,\mathrm{M}} + \Delta\sigma_{ij,\mathrm{th}} \tag{4}$$

式中：$\Delta\sigma_{ij}$ 为总应力增量；$\Delta\sigma_{ij,\mathrm{M}}$ 为非温度荷载引起的应力增量。

2　数值模型及计算过程

2.1　计算网格与分组

为研究热力耦合作用下 CAES 地下储气库结构层的受力变形特性，本研究以某拟建压气储能电站为工程背景，采用 FLAC3D 建立平面数值分析模型，如图 1 所示。分别对衬砌层、密封层、围岩等关键结构进行建模，整个模型 X 方向长 150m，Y 方向拉伸厚度为 1m。共有计算网格单元 14820 个，节点 27560 个。为便于分析各结构层之间的受力与变形差异性，设置若干测点于密封层、衬砌、喷混和围岩中，测点具体位置如图 2 所示。

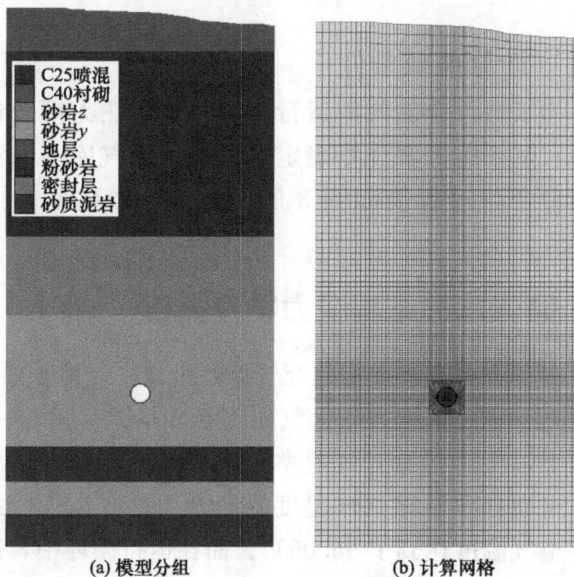

图 1　数值计算模型示意图

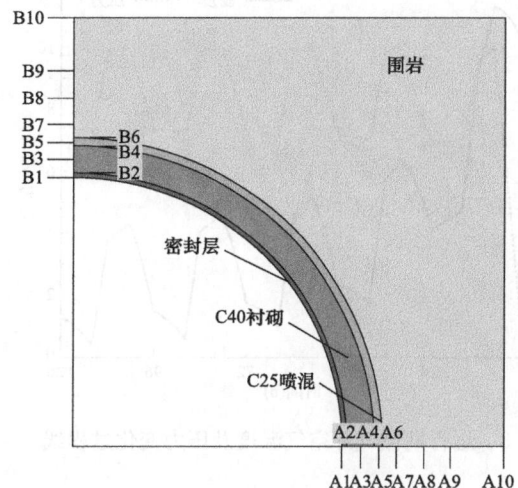

图 2　测点布置图

2.2 初始条件及计算参数

初始条件按自重应力计算初始应力场，试验区岩体初始温度为 20℃。由勘测资料得到计算基本力学参数如表 1 所示。

表 1　　　　　　　　　　　地层及密封结构计算参数拟定

	结构	弹性模量 E（GPa）	泊松比 μ	黏聚力 c（MPa）	内摩擦角 φ（°）	密度 ρ（kg·m^{-3}）
地层	地表填土层（砂岩）	2.40	0.320	0.90	19.7	2230
	粉砂岩	2.45	0.240	1.20	25.5	2480
	砂岩	5.00	0.320	1.65	32	2180
	砂质泥岩	1.75	0.320	0.75	21.8	2250
衬砌	C25 喷混	25.00	0.167	0.50	40	2400
	C40 衬砌	32.00	0.167	1.50	50	2500
密封层	柔性混凝土	0.10	0.450	1.50	10	2000

表 2　　　　　　　　　　　计算热力学参数

计算参数	围岩	C40 混凝土	C20 混凝土	柔性混凝土
热传导系数 [W·(m·K)$^{-1}$]	1.78	1.74	1.51	1.0125
比热 [J·(kg·K)$^{-1}$]	820	920	920	1115
线膨胀系数（1·K^{-1}）	12^{-6}	10^{-6}	10^{-6}	$52.75e^{-6}$
换热系数 [W·(m^2·K)$^{-1}$]	—	—	—	4.5

2.3 本构模型及边界条件

本数值计算围岩和柔性密封材料采用基于 Mohr-Coulomb 屈服准则的理想弹塑性本构模型；C40 混凝土衬砌和 C25 喷射混凝土采用基于 Drucker-Prager（D-P）屈服准则的弹塑性本构模型。热传导分析模型采用各向同性热传导模型。

计算力学边界为四周铅直边界为水平位移约束，底部边界为铅直方向位移约束，顶部边界为已知压力边界。热传导分析边界：模型前后两侧为绝热边界，模型下侧及左、右两侧为固定温度边界；储气库内表面为对流换热边界。

运行周期按 1 天考虑，即一个循环内充、放气及储气持续时间为 8h 充气阶段、4h 高压储气阶段、4h 放气阶段和 8h 低压储气阶段。

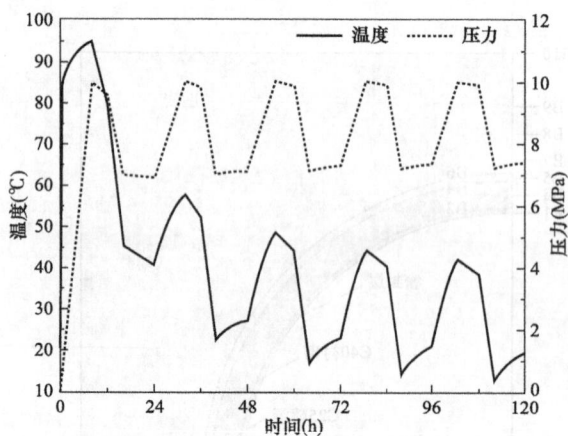

图 3　运行期储气库空气温度及压力变化过程线

2.4 计算荷载条件

为了更符合储气库运行环境，采用热力耦合计算条件。基于解析解计算确定的运行期储气库空气温度及压力变化过程线如图 3 所示，计算参数见表 1 和表 2。

3 储气库的结构受力特性分析

由图 3 可知，在初始充气循环过程中，由于要在 8h 内使压缩气体压力从大气压充至 10MPa，库容一定情况下，所需初始充气速率大，从而会产生大量压缩热，进而导致压缩空气温度逐渐升高，在充气段结束时，空气温度达到了 95.05℃。而在运行循环中，运行压力区间始终为 7-10MPa，充气速率小，第二个循环充气段结束时的温度降低 57.55℃，且随着循环次数的增加，温度逐渐降低最终趋于稳定，这是由于储气库内空气的温度高于储气库内表面结构层的温度，压缩空气与储气库内表面之间存在对流换热以及围岩的热传导现象，随着循环次数的增加换热趋于稳定，进而使得储气库内空气温度趋于稳定。同时换热现象会导致高压储气阶段储气库内温度和压力下降，低压储气阶段储气库内温度和压力的上升。在放气阶段，放气速率高，时间短，在压力迅速降低的同时，温度也迅速降低。

3.1 储气库结构温度时空分布特性

在温度和压力交变荷载作用下，储气库密封结构的应力和变形主要受到高压作用和高温引起的热应力。因此，分析储气库结构的温度时空分布特性十分重要。

图 4 为第 100 次充气至空气压力为 10MPa 时储气库密封层和衬砌层的温度分布。由图 4 可知，当充气至空气压力为 10MPa 时，由于密封层直接和储气库内空气接触，且存在热传导作用，密封层内侧温度上升至 27.76℃，由于新型柔性密封材料导热系数低，具有较好的绝热性能，密封层外侧温度基本维持在 21.95℃。当热量传至混凝土衬砌层时，由于衬砌层较厚，热量在混凝土衬砌内的传递过程中迅速衰减，导致混凝土衬砌内外侧温度从 21.96℃ 左右逐渐下降到 21.48℃ 左右。C25 喷混层中温度主要在21.6℃ 左右。储气库围岩温度受压缩空气温度变化的影响相对较小，围岩内表面的温度基本维持在21.59℃ 左右；距围岩内表面较远的围岩内部的温度基本维持在 20.0℃不变。储气库充放气循环使密封层、混凝土衬砌内部温度逐渐升高，且随着循环次数的增加，密封结构内部温度与储气库空气温度逐渐趋于一致，换热效果降低，因此储气库空气温度也逐渐趋于稳定。

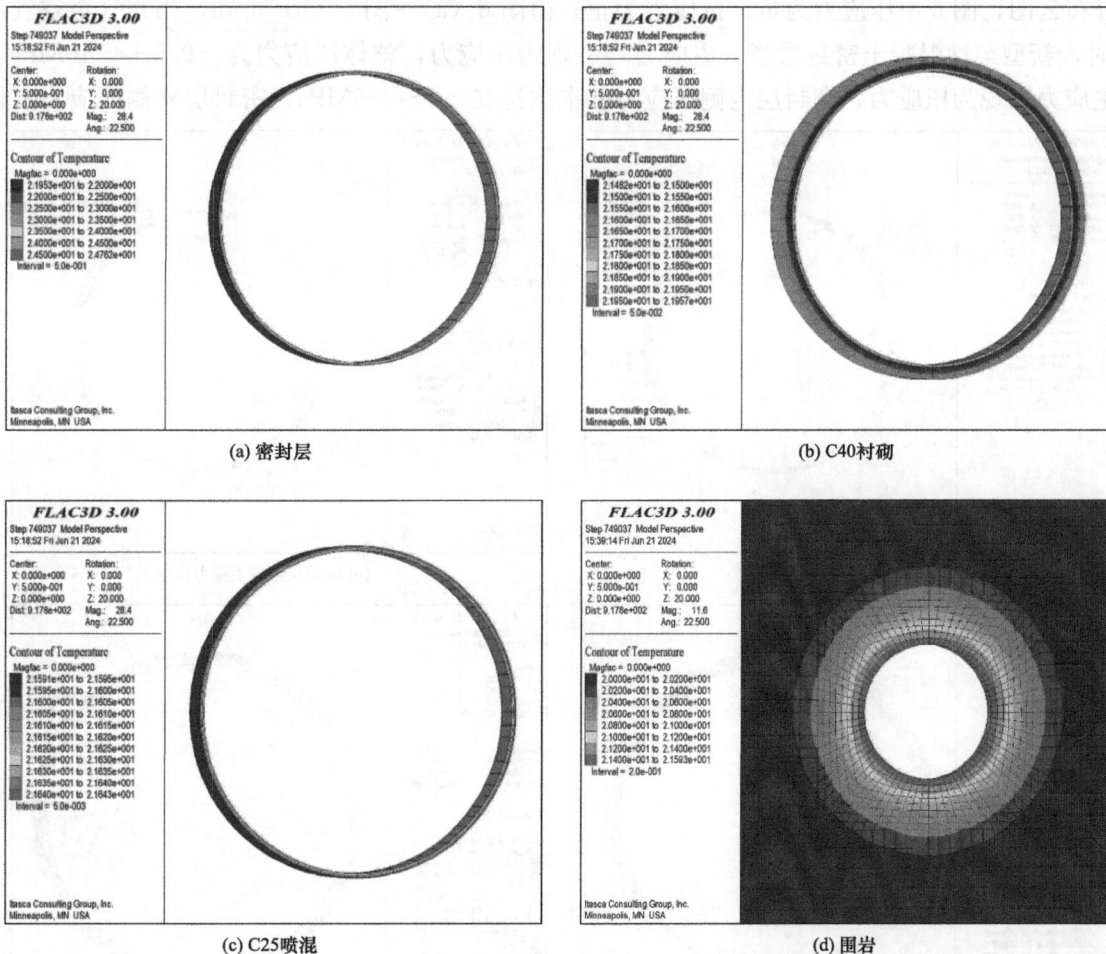

(a) 密封层

(b) C40衬砌

(c) C25喷混

(d) 围岩

图 4 第 100 次充气至空气压力为 10MPa 时储气库密封层和衬砌层的温度分布

图 5 所示为冲放气循环 100 次后储气库测点温度随时间变化的关系曲线。由图 5 可知，结构层各测点的温度监测数据变化与温度分布云图中的分布规律一致。测点距离洞壁距离越远，温度变化越小，且

随着时间的增长，各测点温度越接近。

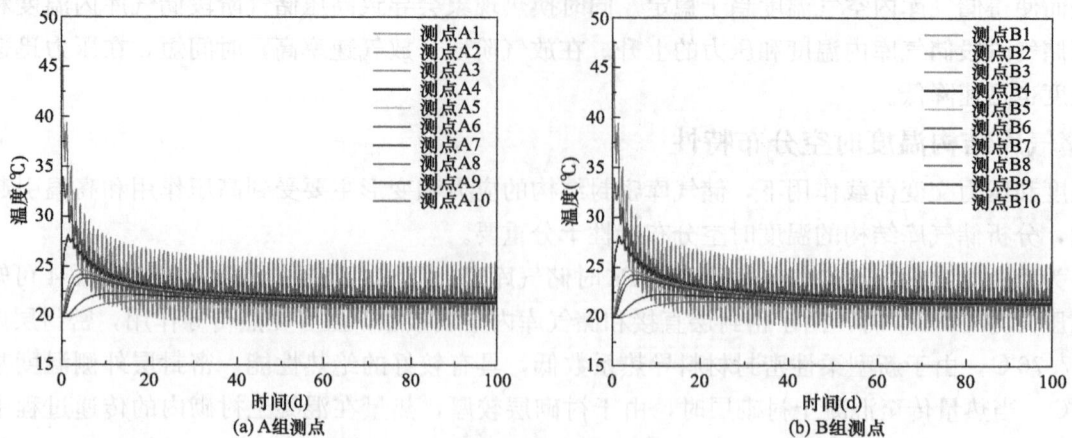

(a) A组测点   (b) B组测点

图 5   充放气循环 100 次后储气库测点温度随时间变化的关系曲线

3.2   储气库结构应力变形特性

3.2.1   应力分析

图 6 所示为第 100 次充气至空气压力为 10MPa 时储气库密封层、衬砌层和围岩的第一主应力和第三主应力分布云图，图 6 中压应力为负，拉应力为正。由图 6（a）～图 6（b）可知，当充气至空气压力为 10MPa 时，新型柔性混凝土密封层第一主应力均表现为压应力，整体压应力为 −9.5～−10MPa。密封层第三主应力表现为压应力，密封层内侧压应力基本维持在 −5～−6MPa，密封层外侧压应力数值基本

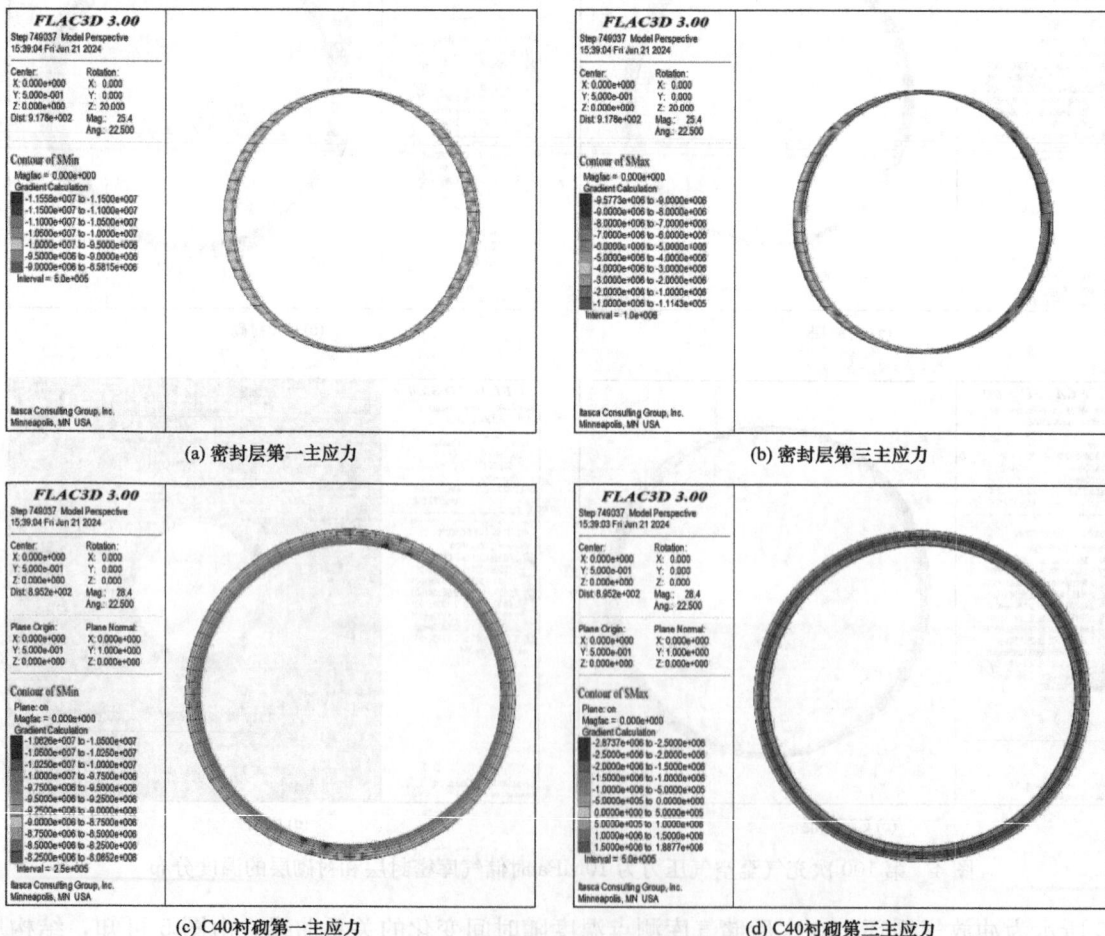

(a) 密封层第一主应力   (b) 密封层第三主应力

(c) C40衬砌第一主应力   (d) C40衬砌第三主应力

图 6   第 100 次充气至空气压力为 10MPa 时储气库密封层、衬砌层和围岩的第一主应力和第三主应力分布云图（一）

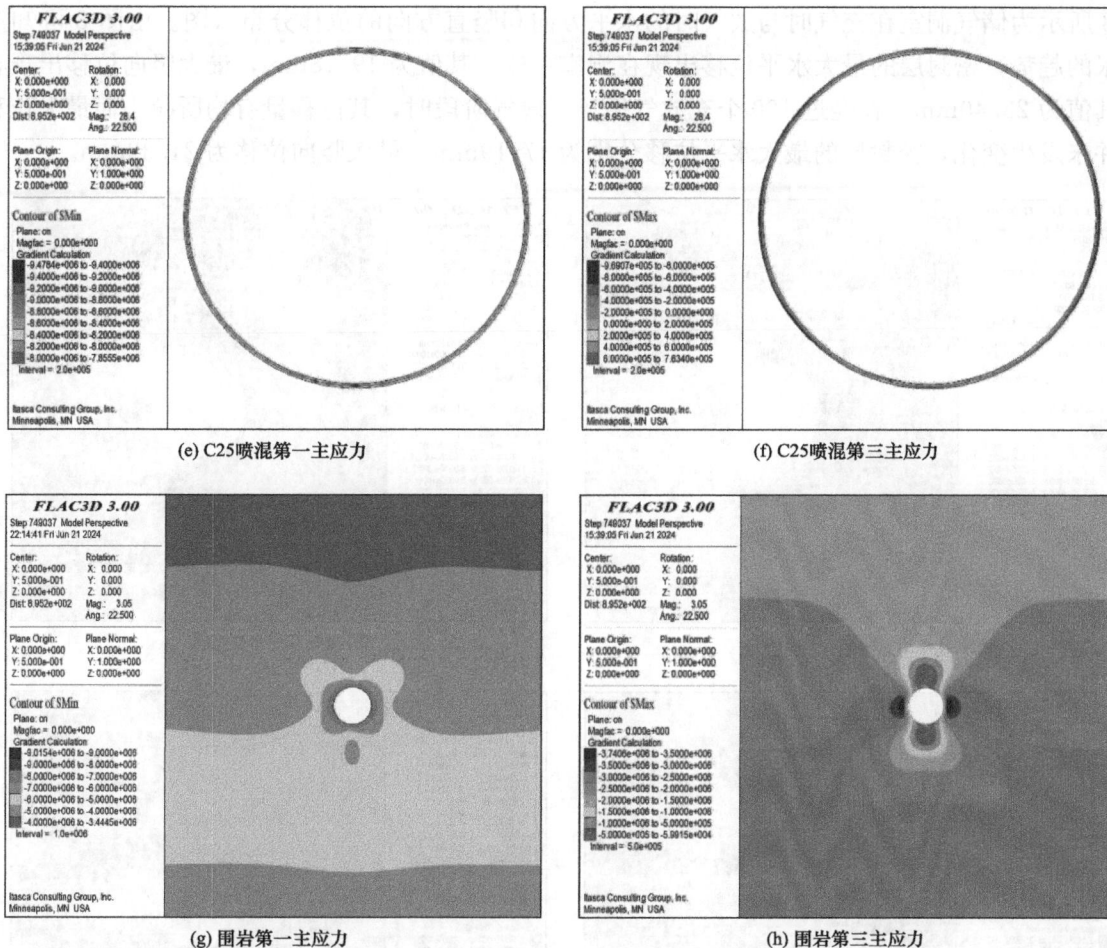

(e) C25喷混第一主应力

(f) C25喷混第三主应力

(g) 围岩第一主应力

(h) 围岩第三主应力

图 6　第 100 次充气至空气压力为 10MPa 时储气库密封层、衬砌层和围岩的第一主应力和第三主应力分布云图（二）

维持在－3～－4MPa，柔性混凝土最大压应力出现在左右侧。由图 6（c）～图（d）可知，当充气至空气压力为 10MPa 时，C40 衬砌内外侧第一主应力均表现为压应力，内侧数值基本维持在－9.5～－9.75MPa，外侧数值基本维持在－8.5～－8.75MPa。但是在 C40 衬砌上下侧出现应力集中，数值为－10.63MPa。C40 衬砌内侧第三主应力表现为压应力，其数值基本维持在－2～－2.5MPa，C40 衬砌从中部向外侧逐渐出现拉应力，数值基本维持在 1.5～1.89MPa。由图 6（e）～图（f）可知，当充气至空气压力为 10MPa 时，C25 喷混内外侧第一主应力均表现为压应力，数值基本维持在－8.2～－8.6MPa。但是在 C25 喷混上下侧出现应力集中，数值为－9.48MPa。C40 衬砌左右部位第三主应力主要表现为压应力，其数值基本维持在－4～－6MPa，但是 C25 衬砌上下部内侧出现拉应力，数值最大为 0.7MPa。

由图 6（g）～图（h）可知，当充气至空气压力为 10MPa 时，储气库围岩第一主应力均表现为压应力，储气库洞壁附近围岩的第一主应力较大，数值为－9.02MPa。储气库围岩第三主应力均表现为压应力，储气库左右两侧压应力较大，为－3.74MPa。

3.2.2　变形分析

图 7 所示为洞壁处位移变化图。由图 7 可知在最初的几个循环内，由于压缩空气的不断注入内压增加，其位移随着充放气过程中呈现周期性的变化，且其平均位移有缓慢增加的趋势。同时发现洞壁处平均竖直位移基本上在 19.0mm 左右，平均水平位移在 18.0mm 左右。

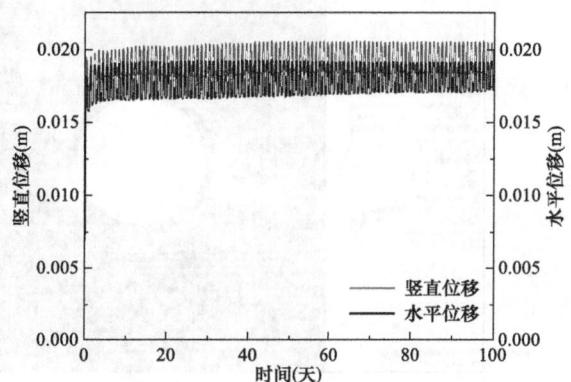

图 7　洞壁处位移变化图

图 8 所示为储气洞室在充气时与放气时的水平方向和竖直方向的位移分布云图。由图 8 可知洞室呈向外扩张的趋势，密封层的最大水平位移出现在洞室右侧，其值为 19.18mm，最大竖向位移出现在洞室底板，其值为 23.40mm。在经过 100 个充放气循环至放气阶段时，其位移量有均所减小而最大位移出现的位置并未发生变化，密封层的最大水平位移分别为 17.19mm，最大竖向位移为 21.32mm。

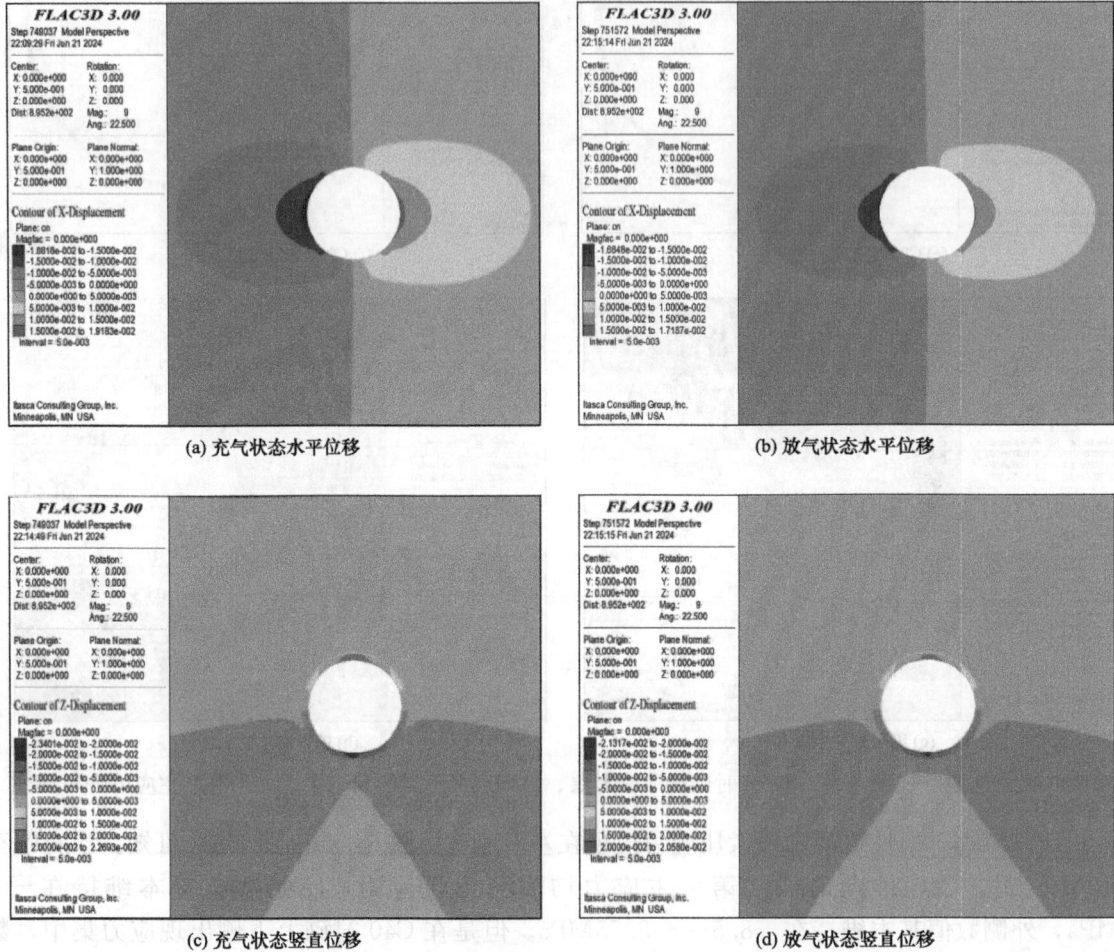

(a) 充气状态水平位移

(b) 放气状态水平位移

(c) 充气状态竖直位移

(d) 放气状态竖直位移

图 8 运行期储气库位移云图

3.3 储气库塑性区分布特性

图 9 所示为初始状态与 100 次充放气循环后储气库各结构塑性区分布情况。由图 9（a）可知，储气

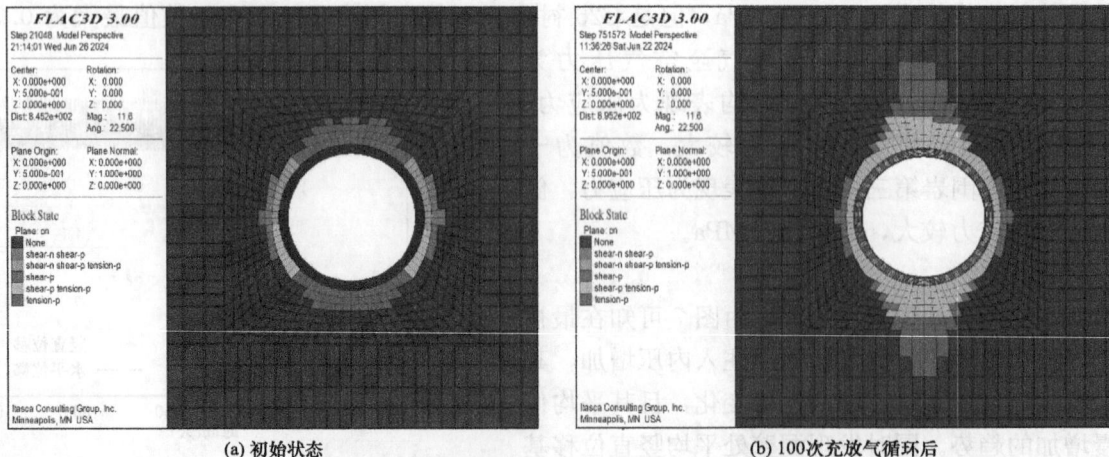

(a) 初始状态

(b) 100次充放气循环后

图 9 初始状态与 100 次充放气循环后储气库各结构塑性区分布

库在经历初始开挖和密封结构布设后，围岩中会出现部分剪切破坏为主的塑性区。由图 9（b）可知，相较于初始状态，在储气库经历 100 个循环充放气过程中，密封层中未出现塑性区，C40 衬砌中主要出现了剪切破坏，且洞周围岩上下部塑性区扩展，洞室顶板与底板处塑性区面积较大，洞室腰部塑性区面积较小。

4　结语

针对采用新型柔性密封材料时，储气库在温度压力交变荷载同步循环作用下各结构层的受力变形问题，本研究结合某拟建地下储气库结构及地质条件，建立储气库二维数值模型，采用热力耦合数值分析方法，研究了储气库在循环充放气条件下各结构层的温度、受力、变形以及塑性区变化规律，主要结论有：

（1）在储气库充气时空气快速压缩产生大量压缩热，使得库内空气温度快速上升；在高压储气阶段由于空气与密封层之间存在热交换，储气库内空气温度会出现下降趋势；在放气阶段，储气库内空气膨胀吸热导致空气温度快速下降；最后的低压储气阶段同样存在热交换现象，储气库内温度高于密封层温度时，空气温度会继续下降，储气库内温度低于密封层温度时，空气温度会回升。

（2）充气阶段空气温度的快速上升使得各结构层内温度均上升。由于储气库内压缩空气与密封层直接进行热交换，密封层温度上升幅度较大，混凝土衬砌和围岩温度上升幅度较小。放气时，储气库内空气温度快速下降，密封层和混凝土衬砌的温度出现不同程度的下降。同时各结构层离储气库洞壁距离越近，温度变化越明显，较远处围岩几乎不受充放气时空气温度变化的影响。

（3）充气结束时，储气库密封层主要承受压应力，衬砌中会出现拉应力，围岩中主要为压应力。同时随着离洞壁距离越远，各结构层中应力逐渐下降。在储气库运行过程中，洞室出现一定程度的外扩和回弹变形，在充气过程中储气库水平位移最大处在洞壁右侧，但是在放气结束时水平位移会出现回弹现象；储气库竖直位移最大值出现在洞室底板处。洞壁处位移随着充放气的过程中呈现周期性的变化，且其平均位移有缓慢增加的趋势，并且随着循环次数的增加，洞壁平均位移趋于稳定。储气库各结构层的应力和变形均在允许范围内，储气库围岩稳定性良好。

（4）在充放气循环过程中，新型柔性密封材料密封层未出现塑性区，C40 衬砌中主要因剪切破坏产生的塑性区，顶板与底板处塑性区面积较大，洞室腰部塑性区面积较小。

参考文献

[1]　余耀，孙华，许俊斌，等. 压缩空气储能技术综述 [J]. 装备机械，2013（1）：68-74.

[2]　张新敬，陈海生，刘金超，等. 压缩空气储能技术研究进展 [J]. 储能科学与技术，2012，1（1）：26-40.

[3]　GEISSBÜHLER, L, BECATTINI V, ZANGANEH G, et al. Pilot-scale demonstration of advanced adiabatic compressed air energy storage，part 1：plant description and tests with sensible thermal energy storage [J]. Journal of Energy Storage，2018，17（6）：129-139.

[4]　BUDT M, WOLF D, SPAN R, et al. A review on com pressed air energy storage：basic principles，past milestones and recent developments [J]. Applied Energy，2016（170）：250-268.

[5]　蒋中明，黄毓成，刘澜婷，等. 平江浅埋地下储气实验库力学响应数值分析 [J]. 水利水电科技进展，2019，39（6）：37-43.

[6]　JOHANSSON J. High pressure storage of gas in lined rock caverns [D]. Sweden：Royal Institute of Technology，2003.

[7]　周瑜，夏才初，周舒威，等. 压气储能内衬洞室高分子密封层的气密与力学特性 [J]. 岩石力学与

工程学报，2018，37（12）：2685-2696.

[8] JIANG Z M, LI P, TANG D, et al. Experimental and numerical investigations of small-scale lined rock cavern at shallow depth for compressed air energy storage [J]. Rock Mechanics and Rock Engineering，2020，53（6）：2671-83.

[9] TERASHITA F, TAKAGI S, KOHJIYA S, et al. Airtight butyl rubber under high pressures in the storage tank of CAES-G/T system power plant [J]. Journal of Applied Polymer Science，2004，95（1）：173-7.

[10] ISHIHATA T. Underground compressed air storage facility for CAES-G/T power plant utilizing an airtight lining [J]. News Journal International Society for Rock Mechanics and Rock Engineering，1997，5（1）：17-21.

[11] 夏才初，秦世康，赵海鸥，等. 循环热力作用下压气储能洞室钢衬的疲劳耐久性 [J]. 同济大学学报（自然科学版），2023，51（10）：1564-1573.

[12] 傅丹，胡小康，伍鹤皋，等. 压气储能地下洞室密封钢衬的非线性力学响应特征 [J/OL]. 水力发电：1-8.

[13] 蒋中明，李小刚，万发，等. 压气储能遂昌地下储气库结构应力变形特性数值研究 [J]. 长沙理工大学学报（自然科学版），2021，18（03）：79-86.

[14] 蒋中明，刘澧源，李双龙，等. 压气储能平江试验库受力特性数值研究 [J]. 长沙理工大学学报（自然科学版），2017，14（4）：62-68.

[15] RUTQVIST J, KIM H M, RYU D W, et al. Modeling of coupled thermodynamic and geomechanical performance of underground compressed air energy storage in lined rock caverns [J]. International Journal of Rock Mechanics and Mining Sciences. 2012（52）：71-81.

作者简介：

杨　雪（1999—），女，湖南常德，博士研究生，主要从事地下储气库密封材料性能研究工作。E-mail：3249820197@qq.com